SCIENCES NATURELLES

E. CAUSTIER

Professeur aux Lycées Saint-Louis et Henri-IV.

SCIENCES NATURELLES

A L'USAGE DES ÉLÈVES DES CLASSES

DE PHILOSOPHIE ET DE MATHÉMATIQUES

SEPTIÈME ÉDITION

PARIS

LIBRAIRIE VUIBERT

63, Boulevard Saint-Germain, 63

1923

Physiologie de la nutrition. — Les échanges gazeux chez les plantes : respiration, chlorophylle et assimilation chlorophyllienne, transpiration. — Les aliments de la plante ; sources de l'azote. — Nutrition des plantes vertes : absorption de l'eau et des sels minéraux, circulation de la sève brute, formation de la sève élaborée. Réserves nutritives. — Nutrition des plantes sans chlorophylle.

Reproduction (¹). — Fleur : enveloppes florales ; étamines, anthère, pollen ; carpelles, ovule. Fécondation et développement. Etude très sommaire du fruit. Graine et germination.

III. — PRINCIPAUX TYPES D'ORGANISATION
DANS LE RÈGNE VÉGÉTAL

Algues et champignons, mousses, cryptogames vasculaires ; phanérogames. Comparaison des modes de reproduction chez les cryptogames et les phanérogames.

IV. — CONCLUSION

Phénomènes de la vie communs aux animaux et aux végétaux.

GÉOLOGIE

La terre. — Notions sur la composition de l'écorce terrestre ; roches sédimentaires, roches éruptives, filons métalliques. Des déformations de la croûte terrestre sous l'influence des agents physiques : formation des montagnes, creusement des vallées, modifications de la configuration des continents et des mers.

Les temps géologiques. — Preuves de l'immensité de leur durée ; preuves de leur succession fournies par la stratigraphie et la paléontologie.

Idée de l'évolution générale des végétaux et des animaux.

____

(1) L'étude de la reproduction pourra être commencée indifféremment par les phanérogames ou les cryptogames.

SCIENCES NATURELLES

ANATOMIE ET PHYSIOLOGIE ANIMALES

INTRODUCTION

Les êtres vivants et les corps bruts. — La simple observation des corps que l'on rencontre dans la nature permet de les ranger en deux catégories : les *corps bruts*, pierres et minéraux, et les *êtres vivants*, animaux ou végétaux. Les premiers conservent toujours leurs formes, à moins qu'une force extérieure n'intervienne ; les êtres vivants, au contraire, changent constamment : ils *naissent, grandissent* et *meurent*.

Pour mettre en évidence ce qui se passe chez les êtres vivants, il suffit de placer un animal ou une plante sur l'un des plateaux d'une balance et d'établir ensuite l'équilibre. Après quelques instants on voit le plateau qui porte l'animal ou la plante se soulever : l'être vivant a donc perdu de son poids. Une partie de sa substance a disparu et c'est pour compenser cette perte de matière qu'il est obligé d'emprunter au milieu extérieur des aliments pour se les incorporer. Il s'établit donc entre l'être vivant et le milieu dans lequel il vit deux mouvements contraires, aussi essentiels l'un que l'autre à la vie : par l'un, l'être vivant s'incorpore les aliments qu'il prend, c'est l'*assimilation* ; par l'autre, il rejette au dehors les substances devenues inutiles ou nuisibles, c'est la *désassimilation*.

Si l'assimilation est plus forte que la désassimilation, l'être vivant s'accroît : c'est le cas de la *jeunesse* ; si ces deux termes sont égaux, l'être vivant reste stationnaire : c'est l'état *adulte* ; enfin, si la désassimilation l'emporte, l'être vivant dépérit, son activité se ralentit et finalement s'arrête : **c'est la** *vieillesse*, dont le terme est la *mort*.

En résumé, les êtres vivants accomplissent des échanges continus avec le milieu dans lequel ils vivent.

La matière vivante. Le protoplasme. — Tout être vivant est essentiellement formé d'une matière appelée *protoplasme.* « Le protoplasme, a dit Huxley, est la base physique de la vie. » Mais s'il est évident qu'il existe un fonds commun à tous les êtres vivants, animaux et végétaux, il faut comprendre qu'il n'y a pas une matière vivante unique, un seul protoplasme : il y en a autant que d'individus distincts. Chaque individu a un protoplasme qui lui est personnel.

On peut facilement se rendre compte des propriétés générales du protoplasme en observant le blanc d'œuf ou albumine : c'est une matière formée essentiellement de carbone, d'oxygène, d'hydrogène et d'azote, auxquels s'ajoutent des éléments accessoires : soufre, phosphore, fer, etc.

On a pu faire l'*analyse* du protoplasme, c'est-à-dire déterminer les éléments qui le composent ; mais il est impossible, dans l'état actuel de la science, d'en faire la *synthèse*, c'est-à-dire de combiner ces éléments pour reproduire le protoplasme. C'est que le protoplasme n'est pas seulement une matière chimique ; il a une structure, il a de la vie. Et la preuve, c'est que pour connaître sa composition chimique, nous commençons par le tuer. Il y a donc quelque chose qui échappe à toute analyse, si délicate et si pénétrante qu'elle soit, et ce quelque chose est ce qui caractérise la *vie*. Il est impossible à la science de définir la vie d'une façon précise, mais on peut en étudier les manifestations.

Animaux et végétaux. — La *Biologie* est la science des êtres vivants ; lorsqu'elle étudie les animaux, c'est la *Zoologie* ; lorsqu'elle étudie les végétaux, c'est la *Botanique*. Il est difficile d'indiquer une séparation nette entre les animaux et les végétaux, car ils ont de nombreux caractères communs, que nous étudierons plus loin ; il ont aussi des caractères distinctifs.

§ 1. — Éléments constitutifs des animaux.

La cellule.

L'animal est une agglomération d'éléments anatomiques ou cellules. — On sait depuis la plus haute antiquité que le corps de l'homme est une machine complexe, formée d'un grand nombre de parties distinctes appelées *organes*. Ces organes, tels que l'estomac, le cœur, le foie, peuvent être observés et étudiés à l'aide d'instruments grossiers, couteaux et ciseaux, par exemple. Ce fut l'unique procédé employé par les médecins et les artistes de l'époque de la Renaissance pour disséquer le corps humain. Aussi bien est-il intéressant de remarquer qu'à cette époque, au nom d'un grand artiste est toujours associé le nom d'un médecin ou d'un anatomiste : tels Léonard de Vinci et Colombo, le Titien et André Vésale. Grâce à cette collaboration, on posséda des notions assez précises sur la forme et sur la situation des organes ; mais jusqu'au xviie siècle on ne sut rien de leur structure intime. La découverte du microscope permit de pénétrer davantage cette structure et d'observer des détails qui avaient échappé à l'œil nu. On vit alors que les organes étaient formés d'une agglomération de petits corps de formes variées et qui se juxtaposaient comme les pierres d'un édifice. A ces petites masses de dimensions microscopiques, on a donné le nom de *cellules*, parce que chez les végétaux, où elles furent d'abord étudiées, elles se présentent sous forme de petits compartiments disposés les uns à côté des autres et prenant dans leur ensemble l'aspect d'un gâteau de cire d'abeilles (*fig.* 1).

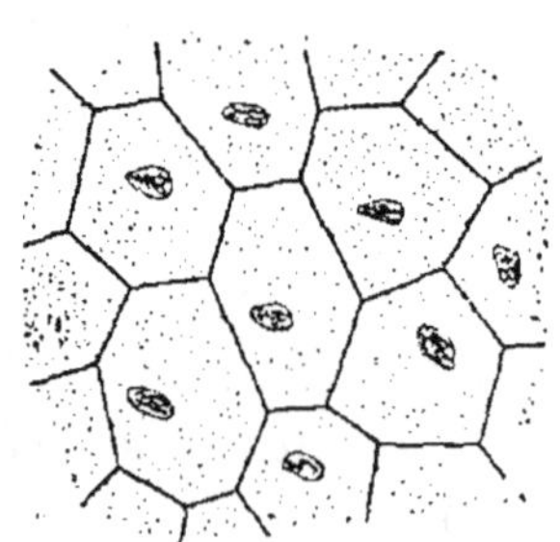

Fig. 1. — Cellules végétales.

Structure de la cellule. — C'est une petite masse de matière albuminoïde et de dimensions microscopiques. Quelques cellules, cependant, sont visibles à l'œil nu : par exem-

PROGRAMME OFFICIEL

(Programme commun aux *classes de Philosophie et de Mathématiques*.)

SCIENCES NATURELLES

Anatomie et physiologie animales et végétales.

Conseils généraux. — Cet enseignement doit être donné de façon à initier les élèves à la méthode expérimentale et à développer chez eux l'esprit d'observation.

Les notions purement anatomiques et histologiques seront réduites au minimum.

Dans le développement du programme, le professeur pourra d'ailleurs suivre un ordre différent de l'ordre indiqué.

ANATOMIE ET PHYSIOLOGIE ANIMALES

INTRODUCTION

Éléments constitutifs des animaux ; leur multiplication. — Notions sommaires sur les tissus ; leur groupement en organes.

II. ÉTUDE SPÉCIALE DES FONCTIONS CHEZ L'HOMME

FONCTIONS DE RELATION. — *Le squelette* : structure, composition chimique et accroissement des os ; description sommaire des différentes parties du squelette ; articulations.

Les muscles : forme, structure, propriétés physiologiques ; analyse expérimentale de la contraction musculaire ; le myographe. — Chaleur et travail musculaires ; les sources de l'énergie musculaire.

Notions de mécanique animale.

Le système nerveux : anatomie sommaire des centres nerveux ; les nerfs et leur rôle ; fonctions des centres nerveux.

Les organes des sens : la peau et ses différentes fonctions ; l'odorat et le goût : l'œil, la vision et l'accommodation : les principales anomalies de la vision ; notions sommaires sur l'oreille.

FONCTIONS DE NUTRITION. — *La digestion* : les aliments ; étude sommaire de l'appareil digestif ; chimie de la digestion.

La circulation : sang, appareil circulatoire et mécanisme de la circulation. — Lymphe.

L'absorption.

La respiration : appareil respiratoire ; phénomènes mécaniques de la respiration ; échanges gazeux dans les poumons : respiration des tissus. — La chaleur animale.

Notions sommaires sur le foie et les reins.

Réserves nutritives : glycogène et graisses.

III. PRINCIPAUX TYPES D'ORGANISATION
DANS LE RÈGNE ANIMAL

Le type protozoaire. — Montrer les perfectionnements progressifs des Métazoaires en prenant pour base l'étude d'un type commun des principaux groupes d'Invertébrés (polype, annélide et insecte).

Traits fondamentaux des Vertébrés. —Modifications caractéristiques des appareils respiratoire, circulatoire, nerveux et adaptations des extrémités des membres chez les différentes classes des Vertébrés.

ANATOMIE ET PHYSIOLOGIE VÉGÉTALES

I. INTRODUCTION

La cellule et les principaux tissus végétaux.

II. ÉTUDE SPÉCIALE DES FONCTIONS
CHEZ LES PHANÉROGAMES

Appareil végétatif. — Forme, structure et croissance de la racine, de la tige et de la feuille. Principales adaptations au milieu

ple, certaines cellules de la moelle épinière, ou encore le jaune de l'œuf de l'Oiseau, qui est une cellule volumineuse.

Les cellules n'ayant, en général, que quelques millièmes de millimètre de dimension, on a pris comme unité de mesure micrographique le $\frac{1}{1.000}$ de millimètre, qu'on désigne par la lettre grecque μ et qu'on appelle un *micron*.

Pour étudier les cellules, on leur fait subir une préparation qui s'effectue en deux temps : 1° on les *fixe*, c'est-à-dire qu'on les tue au moyen de réactifs qui coagulent la matière vivante (acide osmique, bichlorure de mercure, etc.) ; 2° on les *colore*, de façon à mieux mettre en évidence les diverses parties de la cellule, qui ont des affinités différentes pour les matières colorantes (picrocarmin, éosine, hématoxyline, etc.).

Pour observer une cellule, on peut se procurer facilement des Infusoires en faisant macérer une poignée de foin dans l'eau, ou bien découper la fine lamelle qui borde la queue d'un têtard de Grenouille.

Quelle que soit la cellule étudiée, elle se compose des mêmes parties essentielles : *protoplasme, noyau* et *membrane* (*fig*. 2).

1° Le **protoplasme**, qui est la partie essentielle de la cellule, est une substance transparente, granuleuse, ayant la composition chimique du blanc d'œuf ou *albumine*. Il appartient donc au groupe des *matières albuminoïdes* ; nous avons indiqué plus haut la composition de ces matières. Comme les albuminoïdes, le protoplasme se coagule par la chaleur vers 70° ou par les acides.

Il réfracte la lumière plus fortement que l'eau, de sorte que ses filaments les plus ténus peuvent être vus au microscope sans artifice de préparation.

Vu à un fort grossissement, le protoplasme a une structure *réticulée* (*fig*. 2), c'est-à-dire qu'il offre l'aspect d'un réseau délicat de fibrilles dont les mailles sont remplies de liquide. Certains naturalistes le comparent volontiers à une éponge dont les mailles contiennent une substance fluide, transparente, sorte de suc cellulaire qui est un mélange de matériaux divers : albumines, globulines, hydrates de carbone, graisses, etc. D'autres l'ont comparé à une sauce mayonnaise obtenue avec de l'huile et un liquide ne se mélangeant pas avec cette dernière. En se basant sur cette conception, on a réussi à faire des mélanges qui, vus au microscope, présentaient les divers aspects du protoplasme.

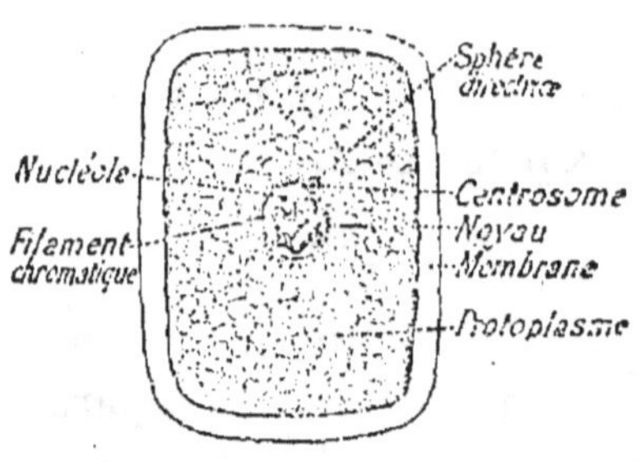

Fig. 2. — Structure de la cellule.

Au point de vue chimique, le protoplasme a une grande avidité pour l'oxygène ; il exerce un véritable pouvoir réducteur. Mais s'il absorbe l'oxygène, ce n'est pas pour se brûler lui-même, comme on le croyait autrefois, mais pour brûler les matières de réserve qu'il contient et qui lui ont été apportées par le sang.

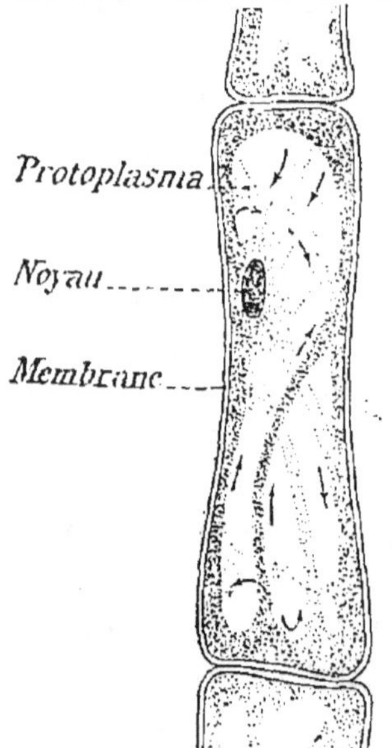

Fig. 3. — Une cellule végétale montrant le mouvement interne du protoplasme.

C'est le protoplasme qui est le siège des échanges nutritifs (digestion, respiration, sécrétion, etc.) et des phénomènes qui marquent la naissance, l'évolution et la mort des êtres organisés. C'est pourquoi sa composition chimique est très variable, non seulement chez des êtres différents, mais chez le même animal. En un mot, le protoplasme se *nourrit*, *grandit* et *meurt*.

Le protoplasme est doué de *mouvement*, ainsi qu'on peut s'en assurer en suivant au microscope une de ses granulations (*fig.* 3). On la voit se déplacer régulièrement, comme portée par un courant. Ce mouvement est localisé à l'intérieur de la cellule, si le protoplasme est entouré d'une membrane de cellulose ; mais il peut se manifester à l'extérieur lorsqu'il n'y a pas de membrane ou lorsque celle-ci est capable de se plier aux déformations du protoplasme. Il peut même se transmettre, comme cela arrive chez les animaux, d'une cellule à l'autre, et produire par suite des mouvements d'ensemble.

A l'intérieur du protoplasme, près du noyau, existe un corpuscule qui fixe fortement les couleurs d'aniline : c'est le *centrosome* (*fig.* 2). Autour de ce corpuscule se trouve une couche de protoplasme de couleur plus claire : c'est la *sphère directrice*. Ces deux corps jouent un rôle particulier dans la multiplication de la cellule.

2° **Le noyau** (*fig.* 4), situé au milieu du protoplasme, a une forme arrondie et un aspect brillant dû à sa grande réfringence. Il a la propriété de se colorer d'une façon intense sous l'influence de certains réactifs colorants. Sa substance, la *nucléine*, a presque la même composition que le protoplasme, mais elle est plus riche en phosphore. Le

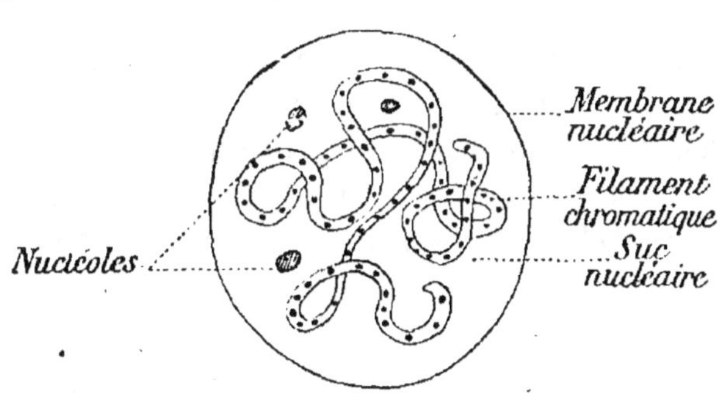

Fig. 4. — Le noyau.

noyau est formé d'une mince *membrane nucléaire* (*fig.* 4) qui contient un liquide, le *suc nucléaire*, dans lequel nage un filament contourné, pelotonné, qui a la propriété de fixer énergiquement les matières colorantes et qu'on appelle, pour cette raison, le *filament chromatique*. Vu avec un fort grossissement, ce filament présente des granulations ou grains de *chromatine*. Ce sont ces grains qui se colorent fortement lorsqu'on opère la coloration du noyau. Dans les mailles de ce filament se trouvent souvent de grosses granulations appelées *nucléoles* (*fig.* 4).

Chez certains animaux inférieurs (les *Monères*) et certains végétaux inférieurs (les *Bactéries*), les cellules n'ont pas de noyau ; mais il est probable que si ce noyau n'a pu être observé, cela tient à l'impuissance des réactifs ou encore à l'insuffisance des instruments d'optique. Dans tous les autres cas, la cellule possède un noyau. La disparition du noyau est une marque de sénilité de la cellule ; ainsi les globules rouges du sang des Mammifères sont de vieilles cellules qui ont perdu leur noyau.

L'expérimentation a montré que le noyau, comme le protoplasme, jouait un rôle essentiel dans la vie cellulaire. On a réussi, en effet, à couper en deux une cellule sans entamer le noyau : le fragment dépourvu de noyau vivait pendant quelque temps, puis dépérissait et mourait ; au contraire l'autre fragment, contenant le noyau, réparait sa blessure, se régénérait et continuait de vivre. Inversement, un noyau nu ne peut vivre ; pour qu'il puisse subsister, il lui faut une certaine quantité de protoplasme autour de lui. Ce sont ces faits qui ont permis de dire que protoplasme et noyau participent d'égale manière à l'accomplissement des phénomènes vitaux.

3° La **membrane**, située autour du protoplasme, dont elle provient par modification, est aussi de nature albuminoïde et n'a d'autre rôle que la protection du protoplasme. Elle manque parfois soit chez certains animaux inférieurs comme les Amibes, soit dans certaines cellules animales comme les cellules nerveuses.

Nutrition de la cellule. — Comme tout être vivant, la cellule absorbe des aliments, respire, assimile et élimine. C'est toujours sous la forme liquide qu'elle absorbe les matières alimentaires nécessaires à sa nutrition. Ce liquide passe dans la cellule par *osmose* ; on désigne sous ce nom un phénomène dû à une force physique qui peut être mise en évidence par l'expérience suivante (*fig.* 5) : on

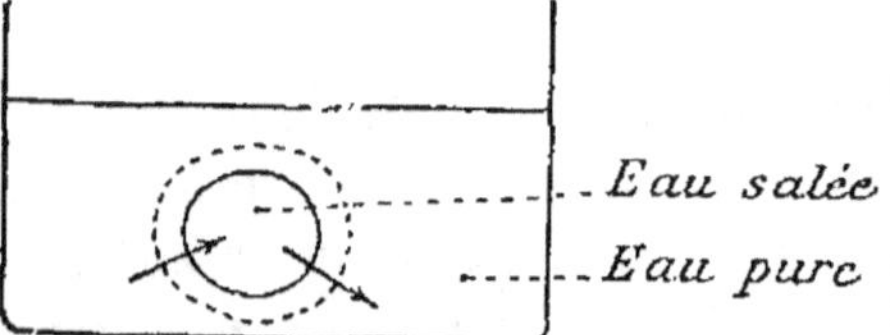

Fig. 5. — Expérience montrant le phénomène de l'osmose à travers une membrane.

plonge dans de l'eau ordinaire une vessie de Porc incomplètement remplie d'eau salée ; à travers la membrane s'établit un double courant qui se continuera jusqu'au moment où il y aura le même degré de salure dans les deux liquides ; **de l'eau salée** quitte la vessie, où de l'eau ordinaire, en plus grande abondance, la remplace, de sorte que la vessie va se gonfler. C'est grâce à un mécanisme semblable que les cellules puisent, à travers leur membrane, les liquides nutritifs que le sang amène au voisinage des cellules ; et c'est aussi par le même procédé que ces substances cheminent d'une cellule à l'autre, assurant ainsi la nutrition des tissus.

Le même mécanisme agit pour que la cellule rejette à l'extérieur les substances qui lui sont inutiles ou même nuisibles.

Dans l'expérience décrite plus haut, il y a *équilibre osmotique* quand la quantité de sel est la même sur les deux faces de la vessie ; mais dans la cellule vivante la matière qui a pénétré est modifiée par le protoplasme, de sorte que l'équilibre osmotique n'est jamais atteint, c'est-à-dire que la nutrition est continue.

Évolution de la cellule. — La cellule naît, se développe et meurt comme l'être vivant tout entier. Lorsqu'elle est *jeune*, son protoplasme remplit toute la cavité cellulaire (*fig.* 6, A et B) ; puis bientôt, la cellule en se nourrissant,

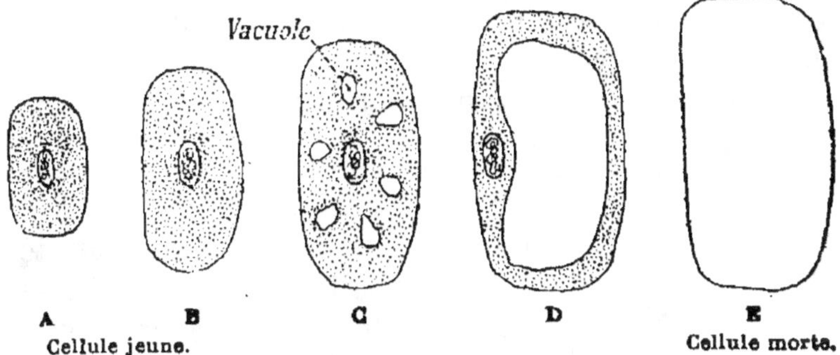

Fig. 6. — Évolution de la cellule.

c'est-à-dire en recevant de la matière du milieu extérieur, va s'accroître et le protoplasme va devenir plus clair ; souvent il apparaît des cavités ou *vacuoles* (*fig.* 6, C) qui contiennent en dissolution des substances fabriquées par le protoplasme ; leur nombre va en augmentant, et elles finiront par se confondre en une seule grande vacuole qui repoussera le noyau et le reste du protoplasme vers la périphérie, contre les parois cellulaires (*fig*. 6, D) ; enfin le protoplasme et le noyau disparaissent, et la cellule est réduite à sa membrane : *la cellule est morte* (*fig*. 6, E), car on ne la verra plus ni se nourrir ni se développer.

L'accroissement de la cellule, de même que celui de l'être vivant tout entier, subit donc un arrêt à un moment donné. La raison de cet arrêt peut être cherchée dans le rapport existant entre l'usure de la cellule et sa réparation. On conçoit en effet, que, par suite de l'augmentation de *volume* de la cellule, la réparation qui se fait par la *surface* devienne insuffisante. Si, par exemple, le volume de la cellule est devenu 8 fois plus grand, sa surface, par laquelle elle se nourrit, n'est que 4 fois plus grande ; on sait, en effet, que la masse d'un solide croît comme les cubes, tandis que sa surface ne croît que comme les carrés des dimensions linéaires.

Au cours de l'évolution de la cellule, lorsque celle-ci est en pleine activité, un fait important peut survenir : la cellule se *reproduit*, se *multiplie*.

Reproduction ou multiplication de la cellule. — La multiplication de la cellule s'effectue suivant **deux** modes : par *division directe* et par *division indirecte*.

1° Division directe. — Elle s'observe soit chez les êtres vivants formés d'une seule cellule (Amibes, Bactéries), soit chez les cellules isolées (globules blancs du sang). La cellule et le noyau s'allongent, s'étranglent en leur milieu et se divisent en deux parties, qui s'isolent complètement (*fig*. 7).

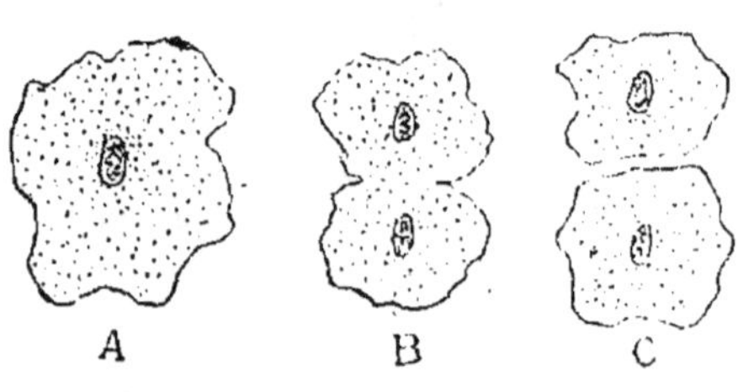

Fig. 7. — Multiplication d'un Amibe.

2° Division indirecte. — Elle est la règle dans les cellules groupées des êtres vivants et s'opère de la façon suivante :

Au moment où la multiplication va se faire, on voit la sphère directrice se renfler, puis se dédoubler et donner deux nouvelles sphères directrices qui vont s'éloigner l'une de l'autre et se diriger vers les deux pôles opposés de la cellule (*fig*. 8, A) ; des stries rayonnantes apparaissent ensuite autour de chaque sphère S et S' (*fig*. 8, B), formant ainsi une sorte d'étoile.

Pendant ce temps, le noyau est le siège de phénomènes importants : la membrane nucléaire disparaît ; le filament

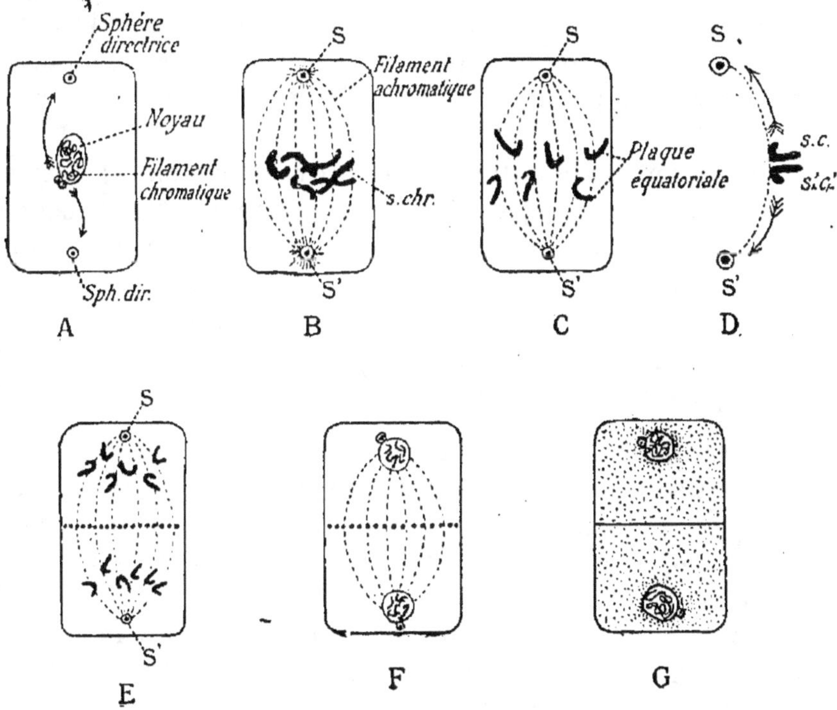

Fig. 8. — Reproduction de la cellule.

chromatique se divise en un certain nombre de tronçons, appelés *segments chromatiques* ou *chromosomes*. Le nombre de segments chromatiques est constant pour un animal donné, il est de 6 dans le cas de la figure 8, B.

Dans le protoplasme apparaissent alors des filaments qui vont du pôle S au pôle S' et dont le nombre est égal à celui des segments chromatiques. La figure prend la forme d'un fuseau ; et les segments chromatiques viennent se placer suivant un plan perpendiculaire à l'axe du fuseau et en son milieu, formant ce qu'on appelle la *plaque équatoriale* (*fig*. 8, C).

Chaque segment chromatique recourbé en anse, en V, s'appuie sur le filament correspondant, se fend, non plus en travers, mais en long, faisant ainsi deux parts rigoureusement égales de substance nucléaire (*fig.* 8, D). Le nombre des segments a doublé : nous en avions 6, nous en avons maintenant 12. Aussitôt, 6 vont se diriger vers S et 6 vers S' (*fig.* 8, D et E). Puis les 6 segments, de chaque côté, se rassemblent aux deux pôles de la cellule, se soudent bout à bout et reforment un filament chromatique continu qui se pelotonne et autour duquel apparait une nouvelle membrane nucléaire : nous avons donc deux noyaux au lieu d'un (*fig.* 8, F et G).

Le protoplasme entoure de nouveau chacun de ces nouveaux noyaux ; des granulations se groupent vers le centre de la cellule et forment une cloison qui achève la séparation en *deux cellules-filles*, de tous points semblables à la *cellule-mère*.

Cette multiplication cellulaire se faisant de la même façon chez les animaux et chez les végétaux est un des plus importants parmi les caractères communs à tous les êtres vivants.

Hérédité. — Ce qui précède nous montre que toute cellule d'un animal provient d'une cellule antérieure. Il faut donc rechercher l'origine de chaque filament chromatique et de chaque protoplasme cellulaire, dans la cellule *primitive*, c'est-à-dire dans l'*œuf*, lequel à son tour est une cellule détachée des parents. On peut donc dire que la substance cellulaire *ne naît pas*, elle ne fait que se *continuer*. De sorte que les cellules d'un animal n'étant que des dérivés de l'œuf, qui n'est lui-même qu'un dérivé des parents, doivent posséder les qualités et les défauts des parents. C'est cette transmission des caractères ancestraux qu'on appelle l'*hérédité*.

Théorie cellulaire. — Nous pouvons résumer tout ce qui précède dans les deux lois suivantes, qui constituent la *théorie cellulaire* :

1° *Tout être vivant est formé d'une agglomération de cellules;*

2° *Tout être vivant provient d'un autre être vivant, et a pour point de départ une seule cellule, la cellule primitive ou œuf, qui se multiplie pour donner l'organisme tout entier.*

La cellule est donc l'élément fondamental de l'être vivant, et l'étude de la biologie pourrait se résumer dans l'étude de la cellule. Sa description est par conséquent nécessaire et ne fera que justifier ces paroles de Claude Bernard : « La cellule est l'image de l'organisme, si élevé qu'on veuille le choisir. »

Génération spontanée. Les expériences de Pasteur. — Nous venons de montrer que toute cellule provient d'une autre cellule, et par suite tout être vivant d'un autre être vivant. Il ne peut donc y avoir de *génération spontanée*, c'est-à-dire que les êtres vivants ne peuvent se développer aux dépens de la matière brute. Le point de départ d'un être vivant est toujours une cellule provenant d'un être semblable.

Il a fallu les simples et admirables expériences de Pasteur pour établir que la génération spontanée est impossible. Les auteurs anciens avaient entretenu quantité de fables

Fig. 9. — Pasteur, savant français.
(1822-1895.)

relatives à la naissance d'êtres vivants. On allait jusqu'à prétendre que les poux naissent de la chair, les vers des chairs corrompues, les puces de la fermentation des ordures, etc. Virgile raconte que les abeilles naissent du cadavre d'un bœuf. « Les odeurs qui s'élèvent du fond des marais, dit Van Helmont, produisent des Grenouilles, des Limaces, des Sangsues, des herbes. Si l'on enferme une chemise sale dans l'orifice d'un vase renfermant des graines de froment, le ferment sorti de la chemise sale, modifié par l'odeur du grain, donne lieu à la transmutation du blé en Souris après vingt et un jours environ. »

La méthode expérimentale apporta de la clarté dans ces faits. C'est Redi qui, en 1638, porta le premier coup à la théorie de la génération spontanée, en montrant que s'il se formait des vers, des asticots, dans la viande en putréfaction, c'est parce que les Mouches y venaient pondre leurs œufs. Les vers de la viande, en effet, ne sont que des larves de Mouches, et il suffit d'empêcher les Mouches de venir au contact de la viande pour que les prétendus vers n'apparaissent pas. C'est ce que font les ménagères en conservant les matières alimentaires, en particulier la viande, dans le garde-manger fermé par une toile métallique à mailles serrées, de façon que les Mouches ne passent pas au travers.

Mais c'est Pasteur qui, par une série d'expériences, a montré d'une façon décisive que toutes les fois que des êtres vivants apparaissent dans une matière organique ou minérale, c'est que des germes, provenant d'autres êtres semblables, y ont été apportés.

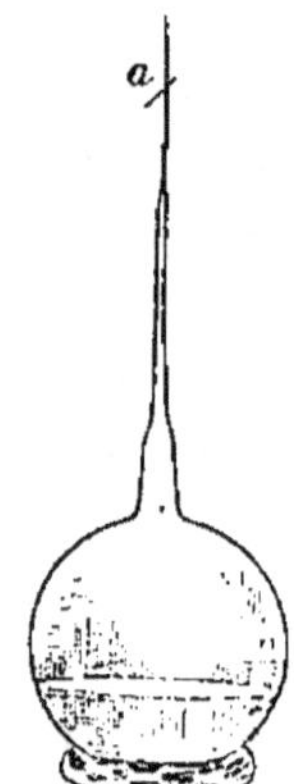

Fig. 10. — Ballon Pasteur pour conserver les liquides à l'abri de l'air.

Dans une première expérience Pasteur a montré que l'on peut conserver indéfiniment sans qu'ils s'altèrent des liquides organiques tels que du lait, du sang, du bouillon, pourvu qu'on les place à l'abri de l'air, qui contient en suspension de nombreux germes. Pour cela on introduit le liquide dans un ballon, puis on le soumet à une température de 120° pendant 10 minutes afin de tuer les êtres vivants qu'il pourrait contenir. On *stérilise* ainsi le ballon et son contenu, puis on ferme le col à la lampe (*fig.* 10), et jamais il ne s'y développe aucun organisme ; mais dès qu'on ouvre le ballon, en cassant, en *a*, la pointe de son col, l'air extérieur rentre en entraînant les germes qu'il contient et ceux-ci vont pulluler avec une intensité extraordinaire. Le liquide n'était donc stérile que parce que les germes n'y avaient pas pénétré.

Une autre expérience d'une égale simplicité montre que l'on peut conserver les liquides stériles au contact de l'air pourvu que l'air soit privé de germes. Dans un ballon contenant un liquide stérile on fait arriver de l'air filtré à travers un tampon de coton ou d'amiante qui arrête les germes (*fig.* 11), et le liquide reste indéfiniment stérile. Mais si l'on fait tomber une parcelle de coton chargé de germes dans le liquide, aussitôt de nombreux êtres vivants y apparaissent.

Des milliers d'expériences qui se répètent chaque jour ont donné des résultats identiques à ceux que nous venons de décrire ; elles ont montré que les liquides organiques, même les plus altérables, ne s'altèrent jamais et ne donnent jamais naissance à des êtres vivants, si des germes de ces êtres n'y sont parvenus. Dès qu'on y a introduit des germes, au contraire, la vie y pullule. Les êtres vivants proviennent donc toujours d'autres êtres vivants qui ont existé avant eux. Nous pouvons donc conclure que, *dans les conditions expérimentales connues actuellement, il n'y a pas de génération spontanée.*

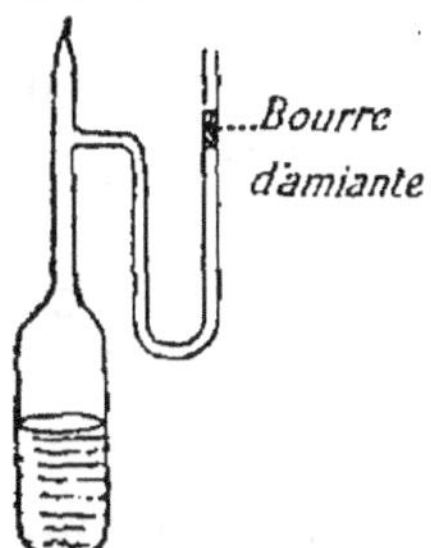

Fig. 11. — Ballons pour conserver les liquides au contact de l'air privé de germes.

§ 2. — Les tissus.

Formation des animaux. L'embryon. — Deux cas sont à considérer : celui des *Protozoaires*, animaux constitués par une seule cellule ; et celui des *Métazoaires*, animaux formés par un grand nombre de cellules.

1° Chez les Protozoaires, la cellule qui constitue l'animal se segmente en deux selon le procédé décrit plus haut. Puis les deux cellules-filles vont se séparer et vivre chacune pour son propre compte. C'est ce qui se passe chez l'Infusoire (*fig.* 12). La vie est passée de la cellule-mère aux deux cellules-filles ; elle ne fait donc que se continuer de génération en génération.

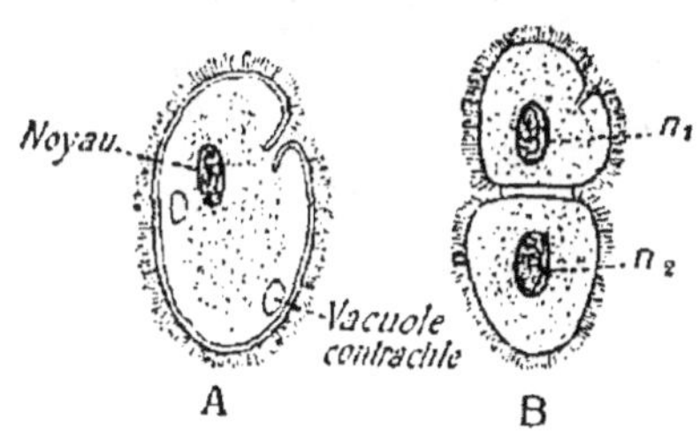

Fig. 12. — Multiplication d'un Infusoire.

2° Chez les Métazoaires toutes les cellules proviennent d'une seule cellule primitive, l'œuf, dont les différentes parties sont : le *vitellus*, qui est le protoplasme, la *vésicule germinative*, qui est le noyau, et la *membrane vitelline*, qui est

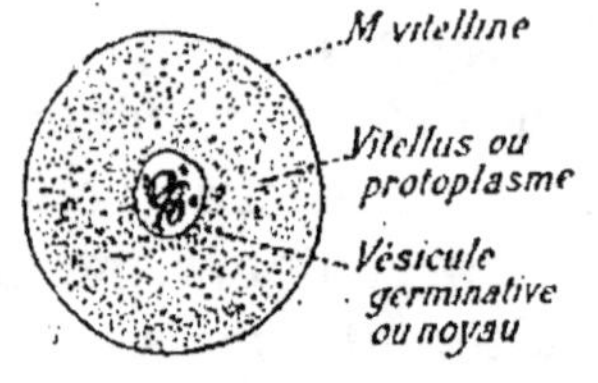

Fig. 13. — L'œuf ou cellule initiale.

la membrane cellulaire (*fig.* 13). L'œuf se divise d'abord en deux cellules nettement séparées par un sillon qui fait le tour de l'œuf (*fig.* 14, **A**) ; puis ces deux cellules se divisent à leur tour par le même procédé, et l'on a bientôt un amas de 4, 8, 16, 32 cellules agglomérées comme les grains d'une mûre (*fig.* 14, B et **C**). Pendant ce temps, les cellules centrales s'écartent les unes des autres en laissant au centre une cavité dite de *segmentation* (*fig.* 14, B et D).

C'est alors que se produit, en un certain point de cette

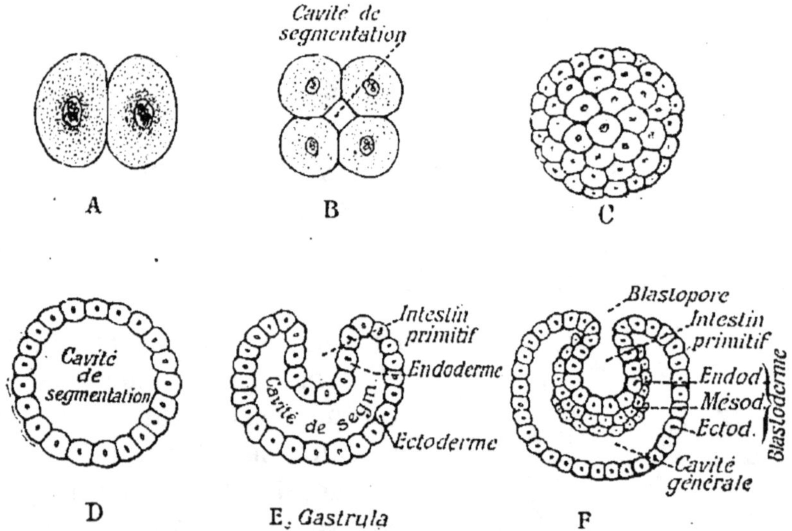

Fig. 14. — Formation de l'embryon.

sphère, une dépression en doigt de gant : cette dépression, qui représente l'*intestin primitif*, communique avec l'extérieur par un orifice. Ce sac à double paroi (*fig.* 14, E) a reçu le nom de *gastrula* : la paroi externe est l'*ectoderme*, la paroi interne l'*endoderme* (*fig.* 14, F). Dans la cavité de segmentation vont ensuite apparaître de nouvelles cellules qui constituent le *mésoderme*. Ce mésoderme peut remplir complètement la cavité de segmentation, puis se fendre ensuite en deux lames, en deux feuillets séparés par un espace vide appelé *cavité générale*.

Ces trois membranes (ectoderme, mésoderme, endoderme) vont former les différentes parties de l'embryon.

La gastrula est une forme embryonnaire intéressante, car elle se retrouve dans toute la série animale, aussi bien chez les animaux les plus simples que chez les plus compliqués.

La différenciation des cellules produite par la division du travail physiologique — Toutes les cellules de l'embryon, jusqu'au stade de la gastrula, se trouvent dans la même situation par rapport au milieu extérieur et sont semblables ; cette situation devenant différente dans la gastrula, les fonctions des cellules seront aussi différentes et par suite leur forme et leur structure vont également différer.

L'*ectoderme*, en rapport avec l'extérieur, va donner l'épiderme, le système nerveux, les organes des sens ;

L'*endoderme* va donner le tube digestif et ses glandes (foie, pancréas, etc.) ;

Le *mésoderme* va donner le squelette, les muscles, le sang, etc.

Chaque cellule s'adaptant à une fonction spéciale prend une forme spéciale. C'est donc la *division du travail physiologique* qui produit la différenciation des cellules ; et dans l'organisme, comme dans les industries, comme dans les sociétés humaines, cette division du travail marque un progrès, un perfectionnement. Ainsi nous observons dans la cellule du Protozoaire toutes les fonctions animales, mais elles se présentent à l'état *diffus*, tandis qu'à mesure qu'on s'élève dans la série animale, ces fonctions deviennent plus nettes, se perfectionnent et s'affinent.

On pourrait comparer le corps d'un *Métazoaire* à une usine dans laquelle chaque ouvrier, c'est-à-dire chaque cellule différenciée, chargée d'un travail spécial, acquiert une habileté particulière. Quant au *Protozoaire*, il est comparable au modeste ouvrier de village qui exerce plusieurs métiers, mais avec une inégale habileté ; il nous montre tout ce que la nature peut faire avec une cellule.

Les principaux tissus. — Toutes les cellules qui accomplissent les mêmes fonctions et qui ont la même forme se groupent pour constituer un *tissu*. Exemple : les *cellules nerveuses* se rassemblent pour former le *tissu nerveux*.

Parmi les principaux tissus, citons : le tissu *épithélial* ou *épithélium*, les tissus *conjonctif*, *sanguin*, *cartilagineux*, *osseux*, *musculaire* et *nerveux*.

Tissu épithélial. — Il est constitué par des cellules simplement juxtaposées, accolées, et qui forment des membranes recouvrant la surface du corps (épiderme) ou tapissant des cavités de l'organisme (tube digestif).

Pour observer des cellules épithéliales, il suffit de racler légèrement la face interne de la joue et de porter le produit de ce raclage sur une lamelle de verre qu'on place sous le microscope. On peut aussi prendre un fragment des lambeaux de peau qui flottent toujours dans l'eau des aquariums où l'on conserve des Grenouilles ; puis on le place dans un verre de montre contenant un peu de picrocarmin et on l'y laisse un quart d'heure ; on le lave ensuite dans un peu d'eau et on le porte sur une lame porte-objet en l'étalant ; on laisse tomber une goutte de glycérine à sa surface et l'on recouvre le tout d'une lamelle : les cellules apparaissent alors très nettement avec leurs noyaux colorés en rouge.

Le tissu épithélial présente des variétés qui se distinguent les unes des autres par le *groupement*, par la *forme* et par les *fonctions* des cellules qui les constituent.

Il est *simple* lorsque le tissu est formé d'une seule assise de cellules (intérieur de l'estomac) ; il est *stratifié* lorsqu'il est formé par plusieurs assises superposées (épiderme) (*fig.* 15, A et D).

Les cellules épithéliales peuvent prendre différentes formes :

1° Elles peuvent être aplaties et former une sorte de carrelage : c'est l'épithélium *pavimenteux* (alvéole pulmonaire) (*fig.* 15, B et C) ;

2° Elles peuvent être plus hautes que larges et former une

membrane plus épaisse : c'est l'épithélium *cylindrique* (estomac, intestin) (*fig*. 15, A) ;

3º Elles peuvent contenir dans la partie superficielle une masse de liquide, du mucus par exemple, qui a été élaboré

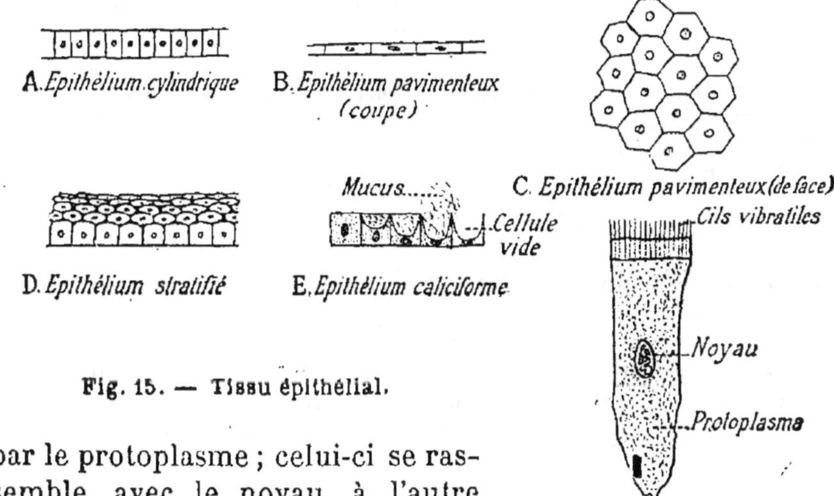

Fig. 15. — Tissu épithélial.

par le protoplasme ; celui-ci se rassemble, avec le noyau, à l'autre extrémité de la cellule, formant ainsi une sorte de calice : c'est l'épithélium *caliciforme* ou *glandulaire* (*fig*. 15, E) ;

4º Enfin certaines cellules épithéliales peuvent porter des prolongements doués de mouvements vibratoires et appelés *cils vibratiles :* elles forment l'épithélium *vibratile* (trachée-artère). Chaque cellule porte à sa partie extérieure un épaississement sur lequel sont implantés les cils, qui sont des prolongements du protoplasme (*fig*. 15, F). Les cils se meuvent généralement dans le même sens : aussi, vus à un faible grossissement, rappellent-ils les ondulations d'un champ de blé agité par le vent.

Ces mouvements peuvent facilement s'observer chez la Grenouille, dont l'œsophage est revêtu d'un épithélium vibratile : on fend longitudinalement l'œsophage, qu'on étale ensuite et sur lequel on sème quelques poussières de charbon qu'on verra progresser dans un certain sens (*fig*. 16, A). Le mouvement s'explique bien par la figure 16, B : les cils passant de la position 2 à la position 1, feront passer le grain de poussière de C en C' ; donc si les cils s'abaissent dans le sens de F, en se relevant ils feront marcher les poussières dans le sens de F'.

On peut aussi mettre ce mouvement en évidence en introduisant à l'intérieur de l'œsophage de la Grenouille une baguette de verre de même dimension que l'œsophage (*fig*. 16, C). On voit alors le lambeau d'œsophage se déplacer par l'action des cils vibratiles, qui agissent comme autant de pieds microscopiques : c'est l'expérience

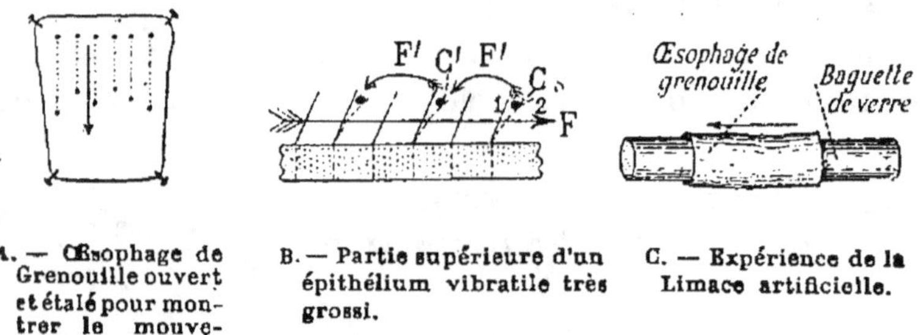

A. — Œsophage de
Grenouille ouvert
et étalé pour mon-
trer le mouve-
ment des cils.

B. — Partie supérieure d'un
épithélium vibratile très
grossi.

C. — Expérience de la
Limace artificielle.

Fig. 16. — Mouvement des cils vibratiles :
Expérience de la Limace artificielle.

décrite sous le nom de *Limace artificielle*, à cause de l'illusion qu'elle produit.

On peut encore voir le mouvement des cils vibratiles en coupant un petit fragment de la branchie ou du manteau d'une Moule, et en l'examinant entre lame et lamelle dans un peu de l'eau de mer contenue dans la coquille : un faible grossissement sufût pour montrer ce mouvement, qui se fait par rafales.

L'épithélium vibratile a une grande importance : 1° chez les Protozoaires et animaux inférieurs, où il assure le mouvement ; 2° chez les animaux aquatiques, où il facilite la respiration en aidant au renouvellement de l'eau à la surface de l'appareil respiratoire.

Au point de vue de leur rôle physiologique, les épithéliums peuvent se diviser en deux groupes :

1° Les épithéliums de *revêtement*, qui recouvrent la surface externe du corps (épiderme) et la surface interne des organes (tube digestif, poumons) ;

2° L'épithélium *glandulaire*, qui tapisse l'intérieur des glandes et dont l'activité du protoplasme assure la sécrétion (glandes de l'estomac, glandes salivaires).

Tissu conjonctif. — Il est formé par des *cellules* ordinairement *étoilées*, séparées les unes des autres par une *matière interstitielle* qui est un produit d'élimination des cellules. Cette matière ne reste pas homogène ; elle se partage en longs filaments qui forment les *fibres conjonctives* (*fig*. 17, A). Les unes sont disposées parallèlement et ont l'aspect d'une mèche de cheveux; les autres, *élastiques*, sont à double contour et

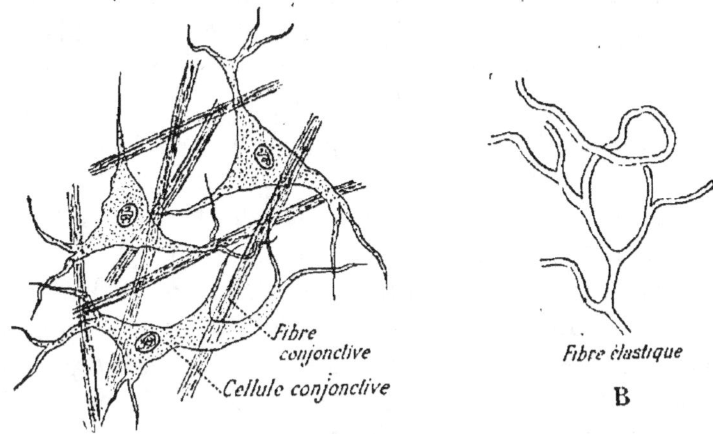

Fig. 17. — Tissu conjonctif.

ramifiées (*fig*. 17, B). Ces dernières se reconnaissent facilement à ce qu'elles sont inattaquables par la potasse.

Par ébullition dans l'eau, la matière interstitielle se transforme en gélatine, comme on peut l'observer dans le bœuf du pot-au feu, dont les faisceaux musculaires sont dissociés par la gélatine provenant du tissu conjonctif. C'est ainsi qu'on obtient de la colle forte (dissolution de gélatine), en faisant bouillir dans l'eau des débris d'origine animale, de la peau de bœuf par exemple.

Le tissu conjonctif sert à relier les organes entre eux, jouant le rôle d'une matière d'emballage. Il occupe les espaces laissés libres par les autres tissus, de sorte qu'il soutient les organes et les protège. C'est un tissu très abondant.

Parfois, on voit apparaître à l'intérieur du protoplasme

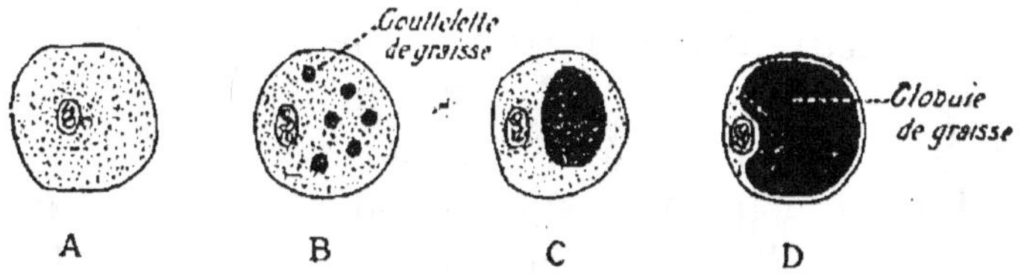

Fig. 18. — Formation d'une cellule adipeuse.

d'une cellule conjonctive de fines gouttelettes de graisse dont le nombre va en augmentant, et qui finissent par se réunir en une grosse goutte de graisse, refoulant ainsi le protoplasme et le noyau contre les parois de la cellule : c'est une *cellule adipeuse* (*fig.* 18, A, B, C, D). Le noyau et le protoplasme finiront même par disparaître ; la cellule sera morte puisqu'elle ne contiendra plus de matière vivante ; elle n'est plus qu'un sac de graisse. Les cellules adipeuses peuvent s'accumuler en certaines régions de l'organisme pour donner le *tissu adipeux*, si abondant chez les personnes obèses, soit dans l'épaisseur de la peau, soit autour des viscères.

On peut considérer comme tissus conjonctifs : le *tissu cartilagineux*, dont la matière interstitielle est élastique, le *tissu osseux*, dont la matière interstitielle est durcie par des sels calcaires, et le *tissu sanguin*, dont les cellules ou *globules* nagent dans une matière interstitielle liquide. Ces tissus seront étudiés plus loin.

Tissus spéciaux. — Enfin certains tissus, tels que le *tissu musculaire* et le *tissu nerveux*, sont constitués par des cellules qui ont subi une grande différenciation. Nous en parlerons à propos des muscles et du système nerveux. Il nous suffit de savoir que ces tissus proviennent bien, comme les autres, de cellules associées et qui se sont spécialisées en s'adaptant à des fonctions très délicates.

§ 3. — Les fonctions animales.

Organes et appareils. — Nous venons de montrer comment des cellules peuvent se grouper pour former un *tissu ;* nous pouvons maintenant comprendre comment plusieurs tissus peuvent concourir à la formation d'un *organe*. Exemple : les tissus conjonctif, musculaire, épithélial se groupent pour donner l'estomac, qui est un *organe*.

Enfin plusieurs organes travaillant dans le même but peuvent aussi s'associer pour donner un *appareil*. Exemple : l'estomac, l'intestin, le foie, le pancréas, etc., sont des organes qui forment ensemble l'*appareil digestif*, dont le rôle est de transformer les aliments en matières assimilables. C'est au travail d'un tel appareil qu'on a donné le nom de *fonction*.

Les principales fonctions. — On les range en deux catégories : les unes sont communes aux animaux et aux végétaux, ce sont les fonctions de la *vie végétative ;* les autres, spéciales aux animaux, sont dites *fonctions de la vie animale.*

1° Les fonctions de *vie végétative* se divisent en deux groupes :

a) Les fonctions de *nutrition,* qui assurent la conservation de l'individu ;

b) Les fonctions de *reproduction,* qui assurent la conservation de l'espèce.

2° Les fonctions de la *vie animale,* qu'on appelle encore fonctions de *relation,* sont destinées à mettre l'homme ou l'animal en rapport, en *relation,* avec le milieu extérieur. Ce sont en particulier le *mouvement* et la *sensibilité.*

Ces différentes fonctions sont solidaires, c'est-à-dire qu'elles se prêtent un mutuel concours. C'est ainsi que l'animal et le sauvage utilisent leur vue, leur odorat et leur agilité, afin de capturer la proie dont ils ont besoin pour se nourrir, mettant ainsi leurs fonctions de *relation* au service de leurs fonctions de *nutrition.*

Anatomie et Physiologie. — Nous aurons donc à étudier dans la suite de cet ouvrage :

1° La structure des organes, c'est l'*anatomie ;*

2° Les fonctions de ces organes, c'est la *physiologie.*

Pour étudier l'anatomie, il suffit d'*observer,* soit avec les yeux, soit à l'aide d'instruments d'optique plus puissants (loupes, microscopes, etc.).

Pour connaître la physiologie d'un or-

Fig. 19. — Claude Bernard, physiologiste français (1813-1878).

gane, il faut : 1° l'*observer* pendant qu'il agit, pendant qu'il fonctionne ; 2° *expérimenter* sur lui, c'est-à-dire le supprimer ou modifier les conditions dans lesquelles il agit, et constater ensuite les troubles qui surviennent dans l'organisme. C'est cette méthode de l'*observation* contrôlée par l'*expérimentation* qui, sous l'heureuse impulsion de Claude Bernard, a fait faire à la physiologie des progrès considérables depuis la dernière moitié du xix° siècle.

RÉSUMÉ

Les êtres vivants. — Les êtres vivants naissent, grandissent et meurent ; ils accomplissent des *échanges avec le milieu extérieur.*

Tout être vivant est essentiellement formé d'une substance particulière, le *protoplasme.*

Les êtres vivants comprennent les animaux (*zoologie*) et les végétaux (*botanique*).

I. — Éléments constitutifs des animaux.

Tout animal est formé par l'agglomération d'un nombre considérable d'éléments anatomiques appelés *cellules.*

La cellule. — La cellule comprend trois parties : *protoplasme, noyau, membrane.*

1° Protoplasme :
- Matière albuminoïde [C, O, H, Az].
- Coagule par la chaleur ou les acides.
- Il est le siège des échanges nutritifs [digestion, respiration, etc.].
- Réfringent ; fixe les matières colorantes.

2° Noyau :
- Matière albuminoïde, plus du phosphore.
- Formé par la membrane nucléaire, le filament chromatique et le suc nucléaire.

3° Membrane :
- Partie différenciée du protoplasme.
- Manque souvent dans les cellules animales.

La cellule naît, se développe et meurt, comme l'être vivant tout entier.

La cellule se multiplie et produit deux cellules, de tous points semblables à la cellule-mère.

Toute cellule provient d'une autre cellule, et par suite tout être vivant d'un autre être vivant. Il ne peut donc y avoir de *génération spontanée :* c'est ce qu'ont démontré les expériences de Pasteur.

II. — Les tissus.

Chaque animal est formé, à l'origine, par une cellule unique, *l'œuf*. Cette cellule en se multipliant un grand nombre de fois donne *l'embryon*. Puis ces cellules vont se ranger suivant trois feuillets : *ectoderme, endoderme* et *mésoderme*.

Chaque cellule va se différencier en s'adaptant à une fonction spéciale. La division du travail physiologique produit la différenciation des cellules.

Le *tissu* est une réunion de cellules de même forme, et remplissant la même fonction.

1° Tissu épithélial : [formé de cellules juxtaposées.]
- Cellules aplaties : Epithélium pavimenteux.
- Cellules plus hautes : Epithélium cylindrique.
- Cellules munies de cils vibratiles : Epithélium vibratile.
- Cellule caliciforme : Epithélium glandulaire.

2° Tissu conjonctif : [Cellules séparées par une matière interstitielle.]
- Fibres dans la matière interstitielle. . . { T. conjonctif.
- Matière interstitielle élastique. . . . { T. cartilagineux.
- Matière interstitielle durcie par sels calcaires. . . . { T. osseux.
- Matière interstitielle liquide. . . . . Sang.

3° Tissus spéciaux :
- Cellules très différenciées . . . . . { T. musculaire. { T. nerveux.

III. — Les fonctions animales.

On peut les grouper en deux catégories :

1° Fonctions de la *vie végétative* :
- *Nutrition* : conservation de l'individu.
- *Reproduction* : conservation de l'espèce.

2° Fonctions de la *vie animale* ou de relation :
- *Mouvement.*
- *Sensibilité.*

ÉTUDE SPÉCIALE DES FONCTIONS CHEZ L'HOMME

Les régions du corps. — **Le** corps de l'Homme présente trois régions bien distinctes : la *tête*, le *tronc* et les *membres*. La *tête* comprend le *crâne*, qui contient l'encéphale (cer-

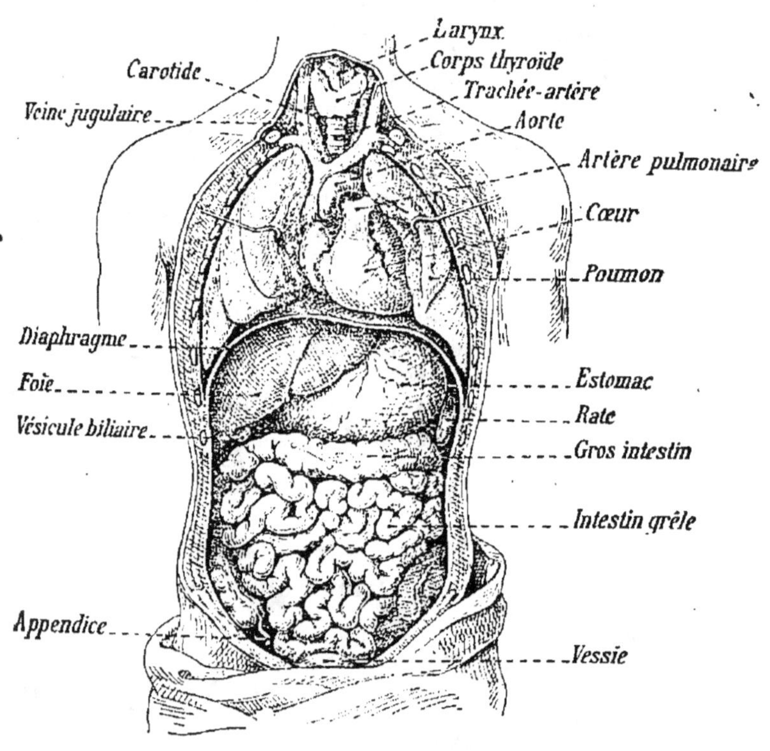

Fig. 20. — Vue d'ensemble du tronc, montrant les organes contenus dans le thorax et l'abdomen.

veau, cervelet, bulbe), et la *face*, qui porte les principaux organes des sens (yeux, oreilles, nez, bouche).

Le *tronc* (*fig.* 20) est creusé d'une cavité qui renferme les principaux viscères. Cette cavité est partagée en deux parties par une cloison musculaire appelée *diaphragme* : la poitrine ou *thorax* à la partie supérieure ; le ventre ou *abdomen* à la partie inférieure. Le thorax contient le cœur et les poumons ; dans l'abdomen se trouvent l'estomac, l'intestin, le foie, les reins, la vessie, etc.

Les *membres* sont au nombre de deux paires : les membres *supérieurs* ou *thoraciques*, qui se rattachent au tronc par l'épaule ; les membres *inférieurs* ou *abdominaux*, qui se relient à l'abdomen par le bassin.

LES FONCTIONS DE NUTRITION

Les fonctions de nutrition assurent la conservation de l'individu en incorporant à la matière vivante les matériaux puisés dans le milieu extérieur. Elles comprennent les différentes fonctions par lesquelles l'organisme transforme les aliments et se débarrasse des produits de déchet. Ce sont : la *digestion*, l'*absorption*, la *circulation*, la *respiration* et l'*élimination*.

CHAPITRE PREMIER

LA DIGESTION

La digestion est la transformation des aliments en substances pouvant passer dans le sang.

Nous allons étudier successivement l'*appareil digestif*, les *aliments* et la *physiologie* de la digestion.

I. — APPAREIL DIGESTIF

L'appareil digestif est constitué par un ensemble d'organes destinés à digérer les aliments et à rejeter au dehors les matières qui ont résisté à la digestion. Il comprend deux parties :

1° Le *tube digestif* (*fig.* 21), dont les diverses régions sont la *bouche*, le *pharynx*, l'*œsophage*, l'*estomac* et l'*intestin*, terminé par l'*anus* ;

2° Les *glandes annexes :* *glandes salivaires, pancréas,* et *foie.*

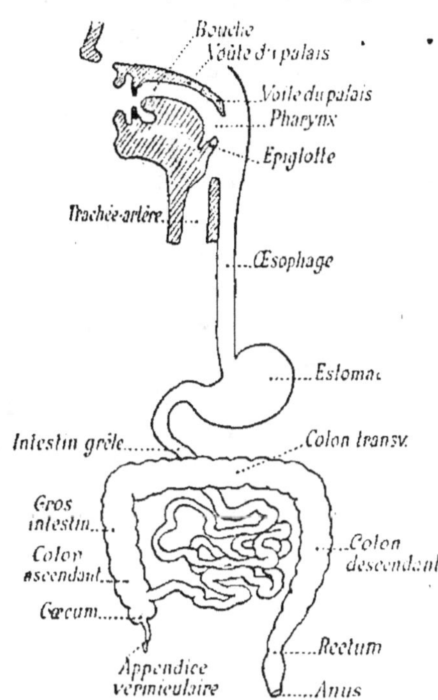

Fig. 21. — Le tube digestif.

§ 1. — Le tube digestif.

La bouche. — C'est une cavité limitée en avant par les lèvres et les dents, sur les côtés par les joues, en haut par la voûte du palais, en bas par la langue et le plancher de la bouche, en arrière par le voile du palais que prolonge la *luette*. L'intérieur de la bouche est recouvert par une *muqueuse*. On appelle muqueuse une membrane qui sécrète un liquide visqueux, le *mucus*, et qui tapisse une cavité organique communiquant avec le dehors. La muqueuse est donc un prolongement de la peau ; aussi, comme celle-ci, est-elle formée d'un tissu conjonctif, le *derme*, recouvert par un épithélium stratifié qui continue l'*épiderme* de la peau.

A l'intérieur de la bouche se trouvent les deux mâchoires ou *maxillaires*, qui portent les *dents*.

Mâchoires. — Les deux mâchoires sont recouvertes par la muqueuse buccale, qui prend alors le nom de *gencive*. Le maxillaire supérieur est soudé aux autres os de la tête, il est donc *immobile*; le maxillaire inférieur, au contraire, est articulé avec le crâne : il est par conséquent *mobile*. C'est un os en forme de fer à cheval dont les deux branches montantes se terminent par une saillie arrondie et allongée transversalement, le *condyle* (*fig*. 22), qui vient se loger dans une cavité creusée dans l'os temporal. Le maxillaire inférieur peut effectuer trois sortes de mouvements : il peut s'élever, s'abaisser et se déplacer latéralement. Trois sortes de muscles produisent ces mouvements :

1° Les muscles *élévateurs*, au nombre de deux : le *temporal* et le *masséter* (*fig*. 23). Le temporal s'attache, en haut, sur la fosse temporale, et en bas, sur un prolongement de la branche montante

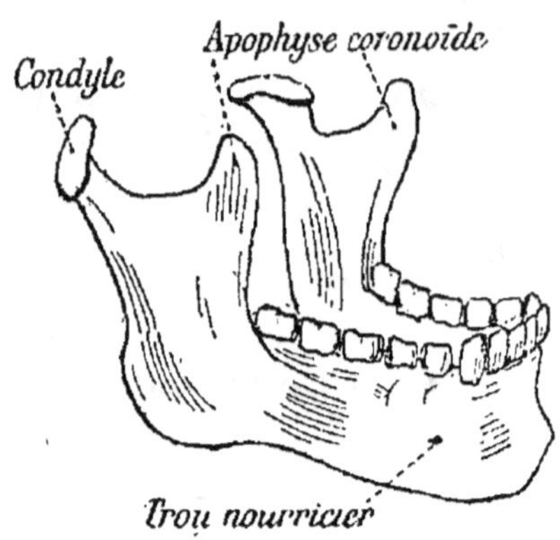

Fig. 22. — Mâchoire inférieure.

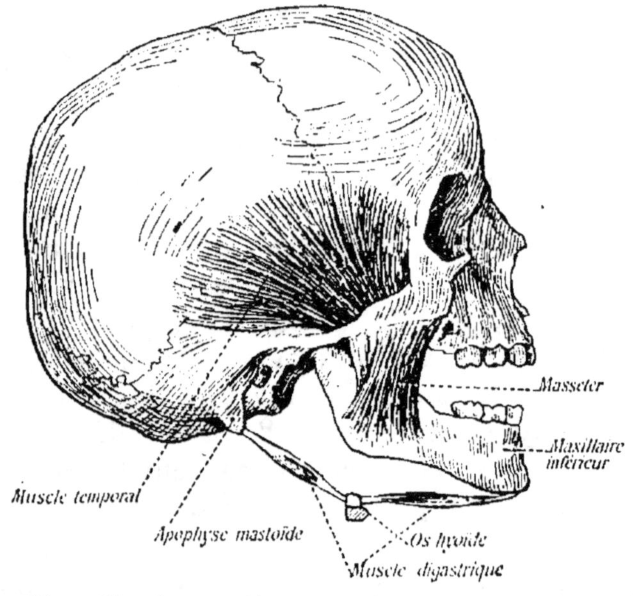

Fig. 23. — Muscles masticateurs : élévateurs et abaisseurs.

du maxillaire inférieur. Le masséter s'attache, en haut, sur l'arcade osseuse qui forme la pommette des joues, et en bas sur la branche montante du maxillaire inférieur. Ces deux muscles, par leur contraction, relèvent la mâchoire inférieure;

2º Les muscles *abaisseurs*, plus faibles que les précédents et parmi lesquels le plus actif est le muscle *digastrique* (*fig*. 23). Il s'attache par une extrémité sur l'apophyse mastoïde de l'os temporal, et passe ensuite sur l'os hyoïde pour venir se fixer sur la partie antérieure du maxillaire inférieur. Il est facile de voir qu'il abaisse, par sa contraction, la mâchoire inférieure et fait ainsi ouvrir la bouche ;

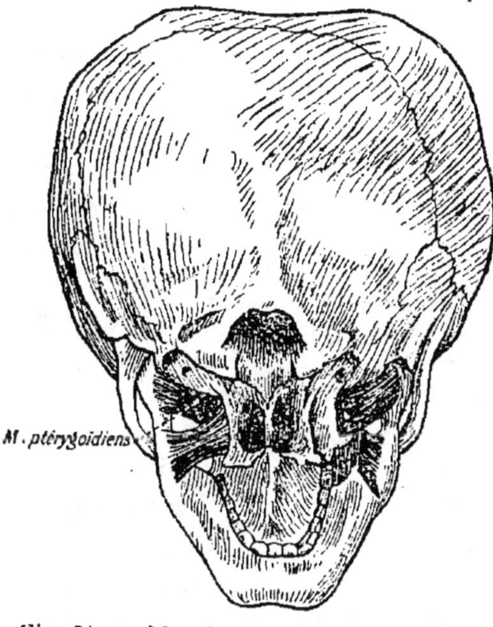

Fig. 24. — Muscles masticateurs produisant les mouvements de latéralité.

3º Les muscles qui produisent les mouvements *latéraux* sont les *ptérygoïdiens* (*fig*. 24), qui s'étendent transversalement des apophyses ptérygoïdes à la branche montante du maxillaire inférieur. L'effet de la contraction de ces muscles est un déplacement latéral du maxillaire inférieur.

La contraction de ces divers muscles a pour résultat la *mastication* des aliments, d'où le nom de muscles *masticateurs* donné à ces organes.

Dents. — Les dents (*fig*. 25) sont des organes très durs,

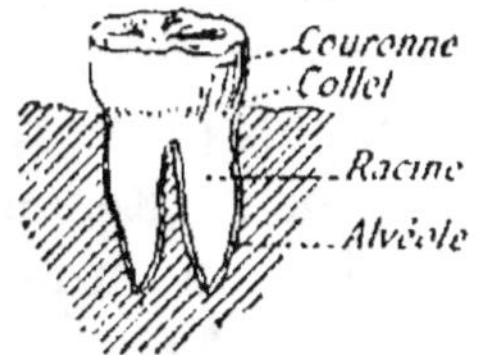

Fig. 25. — Extérieur d'une dent molaire.

Fig. 26. — Les formes de dents.

implantés sur le bord des mâchoires dans des cavités appelées *alvéoles*. Une dent présente une partie libre, la *couronne*, et une partie enfoncée dans la mâchoire, la *racine* ; entre les deux, se trouve un rétrécissement, le *collet*.

La forme des dents varie (*fig.* 26) ; il y en a de trois sortes (*fig.* 27) :

1° Les *incisives*, situées en avant de la mâchoire, ont la couronne aplatie, tranchante, et la racine simple ; elles servent, comme leur nom l'indique, à couper les aliments ; il y en a quatre à chaque mâchoire ;

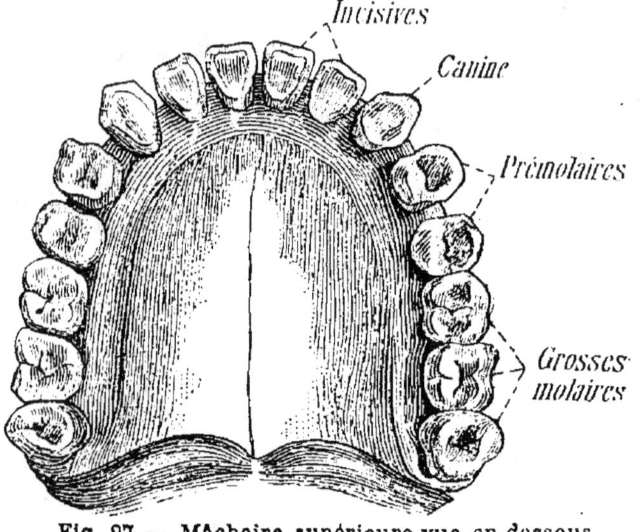

Fig. 27. — Mâchoire supérieure vue en dessous.

2° Les *canines*, situées en dehors et en arrière des incisives, sont coniques et pointues ; leur racine est longue ; on les appelle ainsi parce qu'elles ressemblent aux crocs du Chien ; elles servent à déchirer les aliments ; il y en a deux à chaque mâchoire ;

3° Les *molaires*, situées en arrière, présentent une couronne aplatie qui porte de petits tubercules ; elles broient les aliments en fonctionnant comme des meules (*fig.* 28), d'où leur nom ; il y en a 10 à chaque mâchoire. Les deux molaires les plus proches de chaque canine sont plus petites, on les nomme *prémolaires* ; elles ont une couronne à deux tubercules et une racine simple ; les trois autres sont les *grosses molaires*, dont la dernière, au fond, est souvent appelée la *dent de sagesse* ; elles

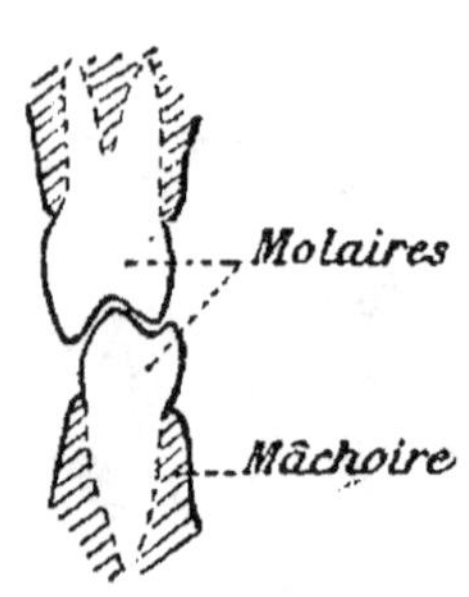

Fig. 28. — Rencontre de deux molaires.

ont une couronne à quatre tubercules et une racine à deux ou trois branches.

En somme, les incisives servent à *couper*, les canines à *déchirer*, et les molaires à *écraser* les aliments.

Le nombre des dents est constant pour une même espèce animale. Chaque espèce peut donc être caractérisée par sa *formule dentaire*, qui s'obtient en écrivant, au numérateur d'une fraction, le nombre des dents de la mâchoire supérieure, et au dénominateur le nombre des dents de la mâchoire inférieure.

La formule dentaire de l'Homme adulte est

$$\frac{4}{4}\,\mathrm{I} + \frac{2}{2}\,\mathrm{C} + \frac{4\mathrm{P.M} + 6\mathrm{G.M}}{4\mathrm{P.M} + 6\mathrm{G.M}},$$

donc 16 dents pour chaque mâchoire et 32 au total.

Chez l'enfant, la formule n'est pas la même. Les premières dents ou *dents de lait* commencent à apparaître vers le sixième mois : ce sont d'abord les incisives, puis les prémolaires, et enfin vers le milieu de la troisième année les canines. Ces poussées de dents sont très variables : Louis XIV et Mirabeau sont, paraît-il, venus au monde avec leurs incisives. La formule dentaire de l'enfant est

$$\frac{4}{4}\,\mathrm{I} + \frac{2}{2}\,\mathrm{C} + \frac{4}{4}\,\mathrm{P.M};$$

donc 10 dents pour chaque mâchoire et 20 au total.

Les dents de lait tombent à partir de l'âge de 7 ans jusqu'à 13 ans et sont remplacées par les dents définitives (*fig.* 29). Les dernières grosses molaires ou *dents de sagesse* peuvent n'apparaître que fort tard, vers 30 ans par exemple ; elles peuvent même manquer complètement, surtout dans les races civilisées dont l'art culinaire a diminué considérablement le travail des dents, de sorte que celles-ci ont une tendance à s'atrophier.

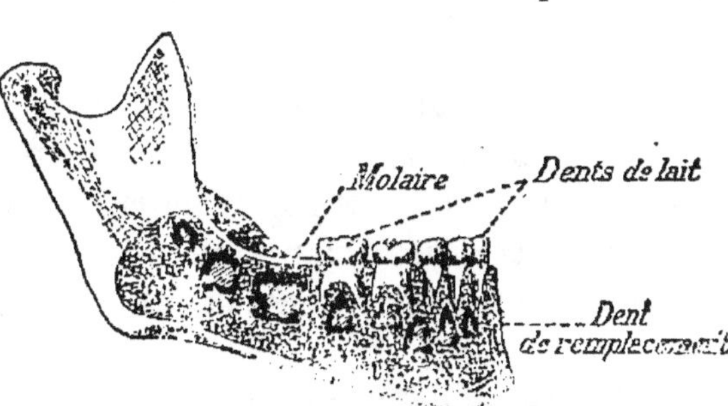

Fig. 29. — Dentition de lait et dents de remplacement.

Une dent coupée longitudinalement montre quatre parties essentielles : l'*émail*, le *cément*, l'*ivoire* et la *pulpe* (*fig.* 30).

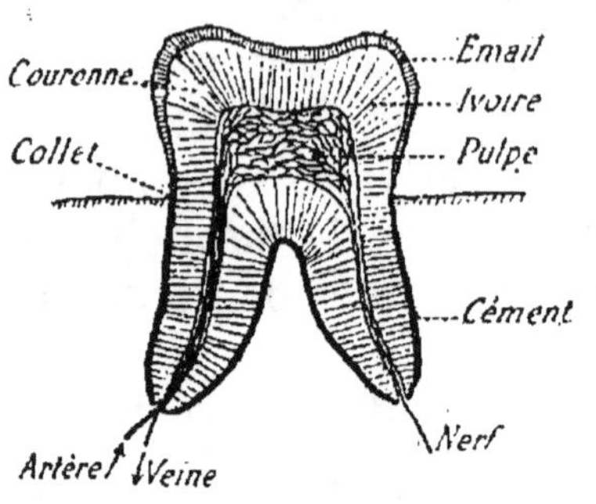

Fig. 30. — Coupe longitudinale d'une dent.

1° L'*émail* recouvre complètement la couronne ; il a un aspect blanc brillant ; il est presque entièrement composé de sels calcaires (environ 96 %) ce qui le rendrait facilement attaquable par les acides de nos aliments si sa partie externe, qui forme une sorte de cuticule, n'était plus dure que le reste ; cette partie résiste à l'action des acides et aux nombreux microbes de la bouche. Mais dès que la cuticule disparaît en un point, ces microbes accomplissent leur œuvre de destruction, rongent l'ivoire et occasionnent ce qu'on appelle de la *carie dentaire*. Une grande propreté de la bouche s'impose donc si l'on veut éviter ces accidents.

2° Le *cément*, de couleur jaunâtre, enveloppe la racine et a la même composition que l'os.

3° L'*ivoire* est la partie fondamentale de la dent ; c'est une substance dure, parcourue par des canalicules, à l'intérieur desquels se trouvent des prolongements des cellules de la pulpe dentaire.

4° La *pulpe dentaire* est une substance molle située au milieu de la dent et formée d'un tissu conjonctif au milieu duquel se ramifient les artères, les veines, et les filets nerveux qui ont pénétré par l'extrémité des racines. Ce sont ces filets nerveux qui, mis à découvert par la carie dentaire, causent les maux de dents.

Les dents se forment aux dépens de la muqueuse qui tapisse l'intérieur de la bouche. Ce travail de développement, qui commence dès le deuxième mois de la vie embryonnaire, s'effectue lentement dans la gencive ; c'est seulement plusieurs mois après la naissance que les dents, en grandissant, *percent* la gencive.

Le pharynx. — Le *pharynx* est une cavité qui fait suite à la bouche et qui communique, en haut, avec la bouche et

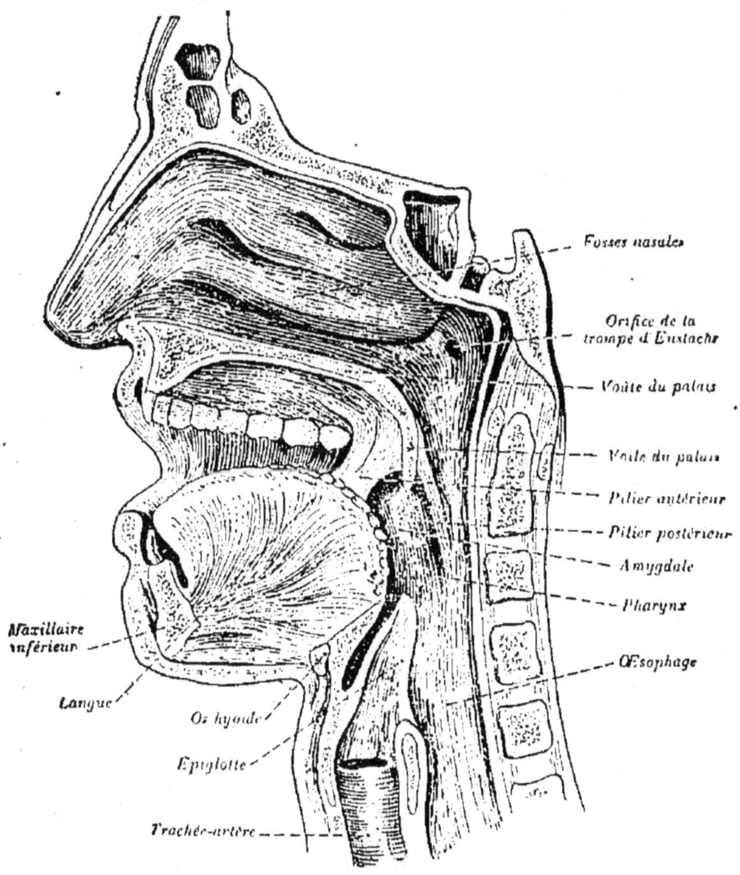

Fig. 31. — Coupe verticale et médiane de la face et du cou.

les fosses nasales, en bas, avec l'œsophage et la trachée-artère (*fig*. 31).

En avant se trouve le voile du palais, qui se prolonge en son milieu par une languette, la *luette*, et qui se continue sur les côtés par deux replis, entre lesquels se trouve une masse glandulaire appelée *amygdale*. Toutes ces parties s'observent facilement en ouvrant fortement la bouche devant une glace (*fig*. 32).

Vers le bas, le pharynx communique, **en** arrière avec l'œsophage, et en avant avec la trachée-artère, qui est surmontée d'une petite lamelle, l'*épiglotte*.

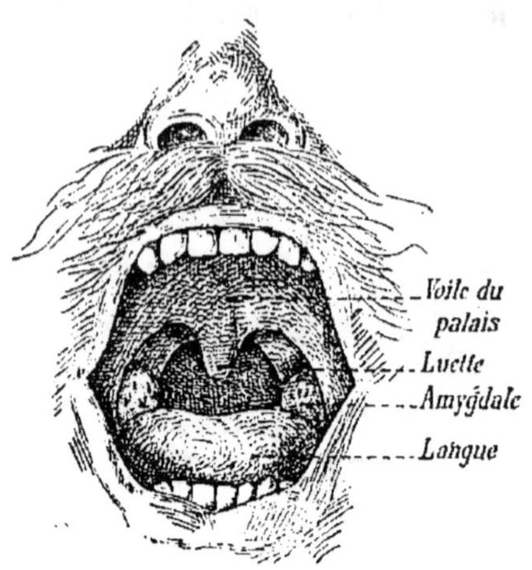

Fig 32. — Bouche ouverte montrant le voile du palais, la luette et les amygdales.

L'œsophage. — L'œsophage, qui fait suite au pharynx, est un tube long de 25 centimètres, qui descend verticalement dans le thorax, en avant de la colonne vertébrale et en arrière de la trachée-artère. Il traverse ensuite le diaphragme et vient déboucher dans l'estomac.

Sa structure est celle que nous allons retrouver dans les autres parties du tube digestif. Il est constitué par trois enveloppes ou tuniques (*fig.* 33) :

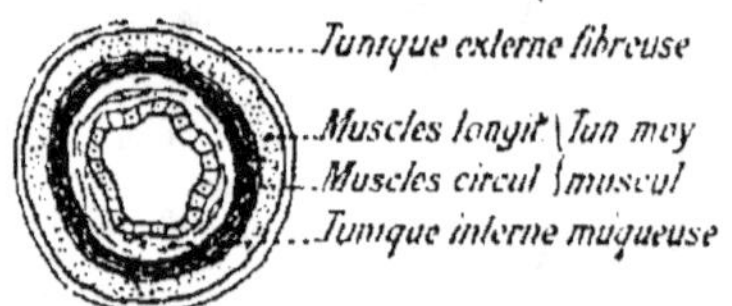

Fig. 33. — Coupe transversale du tube digestif.

1° Une tunique externe *fibreuse*, de nature conjonctive ;

2o Une tunique moyenne *musculeuse*, comprenant des fibres musculaires longitudinales en dehors, et des fibres circulaires en dedans ;

3° Une tunique interne *muqueuse*, formée d'une couche de tissu conjonctif recouvert par un épithélium pavimenteux stratifié, qui forme des glandes destinées à sécréter du mucus.

L'estomac. — C'est un renflement du tube digestif (*fig.* 34) situé au-dessous du diaphragme, un peu à gauche. Il communique d'une part avec l'œsophage par un orifice appelé *cardia*, et d'autre part avec l'intestin par un orifice appelé *pylore*. Le pylore présente un rétrécissement qui fonctionne comme une sorte de valvule (*fig.* 35).

Les parois de l'estomac, comme celles de l'œsophage, présentent trois tuniques :

1° Une tunique externe de nature *conjonctive* ;

2° Une tunique moyenne *musculeuse*, plus épaisse que celle de l'œsophage et formée de trois sortes de fibres :

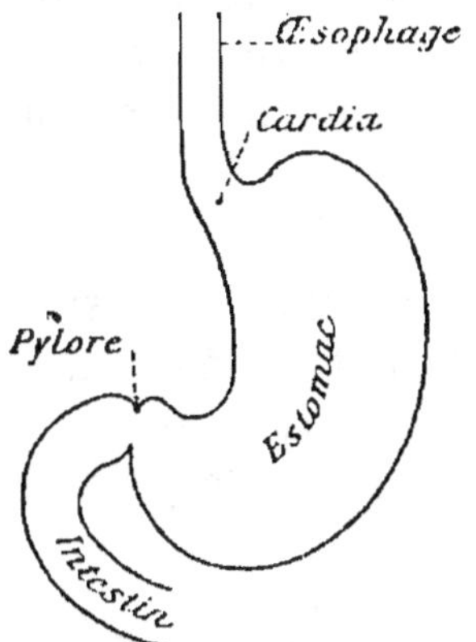

Fig 34. — Estomac dans sa position naturelle.

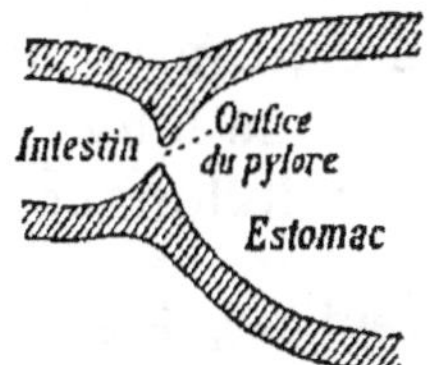

Fig. 35. — Coupe schématique de la valvule du pylore.

longitudinales, circulaires et obliques. Ces dernières, disposées à la façon d'une écharpe, forment ce qu'on appelle la *cravate de Suisse* (*fig.* 36).

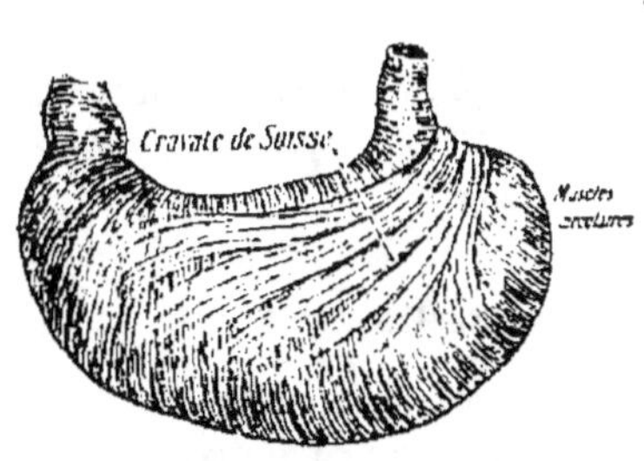

Fig. 36. — Muscles de l'estomac.

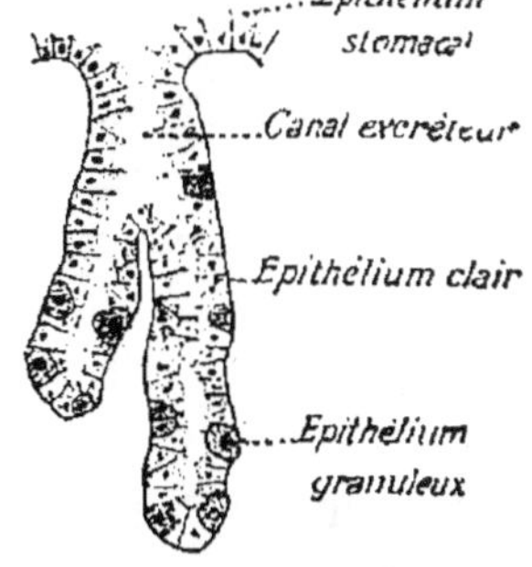

Fig. 37. — Coupe d'une glande gastrique.

3° Une tunique interne *muqueuse*, constituée par une couche de tissu conjonctif et un épithélium cylindrique formé surtout de cellules caliciformes. C'est cet épithélium qui, en s'enfonçant dans le tissu conjonctif, forme les *glandes gastriques*.

Les *glandes gastriques* sont des tubes simples ou ramifiés (*fig.* 37) ; on en distingue deux sortes : les glandes *muqueuses*, situées surtout dans la région du pylore, et les *glandes à pepsine*, situées dans la région du cardia et destinées à sécréter le suc gastrique. Dans ces dernières on voit deux sortes de cellules : les unes *claires*, les autres *granuleuses* et paraissant jouer un rôle plus actif dans la sécrétion gastrique.

L'intestin. — A la suite de l'estomac vient l'intestin, dont la longueur atteint chez l'Homme 10 mètres environ.

L'intestin présente deux parties distinctes : l'*intestin grêle*, qui a 8^m de longueur et 3^{cm} de diamètre, et le *gros intestin*, qui a 2^m de longueur et 6^{cm} de diamètre.

Intestin grêle. — L'intestin grêle, pour se loger dans

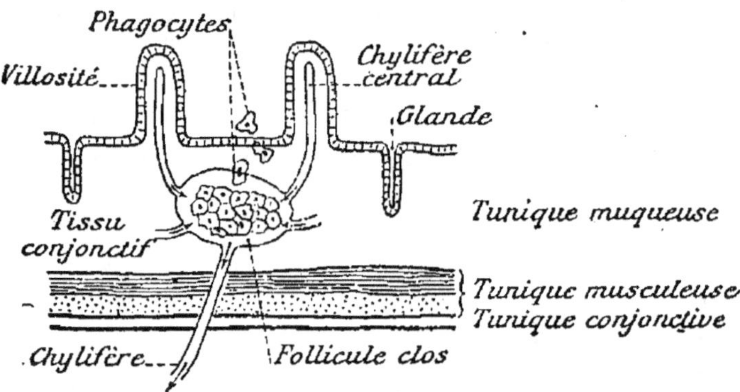

Fig. 38. — Coupe de l'intestin grêle

l'abdomen, se replie en donnant de nombreuses sinuosités ou *circonvolutions*.

La paroi de l'intestin est formée par trois tuniques (*fig.* 38) : 1° une tunique externe, de nature *conjonctive* ; 2° une tunique moyenne *musculeuse*, avec des fibres longitudinales et circulaires ; 3° une tunique *muqueuse*, tapissée par un épithélium cylindrique et qui forme les *villosités* et les *glandes intestinales*.

La muqueuse intestinale présente de nombreux replis transversaux qu'on appelle *valvules conniventes*. Ces replis, au nombre de 800 chez l'Homme, augmentent considérablement la surface de l'intestin ; d'autant plus qu'ils sont recouverts de petites saillies appelées *villosités* qui, serrées les unes contre les autres, donnent à la muqueuse intestinale un aspect velouté.

Une *villosité intestinale* (*fig.* 39) se compose : 1° d'un épithélium cylindrique ; 2° d'un tissu conjonctif dans lequel circulent les ramifications des artères et des veines ; 3° au centre, d'un canal qu'on appelle le *chylifère central* et qui contient un liquide blanc.

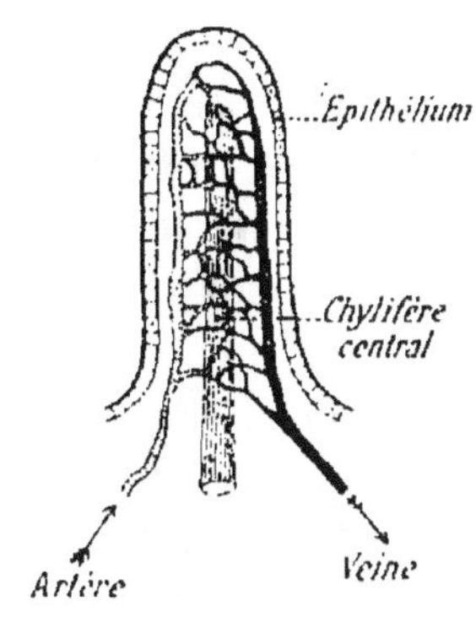

Fig. 39. — Villosité intestinale.

Entre les villosités on aperçoit de petits grains blanchâtres : ce sont les *follicules clos* ou amas glandulaires constitués par un tissu conjonctif au milieu duquel circulent des *cellules lymphatiques* ou *phagocytes* (voir *système lymphatique*).

Enfin l'épithélium intestinal, au lieu de se soulever pour donner les villosités, peut s'enfoncer pour donner les glandes qui sécrètent le *suc intestinal.*

Gros intestin. — Il comprend trois régions : le *cæcum*, le *colon* et le *rectum.*

Le *cæcum* est pourvu d'un appendice en forme de ver, l'*appendice vermiculaire,* dont l'inflammation est la cause de la maladie connue sous le nom d'*appendicite.* La partie terminale de l'intestin grêle pénètre dans le cæcum en formant une sorte de boutonnière ou *valvule* (*fig.* 40) encore appelée *barrière des apothicaires,* car elle empêche les matières du gros intestin de rétrograder dans l'intestin grêle, tandis qu'elle ne s'oppose pas au passage des matières de l'intestin grêle dans le gros intestin. Les matières du gros intestin, en effet, appuient sur les deux lèvres de la valvule et ferment la boutonnière.

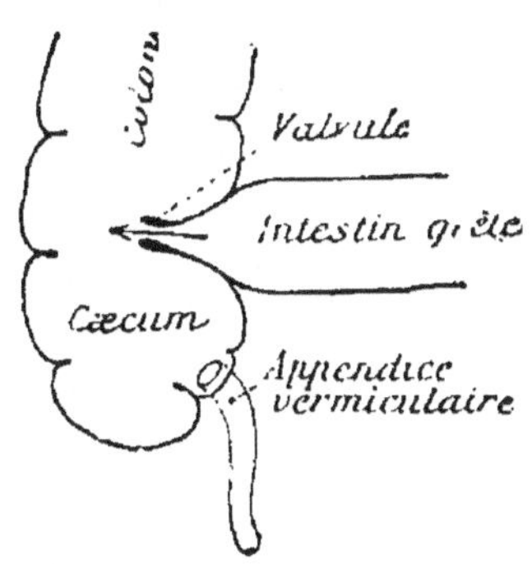

Fig. 40. — Relation de l'intestin grêle avec le gros intestin.

Le *colon* encaûre l'intestin grêle, puis le *rectum* se termine par l'*anus*, que ferme un muscle circulaire appelé *sphincter*.

La muqueuse qui tapisse l'intérieur du gros intestin est lisse, mais elle forme encore un certain nombre de glandes.

Le péritoine. — C'est une vaste membrane qui enveloppe l'estomac, l'intestin, le foie, en un mot presque tous les viscères contenus dans l'abdomen ; elle relie les organes les uns aux autres et les rattache à la paroi du corps. Le péritoine est une *membrane séreuse* à double paroi, à *deux feuillets*, dont l'un est accolé à l'organe, c'est le *feuillet viscéral*, et l'autre accolé aux parois de la cavité générale, c'est le *feuillet pariétal*. Entre ces deux feuillets se trouve une cavité, la *cavité péritonéale*, remplie par le *liquide péritonéal*, qui est destiné à faciliter le glissement des deux feuillets l'un sur l'autre (*fig.* 41).

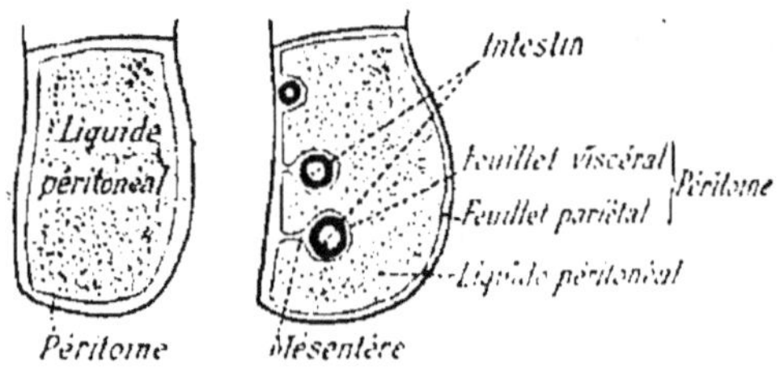

Fig. 41. — Coupe thoracique, montrant la disposition du péritoine.

Pour bien comprendre la disposition du péritoine, il suffit d'imaginer l'abdomen vide d'organes et rempli par un sac à parois membraneuses, le péritoine, puis les organes apparaissant entre la paroi du corps et le sac vont repousser le péritoine, sans entrer toutefois dans la cavité. De sorte qu'à mesure que les organes abdominaux se développent, la cavité péritonéale

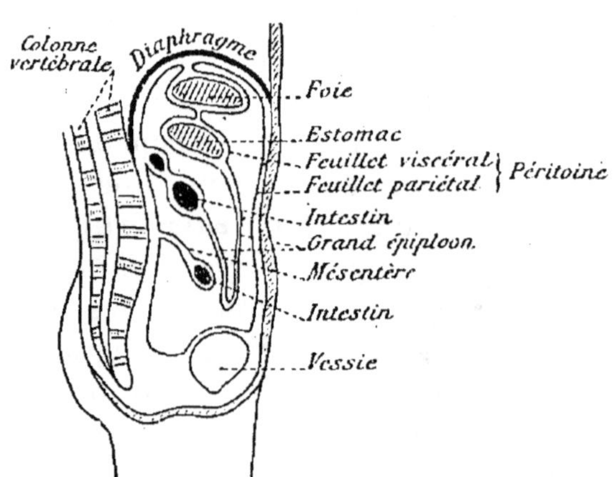

Fig. 42. — Section verticale de l'abdomen.

diminue ; et les deux feuillets se rapprochant, le liquide

péritonéal se trouve très réduit. En certains points, les deux feuillets peuvent même s'accoler et aller se fixer à la colonne vertébrale pour suspendre l'intestin : c'est le *mésentère* (*fig.* 41). Entre les deux feuillets du mésentère se trouvent les vaisseaux et les nerfs qui vont à l'intestin. La coupe longitudinale (*fig.* 42) et la coupe transversale (*fig.* 43) du corps montrent bien cette disposition. En avant de l'abdomen le péritoine forme un vaste repli, le *grand épiploon* (*fig.* 42), qui, dans l'obésité,

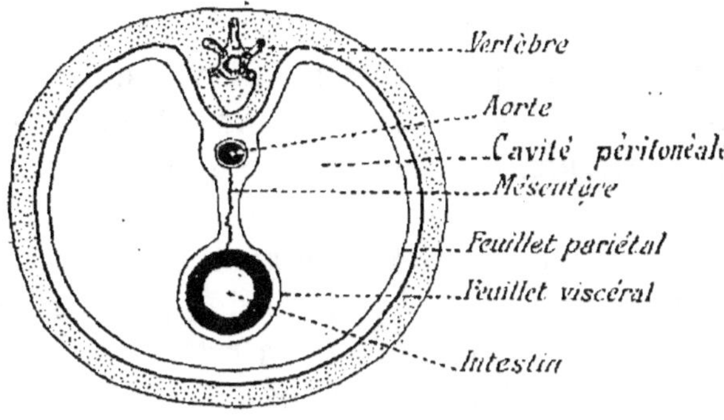

Fig 43. — Coupe transversale de l'abdomen.

se charge de graisse ; chez les animaux, c'est le *tablier*, que les bouchers étalent pour parer la viande.

§ 2. — Les glandes annexes.

Ce sont : les *glandes salivaires*, le *pancréas* et le *foie*.

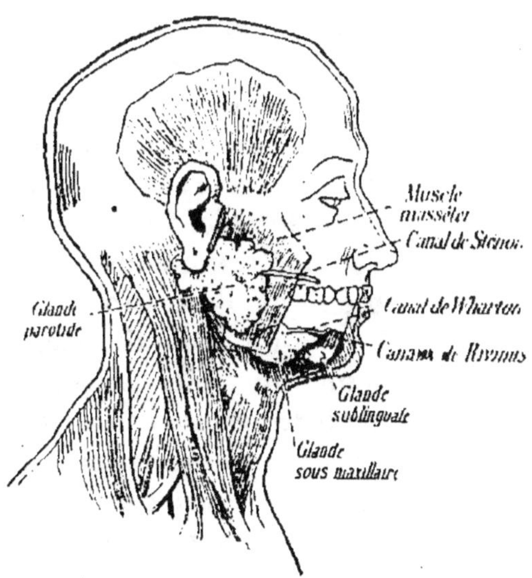

Fig. 44. — Les glandes salivaires.

Les glandes salivaires. — Elles sont situées dans le voisinage de la mâchoire inférieure et sont au nombre de trois paires : les glandes *parotides, sous-maxillaires* et *sublinguales.*

1° Les *glandes parotides* sont les plus grosses et sont situées un peu au-dessous et en avant de l'oreille (*fig.* 44). La salive qu'elles produisent s'écoule par un canal qui vient s'ouvrir dans la bouche au niveau de la deuxième molaire supérieure. Dans la maladie bien connue sous le nom d'*oreillons*, ces glandes sont gonflées et douloureuses.

2° Les *glandes sous-maxillaires* sont logées dans une fossette du maxillaire inférieur, et leur conduit excréteur vient déboucher sur les côtés du frein de la langue.

3° Les *glandes sublinguales*, plus petites encore que les précédentes, sont situées sous la langue et viennent déverser leur contenu dans le voisinage du frein de la langue par plusieurs conduits.

A cause de leur ressemblance extérieure avec une grappe de raisin, on dit que ce sont des *glandes en grappe* (*fig.* 45) ; chaque grain est entouré de tissu conjonctif, de vaisseaux et de nerfs. L'intérieur est une cavité tapissée de deux sortes de cellules épithéliales : des cellules à *mucus*, et des cellules *granuleuses*, sécrétant un liquide clair qui joue un rôle actif dans la digestion.

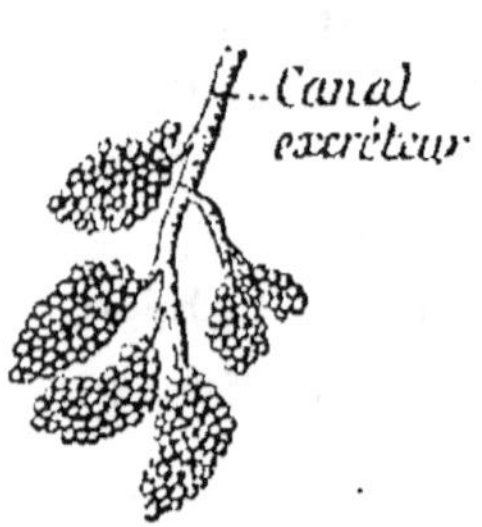

Fig. 45. — Portion de glandes salivaires.

Le pancréas. — C'est une glande volumineuse située dans l'abdomen et derrière l'estomac. Il est produit par un bourgeonnement de l'intestin. Par sa structure en grappe et sa couleur rose, il rappelle les glandes salivaires. Le pancréas (*fig.* 46) a une forme allongée et il est parcouru par un conduit excréteur, le *canal pancréatique*, qui vient déboucher au commencement de l'intestin grêle, à côté du conduit excréteur du foie, le *canal cholédoque*. Du canal pancréatique s'échappe un *canal accessoire* qui vient s'ouvrir dans l'intestin grêle, 2 centimètres au-dessus du premier.

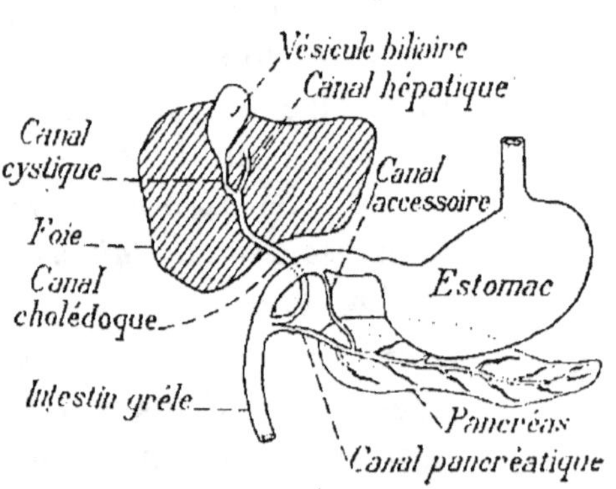

Fig. 46. — Le foie et le pancréas.

Comme dans les glandes salivaires, l'épithélium qui tapisse

les culs-de-sac glandulaires est formé de cellules granuleuses qui ont un aspect différent suivant qu'on les observe avant ou après la sécrétion.

Le foie. — Le foie est la glande la plus volumineuse de l'organisme ; il pèse près de 2 kilogrammes chez l'Homme Il provient, comme le pancréas, d'un bourgeonnement du tube intestinal. Il est situé sous le diaphragme, dans la partie droite de l'abdomen et au-dessus de l'estomac, ce qui explique pourquoi certaines personnes, couchées sur le côté gauche, éprouvent un malaise causé par la pression du foie sur l'estomac. Le foie est maintenu par des replis du péritoine qui le rattachent d'un côté au diaphragme et de l'autre à l'estomac (*fig.* 42). Sa coloration rouge brun est due à deux pigments, dont l'un appelé *ferrine*, soluble dans l'eau alcalinisée, se compose de fer combiné à une matière albuminoïde.

Aspect extérieur. — Il présente : 1° une face supérieure convexe appliquée contre le diaphragme ; 2° une face inférieure concave, appuyée à gauche sur l'estomac et à droite sur l'intestin et le rein droit. Cette face inférieure présente trois sillons qui dessinent la lettre H et qui divisent le foie en quatre lobes (*fig.* 47). Le sillon transversal forme ce qu'on appelle le *hile* du foie ; c'est là qu'aboutissent les artères, les veines et les nerfs et de là

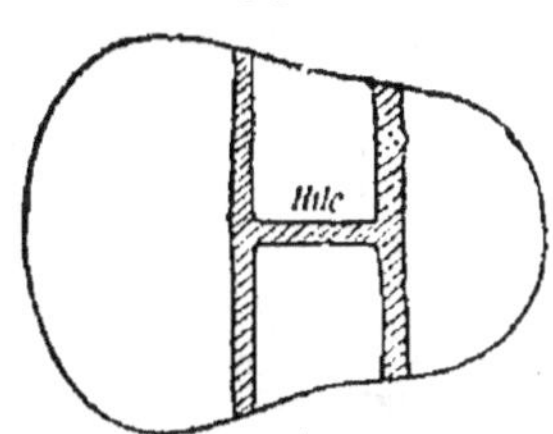

Fig. 47. — Face inférieure du foie montrant les sillons.

que part le canal excréteur de la bile ou *canal hépatique* (*fig.* 48). Plus loin, ce canal hépatique, qui emmène la bile sécrétée, se divise en deux conduits : l'un, le *canal cystique*, va à la *vésicule biliaire* ; l'autre, le *canal cholédoque*, s'unit au canal pancréatique pour déboucher dans l'intestin grêle (*fig.* 48).

Le foie reçoit du sang de deux sources : 1° de l'*artère hépatique*, qui entre par le hile et se divise en deux branches ; 2° de la *veine porte*, qui a recueilli le sang provenant de l'intestin et de l'estomac (*fig.* 49). Ces deux vaisseaux pénètrent dans le foie et s'y ramifient en capillaires.

Ces deux systèmes de capillaires finissent par se confondre

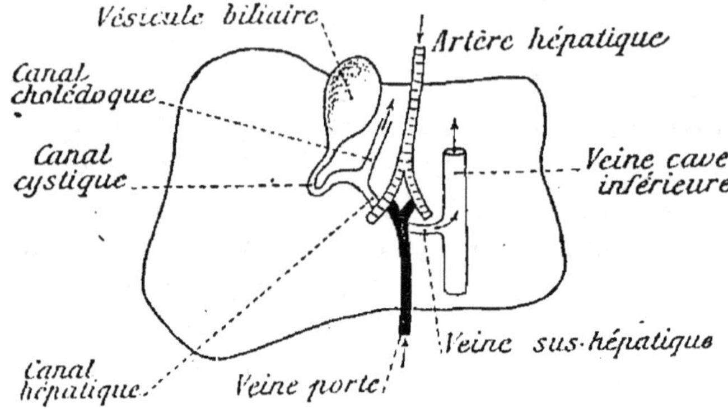

Fig. 48. — Face inférieure du foie : les vaisseaux sanguins et les canaux biliaires.

et viennent se déverser dans plusieurs grosses veines qui, après être sorties du foie, se réunissent en un gros tronc, la *veine sus-hépatique.* Celle-ci vient se jeter dans la *veine cave*

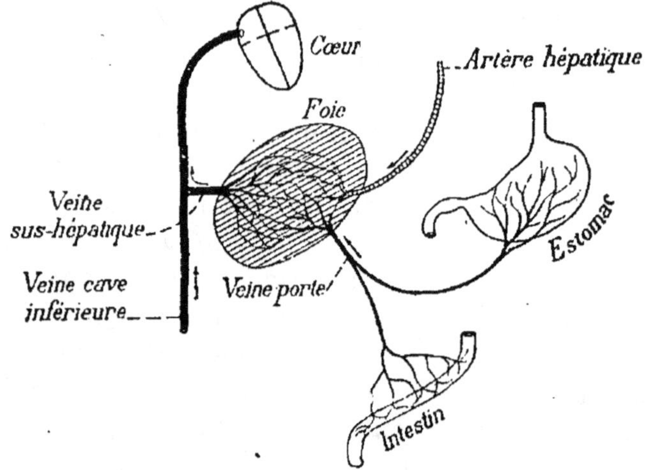

Fig. 49. — Circulation du sang dans le foie.

inférieure, qui ramène le sang à l'oreillette droite du cœur (*fig.* 49).

Un système circulatoire qui présente ainsi deux fois des capillaires (capillaires des intestins, capillaires du foie) sur son trajet est appelé *système porte* ; celui que nous venons de décrire est le *système porte hépatique.*

Structure. — Le foie est enveloppé par une membrane lisse, fibreuse, qui envoie des prolongements à l'intérieur de la masse du foie. Ces prolongements divisent le foie en un grand nombre de petites masses appelées *lobules hépatiques,* ce qui donne au foie un aspect granulé. Il suffit donc d'étudier la structure d'un lobule pour connaître celle de l'organe entier.

Lobule hépatique. — C'est une petite masse de forme polyédrique et n'ayant qu'un millimètre environ de diamètre. Entre les lobules sont des espaces triangulaires où se trouvent les ramifications de la veine porte, de l'artère hépatique et du canal hépatique (*fig.* 50).

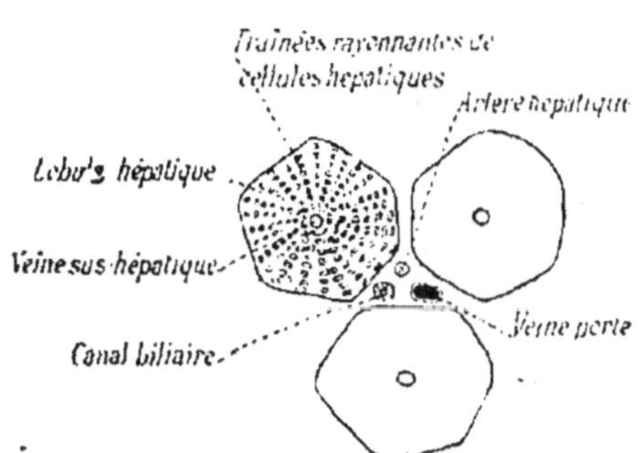

Fig. 50. — Lobules hépatiques.

Autour de chaque lobule se trouve un double réseau sanguin formé par les ramifications de la veine porte et de l'artère hépatique ; ces vaisseaux envoient des capillaires à l'intérieur du lobule et for-

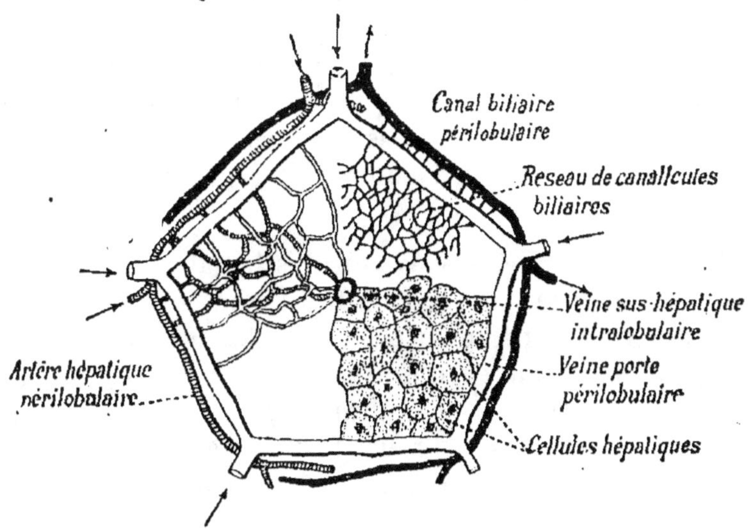

Fig. 51. — Coupe théorique d'un lobule hépatique.

seaux envoient des capillaires à l'intérieur du lobule et forment un réseau capillaire qui gagne le centre du lobule et se jette dans la *veine intralobulaire*, laquelle se réunit à la veine intralobulaire des autres lobules pour former les *veines sus-hépatiques* (*fig*. 51).

La disposition des canaux biliaires (*fig*. 52) montre bien que le foie est une glande dont les conduits excréteurs sont les canalicules biliaires, bordés par les *cellules hépatiques* qui sont les cellules glandulaires. Ces cellules hépatiques

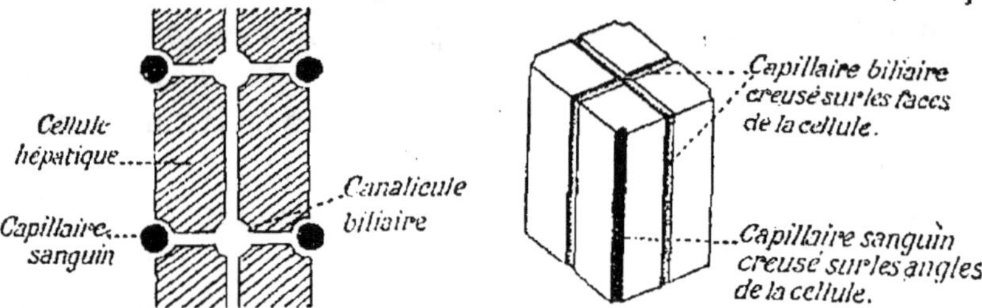

Fig. 52. — Schéma montrant les cellules hépatiques vues de face.

Fig. 53. — Cellule hépatique isolée.

agglomérées pour former le lobule sont situées dans les mailles du réseau sanguin. Chaque cellule hépatique est creusée d'un demi-canal (*fig*. 53) qui, en s'unissant au demi-canal de la cellule voisine, forme un *canalicule biliaire* ; chaque face de la cellule est donc parcourue par un canalicule biliaire. Ces canalicules, très nombreux, se réunissent vers la périphérie du lobule pour donner un *canal périlobulaire* (*fig*. 51); puis les canaux des lobules voisins s'abouchent et finissent par donner un conduit excréteur unique, le *canal hépatique*.

Cellule hépatique. — Les cellules hépatiques forment une série de traînées qui partent du centre du lobule pour rayonner vers la périphérie (*fig*. 50). La cellule hépatique est formée d'un noyau et d'une masse du protoplasme réticulé (*fig*. 54) contenant : 1° des granulations de matière pigmentaire, qui apparaissent sous forme de grains d'un rouge verdâtre : c'est la *bilirubine* ; 2° le *glycogène*, qui se dépose sous forme de gouttelettes diffuses se colorant par l'iode en brun acajou ; 3° des gouttelettes de *graisse*. qui sont surtout abondantes après la digestion

En résumé, chaque cellule hépatique est une cellule glandulaire qui donnera deux produits différents : 1° la *bile*,

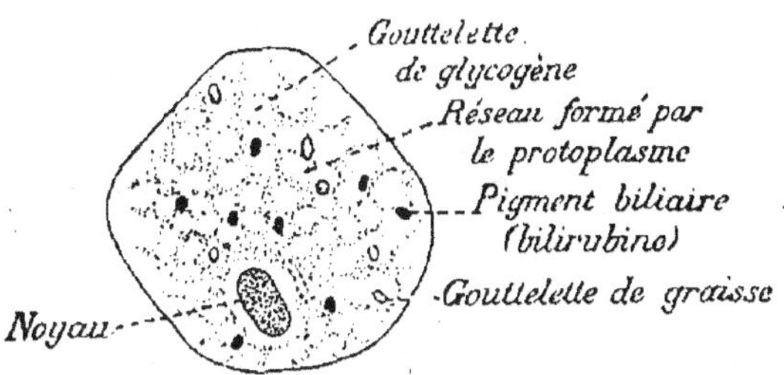

Fig. 54. — Cellule hépatique très grossie.

enlevée par le canal hépatique ; 2° le *glycogène*, enlevé par la veine sus-hépatique après avoir été transformé en sucre. Et c'est dans le sang apporté par la veine porte et l'artère hépatique que la cellule puise les éléments de la bile et du glycogène.

II. — LES ALIMENTS

La faim. — Les aliments sont des matériaux empruntés au monde extérieur, destinés à réparer les pertes subies par notre organisme et à produire l'énergie qui lui est indispensable.

La nécessité de prendre des aliments se manifeste par des besoins tels que la *faim* et la *soif*, qui apparaissent à des intervalles réguliers, et qui sont comme une sorte de signal d'alarme avertissant l'organisme de son appauvrissement. Certains animaux, comme les Lapins et les Cobayes, dont l'usure est rapide et les aliments peu nutritifs, mangent continuellement, et leur estomac est toujours plein d'aliments.

A son début, la faim procure une sensation qui n'est pas désagréable : c'est l'*appétit*. Mais si elle se continue, elle devient douloureuse. Elle est due à ce que le sang ne contient plus suffisamment de matières nutritives. Il est difficile de dire où l'on a faim ; pourtant cette sensation, bien que vague, semble localisée dans l'estomac : ce qui explique pourquoi on peut la calmer en introduisant dans l'estomac des matières inertes. Certains poisons, comme le tabac et l'opium, et certaines maladies peuvent faire disparaître la sensation de faim. Au contraire, il est des maladies, comme le diabète, par exemple, qui produisent un effet inverse : la faim est permanente ; c'est ce qu'on appelle la *boulimie*.

La soif. — La soif est caractérisée par la sécheresse de la bouche et de la gorge et par l'absence de salive ; mais, en réalité, elle est due à ce que les tissus, et particulièrement le sang, ont perdu de l'eau. La preuve en est dans ce fait que la sensation de soif est intense si l'organisme perd de l'eau par une hémorragie importante ou par une diarrhée ; par contre la soif est apaisée si l'on rend à l'organisme l'eau qu'il a perdue. Ainsi, après avoir fait courir des Chiens jusqu'à production d'une soif ardente, on a réussi à faire disparaître cette sensation chez ces animaux en leur injectant de l'eau dans les veines. Au contraire, le simple passage d'une boisson dans la bouche ne calme pas la soif : on l'a montré expérimentalement sur un animal, dont on coupe l'œsophage en travers ; l'animal, véritable tonneau des Danaïdes, boit indéfiniment sans pouvoir se désaltérer.

La résistance au jeûne. — L'organisme ne peut résister longtemps à la privation complète d'aliments. Car non seulement les aliments lui sont nécessaires pour réparer les pertes qu'il a subies, mais ils jouent dans la machine humaine le même rôle que le charbon dans la machine à vapeur : ils lui donnent, ainsi que nous le montrerons plus loin, l'énergie dont elle a besoin pour produire du travail. Aussi les hommes et les animaux qui ont une grande activité ne peuvent-ils résister longtemps au jeûne complet. Le Cobaye, par exemple, ne résiste pas plus de 6 jours ; un Chien peut résister 30 jours ; on admet que l'Homme peut supporter l'abstinence pendant 20 jours ; mais ce temps est abrégé ou accru suivant les circonstances. Au contraire, les animaux qui dorment pendant tout l'hiver, comme la Marmotte et le Hérisson, ne prennent pas de nourriture pendant tout ce temps ; c'est que leur vie est ralentie et qu'ils usent peu.

Le physiologiste Claude Bernard a montré que les animaux à sang froid, les Crapauds par exemple, peuvent vivre pendant plusieurs années enfermés dans un bloc de plâtre et privés par conséquent de tout aliment.

Le premier effet du jeûne est l'amaigrissement : c'est d'abord la graisse qui disparaît complètement, puis le foie et les muscles. Le cœur et le système nerveux ne perdent pour ainsi dire rien, et c'est pour cela que la vie se maintient ; mais dès qu'ils subissent une déchéance, l'animal meurt.

Principaux aliments. — L'aliment le plus utile serait évidemment celui dont la composition se rapprocherait le plus de celle de notre organisme. Or, en étudiant la composition du corps humain, on y trouve : de l'eau, des sels minéraux (carbonates, phosphates, sulfates, chlorures de sodium, de potassium, de magnésium), des sucres, des graisses, des matières albuminoïdes, etc. L'aliment parfait devrait donc contenir tous les éléments qui entrent dans ces substances. En réalité, il n'existe pas, et c'est par le mélange des divers aliments, tels qu'ils se trouvent dans la nature, que l'on peut fournir à tous les organes les éléments réparateurs dont ils ont besoin.

Les principaux aliments peuvent être rangés en cinq groupes, suivant leur origine ou leur composition chimique :

I. Les **aliments minéraux**, dont les plus importants sont : l'eau, le sel ordinaire, les sels calcaires, le fer et le manganèse.

L'eau entre pour les 2/3 dans la composition de l'organisme. La cellule vivante est placée dans un milieu aqueux, constitué par les liquides organiques (sang, lymphe). Aussi Claude Bernard disait-il avec raison : « Tous les êtres vivants sont aquatiques. »

Les proportions d'eau du milieu organique doivent rester constantes, et un mécanisme existe chez l'Homme et les animaux qui fonctionne automatiquement pour maintenir ces proportions. On comprend donc que la sensation de soif apparaisse dès que l'organisme perd plus d'eau qu'il n'en reçoit.

Cette perte quotidienne (urine, sueur, respiration, etc.), évaluée à 3000 grammes, est compensée par l'eau contenue dans les boissons ou les aliments (35 °/₀ dans le pain).

Le *sel* ou *chlorure de sodium* est indispensable à la nutrition des organes et au bon fonctionnement de l'estomac, ce qui s'explique facilement, car il existe dans toutes les parties du corps et fait partie du milieu nécessaire à la cellule. Chaque jour l'Homme en rejette, par l'urine et par la sueur, environ 15 grammes ; il doit donc en absorber une dose équivalente et ne saurait s'en priver sans qu'il en résulte des troubles dans l'organisme. D'autre part, on sait que les éleveurs placent dans les étables des blocs de sel que les animaux lèchent avec avidité. Le sel semble exciter leur appétit, en même temps qu'il leur donne plus de vigueur et un certain embonpoint.

Plus l'alimentation est végétale et plus la quantité de sel ajoutée aux aliments doit être grande. En effet, les végétaux contiennent beaucoup de sels de potasse (3 à 4 fois plus que de sels de soude), notamment du carbonate de potassium. Or, ce carbonate de potassium en arrivant dans le sang produit avec le chlorure de sodium une double décomposition. Il donne du carbonate de sodium et du chlorure de potassium qui est rapidement éliminé par les reins. Quant au carbonate de sodium, il s'unit aux acides phosphorique et sulfurique (provenant de l'oxydation du phosphore (du soufre des matières albuminoïdes), en donnant des sels qui sont à leur tour éliminés avec les urines. Il y a donc consommation constante du chlorure de sodium du sang. C'est pour cette raison que les populations agricoles, dont la nourriture est composée surtout de végétaux, consomment plus de sel que les populations de chasseurs et de pêcheurs.

Notons que le passage quotidien à travers les reins d'une trop grande masse de sel (20 à 30 grammes) n'est pas sans danger pour ces organes.

Les *sels calcaires* (phosphate et carbonate) sont nécessaires surtout à l'enfant au moment de la formation des os. Pendant la première année le poids du squelette de l'enfant augmente de 1 kilogramme environ, et l'enfant fixe par semaine 4 à 5 grammes de phosphate de calcium. L'organisme trouve ces matières minérales surtout dans le lait et les légumes.

Le *fer* est un élément qui entre dans la composition du sang et des muscles. Presque tous les aliments en renferment sous forme organique. Le jaune d'œuf est particulièrement riche en un composé du fer assimilable par l'organisme (0,3 °/₀ environ). Le nouveau-né apporte en naissant une provision de fer fixé dans le foie, et c'est de cet organe que le jeune enfant reçoit le fer dont il a besoin pour la formation des globules rouges du sang.

De petites quantités de *manganèse* accompagnent souvent le fer. Ce métal semble jouer un rôle important dans le fonctionnement des ferments oxydants de l'organisme (*oxydases*).

L'*iode* paraît nécessaire au fonctionnement d'une glande importante de l'organisme, la glande thyroïde. Les aliments qui en contiennent des traces, faibles mais suffisantes, sont des végétaux (asperges, carottes, haricots verts) et la chair des Poissons.

Le *soufre* et le *phosphore* se trouvent surtout dans les matières albuminoïdes animales et végétales.

II. Les hydrates de carbone : féculents et sucres. Ces aliments, essentiellement formés d'hydrogène, d'oxygène et de carbone, peuvent être considérés comme une combinaison du carbone avec l'eau : d'où leur nom.

Les *féculents* ont la composition chimique de l'amidon ou de la fécule, dont la formule est $C^6H^{10}O^5$ ou $C^6(H^2O)^5$. Sauf le glycogène du foie, ils sont tous d'origine végétale : Blé, Riz, Pomme de terre, etc. Les uns sont solubles, comme l'inuline de l'Artichaut et les *principes pectiques* de la gelée de fruits ; les autres sont insolubles, comme l'*amidon* et la *fécule* des cellules végétales, la *cellulose* de la membrane des cellules végétales.

La cellulose n'est pas attaquée par les sucs digestifs ; aussi se retrouve-t-elle presque en entier dans les résidus de la digestion ; par suite elle provoque les contractions de l'intestin, favorise la progression des matières et empêche la constipation.

Les *sucres* comprennent deux séries : celle du *glucose* et celle du *saccharose*. Le *glucose* ($C^6H^{12}O^6$) est le sucre de raisin ou de fruits ; il est soluble dans l'alcool et peut fermenter, sous l'influence de la levure. Le *saccharose* ($C^{12}H^{22}O^{11}$) est le sucre de Canne ou de Betterave ; il est insoluble dans l'alcool et ne peut fermenter directement sous l'action de la levure. Pour fermenter et pour être assimilé par l'organisme, il faut qu'il soit transformé d'abord en glucose. Comme nous le verrons plus loin, c'est le glucose qui est le principal combustible de la machine animale.

Un moyen facile de distinguer ces deux sucres, glucose et saccharose, nous est donné par la *liqueur cupro-potassique* (mélange de soude, de sulfate de cuivre, de tartrate de potasse dissous dans l'eau). A l'ébullition, le glucose réduit cette liqueur en donnant un précipité rouge-brique de sous-oxyde de cuivre ; le saccharose ne la réduit pas.

III. Les **graisses** sont aussi formées d'hydrogène, d'oxygène et de carbone, mais ce ne sont plus des hydrates de carbone. Elles se présentent sous forme de graisse, de beurre ou d'huile, et résultent du mélange de plusieurs substances telles que la *stéarine*, la *margarine* et l'*oléine*, qui sont des combinaisons d'un *acide gras* (acide stéarique, margarique, oléique) avec la *glycérine*. Ces corps gras se rencontrent chez les animaux et les végétaux.

Chez les animaux, on les trouve dans le tissu adipeux du derme (*lard*), dans la viande (2 à 5 %), dans le lait (4 %), dans le jaune d'œuf (30 %).

Chez les végétaux, ces corps gras existent dans la graine (huile de noix et d'œillette), ou dans l'enveloppe du fruit (huile d'olive) ; leur proportion atteint alors 50 et 60 %.

Les graisses, comme les hydrates de carbone, sont brûlées dans l'organisme ; mais étant plus riches en carbone, elles produisent beaucoup plus de chaleur.

IV Les aliments azotés ou albuminoïdes, dont le type est le blanc d'œuf ou *albumine*, constituent la plus grande partie des tissus animaux et végétaux. Ils contiennent comme éléments essentiels : du carbone, de l'oxygène, de l'hydrogène et de l'azote ; et, comme éléments accessoires : du soufre, du phosphore. Aussi, en se décomposant, dégagent-ils toujours une odeur d'hydrogène sulfuré et parfois de phosphure d'hydrogène. Parmi ceux qui sont d'origine animale, citons la *myosine* de la viande, le blanc d'œuf, la *caséine* du lait, la *fibrine* et la *globuline* du sang, la *gélatine* des os. Parmi ceux d'origine végétale, nous trouvons le *gluten* du blé, la *légumine* des haricots et des pois, etc.

Pour donner une idée de la complexité des matières albuminoïdes, il nous suffit d'indiquer la formule de l'albumine de l'œuf, d'après le chimiste Armand Gautier : $C^{250}H^{409}Az^{67}O^{81}S^3 = 5739$ (poids moléculaire). On conçoit dès lors le grand nombre de réactions et de produits que donnera la désagrégation d'une molécule d'aussi énormes dimensions.

Certains physiologistes ont groupé les matières albuminoïdes de la manière suivante :

1° Les *albumines vraies*, solubles dans l'eau distillée et coagulables par la chaleur (*albumine* de l'œuf, du lait, du sérum) ;

2° Les *globulines*, insolubles dans l'eau distillée, solubles dans les solutions salines étendues, coagulables par la chaleur (*myosine* des muscles, *fibrinogène* du sang) ;

3° Les *peptones*, solubles dans l'eau, non coagulables par la chaleur (produits de transformation des matières albuminoïdes par les diastases de l'estomac et du pancréas) ;

4° Les *substances albuminoïdes coagulées ou insolubles* (*fibrine* du sang, *caséine* du lait).

Toutes ces substances offrent ce caractère commun qu'elles se colorent en violet pourpre quand on traite à chaud leur solution par un excès d'alcali (potasse ou soude caustique) et une trace de sulfate de cuivre. C'est la réaction connue sous le nom de *réaction du biuret*.

Les albuminoïdes, sauf les peptones, précipitent par l'alcool, par les acides forts, par la chaleur (60° à 100°). Le précipité est caractérisé par son aspect blanc et floconneux. Séchés, les albuminoïdes ont un aspect jaunâtre et corné.

A côté de ces albuminoïdes on place deux groupes de corps voisins : 1° les *protéides* qui sont des albumines combinées à d'autres corps (*hémoglobine* du sang où le corps ajouté est le fer) ; 2° les *albuminoïdes* qui renferment moins de carbone et plus d'oxygène que les albumines (*osséine* de l'os, *kéraline* des poils et des ongles).

V. Enfin, nous devons ranger à part tout un groupe d'aliments que pendant longtemps on a désignés sous le nom d'*aliments d'épargne*, parce qu'on croyait qu'ils favorisaient par leur simple présence la transformation de la chaleur en force, qu'ils donnaient par suite plus d'énergie à l'organisme. En réalité, ces aliments, tels que l'alcool, le thé. le café, sont des excitants du système nerveux, d'où le nom d'*aliments nervins* qu'on leur donne parfois. Ils permettent à l'organisme d'utiliser rapidement ses réserves. Ils sont plutôt une cause d'affaiblissement des forces physiques et des facultés intellectuelles ; de sorte que par leur action ils méritent mieux le nom d'*aliments de gaspillage* qu'on est en droit de leur donner. D'ailleurs, à forte dose, ces aliments deviennent de véritables poisons.

L'alimentation doit être mixte. — Aucun des aliments simples que nous venons d'énumérer, pris seul, ne peut entretenir la vie. On l'a démontré expérimentalement : un Chien nourri exclusivement avec de la viande succombe au bout de trois mois ; mis au régime exclusif de féculents ou de corps gras, il meurt au bout d'un mois. L'alimentation mixte est donc nécessaire.

D'ailleurs les aliments ordinaires résultent toujours du mélange d'aliments simples. Ainsi le pain est composé de gluten (matière albuminoïde), d'amidon (matière féculente) et de phosphate et de carbonate de calcium (matières minérales).

Certains aliments ont été appelés *complets*, parce qu'ils contiennent divers aliments simples dans une heureuse proportion. Mais au sens rigoureux, on peut dire qu'il n'y a pas d'aliments complets, sauf le lait, qui contient à la fois de la caséine (albuminoïde), du sucre (hydrate de carbone), de la crème (graisse), des sels et de l'eau Aussi bien le lait est pour les jeunes. nfants l'unique aliment ; de même l'œuf, pour le petit Oiseau qui se développe à l'intérieur de la coquille.

L'œuf, en effet, est composé du jaune (graisse et lécithine) et du blanc (albuminoïde). Voici d'ailleurs un tableau qui donne en nombres ronds, d'après **M. Ch. Richet**, la composition de quelques aliments :

	LAIT	ŒUFS	VIANDE	PAIN
Eau	87	71	77	40
Albuminoïdes	4	16	20	8
Graisses	4	12	2	1
Hydrates de carbone	4	traces	traces	50
Sels	1	1	1	1

Ce tableau montre que le pain contient peu de graisses, que la viande et les œufs ne renferment pas assez d'hydrates de carbone. D'où la nécessité d'associer les aliments : pain et viande, pain et œufs, etc.

Il existe cependant des animaux exclusivement herbivores ou exclusivement carnivores. Mais l'homme ne peut se soumettre aux régimes extrêmes, végétarien et carné, sans s'exposer à de graves inconvénients.

Nous indiquerons dans un autre chapitre ce qu'on doit entendre par *ration alimentaire*, et comment celle-ci doit varier selon les cas.

III. — PHYSIOLOGIE DE LA DIGESTION

Les actions qui s'exercent sur les aliments sont de deux sortes : les unes sont *mécaniques*, les autres *chimiques*.

§ 1. — Phénomènes mécaniques.

Mastication. — Une fois les aliments introduits dans la bouche, ils y sont découpés et écrasés par les dents, grâce aux mouvements des mâchoires. Pendant ce temps, la salive s'écoule abondamment et vient imprégner les aliments, qui finissent par se rassembler, sur la face supérieure de la lan-

gue, en une masse molle appelée *bol alimentaire*. Il est d'une
grande importance que les aliments soient bien mâchés pour
que les sucs digestifs puissent agir vite et bien. Les aliments
végétaux exigent une mastication plus complète que les aliments d'origine animale, car ils sont ordinairement enfermés
dans des enveloppes inattaquables par les sucs digestifs. Cela
explique pourquoi les dents molaires sont si développées
chez les herbivores.

De nombreux troubles du tube digestif (*dyspepsie*) surviennent souvent chez les personnes qui mâchent incomplètement
leurs aliments. Il importe donc de ne pas avaler gloutonne-
ment les aliments, sous peine d'avoir des digestions pénibles.

Déglutition. — La *déglutition* est le passage du bol alimentaire de la bouche dans l'œsophage. Elle s'opère en deux
temps : 1° la pointe de la langue s'appuie contre la voûte
du palais (*fig.* 55) et
pousse le bol alimentaire
en arrière contre le voile
du palais qui se relève et
vient fermer l'ouverture
des fosses nasales; ces
mouvements sont volon-
taires; si la langue est
paralysée, ce premier
temps ne peut s'accom-
plir et le bol alimentaire
doit être poussé avec le
doigt jusqu'à l'entrée du
pharynx; 2° les muscles

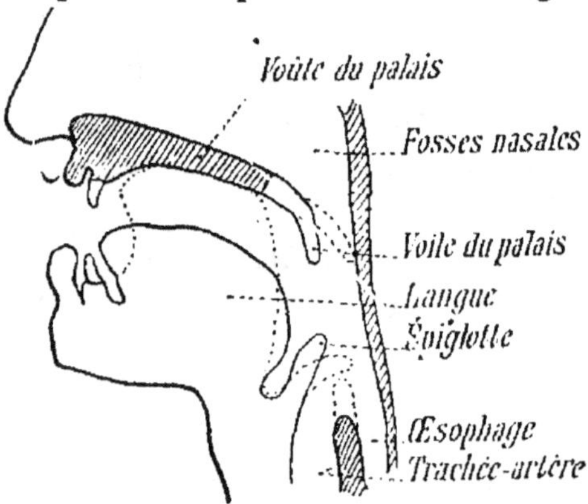

Fig. 55. — La bouche au moment de la
déglutition (le pointillé indique la
position des organes pendant la déglutition).

du pharynx se contractent, soulèvent le larynx et la trachée-
artère, ainsi qu'on peut s'en assurer en mettant le doigt sur
la partie du larynx connue sous le nom de pomme d'Adam ;
l'orifice de la trachée-artère se trouve alors fermé par une
languette, l'*épiglotte*, qui, rencontrant la base de la langue,
se renverse en arrière et empêche ainsi l'introduction de particules alimentaires dans les voies aériennes. L'œsophage seul
reste largement ouvert, et le bol alimentaire s'y introduit. Il

peut arriver pourtant que les aliments soient rejetés par les fosses nasales lorsqu'on rit ou tousse au moment de la déglutition. La paralysie du voile du palais entraîne le reflux par le nez des aliments et des boissons au moment de la déglutition. Si, en temps normal, une particule alimentaire pénètre dans la trachée-artère, elle provoque une toux pénible ; on dit qu'on a avalé de travers.

Mouvements péristaltiques. — A partir de l'œsophage, les aliments vont progresser grâce aux contractions successives des fibres musculaires circulaires et longitudinales du tube digestif. Ces contractions, qui commencent par le haut pour se diriger vers le bas, produisent les mouvements *péristaltiques* du tube digestif. Dans le vomissement, et normalement chez les Ruminants, ces mouvements de l'œsophage se font de bas en haut : ils sont *antipéristaltiques*. L'action de la pesanteur serait insuffisante pour expliquer la marche du bol alimentaire vers l'estomac, car les Mammifères herbivores avalent en paissant la tête en bas, et de même les acrobates peuvent manger dans cette position. C'est donc par les mouvements de l'œsophage que les aliments progressent vers l'estomac.

Les mouvements de l'estomac sont énergiques ; on en distingue deux sortes : 1° les mouvements de *brassage* ayant pour but de bien mélanger les aliments avec le suc gastrique ; ils commencent 15 minutes après le repas et durent 4 ou 5 heures ; les troubles qui résultent de la dilatation de l'estomac, état pathologique caractérisé par l'inertie des muscles de cet organe, sont une preuve de l'importance de ces mouvements ; 2° les mouvements d'*évacuation*, qui font passer les aliments dans l'intestin par petites portions ; on a pu voir que l'eau et le bouillon passent de suite dans l'intestin ; le lait, le pain, la viande sont au contraire lentement évacués et par portions successives.

C'est le relâchement du pylore qui permet le passage dans l'intestin. Ce sont les hydrates de carbone qui passent le plus vite ; après une demi-heure les matières albuminoïdes commencent à quitter l'estomac et en 2 heures elles sont entièrement passées dans l'intestin ; les graisses séjournent plus longtemps. L'étude de cette évacuation est faite avec les rayons X et grâce à l'addition aux aliments d'une certaine quantité de nitrate de bismuth, cette matière étant opaque aux rayons de Röntgen.

Si le diaphragme et les muscles de la paroi abdominale se contractent en même temps, ils appuient sur l'estomac, qui se trouve comprimé de deux côtés à la fois et qui rejette son contenu par le cardia : c'est le *vomissement*. Ce fait peut se produire sous l'influence d'excitations (mal de mer, chatouillement de la luette), de l'absorption de certaines matières (émétique, ipéca), ou simplement du dégoût.

Les mouvements péristaltiques de l'intestin grêle poussent les aliments dans le gros intestin ; puis la valvulve iléo-cæcale empêche les matières de revenir dans l'intestin grêle, de sorte qu'elles continuent à progresser vers le colon, le rectum, où elles sont maintenues par le sphincter anal avant d'être rejetées par l'anus. Lorsque les mouvements péristaltiques sont violents, ils causent les douleurs connues sous le nom de *coliques*. Il y a *constipation* si les matières fécales séjournent longtemps dans le gros intestin, et *diarrhée* si, au contraire, les aliments mal digérés ne font qu'y passer.

Tous les mouvements du tube digestif, sauf ceux de la bouche, du pharynx et du sphincter anal, sont *involontaires*.

Les observations radioscopiques ont permis de constater que les hydrates de carbone parcourent l'intestin en 4 heures environ, les graisses en 5 heures et les albuminoïdes en 6 heures. Les purgatifs végétaux (huile de ricin) agissent en exagérant les mouvements de l'intestin ; tandis que les purgatifs salins agissent surtout en exagérant la sécrétion des glandes intestinales, d'où une diarrhée séreuse sans coliques.

§ 2. — Phénomènes chimiques.

Les sucs digestifs. — Les différents sucs digestifs, tels que la salive, le suc gastrique, le suc pancréatique, le suc intestinal, font subir aux aliments certaines transformations qui l`s rendent *solubles* et *assimilables*. Il faut, en effet, que l'aliment soit non seulement soluble, mais encore assimilable. Ainsi l'albumine de l'œuf, le sucre de canne sont des aliments liquides, mais incapables tels quels de nourrir l'organisme, parce qu'ils ne sont pas directement assimilables par le protoplasme des cellules. Si on les injecte dans une veine, on les retrouve au bout d'un instant dans l'urine ; c'est donc que l'organisme n'a pas pu les utiliser. Si, au contraire, on les injecte dans le sang après leur avoir fait subir l'action des sucs digestifs, ils ne passent plus dans l'urine ; c'est qu'ils ont servi à la nutrition de l'organisme.

Les sucs digestifs agissent au moyen de *ferments* ou *diastases* ; à chaque classe d'aliments correspond une catégorie de ferments dont nous allons étudier l'action.

La salive. — La salive est *mixte*, car elle résulte du mélange de trois salives *parotidienne, sous-maxillaire* et *sublinguale*, provenant des trois glandes salivaires. Claude Bernard a isolé et étudié séparément ces salives, et il a ·montré que chacune d'elles était adaptée à l'un des trois actes : mastication, gustation, déglutition.

1° La *salive parotidienne* est très fluide et toujours alcaline ; elle sert surtout à la mastication ; aussi la glande parotide est-elle très développée chez les animaux qui mangent des aliments secs, chez le Cheval (*fig*. 56), par exemple, où elle peut sécréter 22 litres de salive par repas ; elle est au contraire très réduite chez les Mammifères qui ne mâchent pas leur proie, comme le Fourmilier (*fig*. 57) ; enfin,

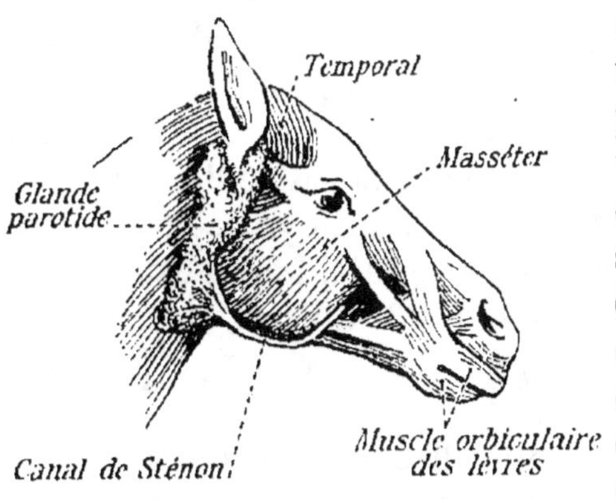

Fig. 56. — Tête de cheval montrant l'énorme glande parotide.

elle disparaît complètement chez les animaux aquatiques, dont les aliments sont toujours imbibés d'eau (Cétacés). Elle contient du phosphate de calcium, qui se dégage sous forme de *tartre dentaire.*

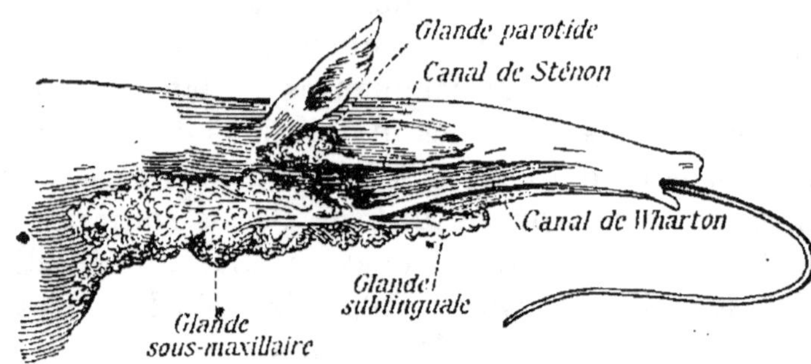

Fig. 57. — Tête de Fourmilier montrant une glande parotide réduite et de grosses glandes sous-maxillaires et sublinguales.

2° La *salive sous-maxillaire* est visqueuse et sert surtout dans la gustation des aliments : aussi la glande sous-maxillaire est-elle développée chez les carnivores (Chat, Chien), et très réduite chez les Oiseaux granivores, qui ne goûtent pas leurs aliments.

3° La *salive sublinguale* est très visqueuse et renferme beaucoup de mucus. Elle facilite le glissement des aliments dans la déglutition.

Cette salive mixte, à laquelle s'ajoute le liquide sécrété par les glandes buccales, est un liquide visqueux et de réaction alcaline ; s'il séjourne entre les dents des matières alimentaires qui se décomposent rapidement, la salive devient acide ; elle le devient également dans certaines maladies (muguet, dyspepsie, diabète, phtisie). Elle contient de l'eau, des sels (chlorures, sulfates et phosphates alcalins), et enfin un ferment particulier, la *ptyaline*, qui est le principe actif de la salive.

Pour étudier l'action de cette diastase, on met de l'empois d'amidon avec de la salive dans un tube que l'on maintient à la température de 40° dans un bain-marie. On constate alors que l'amidon se transforme. Avec l'eau iodée, le liquide ne se colore plus en bleu, comme le fait toujours l'amidon ; il donne une coloration rouge montrant la formation d'une *dextrine* ; puis l'action du ferment continuant, la coloration rouge disparaît et l'on obtient un liquide capable de réduire la liqueur de Fehling (tartrate double de cuivre et de potassium) en donnant un précipité rouge de sous-oxyde de cuivre, ce qui caractérise un sucre voisin du glucose, appelé *maltose*. L'amidon a été digéré, et l'on dit, lorsqu'on a réalisé cette expérience, qu'on a fait une *digestion artificielle*.

La ptyaline est donc une diastase qui digère les féculents par hydratation en les transformant en dextrine et en maltose :

$$3C^6H^{10}O^5 + H^2O = C^6H^{10}O^5 + C^{12}H^{22}O^{11}.$$
$$\text{amidon} \qquad \text{eau} \qquad \text{dextrine} \qquad \text{maltose}$$

On peut d'ailleurs se convaincre de cette transformation en conservant de la mie de pain pendant quelques minutes dans la bouche : on sent alors une saveur *sucrée*.

En réalité, la salive joue surtout un rôle *mécanique* en facilitant la mastication et la déglutition des aliments, un rôle *physique* en dissolvant certains aliments, ce qui facilite leur gustation ; mais son action *chimique* est faible, les aliments ne séjournant pas assez longtemps dans la bouche. Cette action peut se continuer dans l'estomac, et c'est surtout dans l'intestin que se fait la digestion des féculents par le suc pancréatique et le suc intestinal.

Chez le jeune enfant la ptyaline n'apparaît dans la salive qu'avec la première dentition.

L'Homme peut sécréter 1 000 à 1 500 grammes de salive par jour. Cette sécrétion se fait sous l'influence de la saveur des aliments ; mais la vue, l'odeur ou même la simple idée d'un mets savoureux « fait venir l'eau à la bouche ». Par contre, d'autres impressions peuvent arrêter la salivation ; ainsi une forte émotion dessèche la bouche.

Le suc gastrique. — Jusqu'en 1750, on admettait que la digestion consistait en une *trituration* des aliments par l'estomac.

Réaumur, vers 1750, appliqua pour la première fois aux recherches physiologiques la méthode expérimentale. Il fit avaler à des Oiseaux de proie des sphères métalliques creuses remplies de viande et percées de trous ; quelques heures après, ces sphères étaient rejetées par vomissement, vides et sans déformation. Réaumur en conclut que la digestion de la viande était due à l'action d'un liquide particulier produit par l'estomac et non à une action mécanique comme on l'avait cru jusque là.

Spallanzani, vers 1780, refit les expériences de Réaumur et fit avaler à des Oiseaux une petite éponge retenue par une ficelle ; il put, en tirant la ficelle, recueillir le suc gastrique qui avait imprégné l'éponge et voir que ce suc digérait la viande.

En 1830, le médecin américain Beaumont obtint le même résultat en recueillant le suc qui s'écoulait de l'estomac d'un chasseur blessé par un coup de fusil.

Actuellement, dans les laboratoires de physiologie, pour obtenir du suc gastrique, on fait ce qu'on appelle une *fistule gastrique*. Sur un Chien, par exemple, on opère de la façon suivante : on pratique une première incision à la paroi abdominale et une seconde à la paroi gastrique, puis on réunit les lèvres de la première aux lèvres de la seconde de façon à établir une communication directe entre la cavité de l'estomac et l'extérieur. Par cet orifice, on introduit un tube qui permet au suc gastrique de s'écouler (*fig.* 58). Le suc est re-

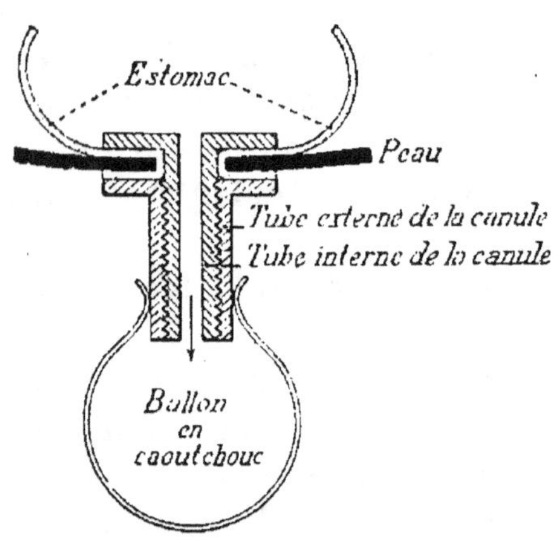

Fig. 58. — Disposition d'une fistule gastrique.

cueilli dans un petit ballon suspendu à ce tube, et l'on étudie ensuite sa composition et son action sur les aliments.

Le suc gastrique est un liquide clair, renfermant 994 pour 1 000 d'*eau*, des *sels* (chlorure de sodium et phosphate de calcium), de l'*acide chlorhydrique*, et deux diastases, la *pepsine* et la *présure*.

L'acide chlorhydrique provient du chlorure de sodium du sang, car il disparaît chez un animal soumis au jeûne chloré.

On ne connaît pas le mécanisme de sa production. La présence de cet acide dans le suc gastrique donne à ce dernier un pouvoir antiseptique qui lui permet de détruire au moins une partie des microbes amenés par les aliments.

On peut pratiquer des *digestions artificielles* en plaçant le suc gastrique dans une étuve à la température du corps humain (37 à 38°) ; la viande placée dans ce suc se gonfle, devient transparente, et finit par se transformer en liquide soluble dans l'eau. Le suc gastrique agit de la même façon sur tous les albuminoïdes, en les transformant en substances absorbables appelées *peptones*. Cette transformation se fait sous l'influence de la *pepsine* et de l'*acide chlorhydrique*, sans lequel la diastase ne saurait agir.

La digestion des matières albuminoïdes ne fait que s'ébaucher dans l'estomac, elle s'achève dans l'intestin grêle.

L'estomac des jeunes animaux (Veaux) est surtout riche en *présure*, qui a la propriété de coaguler la caséine du lait. Le lait est d'abord coagulé, puis les grumeaux de caséine sont dissous. Le pouvoir coagulant de la présure est considérable : une partie de présure peut caséifier 100 000 fois son poids de caséine. D'où l'usage de cette matière dans la préparation du fromage.

La bouillie résultant de la transformation des aliments par le suc gastrique s'appelle le *chyme*. Cette modification exige deux ou trois heures ; ce temps varie d'ailleurs suivant les aliments : ainsi la viande crue est plus rapidement dissoute que la viande cuite, et la viande rôtie plus vite aussi que la viande bouillie. De même les œufs crus ou à la coque se digèrent plus facilement que les œufs durs.

Bien que le suc gastrique digère les matières albuminoïdes, il ne digère cependant pas les parois de l'estomac, parce qu'elles sont protégées par une couche de mucus et par l'épithélium, et aussi, d'après une opinion plus récente, parce qu'elles sécrètent un *antiferment* qui annule les effets de la pepsine.

Mécanisme de la sécrétion du suc gastrique. Excitant psychique et excitant chimique. — La sécrétion du suc gastrique ne se produit qu'au moment du repas et pendant toute la durée du séjour des aliments dans l'estomac. Elle cesse dès que l'estomac a évacué son contenu dans l'intestin. Des expériences récentes du physiologiste russe Pavloff ont montré que le suc gastrique était sécrété : 1° sous l'influence gustative des aliments ; 2° par l'action directe des aliments sur la muqueuse de l'estomac. Ainsi, la vue et l'odeur de la viande provoquent une sécrétion gastrique que l'on peut constater facilement chez un Chien ayant trois fistules (*fig.* 59) : l'une à l'estomac, les deux autres à l'œsophage qu'on a sectionné. Si l'on fait manger

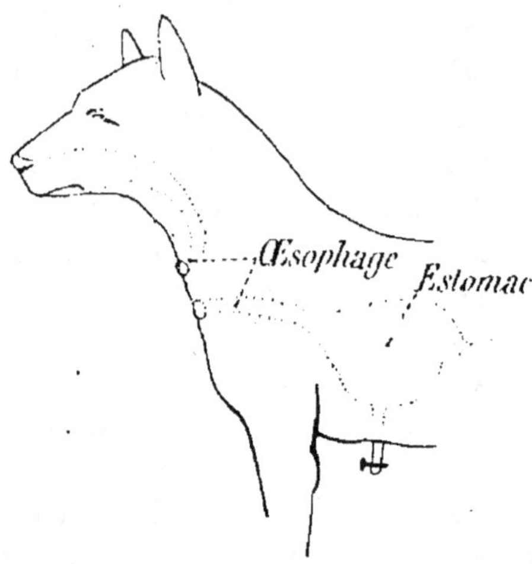

Fig. 59. — Chien préparé pour montrer le mécanisme de la sécrétion du suc gastrique.

à ce Chien un morceau d'éponge imbibé d'eau, on n'observe pas de sécrétion ; au contraire, si l'éponge est imbibée de jus de viande, la sécrétion est abondante ; elle commence après quelques minutes et dure 2 ou 3 heures. On peut même provoquer une sécrétion purement *psychique* en montrant au Chien un morceau de viande, ou en lui faisant faire un *repas fictif* : l'animal reçoit de la viande qu'il mâche et déglutit, mais qui n'arrive pas dans l'estomac, puisqu'elle tombe avec la salive par l'ouverture œsophagienne. Même s'il est très court, ce repas fait sécréter du suc gastrique pendant 2 heures. Dans l'un et l'autre cas, c'est par l'intermédiaire du nerf pneumogastrique que se produit la sécrétion, car si l'on sectionne ce nerf, on la supprime. Le simple désir de manger un aliment qui plaît est donc un excitant psychique de la sécrétion gastrique ; au contraire, si l'on mange sans goût, l'appétit manquant, le suc gastrique n'est pas sécrété et la digestion est plus lente. De là l'utilité des repas composés d'aliments qui plaisent par leur goût et par leur aspect. Ainsi se justifie la pratique de la « bonne cuisine ».

Enfin, si par l'orifice d'une fistule on introduit une baguette de verre, on voit la muqueuse de l'estomac rougir aux points touchés et s'y couvrir d'une rosée de suc gastrique, peu abondante d'ailleurs. Pour que la sécrétion soit abondante, il faut que les matières introduites dans l'estomac agissent *chimiquement*. C'est ainsi que sous l'influence du bouillon, le suc gastrique est sécrété en abondance.

Il y a donc deux sortes d'excitants de la sécrétion gastrique : l'*excitant psychique* et l'*excitant chimique*.

Le suc pancréatique. — On obtient du suc pancréatique en faisant une fistule pancréatique, c'est-à-dire en ouvrant le canal pancréatique et en y introduisant une canule qui permet de recueillir le suc qui s'en écoule. C'est un liquide incolore, visqueux, à réaction alcaline comme la salive. Il contient de l'*eau*, des *sels* (chlorure de sodium, carbonates et phosphates), et *trois diastases* qui ont chacune une action particulière :

L'une, l'*amylase*, continue l'action de la salive, en agissant sur les *féculents*, mais avec plus d'énergie ;

L'autre, la *trypsine*, comme la pepsine, agit sur les *albuminoïdes*, mais dans un milieu alcalin ; en réalité, la trypsine n'existe pas dans le suc pancréatique naturel, car on a montré que ce dernier contenait seulement un corps inactif, le *trypsinogène*, qui est transformé en trypsine par un ferment du suc intestinal, l'*entérokynase* ;

Enfin, la troisième, la *saponase* ou *lipase*, agit sur les corps gras : 1° en les *émulsionnant*, c'est-à-dire en les réduisant en fines gouttelettes qui restent en suspension dans le liquide ; 2° en les *saponifiant*, c'est-à-dire en les dédoublant en glycérine et acides gras. Ces derniers en se combinant avec les substances alcalines de l'intestin, forment des sels appelés *savons*, qui ont des propriétés émulsionnantes très actives. L'émulsion donne au liquide provenant de la digestion une apparence laiteuse.

La digestion des graisses exige l'action combinée du suc

pancréatique et de la bile. Claude Bernard l'a montré sur le Lapin. Chez cet animal la bile se déverse au commencement de l'intestin (*fig.* 60, A), tandis que le canal pancréatique débouche 20^{cm} plus bas ; or, si le Lapin ingère de la graisse, celle-ci n'est digérée qu'à partir du point d'abouchement du canal pancréatique. Inversement, on a montré expérimentalement que le suc pancréatique ne digère les graisses que lorsque la bile est venue se mélanger à lui. Pour cela on opère sur un Chien et par une fistule on conduit la bile au-dessous du canal pancréatique ; on voit alors que dans la portion intermédiaire de l'intestin, le suc pancréatique reste inactif sur les graisses.

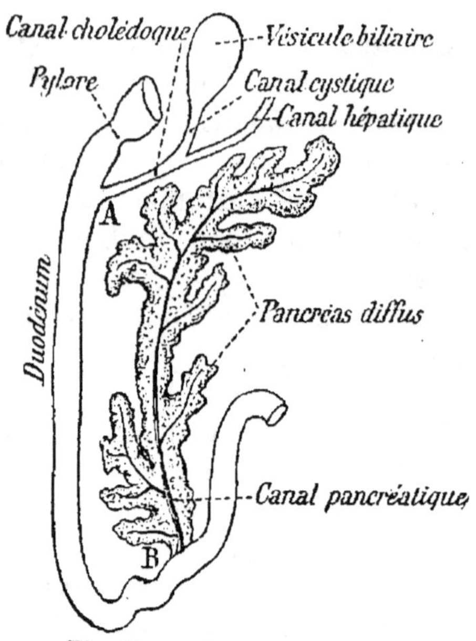

Fig. 60. — Pancréas du Lapin.

L'expérience montre que c'est l'acidité du suc gastrique qui provoque, par une action sur la muqueuse de l'intestin, la production du suc pancréatique. Si, par exemple, on introduit dans l'estomac d'un Chien ayant une fistule gastrique, de l'eau acidulée avec de l'acide chlorhydrique, on provoque une abondante sécrétion pancréatique. Si, au contraire, on neutralise l'acidité de l'estomac en y introduisant un liquide alcalin, on arrête instantanément cette sécrétion. On admet donc que, par l'action de l'acide chlorhydrique de l'estomac sur la muqueuse intestinale, il se forme une substance qui excite la sécrétion pancréatique et qu'on appelle *sécrétine*. Cette substance est transportée au pancréas par le sang. C'est là un exemple intéressant d'association fonctionnelle entre deux organes. On pense que cette sécrétine agit également sur la sécrétion biliaire.

Le suc pancréatique est le plus important des sucs diges

tifs. Aussi un animal privé de pancréas ne peut-il apaiser sa faim et maigrit-il rapidement malgré la suralimentation dont il est l'objet, tandis qu'un Chien supporte parfaitement, sans dépérir, l'extirpation de l'estomac. L'enlèvement complet du pancréas produit un diabète rapidement mortel.

Le suc intestinal. — On peut obtenir le suc intestinal ou *entérique*, comme on l'appelle encore, en faisant deux ligatures sur l'intestin grêle. La portion d'intestin comprise entre ces deux ligatures se remplit de suc entérique. C'est un liquide alcalin, contenant de l'eau, des sels, en particulier du carbonate de sodium, et deux diastases spéciales, l'*entérokynase* et l'*invertine*.

Nous avons vu que l'entérokynase transformait le trypsinogène du pancréas en trypsine.

Quant à l'invertine, elle a la propriété de transformer le sucre de canne ou saccharose, qui n'est pas assimilable, en un mélange de deux sucres, glucose et lévulose. Ce mélange, appelé *sucre interverti*, peut alors être absorbé. L'action de l'invertine est résumée par la formule suivante :

$$C^{12}H^{22}O^{11} + H^2O = C^6H^{12}O^6 + C^6H^{12}O^6.$$

$$\text{Saccharose} + \text{Eau} = \underbrace{\text{Glucose} + \text{Lévulose}}_{\text{Sucre interverti}}$$

On a signalé aussi la présence dans le suc intestinal de deux autres diastases qui agissent sur les sucres : la *maltase*, sur le maltose ; la *lactase*, sur le lactose ou sucre du lait.

La bile. — On obtient la bile en faisant une *fistule biliaire*, c'est-à-dire en recueillant le liquide qui s'écoule par une canule introduite dans le canal cholédoque. C'est un liquide jaune à l'état frais, et qui devient vert au contact de l'air ; il est légèrement alcalin et contient de l'eau, des sels et des matières colorantes ou pigments.

Les *sels* sont des chlorure et phosphate de sodium, des taurocholate et glycocholate de sodium. C'est à ces derniers sels que la bile doit son amertume.

La *matière colorante* est la *bilirubine*, qui, en s'altérant.

donne la *biliverdine* ; cette matière dérive de l'hémoglobine des globules rouges du sang, et il est probable que le foie emprunte aux globules rouges les éléments de cette substance. Le foie est donc un destructeur de globules rouges.

Enfin la bile contient une substance peu soluble, la *cholestérine*, qui se précipite facilement sous forme d'aiguilles, lesquelles, par leur agglomération, vont former les *calculs biliaires*, dont l'expulsion détermine de violentes douleurs connues sous le nom de *coliques hépatiques*.

La sécrétion de la bile par le foie est continue, mais elle est plus abondante au moment des repas ; aussi le liquide vient-il s'accumuler dans la vésicule du fiel pour s'écouler au moment de la digestion intestinale. L'Homme peut en sécréter 1 kilogramme par jour.

La bile est surtout un produit d'élimination, c'est-à-dire qu'elle contient des matières nuisibles à l'organisme, qui sont rejetées avec les excréments ; mais elle joue pourtant un rôle dans la digestion. En effet :

1° Elle digère les graisses en combinant son action avec celle du suc pancréatique ; on sait d'ailleurs que la bile enlève les taches de graisse. Si l'on pratique sur un Chien une fistule biliaire, l'animal maigrit et ses poils tombent ;

2° Elle semble ralentir la putréfaction des matières alimentaires dans l'intestin ;

3° Enfin elle débarrasse l'intestin de vieilles cellules épithéliales qui diminueraient ses pouvoirs digestif et absorbant.

Lorsque, par suite de l'obstruction du canal cholédoque, la bile ne s'écoule pas dans l'intestin, elle s'accumule dans les canaux biliaires et finit par passer dans le sang, qui la transporte dans tous les organes : c'est la cause de la maladie connue sous le nom de *jaunisse* ou *ictère hépatique*.

Le foie peut détruire certains poisons introduits soit par l'alimentation, soit par les fermentations du tube digestif. Si, en effet, on injecte un de ces poisons dans la veine d'un membre, l'animal meurt ; si au contraire on l'injecte dans la veine porte, l'animal survit. Le foie joue donc un rôle antitoxique.

La sécrétion des sucs digestifs et son adaptation au régime alimentaire. — Les expériences du physiologiste russe Pavloff ont bien mis en évidence l'influence du système nerveux sur la sécrétion des sucs digestifs. Elles ont démontré que le travail des glandes digestives dépend de la nature des aliments. La quantité et la qualité du suc varient suivant les aliments. Par exemple, pour des quantités égales de viande, de pain et de lait, la quantité de suc gastrique sécrété est

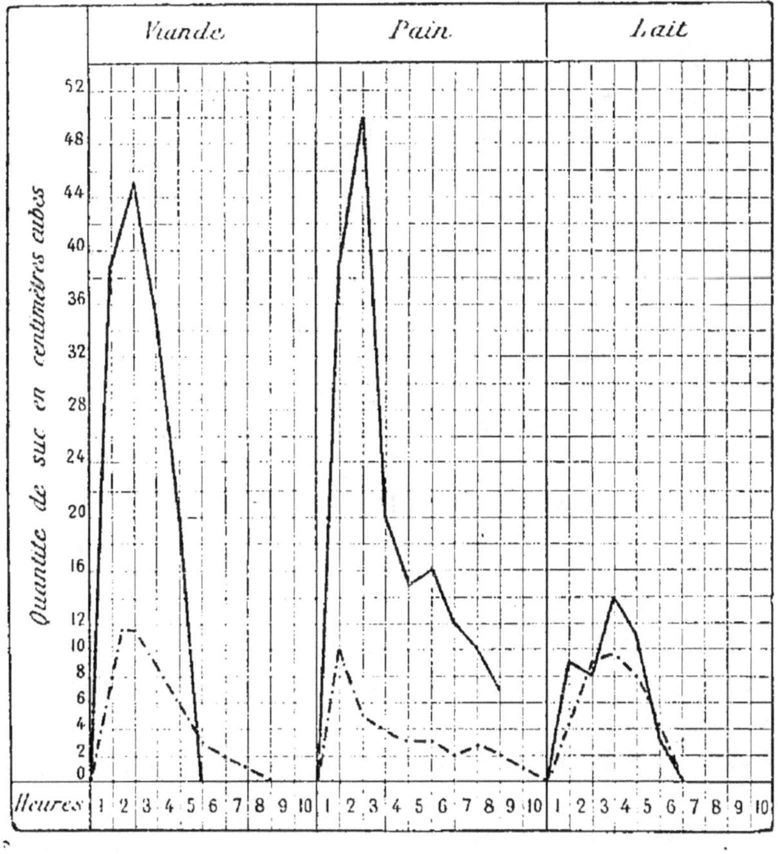

Fig. 61. — Variations de la sécrétion du suc gastrique et du suc pancréatique chez le Chien après un repas de viande, de pain ou de lait (Laboratoire de Pavloff).

moindre avec le pain, encore moindre pour le lait (*fig.* 61). D'autre part, les aliments contenant de l'albumine végétale (pain), **plus** difficile à digérer que l'albumine animale (viande), provoquent la sécrétion d'un suc gastrique contenant beaucoup de pepsine et peu d'acide. Le travail des glandes gastriques s'adapte donc à l'alimentation. De même, la quantité du suc pancréatique varie avec l'alimentation : elle est beaucoup moindre pour le lait que pour la viande et le pain (*fig.* 61); et d'autre part, la quantité d'amylase est plus grande avec le pain, et la quantité de lipase plus grande avec le lait.

Il semble que les glandes approprient leurs efforts au but physiologique à atteindre. A chaque aliment correspond un travail physiologique approprié. Il y a donc une sorte d'adaptation du travail digestif au régime alimentaire de l'individu. D'où l'explication des troubles digestifs qui surviennent quand on change brusquement de régime alimentaire.

Les diastases. — La transformation des aliments en matières solubles et assimilables se fait souvent avec une absorption d'eau. C'est par une hydratation, ainsi que nous venons de le montrer, que l'amidon est transformé en dextrine et en maltose, les albuminoïdes en peptones, le saccharose en sucre interverti, etc. Cette hydratation se produit sous l'influence de corps particuliers appelés *diastases* ou *ferments solubles*. Ce sont des corps albuminoïdes formés par les cellules de l'organisme et qu'il est difficile de préparer à l'état de pureté. Cependant les diastases, comme la plupart des substances albuminoïdes, sont précipitables par l'alcool ; on peut ensuite reprendre le précipité avec l'eau, qui dissout la diastase. C'est un procédé général de préparation des diastases.

Les diastases offrent cette propriété générale : c'est que sous une faible quantité, elles peuvent transformer des masses considérables de matières, ainsi que nous l'avons montré plus haut pour la présure ; théoriquement une petite quantité de ferment est capable de transformer une quantité indéfinie de substance. Les diastases agissent à la façon des *catalyseurs* en chimie, c'est-à-dire que par leur seule présence elles provoquent des réactions chimiques. Une fois l'action commencée, elle se continue sans qu'il soit nécessaire d'introduire une nouvelle quantité de diastase. Ainsi un poids minime de diastase peut convertir en sucre des masses énormes de féculents. Cette disproportion entre la cause et l'effet est précisément la caractéristique des fermentations; et c'est pour cela qu'on a donné le nom de ferments solubles aux diastases.

Leur activité digestive est maximum vers 40°, puis elle décroît au-dessus et finit par être nulle avant 100°.

Les diastases ne sont pas spéciales à l'organisme animal ; elles ont été trouvées aussi chez les végétaux, même les plus inférieurs, comme les Champignons. Leur nombre paraît être aussi considérable que celui des matières à transformer.

Dans certains cas pathologiques, les cellules de l'organisme peuvent sécréter des sortes de ferments solubles qui agissent comme de véritables poisons et peuvent empoisonner l'organisme en produisant ce qu'on appelle une *auto-intoxication*. Les microbes peuvent aussi fournir des diastases ou *toxines* ; telles sont la toxine du tétanos et celle de la diphtérie.

Rôle des microbes dans la digestion. — Il n'y a pas dans le tube digestif que des *ferments solubles* ; il existe encore des *ferments figurés*, c'est-à-dire des organismes microscopiques qui opèrent aussi la fermentation des liquides et qu'on désigne plus souvent sous le nom de *microbes* (Bactéries, Champignons). Il sera parlé longuement d'eux dans les leçons d'hygiène, à propos des maladies contagieuses dont ils sont la cause ; ici, nous dirons seulement que les microbes que contient le tube digestif, sont variés et nombreux.

Selon l'opinion de Pasteur et de Duclaux, certains microbes jouent un rôle utile dans la digestion. Ils peuvent, tout comme les cellules du tube digestif, sécréter des diastases qui agissent sur les aliments. C'est ainsi que le *Bacillus subtilis*, par exemple, donne une diastase capable de digérer les albuminoïdes, le *Bacillus amylobacter* une diastase qui digère la cellulose, le *Bacterium coli commune* fait subir aux sucres les fermentations lactique et butyrique.

Des expériences récentes ont montré que ces microbes étaient nécessaires à la nutrition de l'individu. Si, par exemple, on nourrit des animaux placés dans des cages stérilisées, c'est-à-dire débarrassées de leurs microbes, à l'aide d'aliments également stérilisés, on constate qu'ils maigrissent et ont des troubles intestinaux ; tandis que d'autres animaux, de même race, de même poids, nourris dans des cages quelconques avec des aliments identiques, mais **non** stérilisés, se développent normalement.

RÉSUMÉ

La *digestion* est la transformation des aliments en substances pouvant passer dans le sang.

Appareil digestif. — L'appareil digestif comprend deux parties :

1° *Tube digestif* : Bouche, pharynx, œsophage, estomac, intestin, anus.

2° *Glandes annexes* : Glandes salivaires, pancréas, foie.

Le tube digestif. — A l'intérieur de la bouche sont les *maxillaires* et les *dents*.

Muscles moteurs du maxillaire inférieur :
1. M. élévateurs : *temporal* et *masséter*.
2. M. abaisseur : *digastrique*.
3. M. pour mouvements latéraux : *ptérygoïdiens*.

Dents :
Trois régions : *couronne, collet, racine.*
Trois formes : *incisives, canines, molaires.*
Structure : *émail, cément, ivoire, pulpe dentaire.*

Formules dentaires :
Dentition de lait :
$$\frac{4}{4}\,I + \frac{2}{2}\,C + \frac{4}{4}\,P.M = 20.$$
Dentition définitive :
$$\frac{4}{4}\,I + \frac{2}{2}\,C + \frac{4P.M + 6G.M}{4P.M + 6G.M} = 32.$$

Le *pharynx* communique, en haut, avec la bouche et les fosses nasales, en bas, avec l'œsophage et la trachée-artère.

L'*œsophage* descend verticalement vers l'estomac ; sa paroi est formée de trois tuniques : externe, *fibreuse* ; moyenne, *musculeuse* ; interne, *muqueuse*.

L'*estomac*, situé au-dessous du diaphragme. contient dans l'épaisseur de ses parois les glandes gastriques, qui sécrétent le *suc gastrique*.

L'*intestin* comprend deux parties : l'*intestin grêle* et le *gros intestin*.

La muqueuse de l'intestin présente des saillies ou *villosités intestinales* et des dépressions *ou glandes*.

Les différents organes contenus dans l'abdomen (estomac, foie, intestin, etc.) sont reliés les uns aux autres et à la paroi du corps par une membrane séreuse, le *péritoine*.

Les glandes annexes. — Glandes salivaires, pancréas et foie.

1. *Glandes salivaires* :
- *G. parotides.*
- *G. sous-maxillaires.*
- *G. sublinguales.*

2. *Pancréas* : Glande en grappe ; le canal pancréatique s'unit au canal cholédoque pour se jeter dans l'intestin grêle.

3. *Foie* :

Aspect extérieur : 4 lobes, vésicule biliaire, canal hépatique.

Circulation
- 1° Le sang arrive par l'artère hépatique et la *veine porte*.
- 2° Le sang s'échappe par la *veine sus-hépatique*.
- Entre les artères intestinales et la veine sus-hépatique se trouve le *système porte hépatique* (deux réseaux de capillaires).

Structure

Formé de *n lobules hépatiques*.

Un lobule comprend
- *n cellules hépatiques* (glycogène et pigments biliaires).
- Vaisseaux *sanguins* : périlobulaires et intralobulaires.
- Vaisseaux *biliaires* : *canal hépatique* qui s'unit au *canal cystique* pour donner le *canal cholédoque*.

Les aliments. — Les aliments sont destinés à réparer les pertes subies par l'organisme. La *nécessité* de prendre des aliments se manifeste par la *faim* et la *soif*. L'organisme ne peut résister longtemps au jeûne.

Les principaux aliments peuvent être rangés en 5 groupes :

1. *Aliments minéraux* : Eau, sel, phosphate et carbonate de calcium, fer, manganèse, iode, soufre et phosphore.

2. *Aliments hydrocarbonés* : [C, O, H]
- 1. Féculents : amidon, fécule, pomme de terre, blé, riz, cellulose.
- 2. Sucres : glucose, saccharose.

3. *Graisses* [C, O, H] : Graisses, huiles, beurres.

4. *Aliments azotés* ou *albuminoïdes* [C, O, H, Az] :
- Albumine de la viande, du blanc d'œuf.
- Caséine du lait.
- Gluten du blé.

5. *Aliments nervins* : Alcool, thé, café.

L'alimentation doit être mixte, c'est-à-dire formée d'un mélange des divers aliments. Certains aliments sont complets : lait, œuf.

Mécanisme de la digestion. — Mastication, déglutition mouvements péristaltiques.

1. *Mastication* : Mouvements de la mâchoire inférieure.

2. *Déglutition.*
    1. Le voile du palais se soulève pour fermer l'ouverture des fosses nasales.
    2. Le larynx se soulève, l'épiglotte s'abaisse pour fermer la trachée-artère.

3. *Mouvements péristaltiques* : Les contractions des fibres musculaires du tube digestif font progresser les aliments vers l'estomac, puis vers l'intestin ; ces mouvements sont involontaires.

Chimie de la digestion. — Les différents sucs digestifs contiennent des substances particulières appelées *ferments* ou *diastases*, qui ont la propriété de rendre les aliments *solubles* et *assimilables*. A chaque sorte d'aliment correspond une diastase spéciale.

On peut résumer dans le tableau suivant l'action des différentes diastases.

SUCS DIGESTIFS	DIASTASES	ALIMENTS	PRODUITS de la DIGESTION
Salive	Ptyaline.	Féculents. . .	Dextrine et maltose.
Suc gastrique.	Pepsine et présure	Albuminoïdes.	Peptones.
Suc pancréatique. . . .	3 diastases. . . .	1. Féculents .	Dextrine et maltose.
		2. Albuminoïdes . . .	Peptones.
		3. Corps gras.	Emulsion et saponification.
Suc entérique.	Entérokynase et invertine, maltase et lactase .	Saccharose . .	Sucre interverti glucose. lévulose.
Bile	. . . .	Graisses . . .	Emulsion.

Les *diastases* ou *ferments solubles* agissent ordinairement sur les aliments en les hydratant. Ce sont des matières azotées qu'on peut précipiter par l'alcool. Elles existent chez les animaux et les végétaux.

Certains *microbes* contenus dans les aliments et dans le tube digestif jouent un rôle utile dans la digestion.

CHAPITRE II

L'ABSORPTION

L'absorption est le passage dans le sang des matières nutritives résultant de la digestion. Étudions par quelles *voies* et par quel *mécanisme* se fait cette absorption.

Voies de l'absorption. — On sait depuis longtemps que certains médicaments peuvent, à la suite de frictions, être absorbés par la peau, ou bien encore, au moyen d'*injections hypodermiques*, être absorbés par des cellules profondes. On sait aussi que l'oxygène de l'air, dans la respiration, est absorbé par les poumons; mais il est plus difficile de savoir en quel endroit du tube digestif se fait l'absorption alimentaire.

On avait d'abord cru que l'absorption ne se faisait pas par l'estomac. En effet, si l'on donnait à un Cheval dont on liait le pylore un poison violent, la *strychnine*, il ne survenait pas d'accident. On en concluait que l'estomac n'absorbait pas. Cependant, plus tard, quand on relâchait le pylore, le contenu de l'estomac passait dans l'intestin, et le Cheval n'était pas empoisonné non plus. Ce fait montrait que le poison avait disparu, absorbé par l'estomac, mais si lentement qu'il avait pu être rejeté par les urines avant que d'être en quantité suffisante dans le sang pour tuer l'animal.

En réalité, c'est dans l'intestin et plus particulièrement dans l'intestin grêle, que l'absorption est la plus active. L'absorption par le gros intestin est plus faible, et pourtant on l'utilise, soit pour subvenir à l'alimentation de certains malades en faisant pénétrer dans le rectum des matières directement absorbables, des peptones par exemple, soit encore pour faire pénétrer dans l'organisme certains médicaments.

C'est Aselli qui, le premier, en 1622, a démontré que l'absorption se faisait surtout par l'intestin. Il constata en ouvrant un Chien, au moment de la digestion, la présence de traînées blanches sur le mésentère ; et en piquant ces lignes blanches qui sont les *vaisseaux chylifères*, il vit s'écouler un liquide blanc, qui n'était autre chose qu'une émulsion de matières grasses. D'un autre côté on sait aussi que les veines intestinales absorbent certaines substances.

Il y a donc deux voies d'absorption :

1° Les *matières grasses émulsionnées* passent par le chylifère central des villosités intestinales, puis par les chylifères qui aboutissent à un réservoir d'où part le canal thoracique ; celui-ci s'ouvre dans la veine sous-clavière gauche et les matières arrivent enfin par la veine cave supérieure dans l'oreillette droite du cœur (*fig.* 62) ;

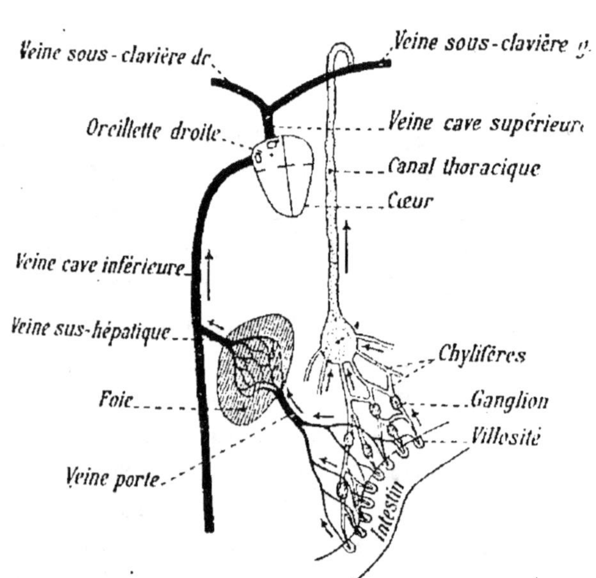

Fig. 62. — Absorption intestinale.

2° Par les veines intestinales qui les conduisent dans la veine porte, les *peptones*, les *glucoses* et les *sels minéraux* sont transportés au foie ; puis par la veine sus-hépatique, ils arrivent dans la veine cave inférieure et dans l'oreillette droite du cœur.

En résumé, soit par les chylifères, soit par les veines, les substances résultant de la digestion arrivent toujours dans la circulation, qui va les distribuer à tous les organes, dont elles assurent ainsi la nutrition.

Mécanisme de l'absorption. L'osmose. — Pour expliquer comment les matières digérées pénètrent, soit dans les chylifères, soit dans les vaisseaux sanguins, on s'appuie sur le phénomène physique de l'*osmose*. Versons dans le fond d'un verre une solution concentrée de sucre, puis au-dessus, avec précaution, de l'eau pure. Ces deux couches ne se mélangent pas ; mais au bout de quelque temps, les deux liquides se sont pénétrés et le mélange est homogène ; on dit qu'il y a *diffusion*. Si l'on place une membrane mince entre les deux liquides, la diffusion se fait à travers la membrane ; on dit qu'il y a *osmose*.

Pour réaliser cette expérience, on verse dans un tube élargi à sa base (*fig.* 63) et fermé par une membrane animale (vessie de porc), de l'eau sucrée jusqu'à un certain niveau A. On plonge ensuite la partie inférieure de ce tube dans une cuve contenant de l'eau pure. Au bout de quelque temps, le niveau du liquide s'est élevé dans le tube jusqu'en B ; il y a donc eu, à travers la membrane, passage de l'eau pure vers l'eau sucrée. En même temps on constate qu'une petite quantité de sucre est passée dans l'eau pure. Ce double courant est connu sous le nom d'*osmose* ou *dialyse*.

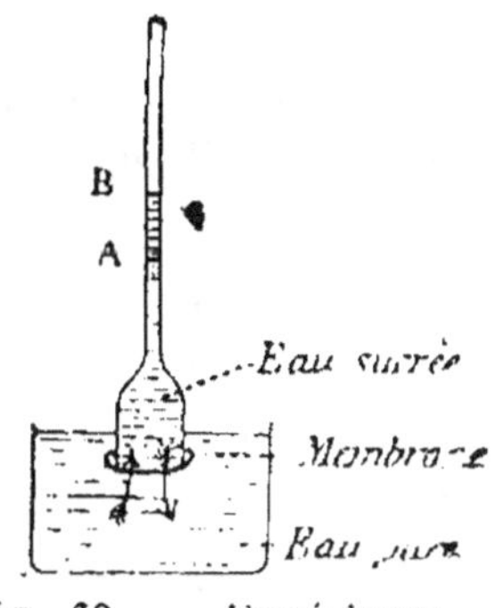

Fig. 63. — Expérience de l'osmose.

Si l'on mettait du blanc d'œuf ou albumine dans le tube, on verrait qu'il passe très peu d'albumine, car cette matière est peu osmotique. Aussi divise-t-on les substances en deux groupes : 1° les substances *cristalloïdes*, qui traversent facilement les membranes ; les corps qui cristallisent sont dans ce cas ; 2° les substances *colloïdes*, qui ne traversent pas les membranes : la gélatine et l'albumine par exemple. Ceci nous montre bien l'utilité de la digestion : ainsi l'albumine et la dextrine sont peu osmotiques, tandis que les peptones et le glucose, qui proviennent de ces matières, sont très osmotiques.

L'absorption est donc une osmose à travers la paroi intestinale, entre, d'une part, la lymphe et le sang qui contiennent de l'albumine, et d'autre part, les matières osmotiques provenant de la digestion (glucose, peptones, sels). L'analyse montre que c'est surtout dans le sang que passent ces substances.

On peut expliquer de la façon suivante l'action des purgatifs salins : si l'on absorbe une solution de sulfate de soude ou de magnésie, l'osmose se fait entre cette solution saline et l'eau du sang ; cette eau agit pour nettoyer l'intestin.

Il faut remarquer que dans l'expérience ci-dessus (*fig.* 63) la membrane est morte, inerte, tandis que les cellules épithéliales de l'intestin sont actives. Si donc les substances passent dans les cellules épithéliales par osmose, il est probable qu'elles sont modifiées par ces cellules avant d'arriver dans les veines et les chylifères. C'est ainsi qu'on voit, dans les cellules épithéliales des villosités, de nombreuses gouttelettes de graisse produites par les cellules agissant sur les acides gras et les savons provenant de la digestion des graisses.

La transformation de ces matières par l'épithélium intestinal explique pourquoi certains poisons, tels que le *venin* des Serpents et le *curare* des Indiens de l'Amérique du Sud, causent des effets mortels lorsqu'ils sont introduits sous la peau, dans le sang, tandis qu'ils ne produisent aucun accident lorsqu'ils sont ingérés dans le tube digestif : c'est qu'ils ont été modifiés par les cellules qu'ils traversent. Le phénomène de l'absorption n'est donc pas un simple phénomène *physique* ; c'est aussi un fait *physiologique*, puisqu'il dépend de l'activité des cellules épithéliales de l'intestin. Aussi comprend-on que cette absorption se fasse mal si ces cellules sont altérées par certains poisons comme l'alcool et l'opium.

Les cellules épithéliales qui absorbent s'usent vite ; elles sont enlevées par la bile et remplacées par des cellules jeunes, situées à la base des anciennes.

RÉSUMÉ

L'absorption est le passage dans le sang des substances nutritives provenant de la digestion.

Les voies d'absorption. — Deux voies d'absorption :

1º Les matières grasses par les *villosités intestinales* (voie lymphatique) ;

2º Les peptones, les glucoses et les sels minéraux par les *veines intestinales* et la *veine porte* (voie sanguine).

Mécanisme de l'absorption. L'osmose. — L'expérience montre que l'absorption peut être considérée comme un cas particulier de l'*osmose*. Les substances *cristalloïdes* traversent les membranes, les *colloïdes* ne les traversent pas. Mais l'absorption dépend aussi de l'activité des cellules épithéliales de l'intestin.

LA CIRCULATION

La circulation est le mouvement à l'intérieur de l'organisme d'un liquide nourricier appelé *sang*. On aura à étudier successivement l'*appareil circulatoire*, le *sang* et la *physiologie* de la circulation.

I. — APPAREIL CIRCULATOIRE

Ses différentes parties. — L'appareil circulatoire est constitué par l'ensemble des organes destinés à assurer la marche continue et aussi la distribution du sang dans tous les organes.

Il comprend quatre parties :

1° Le *cœur*, qui est l'organe de propulsion lançant le sang dans l'organisme ;

2° Les *artères*, qui sont des tubes ou vaisseaux partant du cœur pour se rendre aux différents organes ;

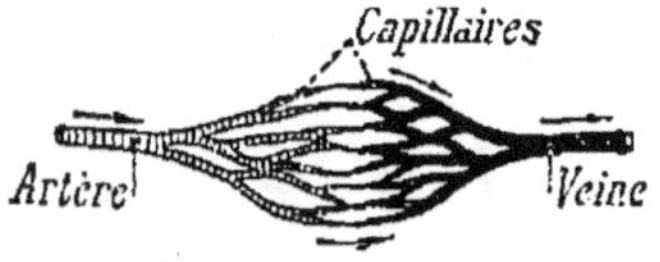

Fig. 64. — Les capillaires, unissant les artères aux veines.

3° Les *capillaires* (*fig.* 64), qui sont des vaisseaux très étroits, microscopiques, et faisant communiquer les artères avec les veines ;

4° Les *veines*, qui sont des vaisseaux ramenant au cœur le sang qui a circulé dans les différents organes.

Tout cet ensemble forme un système complètement *clos,* à l'intérieur duquel le sang circule.

Le cœur. — Le cœur est situé dans la poitrine entre les deux poumons (*fig.* 20) ; il a la forme d'un cône dont la pointe est tournée en bas et à gauche ; sa direction n'est pas verticale, il est couché obliquement sur le diaphragme ; il a la grosseur du poing et pèse environ 300 grammes. Il est logé dans une membrane séreuse, le *péricarde* (*fig.* 65), qui l'enveloppe comme le bonnet de coton enveloppe la tête ; entre les deux feuillets de ce péricarde se trouve le *liquide péricardique*. Enfin il est suspendu, à l'intérieur de la poitrine, par les gros vaisseaux qui partent de sa base.

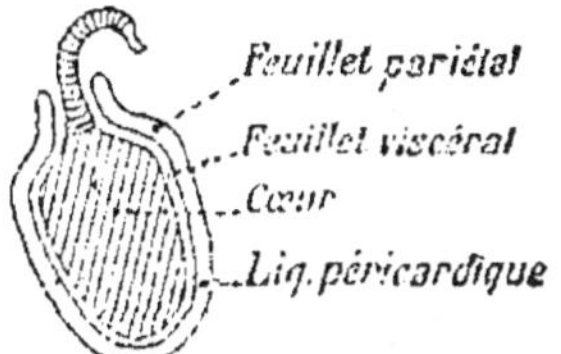

Fig. 65. — Disposition du péricarde.

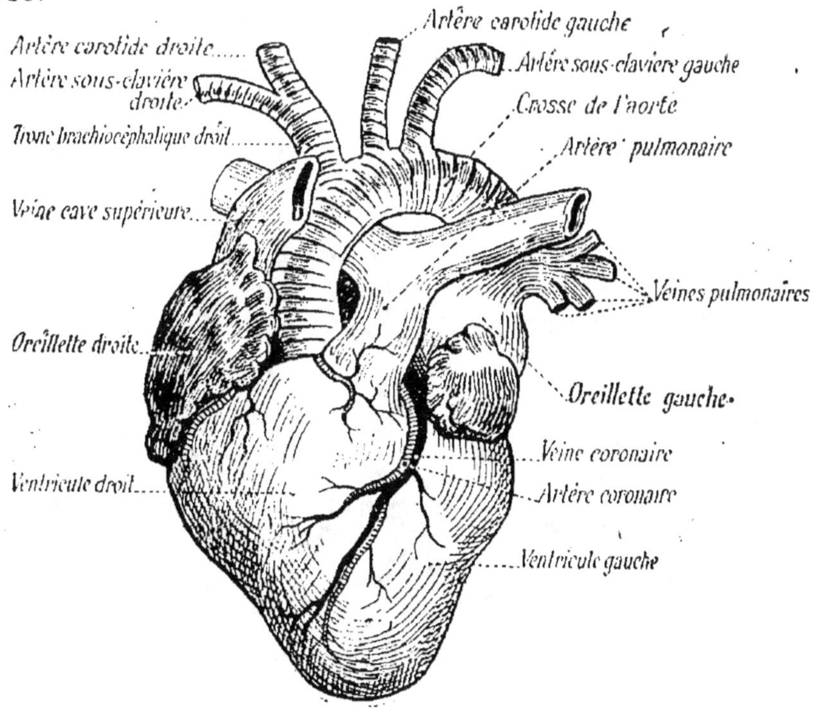

Fig. 66. — Le cœur vu par sa face antérieure.

A sa surface, on voit deux sillons qui correspondent aux quatre cavités qu'on trouve dans son intérieur : deux *oreillettes* à la partie supérieure et deux *ventricules* placés au-dessous (*fig.* 66). Les oreillettes ne communiquent pas entre elles, pas plus que les ventricules ne communiquent entre eux ; mais chaque oreillette communique avec le ventricule du dessous par un orifice appelé *orifice auriculo-ventriculaire*. En réalité, il y a un cœur gauche et un cœur droit formés chacun d'une oreillette et d'un ventricule.

Les orifices auriculo-ventriculaires sont garnis de replis membraneux, en forme de manchon, et qu'on appelle *valvules* (*fig*. 67). Celle de droite présente trois échancrures ; celle de gauche n'en a que deux. Sur le bord intérieur de ces valvules, viennent s'attacher de petites cordes tendineuses qui s'insèrent d'autre part, sur de petites colonnes charnues hérissant l'intérieur des ventricules.

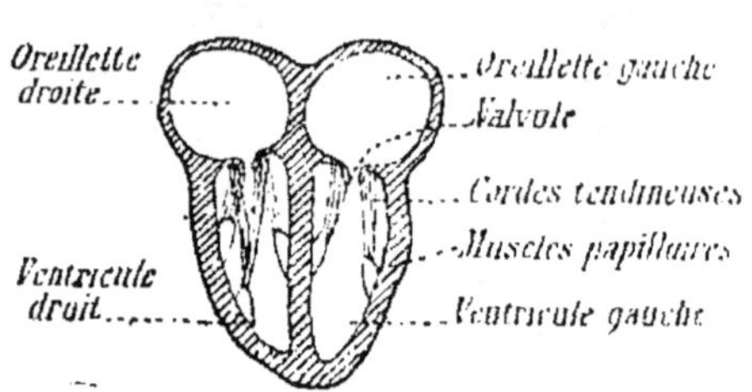

Fig. 67. — Coupe du cœur montrant la disposition des valvules.

Vaisseaux qui partent du cœur ou qui y arrivent. — Les cavités du cœur communiquent par des orifices avec les vaisseaux qui emportent le sang ou **qui le ramènent.** De

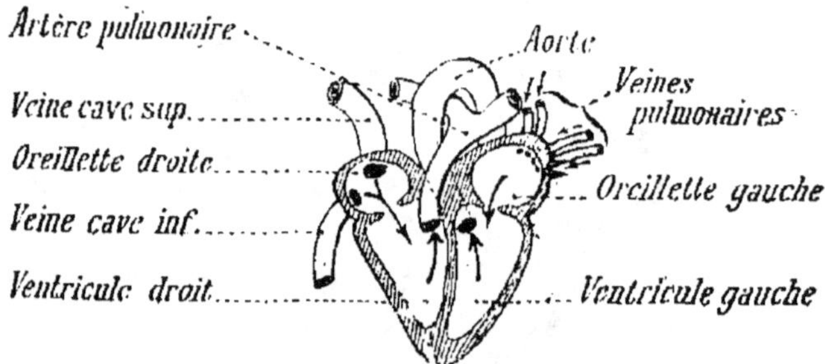

Fig. 68.— Coupe théorique du cœur montrant les orifices des vaisseaux.

l'angle interne et supérieur du ventricule gauche part l'artère **aorte** (*fig.* 68), qui va distribuer le sang à l'organisme ; le sang, après avoir circulé, revient par les *deux veines caves*, qui débouchent dans l'oreillette droite ; de l'angle interne et supérieur du ventricule droit part l'*artère pulmonaire*. qui conduit le sang aux poumons ; enfin dans l'oreillette gauche arrivent les quatre *veines pulmonaires* (deux pour chaque poumon), qui ramènent le sang des poumons.

La moitié droite du cœur est donc occupée par du sang veineux et la moitié gauche par du sang artériel.

Structure du cœur. — Le cœur est une masse charnue, ce qui explique qu'on l'ait parfois appelé *muscle creux*. Les

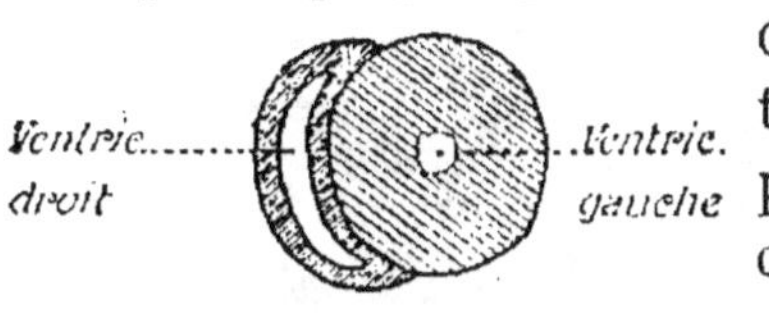

Fig. 69. — Coupe transversale du cœur au niveau des ventricules.

oreillettes ont des parois minces, tandis que les ventricules ont des parois épaisses, surtout le ventricule gauche, qui doit chasser le sang dans tout le corps (*fig.* 69). Le cœur est formé de trois parties, qui sont, en allant de l'extérieur vers l'intérieur : 1° le *péricarde*, membrane séreuse dont le feuillet viscéral est soudé au cœur et dont le feuillet pariétal est en rapport avec la plèvre et le diaphragme ; 2° le *myocarde*, de nature musculaire, et dont les fibres, striées et ramifiées, sont de deux sortes : les fibres *propres* à chaque oreillette, et les fibres *unitives*, qui sont communes aux deux oreillettes ou aux deux ventricules et relient par conséquent les deux moitiés du cœur entre elles ; 3° l'*endocarde*, membrane mince présentant une couche de cellules pavimenteuses qui forment ce qu'on appelle l'*endothélium* ; cet endothélium tapisse l'intérieur de tout l'appareil circulatoire.

Les artères. — *Les artères sont les vaisseaux qui partent du cœur.* A leur point de départ, elles sont au nombre de

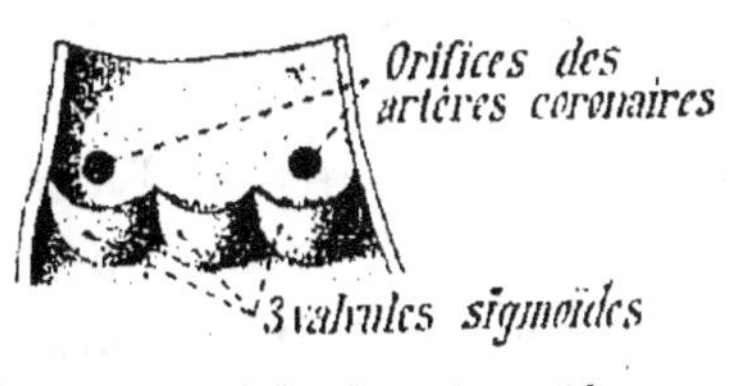

Fig. 70. — Valvules sigmoïdes.

deux : l'*artère pulmonaire* et l'*aorte*. Elles présentent, à leur origine, trois replis en forme de nids de pigeon, et qu'on appelle les *valvules sigmoïdes*, à cause de leur ressemblance avec la lettre grecque σ (*sigma*). Ces valvules sont nettement visibles lorsqu'on coupe l'aorte en long (*fig.* 70) ; leur convexité est tournée vers le cœur.

1° L'artère *pulmonaire*, après être sortie du ventricule droit, se divise en deux branches, qui vont porter le sang veineux à chaque poumon (*fig*. 68).

2° L'aorte (*fig*. 71) part du ventricule gauche, monte d'abord, puis se recourbe en arrière et à gauche en formant la *crosse*

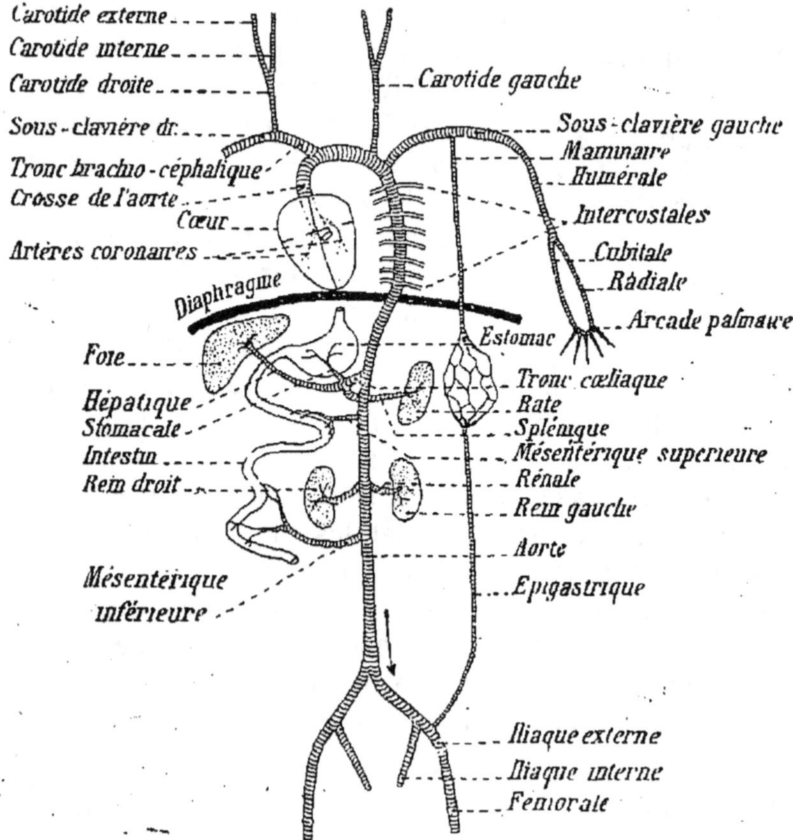

Fig. 71. — Les principales artères.

de l'aorte, qui va gagner la colonne vertébrale que l'aorte suit jusqu'au bas des vertèbres lombaires. De l'aorte se détachent les artères se rendant aux organes : le cœur lui-même reçoit deux artères, les *artères coronaires*, qui se détachent de l'aorte un peu au-dessus de sa naissance et dont on voit les orifices sur la figure 70.

La **crosse** de l'aorte donne naissance aux artères de la tête, du **cou et des** membres supérieurs. A droite : le *tronc brachio-*

céphalique, qui se divise bientôt en deux artères, la *carotide droite* qui se dirige vers la tête, et l'*artère sous-clavière droite,* qui passe sous la clavicule. A gauche : la *carotide* et la *sous-clavière* naissent séparément.

La *carotide* monte le long du cou et se divise en *carotide externe,* qui distribue des branches à la face et aux parties superficielles de la tête, et en *carotide interne,* qui pénètre dans le crâne et va alimenter l'encéphale et les organes des sens.

La *sous-clavière,* après avoir envoyé l'*artère vertébrale* vers le cou et la base du crâne, suit l'aisselle, puis le bras sous le nom d'*artère humérale,* et se divise au coude pour donner l'*artère radiale* et l'*artère cubitale,* qui vont se ramifier et s'anastomoser en formant les *arcades palmaires* de la main.

L'*aorte* traverse le diaphragme et chemin faisant elle distribue des artères aux parois du corps et aux organes. Parmi les principaux troncs, citons les artères *bronchiques, œsophagiennes, intercostales, diaphragmatiques,* le *tronc cœliaque,* qui donne trois branches allant au foie (*artère hépatique*), à l'estomac (*artère stomacale*) et à la rate (*artère splénique*), puis naissent l'*artère mésentérique supérieure* allant à l'intestin grêle, les *artères rénales* irriguant les reins et l'*artère mésentérique inférieure* se rendant au gros intestin.

Au niveau de la région lombaire, l'aorte se bifurque pour donner les deux *artères iliaques,* qui se divisent bientôt en *iliaque interne* et *iliaque externe.* L'iliaque interne va nourrir les organes du bassin, tandis que l'externe se dirige vers la cuisse pour devenir l'*artère fémorale,* puis les *artères tibiales, péronières, pédieuses,* etc. Remarquons que l'artère iliaque externe donne naissance à l'*artère épigastrique,* laquelle, en suivant les parois abdominales et thoraciques, remonte vers les branches de l'*artère mammaire* qui vient de l'artère sous-clavière. Les ramifications de ces deux artères s'anastomosent et permettent ainsi au sang d'arriver dans les jambes en passant par les sous-clavières et non par l'aorte. Dans certains cas pathologiques, l'aorte étant comprimée, le sang suit cette

Les grosses artères se ramifient dans les organes, et ces ramifications sont reliées les unes aux autres par des branches latérales ou *anastomoses*; de sorte que si, dans une opération chirurgicale, on ligature une de ces branches artérielles, le sang passe par les autres et la circulation n'est pas arrêtée (*fig.* 72).

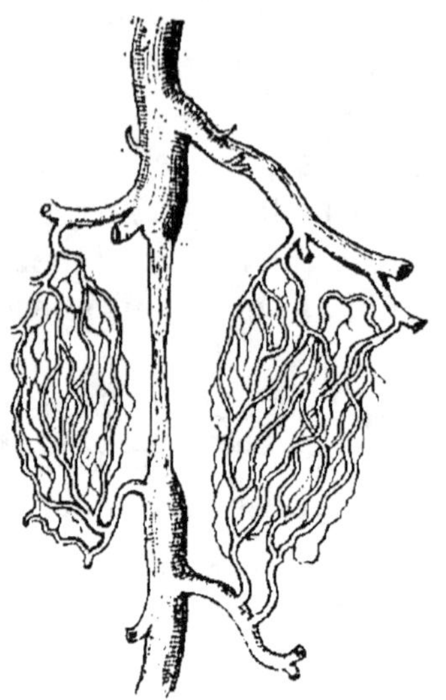

Fig. 72. — Artère fémorale liée depuis 3 mois et anastomoses des petites artères.

Structure des artères. — Les artères principales ont leur paroi formée de trois enveloppes ou *tuniques* : 1° la *tunique externe*, formée de tissu conjonctif et de graisse ; 2° la *tunique moyenne*, formée de fibres élastiques et de fibres musculaires lisses enroulées autour de la tunique interne ; 3° la *tunique interne*, formée d'un endothélium à cellules plates et en continuité avec celui du cœur et celui des capillaires.

La structure de la tunique moyenne varie : *élastique* dans les grosses artères, elle devient de plus en plus *musculaire* à mesure qu'on avance vers les fines artérioles. La figure 73 montre bien la répartition des tissus élastique et musculaire

Fig. 73. — Figure montrant la répartition du tissu élastique et du tissu musculaire dans les artères depuis l'aorte jusqu'aux capillaires.

Fig. 74. — Section d'une artère et d'une veine.

depuis les grosses artères jusqu'aux capillaires. Les grosses artères sont donc élastiques, et les petites contractiles.

L'artère a généralement un aspect jaunâtre ; elle est *élastique* : sa section est par conséquent circulaire et béante (*fig.* 74) et le sang en jaillit avec force, d'où le danger d'une coupure d'artère. Heureusement les grosses artères sont bien préservées, car elles sont situées profondément, le long des os, protégées par conséquent par d'épaisses couches musculaires. Cependant l'artère radiale et l'artère temporale sont assez superficielles pour qu'on puisse sentir leur battement. Dans les opérations chirurgicales qui exigent la section de grosses artères, il est nécessaire, afin d'éviter des hémorragies mortelles, de ligaturer auparavant les artères qui doivent être coupées.

La veine, au contraire, est peu élastique, de sorte qu'après une section, ses parois s'affaissent et l'ouverture ne reste pas béante. Sa coupure est donc moins dangereuse que celle d'une artère ; en revanche elle est plus fréquente, car la plupart des veines sont superficielles.

Les artères, étant élastiques, reviennent sur elles-mêmes après la mort en chassant le sang dans les veines ; aussi sur le cadavre les artères sont-elles vides de sang et s'aplatissent-elles en rubans.

Les capillaires. — On désigne sous ce nom les vaisseaux qui sont en communication d'un côté avec les fines ramifications des artères et de l'autre avec les petites veines. Ils sont très fins, d'où leur nom. Souvent leur diamètre est à peine suffisant pour laisser passer un globule rouge (7μ). Les capillaires constituent des réseaux qui pénètrent dans les tissus en formant une sorte de chevelu. On peut fort bien les observer en regardant au microscope la membrane reliant entre eux les doigts d'une Grenouille. Ils sont si nombreux et leur réseau est si serré qu'il est impossible de se piquer en un point quelconque du corps sans en percer quelques-uns et provoquer une légère hémorragie.

Fig. 75. — Endothélium des vaisseaux sanguins et du cœur.

Leur structure est simple : leur paroi est formée uniquement de cellules aplaties, dont les bords ondulés s'engrènent les uns avec les autres. En réalité le capillaire est formé par un simple *endothélium* qui continue celui des artères et des veines (*fig. 75*).

Les veines. — *Les veines sont des vaisseaux qui ramènent le sang des organes vers le cœur.* Tandis que les artères partent des ventricules, les veines aboutissent aux oreillettes. C'est ainsi que dans l'oreillette gauche arrivent quatre *veines pulmonaires*, ramenant le sang oxygéné des poumons ; dans l'oreillette droite arrivent les deux *veines caves*, qui ramènent le sang des différentes régions de l'organisme, et la *veine coronaire*, qui ramène le sang des parois cardiaques.

Le système veineux comprend : les veines *profondes* et les veines *superficielles*. Les veines profondes viennent des viscères et des membres ; dans les membres, on trouve *deux veines pour une artère (fig. 76)* ; ces veines portent le même nom que l'artère qu'elles côtoient. Les veines *superficielles* ou *sous-cutanées*, qui sont situées sous la peau, forment par leurs anastomoses un réseau assez compliqué.

Les veines présentent parfois sur leur trajet des renflements irréguliers qui sont appelés *sinus,* tels les sinus veineux du crâne.

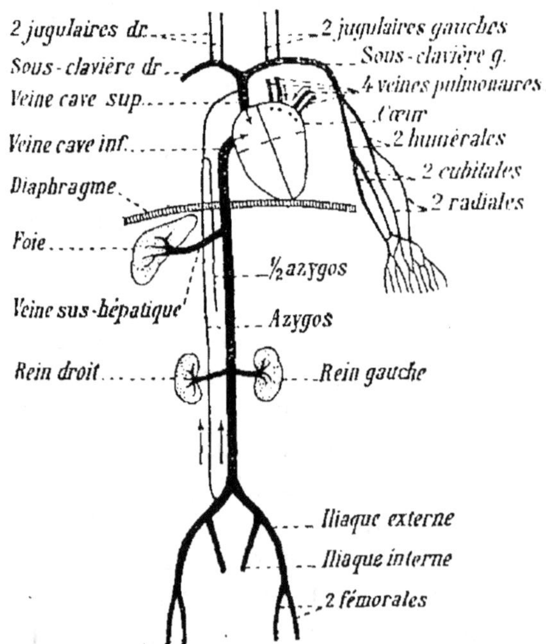

Fig. 76. — Les principales veines.

Les veines superficielles et profondes s'unissent vers la racine des membres, en un tronc unique (*fig. 76*). Puis les veines des membres inférieurs, de l'abdomen, des reins et du foie, vont former la *veine cave inférieure* qui vient se jeter dans l'oreillette droite. Les veines de la tête, du cou (*veines jugulaires*) et des bras (*veines sous-clavières*) se réunissent pour former la *veine cave supérieure*, qui arrive aussi dans l'oreillette droite. Dans le cœur, les orifices des veines caves sont dépourvus de valvules ; pourtant la veine cave inférieure a un léger repli, la *valvule d'Eustachi,* qui est insuffisante chez l'adulte pour s'opposer au reflux du sang.

La *veine azygos* réunit la veine cave inférieure à la veine cave supérieure par l'intermédiaire des veines iliaques. Cette veine reçoit les veines *intercostales* et la veine *demi-azygos*, qui apportent le sang veineux des régions thoracique et lombaire. Cette disposition, dans le cas où la veine cave inférieure est oblitérée, permet au sang des membres inférieurs de revenir au cœur par la veine azygos et la veine cave supérieure.

On appelle *veine porte* une veine intercalée entre deux systèmes de capillaires. La *veine porte hépatique* par exemple est comprise entre les capillaires de l'intestin et ceux du foie.

En ouvrant longitudinalement une veine (*fig.* 77), on voit des valvules en nid de pigeon dont la concavité est tournée vers le cœur. Ces valvules sont surtout abondantes dans les membres

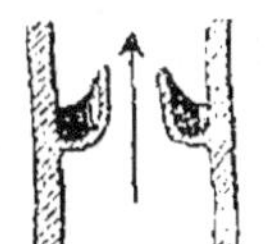
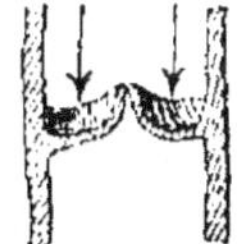

A. — Le sang passe.

B. — Le sang est empêché de revenir en arrière.

Fig. 78. — Rôle des valvules.

Fig. 77. — Veine ouverte montrant les valvules.

inférieurs, où elles ont pour but d'empêcher le sang de refluer vers les extrémités. Cette disposition fait que le sang ne peut progresser, dans les veines, que vers le cœur (*fig.* 78).

Les veines ont la même structure que les artères, mais le tissu élastique de la tunique moyenne y est remplacé par des *fibres musculaires lisses.* L'intérieur est toujours tapissé par un *endothélium* qui est le même que celui des artères et des capillaires

II. — LE SANG

La composition du sang. — Le sang est, comme l'a dit Claude Bernard, *un milieu intérieur* qui sert d'intermédiaire entre le milieu extérieur dans lequel vit l'animal et les éléments anatomiques. C'est le liquide nourricier de l'organisme. Aussi une hémorragie cause-t-elle vite l'épuisement de l'organisme et même la mort si la perte du sang dépasse 1/20 du poids du corps.

Pour évaluer la quantité de sang, on a fait des saignées à blanc sur des animaux, ou bien des injections complètes de l'appareil circulatoire, ou mieux encore on a calculé cette quantité d'après la dilution que l'on fait subir au sang en injectant une quantité d'eau déterminée. On a trouvé ainsi que chez les Mammifères le poids du sang est le 1/13 du poids total du corps ; chez l'Homme, le poids moyen du corps étant de 65 kilogrammes, le poids du sang serait donc de 5 kilogrammes environ. Cette quantité n'est pas répartie uniformément dans l'organisme : ce sont les muscles qui en contiennent le plus ; les viscères en contiennent moins.

Le sang est un liquide dont la couleur varie du rouge vermeil (sang artériel) au rouge foncé, presque noir (sang veineux) ; sa saveur est salée, son odeur fade et sa réaction légèrement alcaline, sauf dans certaines maladies, telles que la *goutte*, où elle est acide.

Le sang peut être considéré comme un tissu conjonctif dont la substance interstitielle serait liquide : si, en effet, on regarde une goutte de sang au microscope, on voit des cellules ou *globules* nager dans un liquide appelé *plasma*. Le sang est donc formé de deux parties essentielles : 1° les *globules*, qui représentent les 4/10 du poids du sang ; 2° le *plasma*, qui représente les 6/10 de ce poids.

Les globules. — Les globules sont de deux sortes : les *globules rouges* ou *hématies* et les *globules blancs* ou *leucocytes*.

1° Globules rouges. — Pour les étudier, il suffit de se faire une légère piqûre aseptique sur la face dorsale du doigt, au voisinage de la matrice de l'ongle. On recueille la goutte de sang sur une lame de verre, puis on l'étale en une nappe mince en passant à la surface le bord rodé d'une autre lame, enfin on agite vivement à l'air pour que le sang se dessèche rapidement ; on fixe ensuite le sang en répandant à sa surface un mélange à parties égales d'alcool et d'éther qu'on laisse au contact pendant 10 minutes : on égoutte et on laisse sécher. On voit alors une quantité innombrable de petits corpuscules discoïdes et de couleur jaune verdâtre ; ce sont les *globules rouges*. Ils n'apparaissent rouges que lorsqu'ils sont en cou-

Fig. 79. — Globules rouges du sang de l'Homme à divers états.

che épaisse. Au microscope, on les voit souvent empilés comme des pièces de monnaie, à cause de leur viscosité, ou déchiquetés sur leur bord dès qu'ils commencent à s'altérer (*fig.* 79). Ils sont dépourvus de noyau.

a) Leur *forme* (*fig.* 79) est caractéristique : de face, ils sont *discoïdes* ; de profil, légèrement *concaves*. Comme ils sont élastiques, on les voit parfois s'allonger à l'intérieur des fins capillaires. Tous les Mammifères ont des hématies discoïdes et biconcaves, sauf le Chameau, qui les a elliptiques ; chez les autres Vertébrés ils sont elliptiques, biconvexes, et ont un noyau (*fig.* 80).

b) Leurs *dimensions* sont constantes chez le même animal ; mais elles varient chez les différents animaux. Chez l'Homme, le globule rouge a 7μ, c'est-à-dire $\dfrac{7}{1.000}$ de millimètre

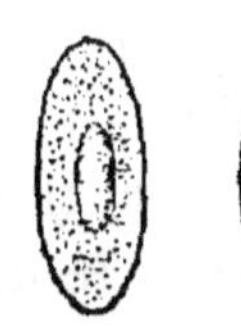

de diamètre et 2μ d'épaisseur. Les dimensions ne sont pas, du reste, en rapport avec la taille ; ainsi les globules rouges ont 5μ chez

Fig. 80. — Globules rouges des Batraciens.

le Bœuf, 6μ chez la Souris, 9μ chez l'Éléphant, 6μ,7 chez le Chien. C'est le Chevrotin porte-musc qui a les plus petits (2μ). Chez la Grenouille, ils sont très grands (25μ) ; chez le Protée, ils sont même visibles à l'œil nu (100μ). En général plus l'animal est élevé en organisation, plus son activité est grande et plus les globules sont petits : ils sont en effet plus petits chez les animaux à sang chaud que chez les animaux à sang froid. Les animaux qui hibernent (Marmotte, Loir, Hérisson, etc.) ont de gros globules.

Les globules rouges *changent de volume* quand on les plonge dans une solution saline neutre ; ils augmentent si la solution est diluée ; ils diminuent si elle est concentrée. Il existe donc une solution dont la concentration est telle que le volume des globules ne change pas et reste ce qu'il était dans le sang. On dit que cette solution est *isotonique* au sang. Il s'établit entre le globule et la solution un équilibre aqueux, comme il s'en établit entre deux liquides séparés par une paroi perméable.

Si l'on met du sang dans de l'eau pure, les globules se gonflent et finissent par éclater et disparaître : on dit alors que le sang est *laqué*. Pour éviter cette destruction des globules, il faut une solution de chlorure de sodium à 9 pour 1.000.

c) Le *nombre* des globules rouges est considérable. On a cependant pu les compter, en diluant un volume donné de sang dans de l'eau salée. On prend une quantité connue de ce liquide étendu et on la place dans un tube capillaire qu'on porte sous le microscope ; on compte les globules contenus dans un millimètre cube de ce liquide et, par une simple règle de trois, on a le nombre de globules contenus dans un millimètre cube de sang. Chez l'Homme, il y en a environ 5 millions par millimètre cube, ce qui fait 5×1.000 ou 5 billions par centimètre cube, et 5.000×1.000 ou 5 trillions par litre ; comme il y a 5 litres de sang dans le corps humain, le nombre des globules est d'environ 25 trillions. Le nombre des globules varie suivant les espèces ; il est petit chez les animaux qui ont de gros globules (200.000 par millimètre cube chez la Grenouille). Il peut aussi varier dans la même espèce suivant les conditions de nutrition, et en particulier avec l'altitude. Ainsi des Lapins transportés à 1.500 mètres d'altitude présentent une augmentation de 2 millions de globules rouges par millimètre cube de sang. Chez l'Homme, le nombre des hématies, qui est de 5 millions dans les plaines basses, est de 6 millions à 1.000 mètres d'altitude, de 7 millions à 1.800 mètres et de 8 millions à 4.000 mètres (habitants des Cordillères). Expérimentalement, on a pu faire diminuer d'un tiers le nombre des globules rouges chez des Lapins que l'on soumettait pendant plusieurs semaines à l'action de l'air comprimé. Après retour à la pression normale, le nombre des globules reprit sa valeur habituelle au bout d'une dizaine de jours.

De même, dans certaines maladies (tuberculose, cancer, etc.) le nombre des hématies est parfois diminué de moitié : on dit alors qu'il y a *anémie*. D'où l'idée de la *transfusion* du

Fig. 81. — Transfusion du sang.

sang, qui consiste à introduire chez un malade dont le sang est pauvre en globules rouges du sang provenant d'une personne saine. La transfusion se fait de bras à bras (*fig.* 81), à l'aide d'un appareil dont les tubes en caoutchouc portent à chacune de leurs extrémités un petit tube effilé et permettent de faire passer directement le sang de la veine du sujet qui le fournit dans celle du malade qui le reçoit.

Pour que cette opération produise de bons effets, il est nécessaire qu'elle soit pratiquée sur des animaux de même espèce ou d'espèces très voisines. Le sérum sanguin a, en

effet, la propriété de dissoudre les globules d'une autre espèce. Ainsi le sérum de Chien, de Mouton, de Cheval dissout
les globules rouges de l'Homme, et, d'autre part, entre des
espèces très voisines, le Lièvre et le Lapin, par exemple,
cette action nuisible ne s'exerce pas. Le sang de l'Homme
attaque les globules des Singes inférieurs, mais le sang des
Singes anthropomorphes (Orang-Outang, Chimpanzé) peut
être mélangé avec le sang humain sans qu'il se produise la
moindre altération des globules.

Ce pouvoir *globulicide* du sérum est à rapprocher de son
pouvoir *microbicide* ; ainsi le sérum de certains animaux tue
certains microbes ; par exemple le sérum de Chien tue le
Bacille typhique. On admet que ces propriétés, qui ont une
grande importance pour la défense de l'organisme et sur
lesquelles nous reviendrons dans les leçons d'Hygiène, sont
dues à la présence dans le sérum de matières toxiques appelées *alexines*.

d) La *composition* des hématies comprend un *protoplasme*
chargé d'une substance spéciale appelée *hémoglobine*. L'hémoglobine est une matière albuminoïde de couleur rouge,
qu'on peut obtenir en beaux cristaux ; elle contient du fer,
mais en quantité faible, environ 3 grammes pour la totalité
du sang. L'hémoglobine a la propriété de fixer l'oxygène de
l'air pour donner une substance, l'*oxyhémoglobine*, qui se
dissocie facilement en oxygène et en hémoglobine. L'oxygène sert à la respiration des tissus, et l'hémoglobine retourne
aux poumons pour s'oxyder de nouveau. C'est donc bien par
l'hémoglobine, et par suite par les globules rouges, que
l'oxygène est transporté dans tous les organes ; ainsi se
trouve justifié le nom de *commis voyageurs* en oxygène qu'on
leur donne parfois.

La couleur rutilante de l'oxyhémoglobine explique le ton
rouge vif du sang artériel et la teinte noirâtre du sang déso-
xygéné.

2° Globules blancs. — Ce sont des cellules formées d'une
masse protoplasmique et d'un noyau (*fig.* 82). Ils sont plus
gros que les globules rouges (environ 9μ), mais ils sont

aussi moins nombreux, 1 pour 400 à 700 globules rouges

Si l'on place une goutte de sang sur une lame de verre et qu'on la lave à l'eau salée, les globules rouges sont entraînés, et l'on voit les globules blancs ramper sur la lame en poussant des prolongements protoplasmiques appelés *pseudopodes* (*fig.* 82) parce qu'ils leur servent en quelque sorte de pieds pour changer de place. La masse du corps est alors entraînée vers ces prolongements par un mouvement spécial, appelé *mouvement amiboïde* parce qu'il

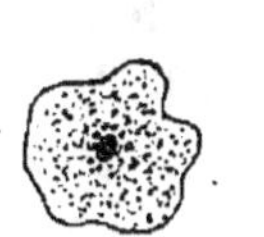

A. au repos.   B. en mouvement.

Fig. 82. — Le globule blanc.

rappelle le mouvement de certains animaux inférieurs connus sous le nom d'*Amibes*. Les globules blancs peuvent ainsi ramper le long des parois des vaisseaux, les perforer

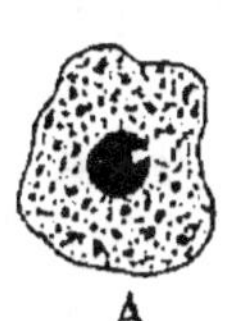
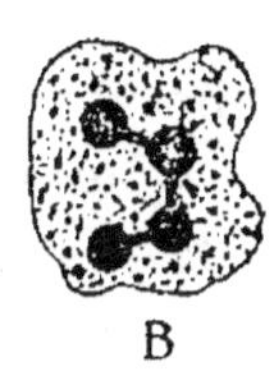

A   B

Fig. 83. — Les deux sortes de globules blancs.

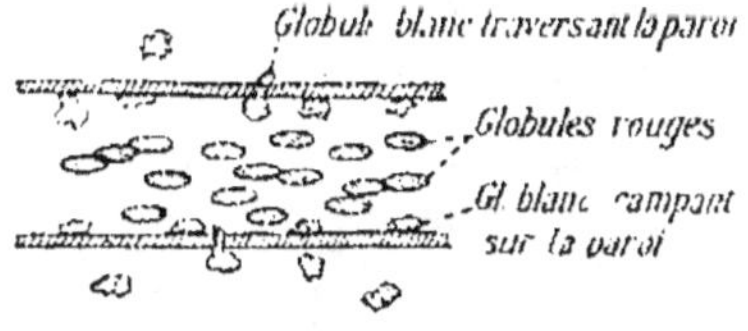

Fig. 84. — Globules blancs passant à travers la paroi d'un capillaire de Grenouille.

même pour aller voyager dans les tissus avoisinants et revenir en sens inverse (*fig.* 84) : d'où leur nom de *cellules migratrices*.

Les globules blancs sont de deux sortes (*fig.* 83) : les petits, qui ont environ 7μ et dont le noyau est arrondi ; les gros, qui ont 9μ et dont le noyau est divisé en plusieurs masses.

Les globules blancs sont *attirés* ou *repoussés* par certaines substances : l'oxygène et la plupart des sécrétions microbiennes les attirent ; l'alcool et les sécrétions de quelques rares microbes les repoussent.

Fig. 85. — Globule blanc digérant des microbes.

Lorsque les globules blancs rencontrent des corps étrangers introduits dans l'organisme, des microbes par exemple, ils les entourent, les englobent et finissent par les digérer (*fig.* 85), d'où le nom de *phagocytes* sous lequel on les désigne encore.

D'après Metchnikoff, les globules blancs, dans certains cas, peuvent fabriquer des contrepoisons ou *antitoxines* capables de neutraliser les poisons ou *toxines* sécrétés par des microbes ou par des cellules de l'organisme. Le globule blanc peut donc être considéré comme un élément qui *défend l'organisme* contre l'invasion des germes de certaines maladies. Les petits globules à noyau rond s'attaquent de préférence aux microbes de maladies lentes (tuberculose, paludisme) ; les gros à noyau en chapelet s'attaquent surtout aux germes des maladies aigües.

Le plasma. La coagulation. — Le *plasma* est la partie liquide du sang dans laquelle nagent les *globules*.

On sait que lorsqu'on reçoit dans un vase le sang provenant d'un animal, on voit bientôt une partie se prendre en une masse de couleur rouge foncé, ayant l'aspect de la gelée de groseille : c'est le *caillot* (*fig.* 86). Le caillot tombe au fond en emprisonnant les globules, et le plasma est réduit à un liquide incolore appelé *sérum*. On dit que le sang s'est *coagulé*.

Si l'on recueille dans un vase du sang de Cheval ou du sang d'Oiseau, la coagulation ne se produit qu'au bout de quelques heures, de sorte que les globules ont le temps de se déposer au fond du vase, et le liquide incolore qui surnage est le *plasma*. Si l'on sépare ce liquide, on voit bientôt se former un caillot blanc constitué par de nombreux filaments qu'on désigne sous le nom de *fibrine*.

Fig. 86. — Coagulation du sang.

La fibrine est une matière albuminoïde, insoluble dans l'eau et qui contient toujours du calcium ; elle provient de la coagulation d'une substance albuminoïde, le *fibrinogène*, soluble dans le plasma et dépourvu de calcium. Cette transformation du fibrinogène en fibrine se fait sous l'influence d'un *ferment* qui n'existe pas dans le plasma et ne se forme jamais tant que le sang reste dans les vaisseaux. Mais il apparaît brusquement, produit par les globules blancs, dès que le sang s'échappe au dehors. La coagulation du sang est donc un phénomène de fermentation. Il est facile d'isoler la fibrine en battant le sang frais avec un petit balai ; la fibrine se coagule et ses filaments restent attachés aux brindilles du balai. Le sang ainsi défibriné reste liquide.

Le caillot rouge du sang est donc formé par de la fibrine qui emprisonne les globules.

Le sang frais et le sang coagulé **ont une composition** qui peut être résumée ainsi :

Sang dans les vaisseaux.
- 1. Globules . . rouges. blancs.
- 2. Plasma . . . Fibrinogène dissous. Sérum.

Sang coagulé.
- 1. Caillot . . . Globules. Fibrine coagulée.
- 2. Sérum.

Pour 1.000 parties de sang, il y a . . . . . .
- Fibrine . . 10
- Globules . 440
- Sérum . . 550

Dans les hémorragies, le caillot est d'une grande importance, car il constitue une sorte de bouchon qui empêche le sang de s'écouler par le vaisseau ouvert. C'est donc un mode de défense de l'organisme. Chez les *hémophiles* (malades dont le sang se coagule difficilement), la moindre hémorragie peut être mortelle. Le caillot peut aussi se former accidentellement dans des vaisseaux malades et arrêter la circulation du sang dans certains organes : c'est ce qu'on appelle une *embolie.*

On peut retarder ou précipiter la coagulation par des procédés divers. On la retarde en refroidissant à 0° le sang sorti de l'organisme ou en ajoutant des solutions de sels (chlorure de sodium, sulfate de soude) ; on l'active, au contraire, sur des patients, en appliquant des tampons de ouate ou en injectant une solution de gélatine à 5 %.

Le *sérum* n'est que du plasma sanguin privé de fibrinogène. Il est riche en matières albuminoïdes et en chlorure de sodium. Il contient aussi des phosphates et carbonates de sodium, des produits nutritifs venant de la digestion et enfin des matières d'excrétion comme l'urée.

Le sérum a des propriétés toxiques. En effet, un sérum donné, injecté à des animaux d'autres espèces, tue ces animaux. Il faut environ 0cc,2 de sérum d'Anguille, 10cc de sérum de Chien, 15cc de sérum humain et 300cc de sérum de Cheval, par kilogramme de son poids, pour tuer un Lapin.

Un effet toxique bien spécial des sérums est l'*anaphylaxie*, c'est-à-dire le contraire de la protection, de la prophylaxie. Si l'on injecte, par exemple, un sérum à un animal, on provoque chez cet animal des accidents plus ou moins graves ; si l'animal guérit et si un mois plus tard on fait une seconde injection (avec une dose plus faible), on obtient des accidents immédiats, plus graves, souvent mortels. La première injection a donc augmenté la sensibilité au poison : c'est cela qui constitue l'anaphylaxie. Ainsi s'expliquent les troubles consécutifs à des injections répétées d'un sérum thérapeutique, tel que le sérum antidiphtérique.

Les gaz du sang. — Les gaz se trouvent dans le sang non seulement *dissous* mais encore *combinés*. On peut extraire les gaz *dissous* en faisant le vide au-dessus du sang ; en chauffant ensuite le sang on fait dégager les gaz qui étaient *combinés*.

L'*oxygène* est presque tout entier combiné à l'hémoglobine des globules rouges ; une faible partie est dissoute ; tandis que le *gaz carbonique* est presque en entier contenu dans le plasma, en combinaison avec les carbonate et phosphate de sodium, qu'il transforme en bicarbonate et en phosphocarbonate de sodium. Ces sels se dissocient facilement, ce qui explique les échanges gazeux qui s'accomplissent dans l'organisme et que nous étudierons à propos de la respiration.

Les gaz contenus dans le sang s'y trouvent dans les proportions suivantes : 100 centimètres cubes de sang artériel ou de sang veineux donnent 60cm³ de gaz, dont :

	O	CO²	Az
Pour le sang artériel.	20	39	1
— — veineux.	12	47	1

Cette différence dans la proportion des gaz est la cause de la différence de couleur du sang artériel et du sang veineux. On peut le montrer en agitant au contact de l'air du sang noir que l'on vient de retirer d'une saignée faite sur un animal : aussitôt on le voit rougir ; au contraire, si l'on agite du sang rouge avec du gaz carbonique, on le voit noircir rapidement. C'est ainsi que le sang rougit dans les poumons en absorbant l'oxygène de l'air, tandis qu'il noircit dans les capillaires en recueillant le gaz carbonique provenant des cellules.

Analyse spectrale du sang. — Il est facile de distinguer au spectroscope le sang artériel du sang veineux, c'est-à-dire le sang qui contient de l'*oxyhémoglobine* de celui qui contient de l'*hémoglobine*.

Lorsque le sang artériel est très dilué, il présente deux bandes grises entre les raies D et E du spectre (*fig.* 87) ; ces bandes se fondent en une seule lorsqu'on désoxyde, c'est-à-dire lorsque le sang est veineux. Le sang d'une personne empoisonnée par l'oxyde de carbone a le même spectre que le sang artériel. Mais ce spectre ne change pas quand on fait agir sur ce sang un corps avide d'oxygène, car l'hémoglobine combinée à l'oxyde de carbone est un composé stable. L'examen spectroscopique est d'une grande utilité en médecine légale pour déterminer la nature de taches que l'on soupçonne être du sang et aussi pour rechercher si une personne a été empoisonnée par l'oxyde de carbone.

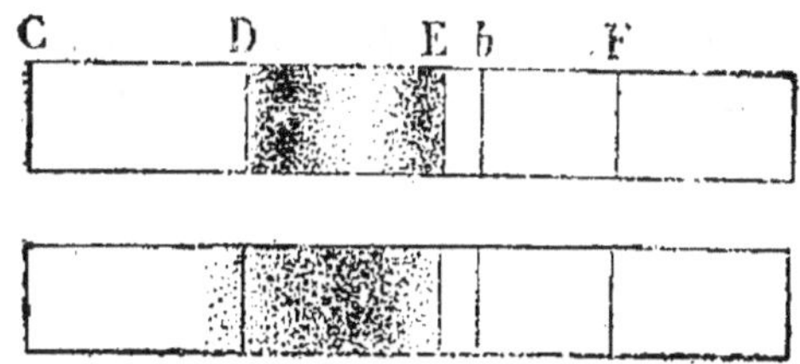

Fig. 87. — Spectres de l'oxyhémoglobine et de l'hémoglobine.

III. — PHYSIOLOGIE DE LA CIRCULATION

§ 1. — Historique de la circulation.

Les anciens ignoraient la circulation. — Les anciens
avec Hippocrate et Aristote, croyaient que les veines seules
contenaient du sang. C'est qu'ils n'étudiaient que des cadavres d'animaux, et que précisément, après la mort, *les artères
sont vides de sang*. Ils croyaient que ces vaisseaux servaient
à transporter l'air .

Au deuxième siècle, Galien découvre le sang dans les
artères, mais il croit que les deux ventricules du cœur communiquent entre eux ; il ignore le retour du sang des poumons au cœur.

En 1553, Michel Servet découvre la circulation pulmonaire,
c'est-à-dire le mouvement du sang allant du ventricule droit
à l'oreillette gauche, en passant par le poumon : c'est ce
qu'on appela la *petite circulation*.

La découverte de la circulation. — En 1628, le médecin
anglais Harvey découvre
réellement la circulation
par l'observation et par
l'expérience. Par l'observation sur un animal vivant : il regarde le cœur
qui se contracte, observe
le sang qui passe dans les
artères, et voit les veines
qui se vident du côté du
cœur, dans le sens centripète ; il en déduit la
circulation. Par l'expérience : il lie une artère
du bras et la voit se gon

Fig. 88. — **William Harvey (1578-1658).**

fler au-dessus de la ligature, du côté du cœur, tandis qu'elle
se vide au-dessous. Il pratiqu.e la même expérience sur une

veine et fait une remarque inverse : la veine se gonfle au-dessous de la ligature tandis qu'elle s'affaisse et se vide au-dessus. Donc, le sang artériel part du ventricule gauche par l'aorte pour aller vers les organes, et le sang veineux est ramené des extrémités et revient des organes à l'oreillette droite, par les veines. Il donna le nom de *grande circulation* à ce mouvement du sang. Il ne connaissait pas encore les capillaires.

C'est en 1661, quatre ans après la mort de Harvey, que Malpighi observe pour la première fois des capillaires, en examinant, au microscope, le poumon d'une Grenouille.

Observation directe de la circulation. — On peut observer, à l'aide du microscope, la circulation du sang à l'intérieur des capillaires d'un animal vivant. Un des procédés ordinairement employés pour cette observation consiste à fixer une Grenouille sur une planchette de liège, et à découper dans cette planchette, un peu en avant de l'animal *fig*. 89), une petite fenêtre d'un centimètre carré de surface. Avec une pince on tire la langue de la Grenouille en dehors de la bouche, et on l'étale sur la fenêtre en fixant le pourtour avec de petites épingles. On place ensuite sur la langue une goutte d'eau salée et une lamelle couvre-objet ; puis on porte la planchette sur la platine du microscope et l'on distingue facilement les capillaires et les globules qu'ils contiennent ; on voit ceux-ci rouler les uns sur les autres, s'allonger dans les capillaires trop étroits, pour reprendre leur forme normale plus loin. On peut aussi voir, au bout d'un certain temps, des globules blancs traverser les parois des capillaires, ainsi que nous l'avons décrit plus haut.

Fig. 89. — Dispositif pour étudier la circulation dans la langue de la Grenouille.

Grande et petite circulation. — La circulation, dans son ensemble, peut être divisée en deux cycles : celui de la circulation générale ou *grande circulation*, et celui de la circula-tion pulmonaire ou *petite circulation*. Dans la grande cir-culation (*fig.* 90), le sang va du ventri-cule gauche aux or-ganes et revient des organes à l'oreil-lette droite ; dans la petite circulation, le sang va du ven-tricule droit aux poumons pour re-venir ensuite à l'oreillette gauche. Mais au point de vue physiologique, il est préférable d'adopter les deux phases suivantes : l'une, la *circulation du sang rouge*, porte le sang des poumons dans tou-tes les parties du corps ; l'autre, la

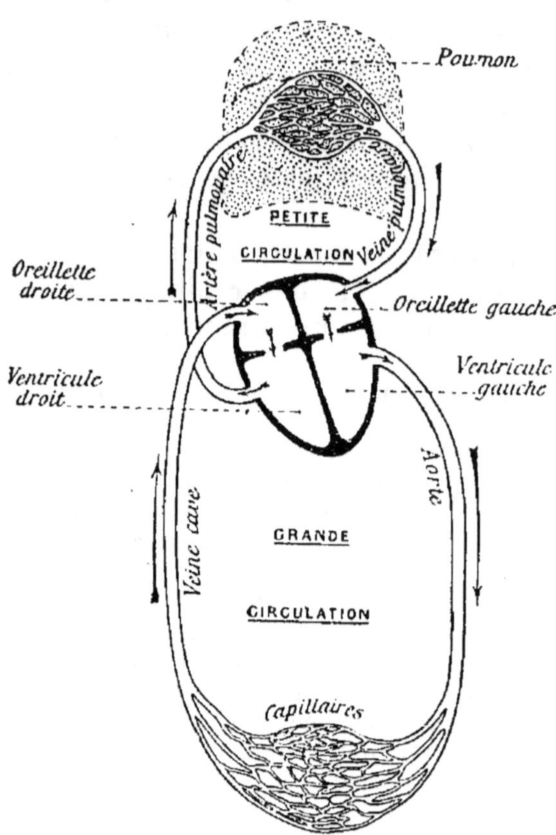

Fig. 90. — La circulation chez l'Homme (figure théorique).

circulation du sang noir, le ramène de toutes les parties du corps aux poumons.

§ 2. — Mécanisme de la circulation.

Les appareils enregistreurs. — Pour étudier les mouve-ments, le physiologiste français Marey (1830-1904) a imaginé différents appareils qui permettent : 1° d'*amplifier* les mouve-ments et de les rendre visibles, c'est pourquoi on désigne parfois ces appareils sous le nom de *microscopes du mouve-ment* ; 2° d'*enregistrer* les mouvements et par conséquent de

les étudier et de les comparer. De nombreuses découvertes
sont dues à l'usage de ces *appareils enregistreurs* et à l'application de la *méthode graphique.*

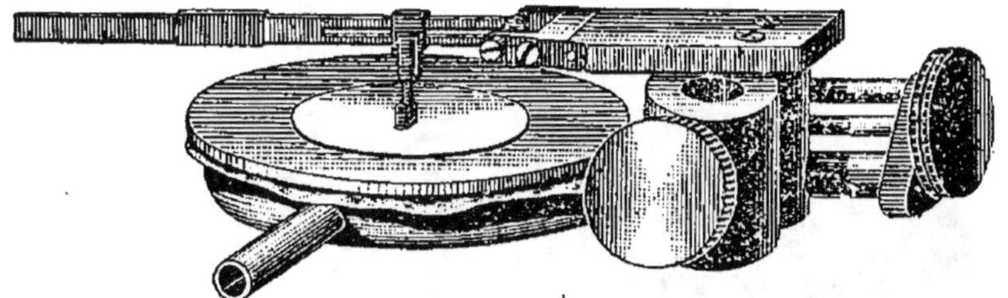

Fig. 91. — Tambour enregistreur et son levier.

Voici le principe des appareils enregistreurs employés dans
l'étude de la circulation. Supposons deux boîtes métalliques

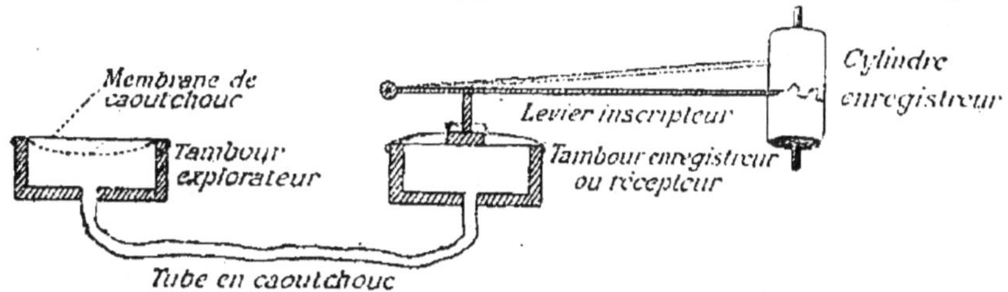

Fig. 92. — Appareil enregistreur : tambours de Marey.

appelées *tambours* (*fig.* 91 et 92), réunies par un tube de
caoutchouc. Chaque boîte est fermée sur l'une de ses faces
par une membrane en caoutchouc. Si l'on appuie sur la

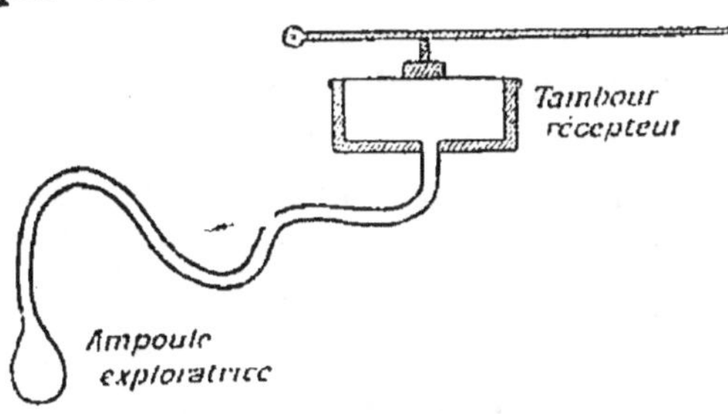

Fig. 93. — Cardiographe.

membrane du tam-
bour dit *explorateur,*
on comprime l'air à
l'intérieur du tube en
caoutchouc et de l'au-
tre tambour, dit *enre-
gistreur,* dont la mem-
brane en caoutchouc
se trouve soulevée.

sur cette membrane repose un levier portant une pointe
qui va s'appuyer sur un cylindre recouvert de papier enduit
de noir de fumée et animé d'un mouvement de rotation

uniforme. La pointe, mise en mouvement, tracera ainsi une courbe que l'on pourra étudier.

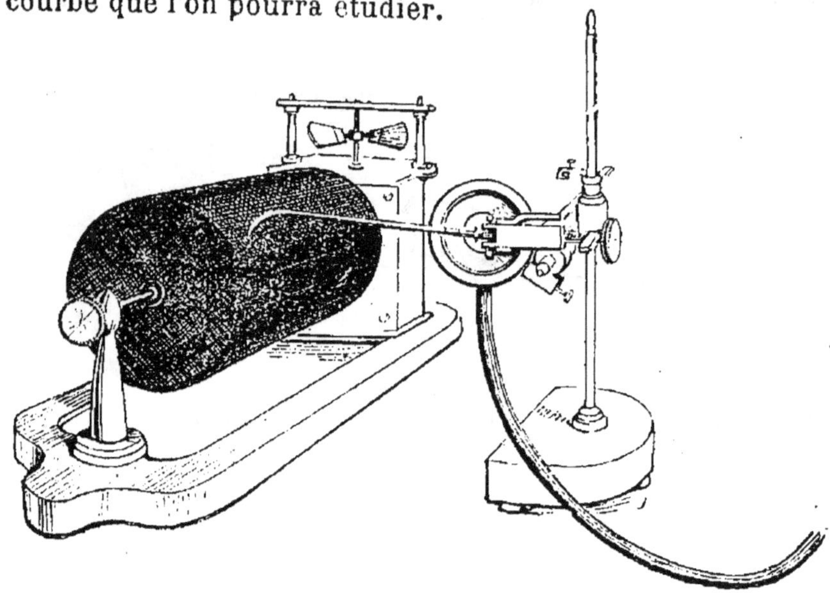

Fig. 94. — Cylindre enregistreur à mouvement d'horlogerie
et à ailettes.

Le *cardiographe*, c'est-à-dire l'appareil enregistreur qui sert à étudier les mouvements du cœur, se compose d'une ampoule en caoutchouc en communication avec un tambour récepteur (*fig.* 93 et 94). D'habiles expérimentateurs ont réussi à introduire cette ampoule dans le cœur droit du Cheval, en passant par la veine jugulaire. On peut aussi se servir d'un tambour explorateur ou *cardiographe de Marey* (*fig.* 95) qui porte un bouton qu'on applique en face du cœur. Ce tambour est renfermé dans une enveloppe métallique dont le fond est muni d'une vis

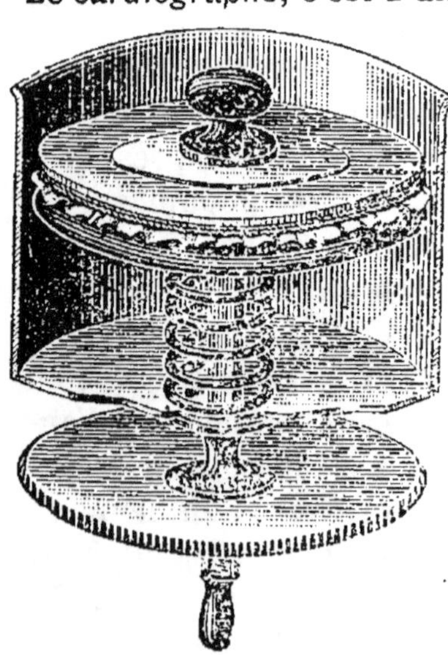

Fig. 95. — Tambour explorateur
ou cardiographe de Marey.

qui permet, au moyen d'un ressort à boudin, de placer le tambour dans la position qui convient pour que le bouton fasse saillie plus ou moins. On peut placer ce tambour soit en face du cœur, soit sur le trajet de la carotide (vers le tiers supérieur du cou). Pour que les mouvements rythmiques du cœur soient nettement visibles, il est bon, avant d'appliquer l'appareil, de faire courir le sujet sur lequel on fait l'expérience, pendant quelques minutes, jusqu'à l'essoufflement.

Fonctions du cœur. — Le cœur est animé de mouvements rythmiques appelés *battements*. Lorsque le cœur se contracte, il est en *systole* ; lorsqu'il se relâche, il est en *diastole*. Chez l'Homme adulte le cœur se contracte environ 70 fois par minute, de sorte que chaque battement dure un peu moins d'une seconde.

Le nombre des battements dépend de certaines conditions. Il varie avec l'âge :

```
de 0  à  1 an  .  .  .  .  .  .  135 battements
—  1  à  2 ans .  .  .  .  .  .  110     —
—  2  à  5  —  .  .  .  .  .  .  105     —
—  5  à  8  —  .  .  .  .  .  .   95     —
—  8  à 20  —  .  .  .  .  .  .   80     —
— 20  à 80  —  .  .  .  .  .  .   70     —
```

Il varie aussi avec les espèces : il est de 24 chez l'Eléphant, 40 chez le Cheval, 90 chez le Chien, 150 chez le Lapin, 200 chez le Cobaye, 600 chez la Souris.

La situation debout, l'exercice musculaire, les émotions accélèrent les battements. Ainsi, debout, on a en moyenne 80 pulsations, tandis qu'assis ou couché on n'en a plus que 70 ou 65.

On peut observer les mouvements du cœur directement sur la Grenouille ou le Lapin en ouvrant leur thorax ; mais pour préciser le mécanisme de ces mouvements, il faut introduire des sondes cardiaques dans les cavités du cœur d'un Cheval (*fig.* 96). Chaque sonde est reliée à un tambour enregistreur et l'on peut obtenir un graphique (*fig.*97). Chez l'Homme, on peut, comme nous venons de le voir, appliquer des appareils inscripteurs. Les tracés, qui présentent d'ailleurs de grandes

ressemblances avec ceux obtenus chez le Cheval, montrent
que :

1° Les deux oreillettes se contractent en même temps pour

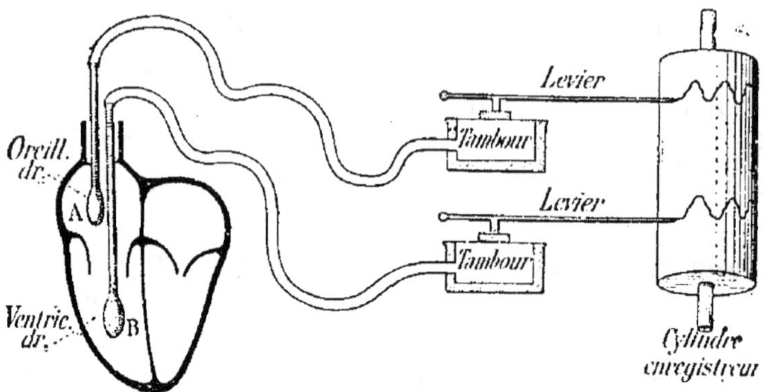

Fig. 96. — Sondes cardiaques introduites dans la moitié droite
du cœur d'un Cheval.

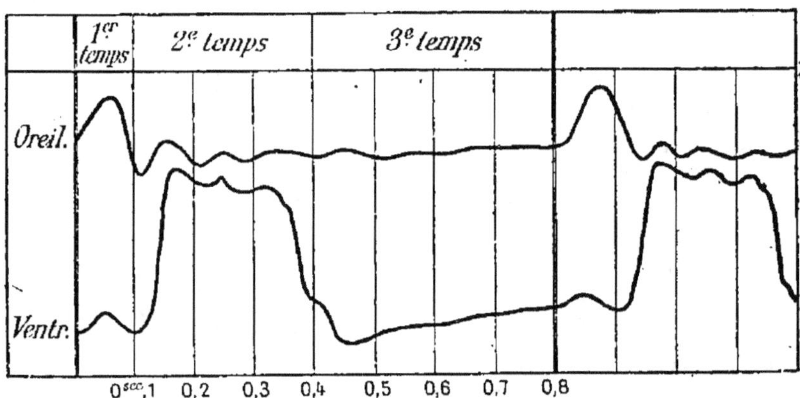

Fig. 97. — Graphique obtenu dans l'expérience précédente.

chasser le sang dans les ventricules ; cette systole a une durée
de $\frac{2}{12}$ du temps total de la révolution cardiaque, ce qui
équivaut environ à $\frac{1}{10}$ de seconde ;

2° Les deux ventricules se contractent en même temps pour
chasser le sang dans les artères, car il ne peut rentrer dans
les oreillettes à cause des valvules qui viennent s'adosser et

fermer les orifices (*fig.* 98) ; cette systole dure les $\frac{4}{12}$ du temps total, c'est-à-dire environ $\frac{3}{10}$ de seconde ;

3° Le cœur reste ensuite au repos pendant $\frac{6}{12}$ du temps total, c'est-à-dire $\frac{4}{10}$ de seconde ;

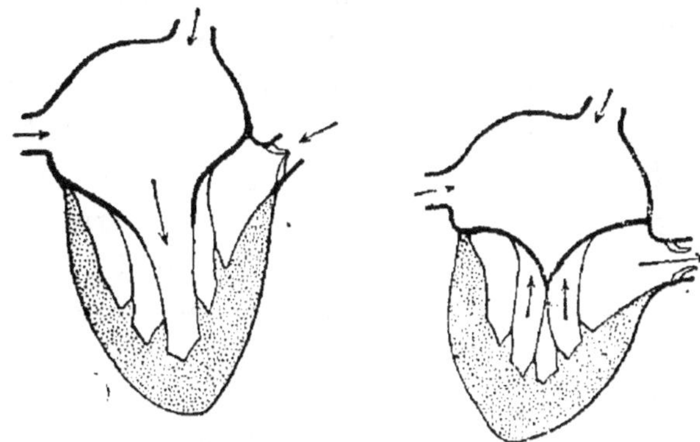

Fig. 98. — Schéma du jeu des valvules auriculo-ventriculaires et sigmoïdes.

il ne travaille donc que pendant la moitié du temps et se repose pendant l'autre moitié.

A chaque contraction du ventricule gauche, le cœur lance dans l'aorte environ 180 grammes de sang.

Bruits du cœur. — Lorsqu'on place l'oreille sur la poitrine, dans la région du cœur, on entend deux bruits distincts pour chaque pulsation.

1er *bruit :* sourd, prolongé, s'entend mieux vers la pointe du cœur, se produit pendant la contraction des ventricules. Il est dû à la contraction des parois des ventricules et à la pression du sang contre les valvules.

2° *bruit :* plus clair, plus court, et plus intense vers la base du cœur ; il se produit au début de la diastole des ventricules et il est dû à l'accolement brusque des valvules sigmoïdes. Après la contraction ventriculaire, le sang de l'aorte tend à revenir dans le ventricule et vient appuyer sur les valvules dont les bords s'accolent brusquement.

Entre le premier et le second bruit, il existe un petit silence, et après le second bruit un grand silence.

La connaissance des bruits du cœur a une grande importance pour le médecin : dès qu'une valvule est altérée, en effet, l'orifice est incomplètement fermé, et il se produit des bruits anormaux ou *souffles*, qui permettent de diagnostiquer le siège et la nature de la maladie.

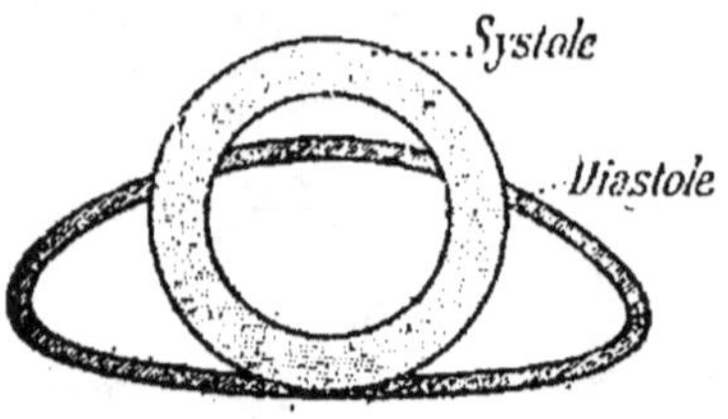

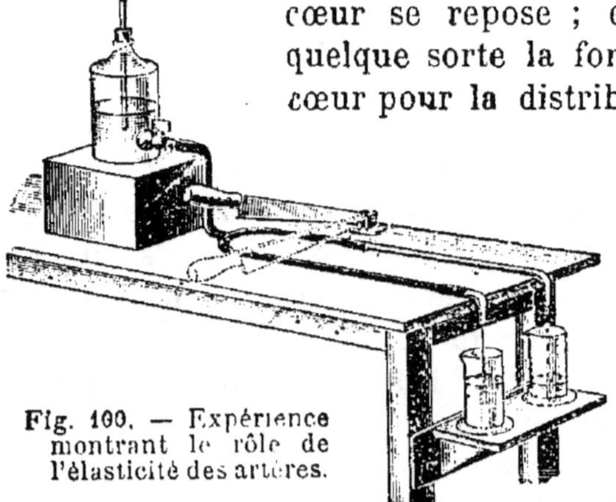

Fig. 99. — Forme du cœur pendant la systole et pendant la diastole.

Le *choc* du cœur, que l'on perçoit facilement en plaçant la main sur la poitrine, en face du cœur, est dû à la contraction des ventricules et à ce fait que le cœur s'arrondit (*fig.* 99) et durcit brusquement en venant s'appuyer contre la paroi thoracique

Fonctions des artères. — Les artères ont deux propriétés physiologiques : l'*élasticité* et la *contractilité*.

a) L'*élasticité* est surtout importante dans les grosses artères. Elle a pour effet : 1° de transformer le courant *intermittent* du sang en un courant *continu* ; 2° d'augmenter son débit d'écoulement.

Chaque fois que le ventricule gauche lance l'ondée sanguine (180 grammes) dans l'aorte, celle-ci se trouve dilatée, et comme elle est élastique, elle revient sur elle-même en comprimant le sang ; or, les valvules sigmoïdes se fermant brusquement, le sang ne peut revenir dans les ventricules et il est poussé vers les ramifications artérielles. L'artère, par son élasticité, continue donc à chasser le sang pendant que le cœur se repose ; elle emmagasine en quelque sorte la force de propulsion du cœur pour la distribuer ensuite au courant sanguin.

De plus, l'élasticité *augmente le débit* du sang. On le démontre à l'aide d'un vase présentant à sa base un tube bifurqué en caoutchouc (*fig.* 100) : sur une branche on

Fig. 100. — Expérience montrant le rôle de l'élasticité des artères.

adapte un tube rigide, eu verre par exemple; l'autre branche se continue par un tube en caoutchouc. Ces deux tubes ont exactement le même calibre. Si l'on établit et si l'on interrompt rythmiquement le courant de liquide, on constate que le tube élastique donne un jet continu et plus abondant que celui du tube en verre, qui est intermittent.

L'élasticité des artères soulage donc l'action du cœur. Aussi

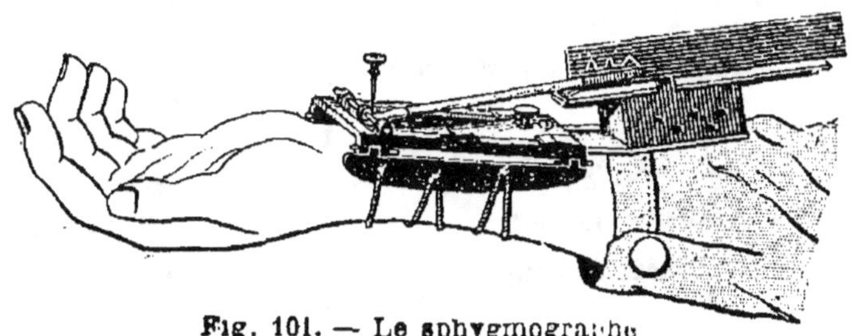

Fig. 101. — Le sphygmographe

lorsque les artères perdent de leur élasticité, le cœur s'*hypertrophie*-t-il par un travail plus énergique.

On sait qu'en comprimant, sous le doigt, l'artère radiale par exemple, on sent un soulèvement des parois de l'artère et un léger choc : c'est le *pouls*. Ce phénomène est produit par l'ondulation sanguine qui résulte du jet de sang lancé dans l'aorte à chaque contraction du cœur. On peut enregistrer les mouvements du pouls à l'aide d'un appareil appelé *sphygmographe* (*fig.* 101 et 102). Il se compose d'une plaquette appliquée par un ressort sur l'artère et qui est en rapport avec un levier portant un stylet. Ce stylet décrit, sur un

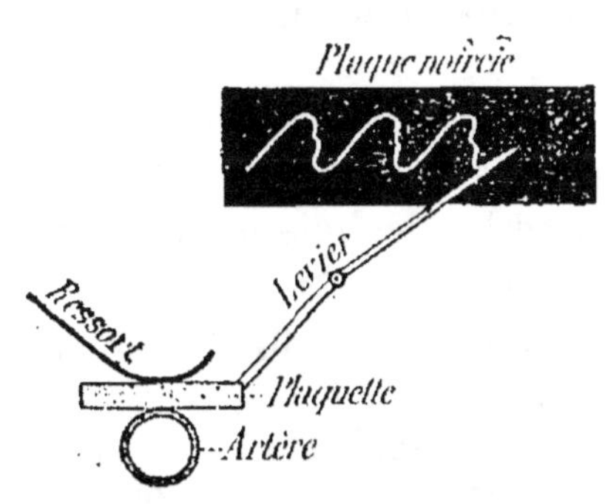

Fig. 102. — Schéma d'un sphygmographe.

papier enduit de noir de fumée, une courbe qui renseigne sur le nombre et l'intensité des mouvements. La comparaison des courbes données par un pouls normal, par le pouls d'une personne dont les artères ont perdu de leur élasticité, et par le pouls d'un malade atteint de fièvre typhoïde, montre les services que cet appareil peut rendre en physiologie et en médecine (*fig.* 103).

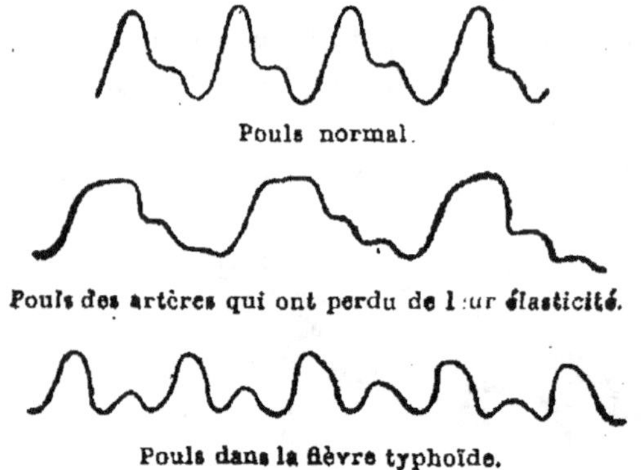

Fig. 103. — Tracés de pouls.

b) La *contractilité* ne s'observe que dans les petites artères où elle est, nous le verrons plus loin, sous la dépendance du système nerveux. Si les artères d'un organe se contractent, il y arrive moins de sang, mais les organes voisins en recevront davantage. La contractilité des artères règle donc les circulations locales.

Dans certains cas pathologiques la tunique moyenne peut se résorber ; il ne reste plus que les tuniques interne et externe, peu résistantes, et que la pression sanguine repousse ; elles forment alors une sorte de poche appelée *anévrisme*. La rupture de cet anévrisme peut causer une hémorragie mortelle.

Fonctions des capillaires. — C'est à travers les parois très minces des capillaires que le sang abandonne les matières nutritives utiles aux cellules et reprend les déchets provenant du travail de ces cellules. Celles-ci, en effet, absorbent certaines substances nutritives et l'oxygène du sang artériel ; elles rejettent, au contraire, certains déchets tels que le gaz carbonique, l'urée, etc. Ces échanges sont facilités par la faible vitesse du courant sanguin, qui n'est plus que de $0^{mm},8$ par seconde, au lieu de 50 centimètres dans les gros troncs artériels. On a comparé la région des capillaires à un lac dans lequel viendrait se jeter le torrent sanguin. Suivant l'expression de Claude Bernard, si les artères et les veines sont les rues qui nous permettent de parcourir la ville, les capillaires nous font pénétrer dans les maisons, nous montrent la vie, les occupations et les mœurs des habitants, c'est-à-dire des cellules.

Fonctions des veines. — Les veines sont peu *élastiques*, mais elles sont *contractiles*. Les veines, en effet, se laissent facilement dilater, et quand elles l'ont été longtemps, elles ne reviennent pas à leur calibre primitif et produisent ce qu'on appelle des *varices* (*fig.* 104), fréquentes dans les membres inférieurs. Les varices sont des veines élargies et contournées irrégulièrement.

Fig. 104. — Veines atteintes de varices.

La cause essentielle de la circulation dans les veines est la force propulsive du cœur, qui se transmet jusqu'à elles par les artères et les capillaires.

Grâce à leur contractilité, les veines peuvent encore activer la circulation. La circulation veineuse est surtout difficile dans les membres inférieurs, où elle a à lutter contre la pesanteur et contre la pression de la colonne sanguine ; aussi les veines inférieures sont-elles très musculeuses. Les valvules empêchent le retour du sang vers les capillaires, de sorte qu'à la moindre compression de la veine, le sang est poussé vers le cœur. C'est ainsi que les exercices musculaires, en produisant un gonflement des muscles, compriment les veines, activent la circulation.

Enfin l'inspiration, en produisant la dilatation de la poitrine, provoque celle des **veines** thoraciques, ce qui produit un appel de sang de la périphérie vers le centre.

Pression sanguine. — En arrivant dans les artères, l'ondée sanguine possède une certaine pression. Cette pression, qui a sa valeur la plus élevée à l'orifice de l'aorte, diminue progressivement vers les petites artères, pour devenir nulle à l'embouchure des veines dans l'oreillette droite. C'est grâce à cette différence de pression que le sang circule.

Si l'on veut mesurer la pression en un point, on adapte au vaisseau un petit manomètre à mercure (*fig.* 105), dont une branche porte un flotteur muni d'un stylet inscrivant sur un cylindre les oscillations de la colonne de mercure. Dans les grosses artères la pression est d'environ 120^{mm}.

En réalité, la pression artérielle dépend de deux facteurs :
la force de propulsion du cœur et la résistance des capillaires. Ainsi elle augmente si le cœur bat avec énergie et si les petits vaisseaux se contractent ; elle baisse, au contraire, si le cœur faiblit ou si les capillaires se dilatent. Ces actions sont réglées

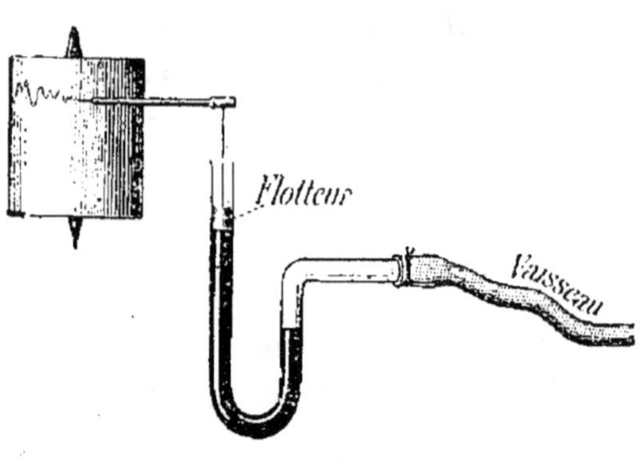

Fig. 105. — Manomètre enregistreur.

par le système nerveux de façon que le cœur bat moins vite si la contraction des petits vaisseaux augmente la pression ; si au contraire cette pression diminue, le cœur accélère ses battements. Le cœur règle donc ses mouvements sur la résistance à vaincre.

Il est évident aussi que la valeur de la pression change avec la quantité de sang contenue dans les vaisseaux ; si cette quantité augmente (absorption des boissons) la pression s'élève ; si elle diminue (hémorragie) la pression baisse.

Lorsque le sang passe dans deux systèmes de capillaires (*fig.* 106), sa vitesse est très ralentie. Aussi cette disposition, formant ce qu'on appelle un *système porte*, se ren-

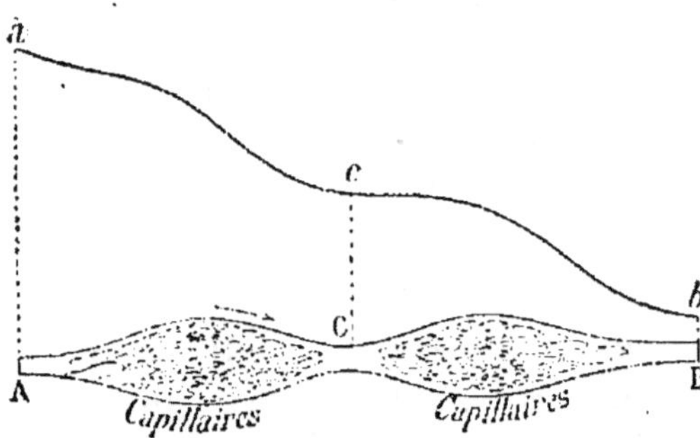

Fig. 106. — Chute de pression dans un système porte.

contre-t-elle dans les organes (reins, foie) où le sang doit séjourner pour se débarrasser de produits nuisibles ou se charger de substances utiles.

Influence du système nerveux. — Le système nerveux a une grande influence sur le *cœur* et sur les *vaisseaux* *a)* **Le cœur.** — Le cœur a un *système nerveux propre*, qui le rend autonome, et il est aussi en relation avec le *système nerveux général*.

On peut montrer que le cœur possède en lui-même son moteur : pour cela on enlève le cœur d'une Grenouille et on le place dans un verre de montre contenant de l'eau salée (7 pour 1000). Il continue à battre rythmiquement pendant plusieurs heures. Le même fait est observé sur le cœur des Mammifères, à la condition d'y établir une circulation artificielle. Le fait s'explique par l'existence dans le cœur des *ganglions nerveux* qui fonctionnent comme des centres nerveux. Ces ganglions sont au nombre de trois (*fig.* 107), et leur étude expérimentale a montré que deux d'entre eux sont *accélérateurs* des battements du cœur, et que le troisième est *modérateur*.

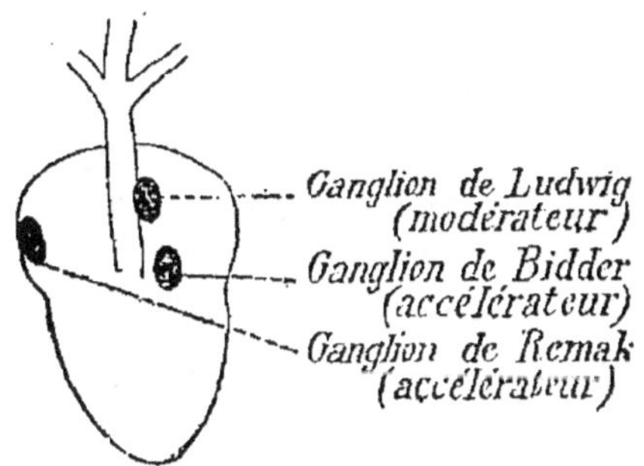

Fig. 107. — Ganglions nerveux du cœur de la Grenouille.

Le cœur est en relation avec le système nerveux général par des nerfs de deux origines différentes (*fig.* 108) : 1º les uns viennent du nerf *pneumogastrique* et sont *modérateurs* ou *inhibiteurs* des mouvements du cœur ; 2º les autres viennent du *sympathique* et sont *accélérateurs* des battements du cœur.

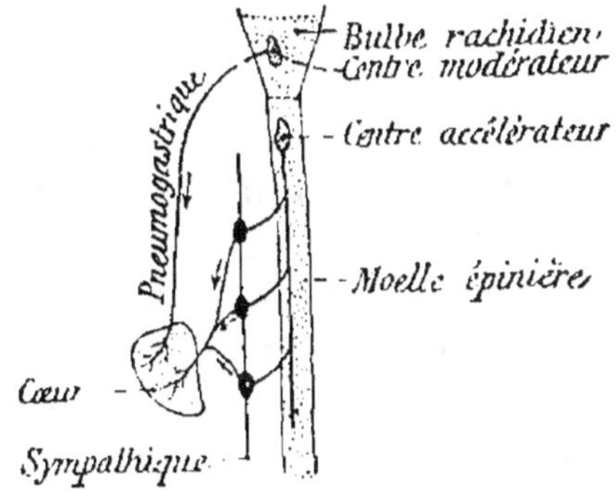

Fig. 108. — Schéma de l'innervation du cœur.

Si on excite le pneumogastrique, le cœur se ralentit et finit par s'arrêter en diastole. Une émotion violente peut aussi arrêter le cœur en diastole, ce qui justifie cette expression de *cœur brisé*.

Au contraire, l'excitation du sympathique accélère les battements du cœur.

Le cœur est donc sous la dépendance du système nerveux central.

Il existe des *poisons* du cœur, c'est-à-dire des substances qui agissent sur ses mouvements en paralysant le système modérateur ou accélérateur. Une injection d'atropine chez un Chien paralyse le système modérateur, donc accélère les battements ; et une injection de pilocarpine agit sur le système accélérateur en ralentissant les battements.

b) **Les vaisseaux. Nerfs vaso-moteurs.** — Les artères et les veines reçoivent des filets nerveux, venant du sympathique. Ces nerfs agissent sur les vaisseaux en les faisant se contracter ou se dilater, d'où leur nom de *vaso-moteurs*.

Dès 1851, Claude Bernard mettait en évidence l'action importante de ces nerfs par l'expérience suivante : Il coupa, chez un Lapin, le nerf sympathique dans la région du cou ; il vit l'oreille du même côté devenir rouge et chaude. Puis en excitant le nerf qui se rendait à cette oreille, il vit celle-ci pâlir ; ce nerf rétrécissait donc les vaisseaux, c'est pourquoi il a été appelé *vaso-constricteur*.

Plus tard, en 1858, Claude Bernard, en coupant la *corde du tympan* et en excitant le bout de ce nerf qui se rend à la glande sous-maxillaire, vit les vaisseaux de cette glande se dilater considérablement : c'est donc un nerf *vaso-dilatateur*.

En *réalité*, les nerfs vaso-dilatateurs agissent en suspendant l'activité des nerfs vaso-constricteurs ; ils ont donc une action d'*inhibition* ou d'*arrêt*.

Le rôle des nerfs vaso-moteurs est considérable puisqu'ils règlent la circulation du sang dans les organes et par suite régissent leur nutrition. C'est ainsi que le sang, affluant dans les capillaires de la peau, diminue dans les organes internes ; au contraire, si les vaisseaux superficiels se contractent, ils chassent le sang vers les organes internes, qui se *congestionnent*. Il y a là deux actions contraires, très nettes, qui se font équilibre et justifient le dicton populaire « main froide, cœur chaud ».

C'est de cette façon qu'on décongestionne l'encéphale en faisant agir des sinapismes ou des bains chauds sur les pieds.

C'est aussi par ce mécanisme qu'on explique la rougeur et la
pâleur de la face après une émotion violente (colère, peur, joie).

La distribution du sang dans l'organisme. — Maintenant
que nous savons comment circule le sang, voyons de quelle
manière se fait sa répartition dans les principales régions de
l'organisme. Le sang passe des artères dans les veines à travers les capillaires de la *peau*, des *muscles* et des *viscères*,
c'est-à-dire par trois grandes voies. La voie musculaire laisse
passer en un temps donné au-
tant de sang qu'en contiennent
les vaisseaux cutanés et intestinaux (*fig.* 109).

Pour que la distribution du
sang dans toutes les parties de
l'organisme se fasse régulièrement, il faut qu'à chaque instant
il en revienne au cœur, par les
veines, une quantité égale à
celle qui en sort par les artères.

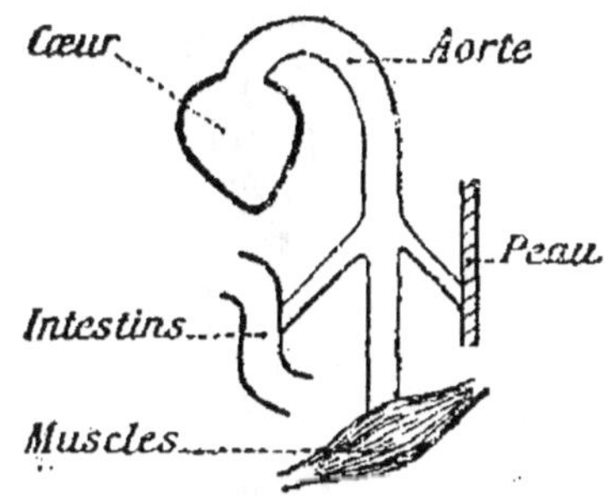

Fig. 109. — Schéma de la distribution du sang dans le corps
humain : muscles, intestins et
peau (d'après Lauder Brunton).

On peut dire que normale-
ment chaque partie du corps reçoit la quantité de sang nécessaire à ses besoins, c'est-à-dire plus ou moins suivant son
activité. La quantité de sang contenue dans les organes varie
donc beaucoup ; et ce fait permet de bien saisir l'importance
des nerfs vaso-moteurs qui règlent ces circulations locales.

IV. — CIRCULATION LYMPHATIQUE

Outre le sang, il existe dans l'organisme un autre liquide
nourricier, la *lymphe*, qui circule dans toutes les parties du
corps au moyen d'un système compliqué de vaisseaux formant l'*appareil lymphatique* ; ce liquide remplit aussi tous les
espaces que laissent entre elles les cellules des tissus.

§ 1. — Appareil lymphatique.

Cet appareil se compose : 1° *des vaisseaux lymphatiques* ;
2° *des ganglions lymphatiques.*

Vaisseaux lymphatiques. — Ce sont des vaisseaux très fins et très nombreux, prenant naissance par des capillaires qui ne

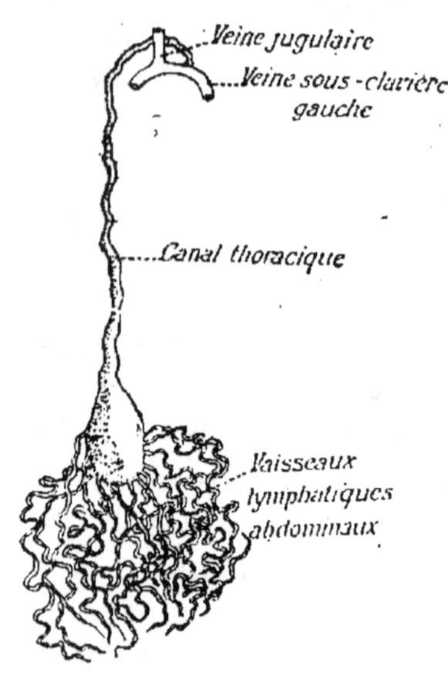

Fig. 110. — Canal thoracique.

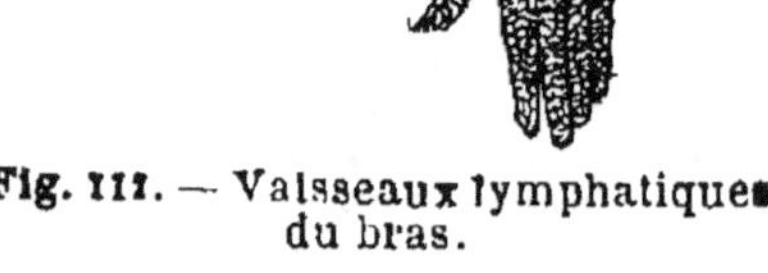

Fig. 111. — Vaisseaux lymphatiques du bras.

communiquent pas, du moins directement, avec les capillaires sanguins. Ces vaisseaux restent petits et viennent tous aboutir dans deux gros canaux : le *canal thoracique* et la *grande veine lymphatique*.

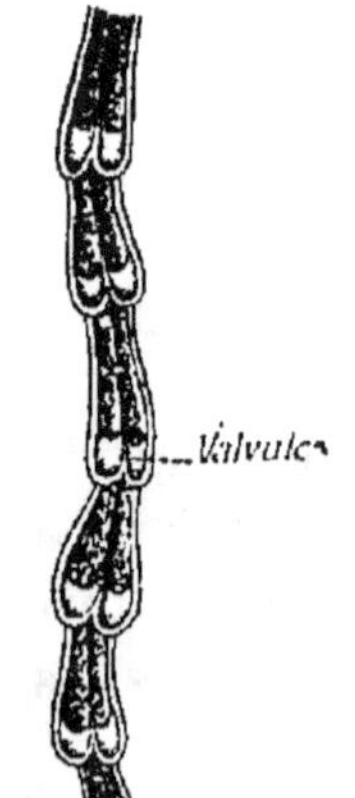

Fig. 112. — Vaisseau lymphatique ouvert.

Le *canal thoracique* (*fig.* 110) reçoit les chylifères venant de l'intestin et les vaisseaux lymphatiques des membres inférieurs, de l'abdomen, de la moitié gauche du thorax, du cou, de la tête et du bras gauche. A sa partie inférieure, il est renflé en une sorte de réservoir. Il monte ensuite le long de la colonne vertébrale et vient se jeter dans la veine sous-clavière gauche.

La *grande veine lymphatique*, longue au plus de deux centimètres, reçoit les lymphatiques du bras droit (*fig.* 111), de la moitié droite du thorax, du cou et de la tête. Elle se termine dans la veine sous-clavière droite.

En somme, le système lymphatique vient verser son contenu dans le système veineux.

La structure des vaisseaux lymphatiques (*fig.* 112) rappelle celle des veines. Les vaisseaux présentent des nodosités qui correspondent aux *valvules*, placées deux par deux, et disposées en nid de pigeon, comme dans les veines. Ces valvules règlent le mouvement de la lymphe, comme les valvules des veines règlent le mouvement du sang.

Ganglions lymphatiques. — Les *ganglions lymphatiques* (*fig.* 113) sont des renflements situés sur le trajet des vaisseaux lymphatiques. Leur grosseur varie depuis la taille d'une tête d'épingle jusqu'à celle d'un haricot. Ils sont abondants au cou, dans le creux de l'aisselle et dans le pli de l'aine.

Les *vaisseaux afférents* (généralement au nombre de deux) apportent la lymphe ; le *vaisseau efférent*, qui est unique, emporte cette lymphe. Le ganglion reçoit aussi une artère et une veine qui viennent se ramifier à son intérieur.

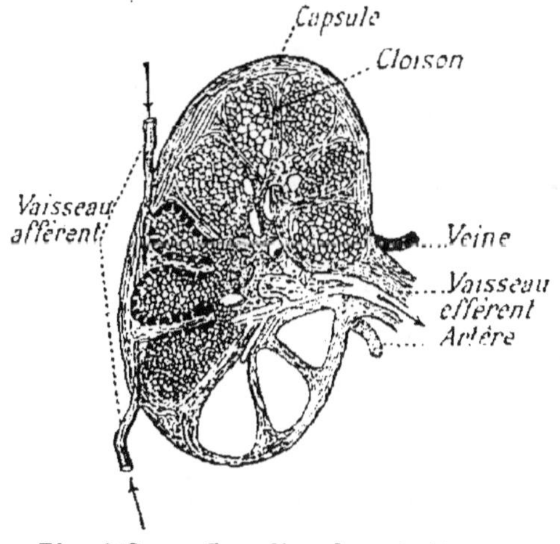

Fig. 113. — Ganglion lymphatique.

La *structure* d'un ganglion lymphatique se compose : 1° d'une enveloppe ou *capsule fibreuse* qui envoie à l'intérieur une série de cloisons limitant des cavités ; 2° des *cellules lymphatiques* situées dans ces cavités et que la lymphe vient baigner en traversant le ganglion.

§ 2. — La lymphe.

Composition et origine de la lymphe. — La lymphe est un liquide incolore dans les vaisseaux lymphatiques, mais qui, dans les chylifères, pendant la digestion, a l'aspect du lait, à cause des gouttes de graisse qu'elle contient en suspension (émulsion). La lymphe est plus abondante que le sang. Elle imprègne tous nos tissus, qui baignent véritablement dans ce liquide. En faisant une fistule sur le canal thoracique d'une Vache, on a obtenu 95 litres de lymphe en 24 heures.

La lymphe se compose : 1° de *globules blancs* dits *cellules lymphatiques* ou encore *phagocytes* (environ 8.000 par millimètre cube) ; 2° d'un liquide ou *plasma* qui contient beaucoup plus d'eau et plus d'urée que le plasma sanguin, mais

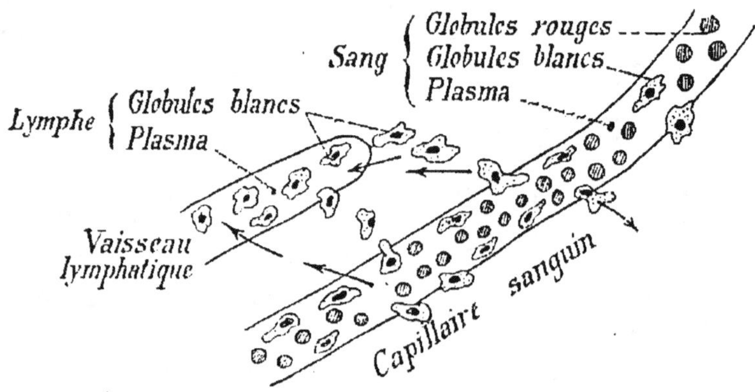

Fig. 114. — Schéma montrant l'origine de la lymphe

moins de matières albuminoïdes. Comme le sang, la lymphe se coagule, mais plus lentement.

La lymphe provient (*fig.* 114) : 1° des produits de la digestion qui arrivent par les vaisseaux chylifères ; 2° du plasma du sang et des globules blancs qui ont traversé les parois des vaisseaux capillaires. C'est par la lymphe que le sang porte aux cellules les éléments nutritifs qu'il contient. On peut démontrer *physiologiquement* la communication entre les capillaires sanguins et les lymphatiques : il suffit d'injecter une substance dans les veines et on la retrouve rapidement dans la lymphe. Dans cette lymphe qui baigne les tissus et constitue véritablement le *milieu intérieur,* les cellules rejettent certains produits de leur activité, l'urée par exemple.

Circulation de la lymphe. — La lymphe circule, mais

lentement. En effet, la lymphe qui remplit les lacunes entre les cellules est poussée par celle que les capillaires sanguins continuent à exsuder ; elle pénètre alors dans les capillaires lymphatiques, où elle chemine, poussée par un afflux continu de lymphe. Comme dans les veines, la présence des valvules force la lymphe à se diriger vers les ganglions, puis vers le canal thoracique ou la grande veine lymphatique. Les battements aortiques, les contractions de l'estomac et de l'intestin, l'aspiration thoracique, les contractions musculaires facilitent aussi cette circulation.

Rôle de la lymphe dans la défense de l'organisme. — La lymphe joue un rôle important dans la nutrition en venant baigner tous les tissus. Mais elle défend aussi l'organisme contre l'invasion des germes pathogènes, des microbes dangereux. Dès qu'un corps étranger pénètre en un point de notre organisme, les *cellules lymphatiques* se mobilisent en quelque sorte et viennent entourer ce corps en essayant de le digérer, de le détruire. Elles y réussissent souvent surtout quand il s'agit de microbes, qui sont digérés comme nous l'avons décrit plus haut. Dans cette lutte avec les microbes, ce sont les globules blancs à plusieurs noyaux qui forment l'avant-garde, puis les globules blancs à noyau unique arrivent les derniers et englobent tout : corps étrangers, germes infectieux, cadavres de cellules, etc. Si, au contraire, ces infiniment petits passent dans la lymphe, ils sont charriés jusqu'aux ganglions, dont les cellules se multiplient pour arrêter les germes dans leur marche envahissante. Aussi les ganglions se tuméfient-ils, par suite du travail de leurs globules blancs.

Les globules blancs agissent aussi, comme ceux du sang, en sécrétant des *antitoxines* qui neutralisent les sécrétions microbiennes. C'est sur ces propriétés que sont basées l'*immunité* et la *sérothérapie*, ainsi que nous le verrons dans le cours d'Hygiène.

Les vaisseaux lymphatiques absorbent les différentes substances avec une grande facilité. C'est ainsi qu'une blessure faite au pied amène rapidement le gonflement des ganglions de l'aine, dont les cellules se multiplient pour arrêter les microbes qui ont pu s'introduire par la blessure. Si la plaie persiste, les ganglions s'enflamment, suppurent et laissent des traces caractéristiques des *tempéraments scrofuleux*.

Dans les maladies inflammatoires (scarlatine, érysipèle), le nombre des globules blancs s'élève considérablement ; au contraire les maladies chroniques (tuberculose, cancer) augmentent relativement peu le nombre des cellules lymphatiques.

V. — ORIGINE DES GLOBULES DU SANG
ET DE LA LYMPHE

Les globules du sang et de la lymphe, comme tous les éléments anatomiques, naissent, se développent, puis vieillissent, s'usent et disparaissent. Il est donc intéressant de se demander quelle est l'origine des globules qui vont remplacer ces éléments qui meurent.

Globules rouges. — Pendant longtemps on a cru que les globules rouges provenaient de la transformation des leucocytes. Au contraire, les globules blancs, par leurs mouvements amiboïdes, peuvent envelopper les globules rouges et les digérer.

Les globules rouges prennent naissance dans la *rate* et dans la *moelle des os.*

a) Lorsqu'on étudie le développement de la *rate* chez des Vertébrés inférieurs (Poissons), on voit des cellules de cet organe s'arrondir, se charger d'hémoglobine et devenir de véritables globules rouges. Si on extirpe la rate chez un Chien, l'animal continue à vivre, mais son sang présente une diminution considérable des globules rouges.

b) La *moelle des os* est l'organe formateur principal des globules rouges, elle est en effet très riche en vaisseaux sanguins et en petites cellules arrondies rappelant celles de la rate. On voit ces cellules se charger d'hémoglobine, devenir libres et se transformer en globules rouges.

Globules blancs. — Les globules blancs se produisent surtout dans les ganglions lymphatiques. On constate en effet que la lymphe des vaisseaux efférents contient plus de globules blancs que celle des vaisseaux afférents. La rate est aussi un organe formateur de globules blancs.

Les globules blancs, une fois dans le sang ou dans la lymphe, peuvent se diviser de nouveau. Les globules rouges, au contraire, ne représentent plus que des cellules vieilles, incapables de se diviser pour donner d'autres globules rouges ; lorsqu'ils meurent ou lorsqu'ils sont détruits, ils sont remplacés par ceux qui proviennent de la rate et de la moelle rouge des os.

RÉSUMÉ

La *circulation* est le mouvement, à l'intérieur de l'organisme, d'un liquide nourricier, le *sang*.

L'appareil circulatoire. — Il comprend quatre parties : *cœur*, *artères*, *capillaires* et *veines*.

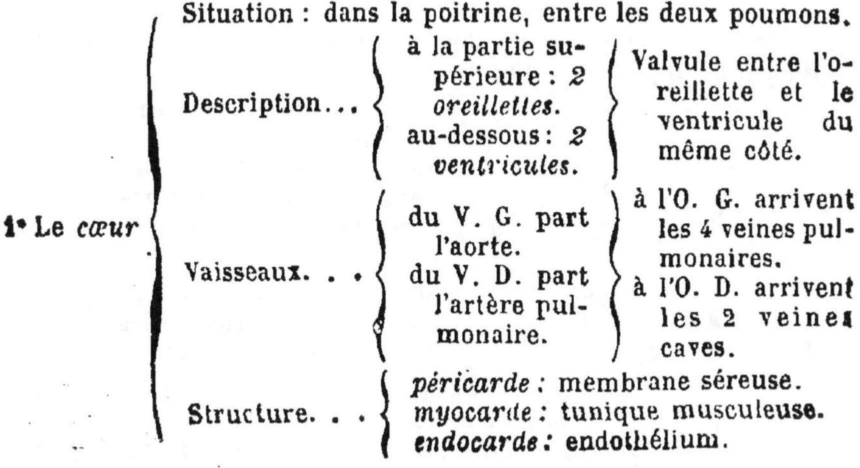

2° Artères

Distribution .

Vaisseaux qui partent du cœur.

1. *Artère pulmonaire* : porte le sang veineux aux poumons.

2. *Aorte.*
- *artères carotides* pour la tête.
- *artères sous-clavières* pour les membres supérieurs.
- *artères iliaques* pour les membres inférieurs.

Structure. . .
- tunique externe *fibreuse.*
- tunique moyenne *élastique*, un peu *musculaire.*
- tunique interne *endothéliale.*

3° *Capillaires* : font communiquer les artérioles et les veinules.

4° *Veines*

Vaisseaux qui ramènent le sang au cœur.

Distribution .
- *veines pulmonaires* : ramènent le sang oxygéné des poumons.
- *veine cave supérieure* (tête et membres supérieurs).
- *veine cave inférieure* (tronc et membres inférieurs).
- *veine coronaire :* ramène le sang des parois cardiaques.

Structure. . .
- la même que celle des artères, mais la tunique moyenne est surtout *musculaire.*

Le sang. — C'est un tissu formé de cellules ou de *globules* nageant dans un liquide ou *plasma.*

1° Globules

Rouges ou hématies
- forme : discoïde et un peu concave ; dimension : 7μ.
- nombre : 5 millions par millimètre cube ; au total 25 trillions.
- composition : contiennent de l'*hémoglobine.*

Blancs ou leucocytes
- mouvements amiboïdes ; pseudopodes. Sont plus gros que les rouges, mais moins nombreux.

Les globules rouges se forment surtout dans la rate et la moelle des os ;

Les globules blancs, dans les ganglions lymphatiques.

$$\begin{array}{ll} 2^{\circ} \\ Plasma \end{array} \left\{ \begin{array}{l} \text{Sang frais . .} \left\{ \begin{array}{l} \text{1. } \textit{Fibrinogène} \text{ dissous.} \\ \text{2. } \textit{Sérum.} \end{array} \right. \\ \text{Sang coagulé.} \left\{ \begin{array}{l} \text{1. Caillot.} \left\{ \begin{array}{l} \text{Globules.} \\ \textit{Fibrine} \text{ coagulée.} \end{array} \right. \\ \text{2. Sérum.} \end{array} \right. \end{array} \right.$$

Physiologie de la circulation. — Le mécanisme de la circulation a été étudié à l'aide d'*appareils enregistreurs* qui permettent d'amplifier et d'enregistrer les mouvements des divers organes.

1° Fonctions du cœur.
- Contraction simultanée des oreillettes. } Systole.
- Contraction simultanée des ventricules. } Systole.
- Repos ou *diastole*.
- La contraction des oreillettes précède celle des ventricules.
- Battements rythmiques du cœur. — Bruits et choc.

2° Fonctions des artères.
- L'*élasticité* transforme le courant intermittent du sang en un courant continu et plus abondant.
- La *contractilité* règle la circulation dans les organes.

3° Fonctions des capillaires.
- A leur niveau se font les échanges nutritifs entre le sang et les éléments anatomiques.

4° Fonctions des veines.
- Leur *contractilité* active la circulation du sang.

Le système nerveux agit sur la circulation, sur le cœur et sur les vaisseaux.

1° Sur le *cœur*.
- 1° Les nerfs qui viennent du pneumogastrique sont *modérateurs* des mouvements ;
- 2° Les nerfs qui viennent du sympathique sont *accélérateurs*.

2° Sur les vaisseaux. — *Nerfs vaso-moteurs*.
- 1° Les *vaso constricteurs* rétrécissent les vaisseaux ;
- 2° Les *vaso-dilatateurs* les dilatent.

La lymphe et l'appareil lymphatique. — La *lymphe* est une sorte de sang qui ne contient que des globules blancs. Elle provient des produits de la digestion et du plasma du sang qui a traversé les parois des capillaires.

La lymphe circule dans les *vaisseaux lymphatiques*, qui se réunissent pour former le *canal thoracique* et la *grande veine lymphatique* ; puis elle arrive dans le système veineux.

Sur le trajet des vaisseaux sont des renflements, les *ganglions lymphatiques.* qui sont riches en cellules lymphatiques, lesquelles jouent un rôle important dans la défense de l'organisme contre les microbes dangereux.

Origine des globules du sang et de la lymphe. — Les *globules rouges* prennent naissance dans la *rate* et la *moelle des os.*
Les *globules blancs* se produisent surtout dans les *ganglions lymphatiques*; ils peuvent aussi se multiplier dans le sang et la lymphe.

CHAPITRE IV

LA RESPIRATION

I. — LA RESPIRATION EST UN FAIT BIOLOGIQUE GÉNÉRAL

La respiration est la fonction par laquelle se font des échanges gazeux entre l'*être vivant* et le *milieu extérieur*.

Ces échanges consistent dans l'*absorption de l'oxygène* nécessaire à l'organisme, et dans le *rejet des produits gazeux* (gaz carbonique, vapeur d'eau) provenant des déchets de l'activité chimique de cet organisme.

Tout être vivant respire. — Tout être vivant, *animal ou végétal*, respire, c'est-à-dire absorbe de l'oxygène et élimine du gaz carbonique ; mais les êtres vivants ne prennent pas tous l'oxygène sous le même état.

Pendant longtemps on a pensé que les animaux supérieurs (Mammifères, Oiseaux), seuls, avaient besoin d'air. Puis on sut par une expérience fort simple qu'un Poisson mourait rapidement dans de l'eau privée d'air par ébullition. Les animaux aquatiques respirent donc l'air qui est en dissolution dans l'eau.

L'embryon de Poulet qui se développe à l'intérieur de l'œuf a besoin de l'air qui passe à travers les pores de la coquille. Si l'on vernit cette coquille, en effet, l'air ne pénètre plus, l'embryon cesse de se développer et meurt.

Nous montrerons que les plantes respirent comme les animaux (Voir plus loin *Anatomie et Physiologie végétales*).

Certains êtres peuvent ne pas absorber de l'oxygène libre ; ils sont même tués par cet oxygène. Tels sont de nombreux *microbes*, comme le *Bacillus amylobacter* dont nous avons déjà parlé, et aussi la plupart des microbes pathogènes. Dans ce cas, l'être vivant décompose le liquide dans lequel il vit pour y prendre de l'oxygène. C'est ainsi que la *Levure de bière*, qui est un Champignon, placée dans de l'eau sucrée et privée d'air, décompose le sucre pour prendre de l'oxygène, le sucre privé d'une partie de son oxygène donne de l'alcool, du gaz carbonique, de la glycérine, de l'acide succinique, etc. La levure a donc pris de l'oxygène en *combinaison* ; mais elle peut aussi vivre en présence de l'oxygène libre, sur une tranche de citron par exemple : dans ce cas, elle ne décompose pas les produits organiques, elle respire comme la plupart des êtres vivants. Toutes les cellules de l'organisme, plongées dans la profondeur de nos tissus, n'ont pas d'oxygène libre à leur disposition ; elles sont par conséquent dans le cas des globules de levure vivant dans l'eau sucrée : aussi prennent-elles de l'oxygène en décomposant l'oxyhémoglobine du sang.

En résumé, tous les êtres vivants ont besoin d'oxygène ; tantôt ils le prennent à l'*état libre* dans l'air, tantôt en *dissolution* dans l'eau, tantôt enfin en *combinaison* dans les substances organiques oxygénées.

On peut donc dire avec Claude Bernard que, si le *mécanisme de la respiration* varie avec les différents animaux, la *respiration proprement dite* de la cellule, de l'élément anatomique, est identique partout et se résume dans l'*absorption d'oxygène* et le *rejet de gaz carbonique*.

Les divers modes de la respiration. — Les échanges gazeux entre l'être vivant et le milieu extérieur doivent se faire à travers la membrane qui limite le corps. De sorte qu'on peut considérer un appareil respiratoire très simple comme formé d'une

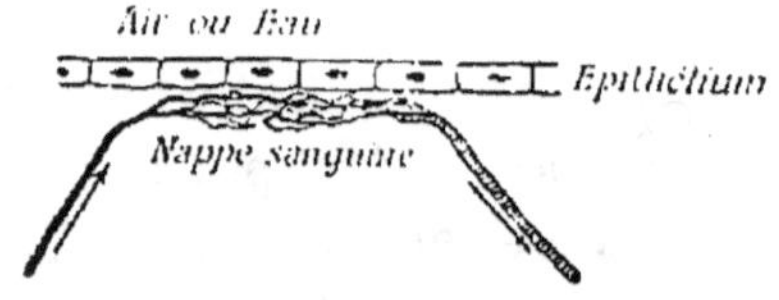

Fig. 115. — Schéma d'un appareil respiratoire.

membrane épithéliale (*fig.* 115) séparant le *milieu extérieur* (air ou eau), qui contient l'oxygène, du *sang*, qui va absorber cet oxygène et rejeter le gaz carbonique. Ce mode de respiration très simple peut se faire à travers la peau : c'est la *respiration cutanée*.

Il y a évidemment intérêt à ce que la surface de contact entre le sang et l'oxygène soit aussi grande que possible. Plus cette *surface respiratoire* sera étendue, plus la respiration sera intense. Un moyen d'agrandir cette surface est de la plisser. Si la membrane en se plissant produit une dépression, on a un *poumon* (*fig*. 116, A) ; si au contraire le plissement se fait par un soulèvement, on a une *branchie* (*fig*. 116, B).

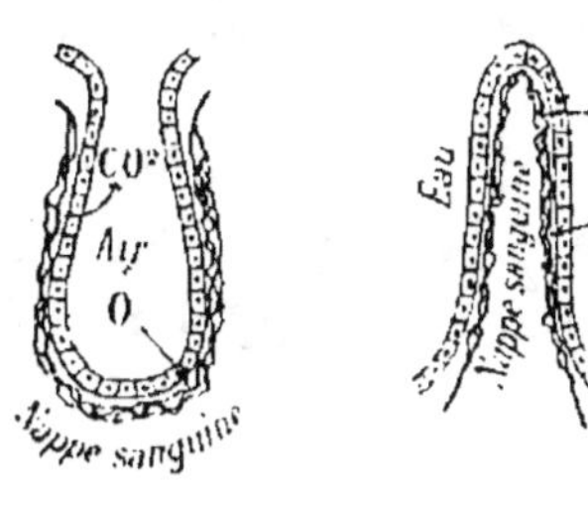

A. Poumon.   B. Branchie.

Fig. 116. — Poumon et branchie.

Le poumon constitue l'organe essentiel de la *respiration aérienne*, et la branchie, celui de la *respiration aquatique*.

II. — APPAREIL RESPIRATOIRE

L'appareil respiratoire se compose des *voies respiratoires*, par lesquelles l'air pénètre dans l'organisme, et des *poumons*, qui sont les organes essentiels.

Voies respiratoires. — Les voies respiratoires comprennent les fosses nasales et la bouche, le pharynx, le larynx, et enfin la *trachée-artère* et les *bronches*. C'est par le nez et non par la bouche que l'air doit passer. Au contact du mucus nasal, en effet, l'air se débarrasse de ses poussières et nous les rejetons en nous mouchant (le charbon que l'on mouche après un voyage en chemin de fer le montre bien) ; de plus, au contact de cette muqueuse très riche en vaisseaux sanguins, l'air se réchauffe avant son entrée dans les organes respiratoires. La bouche et le pharynx ont été décrits à propos de la digestion ; les fosses nasales seront étudiées avec les organes des sens, et le larynx comme organe de la voix. Etudions la *trachée-artère* et les *bronches*.

a) **La *trachée-artère*** (*fig.* 117), qui fait suite au larynx, est un tube de 12 centimètres de long ; elle descend verticalement le long du cou, en avant de l'œsophage, pour pénétrer ensuite dans la poitrine, où, après un trajet de 4 centimètres, elle se bifurque en deux conduits appelés *bronches.*

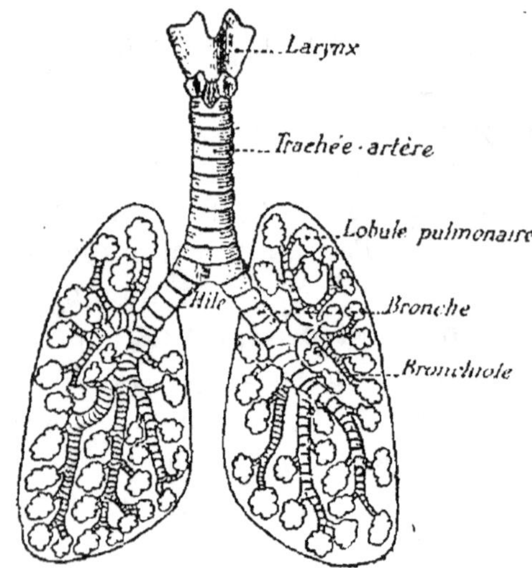

Fig. 117. — Ramification des bronches.

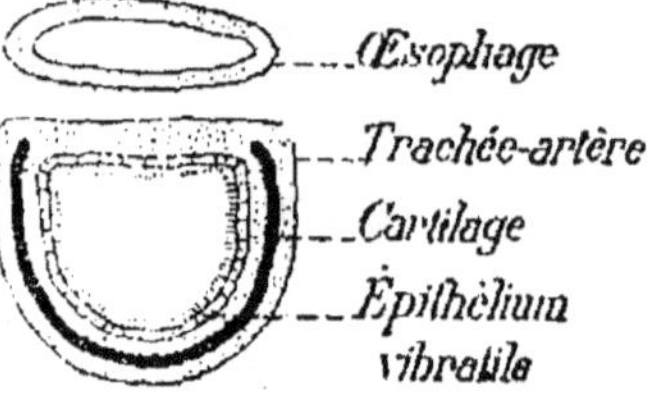

Fig. 118.— Coupe transversale de la trachée-artère et de l'œsophage.

Sur une section transversale (*fig.* 118) la trachée-artère a une forme demi-circulaire en avant et aplatie en arrière. La trachée-artère présente des anneaux cartilagineux régulièrement disposés et destinés à maintenir ce conduit béant ; mais en arrière, dans la portion aplatie, l'anneau cartilagineux ne se continue pas. Ces anneaux sont reliés par des ligaments élastiques, de sorte que la trachée peut s'allonger ou se raccourcir suivant les mouvements de la tête.

La *structure* de la paroi de la trachée se compose : 1° d'une enveloppe externe *fibreuse* dans laquelle se trouvent les anneaux cartilagineux ; 2° d'une couche *muqueuse* interne, recouverte par un épithélium dont les cellules portent des cils vibratiles destinés à rejeter vers l'extérieur les poussières qui ont été entraînées par l'air ; dans l'épaisseur de cette couche muqueuse se trouvent des glandes à mucus.

b) **Les *bronches*,** qui résultent de la bifurcation de la trachée, se rendent chacune à un poumon. Chaque bronche, à l'intérieur du poumon, se subdivise en un grand nombre de rameaux appelés *bronchioles.* Ces bronchioles deviennent de·

plus en plus étroites et viennent se terminer dans des cavités appelées *alvéoles pulmonaires* et limitées par un tissu formant de petites masses appelées *lobules pulmonaires*.

La structure des *bronches principales* est la même que celle de la trachée, mais dans les bronchioles les anneaux cartilagineux se réduisent à des plaques, puis finissent par disparaître complètement au voisinage des alvéoles. En revanche, au niveau des fines bronchioles, les fibres musculaires lisses et le tissu élastique sont plus abondants ; en même temps, l'épithélium vibratile disparaît pour faire place à un épithélium pavimenteux et d'une minceur extrême dans les alvéoles.

Les poumons. — Les poumons, organes essentiels de la respiration, sont situés dans la poitrine, de chaque côté du cœur, et sont au nombre de deux : l'un, le *poumon droit*, un peu plus gros que le gauche, est partagé par deux scissures en *trois lobes* ; l'autre, le *poumon gauche*, ne présente qu'un sillon qui le partage en *deux lobes* (*fig.* 119). Les poumons sont très élastiques ; leur couleur, rose dans la jeunesse, devient grise avec l'âge et presque noire chez les vieillards. Quant

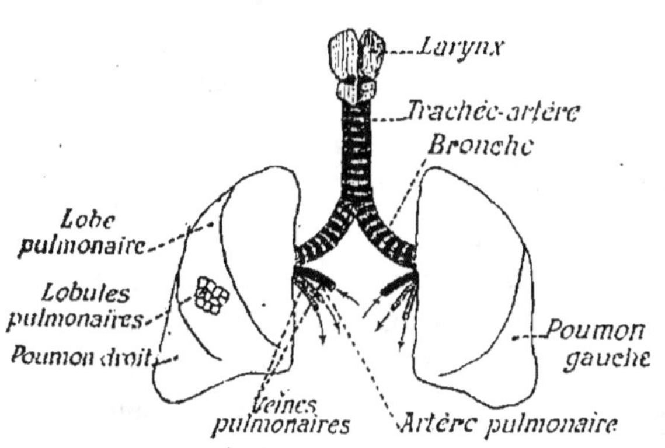

Fig. 119. — La trachée-artère et les poumons.

à l'élasticité des poumons, on peut facilement l'observer en insufflant de l'air par un tube dans les poumons d'un Lapin qui vient d'être sacrifié ; ou bien en ouvrant la cage thoracique d'un animal vivant, on voit immédiatement le poumon se rétracter contre la colonne vertébrale.

La face externe des poumons est convexe et appliquée contre la paroi thoracique ; la face interne est concave et embrasse le cœur.

En examinant la surface du poumon, on voit une série de lignes foncées qui s'entrecroisent et limitent des petites surfaces polygonales d'une étendue d'un centimètre carré. Ces lignes marquent la séparation de petites masses appelées *lobules pulmonaires*, formées par du tissu conjonctif imprégné de poussières de charbon qui ont été introduites par l'air et qui ont pénétré à travers les tissus jusque dans les espaces interlobulaires. Chaque lobule se trouve suspendu à l'extré-

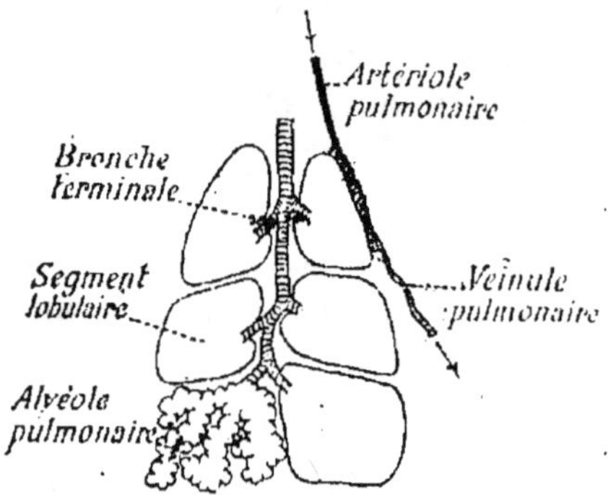

Fig. 120. — Schéma d'un lobule pulmonaire.

Fig. 121. — Épithélium pulmonaire.

mité de chacune des ramifications bronchiques. Comme tous les lobules se ressemblent, il suffit d'en décrire un pour connaître la structure du poumon.

Le *lobule* (*fig.* 120) est partagé en un certain nombre de segments (10 à 12), dont chacun reçoit une *bronche terminale* et présente un certain nombre de cavités bosselées ; chaque cavité est appelée *alvéole* et comprend elle-même plusieurs petites cavités appelées *vésicules*. Les vésicules ont une structure très simple ; elles se composent d'un *tissu élastique* abondant, tapissé intérieurement par un épithélium pavimenteux très aplati et rappelant l'endothélium des vaisseaux sanguins (*fig.* 121).

En résumé, plusieurs vésicules composent un *alvéole*, plusieurs alvéoles forment un *lobule*, et plusieurs lobules constituent le *poumon*. Ces diverses parties réunies par du tissu conjonctif constituent la masse du poumon.

Le sang *veineux* arrive au poumon par l'*artère pulmonaire*, qui se ramifie en suivant les divisions des bronches. Chaque lobule et même chaque segment de lobule reçoit une branche de cette artère (*fig*. 122), et cette branche se divise en un fin réseau de capillaires qui vont envelopper la vésicule pulmonaire. Ce réseau capillaire donne naissance à des veinules qui, en se réunissant, forment les deux *veines pulmonaires* ; celles-ci, après être sorties du poumon, vont se rendre à l'oreillette gauche du cœur, où elles ramènent le sang qui s'est oxygéné et débarrassé d'un excès de gaz carbonique.

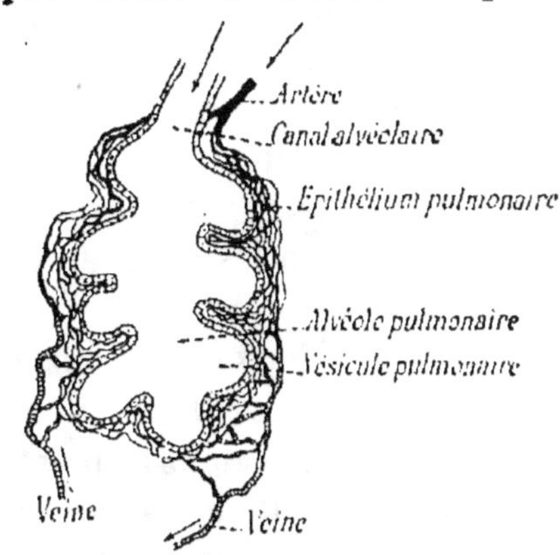

Fig. 122. — Rapport des vaisseaux sanguins avec l'alvéole pulmonaire.

Les capillaires du poumon forment un réseau tellement serré que leur surface est trois fois plus grande que celle des intervalles compris entre les mailles de ce réseau. La surface respiratoire des alvéoles étant évaluée à environ 100 mètres carrés, la surface des capillaires et par conséquent de la nappe sanguine serait de 75 mètres carrés, et le volume du sang ainsi étalé à la surface du poumon serait de près d'un litre.

La plèvre. — Les poumons sont enveloppés chacun dans une membrane séreuse appelée *plèvre*. Comme le péritoine et comme le péricarde, c'est une membrane à deux feuillets, dont l'un, le *feuillet pariétal* (*fig*. 123), tapisse la cage thoracique et la face supérieure du diaphragme, tandis que l'autre, le *feuillet viscéral*, revêt les

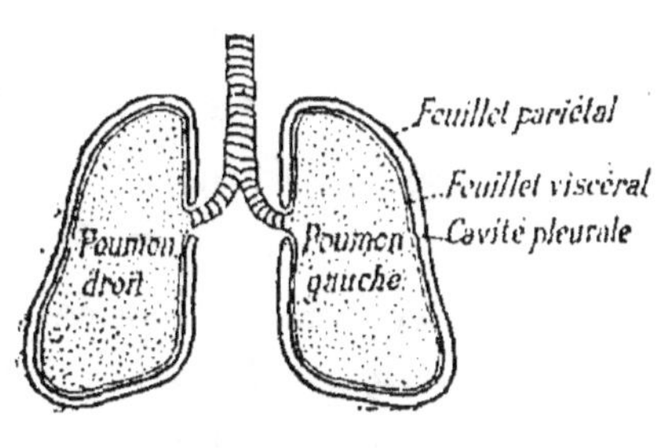

Fig. 123. — La plèvre.

poumons. Les deux feuillets sont séparés par un intervalle, la *cavité pleurale*, contenant un peu de liquide séreux qui facilite le glissement du poumon dans la cage thoracique.

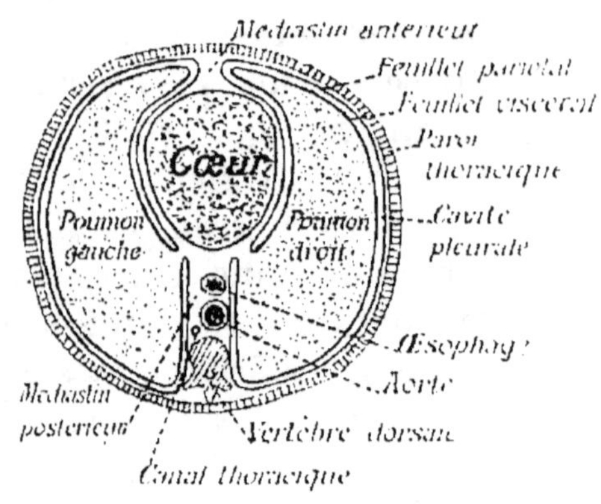

Fig. 124. — Section horizontale du thorax faite au niveau du cœur.

Ce liquide peut devenir trop abondant dans l'inflammation de la plèvre (*pleurésie*) et empêcher par suite les mouvements du poumon.

Les deux feuillets pariétaux des deux plèvres s'étendent depuis le sternum jusqu'à la colonne vertébrale, en passant de chaque côté du cœur (*fig.* 124) ; ils forment une cloison appelée *médiastin*, qui, dans sa partie antérieure, renferme le cœur, et, dans sa partie postérieure, l'œsophage, l'aorte et le canal thoracique.

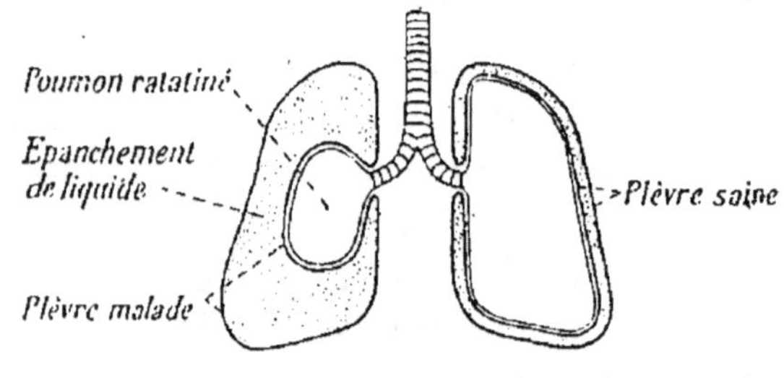

Fig. 125. — Schéma montrant un épanchement de liquide dans la plèvre droite.

Les deux cavités pleurales sont donc complètement distinctes : aussi chacune peut-elle s'enflammer séparément et se remplir de liquide, comme dans la pleurésie (*fig.* 125).

III. — PHYSIOLOGIE DE LA RESPIRATION

Nous étudierons successivement le *mécanisme* de la respiration ; puis les phénomènes *physico-chimiques* de la respiration, qui comprennent deux phases : 1º les échanges gazeux dans les poumons ou *respiration pulmonaire* ; 2º la *respiration des tissus*, qui consiste dans les échanges gazeux s'opérant entre le sang et les éléments anatomiques ; enfin l'*asphyxie*.

§ 1. — Mécanisme de la respiration.

Mouvements respiratoires. — L'air situé dans les vésicules pulmonaires perd de l'oxygène, qui est absorbé par le sang, tandis qu'il se charge de gaz carbonique ; cet air devient alors impropre à la respiration et a besoin d'être renouvelé. Ce renouvellement se fait par la dilatation et la contraction successives de la cage thoracique : ce sont les mouvements respiratoires. Chaque *mouvement respiratoire* se décompose en deux : 1° l'*inspiration* ou entrée de l'air pur dans les poumons ; 2° l'*expiration* ou rejet de l'air.

Une expérience simple nous rend compte du mécanisme de ces mouvements. Prenons une cloche de verre dont l'ouverture supérieure est fermée par un bouchon traversé par un tube de verre (*fig.* 126). A l'extrémité inférieure de ce tube attachons la trachée-artère et les poumons d'un Lapin, ou simplement deux petites vessies élastiques. L'ouverture inférieure de la cloche est fermée par une membrane de caoutchouc que l'on peut abaisser à volonté. Tirons sur cette membrane, le volume de la cloche augmente ; il y a un appel d'air et celui-ci pénètre par le tube dans les vessies qui se gonflent : c'est l'*inspiration.*

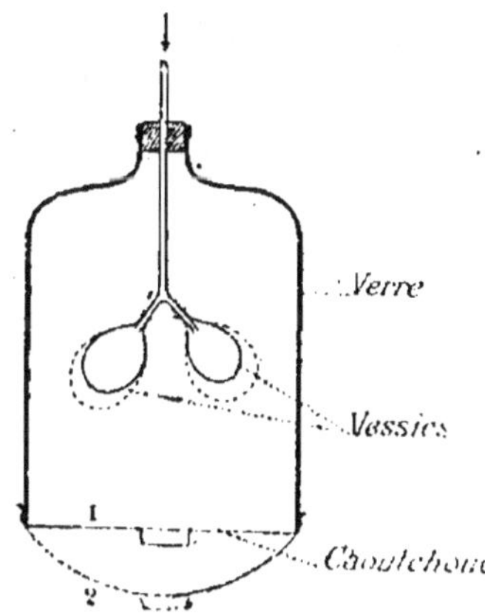

Fig. 126. — Appareil montrant le mécanisme des mouvements respiratoires.

Laissons la membrane revenir sur elle-même, le volume de la cloche diminue, l'air est expulsé et les vessies se dégonflent : c'est l'*expiration.* En somme, l'air entre quand le volume de la cloche augmente et sort quand ce volume diminue. Ceci montre bien la solidarité qui existe entre les poumons et la cage thoracique.

Les mouvements respiratoires se font environ 15 fois par minute ; mais dans certains cas pathologiques, dans la *pneumonie* par exemple, leur nombre peut s'élever jusqu'à 50. La fréquence de ces mouvements s'accroît avec les exercices musculaires, c'est l'*essoufflement* ; elle est moindre pendant le sommeil. Chez l'enfant les mouvements respiratoires sont rapides (44 chez le nouveau-né et 25 jusqu'à cinq ans). D'une façon générale, leur nombre est en raison inverse de la taille des animaux : il est de 150 chez la Souris, de 20 chez le Chien, et de 11 chez le Cheval.

Pour bien comprendre le mécanisme de ces mouvements, il est nécessaire de connaître l'anatomie de la cage thoracique.

La cage thoracique. — La cage thoracique est formée d'un squelette osseux que recouvrent de nombreux muscles. Elle est limitée en arrière par la *colonne vertébrale* (*fig.* 127), sur les côtés par les côtes, et en avant par le *sternum*.

Les côtes, au nombre de 12 paires, sont des

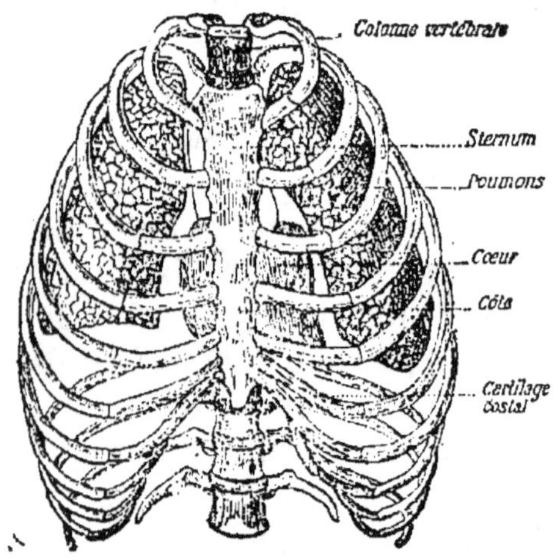

Fig. 127. — La cage thoracique avec les poumons et le cœur.

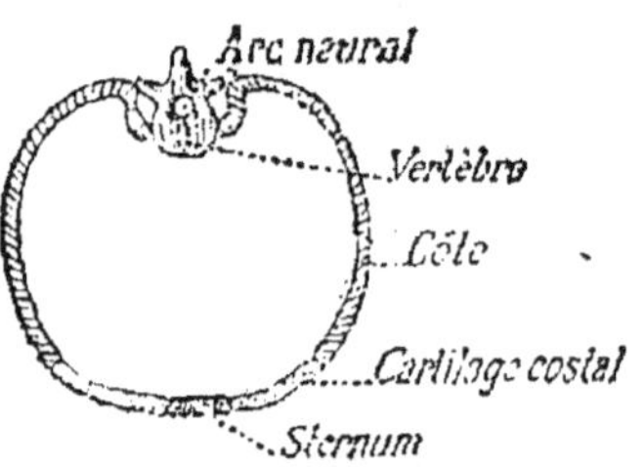

Fig. 128. — Cage thoracique en section transversale.

arcs osseux (*fig.* 127 et 128) qui s'appuient en arrière sur les vertèbres dorsales, et en avant sur le sternum par l'intermédiaire de *cartilages*, sauf les deux dernières qui sont flottantes.

Grâce à l'élasticité du cartilage, l'extrémité antérieure de la côte est mobile et peut être soulevée en haut, en avant et **en dehors.**

Cette sorte de **cage à claire-voie** est revêtue d'un grand nombre de muscles, dont nous n'étudierons ici que ceux qui jouent un certain rôle dans les mouvements respiratoires.

Les muscles de la respiration. — Les plus importants sont les *muscles intercostaux*, les *scalènes* et le *diaphragme*.

Les *muscles intercostaux* réunissent les côtes entre elles, ils forment deux plans : l'un interne (muscles *intercostaux internes*) et l'autre externe (muscles *intercostaux externes*).

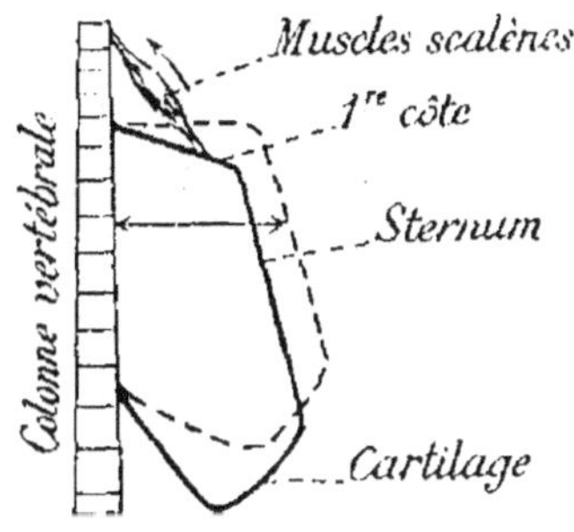

<table>
<tr><td>Fig. 129. — Augmentation du diamètre antéro-postérieur de la poitrine.</td><td>Fig. 130. — Augmentation du diamètre vertical et du diamètre transversal de la poitrine.</td></tr>
</table>

Les *muscles scalènes* (*fig.* 129) s'attachent par leur extrémité supérieure sur les vertèbres cervicales et par leur extrémité inférieure sur les premières côtes.

Le *diaphragme* (*fig.* 130) est une cloison musculaire disposée en forme de voûte entre le thorax et l'abdomen. Les fibres musculaires du diaphragme s'insèrent sur le pourtour de la cage thoracique et viennent converger vers le centre de la voûte, où elles se terminent en un tendon brillant, nacré, où les anciens plaçaient l'âme et que pour cette raison on appelle *centre phrénique*. On a dit avec raison que le diaphragme était le plus important des muscles après le cœur ; c'est lui, en effet, qui a une action prédominante sur les mouvements respiratoires.

L'inspiration. — *L'inspiration* ou entrée de l'air dans les poumons est due à l'activité des muscles intercostaux, scalènes et diaphragme.

Les *muscles intercostaux* en se contractant écartent les

côtes et agrandissent transversalement la poitrine (*fig*. 130) ;
ce qu'on vérifie facilement en plaçant les mains sur les côtes
au-dessus des hanches.

Les *muscles scalènes* (*fig*. 129), en soulevant les premières
côtes, projettent le sternum en avant ; de sorte que la cavité
thoracique est agrandie dans le sens *antéro-postérieur* ; pour
le constater, il suffit d'observer le soulèvement de la poitrine
qui se produit pendant l'inspiration.

Le *diaphragme* (*fig*. 130) en se contractant s'abaisse (de la
position 1 à la position 2) en appuyant sur les viscères abdominaux qui, refoulés, produisent un léger soulèvement du
ventre : il y a donc agrandissement de la cavité thoracique
dans le sens *vertical*.

La cage thoracique s'étant agrandie dans les trois directions, il en résulte une augmentation de son volume. Mais
les poumons, appliqués contre la plèvre, suivent passivement,
la cage thoracique ; de sorte que les alvéoles pulmonaires
se distendent et que, leur volume augmentant, la pression
de l'air qui y est contenu diminue. L'air extérieur se précipite alors par les voies respiratoires pour rétablir l'équilibre.
C'est cette entrée de l'air qui constitue l'*inspiration*.

Une simple perforation à travers la paroi thoracique et le
feuillet externe de la plèvre supprime le vide pleural et empêche par suite l'inspiration, car l'air pénètre entre les deux
feuillets et s'oppose au mouvement du poumon.

Il entre à chaque inspiration environ *un demi-litre d'air*.

Les différentes régions de la cage thoracique ne s'agrandissent pas toujours de la même façon. Chez certains sujets,
c'est le diaphragme qui fonctionne surtout, alors que les
côtes restent presque immobiles ; dans d'autres cas, c'est la
partie inférieure de la poitrine qui s'agrandit ; chez d'autres,
enfin, c'est la partie supérieure. Il y a donc trois modes
d'inspiration bien différents : l'inspiration est *abdominale*
(mouvements du diaphragme) chez les enfants, *thoracique
inférieure* chez l'homme, *thoracique supérieure* chez la
femme.

L'expiration. — L'*expiration* est l'expulsion d'une partie de l'air contenu dans les poumons. Le diaphragme, qui était contracté pendant l'inspiration, revient au.repos et reprend sa voussure en passant de la position 2 à la position 1 (*fig.* 130). En même temps, les autres muscles de la respiration se relâchent et les côtes s'affaissent. De plus, les muscles abdominaux se contractent et compriment les viscères qui soulèvent le diaphragme. La cage thoracique, diminuant en tous sens, comprime les poumons, qui, par leur élasticité, expulsent au dehors l'air contenu dans leurs alvéoles. A chaque expiration, un *demi-litre d'air* s'échappe ainsi par les voies respiratoires.

L'expiration ordinaire est un *phénomène passif*, tandis que l'inspiration est un phénomène *actif*.

Pendant l'inspiration, la dilatation de la poitrine se faisant progressivement, l'air entre *lentement* ; tandis que dans l'expiration, les muscles se relâchent rapidement, l'air est expulsé *brusquement*, ce qui facilite le rejet des mucosités et des poussières qui pourraient obstruer les voies respiratoires.

Inspiration et expiration forcées. — Ces mouvements respiratoires *forcés* sont produits par l'action de muscles spéciaux, action qui s'ajoute à celle des muscles ordinaires de la respiration.

Dans l'*inspiration forcée*, ce sont des muscles qui s'attachent soit au crâne, soit aux membres supérieurs (sterno-mastoïdien, grand dentelé, grand pectoral, etc.). Ces muscles, qui viennent s'insérer à la partie supérieure de la cage thoracique, soulèvent ou dilatent les parois de cette cavité. Lorsque la poitrine est ainsi dilatée à son maximum, le volume de la cavité pulmonaire est d'environ 5 litres.

Dans l'*expiration forcée*, ce sont des muscles de la paroi abdominale, s'attachant à la base de la cage thoracique, qui, en se contractant, abaissent les côtes et diminuent la cavité thoracique. Lorsque le thorax est réduit à son minimum, le volume de la cavité pulmonaire est d'environ 1 litre 1/2.

La différence entre ces deux volumes extrêmes de la cavité pulmonaire est d'environ 3 litres 1/2 : c'est ce qu'on appelle la *capacité respiratoire*. Ce chiffre représente la quantité d'air que l'on peut introduire dans les poumons et chasser ensuite en faisant les mouvements respiratoires les plus énergiques ; il constitue donc comme une mesure de notre respiration.

Il reste toujours dans nos poumons, même après l'expiration la plus énergique, une certaine quantité d'air qu'on ne peut expulser : c'est l'*air résiduel*.

Mesure de la capacité respiratoire. Spiromètre. — Pour évaluer la capacité respiratoire et les quantités d'air inspiré et expiré, on se sert d'un appareil appelé *spiromètre* (*fig*. 131), qui consiste en un réservoir à gaz plongeant dans une cuve à eau et communiquant avec la bouche du sujet en expérience à l'aide d'un tube en caoutchouc terminé par un embout. Une échelle graduée permet d'apprécier le mouvement de la cloche à air. On fait d'abord librement une inspiration prolongée, puis on fait dans le tube une expiration prolongée qui envoie dans la cloche un volume d'air qui représente la capacité respiratoire et qu'on peut mesurer en lisant la règle graduée fixée sur le côté de l'appareil. On trouve ainsi de 3^l à $3^l,5$.

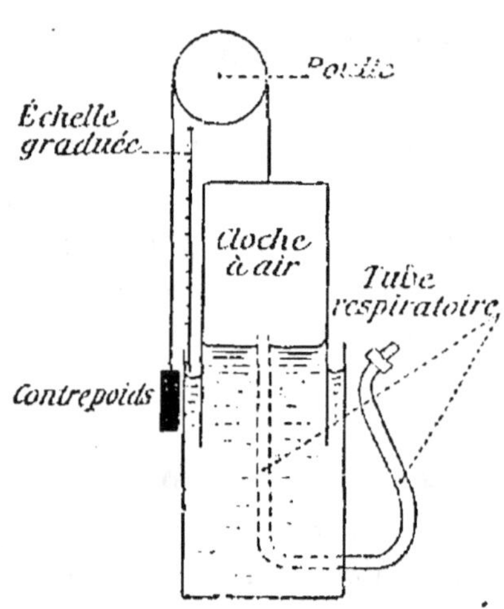

Fig. 131. — Spiromètre.

Pour mesurer la capacité totale des poumons, il faudrait ajouter à ce chiffre le volume de l'*air résiduel* ; mais on ne peut le mesurer avec le spiromètre, puisque cet air ne peut être expulsé. Il est cependant possible de l'apprécier par la *méthode des mélanges*. Dans ce but, après une expiration faite à l'air libre, on inspire une certaine quantité d'hydrogène contenu dans un ballon jaugé, portant un embout dans lequel on place la bouche et le nez ; ce gaz se mélange avec l'air des poumons sans être absorbé par ces organes. Après quelques mouvements respiratoires, le mélange de l'hydrogène et de l'air est homogène dans le ballon et les poumons. Il suffit alors de faire l'analyse du mélange pour savoir la quantité d'air qu'il renferme dans l'unité de volume ; connaissant d'autre part la quantité d'hydrogène employée, il est facile par un calcul de proportion de connaître le volume d'air qui restait dans les poumons après l'expiration. On a trouvé ainsi de 1^l à $1^l,5$.

Ventilation. — Il faut remarquer que la quantité d'air pur qui pénètre dans le poumon pendant l'inspiration n'est pas utilisée tout entière. Une partie est rejetée par l'expiration suivante, et l'autre partie reste dans le poumon et s'y mélange avec l'air qui y était déjà. C'est à ce phénomène que les physiologistes ont donné le nom de *ventilation* du poumon. Malgré les mouvements respiratoires, cette ventilation ne se fait pas très bien dans les alvéoles pulmonaires ; il se produit là une stagnation de l'air, aussi celui-ci n'y est-il jamais pur et peut-il contenir jusqu'à 8 pour 100 de gaz carbonique provenant des échanges gazeux antérieurs.

On a montré par des expériences et des mesures précises qu'une forte inspiration produit une ventilation plus efficace que deux inspirations plus petites apportant cependant le même volume d'air.

Quantité d'air. — A chaque inspiration, l'homme introduit un demi-litre d'air dans ses poumons ; or, le nombre des inspirations par minute est de 15 environ ; donc la quantité d'air qui entre dans les poumons en 24 heures est de
$$0^l,5 \times 15 \times 60 \times 24 = 10.800 \text{ litres.}$$
D'un autre côté, comme environ 20.000 litres de sang *passent* chaque jour dans les poumons, on admet que 10.000 litres d'air servent à oxygéner 20.000 litres de sang dans l'espace de 24 heures.

Mouvements respiratoires spéciaux. — Certains mouvements spéciaux comme le *hoquet*, le *sanglot* ne sont que des inspirations brusques, souvent dues à des contractions énergiques du diaphragme ; le *rire* et l'*éternuement* sont des expirations brusques ; enfin le *bâillement* et le *soupir* sont des inspirations prolongées suivies d'expirations également prolongées.

La *toux* est une expiration brusque, précédée d'une inspiration lente ; elle a pour effet de rejeter au dehors les mucosités qui encombrent les voies respiratoires.

Bruits respiratoires. — L'étude de ces bruits est d'une

grande importance en médecine : c'est ce qu'on appelle l'*auscultation* ; elle a été découverte par le médecin français Laënnec au commencement du XIXe siècle.

Lorsqu'on applique l'oreille contre la poitrine d'une personne qui respire, on entend *deux bruits* : 1° un *murmure vésiculaire* très doux, qui accompagne l'inspiration et qui est dû au déplissement des vésicules pulmonaires au moment où l'air y pénètre ; 2° au moment de l'expiration, un bruit plus fort et plus rude, le *souffle bronchique*, qu'on entend mieux au niveau des grosses bronches et de la trachée, et qui est dû au courant d'air passant dans la trachée et les bronches.

Les altérations de ces bruits (râles, sifflements, etc.) renseignent le médecin sur l'état du poumon et des bronches.

Le médecin est aussi renseigné sur l'état de la plèvre et des poumons par la *percussion* qu'il pratique en frappant avec les doigts un petit coup sec sur le thorax : si le son est clair, c'est qu'il n'existe pas de lésion au point frappé ; si le bruit est mat, c'est au contraire que les organes sont en mauvais état.

Influence du système nerveux. — Le système nerveux règle les mouvements respiratoires. Le *centre nerveux* qui commande à ces mouvements est situé dans le *bulbe rachidien*, en un endroit appelé *nœud vital*. Une lésion de cette région peut amener instantanément la mort en arrêtant les mouvements respiratoires et le cœur. Ce centre nerveux est excité par le gaz carbonique ; aussi lorsque ce gaz s'accumule dans le sang, se produit-il une accélération convulsive de la respiration : c'est la *dyspnée*. Au contraire, l'excès d'oxygène dans le sang supprime temporairement le besoin de respirer et suspend les mouvements respiratoires : il y a *apnée*. C'est pourquoi avant de sauter à l'eau, les plongeurs de profession exécutent des mouvements respiratoires extrêmement profonds, afin de supporter plus longtemps la privation d'air.

Les mouvements respiratoires peuvent être modifiés, dans une certaine mesure, par la volonté. Mais normalement ils sont réglés par un automatisme spécial. Un mouvement respiratoire est une sorte de réflexe : les excitations partent du poumon (*fig.* 132), produites par l'air froid qui y arrive ; le pneumogastrique les conduit jusqu'au bulbe, qui les réfléchit vers les muscles de la respiration par le nerf phrénique.

La peau semble aussi avoir une certaine influence sur ces mouvements, car on a remarqué que des personnes, à la suite de brûlures généralisées sur toute la sur-face de la peau, ne pouvaient respirer que par la force de la volonté. Le sommeil survenant, la volonté est suspendue, les mouvements respiratoires s'arrêtent et ces blessés succombent.

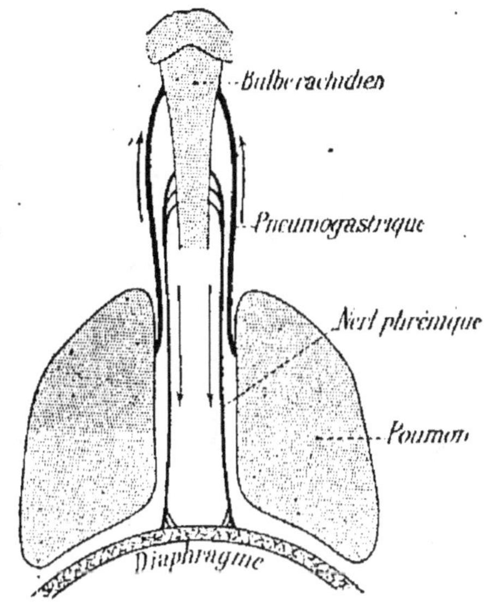

Fig. 132. — Schéma du réflexe respiratoire.

On a montré, par une expérience très simple, que pour provoquer les mouvements respiratoires, il faut un excitant extérieur. On plonge un Poisson dans l'eau, en ayant soin de lui maintenir la bouche hors de l'eau et les branchies dans l'eau : dans ce cas le Poisson ne fait plus de mouvements respiratoires ; il les fait au contraire si la bouche est plongée dans l'eau, alors que les branchies sont restées en dehors de l'eau. L'eau, milieu respiratoire du Poisson, est donc l'excitant qui, au contact de la bouche, est le point de départ des mouvements de la respiration.

§ 2. — Respiration pulmonaire : échanges gazeux dans les poumons.

Historique. — De tout temps, les phénomènes de la respiration, par leur régularité et leur constance, ont attiré l'attention de l'homme. Le premier cri de l'enfant et le dernier soupir du mourant ne sont-ils pas des mouvements respiratoires ? Aussi l'on s'explique que les expressions *vivre* et *respirer* soient devenues synonymes.

Jusqu'au XVIIe siècle on n'eut cependant aucune idée précise sur les phénomènes respiratoires. Les médecins de l'antiquité se contentaient de dire que l'entrée de l'air dans les poumons servait simplement à *rafraîchir* le sang.

Priestley, en 1775, montra le premier que les animaux, en respirant, rejettent de l'air incapable d'entretenir la respiration et la combustion. Mais il ne se prononça pas sur la nature de cette altération de l'air respiré.

C'est *Lavoisier* qui, en 1777, montra que l'air respiré contenait du *gaz carbonique*. « La respiration, dit cet illustre chimiste, n'est qu'une combustion lente de carbone et d'hydrogène, semblable en tout à celle

Fig. 133. — LAVOISIER, chimiste français (1743-1794).

qui s'opère dans une lampe ou dans une bougie allumée, et sous ce point de vue, les animaux qui respirent sont de véritables corps combustibles qui brûlent et se consument. » Par des expériences rigoureuses, Lavoisier établit que *la respiration est une combustion* résultant de la combinaison de l'*oxygène* de l'air avec du *carbone* et de l'*hydrogène*. Et c'est cette combustion qui produit du *gaz carbonique et de la vapeur d'eau*. Depuis plus de cent ans, la science n'a fait que confirmer cette mémorable découverte. On a seulement précisé le lieu où se font les combustions : si les échanges gazeux (absorption d'oxygène et dégagement de gaz carbonique) ont bien lieu dans les poumons, la combustion se produit en réalité dans l'intimité des tissus, dans la cellule, ainsi que nous le montrerons plus loin.

Modifications de l'air respiré. — Quotient respiratoire. — Au point de vue physique, l'air qui sort des poumons est plus chaud (20 à 30 degrés) que celui qui y entre ; il est aussi saturé de vapeur d'eau.

Au point de vue chimique, en analysant l'air expiré, on constate qu'il y a eu *absorption d'oxygène* par le sang et *dégagement de gaz carbonique et de vapeur d'eau.*

On peut montrer l'absorption d'oxygène en analysant l'air d'un espace parfaitement clos dans lequel on enferme un animal.

La présence du gaz carbonique dans l'air expiré est facile à constater en soufflant avec un tube de verre dans un vase contenant de l'*eau de chaux* (*fig.* 134). Au bout de quelques instants cette eau de chaux se trouble ; il s'est formé du carbonate de calcium, insoluble dans l'eau et qui se dépose sous forme d'une poudre blanche. Ce carbonate s'est formé à l'aide du gaz carbonique fourni par l'air expiré.

Fig. 134. — Expérience montrant que l'air expiré contient du gaz carbonique.

La présence de la vapeur d'eau se décèle facilement si l'on souffle sur une vitre froide ; il se dépose une *buée* qui résulte de la condensation de la vapeur d'eau. En hiver, cette vapeur forme devant la bouche une sorte de brouillard. On a calculé qu'un Homme adulte exhale par la surface pulmonaire environ 500 grammes d'eau en 24 heures si l'air est sec, et seulement 350 grammes si l'air est humide.

Le tableau suivant indique la composition en volumes de l'air inspiré et de l'air expiré.

	AIR	AZOTE	OXYGÈNE	GAZ CARBONIQUE
Air inspiré. .	100	79	21	0,03
Air expiré . .	99,5	79	16	4,5

On voit que l'air expiré contient moins d'oxygène et plus de gaz carbonique que l'air inspiré.

En additionnant les volumes des gaz provenant de l'air expiré, on obtient 99,5, au lieu de 100, parce qu'une partie de l'oxygène a été utilisée dans l'organisme, non pour produire du gaz carbonique, mais pour donner d'autres produits d'oxydation.

On voit par ce tableau que l'azote est rejeté intégralement ; c'est donc un gaz *inerte* dans la respiration. Sur les 10.000 litres d'air qui sont inspirés en 24 heures, il y a environ 2.000 litres d'oxygène ; et sur ces 2.000 litres, 500 sont absorbés par les poumons, qui ne rejettent que 400 litres de gaz carbonique. Or on sait que le gaz carbonique contient son volume d'oxygène : il y a donc $500 - 400 = 100$ litres d'oxygène qui sont utilisés dans l'organisme et y produisent des oxydations et des hydratations (eau, urée, acide urique, etc.).

Le rapport du gaz carbonique produit à l'oxygène consommé est appelé *quotient respiratoire*. Ce rapport $\frac{CO_2}{O_2}$ est toujours plus petit que 1 ; dans le cas cité, il est de

$$\frac{400}{500} = 0,8.$$

Il varie avec l'alimentation ; il s'élève avec les féculents et les sucres, et s'abaisse avec les graisses et les albuminoïdes. Il varie aussi avec l'âge : il est plus grand chez l'enfant que chez l'adulte.

Mécanisme des échanges gazeux dans les poumons. — Le phénomène est purement physique : c'est une question de *dissociation* et d'*osmose*. On sait que si un même gaz se trouve dans deux enceintes séparées par une cloison perméable, deux cas peuvent se présenter : 1° si le gaz a la même tension dans les deux enceintes, l'équilibre immédiat se réalise ; 2° si le gaz a des tensions de valeur différente dans les deux enceintes, le gaz passe de l'enceinte où sa tension est la plus forte dans celle où sa tension est moindre. Il est donc évident que si, au niveau des poumons, l'oxygène et le gaz carbonique sont à des tensions différentes dans l'air pulmonaire et dans le sang des capillaires, il se fera à travers l'épithélium pulmonaire un échange gazeux commandé par les différences de tension, d'une part, de l'oxygène de l'air pulmonaire et du sang des capillaires, et d'autre part, du gaz carbonique dans ces deux milieux.

Dans les capillaires du poumon, les sels du plasma sanguin, les *bicarbonates* et *phospho-carbonates* se dissocient en donnant d'une part CO_2, et d'autre part des carbonates et des phosphates ; ce gaz carbonique du sang a une tension supérieure à celle de CO_2 de l'air pulmonaire. Par osmose, ce gaz carbonique passe à travers les parois des capillaires, puis de l'épithélium pulmonaire (*fig*. 135) et arrive dans la vésicule pour s'échapper avec l'air expiré. Pendant ce temps, la tension de l'oxygène de l'air pulmonaire étant plus grande que celle de l'oxygène du sang veineux, l'oxygène passe des poumons dans le sang et va se fixer sur l'hémoglobine pour donner de l'oxyhémoglobine que le sang va porter ensuite aux tissus.

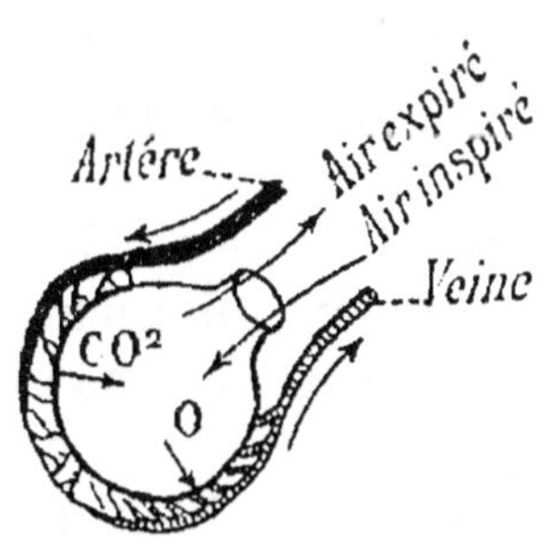

Fig. 135. — Échanges gazeux au niveau de la vésicule pulmonaire.

Le mécanisme de la respiration pulmonaire consiste donc en un phénomène de dissociation suivi d'un phénomène d'osmose.

Le sang est un intermédiaire entre le *milieu extérieur*, où il puise l'oxygène, et les *cellules* auxquelles il apporte cet oxygène sous forme d'oxyhémoglobine ; mais inversement, nous le verrons plus loin, il enlève le gaz carbonique aux *cellules* pour le rejeter dans le *milieu extérieur*.

L'intensité de la respiration varie avec l'individu et le milieu. — La quantité d'oxygène absorbée et de gaz carbonique dégagée, qui mesure l'intensité de la respiration, varie suivant de nombreuses circonstances, dont voici les principales :

1° *L'âge.* L'intensité respiratoire augmente chez l'Homme avec l'âge jusqu'à un maximum qui est atteint vers 32 ans, puis diminue jusqu'à la mort.

2° *L'espèce et la taille.* La respiration est plus intense chez les animaux à sang chaud que chez les animaux à sang froid, et parmi les premiers ce sont les Oiseaux qui respirent le plus activement. Ainsi, en rapportant la quantité d'oxygène absorbée au kilogramme de matière vivante et à l'heure, on trouve que la Grenouille consomme 50 centimètres cubes d'oxygène, le Lézard 130, l'Homme 300 et le Poulet 1 000. Enfin les animaux de petite taille respirent plus activement que les gros.

3° *Le sommeil.* L'intensité respiratoire diminue pendant le sommeil, d'un quart environ. Les animaux hibernants (Marmotte) dégagent pendant leur sommeil 75 fois moins de gaz carbonique que pendant la veille.

4° *Les exercices physiques.* Les mouvements du corps amplifient la poitrine, et font pénétrer plus d'oxygène dans les poumons. D'un autre côté, la combustion dans les muscles est plus active ; il y a donc un plus grand besoin d'oxygène, et par suite production de mouvements respiratoires plus fréquents et plus amples. Ces faits ont une grande importance chez l'enfant, dont les jeux en plein air contribuent à élargir la poitrine et à donner plus de puissance aux poumons.

Des mesures ont été faites qui ont montré que l'intensité respiratoire augmente dans les proportions suivantes :

Position assise	1,18
Debout	1,33
A cheval, au pas	2,20
Marche	2,76
A cheval, au galop	3,16
— au trot	4,05
Natation	4,8
Course	7,09

5° *La température.* Chez l'Homme et les animaux à sang chaud, l'intensité de la respiration augmente quand la température s'abaisse, et inversement elle diminue si la température s'élève. Au contraire, chez les animaux à sang froid et les animaux hibernants, le froid, qui les plonge dans l'engourdissement, ralentit aussi leur respiration, tandis que la chaleur, qui les réveille, active leurs échanges gazeux.

§ 3. — Respiration des tissus.

La combustion respiratoire se fait dans les tissus. — Ce n'est ni dans les poumons, ni dans les vaisseaux sanguins que s'effectue la combustion respiratoire.

Lagrange, le premier, émit l'hypothèse que ce phénomène siégeait dans les tissus, l'échange des gaz indiqué par Lavoisier ayant lieu dans les poumons. Spallanzani (1803) et W. Edwards (1824), en plaçant des Escargots et des Grenouilles dans de l'azote, virent que ces animaux dégageaient du gaz carbonique en quantité presque égale à celle qu'ils expirent dans l'air ordinaire. W. Edwards montra même qu'une Grenouille privée de poumons continue à vivre en rejetant du gaz carbonique. C'est donc bien : 1° aux dépens de l'oxygène contenu dans le sang que se produit CO_2 ; 2° dans les tissus et non dans les poumons que s'opère la combustion qui donne CO_2.

Paul Bert (1833-1886), d'ailleurs, démontra ce fait directement en plaçant des organes et des tissus séparés du corps des animaux dans une éprouvette contenant de l'air (*fig.* 136). L'analyse de cet air montra que : 1° les tissus animaux respirent en absorbant de l'oxygène et en dégageant du gaz carbonique ; 2° les divers tissus d'un même animal respirent avec une intensité variable (le tissu musculaire est celui qui respire le plus activement, viennent ensuite les tissus du cerveau et des reins); 3° les tissus des animaux à température constante (Mammifères et Oiseaux) respirent

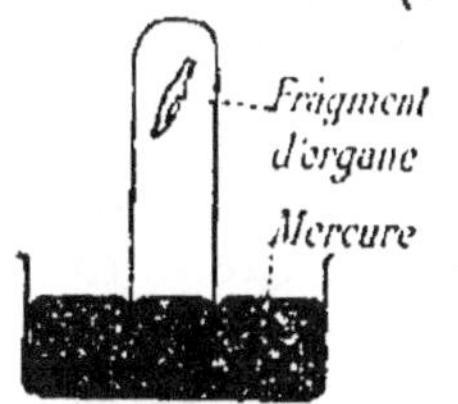

Fig. 136. — Respiration des tissus.

plus activement que les tissus identiques des animaux à température variable (Reptiles, Batraciens, Poissons).

Une ingénieuse disposition permet de réaliser expérimenta-

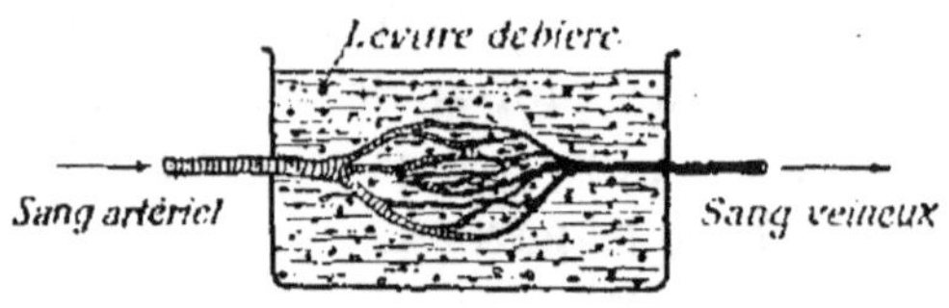

Fig. 137. — Respiration des cellules.

lement cette respiration des tissus. On place dans une cuve (*fig.* 137), contenant de l'eau tiède et des globules de Levure, qui sont bien des cellules, des vaisseaux très minces en baudruche. Le sang artériel qu'on fait passer dans ces vaisseaux est transformé en sang veineux ; c'est que les cellules de Levure ont absorbé l'oxygène du sang artériel à travers la membrane et ont rejeté du gaz carbonique qui s'est fixé sur le sang.

En résumé, chaque cellule vivante, libre ou associée,

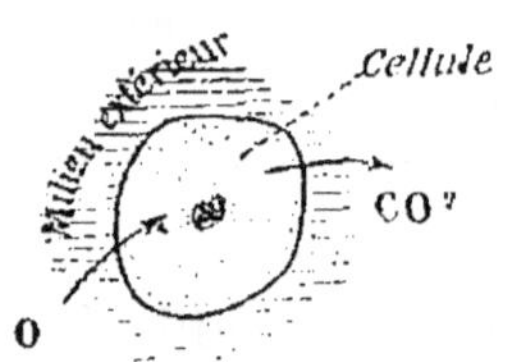

Fig. 138. — Respiration cellulaire.

respire en absorbant de l'oxygène dans le milieu ambiant et en rejetant du gaz carbonique (*fig.* 138). Si ce milieu ne contient pas d'oxygène libre, ce qui est le cas pour les cellules de l'organisme, celles-ci décomposent l'oxyhémoglobine du sang pour prendre l'oxygène.

Mécanisme des échanges gazeux. — Dans l'intimité des tissus qui forment les organes, au niveau des capillaires sanguins et à travers leurs parois, les cellules prennent l'oxygène de l'oxyhémoglobine, en même temps qu'elles forment du gaz carbonique, qui va se combiner aux sels du plasma sanguin pour donner des *bicarbonates* et des *phosphocarbonates*.

Les différences de tension qui existent entre l'oxygène du sang artériel et celui des tissus expliquent le passage de l'oxygène dans les tissus. La tension de CO_2 est, au contraire, dans les tissus et liquides de l'organisme, supérieure à celle du sang veineux. Par simple diffusion, CO_2 passe donc des tissus dans le sang.

Les deux combinaisons, oxyhémoglobine et bicarbonates, sont très instables : elles se dissocient et laissent s'échapper l'oxygène ou le gaz carbonique lorsque la tension de chacun de ces gaz est plus forte que la tension du même gaz dans le milieu ambiant.

On peut résumer de la façon suivante les échanges gazeux qui s'opèrent dans les tissus et dans les poumons :

I. *Respiration des tissus* $\begin{cases} \text{1. Dissociation de l'oxyhémoglo-} \\ \quad \text{bine : } O^2\nearrow. \\ \text{2. Formation des bicarbonates et} \\ \quad \text{phosphocarbonates dans le} \\ \quad \text{plasma sanguin.} \end{cases}$

II. *Respiration pulmonaire* $\begin{cases} \text{1. Dissociation des bicarbonates} \\ \quad \text{et phosphocarbonates : } CO^2\nearrow. \\ \text{2. Formation de l'oxyhémoglo-} \\ \quad \text{bine.} \end{cases}$

On peut aussi faire remarquer que dans les tissus le sang arrive rouge et repart noir ; tandis que dans les poumons il arrive noir et repart rouge. Deux phénomènes inverses se sont donc produits.

§ 4. — Asphyxie.

Causes de l'asphyxie. — Paul Bert définit l'asphyxie *l'arrêt des phénomènes respiratoires* ; de sorte que pour ce savant la mort naturelle est aussi une asphyxie.

L'asphyxie peut se produire : 1° par *défaut d'oxygène ;* 2° par *excès de gaz carbonique ;* 3° par des *variations de pression de l'air* (air raréfié ou air comprimé) ; 4° par l'absorption de *gaz toxiques ;* 5° par des *causes mécaniques.*

1° Défaut d'oxygène. — Paul Bert a montré que si l'on place un Oiseau sous une cloche remplie d'air, et si l'on enlève avec une dissolution de potasse le gaz carbonique dégagé par la respiration de cet Oiseau, on voit que l'animal ne tarde pas à mourir : il ne meurt cependant que lorsque l'air de la cloche ne contient plus que 4 à 5 pour 100 d'oxygène

Les Mammifères meurent quand la proportion d'oxygène tombe à 2 pour 100.

Pour l'Homme, l'air devient irrespirable lorsque la proportion d'oxygène tombe au-dessous de 15 pour 100, ce qui arrive parfois dans les galeries de mine, et l'asphyxie est complète lorsque la proportion d'oxygène descend au-dessous de 9 pour 100.

2° **Excès de gaz carbonique.** — On dispose un animal comme précédemment, dans un endroit clos ; mais on laisse accumuler le gaz carbonique et l'on maintient constante la pression de l'oxygène. L'animal meurt au bout de quelque temps, lorsque la pression du gaz carbonique atteint environ 19 centimètres de mercure. Dans ce cas, la pression du gaz carbonique dans le milieu ambiant étant supérieure à celle du gaz carbonique dans le sang de l'animal, ce gaz ne peut plus se dégager et il s'accumule dans le sang en produisant l'asphyxie.

Lorsqu'on place un animal dans un milieu confiné, l'asphyxie se produit pour les deux raisons précédentes : *défaut d'oxygène* et *excès de gaz carbonique*. Le malaise qu'on éprouve dans une salle de théâtre remplie de spectateurs, ou dans un salon au cours d'une soirée, est plutôt dû à ces deux causes qu'à la chaleur. Il est donc d'une grande importance de renouveler l'air dans un milieu où séjournent de nombreuses personnes. On a calculé que pour la respiration normale d'une seule personne, il faut 10 mètres cubes d'air pur par heure. Les dimensions des logements étant insuffisantes, une *ventilation* active est nécessaire.

3° **Variations de pression.** — Deux cas sont à considérer, suivant que la pression diminue (air raréfié) **ou** suivant qu'elle augmente (air comprimé).

a) *Air raréfié.* — Si l'on place un Oiseau sous le récipient d'une machine pneumatique, l'Oiseau meurt au bout de quelque temps lorsque la pression descend au-dessous de 180 millimètres. Mais si avant d'atteindre cette limite, on laisse rentrer l'air, l'Oiseau ne meurt pas et se remet vite. **Les personnes qui s'élèvent en ballon ou gravissent de hautes** montagnes se placent dans des conditions identiques : la pression diminue en effet avec l'altitude, environ de 1^{cm} par 100 mètres, et la diminution de pression correspond à la raréfaction de l'air. Les troubles qui surviennent sont bien connus sous le nom de *mal des montagnes* : ce sont des bourdonnements d'oreille, des saignements de nez, des lourdeurs de tête, de la fatigue et même la syncope et des accidents mortels. La fameuse ascension, à 8.500 mètres, du ballon le *Zénith*, en 1875, où deux aéronautes trouvèrent la mort, est un exemple des dangers de l'air raréfié. Ordinairement ces accidents commencent à se faire sentir vers 4.000 mètres (450^{mm} de pression) ; au sommet du mont Blanc, à 4.800 mètres (410^{mm} de pression) presque tout le monde les éprouve.

Cette asphyxie survient par *manque d'oxygène* ; mais d'après les expériences du physiologiste italien Mosso, le mal des montagnes est dû aussi à la diminution, dans le sang, du gaz carbonique qui est un excitant des centres nerveux respiratoires. L'observation montre déjà que ce mal est plus grave la nuit et pendant le repos, alors que la production de gaz carbonique est moindre. On explique de même le bien-être qu'on ressent à se lever la nuit lorsqu'on éprouve une oppression : en faisant quelques pas on produit plus de gaz carbonique et on rétablit l'équilibre de ce gaz dans le sang. Expérimentalement, M. Mosso, en se plaçant dans une chambre où l'on pouvait raréfier l'air, put subir sans accident une pression de 192 millimètres ; mais il avait pris soin d'ajouter dans l'air de la chambre du gaz carbonique en quantité suffisante pour rétablir l'équilibre des gaz du sang. Cette pression barométrique de 192 millimètres correspond à 11.650 mètres d'altitude, de sorte qu'on pourrait dire que M. Mosso est l'homme qui s'est élevé le plus haut dans l'atmosphère.

b) Air comprimé. — Paul Bert a montré que lorsqu'on place un animal, un Chien par exemple, dans de l'oxygène pur à la pression de 3 à 4 atmosphères, l'animal est atteint de convulsions semblables à celles que produit la strychnine, et il meurt rapidement dans un état de rigidité spéciale.

L'oxygène à haute pression agit donc comme un véritable poison.

Au contraire, si la pression de l'oxygène ne dépasse pas 1,5 à 2 atmosphères, l'homme peut vivre dans l'air à la pression de 5 atmosphères. C'est le cas pour les ouvriers qui travaillent dans les cloches à plongeur (construction des piles de pont), ou dans les chambres à air comprimé (percement de certains tunnels). Ce qu'il faut éviter alors, c'est de produire une décompression brusque en ramenant la pression de l'air à la pression atmosphérique normale. En effet, les gaz qui s'étaient dissous dans le sang sous l'influence de la haute pression se dégagent et forment dans les vaisseaux des chapelets de bulles de gaz, qui opposent une résistance considérable à la circulation et peuvent même l'arrêter. Il faut donc, si l'on veut éviter des accidents, souvent mortels, décomprimer lentement : de cette façon l'excès des gaz dissous dans le sang est éliminé progressivement par les poumons. Le décret de 1909 admet pour la décompression :

20 minutes par atmosphère, au-dessus de 3 atmosphères.

15   —   —   entre 2 et 3   —

10   —   —   au-dessous de 2   —

Faute de cette décompression lente, l'individu est exposé à la mort : « on ne paye qu'en sortant », comme disent les ouvriers travaillant dans l'air comprimé.

En résumé, la respiration dépend beaucoup plus de la pression de l'oxygène que de la pression de l'air.

4° Absorption de gaz toxiques. — Certains gaz, même répandus à faible dose dans l'air, peuvent produire l'asphyxie.

Le plus redoutable de ces gaz, et aussi le plus fréquent, car il se produit dans toutes les combustions incomplètes, est l'*oxyde de carbone*. Il forme avec l'hémoglobine des globules rouges un composé très stable qui n'abandonne plus son oxygène aux tissus ; les globules sont donc dans l'impossibilité de transporter l'oxygène vers les tissus, et la mort survient. Il est toxique à faible dose : il tue un Chien en 15 minutes quand il existe à 1 pour 100 dans l'air ; chez l'Homme des traces (2 pour 100.000) provoquent des malaises quand on les respire habituellement (blanchisseurs, cuisiniers) ; à la dose de 5 pour 1.000, il cause des accidents graves, même respiré peu de temps.

On peut encore citer parmi les gaz toxiques l'hydrogène sulfuré, l'acide sulfureux, l'acide cyanhydrique.

Certains gaz qui sont toxiques à forte dose produisent, lorsqu'ils sont absorbés en faible quantité, l'insensibilité du système nerveux et aussi l'immobilité : ce sont des *anesthésiques* ; tels sont le protoxyde d'azote, l'éther et le chloroforme. Sous leur influence il se produit d'abord une excitation cérébrale, des rêves, des mouvements désordonnés ; mais si l'on augmente un peu la dose, le sujet devient complètement insensible et immobile. C'est cet état qui facilite les opérations chirurgicales. Si l'on force la dose, l'*anesthésie* atteint les centres nerveux qui commandent aux mouvements du cœur et de la respiration, et ceux-ci s'arrêtant, la mort se produit.

5° **Causes mécaniques.** — Dans certains cas, soit par immersion dans l'eau (*noyés*), soit par compression de la trachée (*pendus*), l'asphyxie est brusque et résulte de l'arrêt mécanique de la respiration. Pendant une première période qui ne dure que 30 à 40 secondes, l'individu éprouve de l'angoisse ; puis le gaz carbonique, s'accumulant dans le sang, provoque une excitation du système nerveux : les facultés intellectuelles, et en particulier la mémoire, sont exagérées, l'asphyxié voit repasser devant ses yeux, dans l'espace de quelques secondes, les principaux épisodes de sa vie, et cela avec une prodigieuse netteté. Mais le gaz carbonique continuant à s'accumuler dans le sang, les battements du cœur se ralentissent, puis s'arrêtent : c'est la mort, qui survient ordinairement au bout de 4 à 5 minutes.

On peut essayer de ramener l'asphyxié à la vie en pratiquant la *respiration artificielle* ou les *tractions rythmées* de la langue, ainsi que nous les décrirons dans le Cours d'Hygiène.

RÉSUMÉ

Tout être vivant respire. — Tout être vivant accomplit des
échanges gazeux avec le milieu extérieur ; il absorbe de l'oxygène et
rejette du gaz carbonique. Les animaux aériens prennent O libre
dans l'air, les animaux aquatiques prennent O en dissolution dans
l'eau, et certains microbes prennent O en combinaison.

Appareil respiratoire. — Il comprend les *voies respiratoires*
et les *poumons*.

1° *Voies respiratoires*.
- *Trachée - artère*, en avant de l'œsophage :
  - Anneaux cartilagineux.
  - Épithélium vibratile.
- 2 *bronches* : pénètrent par le hile du poumon et se ramifient pour donner les *bronchioles*.

2° *Poumons*.
- Situés dans la poitrine ; enveloppés par une membrane séreuse, la *plèvre*.
- Formés par les lobes et les lobules ;
- *Lobule* formé par plusieurs alvéoles ; et chaque alvéole comprend plusieurs vésicules.
- Une vésicule est formée :
  - 1° Par un épithélium pavimenteux très mince ;
  - 2° Par du tissu élastique ;
  - 3° Par un réseau de capillaires sanguins.

Mécanisme de la respiration. — Le renouvellement de l'air
se fait par les mouvements de la cage thoracique et du diaphragme.
Chaque mouvement respiratoire se décompose en deux :

1° L'*inspiration* :
- L'abaissement du diaphragme et la contraction des muscles inspirateurs font agrandir la poitrine.
- Il entre environ 1/2 litre d'air à chaque inspiration.

2° L'*expiration* : passive.

La *capacité respiratoire* est la différence entre l'inspiration forcée
et l'expiration forcée. On la mesure à l'aide du *spiromètre* et sa
valeur est de $3^l,5$ environ.

Il se produit environ 15 mouvements respiratoires par minute.
Ces mouvements sont réglés par le système nerveux et se font par
réflexe.

Les *bruits respiratoires* sont produits par le courant d'air passant dans les bronches, et par le déplissement des alvéoles.

Respiration pulmonaire. — Au niveau de la vésicule pulmonaire, le sang veineux abandonne CO_2 et absorbe O de l'air qui se fixe sur l'hémoglobine du sang pour donner de l'*oxyhémoglobine*. Ce gaz carbonique provient de la dissociation des bicarbonates et des phosphocarbonates du sang, et passe par osmose à travers les parois des capillaires et des alvéoles pulmonaires. L'oxygène de l'air passe à travers ces parois en sens inverse.

Respiration des tissus. — Dans les tissus l'oxyhémoglobine abandonne son O pour produire la combustion respiratoire. En même temps CO_2 formé par cette combustion se fixe sur les sels du plasma sanguin et est transporté jusque dans les poumons, d'où il s'échappe avec l'air expiré.

Le *quotient respiratoire* $\dfrac{CO_2}{O}$ est < 1.

L'intensité de la respiration varie avec l'individu et le milieu.

Asphyxie. — *L'asphyxie* est l'arrêt des mouvements respiratoires. Elle peut se produire :

1° Par le manque d'O ;
2° Par excès de CO_2 ;
3° Par des variations de pression (air raréfié, air comprimé) ;
4° Par intoxication (CO, H_2S, etc.) ;
5° Par des causes mécaniques (noyés, pendus).

CHAPITRE V

LA SÉCRÉTION

———

Sécrétion et excrétion. Glandes. — Parmi les cellules de l'organisme, il s'en trouve qui élaborent des produits qu'elles n'utilisent pas directement, mais qu'elles rejettent soit au dehors à travers la peau, soit dans le milieu intérieur. Dé ces produits, les uns sont directement éliminés de l'organisme ; les autres agissent dans le tube digestif ; d'autres enfin passent dans le sang, souvent en quantité très faible, modifient la nutrition ou exercent une action puissante sur le fonctionnement des organes.

Ce travail cellulaire consiste donc en une double opération : 1° élaboration de substances chimiquement définies, à l'aide de matériaux empruntés au sang : c'est la *sécrétion* ; 2° rejet en dehors des cellules des substances produites : c'est l'*excrétion*.

Quant aux produits élaborés, ils sont rejetés par les cellules soit dans le milieu extérieur (cellules des reins), soit dans le milieu intérieur (cellules de la glande thyroïde). De là la distinction entre *glandes à sécrétion externe* et *glandes à sécrétion interne*, le nom de *glandes* étant donné aux organes destinés à extraire du sang ces différents produits.

Les diverses sortes de glandes. — Au point de vue anatomique, on distingue plusieurs catégories de glandes : la *cellule caliciforme*, les *glandes en tube*, les *glandes en grappes* et les *glandes closes*.

1. La cellule *caliciforme* (*fig.* 139) est la glande la plus

simple. C'est une cellule épithéliale qui se spécialise, et à l'intérieur de laquelle s'accumulent certaines substances (mucus, sérosité, etc.) provenant de l'activité pro-

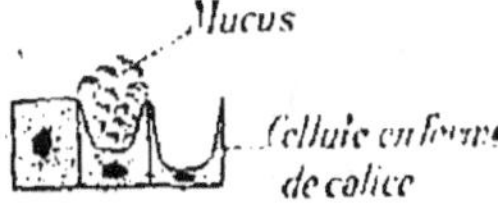

Fig. 139. — Cellules caliciformes.

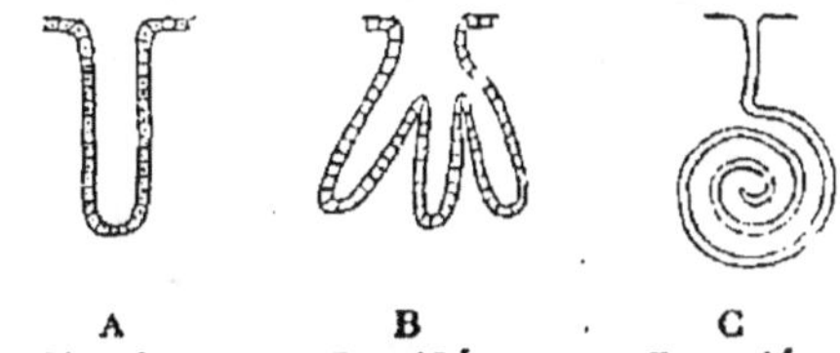

Fig. 140. — Glandes en tube.

toplasmique. Ces substances peuvent ensuite se déverser à l'extérieur ; la cellule prend alors la forme d'un calice au fond duquel se trouvent le protoplasme et le noyau.

2. Les *glandes en tube* (*fig*. 140) ont la forme d'un simple tube qui est en réalité une dépression en doigt de gant de l'épithélium. Ce sont, en général, les cellules profondes du tube qui sécrètent. Ces glandes peuvent être *simples* (*fig*. 140, A) (glandes de l'intestin) ; *ramifiées* (*fig*. 140, B) (glandes gastriques) ; *enroulées* (*fig*. 140, C) (glandes sudoripares).

3. Les *glandes en grappes* sont aussi des dépressions de l'épithélium, mais dont la partie profonde, élargie et renflée, s'appelle *acinus* (*fig*. 141). Le canal excréteur est revêtu d'un épithélium ordinaire, tandis que l'acinus est tapissé par des cellules épithéliales glandulaires. Souvent ce canal se ramifie un grand nombre de fois, et chaque conduit aboutit

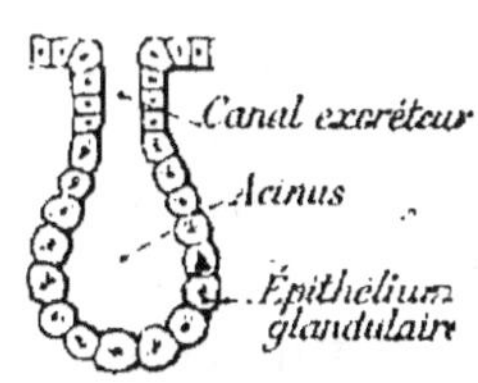

Fig. 141. — Glande en grappes.

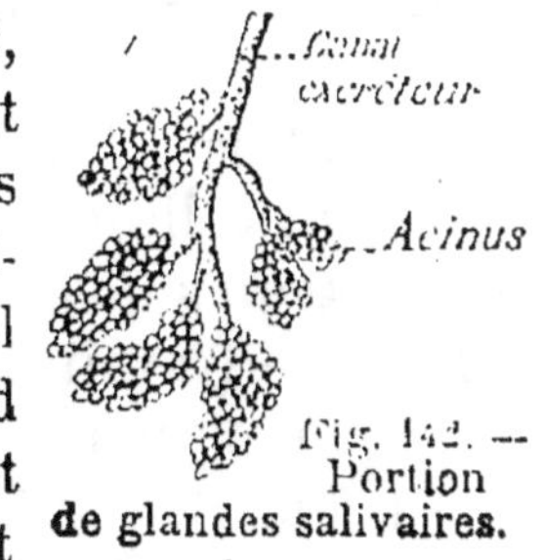

Fig. 142. — Portion de glandes salivaires.

à un acinus (*fig*. 142). Les *acini* sont suspendus à l'extrémité de ces conduits comme les grains de raisin dans une grappe, Exemple : les glandes salivaires.

4. Les *glandes closes* n'ont pas de canaux excréteurs, leurs produits ne s'écoulent pas au dehors et ne peuvent que passer dans le sang. Exemples : la rate, la glande thyroïde, les capsules surrénales, etc.

Structure d'une glande. — Une *glande* est ordinairement formée par une partie de l'épithélium qui s'est adaptée à la fonction sécrétrice. Aussi quelle que soit sa forme, se compose-t-elle essentiellement : 1° d'une *membrane épithéliale* (*fig.* 143) ; 2° d'une *nappe sanguine* formée par des artères et des veines qui se ramifient en fins capillaires ; 3° de *filets nerveux* qui agissent sur l'activité sécrétrice.

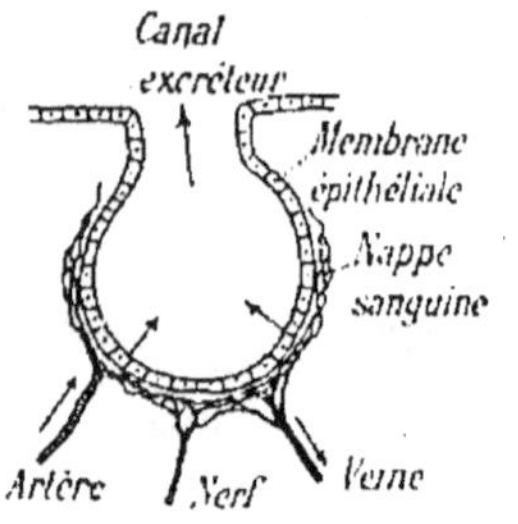

Fig. 143. — Structure d'une glande.

Les produits sécrétés seront rejetés au dehors, ou dans certaines cavités du corps, par un conduit appelé *canal excréteur*.

Ces produits peuvent être *gazeux* (gaz carbonique et vapeur d'eau dans les poumons) ; *liquides* (urine, sueur, larmes, etc.) ; *demi-solides* (graisses, mucus, cérumen des conduits auditifs, etc.) ; *solides* (desquamation de la peau, débris épithéliaux, œufs, etc.).

Mécanisme du fonctionnement des glandes. — C'est tantôt du milieu extérieur, tantôt du milieu intérieur, tantôt des deux, que les cellules glandulaires extraient les matériaux avec lesquels elles travaillent et fabriquent les produits sécrétés. Ainsi les cellules de l'intestin prennent les matières assimilables provenant des aliments ; les cellules du rein prennent dans le sang les matières à éliminer de l'organisme ; enfin, les cellules du poumon prennent l'oxygène de l'air en même temps qu'elles extraient CO_2 du sang.

Dans ce travail d'extraction, les cellules font une *sélection chimique*, c'est-à-dire un choix des éléments. Une expérience de Claude Bernard montre bien l'action différente de certaines glandes par l'élimination de matières introduites dans l'organisme : si on injecte dans les veines d'un animal un mélange d'iodure et de ferrocyanure de potassium, l'on retrouve bientôt l'iodure dans la salive et le ferrocyanure dans l'urine.

De même, les capillaires des glandes mammaires laissent passer la chaux du sang en quantité plus grande que les autres capillaires ; ceux de la glande thyroïde laissent passer l'iode du sang ; les cellules de la muqueuse gastrique seules produisent de l'acide chlorhydrique ; etc.

L'activité d'une glande est toujours marquée par différentes manifestations : absorption d'une plus grande quantité d'oxygène ; production d'une plus grande quantité de CO^2 ; élévation de la température de l'organe, qui devient supérieure à celle du sang arrivant à la glande ; circulation plus active au moment où la glande expulse le produit de sa sécrétion. Tous ces faits montrent l'importance de la consommation d'énergie qui s'effectue dans les cellules glandulaires quand celles-ci mettent en liberté les produits de leur fonctionnement.

Les glandes entrent en activité sous deux influences : 1º celle d'*excitants chimiques*, qui sont différents pour chaque glande ; 2º celle de *nerfs excito-sécréteurs*, qui sont mis en jeu par des réflexes, comme nous l'avons montré pour les sécrétions salivaire et gastrique.

Certains poisons agissent d'une façon remarquable sur les sécrétions. Ainsi l'atropine, poison de la Belladone, tarit les sécrétions, tandis que la pilocarpine, extraite du Jaborandi, les excite.

Rôle physiologique des glandes. — On peut dire que la plupart des glandes servent à la nutrition, et à ce point de vue physiologique, il est rationnel de répartir ces organes en trois grandes catégories :

1º Les *glandes digestives*, dont nous avons étudié le rôle dans le chapitre de la *digestion*.

2º Les *glandes excréteuses*, qui ont pour rôle de rejeter en dehors de l'organisme des matières de déchet, devenues inutiles ou nuisibles ; c'est ce qui constitue la fonction d'*élimination* que nous allons étudier.

3º Les *glandes nutritives* proprement dites, qui servent, les unes aux transformations générales des matières alimentaires (foie, pancréas), et les autres à maintenir la composition du milieu intérieur (rate, ganglions lymphatiques, thymus, glande thyroïde, glande pituitaire, capsules surrénales, etc.).

I. — ÉLIMINATION

But de l'élimination. — L'*élimination* a pour but de débarrasser l'organisme des produits de désassimilation résultant de l'activité du protoplasme cellulaire. La nutrition des éléments anatomiques étant la cause de la désassimilation, il en résulte que l'élimination est, comme la respiration, un fait biologique qui existe chez tous les êtres vivants et dans toutes les parties de ces êtres. De même que l'appareil respiratoire entraîne au dehors du gaz carbonique et de la vapeur d'eau, de même l'appareil éliminateur débarrasse l'organisme des produits de désassimilation tels que l'eau, l'urée, l'acide urique, etc.

Appareil éliminateur. — L'expulsion de ces produits ne pouvant se faire que par les surfaces libres du corps, il en résulte que *l'appareil éliminateur*, comme l'appareil respiratoire, est en rapport avec le tube digestif et avec les téguments.

Pour bien comprendre le mécanisme de l'élimination, il faut se rappeler que l'organisme est limité extérieurement par une membrane épithéliale (*fig.* 144); c'est donc au travers de cette membrane que se font les échanges entre l'organisme et le milieu extérieur. Un double courant existe : d'un côté, *l'absorption* de substances utiles à la nutrition (oxygène dans les poumons, produits de la digestion dans le tube digestif); de l'autre, *l'élimination* de substances devenues inutiles ou même nuisibles à l'organisme, comme l'urine et la sueur.

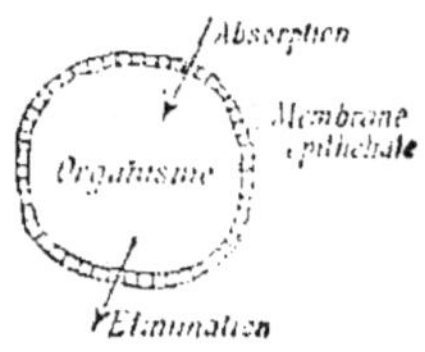

Fig. 144 — Schéma montrant les echanges de l'organisme avec le milieu extérieur.

Les parties de l'épithélium qui deviennent plus aptes à accomplir ces fonctions forment *l'appareil éliminateur*. C'est du sang que cet appareil extrait les produits de désassimilation : le rein, par exemple, qui est l'appareil de l'élimination urinaire, retire du sang l'eau, l'urée, l'acide urique, etc.

Cette élimination se fait par trois principaux procédés : par la *sécrétion de l'urine, de la sueur* et *de la bile.*

1. — Sécrétion de l'urine.

La sécrétion urinaire est la principale voie de l'élimination de l'eau. On évalue à 3 kilogrammes par jour la quantité d'eau rejetée par l'organisme humain : 1.500 grammes par l'urine, 1.000 par la sueur et 500 par la respiration.

§ 1. — Anatomie de l'appareil urinaire.

L'appareil urinaire (*fig.* 145) comprend deux parties : 1° les glandes sécrétrices ou *reins*, qui retirent l'urine du sang ; 2° l'appareil excréteur, formé des *uretères* qui conduisent l'urine dans la *vessie*, d'où elle est rejetée au dehors par un canal appelé *urèthre.*

Les reins. — Les *deux reins*, appelés vulgairement *rognons*, sont situés dans la cavité abdominale, symétriquement de chaque côté de la colonne vertébrale (*fig.* 145) ; ils se trouvent en dehors du péritoine, qui recouvre seulement leur face antérieure, de sorte que dans les opérations chirurgicales on peut atteindre ces organes par la face postérieure sans ouvrir le péritoine. Ils ont la forme d'un haricot et pèsent chacun environ 160 grammes. Leur couleur est rouge *lie de vin.* Ils sont surmontés de glandes spéciales que nous étudierons plus loin et

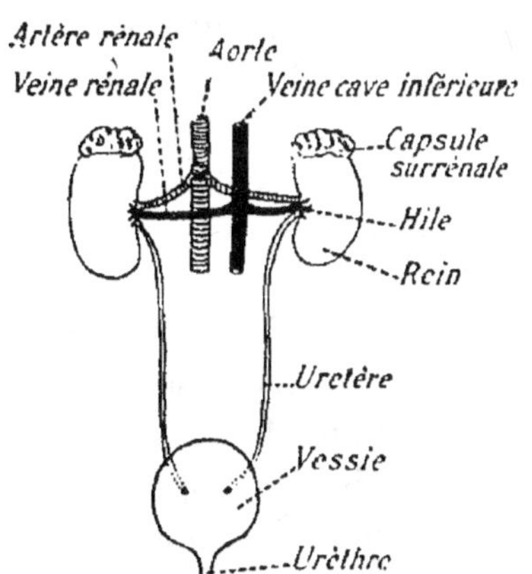

Fig. 145. — Ensemble de l'appareil urinaire.

qu'on appelle *capsules surrénales.* Dans l'échancrure du rein ou *hile* se trouvent trois canaux : *l'artère rénale*, qui vient de l'aorte et amène le sang ; la *veine rénale*, qui ramène le sang à la veine cave inférieure, et enfin l'*uretère*, qui conduit l'urine dans la vessie.

Structure. — Sur une coupe longitudinale (*fig.* 146) du rein on voit une *membrane fibreuse* enveloppant l'organe ; puis deux régions bien distinctes : l'une externe, d'aspect granuleux, c'est la *zone corticale* ; l'autre interne, d'aspect strié, c'est la *zone médullaire*.

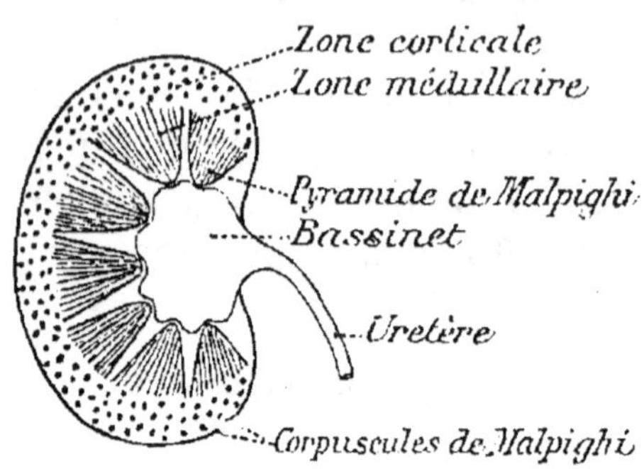

Fig. 146. — Coupe longitudinale d'un rein.

La zone corticale montre de nombreux petits corps rouges appelés *corpuscules de Malpighi*.

La zone médullaire se décompose en une série de petites pyramides dont la base est dirigée vers la zone corticale et le sommet vers le hile du rein : ce sont les *pyramides de Malpighi*, qui se trouvent au nombre de 12 à 15 dans chaque rein. Chacune de ces pyramides présente un certain nombre de tubes qui viennent déboucher à son sommet. Ces tubes sont les tubes *urinifères*, dans-lesquels est recueillie l'urine : celle-ci vient sourdre au sommet de la pyramide par petites gouttelettes qui tombent dans un grand réservoir appelé *bassinet*, d'où s'échappe l'*uretère*.

Tubes urinifères. — Chaque tube urinifère est une véritable glande en tube (*fig.* 147). Il s'ouvre sur le sommet des pyramides de Malpighi et commence dans la zone corticale par une sorte de capsule dans laquelle vient se loger un peloton vasculaire, le *glomérule de Malpighi* : l'ensemble de la capsule et du glomérule forme le *corpuscule de Malpighi*, visible à l'œil nu sous forme d'un petit corps rouge. A la suite, le tube se contourne, puis se recourbe en une *anse* dont la branche descendante est mince et la branche ascendante trois fois plus large ; enfin le tube se contourne encore un peu et s'élargit pour aboutir à un canal collecteur, qui reçoit un grand nombre de tubes urinifères semblables et qui vient s'ouvrir par un orifice au sommet de la pyramide de Malpighi ; il y a de 20 à 30 orifices semblables au sommet de chaque pyramide.

La structure du tube urinifère varie suivant la région considérée : la partie contournée et la branche ascendante de l'anse (*fig.* 148, A) ont un épithélium formé de cellules hautes à protoplasme granuleux et strié dans sa partie externe, tandis que la branche descendante (*fig.* 148, B) et la capsule présentent des cellules aplaties.

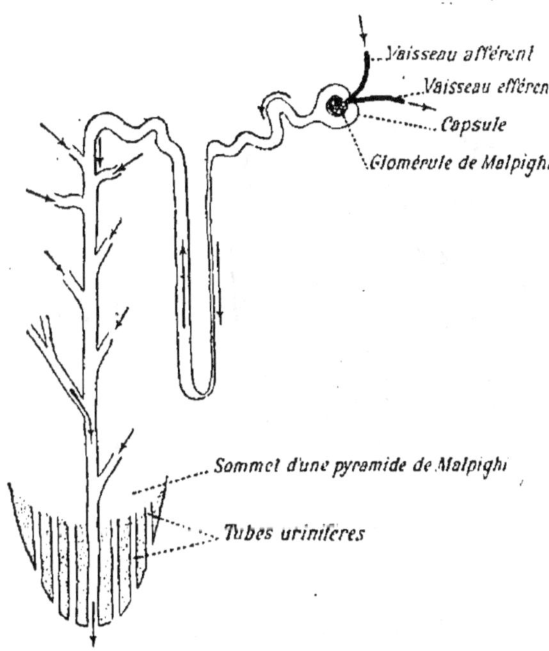

Fig. 147. — Tube urinifère et sommet d'une pyramide de Malpighi.

Les corpuscules de Malpighi et les tubes contournés sont situés dans la zone corticale ; les anses et les tubes collecteurs, dans la zone médullaire.

Circulation sanguine. — Dès son entrée dans le rein, l'artère rénale se divise en un certain nombre de branches disposées en éventail (*fig.* 149) et qui se réunissent toutes, à la limite des zones corticale et médullaire, par une

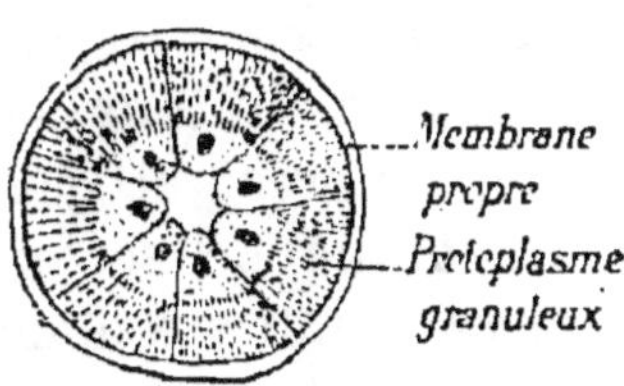

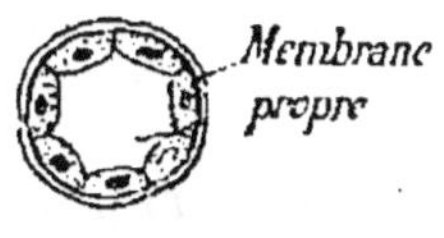

Fig. 148. — Coupe transversale d'un tube urinifère.

sorte d'arcade. De cette arcade partent des artères qui se

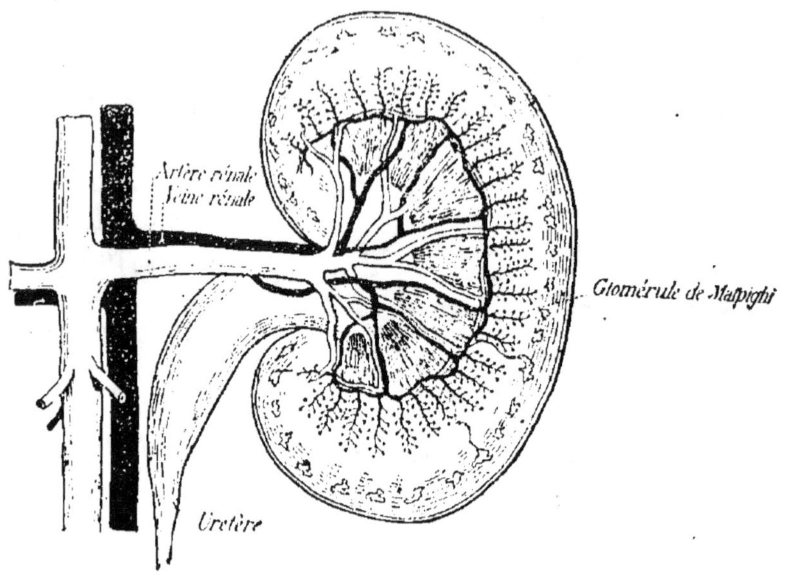

Fig. 149. — La circulation sanguine dans le rein.

dirigent vers la région corticale. De ces artères partent les *artères afférentes*, qui vont donner le *glomérule de Malpighi* (*fig.* 149).

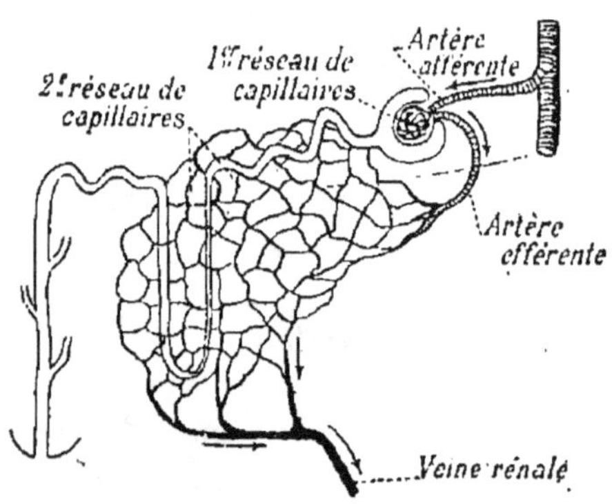

Fig. 150. — Système porte rénal.

Il y a un *premier réseau* de capillaires dans le corpuscule (*fig.* 150); puis il s'en échappe une *artère efférente*, qui va fournir un *second réseau* de capillaires autour des tubes urinifères, et c'est seulement de ce second réseau que partent les origines de la *veine rénale*. Il y a donc, entre l'artère et la veine, deux systèmes de capillaires : c'est ce qui constitue le *système porte rénal*, et cette disposition rappelle celle du *système porte hépatique*.

Appareil excréteur. — L'urine, formée dans le tube urinifère, s'écoule dans le *bassinet* ; de là elle est conduite par l'*uretère* jusque dans la *vessie*.

L'*uretère* descend

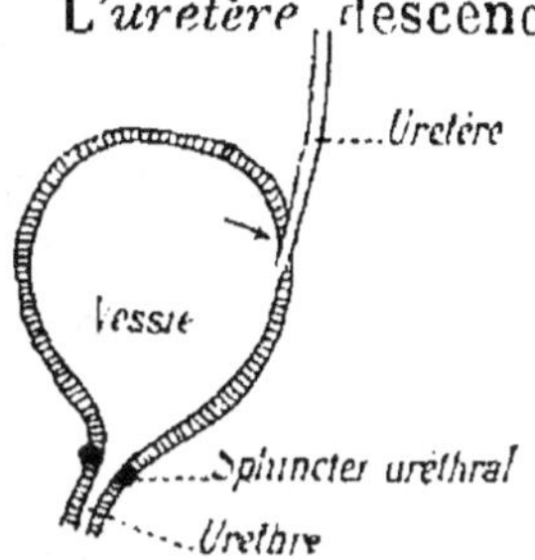

Fig. 151 — Appareil excréteur de l'urine.

de la région lombaire jusque dans le bassin, où il aborde la vessie, qui est située à la partie inférieure de l'abdomen. Il s'ouvre obliquement dans la vessie (*fig.* 151), de telle sorte que l'urine entrée dans la vessie appuie contre la paroi et ferme l'orifice de l'uretère. L'urine ne peut donc remonter vers les uretères.

La *vessie* est une poche musculaire, à fibres lisses, revêtue intérieurement d'un épithélium stratifié. Cet épithélium, chez l'être vivant, est imperméable à l'urine ; mais quelques heures après la mort, l'urine filtre à travers les parois de la vessie pour tomber dans la cavité générale. L'urine arrive goutte à goutte dans la vessie ; elle y est maintenue, à l'état normal, par un *sphincter uréthral*, muscle circulaire dont la contraction ferme l'entrée de l'urèthre.

§ 2. — L'urine.

Quantité et composition de l'urine. — L'urine humaine est un liquide légèrement acide, de couleur jaune ambré. Un homme adulte émet environ 1.500 grammes d'urine par jour. Mais cette quantité varie : elle augmente **sous** l'influence des excitations cérébrales, des émotions et du travail intellectuel ; l'urine est aussi plus abondante et plus diluée après les repas ; il y a donc abondance d'urine pendant la journée. Le matin, au contraire, après le repos de la nuit, l'urine est plus concentrée et plus rare. Aussi pour avoir une idée exacte de sa composition moyenne, faut-il analyser de l'urine de 24 heures et voici les résultats obtenus :

Eau	955
Urée	25
Acide urique	0,50
Chlorure de sodium	11
Sels minéraux	8.50
Urine	1.000

Cette composition montre qu'on peut considérer l'urine comme une *dissolution d'urée dans l'eau salée*.

L'*urée* est une substance azotée, qui a pour formule $CO(AzH^3)^2$; elle peut se transformer en *carbonate d'ammonium* sous l'influence d'un ferment, le *Micrococcus ureæ*,

$$CO(AzH^2)^2 + 2H^2O = CO^3(AzH^4)^2,$$

ce qui explique l'odeur ammoniacale de l'urine qui se décompose au contact de l'air.

L'urée est un produit de transformation des matières albuminoïdes ; sa quantité, qui est normalement de 25 grammes par jour, augmente avec un régime carné et peut s'élever jusqu'à 50 grammes ; une alimentation végétale peut, au contraire, l'abaisser à 20 grammes. L'urée est donc le témoin de la transformation des matières albuminoïdes ; aussi son dosage offre-t-il une très grande importance en médecine.

On sait que *le foie est le principal organe formateur de l'urée*. On a constaté, en effet, que le sang de la veine sus-hépatique contient deux fois plus d'urée que le sang de la veine porte.

On peut aussi le **démontrer** expérimentalement en pratiquant sur un animal, un Chien par exemple, la *fistule d'Eck* (fig. 152), c'est-à-dire qu'on abouche la veine porte avec la veine cave inférieure, après avoir ligaturé la veine porte contre le foie, de façon à empêcher l'accès

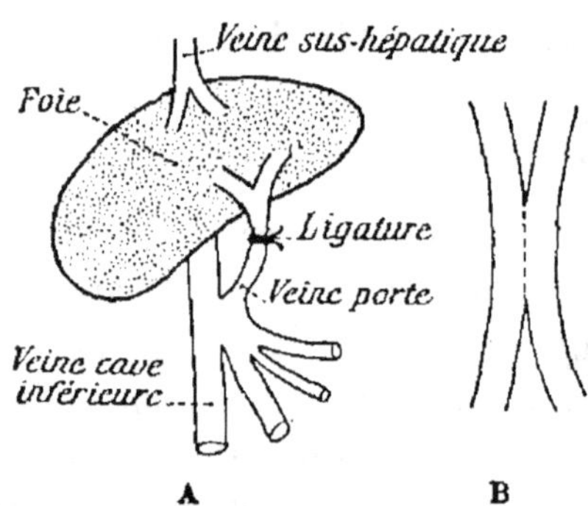

Fig. 152. — A, schéma de la fistule d'Eck. B, mode d'abouchement des deux veines.

du sang veineux au foie ; on voit alors la quantité d'urée de l'urine diminuer beaucoup. Si on lie l'artère hépatique, la diminution de l'urée est encore plus considérable.

Dans certaines maladies du foie (cirrhose atrophique, cancer, dégénérescence graisseuse), la quantité d'urée des urines diminue toujours.

L'acide *urique* provient également de la transformation des matières albuminoïdes ; il s'en forme environ 1 gramme par jour. Tandis que l'urée est très soluble dans l'eau, il n'en est pas de même des urates et de l'acide urique, qui se dé posent dans l'urine refroidie. Parfois ces dépôts, auxquels s'ajoutent des phosphates acides, se font dans l'organisme : dans les articulations, qui deviennent noueuses (*goutte*), ou dans la vessie (*gravelle*).

Enfin l'**urine** de l'homme contient des traces d'*acide hippurique*.

Les *sels minéraux* sont le chlorure de sodium, les sulfates et phosphates acides de sodium et de magnésium. Les sulfates proviennent de l'oxydation du soufre contenu dans les aliments albuminoïdes ; les phosphates sont surtout des produits de désassimilation du tissu osseux et du système nerveux.

L'urine, évacuée et abandonnée à l'air, laisse souvent déposer ces substances sous forme de dépôts jaunâtres. Ces dépôts peuvent se faire dans la vessie et donner des sortes de pierres (*calculs urinaires*). Le passage de ces corps étrangers dans les voies urinaires produit les atroces douleurs connues sous le nom de *coliques néphrétiques*.

La matière colorante de l'urine est l'*urobiline*, qui provient de la substance colorante de la bile, la *bilirubine*.

On trouve souvent dans l'urine des produits que l'organisme n'a pas utilisés et que le rein élimine rapidement. Les toxines microbiennes et de nombreux médicaments sont **expulsés** par cette voie ; de même certains principes des aliments : c'est ainsi que les asperges, par exemple, communiquent une odeur fétide aux urines, et presque aussitôt après le repas. La substance qui produit cette odeur est **du** *méthyl-mercaptan,* dont la formule chimique est CH^3SH.

Produits anormaux. — Parmi les produits anormaux de l'urine, il faut citer le *sucre* et l'*albumine*.

Lorsque le sang contient trop de sucre (plus de **3** pour 1.000), celui-ci est rejeté au dehors par les urines : c'est le *diabète sucré*. L'urine d'un diabétique peut contenir plus de 200 grammes de sucre par jour. Le sucre est mis en évidence par la *liqueur de Fehling,* **qui** donne **un** précipité rouge de **sous-oxyde de cuivre.**

L'*albumine* peut aussi apparaître dans l'urine, révélant l'existence de la maladie appelée *albuminurie*. La présence de l'albumine dans l'urine se reconnait soit par la *chaleur* qui fait coaguler cette substance, soit par l'*acide azotique* qui donne un précipité blanc.

L'urine varie avec le régime. — La composition de l'urine varie chez le même individu non seulement avec l'âge, mais aussi avec l'alimentation.

Chez les *Carnivores* l'urine est acide, jaune clair, riche en urée et acide urique.

Chez les *Herbivores* l'urine est alcaline, trouble et riche en acide hippurique : celle du Cheval par exemple.

Claude Bernard a montré que l'urine d'un Lapin qu'on fait jeûner pendant deux ou trois jours, de trouble et d'alcaline (herbivore) qu'elle était, devient claire et acide (canivore). C'est que pendant ce jeûne, le Lapin s'est nourri aux dépens de son sang, de sa graisse : il est donc devenu *carnivore*. Lorsque l'homme a la fièvre, il ne prend pas d'aliments : il se nourrit aux dépens de ses tissus, et l'acidité de son urine augmente.

§ 3. — Physiologie de la sécrétion urinaire.

L'urine préexiste dans le sang. — Tous les éléments de l'urine se trouvent dans le sang. On peut le démontrer par plusieurs expériences :

1° On enlève les reins à un animal (*néphrotomie*), et l'on constate que les produits urinaires s'accumulent dans le sang et y causent des accidents mortels : il s'est produit une véritable intoxication connue sous le nom d'*urémie*.

2° On fait une *ligature* sur un uretère et l'urée augmente dans le sang parce que l'excrétion urinaire est empêchée.

3° On dose la quantité d'urée dans le sang qui entre dans le rein par l'artère rénale, et dans celui qui en sort par la veine rénale ; on trouve alors que le sang de l'artère rénale contient plus d'urée (52 milligrammes par 100 grammes de sang) que celui de la veine (41 milligrammes) : le rein a donc extrait 11 milligrammes d'urée.

Ceci prouve que l'*urée préexiste dans le sang ;* on peut faire la même observation pour les autres principes de l'urine. Le rein a par conséquent pour fonction physiologique d'*extraire l'urine du sang ;* il n'est donc qu'un organe d'*excrétion.*

Mécanisme de la sécrétion urinaire. — La sécrétion de l'urine dans le tube urinifère se fait en deux temps :

1° L'*eau* et les *sels* du plasma sanguin, à cause de la pression de celui-ci à l'intérieur du glomérule, filtrent à travers les parois de la capsule et s'écoulent par le tube urinifère ; aussi lorsque la pression sanguine s'élève, à la suite de l'absorption de boissons chaudes ou simplement après les repas, la sécrétion urinaire augmente-t-elle. L'urine est alors plus aqueuse et moins colorée.

De même, sous l'influence du froid, il se produit une vaso-constriction de la peau, par suite une augmentation de la pression sanguine : on observe alors une plus grande sécrétion de l'urine. La chaleur agit inversement en produisant une vaso-dilatation cutanée, par suite une diminution de la pression sanguine et de la quantité d'urine.

2° Dans les parties contournées du tube urinifère, les cellules épithéliales, par leur activité, retirent du sang l'urée et les autres principes de l'urine.

On peut démontrer ceci par l'expérience suivante : on injecte dans le sang d'un animal une matière colorante, le carmin d'indigo ; on constate, quelques heures après, que les tubes urinifères sont colorés, tandis que les glomérules ne le sont pas. Ces régions colorées indiquent les parties sécrétrices.

De même chez les Oiseaux, dont l'urine contient beaucoup d'urates, on trouve des cristaux de ces sels dans les tubes urinifères et non dans les glomérules.

Les cellules épithéliales du tube urinifère ont donc une grande importance dans la sécrétion urinaire, puisque c'est par leur travail protoplasmique que les substances de l'urine sont extraites du sang. Aussi des lésions de cet épithélium amènent-elles toujours des désordres très graves dans l'organisme.

Excrétion de l'urine. — L'urine est maintenue dans la vessie, car elle ne peut refluer vers les uretères, et elle ne peut non plus s'écouler par l'urèthre, que ferme normalement le sphincter. Lorsque la vessie est fortement distendue, elle détermine une sensation particulière, qui est le besoin d'uriner. C'est alors que les fibres musculaires lisses de la vessie se contractent lentement, que le sphincter uréthral se relâche, et que l'urine est expulsée au dehors.

Rôle de la sécrétion urinaire. — La sécrétion urinaire débarrasse l'organisme de certains produits de désassimilation qui sont de vrais toxiques. Pour se rendre compte de cette toxicité, il suffit d'injecter de l'urine dans les veines d'un animal ; on constate alors des troubles nerveux graves, des convulsions et finalement la mort, si la quantité d'urine est suffisante.

Cette toxicité de l'urine n'est pas due à l'urée, car injectée dans les veines cette substance se montre peu toxique. Elle dépend plutôt des sels de potasse, des matières colorantes et de substances azotées rappelant les alcaloïdes.

L'organisme fabrique continuellement ce poison urinaire. Et l'on a pu calculer qu'un homme du poids moyen de 65 kilogrammes mettrait environ 2 jours et 4 heures à fabriquer la quantité de poison nécessaire pour s'intoxiquer lui-même. De plus, on a pu constater que les urines du jour étaient plus toxiques que celles de la nuit.

Bref, on voit que l'élimination de l'urine joue un rôle protecteur des plus importants pour l'organisme.

2. — Sécrétion de la sueur.

La peau étant en relation avec le milieu ambiant, il est bien naturel d'y trouver divers organes sécréteurs, tels que les *glandes sudoripares*, les *glandes sébacées* et les *glandes mammaires*. Ces deux dernières catégories de glandes seront étudiées plus loin.

Les glandes sudoripares. — Les *glandes sudoripares*, qui sécrètent la sueur, sont formées de deux parties : 1° le *glomérule*, qui est un tube pelotonné situé dans la profondeur du derme de la peau (*fig.* 153, A) ; 2° le *canal excréteur*, qui traverse le derme et l'épiderme pour venir s'ouvrir à la surface de la peau.

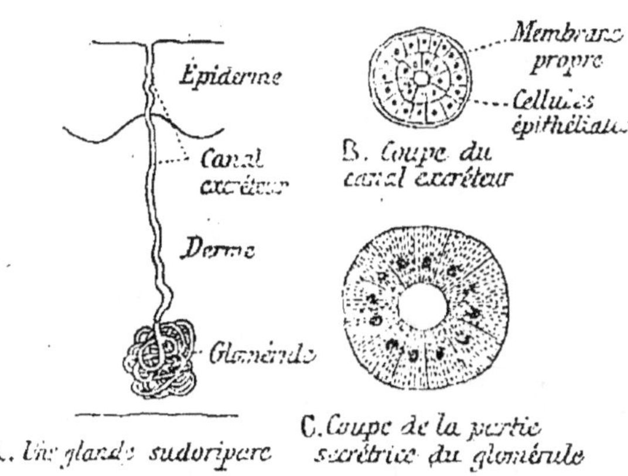

Fig. 153. — Une glande sudoripare.

Le canal excréteur est formé par une double couche de cellules cylindriques (*fig.* 153, B) ; et le tube du glomérule est constitué par une rangée de cellules glandulaires (*fig.* 153, C).

On compte environ 2 millions de glandes sudoripares réparties sur toute la surface du corps, où elles sont irrégulièrement disséminées. Elles sont surtout abondantes au front, aux aisselles, à la paume de la main et à la plante des pieds.

La sueur et son rôle. — La sueur, en imbibant l'épiderme, donne à la peau une certaine souplesse et une moiteur caractéristique. A l'état normal, la sécrétion de la sueur n'est pas visible. Mais on peut la mettre en évidence en plaçant sur la peau sèche un papier imprégné d'azotate d'argent ; on verra alors sur ce papier, après son exposition à la lumière, un pointillé très fin correspondant aux orifices des glandes. Ce pointillé est dû à l'action des chlorures de la sueur sur l'azotate d'argent : il s'est formé du chlorure d'argent.

La *sueur* est un liquide acide, renfermant beaucoup d'eau, du chlorure de sodium et un peu d'urée. C'est en quelque sorte de l'urine très étendue. Son odeur spéciale est due à des acides gras volatils dont la nature varie avec les régions du corps. La quantité de sueur rejetée en 24 heures est d'environ 1.000 grammes. Cette quantité varie suivant diverses conditions : sous l'influence d'un exercice physique violent, elle peut aller jusqu'à 400 grammes par heure ; elle augmente avec une alimentation carnée et si l'on absorbe des boissons chaudes et alcooliques ; des émotions, comme la peur et la douleur, ont aussi une grande influence sur sa sécrétion.

Si l'on injecte 1 centigramme de pilocarpine sous la peau d'un Chat, on provoque une sudation abondante et prolongée ; l'atropine (1 milligramme), au contraire, suspend la sudation.

La sueur a un double rôle :

1° Elle débarrasse l'organisme des produits de déchet ; c'est ainsi qu'elle rejette environ 2 grammes d'urée par jour : elle aide par conséquent la fonction urinaire. La sueur, comme l'urine, contient des matières toxiques, car si l'on supprime la transpiration en recouvrant d'un vernis la peau d'un animal, la sueur reste dans le sang et l'on ne tarde pas à constater un empoisonnement. Ce fait montre bien l'importance hygiénique du nettoyage minutieux de la peau, qui pourrait par la malpropreté se recouvrir d'une couche imperméable.

2° La sueur a aussi pour effet, en s'évaporant à la surface du corps, de refroidir l'organisme et de régulariser sa température. C'est Benjamin Franklin (1706-1790) qui a montré le rôle de la sueur dans la régulation thermique.

3. — Sécrétion de la bile.

Rôle de la sécrétion biliaire. — Nous avons vu comment la bile était sécrétée par le foie et quel était son rôle digestif. Mais elle a encore un autre rôle : c'est d'enlever de l'organisme des produits inutilisables ou même nuisibles. Des expériences ont montré que la bile est plus toxique que l'urine : ainsi un Lapin meurt avec des convulsions si on lui injecte dans les veines 4 ou 5 centimètres cubes de bile par kilogramme de son poids, ce qui représente une toxicité neuf fois plus grande que celle de l'urine. Tous ces résidus toxiques, rejetés par la bile en dehors de l'organisme, proviennent de l'activité des cellules hépatiques.

II. — LES GLANDES NUTRITIVES

Nous avons vu plus haut que ces glandes servaient, d'une part, au maintien de la composition du milieu intérieur (sang, lymphe), et d'autre part, aux transformations des matières alimentaires.

Les premières sont nombreuses et comprennent d'abord celles qui jouent un rôle dans la formation des globules du sang et de la lymphe, comme les ganglions lymphatiques, la rate, le foie ; puis celles qui sont de véritables glandes closes comme le thymus, la glande thyroïde, l'hypophyse ou glande pituitaire, les capsules surrénales, etc.

Les secondes, comme le foie et le pancréas, ont déjà été étudiées, en tant que glandes digestives ; mais elles fonctionnent en même temps comme des glandes closes. En réalité, ce sont à la fois des glandes à *sécrétion externe* et à *sécrétion interne* (*fig.* 154) : une de leurs sécrétions (externe) s'écoule à l'extérieur par le canal excréteur, et l'autre (interne) s'écoule dans un vaisseau sanguin, sorte de canal excréteur interne.

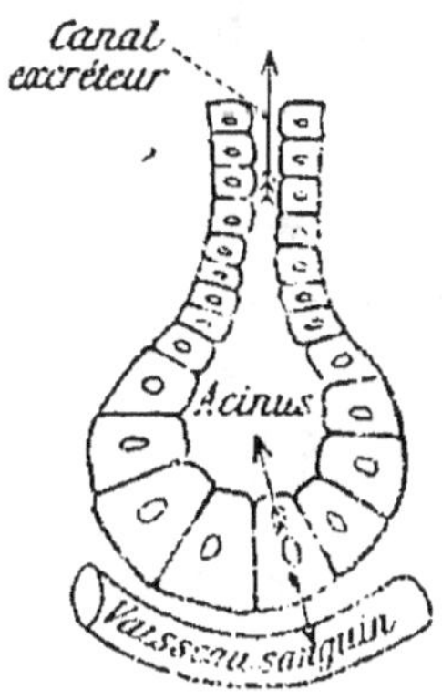

Fig. 154. — Schéma de la sécrétion externe et de la sécrétion interne dans une même glande (d'après A. Prenant).

Nous allons étudier celles de ces glandes dont nous n'avons pas parlé jusqu'ici.

Le thymus. — Le *thymus* (*fig.* 155) est une glande qui descend verticalement dans le cou et de chaque côté de la trachée-artère. Il est très développé pendant la vie embryonnaire et chez les jeunes animaux (*ris de Veau*) : mais il s'atrophie chez l'adulte. Il atteint sa taille maximum vers 3 ans chez l'Homme, et il disparaît vers 12 ans. Le thymus peut être enlevé sans que l'organisme en soit troublé ;

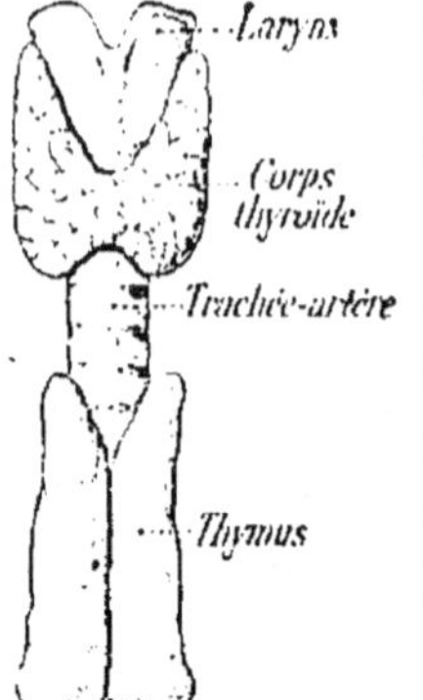

Fig. 155. — Thymus et corps thyroïde.

pourtant après des extirpations de cet organe faites sur de jeunes animaux, on a constaté que les os se développaient mal.

L'injection d'extrait de thymus détermine une accélération des battements du cœur et un abaissement de la pression artérielle ; des doses fortes produisent de l'agitation, de la dyspnée et la mort. On ne connaît pas encore la substance active de ces extraits.

La rate. — La *rate* est une glande située aans l'abdomen à gauche de l'estomac. Son poids est d'environ 200 grammes.

Par sa structure, elle ressemble à un énorme ganglion lymphatique. En effet, elle est constituée par une *enveloppe fibreuse* qui envoie des prolongements à l'intérieur ; ces prolongements limitent des mailles dans lesquelles se trouve une *matière pulpeuse*, formée surtout de globules rouges et de globules blancs.

La rate, nous l'avons vu, a pour rôle essentiel de former les globules rouges.

La rate, comme les ganglions lymphatiques, a la propriété de retenir les particules solides amenées par la circulation sanguine. Le gonflement de cette glande dans les maladies infectieuses montre son activité dans la destruction des germes pathogènes, et par suite son rôle protecteur de l'organisme contre diverses infections.

On peut enlever la rate sans que cette ablation entraîne des conséquences graves, mais alors le nombre des globules rouges diminue.

Le corps thyroïde. — Le *corps thyroïde* (*fig.* 155) est une glande située en avant et au-dessous du larynx. Il a la forme d'un fer à cheval et pèse environ 30 grammes ; il peut s'hypertrophier pour donner le *goitre*.

Les médecins savent depuis longtemps que si le corps thyroïde s'*atrophie*, des troubles surviennent dans la nutrition en même temps que des troubles musculaires et nerveux. Les chirurgiens, d'autre part, ont observé exactement les mêmes faits après l'*ablation* du corps thyroïde. En quelques semaines, il se produit un affaiblissement musculaire, une dépression des facultés intellectuelles, une bouffissure et une déformation du visage et des mains, une sécheresse de la peau et la chute des cheveux. Chez les jeunes enfants atteints d'insuffisance thyroïdienne, il y a un arrêt du développement physique et intellectuel qui aboutit au *nanisme* et au *crétinisme*. A cet état pathologique bien connu, on a donné le nom de *myxœdème*.

La sécrétion de la glande thyroïde a donc pour effet d'empêcher ces troubles de se produire. Si, en effet, l'extirpation le cette glande, au lieu d'être totale, n'est que partielle, le myxœdème ne se produit pas. On peut même faire disparaître ces troubles chez un malade atteint de myxœdème en lui injectant des extraits de la glande thyroïde d'un animal ou en lui faisant absorber des fragments de corps thyroïde frais pris sur un animal. Il est donc probable que les principes sécrétés par cette glande agissent comme *antitoxines*

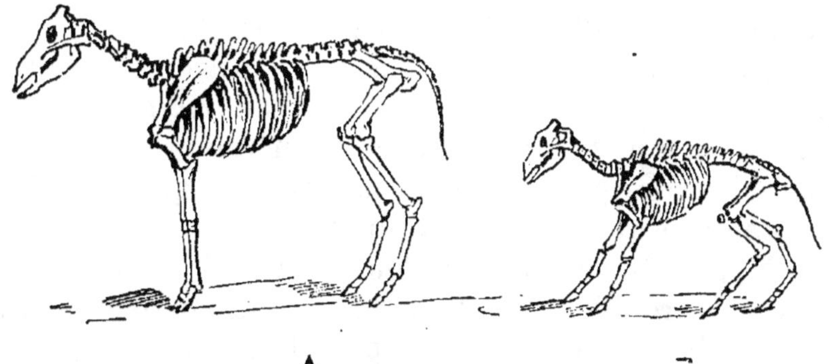

Fig. 156. — Squelettes de deux Moutons du même âge (8 mois) : l'un, **A**, sert de témoin ; l'autre, B, a eu le corps thyroïde enlevé 8 jours après sa naissance (d'après A. von Eiselsberg).

en détruisant les *toxines* du sang ; au contraire, ces toxines agissent dès que la glande est atrophiée ou enlevée.

Des expériences faites sur des animaux très jeunes (Agneaux,

Chats, Chiens) auxquels on enlève la glande thyroïde ont montré nettement l'arrêt du développement (*fig.* 156) et toute une série de lésions qui constituent le *crétinisme expérimental.*

Les liquides extraits de la glande thyroïde contiennent une certaine quantité d'iode, qui va en augmentant avec une alimentation riche en iode ou avec l'absorption de médicaments iodés. La glande thyroïde de l'homme contient en moyenne de 2 à 6 milligrammes d'iode. L'injection de l'extrait de la glande thyroïde produit une diminution de la pression artérielle.

Les parathyroïdes. — Ce sont deux paires de petites glandes situées de chaque côté du corps thyroïde, parfois même dans sa masse. Mais elles en diffèrent par leur structure, leur origine et leur physiologie. Leur ablation complète a pour effet de produire des contractions tétaniques qui amènent vite la mort. Il est donc probable que ces glandes, comme le corps thyroïde, déversent dans le sang une matière nécessaire au bon fonctionnement de l'organisme.

Les capsules surrénales. — Les *capsules surrénales* sont des glandes qui coiffent chacun des reins (*fig.* 145). Depuis longtemps, on sait que des lésions de ces organes correspondent à une forte pigmentation de la peau (*maladie bronzée d'Addison*) et à une grande faiblesse générale.

Des recherches plus récentes ont montré que : 1º si l'on enlève une capsule surrénale à un animal, l'autre grossit et travaille pour l'absente ; 2º si l'on enlève les deux, l'animal présente des troubles graves : faiblesse musculaire, ralentissement des battements du cœur, puis il meurt.

Il est probable que ces glandes sécrètent aussi des antitoxines capables de neutraliser les toxines produites par l'organisme et particulièrement par le travail musculaire.

On a extrait des capsules surrénales une matière azotée très active, l'*adrénaline*, qui agit puissamment sur le cœur, qu'elle ralentit, et sur les vaisseaux qu'elle fait contracter. Il suffit, chez un Chien, d'une injection de 0ᵍʳ,000.001 de chlorhydrate d'adrénaline pour produire ces effets. En badigeonnage sur les muqueuses, une solution au 1/10.000 produit une anémie locale ; une plaie saignante peut être ainsi rendue exsangue.

Hypophyse ou glande pituitaire. — Cette glande est située à la face inférieure du cerveau. Chez l'homme, des lésions de l'hypophyse correspondent à l'*acromégalie*. Les caractères de cette maladie, qui survient ordinairement de vingt à trente ans, sont : grosse face, grosses mains, gros pieds, et souvent taille élevée (*gigantisme*). Ces troubles seraient donc dus à un mauvais fonctionnement de la glande pituitaire. L'ablation complète de cette glande faite sur de jeunes Chiens a causé un ralentissement de leur croissance. Au bout de 6 mois, deux Chiens de la même portée montrent un contraste frappant : l'opéré a presque la moitié de la taille du témoin, et son squelette s'ossifie difficilement (*fig.* 157) ; l'animal reste *nain* et difforme. La suppression de l'hypophyse détermine donc un état inverse du gigantisme : du *nanisme* ; en même temps on observe souvent de l'obésité et des modifications dans la structure des glandes internes (rate, thymus, glande thyroïde). Tout ceci nous montre les relations qui doivent exister entre ces différentes glandes.

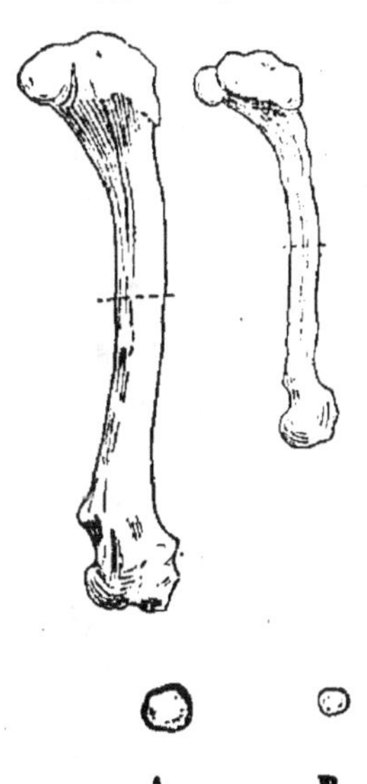

Fig. 157. —Fémur d'animal témoin (A) et d'animal opéré (B).

Le foie, glande nutritive. — En dehors de la *fonction biliaire*, qui a été étudiée à propos de la digestion, le foie, par ses sécrétions internes, accomplit d'autres rôles qui concourent au maintien de la composition du milieu sanguin. Énumérons ces diverses fonctions, qui toutes sont accomplies par la cellule hépatique.

1° Le foie sert à la *destruction des globules rouges* et aussi un peu à leur formation.

2° Le foie fixe et emmagasine le *fer* provenant de l'hémoglobine des globules rouges, et l'on admet que ce fer sert ensuite à la reconstitution du sang. Il existe des réserves de fer dans le foie du nouveau-né, qui en contient 4 à 9 fois plus que celui de l'adulte. Le foie régularise donc la distribution du fer dans l'organisme : c'est la *fonction martiale*. En sa qualité d'oxydant, ce métal doit favoriser les combustions organiques qui s'effectuent dans le foie.

3° Le foie forme un hydrate de carbone, le *glycogène*, qu'il met en réserve et avec lequel il fabrique le sucre du sang : c'est la *fonction glycogénique*, que nous étudierons plus loin.

4° Le foie est un organe *fixateur* et *formateur de graisses*.

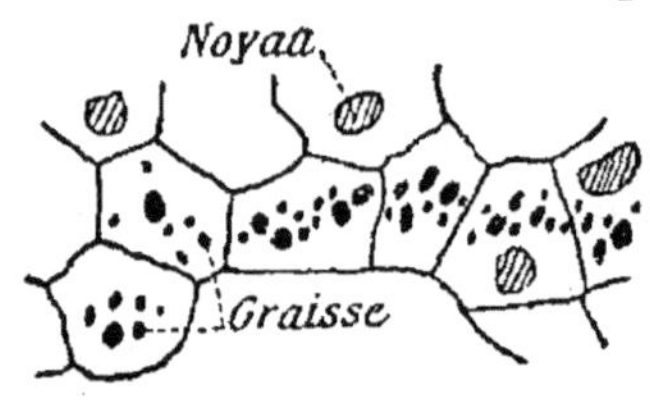

Fig. 158. — Fixation de la graisse alimentaire dans les cellules du foie d'un Chien (6 heures après avoir bu du lait).

De nombreuses observations ont montré que l'augmentation des matières grasses dans l'alimentation augmente la quantité de graisse du foie. Un Chien, sacrifié six heures après un fort repas de lait, présente de nombreuses granulations graisseuses dans ses cellules hépatiques (*fig.* 158). D'autre part, la formation des graisses (*fonction adipogénique*) par le foie est certaine : on sait, en effet, que les animaux bien nourris ont leur foie chargé de graisse. De là est née l'industrie des « pâtés de foie gras » ; on obtient cet état spécial du foie en gavant des Oies avec des féculents. Il semble que ce sont surtout les hydrates de carbone qui se transforment en graisse. Dans l'intoxication par l'alcool, l'arsenic et le phosphore, le foie devient une masse de graisse.

5° Les matières *albuminoïdes sont fixées* par le foie. Claude Bernard l'a montré en injectant de l'albumine d'œuf dans la veine jugulaire d'un Lapin ; cette substance passa dans l'urine. Mais quand il l'injecta dans la veine porte, il ne la retrouva pas dans l'urine. Cette matière avait donc été retenue et probablement modifiée par le foie.

6° Le foie joue un rôle important dans la *désintégration des aliments albuminoïdes*, qu'il transforme en acides aminés, ammoniaque et finalement en urée, substance non toxique éliminée par l'urine. Nous avons montré plus haut que c'est dans le foie que se forme la presque totalité de l'urée (*fonction uréopoiétique*).

7° Enfin, le foie, comme nous l'avons établi antérieurement, accomplit une *fonction antitoxique* à l'égard des poisons fabriqués par l'organisme (fermentations et putréfactions intestinales), et de ceux introduits dans l'organisme (alcools, alcaloïdes, ptomaïnes, venins, toxines microbiennes).

En résumé, le rôle du foie dans la transformation des matières nutritives est de la plus haute importance. Aussi a-t-on pu dire que le foie est « un organe *chimique* de transformation des matériaux du sang. Il est en quelque sorte le grand chimiste de l'économie ».

Le pancréas, glande nutritive. — Le pancréas, outre les fonctions digestives qu'il accomplit, joue aussi le rôle de glande close par l'action qu'il exerce sur la nutrition. On suppose qu'il verse dans la circulation sanguine un produit sans lequel l'organisme ne peut plus utiliser le glucose du sang. De sorte que, si on l'enlève complètement, le diabète apparaît aussitôt et la mort survient. Rien de semblable ne se produit si on n'extirpe qu'une partie du pancréas.

RÉSUMÉ

La *sécrétion* est l'élaboration de produits définis à l'aide de matériaux empruntés au sang.

Les glandes. — Les *glandes* sont des organes destinés à extraire du sang ces produits.

Une glande comprend :
1° Une membrane épithéliale sécrétrice ;
2° Des capillaires sanguins ;
3° Des filets nerveux.

Les glandes peuvent être en *tube,* en *grappes* ou *closes.*

Les glandes entrent en activité sous deux influences : 1° celle *d'excitants chimiques* ; 2° celle de *nerfs excito-sécréteurs.*

La plupart des glandes servent à la nutrition. On les répartit en trois catégories : 1° les glandes *digestives* ; 2° les glandes *nutritives* ; 3° les glandes *excréteuses* servant à l'élimination.

I. Élimination. — Elle a pour but de débarrasser l'organisme des produits inutiles ou nuisibles excrétés par les cellules. Elle se fait par trois procédés : sécrétion de l'*urine*, de la *sueur*, de la *bile*.

1. **Sécrétion de l'urine.** — Appareil urinaire. — Il comprend les *reins* et les *voies urinaires*.

1° *Reins*.
- Situés dans l'abdomen.
- Structure. . .
  - Glandes en tube, corpuscules de Malpighi, tubes urinifères et pyramides de Malpighi.
- Circulation : Artère rénale. Capillaires formant le système porte rénal.

2° *Voies urinaires*.
- Bassinet.
- Uretère, allant du bassinet jusqu'à la vessie.
- Vessie, d'où s'échappe l'urèthre.

L'urine. — C'est une dissolution d'*urée* dans de l'eau salée.

Urée. .
- Substance azotée $CO(AzH^2)^2$;
- Produit de transformation des albuminoïdes ;
- 25 grammes par jour ; augmente avec le régime carné.

L'urine contient aussi de l'*acide urique* et des *urates*, des *sels minéraux* qui peuvent se déposer et donner les calculs urinaires (gravelle). Elle contient aussi parfois des produits anormaux, le sucre (diabète) et l'albumine (albuminurie).

L'urine préexiste dans le sang, car le sang qui entre dans le rein contient plus d'urée que celui qui en sort.

La sécrétion urinaire a donc pour rôle d'extraire du sang les produits urinaires qui sont toxiques.

2. **Sécrétion de la sueur.** — Elle se fait par les *glandes sudoripares*.

Gl. sudoripares.
- Gl. en tube situées dans la peau ;
- Sécrètent la sueur, qui contient un peu d'urée.

La sueur, comme l'urine, contient des matières toxiques. Sa sécrétion aide donc la sécrétion urinaire.

3. **Sécrétion de la bile.** — La bile, en dehors de son rôle digestif, a encore la mission d'enlever de l'organisme des produits de désassimilation devenus inutiles ou nuisibles.

II. Les glandes nutritives. — Elles servent : 1° à maintenir la composition du milieu intérieur (sang, lymphe) ; 2° aux transformations des matières nutritives.

Les premières sont nombreuses : ganglions lymphatiques, rate, thymus, glande thyroïde, glande pituitaire, capsules surrénales.

Les secondes, telles que le foie et le pancréas, fonctionnent comme des glandes digestives et des glandes closes, car certains de leurs produits sont rejetés dans le sang. Elles sont donc à *sécrétion externe* et à *sécrétion interne*.

CHAPITRE VI

LA NUTRITION
LES MATIÈRES DE RÉSERVE

§ 1. — La nutrition.

Assimilation et désassimilation. — Les fonctions étudiées jusqu'ici (digestion, respiration, circulation, élimination) assurent la nutrition de l'individu. Parmi ces fonctions, les unes apportent des aliments ; les autres enlèvent les déchets organiques. Les premières réalisent l'*assimilation*, les secondes la *désassimilation*.

Par l'*assimilation*, les aliments sont transformés et deviennent partie intégrante de la matière vivante. Les éléments anatomiques empruntent à la lymphe et au sang les produits de la digestion (peptones, glucoses, sels, eau, etc.). Chaque cellule prend dans le sang ce qui lui convient, ce qui lui est utile : c'est ainsi que l'élément musculaire prend surtout des hydrates de carbone, l'élément nerveux des matières albuminoïdes, etc.

Par la *désassimilation*, les éléments anatomiques rejettent dans le sang ou la lymphe les substances devenues inutiles ou nuisibles et qui proviennent de l'activité de leur protoplasme. Parmi les produits rejetés, citons le gaz carbonique, l'urée, l'acide urique, la cholestérine, l'eau, etc. Ce sont des produits de l'oxydation des diverses matières organiques.

Les échanges continus qui se produisent entre chaque cellule et le milieu qui l'entoure se traduisent par un double mouvement : assimilation et désassimilation. Il y a ainsi entre chaque élément anatomique et le milieu nutritif, et par suite entre l'organisme et le milieu ambiant, une perpétuelle circulation de matière que Cuvier désignait sous le nom de *tourbillon vital*.

En somme, par l'assimilation, l'organisme se répare et s'accroît ; par la désassimilation, il produit de l'énergie (mouvement, chaleur) et des déchets.

« Le sang est l'agent de tous les phénomènes de nutrition : il fournit les matériaux de réparation que la digestion renouvelle sans cesse ; il reçoit et entraîne vers les organes d'expulsion les matériaux qui ont rempli leur rôle biologique. La nutrition consiste donc en un double échange, entre le sang et les tissus d'une part, entre le sang et l'extérieur d'autre part. » (J. Béclard.)

La ration alimentaire. — Elle doit se composer : 1° des matières nécessaires à la réparation de l'organisme ; ce sont

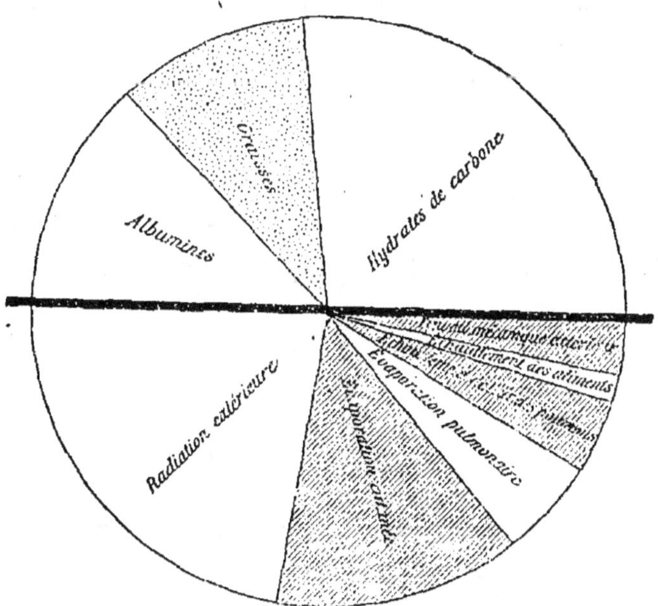

Fig. 139. — Graphique de la valeur en calories de la ration alimentaire et des pertes subies par l'Homme en 24 heures.

les aliments *plastiques* (eau, métalloïdes, métaux, albumine) ; 2° des substances qui doivent fournir à l'organisme l'énergie nécessaire pour compenser ses dépenses en chaleur (*fig.* 1. et en travail mécanique : ce sont des aliments *énergétiques* (hydrates de carbone, graisses, albuminoïdes). On a l'habitude d'exprimer la valeur énergétique de ces aliments par le nombre de calories que fournit la combustion totale de l'unité de poids de chacun d'eux. Or, dans l'organisme comme dans un calorimètre, les hydrates de carbone et les graisses sont complètement brûlés en donnant C^2O et H^2O ; les albuminoïdes ne brûlent que partiellement en donnant CO^2, H^2O et urée. Pour les trois catégories d'aliments, on a déterminé les chiffres suivants :

1 gramme d'hydrate de carbone fournit.. . . . . $4^{cal},1$
1 — de graisse   — . . . . 9 ,3
1 — d'albumine   — . . . . . . 4 ,1

En opérant ainsi, des physiologistes ont trouvé qu'un homme de poids moyen perd dans une journée environ 2.700 calories. La ration alimentaire sera donc calculée de façon à établir un équilibre entre l'assimilation et la désassimilation et un équilibre thermique : c'est la méthode du *bilan nutritif*.

Le bilan nutritif. — Lorsqu'on établit une balance exacte entre les recettes et les dépenses de l'organisme, c'est-à-dire entre la quantité d'aliments pénétrant dans l'organisme et la quantité de déchets rejetés, on dit qu'on dresse le *bilan nutritif*. Nous devons veiller à ce bilan si nous voulons établir un équilibre physiologique.

Voici le tableau des pertes subies en 24 heures (en grammes), dans les diverses fonctions (respiration, transpiration, etc.).

VOIES D'ÉLIMINATION	H^2O	C	H	Az	O	SELS
Pulmonaire. . .	330	248,8	»	»	651,2	»
Cutanée. . . .	660	2,6	»	»	7,2	»
Urinaire. . .	1.700	9,8	3,3	15,8	11,1	26
Excréments. . .	128	20	3	3	12	6
Eau formée par l'hydrogène des aliments. . .	»	»	32,9	»	263,4	»
	2.818	281,2	39,2	18,8	944,9	32

Ce tableau montre que les pertes journalières s'élèvent à environ 4 kilogrammes, soit $\frac{1}{15}$ à peu près du poids du corps.

L'expérience a permis de calculer que pour couvrir ces pertes, l'organisme doit consommer en 24 heures :

Eau	2.818gr
Albumine.	120
Graisse	90
Hydrates de carbone	330

Les rations alimentaires : entretien, travail, crois-sance. — La ration alimentaire est différente suivant qu'il s'agit d'un organisme au repos, en travail, ou encore en voie de développement.

Dans le premier cas, c'est la *ration d'entretien* qui suffit à la réparation des pertes subies par un organisme au repos, sans gain ni perte de poids. C'est celle que nous venons d'indiquer à propos du bilan nutritif. Quand elle est absorbée, la restitution est égale à la consommation, et le poids du corps redevient chaque jour égal à celui de la veille. Cette ration correspond à peu près à 230 grammes de viande et 700 grammes de pain, sans compter les 3 litres d'eau nécessaires.

Lorsque la ration tombe au-dessous de ces chiffres, la faim se fait sentir, l'amaigrissement survient, et l'organisme se débilite. Au contraire, si la restitution dépasse la consommation, le poids du corps augmente et l'organisme acquiert plus de vigueur : c'est ce qu'on appelle faire de la *suralimentation*.

La ration d'entretien est évidemment insuffisante pour l'Homme qui est obligé d'accomplir un travail mécanique ; car le travail musculaire exige un certain nombre de calories qu'il lui faut trouver dans un supplément d'alimentation. Un ouvrier qui travaille doit manger plus que lorsqu'il est au repos. Des physiologistes ont calculé que cette *ration de travail* doit fournir environ 4.000 calories, tandis que la ration d'entretien n'en produit que 2.700 environ.

La ration alimentaire varie nécessairement beaucoup d'un

individu à l'autre. Par exemple, chez l'enfant qui grandit, les aliments doivent jouer un double rôle : réparer les pertes et servir à l'accroissement du corps. Ils constituent la *ration de croissance.*

On pourrait encore faire intervenir le sexe, le poids du corps, le climat, les saisons, comme autant de facteurs qui modifient les exigences de l'organisme. C'est à déterminer ces différentes rations, en se basant sur les lois de la nutrition, qu'ont tendu les recherches des chimistes et des physiologistes contemporains. Pendant plus de 25 ans, le physiologiste américain Atwater (1844-1907) a poursuivi des recherches expérimentales pour fixer le régime alimentaire le meilleur et le plus économique pour les différents individus, considérés isolément, ou par familles, ou par collectivités telles que collèges, hospices, etc.

Les recherches du biologiste américain ont porté sur plus de 4.000 denrées alimentaires d'origine animale et végétale et sur plus de 10.000 individus, hommes, femmes et enfants, d'âge, de profession et d'état social divers. Les résultats obtenus ont été contrôlés et adoptés par des physiologistes compétents. Parmi ces résultats, retenons seulement le cas d'une famille d'ouvriers américains, composée du père, de la mère et d'un certain nombre d'enfants d'âges et de sexes différents. Prenant comme *unité* la quantité d'aliments nécessaire à l'entretien d'un homme adulte, de poids moyen, se livrant à un travail modéré, on en déduit les rapports suivants pour les principaux cas qui se présentent :

	QUANTITÉ D'ALIMENTS
Homme au travail modéré.	1,
— — — intense.	1,2
— — — très modéré.. .	0,9
Garçons de 15 à 16 ans..	
Homme au repos, sédentaire.. . . .	
Femme au travail modéré.. . . .	0,8
Garçons de 13 à 14 ans.	
Fillettes de 15 à 16 ans.	
Garçons de 12 ans.	0,7
Fillettes de 13 à 14 ans.	
Enfants de 6 à 9 ans..	0,5

§ 2. — Les matières de réserve.

Leur formation et leur utilité. — Nous avons montré plus haut que chaque élément anatomique prenait, dans le milieu nutritif, ce qui lui était utile, et rejetait ce qui lui était nuisible ; en un mot, chaque élément travaille pour son propre compte. Mais, parmi tous les éléments, il en est de moins égoïstes que les précédents : certains en effet fabriquent dès substances qui ne sont pas immédiatement employées, et qui seront utilisées plus tard par l'association tout entière, par l'organisme. Ces matières, mises de côté, constituent les *matières de réserve*. Elles ont une grande utilité, car les fonctions digestives sont *intermittentes*, tandis que la nutrition des éléments anatomiques est *continue*. Pendant la diète, de même que dans l'intervalle qui sépare deux repas, l'animal au repos ou au travail vit aux dépens des réserves La graisse de ses tissus, le sucre élaboré par son foie son brûlés par l'oxygène qu'il emprunte à l'air en respirant.

Les réserves, au point de vue physiologique, sont *plastique* ou *énergétiques*. Les plus importantes sont ces dernières e comprennent la graisse, le glycogène et l'oxygène. Les réserves plastiques sont surtout de nature minérale, comme le fer les sels calcaires, les phosphates.

La graisse. — Sous l'influence d'une bonne alimentation l'assimilation peut l'emporter sur la désassimilation, et il s

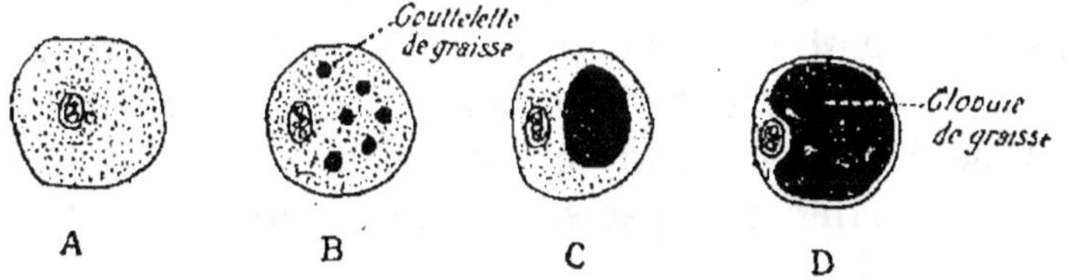

Fig. 160. — Développement d'une cellule adipeuse.

dépose de la graisse dans le protoplasme des cellules du tissu conjonctif (*fig.* 160). C'est ainsi que se forme le *tissu adipeux* dans le derme de la peau, dans le grand épiploon autour des viscères, etc.

La graisse provient des graisses alimentaires et surtout de la transformation des hydrates de carbone (féculents et sucres). Ainsi l'on engraisse rapidement les herbivores par un régime féculent. Une Oie maigre, mise au régime de la farine de maïs, augmente de $2^{kg},500$ (dont près de 2 kg. de graisse) en cinq semaines. Or, dans ce cas, la proportion de graisse mise en réserve dépasse tellement celle contenue dans le maïs, qu'on est forcé d'admettre la transformation des féculents en graisse. De même, dans la suralimentation, les purées de haricots, de pois ou de lentilles contribuent au développement rapide de la graisse.

La graisse est bien une *réserve alimentaire*. En effet, lorsque l'alimentation est insuffisante, l'organisme reprend cette graisse accumulée dans les tissus, et la cellule adipeuse se vide. Cette réserve est consommée au fur et à mesure des besoins de l'organisme : c'est ainsi que pendant une maladie le corps s'amaigrit.

Les animaux *hibernants* (Marmotte, Hérisson, etc.), qui passent l'hiver dans une sorte de sommeil léthargique, accumulent de la graisse dans leurs tissus pendant la belle saison, mais à leur réveil, au printemps suivant, ils sont dans un certain état d'amaigrissement : le tissu adipeux a servi à leur nutrition. De même, la bosse du Chameau est un amas de graisse qui sert de réserve à l'animal lorsqu'il est soumis au jeûne : alors cette bosse diminue et devient flasque, tandis qu'une alimentation abondante lui fait ensuite reprendre ses dimensions ordinaires.

La combustion de la graisse dans l'organisme produit un dégagement considérable de calories, ainsi que nous l'avons vu plus haut. La graisse est donc un aliment de grande valeur calorifique et par suite énergétique.

Le glycogène et la fonction glycogénique. — Le *glycogène* est une matière de réserve qui se trouve sous forme de gouttelettes diffuses dans le protoplasme des cellules du foie (*fig.* 161) et aussi dans les muscles. Il a la même composition que l'amidon ($C^6H^{10}O^5$) ; aussi est-il encore appelé *amidon animal*. Sa solution dans l'eau est opalescente ; il est insoluble dans l'alcool et ne dialyse pas. Avec l'iōde ioduré (réactif formé de 3 grammes d'iodure de potassium, de 1 gramme d'iode et de 500 grammes d'eau), il donne une coloration rouge brun qui disparaît quand on chauffe et qui reparaît par le refroidissement.

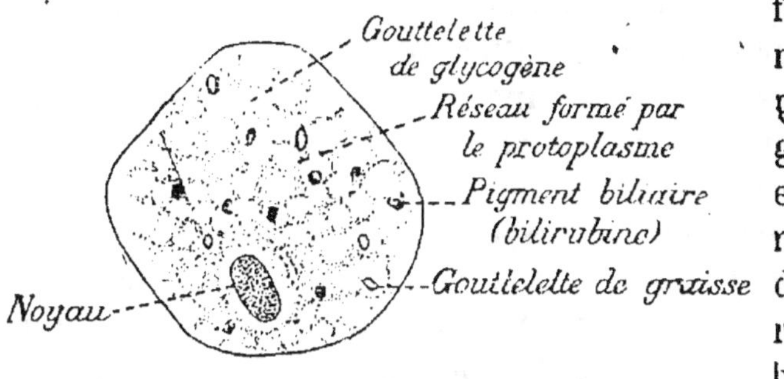

Fig. 161. — Cellule hépatique très grossie.

C'est Claude Bernard qui, en 1855, établit ce fait d'une haute portée biologique : à savoir que *le foie fabrique le glucose* du sang aux dépens du glycogène contenu dans les cellules hépatiques. Cette transformation du glycogène en sucre se fait au fur et à mesure des besoins de l'organisme sous l'influence d'une diastase sécrétée par les cellules du foie et qui agit par hydratation :

$$C^6H^{10}O^5 + H^2O = C^6H^{12}O^6.$$

On peut le démontrer par l'expérience du *foie lavé*. Pour cela, on injecte par la veine porte, un courant d'eau salée dans le foie d'un Chien afin d'enlever le sucre ; puis on place le foie dans une étuve à 37°, et au bout de quelques minutes, on dose d'une part la quantité de glycogène, et de l'autre, la quantité de sucre que contient une petite partie du foie ; puis, quelques minutes plus tard, on prélève une nouvelle portion de l'organe, et l'on fait un nouveau dosage. On constate alors que la quantité de glycogène diminue pendant que le sucre continue à se produire dans les proportions indiquées par l'équation chimique écrite plus haut.

La quantité de sucre produite correspond nettement à la quantité de glycogène disparu.

Claude Bernard a montré que cette production du sucre est indépendante de l'alimentation. Pour cela, il analyse, chez un animal qui n'a pas absorbé de féculents ni de sucre, le sang qui entre dans le foie par la veine porte ; puis il répète cette analyse sur le sang qui en sort par la veine sus-hépatique et il constate que ce dernier sang contient plus de sucre : donc *le foie produit du sucre*. De plus, dans les différentes expériences qu'il fit, Claude Bernard montra que : 1° la quantité de sucre contenue dans la veine sus-hépatique est constante (environ $1^g,5$ pour 1.000) ; 2° dans le sang de la veine porte, la quantité de sucre dépend de l'alimentation.

Si l'aliment ne fournit pas de sucre au foie, celui-ci en fabrique, soit avec le glycogène, soit avec les peptones ou d'autres substances. Si, au contraire, il arrive dans le foie, par la veine porte, une trop grande quantité de sucre, le foie en laisse passer une certaine quantité (environ 1,5 pour 1.000 parties de sang), et il transforme le reste, l'excès, en glycogène qui s'accumule dans les cellules du foie et qui pourra servir plus tard selon les besoins de l'organisme. Cette transformation du glucose en glycogène se fait par déshydratation :

$$C^6H^{12}O^6 - H^2O = C^6H^{10}O^5.$$

Claude Bernard a montré que le foie était l'organe producteur du glycogène ; car il y a toujours du glycogène dans le foie, quelle que soit l'alimentation. Les cellules hépatiques forment le glycogène aux dépens du glucose ou des peptones amenés par la veine porte : c'est la *fonction glycogénique* du foie.

De tous ces faits on peut conclure que le foie, parce qu'il est en même temps un organe producteur de glucose et de glycogène, règle la distribution, dans le sang, du sucre absorbé par l'intestin. Il en emmagasine plus ou moins, selon l'alimentation, sous la forme de glycogène ; et il en livre plus ou moins au sang sous la forme de glucose : il est donc à la fois un *grenier d'abondance* et un *régulateur*.

Mais il faut remarquer que cette régulation n'est pas l'œuvre exclusive du foie. Les muscles accomplissent une fonction analogue : en effet, le physiologiste Chauveau a montré que le sang qui sort d'un muscle au repos contient moins de sucre que celui qui y entre. Le sucre qui a été retenu par le muscle y reste sous forme de glycogène. De sorte que si le muscle ne travaille pas, son glycogène augmente ; au contraire, s'il se contracte, cette substance diminue. On a calculé que dans la masse musculaire d'un homme de taille moyenne, cette masse pesant environ 30 kilogrammes, il y a 150 à 250 grammes de glycogène. On a fait l'observation suivante : après un long jeûne, le foie ne contient plus de glycogène, mais le sang contient toujours la même quantité de glucose ; c'est qu'il en reçoit des muscles qui en ont fabriqué avec leur glycogène mis en réserve. Ainsi, dans cette production et dans cet.e consommation du sucre, *le foie et les muscles sont fonctionnellement associés* ; et comme l'a dit Chauveau, le foie est un collaborateur indirect des muscles.

La fonction glycogénique est sous la dépendance du système nerveux, qui peut en augmenter ou en diminuer l'activité. Nous verrons, à propos du système nerveux, que si l'on pique chez un animal le plancher du 4e ventricule en un certain point, on trouve une heure après du sucre dans l'urine (*glycosurie*) : c'est qu'on a excité des nerfs qui *activent* la transformation du glycogène en glucose. Si au contraire on sectionne la moelle d'un animal en bas de la région cervicale, le sang et le foie ne contiennent plus de sucre, mais il s'accumule une grande quantité de glycogène dans le foie : donc les cellules hépatiques sont encore capables de fabriquer du glycogène, mais elles ne peuvent plus le transformer en glucose.

L'augmentation du sucre dans le sang par l'action du foie donne lieu à du *diabète*, c'est-à-dire au passage du sucre dans l'urine. Le diabète tient donc au mauvais fonctionnement du foie et non du rein. Selon Claude Bernard, le sucre ne passe dans l'urine que lorsque le sang en contient plus de 3 grammes pour 1.000. Le diabète est *léger* quand il est produit par une trop grande consommation de sucres ou de féculents ; dans ce cas, le foie ne parvient plus à fixer ces sucres à l'état de glycogène ; il suffit d'un changement de régime pour faire cesser le diabète. Le diabète est *grave* lorsqu'il subsiste malgré le changement d'alimentation, même si l'on ne donne au malade que des albuminoïdes : c'est que les matières albuminoïdes elles-mêmes sont transformées en glucose et qu'en outre les tissus ont perdu la propriété de consommer le sucre du sang : le diabète est alors une véritable maladie des tissus plutôt qu'une maladie du foie.

L'oxygène. — On a constaté depuis longtemps que pendant la journée, et surtout pendant le travail, la quantité de gaz carbonique dégagé est plus considérable que pendant la nuit ou pendant le repos. En même temps, l'oxygène absorbé pendant la nuit est en quantité plus grande, de sorte que cet oxygène s'accumule dans le sang pendant le sommeil, pour être utilisé ensuite pendant le jour et produire les oxydations plus énergiques qui marquent une plus grande activité vitale.

Réserves de nature minérale : fer, sels calcaires, phosphates. — Nous avons vu, à propos de la fonction martiale du foie, que l'embryon fait des réserves de *fer* dans l'organisme maternel, et que ces réserves, localisées dans le foie, diminuent après la naissance, le fer servant à la formation des globules rouges.

Les *sels calcaires*, pendant la vie embryonnaire, sont mis en réserve dans les enveloppes de l'œuf de certains Mammifères ; ils diminuent et disparaissent même à mesure que se forme le squelette. Ce fait peut être rapproché de celui que l'on observe chez l'Ecrevisse au moment de la mue : on trouve alors, dans la cavité de l'estomac de cet animal, des masses dures appelées *yeux d'écrevisses*, qui sont de nature calcaire (carbonate et phosphate) et qui disparaissent à mesure que la nouvelle carapace se calcifie.

Les *lécithines*, qui sont des graisses phosphorées, peuvent être considérées comme des réserves de *phosphore*. On en trouve surtout, chez l'Homme, dans l'encéphale et les muscles. Le jaune d'œuf en contient une grande quantité.

RÉSUMÉ

La nutrition. — La *nutrition* comprend deux termes : 1° l'*assimilation*, qui apporte les substances nutritives ; 2° la *désassimilation*, qui enlève les déchets organiques.

Trois cas peuvent se présenter.	1° Assimilation $>$ désassimilation.	Accroissement et mise en réserve des matières nutritives.
	2° Assimilation $=$ désassimilation.	État stationnaire.
	3° Assimilation $<$ désassimilation.	Décrépitude.

Le *bilan nutritif*, c'est-à-dire le compte des recettes et des dépenses de l'organisme, doit être équilibré. La *ration d'entretien* comprend ce qui est nécessaire à l'homme pour compenser les pertes qu'il fait par les glandes, les reins, les poumons. La *ration de travail* et la *ration de croissance* sont plus fortes.

La *ration alimentaire* varie avec l'âge, le sexe, le poids du corps, l'activité physique, etc.; elle se compose d'aliments *plastiques* et d'aliments *énergétiques*.

Les matières de réserve. — Elles se produisent lorsque l'assimilation l'emporte sur la désassimilation. Parmi elles, on peut citer la *graisse*, le *glycogène*, l'*oxygène*, le *fer*, les *sels calcaires*, les *phosphates*.

1° *La graisse.*	Se dépose sous forme de gouttelettes dans le protoplasme des cellules ;
	Provient des graisses alimentaires et de la transformation des aliments hydrocarbonés (féculents);
	Est utilisée par l'organisme quand l'alimentation est insuffisante (jeûne, animaux hibernants).
2° *Le glycogène.*	Se dépose dans les cellules du foie.
	Même composition que l'amidon ($C^6H^{10}O^5$).
	Le foie le fabrique et le transforme en *sucre* suivant les besoins de l'organisme $$(C^6H^{10}O^5 + H^2O = C^6H^{12}O^6).$$
3° *L'oxygène.*	Pendant le *sommeil* la quantité d'O absorbé est plus considérable et s'accumule dans le sang ;
	Pendant le *jour*, cet O produit des oxydations plus énergiques, ainsi que le montre CO^2 rejeté en plus grande quantité.
4° *Réserves minérales.*	*Fer* dans le foie ;
	Sels calcaires dans les enveloppes embryonnaires.
	Phosphore des lécithines dans l'encéphale et les muscles.

CHAPITRE VII

LA CHALEUR ANIMALE

La chaleur est, avec le travail mécanique, une des principales formes de l'énergie chez l'être vivant. Nous allons d'abord montrer que la chaleur est une manifestation extérieure de la vie, puis nous chercherons quelles sont ses principales sources et comment l'Homme arrive à maintenir un degré de température constant dans ses tissus, bien que le milieu dans lequel il vit présente des variations de température souvent considérables. Nous aurons donc à étudier, après la production de la chaleur, la régulation de la chaleur.

I. — PRODUCTION DE LA CHALEUR

La chaleur est nécessaire à la vie. — Tout le monde sait que le corps de l'Homme possède une chaleur naturelle qui ne disparaît qu'avec la vie : c'est la *chaleur animale.*

On peut même constater, en plaçant un thermomètre dans la bouche, dans le rectum ou sous l'aisselle, le bras étant appliqué contre le corps, que la température est de 37° environ. C'est ce qu'on appelle *prendre la température.* Cette mesure est fréquemment prise sur les malades. On se sert pour cela d'un thermomètre à maxima (*fig.* 162) dont la graduation est limitée à quelques degrés au-dessus et au-dessous de 37, c'est-à-dire aux températures extrêmes en deçà et au delà desquelles la vie n'est ordinairement plus possible. De plus, cette graduation est divisée en dixièmes de degrés. La température rectale est la plus précise ; elle est supérieure d'au moins un demi-degré à celle de l'aisselle **ou de la bouche.**

La chaleur est une condition nécessaire à la vie. Mais cette condition varie suivant les animaux. Il faut surtout bien établir la différence entre la température du milieu **extérieur et** celle de l'organisme lui-même.

Ainsi l'organisme peut supporter un abaissement considérable de la température **du** milieu extérieur, mais il ne survit pas dès que sa température propre s'abaisse de **quelques degrés** seulement.

Il est évident qu'en raison de la quantité d'eau qui pénètre les tissus, l'activité organique ne peut guère subsister au-dessous de 0°. Certains animaux peuvent résister à la congélation, mais leur activité est suspendue. Ainsi des Poissons et des Batraciens peuvent être pris dans la glace, s'y congeler et revenir ensuite à la vie : leurs organes sont devenus durs et cassants comme du verre, mais ils redeviennent flexibles si on les réchauffe. De même la congélation du nez ou des oreilles de l'Homme n'est pas forcément destructive de ces organes.

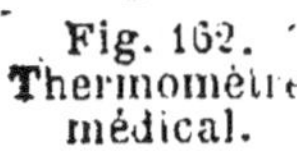

Fig. 162.
Thermomètre
médical.

La température des animaux. — Lorsqu'on touche un Mammifère ou un Oiseau, on a une sensation très nette de chaleur : c'est pourquoi l'on dit que ce sont des animaux à *sang chaud*. Si, au contraire, on prend une Grenouille dans l'herbe, ou un Poisson dans l'eau, on éprouve une sensation de froid : ces animaux sont dits à *sang froid*. Mais il est préférable, comme nous allons le montrer, d'appeler les premiers *animaux à température constante*, et les seconds *animaux à température variable*.

1° Animaux à température constante. — Ce sont les Oiseaux et les Mammifères. Leur température est *presque cons-*

tante, quelle que soit celle du milieu. La température moyenne
de l'Homme, par exemple, est de 37°, qu'il habite notre pays
tempéré, ou les régions glaciaires, ou sous les climats tropicaux. Lorsque cette température est dépassée, l'organisme est
dans un état pathologique connu sous le nom de *fièvre*.

Chez le même individu, la température du corps ne saurait subir de grandes variations sans amener la mort. Il est
une maladie (choléra) où elle peut cependant descendre jusqu'à 24°, et dans d'autres maladies (tétanos) on cite des cas
où la température a pu s'élever jusqu'à 45°.

La température varie un peu suivant le moment de la jour-

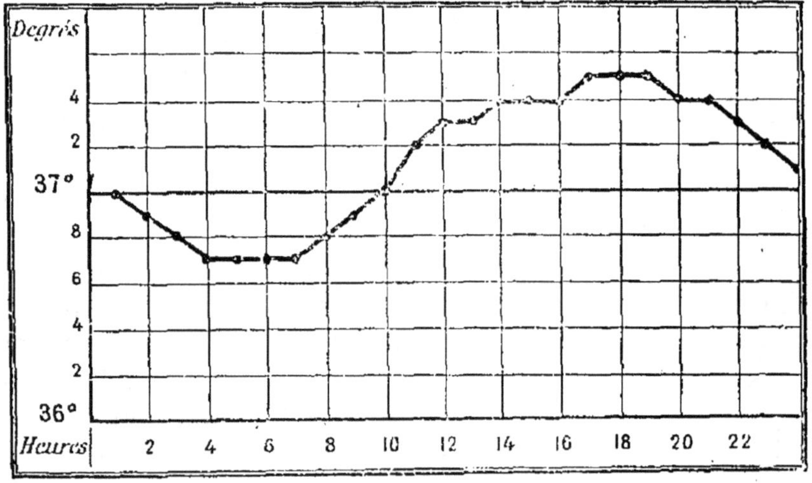

Fig. 163. — Variations de la température rectale de l'Homme
dans une journée.

née (*fig.* 163) : ainsi chez l'Homme elle est minimum vers 4
heures du matin (36°,7) et maximun vers 5 heures du soir
(37°,5). L'écart est environ de 1°. Le rythme de cette oscillation
quotidienne dépend de l'activité musculaire et nerveuse.
Aussi est-ce l'inverse qui se produit chez les ouvriers qui travaillent régulièrement la nuit (boulangers, mineurs) ; les
maxima et les minima de température sont intervertis. De
même chez les Oiseaux nocturnes.

La température varie avec les espèces : elle est en général plus élevée chez les Oiseaux (42°) que chez les Mammi-

fères (39°), ainsi que le montrent les chiffres suivants :

MAMMIFÈRES							
Homme	.	.	.	.	37°		
Cheval	.	.	.	.	37,7		
Singe	.	.	.	.	38,1		
Chat	.	.	.	.	38,8		
Chien	.	.	.	.	39,2		
Lapin	.	.	.	.	39,5		
Lièvre	.	.	.	.	39,7		
Loup	.	.	.	.	40,5		

OISEAUX					
Faucon	.	.	.	.	40°,5
Chat-huant	.	.	.	41	
Perdrix	.	.	.	.	42
Canard	.	.	.	.	42
Poule	.	.	.	.	43
Pigeon	.	.	.	.	44
Moineau	.	.	.	.	44,5

La température élevée des Oiseaux tient à leur activité respiratoire.

2° Animaux à température variable. — Ce sont tous les autres animaux, c'est-à-dire les Reptiles, Batraciens, Poissons, et tous les Invertébrés. En général, ils ont une température qui se met en équilibre avec celle du milieu extérieur ; elle lui reste cependant un peu supérieure (de quelques dixièmes de degré). Leur température est donc *variable* suivant le milieu. Cela tient à ce fait que tout en produisant de la chaleur, ces animaux n'en fabriquent pas assez pour maintenir leur température au-dessus de celle du milieu extérieur. En hiver, ils s'engourdissent ; ils n'ont toute leur activité que pendant la saison chaude.

3° Animaux hibernants. — **Parmi** les animaux à sang chaud, il en est un certain nombre qui, à l'approche de l'hiver, s'engourdissent et semblent s'endormir. Tels sont les Marmottes, les Loirs, les Chauves-Souris, les Hérissons, les Ours, etc. Pendant ce sommeil ou *hibernation*, l'activité organique se ralentit et la température du corps s'abaisse au-dessous de 10° pour se rapprocher de celle du milieu ambiant. On peut constater aussi que les mouvements respiratoires sont ralentis (3 ou 4 par minute chez la Marmotte), de même que les battements du cœur. Mais dès le réveil, la circulation et la respiration reprennent leur rythme habituel et la température remonte vers 37°. Les animaux hibernants sont donc en quelque sorte intermédiaires entre les animaux à température constante et ceux à température variable.

Mesure des températures. — Il est difficile, souvent même impossible, de mesurer directement la température d'un organe à l'aide d'un thermomètre. On se sert alors d'*aiguilles* ou *sondes thermo-électriques*, qui permettent de mesurer des différences de température. Cet appareil (*fig.* 164) est formé de deux fils de fer et de cuivre soudés par leurs extrémités et enveloppés d'une gaine de gomme isolante.

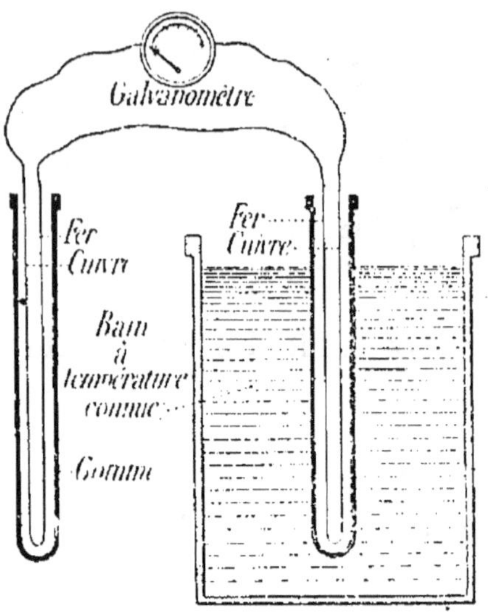

Fig. 164. — Sondes thermo-électriques.

On place deux sondes semblables, l'une dans un bain de température connue, l'autre dans l'organe dont on veut apprécier la température. On relie ces deux aiguilles par un circuit et il s'établit un courant dont l'intensité est proportionnelle à la différence de température. On peut alors mesurer celle-ci au moyen d'un galvanomètre introduit dans le circuit. Par ce procédé on a **décelé** des différences de température de $\dfrac{1}{1.000}$ de degré.

On a constaté aussi que la température varie suivant les régions de l'organisme : elle est plus élevée (de $0°,2$ environ) dans le ventricule droit que dans le ventricule gauche, constante dans les grosses artères ; dans la veine sus-hépatique elle est la plus élevée, ce qui indique l'activité des combustions produites dans le foie. Au niveau des membres et de la périphérie, cette température est au contraire la plus faible.

Principales sources de chaleur. — La chaleur animale provient des réactions chimiques (oxydations, hydratations) qui se produisent dans les tissus : les phénomènes de nutrition sont donc les sources de la chaleur animale.

Lavoisier, le premier, a montré que la chaleur animale était le résultat des combustions qui se produisent dans le corps et donnent naissance au gaz carbonique, à l'urée, etc. Ces combustions, comme nous l'avons montré à propos de la respiration et de la nutrition, se font dans l'intimité des tissus. La formation du gaz carbonique est la source principale de la chaleur animale, de sorte que l'on peut avoir une idée de la quantité de chaleur produite par la quantité de gaz carbonique formé. La chaleur se produit donc dans tous les organes, et le sang la distribue dans tout le corps, les vaisseaux fonctionnant en quelque sorte comme les tuyaux de conduite d'un calorifère à liquide chaud. Mais c'est dans les *muscles*, les *glandes* et les *centres nerveux* que les combustions s'accomplissent avec le plus d'intensité.

Les *muscles en activité* sont le siège d'une combustion active ; le sang y circule plus que dans les muscles au repos ; par suite, les oxydations sont plus énergiques, la quantité de gaz carbonique formé plus considérable, et la chaleur dégagée plus abondante. Aussi, sous l'influence d'un exercice musculaire violent, la température peut-elle monter à plus de 38°. Pourtant on démontre, en physique, que pour produire du travail, il faut de la chaleur. Le muscle en travail devrait donc se refroidir ; or il s'échauffe. Cette contradiction n'est qu'apparente : le muscle, par son oxydation abondante, fournit une telle quantité de chaleur, qu'une partie est transformée en travail et que l'excès est utilisé à élever sa température.

Les *glandes en activité*, et en particulier le foie, ont une température élevée (elle est d'environ 40°).

L'*activité nerveuse* détermine aussi une légère élévation de la température.

Mesure de la quantité de chaleur. Calorimétrie. — Pour se rendre compte de la production de chaleur par les animaux, il ne suffit pas d'apprécier la température de leurs différents organes ; il faut mesurer la quantité de chaleur qu'ils dégagent, et par conséquent avoir recours aux méthodes calorimétriques décrites en physique.

En physiologie, on se sert des calorimètres à eau ou à air ;
un des plus fréquemment employés est le calorimètre à eau (*fig.* 165) constitué par deux enveloppes l'une, interne, dans laquelle est placé le sujet en expérience ; l'autre, externe, contenant l'eau calorimétrique. La chaleur rayonnée par l'animal détermine l'échauffement de l'eau ; elle

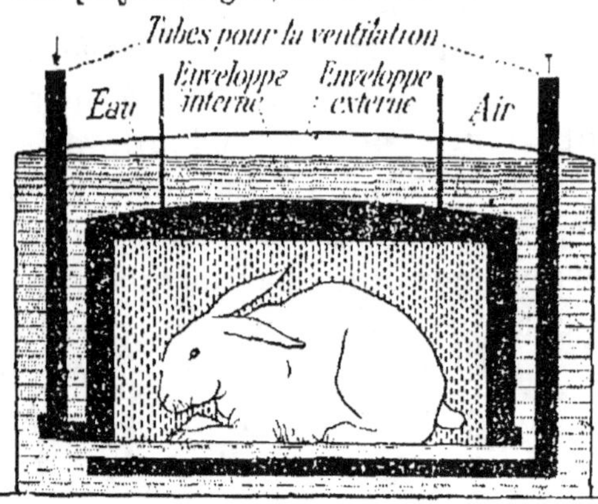

Fig. 165. — Calorimètre à eau.

peut donc être calculée. Chez l'Homme, elle a été évaluée à 1.790 calories pour 24 heures. Mais cette chaleur émise ne représente pas toute l'énergie chimique produite dans l'organisme. Il faut aussi tenir compte de la chaleur employée à l'évaporation de l'eau (transpiration cutanée et pulmonaire), à l'échauffement de l'air inspiré, des aliments, et au travail interne.

Si l'on veut connaître toute la chaleur produite dans l'organisme, il faut recourir à un procédé indirect et mesurer l'*énergie chimique* apportée par les aliments. Ceux-ci, nous l'avons vu, peuvent se ramener à trois : albumines, hydrates de carbone (féculents et sucres), et graisses. Or, dans l'organisme, les albumines brûlent en donnant de l'urée, et les hydrates de carbone et graisses, en donnant du gaz carbonique et de l'eau. Il y a bien des produits intermédiaires qui se forment, mais Berthelot a montré (*principe de l'état initial et de l'état final*) que, pour mesurer l'énergie chimique libérée, il suffit de mesurer la quantité de chaleur obtenue en brûlant dans une bombe calorimétrique, les sucres et les graisses complètement, jusqu'à l'état de gaz carbonique et d'eau, et l'albumine jusqu'à l'état d'urée. Les chimistes ont ainsi déterminé les quantités de chaleur produites par la combustion de 1g d'albumine ($4^{cal},1$), de sucre ($4^{cal},1$) et de graisse ($9^{cal},3$) ; connaissant d'autre part la ration alimentaire de l'Homme au repos, on a pu en évaluer la valeur énergétique à environ 2600 calories par 24 heures.

Chez l'Homme qui travaille, la quantité de chaleur peut s'élever jusqu'à 3.200 et même 3.900 calories, suivant l'intensité du travail.

On a calculé que si la chaleur produite par les combustions restait accumulée dans l'organisme, la température du corps atteindrait celle de l'eau bouillante au bout d'un jour et demi. Or, la température du corps reste constante, c'est donc que la quantité de chaleur perdue est égale à celle qui est produite pendant le même temps.

Équilibre thermique : égalité de la production et de la déperdition de chaleur. — Le plus important des résultats calorimétriques, c'est la constatation de l'égalité entre la production et l'émission de chaleur. Parmi les conditions qui agissent sur la production de chaleur, l'influence du travail est prépondérante ; les conditions qui agissent sur la déperdition de chaleur sont plus nombreuses : *température extérieure, taille, surface, tégument.*

Si l'on étudie l'influence de la *température extérieure*, il faut considérer deux cas :

1° La température du milieu est *inférieure* à celle de l'animal. — Les expériences ont montré que la quantité de chaleur rayonnée par l'animal est proportionnelle à la différence entre sa température et celle du milieu. (*Loi de Newton.*) En fait, les combustions sont d'autant plus intenses que la température extérieure est plus basse. Ainsi la quantité de chaleur perdue par un Homme placé dans un bain est d'autant plus grande que la température du bain est plus basse. Voici les chiffres obtenus par le physiologiste J. Lefèvre dans ses expériences :

Température du bain	30°	26°	22°	17°	12°	5°
Calories par kilogr. et par heure . .	1,1	3	6	10	15	23

2° La température du milieu est *supérieure* à celle de l'animal. — Dans ce cas la production de chaleur diminue peu ; c'est la déperdition qui augmente par sudation.

Pour des animaux de même espèce, la quantité de chaleur rayonnée est proportionnelle non au volume, mais à la *surface cutanée*. C'est pourquoi les petits animaux dégagent plus de chaleur que les gros, les volumes croissant comme les cubes et les surfaces comme les carrés seulement : un petit animal a une surface relativement plus grande qu'un gros.

La production de chaleur dépend aussi du *tégument*. Les animaux à fourrure dégagent moins de chaleur que ceux à poils ras ; un Lapin rasé dégage moitié plus de chaleur qu'un Lapin pourvu de son pelage.

Un Homme à jeun, debout et nu,   dégage en une heure. $124^{cal},4$
—   —   — et habillé, —   —   — $79,2$

D'autre part, la couleur des animaux a aussi une influence sur le dégagement de chaleur : les Lapins blancs en dégagent moins que les Lapins gris et noirs. On sait aussi que, dans les pays froids, le pelage des animaux est blanc ou clair, tandis qu'il est coloré dans les pays chauds.

Le tableau suivant indique les quantités de chaleur perdues par l'organisme, en 24 heures :

Transpiration cutanée	384 Calories
Evaporation pulmonaire	192 —
Echauffement de l'air inspiré. .	84 —
Emission d'urine et d'excréments .	50 —
Rayonnement.	1.790 —
	2.500

La différence entre l'énergie produite et l'énergie libérée ($2.600^{cal} — 2.500^{cal} = 100^{cal}$) a été employée à produire la sécrétion et le travail interne.

Pour que l'équilibre thermique existe, c'est-à-dire pour que la température du corps ne s'élève ni ne s'abaisse, malgré les variations du milieu extérieur, un mécanisme régulateur est nécessaire : c'est le système nerveux, qui règle la circulation du sang. Nous allons montrer d'ailleurs comment l'organisme peut lutter contre le *froid* et contre la *chaleur*, afin de maintenir son équilibre thermique.

II. — RÉGULATION DE LA CHALEUR

Chez les Oiseaux et les Mammifères, la température **restant** constante quelle que soit la température extérieure, et quelle que soit aussi la production de chaleur, il faut qu'il existe un mécanisme régulateur de la chaleur. Ce mécanisme doit fonctionner différemment, suivant **que** l'organisme lutte *contre le froid* ou *contre le chaud*.

Lutte contre le froid. — Pour se défendre contre le refroidissement, l'organisme a deux procédés : augmenter ses combustions, diminuer la déperdition de chaleur.

1º **L'augmentation des combustions** s'obtient par une respiration plus active, une alimentation plus abondante et une activité musculaire plus grande.

Quand la température extérieure s'abaisse, l'intensité des *phénomènes chimiques de la respiration* augmente ; par suite, la quantité de gaz carbonique formé est plus grande, et la chaleur produite s'accroît. De ce fait découle une conséquence : c'est que, les combustions **étant** plus actives, les combustibles, c'est-à-dire les aliments, devront être plus abondants : c'est pourquoi dans les pays froids l'Homme mange beaucoup plus que dans les **pays chauds.**

Pour lutter contre le froid, l'*alimentation* doit donc être abondante et composée de préférence de graisses, qui sont, parmi les aliments, ceux qui dégagent le plus de chaleur en brûlant. Ainsi 100 grammes de graisse dégagent en s'oxydant autant de chaleur que 210 grammes d'albuminoïdes et 240 grammes de féculents. Cela explique pourquoi les habitants des régions polaires, Esquimaux et Lapons, recherchent les aliments gras.

L'*activité musculaire* étant la principale source de chaleur, il est évident qu'elle sera un excellent moyen pour combattre le froid. Le tremblement musculaire ou *frisson* que l'on éprouve sous l'influence du froid est un indice de la réaction du système nerveux contre l'abaissement de température.

2° **La diminution de la déperdition de chaleur** s'obtient chez les animaux par les *plumes* et les *poils*, et chez l'Homme par les *vêtements* et les *fourrures*. Le refroidissement se faisant surtout par le contact avec l'air froid, il est nécessaire, en effet, de placer autour de l'organisme une sorte d'écran mauvais conducteur de la chaleur. C'est le rôle que jouent les *plumes* et les *poils*, qui emprisonnent dans leur feutrage une couche d'air, mauvaise conductrice de la chaleur. Aussi une fourrure formée de poils fins, longs et soyeux, qui retiennent entre eux une épaisse couche d'air, protège-t-elle mieux contre le froid qu'une fourrure formée de poils raides.

L'accumulation de la *graisse* sous la peau remplit le même rôle que les poils ou les plumes, car cette matière est également mauvaise conductrice de la chaleur. C'est pourquoi l'on trouve une épaisse couche de graisse chez certains Mammifères marins, comme la Baleine, dont la peau est nue et qui pourtant vivent dans les régions froides.

Quant aux *vêtements*, on a constaté depuis longtemps que la déperdition de chaleur est d'autant moins considérable qu'il y a plus de couches d'air superposées entre les différents vêtements. Ainsi deux ou trois feuilles de papier superposées sur la peau empêchent le refroidissement beaucoup mieux qu'un épais pardessus unique. Ce fait explique pourquoi certaines personnes ont l'habitude d'accumuler des vêtements les uns par-dessus les autres au fur et à mesure que la température devient plus froide.

L'Homme peut, en prenant certaines précautions, résister à une température de — 50° et même — 60° ; les explorations faites sur les hauts plateaux du Thibet et dans les régions polaires l'ont parfaitement démontré.

Lutte contre la chaleur. — Lorsque la température ambiante s'élève, la température du corps ne subit pas la même élévation ; ce qui s'explique seulement par une perte plus abondante de chaleur et par une diminution des combustions.

1° **L'augmentation de la déperdition de chaleur s'obtient** par la *transpiration cutanée* et par l'*évaporation pulmonaire*. Dès que la température extérieure s'élève, la transpiration augmente à la surface du corps, absorbe plus de chaleur et empêche ainsi la température du corps de s'élever. La sécheresse de l'air et son mouvement à la surface de l'organisme activent l'évaporation de la sueur et permettent de mieux lutter contre la chaleur. C'est pourquoi nous résistons mieux à la *chaleur sèche* qu'à la *chaleur humide* ; car, dans le premier cas, l'évaporation qui est considérable produit une grande perte de chaleur. Ainsi un Lapin résiste

10 minutes dans une étuve sèche à 100°
7 » » » 120°
2 » » étuve humide à 80°

On cite des Hommes ayant pu résister pendant quelques minutes à une température de 100°, mais dans un milieu sec. Quand la température du corps atteint 43°, la mort survient.

Chez les animaux qui ne suent pas, comme le Chien, l'évaporation de l'eau se fait par la surface pulmonaire, au moyen d'une accélération des mouvements respiratoires (150 à 300 par minute).

2° **La diminution des combustions** ne peut être obtenue d'une façon bien appréciable. Pourtant il est certain qu'une *alimentation légère* et le *repos* ou *sieste* aident l'Homme à supporter la chaleur. De plus, dans les climats chauds, la sécrétion biliaire est augmentée ; or, la bile rejette des matières combustibles, ce qui diminue la production de chaleur par l'organisme. Cette activité du foie explique l'augmentation de son volume dans les pays chauds.

Organisme et machine. — On a comparé l'organisme à une machine dans laquelle le combustible serait représenté par les aliments. En réalité, il y a dans la machine animale quelque chose de spécial : les aliments, en effet, fournissent bien de la chaleur qui sera utilisée pour la production du travail et le maintien de la température ; mais ils doivent aussi réparer les pertes de la machine, qui s'use.

En outre, le rendement des meilleures machines ne dépasse pas $\frac{1}{10}$ de l'énergie produite par le charbon employé, tandis que le rendement de l'organisme atteint facilement $\frac{1}{5}$. L'organisme animal peut donc être considéré comme une machine des plus parfaites.

RÉSUMÉ

Production de la chaleur.— La chaleur est nécessaire à la vie. L'Homme, les Mammifères et les Oiseaux ont une température presque *constante*, quelle que soit la température du milieu extérieur ; celle de l'Homme par exemple est de 37° environ. On les appelle aussi *animaux à sang chaud*.

Tous les autres animaux ont une température qui se met en équilibre avec celle du milieu extérieur ; leur température est donc *variable* suivant le milieu. On les appelle encore *animaux à sang froid*.

Certains animaux à *température constante* peuvent *hiberner*, c'est-à-dire s'endormir pendant l'hiver ; leur température peut alors descendre au-dessous de 10°.

Pour mesurer les températures, on se sert d'un *thermomètre médical* ou d'*aiguilles thermo-électriques*.

La chaleur animale provient des oxydations et des hydratations qui se produisent dans les tissus. Les principales sources de chaleur sont le *travail musculaire*, la *sécrétion des glandes* et le travail des *centres nerveux*.

Pour mesurer la quantité de *chaleur dégagée* par un animal, on se sert d'un *calorimètre à eau*. Si on veut avoir la quantité de *chaleur produite*, il faut mesurer l'*énergie chimique* apportée par les aliments.

Pour que l'*équilibre thermique* existe, c'est-à-dire pour que la température du corps ne s'élève ni ne s'abaisse, il faut qu'il y ait égalité de production et de déperdition de chaleur.

Les principales causes de déperdition de la chaleur sont la *transpiration*, l'*évaporation pulmonaire*, l'*échauffement de l'air inspiré*, l'*émission de l'urine et des excréments*, le *rayonnement*.

Régulation de la chaleur. — L'organisme doit lutter contre les variations extérieures pour maintenir son équilibre thermique.

1° *Lutte contre le froid* : par une respiration plus active, une alimentation plus abondante et riche en graisses, une activité musculaire plus grande, et par les vêtements.

2° *Lutte contre la chaleur* : par la transpiration cutanée, l'évaporation pulmonaire, une alimentation légère, la sieste et la sécrétion biliaire.

LES FONCTIONS DE RELATION

Le mouvement et la sensibilité. — L'animal, pour assurer sa nutrition, pour chercher sa nourriture, doit se déplacer : il doit accomplir des *mouvements*. Mais ces mouvements ne peuvent être utiles que s'ils sont guidés par une certaine *sensibilité*. Le *mouvement* et la *sensibilité* sont les deux principales fonctions de relation : c'est par elles, en effet, que nous sommes en relation avec le monde extérieur.

Le *squelette* et les *muscles* sont les organes essentiels du mouvement.

Le *système nerveux* et les *organes des sens* constituent les organes de la sensibilité

CHAPITRE VIII

LE SQUELETTE

Le *squelette*, qui forme la charpente du corps, est constitué par un ensemble de pièces dures appelées *os*. Nous allons voir d'abord ce qu'est l'*os*, puis nous étudierons les différents os qui forment le *squelette*, et enfin le mode d'union de ces os réalisé par les *articulations*.

I. — L'OS

La forme des os. — Les os qui composent le squelette de l'Homme sont au nombre de plus de 200. D'après leur forme, ils peuvent être rangés en trois groupes : 1° les *os longs*, tels sont ceux des membres (humérus, fémur, etc.) ; ces os présentent généralement une partie moyenne, appelée *diaphyse*, plus mince que les deux extrémités, appelées *épiphyses* ; 2° les *os plats*, qui ont la forme de lames aplaties, généralement de faible épaisseur : tels sont ceux du crâne, l'omoplate, etc. ; 3° les *os courts*, qui ne peuvent être différenciés par aucune de leurs dimensions : tels sont ceux du carpe, du tarse, les vertèbres, etc.

Les os sont rarement lisses ; ils présentent des saillies qu'on désigne sous le nom général d'*apophyses*.

Structure des os. — Sur une coupe transversale d'un os long, tel que le fémur, on distingue trois parties, qui sont, de dehors en dedans : le *périoste*, l'*os* proprement dit, et la moelle (*fig.* 166).

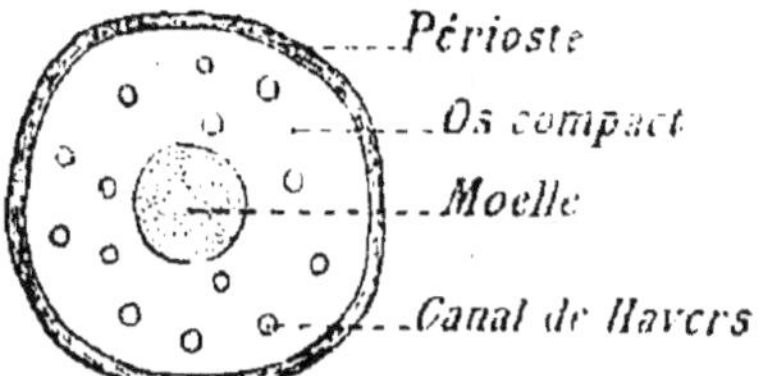

Fig. 166 — Coupe transversale d'un os long.

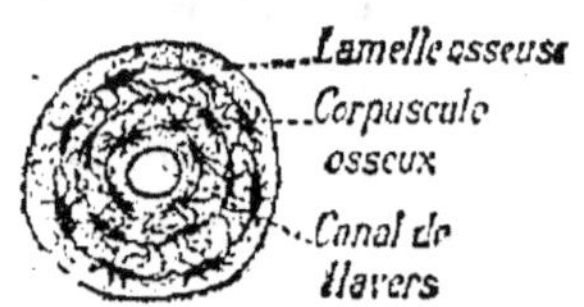

Fig. 167. — Coupe transversale d'un canal de Havers.

1° Le *périoste* est une membrane conjonctive et élastique qui constitue une gaine autour de l'os et qui lui est unie solidement par de nombreuses fibres ; il joue un rôle important dans l'accroissement de l'os.

2° L'os proprement dit. On découpe avec **une scie**, sur la diaphyse d'un os long, une lamelle qu'on use **sur une pierre** à rasoir jusqu'à ce qu'elle devienne mince et transparente. En examinant cette lamelle au microscope, on voit une série de petits trous (*fig.* 167) qui représentent les sections de petits canaux creusés dans l'os et appelés *canaux de Havers*. Ces canaux sont disposés parallèlement à l'axe de l'os et peuvent s'a-

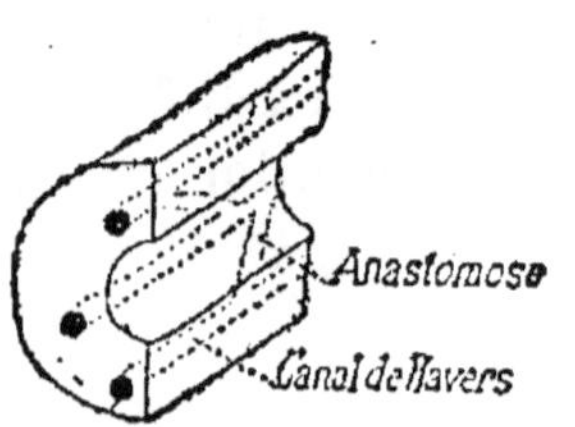

Fig. 168. — Os fendu en long montrant les canaux de Havers et leurs anastomoses.

nastomoser (*fig.* 168) ; ils logent des vaisseaux sanguins provenant de la ramification des vaisseaux qui ont pénétré dans l'os par le *trou nourricier*.

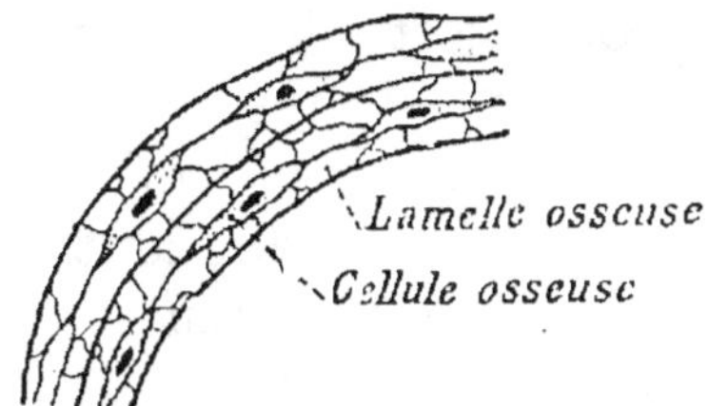

Fig. 169. — Lamelles osseuses concentriques contenant les cellules osseuses, fortement grossies.

Autour de chaque canal de Havers, le *tissu osseux* (*fig.* 169 et 170) est disposé en lamelles concentriques. Dans ces lamelles se trouvent des taches noires, étoilées, régulièrement rangées autour du canal et s'anastomosant les unes avec les autres : ce sont des cavités contenant les *cellules osseuses*, dont les prolongements sont ramifiés et anastomosés avec ceux des cellules voisines. Entre les cellules se trouve la substance interstitielle de nature essentiellement calcaire.

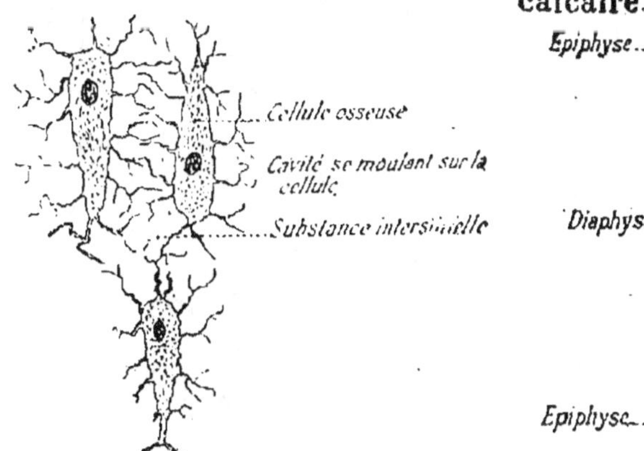

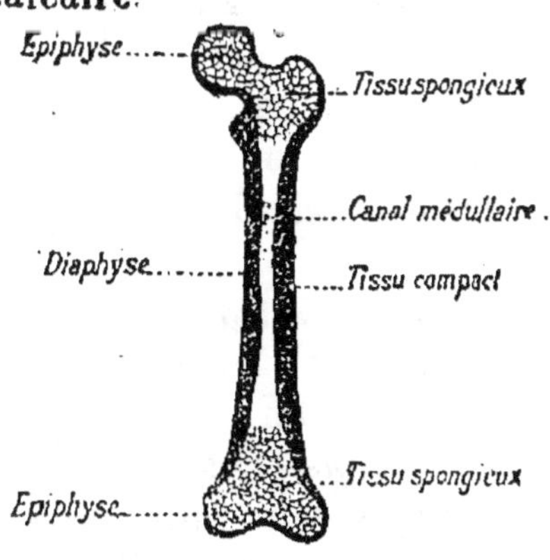

Fig. 170. — Tissu osseux très grossi. Fig. 171. — Coupe en long du fémur.

L'os *long* présente dans sa diaphyse la structure que nous enons de décrire : c'est le *tissu compact* (*fig.* 171) ; mais du côté des épiphyses, le tissu est formé de lamelles limitant des cavités qui donnent à l'os un aspect spongieux : c'est le *tissu spongieux*.

Tissu spongieux

Tissu compact

Fig. 172. — Coupe d'un os plat.

L'os *plat* (*fig.* 172) est formé par deux lamelles de tissu compact entre lesquelles se trouve du tissu spongieux.

L'os *court* a la structure des épiphyses de l'os long ; il est donc formé presque entièrement de tissu spongieux.

3° La *moelle des os*, substance molle de couleur *jaune* dans le canal médullaire des os longs, est *rouge* dans les cavités du tissu spongieux. La moelle est très riche en vaisseaux sanguins; de plus elle contient de nombreuses *cellules adipeuses*, des *cellules lymphatiques*, des *myéloplaxes* ou cellules géantes (*fig.* 173, A) à nombreux noyaux, des cellules à noyau

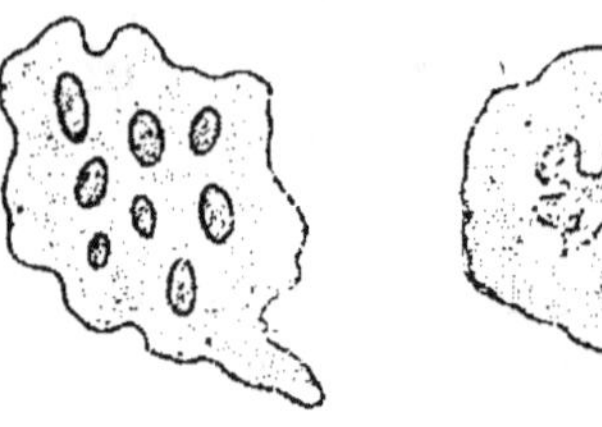

A. — Myéloplaxe.   B. — Cellule à noyau bourgeonnant.   C. — Jeune globule rouge.

Fig. 173. — Cellules de la moelle.

bourgeonnant (*fig.* 173, B) et des cellules rondes en train de devenir des globules rouges (*fig.* 173, C). Ces dernières, surtout abondantes dans la moelle rouge, sont rares dans la moelle jaune, qui, par contre, est riche en cellules adipeuses et en myéloplaxes. On attribue à ces derniers éléments la propriété de détruire l'os pour agrandir la cavité médullaire.

Composition des os. — Les os sont **formés** de deux parties : 1° une substance organique, l'*osséine* ; 2° une substance minérale, où dominent les *sels calcaires*.

L'*osséine* constitue environ le tiers de l'os, et les *sels minéraux* les deux autres tiers.

On peut séparer l'*osséine* de la matière minérale en plaçant un os dans de l'acide chlorhydrique étendu d'eau ; au bout de quelques jours la matière minérale est dissoute, et il reste la matière organique, transparente et élastique. L'action prolongée de l'eau bouillante la transforme en *gélatine*.

Si, au contraire, on place l'os sur un feu ardent, au contact de l'air, on détruit l'osséine, et il ne reste, comme résidu, que la *matière minérale*, sous forme d'une cendre blanche. Si l'on calcine en vase clos, le charbon de l'osséine sera combiné avec les sels minéraux pour donner le *noir animal*, qui sert dans l'industrie comme décolorant.

Les sels minéraux sont surtout des phosphates et des carbonates de calcium : la quantité de **fluorure de calcium** qu'on trouve dans les os modernes est faible ; elle augmente dans les os anciens et devient encore plus grande dans les os fossiles. On peut par conséquent se servir du dosage du fluorure de calcium pour déterminer l'*âge relatif* d'un os.

Pour 100 parties de cendres d'os, on trouve :

Phosphate tribasique de calcium.	85
Carbonate de calcium	9
Fluorure de calcium	4
Phosphate de magnésium	2
	100

Développement du squelette. Le cartilage. — En suivant les différentes phases du développement d'un embryon, on constate que le squelette passe par différents stades : il est d'abord *muqueux,* puis *cartilagineux,* enfin *osseux.*

Le squelette *muqueux* est formé par des cellules étoilées, que sépare une matière interstitielle muqueuse, liquide.

Le squelette *cartilagineux* est formé par du *tissu cartilagineux,* lequel comprend des cellules arrondies, disposées dans des cavités creusées au milieu d'une substance interstitielle (*fig.* 174). Cette substance élastique a la propriété de se transformer dans l'eau bouillante en une matière soluble, la *chondrine,* qui se gélifie par refroidissement.

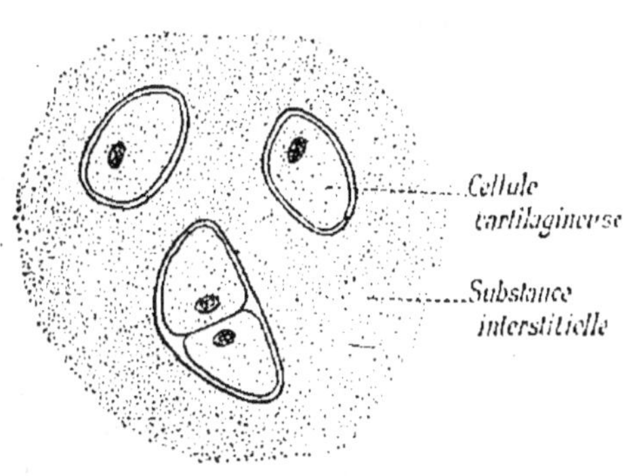

Fig. 174. — Tissu cartilagineux.

Le squelette cartilagineux a déjà la forme des futurs os, mais en petit ; il est en quelque sorte la miniature du squelette osseux de l'adulte.

Le squelette cartilagineux est transitoire ; il est remplacé par le squelette *osseux* ; cependant il persiste pendant toute la vie chez certains vertébrés inférieurs (Raie, Requin).

Chez l'Homme, le cartilage est remplacé progressivement par l'os. Des bourgeons vasculaires pénètrent dans le cartilage, le résorbent et donnent des cellules osseuses. qui

déposent de la matière solide dans les interstices cellulaires.
Un os ainsi formé est un *os de cartilage*. La plupart des os
plats, comme ceux du crâne, proviennent de la calcification
d'une membrane conjonctive : ce sont des *os de membrane*.

Accroissement de l'os en longueur. — L'os ne remplace
pas brusquement le cartilage. En général, on voit
le tissu osseux apparaître
en certains points du cartilage qu'on appelle *points
d'ossification*. Dans un os
long (*fig.* 175), par exemple, on distingue souvent
trois régions d'ossification : l'une donne la diaphyse et les deux autres
les épiphyses. Ces zones
d'ossification s'agrandissent peu à peu, mais elles restent longtemps séparées par
du cartilage.

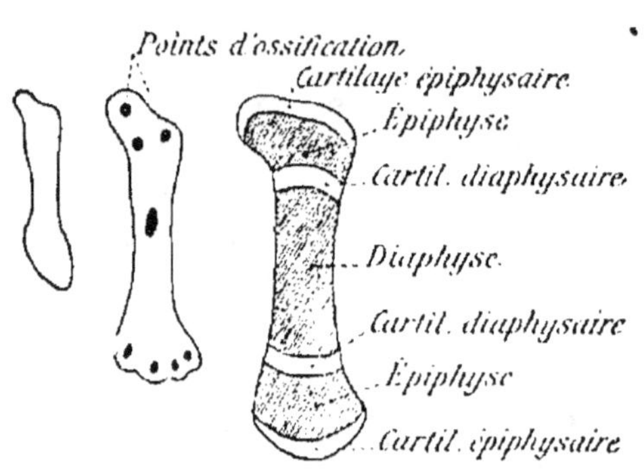

Fig. 175. — Os long en voie d'ossification :
les trois phases.

Ce cartilage joue un rôle important dans la croissance de
l'os : ses cellules se multiplient et élaborent une nouvelle
matière cartilagineuse, ce qui allonge le cartilage et par
suite l'os tout entier. Mais lorsque la diaphyse se sera soudée
aux épiphyses, l'os ne grandira plus et conservera toute la
vie la longueur acquise. Chez l'Homme, cette soudure se fait,
dans les membres, de 20 à 25 ans ; à cet âge l'individu cesse
de grandir : sa taille est définitive.

Si l'ossification se fait trop vite chez des enfants, comme
cela arrive à la suite de surmenage physique, la taille reste
petite ; au contraire, dans certains cas pathologiques, l'accroissement se fait d'une façon démesurée et la taille devient
gigantesque. Ainsi se forment les *nains* et les *géants*.

Accroissement de l'os en épaisseur. — Lorsque l'os
vient de remplacer le cartilage. il est d'abord plein ; puis

bientôt les lamelles qui forment le tissu spongieux du centre de cet os se résorbent et l'on a la *cavité médullaire*. En même temps, il se forme, sous le périoste, de nouvelles cellules qui vont sécréter une substance interstitielle osseuse et former ainsi une nouvelle zone osseuse à la partie externe.

On a mis en évidence cette propriété du périoste par plusieurs expériences.

Dès 1740, *Duhamel* remarquait qu'un Porc nourri avec de la garance présentait, sous le périoste, une zone colorée en rouge, et qu'en alternant ce régime avec une alimentation ordinaire, l'os du Porc présentait des zones alternativement rouges et blanches.

En 1840, *Flourens* place une aiguille de platine sous le périoste d'un jeune animal ; la plaie se ferme et plus tard en sacrifiant l'animal, il retrouve cette aiguille engagée profondément dans l'os, et même dans le canal médullaire

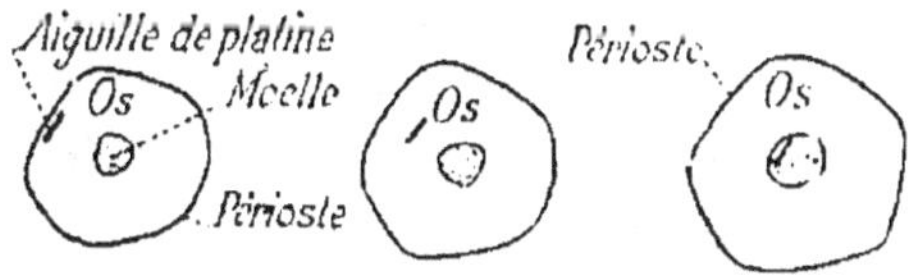

Fig. 176. — Expérience de Flourens montrant l'accroissement en épaisseur d'un os long.

(*fig.* 176). C'est qu'il y a accroissement à l'extérieur, tandis que les parties internes se détruisent, agrandissant ainsi le canal médullaire.

Enfin l'expérience suivante montre le pouvoir qu'a le périoste de former de l'os. Sur un animal vivant, on détache un lambeau de périoste qu'on laisse attaché à l'os par l'un des bouts, tandis que l'autre bout est placé dans les muscles voisins : le périoste *fait de l'os* au milieu de ces muscles. Sur des animaux, on réussit même à transplanter des lambeaux de périoste soit dans la chair, soit sous la peau ; et là ce périoste produisait du tissu osseux. C'est la *greffe osseuse*.

Le périoste perd cette propriété avec l'âge : chez le vieillard, il n'est plus qu'une enveloppe fibreuse ayant perdu toute activité cellulaire. Ainsi s'explique la guérison rapide des fractures chez une personne jeune et leur persistance chez les vieillards.

Ossification. — *Une alimentation riche en sels calcaires* est nécessaire pour que l'ossification puisse se faire convenablement. Sinon le squelette ne s'ossifie pas ; il reste mou et se déforme : c'est le *rachitisme (fig. 177)*. On le constate chez les jeunes enfants privés de lait, aliment riche en sels calcaires, et souvent aussi chez les habitants des régions granitiques, dont les eaux sont pauvres en sels calcaires. Milne-Edwards a montré expérimentalement l'importance de ces sels ; nourrissant de jeunes Pigeons avec des aliments privés de calcaire, il vit que leur squelette s'allongeait, mais restait mou et se déformait. Les Pigeons étaient devenus *rachitiques*.

Fig 177. — Tibia incurvé d'un rachitique.

L'observation a prouvé que les aliments riches en phosphates et en lécithine favorisent le développement du squelette.

II. — SQUELETTE

Le squelette de l'Homme (*fig.* 179) comprend trois parties : le *tronc*, la *tête* et les *membres*.

§ 1. — Le tronc.

Le squelette du tronc est formé lui-même de trois parties : la *colonne vertébrale*, les *côtes* et le *sternum*.

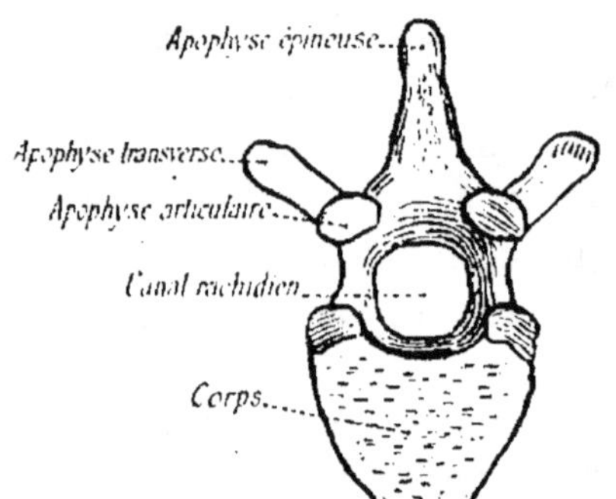

Fig. 178. — Une vertèbre dorsale.

La colonne vertébrale. — La *colonne vertébrale* constitue en quelque sorte l'axe du corps. Elle est formée par un ensemble d'os empilés les uns sur les autres : ce sont les *vertèbres*.

Une *vertèbre* se compose d'une partie centrale appelée *corps (fig.* 178) ; en arrière, d'un anneau osseux qui forme l'*arc neural*, limitant le *trou*

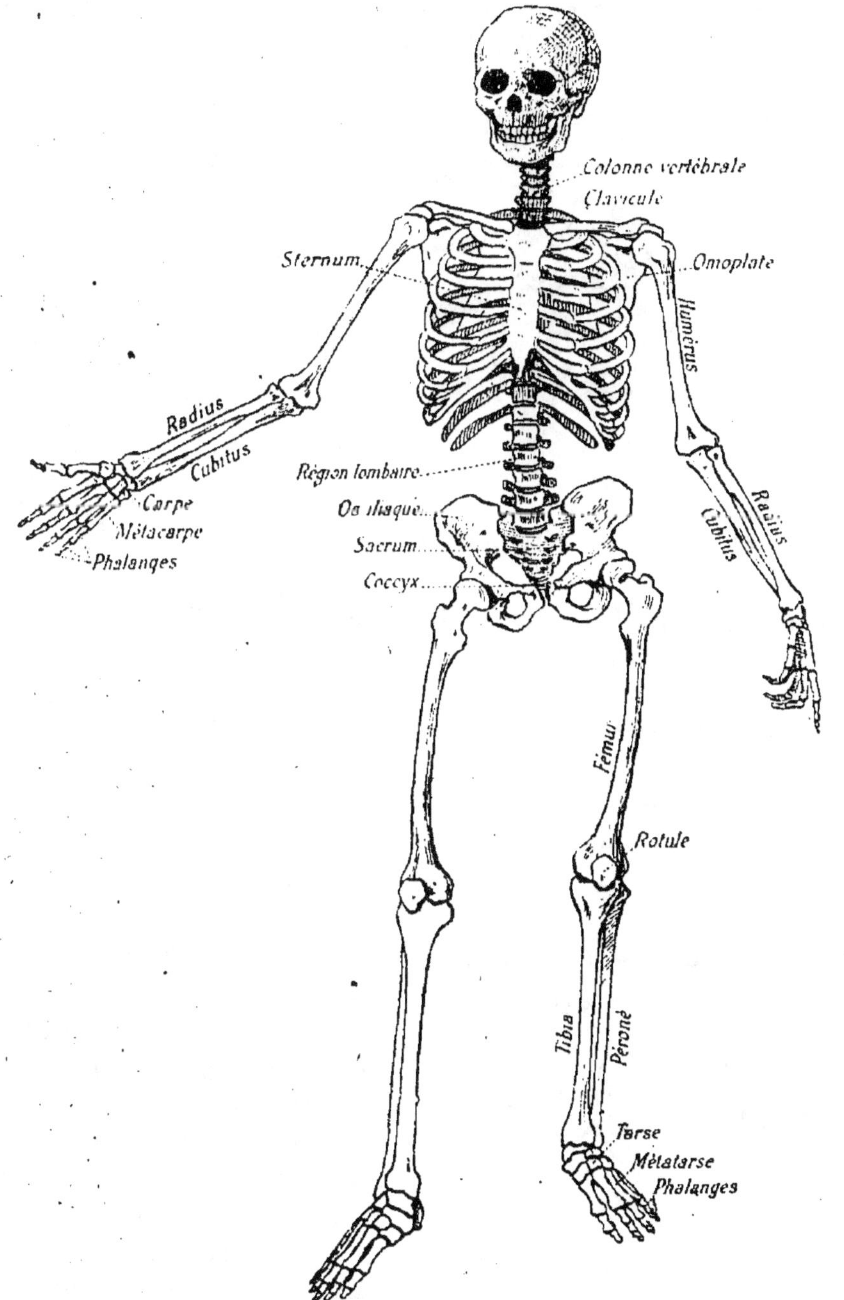

Fig. 179. — Squelette de l'Homme.

vertébral dans lequel passe la moelle épinière. Cet arc

neural se prolonge en arrière par l'*apophyse épineuse :* ce sont les apophyses épineuses qui ont valu à la colonne ver-

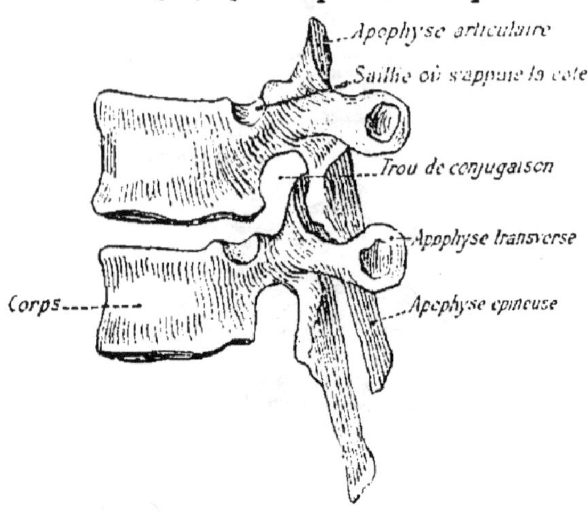

Fig. 180. — Deux vertèbres superposées.

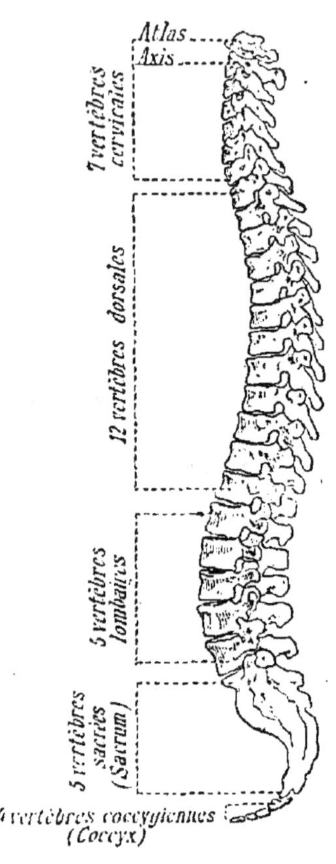

Fig. 181. — Colonne vertébrale.

tébrale le nom d'*épine dorsale*. Sur les côtés sont les *apophyses transverses* et quatre *apophyses articulaires* résultant de la superposition des vertèbres.

Les trous vertébraux en se superposant constituent le *canal rachidien*, qui loge la moelle épinière. Sur les côtés de ce canal se trouvent les *trous de conjugaison* (*fig.* 180) par lesquels sortent les nerfs rachidiens.

Les vertèbres sont au nombre de 33 (*fig.* 181), réparties de la manière suivante :

1° Les *vertèbres cervicales*, au nombre de 7, occupent la région du cou ; elles ont un petit corps, leurs apophyses épineuses sont bifurquées, et leurs apophyses transverses sont percées d'un

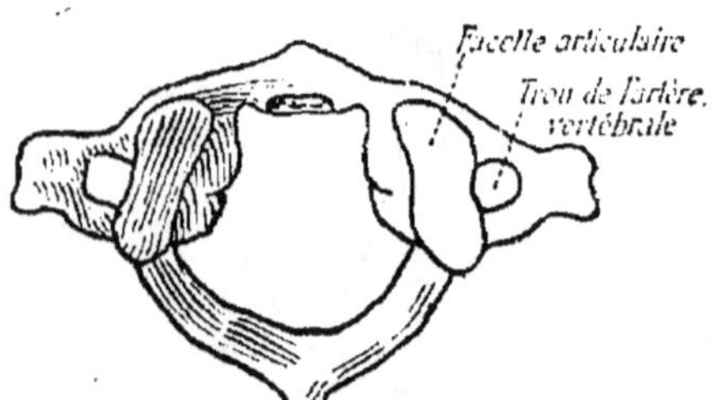

Fig. 182. — L'atlas (première vertèbre cervicale).

trou pour laisser passer *l'artère vertébrale*. La première, appelée *atlas* (*fig.* 182), présente deux facettes articulaires sur lesquelles reposent les deux condyles de la base du crâne. La seconde, appelée *axis* (*fig.* 183), porte un prolongement, l'*apophyse odontoïde*, sorte d'axe autour duquel tournent l'atlas et la tête (*fig.* 184) dans le mouvement que l'on fait pour dire « non ». Quand on incline et relève la tête comme pour dire « oui », l'atlas, au contraire, reste immobile et ce sont les deux condyles occipitaux qui roulent sur les facettes articulaires.

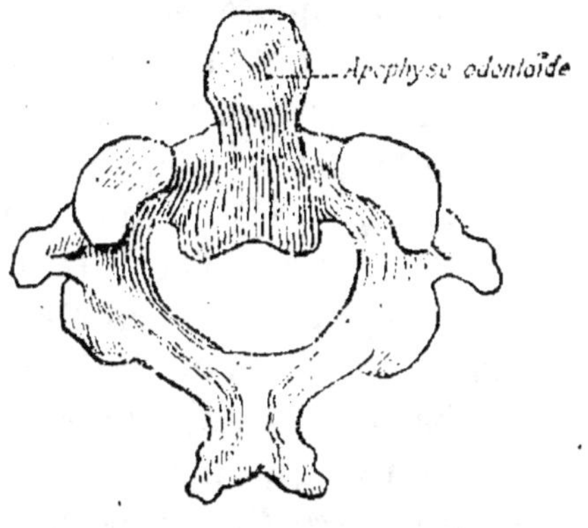

Fig. 183. — L'axis (deuxième vertèbre cervicale).

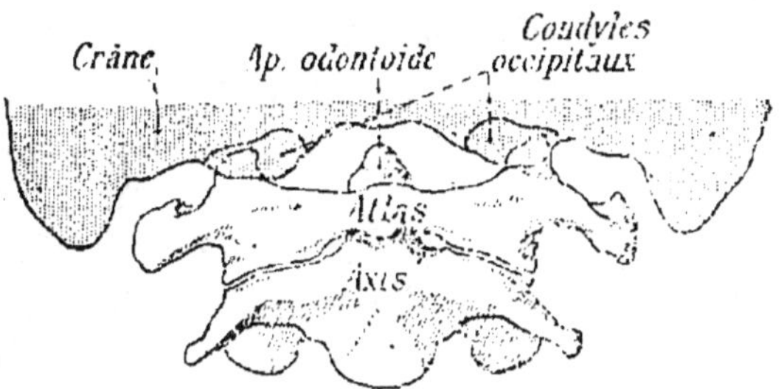

Fig. 184. — Les deux premières vertèbres cervicales superposées (vue antérieure).

2° Les *vertèbres dorsales*, au nombre de 12, occupent la région du dos ; leurs apophyses épineuses sont obliques de haut en bas (*fig.* 181) et empêchent le corps de s'infléchir en arrière ; chaque vertèbre dorsale porte une paire de côtes.

3° Les *vertèbres lombaires*, au nombre de 5, occupent la région des reins ; ce sont les plus grosses, et leurs apophyses transverses sont longues.

4° Les *vertèbres sacrées*, au nombre de 5, sont soudées en un seul os, le *sacrum* (*fig.* 185). Elles occupent la région sacrée, c'est-à-dire la région contenant les viscères qui étaient réservés aux dieux dans les **sacrifices**. Par la conformation du sacrum, il est facile de **voir que cet** os résulte de la soudure de 5 vertèbres.

5° Les *vertèbres coccygiennes* (*fig.* 185), au nombre de 4.

sont petites, atrophiées, et soudées en un seul os qui termine la colonne vertébrale et qu'on appelle *coccyx*.

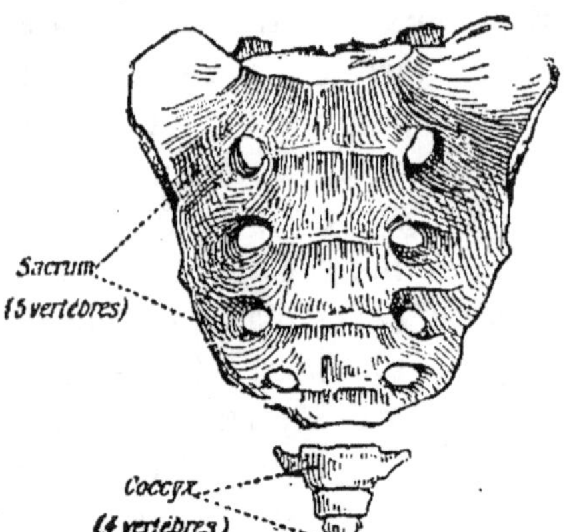

Fig. 185. — Le sacrum et le coccyx.

La colonne vertébrale de l'Homme présente, dans son ensemble, une *double courbure* (*fig.* 181) : une convexité dorsale dans la région thoracique et une concavité dorsale dans la région lombaire. Cette courbure lombaire, qui n'existe chez aucun autre Mammifère, est en rapport chez l'Homme avec son attitude verticale.

Les côtes et le sternum. — Les *côtes* sont au nombre de 12 paires. Chaque côte a la forme d'un arc osseux (*fig.* 186), qui s'appuie, en arrière, contre les vertèbres, et en avant, par l'intermédiaire d'un cartilage (*cartilage costal*), sur le *sternum*. L'ensemble de la vertèbre, des côtes, du sternum et des cartilages forme ce qu'on appelle un *segment vertébral*.

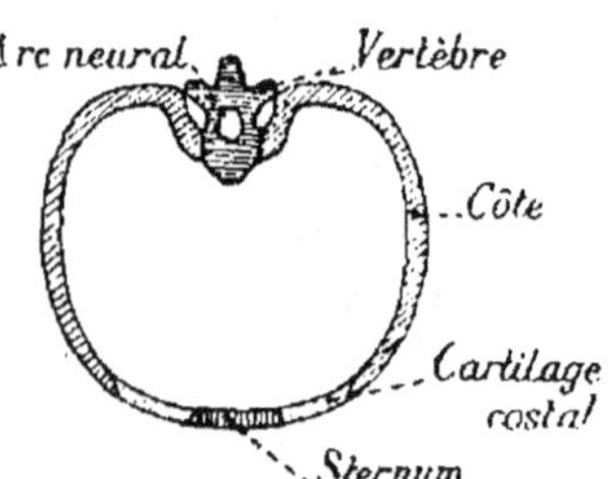

Fig. 186. — Segment vertébral.

Le *sternum* (*fig.* 179) est un os plat, médian, situé en avant de la poitrine, et terminé en pointe à sa partie inférieure. Sur lui s'appuient les deux clavicules. Les 7 premières paires de côtes viennent s'y rattacher directement ; puis les 3 paires de côtes suivantes ou *fausses côtes* s'y rattachent par l'intermédiaire des côtes précédentes ; enfin les 2 dernières paires de côtes sont dites *flottantes* parce qu'elles sont libres en avant.

§ 2. — La tête.

La *tête* comprend deux parties : le *crâne* et la *face*.

Le crâne. — Le crâne est une boîte osseuse renferman

l'encéphale (cerveau, cervelet, bulbe, etc.) et qui est constituée par des os plats soudés par engrènement.

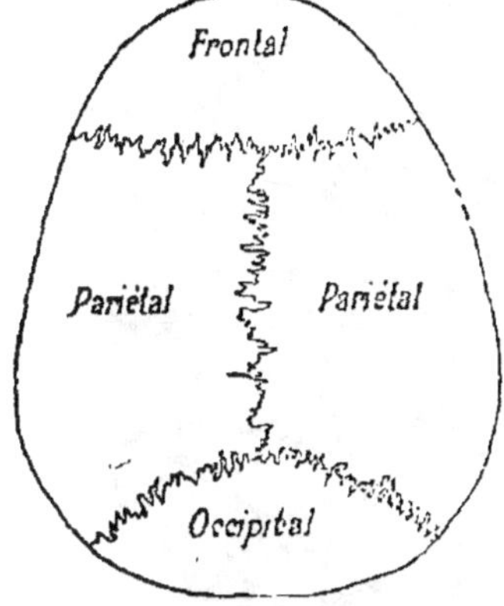

Fig. 187. — Crâne vu par la face supérieure.

Le crâne a une forme ovoïde (*fig.* 187) à grosse extrémité postérieure ; il n'est pas tout à fait symétrique. Son volume et sa forme varient chez les différentes races humaines : c'est ainsi que la partie la plus développée est la partie antérieure dans la race blanche, la partie moyenne dans la race jaune, et la partie postérieure dans la race noire.

La forme du crâne présente, pour les individus d'une même race, des variations intéressantes au point de vue ethnographique : tantôt le crâne est arrondi (*brachicéphale*),

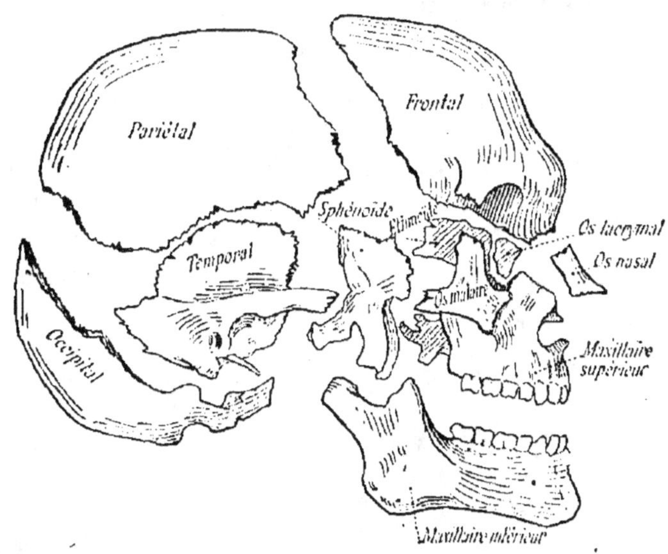

Fig. 188. — Os de la tête désarticulés.

tantôt il est allongé (*dolichocéphale*). Ce qui varie également c'est *l'angle facial*, c'est-à-dire l'angle que formerait une ligne s'appuyant sur le front et les incisives avec une ligne passant par le trou auditif et l'épine nasale. Cet angle est ordinairement de 70 à 80 degrés, et plus il s'approche de 90°, plus

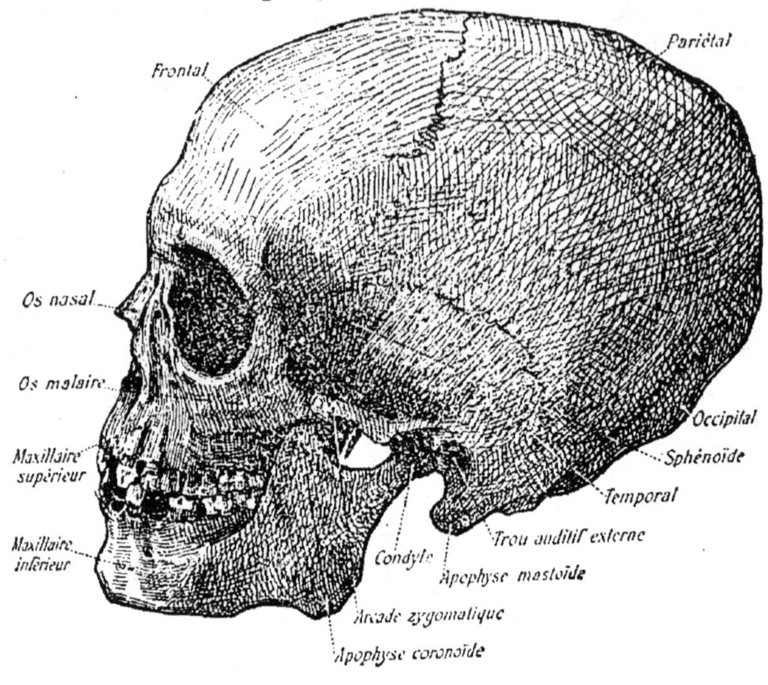

Fig. 189. — Squelette de la tête (profil).

l'individu est voisin du type idéal de la beauté telle que nous la concevons. C'est pourquoi les statuaires grecs donnaient

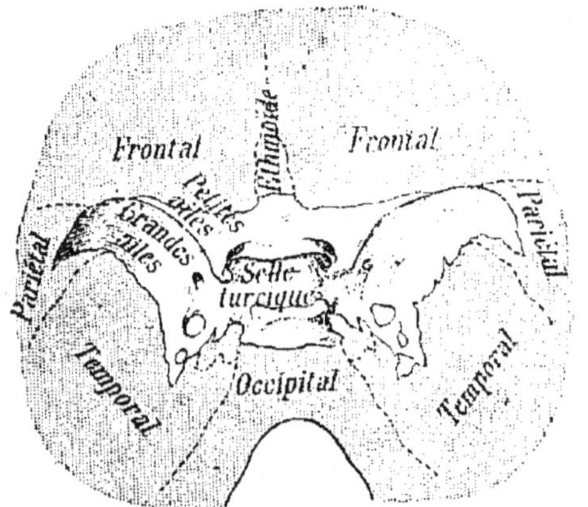

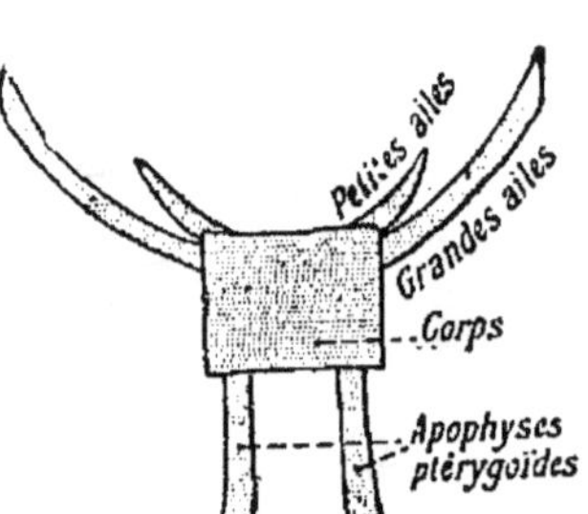

Fig. 190. — Sphénoïde vu par sa face supérieure; ses rapports avec les os du crâne.

Fig. 191. — Coupe schématique verticale du sphénoïde.

aux têtes de dieux et de héros **un** angle facial souvent supérieur à 90 degrés.

Le crâne (*fig.* 188) est formé par 8 os qui sont solidement engrenés les uns avec les autres. Ce sont : le *sphénoïde* au centre de la base du crâne, l'*ethmoïde* un peu en avant, le *frontal* en avant, l'*occipital* en arrière, les 2 *temporaux* sur les côtés et les 2 *pariétaux* fermant la boîte à la partie supérieure (*fig.* 189 et 192).

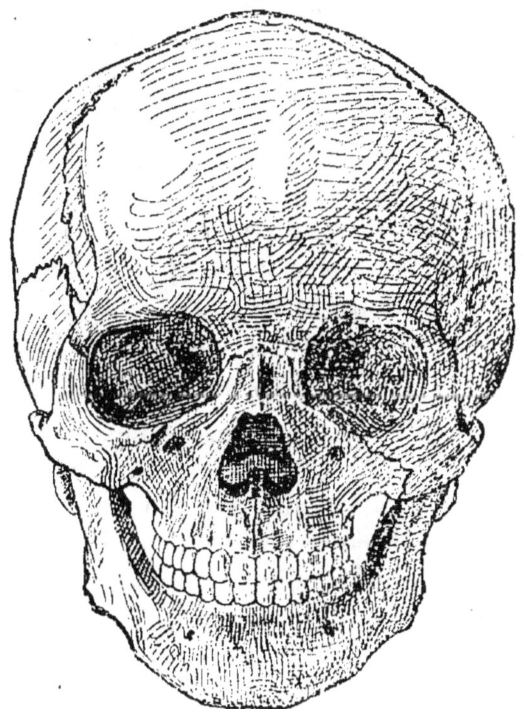

Fig. 192. — Squelette de la tête (face).

Le *sphénoïde* constitue la clef de voûte du crâne (*fig.* 190) ; il est soudé avec la plupart des os du crâne et sa forme rappelle assez l'aspect d'une Chauve-Souris. Il est formé d'une partie centrale, le *corps* (*fig.* 191), portant à la partie supérieure deux *grandes* et deux *petites ailes*, et à la partie inférieure deux prolongements appelés *apophyses ptérygoïdes*. La face supérieure présente une dépression, la *selle turcique*, dans laquelle vient se loger la glande pituitaire.

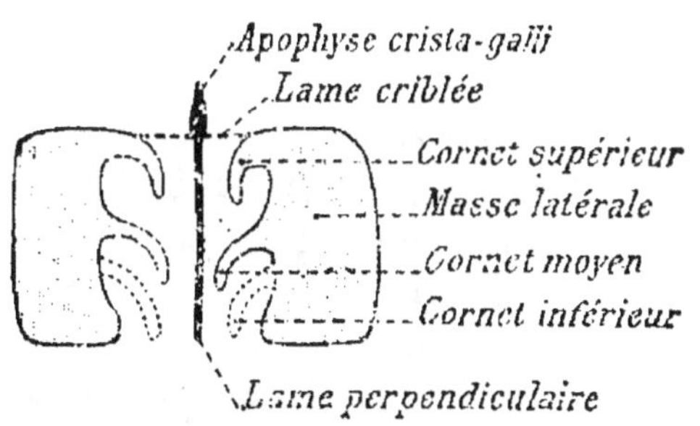

Fig. 193. — Coupe schématique verticale et transversale de l'ethmoïde.

L'*ethmoïde* présente sur sa face supérieure une crête saillante, de chaque côté de laquelle se trouve une *lame criblée*, percée de trous pour le passage des filets du nerf olfactif. Au-dessous de la lame criblée existe une lame osseuse verticale (*fig.* 193), qui contribue à former la cloison séparant les narines. Enfin de part et d'autre se trouvent les deux *masses latérales*, creusées de cavités et qui portent en dedans les deux *cornets supérieur* et *moyen* du nez.

L'*occipital* est percé d'un large orifice, le *trou occipital*, pour le passage de la moelle épinière ; de part et d'autre de ce trou existent deux saillies ou *condyles occipitaux*, qui viennent s'appuyer sur les deux facettes articulaires de l'atlas.

Le *temporal* (*fig.* 194) présente une partie amincie, l'*écaille* et une partie renflée contenant l'oreille, c'est le *rocher* ; en avant, cet os se prolonge par l'*apophyse zygomatique* ; à sa partie inférieure se trouve la *cavité glénoïde*, qui reçoit le condyle de la mâchoire inférieure.

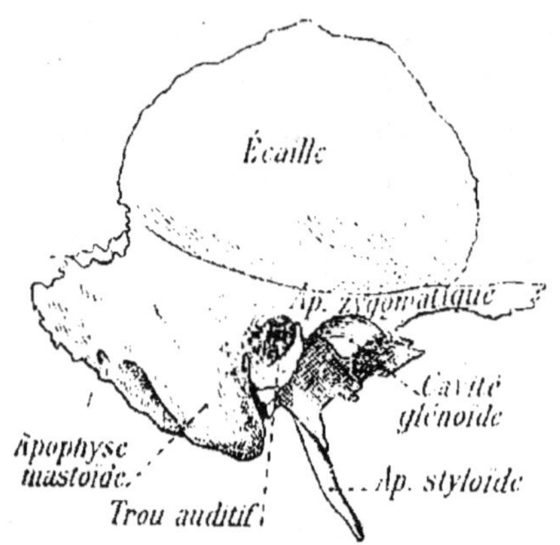

Fig. 194. — Le temporal (face externe).

Ossification. — Les os du crâne sont des os de membrane. Ils se développent par des points d'ossification qui marchent l'un vers l'autre mais qui mettent longtemps à se souder (*fig.* 195). Les espaces membraneux qui séparent les os en voie de développement sont appelés *fontanelles*. La fontanelle antérieure est quadrangulaire, la postérieure est triangulaire.

La face. — Le squelette de la *face* (*fig.* 188 et 192) est formé par un ensemble d'os limitant des cavités qui abritent les organes des sens. Il comprend 14 os, dont 13 sont soudés au crâne : le *maxillaire inférieur*, seul, est articulé avec le crâne.

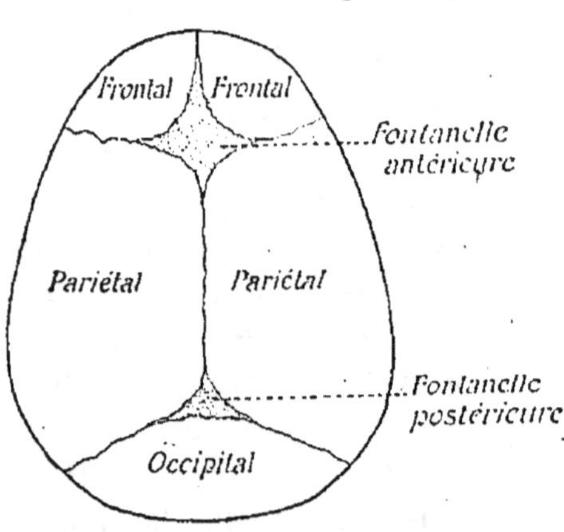

Fig. 195. — **Ossification du crâne.**

Les 13 os soudés au crâne sont : 2 os *nasaux*, qui forment le squelette du nez, 2 *maxillaires supérieurs*, 2 os *malaires* ou *jugaux*, formant la saillie connue sous le nom de *pommette*, 2 *palatins*, formant avec les maxillaires supérieurs la voûte du palais, 2 os *lacrymaux*, situés sur la paroi interne de l'orbite, 2 *cornets inférieurs* du nez, enfin le *vomer*, qui forme une partie de la cloison du nez.

Théorie vertébrale. — On a voulu voir dans le crâne le prolongement de la colonne vertébrale : les os du crâne ne seraient alors que des *vertèbres transformées*, modifiées par une adaptation à des fonctions spéciales. C'est le poète allemand Gœthe qui, le premier, émit cette théorie.

Mais la *théorie vertébrale* du crâne ne s'accorde guère avec ce que nous apprennent l'anatomie comparée et l'embryogénie ; aussi a-t-elle été remplacée par une nouvelle conception, celle de la *métamérie*. D'après cette théorie, la tête et le tronc seraient formés de segments ou *métamères*. La tête comprendrait 12 métamères, car il y a 12 paires de nerfs crâniens qui, comme les nerfs rachidiens, doivent correspondre à autant de segments.

§ 3. — Les membres.

Les membres de l'Homme sont au nombre de deux : le *membre thoracique* ou *supérieur*, le *membre abdominal* ou *inférieur*. Ces membres sont rattachés au corps par des os qui forment les *ceintures*.

Le membre thoracique. — Le membre thoracique (*fig.* 196, A) comprend les régions suivantes : le *bras,* l'*avant-bras,* le *poignet,* la *paume de la main* et les *doigts*.

Le *bras* a pour squelette l'*humérus*, dont la tête arrondie s'articule à l'épaule et la partie inférieure avec les deux os de l'avant-bras en formant l'articulation du coude. La tête sphérique de l'humérus, roulant facilement dans la cavité articulaire de l'épaule, permet au bras de se mouvoir dans tous les sens. Cet os présente une gouttière de torsion très nette, surtout chez les travailleurs manuels.

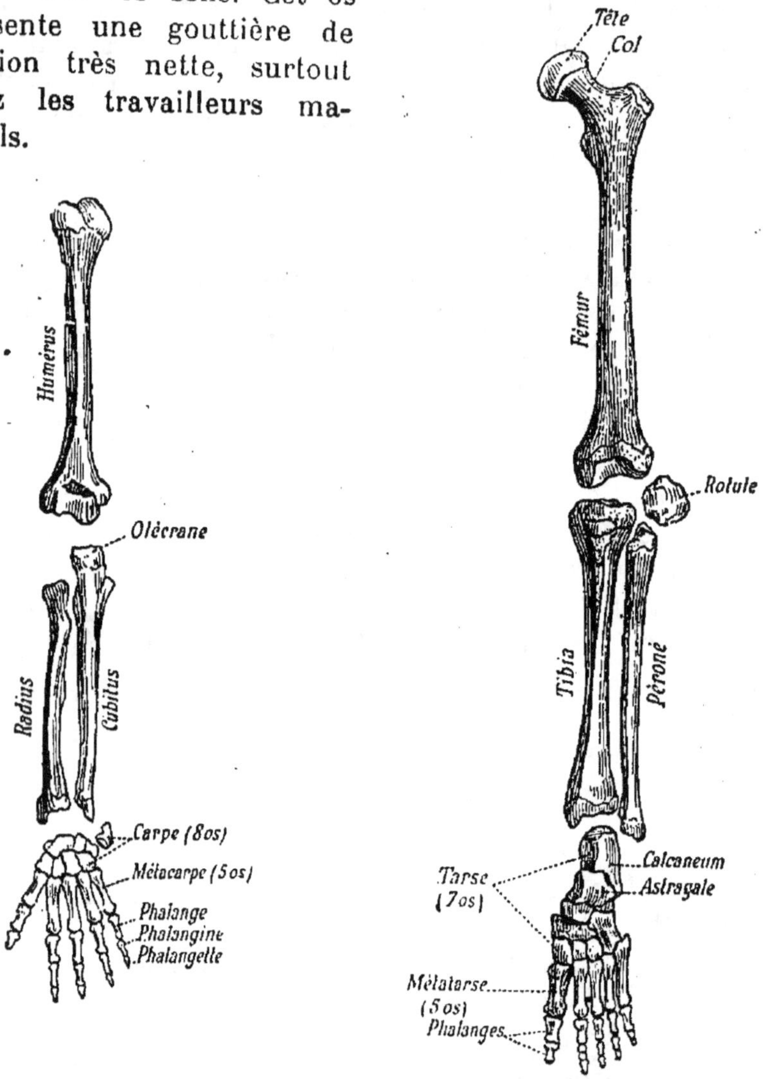

A. — Membre thoracique ou supérieur droit.

B. — Membre abdominal ou inférieur gauche.

Fig. 196. — Squelette des membres.

L'*avant-bras* comprend deux os : le *cubitus*, en dedans, et le *radius*, en dehors. Le cubitus présente à sa partie supérieure une saillie, l'*olécrane* (*fig.* 197), dont le bec en heurtant contre l'humérus empêche le bras de se ployer en arrière. Le radius tourne autour du cubitus.

Le *poignet* a son squelette formé de 8 petits os disposés sur deux rangées : c'est le *carpe*. Les nombreuses articulations de ces os expliquent les mouvements variés que peut effectuer la main.

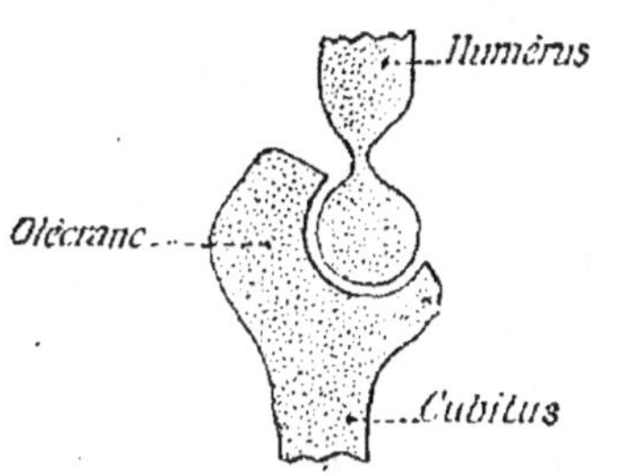

Fig. 197. — Coupe antéro-postérieure du coude.

La *paume de la main* comprend 5 os, disposés presque parallèlement : c'est le *métacarpe*, formé par conséquent de 5 *métacarpiens*.

Les *doigts* sont au nombre de 5, et chaque doigt possède 3 petits os, appelés *phalanges*, sauf le pouce, qui n'en a que deux.

Le membre abdominal. — Le membre abdominal (*fig.* 196, B) comprend les régions suivantes : la *cuisse*, la *jambe*, le *cou-de-pied*, la *plante du pied* et les *doigts*.

Le squelette de la *cuisse* est le *fémur* ; c'est l'os le plus long du corps ; il a une tête sphérique, qui s'articule à la hanche et se rattache au reste de l'os par une partie rétrécie appelée *col*.

La *jambe* comprend deux os : le *tibia*, en dedans, et le *péroné*, en dehors. Le tibia est de forme triangulaire ; il présente un large plateau sur lequel vient rouler la surface articulaire du fémur. En avant de cette articulation du genou se trouve un petit os, la *rotule*, dont le rôle est d'empêcher la jambe de se ployer en avant ; la rotule joue pour la jambe le même rôle que l'olécrane pour le bras. A leur partie inférieure le tibia et le péroné se renflent pour donner les *chevilles*, qui limitent une sorte de mortaise dans laquelle vient s'emboîter le pied.

Le *cou-de-pied* a son squelette ou *tarse* formé de 7 os, dont un, l'*astragale*, s'articule avec le tibia et supporte le poids du corps, et dont un autre, le *calcanéum*, forme le talon.

La *plante du pied* a son squelette ou *métatarse* formé de 5 os disposés parallèlement et appelés *métatarsiens*.

Enfin les *doigts* ou *orteils* sont au nombre de 5, et chaque doigt possède trois phalanges, sauf le pouce, qui n'en a que deux.

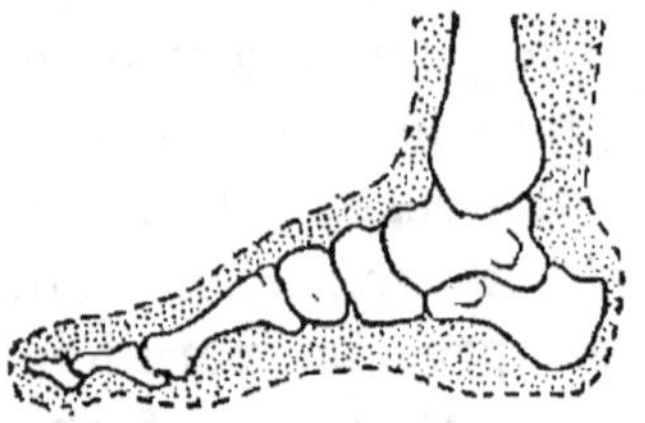

Fig. 198. — Squelette du pied vu par son bord interne et montrant la voûte plantaire.

L'ensemble du pied forme une sorte de voûte (*fig.* 198) dont les différentes parties articulées permettent l'élasticité de la marche.

Les *membres thoracique et abdominal sont construits sur le même plan*, ainsi que le résume le tableau suivant :

MEMBRE THORACIQUE		MEMBRE ABDOMINAL	
Bras . . .	*Humérus.*	Cuisse. . .	*Fémur.*
Avant-bras	*Cubitus.* *Radius.*	Jambe. . .	*Tibia.* *Péroné.*
Coude . .	*Olécrane.*	Genou . . .	*Rotule.*
Poignet. .	*Carpe* (8 os).	Cou-de-pied	*Tarse* (7 os).
Paume . .	*Métacarpe* (5 os).	Plante . . .	*Métatarse* (5 os).
Doigts . .	*3 phalanges.*	Orteils. . .	*3 phalanges.*

Les ceintures. — Les membres sont rattachés au corps par des os disposés autour du tronc et qui forment les *ceintures*. Il y a deux ceintures : la *ceinture thoracique* ou *scapulaire*, la *ceinture abdominale* ou *pelvienne*.

1° La *ceinture thoracique* est formée de deux omoplates en ar-

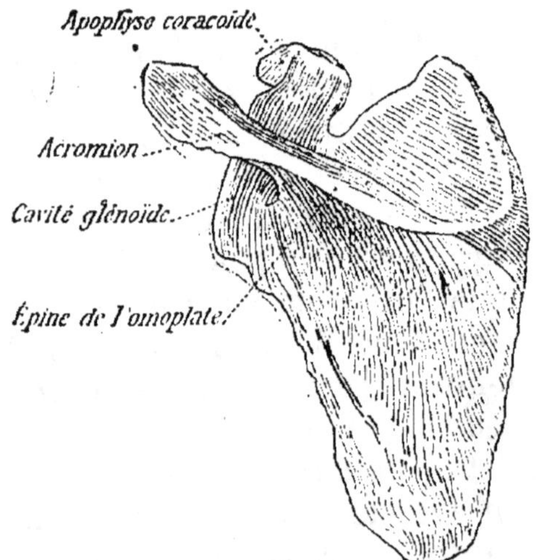

Fig. 199. — Omoplate gauche (face postérieure).

rière, et de deux *clavicules* en avant.

L'*omoplate* (*fig.* 199) est un os plat, triangulaire, présentant sur sa face dorsale une arête, l'*épine* de l'omoplate. Cette arête se prolonge par une apophyse, l'*acromion*, qui s'articule avec la clavicule. A l'angle supérieur et externe de l'omoplate se trouve la *cavité glénoïde*, où s'articule la tête de l'humérus et qui est protégée par l'*apophyse coracoïde*. C'est cette région qui constitue l'épaule.

La *clavicule*, située en avant, est recourbée et s'étend de l'acromion au sternum. Elle empêche l'épaule de se porter en avant.

2° La *ceinture abdominale* est formée de deux os appelés os *iliaques* qui se soudent au sacrum en arrière, et s'articulent en avant pour constituer le *bassin*.

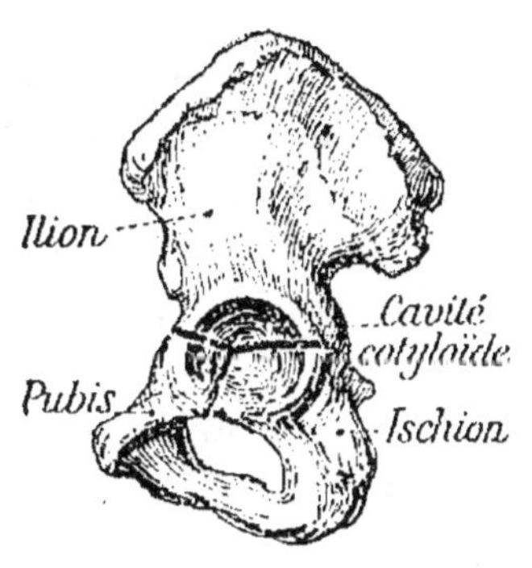

Fig. 200. — Os iliaque gauche (face externe).

L'os iliaque (*fig.* 200) présente une partie supérieure aplatie : l'*ilion* ; en bas, une partie épaissie : l'*ischion* ; enfin en avant, un prolongement qui rejoint celui du côté opposé : le *pubis*. Durant le développement de l'os iliaque, ces trois os sont distincts, et tous trois participent à la formation de la *cavité cotyloïde*, où vient s'emboîter la tête sphérique du fémur. La saillie de la hanche est formée par l'os iliaque.

III. — ARTICULATIONS

Les diverses articulations. — Le mode d'union de deux os constitue une *articulation*. Il y a trois variétés d'articulations : articulations immobiles, semi-mobiles et mobiles.

1° Les articulations *immobiles* sont encore appelées *sutures*. Si les deux surfaces osseuses s'engrènent, on a une suture *dentée* (*fig.* 201, A) (sutures du crâne) ;

A. — Dentée.   B. — Écailleuse.

Fig. 201. — Sutures.

si les surfaces osseuses sont taillées en biseau (*fig.* 201, B), on a une suture *écailleuse* (suture du temporal et du pariétal).

2° Les articulations *semi-mobiles* sont appelées *symphyses*.

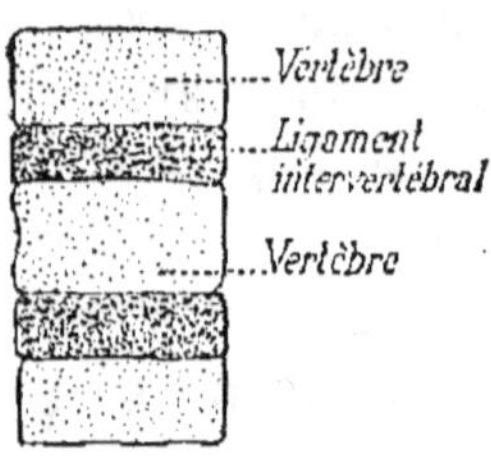

Fig. 202. — Symphyse (colonne vertébrale).

Les surfaces osseuses sont séparées par des ligaments dont l'élasticité permet un léger déplacement des os. C'est ainsi que dans la colonne vertébrale (*fig.* 202), entre deux vertèbres successives, se trouve un disque fibro-élastique, qui permet de légers mouvements dans les divers sens et donne par suite une certaine flexibilité à l'ensemble des vertèbres. Chez les vieillards ces disques se tassent et perdent de leur élasticité : d'où une diminution dans la taille et dans la souplesse des mouvements. Les deux pubis sont aussi unis par une symphyse.

3° Les articulations *mobiles* sont les plus variées et les plus nombreuses.

Une articulation mobile (*fig.* 203), comme celle du genou ou du coude par exemple, se compose : 1° d'un *cartilage articulaire*, qui recouvre les deux surfaces osseuses en contact ; ce cartilage, étant compressible et élastique, forme une sorte de coussinet protecteur qui amortit les chocs et diminue les frottements ; 2° de *ligaments*, qui vont d'un os à l'autre et qui sont destinés à maintenir les deux os en contact : ils peuvent être en dehors de l'articulation et

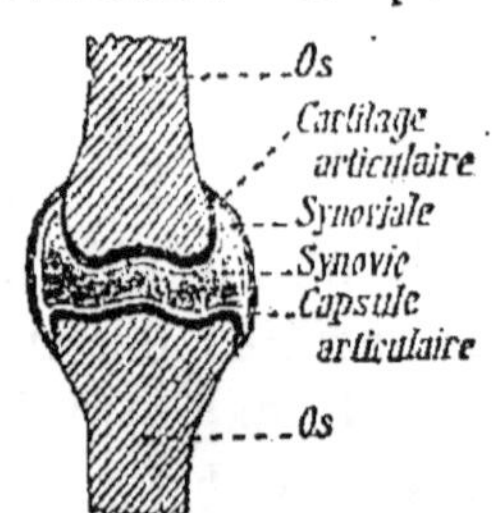

Fig. 203. — Articulation mobile.

former autour de celle-ci une sorte de manchon fibreux, appelé *capsule articulaire ;* ou bien à l'intérieur de l'articulation, entre les surfaces osseuses, on les nomme alors *ligaments intra - articulaires ;* 3° d'une membrane séreuse, dite *synoviale*, qui tapisse la capsule articulaire et sécrète un liquide filant, huileux, la *synovie*, destiné à lubrifier les surfaces articulaires. Chez un animal au repos, ce liquide est très aqueux, peu gluant ; mais à la suite d'un exercice prolongé, il devient épais et onctueux. Il se produit parfois à la surface du cartilage des concrétions solides (*acide urique*) ; c'est alors que l'articulation fait entendre des craquements (*arthrite*).

Si l'on immobilise un membre pendant la période d'ossification, les os se soudent et le membre s'ankylose. Dans une luxation non réduite, c'est-à-dire lorsque les os sont déboités ou dérangés de leur position normale, au bout de quelques mois l'ancienne articulation se détruit, et une nouvelle peut se produire au point où les deux os sont en contact : on peut dire qu'ici l'articulation a été produite par le mouvement. C'est une preuve de plus de ce principe biologique d'après lequel la *fonction crée l'organe*.

Rôle de la pression atmosphérique. — **Les surfaces** articulaires sont maintenues en contact non seulement par les ligaments et par les muscles qui les entourent, mais encore par la pression atmosphérique.

On le démontre facilement par l'expérience suivante : on coupe autour de la hanche d'un cadavre toutes les parties molles : muscles, ligaments et même capsule articulaire. Il semblerait alors que la jambe doive se détacher ; il n'en est rien, la tête du fémur ne sort pas de la cavité cotyloïde. Mais si l'on perce avec une vrille le fond de cette cavité, l'air pénètre et le fémur sort de la cavité. On peut ensuite y replacer la tête du fémur, lui faire exécuter quelques mouvements pour chasser l'air, boucher avec de la cire le trou que l'on a fait et le fémur reste de nouveau dans la cavité cotyloïde. C'est donc le vide obtenu par le contact des deux surfaces osseuses qui permet à la pression atmosphérique de maintenir les surfaces articulaires en place.

Si l'on tire sur les doigts, on entend des craquements dus 'à ce fait que la pression atmosphérique étant vaincue, les surfaces articulaires s'écartent, et les parties molles environnantes se précipitent entre les surfaces ; ces mouvements qui se font brusquement sont la cause du craquement entendu.

RÉSUMÉ

Le squelette est formé d'un ensemble de pièces dures, les *os*, qu
forment la charpente du corps.

Etude de l'os. — On en peut considérer la *forme*, la *structure*,
la *composition* et le *développement*.

1° *Forme* . . . { Os long : fémur, humérus.
Os plat : omoplate.
Os court : os du carpe.

2° *Structure*. . {
1. *Périoste :* membrane conjonctive et élastique.
2. *Os proprement dit* : cellules osseuses ramifiées et substance interstitielle. Canaux
de Havers où circulent les vaisseaux.
3. *Moelle* : cellules adipeuses et lymphatiques,
myéloplaxes, cellules à noyau bourgeonnant et jeunes globules rouges.

3° *Composition*. {
1. *Osséine* : substance organique.
2. *Sels minéraux* : phosphates et carbonates de
calcium.

4° *Développe-
ment . . .* {
1. Squelette muqueux ;
2.   —   cartilagineux ;
3.   —   osseux : {
Accroissement de l'os
en longueur: points
d'ossification ;
Accroissement de l'os
en épaisseur : sous
le périoste.

Une alimentation riche en sels calcaires est nécessaire pour que
l'ossification se fasse bien.

Le squelette. — Le squelette comprend trois régions : *tronc,
tête* et *membres.*

1° *Le tronc* . . {
1. *Colonne
vertébrale* { 33 vertèbres {
vertèbre : corps, trou vertébral.
apophyses.
7 cervicales (atlas, axis).
12 dorsales.
5 lombaires.
5 sacrées = sacrum.
4 coccygiennes = coccyx.
2. *Côtes* : 12 paires, dont 10 sont rattachées au
sternum par les cartilages costaux.
3. *Sternum.*

2° *La tête* . . .
- 1. *Crâne* (8 os) . : Sphénoïde, ethmoïde, frontal, occipital ; 2 temporaux, 2 pariétaux.
- 2. *Face* (14 os). . : 2 nasaux, 2 maxillaires supérieurs, 2 jugaux, 2 lacrymaux, 2 palatins, 2 cornets inférieurs ; Vomer, maxillaire inférieur.

3° *Les membres*

Membre supérieur.

Bras. . . *Humérus.*
Avant-bras . . { *Radius.* / *Cubitus.*
Main. . . { *Carpe* : 8 os. / *Métacarpe* : 5 os. / *Doigts* : 3 phalanges.

Membre inférieur.

Cuisse . . *Fémur.*
Jambe . . { *Tibia.* / *Péroné.*
Pied . . . { *Tarse* : 7 os. / *Métatarse* : 5 os. / *Doigts* : 3 phalanges.

Les ceintures . {
- 1. Epaule : omoplate et clavicule.
- 2. Hanche : os iliaque (ilion, pubis, ischion).

Articulations. — Trois variétés :
- 1. Immobiles ou *sutures* : os du crâne.
- 2. Semi-mobiles ou *symphyses* : les vertèbres.
- 3. Mobiles : la plupart des os.

Une articulation mobile, comme celle du genou, se compose de trois parties essentielles : le *cartilage articulaire* recouvrant les surfaces osseuses, les *ligaments* maintenant les os en place, une membrane séreuse, la *synoviale*.

Les surfaces articulaires sont maintenues en place non seulement par les ligaments, mais aussi par la pression atmosphérique.

CHAPITRE IX

LES MUSCLES

Le mouvement. — Le mouvement est un des phénomènes les plus caractéristiques de la vie animale.

Chez les animaux inférieurs, les mouvements sont dus à la contractilité du protoplasme. Tels sont les mouvements amiboïdes, décrits au début de ce livre.

Chez les animaux supérieurs, les mouvements s'observent facilement soit avec les cellules lymphatiques, soit avec l'épithélium vibratile. Nous avons indiqué les expériences fort simples qui montrent l'action motrice des cils vibratiles. Enfin une spécialisation des cellules se produit pour donner des *éléments musculaires*, qui possèdent à un haut degré la faculté de se contracter et par suite de se mouvoir.

Nous allons étudier successivement l'*anatomie des muscles,* leur *physiologie* et le *mécanisme des mouvements.*

I. — ANATOMIE DES MUSCLES

Les *muscles* sont les organes actifs du mouvement ; ils forment ce qu'on appelle la *chair* ; leur nombre est de 450 environ.

Chez l'Homme, on peut, d'après leur structure et d'après leurs fonctions, ranger les muscles en deux catégories : 1° les *muscles striés*, qui sont soumis à la volonté ; ils constituent les organes essentiels de la locomotion ; tels sont les muscles des membres ; 2° les *muscles lisses*, qui agissent indépendamment de la volonté, tels sont les muscles des parois de l'estomac, de la vessie, etc.

Chez les Mollusques, tous les muscles sont lisses ; chez les Arthropodes, tous sont striés ; l'Ecrevisse, par exemple, a les muscles du tube digestif aussi nettement striés que ceux des pattes.

Muscles striés. — Un *muscle strié* tel que le *biceps*, qui est situé à la partie antérieure du bras, se compose d'une partie charnue, renflée, appelée *ventre* (*fig.* 204), terminée par deux prolongements blancs et élastiques, les *tendons*. L'ensemble du muscle a la forme d'un fuseau.

Les *tendons*, qui rattachent le muscle au squelette, constitués par du tissu élastique, ne sont autre chose que les prolongements de l'enveloppe fibreuse du muscle.

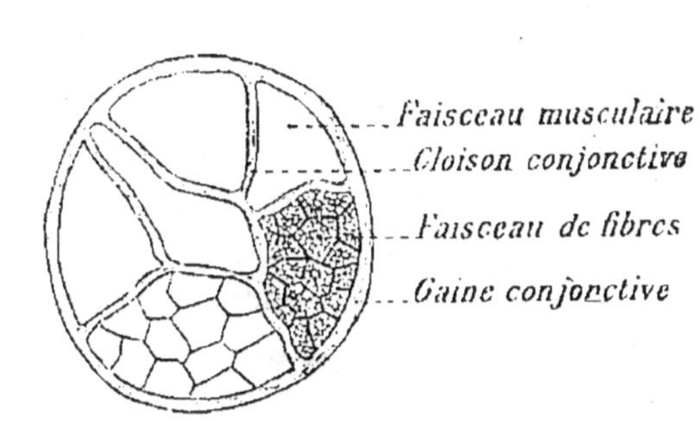

<table>
<tr><td>Fig. 204. — Un muscle long.</td><td>Fig. 205. — Coupe transversale d'un muscle.</td></tr>
</table>

Le *muscle* présente sur une section transversale (*fig.* 205): 1° une gaine conjonctive ; 2° des cloisons provenant de cette enveloppe externe et qui partagent le muscle en un certain nombre de *faisceaux musculaires* ; 3° des filaments à peine visibles à l'œil nu et qu'on appelle *fibres musculaires*. Ces fibres ont en moyenne 40μ de largeur et 3 à 4 centimètres de longueur.

Lorsqu'on regarde une de ces fibres au microscope et à un fort grossissement, on voit qu'elle présente des stries longitudinales et transversales : d'où son nom de *fibre striée* (*fig.* 206). Les stries longitudinales sont dues à l'existence dans la fibre d'un certain nombre de *fibrilles* parallèles, et

la striation transversale provient de ce que chaque fibrille
fig. 207) est constituée par des disques alternativement *sombres* et *clairs* et empilés les
uns sur les autres de telle

Fig. 206 — Fibre musculaire
striée.

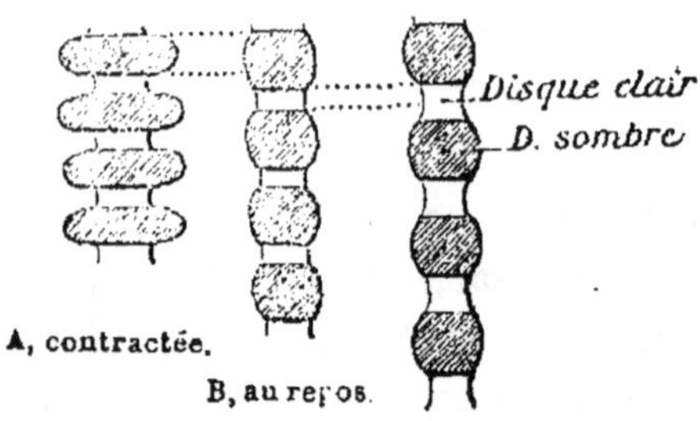

Fig. 207. — Fibrille musculaire (d'après
schéma de Mathias Duval).

façon que les disques de même nature sont au même niveau
dans toutes les fibrilles d'une même fibre. Les disques sombres sont *contractiles*, tandis que les disques clairs sont *élastiques*. En effet, sur une fibrille de muscle contractée
(*fig.* 207, A), les disques sombres apparaissent plus courts
et plus larges que sur un muscle au repos (*fig.* 207, B) ; au
contraire, sur un muscle qu'on a tendu (*fig.* 207, C), les
disques clairs sont légèrement allongés.

Lorsque le muscle se contracte, les disques clairs, qui
tout d'abord s'allongent par le fait du raccourcissement des
disques sombres, s'opposent à une contraction brusque en
emmagasinant une partie de l'énergie, qu'ils restituent ensuite en revenant sur eux-mêmes.

Chaque fibre est entourée d'une membrane à l'intérieur de
laquelle se trouvent de petits amas de protoplasme contenant
chacun un noyau. Elle résulte donc de la fusion de plusieurs
cellules.

Les muscles striés, comme nous le verrons plus loin, sont
à *contraction rapide* et *soumis à l'influence de la volonté*,
sauf ceux du cœur, qui se contractent sans que notre volonté intervienne. Leur couleur est rouge.

On peut facilement préparer des fibres striées pour les observer
au microscope. Il suffit de prendre un fragment de bœuf bouilli,
d'en dissocier les fibres le plus possible à l'aide de deux aiguilles,
puis de les examiner au microscope dans une goutte d'eau pour voir

nettement la striation transversale. On peut rendre celle-ci encore plus évidente en colorant les fibres dissociées pendant quelques instants à l'aide d'une solution saturée d'acide picrique.

Muscles lisses. — En dissociant les muscles qui forment les parois de l'estomac, ou de l'intestin, ou de la vessie, on voit qu'ils sont formés de fibres ne présentant plus l'aspect strié. Ces *fibres lisses* (*fig.* 208) sont simplement des cellules très allongées, et qui parfois même peuvent s'ajouter bout à bout.

Les muscles lisses sont à *contraction lente* et ne se trouvent pas *soumis à l'influence de la volonté*. Leur couleur est blanchâtre.

Fig. 208. — Fibre musculaire lisse.

Transitions entre les muscles striés et les muscles lisses. — Chez les animaux, il existe des fibres musculaires dont les formes sont intermédiaires entre la fibre lisse et la fibre striée.

Dans le cœur de la Grenouille, on trouve des fibres formées par une cellule allongée et présentant quelques stries sur les bords (*fig.* 209, A). Dans le cœur du jeune Mouton existent des fibres formées par des cellules placées bout à bout (*fig.* 209, B) et dont la striation est un peu plus accentuée que celle des fibres du cœur de la Grenouille. Enfin les muscles du cœur de l'Homme sont formés de fibres striées (*fig.* 209, C), où l'indépendance des cellules est encore très nette, et qui de plus ne sont pas soumises à la volonté.

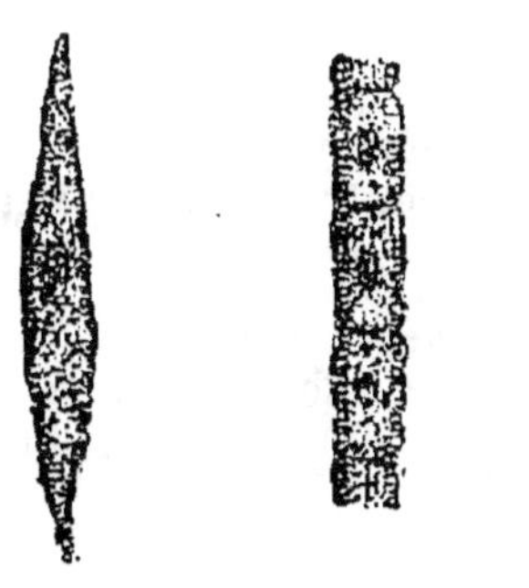

A. — Fibre du cœur de Grenouille   B. — Fibre du cœur d'un jeune Mouton.   C. — Fibre du cœur de l'Homme.

Fig. 209. — Transitions entre la fibre lisse et la fibre striée.

Toutes ces formes de transition se retrouvent chez le jeune animal en voie de développement : les cellules qui doivent être striées s'allongent d'abord, puis leur noyau se divise et la striation commence sur les bords (*fig.* 210) pour s'accentuer ensuite dans tout le protoplasme.

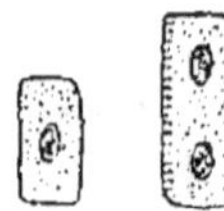

Forme et distribution des muscles. — La *forme* des muscles est très variable. Ils peuvent en effet être *longs* (biceps), *courts* (muscles interdigitaux), *larges* (diaphragme).

Fig. 210. — Développement d'une fibre musculaire striée.

Les muscles s'insèrent aussi de différentes façons : ils s'attachent par leurs deux tendons sur les os (muscles des membres) ou bien sur la peau (muscles peauciers), ou bien encore par un tendon sur l'os et par l'autre tendon sur un organe (muscles de l'œil).

Souvent deux muscles agissent sur les mêmes parties du squelette pour produire des mouvements de sens contraire : on dit que ces muscles sont *antagonistes*. Tels sont les muscles *extenseurs* et *fléchisseurs* des doigts.

Ne pouvant étudier en détail tous les muscles du corps, nous énumérerons seulement ceux qui jouent le rôle le plus important dans les mouvements et en particulier dans la locomotion (*fig.* 211 et 211 *bis*).

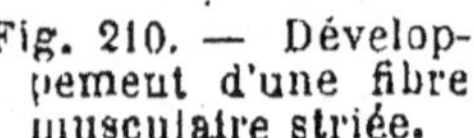

TÊTE :	*Frontal, Orbiculaires des paupières et des lèvres,* etc., dont les contractions donnent de l'expression à la physionomie.
TRONC :	*Grand pectoral, Trapèze, Grand dorsal, Muscles intercostaux,* etc., qui servent dans les mouvements du tronc, des bras et de la respiration.
MEMBRE SUPÉRIEUR :	*Deltoïde* : élève le bras. *Biceps* : fléchit l'avant-bras sur le bras. *Triceps* : antagoniste du biceps. *Fléchisseurs* et *extenseurs* des doigts.
MEMBRE INFÉRIEUR :	*Grand et Moyen fessier* : verticalité du corps. *Biceps crural* : fléchit la jambe sur la cuisse. *Triceps crural* : antagoniste du biceps. *Couturier* : fléchit la jambe sur la cuisse en la portant vers le dedans. *Jumeaux* (tendon d'Achille) : traction du pied.

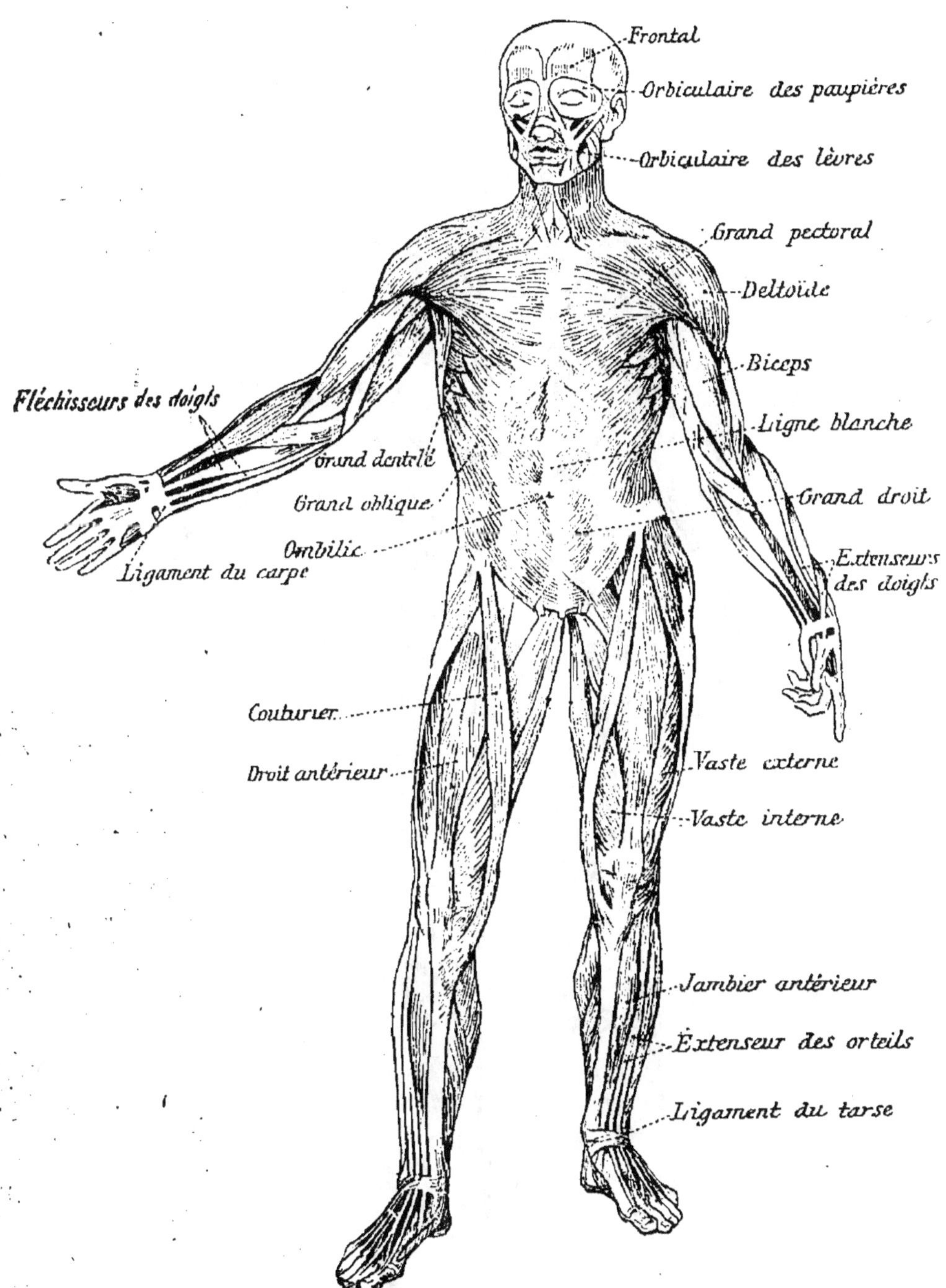

Fig. 211. — Les muscles de l'Homme (face antérieure).

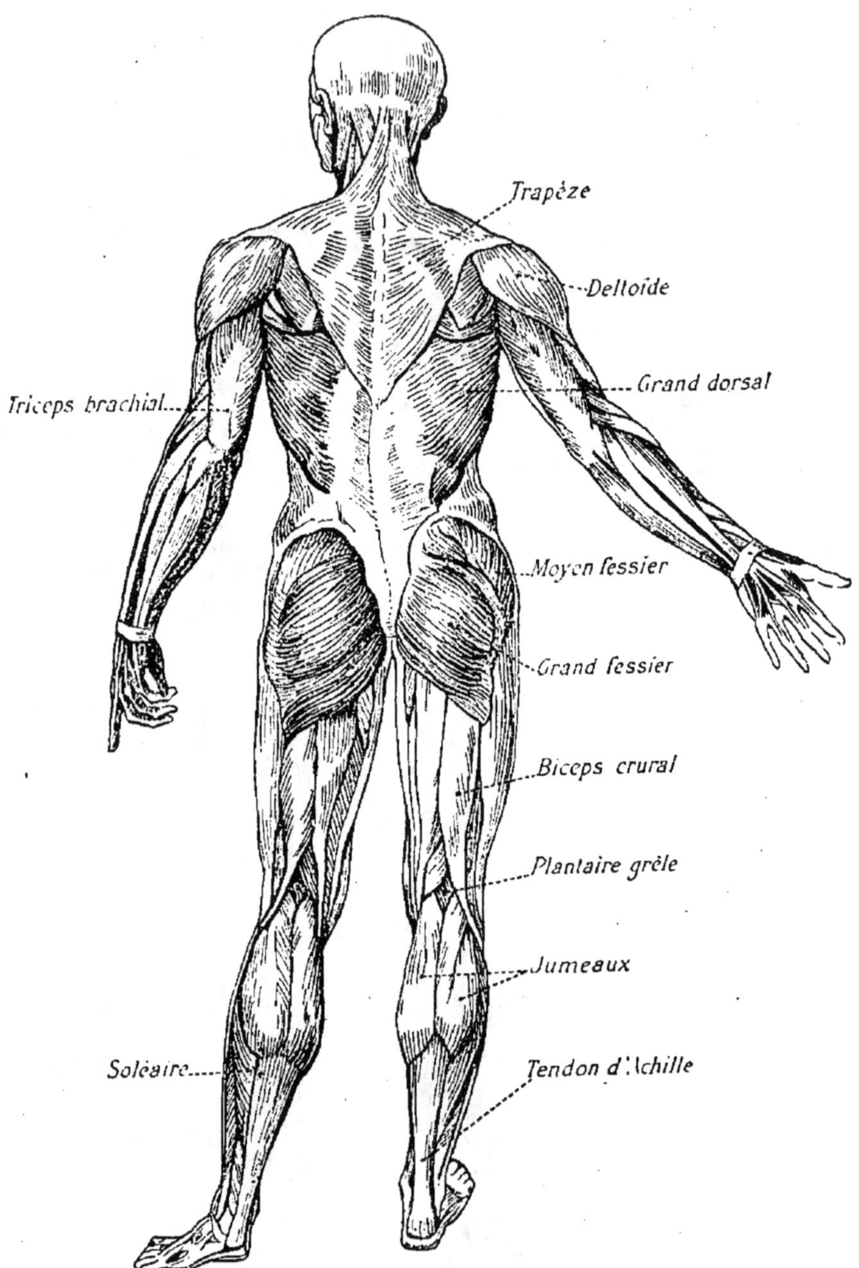

Fig. 211 *bis*. — Les muscles de l'Homme (face postérieure).

Composition du muscle. — Le muscle contient : de l'*eau*, 75 °/₀ ; des *sels minéraux* (phosphates acides et sels de potassium), environ 1 °/₀ ; des *hydrates de carbone* (glycogène, glucose), 1 °/₀ ; de la *myosine* qui est, comme nous l'avons vu, une globuline, environ 21 °/₀ ; enfin des matières azotées particulières (créatine, créatinine, etc.), environ 2 °/₀.

Le muscle doit sa coloration rouge à l'hémoglobine du sang, et à l'hémoglobine qui colore les fibres. Cette hémoglobine sert à la respiration des muscles ; elle emmagasine l'oxygène qui, au moment de la contraction, est utilisé.

Terminaisons nerveuses. — Les muscles **reçoivent** des ramifications des nerfs. Si l'on suit le nerf qui pénètre dans un muscle, on le voit se diviser de telle façon qu'à chaque fibre musculaire arrive une fibre nerveuse (*fig.* 212). Celle-ci se termine de la façon suivante : le cylindraxe de la fibre nerveuse pénètre seul dans le muscle ; il s'y ramifie en arborescence, au milieu d'un protoplasme granuleux présentant de nombreux noyaux. Il en résulte que si on excite le nerf, toutes les fibres musculaires sont **excitées** simultanément.

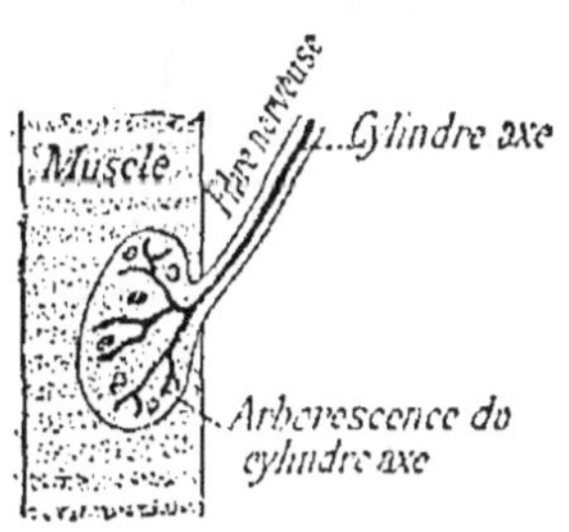

Fig. 212. — Terminaison nerveuse dans un muscle strié.

II. — PHYSIOLOGIE DES MUSCLES

Propriétés des muscles : élasticité et contractilité. — Les muscles peuvent accomplir des mouvements très variés ; en revanche, tous présentent les mêmes propriétés. Ils sont *mous* au repos, *durs* en activité.

Les deux propriétés essentielles des muscles sont : l'*élasticité* et la *contractilité*.

Les muscles sont *élastiques*, c'est-à-dire qu'ils reprennent leur forme primitive si on les en écarte. C'est une propriété importante, car on démontre qu'une force de courte durée

qui agit par intervalles, produit plus d'*effet utile* lorsqu'ell
agit par l'intermédiaire d'un corps élastique (supériorité
dans les attelages, du trait élastique sur le trait rigide).

Une conséquence de l'élasticité est la *tonicité*. Pour la

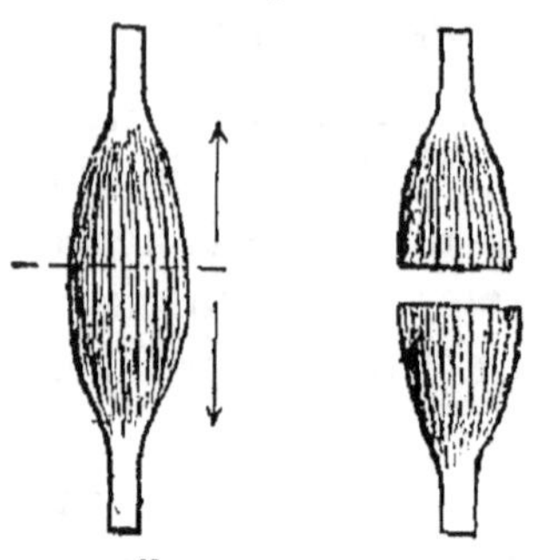

A. — Au moment
de la section.

B. — Après
la section.

Fig. 213. — Tonicité musculaire.

mettre en évidence, coupons
transversalement un muscle su
le membre d'un animal au
repos ; ce muscle va se raccourcir, et chacune de ses
moitiés va se rétracter vers le
tendon correspondant (*fig.* 213,
B). Donc, même au repos, le
muscle était légèrement tendu :
c'est cet état qu'on décrit sous
le nom de *tonicité*. Cette tonicité
est sous la dépendance du sys-
tème nerveux, car si l'on coupe d'abord le nerf qui se rend
au muscle, puis le muscle lui-même, celui-ci ne se raccourcit plus. On trouve une autre preuve de ce fait dans la
paralysie faciale, où l'on voit la moitié paralysée de la figure
entraînée vers la moitié saine, qui, elle, est en tonicité.

La contraction musculaire. — De toutes les propriétés
du muscle, la *contractilité* est la plus importante.

Sous l'influence d'un excitant, le muscle se contracte

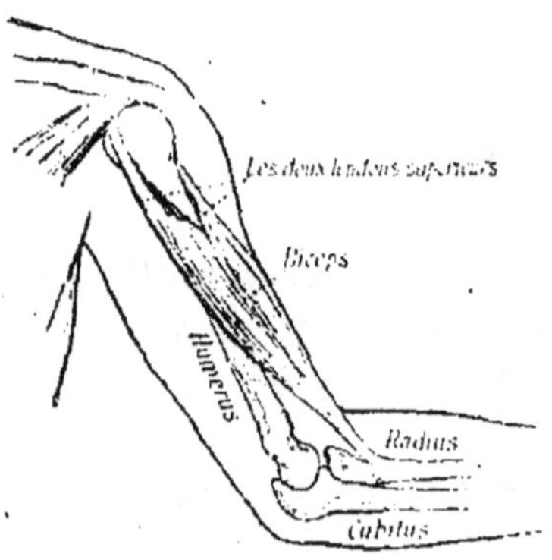

Fig. 214. — Biceps au repos.

Fig. 215. — Biceps contracté.

(*fig.* 214 et 215), c'est-à-dire qu'il diminue de longueur en

revan che, il devient dur et globuleux et son épaisseur
s'accroît, de sorte que son volume reste constant. Pour le
démontrer, il suffit de placer dans un
flacon plein d'eau (*fig.* 216) et communiquant avec un tube étroit une patte de
Grenouille reliée à une bobine d'induc-
tion : le muscle se contracte, mais le
niveau de l'eau dans le tube ne varie pas ;
donc le muscle n'a pas changé de volume.

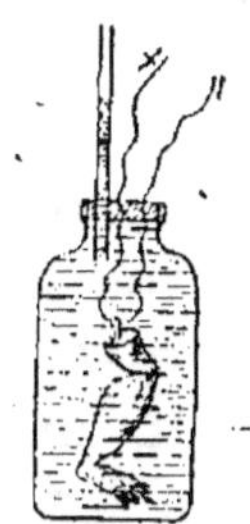

Fig. 216. — Le volume
du muscle ne varie
pas.

On peut faire la même expérience en
remplaçant la patte de Grenouille par
une Anguille vivante ; que l'Anguille
reste immobile ou s'agite, le niveau de l'eau ne subit aucune
modification.

En se raccourcissant, le muscle attaché sur les os produit
un mouvement de ces os. Ainsi le biceps en se contractant
fait ployer l'avant-bras sur le bras. La longueur du muscle
indique l'étendue du mouvement, car le raccourcissement
équivaut environ au tiers de cette longueur.

La contractilité est bien une propriété du muscle lui-
même, car si on coupe le nerf se rendant au muscle et qu'on
excite ce dernier directement, il se contracte.

La contractilité disparaît avec la vie. Sur le cadavre, les
muscles perdent peu à peu cette propriété : c'est d'abord le
diaphragme, puis la langue, les muscles des membres, et
enfin les muscles de l'abdomen. En injectant du sang
oxygéné dans un muscle mort, ce muscle redevient contrac-
tile : on le ressuscite en quelque sorte.

Les excitants du muscle. — Les excitants qui déterminent
la contraction musculaire sont nombreux. Ils peuvent être
mécaniques, physiques, chimiques ou physiologiques.

Parmi les excitants *mécaniques*, citons le choc, la piqûre,
le pincement ; les excitants *physiques* sont le chaud et le
froid, la lumière, l'électricité, qui est le plus employé de
tous. Pour exciter électriquement un muscle, on emploie
soit le courant continu, soit le courant induit. Le courant
continu ne produit de contraction qu'à la fermeture et à

l'ouverture du courant. L'intensité du courant augmente l'énergie de la contraction jusqu'à un maximum. Les courants induits agissent comme les courants continus, mais ils ne provoquent qu'une seule contraction, l'excitation de rupture se confondant avec celle de fermeture. Les excitants *chimiques*, même l'eau distillée, provoquent la contraction. Enfin l'excitant *physiologique*, qui provient des centres nerveux, est l'excitant naturel. C'est un excitant indirect, puisqu'il n'agit que par l'intermédiaire des nerfs.

Le myographe. — Pour étudier la contraction musculaire, on se sert d'un appareil appelé *myographe* et dont le but est d'amplifier le mouvement ; aussi l'appelle-t-on encore *microscope du mouvement*. Il comprend : 1° un cylindre enregistreur à mouvement d'horlogerie (*fig.* 94) et recouvert de noir de fumée ; 2° un tambour manipulateur avec curseur à crochet (*fig.* 217) et support à fourche pour une planchette de liège sur laquelle sera fixée la Grenouille dont on veut étudier la contraction musculaire ; 3° un tambour enregistreur avec support

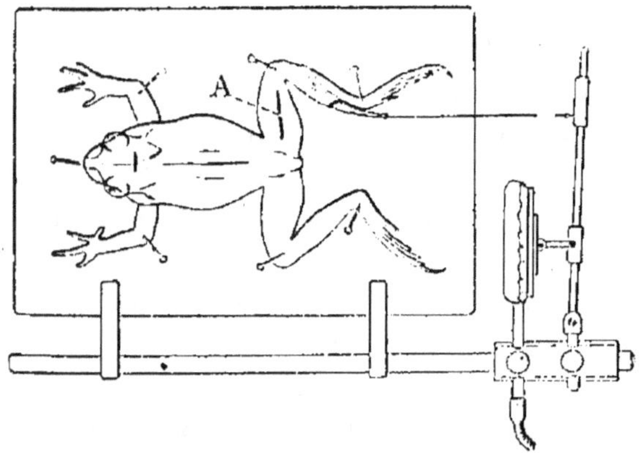

Fig. 217. — Tambour manipulateur et support pour planchette de liège.

à réglage et stylet inscripteur (*fig.* 93) ; 4° un tube en caoutchouc reliant le tambour manipulateur au tambour enregistreur.

Technique. — La technique du myographe comprend deux opérations : 1° la préparation de la Grenouille ; 2° l'expérience.

On commence par tuer la Grenouille en lui sectionnant le bulbe, puis on la *fixe sur la lame de liège* à l'aide de sept épingles : une pour la mâchoire inférieure, deux pour les bras, deux pour les genoux, deux pour les pieds. On *recherche ensuite le nerf sciatique* en coupant longitudinalement la peau dans la région médiane de la cuisse (A, *fig.* 217) ; puis on écarte les bords de l'incision et l'on aperçoit un interstice musculaire ; on y pénètre avec une aiguille spatulée et l'on écarte avec précaution les deux muscles ; on voit alors le nerf sciatique blanc accolé à l'artère fémorale noire. On sépare doucement le nerf sciatique de l'artère fémorale, puis on le charge sur les crochets de l'excitateur (*fig.* 218), que l'on fixe par ses pointes sur la lame de liège. On fend ensuite la peau de la jambe et l'on découvre le muscle du mollet, puis à l'aide d'une pince on passe un fil sous le tendon de ce muscle, près de son insertion sur l'os, on rattrape le fil du côté opposé et on lie solidement. Avec un scalpel on coupe le tendon au-dessous de la ligature, et l'on attache le fil au crochet du levier du tambour manipulateur (*fig.* 217) de manière que le fil soit tendu sans tirer sur le levier.

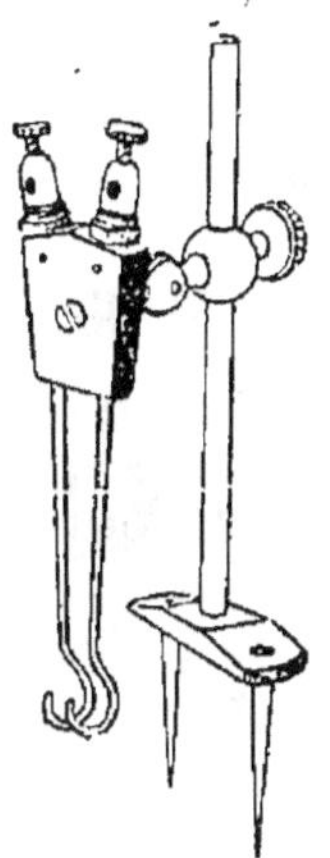

Fig. 218. — Excitateur du nerf sciatique.

Pour faire l'expérience, on met l'excitateur en relation avec une petite bobine, et l'on relie par un tube de caoutchouc le tambour manipulateur au tambour enregistreur, dont le stylet sera abaissé sur le cylindre (*fig.* 94). On déclanche le mouvement d'horlogerie et l'on envoie au nerf sciatique une succession d'excitations isolées et espacées, réalisées en interrompant et en rétablissant le courant à la main. On obtient alors une courbe qui représente la contraction musculaire. Si l'on donne une série d'excitations rapprochées en faisant fonctionner le trembleur et en l'arrêtant de temps en temps, on a une courbe représentant ce que nous appellerons plus loin le *tétanos physiologique.*

Pour étudier la courbe, on détache la feuille de papier qui enveloppe le cylindre, on la déroule avec précaution et on la plonge dans une dissolution de gomme laque dans l'alcool, ce qui fixe le tracé.

On prépare le cylindre de la façon suivante : on le recouvre d'une feuille de papier glacé, et l'on place au-dessous la flamme d'un rat de cave, assez loin pour que la partie fumeuse de la flamme vienne lécher le papier.

Secousse musculaire. — Un muscle, recevant une seule excitation de courte durée, passe rapidement en activité et revient vite au repos ; c'est ce qu'on appelle une *secousse musculaire.* La courbe obtenue (*fig.* 219) montre que cette secousse comprend trois temps : 1° un temps très court AB (environ

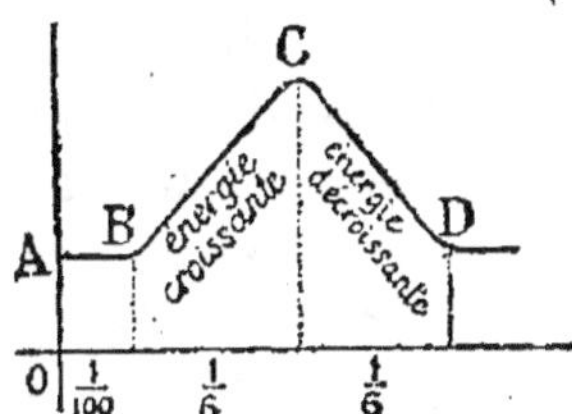

Fig. 219. — Tracé d'une secousse musculaire chez la Grenouille.

$\dfrac{\tau}{100}$ de seconde) pendant lequel le muscle ne se contracte pas : c'est le *temps perdu* ; 2° la période d'*énergie croissante* BC pendant laquelle le muscle se raccourcit, elle dure $\dfrac{1}{6}$ de seconde ; 3° la période d'*énergie décroissante* CD pendant laquelle le muscle revient au repos, sa durée est de $\dfrac{1}{6}$ de seconde. La durée d'une secousse musculaire chez la Grenouille est donc de $\dfrac{1}{3}$ de seconde environ. Elle est plus courte (*fig.* 220) chez les animaux à sang chaud (2 à $\dfrac{3}{100}$ de seconde).

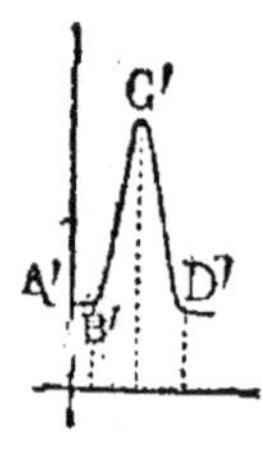

Fig. 220. — Tracé d'une secousse musculaire chez un animal à sang chaud.

Tétanos physiologique. — Si l'on fait suivre la première excitation d'une deuxième (*fig.* 221, A), on obtiendra deux secousses successives. Enfin, si l'on donne

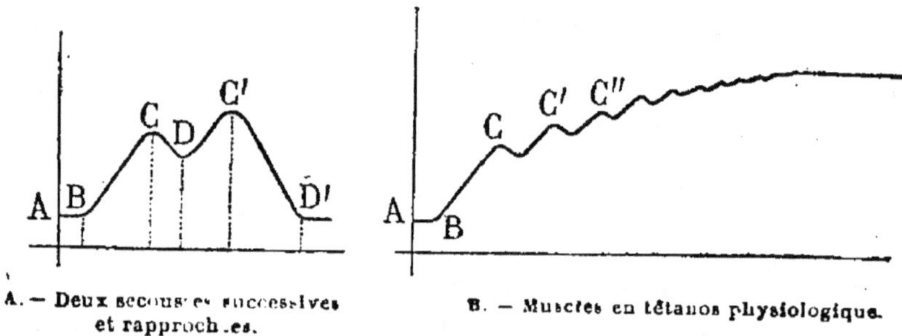

Fig. 221. — Passage de la secousse musculaire au tétanos physiologique.

une série d'excitations courtes et rapprochées, chaque excitation survenant avant que le muscle soit revenu au repos, la courbe présentera une série d'ondulations, puis finira par rester parallèle à l'axe (*fig.* 221, B) : le muscle est contracté au maximum ; on dit qu'il est en *tétanos physiologique*, parce que dans la maladie du même nom, qui est due à l'invasion de l'organisme par un microbe particulier, les muscles entrent en contraction permanente. On obtient le

tétanos complet avec 30 excitations à la seconde pour les
muscles de Gre-
nouille (*fig.* 222),
80 pour les muscles
d'Oiseaux, et 400
pour les muscles
d'Insectes. Il peut
arriver que les mus-
cles d'une région
de notre corps, de
la jambe par exem-

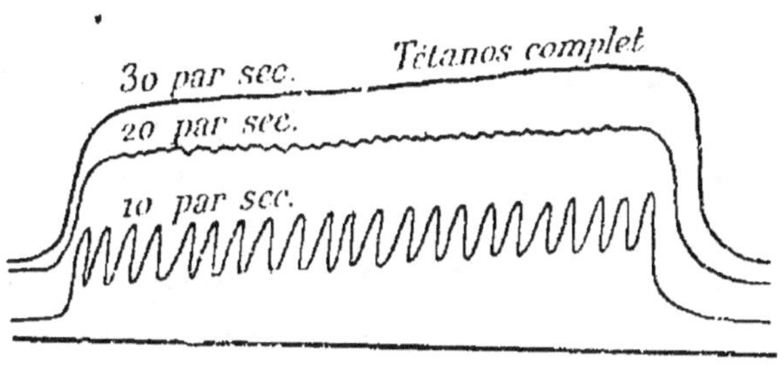

Fig. 222. — Courbes obtenues avec le muscle
de Grenouille.

ple, entrent en tétanos malgré notre volonté : c'est le
malaise connu sous le nom de *crampe*.

La contraction physiologique des muscles *sous l'influence
de la volonté* est également le résultat d'une fusion de secousses élémentaires. C'est pourquoi tout muscle qui se contracte vibre et produit un son qui répond, d'après Helmholtz,
à 40 vibrations par seconde. On peut entendre ce son sur
soi-même en contractant fortement, dans le silence de la
nuit, les muscles masticateurs.

Si les excitations portées sur le muscle ne sont séparées
que par des intervalles infiniment petits, le muscle ne se
contracte pas. On a démontré en effet qu'un courant électrique d'une grande intensité, mais de *très haute fréquence*
(c'est-à-dire interrompu un grand nombre de fois en un
temps très court, peut traverser l'organisme sans produire
aucun effet, alors qu'il pourrait tuer un individu s'il ne
présentait pas cette haute fréquence. Ainsi en faisant passer
un courant de haute fréquence (1 million de vibrations par
seconde) à travers le corps d'une personne tenant à la main
une lampe électrique, la lampe s'allume mais le sujet n'é-
prouve aucune sensation. Pourtant ces courants ne sont pas
dépourvus d'action physiologique ; on a démontré qu'ils
pouvaient diminuer la pression sanguine, ce qui les fait
utiliser en médecine dans le traitement de certaines maladies.

Sources de l'énergie musculaire et nutrition des muscles.
— Les phénomènes de *nutrition* **qui se passent dans le**

:nuscle sont différents suivant qu'il est au repos ou en activité.

Au *repos*, le muscle a une réaction *alcaline* ; il respire et
se nourrit, comme les autres tissus, par le sang qui lui est apporté.

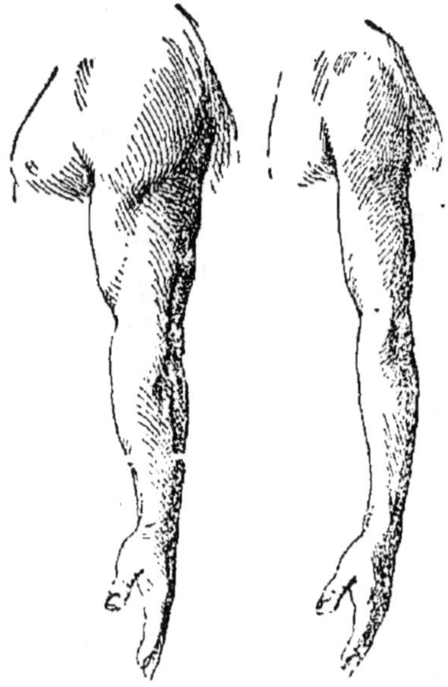

Fig. 223. — Muscles du bras chez un homme exercé et chez un homme non exercé.

En *activité*, le muscle a une réaction *acide*, due au gaz carbonique et à d'autres produits acides (acide lactique, environ
1 °/₀₀) résultant des échanges nutritifs entre le muscle et le
sang. On a démontré expéri-
mentalement que dans un muscle en activité :

1º la circulation du sang était
5 fois plus active qu'au repos ;
aussi un muscle qui travaille
régulièrement, recevant plus
de sang et par suite plus de matières nutritives, se développe-
t-il davantage : une personne
qui fait des exercices physiques a les muscles plus développés qu'une personne inactive (*fig* 223) ;

2º la composition du sang variait comme le montrent
les chiffres suivants :

Proportion pour cent :	MUSCLE	
	au repos	en activité
d' O dans le sang artériel	7,3	4,2
de CO² — — veineux	0,8	4,2

On a calculé que le muscle en activité absorbe environ
20 fois plus d'oxygène que le muscle au repos ; il brûle en
outre environ 30 à 35 fois plus de carbone. Pendant l'activité il utilise donc une partie de la réserve d'oxygène qu'il
avait emmagasinée pendant le repos.

Les oxydations qui se produisent dans le muscle en activité sont donc considérables : elles doivent être la source de l'énergie nécessaire à la contraction musculaire.

La nutrition du muscle est sous la dépendance du système nerveux, car si l'on coupe le nerf d'un muscle, le sang veineux qui sort de ce muscle contient peu de gaz carbonique, il est presque à l'état artériel ; de plus le muscle devient flasque et s'atrophie, ce qui indique évidemment un trouble dans la nutrition. Le fonctionnement des muscles dépend donc du système nerveux. Aussi a-t-on pu dire que la fonction du muscle est nerveuse.

Les aliments qui servent surtout aux muscles sont les *hydrates de carbone* (féculents, sucres) et les *graisses*. La consommation des graisses explique l'amaigrissement des personnes qui travaillent beaucoup. Mais c'est le sucre qui est le meilleur aliment du muscle, ainsi que l'ont montré de nombreuses expériences faites sur les hommes et sur les animaux. Des soldats absorbant une dose de 60 grammes de sucre par jour ont augmenté de poids plus que les soldats soumis au régime ordinaire ; en outre, leur énergie musculaire s'était accrue.

Par contre, les muscles ne consomment presque pas d'aliments albuminoïdes. En voici la preuve fournie par deux physiologistes qui firent à jeun l'ascension du Faulhorn (Alpes bernoises) ; après s'être nourris, le jour précédent, exclusivement d'hydrates de carbone et de graisses, ils déterminèrent la quantité d'urée éliminée par les reins pendant et après l'ascension et ils constatèrent qu'elle n'avait pas augmenté, malgré les 277.752 kilogrammètres de travail qu'ils avaient accomplis. Or, si le travail avait exigé une combustion notable des albuminoïdes, il y aurait eu formation d'urée en plus grande quantité. La quantité d'albuminoïdes détruite pendant l'ascension et qui correspond à la **quantité** normale d'urée aurait produit 82.636 kilogrammètres, c'est-à-dire à peine un tiers du travail produit. Il faut donc que l'énergie employée à ce travail ait sa source ailleurs que dans les matières albuminoïdes.

De nombreuses expériences faites par le physiologiste français Chauveau ont mis en lumière les faits suivants : 1° pendant le travail musculaire, la quantité de *glycogène* diminue dans les muscles et dans le foie ; 2° le sang qui traverse un muscle en travail perd beaucoup plus de glucose que pendant le repos ; d'où il résulte que l'énergie musculaire est empruntée à la combustion du sucre ou du glycogène contenu soit dans le muscle lui-même, soit dans le sang.

Les graisses peuvent aussi être utilisées pour le travail musculaire. En effet, si un animal au repos engraisse, un animal gras qui travaille beaucoup maigrit, en même temps qu'il consomme plus d'oxygène et qu'il élimine plus d'acide carbonique.

L'expérience suivante le démontre bien : on fait travailler un Chien qui jeûne depuis plusieurs jours, et l'on observe que le glycogène de son foie et de ses muscles disparaît rapidement (en quelques heures). Les jours suivants, on continue à faire travailler cet animal, et l'on constate que l'urée des urines augmente, mais que cette augmentation correspond à une consommation de matières albuminoïdes insuffisante pour couvrir la dépense énergétique. Or, le glycogène n'existant plus, il faut donc que ce soit la graisse qui ait été employée pour produire le travail accompli.

Enfin, si l'apport des hydrates de carbone et des graisses est insuffisant, les muscles empruntent aux albuminoïdes l'énergie dont ils ont besoin pour produire leur travail. Alors l'élimination de l'urée s'élève, et il apparaît des produits de déchet azotés très toxiques. C'est dans ce cas que l'on observe la fatigue.

Le muscle est un transformateur d'énergie : il produit de la chaleur, de l'électricité et du travail. — Le fonctionnement des muscles a pour conséquence la production de chaleur, d'électricité ou de travail.

1° **Chaleur.** — Nous avons vu que la principale source de chaleur animale est dans les muscles. C'est ainsi que l'exercice musculaire provoque une élévation de température de l'organisme : en moins d'une heure, sous l'influence d'une marche rapide, la température de l'aisselle s'élève de 1°. Quand on provoque la contraction générale du système musculaire par un courant électrique traversant le corps d'un

Chien, la température s'élève de plusieurs degrés, jusqu'à 45°, température mortelle. L'immobilité, au contraire, fait baisser la température ; chez un Lapin attaché, par exemple, la température rectale s'abaisse de 1° en une dizaine de minutes. On estime que la production de chaleur provenant des muscles, par rapport à la chaleur totale de l'organisme, est de 75 pour 100, à l'état de repos, et de 90 pour 100 pendant leur contraction. La chaleur produite diminue quand le muscle est fatigué.

2° Electricité. — Si on relie à un galvanomètre (*fig*. 224) deux électrodes appliquées, l'une sur la surface du muscle, l'autre sur une section transversale de ce muscle, on constate une déviation de l'aiguille du galvanomètre qui indique le passage d'un courant allant de la surface à la section du muscle. Le courant le plus fort s'obtient en plaçant les électrodes, l'une dans la partie moyenne de la surface du muscle, l'autre au centre de la section transversale ; la force électromotrice de ce courant est de 0,05 volt.

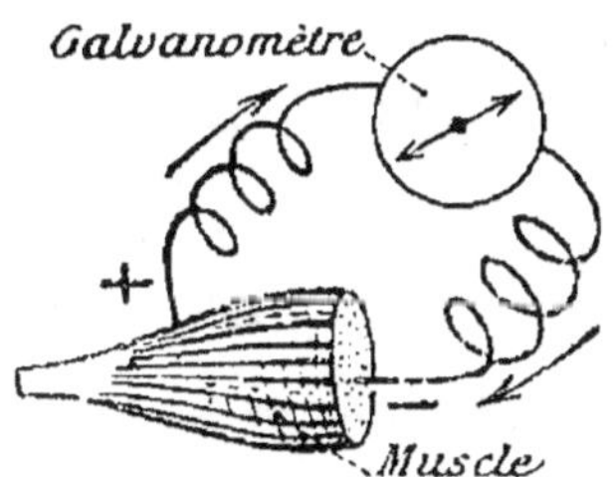

Fig. 224. — Électricité musculaire.

Si l'on fait entrer le muscle en contraction, l'aiguille du galvanomètre revient vers le zéro ; le courant diminue donc d'intensité. C'est ce qu'on a appelé l'*oscillation négative*. La contraction s'accompagne donc d'un changement dans l'état électrique du muscle, comme elle s'était accompagnée d'un dégagement de chaleur.

3° Travail. — Si l'on attache un poids à l'extrémité d'un muscle et qu'on fasse contracter ce muscle, le poids est soulevé, à moins qu'il ne soit trop lourd. Cela constitue le travail du muscle, qu'on évalue, comme en mécanique, en multipliant le poids soulevé par la hauteur du soulèvement, $T = PH$.

La hauteur du soulèvement dépend du raccourcissement du muscle et par suite dè la longueur de ses fibres. Quant à la force, elle dépend du nombre de fibres ; par suite, elle est en rapport avec la surface de la section transversale.

On peut montrer, en attachant différents poids au muscle de la cuisse d'une Grenouille, que le travail passe par un *maximum*.

Un poids de 50^g est soulevé à 9^{mm}, donc T = 50 × 9 = 450
— 100 — 7 — T = 100 × 7 = 700
— 150 — 5 — T = 150 × 5 = 750
— 200 — 2 — T = 200 × 2 = 400
— 250 — 0 — T = 250 × 0 = 0

Il y a donc un moment où le poids n'est plus soulevé : c'est ce poids qui mesure la limite de la *force absolue* du muscle. Cette force est relativement 10 fois plus grande chez les Insectes que chez l'Homme.

Il faut ajouter que la force musculaire dépend : 1° de *l'énergie de l'excitant* ; si, par exmple, notre volonté est plus énergique, elle pourra communiquer à nos muscles une force plus considérable ; 2° de *l'état du muscle* ; ainsi, un muscle fatigué ne se raccourcit plus autant, et dans ce cas, pour obtenir la même contraction, on est obligé de faire un effort de volonté plus grand.

Nous avons montré que le travail du muscle se produit aux dépens de l'énergie chimique fournie par les aliments. On est donc amené à se demander s'il y a équivalence entre cette énergie et l'énergie dépensée (chaleur et travail). Des expériences précises faites sur l'Homme placé dans un calorimètre et y travaillant des heures entières (8 heures par jour de bicycle fixe) ont montré que cette équivalence existait bien.

Une nouvelle question surgit alors : quelle est la relation entre la chaleur produite et le travail effectué ? Ce travail provient-il de la transformation de la chaleur produite suivant le rapport connu 425 (une calorie fournissant 425 kilo-grammmètres) ? Ou bien existe-t-il entre l'énergie chimique et l'énergie mécanique un intermédiaire ? C'est la question de la nature du moteur musculaire qui se pose.

Nature et rendement du moteur musculaire.—Des expériences ayant démontré que le muscle qui produit du travail mécanique s'échauffe moins que lorsqu'il ne produit pas de travail, on avait pensé qu'une partie de la chaleur produite se transformait en travail. Dans cette hypothèse, l'énergie chimique produit de la chaleur, dont une partie se transforme en travail, le reste contribuant à élever la température du muscle. La chaleur serait donc un mode d'énergie intermédiaire entre l'énergie chimique et l'énergie mécanique, comme dans le moteur thermique. Mais cette théorie est contraire au *principe de Carnot*, d'après lequel un moteur thermique ne peut fonctionner sans chute de chaleur, c'est-à-dire sans qu'il passe de la chaleur d'une partie chaude (foyer) à une partie froide (condenseur). Or, dans le muscle, aucune partie n'est assimilable soit au foyer, soit au condenseur d'une machine thermique. En appliquant le principe de Carnot au muscle, on a calculé que la température finale de cet organe, après le travail, devrait être de 65° au-dessous de zéro, ce qui est incompatible avec la vie. Donc le travail n'a pas sa source dans une transformation de la chaleur : *le moteur musculaire n'est pas un moteur thermique.*

Si la chaleur n'est pas l'intermédiaire entre l'énergie chimique et le travail, on est conduit à penser que le travail pourrait avoir sa source dans une transformation plus directe de l'énergie chimique, analogue à celle qui se produit dans une pile, où l'énergie électrique provient de la mise en œuvre des réactions chimiques. Le physicien français d'Arsonval a émis l'opinion que le muscle est un *transformateur électrique* de l'énergie chimique, et que la chaleur n'est qu'un résidu de la contraction musculaire et non la source de cette contraction.

De son côté, le physiologiste français Chauveau explique que l'énergie chimique se transforme en travail musculaire par la création de force élastique. D'après ce savant, la contraction n'est autre chose qu'une création d'élasticité ; un muscle qui se contracte, c'est un corps dont l'élasticité, qui était faible, devient forte. Chauveau a établi que les variations de cette élasticité concordent avec les variations de l'activité chimique. L'énergie chimique se transforme donc tout entière en une autre forme d'énergie qu'on

peut appeler *énergie physiologique*, et qui engendre l'élasticité productrice de travail extérieur. Toute l'énergie mise
en cause dans la contraction musculaire se retrouve dans
l'élasticité ; une partie seulement devient du travail. Quant
à la chaleur produite dans le muscle qui travaille, elle ne
serait qu'un résidu qui apparaît au moment où le muscle
revient au repos. Elle est quand même utile à l'organisme,
puisqu'elle contribue à l'entretien de la chaleur animale.

La série des transformations énergétiques conduisant des
actions chimiques au travail mécanique du muscle serait la
suivante :

Energie chimiq. = Energie physiologiq. = Travail extérieur + Chaleur.

Le *rendement* du moteur musculaire est supérieur à celui
des moteurs thermiques. En effet, dans une machine à vapeur, le rendement ne dépasse pas le 1/10 de l'énergie correspondant à la combustion du charbon, les 9/10 restants étant
perdus sous forme de chaleur ; tandis que le rendement du
muscle peut atteindre 1/4 environ de l'énergie chimique.

Fatigue musculaire. — Lorsqu'un muscle travaille normalement, le sang alcalin, en circulant, neutralise ou enlève
les acides formés ; mais si le travail est de trop longue durée, le muscle se *fatigue* et perd son excitabilité. Les produits
de désassimilation et en particulier les acides s'accumulent
dans le muscle, dont la substance ou *myosine* se coagule, ce
qui provoque sa rigidité. La fatigue se manifeste d'abord par
une sensation vague, puis par un certain tremblement musculaire. Cet état est dû à la diffusion dans le sang des produits de désassimilation qui causent des troubles de la circulation et de la respiration se manifestant par des *battements
de cœur* et de l'*essoufflement.* La fatigue est une intoxication.
Si, à ce moment, la circulation du sang est activée, ces matières toxiques seront enlevées plus rapidement et la fatigue
disparaîtra plus vite : d'où l'utilité du *massage*, qui active la
circulation.

On peut provoquer expérimentalement une fatigue instan-

tanée en injectant dans les muscles d'un animal de l'acide lactique par exemple ; ou bien encore en injectant à un animal normal du sang d'un animal fatigué. On peut au contraire faire disparaître cette fatigue en injectant une solution d'eau salée, de façon à débarrasser les muscles des matières de déchet qui s'y trouvent.

La résistance à la fatigue peut s'acquérir par l'éducation. Celle-ci permet de ne pas gaspiller ses forces, de régulariser ses mouvements, et cela par des exercices gradués : c'est ce qu'on appelle de l'*entraînement*.

Pour étudier la fatigue chez l'Homme, on se sert de l'*ergographe*, construit par le physiologiste italien Mosso.

Ergographe. — Cet appareil (*fig*. 225) permet d'enregistrer la

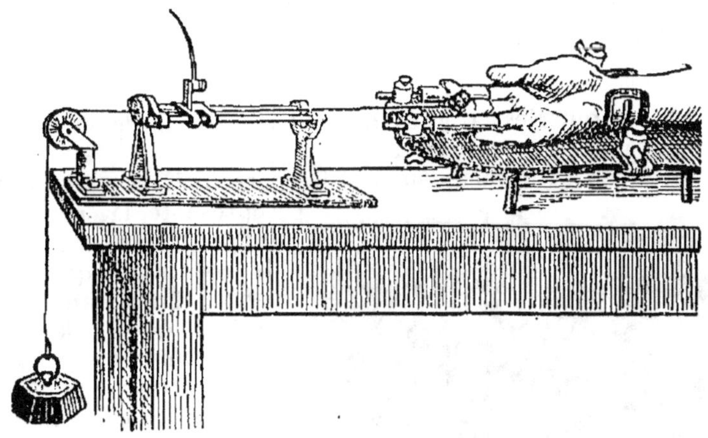

Fig. 225. — Schéma de l'ergographe.

contraction volontaire du muscle fléchisseur du doigt médius. Pour cela, l'avant-bras est fixé sur la table et la main est immobilisée, deux doigts, l'index et l'annulaire, étant engagés dans deux tubes métalliques. Entre les deux tubes, le médius, resté libre, soulève par sa flexion un poids qui y est attaché au moyen d'un fil réfléchi sur une poulie. Ce fil entraîne en même temps le mouvement d'un style inscripteur qui se déplace parallèlement et enregistre la contraction.

Le tracé de la figure 226 représente la courbe de la fatigue d'une personne normale, dont le médius droit soulève un poids de 3 kilogrammes et suivant un rythme de 2 secondes. On voit que les contractions vont graduellement en diminuant, jusqu'au mo-

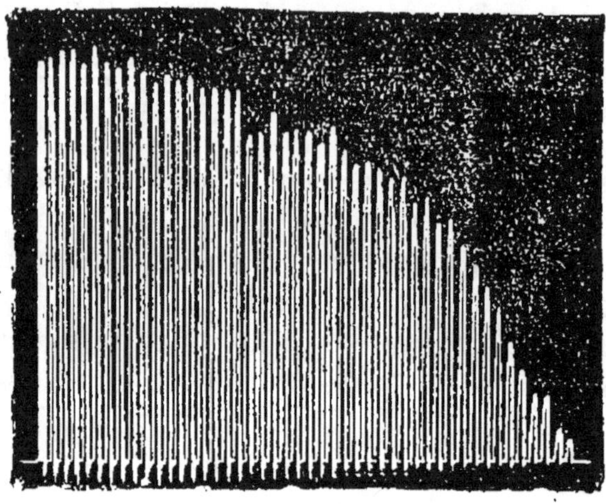

Fig. 226. — Tracé de la fatigue d'une personne normale.

ment où, les muscles fatigués n'ayant plus la force de soulever le poids, le tracé est interrompu.

Cette courbe peut varier suivant les personnes. Ainsi la figure 227 représente la courbe de la fatigue chez une personne de même âge que la précédente, vivant dans le même milieu ayant les mêmes occupations et le même régime, et placée dans des conditions expérimentales identiques.

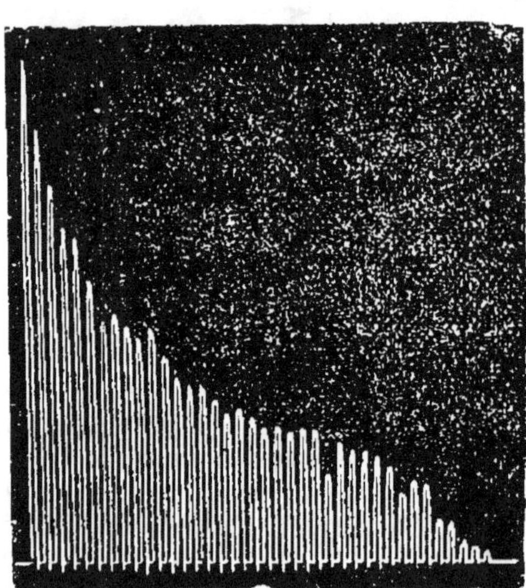

Fig. 227. — Tracé de la fatigue d'une personne débilitée.

En comparant ces deux tracés, on voit, dans le premier, les contractions du début se maintenir presque constantes, pour tomber brusquement quand commence l'épuisement de la force. Dans le second, au contraire, la force diminue rapidement au début, puis les contractions faiblissent lentement jusqu'à l'épuisement complet.

L'ergographe nous fait donc connaître la manière dont nous nous fatiguons. Si on prend des tracés chaque jour, à la même heure

sur une même personne, on obtient des tracés identiques qui
montrent que le type individuel de fatigue est constant. Pourtant
ce type varie quand les conditions de l'organisme se modifient. Il
suffit, par exemple, qu'on digère ou qu'on dorme mal, ou que l'on
fasse quelque excès pour que la courbe change ; de telle sorte
qu'une personne qui présente la courbe de la figure 226, peut sous
l'influence de causes débilitantes en fournir une qui ressemble à
celle de la figure 227.

On a remarqué qu'un muscle, épuisé par un poids donné, peut
encore fournir un travail considérable si on remplace le premier
poids par un second plus faible.

L'ergographe a permis de mettre en évidence la part qui revient
aux centres nerveux dans la fatigue. Ainsi, après une série de contractions volontaires du médius, lorsque le muscle est presque épuisé,
on excite directement le nerf médian et il se produit une nouvelle
série de contractions ; on supprime ensuite ces excitations artificielles, et les contractions volontaires sont redevenues possibles,
aussi énergiques qu'auparavant. Il est donc clair que les centres
nerveux ont pu se reposer pendant la durée des excitations artificielles.

La rigidité cadavérique.—Quelques instants après la mort
(10 minutes au moins et 6 heures au plus), les muscles
deviennent rigides et durs. C'est cet état qu'on appelle *rigidité
cadavérique.* La rigidité envahit les muscles dans l'ordre
suivant : d'abord les muscles de la mâchoire inférieure, puis
ceux du cou et des membres inférieurs, enfin ceux des membres supérieurs.

On attribue cette rigidité à la coagulation de la myosine
par l'acide lactique. Si la fatigue a précédé la mort, la rigidité
se produira plus vite, puisque la quantité d'acide est augmentée ; cette rigidité pourra même se produire au moment
de la mort. Tous les chasseurs savent qu'un gibier *forcé*, par
conséquent fatigué, est rigide aussitôt la mort. On cite un
colonel qui, tué sur le champ de bataille, avait conservé le
bras étendu dans l'attitude du commandement.

Le muscle en rigidité se raccourcit un peu ; c'est ce qui
explique l'attitude uniforme des cadavres : pouce replié dans
la paume de la main et recouvert par les doigts, mâchoires
serrées, yeux ouverts, tête renversée en arrière, membre
**supérieur en demi-flexion, membre inférieur légèrement
fléchi, abdomen excavé.**

On peut donc considérer la rigidité cadavérique comme une dernière manifestation de l'activité musculaire. Cette rigidité persiste jusqu'au moment où la myosine formée commence à se dissoudre, quand arrive la putréfaction.

Les muscles lisses subissent aussi la rigidité cadavérique. On peut l'observer sur les petits muscles qui s'attachent à la base des poils, dans l'épaisseur de la peau ; leur rigidité produit le phénomène bien connu de la *chair de poule,* que l'on constate aussi de 3 à 7 heures après la mort.

III. — MÉCANIQUE ANIMALE

La mécanique animale est l'étude des principales attitudes et des principaux mouvements des êtres vivants. Pour produire un travail mécanique utile, les muscles agissent sur les os par l'intermédiaire des tendons élastiques.

Rôle des os. Les trois genres de leviers. — Les différentes parties du squelette sont mues par la contraction des muscles qui s'y attachent. De sorte que les os jouent le rôle de *leviers*. En étudiant les divers mouvements, **on a retrouvé** les trois genres de leviers définis en mécanique.

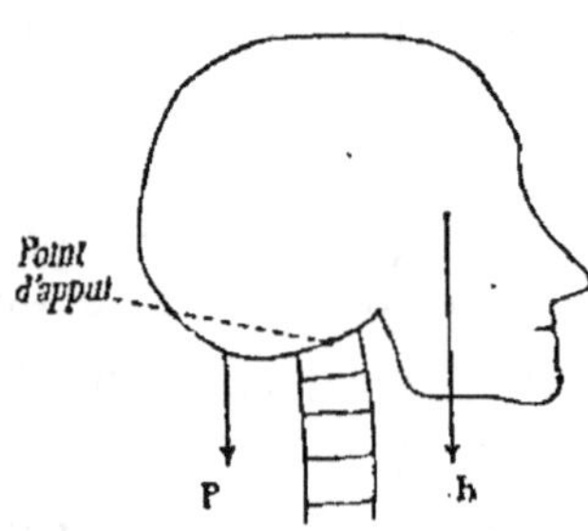

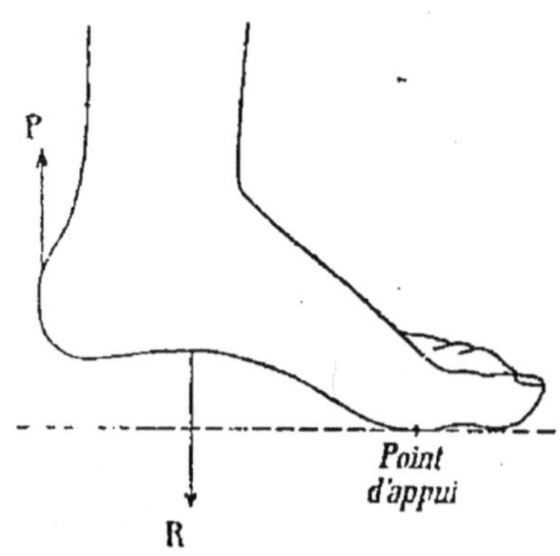

Fig. 228. — Levier du 1ᵉʳ genre.   Fig. 229. — Levier du 2ᵉ genre.

1° *Levier du premier genre* (*fig.* 228) : le point d'appui est situé entre le point d'application de la puissance P et le point d'application de la résistance R. Exemple : l'équilibre de la tête sur la colonne vertébrale ; le point d'appui est l'articulation du crâne avec la colonne vertébrale ; la résistance est le poids de la tête qui tend à faire fléchir la tête en avant, comme pendant le sommeil ; la puissance est représentée par les muscles de la nuque, qui, en se contractant, tendent à relever la tête.

2° *Levier du second genre* (*fig.* 229) : la résistance est appliquée entre le point d'appui et la puissance. Exemple : le soulèvement sur la pointe du pied ; la résistance est représentée par le poids du corps, le point d'appui est le contact de l'extrémité du pied avec le sol, et la puissance est formée par les muscles de la jambe.

3° *Levier du troisième genre* (*fig.* 230) : la puissance est appliquée entre le point d'appui et la résistance. Ce genre de levier est le plus répandu dans l'organisme. Exemple : la flexion de l'avant-bras

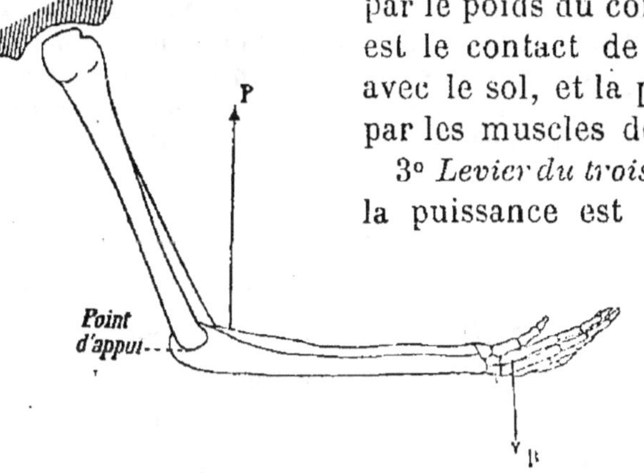

Fig. 230. — Levier du 3ᵉ genre.

sur le bras ; la puissance est le muscle biceps, le point d'appui est l'articulation du coude et la résistance le poids soutenu par la main.

Rôle des muscles et leur adaptation aux mouvements. — Dans tout mouvement, même très simple, un grand nombre de muscles entrent en jeu. Ainsi, dans les mouvements de locomotion que nous allons étudier, ce sont surtout les muscles des membres inférieurs qui fonctionnent, mais ceux du tronc agissent aussi. Le rôle des muscles dépend principalement de leur *force* et de leur *longueur*.

La force d'un muscle, nous l'avons vu, est liée au nombre de ses fibres, et par suite à son épaisseur. Sa longueur est en rapport avec le déplacement des os : un muscle court produit un déplacement peu considérable. La forme du muscle dépend donc du type de locomotion, puisque son épaisseur est en rapport avec l'énergie de l'effort à produire, et sa longueur avec l'étendue des déplacements à obtenir.

L'anatomie humaine fournit un exemple de cette loi. Certains nègres n'ont pas de mollet, et si leurs muscles sont longs et minces, c'est qu'ils agissent sur un bras de levier plus long que chez le blanc; en effet, la longueur moyenne du calcanéum est chez le nègre représentée par 7, alors qu'elle l'est par 5 chez le blanc.

Cette adaptation de la longueur des muscles aux mouvements du squelette a été démontrée expérimentalement par Marey (1887), sur des Lapins dont il réséquait le calcanéum de façon à réduire sa longueur de moitié; pendant plus d'un an, ces animaux opérés vécurent avec des animaux témoins en liberté dans les terrains de la station biologique du Bois de Boulogne. Au bout de ce temps, on constata que le muscle d'un des Lapins opérés s'était raccourci de moitié environ.

Stations verticale, assise et couchée. — Dans la station *debout*, l'équilibre est obtenu quand la verticale passant par le centre de gravité du corps (lequel se trouve au niveau de la deuxième vertèbre lombaire), tombe dans le polygone de sustentation circonscrit aux deux pieds (*fig.* 231). Pour maintenir le corps dans cette position, il faut : 1° contracter les muscles de la nuque pour empêcher la tête de s'incliner en avant ; 2° contracter les muscles spinaux pour assurer la direction rectiligne de la colonne vertébrale ; 3° contracter les muscles antérieurs de la cuisse pour empêcher le tronc de tomber en arrière.

Fig. 231. — Polygone de sustentation dans la position debout.

Dans la station *assise*, les contractions des muscles dorsaux sont nécessaires si la tête et le dos ne sont pas appuyés ; elles sont inutiles si la tête et le dos sont convenablement appuyés.

La station *couchée* est réalisée sans le concours d'aucun des muscles, qui sont tous en résolution.

Locomotion : marche, course, saut. — Trois cas sont à considérer dans la locomotion : la *marche*, la *course* et le *saut*.

La *marche* est une succession de *pas*. Donc le pas est l'élément de la marche. On l'a étudié à l'aide du cinématographe qui a permis d'enregistrer la position des membres aux différents moments de la marche. Ce qui caractérise le pas, c'est que le corps repose

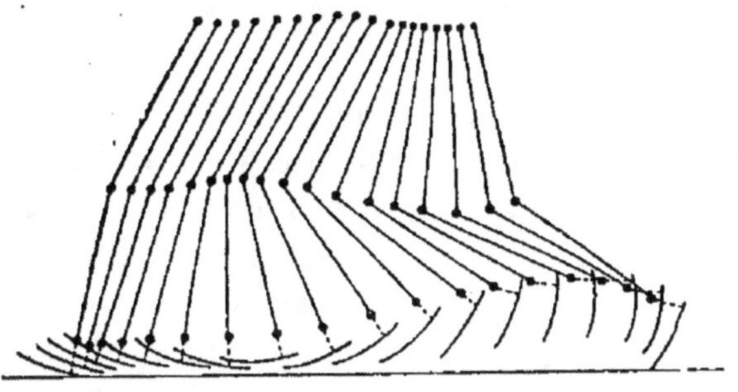

Fig. 232. — Oscillation du membre inférieur d'un Homme qui marche (d'après Marey).

toujours sur le sol soit par un pied, soit par les deux. Chaque jambe communique tour à tour au corps la force vive nécessaire à la progression. Le moteur est le muscle soléaire. La figure 232 montre que le pied de la jambe qui oscille quitte le sol par sa pointe et reprend contact par le talon.

Les différentes phases du pas (*fig.* 233) sont :
1° La période de *double-appui* (*fig.* 233, 1), pendant laquelle les deux pieds portent sur le sol, mais pas de toute leur longueur en même temps ; le corps repose sur le talon du pied antérieur et sur

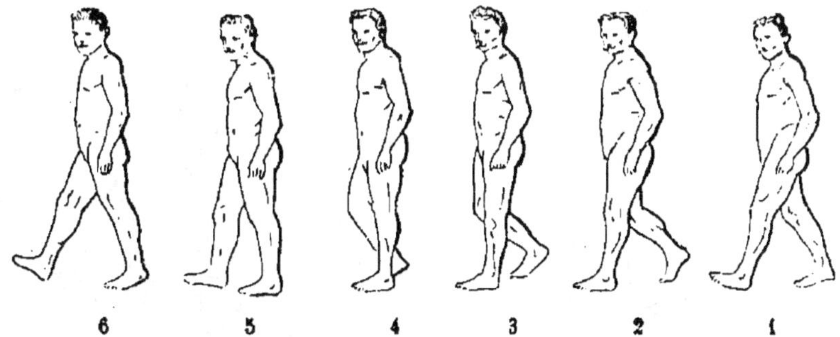

Fig. 233. — Différentes phases du pas chez l'Homme.

la pointe du pied postérieur ; la jambe postérieure est légèrement fléchie ;
2° Le *pas postérieur* (*fig.* 233, 2 et 3), pendant lequel la jambe antérieure vient à l'appui, tandis que la jambe postérieure oscille et fléchit de plus en plus ;
3° Le moment de la *verticale* (*fig.* 233, 4), pendant lequel la jambe antérieure est en extension et l'autre en flexion.

4° Le *pas antérieur* (*fig*. 233, 5 et 6), pendant lequel diminue la flexion de la jambe postérieure qui, à la fin, arrive en extension pour devenir portante à son tour.

Le corps progresse ainsi grâce à l'activité successive des deux membres inférieurs. Chaque fois que le membre actif est en extension, le poids du corps est soulevé, puis il est abaissé quand le membre devient passif. Le centre de gravité n'est donc pas fixe ; il oscille dans le sens vertical ; de sorte que pendant la marche il décrit une courbe. Il est certain que si le centre de gravité restait sur une ligne horizontale, la fatigue serait moindre.

Fig. 234. — Attitude du corps en suspension pendant le bond.

Dans la *course*, les phénomènes sont les mêmes, avec cette différence qu'à un moment donné les deux pieds quittent le sol, le corps étant suspendu en l'air (*fig*. 234). La course est plus fatigante que la marche, car le centre de gravité du corps subit des déplacements plus grands.

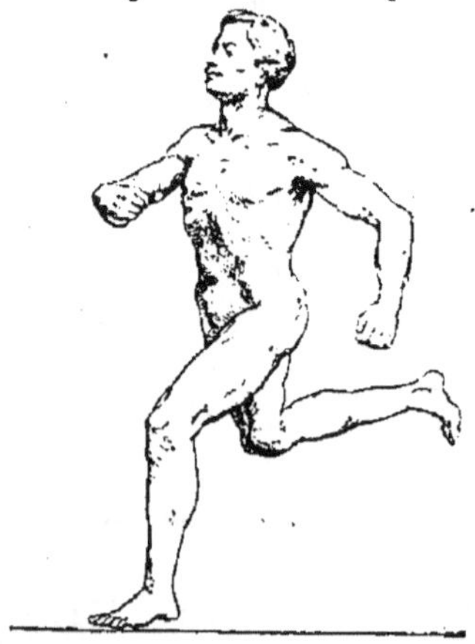

Fig. 235. — Attitude vraie du coureur donnée par la photographie.

Fig. 236. — Allure exacte d'un Cheval (colonne Trajane).

Dans le *saut*, les deux pieds quittent le sol pour y retomber en même temps.

La photographie instantanée et en particulier le cinématographe ont rendu de grands services dans l'étude des mouvements chez l'Homme et chez les animaux. On a pu analy_ser ainsi non seulement la marche et la course de l'Homme (*fig.* 235), mais le galop du Cheval, le vol d'un Oiseau, la natation d'un Poisson, etc. Ces documents photographiques sont d'un grand secours pour les artistes, car ils leur font connaître l'attitude vraie, qu'il est difficile de saisir par l'observation directe. Il est curieux de noter que la plupart des œuvres des artistes grecs et romains donnent des attitudes vraies ; c'est que les artistes de cette époque étaient d'habiles et fidèles observateurs de la nature. Ainsi l'allure du Cheval de la colonne Trajane (*fig.* 236), comme celle des chevaux de Phidias dans la frise du Parthénon, sont conformes aux allures que nous fait connaître la photographie moderne. Au contraire, certains artistes contemporains ont donné à leurs chevaux

Fig. 237. — Reproduction d'un Cheval de course d'un tableau de Géricault (Musée du Louvre), montrant l'allure inexacte donnée aux jambes.

des positions inexactes (*fig.* 237). Aujourd'hui les peintres et les sculpteurs, en utilisant le cinématographe, peuvent éviter ces erreurs d'observation et s'enrichir de documents conformes à la réalité.

RÉSUMÉ

Anatomie des muscles. — Les *muscles* sont les organes actifs du mouvement. On les range en deux catégories : 1° les *muscles striés*, soumis à la volonté ; 2° les *muscles lisses*, indépendants de la volonté.

Un muscle présente en général une partie renflée et deux parties amincies ou *tendons*.

Le *muscle strié* est formé de faisceaux musculaires, lesquels résultent du groupement de *fibres striées*.

Le *muscle lisse* est formé de fibres lisses.

Le muscle strié doit sa coloration rouge à l'hémoglobine du sang.

Les muscles reçoivent des ramifications des nerfs.

Propriétés des muscles. — Ils sont *mous* au repos, *durs* en activité.

Leurs principales propriétés sont :

1° *L'élasticité* et sa conséquence la *tonicité*.

2° *La contractilité* :
- Le muscle excité se raccourcit et devient globuleux ; il ne change pas de volume.
- La secousse musculaire est très courte (*myographe*).
- Tétanos physiologique et contraction volontaire.

Nutrition des muscles. — Le muscle en *activité* a une nutrition plus active ; les oxydations y sont plus considérables, la circulation du sang y est *cinq fois plus active* que dans le muscle au repos ; aussi le muscle actif devient-il *acide*, car il se produit de l'anhydride carbonique, de l'acide lactique, etc.

La nutrition du muscle est sous la dépendance du système nerveux, car si l'on coupe le nerf d'un muscle, le muscle s'atrophie.

Les aliments des muscles sont les hydrates de carbone (féculents, sucres) et les graisses.

Les muscles en activité consomment le glycogène qu'ils renferment et celui du foie.

Le muscle est un transformateur d'énergie. — Il produit en effet de la *chaleur*, de l'*électricité* ou du *travail*.

La principale source de chaleur animale est dans les muscles (environ 75 pour 100 de la chaleur totale).

Le travail du muscle se produit aux dépens de l'*énergie chimique* fournie par les aliments. Le moteur musculaire n'est pas un moteur thermique, car il ne présente pas de parties assimilables à la source chaude et à la source froide, sans lesquelles aucun moteur thermique ne peut fonctionner. Des expériences ont conduit à penser que l'énergie chimique se transforme directement en *énergie physiologique*, celle-ci donnant le *travail extérieur* et la *chaleur* qui se produit dans le muscle qui travaille.

Un *travail* exagéré produit la *fatigue* du muscle ; les acides formés s'accumulent dans le muscle et coagulent la *myosine*, en produisant la *rigidité*. On étudie la fatigue et ses effets à l'aide de l'*ergographe*.

Mécanique animale. — Les 3 genres de leviers se trouvent
dans les divers mouvements du corps.

La *marche* est une succession de *pas*; et le pas est caractérisé par
ce fait que le corps repose toujours sur le sol soit par un pied, soit
par les deux; tandis que dans la *course* les deux pieds, à un moment
donné, quittent le sol.

CHAPITRE X

SYSTÈME NERVEUX

Le *système nerveux* remplit dans l'organisme **un double** rôle : 1° il assure les rapports de l'Homme avec le monde extérieur ; 2° il met en relation les différentes parties de l'organisme, établissant ainsi une solidarité entre les diverses fonctions organiques.

I. — ANATOMIE DU SYSTÈME NERVEUX

Le *système nerveux*, dans son ensemble, présente trois parties à considérer : 1° le *système nerveux central*, comprenant la *moelle épinière*, située dans le canal rachidien, et l'*encéphale*, qui remplit la boîte cranienne ; 2° les *nerfs*, qui sont comme des fils conducteurs s'échappant du système nerveux central pour se rendre dans tous les organes ; 3° le *grand sympathique*, formé par deux chaînes nerveuses situées de part et d'autre de la colonne vertébrale et reliées, d'un côté, avec le système nerveux central, et de l'autre, avec les différents organes ou viscères.

§ 1. — Le tissu nerveux et son origine.

Origine du système nerveux. — Chez l'embryon, les cellules qui se trouvent en rapport avec le milieu extérieur sont les plus aptes à nous renseigner sur ce milieu ; aussi donnent-elles les *cellules nerveuses* : c'est en effet aux dépens de cette couche superficielle ou *ectoderme* que prend naissance le système nerveux.

De bonne heure on voit apparaître sur la partie dorsale de l'embryon une ligne superficielle qui se déprime en son milieu pour donner la *gouttière médullaire* (*fig*. 238, A). Sur une coupe transversale (*fig*. 238, B), on voit les bords de cette gouttière se rapprocher, puis se souder de façon à former un

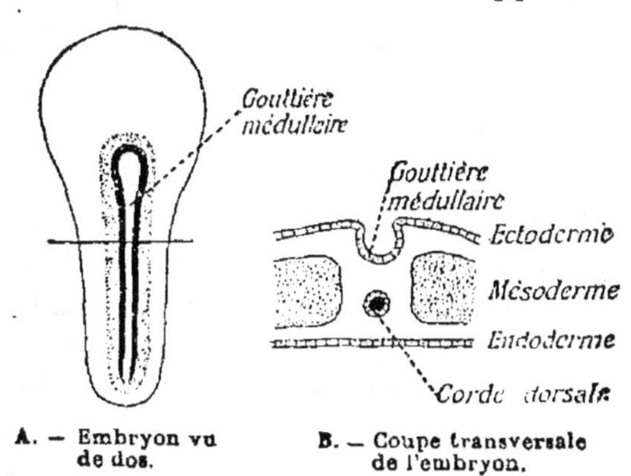

Fig. 238. — Formation de la gouttière médullaire.

canal (*fig*. 239) qui s'étend suivant l'axe de l'embryon : c'est le *tube* ou *canal médullaire* d'où provient tout le système

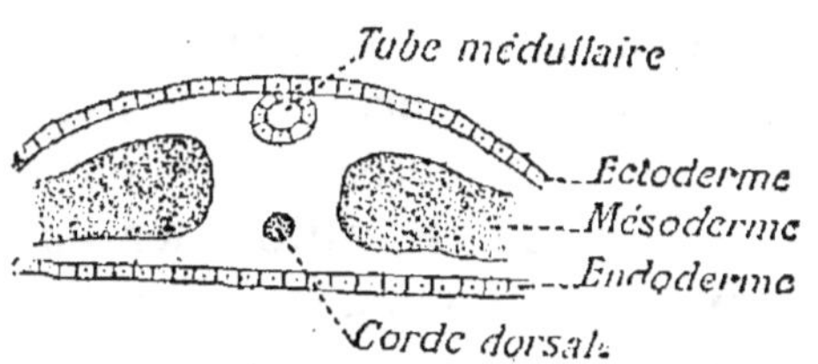

Fig. 239. — Le tube médullaire est formé.

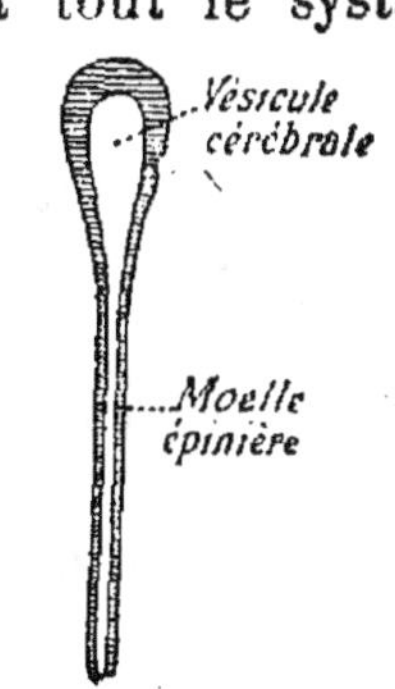

Fig. 240. — Etat primitif du système nerveux central.

nerveux central. La partie cylindrique (*fig*. 240) donnera la moelle épinière et la partie antérieure, renflée, donnera l'encéphale.

Les cellules de l'ectoderme qui forment ce tube nerveux vont se différencier peu à peu pour constituer les éléments du tissu nerveux. L'élément fondamental du tissu nerveux a reçu le nom de *neurone*.

Neurone : cellule et fibre nerveuses. — Un *neurone* est constitué par une *cellule nerveuse* et ses ramifications.

La *cellule nerveuse* possède un gros noyau et n'a pas de membrane. Elle envoie deux sortes de prolongements (*fig*. 241) : les uns, courts, épais et très ramifiés, forment un panache : ce sont les prolongements protoplasmiques ou dendrites ; un autre, appelé *cylindraxe*, plus réfringent, plus mince, et rarement ramifié, présente seulement à son extrémité un buisson de branches terminales. Chaque cellule ne comprend qu'un cylindraxe, qui peut se prolonger jusqu'aux extrémités des membres. Les ramifications d'un neurone peuvent se mettre en *contact* avec les prolongements d'un neurone voisin, ce qui établit entre les éléments nerveux une *contiguïté* et non une *continuité*.

Le cylindraxe est ainsi appelé parce que, sorti des centres nerveux, il s'entoure d'une gaine de cellules protectrices pour former la *fibre nerveuse* dont il occupe le centre. De sorte que la fibre nerveuse doit être considérée comme un prolongement de la cellule nerveuse, et non comme un élément indépendant.

Deux cas peuvent alors se présenter :

1° Les cellules traversées par le cylindraxe (*fig.* 242) con-

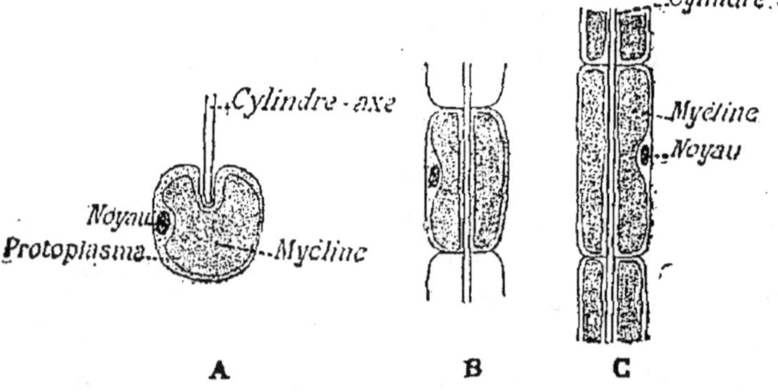

Fig. 242. — Formation de la fibre nerveuse à myéline.

Fig. 241. — Neurone.

tiennent une graisse phosphorée, la *myéline*. On a ainsi une *fibre à myéline,* dans laquelle le cylindraxe est entouré d'un manchon de myéline, puis d'une gaîne contenant le noyau cellulaire et le protoplasme. La myéline donne à la fibre un aspect blanc brillant.

2° Les cellules traversées par le cylindraxe ne contiennent pas de myéline : on a alors une *fibre sans myéline*, que son aspect terne fait parfois désigner sous le nom de *fibre pâle*.

Les cellules nerveuses forment la *substance grise* des centres nerveux (moelle épinière et encéphale) ; tandis que les cylindraxes constituent la *substance blanche* de ces centres. En dehors de ces derniers, les cylindraxes, devenus des fibres nerveuses, vont former les *nerfs* en se groupant et en s'entourant d'une gaîne conjonctive.

Il est relativement facile de faire une préparation démonstrative de cellules nerveuses. Pour cela on se procure un morceau de moelle épinière fraîche de Bœuf, et on le sectionne transversalement en petits tronçons de quelques millimètres de longueur, qu'on plonge dans du picrocarmin pendant 24 heures. On constate que la substance grise est colorée en rouge, tandis que la substance blanche est à peine rose. Il suffit alors de prélever avec une aiguille lancéolée un peu de la substance grise au niveau de la corne antérieure, puis de l'étaler sur une lame en une couche aussi mince que possible, et de l'examiner après avoir ajouté une goutte de glycérine et une lamelle. Si la myéline rend la préparation opaque, on plonge la lame dans de l'alcool à 90°, puis dans de l'alcool absolu (plusieurs minutes), et l'on recouvre la préparation d'une goutte d'essence de girofle et d'une lamelle. Les cellules nerveuses apparaissent alors avec leurs prolongements et leur gros noyau.

Développement et modifications d'un neurone. — Il est intéressant de remarquer que le neurone sera d'autant plus compliqué qu'il sera plus âgé. De même, plus un animal est élevé en organisation, plus les prolongements protoplasmiques et les cylindraxes seront ramifiés (*fig.* 243).

C'est ainsi que chez l'Homme la cellule nerveuse est d'abord simple, sans prolongement protoplasmique, comme chez les Vers et les animaux inférieurs ; puis bientôt elle pousse une tige protoplasmique, dont le panache se développe peu à peu. Parfois apparaissent des ramifications latérales du cylindraxe (*fig.* 244).

On a pu observer, dans certaines maladies, des altérations du neurone. C'est ainsi que dans la rage que l'on donne

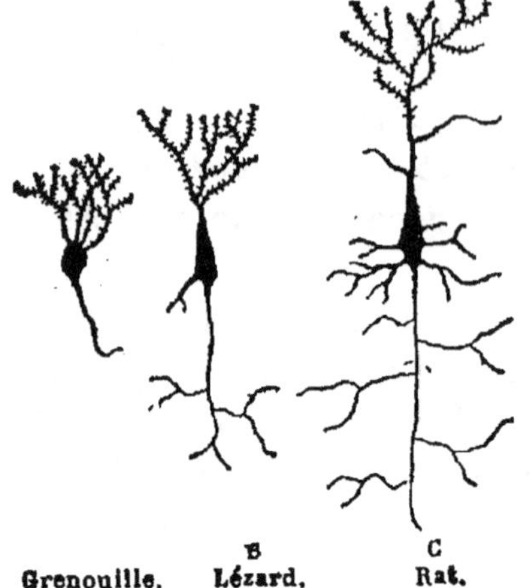

Fig. 243. — Neurone chez quelques Vertébrés.

Fig. 244. — Différents stades du développement d'un neurone.

expérimentalement au Lapin, le panache protoplasmique des cellules du cerveau disparaît ; il reste seulement la tige centrale et quelques rameaux présentant çà et là des boules de myéline. On a trouvé des lésions comparables dans quelques-unes des maladies qui altèrent les facultés intellectuelles, comme la paralysie générale par exemple. La cellule elle-même se déforme et reprend l'aspect qu'elle avait dans l'embryon, ce qui justifierait, même anatomiquement, l'expression commune : *retourner en enfance.*

Des altérations des neurones ont été observées aussi chez les alcooliques.

Composition chimique du système nerveux. — Le système nerveux est essentiellement composé d'*albuminoïdes*, de *lécithine*, qui est une graisse phosphorée, et d'un alcool monoatomique, la *cholestérine.* La lécithine est surtout abondante dans la matière grise (17 pour 100).

§ 2. — Les centres nerveux.

Les *centres nerveux* comprennent la *moelle épinière* et l'*encéphale*, formant ce qu'on appelle encore l'*axe cérébro-spinal.*

La moelle épinière. — La *moelle épinière* est un long cordon nerveux qui s'étend, dans le canal rachidien, du trou occipital jusqu'à la 2e vertèbre lombaire.

Elle provient du *canal médullaire*; les parois de celui-ci se sont épaissies et sa cavité a donné le *canal de l'épendyme*, que l'on observe au centre de la moelle (*fig.* 247).

Chez l'adulte, la moelle épinière, cylindrique, a un diamètre d'environ 1 centimètre ; elle présente deux renflements : le *renflement cervical* (*fig.* 245) au niveau de la naissance des nerfs qui se rendent aux membres supérieurs, le *renflement lombaire* au niveau des nerfs qui se rendent aux membres inférieurs. Ces renflements sont parfois considérables : pour certains Reptiles fossiles de l'époque secondaire (*Iguanodon*),

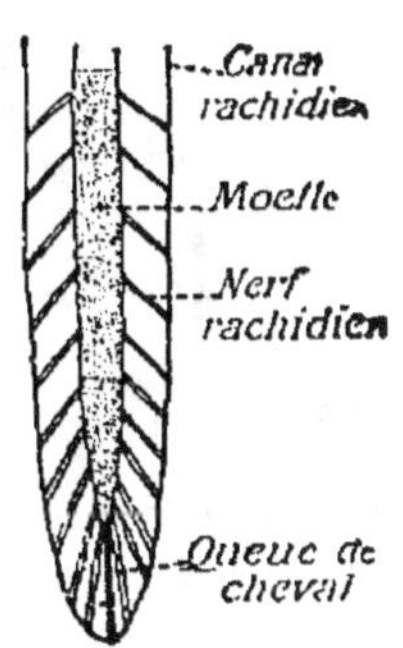

Fig. 246. — Terminaison de la moelle épinière.

Fig. 245. — La moelle épinière.

ces renflements étaient plus gros que le cerveau.

A sa partie inférieure, la moelle se termine par un long filament qui est rattaché à l'extrémité du canal rachidien, et de chaque côté se trouvent de nombreux nerfs disposés en *queue de cheval* (*fig.* 246).

En enlevant les enveloppes de la moelle, on voit qu'elle présente un certain nombre de *sillons* longitudinaux : le *sillon antérieur* (*fig.* 247) et le *sillon postérieur*, qui partagent la moelle en deux moitiés symétriques ; les deux *sillons latéral antérieur* et *latéral postérieur*, qui coïncident avec les lignes où s'implantent les racines antérieures et postérieures des nerfs rachidiens ; enfin le *sillon intermédiaire*, situé entre le sillon postérieur et le sillon latéral postérieur.

La moelle épinière, sur une coupe transversale (*fig.* 247), montre : 1° une *substance blanche* à la périphérie ; 2° une *substance grise* centrale ayant la forme d'un X dont les extré-

mités renflées donnent les *cornes antérieures* et *postérieures*
de la moelle. Au centre de cette substance grise se trouve le

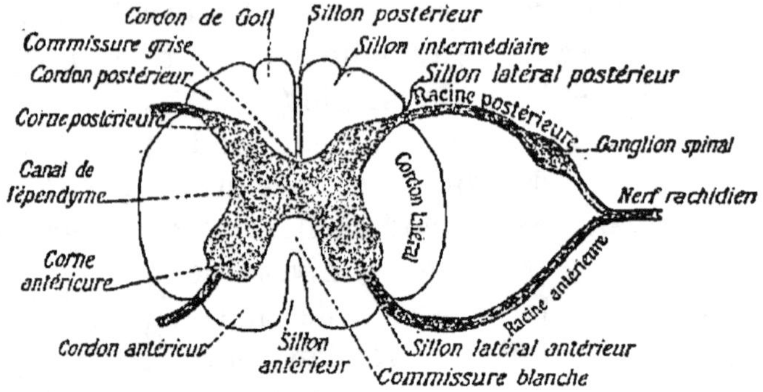

Fig. 247. — Coupe transversale de la moelle épinière.

canal de l'*épendyme*, qui est le reste du tube médullaire de
l'embryon. La substance blanche est formée de fibres à myéline ; la substance grise de cellules nerveuses.

Structure de la substance grise. — Au niveau des cornes
antérieures émergent les racines antérieures des nerfs rachidiens,
tandis que les racines postérieures aboutissent à la moelle au niveau

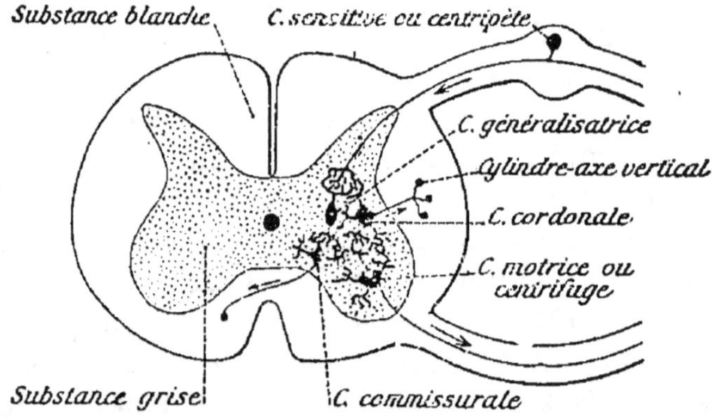

Fig. 248. — Structure de la substance grise.

des cornes postérieures. Ces dernières (fig. 248) sont en relation
avec les ramifications de cellules spéciales (*cellules sensitives* ou
neurones centripètes) placées dans le ganglion spinal des racines
postérieures des nerfs rachidiens. La substance grise contient
quatre sortes de cellules : 1° dans les cornes antérieures, de grosses

cellules étoilées (*cellules motrices* ou *neurones centrifuges*), dont les cylindraxes vont former les racines antérieures des nerfs rachidiens et de là dans les muscles ; 2° des cellules (*cellules généralisatrices*) dont le cylindraxe court se ramifie dans la substance grise, généralisant par suite les excitations venues du ganglion spinal en les transmettant à plusieurs cellules voisines au même niveau ; 3° des cellules (*cellules cordonales*) réparties dans toute la substance grise et dont le cylindraxe aboutit à la substance blanche, s'y ramifie en plusieurs branches qui deviennent verticales et vont former les cordons ; souvent il donne deux branches, l'une ascendante, l'autre descendante, qui vont se terminer dans la substance grise en se mettant en rapport avec les dendrites d'une autre cellule. Ces branches émettent aux différents niveaux des branches collatérales qui se terminent à différentes hauteurs, reliant ainsi les neurones de plusieurs étages de la moelle et établissant une sorte de commissure longitudinale ; 4° des cellules (*cellules commissurales*) dont le cylindraxe va passer dans la substance blanche et aboutir de l'autre côté de la moelle en constituant la commissure blanche.

Sur la figure 248 on n'a représenté qu'une cellule de chaque sorte : pour avoir une idée de la réalité, il faut évidemment imaginer un très grand nombre de ces cellules diverses, enchevêtrées dans tous les sens.

Structure de la substance blanche — La substance blanche est divisée anatomiquement, par les sillons décrits plus haut, en trois cordons : *antérieur*, *latéral* et *postérieur* ; ce dernier se divise lui-même en deux, le *cordon de Goll* en dedans, le *cordon de Burdach* en dehors. Mais nous verrons que physiologiquement cette division est insuffisante : en effet, il est démontré qu'au point de vue fonctionnel, les fibres de la substance blanche se groupent en *faisceaux* distincts. Par l'observation et par l'expérience, on est arrivé à différencier ces faisceaux ainsi que le représente schématiquement la figure 249.

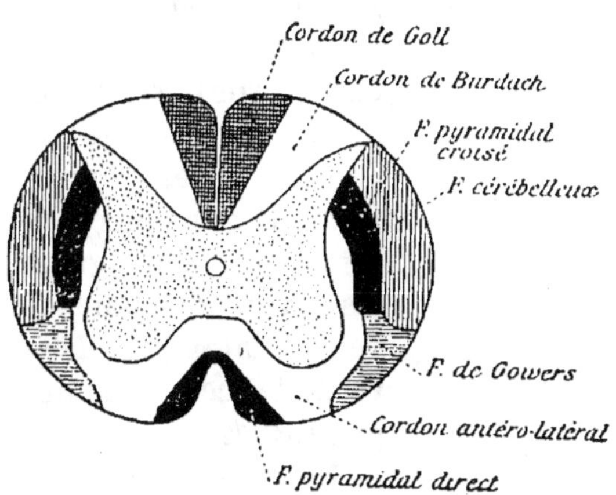

Fig. 249. — Schéma des faisceaux qui composent les cordons blancs de la moelle.

L'encéphale. — *L'encéphale* comprend tous les centres

nerveux contenus dans la boîte crânienne. Vu de profil

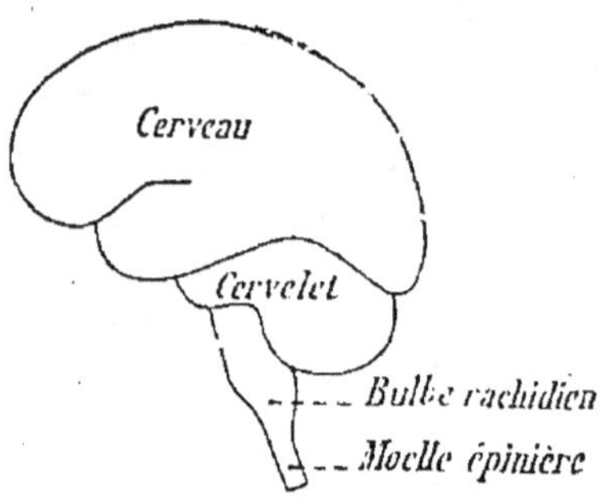

Fig. 250. — Encéphale vu de profil.

(*fig.* 250), il montre trois parties essentielles : le *cerveau*, le *cervelet* et le *bulbe rachidien*.

L'anatomie de l'encéphale quoique compliquée, est facile à comprendre si l'on suit le développement de cet organe chez l'embryon.

L'encéphale provient de la partie antérieure du tube nerveux, et ses cavités ou *ventricules* proviennent de la vésicule cérébrale primitive.

La vésicule cérébrale primitive (*fig.* 240) se **partage d'abord** en trois (*fig.* 251, A), puis en cinq *vésicules cérébrales* (*fig.* 251, B), avec cinq cavités ou *ventricules*. On leur a donné les noms de : *cerveau antérieur, cerveau intermédiaire, cerveau moyen, cerveau postérieur* et *arrière-cerveau.* Ces cinq vésicules sont représentées, sur les figures, par des signes conventionnels que nous conserverons pour figurer les diverses régions de l'encéphale qui dérivent de ces vésicules primitives.

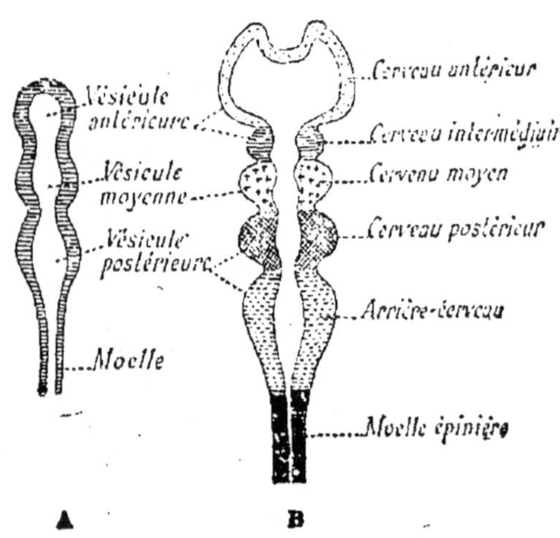

Fig. 251. — Les vésicules cérébrales primitives.

Les modifications que vont subir ces vésicules se compliquent en allant de l'arrière-cerveau vers le cerveau antérieur ; nous les étudierons en suivant le même ordre pour aller du simple au composé.

ventricule. — Le *bulbe rachidien*, qui a la forme d'un tronc de cône, unit la moelle épinière à l'encéphale ; il provient de l'arrière-cerveau, qui a épaissi sa paroi antérieure (*fig.* 252) et aminci sa paroi postérieure. La cavité forme le *4ᵉ ventricule*

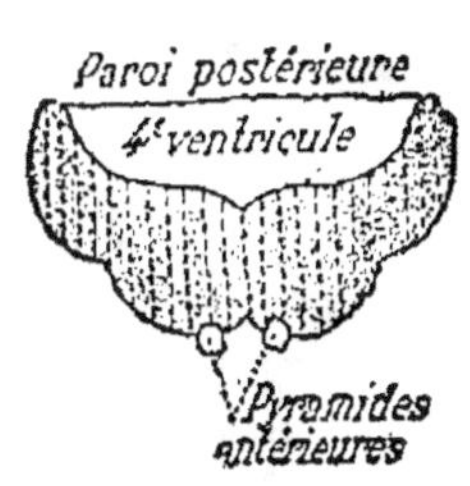

Fig. 252. — Coupe transversale du bulbe rachidien.

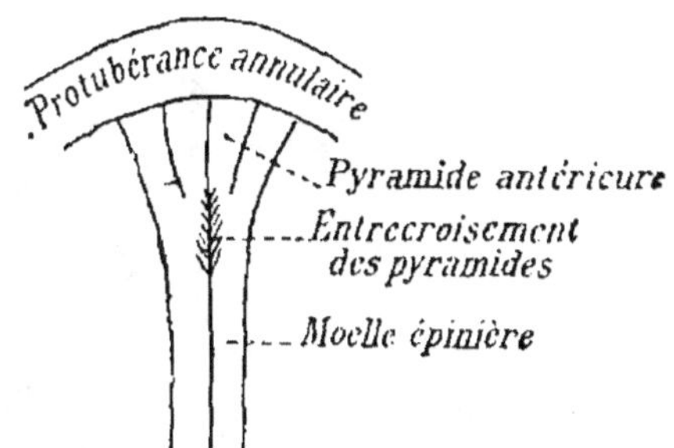

Fig. 253. — Face antérieure du bulbe rachidien.

qui est recouvert à sa partie postérieure d'une mince lamelle nerveuse. A la périphérie du bulbe, on voit des cordons de substance blanche appelés *pyramides*. Les *pyramides antérieures* (*fig.* 253) sont centrifuges ou motrices, les *latérales* et *postérieures* sont centripètes ou sensitives. Ces dernières, qui continuent les cordons de Goll de la moelle, s'écartent pour limiter un espace triangulaire présentant un sillon médian (*fig.* 256), appelé *calamus scriptorius*, à cause de sa ressemblance avec une plume à écrire.

Par une série de coupes transversales faites à différents niveaux dans le bulbe, on a pu voir comment les cordons de la moelle se continuaient dans le bulbe et dans l'encéphale.

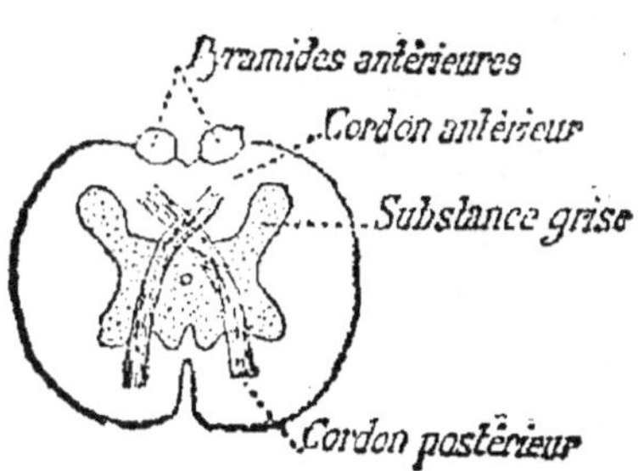

Fig. 254. — Coupe du bulbe au niveau de la décussation des pyramides.

Certains, comme les cordons de Goll, passent directement pour former les pyramides postérieures ; d'autres, comme les *cordons postérieurs* (*fig.* 254), passent en avant et se croisent pour aller former les *pyramides antérieures* : le cordon postérieur gauche aboutit par conséquent à la pyramide antérieure droite. Cet entrecroisement des cordons est désigné sous le nom de *décussation des pyramides*.

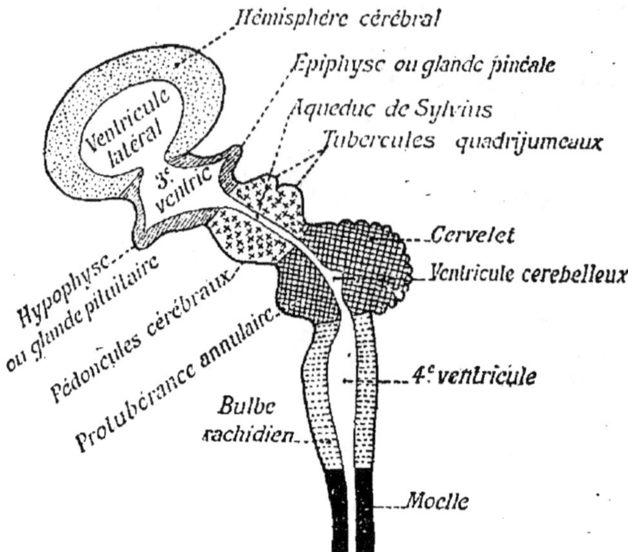

Fig. 255. — Développement de l'encéphale.

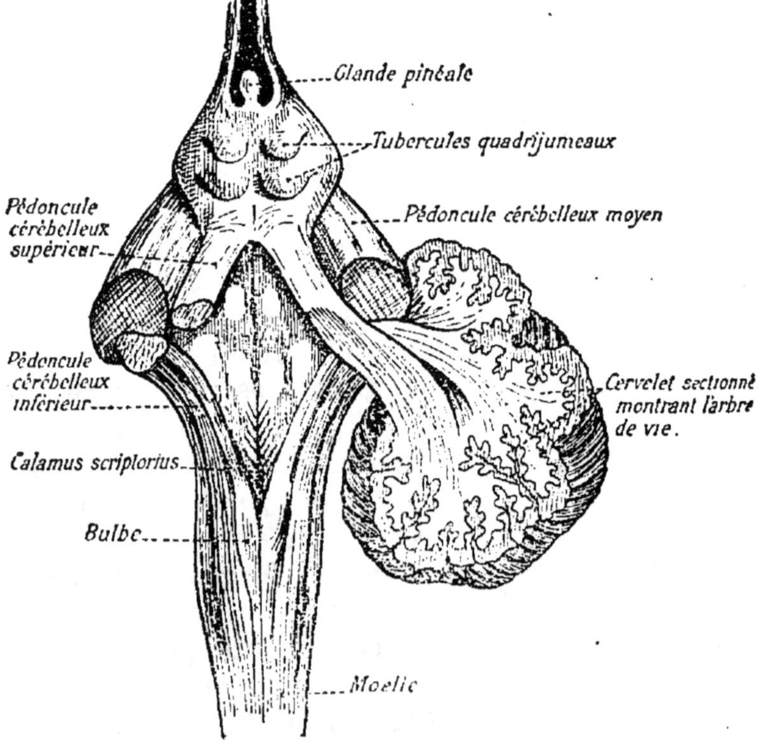

Fig. 256. — Vue du bulbe (face postérieure), d'un hémisphère du cervelet
des pédoncules cérébelleux et des tubercules quadrijumeaux.

**2° Le cerveau postérieur donne le cervelet et la protu-
bérance annulaire.** — Par épaississement de ses parois, le
cerveau postérieur donne le *cervelet* en arrière, et la *protubérance annulaire* ou *pont de Varole* en avant (*fig.* 255). Entre ces deux parties se trouve le *ventricule cérébelleux*, qui
communique en bas avec le 4ᵉ ventricule et en haut avec l'a-
queduc de Sylvius.

Le *cervelet* présente trois lobes : le lobe *médian* et les deux
hémisphères cérébelleux, qui sont latéraux. Le cervelet est
constitué à la périphérie par de la substance grise, qui forme
des replis ou *circonvolutions* (*fig.* 256) ; à l'intérieur par de
la substance blanche, disposée sous une forme arborescente
qui lui a valu le nom d'*arbre de vie*. Cette substance blanche
est rattachée aux parties voisines par trois prolongements
appelés *pédoncules cérébelleux* (*fig.* 256) : l'*inférieur*, qui va

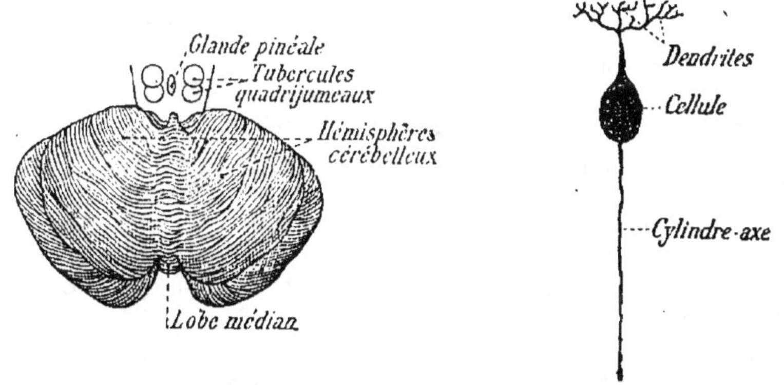

Fig. 257. — Cervelet vu par la face
postérieure.

Fig. 258. — Neurone bipolaire
ou cellule de Purkinje.

au bulbe ; le *moyen*, qui forme en se réunissant en avant
avec celui du côté opposé la protubérance annulaire ou pont
de Varole ; le *supérieur*, qui plonge sous les tubercules quadrijumeaux (*fig.* 257) et va se perdre dans les couches optiques du cerveau.

La substance grise du cervelet contient des neurones *bipolaires* (*fig.* 258), c'est-à-dire présentant deux prolongements :
l'un donne les dendrites tournées vers la périphérie ; l'autre,
le cylindraxe qui. entrant dans la constitution des pédoncules

cérébelleux, va s'articuler avec les neurones moteurs de la moelle (*fig.* 259).
Ces neurones bipolaires sont en relation par leurs dendrites avec les ramifications des cylindraxes centripètes venant de neurones médullaires mis eux-mêmes en relation avec les neurones sensitifs ; ce sont ces cylindraxes qui forment le faisceau cérébelleux.

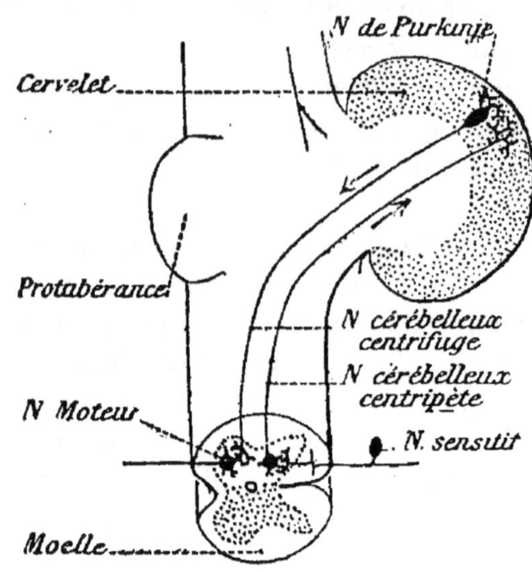

Fig. 259. — Neurones cérébelleux centripètes et centrifuges

3° Le cerveau moyen donne les tubercules quadrijumeaux et les pédoncules cérébraux. — Entre les tubercules quadrijumeaux, au nombre de quatre, et les pédon-

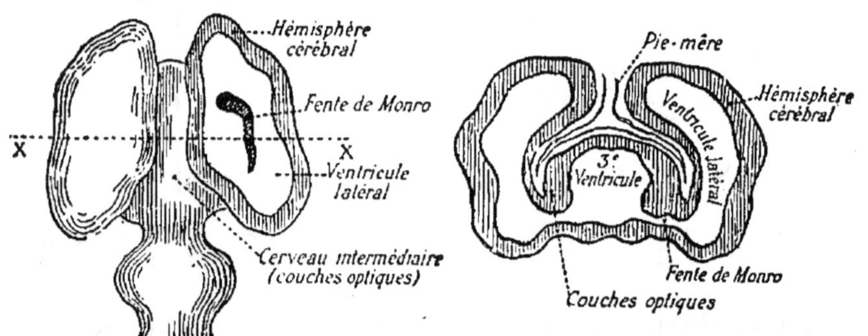

Fig. 260. — Les hémisphères communiquent avec le 3ᵉ ventricule.

Fig. 261. — Coupe transversale du cerveau antérieur et du cerveau intermédiaire, suivant XX, fig. 260.

cules cérébraux se trouve une cavité rétrécie (*fig* 255 et 264), l'*aqueduc de Sylvius*, qui communique en bas avec le ventricule cérébelleux, en haut avec le 3ᵉ ventricule.

Les pédoncules cérébraux sont de gros cordons blancs formés par le prolongement des pyramides du bulbe.

**4. Le cerveau intermédiaire donne les couches opti-
ques et le 3e ventricule.** — Les parois du cerveau intermédiaire s'épaississent pour donner les couches optiques
(*fig.* 261 et 262) ; sa cavité forme le 3e ventricule (*fig.* 255),
qui se continue, en arrière, par l'aqueduc de Sylvius, en avant
et de chaque côté (*fig.* 260 et 261) avec le *ventricule latéral* de
chaque hémisphère par la fente de Monro. Au-dessus et en
arrière des couches optiques (*fig.* 255) se trouve un soulèvement de la paroi nerveuse appelé *glande pinéale* ou *épiphyse.*
Cet organe est chez certains Reptiles la base d'un nerf qui
se rend dans un 3e œil placé au sommet de la tête. Au-dessous
et en avant, une saillie forme la *glande pituitaire* ou *hypophyse* (*fig.* 264) qui vient reposer sur le sphénoïde. Cette
glande pituitaire n'est pas d'origine nerveuse ; elle a été
formée par un prolongement de la bouche, qui, s'isolant au
cours de la vie embryonnaire, est venu adhérer à la face inférieure de l'encéphale.

**5° Le cerveau antérieur donne les hémisphères céré-
braux.** — Le cer-
veau antérieur se
dédouble en deux
vésicules symétri-
ques, qui devien-
nent les deux *hémi-
sphères cérébraux*
(*fig.* 251, B et 260).
Les parois latérales
des hémisphères
s'épaississent pour
donner les *corps
striés,* qui finiront
par se souder avec
les couches optiques (*fig.* 262). De sorte que le ventricule
latéral se trouve partagé en deux étages (*fig.* 263) qui communiquent l'un avec l'autre, en arrière, et contournent la région
d'adhérence des corps striés avec les couches optiques.

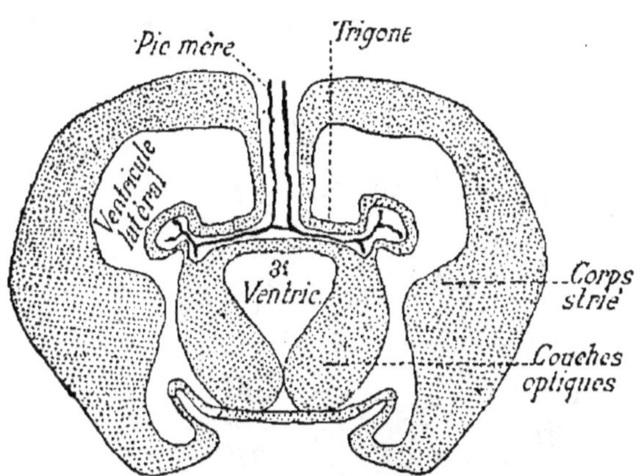

Fig. 262. — Coupe transversale du cerveau en
voie de développement.

Les hémisphères cérébraux se développent beaucoup, re-

couvrent le cerveau intermédiaire qu'ils finissent par envelopper complètement. A la partie supérieure, les deux hémisphères vont se rejoindre (*fig.* 262 et 263), se souder même,

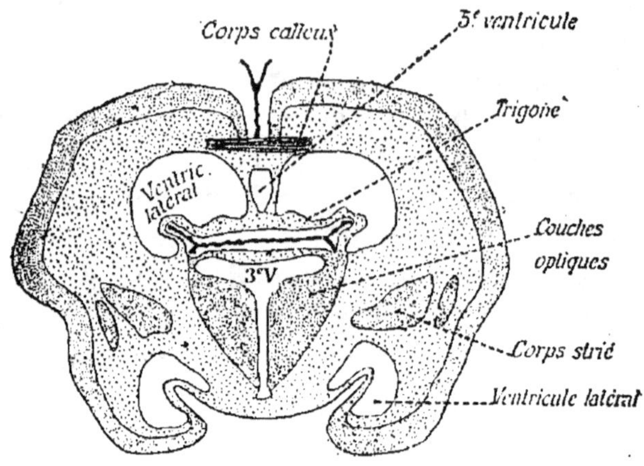

Fig. 263. — Coupe transversale du cerveau définitivement constitué.

sauf en un endroit, où les deux parois amincies viennent s'accoler en limitant un espace appelé 5° *ventricule* (*fig.* 263).

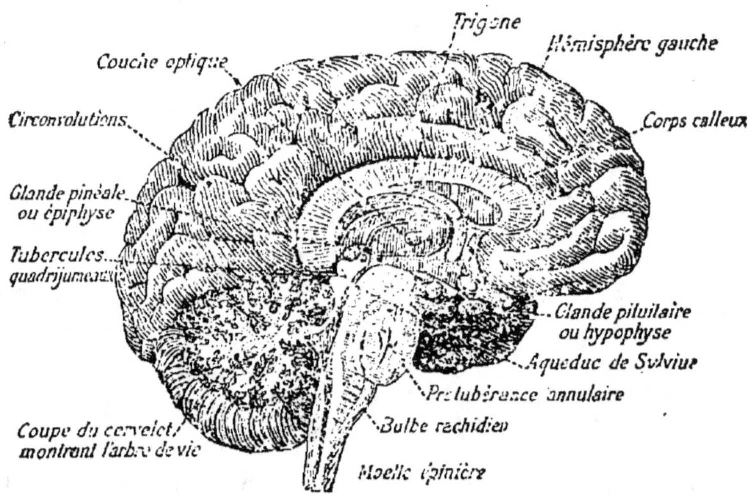

Fig. 264. — Coupe verticale et médiane de l'encéphale.

En faisant une coupe du cerveau (*fig.* 263) on constate qu'il est formé de substance *grise* (écorce cérébrale) à l'extérieur et de substance *blanche* à l'intérieur. Des noyaux de substance grise, comme les couches optiques et les corps striés (*fig.* 263) s'observent dans la substance blanche.

Deux ponts de substance blanche réunissent les deux hémisphères, l'un au-dessus du 5e ventricule, c'est le *corps calleux*, l'autre au-dessous, c'est le *trigone* (*fig.* 263 et 264).

Circonvolutions cérébrales.—Au début de son développement, le cerveau est lisse, puis, peu à peu, son accroisse-

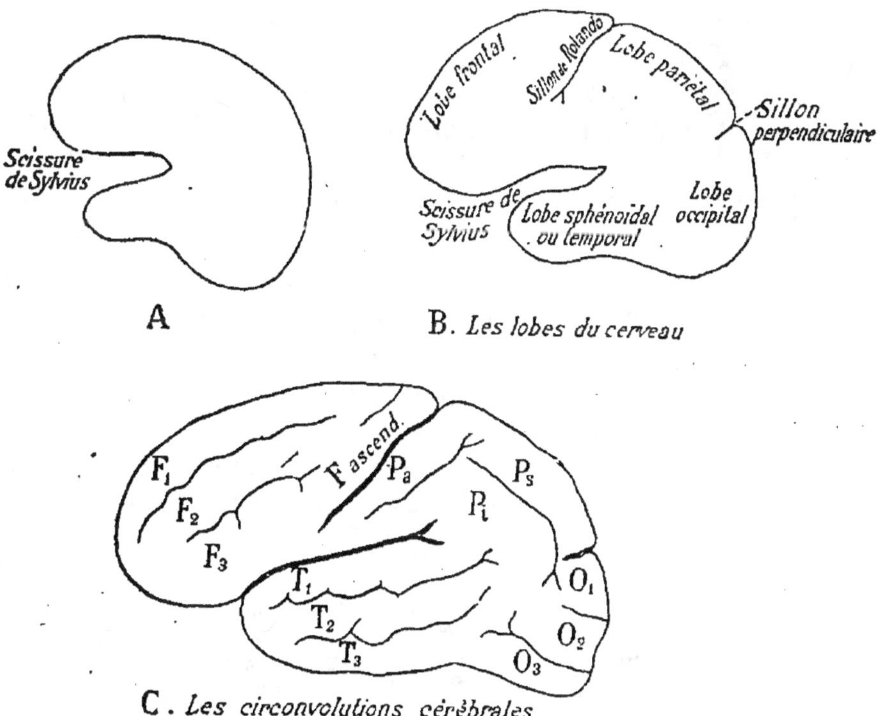

Fig. 265. — Développement des lobes et des circonvolutions du cerveau.

ment étant continu tandis que le crâne n'augmente pas dans les mêmes proportions, le cerveau se plisse. Ces replis sont appelés *circonvolutions cérébrales*. La première qui apparaît (*fig.* 265, A) est la *scissure de Sylvius*, puis c'est le *sillon de Rolando* (*fig.* 265, B), enfin le *sillon perpendiculaire* ou *occipital*. Ces sillons partagent le cerveau en quatre *lobes* qui sont : le *lobe frontal*, le *lobe pariétal*, le *lobe occipital* et enfin le *lobe sphénoïdal* ou *temporal*. Ces lobes sont ainsi appelés à cause de leurs rapports avec les os frontal, pariétal, occipital, sphénoïde et temporal.

Puis la surface du cerveau continue à se plisser ; de nouveaux sillons apparaissent, qui délimitent de nombreuses circonvolutions (*fig.* 265, C). Dans le lobe *frontal*, on trouve trois circonvolutions dirigées d'arrière en avant : les *première, seconde* et *troisième frontale* (F₁, F₂, F₃) ; et le long du sillon de Rolando, la *frontale ascendante*. Dans le lobe pariétal, trois circonvolutions : la *pariétale ascendante* (P₃), puis la *première* et la *deuxième pariétale* (P₁ et P₂). Enfin dans le lobe occipital et dans le lobe temporal, trois circonvolutions (O₁, O₂, O₃) et (T₁, T₂, T₃). Lorsqu'on regarde les hémisphères cérébraux par leur face supérieure, on a une idée nette de l'abondance des circonvolutions (*fig.* 266).

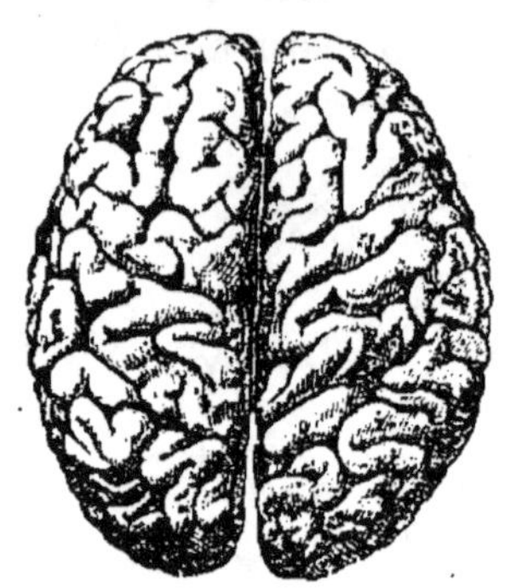

Fig. 266. — Hémisphères cérébraux vus par la face supérieure.

Structure de l'écorce grise.— La couche périphérique de erveau, ou écorce cérébrale, est formée de substance grise

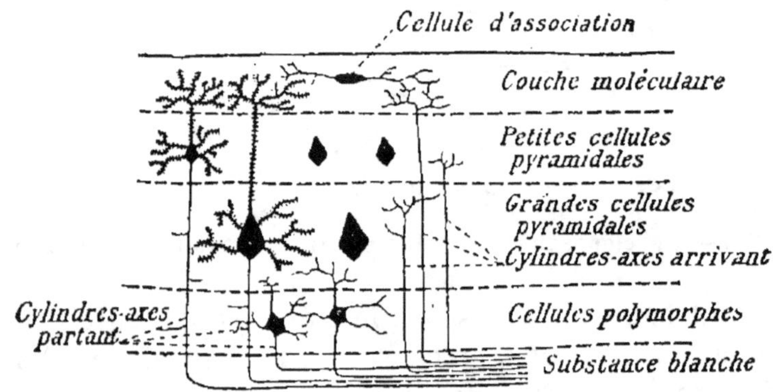

Fig. 267. — Structure de l'écorce grise du cerveau.

contenant des cellules nerveuses de forme pyramidale, dont la base, qui fournit le cylindraxe, est tournée vers l'intérieur du cerveau, tandis que le sommet, d'où partent les prolongements protoplasmiques, regarde la surface. On peut distinguer plusieurs couches de cellules (*fig.* 267) ; elles sont d'abord petites, puis grandes ; celles de la couche interne ont des formes variées. Leurs cylindraxes se groupent pour former la substance blanche, tandis que les panaches protoplasmiques (couche moléculaire) et les cellules forment la substance grise. Dans la couche moléculaire se trouvent des *cellules d'association* à cylindraxes courts, qui transmettent à un grand nombre de prolongements protoplasmiques les excitations qu'elles reçoivent des cylindraxes se terminant dans cette région.

Entre les divers neurones il existe des cellules étoilées, dont la forme rappelle celle des cellules conjonctives, et qui servent de cellules de soutien. L'étude du développement montre que ce sont des cellules nerveuses arrêtées au cours de leur évolution.

Les méninges. — Les *méninges* sont des membranes destinées à protéger les centres nerveux, moelle épinière et encéphale. Elles sont au nombre de trois : la *dure-mère*, l'*arachnoïde* et la *pie-mère* (*fig.* 268).

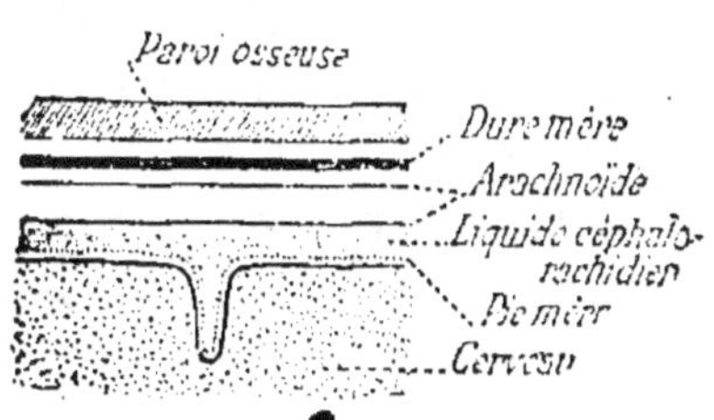

Fig. 268. — Les méninges.

1° La *dure-mère* est la membrane externe. Fibreuse, résistante, elle est appliquée contre les parois osseuses du crâne, tandis que dans le canal rachidien elle est séparée des parois des vertèbres par une couche de graisse. Dans son épaisseur se trouvent des sinus veineux.

2° L'arachnoïde, membrane séreuse, a son feuillet *pariétal* appliqué contre la dure-mère, mais son feuillet *viscéral* est placé à une certaine distance de la pie-mère à laquelle il est rattaché par de fins prolongements rappelant les fils d'une toile d'araignée : d'où le nom donné à cette séreuse. Entre le feuillet viscéral de l'arachnoïde et la pie-mère se trouve un liquide abondant, le *liquide céphalo-rachidien*. Ce liquide

forme une sorte de manchon autour de la moelle épinière et
de l'encéphale, et c'est lui qui empêche la compression de ces
centres nerveux. Le crâne en effet est une boîte rigide ; de
sorte qu'à chaque pulsation du cœur, l'ondée sanguine pénétrant dans l'encéphale comprimerait la matière nerveuse et
pourrait l'altérer si le liquide céphalo-rachidien, refoulé
vers le canal rachidien, ne diminuait pas par suite le contenu
de la boîte cranienne pour faire place à l'afflux de sang.

3° La *pie-mère* est une membrane très délicate; elle est
parcourue par de nombreux vaisseaux sanguins qui viennent
nourrir les centres nerveux. Elle s'applique contre la matière
nerveuse et en suit exactement les contours.

L'inflammation des méninges constitue une maladie grave
appelée *méningite*.

§ 3. — Les nerfs.

Nous ne saurions piquer une partie quelconque de notre
corps sans ressentir une certaine douleur. C'est qu'il arrive
dans toutes les régions, des petits filets blancs appelés *nerfs* (*fig.*
270), qui se ramifient en apportant partout, comme nous
le verrons plus loin, la sensibilité et le mouvement.

Les *nerfs* prennent naissance sur les centres nerveux : ceux
qui viennent de la moelle épinière sont les *nerfs rachidiens,*
ceux qui viennent de l'encéphale sont les *nerfs craniens*.

Structure des nerfs. — Lorsqu'on dissèque un nerf, on
voit qu'il est formé de *faisceaux nerveux*, réunis par du
tissu conjonctif. Une coupe transversale (*fig.* 269) montre
que chacun de ces faisceaux est formé de *fibres nerveuses*. Le tout est enveloppé
d'une gaîne de graisse.

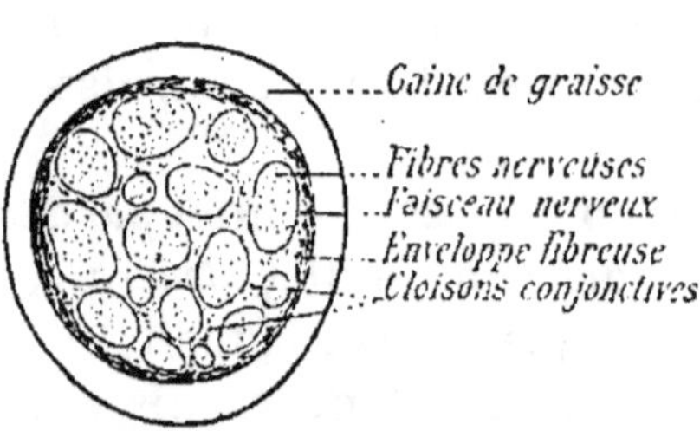

Fig. 269. — Coupe transversale
d'un nerf.

Les nerfs rachidiens. — Les
nerfs rachidiens naissent par paire, de chaque côté de la

moelle épinière, sous forme
de cordons nerveux qui
vont se ramifier dans les
organes. Ils sont au nom-
bre de 31 paires.

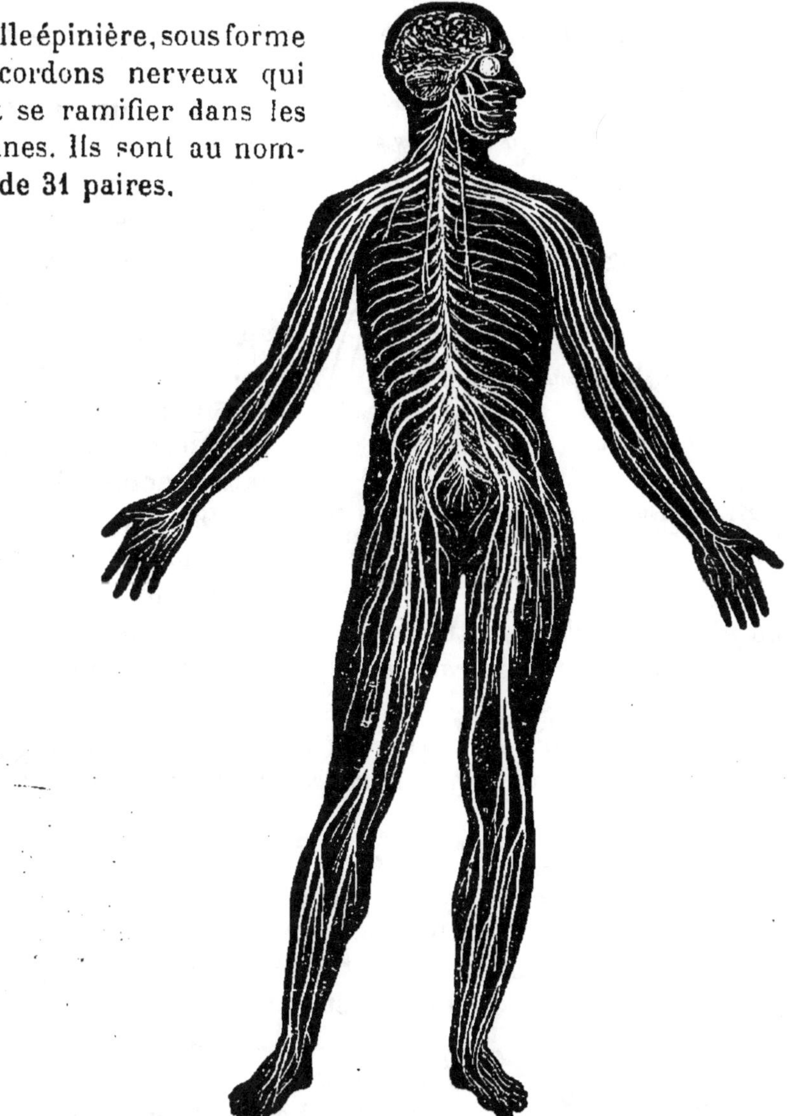

Fig. 270. — Ensemble du système nerveux.

Chaque nerf naît par deux racines (*fig.* 271) ; une *racine an-térieure*, destinée à transmettre le mouvement, et une *racine postérieure*, qui conduit la sensibilité et présente toujours un renflement, le *ganglion spinal*. Les deux racines se réunissent, dans le canal rachidien, pour former le *nerf rachidien* (*fig.* 271), qui va sortir par le trou de conjugaison. Aussitôt,

ce nerf se ramifie en deux rameaux : un *dorsal,* qui se rend
à la peau et aux mus-
cles, un autre *ventral,*
qui se rend aux orga-
nes, mais après avoir
donné des ramifica-
tions qui s'entrelacent
et forment un réseau
appelé *plexus.*

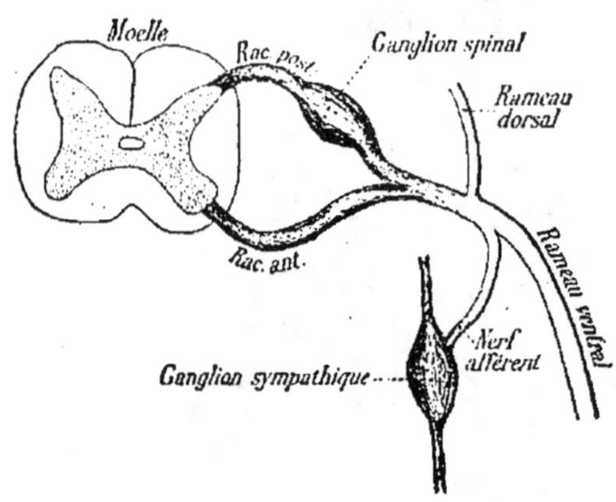

Fig. 271. — **Naissance d'un nerf rachidien ;
ses rapports avec la moelle et le sympathique.**

Le *plexus cervical,*
formé par les quatre
premiers nerfs cervi-
caux, donne le *nerf
phrénique,* qui descend
dans la poitrine pour
aboutir au diaphragme.

Le *plexus brachial,* situé sous la clavicule, donne le *nerf
médian,* le *cubital* et le *radial,* qui vont au membre supérieur.

Le *plexus lombaire* donne le *nerf crural,* et le *plexus sacré
le nerf sciatique.* Ces deux nerfs vont innerver le membre
inférieur.

Les nerfs craniens. — Les *nerfs craniens* viennent de
l'encéphale. Ils sont au nombre de *12 paires* (*fig.* 273), qui
naissent d'avant en arrière, dans
l'ordre suivant :

1° Le *N. olfactif* se rend aux
fosses nasales.

2° Le *N. optique* se rend à l'œil,
après s'être entrecroisé avec celui
du côté opposé (*fig.* 272) en formant
le *chiasma optique.* La moitié des
fibres provient d'un côté et l'autre
moitié du côté opposé.

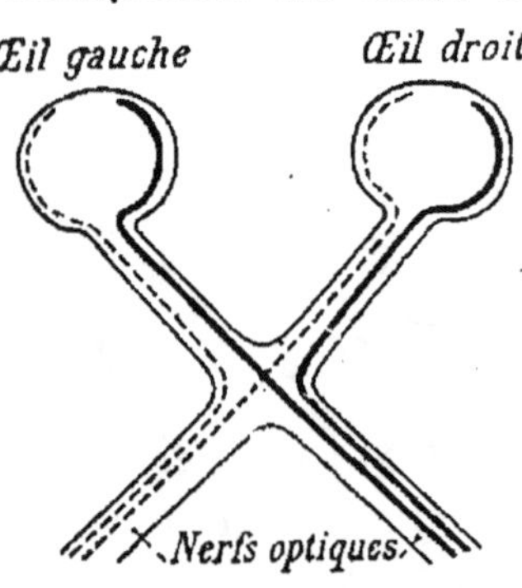

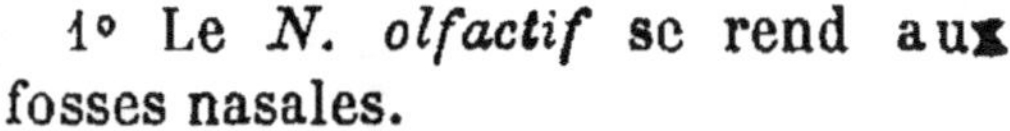

Fig. 272. — **Entrecroisement
des nerfs optiques.**

Le *N. olfactif* et le *N. optique* ne
sont pas de vrais nerfs, mais bien
plutôt des bourgeonnements de l'encéphale, auxquels se

rattachent, ainsi que nous le verrons plus loin, les cellules sensorielles, de l'odorat et de la vue.

3º Le *N. moteur oculaire commun* va aux muscles de l'œil.

4º Le *N. pathétique* va au muscle grand oblique de l'œil.

5º Le *N. trijumeau* est ainsi appelé parce qu'il se divise en

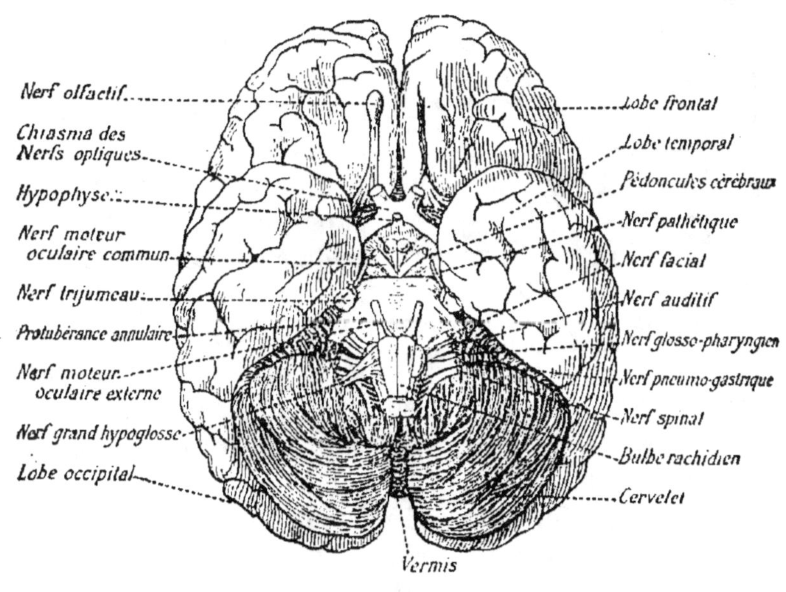

Fig. 273. — Face inférieure du cerveau.

trois branches qui se rendent au globe de l'œil et aux mâchoires supérieure et inférieure.

6º Le *N. moteur oculaire externe* va au muscle droit externe de l'œil.

7º Le *N. facial* va aux muscles de la face et aux glandes salivaires (*corde du tympan*).

8º Le *N. auditif* va à l'oreille.

9º Le *N. glosso-pharyngien* va à la langue et au pharynx.

10º Le *N. pneumogastrique* va aux poumons, au cœur et à l'estomac.

11º Le *N. spinal* va aux muscles du larynx.

12º Le *N. grand hypoglosse* va aux muscles de la langue.

§ 4. — Le grand sympathique.

Les ganglions, les nerfs et les plexus. — Le système nerveux *grand sympathique* se compose : 1° d'une *double chaîne nerveuse* située de part et d'autre de la colonne vertébrale et présentant de distance en distance des renflements ou *ganglions* (*fig.* 274) ; il faut y ajouter quatre paires de ganglions logés dans le crâne ; 2° de *branches afférentes*, qui relient le sympathique au système nerveux central, car elles proviennent du rameau ventral du nerf rachidien et sont reliées par suite à la moelle épinière ; 3° de *branches efférentes* qui forment les nerfs et plexus allant aux viscères.

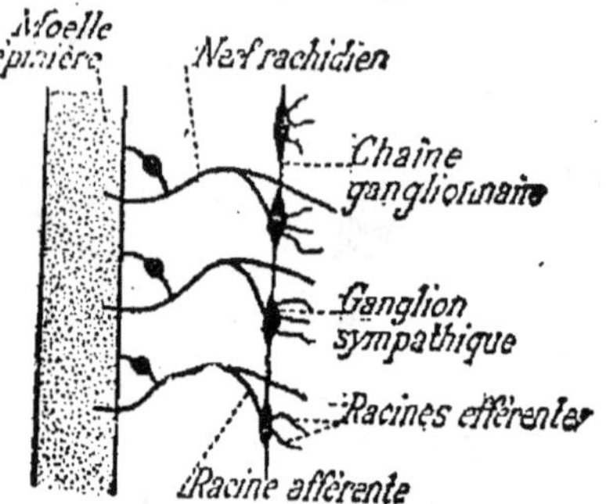

Fig. 274. — **Rapports du sympathique avec les nerfs rachidiens.**

Les branches efférentes qui partent des ganglions forment souvent des *plexus* autour des organes. C'est ainsi que les ganglions cervicaux donnent des branches efférentes qui forment le *plexus cardiaque* (*fig.* 275) en s'anastomosant avec des rameaux du pneumogastrique. Les premiers ganglions thoraciques donnent le *plexus pulmonaire* ; les derniers, les *nerfs grand* et *petit splanchnique,* qui vont aboutir, sous le diaphragme, au *ganglion semi-lunaire.* De ces ganglions semi-lunaires partent des branches qui forment le *plexus solaire,* d'où partent à leur tour des prolongements qui aboutissent à presque tous les viscères abdominaux.

Les ganglions lombaires et sacrés donnent les plexus *mésentérique, hypogastrique,* etc.

En résumé, le sympathique est en relation d'un côté avec les organes et de l'autre avec les centres nerveux.

Structure du sympathique. — Les *ganglions* sont formés par des amas de grosses cellules nerveuses. Ils ont donc la même structure que la substance grise des centres nerveux.

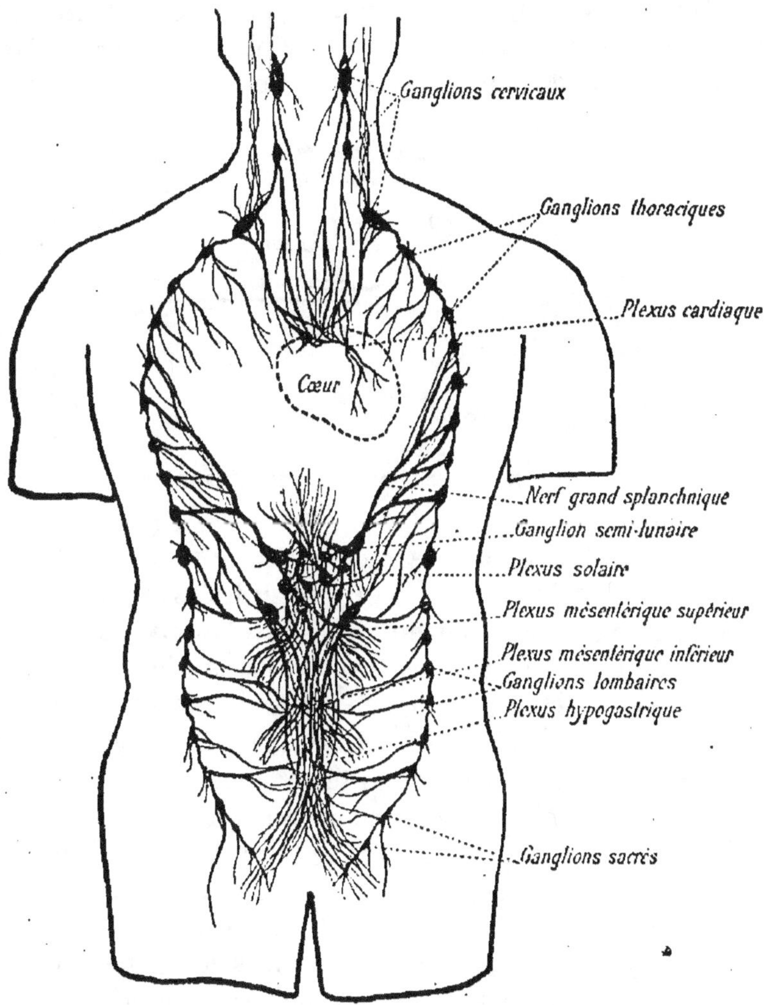

Fig 275. — Figure théorique du sympathique.

Les *fibres nerveuses* du sympathique offrent un aspect grisâtre ; ce sont généralement des fibres sans myéline.

II. — PHYSIOLOGIE DU SYSTÈME NERVEUX

Tous les phénomènes nerveux, si compliqués et si divers qu'ils soient, peuvent être ramenés à un type unique : le réflexe (*fig*. 276).

Le réflexe simple. — On peut réaliser un *réflexe simple* par l'expérience suivante : on décapite une Grenouille en lui sectionnant la tête en arrière des globes oculaires ; l'animal est donc privé de cerveau. Si l'on porte une excitation, si

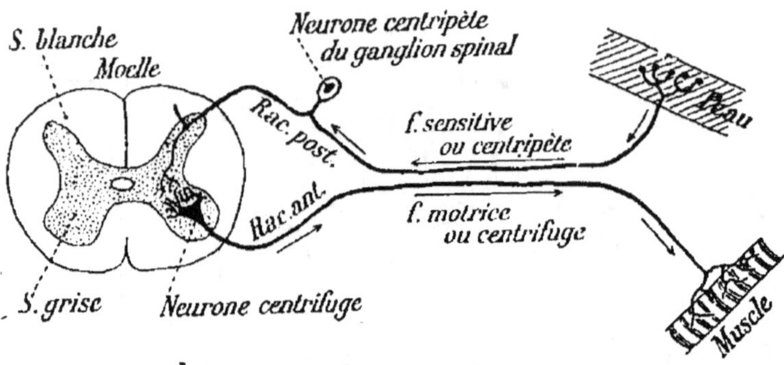

Fig. 276. — Schéma d'un réflexe simple.

l'on fait **une** piqûre par exemple, sur une patte, on provoque un mouvement de celle-ci. Voici ce qui s'est passé et que la figure 276 explique clairement : l'*excitation* portée sur la peau a été recueillie par les terminaisons d'un *neurone centripète* ou *sensitif* situé dans le ganglion spinal de la racine postérieure ; puis elle a été transmise par cette voie centripète vers la moelle, et là, dans les cornes antérieures, elle a été communiquée à un *neurone centrifuge* ou *moteur,* qui l'a transportée jusqu'aux muscles de la patte, sous forme d'excitation motrice. On dit que la moelle a *réfléchi* cet influx nerveux, d'où le nom de *réflexe* donné à cet acte.

Tout acte réflexe nécessite au moins deux neurones : un centripète, qui reçoit l'excitation, et un centrifuge, qui la réfléchit en la modifiant. Dans la grande majorité des cas, le réflexe intéresse un plus grand nombre de neurones, ainsi que nous le verrons en étudiant la physiologie des centres nerveux.

Le nerf centrifuge peut aboutir à un **autre** organe qu'à un muscle, à une glande par exemple : l'acte final du réflexe sera alors une sécrétion. C'est ainsi qu'un morceau de sucre placé sur la langue est le point de **départ d'un** réflexe qui aboutit à la sécrétion de la salive,

Activité du neurone. — L'étude du réflexe nous montre bien le rôle du neurone, de la cellule et de ses prolongements. Dans les dendrites les excitations sont transmises vers la cellule, et dans le cylindraxe elles suivent une direction qui les éloigne de la cellule ; en un mot, la direction du courant nerveux est *cellulipète* dans les dendrites et *cellulifuge* dans le cylindraxe. Les dendrites seraient donc des sortes de récepteurs, recueillant les ébranlements produits dans le voisinage et les transmettant à la cellule dont ils dépendent ; le cylindraxe, au contraire, reçoit l'ébranlement de la cellule qui le forme et le transmet aux éléments avec lesquels il entre en contact, au muscle par exemple ou aux dendrites d'un autre neurone.

La fonction de la cellule nerveuse ne pourra être déterminée qu'après l'étude des centres nerveux ; mais, dès maintenant, nous pouvons comprendre que la cellule nerveuse est un centre *génétique, trophique* et *fonctionnel.*

1° La cellule nerveuse est un centre génétique. Régénération des nerfs. — En effet, la cellule nerveuse joue un rôle important dans la genèse des autres parties du neurone. Deux ordres de faits, les uns embryologiques, les autres physiologiques, le prouvent.

L'étude du développement montre que le cylindraxe et par suite la fibre nerveuse n'est qu'un prolongement de la cellule. De même, les dendrites proviennent du corps même de la cellule dont les contours sont devenus irréguliers et ont poussé de petites dents. Ainsi la cellule nerveuse engendre tous ses prolongements, elle est donc bien un centre génétique.

Les phénomènes de la *régénération* des nerfs en sont une autre preuve. Si l'on sectionne un nerf, nous verrons plus loin que le bout périphérique dégénère, tandis que le bout central se gonfle d'abord, puis s'allonge peu à peu, arrive au contact du bout périphérique et régénère ainsi le nerf sectionné. La régénération nerveuse s'accomplit donc grâce au bout central resté en communication avec les cellules nerveuses.

Cette régénération nerveuse ne se fait que sur les prolongements des neurones. Les cellules elles-mêmes ne se régénèrent pas. Un centre nerveux détruit ne se répare, ni anatomiquement, ni physiologiquement. Le tissu nerveux est, comme on l'a dit, un tissu « à éléments perpétuels ». Et c'est peut-être dans cette sorte de permanence des éléments nerveux qu'il faut voir une des conditions essentielles de la vie psychique et de ses caractéristiques, la mémoire et la personnalité.

2° La cellule nerveuse est un centre trophique. Dégénérescence wallérienne. — La cellule nerveuse exerce sur ses prolongements une action nutritive ou *trophique*. En effet, si l'on ectionne un nerf, le bout périphérique meurt bientôt, en subissant une sorte de dégénérescence ; celle-ci commence cinq à six jours après la section, par une désagrégation du cylindraxe et une fragmentation en boules de la myéline qui disparaît peu à peu. Cette destruction du cylindraxe et de la myéline laisse une gaîne vide, tandis que les fibres du bout central restent normales. Cette destruction du cylindraxe dans les fibres nerveuses qui ne sont plus en relation avec leurs cellules d'origine s'appelle la *dégénérescence wallérienne*, du nom du savant anglais Waller, qui l'a décrite le premier, en 1852.

Ces faits montrent bien que la cellule nerveuse, avec ses prolongements, est une unité. Et la dégénérescence du nerf sectionné rappelle le fait que nous avons décrit au début de ce livre (voir p. 7) en montrant que si l'on coupe une cellule en deux, c'est seulement la partie où est demeuré le noyau qui continue à vivre, tandis que l'autre disparait. « Séparé de la cellule qui lui a donné naissance, ce bout de cylindraxe meurt comme une branche d'arbre sectionnée de son tronc. » (Van Gehuchten).

L'action trophique de la cellule nerveuse s'étend même au delà des ramifications du nerf. Un muscle, par exemple, séparé de son nerf moteur, dégénère ; de même, la glande sous-maxillaire, séparée de ses nerfs, dégénère aussi.

3° La cellule nerveuse est un centre fonctionnel. — L'étude du réflexe nous a montré que les cellules nerveuses sont situées sur le trajet des excitations venues de l'extérieur ; elles reçoivent donc ces excitations et les transmettent, en les modifiant, vers les voies centrifuges. L'acte essentiel du fonctionnement de la cellule nerveuse est par conséquent le réflexe ; et ce réflexe consiste dans la *transformation d'une impression en action*, sans l'intervention de la volonté et de la conscience. Nous étudierons plus loin, à propos de la moelle épinière, les diverses sortes de réflexes et les lois qui les régissent.

Ajoutons que les cellules nerveuses ne peuvent agir spontanément. La transformation d'énergie qui doit s'accomplir dans les cellules a besoin de l'influence d'un excitant, de même qu'un explosif ne peut déflagrer que si une cause externe, un choc, par exemple, vient à rompre l'équilibre moléculaire.

Enfin, nous verrons plus loin que certaines cellules nerveuses peuvent agir sur d'autres éléments nerveux, non pour les exciter à l'action, mais au contraire pour les ralentir, ou même les arrêter dans leur travail. On dit alors que ces cellules ont un pouvoir *d'arrêt* ou *inhibiteur*. D'ailleurs nous avons déjà vu que les cellules du bulbe, par l'intermédiaire du nerf pneumogastrique, ralentissent et même arrêtent les mouvements du cœur.

§ 1. — Physiologie des nerfs.

L'étude du réflexe met bien en évidence les deux propriétés essentielles des nerfs : l'*excitabilité* et la *conductibilité*.

Excitabilité. — Le système nerveux n'entre en jeu que sous l'influence d'un stimulant, d'un *excitant,* qui peut être mécanique ou physique, chimique ou physiologique.

Les excitants *mécaniques* ou *physiques* sont le choc, la chaleur, l'électricité. On connaît la célèbre expérience de Galvani (1737-1798) sur l'excitabilité des nerfs de la Grenouille par l'électricité. Celle-ci est fréquemment employée en physiologie sous ses différentes formes : décharges de condensateur, courants continus et courants alternatifs. D'autre part, la médecine utilise l'électricité dans le traitement des maladies nerveuses. On sait que des courants de grande intensité sont capables de foudroyer un animal ou un Homme. Mais ces courants ne sont même pas sentis, s'ils sont de *haute fréquence.*

Les excitants *chimiques* sont les acides, les alcalis, etc.

Les centres nerveux peuvent exciter *physiologiquement* les . nerfs. C'est ainsi que la volonté agit sur les nerfs.

L'excitabilité varie : elle diminue par la fatigue et par certains poisons, comme le bromure de potassium, le chloroforme, l'éther ; d'autres poisons, comme la strychnine, l'augmentent ; une mauvaise nutrition, débilitant l'organisme, rend les nerfs plus excitables ; enfin l'anémie peut amener l'insensibilité.

Les variations de la composition du sang sont une cause importante de modifications de l'activité nerveuse. C'est ainsi que, par exemple, les sécrétions internes dont les produits peuvent varier beaucoup dans le sang, augmentent ou diminuent l'excitabilité des nerfs.

Conductibilité. — La conductibilité est la propriété que possèdent les nerfs de transporter l'excitation qui les a touchés. Ce transport est encore appelé *influx nerveux.* On ne connaît pas exactement la nature de cet influx nerveux, mais on peut étudier ses effets. En physique, on ignore aussi la nature exacte de l'électricité ; cela n'empêche pas d'étudier ses effets et ses merveilleuses applications.

Nous allons montrer que les nerfs sont comme des fils télégraphiques reliant toutes les régions organiques à un bureau central, constitué par le cerveau et la moelle épinière, où viennent aboutir toutes les informations que recueillent les nerfs, et d'où partent tous les ordres qu'ils transmettent. Pourtant la conductibilité du nerf n'est pas comparable à celle d'un fil électrique, car la vitesse de l'influx nerveux n'est que 40 mètres par seconde, vitesse bien inférieure à celle de l'électricité (300.000 kilomètres à la seconde).

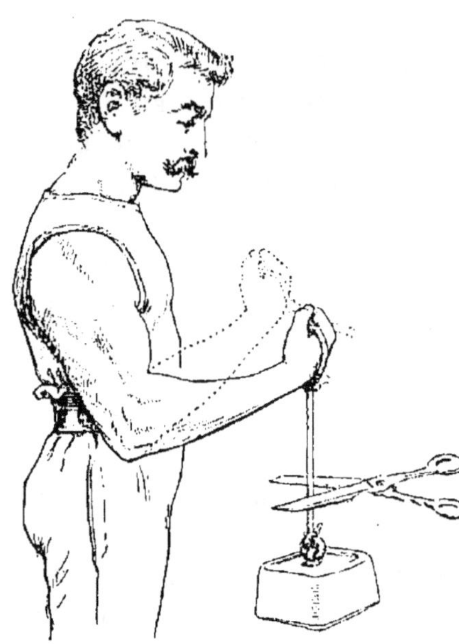

Fig 277. — Expérience montrant la durée de la transmission de la volonté par les nerfs.

Une expérience fort simple permet de mettre en évidence la durée de transmission de l'influx nerveux. Un poids est suspendu à la main par une ficelle (*fig.* 277). Les muscles fléchisseurs de l'avant-bras sont seuls contractés. On coupe la ficelle et, bien que l'on soit prévenu, il est impossible de ne pas continuer à fléchir l'avant-bras sur le bras. C'est que l'ordre envoyé aux muscles extenseurs a suivi immédiatement la rupture de la ficelle, mais *pendant la durée de la transmission* de cet ordre, les muscles fléchisseurs débarrassés du poids agissaient encore et par suite provoquaient la flexion de l'avant-bras.

Le nerf peut *transmettre l'excitation dans les deux sens.* Pour démontrer ce fait, on utilise un Poisson, le Malaptérure, qui possède deux organes électriques innervés chacun par un seul cylindraxe se subdivisant vers la périphérie (*fig.* 278). En excitant ce cylindraxe, on provoque une décharge électrique. Mais on en obtient une également si, sectionnant une des branches du cylindraxe, on excite son bout central C. L'excitation s'est donc propagée dans les deux sens, et cela dans un même cylindraxe.

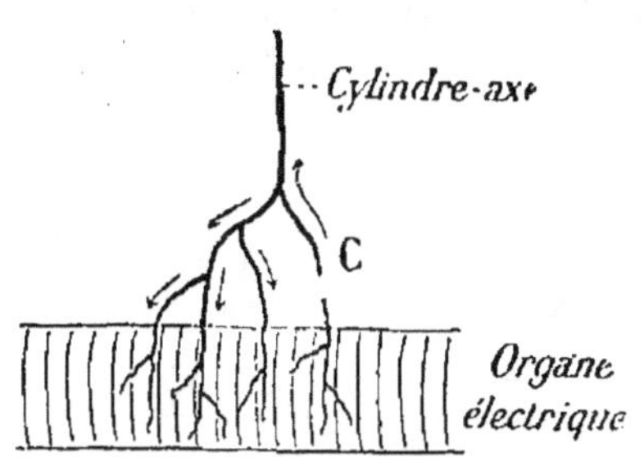

Fig. 278. — Expérience faite sur l'organe électrique du Malaptérure.

Nerfs centripètes, centrifuges et mixtes. — Au point de vue de la conductibilité, il y a trois sortes de nerfs : les *nerfs centripètes* ou *sensitifs*, *centrifuges* ou *moteurs* et *mixtes*.

1° Les nerfs *centripètes* ou *sensitifs* transportent l'excitation de la périphérie vers le centre nerveux. Le *nerf optique* par exemple conduit à l'encéphale les excitations lumineuses reçues par l'œil ; aussi si l'on sectionne ce nerf produit-on la cécité.

2° Les nerfs *centrifuges* conduisent l'incitation venue des centres nerveux **vers la** périphérie ; tantôt ils aboutissent à des muscles, ce sont les nerfs *moteurs* ; tantôt ils se terminent dans une glande, ce sont les nerfs *sécréteurs*. Si l'on coupe un nerf moteur tel que le *grand hypoglosse*, qui se rend aux muscles de la langue, on produit une paralysie de cet organe.

3° Les nerfs *mixtes* sont des nerfs qui contiennent des fibres nerveuses centrifuges et des fibres nerveuses centripètes. Tels sont les nerfs *rachidiens*.

Fonctions des nerfs rachidiens. Loi de Magendie. — Pour étudier les fonctions des nerfs rachidiens, on met à nu, sur un Chien, la moelle au niveau des nerfs qui se rendent aux membres postérieurs ; puis on fait les expériences suivantes :

1° On coupe la racine antérieure d'un nerf (*fig.* 279) et l'on constate que l'animal ne peut plus remuer la patte correspondante ; de plus, si l'on excite le bout central, on n'obtient rien ; si l'on excite le bout périphérique, on observe une contraction des muscles, l'animal exécute des mouvements

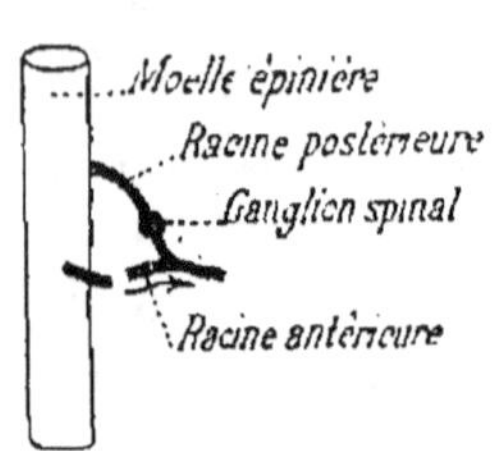

Fig. 279. — **La racine antérieure est coupée.**

sans manifester de douleur. Donc la racine antérieure transmet le *mouvement* vers la périphérie : elle est par conséquent formée de fibres centrifuges.

2° On sectionne la racine postérieure

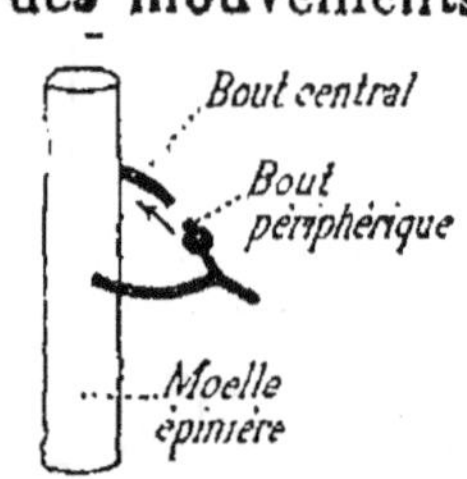

Fig. 280. — **La racine postérieure est coupée.**

(*fig.* 280) du côté opposé, et l'on constate que l'animal ne manifeste aucune douleur et ne fait aucun mouvement quand on excite la patte correspondante ; de plus, si l'on excite le bout périphérique, rien ne se produit ; si, au contraire, on excite le bout central, l'animal pousse des cris. Donc, la racine postérieure transmet la *sensibilité* vers les centres nerveux ; elle est, par conséquent, formée de fibres centripètes. Le nerf rachidien, étant constitué par la réunion de ces deux sortes de fibres, est à la fois centrifuge et centripète ; c'est donc bien un nerf *mixte*. Aussi, en coupant le nerf rachidien, toute la région où ce nerf se distribue perd-elle à la fois le *mouvement* et la *sensibilité*.

Cette loi, que *tout nerf rachidien a des racines antérieures motrices (centrifuges) et des racines postérieures sensitives (centripètes)*, est connue sous le nom de *loi de Magendie*, du nom du physiologiste français (1788-1855) qui l'a mise en évidence.

Action du curare. — Le curare est un poison violent qu'utilisent les Indiens de l'Amérique du Sud pour empoisonner leurs flèches ; mais il n'agit comme toxique que s'il passe dans le sang ; certains Indiens s'en servent même comme médicament. Introduit dans le sang d'un animal, il le tue en une minute ou deux. Claude Bernard a fait de cette substance un précieux moyen d'analyse physiologique : elle supprime, en effet, les mouvements des muscles striés sans agir, à doses modérées, sur le cœur, ni sur la circulation, ni sur les sécrétions.

L'expérience suivante de Claude Bernard est classique : on fait une ligature dans la région lombaire de la Grenouille (*fig.* 281) en ayant soin de laisser en dehors les nerfs lombaires ; on injecte ensuite du curare dans la région antérieure ; puis on pince cette région qui reste immobile, tandis que le train de derrière est agité. Le *mouvement* est donc supprimé dans la partie antérieure sur laquelle le poison a agi, mais il persiste dans la partie postérieure ; de plus la

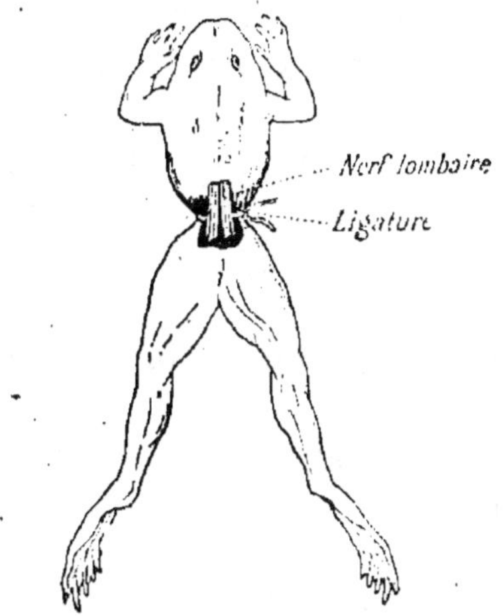

Fig. 281. — Grenouille préparée pour recevoir une piqûre de curare.

sensibilité du train antérieur a été conservée puisque la bête réagit contre le pincement fait dans cette région. La Grenouille a même conservé ses sens et sa volonté. En effet, si l'on couvre le vase dans lequel elle se trouve de façon à la placer dans l'obscurité, et si l'on fait pénétrer ensuite un rayon de soleil, immédiatement on voit le train de devant, flasque, s'avancer vers le soleil à l'aide des deux pattes de derrière. Les organes du mouvement sont atteints, mais la sensibilité persiste.

Le curare agit donc en supprimant le pouvoir moteur du nerf, mais il respecte la sensibilité.

§ 2. — Physiologie des centres nerveux.

Physiologie de la moelle épinière. — La moelle épinière joue un double rôle : 1° par sa substance blanche, c'est un organe *conducteur* ; 2° par sa substance grise, c'est un *centre nerveux*.

1° Rôle conducteur. — La moelle épinière transporte

les impressions sensitives à l'encéphale, puis elle transmet à toutes les parties de l'organisme les incitations venues du cerveau. Si l'on sectionne le cordon *antéro-latéral* d'un côté de la moelle, on prive de mouvement toute la partie de ce côté située au-dessous de la section. Ainsi un Lapin opéré de cette façon au niveau de la 10e vertèbre thoracique ne marche que sur trois pattes ; la quatrième patte pend, inerte, tout en restant sensible.

Les muscles sont donc paralysés au-dessous de la section et du même côté. Au contraire, la section du cordon postérieur n'est suivie d'aucune paralysie musculaire. Donc la transmission du *mouvement* se fait directement par les cordons antéro-latéraux.

La section du cordon postérieur supprime la *sensibilité tactile* du côté opposé, et l'animal présente une démarche chancelante.

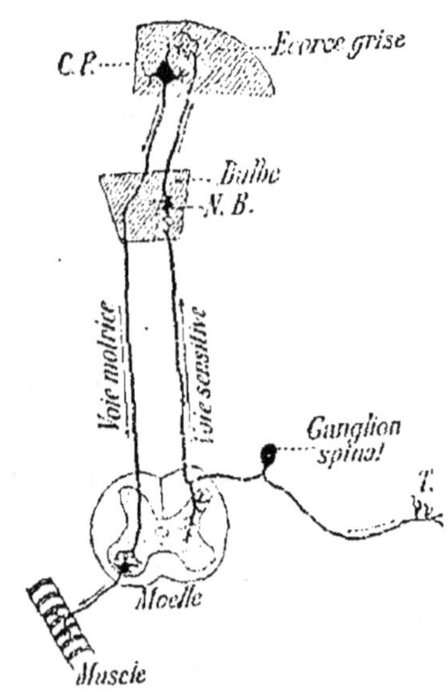

Fig. 282. — Schéma de la voie suivie par l'influx nerveux dans la moelle et l'encéphale.

La figure 282 rend compte de ces faits en montrant la voie suivie par la sensibilité et le mouvement. Une excitation, portée en T, est transmise par le nerf centripète, d'abord jusqu'au bulbe, d'où un neurone de relai (N. B.) l'apporte aux cellules pyramidales de l'écorce grise du cerveau (C. P.). Cette cellule *transforme l'excitation en sensation* et son cylindraxe porte l'influx nerveux au neurone centrifuge de la moelle, et, par suite, fait contracter le muscle.

La pathologie met aussi en évidence le rôle conducteur de la moelle. En effet, les maladies de cet organe produisent une dégénérescence centrifuge des fibres motrices et une dégénérescence centripète des fibres sensitives. C'est ainsi que dans l'*ataxie locomotrice* ou *tabes*, maladie caractérisée par une démarche désordonnée, ce sont les cordons postérieurs qui ont subi la dégénérescence ; or la sensibilité tactile, dans ce cas, étant détruite, on admet donc que les cordons postérieurs conduisent la *sensibilité tactile*.

Si l'on réunit les résultats qu'ont fournis l'observation des troubles survenus à la suite de lésions expérimentales, l'étude des dégénérescences des divers cordons de la moelle

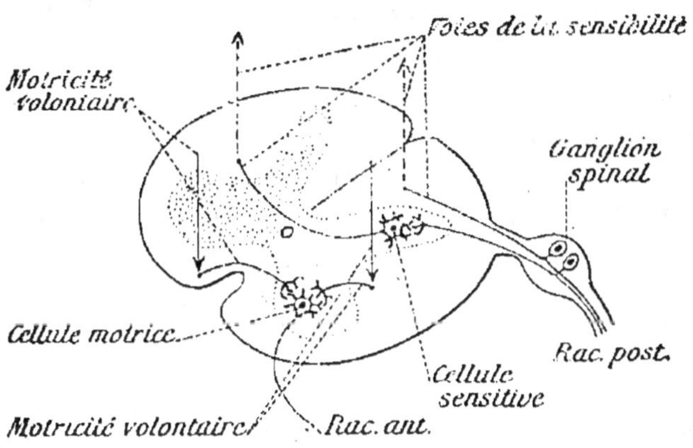

Fig. 283. — Schéma des voies conductrices de la sensibilité et de la motricité volontaire dans la moelle épinière (d'après Mathias Duval).

et celle du développement de ces cordons, on peut conclure que la sensibilité tactile est conduite par les cordons postérieurs et une partie des cordons latéraux (*fig.* 283).

La transmission de la sensibilité ne se fait pas seulement par les cordons postérieurs ; elle a lieu aussi par la substance grise. Ainsi dans la *syringomyélie*, maladie qui se caractérise par une destruction de la substance grise, les cordons blancs restent intacts, on observe une disparition de la sensibilité à la douleur (*analgésie*) et de la sensibilité thermique, avec conservation de la sensibilité tactile. Donc les impressions douloureuses et les impressions de chaud et de froid passent par la substance grise.

En résumé, la moelle épinière transmet, par des voies différentes, la *motilité* et la *sensibilité*.

2° Rôle du centre nerveux. Réflexe inconscient. — La moelle est le centre nerveux des actes réflexes et inconscients, propriété que l'on désigne sous le nom d'*automatisme* de la moelle. Pour le démontrer, décapitons une Grenouille : la volonté est supprimée et l'animal reste immobile. Pinçons légèrement une patte, celle-ci va se mouvoir. C'est que l'excitation a été transmise à la moelle par les nerfs centripètes, puis la moelle a *réfléchi* cette excitation, qui, par les nerfs centrifuges, a fait contracter les muscles. L'animal n'a pas eu conscience du mouvement ; le réflexe est dit *inconscient*. Si l'on détruit la moelle avec un stylet enfoncé dans le canal rachidien, le pouvoir réflexe est aboli.

Plus l'excitation est forte, plus son action s'étend : une excitation légère fait contracter une patte ; si on l'augmente un peu, les deux pattes symétriques se contractent ; enfin si on l'augmente encore, les quatre pattes entrent en mouvement et la Grenouille saute. L'excitation a fait *tache d'huile*. On dit qu'il y a *irradiation* du réflexe.

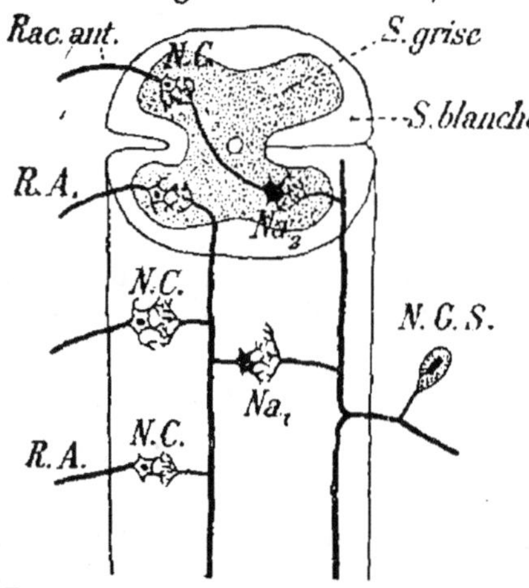

Fig. 284. — Schéma montrant les rapports des neurones à l'intérieur de la moelle.

La disposition des neurones dans la moelle (*fig*. 284) explique clairement ce phénomène. Quand le prolongement interne du *neurone centripète* du ganglion spinal (N. G. S.) pénètre dans la substance blanche, il se divise en deux branches, l'une descendante, qui va s'articuler aussitôt avec le *neurone centrifuge* du même côté ; l'autre, ascendante, plus longue, qui monte vers le bulbe sans le dépasser, en émettant des branches collatérales qui pénètrent dans la substance grise. Ces branchements se mettent en relation avec des neurones centrifuges par l'intermédiaire de *neurones d'association* qui se rendent, les uns (Na₁), du même côté de la moelle, les autres (Na₂) du côté opposé. Cette disposition montre que l'influx nerveux, transmis par le neurone centripète (N. G. S.), peut entrer en relation avec plusieurs neurones centrifuges (N. C.). Le réflexe pourra ainsi s'étendre, s'irradier.

Le mouvement, dans un réflexe, est *involontaire*. Si, par exemple, on chatouille la plante du pied d'une personne endormie, cette personne retire sa jambe sans s'éveiller, au réveil, elle n'aura pas souvenir de ce mouvement. Donc la contraction est involontaire et inconsciente.

Les réflexes se produisent avec une régularité qui indique un mécanisme particulier. Ce mécanisme peut être inné, instinctif, comme l'acte de téter chez un jeune animal. Il peut aussi être acquis par l'habitude, tel est le cas de la marche par exemple.

En enlevant chez certains animaux des tranches de moelle à différents niveaux, on a vu qu'il y avait des centres spéciaux pour certaines fonctions. La moelle est donc formée d'un certain nombre de centres nerveux échelonnés et ayant chacun une fonction propre. L'être humain, comme tout animal supérieur, pourrait donc, à ce point de vue physiologique, être considéré comme une collection, une *colonie d'individus élémentaires*. Et l'unité apparente résulte de l'harmonie qui existe entre ces différents individus. C'est surtout l'anatomie comparée et l'embryogénie qui ont permis d'établir que l'animal supérieur pouvait être considéré comme une association d'organismes élémentaires.

Certaines régions de la moelle agissent sur les muscles de la vie de relation : c'est ce que montre le *réflexe rotulien*, qui consiste dans l'extension brusque de la jambe si l'on frappe un coup sec sur le tendon rotulien. D'autres régions, au contraire, sont intéressées dans les mouvements involontaires des organes de la vie végétative (**centre** cardiaque, **contraction** de la vessie, etc.).

Effets de la destruction de la moelle. — Les effets de la destruction de la moelle sont : la perte de la sensibilité et de la motilité volontaire, la chute de la pression artérielle, l'abaissement de la température, l'incontinence des matières fécales et des urines. Ces troubles sont si graves que généralement, quand ils se produisent, la vie ne peut continuer. Cependant on est parvenu, en prenant certaines précautions, à conserver longtemps des Chiens ainsi mutilés. Ce qui prouve que la vie végétative est possible sans l'intervention des centres médullaires. Le système sympathique suffit à l'entretenir, même chez des animaux supérieurs.

Physiologie de l'encéphale. — Nous étudierons successivement la physiologie des différentes parties de l'encéphale, à savoir : le *bulbe rachidien,* le *cervelet,* les *pédoncules cérébelleux,* les *tubercules quadrijumeaux,* les *hémisphères cérébraux.*

A. Bulbe rachidien. — Le *bulbe rachidien* est une des parties les plus importantes de l'encéphale. Le physiologiste français Flourens a montré qu'il était possible, chez un animal, de détruire la moelle sur une certaine étendue, d'enlever même le cerveau et le cervelet : l'animal continue à respirer, à vivre. Mais si l'on blesse la pointe du *calamus scriptorius,* on provoque la mort subite de l'animal. « C'est là, dit Flourens, la clef de voûte de tout l'organisme, le *nœud vital.* » La raison en est que cette région constitue l'origine du nerf pneumogastrique, qui agit sur les battements du cœur et sur les mouvements respiratoires. Le nœud vital est en réalité le *centre respiratoire.* La mort survient alors par arrêt du cœur en diastole, et par arrêt des mouvements respiratoires. Certains centres nerveux ont donc la propriété de suspendre l'action nerveuse ; on désigne les phénomènes de cet ordre sous le nom d'*actions d'arrêt* ou d'*inhibition.*

Si l'on pique le plancher du 4e ventricule un peu plus haut, on produit de la *polyurie* (abondance de l'urine).

Un peu plus haut on produit de la *glycosurie,* c'est-à-dire que le foie rejette dans le sang une plus grande quantité de sucre.

Encore un peu au-dessus, on produit de l'*albuminurie.*

Enfin, en haut du 4e ventricule, on augmente considérablement la *sécrétion salivaire.*

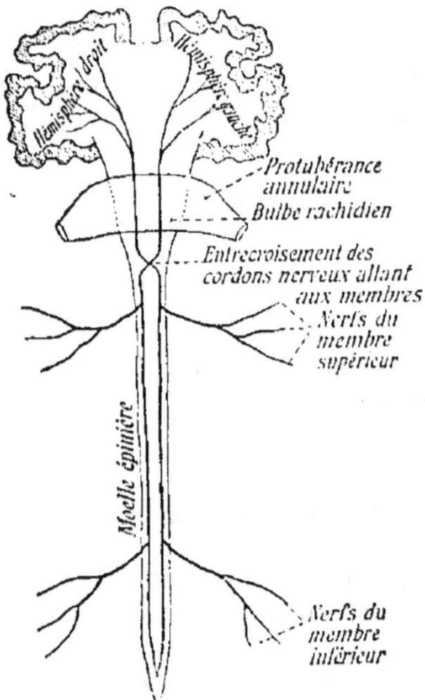

Fig. 285. — Coupe verticale du cerveau, du bulbe rachidien et de la moelle épinière.

Ces actions sont dues à ce fait que de nombreuses racines du grand sympathique prennent naissance dans le bulbe.

La *décussation des pyramides* (entrecroisement des cordons blancs venant de la moelle) se produisant au niveau du bulbe (*fig.* 254 et 285), on conçoit que la pyramide antérieure *droite* commande le mouvement dans la partie *gauche* du corps. De sorte que la section d'une pyramide produit la paralysie du côté opposé (*hémiplégie*). Une personne frappée d'apoplexie cérébrale unilatérale est privée de mouvements volontaires du côté opposé ; la figure, elle, est paralysée du même côté, car les nerfs qu'elle reçoit prennent naissance au-dessus de l'entrecroisement des pyramides.

B. Cervelet. — Pour étudier les fonctions du cervelet, on opère en enlevant cet organe ou en excitant ses diverses régions. C'est Flourens qui, dès 1851, montra que si l'on enlève le cervelet à un Pigeon, cet animal n'est nullement paralysé ; il continue à se mouvoir, mais d'une façon désordonnée ; il lui est impossible de se tenir en équilibre, il culbute dans tous les sens et se débat avec force. Flourens en conclut que le cervelet a pour rôle essentiel de *coordonner les mouvements volontaires*.

Si au lieu d'enlever tout le cervelet, on en détruit seulement certaines parties, les troubles d'équilibre varient suivant les parties lésées. Si on fait l'ablation, par exemple, de la partie antérieure du vermis, l'animal tend à tomber en avant, lorsqu'il essaye de marcher ; au contraire, en enlevant la partie postérieure du vermis, la tête est tirée en arrière et l'animal a une tendance à tomber en arrière.

De plus, dans l'*ataxie cérébelleuse* causée par des lesions du cervelet, les mouvements sont désordonnés, la démarche est incertaine, l'attitude est celle d'un Homme ivre.

Le cervelet agit aussi comme un stimulant des muscles. Si, en effet, on enlève à un animal la moitié de cet organe, on produit une grande faiblesse musculaire du côté lésé.

Son action est *directe*, c'est-à-dire que chacune de ses moitiés agit sur la moitié du corps correspondante.

L'anatomie comparée et l'embryogénie montrent aussi que

le cervelet régularise et coordonne les mouvements. Le développement du cervelet augmente avec les exigences de l'équilibre et de la motricité : il est énorme chez les animaux grands nageurs comme le Requin, il est petit chez les Poissons plats, faibles nageurs. D'autre part, le cervelet n'atteint son complet développement que quand l'animal commence à marcher ; chez l'Homme, il n'a sa structure définitive qu'à la fin de la première année.

C. **Pédoncules cérébelleux.** — Ils servent à mettre en communication le cervelet avec le cerveau (pédoncules cérébelleux supérieurs), avec la moelle (pédoncules cérébelleux inférieurs), et les deux hémisphères cérébelleux entre eux (pédoncules cérébelleux moyens). Suivant l'endroit où l'on coupera ces pédoncules, on obtiendra des mouvements de *rotation* ou de *manège*. Si on les coupe d'un côté seulement, l'animal roule autour de son axe longitudinal ; il tourne avec une rapidité qui peut atteindre 60 tours par minute.

D. **Tubercules quadrijumeaux.** — Lorsqu'on enlève les tubercules quadrijumeaux d'un animal, l'iris ne se contracte ni ne se dilate plus et la cécité survient. Ces organes sont en rapport avec les fonctions visuelles, car ils semblent aussi coordonner les mouvements des yeux. Mais ils doivent avoir un autre rôle, car ils sont très développés chez des animaux aveugles tels que la Taupe.

L'excitation des tubercules quadrijumeaux antérieurs détermine un mouvement des deux yeux. Une lésion des tubercules postérieurs amène de la surdité.

Chez les Vertébrés inférieurs et particulièrement chez les Poissons, ces organes sont énormes (*lobes optiques*) et ils servent non seulement à la vision, mais à l'équilibration et à la coordination des mouvements

E. **Hémisphères cérébraux.** — Par leur *substance blanche*, es hémisphères jouent un rôle conducteur ; par leur *substance grise*, ils forment les centres nerveux les plus importants

Les philosophes de l'antiquité, avec Hippocrate, considéraient le cerveau comme étant le siège de l'âme. Les philosophes de la Renaissance et Descartes au xvıı^e siècle admettaient l'existence de fluides particuliers commandant aux phénomènes de la vie· ils les appelaient les *esprits animaux*. Descartes pensait que ces fluides venus du cerveau devaient se répandre dans tout le corps au moyen des nerfs; mais au-dessus de cette fonction physiologique, le philosophe plaçait l'âme, qui donne à l'Homme la faculté de penser. Ayant étudié l'anatomie, et frappé de la situation de la *glande pinéale* au centre de l'encéphale, il la considérait « comme la source d'où les parties du sang les plus subtiles, les esprits, couraient de tous côtés dans le cerveau et se dirigeaient vers un point quelconque ».

Le cerveau est le siège de la volonté et de l'intelligence. — Les observations anatomiques modernes ont montré que lorsque la raison est altérée, comme chez un aliéné, il existe toujours une lésion du cerveau, et qu'une intelligence saine ne peut exister chez des individus dont le cerveau est ramolli ou sclérosé. Il y a donc une relation incontestable entre le cerveau et les facultés intellectuelles; ce qui ne veut pas dire que nous connaissons à fond la physiologie du cerveau. Nous devons même constater que le mécanisme de la pensée nous est inconnu. Aussi ne nous occuperons-nous ici que des faits indiscutables, bien établis par l'expérience et par l'observation. Laissant de côté les discussions théoriques qui sont du domaine de la métaphysique, le physiologiste peut répéter cette phrase de Pascal qui résume tout ce que l'on sait de la physiologie du cerveau : « On ne pense pas sans tête. »

Ce n'est qu'en 1840 que Flourens démontra expérimentalement que le cerveau est le siège de l'intelligence. Il enleva le cerveau à des animaux vivants et put ensuite les conserver pendant quelque temps. Une Poule, privée de ses hémisphères cérébraux, vécut pendant 10 mois, un Chien pendant 18 mois. Et, fait intéressant, cette opération ne donne souvent lieu à aucun signe de douleur : c'est ainsi qu'on peut enlever des tranches de matière cérébrale sur un Cheval, pendant qu'il continue à manger. Une fois le cerveau **enlevé**, l'animal est plongé dans une sorte de torpeur.

Le Pigeon se prête bien à l'extirpation du cerveau, mieux que les Mammifères, chez lesquels se produisent des hémorragies. Un Pigeon opéré a l'apparence d'un Pigeon normal, mais il demeure immobile, somnolent ; cependant si on le jette en l'air, il vole ; si on le pousse, il marche ; un bruit violent le fait tressaillir, mais si on le laisse tranquille, il retombe dans sa torpeur ; il se laisserait mourir de faim devant des grains de blé ; pour le nourrir il faut lui placer les graines dans le gosier. Tout besoin a disparu. Le Pigeon a perdu la *volonté* et l'*intelligence*. De même, la Grenouille opérée reste accroupie ; si on la pousse, elle saute ; si on la jette dans l'eau, elle nage jusqu'aux bords du vase ; si on la met sur le dos, elle se redresse prestement; elle aussi se laisse mourir de faim au milieu de l'abondance ; une Grenouille acérébrée a pu vivre cinq ans, mais n'a jamais donné aucun signe d'initiative ; il ne reste plus que l'automate, que la *machine-grenouille*, comme il ne restait plus que la *machine-pigeon*. On a réussi aussi à conserver des Chiens privés de cerveau : leur figure restait sans expression, et ils étaient inattentifs à tout ce qui se passait autour d'eux. De ces faits il est permis de conclure que les animaux acérébrés agissent comme de vrais automates, sans spontanéité, et que par suite, le cerveau est le siège des facultés intellectuelles.

Chez l'Homme, la maladie réalise parfois la suppression de l'écorce cérébrale. On sait, en effet, que la paralysie générale des aliénés est due à une destruction des cellules corticales. A mesure que les lésions s'aggravent et s'étendent, la déchéance intellectuelle s'accentue de plus en plus. De même, dans l'idiotie, le déficit psychique est dû à l'altération des cellules de l'écorce cérébrale, par arrêt de développement ; c'est ainsi que les *idiots*, chez lesquels il est impossible d'éveiller la conscience et l'intelligence, ont une écorce cérébrale aussi réduite que celle de l'embryon. Au contraire, chez ceux dont l'arrêt de développement cérébral ne s'est produit qu'au cours des premières années de la vie, les fonc-

tions psychiques, bien qu'inférieures à la normale, se développent cependant : ce sont des *arriérés*.

Enfin, la clinique nous donne une dernière preuve :
seules les lésions des hémisphères cérébraux entraînent des
troubles intellectuels ; les lésions du bulbe, du cervelet,
n'altèrent aucune faculté psychique.

Le cerveau est donc considéré comme l'organe des fonctions psychiques.

Le poids du cerveau et l'intelligence. — On comprend,
par suite, que l'on ait voulu voir une relation entre le poids
du cerveau et de degré d'intelligence. Les *microcéphales,* en
effet, qui sont généralement des idiots, ont un cerveau qui
pèse moins de 1.000 grammes, alors que le poids moyen du
cerveau humain est d'environ 1.360 grammes. D'un autre
côté, la plupart des Hommes d'une intelligence supérieure
ont eu un gros cerveau : le cerveau de Broca pesait
1.484 grammes, celui du mathématicien Gauss 1.492, celui de
Cuvier 1.830, celui de Cromwell 2.230. Il y a des exceptions ;
c'est ainsi que le cerveau de Gambetta, un des plus grands
orateurs des temps modernes, avait un poids (1.294 grammes)
inférieur à la moyenne ; mais, en revanche, il présentait des
circonvolutions particulièrement développées et en rapport
sans doute avec les facultés éminentes de cet homme d'Etat.
C'est qu'il ne faut pas oublier que dans la masse cérébrale il
y a deux parties : une qui est en relation avec l'intelligence,
et une autre en relation avec la masse du corps. Ces deux
parties sont inséparables anatomiquement et n'ont pu être
dissociées pour des mesures séparées. Le fait certain, c'est
qu'à mesure qu'on s'élève dans la série animale, le poids du
cerveau augmente, et sa surface, d'abord lisse chez les Vertébrés inférieurs, se plisse peu à peu.

Le rapport du poids du cerveau au poids du corps croît en
même temps que croît ce qu'on est convenu d'appeler l'intelligence. Ainsi il est chez les Poissons de $\frac{1}{5.000}$, chez les
Reptiles de $\frac{1}{1.500}$, chez les Oiseaux de $\frac{1}{200}$, chez les

Mammifères de $\frac{1}{180}$, chez les Singes anthropoïdes de $\frac{1}{120}$ et chez l'Homme de $\frac{1}{40}$.

En somme, les relations entre le poids du cerveau et le développement de l'intelligence sont vagues. Il est en effet très difficile d'apprécier ce développement chez les animaux et même chez l'Homme. Ainsi, chez ce dernier, on *mesure* souvent l'intelligence d'une façon étrange. Voici, par exemple, un savant mathématicien et un artiste de grand talent. On admet volontiers qu'ils ont tous deux une *intelligence supérieure*. Mais si nous cherchons à comparer les deux intelligences et que nous prenions comme critérium de l'intelligence le raisonnement mathématique, nous assimilerons facilement l'artiste à un idiot, et inversement. C'est que pour juger les hommes dits supérieurs, nous nous basons sur des spécialisations ; or elles sont souvent trompeuses, et peut-être serait-il aussi rationnel de considérer comme supérieurs des hommes qu'on range habituellement parmi les hommes *moyens* et qui sont simplement bien équilibrés, l'ensemble de leurs facultés intellectuelles étant uniformément développé.

Localisations cérébrales. Centres moteurs et sensitifs. — Dès la fin du xvⁱᵉ siècle, le médecin allemand Gall eut l'idée de *localiser* dans les différentes parties du cerveau les facultés intellectuelles. Il partit de ce fait que certaines personnes ont des facultés plus développées et que, par suite, les régions du cerveau où siègent ces facultés doivent avoir un plus grand développement, et par conséquent correspondre à des *bosses* de la surface du crâne. Après avoir examiné des crânes d'hommes et d'animaux dont il connaissait les défauts et les qualités, les penchants et les instincts, Gall divisa le crâne en un certain nombre de territoires (27), dont chacun correspondait à une faculté spéciale : courage, affection, orgueil, etc. Telle est la célèbre théorie de la *phrénologie* ou *système des bosses*. Cette théorie, après un moment de célébrité, fut abandonnée, car si le point de départ est juste, c'est évidemment une erreur que de vouloir juger le contenu (cerveau) par la forme du contenant (crâne). Les saillies du cerveau, en effet, ne s'impriment que sur la face interne du crâne et ne laissent pas de trace sur la face externe.

C'est beaucoup plus tard, vers 1861, que l'étude des localisations cérébrales fut reprise, mais avec une méthode vraiment scientifique, basée soit sur l'anatomie pathologique, soit sur l'expérimentation physiologique.

Fig. 286. — Charcot, médecin français (1825-1893).

La méthode *anatomo-pathologique* dont Charcot et ses élèves ont tiré de si brillants résultats, consiste, étant donnée une affection motrice, sensitive, psychique même, à chercher après l'autopsie, dans l'encéphale, la lésion causale. Si la *même lésion*, observée plusieurs fois dans la *même région*, est accompagnée des *mêmes troubles*, on considère tout naturellement comme exacte la relation entre la *faculté altérée* et le *siège de la lésion*.

Le physiologiste opère autrement : il excite à l'aide d'un courant électrique, ou bien il détruit une zone corticale ; et les résultats de l'excitation ou de la destruction lui permettent de déterminer la localisation de tel ou tel centre, moteur ou sensitif.

Dans ces recherches, des difficultés nombreuses surgissent. Ainsi, expérimentalement, on n'est jamais sûr de n'exciter qu'un point de l'écorce cérébrale ; de son côté, le clinicien n'arrive pas toujours à une analyse suffisamment précise des troubles qu'il a l'occasion d'observer. Il n'y a donc pas lieu de s'étonner si cinquante ans après la découverte de Broca relative au centre du langage, nous sommes encore dans le doute au sujet de la nature exacte des fonctions de l'écorce cérébrale.

C'est le chirurgien français Broca (1824-1880) qui, en 1861,
montra le premier
que la faculté du
langage articulé de-
vait être localisée
dans la 3e circon-
volution frontale
gauche (*fig.* 287). Il
observa un malade
qui ne pouvait plus
parler et dont ce-
pendant les mus-
cles de la langue et
du larynx n'étaient
pas paralysés. A

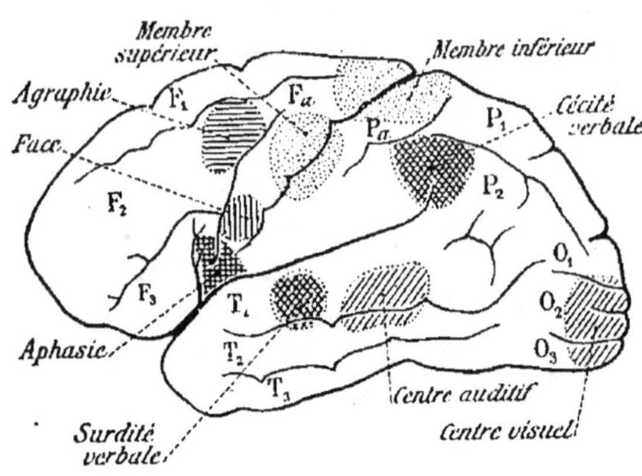

Fig. 287 — Principaux centres moteurs
et sensitifs du cerveau humain.

l'autopsie, ce chirurgien constata un ramollissement dans
une région limitée et située dans la 3e circonvolution frontale gauche, appelée depuis la *circonvolution de Broca*. On a
désigné cette maladie des personnes qui comprennent, mais
qui ne peuvent plus s'exprimer, sous le nom d'*aphasie
motrice*.

On entend ordinairement par *aphasie* la perte du langage, ou
plus exactement la perte de la mémoire des signes au moyen
desquels les hommes communiquent entre eux. Or la faculté
d'échanger nos idées avec nos semblables suppose deux phénomènes différents : la compréhension de ces idées et leur expression. On peut donc diviser les aphasies en deux catégories : les
aphasies de *compréhension* ou *sensorielles*, et les aphasies d'*expression* ou *motrices*.

Chez les gauchers, on a constaté que c'est une lésion de la
3e circonvolution droite qui amène ces troubles du langage,
et cela constitue une contre-épreuve remarquable.

Un développement considérable de cette région du cerveau
doit donc correspondre à une faculté oratoire exception-
nelle : c'est ce qui a été observé sur le cerveau de Gambetta.

Malgré ces faits paraissant bien probants, **nous** devons
dire que dans ces dernières années des médecins ont trouvé
des cas de destruction de la 3e circonvolution frontale gau-

che **sans** aphasie, et inversement, des cas d'aphasie **sans** lésion de ladite circonvolution. Cette localisation, ou tout au moins sa signification, se trouve donc remise en question

Nous allons pourtant citer quelques résultats qui semblent définitivement acquis et qui ont été obtenus soit par l'anatomie pathologique, soit par l'expérimentation physiologique. Les expériences de cette dernière catégorie ont été pratiquées par Fritsch et Hitzig, en Allemagne, et par Ferrier à Londres, sur des Chiens et des Singes. Chez l'Homme, on a pu expérimenter dans quelques cas d'ouverture du crâne faite dans un but chirurgical. C'est ainsi qu'on a pu établir **la** topographie des centres moteurs et sensitifs (*fig.* 287).

Chez les Singes, comme dans le cerveau humain, c'est autour du sillon de Rolando que se groupent les centres moteurs : d'abord, le centre des *mouvements d'articulation des mots* dont la lésion, nous l'avons dit plus haut, détermine *l'aphasie motrice,* occupe le pied de la 3ᵉ frontale gauche ; tout à côté se trouve le *centre moteur de la face* ; au-dessus, le *centre moteur du membre supérieur,* et enfin, plus au-dessus encore, le *centre moteur du membre inférieur.* Le pied de la 2ᵉ frontale gauche est occupé par le *centre des mouvements de l'écriture* ; sa lésion détermine l'*agraphie motrice.*

La *mémoire auditive des mots,* c'est-à-dire la mémoire du sens des mots entendus, a pu être aussi localisée. Lorsqu'un malade est privé de cette faculté, il peut parler, lire, écrire, mais il ne comprend plus le langage parlé ; l'audition des mots n'éveille plus en lui les idées correspondantes aux mots ; il ressemble à un individu transporté dans un pays étranger dont il ne connaîtrait pas la langue. On dit qu'il est atteint de *surdité verbale* ou *aphasie sensorielle.* A son autopsie, on trouve un ramollissement de la 1ʳᵉ circonvolution temporale gauche. Chez le gaucher, ce centre est situé à droite. Certains malades prononcent souvent un mot pour un autre, c'est de la *paraphasie.*

De même, la *mémoire visuelle des lettres* ou *sens des mots écrits* a été localisée dans la 2ᵉ circonvolution pariétale gauche. Le malade qui est privé de cette faculté voit les lettres, mais il ne peut plus les lire, car il ne comprend plus les mots écrits ou imprimés ; il écrit, mais il ne peut plus se lire ; on dit qu'il est atteint de *cécité verbale* ou *agraphie sensorielle*.

Les centres optiques (*fig.* 287) ont été assez exactement déterminés. Si on enlève chez un Oiseau l'écorce grise du lobe *occipital* gauche, on obtient une cécité de l'œil droit ; chez un Chien, la cécité serait limitée à la moitié de chaque œil, car le chiasma des nerfs optiques est incomplet, tandis qu'il est complet chez les Oiseaux. Si on enlève l'écorce grise des deux lobes occipitaux, il y a cécité complète pour les deux yeux. Chez l'Homme, on a constaté que des lésions pathologiques de ces régions produisent des phénomènes de cécité analogues à ceux qu'on observe chez les Mammifères.

Les centres acoustiques ont été mis en évidence par les mêmes méthodes ; ils sont situés dans la partie antérieure du lobe temporal. Une lésion de cette région produit la surdité du côté opposé.

Une expérience faite sur un Chien a montré que si on lui enlève, dès sa naissance, un œil et une oreille, le lobe occipital et le lobe temporal correspondants s'atrophient. On a trouvé parfois dans des cerveaux de sourds-muets une atrophie de la circonvolution temporale supérieure, surtout à gauche.

Voilà tout ce que l'on sait de précis sur les localisations cérébrales ; aller plus loin serait prématuré.

Pourtant nous pouvons dire qu'on a une tendance à localiser les fonctions psychiques dans le lobe frontal, et de fait c'est surtout par le développement considérable de cette partie antérieure que le cerveau de l'Homme se différencie de celui des Mammifères supérieurs. Mais d'autre part, les cas ne sont pas rares où, à l'autopsie, on a découvert de graves lésions des lobes frontaux qui, pendant la vie, n'étaient accompagnées que de troubles psychiques insignifiants ; inversement, on a observé de graves troubles psychiques sans lésions de la région frontale.

Ajoutons que chez les hommes de génie dont le cerveau a été étudié scientifiquement, on a trouvé un grand développement du lobe pariétal. Ainsi, chez les grands musiciens comme

Beethoven et Bach, chez des philosophes comme Kant, des mathématiciens comme Gauss, les circonvolutions pariétales avaient un développement considérable.

Autre fait curieux : chaque hémisphère contient les centres moteurs des membres du côté opposé, ce qui est naturel étant donné l'entrecroisement des fibres motrices dans l'axe cérébro-spinal. Mais pourquoi certains centres, ceux du langage en particulier, occupent-ils l'hémisphère gauche et uniquement l'hémisphère gauche ? Que sont les régions correspondantes de l'hémisphère droit ? Tout cela représente des inconnues.

Quoi qu'il en soit, il est probable que l'on pense avec tout son cerveau. L'intelligence a son siège partout dans l'écorce cérébrale et nulle part en particulier. Les expérimentateurs pensent que les premières régions de l'écorce qui peuvent fonctionner correspondent aux régions sensorielles. L'écorce tout d'abord reçoit les excitations venues du dehors, puis elle y répond quand les fibres centrifuges sont développées. Primitivement le cerveau de l'enfant est bien « une page blanche » sur laquelle s'inscrivent peu à peu les impressions sensorielles, qui pourront plus tard former la matière des diverses opérations intellectuelles.

La mémoire. — Chaque sensation perçue par le cerveau se traduit par une idée ; et lorsque l'idée est élaborée, deux cas peuvent se présenter : ou bien l'idée va se manifester à l'extérieur par des mouvements, ou bien l'idée va s'emmagasiner dans les cellules cérébrales pour reparaître ensuite. Cette sorte de mise en réserve de l'idée, c'est la *mémoire*. Au moment où elle est utilisée, elle produit une *reviviscence des sensations*, laquelle peut en amener d'autres, une idée en appelant une autre : c'est l'*association des idées,* la *comparaison,* le *jugement,* etc.

Le sommeil. — Le sommeil est un arrêt dans la vie de relation. Pendant le sommeil, qu'il soit *naturel* ou *anesthésique,* le cerveau est pâle, exsangue, anémié. Si on fait respirer du chloroforme à un Chien et qu'on mette à nu son cerveau, on voit l'organe se gonfler, puis pâlir et s'affaisser.

Étant données les analogies qui existent entre le sommeil naturel et le sommeil provoqué par des anesthésiques, on est amené à croire que leurs causes doivent aussi être analogues. Le sommeil naturel serait donc dû à des substances particulières élaborées par l'organisme pendant son activité et qui s'accumulent dans le sang et dans la matière cérébrale où elles peuvent causer des altérations si l'on retarde le plus possible l'état de sommeil. On peut mettre en évidence la présence de ces toxines dans le sang d'un individu privé de sommeil en injectant ce sang à d'autres animaux éveillés. Ceux-ci sont alors pris d'un besoin croissant de sommeil, et si l'on examine leur écorce cérébrale, on y trouve les mêmes altérations que chez les sujets ayant fourni le sang injecté. Le besoin de dormir est donc dû à la présence d'une toxine capable de provoquer à la longue des lésions graves. Durant le sommeil, la formation de cette toxine est réduite, ce qui permet à l'excès de s'éliminer ou d'être neutralisé par les antitoxines que peuvent sécréter certaines glandes.

Le sommeil peut être complet, et le cerveau se repose dans toute son étendue ; mais certaines régions peuvent veiller, il en résulte des *rêves*. Pendant le rêve une idée surgit, par suite un centre d'ébranlement se produit et se communique de proche en proche faisant surgir d'autres idées, mais sans lien. Ces idées incohérentes sont caractéristiques des rêves. Ces phénomènes, au lieu de rester localisés dans le domaine psychique, peuvent retentir sur l'appareil locomoteur : c'est le *somnambulisme*.

On peut provoquer le sommeil par des moyens artificiels, par exemple en fatiguant l'attention, en appuyant sur les globes oculaires : c'est le *sommeil hypnotique*. Au réveil, l'individu hypnotisé n'a pas conscience de ce qui s'est passé pendant qu'il dormait. Durant le sommeil le sujet est sous la dépendance de la volonté de l'expérimentateur ; il obéit mécaniquement aux ordres de ce dernier, même après son réveil. On dit que l'expérimentateur a fait une *suggestion*.

Nutrition et activité du cerveau. — Le sang apporte au

système nerveux les aliments dont il a besoin. C'est surtout dans le cerveau que la nutrition est active. Aussi observe-t-on une élévation de température pendant le travail cérébral. Le même fait a été observé chez les animaux : si on appelle un Chien par son nom, la température de son cerveau s'élève légèrement. On a constaté, au contraire, que dans le sommeil, la température du cerveau s'abaisse sensiblement.

L'activité du cerveau se traduit encore par des phénomènes chimiques, et en particulier par l'augmentation de l'acide phosphorique et de la chaux dans l'urine.

D'autre part, tout travail cérébral correspond à une augmentation de la circulation dans le cerveau : le sang y afflue en plus grande abondance, augmentant le volume de cet organe. On peut le constater facilement soit chez l'enfant, dont le crâne n'est pas complètement ossifié, en appliquant la main sur les fontanelles, soit chez des individus dont la boîte crânienne a subi accidentellement une large perte de substance. Pour cela, on place sur le cerveau, comme l'a fait le physiologiste italien Mosso, une sorte de tambour de Marey qui permet d'enregistrer les variations de la tension artérielle (*fig.* 288). On

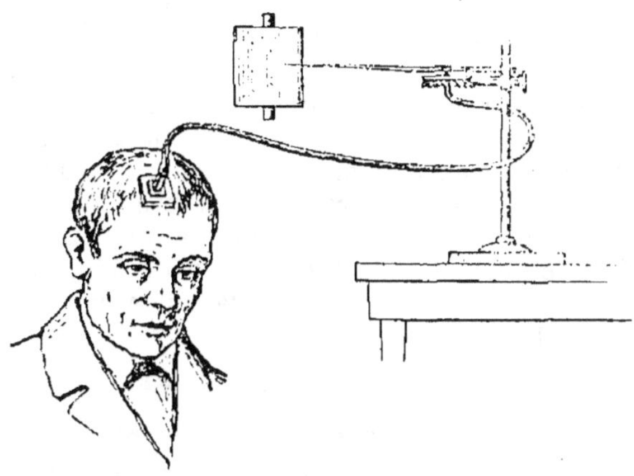

Fig. 288. — Disposition de l'appareil pour enregistrer les pulsations cerebrales (d'après Mosso).

a pu ainsi enregistrer les mouvements émotifs de la matière cérébrale. Ce physiologiste a montré que, pendant le sommeil, le cerveau s'anémie, tandis qu'il se gonfle dès qu'il entre en activité. Il a même vu qu'il suffisait d'un rêve pendant le sommeil, ou d'une émotion pendant la veille, ou d'un travail cérébral plus difficile (calcul mental, par exemple) pour que la circulation fût augmentée.

Une autre expérience de Mosso a montré d'une façon fort ingé-

nieuse que l'activité du cerveau est étroitement liée à la circulation
du sang dans cet organe. Pour mettre en évidence l'afflux de sang
qui se dirige vers le cerveau dès qu'il y a travail cérébral, ce physiologiste a construit une sorte de balance, consistant en une table

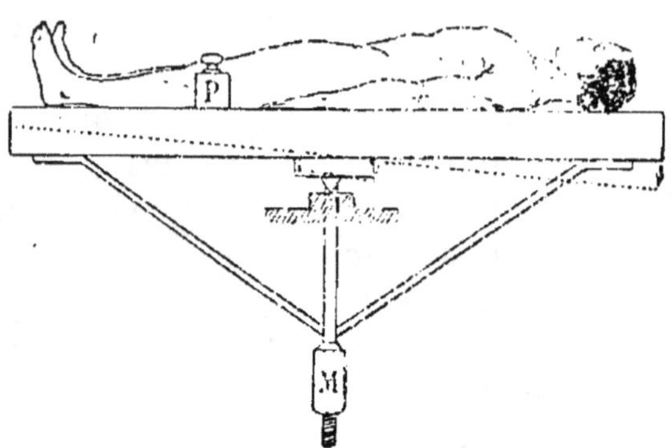

Fig. 289. — Balance montrant l'afflux de sang
au cerveau pendant le travail cérébral (d'après
Mosso).

sur laquelle peut s'é-
tendre un homme
(fig. 289). Au moyen
d'un poids P qu'on
peut déplacer sur le
bord de cette table
mobile autour du
point I, on maintient
l'homme en équilibre,
quand le centre de
gravité du corps est
près du milieu de la
table. Pour empêcher
la balance de trébu-
cher, on place en M
un contrepoids qu'on
peut abaisser ou elever ; de cette façon, le centre de gravité est assez
abaissé pour que la balance ne soit pas folle. Mais elle est tellement
sensible qu'elle oscille librement selon le rythme de la respiration.

Si l'on adresse la parole à la personne étendue sur la balance,
immédiatement l'appareil s'incline du côté de la tête, ce qui prouve
que les jambes sont devenues plus légères et la tête plus lourde.
Il y a donc un afflux de sang au cerveau. Si la personne dort sur la
balance, il suffit d'ouvrir une porte, ou de tousser, ou de déplacer
une chaise, pour que la balance chavire du côté de la tête et prenne
la position indiquée en pointillé sur la figure.

L'influence de la circulation nous est encore bien montrée
par ce qui se passe dans l'anémie cérébrale, où le sang diminuant, les fonctions cérébrales s'affaiblissent et peuvent
même disparaître. Les *syncopes*, les *vertiges* sont souvent
produits par un arrêt plus ou moins complet du sang dans
les capillaires du cerveau. Et lorsqu'on injecte du sang oxygéné dans la carotide d'un Chien décapité, on rend la sensibilité au cerveau, et l'on peut même obtenir des mouvements
volontaires de la face.

§ 3. — Physiologie du grand sympathique.

Fonctions du sympathique. — Par ses *ganglions*, le
sympathique est capable de réflexes : c'est ainsi que le cœur

arraché de la poitrine d'un animal, d'une Grenouille par exemple, continue à battre pendant un certain temps, parce que ses ganglions commandent les mouvements.

Par ses *nerfs*, le sympathique a surtout pour rôle de *régler* la *circulation* et la *sécrétion*. Mais il est à remarquer que la volonté n'a aucune action sur ces nerfs.

Les nerfs cardiaques du sympathique sont, comme nous l'avons montré, *accélérateurs* des battements du cœur. Les filets nerveux du sympathique qui se ramifient dans les vaisseaux peuvent agir sur les muscles de ces vaisseaux et par conséquent sur leur calibre : ce sont les nerfs *vaso-moteurs*. Ils peuvent faire dilater les vaisseaux (*vaso-dilatateurs*), ou les faire contracter (*vaso-constricteurs*). La circulation du sang n'est donc pas uniforme dans toute l'étendue de l'organisme ; c'est le système nerveux qui la règle dans chaque organe, suivant les besoins de cet organe.

Le sympathique exerce aussi une grande influence sur le système glandulaire, dont il règle la sécrétion. Les sécrétions de la salive, du suc gastrique, de la sueur, etc., sont régies par le sympathique.

RÉSUMÉ

Le *système nerveux* a un double rôle : 1° il met l'homme en relation avec le monde extérieur ; 2° il met en relation les différentes parties de l'organisme, assurant ainsi la solidarité des fonctions.

Le tissu nerveux. — Il se forme aux dépens de l'ectoderme. L'élément nerveux est le *neurone*, comprenant la *cellule nerveuse* et la *fibre nerveuse*.

1° *Cellule nerveuse*	Noyau volumineux ; pas de membrane. Nombreux prolongements protoplasmiques ramifiés. Cylindraxe se ramifiant peu. Constitue la substance grise des centres nerveux.
2° *Fibre nerveuse*	1. *Fibre à myéline.* { Cylindraxe. / Manchon de *myéline*. 2. *Fibre sans myéline* { Cylindraxe. / Gaine protoplasmique *sans myéline*.

Le *système nerveux* comprend:
- 1. *Centres nerveux* — Moelle épinière. / Encéphale.
- 2. *Nerfs*.
- 3 *Grand sympathique*.

Les centres nerveux — Se forment aux dépens d'une partie de l'ectoderme qui s'infléchit pour donner la *gouttière médullaire*, puis le *tube neural*, dont la partie cylindrique donne la *moelle épinière*, et la partie renflée l'*encéphale*.

1° Moelle épinière

Située dans le canal rachidien.

Cordon avec deux renflements (cervical et lombaire), se terminant par la *queue de cheval*.

Structure :
- *Substance blanche* à la périphérie.
- *Substance grise en X* :
  - 1. Cornes antérieures (cellules motrices).
  - 2. Cornes postérieures (cellules sensitives).

Canal de l'épendyme au centre.

2° Encéphale

1. Bulbe rachidien
- Unit la moelle épinière à l'encéphale.
- Paroi postérieure amincie.
- Paroi antérieure épaissie.
- Cavité du *4e ventricule*.
- *Décussation des pyramides*.

2. Cervelet
- *Vermis médian* et deux *hémisphères cérébelleux* réunis en avant par la *protubérance annulaire*.
- *Substance grise* à l'extérieur.
- *Substance blanche* en arborescence (*arbre de vie*).

3. Cerveau
- Deux *hémisphères cérébraux* réunis par le *corps calleux* et le *trigone*.
- A l'intérieur deux *ventricules latéraux* communiquant par le *3e ventricule*, *l'aqueduc de Sylvius* et le *4e ventricule* avec le canal de l'épendyme de la moelle.
- *Corps striés* et *couches optiques*.
- *Lobes cérébraux* : frontal, pariétal, occipital et temporal.
- *Circonvolutions cérébrales* : plissement de la substance grise.

Les *méninges* sont des membranes destinées à protéger les centres nerveux.

Elles sont au nombre de trois :
- 1. *Dure-mère* (externe) : fibreuse.
- 2. *Arachnoïde* : séreuse avec deux feuillets.
- 3. *Pie-mère* (interne) : membrane vasculaire.

Les nerfs. — Ils prennent naissance sur la moelle épinière (*nerfs rachidiens*) et sur l'encéphale (*nerfs craniens*).

1° *Nerfs* *rachidiens*	Naissent par deux racines.	*antérieure.* *postérieure* (ganglion spinal).
	31 paires de nerfs.	

Les branches forment en s'anastomosant des *plexus*.

2° *Nerfs craniens* : 12 paires.

Le grand sympathique. — Le système du *grand sympathique* se compose de trois parties :

1° Une *double chaîne nerveuse ganglionnaire*, symétriquement située de chaque côté de la colonne vertébrale ;

2° Des *racines afférentes* venant de la moelle épinière ;

3° Des *racines efférentes* se rendant aux organes.

Les *ganglions sympathiques* sont constitués par de grosses cellules nerveuses ; ce sont des centres nerveux disséminés dans l'organisme.

Les *fibres nerveuses* du sympathique sont surtout constituées par des *fibres sans myéline*.

Le réflexe. — Les phénomènes nerveux peuvent se ramener à l'*acte réflexe*, qui se résume de la façon suivante :

1° *Excitation* portée sur la partie impressionnable ;

2° Transmission de cette excitation par le *nerf centripète* ou *sensitif* vers les centres nerveux ;

3° Le centre nerveux transforme cette excitation en *sensation* et donne l'ordre du mouvement ou de la sécrétion ;

4° Cet ordre est transmis par le *nerf centrifuge* ou *moteur* vers les organes : muscles ou glandes.

Fonctions des nerfs. — La *conductibilité* est la propriété essentielle des nerfs. A ce point de vue, il y a trois sortes de nerfs :

1° Les *nerfs* *centripètes* ou *sensitifs*	Conduisent l'excitation de **la périphérie** vers le centre. Exemple : le N. optique conduit à l'encéphale les excitations reçues par l'œil.
2° Les *nerfs* *centrifuges* ou *moteurs*	Conduisent les ordres des centres vers les organes. S'ils agissent sur un muscle : *nerfs moteurs*. S'ils agissent sur une glande : *nerfs sécréteurs*.
3° Les *nerfs* *mixtes*	Contiennent { 1. Des fibres nerveuses centripètes. 2. » » centrifuges. Les nerfs rachidiens sont mixtes { Racine antérieure : centripète, motrice. Racine postérieure : centrifuge, sensitive.

Fonctions des centres nerveux. — Les *centres nerveux* sont nécessaires à l'accomplissement de l'*acte réflexe*.

1° Moelle épinière
- **1°** Rôle *conducteur*
  - Sensibilité : par les cordons postérieurs.
  - Motilité : par les cordons anté-rolatéraux.
- **2°** *Centres nerveux* des actes réflexes inconscients.

2° Encephale
- **1.** Bulbe ra-chidien
  - *Nœud vital* : arrêt du cœur et des mouvements respiratoires.
  - *Centres sécreteurs* : glycosurie, albuminurie, etc.
- **2.** *Cervelet* : Coordination des mouvements.
- **3.** *Cerveau*
  - *Substance blanche* conductrice.
  - *Substance grise*
    - Siège des *facultés intellectuelles.*
    - Centre des actes réflexes *conscients.*
    - Localisations cérébrales.

L'activité cérébrale est marquée par un afflux de sang, une élévation de température et une élimination plus grande d'acide phosphorique dans l'urine. C'est le sang qui apporte au systeme nerveux les aliments dont il a besoin ; aussi dans l'anémie cérébrale les fonctions intellectuelles s'affaiblissent-elles. Pendant le *sommeil* le sang arrive en moins grande quantité au cerveau.

Fonctions du grand sympathique. — Par ses *ganglions* le sympathique est capable d'actes réflexes : par ses *nerfs* il transmet les ordres venus des centres nerveux, mais il ne transmet que des *mouvements involontaires* ; il agit surtout en régularisant la circulation du sang (*vaso-moteurs*) et la sécrétion.

CHAPITRE XI

LES ORGANES DES SENS

Les organes des sens et les sensations. — Les organes des sens sont destinés à recevoir les *excitations* venant de l'extérieur. Ces excitations sont ensuite transmises, par les nerfs, au cerveau chargé de les transformer en *sensations*. L'œil, par exemple, reçoit l'*excitation lumineuse* ; puis celle-ci est transmise par le nerf optique jusqu'au cerveau, qui nous donne la *sensation lumineuse*. Quand on rapporte les sensations à la cause qui leur a donné naissance, on les appelle *perceptions*. L'étude des perceptions est du domaine de la psychologie ; celle des sensations y confine, mais appartient d'abord à la physiologie.

Un appareil sensoriel comprend ordinairement trois parties . 1º un *neurone périphérique (fig. 290), partie fondamentale,* chargé de recevoir l'excitation ; 2º un *neurone profond* ou *conducteur,* qui conduit l'excitation au centre nerveux ; 3º un *centre nerveux,* qui transforme l'excitation en sensation.

Chacune de ces parties a un rôle spécial : 1º le neurone périphérique est ordinairement muni d'annexes, de façon à ne recevoir qu'une seule sorte d'exci-

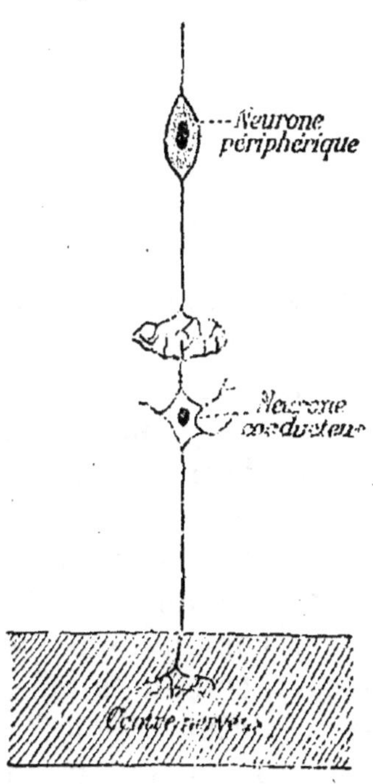

Fig. 290. — Schéma d'un organe sensoriel.

tations et à éliminer les autres ; 2° le neurone profond conduit toutes les excitations, quelles qu'elles soient ; 3° le centre nerveux ne développe jamais qu'une seule sorte de sensation, quelle que soit l'excitation qui y arrive. C'est ainsi qu'une simple pression sur le globe de l'œil excite le nerf optique et produit une sensation lumineuse. De sorte qu si le nerf qui va de l'organe sensoriel au centre nerveux éta t mis en relation avec un autre centre, la sensation serait changée. « Si, par exemple, les nerfs optiques aboutissaient au centre acoustique, et si les nerfs acoustiques aboutissaient au centre optique, nous verrions le tonnerre et nous entendrions l'éclair. » (ARTHUS.)

C'est par les sensations que nous apprenons à connaître le monde extérieur. Elles ne sont pas toutes semblables, et on peut en distinguer cinq sortes principales, à chacune desquelles correspond un organe spécial :

1° Le *toucher*, dont l'organe est la peau ;
2° Le *goût*,   —   —   la langue ;
3° L'*odorat*,   —   —   le nez ;
4° L'*ouïe*,   —   —   l'oreille ;
5° La *vue*,   —   —   l'œil.

L'antique notion des cinq sens s'est étendue. Il existe, en effet, d'autres sensations qui, pour être moins bien définies, jouent pourtant un rôle important dans la vie de relation. Telles sont les sensations de *température*, de **douleur** qui seront étudiées avec le toucher, et celles d'*équilibre* qui se rattachent à l'audition.

Tous les excitants, quels qu'ils soient, se ramènent à des mouvements ; mais ceux-ci sont d'intensité et de forme différentes. C'est ainsi que nous percevons, comme **sons**, les vibrations de 20 à 40.000 à la seconde, et, comme lumière, celles de 450 à 785 billions ; entre ces deux extrêmes se placent les sensations thermiques. Il semble que les excitants mécaniques agissent directement sur la matière vivante en produisant des mouvements protoplasmiques qui déterminent la sensation. Par contre, on ne voit pas bien la relation entre la forme physique et la forme physiologique de l'excitant thermique. Aussi pense-t-on que la sensation de température est liée à une modification plus profonde du protoplasme, à une modification chimique. On peut donc distinguer deux groupes de sens : les *sens mécaniques*, comme le toucher et l'audition, dans lesquels l'organe sensoriel périphérique accomplit un travail mécanique ; les *sens chimiques*, comme les sens thermique, olfactif, gustatif et visuel, dans lesquels l'épithélium sensoriel éprouve une transformation chimique. Pourtant, dans l'étude que nous allons faire, nous ne séparerons pas le sens thermique du sens du toucher.

Les sensations de même espèce sont fortes ou faibles ; elles diffèrent donc entre elles par leur *intensité*. A ce point de vue, elles répondent à certaines lois dont une des plus connues est celle de Fechner, qu'on peut ainsi formuler : *La sensation croît en progression arithmétique lorsque l'intensité de l'excitation croît en proportion géométrique,* ou encore *la sensation croît comme le logarithme de l'excitation.*

I. — LE TOUCHER ET LA PEAU

§ 1. — La peau.

Structure de la peau. — La peau est formée de deux parties : 1° l'*épiderme,* qui est la couche superficielle ; 2° le *derme,* situé dans la profondeur.

L'*épiderme,* de nature épithéliale, comprend deux couches :
1° la *couche cornée* (*fig.* 291), qui est superficielle et dont les cellules sont de plus en plus plates ; à la surface ces cellules sont réduites à leur membrane qui est cornée ; elles sont mortes et se détachent sous forme de lamelles. Cette couche cornée a surtout un rôle protecteur ; aussi s'épaissit-elle dans les régions de frottement (paume des mains, plante des pieds) ; c'est encore elle qui se soulève et se détache après une brûlure ou l'application d'un vésicatoire ;

2° la *couche muqueuse* ou de *Malpighi,* qui est située plus profondément et qui est formée de cellules épithéliales actives, dont la multiplication donne de nouvelles cellules

chargées de remplacer les cellules mortes de la couche cornée ; de sorte que l'épiderme conserve son épaisseur. Les

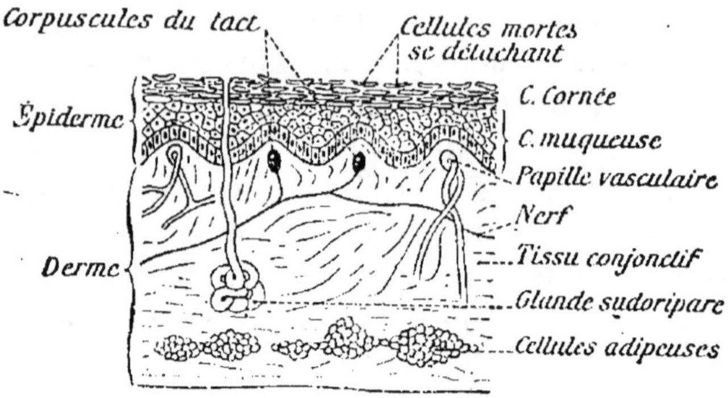

Fig. 291. — Coupe de la peau

cellules profondes de la couche de Malpighi contiennent des
pigments qui colorent la peau.

Lorsqu'un lambeau d'épiderme a été enlevé, par une blessure par exemple, on voit l'épiderme qui entoure la plaie
végéter vers le centre de façon à régénérer le morceau enlevé ; mais ce travail se fait lentement. On peut emprunter
un morceau d'épiderme, au bras par exemple, pour réparer
une plaie du visage : la *greffe* de la peau se fait alors rapidement.

Le *derme* est formé d'un tissu conjonctif très riche en
fibres élastiques ; sa partie superficielle est hérissée de saillies
appelées *papilles* dans lesquelles viennent se terminer les nerfs
et les vaisseaux. La partie profonde est riche en tissu adipeux,
particulièrement abondant chez les personnes grasses, et qui
chez certains animaux forme le *lard*.

On trouve dans l'épaisseur de la peau trois sortes d'organes:
les *glandes sudoripares*, les *poils* et les *terminaisons nerveuses* ou *corpuscules du tact*. Les premières ayant été étudiées à propos de la sueur, il nous reste à décrire les poils
et les corpuscules du toucher.

Poils et ongles. — Les *poils*, comme les glandes sudoripares, se forment aux dépens de l'épiderme. L'épiderme, pour

donner un poil, pousse un bourgeon (*fig.* 292) vers le derme ;
à la base de ce bourgeon est située la *papille*, qui n'est qu'un

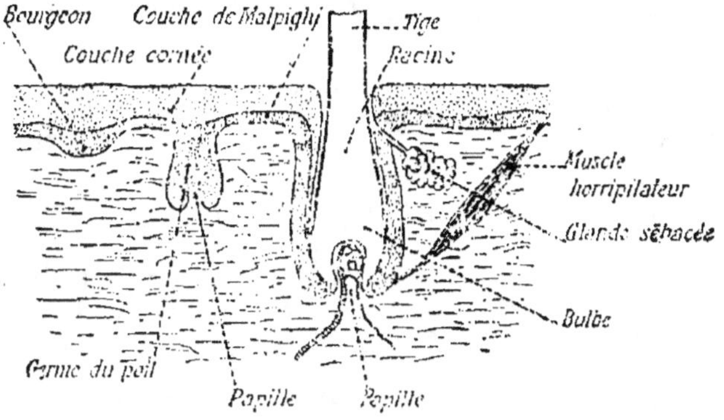

Fig. 292. — Poil et son développement.

prolongement du derme dans lequel viennent se ramifier les
vaisseaux et les nerfs.

Le poil comprend une partie libre ou *tige*, et une partie
enfoncée dans le derme, la *racine*. Cette racine se renfle autour de la papille pour donner le *bulbe*. Les cellules du bulbe
se multiplient sans cesse, de sorte que le poil s'accroît par
la base. Sur une coupe transversale, le poil présente des cellules disposées suivant trois couches concentriques : la
couche interne ou moelle, la couche moyenne dont les pigments donnent la nuance du poil, la couche externe formée
de cellules cornées. Les pigments du poil, sous l'influence de
la vieillesse ou de certaines maladies, peuvent être détruits,
digérés, par des cellules lymphatiques : c'est l'origine des
cheveux blancs, de la *canitie*. Quant à la *calvitie*, elle est due
à des microbes qui attaquent le follicule pileux et font disparaître le poil.

On trouve chez certains animaux, à la base du poil, des terminaisons nerveuses qui donnent à celui-ci une grande sensibilité (moustaches du Chat, poils de la membrane des Chauves-Souris).

Sur les côtés du poil, il se forme, aux dépens de l'épiderme,
des glandes dites *sébacées*, qui sécrètent un liquide spécial,
le *sébum*, destiné à recouvrir les poils et la peau d'une
couche imperméable à l'eau.

Enfin, à la base s'attache un petit muscle (*fig*. 292) qui, par son autre extrémité, s'insère à la partie superficielle de la peau. Ce muscle, appelé *muscle horripilateur*, est formé de fibres lisses ; c'est lui qui, en se contractant, soulève le poil et produit la *chair de poule*.

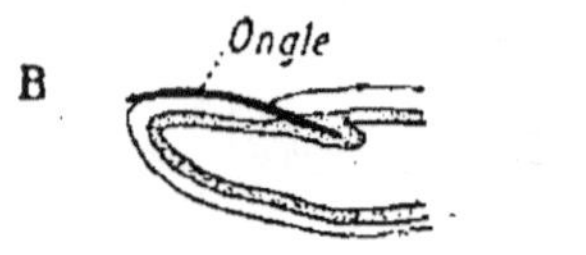

Fig. 293. — Formation de l'ongle.

Les *ongles*, qui recouvrent les extrémités des doigts, se forment (*fig*. 293, A) aux dépens de la couche de Malpighi. Cette couche envoie un prolongement dans une sorte de repli de la peau (*fig*. 293, B). Puis peu à peu les cellules épithéliales deviennent cornées et forment une lame dure qui s'avance vers l'extrémité du doigt. Les *griffes* et les *sabots* ont la même origine.

Corpuscules du toucher. — Les fibres nerveuses viennent se terminer dans le derme, parfois même dans la couche de Malpighi. Elles forment les *corpuscules* du tact, qui sont de quatre sortes :

1° Les uns (*fig*. 294), abondants aux mains et aux pieds, dans les papilles du derme, sont constitués par une *enveloppe*

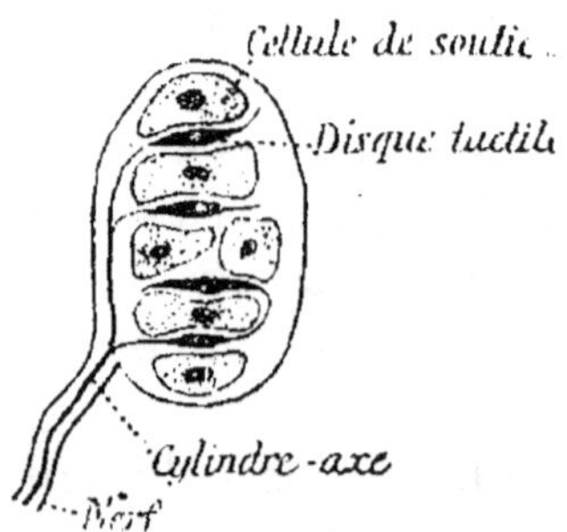

Fig. 294. — Corpuscule du toucher.

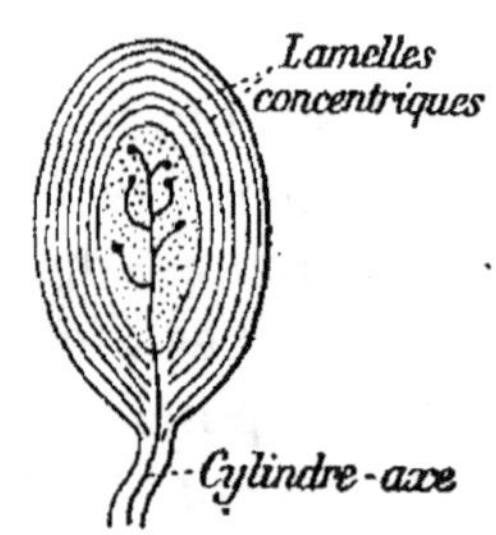

Fig. 295. — Le plus gros des corpuscules tactiles.

conjonctive mince contenant des *cellules de soutien* entre lesquelles viennent se terminer les fibres nerveuses dont le cylindraxe se renfle en un *disque tactile*.

2° D'autres (*fig*. 295), les plus gros de tous. sont formés par une capsule composée d'une série de lamelles conjonctives concentriques enveloppant une sorte de gelée dans laquelle flotte un cylindraxe se terminant soit par un renflement unique, soit par de fins ramuscules renflés en bouton à leur extrémité.

3° Certains *corpuscules*, très petits (*fig.* 296), se trouvent surtout dans la muqueuse de la bouche et de la conjonctive.

4° Enfin, certaines fibres nerveuses viennent se ra-

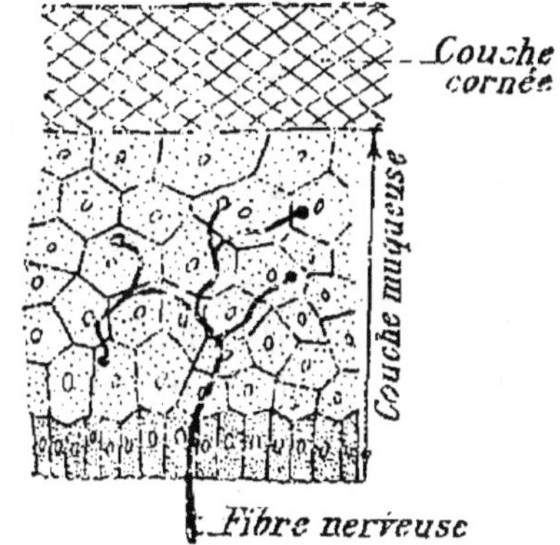

Fig. 296. — Le plus petit des corpuscules tactiles.

Fig. 297. — Coupe de l'épiderme avec terminaisons nerveuses intra-épidermiques.

mifier entre les cellules de l'épiderme dans la couche muqueuse ; des sortes de petits boutons terminent ces ramifications (*fig.* 297). Comme on les rencontre en abondance aux pommettes et au dos de la main, régions particulièrement sensibles à la chaleur, on admet que ce sont elles que la chaleur excite.

§ 2. — Physiologie du toucher.

Les sensations tactiles. — Les sensations perçues par la peau sont de trois sortes : *tactiles*, *thermiques* ét *douloureuses*.

Les expériences du physiologiste suédois Blix ont montré qu'un même excitant peut produire, suivant le point de la peau où il est appliqué, une sensation tactile, thermique chaud et froid) ou douloureuse (*fig.* 298).

1° Sensations tactiles. — Les sensations tactiles constituent le propre du sens du toucher ; elles sont de *contact* et de *pression* ; elles nous font connaître si un corps est lisse ou rugueux, s'il est dur ou mou, s'il est solide ou liquide ; elles nous renseignent enfin sur sa forme et son étendue.

La pulpe des doigts surtout est sensible, et c'est précisément dans cette région de la peau qu'il existe le plus de *corpuscules* du toucher. On peut se rendre compte de la finesse du toucher à l'aide d'un compas dont on applique les deux pointes sur la peau. Pour produire deux sensations de piqûre, il faut écarter les pointes de 6 centimètres sur la peau du dos, de 4 centimètres sur l'avant-bras, de 3 millimètres sur la pulpe des doigts et de 1 millimètre seulement à la pointe de la langue. A la sensation de contact se rattache celle de *chatouillement*.

Les actions mécaniques qui déterminent ces sensations peuvent être produites par des solides, des liquides ou des gaz. Pour ces derniers par exemple, l'effet d'un coup de vent n'est pas comparable à l'impression ressentie quand on marche dans l'obscurité et qu'on approche d'un obstacle. On sait que ce sont des impressions de ce genre qui révèlent aux aveugles les obstacles qu'ils trouvent sur leur chemin.

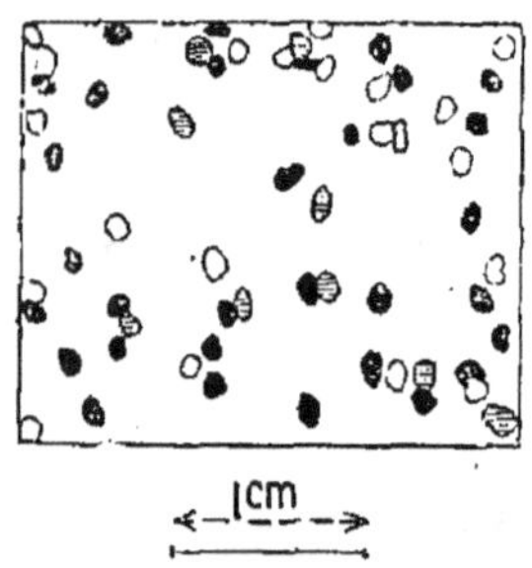

Fig. 298. — Répartition des points de pression (*noirs*), de froid (*blancs*), et de chaud (*rayés*), dans une portion de la région dorsale de la main (d'après Blix).

La sensibilité tactile **n'est** pas uniformément répandue dans la peau. Elle se localise en des points particuliers, dits *points de pression* (*fig.* 298), entre lesquels l'impression de tact ne se produit plus. On remarque alors que, suivant les points excités, il y a sensations de contact, de chaud ou de froid, ou même de douleur. Des expérimentateurs ont calculé qu'il existait sur toute la surface du corps humain, sauf la tête, environ 500.000 points de pression.

Nous avons l'habitude de rapporter les sensations tactiles aux points où se produit le contact du corps : ainsi plaçons une bille entre l'index et le médius, nous avons la

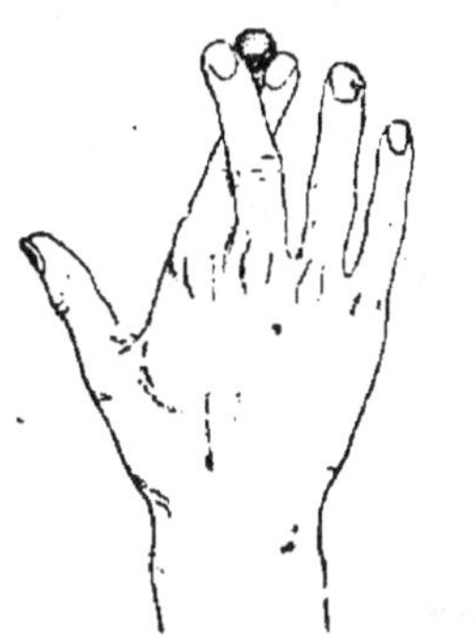

Fig. 299. -- Expérience d'Aristote.

sensation d'une bille unique ; si, au contraire, l'on croise l'index et le médius en plaçant la bille entre leurs extrémités (*fig.* 299), on sent nettement deux billes : l'une en dehors de l'index, l'autre en dedans du médius. Cette expérience, qui nous cause une illusion, est due à Aristote.

2° Sensations thermiques. — Les sensations thermiques se divisent en sensations de chaud et sensations de froid. Il semble exister dans la peau des terminaisons nerveuses dont l'excitation produit toujours une sensation de chaud, et d'autres où elle produit une sensation de froid. C'est ainsi qu'un morceau de menthol placé sur le front donne une sensation de froid, et placé sur le poignet une sensation de chaud.

La chaleur est particulièrement ressentie par certaines régions telles que le dos de la main, les joues, la poitrine, le ventre. Le médecin, pour apprécier la chaleur du corps, se sert du dos de la main ; la repasseuse, dans un même but, approche le fer de la joue. On constate que dans ces régions l'épiderme est riche en terminaisons nerveuses : il semble donc que ces terminaisons soient sensibles à la chaleur.

Dans une maladie de la moelle bien connue, la *syringomyélie* (moelle creusée en forme de tuyau), on observe, outre de l'atrophie musculaire, une perte des sensibilités thermique et douloureuse avec conservation intégrale de la sensibilité tactile. Les malades ressentent comme de simples contacts les impressions de froid ou de chaud, à tel point qu'ils peuvent se brûler sans en avoir conscience. Il y a même des cas où la sensibilité thermique se dissocie : la sensibilité au froid est conservée tandis que la sensibilité au chaud est abolie.

On a constaté qu'il existait à la surface du corps plus de points de froid (environ 250.000) que de points de chaud (environ 30.000),

3° Sensations douloureuses. — Des expériences délicates ont montré qu'il existe dans la peau des points qui ne répondent que par une impression douloureuse à toute excitation, et ces points, comme les points de pression et les points thermiques, sont constants. Ces points de douleur sont plus nombreux que les points de pression. Certaines régions, comme la cornée de l'œil, sont insensibles au contact et très sensibles à la douleur.

Une excitation forte et qui dure longtemps produit de la douleur, qui est d'ailleurs augmentée par l'attention, ce qui explique pourquoi durant la nuit, alors que l'attention n'est pas distraite, les douleurs s'exagèrent. Beaucoup d'autres organes (dents, oreilles, articulations, organes internes) font éprouver des sensations douloureuses.

La douleur, disent les physiologistes et les médecins, est utile au point de vue de la défense de l'organisme, car elle nous prévient des dangers qui nous menacent.

Un caractère commun aux sensations douloureuses et aux sensations tactiles, c'est que nous les rapportons à la surface du corps, même lorsque l'excitation s'est produite sur le trajet du nerf. Il suffit de citer l'exemple bien connu des amputés de la jambe qui ont froid au pied dont ils sont privés ou qui en souffrent.

II. — LE GOUT ET LA LANGUE

Le *goût* nous renseigne sur la saveur des substances ; il a pour organe la *langue*.

§ 1. — La langue.

Structure de la langue. — La langue est un organe charnu, libre en avant et rattaché en arrière à l'os hyoïde. A la face inférieure, on observe un repli vertical de la muqueuse qu'on appelle le *frein* de la langue.

La langue est composée d'une *membrane muqueuse* qui la

recouvre complètement et de *muscles* nombreux qui lui donnent une grande mobilité.

Les nerfs de la langue (*fig.* 300) sont : le *grand hypoglosse*, qui se distribue aux muscles, c'est le nerf moteur de la langue ; le nerf *lingual* (branche du trijumeau), qui innerve la région antérieure et les bords de la langue ; le *glosso-pharyngien*, qui se distribue à la partie postérieure de la langue, et enfin la *corde du tympan*, qui est un rameau du nerf facial et dont certaines branches vont aux glandes sous-maxillaires.

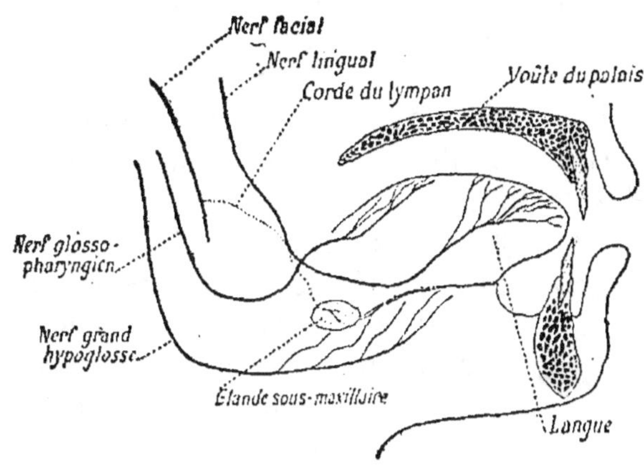

Fig. 300. — Innervation de la langue.

Les corpuscules du goût. — La muqueuse linguale présente de nombreuses saillies appelées *papilles* ; elles sont de trois sortes : *caliciformes, fongiformes* et *filiformes*.

1° Les *papilles caliciformes,* au nombre d'une douzaine,

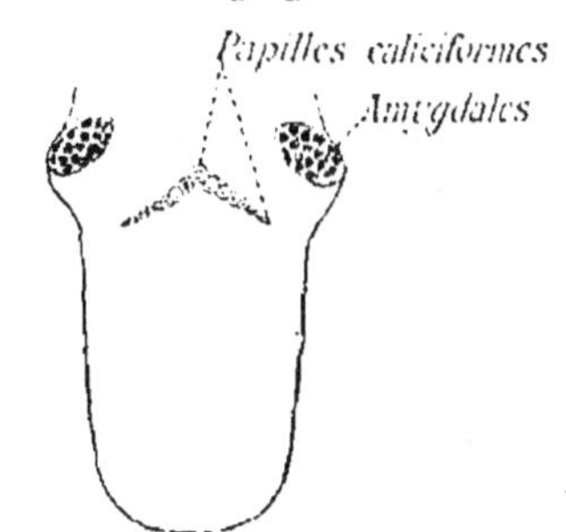

Fig. 301. — Face supérieure de la langue montrant le V lingual.

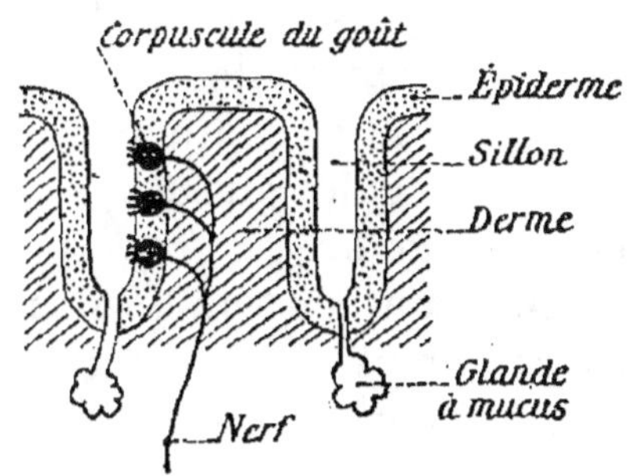

Fig. 302. — Papille caliciforme.

sont disposées en V sur le dos de la langue (*fig.* 301), et le sommet de ce V *lingual* est dirigé en arrière. A ce sommet.

se trouve, simulant une papille, l'orifice d'un canal qui, chez l'embryon, conduit à la glande thyroïde. Cette glande est close chez l'adulte. Sur une coupe verticale, on voit que chaque papille est formée d'une saillie médiane (*fig*. 302), entourée par un sillon annulaire, sur les bords duquel se trouvent des groupes de cellules formant ce qu'on appelle les *corpuscules* ou *olives* du goût.

Chaque corpuscule (*fig*. 303) se compose : 1° d'une enveloppe formée de *ce'lules de soutien* ; 2° de *cellules gustatives*, fusiformes, en communication d'un côté avec les ramifications d'un cylindraxe, et se prolongeant de l'autre vers l'extérieur par un petit bâtonnet. Il peut y avoir plusieurs centaines de corpuscules à la base d'une même papille.

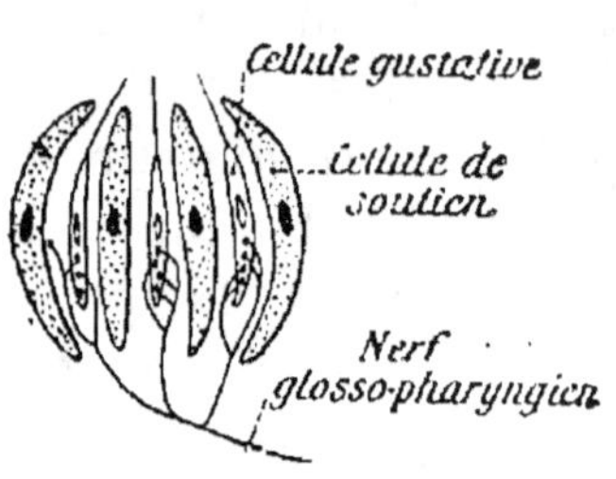

Fig. 303. — Corpuscule du goût grossi.

Au fond des sillons, débouche le canal excréteur d'une glande qui fournit un liquide pouvant aider à diluer les substances sapides, et pouvant aussi chasser les particules de ces substances et permettre ainsi des impressions nouvelles.

2° Les *papilles fongiformes* (*fig.* 304) ont la forme d'un Champignon et sont irrégulièrement distribuées sur toute la surface de la langue. Elles contiennent aussi des corpuscules gustatifs.

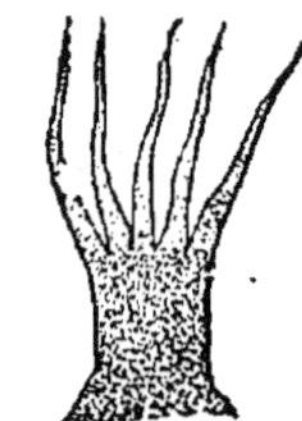
Fig. 305. — Papille filiforme.

Fig. 304. — Papille fongiforme.

3° Les *papilles filiformes* (*fig.* 305), terminées par des filaments, sont disséminées sur toute l'étendue de la langue. Elles semblent surtout *tactiles*, tandis que les deux premières catégories de papilles sont *gustatives*.

§ 2. — Physiologie du goût.

Les sensations gustatives. — La notion du goût nous est fournie par la langue et **non par le palais. On constate que**

c'est surtout la région des papilles caliciformes qui est gustative. Cette région est innervée par le *glosso-pharyngien*, qui est le vrai nerf gustatif ; si l'on coupe ce nerf sur un Chien, on peut faire avaler sans difficulté à cet animal les substances les plus amères. De même lorsque ce nerf est paralysé, les saveurs ne sont plus appréciées.

Pour que la saveur d'une substance soit appréciée, il faut que cette substance soit dissoute. La sécrétion de la salive est par conséquent nécessaire ; aussi dès qu'une substance est placée sur la langue, le réflexe de la sécrétion salivaire se produit ; la vue seule d'un aliment agréable au goût suffit pour *faire venir l'eau à la bouche*.

Les saveurs ne peuvent guère être classées ; rien n'est plus variable que le goût. Parmi les saveurs sur lesquelles on est assez d'accord, citons les saveurs *salées, acides, sucrées et amères*.

Le goût ne nous renseigne pas seulement sur les saveurs il est aussi un auxiliaire précieux de la digestion, **car** il facilite les sécrétions digestives.

III. — L'ODORAT ET LE NEZ

L'odorat, grâce auquel nous percevons les odeurs, **nous** fait connaître la pureté de l'air que nous respirons, car la plupart des substances qui corrompent l'air sont odorantes. D'autre part, il nous permet également de contrôler la fraîcheur de nos aliments et nous guide dans leur choix. Aussi comprend-on la définition du philosophe Kant « l'odorat est un *goût à distance.* »

§ 1. — Le nez et les fosses nasales.

Structure du nez et des fosses nasales. — Le nez a la forme d'une pyramide ; sa charpente est formée par les *os nasaux* du côté de la racine, et par des cartilages à sa base. Les fosses nasales communiquent, en avant, par les narines avec l'extérieur, et en arrière, avec le pharynx.

Les deux narines sont séparées (*fig.* 306) par une cloison osseuse formée de deux os : la *lame perpendiculaire de*

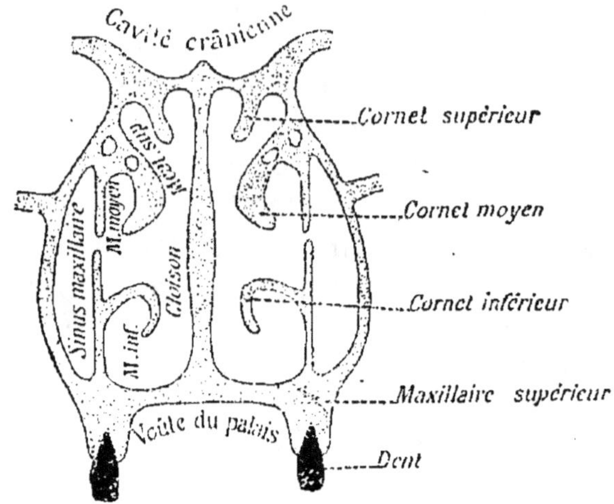

Fig. 306. — Coupe transversale des fosses nasales.

l'ethmoïde en avant et le *vomer* en arrière. Sur les côtés les fosses nasales sont limitées par l'ethmoïde ; en haut par la lame criblée de l'ethmoïde ; en bas les maxillaires supérieurs et les palatins forment la voûte du palais, qui sépare la bouche des fosses nasales.

Sur les faces latérales, l'ethmoïde envoie deux lamelles osseuses enroulées : ce sont les *cornets supérieur* et *moyen* (*fig.* 306) ; le *cornet inférieur* est un os spécial. Ces trois cornets délimitent des espaces appelés *méats supérieur, moyen* et *inférieur.* Enfin les os avoisinants sont creusés de cavités ou *sinus*, en communication avec les fosses nasales par des orifices cachés sous les cornets.

Neurones olfactifs. — Les fosses nasales (*fig.* 307) sont tapissées par une membrane muqueuse spéciale, appelée *pituitaire.* Cette membrane présente deux régions distinctes : 1° une région rouge, dite région *respiratoire*, qui occupe le méat inférieur et la partie inférieure du méat moyen ; elle renferme des glandes à mucus ; un épithélium vibratile la recouvre ; c'est l'inflammation de cette muqueuse qui constitue le « rhume de cerveau » ; 2° une région d'aspect jau-

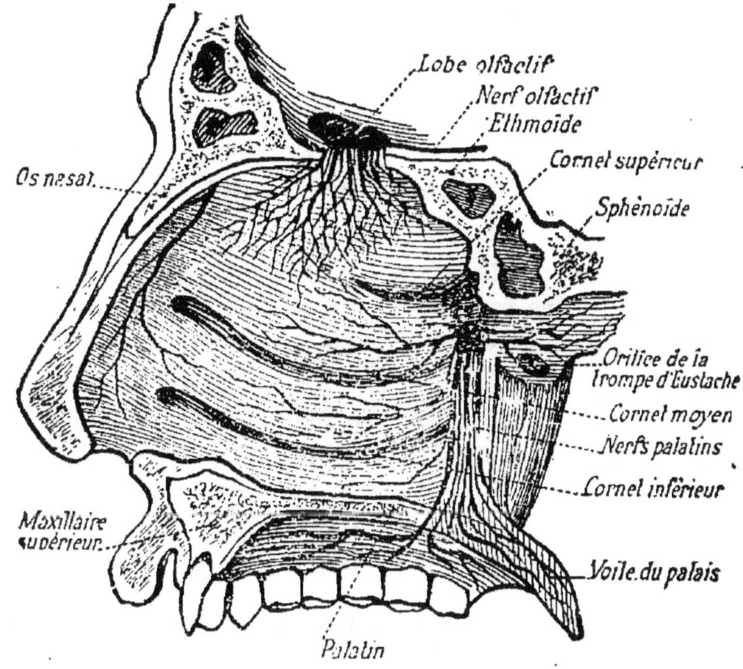

Fig. 307. — Innervation des fosses nasales.

nâtre, dite région *olfactive*, qui occupe le méat supérieur et, en haut, le reste des cavités nasales ; parmi les cellules de l'épithélium de cette muqueuse, certaines sont des cellules à mucus ; d'autres sont prolongées par un bâtonnet effilé (*fig.* 308) et sont en relation par leur cylindraxe qui traverse la lame criblée de l'ethmoïde avec les prolongements protoplasmiques des neurones

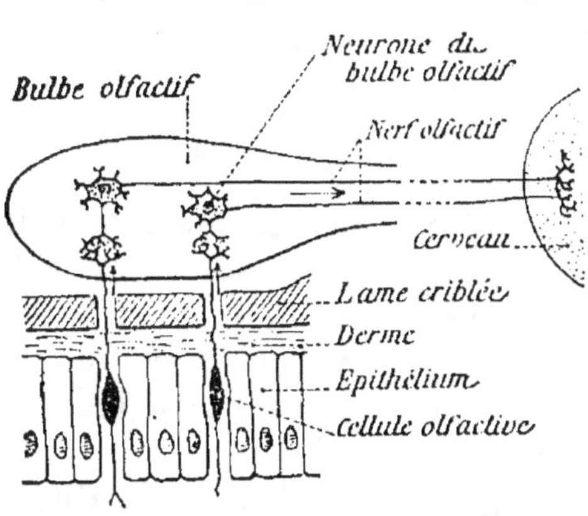

Fig. 308. — Schéma de l'olfaction.

du *bulbe olfactif* : ce sont les *cellules olfactives*.

Les neurones du bulbe olfactif reçoivent donc l'impression

par leurs dendrites et la conduisent au cerveau par leurs
cylindraxes, qui forment le *nerf olfactif*. L'embryologie et
l'histologie montrent qu'on doit considérer le bulbe olfactif
comme un prolongement du cerveau.

§ 2. — Physiologie de l'odorat.

Les sensations olfactives . — La région jaune de la
muqueuse pituitaire reçoit les excitations olfactives; tandis
que la région rouge est destinée à rendre l'air inspiré plus
chaud.

On ne sait pas à quoi est due la propriété d'un corps d'être
odorant. Ainsi des substances de composition chimique différente ont la même odeur, tandis que des corps chimiquement voisins ont des odeurs dissemblables.

La sensibilité olfactive est grande ; on peut reconnaître
$\dfrac{1}{2.000.000}$ de milligramme de musc dans 50^{cm3} d'air. Cette
sensibilité diminue avec le temps pendant lequel l'odeur
agit. Au bout d'un moment, l'odeur ne produit plus de sensation ; aussi s'habitue-t-on aux parfums violents, et les
ouvriers occupés à des besognes mal odorantes finissent-ils
par ne plus rien sentir. L'odeur est d'autant mieux perçue
qu'elle agit par intermittence. C'est pourquoi on renifle pour
mieux sentir les odeurs.

L'odeur d'une substance n'est perçue que si cette substance
est gazeuse, ou bien si ses particules en suspension dans l'air
sont solubles dans le liquide qui humecte la pituitaire.
L'action de *flairer* a pour but d'amener au contact de la
pituitaire les particules odorantes, qui probablement se dissolvent dans le mucus et agissent chimiquement sur les cellules olfactives. Aussi l'olfaction ne se produit-elle pas si la
muqueuse est trop desséchée. On sait que l'odorat du Chien
de chasse est très atténué par un temps sec, et qu'en été on
apprécie mieux le parfum d'une fleur le matin ou le soir
quand l'air est un peu humide, qu'en plein midi quand l'air
est sec.

Ce sens, parfois rudimentaire chez l'Homme civilisé, est très subtil chez certains sauvages et chez quelques Mammifères (Chien de chasse). Chez ce dernier la finesse de l'odorat est telle qu'elle lui donne le moyen de reconnaître à distance une proie ou un ennemi. Cette différence entre l'odorat du Chien et celui de l'Homme ne consiste pas seulement en ce que le Chien sent des quantités d'odeurs plus faibles, mais aussi en ce qu'il sent des odeurs que nous ne sentons pas. « Si le gibier était imprégné de musc, dit le physiologiste J. Passy (1864-1898), il ne nous serait pas absolument impossible de le suivre à la trace. »

Il y a une certaine relation entre le goût et l'odorat ; c'est ainsi que dans le *coryza* ou rhume de cerveau l'odorat est aboli, en même temps que le goût est considérablement atténué.

D'ailleurs, certaines sensations olfactives sont souvent confondues avec des sensations gustatives ; par exemple le goût de la vanille n'est pas une sensation gustative, c'est une sensation olfactive, car on ne perçoit pas ce goût quand on a le nez bouché.

Le rôle de l'odorat est important, chez les animaux, au point de vue de la nutrition, car il leur permet de trouver leur nourriture à distance et d'en discerner les qualités. Chez l'Homme civilisé ce rôle est plus réduit, mais pourtant l'odeur agréable des mets excite aussi, comme le goût, les sécrétions digestives et favorise par suite l'activité de la digestion et met en bonne humeur.

IV. — L'OREILLE ET L'AUDITION

§ 1. — Anatomie de l'oreille.

L'oreille est l'organe qui perçoit les *sons*, c'est-à-dire des vibrations rapides des corps. Ces vibrations lui sont transmises par le milieu ambiant (air ou eau). Or on sait que les liquides conduisent mieux les vibrations que les gaz ; donc l'oreille la plus simple devra se trouver chez les animaux aquatiques. L'oreille d'un Mollusque, par exemple, se compose d'une vésicule close, appelée *otocyste* (*fig.* **309**), formée par des cellules ciliées. A l'intérieur se trouve un liquide, l'*endolymphe,* dans lequel nagent de petites poussières calcaires appelées *otolithes.* Un nerf auditif vient se terminer autour de cette vésicule, mettant en relation les cellules ciliées avec les centres nerveux. Grâce à cet appareil les vibrations sonores se transmettent du milieu ambiant à l'endolymphe, puis aux otolithes, aux cellules ciliées, au nerf auditif et enfin aux centres nerveux. On retrouve cet appareil chez les Vertébrés et même chez l'Homme, mais avec une plus grande complexité.

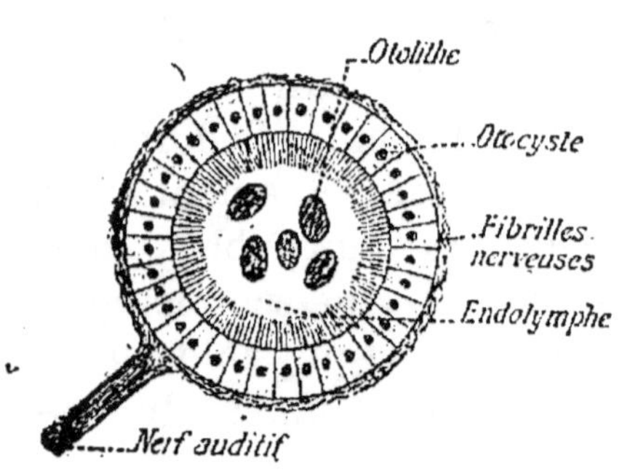

Fig. 309. — Vésicule auditive ou otocyste d'un Mollusque.

L'oreille de l'Homme comprend trois parties :

1° L'*oreille externe,* qui recueille les vibrations sonores ;

2° L'*oreille moyenne,* qui transmet les vibrations ;

3° L'*oreille interne,* qui est l'organe de réception et qui contient les *cellules auditives,* homologues des cellules gustatives, et non des cellules olfactives.

L'oreille externe. — L'*oreille externe* est formée par le *pavillon* et par le *conduit auditif externe* (*fig.* 310).

Le *pavillon,* de nature cartilagineuse, a la forme d'un entonnoir présentant des saillies et des dépressions ; sa partie inférieure ou *lobule* est graisseuse. Il est relié aux os du crâne par des ligaments solides.

Le *conduit auditif externe* (*fig.* 310 et 311), cartilagineux en avant, osseux dans la profondeur, est un conduit recourbé ayant environ 3^{cm} de long ; il est limité en arrière par la membrane du tympan, et la peau qui le tapisse sécrète une matière grasse, jaunâtre, appelée *cérumen,* qui en s'accumulant peut boucher le conduit et produire de la surdité. Cette surdité est facile à guérir en nettoyant le conduit avec un courant d'eau tiède. A l'entrée du conduit se trouvent des

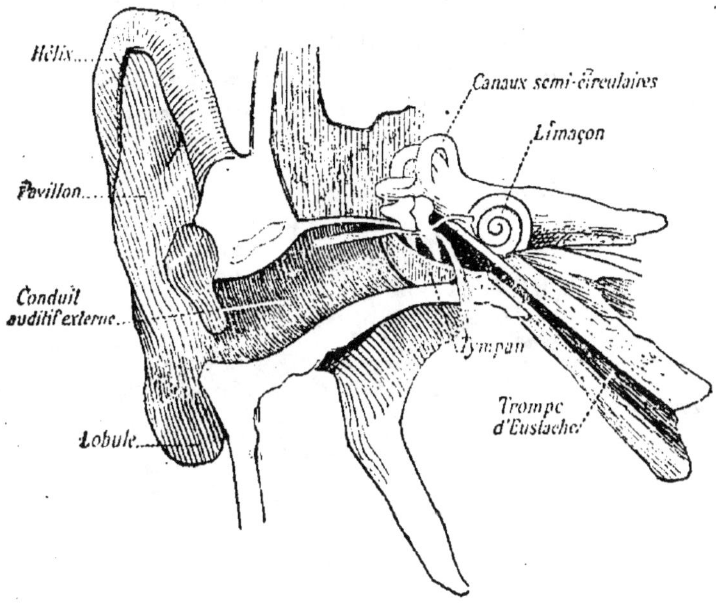

Fig. 310. — Ensemble de l'oreille.

poils qui, avec le cérumen, ont pour but d'arrêter les poussières.

L'oreille moyenne. — L'*oreille moyenne* ou *caisse du tympan* est une cavité irrégulière, creusée à l'intérieur de l'os temporal dans la partie appelée *rocher*. Elle est séparée de l'oreille externe par la membrane du *tympan* et de l'oreille interne par la *fenêtre ovale* et la *fenêtre ronde*, fermées toutes deux par une mince membrane (*fig.* 311). Elle communique avec les *cellules mastoïdiennes*, cavités creusées à l'intérieur du temporal ; et, par la *trompe d'Eustache*, elle est en communication avec l'arrière-cavité des fosses nasales.

La *membrane du tympan* est une lame mince à concavité externe et qui est située obliquement dans le fond du conduit auditif externe.

La *trompe d'Eustache* (*fig.* 311) est un conduit, long de 3 à 4^{cm}, qui vient s'ouvrir dans l'arrière-cavité des fosses nasales. Elle établit la communication et par conséquent un équilibre de pression, entre l'air de la caisse du tympan et l'air extérieur. Ce conduit, ordinairement fermé, s'ouvre à chaque mouvement de déglutition.

La membrane du tympan est reliée à la fenêtre ovale par quatre petits os, articulés les uns avec les autres et formant

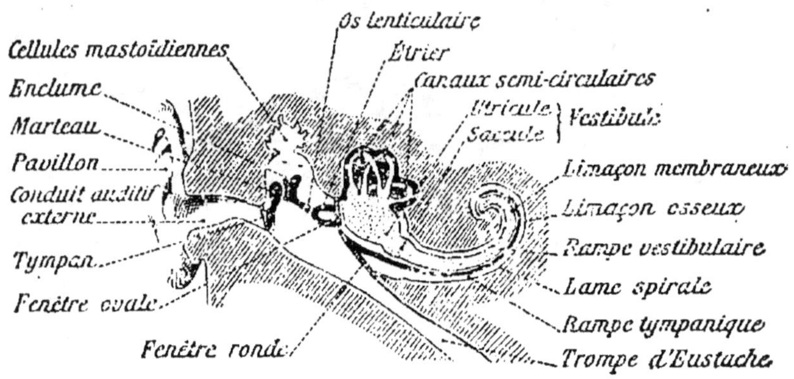

Fig. 311. — Schéma de l'oreille.

la chaîne des osselets. Ces quatre os (*fig.* 311) sont : 1° le *marteau*, dont le manche s'engage dans l'épaisseur du tympan et dont la tête s'appuie sur le second osselet appelé *enclume* ; 2° l'*enclume* ; 3° l'*os lenticulaire* ; 4° l'*étrier*, dont les deux branches s'appuient sur la fenêtre ovale.

Deux petits muscles font mouvoir cette chaîne des osselets : 1° le *muscle du marteau*, qui s'attache d'une part sur le marteau et d'autre part sur la partie antérieure de l'oreille moyenne ; il a pour rôle de tendre la membrane du tympan en se contractant ; 2° le *muscle de l'étrier*, qui s'insère sur la tête de l'étrier et sur la partie postérieure de l'oreille moyenne ; il a pour effet de relâcher la membrane du tympan en se contractant.

L'oreille interne. — L'*oreille interne* (*fig.* 310 et 311), qui est la partie fondamentale de l'oreille puisqu'elle contient les cellules auditives, est logée en entier dans le *rocher*. Elle communique avec l'oreille moyenne par la fenêtre ovale et la fenêtre ronde, et avec la cavité cranienne par le *conduit auditif interne*, dans lequel passe le *nerf auditif*.

Sa structure compliquée lui a valu le nom de *labyrinthe*.

Elle comprend deux parties : le *labyrinthe osseux*, creusé dans l'os temporal, et le *labyrinthe membraneux*, sur lequel s'est moulé le labyrinthe osseux et qui contient un liquide appelé *endolymphe* ; entre les deux labyrinthes se trouve **un** autre liquide appelé *périlymphe*.

On distingue dans l'oreille interne trois parties : 1º le *vestibule* ; 2º les *canaux semi-circulaires* ; 3º le *limaçon*.

1º Le vestibule. — Le vestibule est une sorte de sac communiquant avec l'oreille moyenne par la fenêtre ovale, et directement avec les canaux semi-circulaires et le limaçon. Un rétrécissement le partage en deux parties : l'*utricule* et le *saccule* (*fig*. 311). En deux points, situés l'un dans l'utricule et l'autre dans le saccule, se trouvent les *taches acoustiques*, formées par un épithélium dont les cellules (*fig*. 312) ont un long cil vibratile flottant dans l'endolymphe ; au milieu des cils vibratiles se trouvent des poussières calcaires ou otolithes, ce qui rappelle la vésicule auditive des animaux inférieurs.

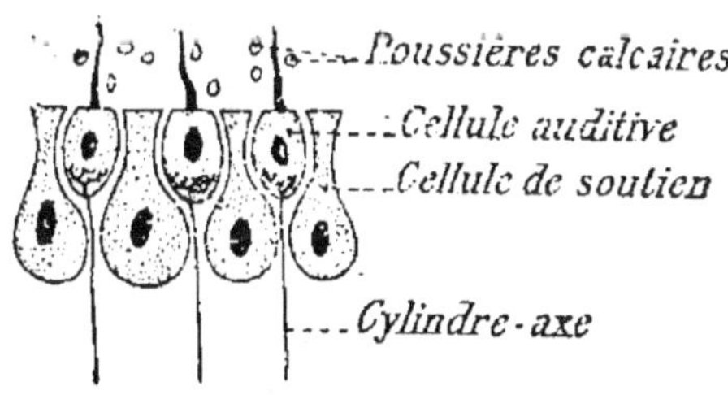

Fig. 312. — Coupe d'une tache acoustique.

Ces cellules, dites *cellules auditives*, sont en rapport avec les cylindraxes du nerf auditif.

Un canal creusé dans l'os va du vestibule jusqu'au contact de la dure-mère, établissant ainsi une communication avec la cavité cranienne.

2º Les canaux semi-circulaires. — Ces canaux (*fig*. 310 et 311), au nombre de trois, sont disposés suivant trois plans rectangulaires : deux verticaux, perpendiculaires l'un sur l'autre, et le troisième⋅ horizontal, perpendiculaire sur les deux premiers. Leurs extrémités débouchent dans le vestibule, et tous trois ont l'une de ces extrémités renflée en *ampoule*. Dans ces ampoules se trouve une saillie ou *crête* *acoustique*, formée par des cellules ciliées en rapport avec les fibres nerveuses auditives.

3° **Le limaçon.** — Le limaçon (*fig.* 313 et 315) est un tube osseux enroulé en spirale autour d'un axe appelé *columelle* ; il fait deux tours et demi, et il est partagé par une cloison en deux canaux ou *rampes* : l'une, la *rampe vestibulaire*, qui aboutit au saccule, l'autre, la *rampe tympanique*, qui aboutit à la fenêtre ronde. Cette cloison est constituée par une *lame spirale*, qui, *osseuse* dans le premier tour de spire, devient ensuite en partie *membraneuse*. La partie osseuse diminue peu à peu de largeur vers le sommet du limaçon, tandis que la partie membraneuse ou *membrane basilaire* augmente.

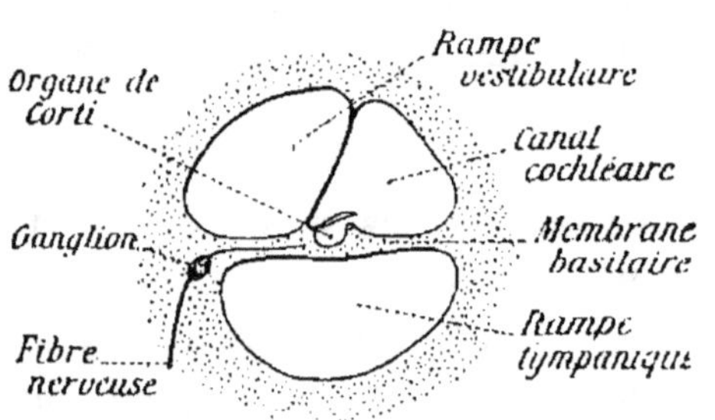

Fig. 313. — Limaçon ouvert.   Fig. 314. — La membrane basilaire déroulée.

augmente. Cette membrane est formée d'une série de fibres transversales élastiques (*fig.* 314), tendues comme les cordes d'une harpe entre la lame spirale et la paroi du limaçon. Ces cordes, au nombre d'environ 6.000, augmentent de longueur de la base vers le sommet du limaçon.

La *rampe tympanique* n'offre rien de particulier ; la *rampe vestibulaire* est partagée en deux par une membrane (*fig.* 315) : la *rampe vestibulaire* proprement dite et le *canal cochléaire*. C'est dans ce dernier que se trouvent les *organes de Corti*.

Fig. 315. — Coupe schématique du limaçon.

Chaque *organe de Corti* (*fig.* 316) comprend : 1° une arcade formée de deux piliers et dont la base s'appuie sur

la membrane basilaire ; le sommet le ces piliers se prolonge
sous forme d'une *membrane réticulée* dans les mailles de

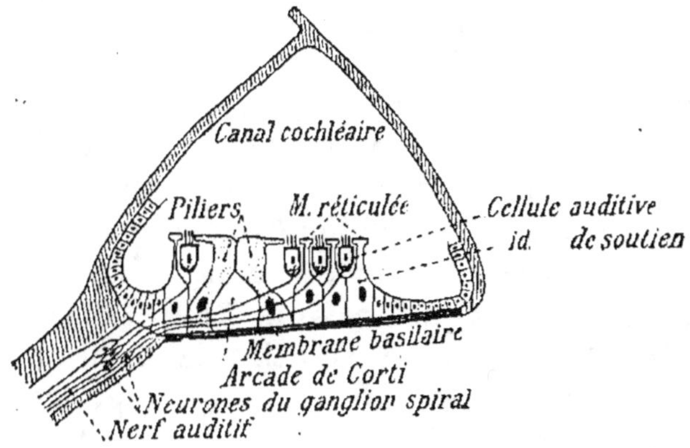

Fig. 316. — Coupe schématique du canal cochléaire et de l'organe de Corti.

laquelle passent les cils des *cellules auditives* ; 2° de *cellules
auditives ciliées*, disposées sur les côtés de l'arcade de Corti
et en rapport avec les terminaisons nerveuses des fibres du
nerf auditif.

Le nerf auditif. — Il entre dans le rocher par le *conduit
auditif interne,* puis il
se divise en deux
branches, qui pénè-
trent à l'intérieur du
labyrinthe osseux : une
va au limaçon et se ra-
mifie dans la lame spi-
rale pour donner le
ganglion spiral (fig.
317) ; une autre, après
avoir donné un gan-
glion, forme trois

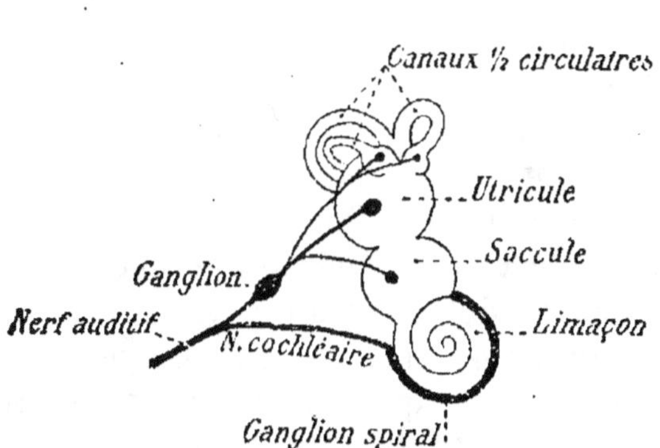

Fig. 317. — Nerf auditif et ses ramifications

branches qui vont au saccule, à l'utricule et aux ampoules
des canaux semi-circulaires.

§ 2. — Physiologie de l'oreille.

L'oreille externe recueille les vibrations sonores. — Le pavillon recueille les vibrations sonores, jouant ainsi le rôle d'un cornet acoustique. Il dirige les ondes sonores vers l'oreille moyenne, et il nous renseigne sur la direction d'où vient le son. C'est pourquoi nous tournons instinctivement la tête pour orienter le pavillon dans ce sens.

L'oreille externe n'existe que chez les Mammifères et les Oiseaux ; encore chez quelques-uns (Taupe, Cétacés, Oiseaux) est-elle réduite au conduit auditif : le pavillon a disparu. Le pavillon est au contraire très développé et très mobile chez les animaux nocturnes (Chauve-souris). Le Cheval et l'Ane ont également le pavillon très mobile.

L'oreille moyenne transmet les vibrations sonores. — Le tympan, sous l'influence des vibrations qui lui sont transmises par l'oreille externe, entre en vibration pour tous les sons et proportionnellement à leur intensité ; mais il faut noter qu'il ne peut vibrer que pour ceux compris entre 30 et 20.000 vibrations par seconde. Le muscle du marteau, en tendant la membrane du tympan, la rend moins apte à vibrer pour les sons intenses tels que le bruit du canon. Au contraire, le muscle de l'étrier, en relâchant le tympan, lui laisse la possibilité de vibrer plus facilement et, par suite, permet d'entendre les sons de faible intensité.

Les vibrations du tympan sont ensuite transmises à l'oreille interne par la chaîne des osselets et la fenêtre ovale.

Enfin la trompe d'Eustache a pour fonction de maintenir l'égalité de pression sur les deux faces du tympan, puisqu'elle établit une communication entre l'oreille moyenne et l'extérieur. On sait d'autre part qu'une membrane vibre mieux lorsqu'elle supporte sur ses deux faces des pressions égales. Aussi l'obstruction de la trompe d'Eustache peut-elle causer une certaine dureté de l'ouïe et même la surdité.

Les cellules mastoïdiennes servent à agrandir la cavité de l'oreille moyenne, de façon à éviter les changements trop brusques dans la pression de l'air appliqué contre le tympan. Aussi les animaux exposés à des changements rapides de pression atmosphérique, comme les Oiseaux qui s'élèvent très haut dans les airs, ont-ils des cellules mastoïdiennes très développées.

L'oreille interne permet d'apprécier les qualités du son. — L'oreille interne est l'organe essentiel de l'audition ; c'est elle qui reçoit les vibrations sonores et qui permet d'apprécier leurs qualités. On sait que le labyrinthe membraneux contient un liquide, l'endolymphe, et qu'il flotte dans la périlymphe ; celle-ci reçoit les vibrations venant de l'oreille moyenne, elle les transmet à l'endolymphe, qui à son tour fait vibrer les cellules ciliées des taches acoustiques, des crêtes acoustiques et de l'organe de Corti. Ces impressions sont ensuite transmises au cerveau par le nerf auditif.

On n'a pas d'autres précisions sur le mécanisme de l'audition.

Nous allons indiquer cependant le rôle probable de l'oreille dans la perception de trois qualités du son : l'*intensité*, la *hauteur* et le *timbre*.

1° L'*intensité* dépend de l'amplitude des vibrations. Toutes les cellules auditives, en vibrant avec plus ou moins d'énergie, nous renseignent sur l'intensité du son. Les cils vibratiles des cellules des taches acoustiques semblent surtout nous renseigner sur l'intensité des *bruits*.

2° La *hauteur* du son dépend du nombre de vibrations par seconde. Quand ce nombre descend au-dessous de 30 et monte au-dessus de 20.000 vibrations par seconde, on n'éprouve plus de sensation sonore. Or les cordes de la membrane basilaire peuvent, comme les cordes d'un piano, vibrer chacune pour un son différent, d'autant plus grave que la corde est plus longue. Comme il y a 6.000 cordes de longueur différente (les plus longues au sommet du limaçon et les plus courtes à la base), 6.000 sons de hauteur différente pourraient être appréciés ; c'est plus que n'en comprend l'échelle musicale. La hauteur du son sera donc appréciée suivant la corde qui entrera en vibration.

3° Le *timbre* dépend de la superposition au son fondamental, d'un certain nombre d'harmoniques, c'est-à-dire de sons produits par des vibrations 2, 3, 4, etc. fois plus nombreuses. Tandis qu'un son simple ne fera vibrer qu'une seule corde, un son complexe fera vibrer simultanément la corde affectée au son fondamental et les cordes affectées aux harmoniques. De cet ensemble de vibrations résultera la notion du timbre.

L'oreille peut percevoir à la fois de multiples impressions, comme le prouve l'audition d'un orchestre. Elle peut aussi, dans un mélange sonore, distinguer et suivre un son spécial. C'est sur ces deux propriétés de l'oreille qu'est fondée la partie harmonique de la musique.

Rôle des canaux semi-circulaires. Le sens de l'espace. — Les *canaux semi-circulaires* semblent nous fournir la *notion de l'espace*. Si on les enlève à un Pigeon, on provoque chez cet animal des troubles moteurs.

La section de tous les canaux produit, dit le physiologiste de Cyon, un effet foudroyant : le Pigeon ne peut ni se tenir debout, ni rester couché, ni voler, ni exécuter un mouvement combiné quelconque, ni garder l'attitude qu'on lui donne. Ces troubles s'amendent peu à peu et finissent par disparaître, ce qui est sans doute dû à des phénomènes de suppléance. Si l'on sectionne seulement deux canaux symétriques, *on provoque toujours des oscillations de la tête dans le plan des canaux opérés.* C'est une loi absolue.

Chez les Invertébrés on a démontré également que l'enlèvement des *otocystes* produit un déséquilibre.

Chez l'Homme, des lésions des canaux semi-circulaires (*maladie de Ménière*) causent du vertige. Il paraît donc exister une relation entre ces faits et l'orientation des trois canaux semi-circulaires, dont la direction correspond aux trois dimensions de l'espace.

Si ces trois canaux nous permettent de nous orienter dans les trois directions, les animaux qui ne possèdent que *deux canaux* semi-circulaires ne doivent se mouvoir que dans *deux directions* de l'espace, et ceux à un *seul canal*, dans *une seule direction.* C'est ce qu'ont bien démontré les expériences faites par de Cyon sur la Lamproie qui se trouve dans le premier cas, et les observations du même auteur sur les Souris japonaises (variété dite *dansante*), qui ne possèdent qu'un seul canal semi-circulaire fonctionnant bien. Ces Souris sont constamment en mouvement, exécutent une danse tournante, mais il leur est impossible de marcher *droit* (en avant ou en arrière) ou de se mouvoir dans le sens *vertical* ; elles ne connaissent qu'un espace à une dimension.

De tous ces faits il résulte que les canaux semi-circulaires jouent un rôle important dans l'*équilibration*, et qu'ils servent à la formation des notions que nous avons sur les trois dimensions de l'espace, ou encore du *sens de l'espace*.

V. — L'ŒIL ET LA VISION

§ 1. — Anatomie de l'œil.

L'*œil* est l'organe de la vision ; son rôle est de recueillir les vibrations lumineuses pour nous renseigner sur la forme, l'étendue et la couleur des objets.

Les vibrations de l'éther sont plus ou moins rapides. Elles se transforment en sensations lumineuses si elles sont comprises entre 435 trillions par seconde (rouge obscur) et 764 trillions (extrême violet). En deçà et au delà, les vibrations n'agissent pas sur l'œil : ce sont des vibrations caloriques dans l'infra-rouge et chimiques dans l'ultra-violet. Des expériences ont montré que certains animaux, les Fourmis par exemple, étaient sensibles aux radiations ultra-violettes.

L'œil de l'Homme comprend : 1° les *organes annexes*, dont le rôle est de ne laisser pénétrer que la lumière ; 2° le *globe de l'œil*, qui est la partie essentielle contenant les terminaisons nerveuses sensibles à la lumière.

Les organes annexes. — Les *organes annexes* comprennent : 1° les parties *protectrices* ; 2° les parties *motrices* ; 3° les parties *sécrétrices*.

1° **Les parties protectrices : orbite, paupières, cils, sourcils.** — L'œil est logé dans une cavité osseuse appelée *orbite* ; cette cavité a la forme d'une pyramide quadrangulaire à sommet postérieur, et elle est limitée par des os du crâne et de la face. Le fond de l'orbite est percé d'un orifice. le *trou optique,* par lequel pénètre le nerf optique. L'œil n'occupe que la partie antérieure de l'orbite, dont le reste est comblé par du tissu graisseux que traversent des muscles, des vaisseaux et des nerfs.

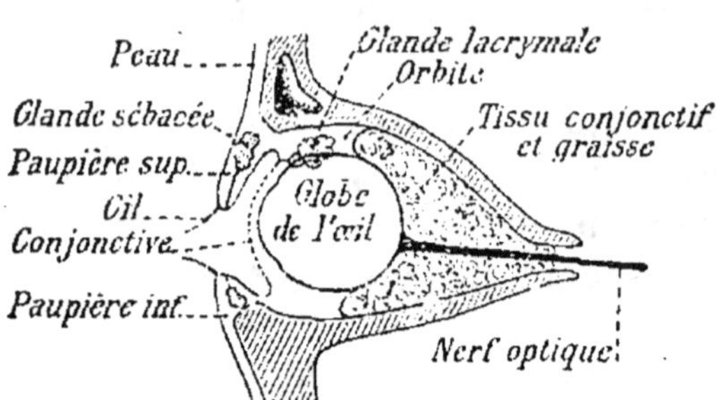

Fig. 318. — Les parties protectrices de l'œil.

En avant, l'œil est protégé (*fig.* 318) par deux replis de la peau, les *paupières*. Le bord libre des paupières porte de longs poils, les *cils*, destinés à arrêter les poussières. Au-dessus de la paupière supérieure se trouve une rangée de poils, les *sourcils*, dont le rôle est de protéger l'œil contre la sueur qui s'écoule du front. Les paupières sont constituées par : 1° la *peau* ; 2° une lamelle résistante ; 3° un muscle, l'*orbiculaire* des paupières, qui, en se contractant, rapproche les paupières l'une de l'autre (*clignement*) ; 4° des *glandes sébacées*, qui sécrètent un liquide huileux destiné à lubrifier le bord libre des paupières ; 5° une membrane muqueuse très mince, la *conjonctive*, qui se replie et passe devant l'œil, où elle est transparente.

Dans le coin interne de l'œil, la conjonctive forme le *repli semi-lunaire* (*fig.* 319), membrane très développée chez le Cheval où elle constitue la membrane *clignotante*, et chez les Oiseaux où

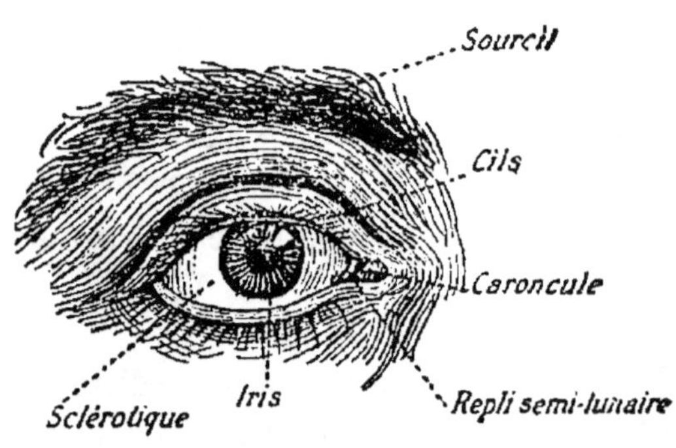

Fig. 319. — Œil droit.

elle devient la troisième paupière ou membrane *nictitante*. Un peu plus en dedans se trouve une petite glande appelée *caroncule lacrymale*, formée par la réunion de plusieurs glandes sébacées.

2° Parties motrices : les muscles de l'œil. — L'œil est capable de mouvements variés qui permettent d'explorer, sans remuer la tête, tous les points de la partie de l'espace vers laquelle la face est tournée. Ces mouvements sont obtenus à l'aide de *six muscles* qui s'insèrent, par une extrémité sur le globe de l'œil, et par l'autre sur la paroi de l'orbite. En modifiant le regard, ces muscles pro-

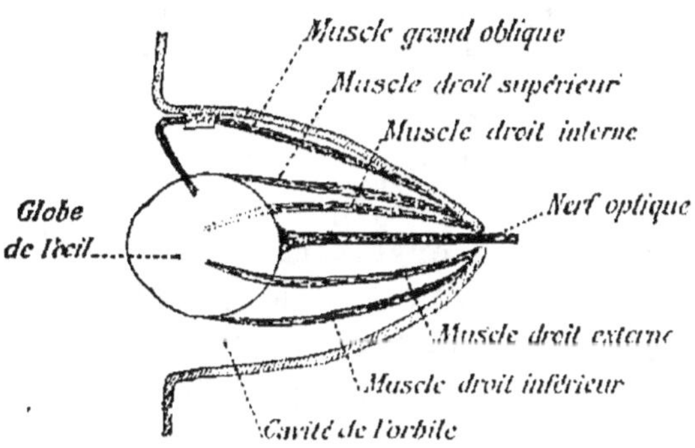

Fig. 320. — Les muscles de l'œil.

Fig. 321. — Schéma montrant le rôle de certains muscles de l'œil.

voquent aussi un changement dans l'expression de la physionomie.

Ces muscles (*fig.* 320 et 321) sont : 1° le *muscle droit supérieur*, dont la contraction fait relever l'œil en haut (muscle *fier* des anciens) ; 2° le *muscle droit inférieur*, qui fait regarder en bas (muscle *humble*) ; 3° le *muscle droit externe*, qui dirige l'œil en dehors (muscle de la *colère*) ; 4° le *muscle droit interne*, qui fait regarder en dedans (muscle des *yeux doux*) ; 5° le *muscle grand oblique*, qui s'insère à la face supérieure du globe de l'œil, passe dans un anneau fibreux situé en haut de l'orbite et vient se fixer dans le fond de l'orbite ; il fait tourner l'œil droit dans le sens des aiguilles d'une montre, et l'œil gauche en sens inverse ; 6° le *muscle petit oblique* s'attache sur la face inférieure du globe de l'œil et va se fixer dans l'angle interne et inférieur de l'orbite ; il agit en sens inverse du grand oblique.

La vision se faisant par les deux yeux, ceux-ci se meuvent synergiquement, c'est-à-dire que quand un œil se lève ou s'abaisse, l'autre s'élève ou s'abaisse aussi. C'est pourquoi nous ne pouvons à la fois élever un œil et abaisser l'autre. De même, on ne peut en même temps regarder à droite avec l'œil droit et à gauche avec l'œil gauche. Quand nous regardons à gauche, c'est le droit interne de l'œil droit qui agit avec le droit externe de l'œil gauche. Le mécanisme des mouvements des yeux est comparable à celui d'un attelage de deux chevaux que conduit un seul cocher. Lorsque cette coordination des mouvements des deux yeux est en défaut, on dit qu'il y a *strabisme*. Dans ce cas les **deux axes visuels** ne convergent plus vers l'objet regardé.

3° Parties sécrétrices : glandes lacrymales. — La *glande lacrymale* (*fig.* 322), qui sécrète les larmes, est logée dans une petite fossette située à l'angle supérieur et externe de l'orbite. Elle a la même structure qu'une glande salivaire, et elle sécrète les larmes comme celle-ci sécrète la salive. Les larmes sont formées d'eau contenant en dissolution un peu de chlorure de sodium. Ce liquide est déversé par une dizaine de canaux dans le repli supérieur de la conjonctive, d'où il se répand sur toute cette membrane grâce au mouvement des paupières. L'excès peut s'écouler par deux orifices, situés dans le coin interne de l'œil, et appelés *points lacrymaux* (*fig.* 322) ; ces deux orifices, par les deux *conduits lacrymaux*, permettent aux larmes d'arriver dans le *sac lacrymal*, puis dans

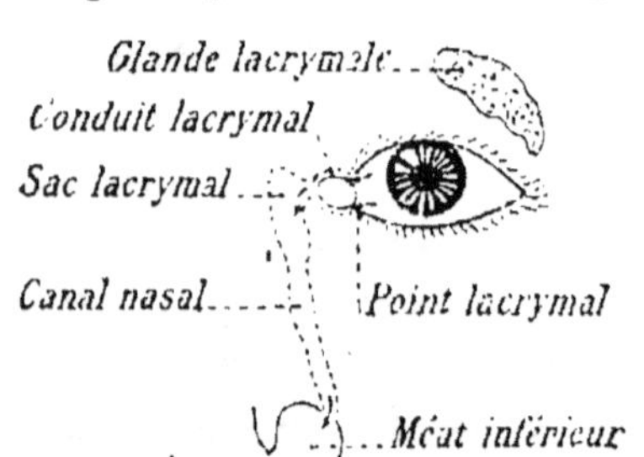

Fig. 322. — Appareil lacrymal.

le *canal nasal*, qui débouche dans le méat inférieur du nez. Les larmes s'écoulent donc dans les fosses nasales, ce qui explique pourquoi les émotions pénibles produisent le nasillement et le besoin de se moucher. Le passage des larmes dans le canal nasal est facilité par le mouvement d'inspiration qui raréfie l'air dans les fosses nasales. Aussi quand les larmes sont abondantes, faisons-nous de brusques inspirations, c'est le *sanglot*.

Les larmes ont pour rôle de maintenir humide la **conjonctive** qui, desséchée, ne serait plus transparente.

Elles ont encore un autre rôle : elles lubrifient l'entrée des voies respiratoires et s'opposent à l'action desséchante du courant d'air de la respiration en cédant de la vapeur d'eau à l'air inspiré. Aussi les Mammifères, comme les Baleines, qui respirent un air saturé d'humidité, n'ont-ils pas de glandes lacrymales.

Le globe de l'œil. — L'œil a une forme sphérique et son diamètre est d'environ 22^mm ; il se compose : 1° de *membranes* ; 2° de *milieux transparents*.

1° Les membranes. — Les membranes de l'œil sont, de dehors en dedans : la *sclérotique*, la *choroïde* et la *rétine*.

La **sclérotique** (*fig.* 323) constitue l'enveloppe extérieure de

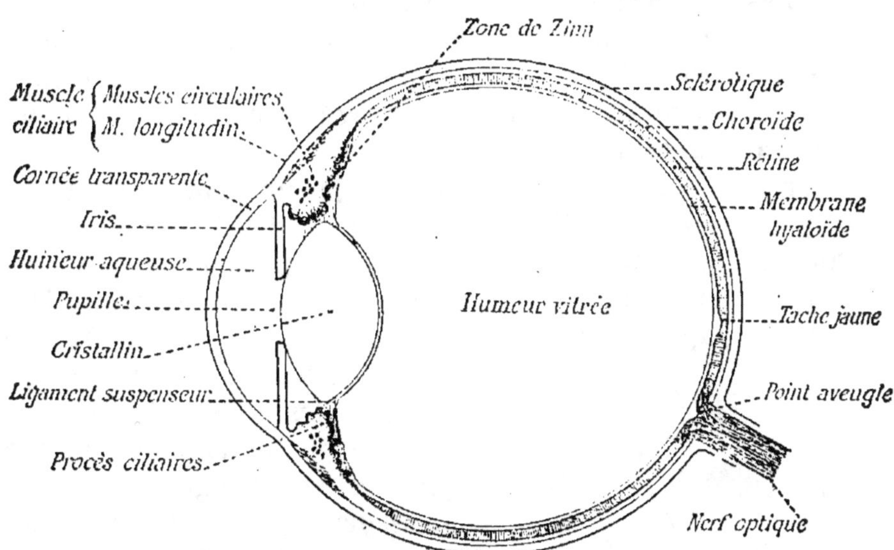

Fig. 323. — Coupe théorique de l'œil.

l'œil ; elle est fibreuse et résistante. A cause de sa couleur, on l'appelle encore le *blanc de l'œil*. En arrière, elle est percée d'un trou pour laisser passer le nerf optique. En avant, elle est transparente avec une courbure plus accentuée : c'est la *cornée transparente*.

La *choroïde* (*fig.* 323) est une membrane conjonctive, très riche en vaisseaux sanguins et dont la partie interne, accolée à la rétine, est formée de cellules contenant de nombreux pigments noirs. Cette couche pigmentaire transforme l'intérieur de l'œil en une véritable chambre noire. Chez les *albinos* ces cellules ne contiennent pas de pigments, de sorte que la lumière n'est pas absorbée mais diffusée en tous sens. L'absence de ces pigments noirs dans certaines parties produit aussi les irisations connues sous le nom de *tapis* chez certains animaux (bleu chez le Chien, vert chez le Bœuf).

Près du cristallin, la choroïde se renfle et comprend deux couches : l'une, externe, le *muscle ciliaire* ; l'autre, interne, entoure le bord du cristallin, ce sont les *procès ciliaires.*

Le *muscle ciliaire*, formé de fibres lisses, a l'aspect d'un anneau dont la partie externe comprend des fibres longitudinales, et la partie interne, des fibres circulaires.

Les *procès ciliaires* se présentent comme une couronne de plis (environ 80) rayonnant autour du cristallin et l'encadrant. Ces plis sont très vasculaires et peuvent se gonfler par l'afflux de sang.

En avant, la choroïde se prolonge par une cloison verticale, appelée *iris*, constituant une sorte de diaphragme, ce diaphragme est percé d'un orifice appelé *pupille*. L'iris est diversement coloré suivant les individus : noir, gris, bleu, etc. La pupille paraît noire parce qu'elle laisse voir dans le fond de l'œil la choroïde, qui est noire ; chez les *albinos*, la choroïde n'a pas de pigments noirs, aussi la pupille est-elle rouge clair. Dans l'épaisseur de l'iris se trouvent des *fibres musculaires lisses*, qui sont les unes *radiales*, les autres *circulaires* (*fig.* 324) ; en se contractant, les premières dilatent la pupille, les secondes, au contraire, la rétrécissent. L'iris règle donc la quantité de lumière qui pénètre dans l'œil.

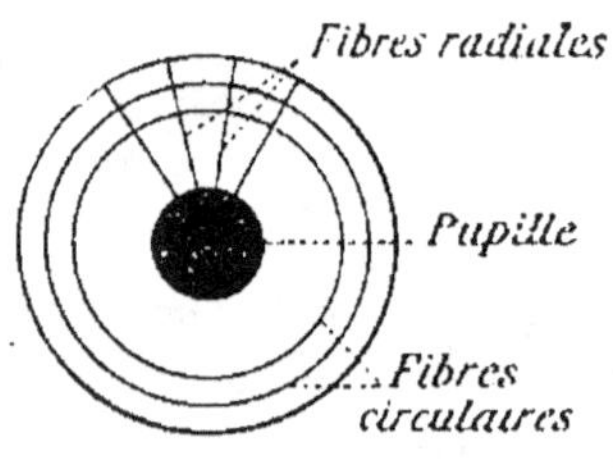

Fig. 324. — Les muscles de l'iris.

La *rétine* (*fig.* 323), qui est la membrane sensible de l'œil, tapisse la face interne de la choroïde ; elle résulte de l'épanouissement du nerf optique et s'étend, en forme de coupe, du fond de l'œil à la région ciliaire. La rétine présente au point où arrive le nerf optique une saillie appelée *papille optique* ou encore *point aveugle* (*punctum cæcum*), car cette partie de la rétine n'est pas sensible à la lumière. Au centre du fond de l'œil se trouve une dépression appelée *tache jaune*, très sensible à la lumière.

La rétine est une mince membrane au milieu de laquelle viennent se terminer les fibres du nerf optique. Si l'on suit une fibre nerveuse venant du nerf optique et pénétrant par le point aveugle (*fig.* 325), on la voit pénétrer dans l'épaisseur de la rétine et son extrémité se tourner de dedans en dehors, vers la choroïde, pour venir se terminer contre la couche pig-

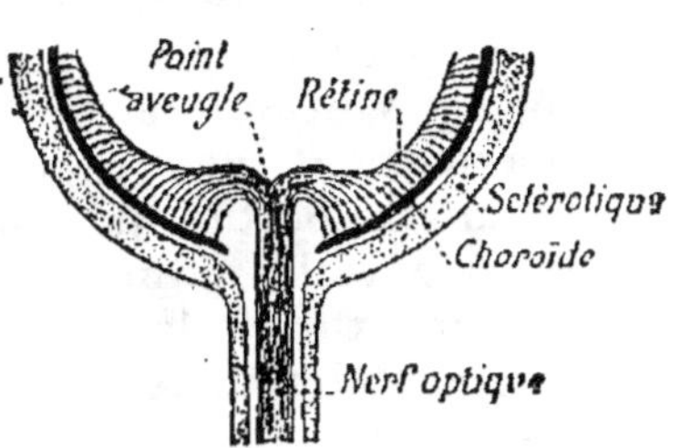

Fig. 325. — Épanouissement du nerf optique et ses terminaisons dans la rétine.

mentaire. Chacune de ces fibres (*fig.* 326) présente sur son trajet des *cellules multipolaires*, puis *bipolaires* et se termine par des *cellules visuelles*, qui sont munies de prolongements ayant la forme de *cônes* ou de *bâtonnets*.

Les bâtonnets contiennent une matière colorante rouge appelée *pourpre rétinien*, substance très sensible à l'action de la lumière. Dans la *tache jaune on ne trouve que des cônes.*

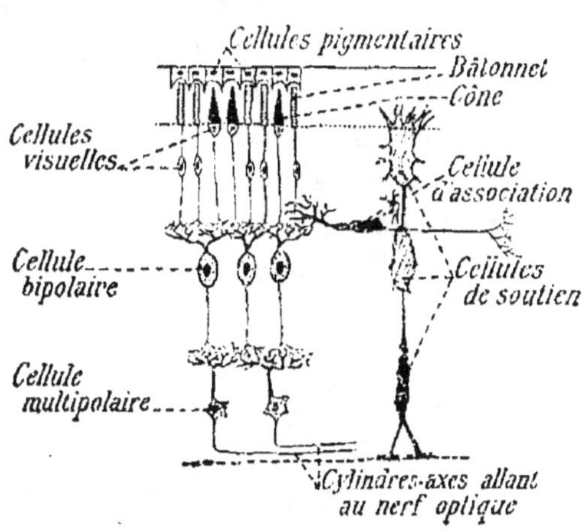

Fig. 326. — Structure schématique de la rétine.

Dans la couche moyenne de la rétine, il existe des *cellules d'association*, qui mettent en relation transversale les cellules nerveuses de cette région. On trouve enfin des *cellules de soutien*, de structure compliquée et qui s'étendent dans presque toute l'épaisseur de la rétine.

L'embryogénie montre que la rétine n'est qu'une *expansion du cerveau*. Au cours du développement embryonnaire (*fig.* 327) on voit, en effet, le cerveau antérieur pousser une vésicule qui s'étrangle à la base pour donner le nerf optique et qui se replie en formant une cupule dont la partie interne deviendra la rétine et la partie externe, la couche pigmentaire. Cette origine cérébrale de la rétine explique pourquoi elle a une structure rappelant celle de l'écorce grise du cerveau.

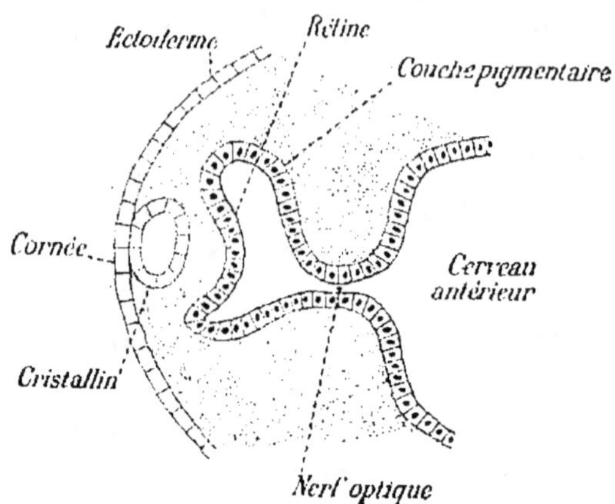

Fig. 327. — Développement de l'œil.

2° Les milieux de l'œil. — Les milieux réfringents de l'œil sont, d'avant en arrière : la *cornée transparente,* décrite plus haut, l'*humeur aqueuse*, le *cristallin* et le *corps vitré.*

L'*humeur aqueuse* (*fig.* 323) est un liquide transparent, contenu dans l'espace compris entre la cornée et l'iris et qu'on appelle la *chambre antérieure* de l'œil.

Le *cristallin* (*fig.* 323) est une lentille biconvexe dont l'axe

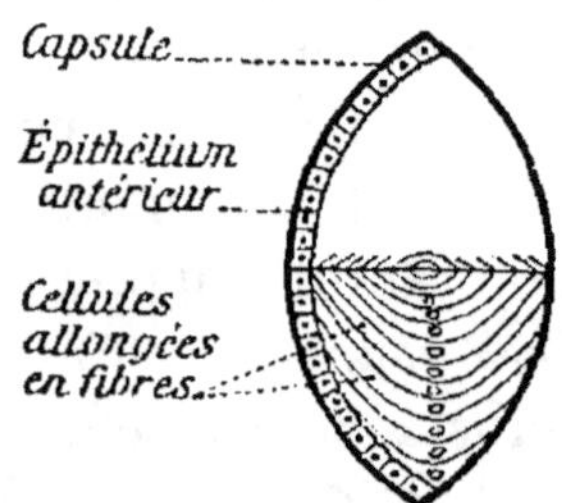

Fig. 328. — Coupe du cristallin.

Fig. 329. — Disposition des fibres du cristallin vu par sa face antérieure.

principal se confond avec l'axe antéro-postérieur de l'œil. Il est maintenu en place, entre l'iris et le corps vitré, par le *ligament suspenseur*, qui rattache la membrane hyaloïde au cristallin. Le cristallin peut devenir opaque ; cette maladie, appelée *cataracte,* amène la cécité ; on est alors obligé de faire une opération qui consiste à enlever le cristallin. Des lunettes très convexes peuvent alors remplacer cet organe.

Le cristallin se compose d'une membrane enveloppante appelée *capsule (fig.* 328), dont la face interne est tapissée en avant d'un épithélium transparent et de cellules allongées en forme de fibres qui sont disposées régulièrement en donnant une sorte d'étoile à trois branches (*fig.* 329). Aussi un cristallin que l'on fait durcir par la cuisson éclate-t-il suivant ces lignes en étoile. C'est par l'épithélium antérieur que se fait la régénération du cristallin quand on l'extirpe, mais à

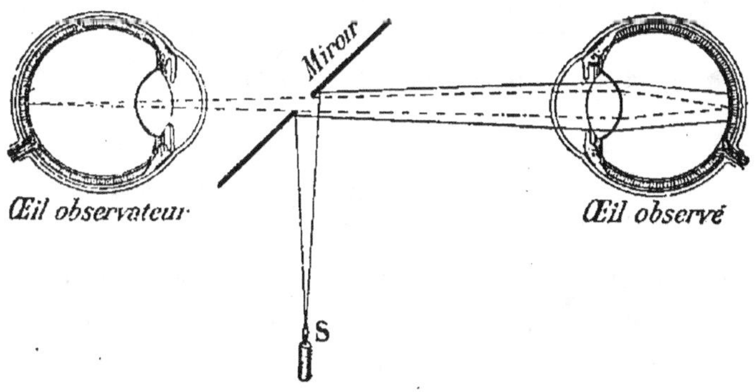

Fig. 330. — Schéma de l'ophtalmoscope.

la condition que les cellules de cet épithélium aient subsisté.

Le *corps vitré* ou *humeur vitrée (fig.* 323) remplit tout l'espace compris entre le cristallin et la rétine. C'est une substance gélatineuse contenue dans une membrane transparente appelée *membrane hyaloïde.*

Ophtalmoscope. — On peut observer le fond de l'œil à l'aide d'un appareil imaginé par Helmholtz et qui se compose essentiellement d'un miroir plan (*fig.* 330) percé d'un orifice et incliné à 45° sur l'axe optique de l'œil ; on éclaire ce miroir par une source lumineuse S dont la lumière sera envoyée dans l'œil observé. Si cet œil

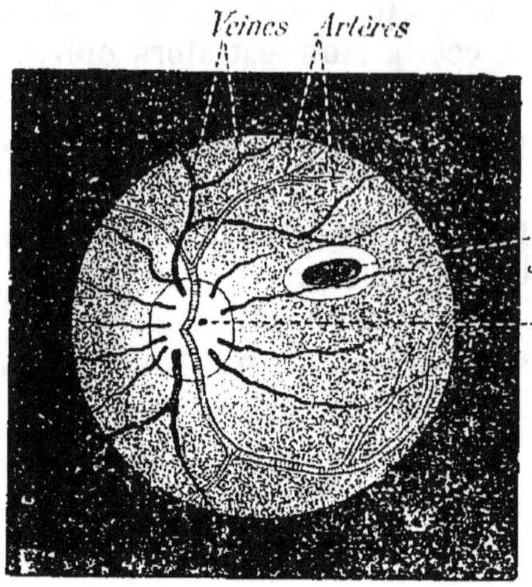

Fig. 331. — Le fond de l'œil vu
à l'ophtalmoscope.

n'accommode pas, il ne se fera pas d'image de la source sur la rétine, mais une nappe lumineuse l'éclairera. Cette lumière sortira de l'œil et, après avoir traversé le trou du miroir, elle viendra impressionner l'œil de l'observateur.

Si celui-ci n'accommode pas, il pourra distinguer le fond de l'autre œil (*fig.* 331), rose, traversé par les vaisseaux sortant d'un petit disque blanchâtre qui est la *papille*, point de pénétration du nerf optique. Il pourra également apercevoir la tache jaune.

§ 2. — Physiologie de l'œil.

L'œil se compose au point de vue physiologique : 1° d'un *appareil d'optique* destiné à former sur la rétine les images des objets ; 2° d'un *appareil sensible* destiné à recevoir ces images, qui sont le point de départ de nos impressions lumineuses.

L'œil est un instrument d'optique. — L'œil comprend des milieux transparents en forme de lentilles, puisqu'ils sont limités par des surfaces courbes. La principale lentille est le cristallin, dont l'indice de réfraction est 1,45. On peut ramener l'action de ces milieux réfringents (humeur aqueuse, cristallin, etc.) à celle d'une *lentille* unique dont le centre optique serait près de la face postérieure du cristallin.

Les objets extérieurs vont donner des images *réelles* et *renversées* qui, si l'œil est bien conformé, devront se former sur la rétine. On peut observer ces images en opérant sur un œil de bœuf dont on enlève la sclérotique et la choroïde dans la moitié postérieure (*fig.* 332) : une bougie placée en face de l'œil se peint renversée sur la rétine.

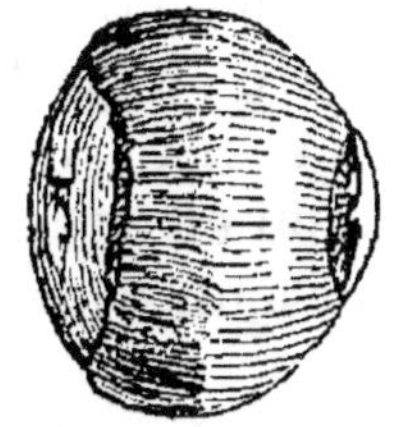

Fig. 332. — Expérience de Magendie

Pour que l'image soit nette, il faut : 1° que les rayons lumineux qui traversent le cristallin ne soient pas trop écartés de l'axe, c'est-à-dire qu'ils ne traversent pas les bords de la lentille ; sans quoi il se produit une *aberration de sphéricité* qui trouble l'image ; 2° que l'image vienne se former exactement sur la rétine.

C'est l'iris qui empêche les rayons trop écartés de l'axe de pénétrer dans l'œil, jouant ainsi le rôle du diaphragme de l'appareil photographique.

L'*atropine* fait dilater la pupille, tandis que l'*ésérine* la fait contracter.

La seconde condition est plus difficile à remplir. On sait que l'image d'un objet n'est bien nette que si l'écran sur lequel elle se peint est placé au foyer de la lentille. Ainsi si l'objet AB (*fig.* 333) a son image en A'B' sur la rétine, cette image est nette ; si l'objet s'éloigne de l'œil, l'image se formera en avant de la rétine et manquera de netteté ; si l'objet se rapproche de l'œil, l'image se formera en arrière de la rétine et sa netteté sera encore troublée. L'œil, pour forcer les images à se faire sur la rétine, doit donc modifier ses milieux réfringents ; il doit s'*accommoder* aux distances variables des objets.

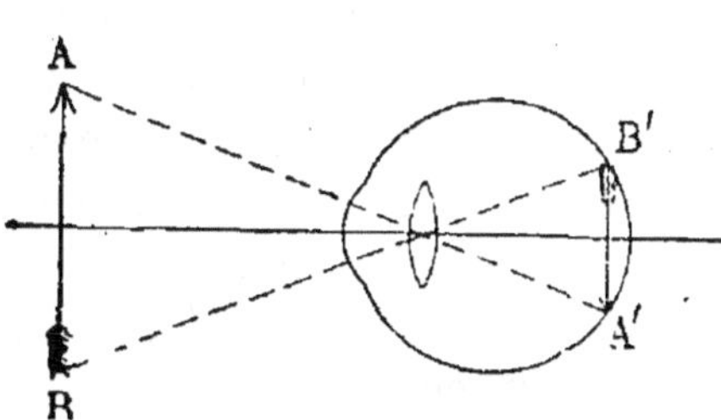

Fig. 333. — Formation des images sur le fond de l'œil.

L'accommodation et son mécanisme. — Pour regarder à des distances variables, l'œil s'*accommode*, c'est-à-dire qu'il modifie son pouvoir de réfraction. Un œil qui regarde de près n'est pas dans le même état que lorsqu'il regarde de loin. L'expérience a montré que cette adaptation de l'œil consiste dans un changement de courbure du cristallin. Sur ce point tous les physiologistes sont d'accord ; un des phénomènes essentiels de la vision a donc pu être ramené à un fait purement physique. C'est là une des plus intéressantes découvertes physiologiques du xixᵉ siècle.

On démontre d'abord que cette modification du pouvoir réfringent de l'œil est bien due au cristallin, car si on l'enlève, l'œil n'accommode plus. Ensuite, on prouve, par l'expérience suivante, que c'est la face antérieure du cristallin qui modifie sa courbure : dans une pièce obscure on place une bougie devant l'œil d'une personne ; on voit alors, en regardant cet œil latéralement, trois images

A   **B**

Fig. 334. — Expérience montrant l'accommodation du cristallin.
En A, vision éloignée ; en B, vision rapprochée.

de la bougie (*fig.* 334), dues à ce fait que les membranes de l'œil agissent comme des miroirs. 1° Une image antérieure (1), droite et brillante, donnée par la cornée, miroir convexe ; 2° une moyenne (2), droite, moins éclairée, donnée par la face antérieure du cristallin, autre miroir convexe ; 3° une postérieure (3), renversée, donnée par la face postérieure du cristallin, miroir concave. Or, si la personne fixe un objet plus rapproché, la bougie restant à la même distance de l'œil, on voit la première et la troisième images conserver leurs dimensions [*fig.* 334, B (1 et 3)]. Seule la seconde, donnée par la face antérieure du cristallin, est devenue plus petite ; ce qui ne peut s'expliquer que par une augmentation de courbure de cette face antérieure du cristallin.

Voyons maintenant comment on explique le mécanisme de ce changement de courbure. Il existe à ce sujet deux théories : l'une ancienne, due au physicien Helmholtz, et qui est basée uniquement sur des hypothèses ; l'autre plus récente due au physiologiste contemporain Tscherning (1892), et qui est appuyée sur des *expériences* précises et conduites avec une réelle rigueur scientifique.

Dans la théorie d'Helmholtz on admet que le cristallin est, au repos, *sphérique*, et qu'au moment de l'accommodation les fibres longitudinales du muscle ciliaire tirent en avant toute la choroïde ; par suite le ligament suspenseur se trouve relâché, et le cristallin étant moins tendu sur ses bords par ce ligament, obéirait à son élasticité naturelle et tendrait à reprendre sa forme sphérique. Or Tscherning a montré par des observations que, contrairement à l'opinion d'Helmholtz, le cristallin énucléé ne prend jamais une forme sphérique (*fig.* 335) ; il se courbe en son centre et s'aplatit sur les bords. Aussi la théorie d'Helmholtz a-t-elle été abandonnée.

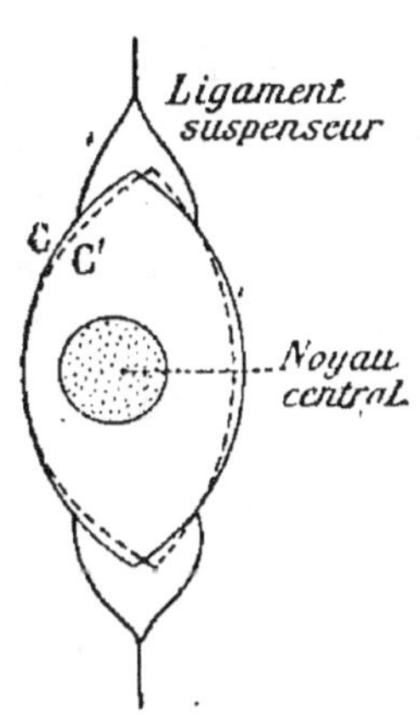

Fig. 335. — Cristallin au repos et à l'état d'accommodation.

D'autre part, Tscherning a constaté expérimentalement qu'en tirant sur le ligament suspenseur le cristallin bombe en son centre, tandis que ses bords s'aplatissent. Cela tient à ce fait que les régions périphériques du cristallin sont molles et déformables, tandis que la partie centrale est une sorte de noyau plus dur et ne pouvant guère se déformer. Par leur contraction, les fibres du muscle ciliaire tirent le ligament suspenseur qui tire à son tour les bords du cristallin en obligeant la partie antérieure, molle, à se mouler sur le noyau central dont elle épouse la courbure en passant de la position C à la position C'. Une preuve éclatante de l'exactitude de cette théorie

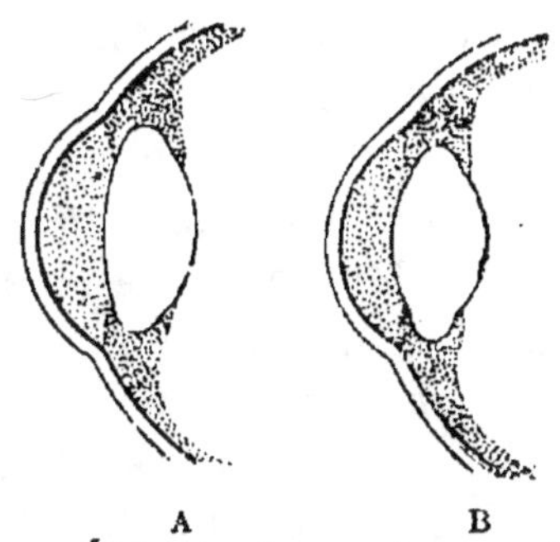

Fig. 336. — Œil de singe (schéma pris sur des photographies de von Pfluck).

a été donnée récemment. Un ophtalmologiste a réussi à obtenir des photographies sur des yeux de Singe à l'état de repos ou en état d'accommodation sous l'influence de l'ésérine (*fig.* 336). Ces photographies montrent que Tscherning avait donné une explication conforme à la réalité.

Œil normal et presbytie. — Le pouvoir accommodateur de l'œil a une limite, car la courbure du cristallin ne peut augmenter indéfiniment. Pour un œil *normal* ou *emmétrope* (*fig.* 337), l'image d'un objet placé entre l'infini **et** 65 mètres se fait sur la rétine. Si l'on rapproche l'objet de l'œil, l'image recule et se ferait en arrière de la rétine si le cristallin ne se

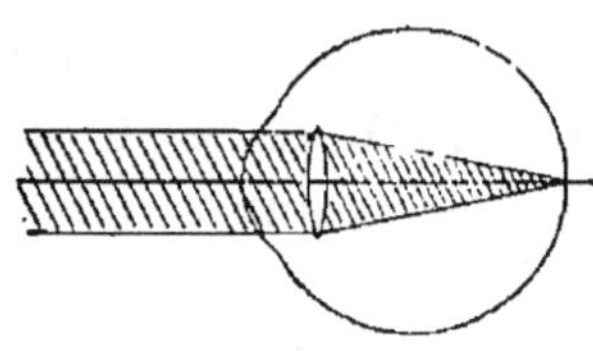

Fig. 337. — Œil emmétrope (l'image se forme sur la rétine).

courbait. Mais à partir d'une certaine distance, lorsque l'objet est très près de l'œil, le cristallin ne peut plus se courber davantage, et l'image se forme en arrière de la rétine, c'est-à-dire qu'elle n'est plus perçue nettement. Cette distance est ce qu'on appelle la *distance minimum de la vision distincte.* Le point le plus rapproché où peut se faire la vision distincte est appelé *punctum proximum.*

Avec l'âge, l'élasticité du cristallin diminue ; il en résulte chez les vieillards un affaiblissement du pouvoir accommodateur, et la vision n'est plus distincte pour les courtes distances. Alors que chez l'enfant de 10 ans, dont le pouvoir accommodateur est puissant, le *punctum proximum* est à 7^{cm} de l'œil, il en est à 14^{cm} vers la 30e année, à 25^{cm} vers 40 ans, et à 1^m vers 60 ans. Le vieillard sera donc obligé de se placer assez loin des caractères d'imprimerie, par exemple, pour les voir nettement. Ce défaut d'accommodation est connu sous le nom de *presbytie.* On peut le corriger à l'aide d'une lentille biconvexe qui fait converger davantage les rayons lumineux et ramène sur la rétine les images des objets peu éloignés.

Si l'on admet la théorie de Tscherning que nous avons exposée plus haut, la presbytie s'explique facilement : avec l'âge le noyau du cristallin augmente progressivement de volume, de sorte que dans l'accommodation, la face antérieure du cristallin se trouve de moins en moins convexe une fois appliquée sur le noyau ; la convergence du cristallin est par suite diminuée progressivement. Les contractions du muscle ciliaire restent sans effet sur le cristallin durci.

Anomalies de la vision : myopie, hypermétropie, astigmatisme. — L'œil *normal* ou *emmétrope* (*fig.* 337) est celui pour lequel les images des objets placés entre l'infini et 65 mètres se font sur la rétine, sans accommodation. Pour voir tous les objets placés entre 65 mètres et la *distance minimum de la vision distincte,* l'œil doit *accommoder.*

L'œil *myope* (*fig.* 338) est un œil dont l'axe antéro-postérieur est trop long, de sorte que l'image d'un objet placé à l'infini se forme en avant de la rétine. Dans ce cas la distance minimum de la vision distincte est réduite à quelques milli-

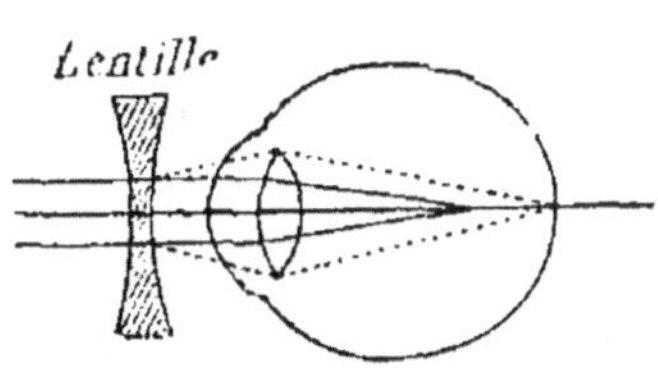

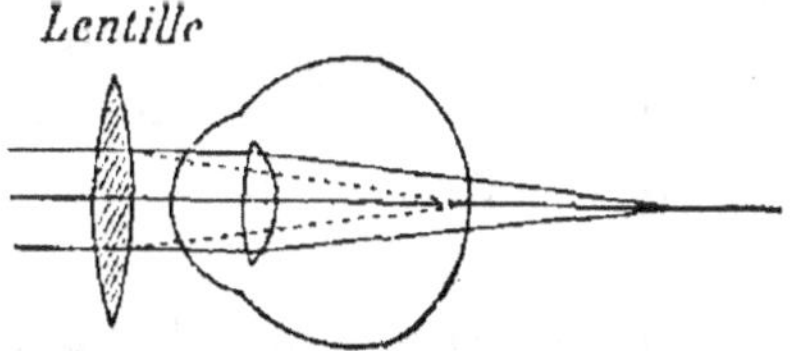

Fig. 338. — Œil myope (l'image est en avant de la rétine).

Fig. 339. — Œil hypermétrope (l'image est en arrière de la rétine).

mètres. On corrige cette infirmité par l'emploi de lentilles biconcaves, qui font diverger les rayons lumineux et reportent l'image en arrière, sur la rétine, si leur courbure est convenablement choisie. Avec l'âge, l'œil myope peut devenir presbyte.

Chez les myopes, les objets éloignés ont leur image en avant de la rétine ; si les objets sont plus proches, leur image se rapproche de la rétine, et à partir d'une certaine distance (10ᶜᵐ parfois) l'image se produit sur la rétine. Ce point le plus éloigné de la vision distincte est le *punctum remotum* ; à partir de cette distance l'accommodation s'opère et le *punctum proximum* peut être à quelques millimètres de l'œil.

L'œil *hypermétrope* (*fig.* 339) est un œil dont l'axe antéro-postérieur est trop court, de sorte que l'image d'un objet placé à l'infini se fait en arrière de la rétine. C'est par conséquent le contraire de ce qui se passe dans l'œil myope. On corrige ce défaut par l'usage de lentilles biconvexes qui font converger les rayons lumineux et ramènent l'image en avant, sur la rétine, si leur courbure est convenablement choisie.

Chez les hypermétropes, les points situés au-delà de 65^m ont leur image en arrière de la rétine, et les points plus rapprochés ont leur image encore plus en arrière ; il en résulte que ces personnes seront obligées d'accommoder sans arrêt. Aussi devront-elles toujours porter des lentilles convergentes : jeunes, pour éviter une accommodation persistante ; vieilles, pour remplacer l'accommodation qui n'existe plus.

L'œil *astigmate* est un œil qui présente des inégalités de courbure dans ses divers méridiens de sorte que les images sont déformées ; c'est en cela que consiste ce qu'on appelle, en physique, l'*aberration de sphéricité* d'une lentille. On arrive à corriger ce défaut par l'usage de verres cylindriques.

La rétine est l'organe sensible à la lumière. — La rétine est la membrane sensible à la lumière ; elle semble recevoir une *impression photographique* qui donne naissance à l'impression lumineuse. L'expérience suivante le démontre : on place un Lapin dans une chambre noire, puis on lui fait regarder une fenêtre vivement éclairée, et l'on place rapidement l'œil de cet animal dans une dissolution d'alun afin de fixer l'image formée sur la rétine. On voit alors sur le fond rose de la rétine l'image photographique, en *négatif*, de la fenêtre. C'est que le pourpre rétinien est décomposé par la lumière comme les sels d'argent d'une plaque photographique ; cette action est transmise par le nerf optique à l'encéphale, qui perçoit la sensation lumineuse.

La rétine n'est sensible que dans les régions où se trouvent les cônes et les bâtonnets. Ainsi le point où pénètre le nerf optique est *aveugle* parce qu'il ne présente ni cônes ni bâtonnets. L'expérience de Mariotte démontre ce fait : on trace sur une feuille de papier une croix et un cercle (*fig.* 340) distants de 5 centimètres environ ; on ferme l'œil droit et on regarde avec l'œil gauche le cercle placé à droite ; on voit d'abord les deux dessins, puis on éloigne la feuille de

Fig. 340. — Expérience de Mariotte.

papier et bientôt la croix disparaît pour reparaître plus loin. La croix devient invisible lorsque son image se forme sur le *point aveugle*.

Persistance des impressions lumineuses. — Les impressions produites par la lumière sur la rétine persistent pendant $\frac{1}{30}$ de seconde après la disparition du corps lumineux. C'est probablement le temps qui est nécessaire au pourpre rétinien, attaqué par la lumière, pour se régénérer. Si les images visuelles se succèdent plus vite qu'elles ne s'effacent, on a une sensation unique : ainsi un charbon ardent qu'on fait tourner donne l'impression d'un cercle lumineux. Pour la même raison l'étoile filante trace une ligne lumineuse, la pluie semble rayer le ciel, etc. On peut aussi à l'aide du disque de Newton, sur lequel sont peintes les sept couleurs du spectre, reconstituer la lumière blanche, car les couleurs se superposent et c'est la résultante qu'on perçoit. L'expérience suivante montre bien la persistance des impressions lumineuses : on dessine une cage sur l'une des faces d'un carton ; sur l'autre un Oiseau (*fig.* 341). Puis, à l'aide d'une ficelle, on imprime au carton un mouvement de rotation assez rapide, et l'Oiseau paraît enfermé dans la cage.

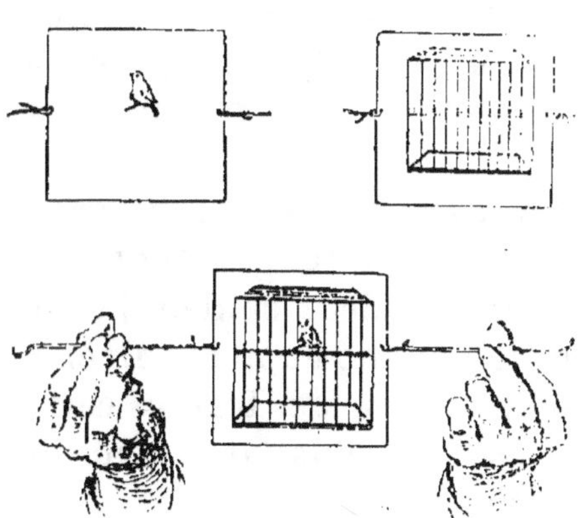

Fig. 341. — Expérience montrant la persistance des impressions lumineuses.

L'appareil appelé *cinématographe* est construit sur ce principe de la persistance des impressions lumineuses. On fait passer devant les yeux une série de photographies représentant les diverses phases qui se succèdent dans une scène et l'on a l'illusion du mouvement dans son ensemble : c'est ainsi que l'on peut voir un coureur, un bicycliste, un train en marche, etc.

Perception des couleurs. Daltonisme. — L'œil perçoit les diverses couleurs qui composent la lumière blanche. Il semble que les cônes seuls soient impressionnés par la lumière colorée, car la rétine des animaux nocturnes (Hibou, Chauve-Souris, Hérisson), qui ne peuvent guère apprécier les couleurs, est dépourvue de cônes. Au contraire, les Oiseaux diurnes qui poursuivent les Insectes aux couleurs brillantes, possèdent plus de cônes que l'Homme et les Mammifères. C'est pourquoi Helmholtz admettait que les bâtonnets servaient à la perception de l'intensité de la lumière, et les cônes à la perception des couleurs.

Certaines personnes ne peuvent pas apprécier les couleurs : on dit qu'elles sont atteintes de *daltonisme*. Cette cécité des couleurs est fréquente relativement au *rouge* : pour ces personnes, disait Arago, les cerises ne sont jamais mûres. Dans les chemins de fer et dans la marine, où les signaux sont presque toujours colorés, les candidats aux emplois qui comportent l'observation des signaux sont l'objet, en ce qui concerne la vue et notamment le daltonisme, d'un examen des plus minutieux.

Si l'on fixe longtemps un cercle *rouge*, et que l'on regarde ensuite un fond blanc, on voit la couleur complémentaire, c'est-à-dire un cercle *vert*. On dit que deux couleurs sont *complémentaires* lorsque leur addition donne du blanc. Exemples : le rouge et le vert, le bleu et l'orangé. D'après cette loi du *contraste successif*, le rouge paraît plus vif quand on a regardé du vert, et réciproquement.

Lorsqu'on regarde un cercle *blanc* sur du papier vert, on voit le cercle blanc en *rouge* : c'est du contraste *simultané*. Les couleurs juxtaposées peuvent donc se modifier les unes les autres. Deux couleurs complémentaires se renforceront mutuellement. D'autres couleurs, au contraire, paraîtront

plus effacées quand elles seront les unes à côté des autres.
Tous ces faits jouent un grand rôle dans l'art de la peinture
et de l'habillement.

Lorsqu'on regarde un spectre obtenu par la décomposition de la
lumière blanche, on observe une *gamme* continue, du rouge au
violet. La sensation du *rouge*, à mesure qu'on suit le spectre, devient moins intense, puis lorsqu'on atteint le minimum apparent
du rouge, il se produit une nouvelle excitation distincte, celle du
jaune (ou du *vert*) ; si l'on suit cette nouvelle couleur, on constate
qu'au moment où elle atteint son minimum, elle est remplacée
par une nouvelle excitation, celle du *bleu* (ou du *violet*). Cette nouvelle excitation va s'affaiblir indéfiniment jusqu'au bout du spectre,
sans être remplacée par une autre. On a donc pensé qu'il y avait
dans le spectre *trois couleurs élémentaires*, qui, en se combinant,
peuvent produire toute la série des couleurs. Le mélange des trois
excitations dans des proportions différentes fait naître la sensation
de toutes les autres couleurs du spectre.

Vision binoculaire. — La vision avec un œil ne nous
renseigne que sur la forme des objets ; elle ne nous permet
d'apprécier ni leur distance, ni leur relief. Chaque œil voit
en effet une image qui n'est pas identique à celle vue par
l'autre œil ; de sorte qu'un même objet fournira deux images dont la superposition donne la notion du relief. Le *sté-
réoscope* est une application de cette notion du relief donné
par la vision binoculaire. Les objets ne sont pas vus *doubles*,
quoiqu'ils donnent deux images ; la raison en est que l'image
de chaque point d'un objet se fait sur les deux rétines en
deux *points correspondants* et que l'éducation de l'œil nous a
habitués à confondre ces deux images : il n'y a qu'une seule
impression nerveuse dans l'encéphale. Ce fait n'est pas plus
extraordinaire que celui qui se passe quand, tâtant un objet
avec nos deux mains, nous n'avons la sensation que d'un
objet et non de deux.

Au contraire, les images d'un objet que nous ne regardons
pas ne se font pas en des points correspondants et sont vues
séparément. Aussi l'objet est-il vu en double (*diplopie*). On
peut s'en assurer en fixant une feuille de papier et en inter-
posant entre ce papier et nos yeux un crayon par exemple :
le crayon est vu double.

Redressement de l'image formée sur la rétine. — Les objets donnent des images *renversées* sur la rétine, et cependant nous les voyons *droits* et dans leur position normale. C'est que la rétine n'est pas un écran que nous regardons avec notre cerveau, comme nous regardons l'écran du cinématographe. Nous *sentons* par le cerveau les excitations reçues par la rétine et nous ne savons pas comment ces sensations sont transformées en perceptions.

Il est certain que l'accord entre les perceptions fournies par la vision et celles fournies par le toucher est le résultat de l'*expérience*, de l'*éducation* des sens. On en a une preuve dans les observations faites sur les aveugles-nés, et particulièrement sur celui qui fut opéré par le chirurgien anglais Cheselden (1688-1752 ; dans les premiers temps qui suivirent l'opération, l'opéré ne put reconnaître la forme des objets par la vision, bien qu'il la connût par le toucher : il lui a fallu une certaine éducation.

D'ailleurs une expérience faite par le Docteur Stratton à ce sujet est bien convaincante : il s'est astreint à regarder à travers un système optique qui donnait des objets une image égale et renversée. Au début, il vit les objets renversés, mais après un certain temps, par suite de l'expérience, l'éducation s'est faite et il a fini par voir les objets droits, c'est-à-dire dans la position où la main les lui faisait connaître.

Illusions d'optique. Irradiation. — L'œil peut nous donner des impressions fausses ; c'est ce qu'on appelle les *illusions d'optique*.

Nous pouvons citer comme exemple le phénomène de l'*irradiation* (*fig.* 342). On trace deux carrés égaux, l'un blanc sur fond noir,

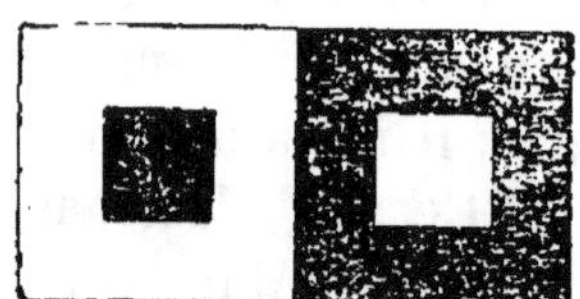
Fig. 342. — Phénomène de l'irradiation.

l'autre noir sur fond blanc ; on les met dans le voisinage l'un de l'autre, et le carré blanc semble le plus grand. C'est que l'action de la lumière du carré blanc semble, sur la rétine, se propager, s'irradier au delà de la région directement touchée par la lumière. Ceci explique pourquoi les monuments gothiques, noircis par le temps, et se projetant sur un ciel brillant, nous paraissent plus élancés, plus légers que les monuments récents de pierres blanches.

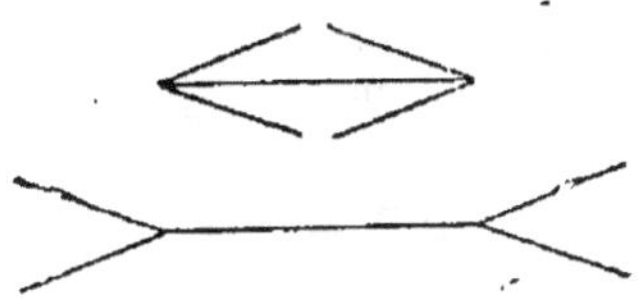

Fig. 343. — Illusion d'optique.

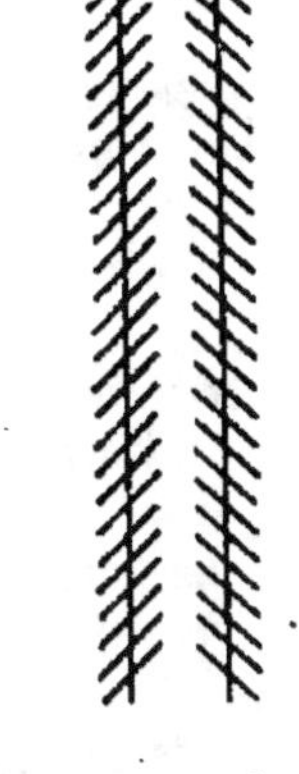

Fig. 344. — Illusion d'optique.

On peut encore citer d'autres illusions : deux lignes parallèles rigoureusement égales aux extrémités desquelles sont tracées, comme le montre la figure 343, d'autres parallèles de sens contraires, sembleront inégales ; deux lignes parallèles qu'on coupe chacune par des hachures parallèles sur une même ligne, mais divergentes d'une ligne à l'autre (*fig.* 344), paraîtront concourantes.

Il est facile de constater les deux illusions d'optique suivantes : une chambre tapissée avec un papier portant des rayures paraîtra plus haute si les rayures sont verticales ; elle paraîtrait plus large si les rayures étaient transversales. De même une personne habillée d'une étoffe rayée en long semblera plus grande, et plus grosse si l'étoffe est rayée en travers.

RÉSUMÉ

Les *organes des sens* sont destinés à recevoir les impressions venant de l'extérieur.

Un *appareil sensoriel* comprend .
1° Un *neurone périphérique* ;
2° Un *neurone profond*, qui conduit l'excitation au centre nerveux ;
3° Un *centre nerveux*, transformant l'impression en sensation.

5 sortes de sensations.
1. Toucher . . . . Peau.
2. Goût . . . . . Langue.
3. Odorat . . . . Nez.
4. Ouïe . . . . . Oreille.
5. Vue . . . . . Œil.
organes des sens.

Le toucher et la peau. — La *peau*, organe du *toucher*, est formée de l'*épiderme* et du *derme*.

1° **Épiderme** . . . { 1. *Couche cornée.*
2. *Couche de Malpighi.*

2° **Derme** . . . . { *Tissu conjonctif* et *tissu adipeux.*
Poils et ongles : formation épidermique.
Corpuscules du toucher.

Les sensations perçues par la peau sont de trois sortes : *tactiles, thermiques* et *douloureuses*

Le goût et la langue. — La *langue* est l'organe du goût.

Structure de la langue. . { 1. *Muscles* . . { Papilles caliciformes : V lingual, corpuscules du goût.
2. *Muqueuse linguale* . . { Papilles fongiformes.
Papilles filiformes.

Le goût nous fait apprécier les *saveurs.* Le nerf *glosso-pharyngien* est le nerf gustatif.

L'odorat et le nez. — Les *fosses nasales* présentent des replis osseux, les *cornets,* tapissés par une membrane muqueuse, la *pituitaire.*

La *pituitaire* comprend deux régions. . . . . . . { 1. Région *rouge* (inférieure), respiratoire.
2. Région *jaune* (supérieure), olfactive.

C'est le *bulbe olfactif* qui envoie à travers la lame criblée de l'ethmoïde les rameaux nerveux qui innervent la région olfactive.

L'oreille et l'audition. — L'*oreille* est l'organe chargé de percevoir les sons.

L'*oreille la plus simple* se trouve chez les animaux aquatiques (Mollusques par exemple). Elle se compose :

Vésicule close ou otocyste { *Cellules auditives* ciliées.
Liquide ou *endolymphe* dans lequel nagent des *otolithes.*
Fibres nerveuses terminant le *nerf auditif.*

L'oreille de l'homme comprend **trois parties** : *oreille externe, moyenne* et *interne.*

L'oreille externe comprend { 1° le *pavillon ;*
2° le *conduit auditif externe.*

Elle a pour fonctions de recueillir les vibrations sonores et de les conduire vers le tympan.

L'oreille moyenne. — L'*oreille moyenne* ou *caisse du tympan* est séparée de l'oreille externe par la membrane du *tympan,* et de l'oreille interne par les membranes de la *fenêtre ovale* et de la *fenêtre ronde ;* elle communique avec l'arrière-bouche par la *trompe d'Eustache.*

La *chaîne des osselets* (marteau, enclume, os lenticulaire, étrier) rattache le tympan à la fenêtre ovale.

Elle a pour fonction de transmettre les sons à l'oreille interne. La trompe d'Eustache a pour rôle de maintenir l'égalité de pression sur les deux faces du tympan.

L'oreille interne. — Elle est située dans la partie du *temporal* appelée *rocher.* Elle comprend : le *labyrinthe membraneux,* qui contient un liquide appelé *endolymphe,* et le *labyrinthe osseux,* creusé dans le rocher. Entre les deux labyrinthes se trouve un liquide, la *périlymphe.* Le labyrinthe comprend trois parties : le *vestibule,* les *canaux semi-circulaires* et le *limaçon.*

1° *Vestibule* : utricule et saccule avec *taches acoustiques* (épithélium et otolithes).

2° *Canaux semi-circulaires* { 3 canaux disposés suivant 3 plans rectangulaires. — Ampoules et crêtes acoustiques.

3° *Limaçon* { 1. Rampe vestibulaire 2. Rampe tympanique { séparées par la *lame spirale* dont la partie membraneuse ou *membrane basilaire* est formée de fibres transversales élastiques.

Dans la rampe vestibulaire se trouve l'*organe de Corti,* formé : 1° d'une *arcade* à deux piliers dont le sommet donne la *membrane réticulée* ; 2° de *cellules auditives ciliées* en rapport avec les fibres du nerf auditif.

L'oreille interne est l'organe essentiel de l'audition ; par sa périlymphe et par son endolymphe les vibrations sont facilement transmises aux cellules auditives, lesquelles sont les terminaisons des fibres du nerf auditif.

Les *taches acoustiques* du vestibule perçoivent surtout l'*intensité des bruits.*

Les *cellules acoustiques* de l'organe de Corti, par l'intermédiaire des cordes de la membrane basilaire, apprécient la *hauteur* et le *timbre* des sons.

Les *canaux semi-circulaires* semblent nous renseigner sur la notion de l'espace.

L'œil et la vision. — L'*œil* a pour fonction de recueillir les vibrations lumineuses.

Anatomie de l'œil. — L'organe de la vision comprend deux parties : 1° les *organes annexes,* qui ne laissent passer que la lumière ; 2° la partie fondamentale ou *globe de l'œil.*

1° Organes annexes. . . .
{ Parties protectrices : orbite, paupières, cils, sourcils.
Parties motrices : 6 muscles moteurs de l'œil.
Parties sécrétrices : glande lacrymale, glandes sébacées.

2° Globe de l'œil . .

I. Membranes.
1. *Sclérotique* et *cornée transparente* en avant.
2. *Choroïde* : en avant *procés ciliaires* et *muscles ciliaires* ; *iris* et *pupille*.
3. *Rétine* : épanouissement du nerf optique, dont les fibres se terminent en cônes ou en bâtonnets. *Tache jaune. Point aveugle.*

II. Les milieux transparents.
Cornée transparente.
Humeur aqueuse dans la chambre antérieure de l'œil.
Cristallin, lentille biconvexe.
Corps vitré, entre le cristallin et la rétine, maintenu par la *membrane hyaloïde*.

On peut observer le fond de l'œil au moyen de l'*ophtalmoscope*.

Physiologie de l'œil. — L'œil est un *instrument d'optique* et un *appareil sensible*.

1° Instrument d'optique . . . .
Cristallin et milieux donnent images réelles et renversées sur la rétine.
Iris arrête les rayons trop éloignés de l'axe, et règle la quantité de lumière entrant dans l'œil.
Accommodation de l'œil aux distances *Presbytie*.
Œil normal ou *emmétrope*.
Anomalies de la vision : œil *myope, hypermétrope, astigmate*.

2° Appareil sensible. . . . . . .
Images se forment sur la rétine.
Point aveugle ; entrée du nerf optique, ni cônes, ni bâtonnets.
Les impressions lumineuses *persistent* $\left(\dfrac{1}{30} \text{ de seconde environ} \right)$.
L'œil perçoit les couleurs. *Daltonisme*. Contrastes simultanés et successifs.
Vision binoculaire ; idée du relief.
Illusions d'optique. Irradiation.

LE LARYNX ET LA VOIX

Chez l'Homme et les Vertébrés supérieurs, la partie supérieure de la trachée-artère se modifie pour donner un organe, le *larynx*, destiné à émettre des sons qui caractérisent la *voix*.

Anatomie du larynx. — Le larynx provient de la différenciation des deux anneaux supérieurs de la trachée-artère. Il communique avec le pharynx par une ouverture qui se ferme pendant la déglutition au moyen d'une languette appelée *épiglotte*. La cavité du larynx (*fig.* 345) présente d'abord une dilatation, suivie d'un rétrécissement formé par les *cordes*

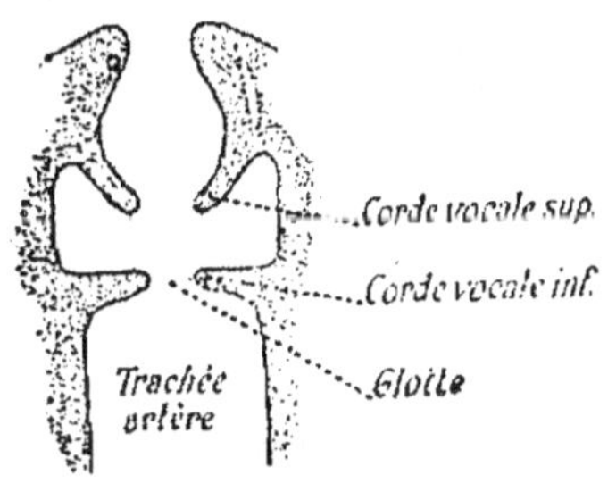

Fig. 345. — Coupe du larynx.

vocales supérieures. Uu peu au-dessous se trouvent deux replis, très rapprochés, les *cordes vocales inférieures,* qui limitent un orifice triangulaire, la *glotte.*

Le *squelette* du larynx est constitué par le *cartilage thyroïde,* le *cartilage cricoïde* et les deux *aryténoïdes.*

Le *cartilage thyroïde* est le plus développé : il présente une saillie antérieure, appelée *pomme d'Adam* (*fig.* 346). Des ligaments le relient à

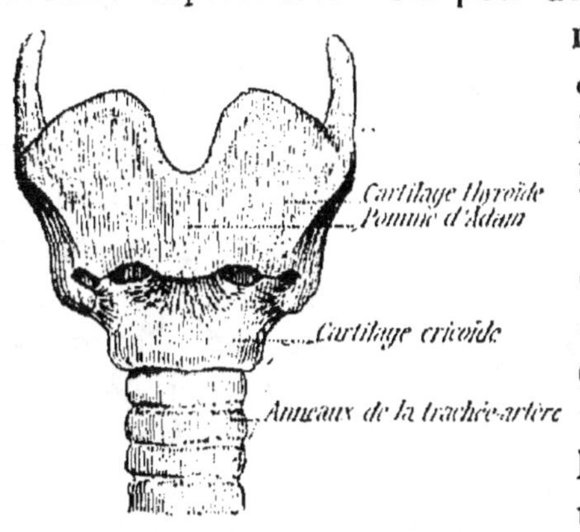

Fig. 346. — Face antérieure du larynx.

(¹) Le *larynx* et la *voix* ne figurent plus au programme des classes de Philosophie et de Mathématiques.

l'os hyoïde ; une membrane le rattache au cartilage cricoïde, avec lequel il est articulé.

Le *cartilage cricoïde* (*fig.* 347) surmonte le premier anneau

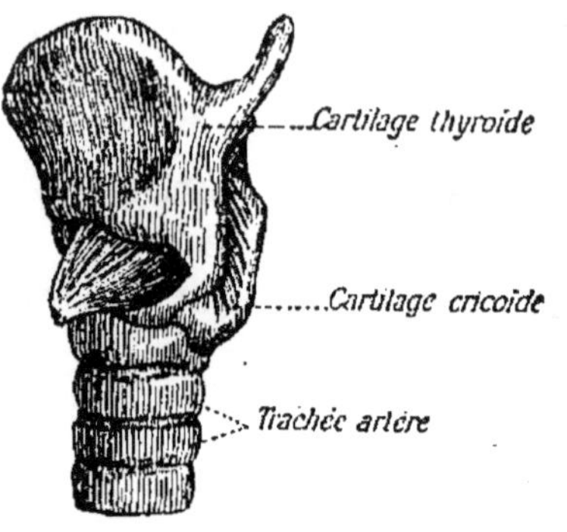

Fig. 347. — Larynx vu sur le côté.

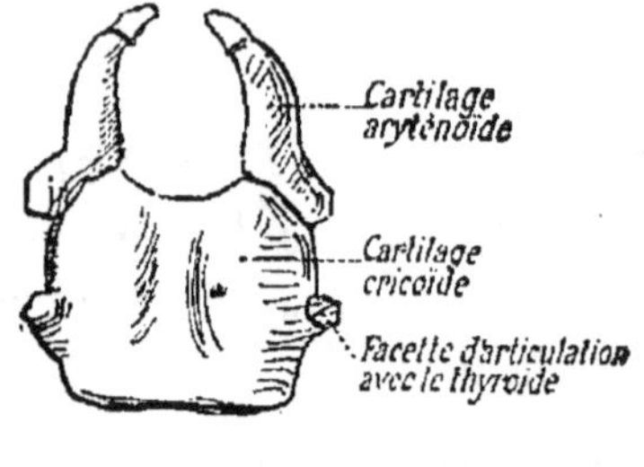

Fig. 348. — Cartilage cricoïde surmonté des cartilages aryténoïdes.

de la trachée : il a la forme d'une bague dont le chaton serait placé en arrière ; il supporte les deux *aryténoïdes*.

Les *cartilages aryténoïdes* (*fig.* 348) sont triangulaires et placés symétriquement sur la partie postérieure du cricoïde. C'est de leur mobilité que dépend la forme de la glotte.

Ces divers cartilages sont réunis par des muscles dont certains (*fig.* 349) s'attachent en avant à la face interne du cartilage thyroïde, et en arrière se dirigent horizontalement vers les aryténoïdes, où ils s'insèrent. Ces muscles contribuent à la formation des

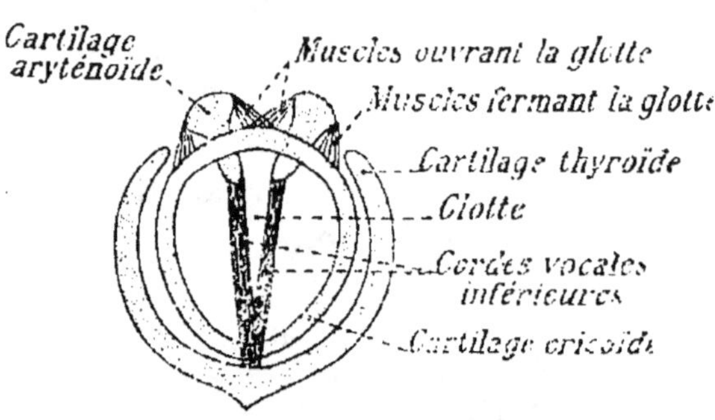

Fig. 349. — Coupe du larynx au niveau des cordes vocales inférieures.

cordes vocales inférieures. Entre les cartilages aryténoïdes et le cartilage cricoïde, il y a des muscles qui font ouvrir ou fermer la glotte.

Le larynx reçoit des nerfs de deux sources différentes : 1° les *nerfs laryngés*, qui sont des branches du *nerf spinal* ; 2° les nerfs venant du *pneumogastrique* et qui donnent de la sensibilité au larynx. C'est le nerf spinal qui est le nerf de la phonation, car si on l'enlève à un Chat par exemple, l'animal ne peut plus miauler, il devient *aphone*. Le nerf spinal a une autre action : il commande aux mouvements de la tête dans les gestes expressifs.

Physiologie du larynx. — La production du son est due à la vibration des cordes vocales inférieures. On le démontre en faisant passer un courant d'air dans des larynx enlevés sur des cadavres. On peut d'ailleurs l'observer à l'aide d'un appareil appelé *laryngoscope*, petit miroir que l'on introduit dans l'arrière-bouche et qui, par réflexion, permet de voir les cordes vocales. C'est donc le courant d'air venant de la poitrine qui fait vibrer les cordes vocales inférieures, à la manière des languettes des instruments à anche. Mais il est impossible d'assimiler complètement un larynx à aucun des instruments connus, car les cordes vocales changent à chaque instant de longueur, d'épaisseur, de tension, ce qui explique les modulations merveilleuses de la voix humaine.

Le son émis par le larynx a trois caractères variables : l'*intensité*, la *hauteur* et le *timbre*.

L'*intensité* dépend de l'amplitude des vibrations des cordes vocales et, par suite, de la force du courant d'air expiré. Le développement des poumons et celui de la cage thoracique ont donc une action sur l'intensité de la voix.

La *hauteur* dépend du nombre de vibrations et, par suite, de la longueur, de la tension et de la grosseur des cordes vocales. Plus les cordes sont courtes, tendues et minces, plus le son est aigu. L'orifice de la glotte varie par suite selon que la voix est grave ou aiguë (*fig.* 350). Chez l'enfant et chez la femme les cordes vocales sont courtes et délicates : aussi la voix est-elle plus aiguë. Chez l'homme elles s'allongent et s'épaississent avec l'âge, la voix devient par conséquent de plus en plus grave ; ainsi en vieillissant le ténor peut devenir *baryton*, puis enfin

A.— Voix grave. B.— Voix aiguë.

Fig. 350. — Ouverture de la glotte pendant la production de la voix.

basse. L'étendue de la voix chez un même individu est à peu près constante : elle est en moyenne de deux octaves, et exceptionnellement de trois.

Le *timbre* dépend du son fondamental et des harmoniques. Il varie suivant la forme du larynx et des cavités de résonance (pharynx, bouche, fosses nasales, etc.). Cela explique pourquoi chaque personne a un timbre de voix particulier.

Pour la *voix de poitrine*, les résonances se produisent surtout dans les cavités inférieures de l'appareil aérien (bouche, trachée) ; pour la *voix de tête*, elles se produisent dans les cavités supérieures (fosses nasales, arrière-bouche).

La voix et la parole. — Tous les animaux pourvus d'un larynx (Mammifères, Oiseaux, Reptiles, Batraciens) peuvent émettre les sons qui constituent la *voix*. Ils peuvent même, par des modifications qu'ils font subir à leur voix, se constituer une sorte de langage et se comprendre entre eux. Le Chien qui hurle, pleure, pousse des cris de joie ou de terreur, se sert vraiment d'un langage.

L'Homme seul est doué de la *parole*, ou *langage articulé*. Pour cela, il associe des sons de deux sortes : les voyelles et les consonnes ; il constitue ainsi des syllabes, puis des mots. A chaque mot il donne un sens déterminé : de sorte que le langage articulé devient la traduction des idées. Il faut remarquer qu'il dispose d'autres moyens d'exprimer sa pensée ; quand il est enfant il se fait comprendre par des gestes, des signes ; il *mime* sa pensée. Plus tard, il représente les mots par des lettres, et l'écriture devient alors l'expression graphique des idées.

Les *voyelles* sont des sons simples dont chacun exige une forme spéciale du larynx et des cavités de résonance. Chaque voyelle a sa note particulière, d'une hauteur déterminée.

Les *consonnes* sont des bruits produits par le courant d'air qui vient se briser contre des obstacles tels que les lèvres ou la langue. Ainsi les consonnes sont *linguales, gutturales* ou *dentales*, suivant que la langue, le gosier ou les dents agissent pour modifier le courant d'air.

RÉSUMÉ

Le *larynx*, organe de la voix, est une modification de la partie supérieure de la trachée-artère.

Anatomie du larynx. — La cavité du larynx présente deux rétrécissements, dus aux *cordes vocales supérieures* et aux *cordes vocales inférieures*.

Le squelette du larynx est formé par les cartilages *thyroïde* (pomme d'Adam à la partie antérieure), *cricoïde* et deux *aryténoïdes*. Ces différents cartilages sont réunis par des ligaments et par des muscles.

Le larynx est innervé par des branches du *nerf spinal*, qui est le nerf de la phonation, et par des branches du *pneumogastrique* (sensibilité du larynx).

Physiologie du larynx. — Le son se produit au niveau des cordes vocales inférieures, par la vibration de ces cordes :

1° L'*intensité* du son émis dépend de l'amplitude des vibrations et par conséquent de la force du courant d'air expiré.

2° La *hauteur* dépend de la longueur, de la tension et de l'épaisseur des cordes vocales. Des cordes vocales courtes, tendues, minces donnent un son aigu ; longues, peu tendues et épaisses, elles donnent un son grave.

3° Le *timbre* dépend de la forme du larynx et des cavités de résonance (pharynx, bouche, fosses nasales).

La *voix* est constituée par des sons *inarticulés*.

La *parole* est formée de sons *articulés* : l'Homme seul est doué du langage articulé. Ce langage est constitué par l'association de deux sortes de sons : les voyelles et les consonnes.

PRINCIPAUX TYPES D'ORGANISATION DANS LE RÈGNE ANIMAL

CHAPITRE XIII

LES GRANDES DIVISIONS DU RÈGNE ANIMAL

Classification des animaux. — Les animaux qui existent à la surface du globe sont en nombre si considérable qu'il serait impossible d'étudier l'organisation de chacun d'eux. Aussi, pour se faire une idée aussi exacte que possible des différents organismes, groupe-t-on les animaux suivant leurs ressemblances. On fait ce qu'on appelle une *classification*.

Il suffit alors de choisir dans chaque groupe un animal et de l'étudier pour connaître le type d'organisation qui caractérise ce groupe.

Voici, en commençant par les plus simples, les différents groupes établis dans le règne animal.

Espèce. — On a mis dans un même groupe appelé *espèce* tous les animaux qui se ressemblent entre eux autant qu'ils ressemblent à leurs parents. Ainsi tous les Chiens domestiques, depuis le petit Chien d'appartement et le massif Bouledogue jusqu'au Lévrier, aux formes élancées, et au robuste Terre-Neuve, forment une même espèce. Si différents que soient ces Chiens, ils ont suffisamment de ressemblances pour que personne n'hésite à distinguer l'un d'entre eux d'un autre animal, d'un Chat par exemple.

On peut subdiviser l'espèce en *races* en se basant sur les différences qui existent entre les individus d'une même espèce. C'est ainsi que les Chiens comprennent plusieurs races : Épagneuls, Caniches, Dogues, Bassets, Lévriers, etc.

Genre. — Les espèces qui se ressemblent beaucoup entre elles sont réunies en un groupe plus vaste appelé *genre*. Ainsi l'espèce *Chien domestique*, l'espèce *Loup*, l'espèce *Renard*, quoique distinctes, ont assez de ressemblances pour être rangées dans le même genre.

Pour désigner un animal on a coutume de lui donner deux noms : le nom du genre suivi du nom de l'espèce. Ce sont ces noms que l'on voit sur les écriteaux des jardins zoologiques ou des collections des musées. On a coutume d'emprunter ces noms au latin, le latin ayant l'avantage d'être compris dans tous les pays. Ainsi le Chien domestique, le Loup et le Renard sont des espèces différentes du même genre, le genre Chien ou *Canis*. On les désigne alors sous les noms de *Canis familiaris*, *Canis lupus*, *Canis vulpes*. De même le Chat, la Panthère, le Tigre, le Lion, qui forment le genre *Felis*, s'appellent respectivement : *Felis catus*, *Felis pardus*, *Felis tigris*, *Felis leo*.

Famille, Ordre, Classe, Embranchement. — On a groupé ensuite les genres les plus semblables entre eux en *famille*, puis les familles voisines ont constitué un *ordre*, les ordres une *classe*, et les classes un *embranchement*. Les embranchements sont les groupes les plus étendus dont l'ensemble constitue le *règne animal*.

Un animal est donc bien défini quand on connaît ses noms d'espèce, de genre, de famille, d'ordre, de classe et d'embranchement. Ainsi le Chien domestique, *Canis* (genre) *familiaris* (espèce), appartient à la famille des Canidés, ordre des Carnivores, classe des Mammifères et embranchement des Vertébrés.

Mais il est bien entendu que ces groupes n'ont pas d'existence réelle. Ils correspondent à des idées qui facilitent la classification : rien de plus. Buffon a dit : « La nature n'a ni classes, ni genres, elle ne comprend que des individus ; ces genres et ces classes sont l'ouvrage de notre esprit. »

Avant d'étudier les principaux types d'organisation des différents embranchements, nous allons indiquer les caractères qui ont servi à établir les grandes divisions du règne animal.

Les grandes divisions du règne animal. — Geoffroy Saint-Hilaire (1772-1844) croyait à un plan unique d'organisation. Cuvier (1769-1832), se basant sur des recherches anatomiques, avait conclu à l'existence de quatre plans d'organisation, dont on aura une idée en comparant l'Homme (*Vertébrés*), la Guêpe (*Articulés*), l'Escargot (*Mollusques*) et l'Étoile de mer (*Rayonnés*). Il est exact, en effet, que l'organisation d'un grand nombre d'animaux peut être ramenée à l'un de ces quatre plans de structure. C'est pourquoi la division du règne animal en quatre embranchements est longtemps demeurée classique. Mais pourquoi quatre plans d'organisation, plutôt qu'une infinité, plutôt qu'un seul ? La réponse est difficile. Disons seulement que les naturalistes modernes, en se basant sur l'étude de l'anatomie et de l'embryogénie, admettent un certain nombre d'embranchements que nous allons énumérer et qui correspondent chacun à un type d'organisation particulier.

Cette classification doit être considérée comme une synthèse de nos connaissances en zoologie, car elle nous présente, sous une forme aussi exacte que possible, les liens qui unissent les divers animaux et les traits qui les séparent. C'est un tableau des ressemblances et des différences.

Protozoaires et Métazoaires. — On peut distinguer, ainsi que nous l'avons déjà vu, deux catégories d'animaux : 1º ceux qui sont formés d'une seule cellule et qu'on nomme *Protozoaires* ; ce sont les animaux les plus simples ; 2º ceux qui sont constitués par une agglomération de cellules et dont l'organisation va en se compliquant depuis l'Éponge jusqu'à l'Homme : ce sont les *Métazoaires*.

Organismes ramifiés et organismes segmentés. — Les Métazoaires peuvent être partagés en deux grands groupes :

1° ceux qui, *ramifiés* comme des plantes, ont souvent une *symétrie rayonnée*, c'est-à-dire dont les organes sont disposés autour d'un centre; exemple : le Corail (*fig*. 351), l'Étoile de mer (*fig*. 352); 2° ceux dont le corps, formé de *segments* placés bout à bout, présente deux moitiés symétriques, une droite et une gauche ; on dit qu'ils ont une *symétrie bilatérale* ; exemples : le Ver (*fig*. 354), l'Insecte, l'Homme.

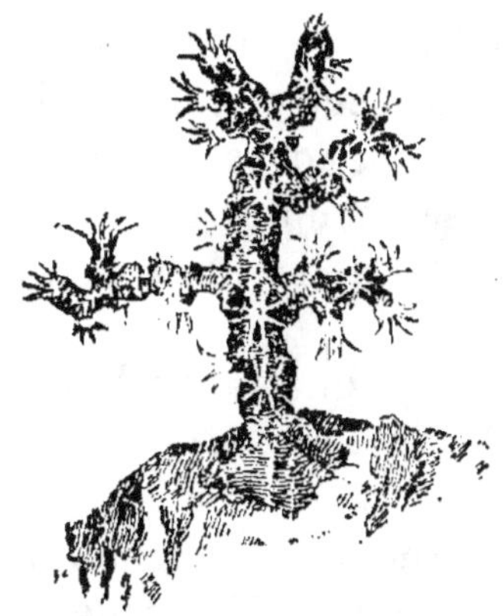

Fig 351. — Une branche de Corail.

I. Les animaux *ramifiés* se divisent en trois embranchements : les *Éponges*, les *Cœlentérés* ou *Polypes* et les *Échinodermes*.

1° Les *Éponges* sont des animaux fixés au sol, ayant la forme d'un sac, dont l'intérieur est tapissé de cellules à cils vibratiles ; leur corps est

Fig. 352. — Étoile de mer.

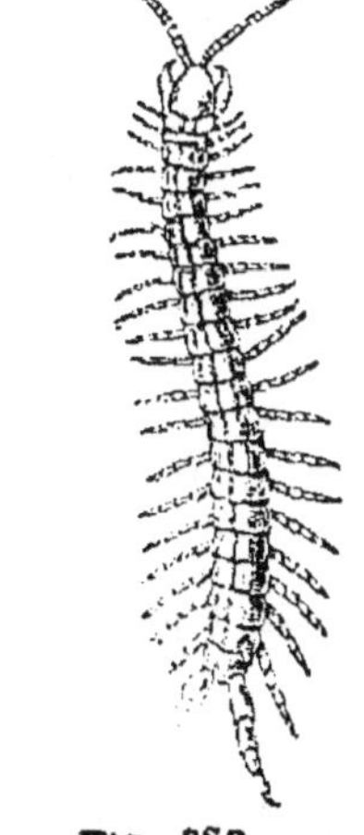

Fig. 353.
Scolopendre.

soutenu par de la matière calcaire, cornée ou siliceuse et ne porte pas de tentacules.

2° Les *Cœlentérés* ou *Polypes* ont le corps constitué par un simple sac qui forme l'appareil digestif et communique avec l'extérieur par un seul orifice servant à la fois de bouche et d'anus. Ces animaux sont toujours pourvus de tentacules ; ils peuvent se fixer et se ramifier comme des végétaux. Exemple : Corail.

3° Les *Échinodermes* ont leur corps hérissé de piquants. Ils présentent une symétrie nettement rayonnée, et les parois du tube digestif sont distinctes des parois du corps. Celles-ci renferment ordinairement de nombreuses plaques calcaires qui forment un solide appareil de protection. Exemples : Oursin, Étoile de mer.

II. Les animaux *segmentés* se divisent en quatre embranchements : les *Vers*, les *Mollusques*, les *Arthropodes* et les *Vertébrés*.

1° Les *Vers* ont le corps formé de segments placés bout à bout et ne portant pas de pattes articulées. Exemples : Sangsue (*fig.* 354), Ver de terre.

Fig. 354. — Sangsue.

2° Les *Mollusques* sont des animaux à corps mou ordinairement protégé par une coquille calcaire dont la forme est variable. Ils sont munis d'un *pied* locomoteur formé aux dépens de leur paroi ventrale. Exemples : Escargot (*fig.* 355), Huitre, Pieuvre.

3° Les *Arthropodes* ont le corps formé de segments qui portent des pattes articulées, c'est-à-dire formées de parties qui peuvent se mouvoir les unes sur les autres. Ils ont le corps protégé par une enveloppe résistante formée de *chitine* et *n'ont pas de cils vibratiles*. Exemples : Hanneton, Araignée, Scolopendre ou Mille-Pattes (*fig.* 353), Écrevisse.

Fig. 355. — Escargot.

4° Les *Vertébrés* ont un squelette osseux interne dont l'axe solide, la colonne vertébrale, est formé de segments ou ver-

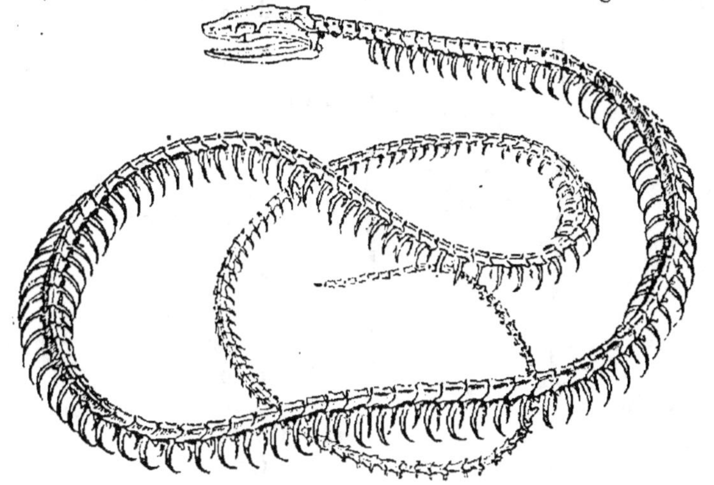

Fig. 356. — Squelette du Serpent.

tèbres. Exemples : Homme, Oiseau, Serpent (*fig*. 356), Grenouille, Poisson.

Les sept premiers groupes comprennent des animaux qui n'ont pas de squelette osseux, pas de vertèbres ; aussi les désigne-t-on souvent sous le nom d'*Invertébrés*.

Jusqu'ici nous n'avons indiqué que les caractères les plus apparents qui permettent de. distinguer les principaux embranchements ; nous allons maintenant décrire les· principaux types d'organisation, en montrant comment ils se compliquent progressivement depuis les Protozoaires jusqu'aux Vertébrés, et comment ils peuvent se modifier en s'adaptant au milieu dans lequel ils vivent. Dans un premier chapitre nous étudierons les principaux types d'*Invertébrés*, qui sont très différents les uns des autres, et dans un second nous nous occuperons des *Vertébrés*, qui constituent un groupe plus homogène.

RÉSUMÉ

Pour étudier les animaux on les *classe* suivant leurs ressemblances et leurs différences.

Le tableau suivant résume les caractères des principaux groupes.

1º Animaux formés d'une seule cellule. . . . . *Protozoaires.*

Animaux formés de plusieurs cellules : *Mélazoaires.*

Corps ramifié, symétrie rayonnée

1. Corps en forme de sac, dépourvu de tentacules. *Éponges.*
2. Corps en forme de sac, pourvu de tentacules. . . *Cœlentérés.*
3. Corps recouvert de piquants, tube digestif distinct. . *Échinodermes.*

Corps segmenté, symétrie bilatérale

1. Pas de pattes articulées . *Vers.*
2. Corps mou, une coquille calcaire . . *Mollusques.*
3. Pattes articulées, enveloppe résistante (*chitine*) . *Arthropodes.*
4. Squelette osseux interne, vertèbres . . *Vertébrés.*

CHAPITRE XIV

PRINCIPAUX TYPES D'ORGANISATION
DES INVERTÉBRÉS
LEUR PERFECTIONNEMENT PROGRESSIF

1° Protozoaires.

Structure des Protozoaires. — Prenons comme exemple l'*Amibe* (*fig.* 357), un des Protozoaires les plus simples, puisqu'il est réduit à une masse de protoplasme, contenant un noyau et une ou plusieurs cavités ou *vacuoles* remplies d'un liquide clair.

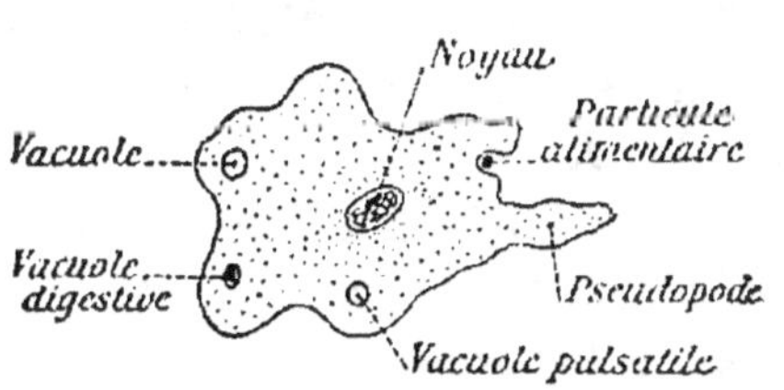

Fig. 357. — Une Amibe.

Cette cellule n'ayant pas de membrane change de forme à chaque instant : elle envoie des prolongements protoplasmiques, appelés *pseudopodes*, qui peuvent s'allonger ou se rétracter pour s'emparer de particules alimentaires qui vont être englobées dans le protoplasme. Autour d'un corps étranger ainsi incorporé dans l'Amibe, on voit se former une vacuole dans laquelle se rassemble un suc digestif ayant une réaction acide et agissant comme une *diastase* pour digérer la partie assimilable de ce corps étranger. Il se produit là une digestion.

De plus, les mouvements du protoplasme permettent à chaque partie de la cellule de venir se mettre en contact avec le milieu extérieur ; ils facilitent ainsi les échanges nutritifs, et en particulier la respiration.

Enfin les Protozoaires, par leurs prolongements protoplasmiques ou par les cils vibratiles qui recouvrent les plus perfectionnés d'entre eux, se meuvent activement. Ils sont sensibles à la lumière, à la chaleur, à l'électricité, etc. Les uns recherchent la lumière, les autres la craignent. Il y a donc bien là une sensibilité, grossière évidemment, et qui n'est qu'une propriété générale du protoplasme, mais qui ira en se perfectionnant dans les cellules des animaux supérieurs.

Comme les autres animaux, les Protozoaires se *nourrissent*, se *meuvent* et sont *sensibles* ; ils accomplissent donc toutes les fonctions des animaux supérieurs, mais d'une façon rudimentaire. En somme, ils nous montrent tout ce que la nature peut faire avec une cellule.

Les principales formes de Protozoaires. — Les Protozoaires, bien que constitués d'une cellule unique, ont des formes très variées. On peut les ranger en deux groupes :

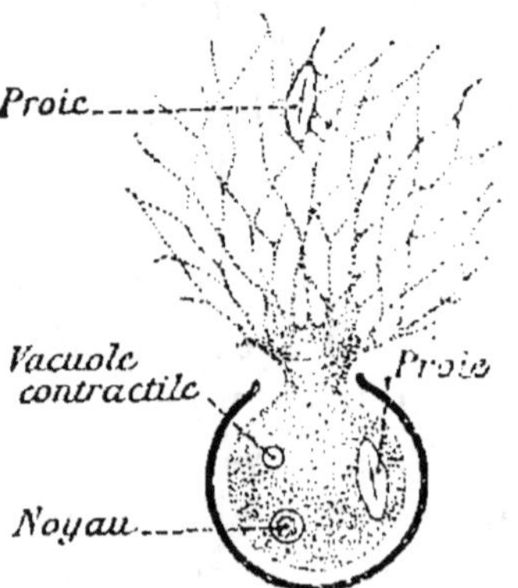

Fig. 358 — Un Foraminifère.

1º Ceux qui sont dépourvus de membrane et qui se déforment par des expansions protoplasmiques : ce sont les *Rhizopodes* ; 2º ceux qui ont une membrane et qui portent ordinairement des **cils** vibratiles : ce sont les *Infusoires*.

1º **Rhizopodes.** — Les principales formes sont : les *Amibes* (*fig.* 357), que l'on trouve dans les eaux douces et qui sont les Protozoaires les plus simples ; les *Foraminifères* (*fig.* 358), qui ont une carapace calcaire, souvent percée de trous pour laisser passer les prolongements protoplasmiques; leurs carapaces en s'accumulant constituent la boue du fond des mers et elles ont contribué à la formation de la craie ; les *Radiolaires* (*fig.* 359), qui ont une carapace siliceuse sou-

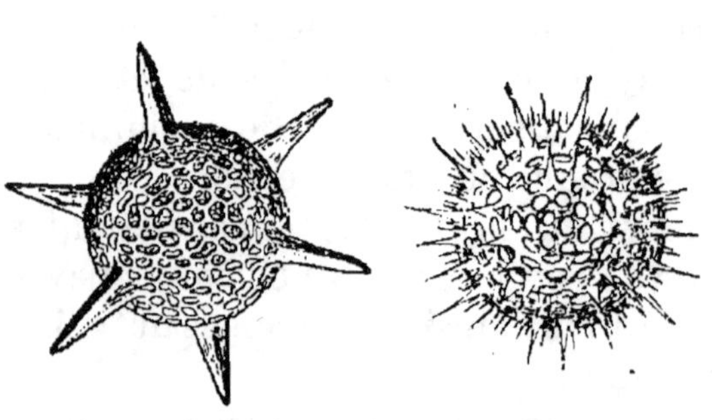

Fig. 359. — Squelettes de Radiolaires.

vent très élégante et portant des piquants disposés suivant

certaines lois géométriques ; comme les Foraminifères ils
sont marins.

2° **Infusoires.** — Leur nom est dû à ce fait qu'on les
trouve en abondance dans les *infusions* de plantes. Pour les
observer, il suffit de prendre une goutte d'eau dans laquelle on a
laissé tremper pendant quelques jours une poignée de foin.
Placée sous le microscope, cette goutte d'eau laissera voir de
nombreux Infusoires, dont on pourra suivre facilement les
mouvements. Si on les observe avec un fort grossissement
(*fig.* 360), on voit que leur membrane porte de nombreux cils
vibratiles qui battent constamment l'eau et leur servent aussi
bien pour nager que pour attirer à eux les matières alimentaires. Souvent à la surface de
la membrane existe une dépression qui forme une sorte de

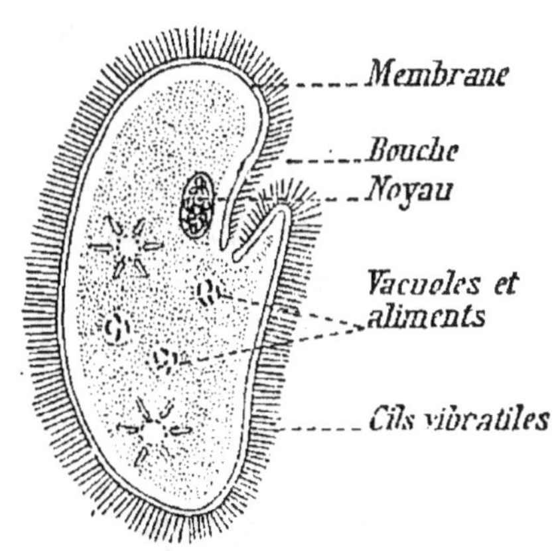

Fig. 360. — Infusoire, grossi environ
200 fois.

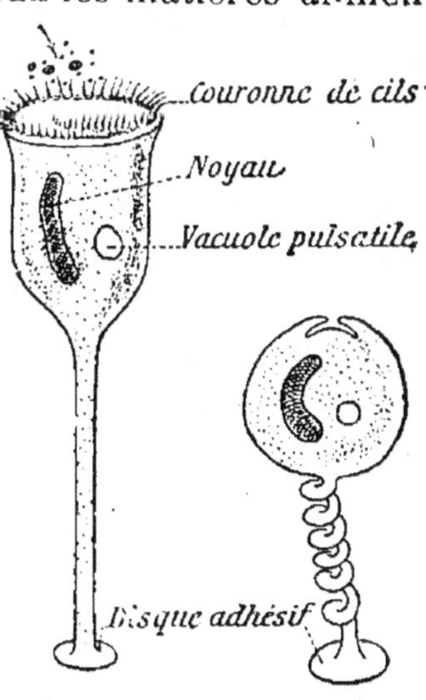

Fig. 361. — Vorticelles.

bouche par où les aliments pénètrent à l'intérieur du protoplasme pour y être digérés. Deux vacuoles particulières,
dites *pulsatiles*, s'emplissent de liquide et se vident suivant
un certain rythme en rejetant au dehors les produits d'excrétion.

Certains Infusoires vivent libres ; d'autres, comme la *Vor-
ticelle* (*fig.* 361), sont fixés par un pied aux plantes aquatiques

qui se développent dans les mares. Cet animal porte une couronne de cils qui produit un mouvement de tourbillonne-ment amenant les particules alimentaires dans le proto-plasme ; le pédoncule se contracte en s'enroulant en spirale. Enfin, il en existe qui vivent en parasites dans les tissus des animaux supérieurs ; tels sont les *Hématozoaires*, que l'on trouve dans les globules rouges du sang de l'Homme atteint des fièvres paludéennes, et que nous étudierons dans les Leçons d'hygiène.

Caractères des Protozoaires. — En résumé, les Proto-zoaires présentent des formes très variées, mais tous sont constitués par une seule cellule, ce sont donc les plus sim-ples de tous les animaux ; ils sont aussi les plus petits et la plupart d'entre eux ne peuvent être vus qu'au microscope.

Il peut arriver que certains Protozoaires s'associent et for-ment une sorte de colonie. Dans une telle association chaque Protozoaire, chaque cellule par conséquent, conserve son individualité et continue à remplir, séparément, toutes les fonctions de la vie, tandis que dans la colonie de cellules qui constitue les Métazoaires, que nous allons étudier, la division du travail entraîne une spécialisation des fonctions et par suite une différenciation dans les cellules.

2· Éponges (¹).

Organisation des Éponges. — Les Eponges vivent dans la mer et dans les eaux douces. Les plus simples ont la forme d'une urne fixée par sa base et dont les parois sont percées de trous qui mettent en communication la cavité centrale avec l'extérieur (*fig.* 362). Parmi ces orifices, les uns, petits, sont les *pores,* par où l'eau pénètre ; les autres, en moins grand nombre, mais plus larges, servent à la sortie de l'eau, ce sont les *oscules*.

La cavité de l'Éponge est tapissée par des cellules épithéliales, munies d'un fouet qui se meut à l'intérieur d'une sorte de colle-

---

(¹) Les parties de ce chapitre imprimées en petits caractères ne figurent pas au programme des classes de Philosophie et de Mathé matiques.

rette. Ces *cellules à collerette* se trouvent aussi à l'intérieur des renflements que présentent les pores et qui forment ce qu'on appelle des *corbeilles vibratiles*. Ces cellules sont les organes actifs de l'Eponge, car, par les battements de leurs fouets, elles produisent un courant d'eau continu qui amène les aliments et assure la respiration.

Le tissu de l'Eponge est mou, mais de petits corps durs appelés *spicules*, le soutiennent. Les spicules sont calcaires ou siliceux et de formes très variées.

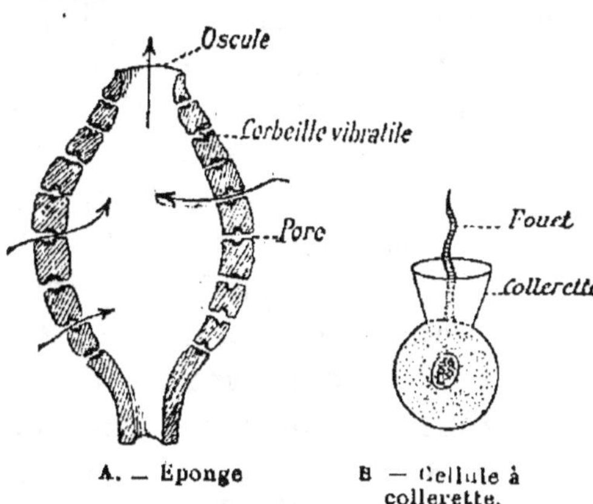

Fig. 362. — Coupe schématique d'une Éponge.

Les Eponges n'ont pas encore de système nerveux ; mais on trouve, dans le voisinage de leurs corbeilles vibratiles, des cellules présentant plusieurs prolongements et qu'on peut considérer comme des ébauches de cellules nerveuses.

L'Eponge ne reste ordinairement pas simple comme celle que nous avons figurée ; elle bourgeonne, autour d'elle, d'autres petites Eponges qui bourgeonneront à leur tour. On aura finalement une colonie d'Eponges simples dont les cavités communiqueront les unes avec les autres, et dont l'ensemble présentera l'aspect d'une masse lacuneuse, à contours irréguliers, et atteignant parfois de grandes dimensions.

Les principales formes d'Éponges. — On peut les ranger en trois groupes d'après la nature de leurs spicules : 1° Les *Éponges calcaires*, dont la forme reste simple, comme celle que nous avons décrite ; 2° les *Éponges siliceuses*, dont les spicules siliceux forment un réseau délicat ; elles vivent dans les grandes profondeurs de la mer ; 3° les *Éponges cornees*, qui ont des fibres de spongine, matière élastique et soyeuse ; telles sont les Eponges de toilette.

Caractères des Éponges. — Les Eponges sont donc des animaux fixés dont le corps est tapissé à l'intérieur par des cellules à collerette ; elles ne portent pas de tentacules et elles sont presque aussi simples que la forme embryonnaire décrite sous le nom de gastrula.

3° Cœlentérés ou Polypes.

Organisation des Cœlentérés. — Prenons comme exemple l'*Hydre d'eau douce* (*fig.* 363), qui est un petit animal mou, mesurant quelques millimètres seulement et vivant dans les étangs, fixé sur les plantes aquatiques (Lentille d'eau, Chara, etc.), où il est facile de le recueillir en tout temps. Sa forme est celle d'un cornet ou d'une flûte à champagne, munie à son extrémité inférieure d'une ventouse permettant à l'animal de se fixer, et à son extrémité opposée d'une bouche entourée d'une couronne de bras ou *tentacules* (6 à 18). La cavité digestive pénètre à

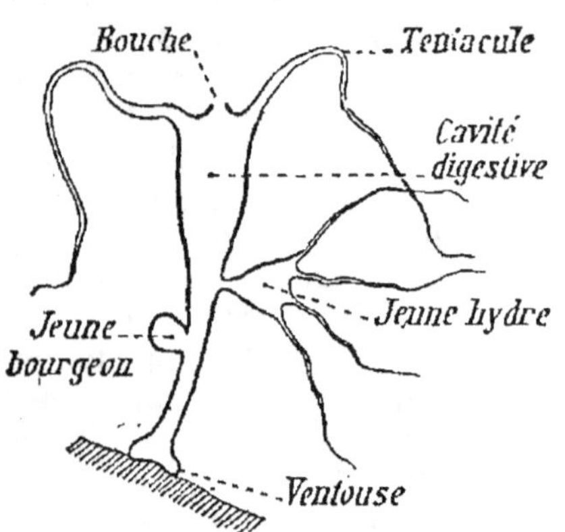

Fig. 363. — Hydre d'eau douce (coupe longitudinale : grossie environ 10 fois).

l'intérieur des tentacules et sert à la digestion des aliments aussi bien qu'à la circulation des liquides nourriciers.

Très facilement l'Hydre détache sa ventouse et se fixe alternativement par la bouche et par la ventouse, se déplaçant ainsi en une série de culbutes successives (*fig.* 364). Elle se dirige toujours vers la lumière. Parfois elle marche à la façon des Chenilles arpenteuses

La paroi du corps de ces animaux se compose de deux

Fig. 364. — Un mode de locomotion de l'Hydre (d'après Jammes).

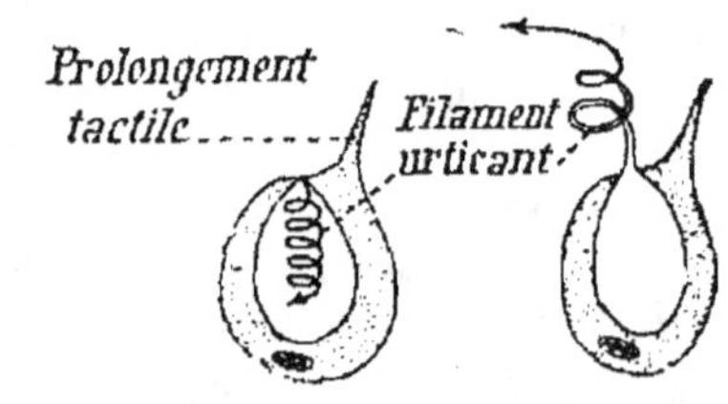

Fig. 365. — Cellules urticantes.

couches de cellules, dont l'externe contient des cellules que l'animal utilise pour sa défense. Ce sont des cellules contenant un fil entouré en spirale (*fig.* 365) et qui peut se dérouler au moindre choc reçu par un petit prolongement tactile que portent ces cellules. Aussi lorsqu'on touche un de ces petits appareils explosifs, le filament pénètre-t-il dans la

peau comme une flèche et produit une piqûre brûlante analogue à celle que fait une Ortie ; d'où le nom de *cellules urticantes* que l'on donne à ces éléments. Ces cellules contiennent, en effet, un venin qui, injecté à un Pigeon, l'immobilise
et le plonge dans une somnolence profonde, qui peut se terminer par la mort si la dose de poison est assez forte. Les
tentacules armés de ces cellules urticantes sont comme des
lignes vivantes qui lancent elles-mêmes leurs hameçons venimeux sur l'animal qui vient à les frôler et l'immobilisent
ainsi. C'est ensuite que l'Hydre enroule son tentacule autour
de la victime et la porte à sa bouche.

Les tissus de l'Hydre sont si peu différenciés qu'on peut
la retourner comme un doigt de gant sans la tuer. L'animal
digère avec ce qui était primitivement la peau et qui est
devenu la paroi de la cavité digestive. Quand on coupe une
Hydre en morceaux, ceux-ci refont autant d'Hydres nouvelles.

Si l'Hydre est bien nourrie, ce que l'on peut réaliser en la
plaçant dans de l'eau claire additionnée d'un peu de gélatine.

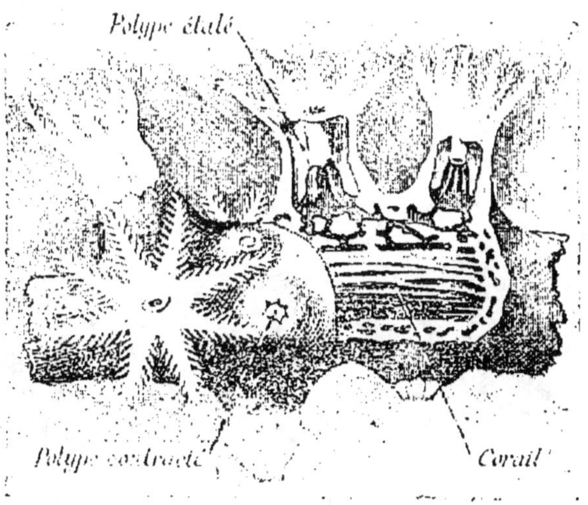

Fig. 366. — Une branche de Corail montrant, sur la partie **droite**,
les canaux qui réunissent deux individus.

elle produit des bourgeons qui vont grossir et donner de
jeunes Hydres. Celles-ci pousseront sur l'Hydre mère comme
des rameaux sur une tige, et leurs cavités digestives reste-

font en communication avec celle de la mère de façon à faire profiter les jeunes individus de la nourriture commune. Ce bouquet d'Hydres qui vivent associées forme ce qu'on appelle une *colonie*. Ordinairement les Hydres-filles se détachent et vont se fixer plus loin. Mais chez de nombreux Cœlentérés marins, comme les Coraux, par exemple, la colonie persiste et se complique de plus en plus. Elle se fabrique alors un squelette calcaire qui la consolide ; ce squelette est recouvert d'une couche charnue, traversée par des canaux faisant communiquer les individus les uns avec les autres (*fig*. 366), de telle façon que la proie capturée et digérée par un individu peut profiter à toute la colonie.

Les principales formes de Cœlentérés. — On peut les ramener à deux grands groupes: celles qui sont *fixées*, comme l'Hydre, et celles qui sont *libres*, comme la Méduse.

Fig. 367. — Diverses formes d'Actinies.

1° Cœlentérés fixés. — Ils vivent tantôt isolés, comme l'Hydre, tantôt en colonie, comme le Corail.

Le Corail, ainsi que l'Actinie ou Anémone de mer (*fig* 367), possède aussi une bouche entourée de nombreux tentacules, mais sa cavité digestive présente des loges séparées par des cloisons rayonnantes et régulièrement disposées (*fig.* 368). Lorsque ces animaux sont bien étalés, ils ressemblent à des fleurs épanouies; mais ce sont des fleurs qui mangent, car elles engloutissent facilement dans leur cavité digestive des Crabes et des Mollusques.

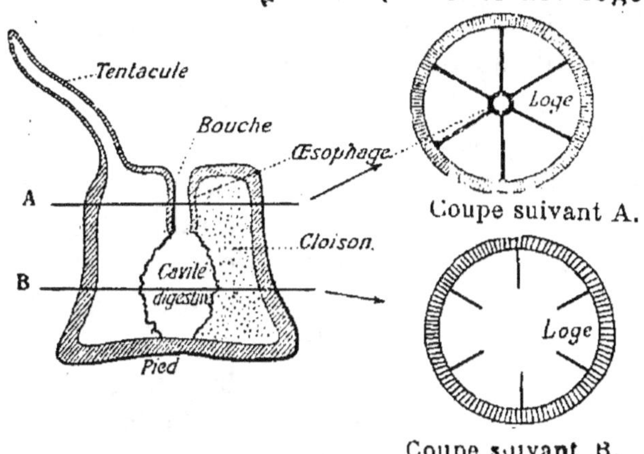

Fig. 368. — Actinie.

2° Cœlentérés libres. — Beaucoup de Cœlentérés nagent librement dans l'eau. Ainsi certains animaux marins, voisins de l'Hydre, bourgeonnent des organismes nouveaux, rayonnés et semblables à des fleurs, qui se détachent quand ils sont développés et s'en vont nager librement : ce sont les *Méduses*. Les Méduses forment ces paquets gélatineux qu'on trouve sur le bord de la mer, après une tempête. Leur taille peut va-

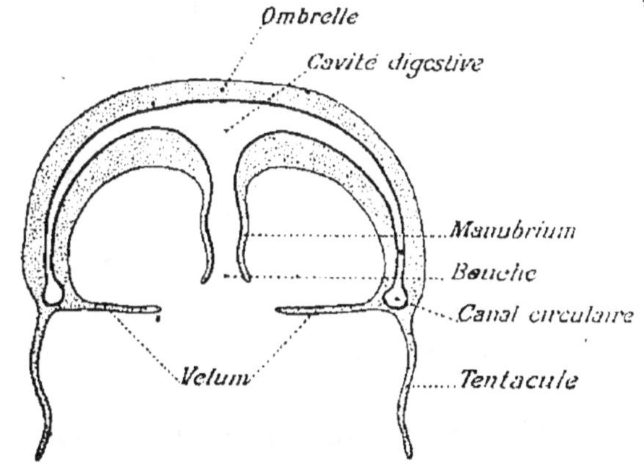

Fig. 369. — Coupe d'une Méduse.

rier de 0^m,10 à 2 mètres. Comme beaucoup d'animaux de haute mer, elles sont transparentes, ce qui les rend peu visibles et leur permet par suite d'échapper à leurs ennemis. Une Méduse (*fig.* 369) a la forme d'une *ombrelle*, au centre de laquelle pend un *manche* qui porte la bouche. De la cavité digestive partent des canaux rayonnants réunis par un canal circulaire sur le bord de la cloche. L'ouverture de celle-ci est en partie fermée par une sorte de diaphragme ou *velum*. La Méduse se meut par des ondulations de l'ombrelle, ce qui, par réaction, la pousse en sens inverse.

Les Méduses peuvent rester associées et former des colonies flottantes (*fig.* 370). Dans cette colonie les individus restent parfois semblables entre eux ; mais le plus souvent la division du travail physiologique est la cause d'une différenciation de ces individus. Chacun se spécialise pour accomplir une besogne particulière. Les uns sont réduits à de simples poches chargées de faire mouvoir la colonie, ce sont les *moteurs* ; d'autres ont une cavité bien développée,

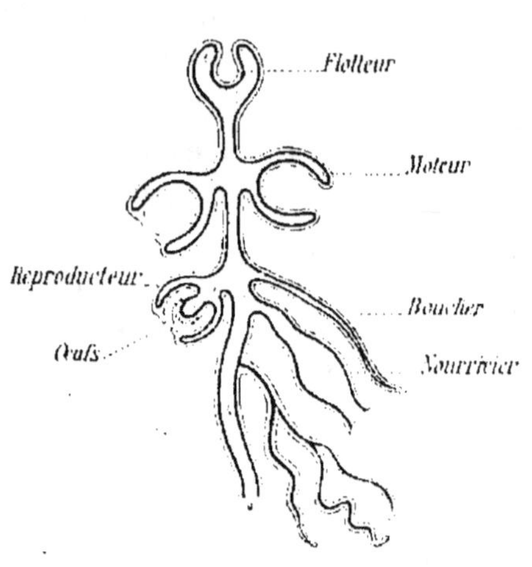

Fig. 370. — Une colonie de Polypes (Siphonophores).

ce sont les *nourriciers* ; d'autres encore portent des œufs, ce sont les *reproducteurs* ; enfin, certains, réduits à l'état de filaments, portent des batteries de cellules urticantes et sont chargés de pêcher les proies, ces sont les *pêcheurs* et les *défenseurs* de la colonie. Ajoutons que souvent l'ombrelle de l'individu primitif, sur le manche duquel ont bourgeonné les autres Méduses, est très développée et forme une **sorte de** *flotteur*.

En somme, cette colonie est comme une société coopérative, où chaque individu profite du travail de tous les associés. Elle nous donne l'idée d'un seul organisme, fait de la somme de tous les individus qui constituent la colonie. Elle nous permet par suite de comprendre la constitution d'un animal supérieur qui n'est, selon l'expression de Claude Bernard, « qu'une fédération d'êtres élémentaires évoluant chacun pour son propre compte ».

Les Cœlentérés, en s'associant, s'élèvent donc d'un degré dans la série animale.

Caractères des Polypes. — Bien que leurs formes soient très variées, tous ont le corps constitué par un simple sac qu'un seul orifice met en communication avec l'extérieur. Leur symétrie est rayonnée et tous portent des cellules urticantes.

4° Échinodermes.

Organisation des Échinodermes. — Les Échinodermes ont une structure rayonnée, leur corps est protégé par une enveloppe calcaire hérissée de *piquants* mobiles.

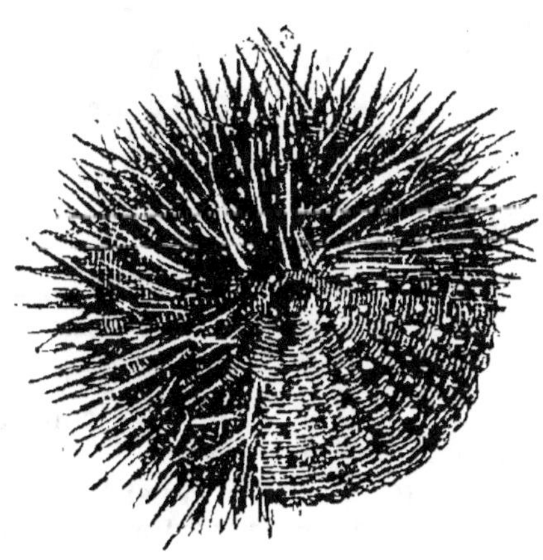

Fig. 371. — Oursin commun.

Prenons comme exemple l'*Oursin* (*fig.* 371), que l'on peut récolter sur les bords de la mer, à marée basse. Il justifie mieux que tout autre animal le nom d'Echinoderme, par les *piquants* qui hérissent sa peau. Après en avoir enlevé les piquants, on voit que la carapace est formée d'un grand nombre de pièces calcaires, soudées et régulièrement rangées suivant 10 fuseaux (*fig.* 372). Cinq de ces fuseaux sont perforés de trous pour laisser passer des tubes membraneux ou *ambulacres*. On les appelle ainsi parce qu'ils servent à la locomotion : quand l'animal veut se déplacer dans une certaine direction, il allonge les ambulacres dans cette direction, les fixe sur le rocher et les fait fonctionner comme des ventouses, ce qui provoque son glissement sur le sol.

Autour de la bouche se trouvent des pinces à deux ou trois branches, les *pédicellaires* (*fig.* 373), qui sont des organes de préhension.

La bouche occupe le centre de la face inférieure de l'Oursin ; elle est pourvue de cinq dents portées par 5 pyramides osseuses dont l'ensemble est appelé *lanterne d'Aristote* (*fig.* 374). Le tube digestif, après avoir décrit deux tours de spire en sens inverse l'un de l'autre, se termine à l'anus, placé sur la face supérieure de l'animal. Le trait le plus caractéristique de l'organisation de l'Oursin c'est que *le tube digestif est distinct de la paroi du corps, et par* suite séparé de celle-ci par une cavité qui n'existait pas chez les

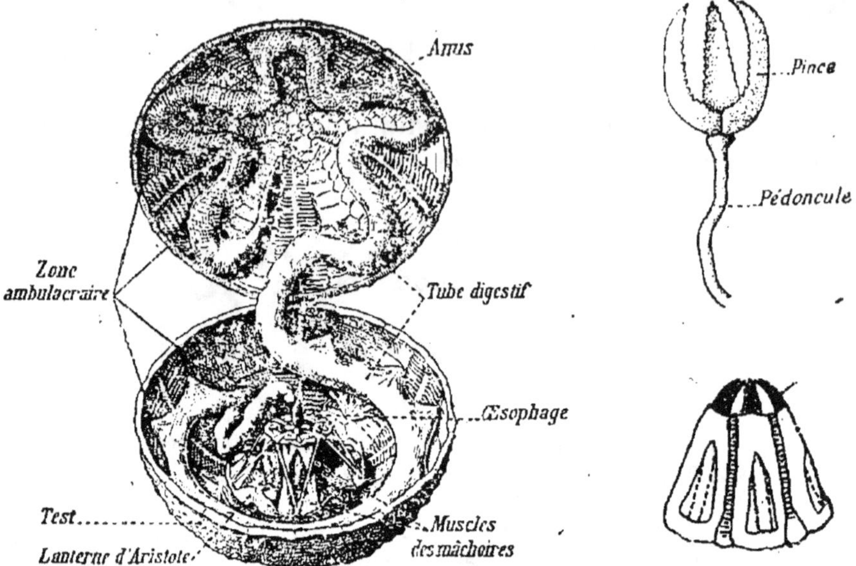

Fig. 372. — Oursin dont la carapace a été ouverte.

Fig. 374. — Lanterne
d'Aristote.

Polypes. Le tube digestif flotte dans la cavité générale comm :
l'intestin flotte dans la cavité abdominale de l'Homme.

Il n'y a pas encore d'*appareil circulatoire* bien constitué : les
organes baignent dans un liquide contenu dans la cavité générale
du corps et que l'on peut comparer au sang. Mais il existe un ensemble de vaisseaux en communication par un orifice avec l'extérieur et renfermant de l'eau. Cet appareil comprend un anneau
qui repose sur la lanterne d'Aristote et d'où partent 5 canaux qui
vont distribuer l'eau aux am-
bulacres.

L'*appareil respiratoire* n'est
représenté que par des branchies
très rudimentaires.

Le *système nerveux* est constitué par des cellules et des
fibres nerveuses qui forment
autour de la bouche une sorte
de pentagone (*fig.* 375) d'où
partent cinq cordons nerveux
rayonnants qui vont distribuer
des nerfs aux divers organes.

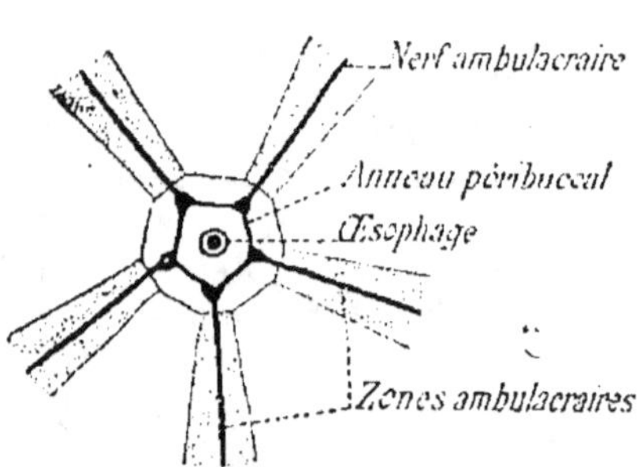

Fig. 375. — Système nerveux d'un
Échinoderme (Oursin).

Les principales formes d'Échinodermes. — Les formes

des Échinodermes sont très variées, surtout si l'on tient compte des Échinodermes ayant vécu aux époques géologiques. On peut les ramener à cinq groupes :

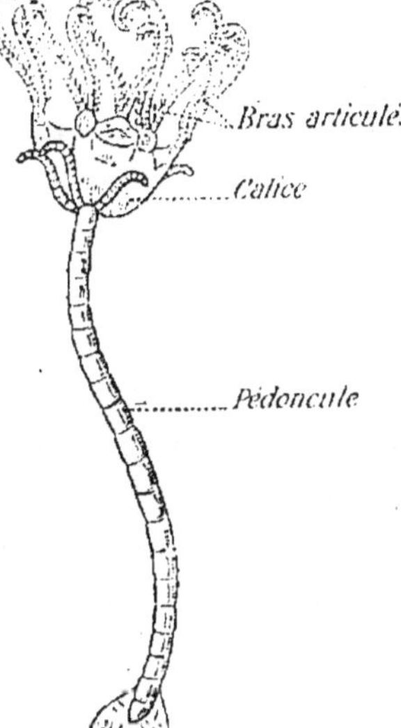

Fig. 376. — Jeune Comatule.

1° Les *Crinoïdes*, qui ont le corps globuleux et porté par une longue tige calcaire fixée au fond de la mer. Autour de la bouche sont de longs bras articulés et ramifiés. L'un des Crinoïdes, la Comatule, est fixé pendant le jeune âge (*fig.* 376) ; puis la tige se brise et la Comatule fait retour à la vie libre.

Fig. 377. — Étoile de mer.

2° Les *Holothuries*, qui ont le corps allongé et à peu près cylindrique. Leur peau n'est plus recouverte d'une carapace calcaire, mais simplement incrustée de corpuscules calcaires. La bouche est entourée d'une couronne de tentacules rétractiles et ramifiés.

3° Les *Étoiles de mer* (*fig.* 377), qui portent des bras dont chacun peut être considéré comme un individu complet, car il contient un diverticule du tube digestif, des ambulacres, un système nerveux, des organes reproducteurs, etc. On pourrait donc considérer l'Etoile de mer comme une colonie formée d'individus groupés dans un sens rayonnant.

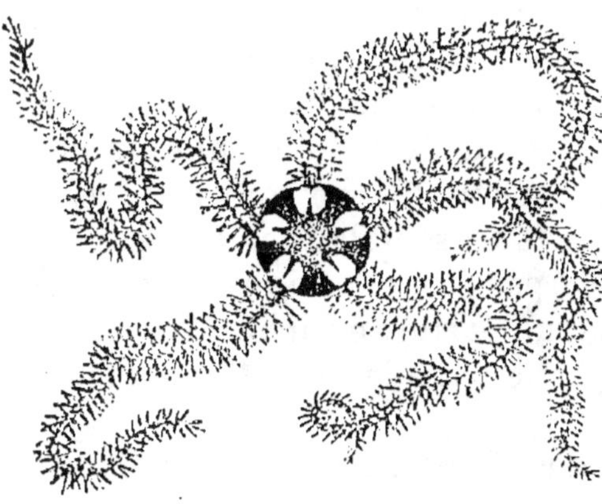

Fig. 378. — Ophiure cassante.

4° Les *Ophiures* (*fig.* 378), dont les organes sont rassemblés dans un disque central. Leurs bras ne contiennent aucun organe et se cassent avec une grande facilité.

5° Les *Oursins*, qui constituent le type Echinoderme le mieux caractérisé. C'est pourquoi nous l'avons choisi comme exemple. Certains Oursins, comme les Spatangues, ont une symétrie bilatérale qui commence à s'esquisser et qui permet de marquer la transition avec les Vers.

Caractères des Échinodermes. — Ils ont une symétrie rayonnée, comme les Polypes, mais leur perfectionnement organique est plus avancé : ils possèdent un tube digestif distinct, des ambulacres, un système nerveux.

5º Vers.

Organisation des Vers. — Que l'on **considère un** Ver de terre ou bien un Ver marin, sa segmentation en anneaux est facilement visible extérieurement. Cette segmentation se continue à l'intérieur, car chaque anneau est comme un compartiment où l'on trouve les mêmes organes distribués de la même façon. Chaque anneau constitue donc un individu possédant tous les organes nécessaires à son existence. Il en résulte que le Ver est une colonie formée d'individus placés en série linéaire. Seuls, les anneaux extrêmes subissent des modifications spéciales : l'anneau antérieur devient la tête, qui porte les organes des sens et la bouche ; le dernier anneau présente l'anus. Les anneaux intermédiaires, au contraire, restent tous semblables. Il n'est donc pas étonnant de voir que si l'on coupe un Ver en deux, chaque partie continue à vivre, et il se forme une queue à la partie qui a la tête et une tête à la partie qui a la queue.

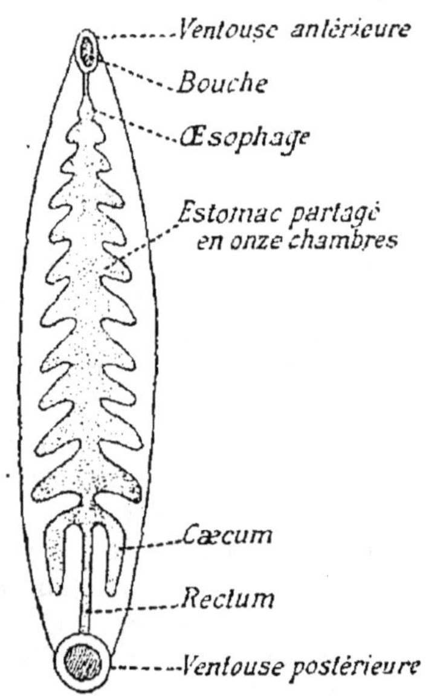

Fig. 379. — Tube digestif d'une Sangsue.

Le *tube digestif* s'étend d'un bout à l'autre du corps, de la bouche à l'anus. Parfois, comme chez la Sangsue (*fig*. 379), il est lui-même segmenté en un certain nombre de renflements.

L'appareil circulatoire (*fig.* 380) est complètement clos. Il se compose de deux vaisseaux longitudinaux, l'un *dorsal* et

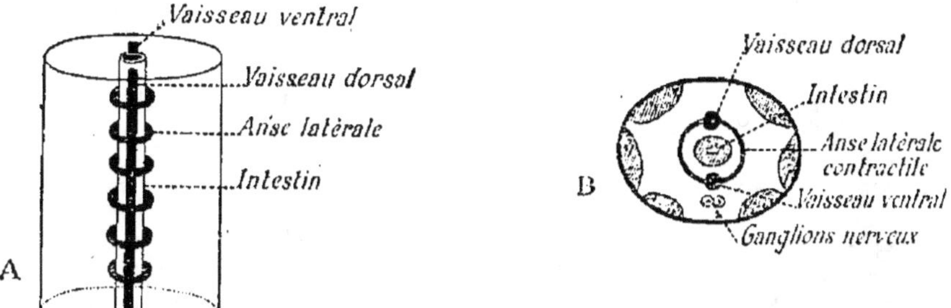

Fig. 380. — Appareil circulatoire d'un Ver.

l'autre *ventral*, réunis dans chaque anneau par des *anses latérales*, qui entourent le tube digestif. Il n'y a pas de cœur, mais les vaisseaux sont contractiles et assurent la circulation du sang, qui est rouge.

La *respiration*, chez le Ver de terre, se fait à travers la peau, qui pour cela doit rester humide; c'est pourquoi dans l'air sec, la peau se desséchant, l'animal ne peut plus respirer et meurt. Chez les Vers marins, la respiration se fait à l'aide de branchies (*fig.* 381), simples excroissances des téguments : ces

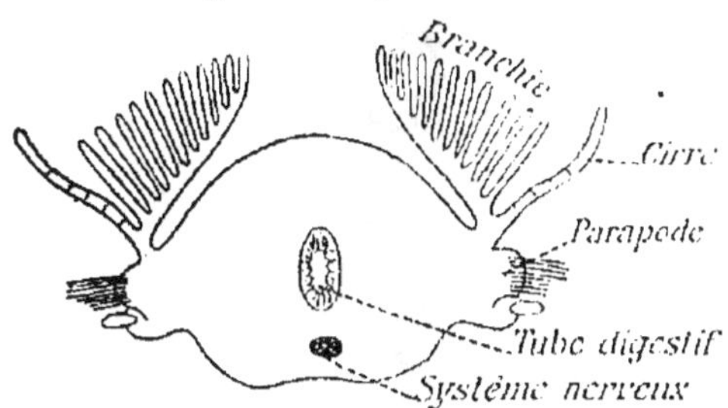

Fig. 381. — Coupe transversale d'un Ver marin.

branchies sont souvent arborescentes et forment d'élégants panaches. Tantôt elles sont réparties dans la région moyenne du corps, comme dans l'Arénicole des pêcheurs (*fig.* 382), tantôt, comme chez les Vers tubicoles, qui vivent enfermés dans un tube et dont la tête seule sort, les branchies sont portées par la tête (*fig.* 383).

L'appareil éliminateur est celui qui indique le mieux la segmentation du corps. Chaque anneau, en effet, contient deux petits organes appelés *organes segmentaires* ou encore **néphridies**, car ils jouent un rôle analogue à celui des reins de l'Homme. Chaque néphridie se compose d'un entonnoir cilié (*fig.* 384) s'ouvrant dans la cavité générale et se prolongeant par un tube contourné qui vient déboucher à l'extérieur. Ces organes

Fig. 382. — Arénicole
des pêcheurs.

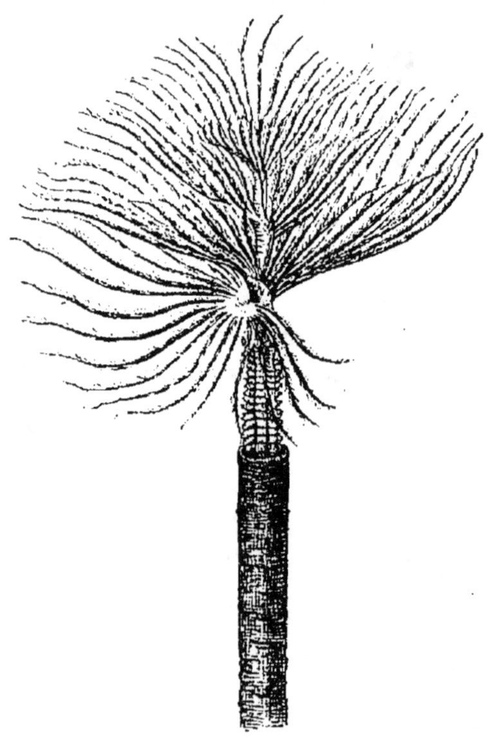

Fig. 383. — Ver tubicole
(Spirographe).

servent à éliminer les résidus inutiles qui se trouvent dans la cavité générale.

Le *système nerveux* (*fig.* 385) est formé d'une double chaîne ganglionnaire dont les deux moitiés sont plus ou moins éloignées. Dans chaque anneau existe une paire de ganglions qu'unit un cordon nerveux transversal ou *commissure* ; et les ganglions de deux anneaux successifs sont unis par un cordon nerveux longitudinal ou *connectif*. Les deux premiers ganglions ou *ganglions cérébroïdes* sont situés au-dessus du tube digestif tandis que les autres sont au-dessous. Il en résulte

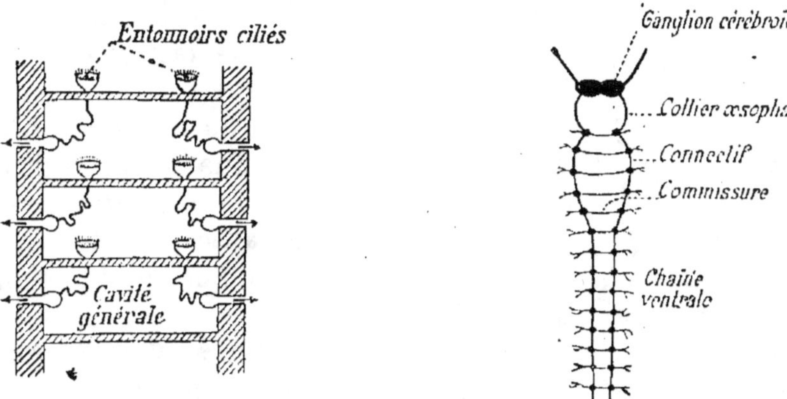

Fig. 384. — Organes segmentaires d'un Ver.

Fig. 385. — Système nerveux d'un Ver (Serpule).

que les ganglions cérébroïdes sont reliés à la *chaîne ventrale* par un collier nerveux appelé *collier œsophagien*.

Principales formes de Vers. — Elles péuvent être rangées en deux groupes : 1° les *Annélides*, qui vivent en liberté, comme le Ver de terre et les Vers marins ; 2° les *Vers parasites*, qui vivent dans les organes de l'Homme ou des animaux.

1° Les *Annélides* ont souvent sur chaque anneau des moignons charnus ou *parapodes* qui servent de pied (*fig*. 384) et portent des soies. D'autres, comme les Sangsues, n'ont pas de soies, mais sont pourvus de ventouses.

2° Les *Vers parasites* ont leur organisation simplifiée par la vie parasitaire. Ainsi, dans le Ténia ou Ver solitaire (*fig*. 386), qui a l'aspect d'un long ruban plat formé de nombreux anneaux, on constate que les organes de locomotion sont remplacés par des organes de fixation, tels que crochets ou ventouses, à l'aide desquels l'animal se fixe aux parois de l'intestin.De plus, l'appareil digestif fait complètement défaut, car le Ténia étant plongé dans un milieu nutritif, la nutrition s'effectue par simple osmose à travers les parois du corps. Enfin, ce Ver ne possède ni appareil circulatoire, ni appareil respiratoire, et son système nerveux est réduit aux deux ganglions cérébroïdes et à deux nerfs latéraux qui en partent. C'est là un excellent exemple de dégradation organique due au parasitisme.

Ces vers parasites seront étudiés avec plus de détails dans les **Leçons d'hygiène**.

Caractères des Vers. — Les Vers sont des animaux mous, à symétrie bilatérale, dépourvus de membres articulés et dont le corps est formé d'*anneaux* semblables placés bout à bout. Ne possédant pas de vrais membres, ils se déplacent au moyen de contractions ou de mouvements ondulatoires. Tous respirent par la peau, ou quelquefois par des **sortes** d'excroissances respiratoires appelées **branchies**.

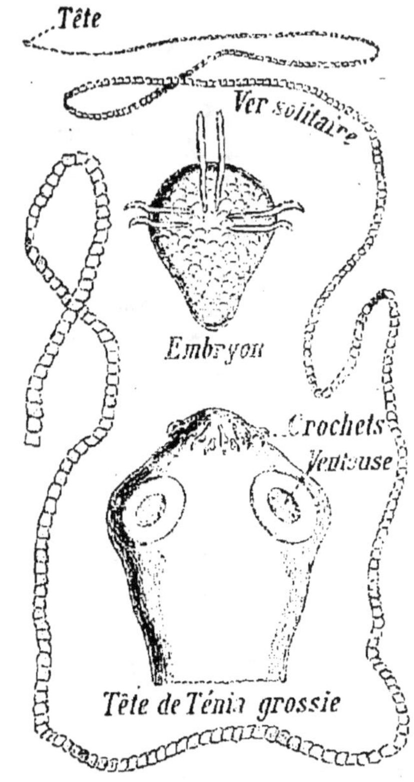

6° Arthropodes.

Organisation des Arthropodes. — Leur corps est formé d'anneaux comme celui des Vers, mais chaque anneau porte une paire d'appendices articulés, c'est-à-dire formés de plusieurs pièces mobiles les unes sur les autres.

Le caractère dominant des Arthropodes est la présence d'une couche de *chitine*, substance cornée inattaquable à la potasse bouillante. Cette couche enveloppe tout le corps, ce qui a pour résultats : 1° de faire disparaître les cils vibratiles ; 2° de rendre nécessaire l'articulation des appendices et la métamérisation du corps ; 3º de provoquer les mues de l'animal, car la chitine inextensible s'oppose à sa croissance.

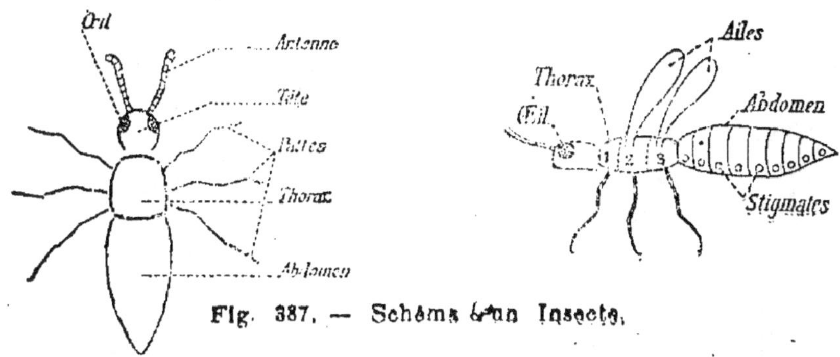

Fig. 387. — Schéma d'un Insecte.

Prenons comme exemple un Insecte (*fig.* 387). Son corps présente trois régions distinctes : la *tête*, le *thorax*, et l'*abdomen*.

1º La *tête* est formée de plusieurs anneaux soudés entre eux et qu'il devient difficile de distinguer les uns des autres. Sur la tête se trouve une série d'appendices indiquant la segmentation ; ce sont : les antennes et les différentes pièces de la bouche (mandibules, mâchoires, lèvre inférieure).

2º Le *thorax* est formé de trois anneaux soudés entre eux, et portant chacun une paire de pattes articulées, tandis que les deux derniers portent une paire d'ailes.

3º L'*abdomen* est dépourvu d'appendices, mais il est formé de dix anneaux distincts et mobiles.

L'*appareil digestif* commence par un appareil buccal qui

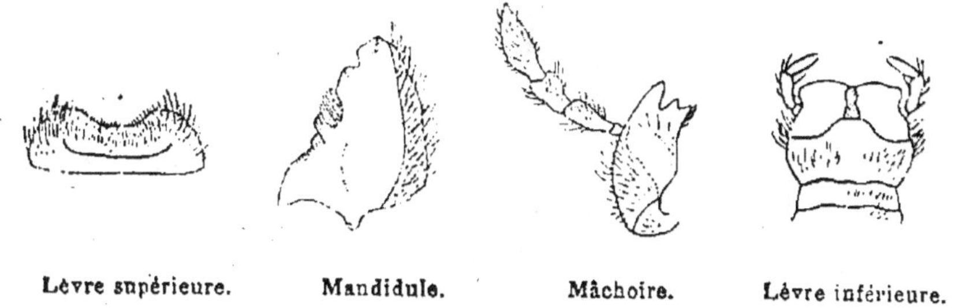

Lèvre supérieure.   Mandidule.   Mâchoire.   Lèvre inférieure.

Fig. 388. — Appendices de la bouche d'un Insecte broyeur.

varie avec le régime de l'animal et qui est constitué par des appendices spécialement modifiés pour la mastication. Les insectes *broyeurs* (Hanneton) ont les mandibules et les mâchoires qui portent de petites dents (*fig.* 388) ; les Insectes *lécheurs* (Abeille) ont la lèvre inférieure et la mâchoire qui s'allongent et forment une sorte de languette (*fig.* 389) ;

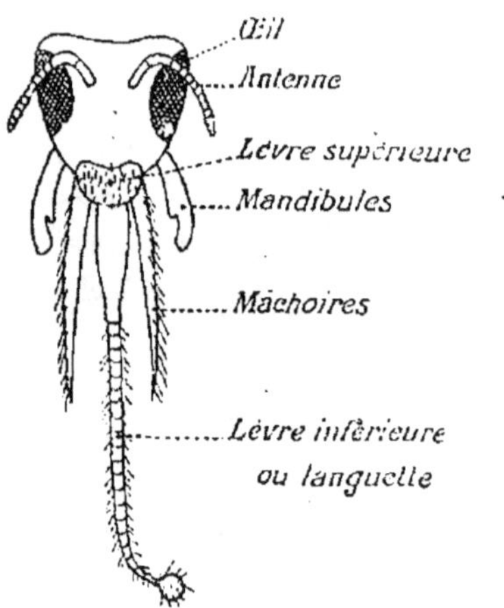

Fig. 389. — Appendices de la bouche d'un Insecte lécheur.

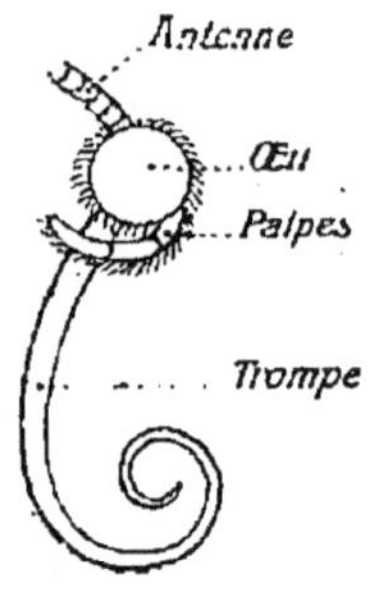

Fig. 390. — Appendices de la bouche d'un Insecte suceur.

les Insectes *suceurs* (Papillon) ont une longue trompe pour sucer le nectar des fleurs (*fig.* 390) ; enfin, les Insectes *piqueurs* (Moustique) ont les mâchoires et les mandibules transfor-

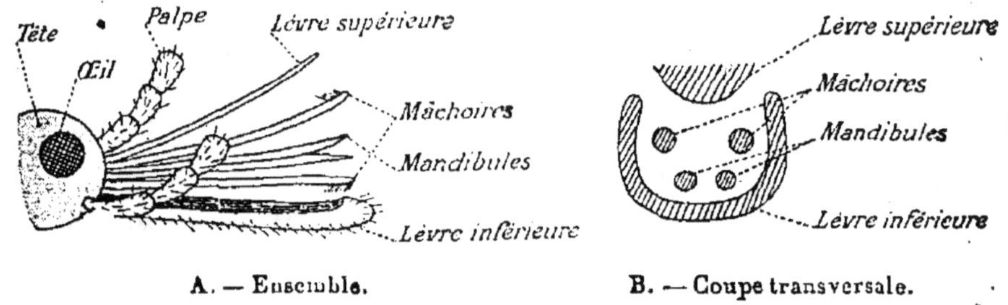

A. — Ensemble.   B. — Coupe transversale.

Fig. 391. — Pièces de la bouche d'un Insecte piqueur.

mées en stylets qui glissent dans une sorte d'étui et permettent à ces Insectes de perforer la peau de l'Homme ou des animaux et d'aspirer leur sang (*fig.* 391).

Le tube digestif (*fig.* 392) ne présente pas de segmentation ; il comprend un œsophage et plusieurs renflements (jabot, parfois un gésier, ventricule chylifique qui est le véritable estomac). A la limite de l'estomac et de l'intestin se trouvent de longs tubes, les *tubes de Malpighi*, qui sont les organes urinaires.

L'*appareil circulatoire* fort simple se réduit à un seul vais-

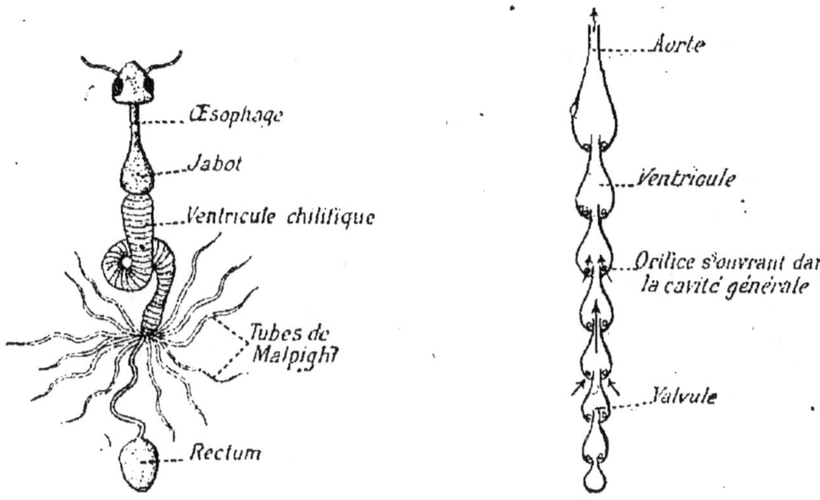

Fig. 392. — Tube digestif d'un Insecte (Hanneton).

Fig. 393. — Vaisseau dorsal d'un Insecte.

seau dorsal ouvert en avant et fermé en arrière ; il est formé de huit petites chambres séparées par des valvules dont la disposition permet au sang de circuler d'arrière en avant (*fig. 393*). Le vaisseau dorsal en se contractant d'arrière en avant pousse le sang dans la cavité générale ; puis le sang, après avoir baigné les organes, revient au vaisseau dorsal par les orifices latéraux placés à la base des petites chambres.

Fig. 394. — Trachée d'un Insecte.

L'*appareil respiratoire* est formé de tubes appelés *trachées* (*fig*. 394) qui vont se ramifier dans tous les organes et s'ouvrent à l'extérieur par des orifices, appelés *sigmates*, placé sur les côtés de chaque anneau de l'abdomen (*fig*. 387). Ces tubes sont maintenus béants par un filament chitineux qui s'enroule en spirale autour d'eux. Ils présentent chez les Insectes bons voiliers (Mouche, Abeille) des renflements en forme de sacs.

Le *système nerveux*, surtout chez la larve, ressemble beaucoup à celui des Vers. Il comprend alors (*fig.* 395) deux ganglions cérébroïdes rattachés par un collier œsophagien à la

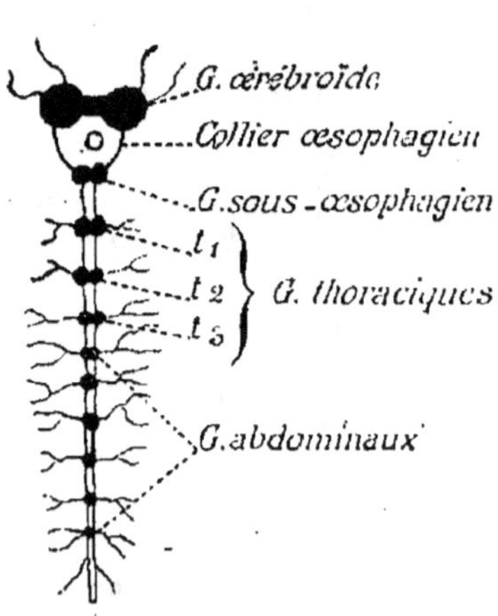

Fig. 395. — Système nerveux d'un Insecte (Forficule), à l'état de larve et ressemblant à celui d'un Ver.

Fig. 396. — Système nerveux d'un Insecte (Hanneton).

chaîne ganglionnaire ventrale, dont chaque anneau présente bien deux ganglions. Mais chez l'adulte (*fig.* 396) il se produit une concentration du système nerveux, c'est-à-dire que les ganglions se rapprochent et se soudent. C'est le cas du Hanneton, par exemple, où tous les ganglions abdominaux se soudent en une seule masse.

Principales formes d'Arthropodes. — On les range en quatre groupes : les *Crustacés,* adaptés à la vie aquatique, les *Myriapodes,* les *Araignées* et les *Insectes,* dont l'organisation est en rapport avec la vie aérienne. Aussi, tandis que les premiers respirent avec des *branchies,* les trois derniers respirent-ils au moyen de *trachées.*

1° Les *Crustacés* ont une carapace calcaire, et la plupart d'entre eux ont la tête soudée au thorax ; leur abdomen seulement est nettement segmenté. Si l'on prend l'Ecrevisse (*fig.* 397) comme exemple, on peut savoir combien elle comprend d'anneaux en comptant le nombre d'appendices, puisque chaque anneau porte une paire d'appendices. On en compte ainsi 21 paires, dont 14 sont portées par la tête et le thorax et 7 par l'abdomen. D'avant en arrière, on trouve : 1 paire d'yeux, 2 paires d'antennes, 6 paires de pièces buccales, 5 paires de pattes locomotrices, 6 paires de pattes nata-

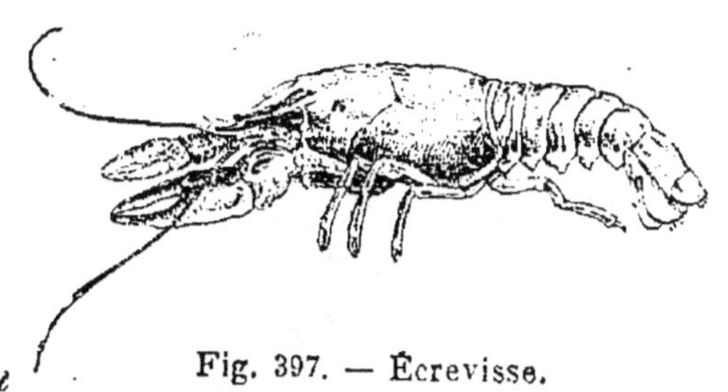

Fig. 397. — Écrevisse.

toires, et 1 paire d'appendices aplatis et constituant des nageoires.

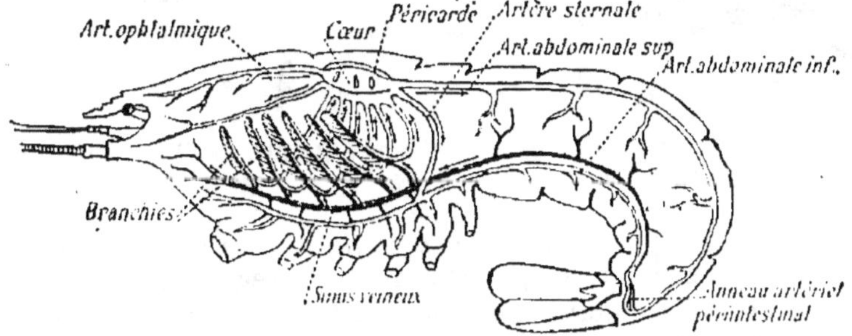

Fig. 398. — Appareil circulatoire d'un Crustacé (Écrevisse).

L'*appareil circulatoire* (fig. 398) ne possède plus qu'une seule poche, véritable cœur d'où partent de nombreuses artères qui vont aux organes et finissent par s'ouvrir dans des lacunes. Puis, de là, le sang se rassemble dans un sinus ventral (sinus veineux) pour aller aux branchies et revenir enfin au cœur.

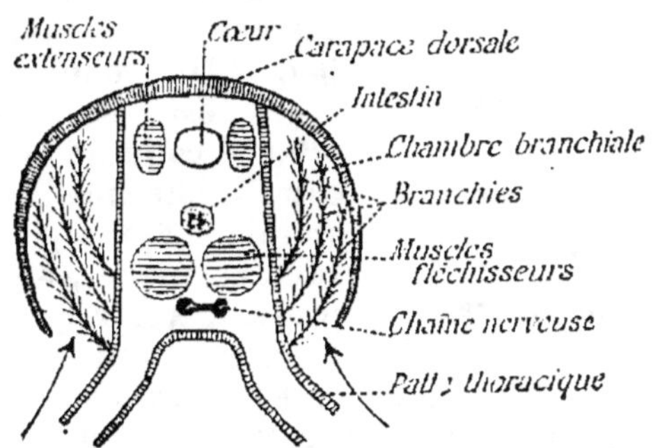

Fig. 399. — Coupe transversale d'un Crustacé (Écrevisse).

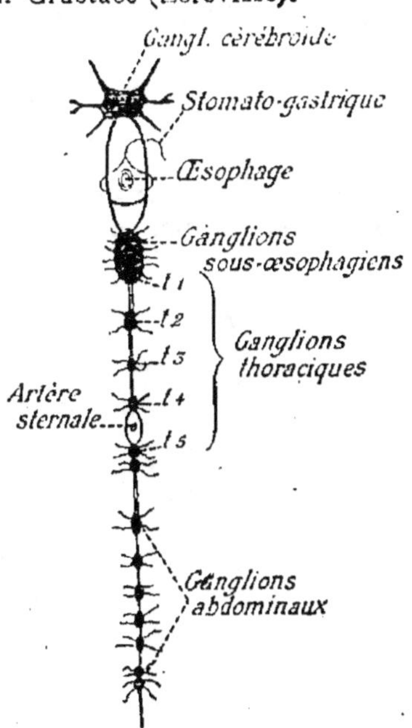

Fig. 400. — Système nerveux d'un Crustacé (Écrevisse).

La *respiration* se fait à l'aide de branchies (*fig.* 398 et 399) attachées à la base des pattes et protégées par un prolongement de la carapace.

Le *système nerveux* est plus ou moins condensé selon que le corps du Crustacé est long comme celui

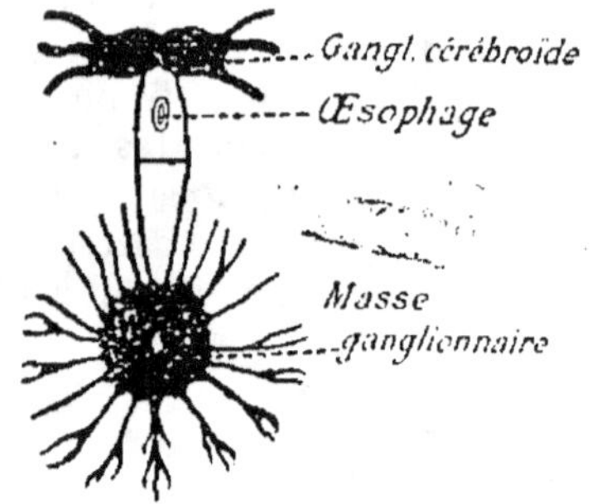

Fig. 401. — Système nerveux d'un Crustacé (Crabe).

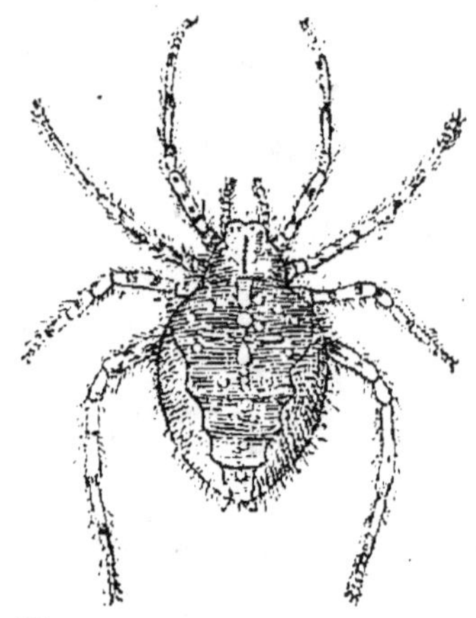

Fig. 402. — Une Araignée.

de l'Ecrevisse (*fig.* 400), ou globuleux comme celui du Crabe (*fig.* 401).

2° Les *Myriapodes* (*fig.* 353) sont nettement segmentés sur toute la longueur du corps. Le nombre de leurs pattes peut dépasser 150 paires.

3° Les *Araignées* (*fig.* 402) ont 4 paires de pattes et leur tête est soudée au thorax, comme celle des Crustacés.

7° Mollusques.

Organisation des Mollusques. — Les Mollusques sont des animaux mous, dont le corps non segmenté est ordinairement protégé par une coquille calcaire.

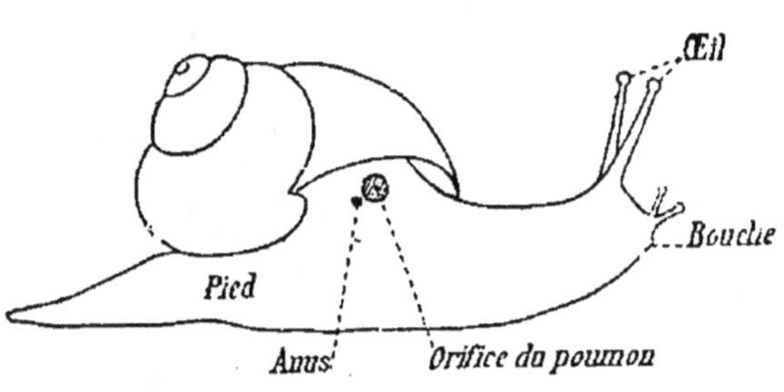

Fig. 403. — Aspect extérieur d'un Escargot.

Prenons comme exemple l'Escargot (*fig.* 403), dont le corps est recouvert d'une coquille calcaire enroulée en spirale. Lorsqu'il rampe sur le sol, il présente trois régions : 1° la *tête*, qui porte quatre tentacules, dont les deux plus grands sont terminés par les yeux et les deux plus petits servent au toucher ; 2° le *pied*, qui est une partie musculeuse grâce à laquelle l'animal peut ramper ; 3° la masse des *viscères*, qui est située dans la coquille.

Le *tube digestif* est recourbé en U. A l'intérieur de la bouche se trouve une langue portant de nombreuses dents cornées. L'anse du tube digestif contenu dans la coquille est enveloppée par l'*hépato-pancréas*, c'est-à-dire une glande faisant fonction de foie et de pancréas. L'anus est situé du côté droit, près du bord de la coquille.

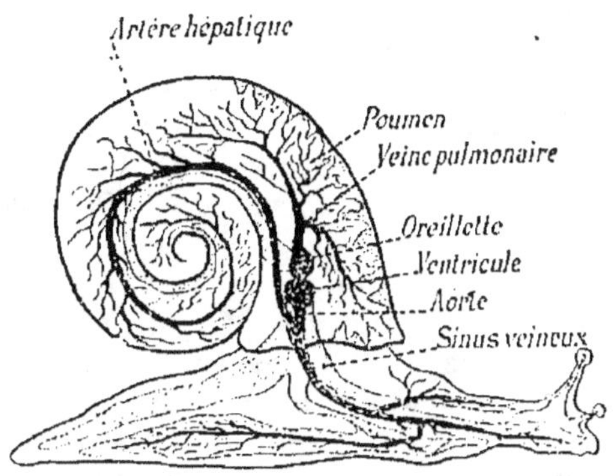

Fig. 404. — Appareil circulatoire d'un Mollusque (Escargot).

L'*appareil circulatoire* (*fig.* 404) n'est pas clos. Il se compose d'un cœur à deux cavités : une oreillette, qui reçoit le sang artériel venant du poumon, et un ventricule, d'où part une aorte qui va distribuer le sang aux organes. Des artères, le sang tombe dans des lacunes, puis dans le sinus veineux, va s'oxygéner au poumon et revient ensuite à l'oreillette par une ou plusieurs veines.

L'*appareil respiratoire* est un *poumon*, c'est-à-dire une cavité pleine d'air qui s'ouvre par un large orifice près du bord de la coquille. La plupart des Mollusques étant aquatiques respirent avec des *branchies* ordinairement en forme de lamelles. Ces branchies sont situées dans une cavité comprise entre le corps de l'animal et un repli de téguments appelé *manteau*. En somme, le poumon de l'Escargot n'est autre chose qu'une chambre branchiale dont les branchies sont disparues. Certains Mollusques, comme les Ampullaires, font la transition entre ces deux respirations branchiale et pulmonaire, car ils ont une branchie et un poumon, qui peuvent fonctionner à l'exclusion l'un de l'autre, suivant le milieu.

Le *système nerveux* (*fig.* 405) se compose essentiellement de trois

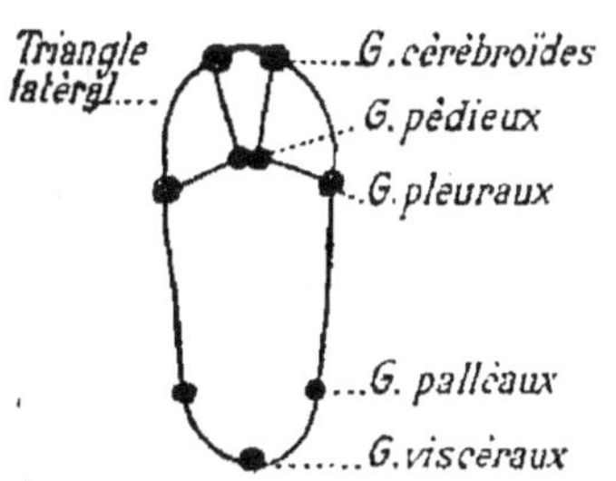

Fig. 405. — Système nerveux d'un Mollusque.

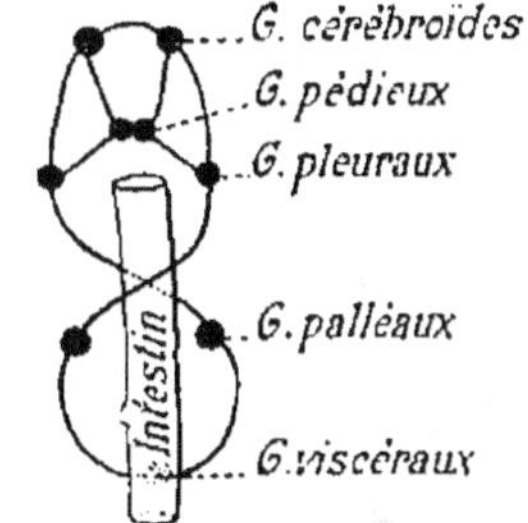

Fig. 406. — Système nerveux ayant subi une torsion en 8.

paires de ganglions : 1° les *ganglions cérébroïdes*, placés au-dessus de l'œsophage et qui fournissent les nerfs aux organes des sens;

2° les *ganglions pédieux*, placés sous le tube digestif à la base du pied ; 3° les *ganglions viscéraux*, placés sous le tube digestif et qui innervent les viscères. Les ganglions pédieux et viscéraux sont reliés aux ganglions cérébroïdes par des cordons nerveux qui forment un *double collier œsophagien*. Chez les Mollusques qui ressemblent à l'Escargot, une commissure rattache les ganglions pédieux et pleuraux, de sorte que de chaque côté du tube digestif le système nerveux forme uu *triangle latéral*. Certains Mollusques ont la chaîne nerveuse viscérale qui a subi une torsion en forme de 8 (*fig*. 406).

Les *organes des sens* montrent un certain degré de perfectionnement. Les organes du *toucher* sont bien développés sur les tentacules. L'*oreille* est représentée par une vésicule appelée *otocyste* et contenant des granulations calcaires (voir page 335). Les *yeux* sont situés à l'extrémité des tentacules ; ils présentent un cristallin et une rétine, mais les bâtonnets de cette dernière sont tournés vers la lumière, par conséquent dans une direction inverse de celle qu'ils ont chez les Vertébrés.

Principales formes de Mollusques. — On les range en trois groupes : les *Gastéropodes*, les *Lamellibranches* et les *Céphalopodes*.

1° Les *Gastéropodes*, comme l'Escargot, ont une coquille à une seule valve. Ce sont des Mollusques *rampants*, qui glissent sur le sol en s'appuyant sur une partie élargie de leur tête appelée *pied*. Ils présentent la forme la plus voisine des Vers qui vivent dans des tubes calcaires fixés sur un support, et qu'on appelle des *Vers tubicoles*, tels que les Serpules par exemple (*fig*. 407). D'après certains biologistes, les Mollusques ne seraient que des Vers tubicoles ayant acquis la faculté de se déplacer en entraînant leur tube, qui serait devenu la coquille. La tête, faisant seule saillie hors de la coquille, la locomotion ne peut s'effectuer qu'à l'aide d'un appendice de cette région. C'est alors qu'une partie semblable à celle qui porte l'opercule du Ver tubicole a pu se développer davantage et devenir le *pied* des Mollusques. En effet, le pied, chez tous les Mollusques, apparaît comme une dépendance de la tête.

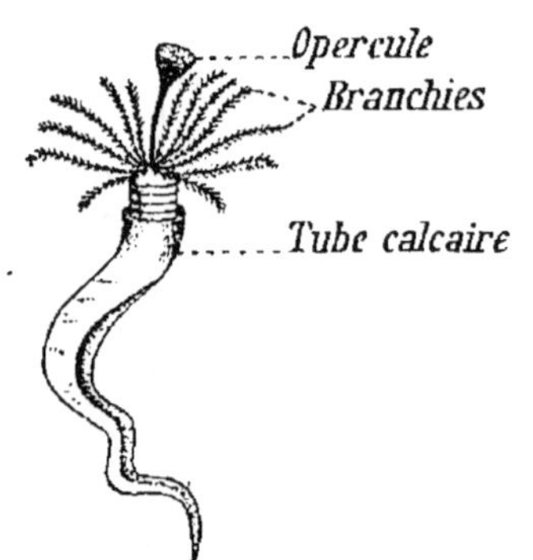

Fig. 401. — Serpule (Ver tubicole).

Enfin, il faut noter aussi une disparition progressive de la segmentation primitive des Vers. De sorte qu'on peut considérer les Mollusques comme des Vers réduits à deux ou trois anneaux.

Parmi les Gastéropodes, les uns ont une *respiration aquatique*, ce sont eux qui renferment les formes primitives, comme l'Haliotide par exemple ; les autres ont une *respiration aérienne*, comme l'Es.

cargot. Ceux dont l'appareil respiratoire est placé en avant du corps se rapprochent le plus des Vers ; ces formes primitives se compliquent de plus en plus par la torsion du corps.

2° Les *Lamellibranches*, comme la Moule (*fig.* 408), ont leurs **bran**chies formées de lamelles et une coquille composée de deux *valves* unies par une charnière élastique. Ce sont des Mollusques *fouisseurs ;* aussi leur organisme a-t-il subi une dégradation générale. Ils sont dépourvus de tête, d'où le nom d'*Acéphales* qu'on leur donne parfois. Leur pied réduit est impropre à la locomotion ; il a la forme d'une hache et sert ordinairement à fouir. Chez la Moule ce pied

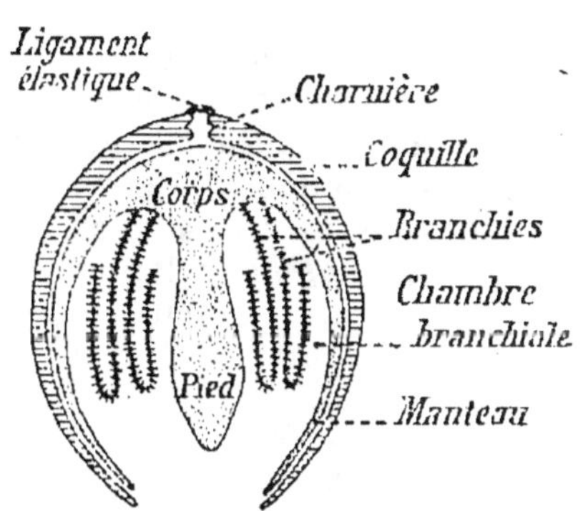

Fig. 408. — Coupe transversale d'un Lamellibranche (Moule).

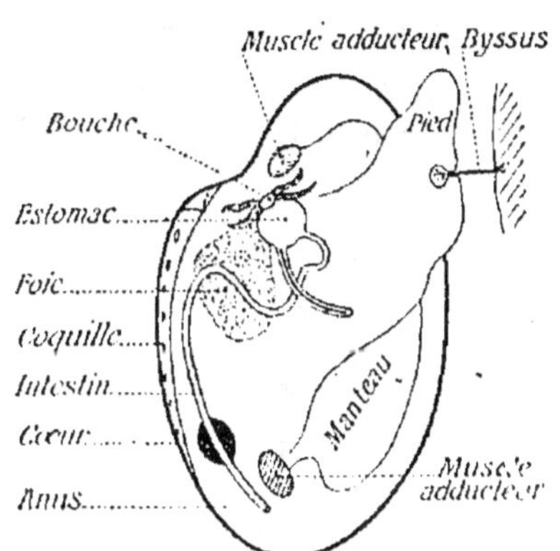

Fig 409. — Organisation d'une Moule.

sécrète une substance soyeuse particulière, appelée *byssus*, qui durcit dans l'eau et permet à l'animal de se fixer sur le rocher ou le caillou qu'il a choisi.

Le corps se prolonge de chaque côté par le *manteau*, qui présente

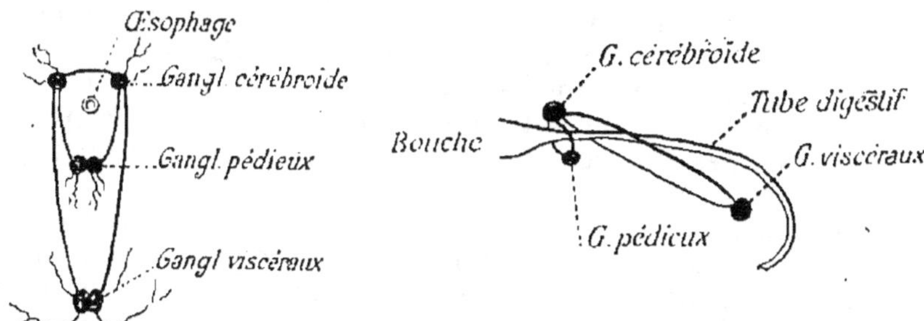

Fig. 410. — Sytème nerveux d'un Mollusque lamellibranche (Moule).

Fig. 411. — Système nerveux d'un Mollusque lamellibranche (vu de profil).

alors deux lobes dont chacun sécrète une valve de la coquille. Entre le corps et le manteau se trouvent deux paires de *branchies* formées de deux rangées de lamelles couvertes de cils vibratiles et qui se réfléchissent vers l'angle de la chambre branchiale.

L'*appareil digestif* comprend (*fig.* 409) : une bouche munie de quatre palpes ; l'estomac, entouré du foie et présentant un cul-de-sac contenant une petite tige hyaline ; l'intestin, s'ouvrant du côté opposé à la bouche après avoir traversé le cœur.

Le *système nerveux* (*fig.* 410 et 411) présente la même disposition que chez les autres Mollusques, mais les deux colliers œsophagiens sont plus écartés et les ganglions pédieux ne sont pas reliés aux ganglions viscéraux.

Les *organes des sens* sont peu développés, ce qui est en rapport vec la vie sédentaire de ces animaux.

3° Chez les *Céphalopodes*, comme la Pieuvre ou la Seiche, la tête porte de longs bras ou tentacules munis de ventouses. Ce sont des Mollusques *nayeurs*, qui peuvent se mouvoir avec rapidité et ont une vie très active ; aussi leurs organes de relation (muscles, système nerveux, organes des sens) sont-ils très différenciés.

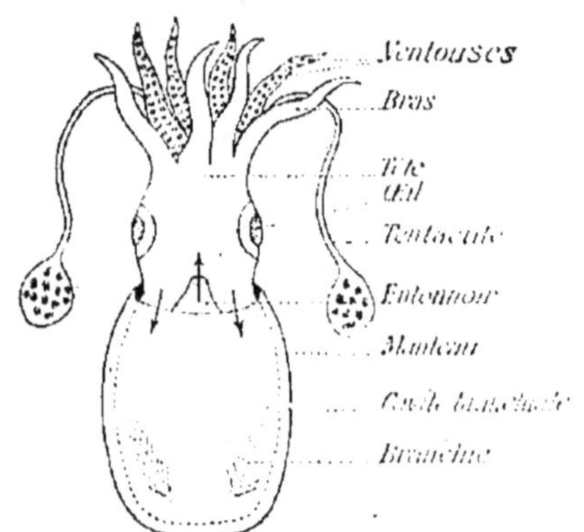

Fig. 412. — Organisation d'une Seiche.

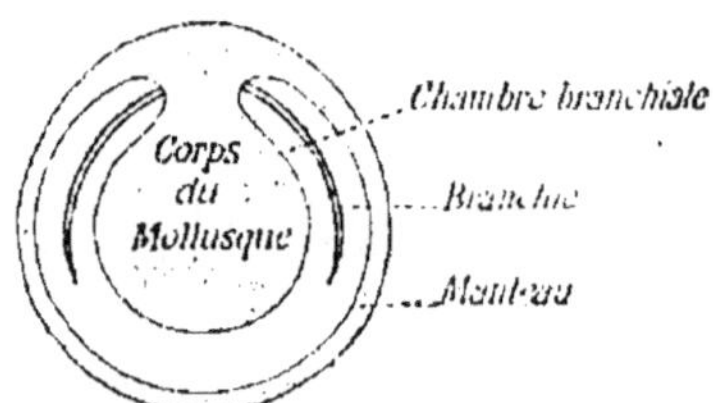

Fig. 413. — Coupe tranversale d'une Seiche.

Prenons comme exemple la Seiche (*fig.* 412 et 413), qu'on trouve facilement sur nos côtes. Son corps présente deux parties : 1° la *tête,* qui porte deux gros yeux sur les côtés et une couronne de bras au milieu de laquelle se trouve la bouche ; 2° le *tronc,* qui contient la plupart des viscères et qui est complètement enveloppé par le manteau.

Les bras, souples et vigoureux, sont munis de ventouses qui servent à l'animal pour fixer sa proie. Parfois deux bras sont allongés et se terminent par une sorte de palette munie de ventouses. On peut considérer les bras de ces Mollusques comme provenant du pied qui aurait été découpé en autant de parties qu'il y a de bras.

La bouche porte deux mandibules cornées qui ressemblent à celles du bec de Perroquet.

En avant de la fente qui conduit dans la cavité branchiale se trouve une sorte d'*entonnoir* par lequel l'animal expulse l'eau qui est entrée par cette fente, et cette expulsion détermine un mouvement de propulsion en arrière. On comprend ainsi pourquoi les Céphalopodes nagent à reculons.

Les téguments contiennent des cellules spéciales renfermant des matières colorantes et dont l'activité produit des changements intenses de coloration. Ces cellules obéissent à des muscles dont les mouvements sont commandés par le système nerveux. Pour le montrer, on coupe d'un côté le nerf qui se rend au manteau ; immédiatement ce côté est paralysé et devient incolore, tandis que l'autre côté du corps passe par toutes les nuances. Cette faculté de changer de teinte permet à ces animaux de se dissimuler sur les fonds de la mer et d'échapper à leurs ennemis : c'est donc un excellent moyen de défense.

La Seiche possède encore un autre moyen de défense : la *poche du noir*. Celle-ci est un diverticule de l'intestin et sécrète un liquide noir, connu des peintres sous le nom de *sépia*, qui permet à l'animal de se dissimuler quand un ennemi, un Poisson par exemple, le poursuit. A sa volonté, la Seiche expulse alors par l'entonnoir un nuage d'encre qui la protège.

Le *système nerveux* est très condensé. Les ganglions, en effet, sont groupés en une seule masse, sorte de cerveau protégé par une boîte cartilagineuse qui a quelque analogie avec le crâne des Vertébrés.

Les *organes des sens* sont très développés, en particulier les yeux, dont la structure se rapproche de celle des yeux des Vertébrés.

Remarquons que la haute différenciation organique que l'on

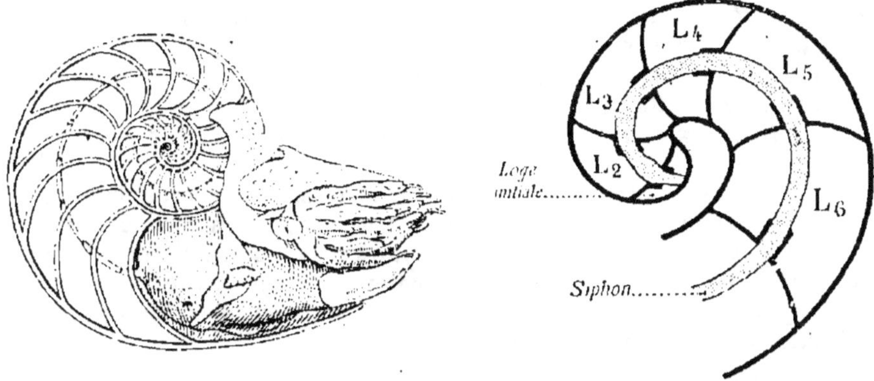

Fig. 414. — Nautile actuel.   Fig. 415. — Les premières chambres
                                         de la coquille du Nautile.

observe chez les Céphalopodes est accompagnée d'une remarquable extension de la taille, car il existe des Poulpes géants qui ont jusqu'à 18 mètres de longueur.

Les Céphalopodes n'ont ordinairement pas de coquille externe, sauf la femelle de l'Argonaute et le Nautile. Quelques-uns, comme la

Seiche, ont une coquille interne, connue sous le nom d'*os de Seiche* et que l'on donne aux Oiseaux pour s'aiguiser le bec.

La forme primitive des Céphalopodes est le Nautile (*fig.* 414). Il a une coquille externe, enroulée en spirale et partagée, par des cloisons, en un grand nombre de chambres, dont la plus grande, la dernière, est occupée par l'animal. Le Nautile occupe d'abord la loge initiale (*fig.* 415), puis quand celle-ci devient trop petite pour lui, il en construit une plus grande, qu'il sépare de la précédente par une cloison à travers laquelle passe un prolongement de l'animal appelé *siphon*.

Caractères des Mollusques. — En résumé, l'étude des Mollusques nous a montré : 1° que certains d'entre eux, comme les Gastéropodes, pouvaient être rattachés aux Vers tubicoles ; 2° que d'autres, comme les Lamellibranches, ont subi une évolution régressive en s'adaptant à la vie sédentaire ; 3° que les Céphalopodes, à cause de leur grande activité, présentent un grand développement des organes de relation, comparable à celui que nous allons trouver chez les Vertébrés.

RÉSUMÉ

1° Protozoaires. — *Organisation.* — Sont constitués par une seule cellule. Ils digèrent, se meuvent et sont sensibles.

Principales formes. — On les range en deux groupes:

1° Les *Rhizopodes*, qui sont dépourvus de membrane (Amibes, Foraminifères et Radiolaires) ;

2° Les *Infusoires*, qui ont une membrane portant des cils vibratiles.

2° Éponges. — *Organisation.* — Ont la forme d'une urne fixée par sa base et dont les parois sont percées de trous mettant en communication la cavité centrale avec l'extérieur. La cavité est tapissée par des *cellules à collerette*. Le tissu des Eponges est soutenu par des *spicules*.

Principales formes. — Suivant la nature de leurs spicules, les Eponges sont *calcaires*, *siliceuses* ou *cornées*.

3° Cœlentérés. — *Organisation.* — Ont le corps formé d'un simple sac qui communique avec l'extérieur par un seul orifice servant à la fois de bouche et d'anus. La paroi du corps renferme des *cellules urticantes*.

Ils peuvent bourgeonner et former une *colonie*.

Principales formes. — On peut les ranger en deux groupes selon qu'ils sont *fixés*, comme l'Hydre et le Corail, ou *libres*, comme les Méduses et les Siphonophores. Dans ce dernier cas les individus qui composent la colonie subissent une différenciation selon le travail qu'ils accomplissent.

4° Échinodermes. — *Organisation.* — Ont une structure *rayonnée* et leur corps est recouvert d'une carapace calcaire qui porte des *piquants.*
Tube digestif distinct de la paroi du corps.
Système nerveux présentant une disposition rayonnée.

Principales formes. — Elles sont au nombre de cinq :
1° Les *Crinoïdes*, ordinairement fixés ;
2° Les *Holothuries*, cylindriques, plus de carapace calcaire ;
3° Les *Etoiles de mer*, bras rayonnants et contenant des organes
4° Les *Ophiures*, bras ne contenant aucun organe ;
5° Les *Oursins*, sphériques.

5° Vers. — *Organisation.* — Ce sont des animaux mous, à symétrie bilatérale, dépourvus de membres articulés, et dont le corps est formé d'*anneaux* semblables placés bout à bout. Les organes excréteurs et le système nerveux montrent bien cette segmentation.

Principales formes. — On peut les ranger en deux groupes :
1° Les *Annélides,* qui vivent en liberté (Vers de terre, Vers marins) ;
2° Les *Vers parasites*, qui subissent une dégradation organique par leur parasitisme (Ténia).

6° Arthropodes. — *Organisation.* — Leur corps est formé d'anneaux, comme les Vers, mais chaque anneau porte une paire d'appendices *articulées*. Ces appendices subissent la loi de la division du travail physiologique : les uns s'adaptent à la mastication, d'autres à la marche, d'autres à la natation, etc. Ils ont le corps couvert de *chitine* et n'ont pas de cils vibratiles.
La segmentation, visible encore extérieurement, n'atteint plus les organes internes.

Principales formes. — On les range en quatre groupes, dont les principaux caractères sont résumés dans le tableau suivant:

Aquatiques (respiration branchiale).		*Crustacés.*
Terrestres (respiration trachéenne)	nombreuses pattes. . .	*Myriapodes.*
	4 paires de pattes.. . .	*Araignées.*
	3 paires de pattes. . .	*Insectes.*

7° Mollusques. — *Organisation.* — Ce sont des animaux mous, dont le corps non segmenté est ordinairement protégé par une coquille qui peut être à une valve ou à deux valves. Leur appareil circulatoire n'est pas clos. La respiration est *branchiale* (Moule) ou *pulmonaire* (Escargot). Leur système nerveux, formé de trois paires de ganglions (cérébroïdes, pédieux, viscéraux), présente un *double collier œsophagien.*
Principales formes. — On les range en trois groupes :

1° Les *Gastéropodes*, qui ont une coquille à une seule valve et sont des Mollusques *rampants* (Escargot) ;

2° Les *Lamellibranches*, dont les branchies sont formées de lamelles ; ils ont une coquille bivalve ; ce sont des Mollusques *fouisseurs*, qui ont subi une dégradation organique par leur vie sédentaire (Moule) ;

3° Les *Céphalopodes*, dont la tête porte une couronne de *bras* munis de ventouses et qu'on peut considérer comme des fragments du pied ; ce sont des Mollusques *nageurs*, dont la vie active a fait développer les organes de relation (Seiche).

CHAPITRE XV

TRAITS FONDAMENTAUX DES VERTÉBRÉS

Caractères généraux des Vertébrés. — Ce qui caractérise essentiellement les Vertébrés, c'est la présence d'un squelette interne, dont l'axe, la *colonne vertébrale* (*fig.* 416), est formé de pièces superposées appelées *vertèbres*. De plus, leur *système nerveux*, qui présente un développement énorme, est toujours situé dans la partie *dorsale*, au-dessus du tube digestif, tandis que chez les Invertébrés segmentés la chaîne nerveuse qui correspond à notre moelle épinière est *ventrale*. En réalité, ces deux types d'animaux ne sont pas absolument opposés ; ils se différencient surtout par l'attitude et non par l'organisation proprement dite. Il suffirait, en effet, de placer les Vertébrés sur le dos pour que leurs organes soient disposés comme ceux des autres animaux segmentés.

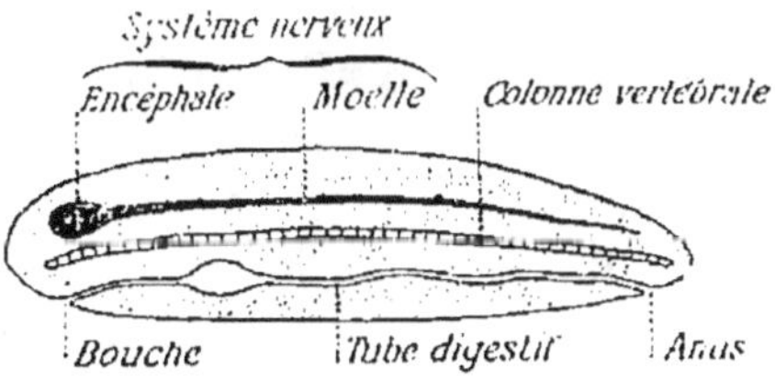

Fig. 416. — Schéma d'un Vertébré.

D'ailleurs la segmentation de leur corps reste bien nette par les vertèbres, les côtes, les muscles, et surtout par les nerfs qui naissent régulièrement par paires sur l'encéphale et sur la moelle. Nous verrons aussi plus loin que pendant la vie embryonnaire les reins des Vertébrés sont représentés par des *organes segmentaires* tout à fait comparables (*fig.* 417, B) à ceux que nous avons décrits chez les Vers (*fig.* 417, A). Les Vertébrés peuvent donc se rattacher aux Vers par la segmentation du corps.

Enfin, ajoutons que leur *appareil respiratoire*, branchies

ou poumons, est toujours constitué aux dépens de la partie antérieure du tube digestif.

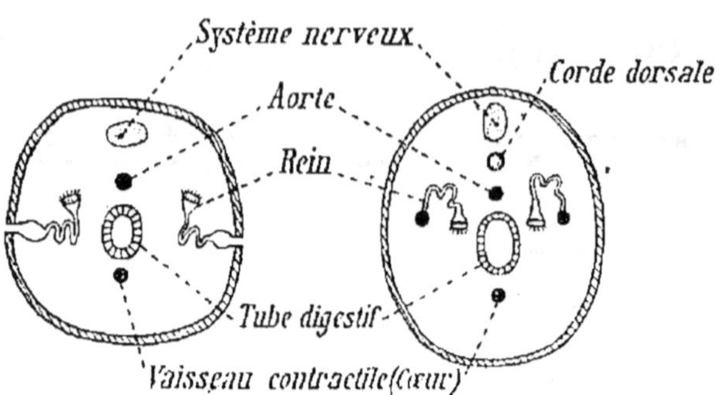

Fig. 417. — Coupe transversale d'un Invertébré (Ver) et d'un Vertébré (Embryon de Requin).

Leur *sang* est rouge et contient des globules, tandis que celui des Invertébrés ne contient pas de globules rouges, mais une matière colorante qui est en dissolution dans le plasma. Chez les Mollusques et les Crustacés, par exemple, c'est de l'*hémocyanine*, qui contient du cuivre à la place du fer de l'hémoglobine, et qui a la propriété d'absorber l'oxygène de l'air en bleuissant.

Ébauche du type Vertébré : l'Amphioxus.— La segmentation ou métamérisation qui permet de rapprocher les Vertébrés des Invertébrés segmentés, des Vers par exemple est très nette chez le plus simple des Vertébrés, l'*Amphioxus*.

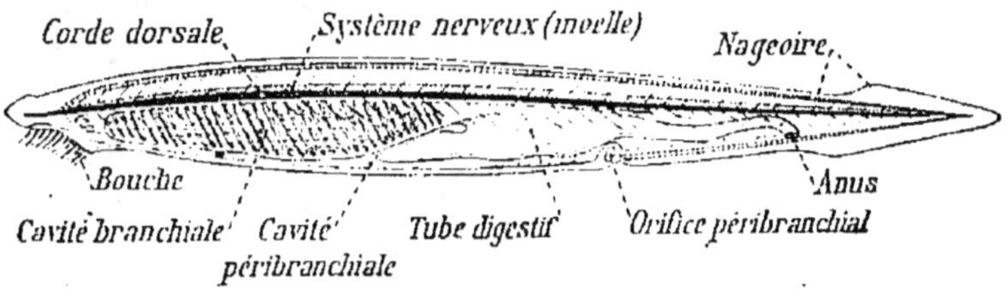

Fig. 418. — Organisation de l'Amphioxus.

(*fig* 418). C'est un petit animal, long de 4 à 6 centimètres, allongé en pointe à ses deux extrémités et qui vit enfoncé dans le sable des côtes de France. Il porte des expansions de la peau disposées en nageoires.

La paroi du corps est formée par une gaîne musculaire divisée en segments placés les uns à la suite des autres.

Le *système nerveux*, réduit à un simple cordon, est situé

dorsalement et au-dessus du tube digestif, ce qui constitue bien un caractère de Vertébré.

Le *squelette* est représenté par la *corde dorsale*, simple cordon gélatineux s'étendant sur toute la longueur du corps. Cette corde dorsale existe chez l'embryon de tous les Verté brés, où elle marque l'état primitif de la colonne vertébrale.

Le *tube digestif* est un simple tube s'ouvrant en avant par la bouche, qui est entourée par de petits tentacules, et en arrière par l'anus, situé ventralement. La partie antérieure du tube digestif est élargie et disposée pour la respiration : c'est la *branchie*. L'eau entre par la bouche, baigne la bran-

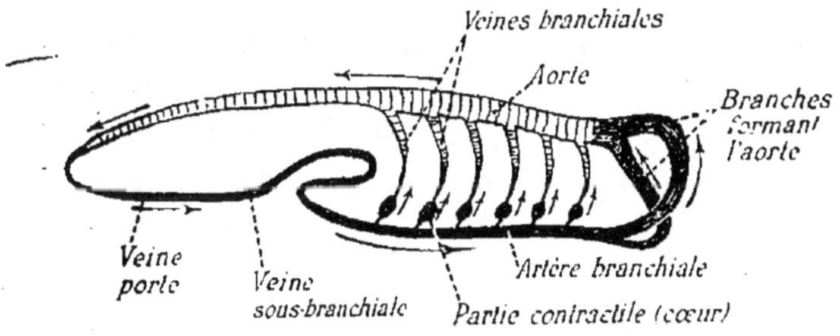

Fig. 419. — Appareil circulatoire de l'Amphioxus.

chie, passe par des fentes dans une cavité péribranchiale qui entoure la branchie et s'échappe au dehors par l'orifice péri-branchial situé vers le milieu du corps.

L'*appareil circulatoire* (*fig.* 419) présente une disposition qui rappelle celle de l'appareil circulatoire des Vers, car il est complètement clos et se compose de deux vaisseaux longitudinaux : l'un, le vaisseau *dorsal*, qui correspond à l'aorte et distribue le sang dans les organes ; l'autre, *ventral*, qui rassemble le sang veineux et le ramène vers la branchie. En avant, ces deux vaisseaux sont reliés par des branches latérales qui correspondent aux anses latérales des Vers. A la base de ces branches latérales, qui suivent les fentes bran-chiales, existent des renflements contractiles qui jouent le rôle de cœurs.

L'*appareil éliminateur* se compose d'une série de petits or-ganes disposés par paires tout le long du corps à la façon des organes segmentaires des Vers. Comme ces derniers ils communiquent, chacun séparément, avec l'extérieur.

L'organisation de l'Amphioxus réalise en quelque sorte l'ébauche du type Vertébré, en même temps qu'elle conserve une segmentation assez nette. Mais cette segmentation va aller en s'atténuant, en s'effaçant, chez les autres Vertébrés, et cela pour deux raisons : 1° par la *vie sédentaire*, qui cause une dégradation organique ; c'est le cas des *Tuniciers* ; 2° par une *vie active*, qui entraîne une différenciation de plus en plus grande des organes de relation ; c'est le cas des *Vertébrés* proprement dits.

Tuniciers. — Les *Tuniciers* doivent leur nom à la *tunique* qui enveloppe leur corps et dont la composition est voisine de celle de la cellulose végétale.

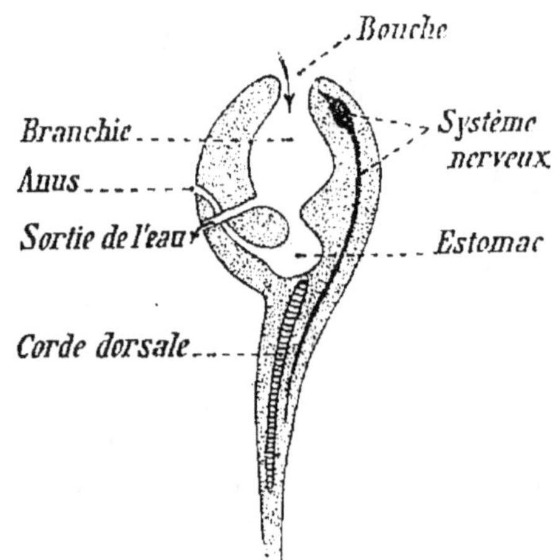

Fig. 420. — Larve d'Ascidie.

A leur sortie de l'œuf, ils ont une forme rappelant celle du têtard de Grenouille (*fig*. 420) et leur organisation est semblable à celle de l'Amphioxus : une partie dilatée percée de fentes et qui sert de *branchie* ; une *corde dorsale* située dans la queue et au-dessus de laquelle se trouve un cordon nerveux renflé à sa partie antérieure.

Cette larve ne va pas continuer à mener une vie libre ; au bout de quelques jours, elle va se fixer sur le sol par la partie antérieure de son corps. Désormais *sédentaire*, cet animal va subir une *évolution régressive* : sa queue, organe de locomotion devenu inutile, s'atrophie et disparaît (*fig*. 421) ; de même, la corde dorsale et le système nerveux se détruisent. L'animal est alors réduit à une sorte de petit sac présentant deux orifices, un pour l'entrée et l'autre pour la sortie de l'eau. La partie antérieure du tube digestif est toujours différenciée en *branchie*, et le *système nerveux* n'est plus représenté que par un ganglion. La forme adulte n'a donc plus aucun des caractères du Vertébré, si ce n'est la transformation en appareil respiratoire de la partie antérieure du tube digestif.

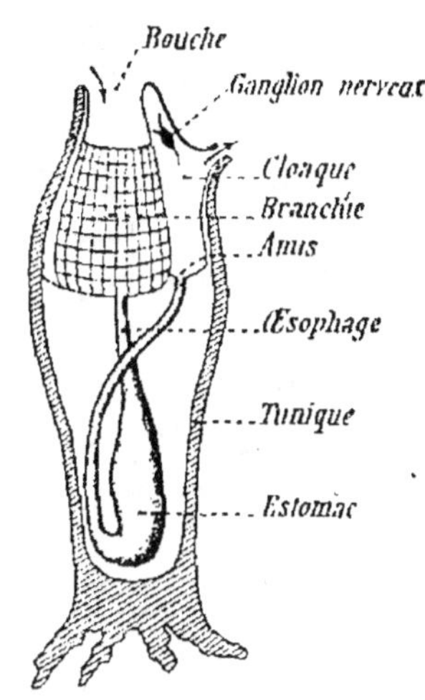

Fig. 421. — Organisation d'une Ascidie fixée.

Les Tuniciers fixés, comme l'Ascidie, sont donc dégradés par la *fixation*. D'autres formes, comme les Appendiculaires, ne subissent pas de régression, car elles vivent *libres*, nageant à l'aide de leur queue persistante. D'autres enfin, après s'être fixés, bourgeonnent de nouveaux individus et forment ainsi des *colonies*.

Vertébrés. Leur classification. — Les Vertébrés que nous allons étudier sont perfectionnés par le développement de la vie de relation. C'est surtout leur appareil locomoteur qui leur donne une allure caractéristique et qui se complique par la formation d'une *colonne vertébrale* et l'apparition des *membres*.

La *corde dorsale*, de gélatineuse qu'elle était, devient *cartilagineuse*, puis se segmente en vertèbres (*fig.* 422) pour

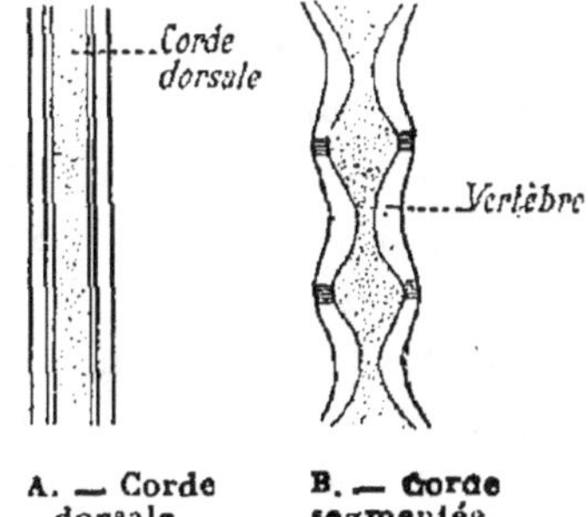

Fig. 422. — Développement de la colonne vertébrale.

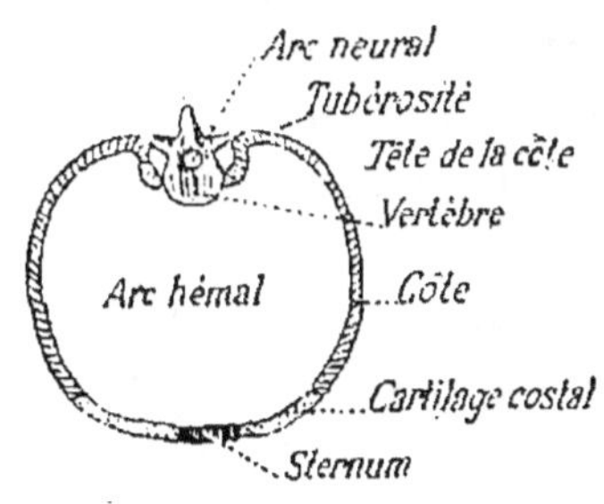

Fig. 423. — Segment vertébral.

devenir la *colonne vertébrale*. L'ensemble du squelette des

Vertébrés est alors formé par une série de pièces placées bout à bout et appelées *segments vertébraux* (*fig.* 423). Le segment vertébral, qui se répète avec plus ou moins de netteté dans toute la longueur du corps, et qui est formé de la vertèbre et des côtes, présente deux arcs : l'un en haut, contenant les centres nerveux, c'est l'*arc neural* ; l'autre, en bas, protégeant les vaisseaux sanguins et les viscères, c'est l'*arc hémal*.

Les Vertébrés forment, en somme, un groupe très homogène, dans lequel les divers perfectionnements dépendent soit de l'élévation de ces animaux dans la série, soit de la nature de leurs adaptations.

On divise les Vertébrés en cinq classes : *Poissons, Batraciens, Reptiles, Oiseaux* et *Mammifères*.

1° Les *Poissons* ont le corps couvert d'*écailles* situées dans l'épaisseur du derme ; ils respirent pendant toute leur vie dans l'eau à l'aide de *branchies*, et leurs membres sont transformés en *nageoires*. Merveilleusement adaptés à la vie aquatique, ils ont pris la forme qui leur permet de se mouvoir dans l'eau avec le plus de facilité : celle d'un fuseau allongé. Ex. : la Carpe.

2° Les *Batraciens* ont la *peau nue ;* ils marquent le passage de la vie aquatique à la vie terrestre, car ils respirent dans l'*eau* quand ils sont jeunes et dans l'*air* quand ils sont adultes. Ex. : la Grenouille.

Le développement des Batraciens est très intéressant: il montre comment des êtres ayant l'organisation de Poissons peuvent devenir des Vertébrés à respiration aérienne. Pendant leur jeune âge, ils respirent à l'aide de *branchies* qui apparaissent sous forme de houppes ramifiées (*fig*. 424). Ces jeunes animaux, appelés *têtards* à cause de la grosseur de leur tête, n'ont pas de membres, mais ils possèdent une queue dont les ondulations leur permettent de nager. Les branchies sont d'abord *externes*, puis elles s'atrophient et sont remplacées par des branchies *internes*, situées de chaque côté de la bouche dans une cavité communiquant avec l'extérieur par une fente branchiale. Ensuite les poumons se forment aux dépens de l'œsophage, qui donne naissance à deux sacs pulmonaires, la fente branchiale se ferme, les branchies disparaissent : la respiration est devenue aérienne. Pendant ce

Fig. 424. — Métamorphoses du Crapaud.

temps les pattes apparaissent : les postérieures d'abord, les antérieures ensuite. Enfin la queue diminue graduellement, pour disparaître complètement **chez la Grenouille et le Crapaud.**

Ces transformations sont connues sous le nom de *métamorphoses*. Leur durée est d'environ deux mois.

3° Les *Reptiles* ont la peau couverte *d'écailles épidermiques* et ils respirent toujours dans l'air. Leurs membres, quand ils en **ont,** sont rejetés sur les côtés, de sorte que leur ventre traîne sur le sol ; parfois même ils n'ont pas de membres. Dans tous les cas leur corps *rampe* sur la terre, d'où leur nom. Ex. : le Lézard et la Couleuvre.

4° Les *Oiseaux* sont spécialement adaptés à la fonction du vol. Leur caractère le plus typique est qu'ils ont le corps couvert de *plumes*, et leurs membres antérieurs transformés en *ailes*. Ex. : le Pigeon.

Tous les Oiseaux possèdent des plumes et ils sont seuls à en posséder. Une plume (*fig.* 425) se compose d'une tige dont la partie inférieure ou *tuyau* est creuse ; sur les côtés sont symétriquement placées des *barbes*, qui portent à leur tour des *barbules*. Il existe plusieurs sortes

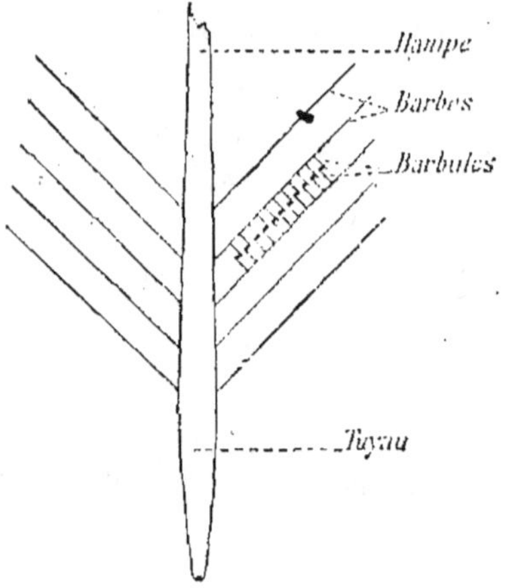

Fig. 425. — Plume d'Oiseau.

de plumes : 1° les grandes plumes ou *pennes*, qui sont attachées sur les ailes (rémiges) ou sur la queue (rectrices) ; 2° les *tectrices*, qui recouvrent la tête et le tronc ; 3° le *duvet*, constitué par des houppes de filaments souples situés sous les autres plumes. Le duvet a surtout pour rôle de conserver la chaleur animale.

5° Les *Mammifères* portent des *mamelles* pour allaiter leurs petits, et leur corps est couvert de *poils*. Ex. : le Chien.

Les *mamelles* sont des glandes en grappe destinées à sécréter le lait qui sert à nourrir les petits. Elles sont situées par paire sur la poitrine ou sur l'abdomen suivant les espèces ; leur nombre est en rapport avec le nombre normal des petits.

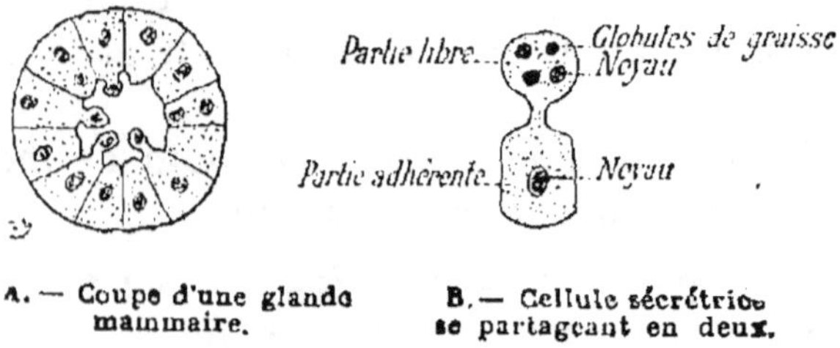

La sécrétion du lait est due à l'activité de l'épithélium de ces glandes. Les cellules de la glande se gonflent, les noyaux

A. — Coupe d'une glande mammaire.
B. — Cellule sécrétrice se partageant en deux.

Fig. 426. — Formation du lait.

se multiplient, et des gouttelettes de graisse s'accumulent du côté de la cavité glandulaire (*fig.* 426) dans une partie de la cellule qui se gonfle de plus en plus et qui finit par se détacher : le protoplasme se dissout et les globules gras deviennent libres pour donner le *lait*. La partie profonde de la cellule reste en place et régénère la cellule entière.

Le lait est un liquide nutritif, il constitue même pour les petits un aliment complet et qui contient : 1° des gouttelettes de graisse formant une émulsion : elles peuvent monter à la surface pour donner la *crème*, ou se souder par le battage pour donner le *beurre* ; 2° une matière albuminoïde liquide qui peut se coaguler et donne la *caséine* du fromage ; 3° un liquide de couleur légèrement citrine contenant un peu de sucre et des sels, c'est le *petit lait*.

Les *poils* se forment dans la peau et ont pour rôle de maintenir constante la température du corps. Aussi sont-ils plus abondants chez les animaux qui vivent dans les régions froides : les belles *fourrures* proviennent, en effet, de la Sibérie et de l'Amérique boréale, où les hivers sont des plus rudes et des plus longs. Au contraire, les Mammifères habitant les régions chaudes ont un pelage sec, peu fourni et dépourvu de poils fins et soyeux.

Les animaux des trois premières classes sont à *température variable*, tandis que ceux des deux dernières sont à *température constante*.

Nous allons indiquer les modifications caractéristiques subies par les différents appareils en nous élevant progressivement des Poissons aux Mammifères.

§ 1. — Appareil digestif.

Poissons. — L'appareil digestif est simple. La bouche porte de nombreuses et fines *dents*, soudées non seulement sur les mâchoires, mais sur tous les os de la bouche et même sur la langue. Chez le Requin, les dents sont rangées concentriquement et constituent une armature redoutable. L'estomac est à peine renflé (*fig.* 427) ; l'intestin est court. Au commencement de l'intestin se trouvent des prolongements appelés *appendices pyloriques*. L'intestin des Poissons

cartilagineux (Requin) présente un repli appelé, à cause de sa forme, *valvule spirale* ; ce repli a pour effet d'augmenter le pouvoir absorbant du tube digestif.

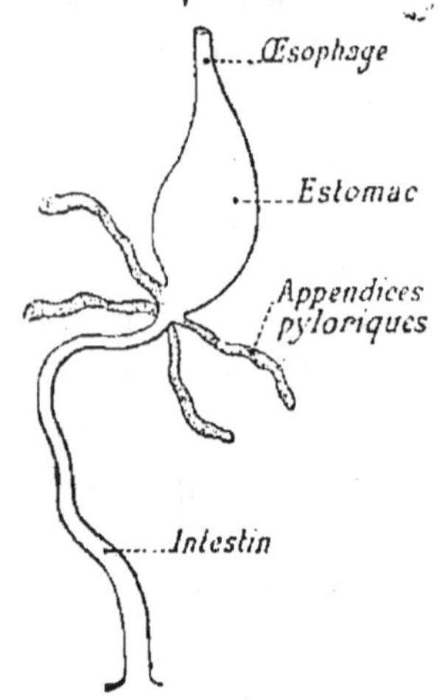

Fig. 427. — Tube digestif d'un Poisson.

Les *glandes salivaires* font défaut, ce qui s'explique, étant donné le milieu dans lequel les Poissons vivent. Il existe un *foie* volumineux, divisé en lobes, et un *pancréas*.

Batraciens. — Leurs dents sont petites, parfois même, comme chez le Crapaud, elles font défaut. La longueur de l'intestin varie avec le régime : long et replié chez le Têtard, qui est herbivore, il est court, au contraire, chez la Grenouille adulte, qui est carnivore.

Reptiles. — La mâchoire inférieure est rattachée au crâne par l'*os carré* (*fig.* 428), ce qui permet à la bouche de s'ouvrir largement et d'avaler des proies énormes. De plus les deux branches du maxillaire inférieur ne sont pas soudées et peuvent s'écarter l'une de l'autre.

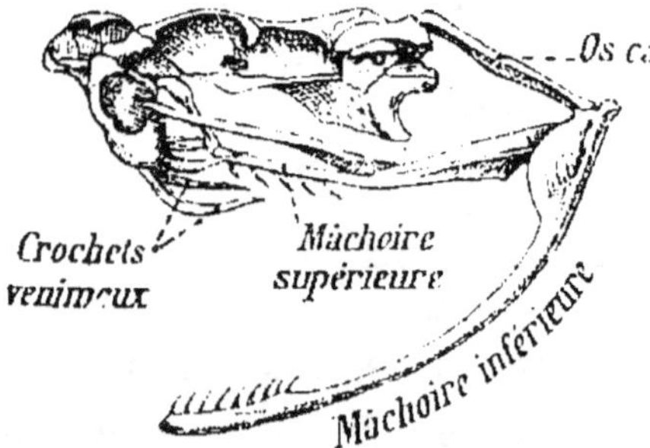

Fig. 428 — Mâchoires et crochets d'un Serpent venimeux.

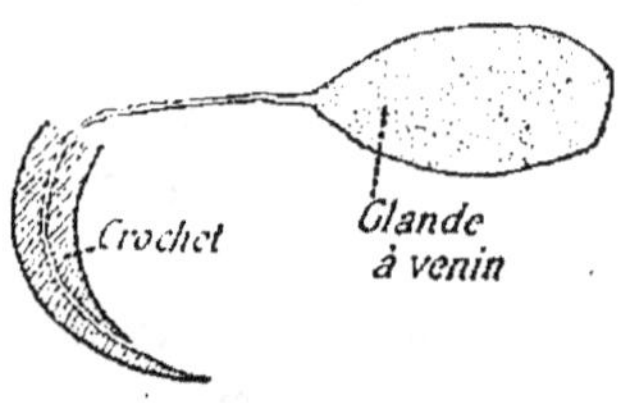

Fig. 429. — Crochet et glande à venin de Vipère.

Sauf les Tortues, qui possèdent un bec corné, les Reptiles ont de nombreuses dents soudées aux mâchoires et aux autres os de la bouche, et dont la pointe est tournée vers l'intérieur de la bouche. Les serpents venimeux portent à la mâchoire supérieure des dents très développées, les *crochets*, qui sont en rapport avec les *glandes à venin* (*fig.* 429). Celles-ci sont des glandes salivaires modifiées dont le canal excréteur vient s'ouvrir à la base des crochets.

L'intestin est ordinairement court, les Reptiles étant carnivores.

Oiseaux. — Les Oiseaux actuels ont un bec corné et pas de dents, mais certains Oiseaux fossiles en possédaient.

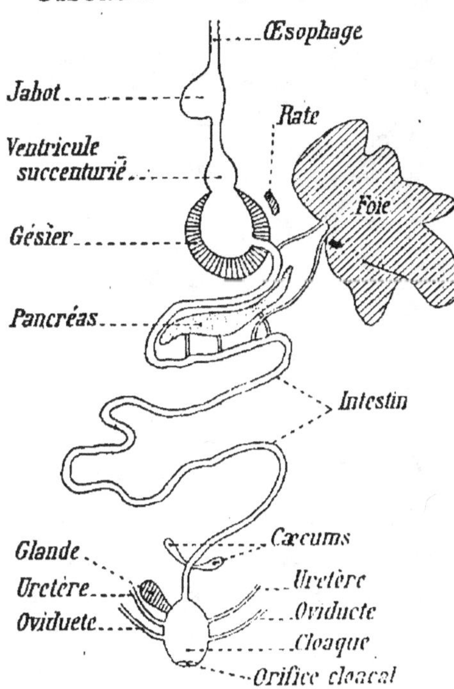

Fig. 430. — Appareil digestif d'un Oiseau (Pigeon).

Le tube digestif (*fig.* 430) comprend : l'*œsophage* ; le *jabot*, renflement bien développé chez les granivores ; le *ventricule succenturié*, qui sécrète le suc gastrique ; le *gésier*, dont les parois épaisses et musculeuses sont souvent revêtues de pièces cornées qui servent à broyer les graines ; enfin l'*intestin*, qui porte deux *cæcums* et vient s'ouvrir dans une poche appelée *cloaque*, où débouchent les uretères et les conduits génitaux.

La vésicule biliaire manque chez le Pigeon ; la bile se déverse dans l'intestin par deux conduits. Le *pancréas* est une longue glande munie de trois conduits.

Mammifères. — Les modifications intéressantes à signaler ont rapport à la *dentition*, à l'*estomac* et à l'*intestin*.

I. Dentition. — Tandis que les dents des Vertébrés inférieurs servaient seulement à retenir la proie, celles des Mammifères servent surtout à broyer les aliments afin de faciliter l'action des sucs digestifs. Aussi la dentition, chez ces animaux, est-elle en rapport avec le régime alimentaire. Nous allons donner quelques exemples d'adaptation de cette dentition aux principaux modes d'alimentation.

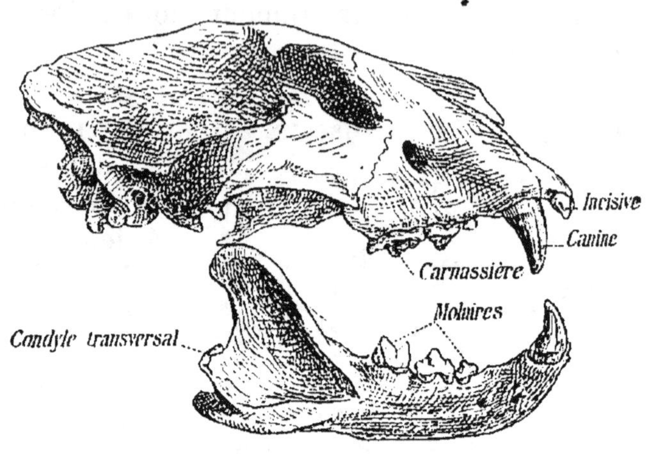

Fig. 431. — Tête de Carnivore (Lion).

allons donner quelques exemples d'adaptation de cette dentition aux principaux modes d'alimentation.

1° *Carnivores*. Ex. : Chat, Lion (*fig*. 431). — Les *incisives* sont petites ; les *canines* très développées et pointues, propres à déchirer la proie ; les *molaires* ont des lobes aigus et s'opposent à celles de la mâchoire opposée comme les lames d'une paire de ciseaux. Parmi ces molaires il en est une plus développée que les autres, c'est la *carnassière*.

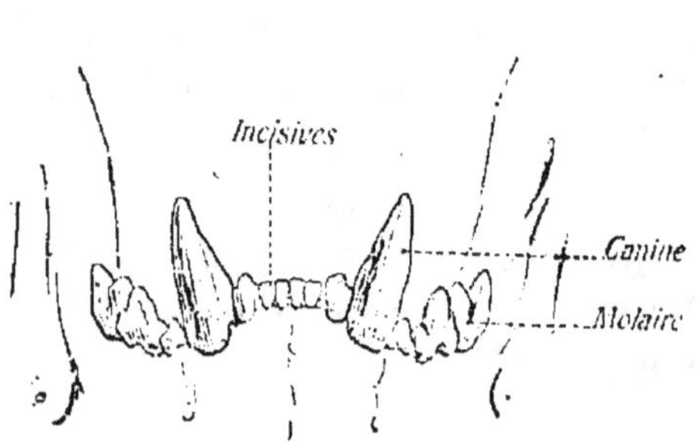

Fig. 432.—Mâchoire inférieure du Lion. vue de face.

Le *condyle* de la mâchoire inférieure (*fig*. 432) est allongé transversalement et s'emboite dans une cavité du temporal, de sorte que cette mâchoire ne peut se mouvoir que verticalement de haut en bas et de bas en haut.

On peut placer à côté des Carnivores les *Insectivores*, comme le Hérisson, dont les dents sont toutes pointues pour perforer les carapaces des Insectes.

2° *Rongeurs*. Ex. : Lapin, Castor (*fig*. 433). — Les *incisives* sont très grandes et pourvues d'émail seulement sur leur face antérieure, de sorte qu'elles s'usent en biseau et présentent un bord tranchant. Pas de *canines* ; et l'espace laissé libre entre les incisives et les molaires s'appelle la *barre*. Les *molaires* ont une couronne aplatie (*fig*. 434) qui présente des replis d'émail transversaux.

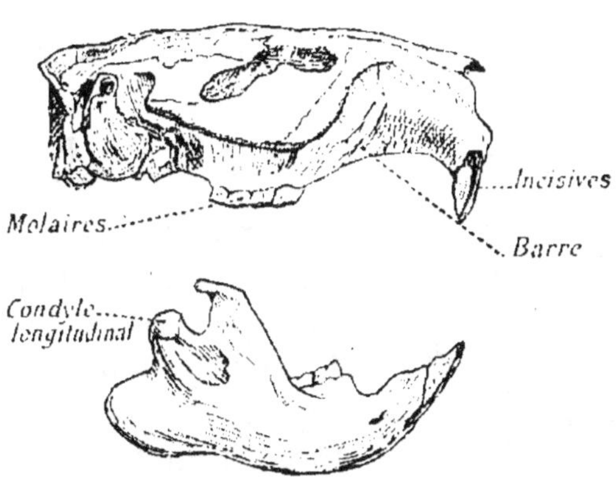

Fig. 433. — Tête de Rongeur (Castor).

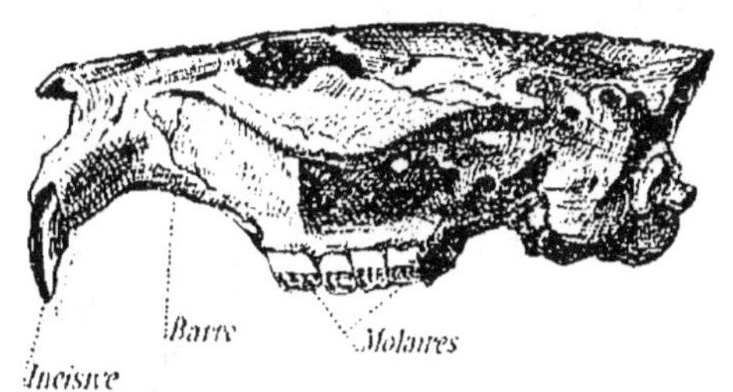

Fig. 434. — Mâchoire de Rongeur (Castor) montrant le dessous des molaires.

Le *condyle* est allongé longitudinalement et glisse dans une cavité également longitudinale, de sorte que la mâchoire inférieure ne peut se mouvoir facilement que d'arrière en avant et d'avant en arrière. Cette mâchoire fonctionne à la façon d'une lime qui râpe à l'aide des replis d'émail des molaires.

3° *Ruminants*. Ex. : Antilope (*fig*. 435), Bœuf. — Ils n'ont ni *incisives* ni *canines* à la mâchoire supérieure (sauf les Chameaux) ; à la mâchoire inférieure les incisives sont aplaties en forme de pelle. Les *molaires* sont garnies de replis d'émail longitudinaux.

Le *condyle* est concave et se meut sur une surface convexe, ce qui permet des mouvements de latéralité très étendus. Les mâchoires fonctionnent comme des meules pour écraser les herbes dont les Ruminants se nourrissent.

D'autres Mammifères ont une dentition spéciale. Le *Cheval* (*fig.* 436) a des incisives et des canines aux deux mâchoires ; la jument n'a pas de canines ; les molaires sont pourvues de crêtes sinueuses ou collines d'émail (*fig.* 437). L'usure plus ou moins grande des replis d'émail permet de reconnaître l'âge du Cheval.

Chez l'*Éléphant*, les deux incisives supé-

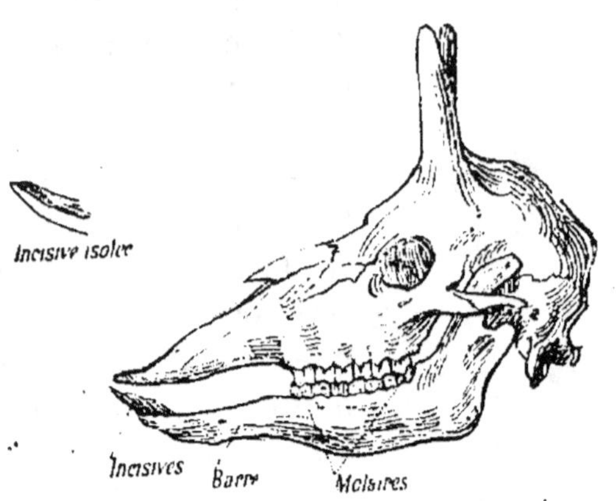

Fig. 435. — de **Ruminant** (Antilope) : incisive isolée.

rieures, très développées, donnent les *défenses*, qui, chez le *Sanglier*, sont formées par les *canines*.

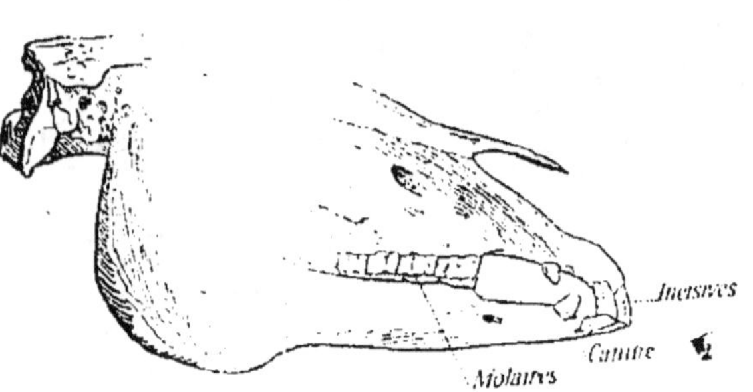

Fig. 436. — Tête de Cheval.

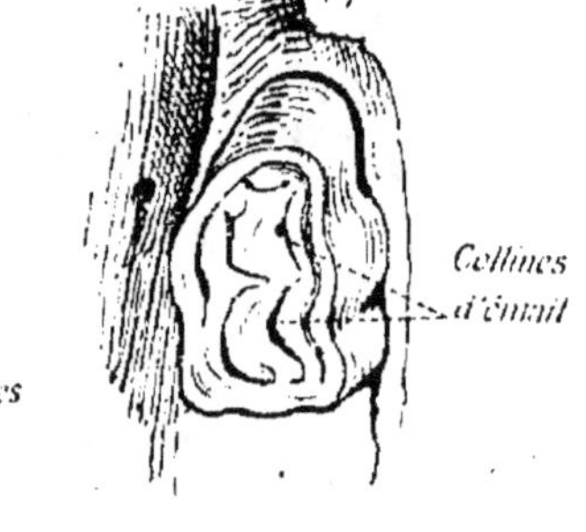

Fig. 437. — Une molaire de Cheval.

Certains *Mammifères*, comme le *Fourmilier*, la *Baleine*, n'ont pas de dents. Le palais de la Baleine est pourvu de grandes lames cornées, les *fanons* (*fig.* 438), dont elle se sert comme d'un filet pour capturer sa nourriture.

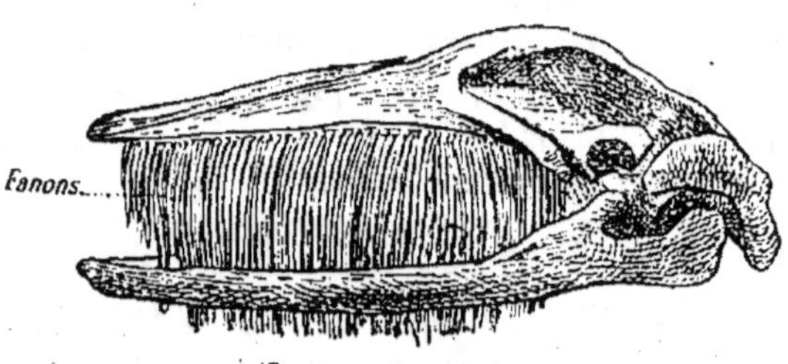

Enfin les *Monotrèmes* (Ornithorhynque et Échidné) **ont un bec corné.**

II. Estomac. — Il présente souvent deux régions : l'une *sécrétrice*, l'autre servant de réservoir aux aliments. Chez le Rat, par exemple, on observe ces deux régions (*fig.* 439).

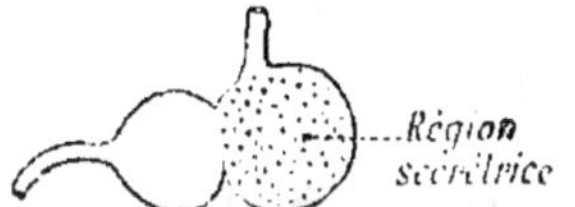

Fig. 439. — Estomac du Rat.

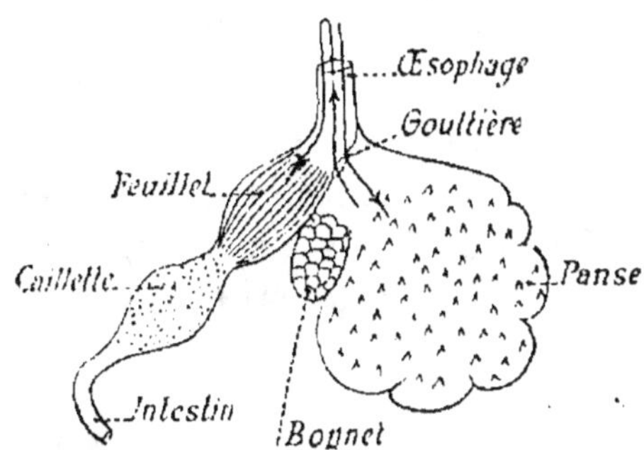

Fig. 440. — Estomac de Ruminant.

L'estomac des Ruminants (*fig.* 440) se compose de quatre poches : 1° la *panse* ou *herbier*, qui communique avec l'œsophage par la *gouttière œsophagienne* ; 2° le *bonnet*, dont la surface interne est divisée en loges par des cloisons ; 3° le *feuillet*, dont la muqueuse plissée présente des lames disposées comme les feuillets d'un livre ; 4° la *caillette*, qui sécrète le suc gastrique : elle doit son nom à ce que chez le Veau elle sécrète une substance, la *présure*, qui a la propriété de faire cailler le lait.

L'estomac des Ruminants est un exemple intéressant d'adaptation d'un organe à ses fonctions. Les Ruminants, en effet, sont des animaux craintifs qui arrachent rapidement l'herbe et l'avalent sans presque la mâcher. Cette herbe, mise en boule, distend l'œsophage, appuie sur les bords de la gouttière œsophagienne qu'elle entr'ouvre, et tombe dans la panse. L'animal, s'il est poursuivi, peut alors se sauver en emportant ses provisions. Puis, une fois au repos, il contracte les parois de sa panse de façon à faire remonter les aliments dans l'œsophage et la bouche, où ils seront mâchés une seconde fois, broyés et réduits en une bouillie qui va glisser sur la gouttière œsophagienne et passer directement dans le feuillet, puis dans la caillette. Cet acte porte le nom de *rumination.*

C'est dans le *bonnet* que s'accumule l'eau absorbée par le Ruminant.

III. Intestin. — Il a une longueur qui varie avec le régime de l'animal. Plus le régime est carné, moins l'intestin est long : l'intestin du Chat a 2 mètres de long, celui du Chien 4 à 5 mètres. Les herbivores, au contraire, ont un long intestin, car les matières végétales se digèrent difficilement : l'intestin du Cheval est long de 25 mètres, celui du Mouton de 28 mètres, et l'intestin du Bœuf mesure 50 mètres environ.

§ 2. — Appareil circulatoire.

Poissons. — Le cœur des Poissons est situé dans la région du cou ; il est composé d'*une oreillette* et d'*un ventricule* prolongé par un *bulbe artériel* (fig. 441). De ce bulbe part l'*artère branchiale*, qui se distribue aux branchies par quatre paires de vaisseaux appelés *arcs aortiques* ; ces arcs rappellent les anses latérales des Vers et de l'Amphioxus. Le sang, après s'être oxygéné dans les branchies, est recueilli par quatre paires de *veines branchiales* qui le conduisent dans l'*aorte*, chargée de le distribuer aux organes. Le sang veineux revient au cœur par cinq veines : les deux *veines jugulaires*, les deux *veines caves*

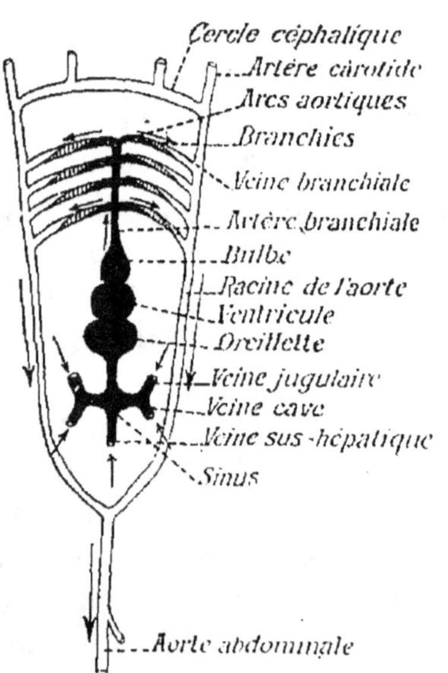

Fig. 441. — Appareil circulatoire d'un Poisson.

et la *veine sus-hépatique*. Ces veines viennent déboucher dans une cavité ou *sinus* qui précède l'oreillette. Le cœur est donc parcouru par du sang veineux. C'est le contraire de ce que nous avons constaté chez les Mollusques, dont le cœur est parcouru par du sang artériel. Le cœur des Poissons correspond donc au cœur droit et celui des Mollusques au cœur gauche de l'Homme.

Batraciens. — Les transformations de l'appareil respiratoire entraînent des modifications de l'appareil circulatoire. Celui-ci sera donc différent selon qu'on l'étudiera chez le *têtard* ou chez l'*adulte*.

Les *têtards* ont un appareil circulatoire rappelant celui des Poissons, ce qui s'explique puisque, comme les Poissons,

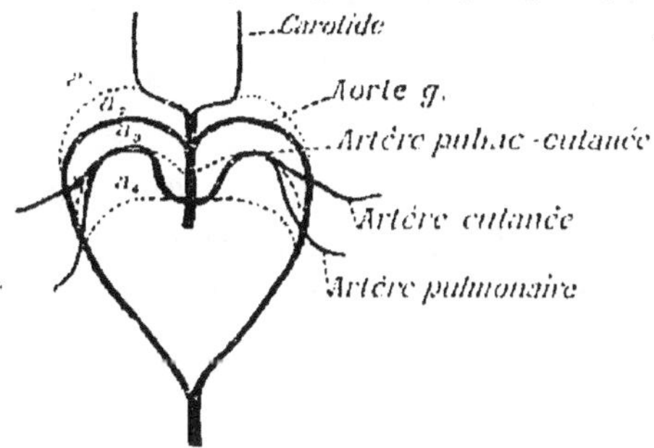

Fig. 442. — Transformation des arcs aortiques chez un Têtard.

ils sont aquatiques et ont des branchies. Leur cœur comprend deux cavités, une oreillette et un ventricule. Ils ont quatre paires d'*arcs aortiques* qui vont se transformer avec le développement : la première, a_1, donne les carotides (*fig.* 442) ; la seconde, a_2, les deux *aortes*, qui se réunissent plus bas pour former l'*aorte commune* ; la troisième et la quatrième paires, a_3 et a_4, donnent l'*artère pulmo-cutanée*, qui se divise pour former l'*artère cutanée* et l'*artère pulmonaire*.

Le cœur des Batraciens adultes comprend *deux oreillettes* et un *ventricule* (*fig.* 443). Un *bulbe aortique* part du ventricule et donne naissance

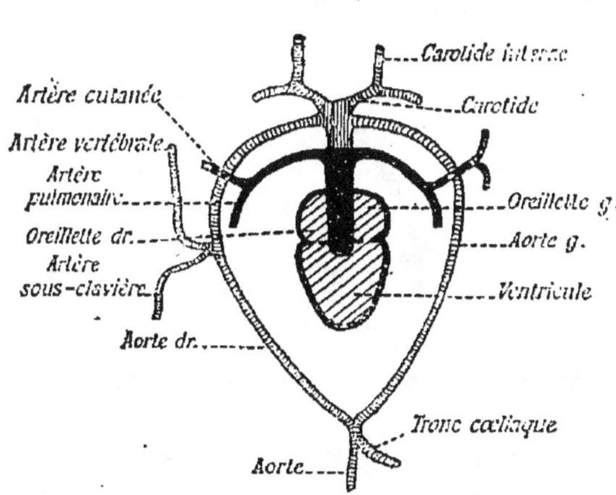

Fig. 443. — Cœur et vaisseaux d'un Batracien adulte.

à *trois paires d'artères*, qui proviennent, comme nous venons de l'indiquer, de la transformation des quatre paires d'arcs aortiques primitifs.

Ce bulbe est partagé en trois parties par deux cloisons longitudinales, de telle sorte que le sang artériel de la partie gauche du cœur va dans la tête par les artères carotides, tandis que le sang veineux du côté droit est poussé dans l'artère pulmo-cutanée ; quant à la partie médiane du cœur, le sang mélangé qu'elle contient passe dans les aortes et par suite dans les divers organes.

Reptiles. — Deux cas sont à considérer suivant que l'on étudie les *Reptiles inférieurs* (Lézard, Tortue, Serpent) ou les *Reptiles supérieurs* (Crocodiles).

1° **Reptiles inférieurs.** — Leur appareil circulatoire ressemble à celui des Batraciens adultes. Leur cœur comprend trois cavités : deux oreillettes et un ventricule. Une

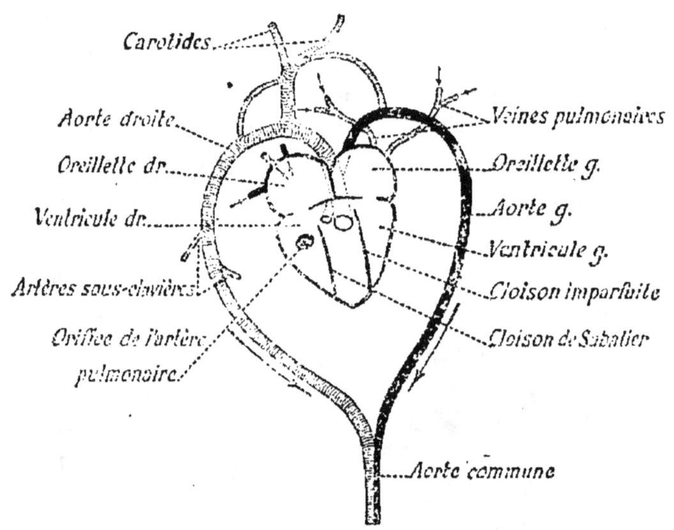

Fig. 444. — Cœur et vaisseaux d'un Reptile inférieur (Tortue).

cloison apparaît dans le ventricule, mais elle est imparfaite (*fig.* 444); de sorte que les deux cavités ventriculaires ne sont pas complètement séparées. Dans le ventricule droit se trouve une autre cloison, la *cloison de Sabatier*, également incomplète.

Les *deux arcs aortiques* partent tous deux du ventricule droit, l'arc aortique gauche par un orifice étroit, l'arc aortique droit par un large orifice. L'*artère pulmonaire* part aussi du ventricule droit par un orifice très large et séparé par la cloison de Sabatier des orifices des deux aortes. L'arc aortique droit seul donne naissance aux artères carotides et aux artères sous-clavières.

Lorsque le ventricule droit se contracte, le *sang veineux* qui y est contenu passe presque en totalité dans l'artère pulmonaire, dont l'orifice est largement ouvert. Puis le ventricule gauche se contracte et fait passer le *sang artériel* qui s'y trouve dans l'espace compris entre la cloison de Sabatier et l'autre cloison ; c'est alors que le sang artériel pénètre dans les arcs aortiques, mais de préférence dans celui de droite, qui est largement ouvert. Or c'est cet arc droit qui fournit le sang aux principaux organes (la tête, le cou et les membres antérieurs) par les carotides et les sous-clavières ; ces parties reçoivent donc du sang artériel presque pur, tandis que le sang veineux est passé presque en entier dans l'artère pulmonaire.

2° Reptiles supérieurs. — La cloison ventriculaire s'est achevée ; le cœur a donc quatre cavités : deux oreillettes et deux ventricules (*fig*. 445). Du ventricule gauche part l'arc aortique droit, qui va distribuer le sang artériel à la partie antérieure du corps. Du ventricule droit partent l'artère pulmonaire et l'arc aortique gauche. A peine sorties du cœur, les deux crosses aortiques communiquent par un canal, le

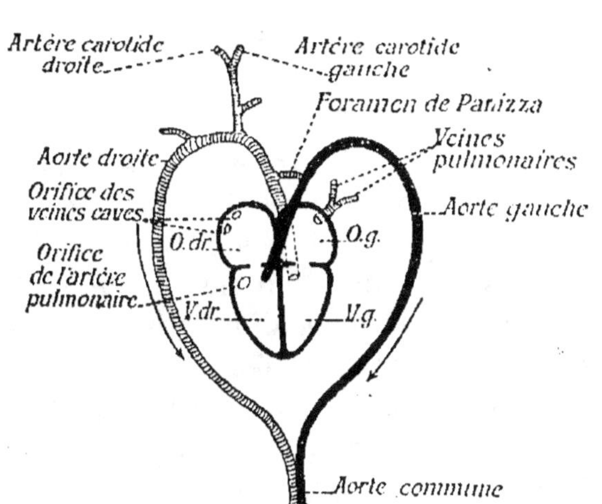

Fig. 445. — Cœur et vaisseaux d'un Reptile supérieur (Crocodile).

foramen de Panizza. Le sang veineux contenu dans le ventricule droit est lancé presque en totalité dans l'artère pulmonaire à cause de son large orifice, tandis que l'arc aortique gauche, par son orifice étroit, n'en reçoit qu'une faible quantité. *L'aorte commune* contient par conséquent du sang artériel presque pur.

Oiseaux. — Le cœur présente quatre cavités comme celui de l'Homme, mais le ventricule droit, qui a les parois minces, enveloppe le ventricule gauche, dont les parois sont très épaisses (*fig.* 446). La valvule auriculo-ventriculaire droite est une lame musculaire qui fonctionne à la façon d'un clapet.

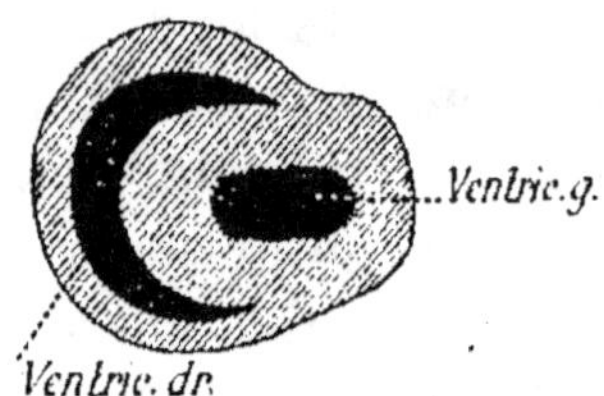

Fig. 446. — Coupe transversale du cœur d'un Oiseau.

La *crosse aortique* est recourbée à droite et non à gauche comme chez l'Homme. L'artère mammaire et l'artère épigastrique s'anastomosent par un réseau de capillaires formant le *réseau admirable.* Ce réseau tapisse toute la région abdominale, où il entretient la chaleur par une circulation active, ce qui permet à l'Oiseau de couver ses œufs.

Mammifères. — Une particularité intéressante à signaler est celle que l'on trouve chez un Mammifère marin, le Dugong, qui possède un cœur dont les deux ventricules sont nettement séparés (*fig.* 447). La Baleine a d'immenses *sinus veineux* en rapport avec sa faculté de rester sous l'eau pendant un temps assez long ; le sang qui y est contenu renferme, en effet, une certaine quantité d'oxygène en réserve, qui est utilisé pour la respiration pendant la plongée de l'animal.

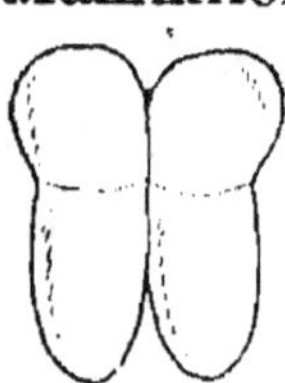

Fig. 447. — Cœur du Dugong.

Chez les embryons des Mammifères, comme chez ceux des Oiseaux, l'appareil circulatoire présente des arcs aortiques qui rappellent ceux des Poissons, puis ces arcs s'atrophient et disparaissent, par un mécanisme semblable à celui indiqué chez les Batraciens. De même le cœur est d'abord à deux cavités, comme chez les Poissons, puis il achève son développement et comprend alors quatre cavités. Les Vertébrés supérieurs rappellent donc, dans les premières phases de leur développement, l'organisation définitive des Vertébrés inférieurs. Nous rencontrerons ce même fait en étudiant l'appareil respiratoire, l'appareil éliminateur et le système nerveux.

§ 3. — Appareil respiratoire.

Poissons. — Nous avons montré par une expérience (voir page 124) que les Poissons respirent l'oxygène dissous dans l'eau. Aussi leur appareil respiratoire est-il composé de *branchies* (*fig.* 448), qui sont situées de chaque côté de la tête, dans des cavités appelées *chambres branchiales*, communiquant d'une part avec la bouche et d'autre part avec l'extérieur par des orifices appelées *ouïes*. Ces orifices peuvent s'ouvrir ou se

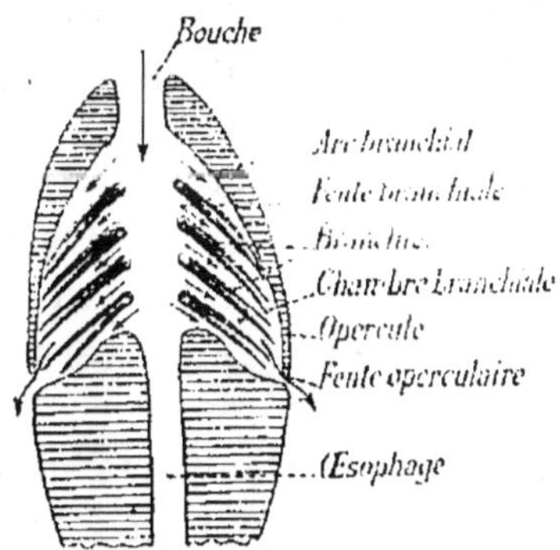

Fig. 448. — Disposition des branchies chez les Poissons.

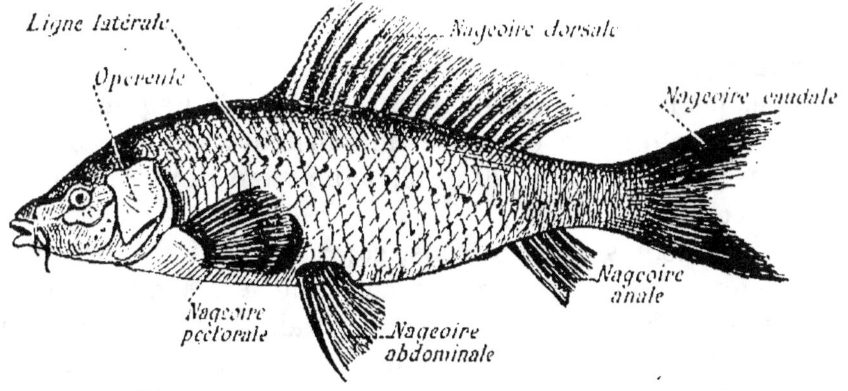

Fig. 449. — Opercule et nageoires d'un Poisson.

fermer à l'aide de plaques osseuses, ou *opercules*, qui s'écartent et se rapprochent alternativement, ainsi qu'on peut le voir facilement en observant un Poisson dans l'eau.

L'appareil respiratoire des Poissons occupe donc la partie antérieure du tube digestif, c'est-à-dire qu'il est à la même place que chez l'Amphioxus ou les Tuniciers.

En soulevant l'opercule (*fig.* 449), comme le font les ménagères pour reconnaître si le Poisson est frais, on aperçoit les branchies sous forme de fines lamelles portées par quatre paires d'arcs osseux, appelés *arcs branchiaux.* Chaque arc branchial porte une double série de lamelles (*fig.* 450), à l'intérieur desquelles se ramifie l'*artère branchiale*, dont le sang veineux devient artériel et se rassemble ensuite dans la *veine branchiale.* Ces deux vaisseaux sont réunis par un réseau très fin de capillaires, à travers les parois desquels se font les échanges respiratoires.

Fig. 450. — L'arc branchial supportant la branchie formée de deux lamelles.

L'eau se renouvelle constamment au contact des branchies : elle entre par la bouche, passe par les fentes branchiales, baigne les branchies et sort par les ouïes.

Cet appareil branchial ne suffit pas toujours. Ainsi les petits Poissons rouges de nos aquariums viennent à la surface de l'eau déglutir l'air et mettre leurs branchies humides en contact avec l'air libre.

Chez les Poissons cartilagineux tels que le Requin, l'appareil respiratoire se compose de plusieurs chambres branchiales (souvent cinq), dont chacune vient s'ouvrir à l'extérieur par une fente.

Les branchies des Poissons, comme celles des Crustacés, peuvent servir à la respiration aérienne, à la condition d'être protégées contre la dessiccation. C'est ainsi que les os du crâne de l'Anguille, en s'imbibant d'eau, maintiennent humides les branchies, ce qui permet à ce Poisson de sortir de l'eau et de faire d'assez longs trajets sur la terre.

Plus souvent l'adaptation à la vie aérienne se **fait à l'aide**

d'un organe appelé *vessie natatoire*. C'est une poche remplie d'air, mise en communication avec
l'œsophage (*fig*. 451), mais qui parfois se
sépare complètement du tube digestif.
Dans la plupart des cas cette vessie
remplie d'air constitue un appareil hy-
drostatique qui fait varier le poids spé-
cifique du Poisson et lui permet de
s'élever ou de s'abaisser dans les eaux.

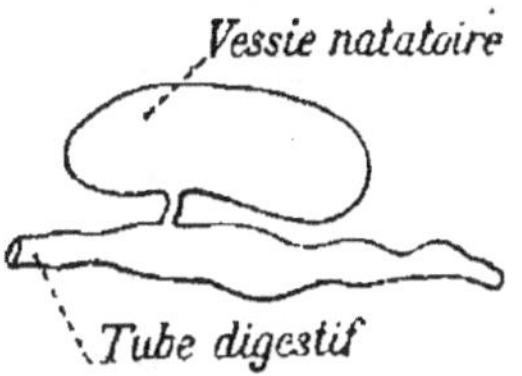

Fig. 451.— Vessie nata-
toire d'un Poisson.

Chez certains Poissons (Dipneustes) cette vessie, qui se forme
comme les poumons, aux dépens de l'œsophage, devient un
véritable poumon : d'abondants vaisseaux sillonnent ses
parois et le sang s'y oxygène. Ces Poissons vivent dans les
marais et respirent avec leurs branchies ; mais pendant la
saison sèche ils se cachent sous les feuilles mortes, et leur
vessie natatoire fonctionne comme un poumon. Le *Ceratodus*
d'Australie a une seule vessie, le *Lepidosiren* du Brésil en a
deux, et le *Polyptère* d'Afrique en a deux situées ventralement,
ce qui constitue une ressemblance de plus avec les poumons.
Ces animaux offrent des caractères de passage de la vie aquatique à la vie aérienne, et établissent ainsi une transition
entre les Poissons et les Batraciens.

Il est intéressant de remarquer que la transformation de
la respiration branchiale en respiration pulmonaire amène
des transformations de l'appareil circulatoire, transformations
que l'on retrouve dans les métamor-
phoses des Batraciens.

Enfin chez la Loche des étangs, le
tube digestif est adapté dans toute sa
longueur à la fonction respiratoire.

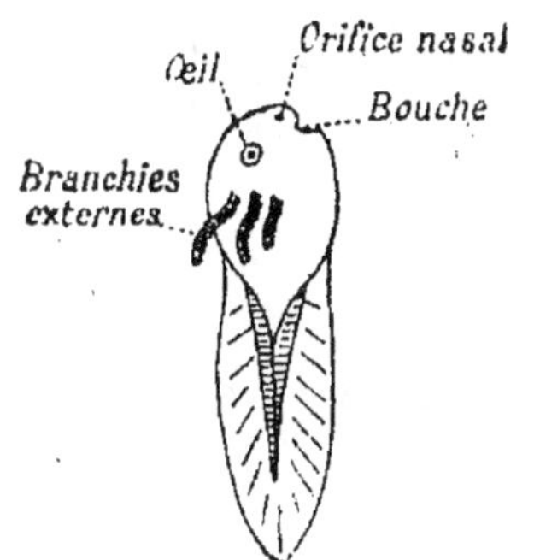

Fig. 452. — Têtard avec
ses branchies externes.

Batraciens. — Nous avons dit plus
haut comment le têtard respirait par
des branchies externes (*fig*. 452), puis
internes. Notons que ces branchies,
qui ne sont que transitoires pour la
plupart des Batraciens, peuvent per-
sister chez d'autres tels que l'Axolotl (*fig*. 453) et le Protée.

Ordinairement les Batraciens adultes respirent par des *pou-*

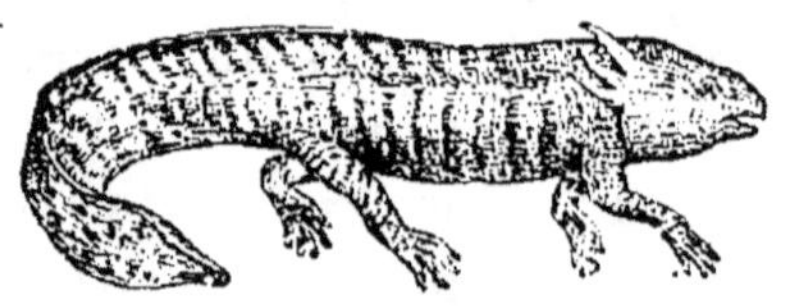

Fig. 453. — Axolotl.

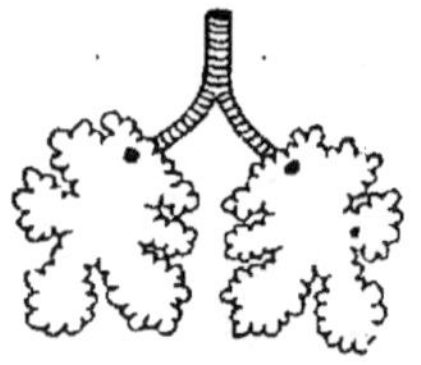

Fig. 454. — Poumons
de Grenouille.

mons qui sont de simples poches (*fig.* 454), dont la structure rappelle celle de l'alvéole pulmonaire de l'Homme. C'est par déglutition que ces animaux font pénétrer l'air dans leurs poumons, ce qui s'explique aisément car ils n'ont pas de côtes et par suite pas de cage thoracique.

La respiration se fait aussi par la peau, à la condition que celle-ci soit dans un certain état d'humidité. Cette respiration cutanée est si active qu'elle peut suffire à entretenir la vie.

Reptiles. — Les poumons des Reptiles sont de simples poches légèrement plissées et dans lesquelles les bronches ne pénètrent pas (Lézard, *fig.* 455), ou pénètrent sans se

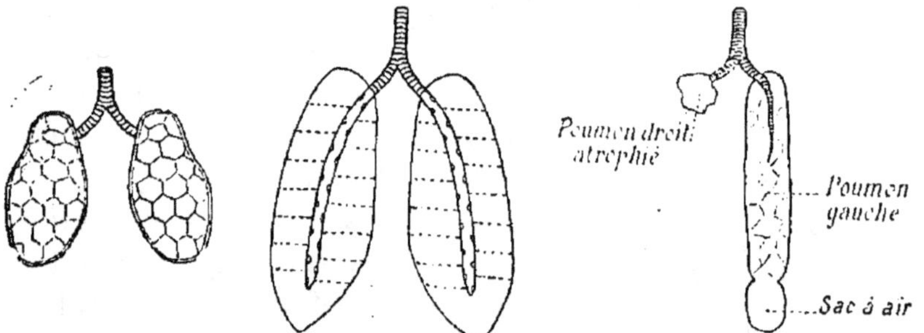

Fig. 455. — Poumons
de Lézard.

Fig. 456 — Poumons
de Tortue.

Fig. 457. — Poumons de
Serpent.

ramifier (Tortue, *fig.* 456). Chez les Serpents (*fig.* 457) l'allongement du corps n'a pas permis aux deux poumons de se développer : l'un est atrophié et l'autre, très allongé, se termine par une simple poche, réservoir d'air capable d'entretenir la respiration pendant la déglutition. On sait, en effet, que les Serpents avalent leur proie tout d'une pièce, de sorte que la trachée-artère se trouve comprimée et l'air ne peut plus pénétrer. Chez les Crocodiles, les poumons sont divisés en un grand nombre de poches par des cloisons, et c'est là un caractère de supériorité, car la surface respiratoire est ainsi augmentée.

Oiseaux. — Les poumons des Oiseaux sont au nombre de deux. Le diaphragme étant rudimentaire, ces poumons sont à peine séparés des viscères abdominaux. La trachée-artère présente *deux larynx*, dont l'inférieur ou *syrynx* (*fig.* 458), situé à la bifurcation de la trachée, est l'organe essentiel de

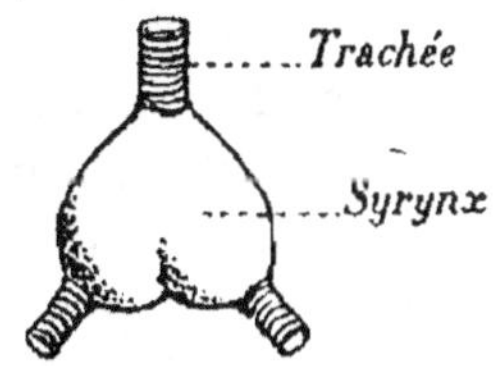

Fig. 458. — Le syrynx des Oiseaux chanteurs.

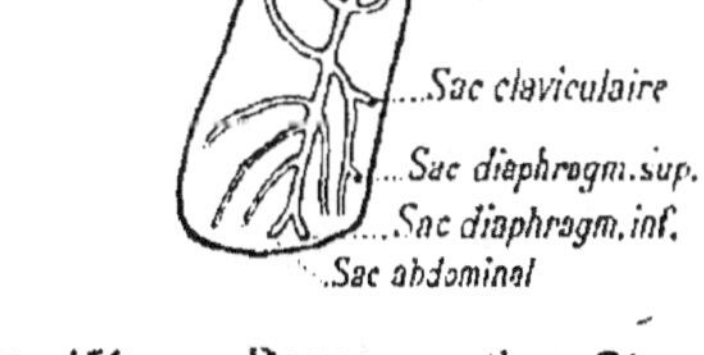

Fig. 459. — Poumons d'un Oiseau et orifices des bronches.

la phonation ; aussi est-il bien développé chez les Oiseaux chanteurs. Certaines bronches se terminent dans les alvéoles pulmonaires tandis que d'autres, au nombre de cinq pour chaque poumon, s'ouvrent à la surface du poumon par des orifices (*fig.* 459) qui donnent accès dans des réservoirs appelés *sacs aériens*. Ces sacs aériens, au nombre de 9, sont répartis de la façon suivante : 1 *sac claviculaire* médian et impair, situé entre les deux clavicules et communiquant avec les deux poumons ; 2 *sacs cervicaux* à la base du cou ; 4 *sacs thoraciques* ou *diaphragmatiques* et enfin 2 *sacs abdominaux*. Les sacs thoraciques sont clos, mais les cinq autres se prolongent par des cavités logées entre les viscères, entre les muscles, sous la peau et jusque dans les os dont la moelle a disparu. Cette *pneumaticité* des os allège considérablement le squelette. Les sacs constituent une véritable réserve d'air, de plus ils allègent l'Oiseau tout en lui conservant une certaine stabilité ; enfin leurs prolongements entre les muscles servent de coussinets pour faciliter le mouvement et par conséquent le vol. Ainsi toutes ces dispositions sont en rapport avec la puissance du vol de l'Oiseau.

Mammifères. — Les poumons des Mammifères ressemblent à ceux de l'Homme. Les Mammifères aquatiques, le Phoque et la Baleine, par exemple, respirent avec des poumons, comme les Mammifères terrestres ; ils sont par conséquent obligés de venir respirer de temps en temps à la surface de l'eau ; mais grâce à des vaisseaux sanguins très nombreux, ils ont une importante réserve de sang et par suite d'oxygène, de sorte qu'ils restent souvent 20 minutes et plus au-dessous de la surface.

Chez les *Mammifères*, comme zhez les *Oiseaux*, les *Reptiles* et les *Batraciens*, les poumons proviennent d'un bourgeonnement du tube digestif dans la région pharyngienne (*fig.* 460). Ils apparaissent sous forme d'une simple proémi-

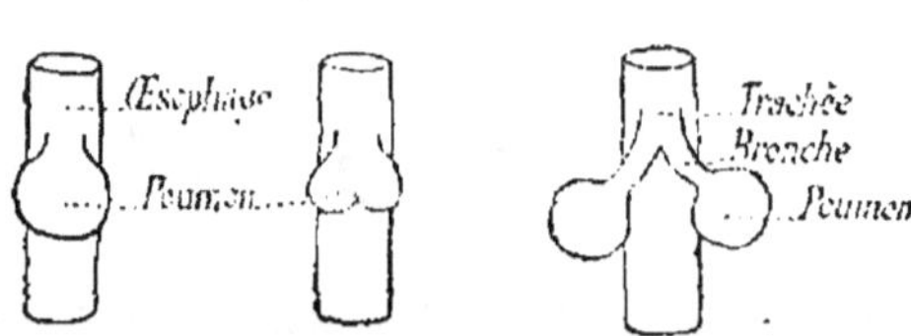

Fig 460. — Développement des poumons chez les Vertébrés.

nence, qui se divise bientôt en deux : puis chacune de ces vésicules se complique peu à peu : c'est d'abord une simple poche comme la vessie natatoire des Poissons, puis une poche légèrement bosselée comme les poumons des Batraciens et des Lézards, enfin les plissements s'accentuent pour atteindre leur maximum de complication chez les Mammifères. On voit que les transformations successives de l'appareil pulmonaire chez un embryon de Mammifère se retrouvent à l'état définitif dans la série des Vertébrés. Les fentes branchiales elles-mêmes se retrouvent dans les premiers stades du développement de l'Homme. Cette observation, ajoutée à celle que nous avons faite à propos de l'appareil circulatoire, permet de dire que l'*ontogénie* (développement de l'individu) n'est que la répétition courte et abrégée de la *philogénie* (développement de l'espèce).

§ 4. — Squelette.

Poissons. — Il se présente sous deux états : *cartilagineux* chez le Requin, par exemple ; *osseux* chez la plupart des autres Poissons.

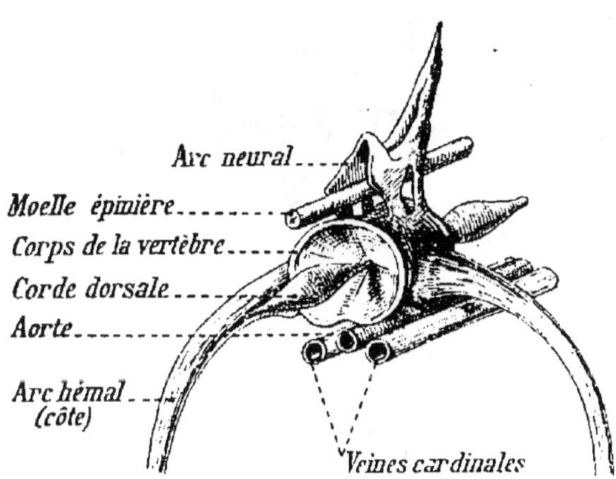

Fig. 461. — Vertèbre de Poisson.

La *colonne vertébrale* est formée de vertèbres *biconcaves* (*fig.* 461), au milieu desquelles se voit encore la corde dorsale, qui prend un grand développement dans l'espace compris entre les vertèbres. Chaque vertèbre porte deux arcs : l'un dorsal ou *neural*, dans lequel passe la moelle épinière ; l'autre ventral ou *hémal*, dans lequel se trouvent l'aorte et les veines. A la partie antérieure des Poissons osseux, l'arc hémal est ouvert (*fig.* 462, B) ; il est fermé dans la région caudale (*fig.* 462, A).

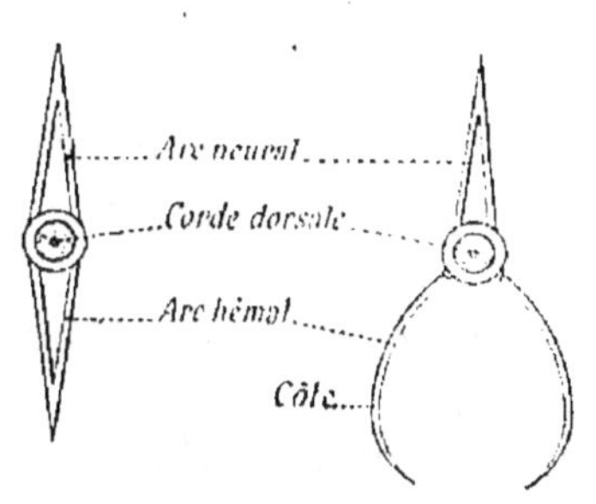

A. — Région postérieure.   B. — Région antérieure.

Fig. 462. — Segment vertébral d'un Poisson osseux.

La *tête* des Poissons est formée d'un grand nombre d'os dont il est difficile d'établir la correspondance avec les os de la tête de l'Homme.

Les *membres* sont transformés en nageoires paires (deux de chaque sorte) (*fig.* 463) : les *nageoires pectorales* correspondent aux membres antérieurs ; les nageoires *abdominales*, aux membres postérieurs. Les autres nageoires, impaires (une seule de chaque sorte), sont de simples replis de la peau maintenus par des rayons osseux : ce sont les nageoires *dorsale*, *caudale* et *anale*.

La nageoire caudale, formée de deux parties symétriques,

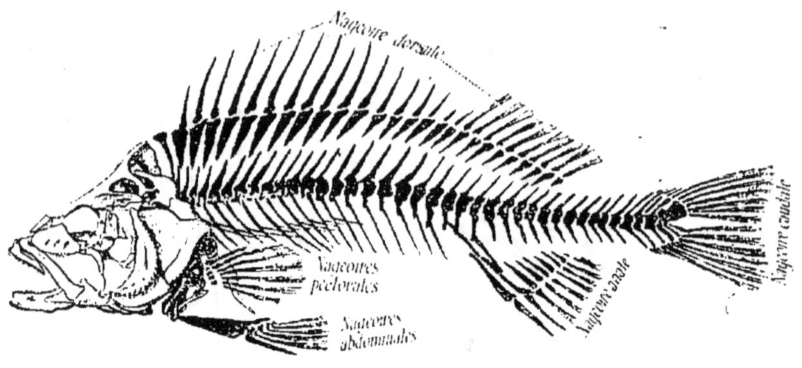

Fig. 463. — Squelette de la Perche.

agit à la façon de l'hélice d'un bateau pour pousser le Poisson en avant ; les nageoires pectorales interviennent dans les mouvements de recul ; les autres servent de stabilisateurs et assurent l'équilibre.

Batraciens. — La tête repose sur la colonne vertébrale par *deux condyles* ; il n'y a pas de côtes, ou plutôt elles sont représentées par les *apophyses transverses* bien développées (*fig.* 464) ; il existe un *sternum*, et enfin les membres, au nombre de deux paires, sont rattachés au tronc par des ceintures thoracique et abdominale.

Le nombre des doigts est de quatre en avant et de cinq en arrière.

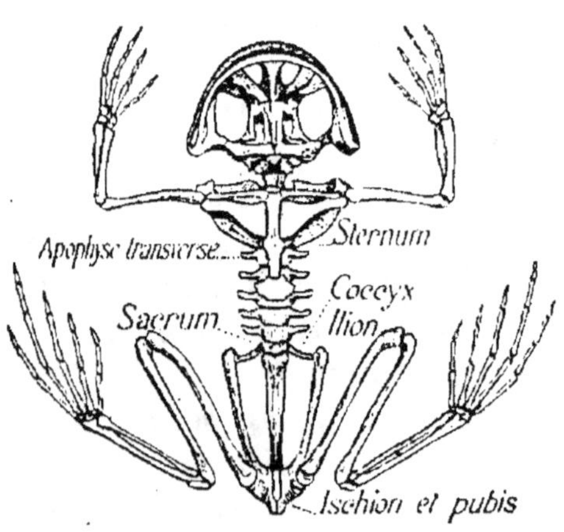

Fig. 464. — Squelette de Grenouille.

Reptiles. — La tête repose sur la colonne vertébrale par *un seul condyle* occipital.

La *colonne vertébrale* est formée d'un grand nombre de vertèbres (jusqu'à 300 chez certains Serpents).

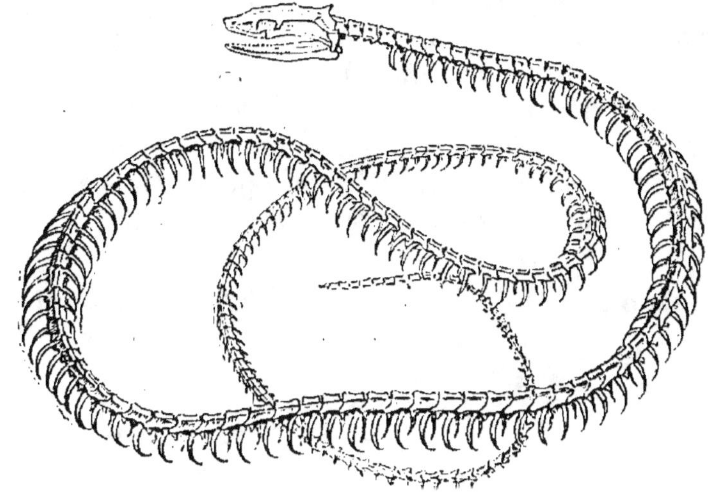

Fig. 465. — Squelette d'un Serpent.

Chez les *Serpents* (*fig.* 465) et les *Tortues*, il n'y a pas de sternum ; mais chez les *Lézards* et les *Crocodiles*, les côtes sont réunies par un sternum.

Les *membres*, quand ils existent, sont rejetés sur le côté. Les *Serpents* sont dépourvus de membres. On trouve des transitions entre les Reptiles qui ont des membres et ceux

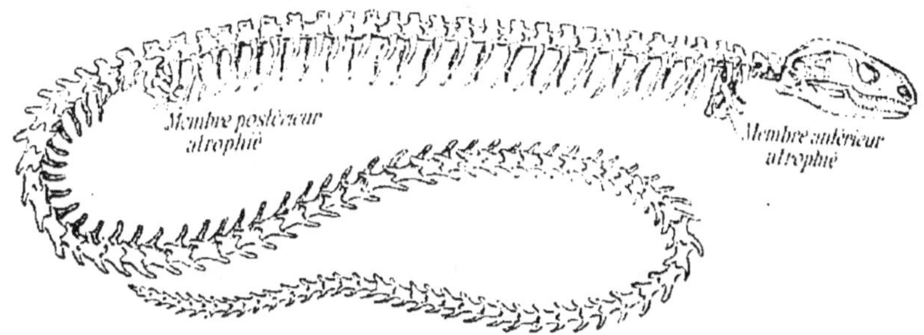

Fig. 466. — Squelette d'un Orvet

qui en sont privés ; c'est ainsi qu'un Lézard, l'*Orvet* (*fig.* 466), présente des rudiments de membres cachés sous la peau, mais que son squelette montre bien ; chez le *Boa* aussi, les membres postérieurs sont représentés par un petit os.

Les *Tortues* ont le corps enveloppé d'une boîte formée par
des *plaques osseuses* d'origine dermique. La partie dorsale ou
carapace et la partie ventrale ou *plastron* sont recouvertes
par des *écailles cornées* d'origine épidermique. Les vertèbres
et les côtes du tronc sont soudées à la carapace.

On trouve chez les Reptiles fossiles des exemples d'adaptation bien curieux. Certains, en effet, sont adaptés à la
natation (*Ichthyosaure, Plésiosaure*), d'autres au vol (*Ptéro-
dactyle*), d'autres enfin au saut (*Iguanodon*).

Oiseaux. — La *colonne vertébrale* comprend un nombre

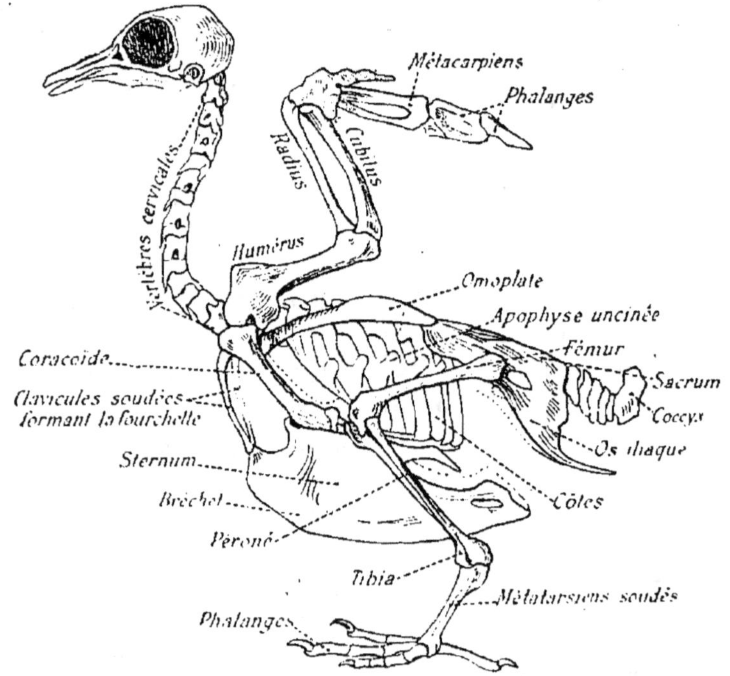

Fig. 467. — Squelette d'un Oiseau (Pigeon).

considérable de vertèbres cervicales (*fig.* 467), ce qui explique
la grande mobilité du cou des Oiseaux ; les vertèbres dorsales
sont souvent soudées ; les dernières vertèbres caudales
sont soudées en un os unique, le *pygostyle*.

Les *côtes* sont reliées les unes aux autres par des prolongements osseux, les *apophyses uncinées*, qui donnent une grande

solidité à la cage thoracique. En avant, les côtes sont reliées par un sternum très large et qui présente une crête médiane, le *bréchet*. Ce bréchet, qui sert à l'insertion des muscles de l'aile, est d'autant plus développé que l'Oiseau est meilleur voilier ; il manque au contraire chez l'Autruche et les autres Oiseaux qui ne volent pas.

Le *crâne* repose sur la colonne vertébrale par *un seul condyle* occipital. La mâchoire inférieure est rattachée au crâne par l'intermédiaire de l'*os carré*.

La *ceinture scapulaire* est formée par trois os : l'*omoplate*, allongée et appliquée en arrière sur les côtes ; le *coracoïde*, qui va de l'omoplate au sternum ; la *clavicule*, qui se soude avec celle du côté opposé pour donner la *fourchette*.

La *ceinture pelvienne* comprend l'*ilion*, l'*ischion*, et le *pubis* ; mais en avant le bassin n'est pas fermé, car les deux os du pubis ne se rejoignent pas.

Les *membres supérieurs* sont spécialement adaptés au vol ; ils sont transformés en *ailes*. Le nombre des doigts est réduit à trois ; encore sont-ils plus ou moins atrophiés. Le moteur très puissant des ailes est constitué par les muscles *grand* et *petit pectoraux*, qui forment ce qu'on appelle le *blanc* de la volaille. Ces muscles volumineux sont situés à la face ventrale, de sorte qu'ils contribuent, par leur poids, à abaisser le centre de gravité de l'animal.

Les membres antérieurs de certains Oiseaux, comme les Pingouins, sont transformés en *nageoires*.

Les *membres postérieurs* se composent d'un fémur, d'un tibia auquel s'accole un mince péroné. Le tarse est formé par la soudure des tarsiens et métatarsiens, c'est le *canon*. Le nombre des doigts est le plus souvent de quatre ; mais il se réduit chez les Oiseaux coureurs, à trois chez le Casoar, à deux chez l'Autruche.

Un caractère important du squelette des Oiseaux est sa *pneumaticité* : la plupart des os, en effet, sont creusés de cavités dans lesquelles les sacs aériens envoient des prolongements.

Les Oiseaux peuvent être considérés comme des descendants des Reptiles transformés en machines volantes. La paléontologie nous fournit des preuves à l'appui de cette idée :

Un Oiseau fossile, l'*Archeoptéryx* a, en effet, un squelette qui marque la transition entre les Reptiles et les Oiseaux ; il portait des plumes, mais sa queue allongée et ses mâchoires pourvues de dents le rapprochent des Reptiles.

Les Oiseaux s'étant adaptés à des conditions assez uniformes ont une organisation uniforme ; aussi constituent-ils un des groupes les plus homogènes de la série animale.

Le vol des Oiseaux. — Le vol des Oiseaux est assuré par des mouvements combinés du cou, des ailes et de la queue.

Le *cou* constitue une sorte de balancier, dont l'influence se fait sentir dans la direction.

L'*aile*, déployée, est une sorte de voile pointue, dont la forme se rapproche de celle de l'hélice, convexe en dessus, concave en dessous, de sorte que l'air glisse au-dessus d'elle quand elle s'élève, sans lui opposer de résistance ; au contraire, si elle s'abaisse, l'aile éprouve de la part de l'air une résistance qui, en raison de l'orientation de cet organe, pousse l'Oiseau en haut et en avant. Dans cette propulsion les plumes de l'aile jouent un rôle important ; chacune d'elles, en effet, peut tourner sur elle-même, comme une lame de persienne. Quand l'aile descend, toutes les plumes s'appliquent l'une contre l'autre, de manière à former une lame continue qui s'appuie sur l'air ; si, au contraire, l'aile remonte, les plumes tournent légèrement en se séparant et en laissant filtrer l'air qui passe sans opposer de résistance. Ces mouvements d'abaissement et de relèvement des ailes qui font progresser l'Oiseau constituent le *vol ramé* ; mais en orientant ses ailes dans une direction convenable, l'Oiseau sait aussi utiliser le vent comme moteur. Dans ce cas, il se maintient en l'air et progresse sans aucun battement d'aile : c'est le *vol plané* des Oiseaux de proie diurnes ou des Oiseaux de mer qui pêchent au vol. L'Oiseau vole alors à la façon d'un aéroplane, c'est-à-dire qu'il se laisse porter par l'air ; le vol ramé n'est guère employé qu'au départ par l'Oiseau bon voilier.

Quant à la *queue*, c'est elle qui joue le rôle de gouvernail. Pourtant l'Oiseau se sert aussi de ses ailes comme d'organes de direction, en agissant à la façon d'un batelier qui manœuvre inégalement ses rames. La main, en effet, peut prendre des orientations diverses par rapport au bras, de sorte que par ce *gauchissement* de l'aile et par l'orientation de la queue, l'animal peut s'élever ou s'abaisser, et virer rapidement et avec aisance dans tous les sens. C'est par son système nerveux que l'Oiseau est informé des mouvements de l'air et qu'il commande ensuite les mouvements de direction ou de vitesse. En cela, il sera longtemps encore, sans doute, supérieur à l'aéroplane.

Pour s'envoler, l'Oiseau saute en l'air, et ce premier bond sur ses pattes l'éloigne assez du sol pour qu'il puisse faire son premier battement d'ailes. C'est ce que les aviateurs ont imité en plaçant leurs aéroplanes sur des roues, ce qui leur permet de rouler et de quitter le sol dès qu'ils ont acquis une certaine vitesse. Les Oiseaux qui volent mal, les Poules par exemple, sont obligés de courir avant de s'envoler, comme les aéroplanes. Pour *atterrir*, l'Oiseau laisse pendre ses pattes, qui vont prendre leur point d'appui sur le sol.

La stabilité des organes internes dans le vol est assurée par le *calage* dû aux sacs aériens.

En somme, l'Oiseau constitue une *machine volante*, légère, solide et munie d'un moteur puissant.

Mammifères. — Leur squelette ressemble beaucoup à celui de l'Homme. Les modifications les plus intéressantes qu'il présente sont celles des *membres*.

La *colonne vertébrale* comprend toujours sept vertèbres cervicales, même chez la Girafe.

La *tête* a une forme qui varie avec le mode de nutrition : elle est allongée quand le museau doit saisir les aliments, comme chez les herbivores ; elle est au contraire courte et aplatie quand la mastication est plus spécialisée, comme chez les carnivores. Chez les Mammifères supérieurs (Singe, Homme), la face diminue et le crâne augmente. La tête du Singe reste quand même bien différente de celle de l'Homme par la proéminence des mâchoires, le front étroit et fuyant et les crêtes osseuses du crâne (*fig.* 468).

La *ceinture scapulaire* n'a plus que deux os au lieu de trois comme chez les autres Vertébrés : clavicule et omoplate ; l'os coracoïde s'est soudé à l'omoplate pour donner l'*apophyse coracoïde*.

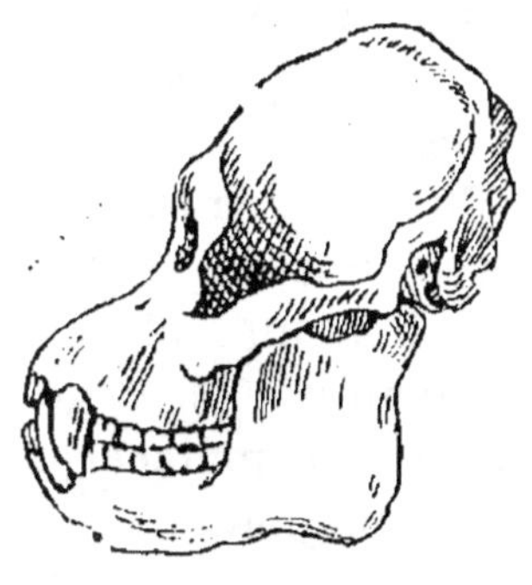

Fig. 468. — Crâne d'Orang-Outang.

La clavicule disparaît chez les Mammifères spécialement adaptés à la locomotion, comme le Cheval, par exemple.

La *ceinture pelvienne* est encore ouverte chez les Mammifères inférieurs ; elle se ferme par la symphyse du pubis chez les Mammifères supérieurs.

Les modifications portent surtout sur les extrémités des membres. Elles varient suivant que l'adaptation se fait pour la *course*, le *saut*, le *vol*, la *natation*, etc.

1° Adaptation à la course. — Elle se fait : 1° par une *réduction du nombre de doigts,* allant depuis la forme primitive à 5 doigts jusqu'au doigt unique du Cheval ; 2° par un *allongement des membres ;* de *plantigrade*, comme l'Ours, c'est-à-dire s'appuyant sur toute la longueur du pied, le Mammifère devient *digitigrade*, comme le **Cheval**, c'est-à-dire qu'il marche sur le bout des doigts.

La forme primitive a cinq doigts. On la trouve chez presque tous les *Onguiculés* (Mammifères avec griffes ou ongles) ; cependant les Carnassiers ont le pouce atrophié au membre postérieur, qui n'a alors que quatre doigts.

Les *Ongulés* (Mammifères à sabots) se divisent en deux groupes : ceux à doigts impairs (5, 3 et 1), et ceux à doigts pairs (4 ou 2).

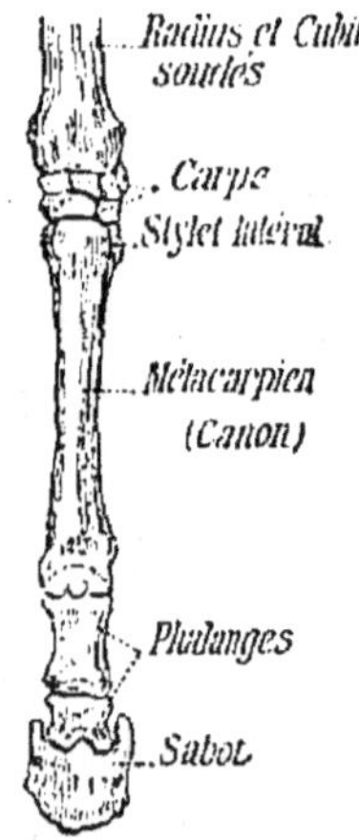

Fig. 469. — Doigt du Cheval.

Les découvertes d'animaux fossiles ont permis de suivre la disparition progressive des doigts, ainsi que nous le montre la paléontologie en étudiant l'origine du Cheval actuel. Ce dernier a un seul doigt, présentant sur les côtés deux petits stylets (*fig*. 469) qui ne sont autre chose que des doigts latéraux atrophiés. Le doigt du Cheval terminé par un *sabot* est formé de trois phalanges qui continuent l'os *canon*, lequel est un métacarpien. Ce qu'on appelle vulgairement le genou n'est que l'articulation du métacarpe avec le carpe, c'est-à-dire le poignet.

Le Rhinocéros a trois doigts, et l'Éléphant cinq, reposant tous sur le sol.

Parmi les Mammifères possédant un nombre de doigts pair, citons (*fig*. 470) l'Hippopotame, qui a quatre doigts presque égaux ; le Porc, qui en a quatre aussi, dont deux médians reposent sur le sol, et deux latéraux plus petits. Par des transitions comme celle de l'Antilope, qui a deux doigts et deux stylets latéraux, on arrive au Bœuf, chez lequel il n'existe plus que deux doigts terminés par des sabots et dont les deux métatarsiens se sont soudés en un os unique, l'*os canon*. La soudure de ces deux os isolés pendant la vie embryon-

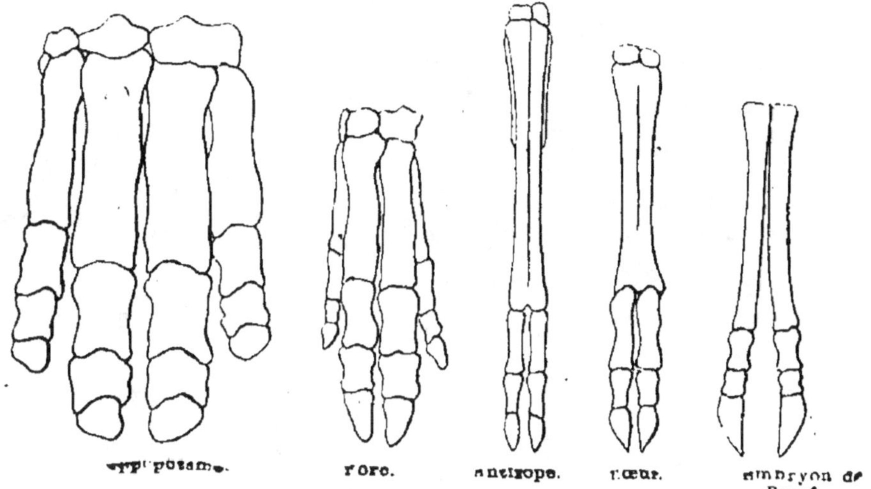

Fig. 470. — Extrémités des membres des Porcins et des Ruminants.

naire (*fig.* 470), est nettement indiquée par un sillon médian visible sur toute la longueur de l'os.

2° Adaptation au saut. — Certains Mammifères, comme le Lapin, le Lièvre, ont des membres postérieurs très déloppés et qui servent en se redressant à projeter le corps en avant ; cela leur permet de sauter.

Les Marsupiaux, le Kangourou par exemple (*fig.* 471), présentent ce caractère plus accentué : les membres postérieurs sont très grands, et les antérieurs, peu développés. Aussi ne peuvent-ils se mouvoir que par sauts. Ils portent sur le pubis deux os particuliers, les *os marsupiaux*, qui sont destinés à

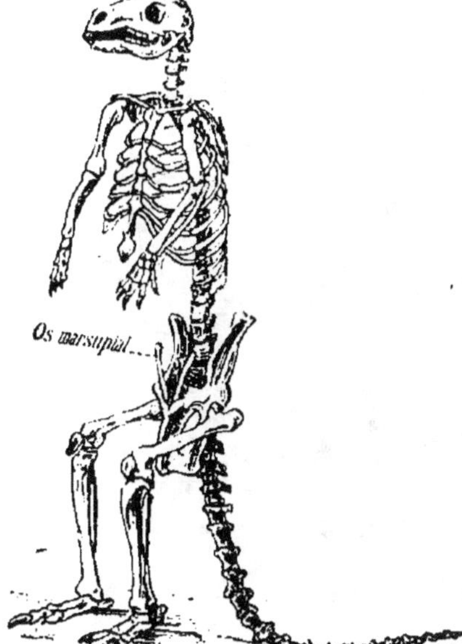

Fig. 471. — Squelette de Kangourou.

soutenir la poche marsupiale dans laquelle les jeunes s'abritent et achèvent leur développement.

3ᵉ Animaux fouisseurs. — La *Taupe* (*fig.* 472), qui vit sous terre a les pattes antérieures disposées pour fouir. La paume de la patte est dirigée en dehors ; de

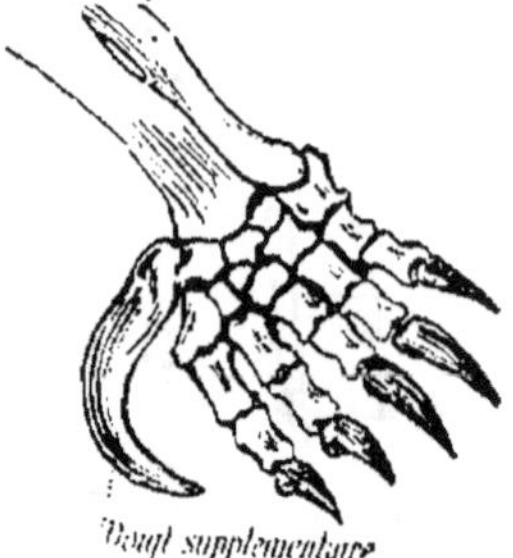

Fig. 472. — Taupe.

Fig. 473. — Patte antérieure de la Taupe.

Fig. 474. — Squelette de Chauve-Souris.

Fig. 475. — Phoque.

plus la patte antérieure (*fig.* 473) est beaucoup plus forte que la patte postérieure ; elle est même renforcée par un os qui constitue comme un sixième doigt.

4° Adaptation au vol. — La *Chauve-Souris* (*fig.* 474) a son membre supérieur adapté au vol. Tous les doigts, sauf le pouce, ont subi un allongement considérable, pour supporter une membrane qui, s'attachant d'autre part sur les côtés du corps, forme une sorte d'aile. Le pouce porte une griffe avec laquelle l'animal se suspend aux anfractuosités des murailles.

Le sternum présente une lé-

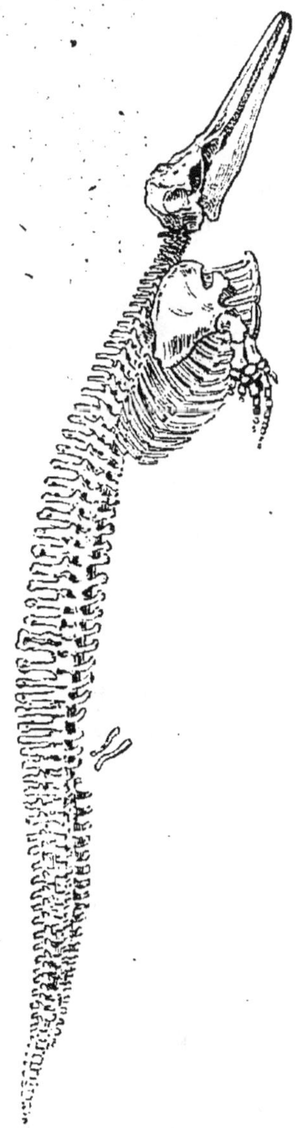

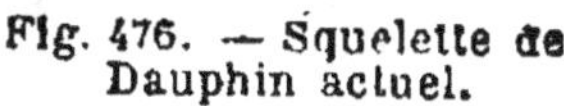

Fig. 476. — Squelette de
Dauphin actuel.

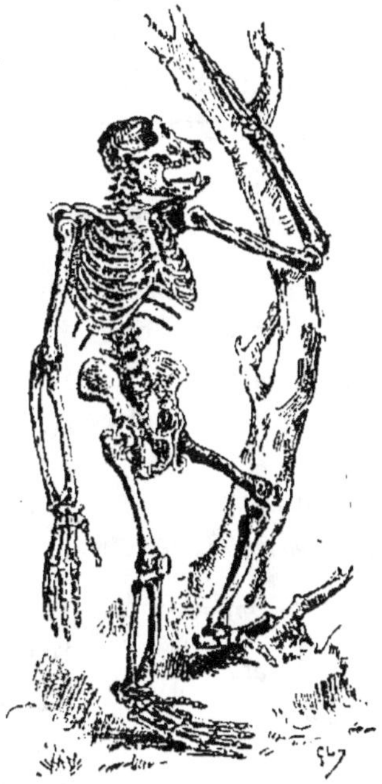

Fig. 477. — Squelette de
Chimpanzé.

gère saillie longitudinale, qui rappelle le bréchet des Oiseaux.

5° Adaptation à la natation. — Deux groupes de Mammifères ont une vie aquatique : les *Amphibies* (Phoque) (*fig.* 475) et les *Cétacés* [Baleine, Dauphin (*fig.* 476)].

Chez les *Amphibies*, les deux paires de membres sont transformées en nageoires : les nageoires antérieures servent de rames, tandis que les postérieures, rejetées en arrière, jouent le rôle de gouvernail.

Chez les *Cétacés*, les membres antérieurs seuls persistent ; les membres postérieurs ne sont plus représentés que par deux petits os, qui sont des vestiges des os du bassin (*fig.* 476).

6° Adaptation à la préhension. — Les Singes (*fig.* 477) ont les extrémités de leurs membres adaptées à la préhension. En effet, le pouce de leur membre antérieur et celui de leur membre postérieur sont *opposables* aux autres doigts, ce qui permet à ces animaux de saisir les objets aussi bien avec leurs pieds qu'avec leurs mains : d'où leur nom de *quadrumanes*.

Chez l'Homme, le pouce de la main, seul, est opposable aux autres doigts.

§ 5. — Système nerveux.

Poissons. — Les *hémisphères cérébraux* sont très réduits (*fig.* 478) ; ils sont plus petits que les *lobes optiques*. Le *cervelet* est une simple bandelette. Sur le 4° ventricule de la Torpille, animal voisin de la Raie, se trouve un organe spécial pouvant produire de l'électricité.

La *moelle épinière* est large et aplatie en forme de ruban.

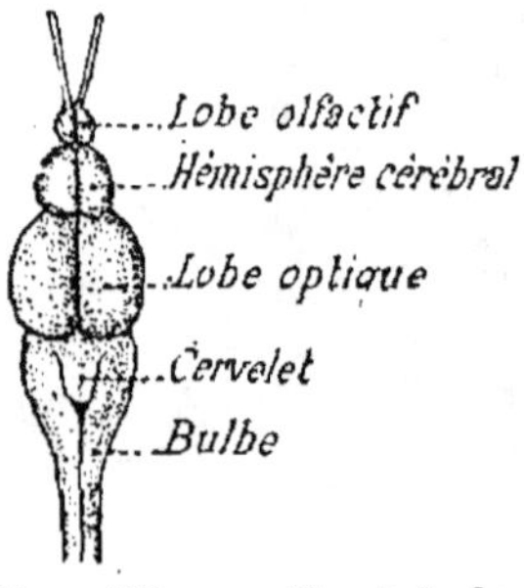

Fig. 478. — Encéphale d'un Poisson (Perche).

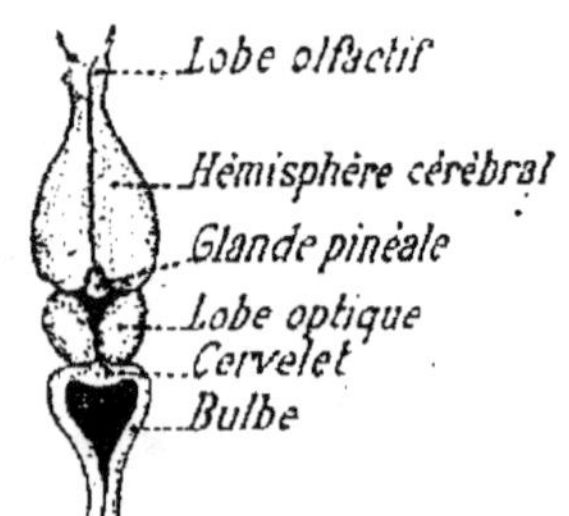

Fig. 479. — Encéphale d'un Batracien (Grenouille).

Batraciens. — Les *hémisphères cérébraux* (*fig.* 479) sont un peu plus développés que chez les Poissons ; la *glande pinéale* est assez nette et le *cervelet* reste à l'état de bandelette.

Reptiles. — Les *hémisphères cérébraux* sont un peu plus développés que chez les Batraciens, mais ils ne présentent pas encore de circonvolutions. Le *cervelet* est aussi un peu plus développé (*fig.* 480). Mais c'est surtout la *glande pinéale* qui a pris un grand développement et, chez les Lézards, vient

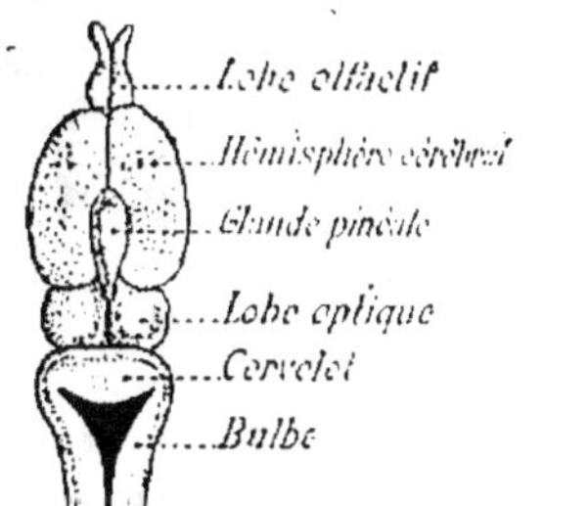

Fig. 480. — Encéphale d'un Reptile. (Lézard).

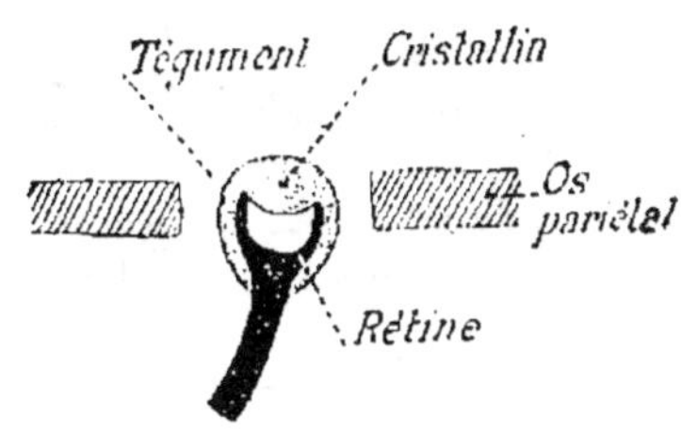

Fig. 481. — Œil pinéal d'un Reptile (Lézard).

former au sommet du crâne, à travers un trou du pariétal, un véritable œil, l'*œil pinéal* (*fig.* 481), qui présente les éléments essentiels d'un œil (cristallin et éléments rétiniens). On a même constaté le fonctionnement de ce troisième œil chez un Lézard, l'*Hatteria*. Cet organe devait avoir une grande importance chez les Reptiles des époques géologiques.

Les Serpents, étant dépourvus de membres, leur moelle épinière ne présente pas de renflements brachial et crural.

Oiseaux. — Les hémisphères continuent leur accroissement, mais ils sont encore lisses et ne recouvrent pas la glande pinéale (*fig.*482) ; ils sont reliés par un corps calleux rudimentaire. Les lobes optiques sont rejetés sur les côtés. Le cervelet commence à se plisser et à porter de chaque côté les deux hémisphères cérébelleux encore rudimentaires ; il n'existe pas de pont de Varole.

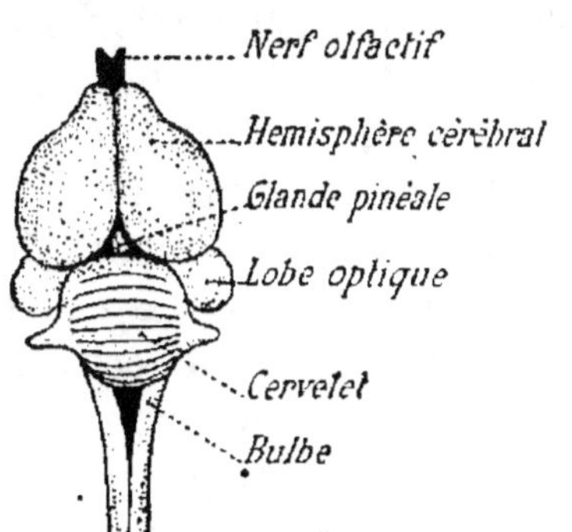

Fig. 482. — Encéphale d'un Oiseau (Dindon).

Mammifères. — Le caractère de l'encéphale de ces animaux est le grand développement des *hémisphères céré-*

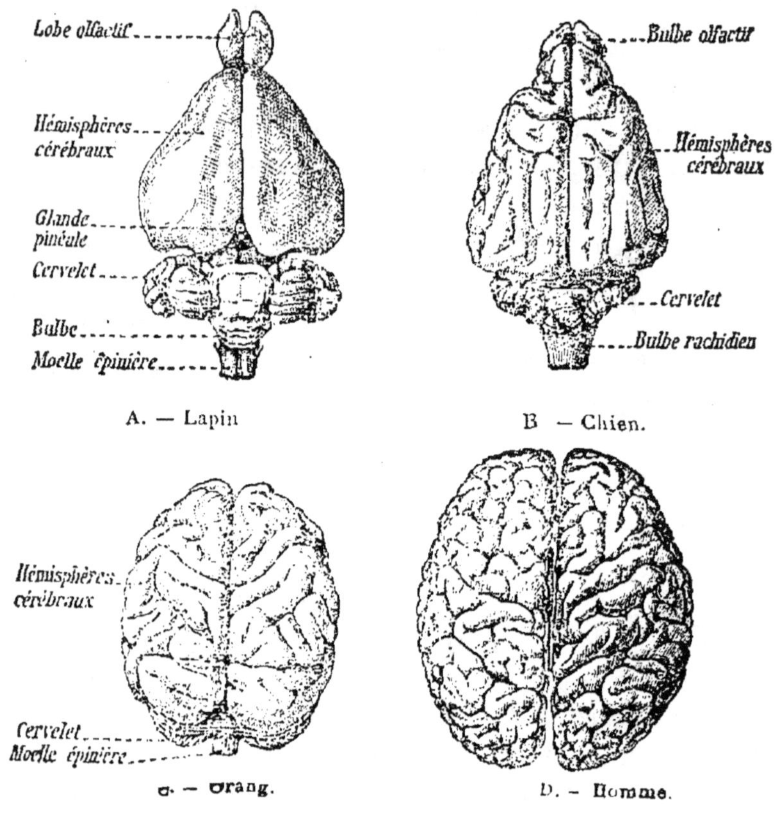

Fig. 483. — Encéphales de Mammifères.

braux : chez les Mammifères les plus inférieurs (Marsupiaux), ils sont lisses et ne couvrent pas encore les lobes optiques ou tubercules bijumeaux ; chez le Lapin (*fig.* 483, A), le cerveau cache presque complètement les lobes optiques devenus les *tubercules quadrijumeaux*, mais il n'a pas encore de circonvolutions. Enfin chez les Carnivores (*fig.* 483, B) et les Singes, les circonvolutions sont abondantes et le cerveau se rapproche de celui de l'Homme. Chez les Singes supérieurs, comme l'Orang-Outang (*fig.* 483, C), les hémisphères recouvrent presque complètement le cervelet, comme chez l'Homme.

Lorsqu'on suit le développement du cerveau d'un Mammifère supérieur, on constate qu'il passe par une série de stades provisoires qui rappellent les états définitifs du cerveau des Vertébrés inférieurs. Les hémisphères cérébraux d'un enfant (*fig.* 484) sont successivement semblables à ceux d'un Poisson, puis d'un Reptile et d'un Oiseau. C'est une preuve de plus du parallélisme qui existe entre le développement d'un animal supérieur et les différents stades de l'évolution organique considérée dans les groupes zoologiques.

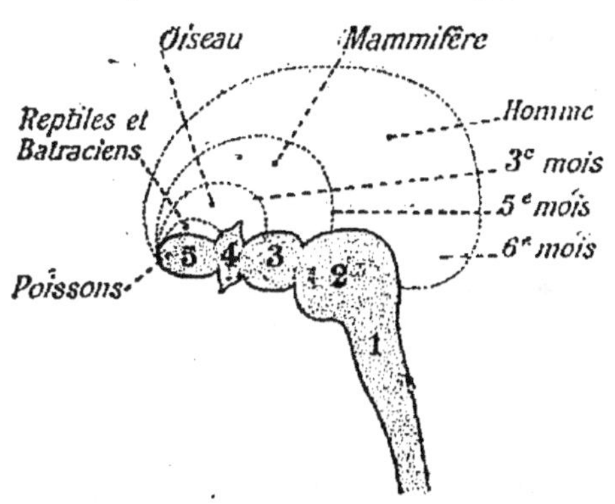

Fig. 484. — **Développement des hémisphères dans la série des Vertébrés et chez l'embryon d'un Mammifère supérieur.**

§ 6. — Organes des sens.

Poissons. — Les organes du *toucher* sont de longs prolongements épidermiques appelés *barbillons* (*fig.* 449) et situés autour de la bouche. Le *goût* et l'*odorat* existent chez ces animaux.

L'*oreille* est simple, car elle ne comprend ni oreille externe, ni oreille moyenne, et l'oreille interne est réduite, car elle n'a pour limaçon qu'un simple diverticule appelé *lagena* (*fig.* 485).

L'*œil* est constitué comme celui de l'Homme ; mais les Poissons vivant dans un milieu réfringent, ont un œil très convergent, dont le cristallin est presque sphérique (*fig.* 486). De sorte que, hors de l'eau, les

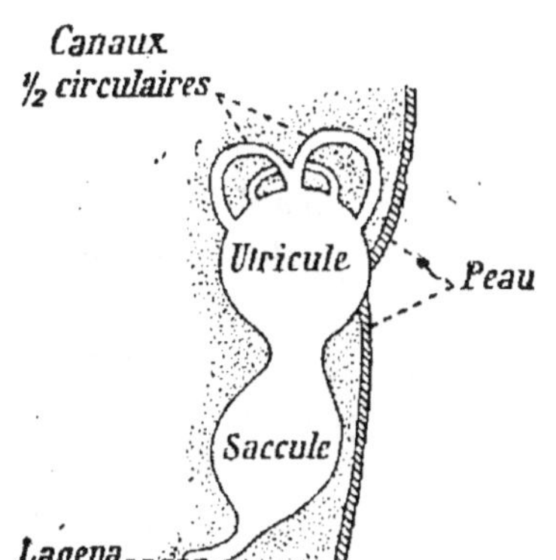

Fig. 485. — Oreille d'un Poisson.

Poissons seraient myopes. La choroïde envoie à l'intérieur

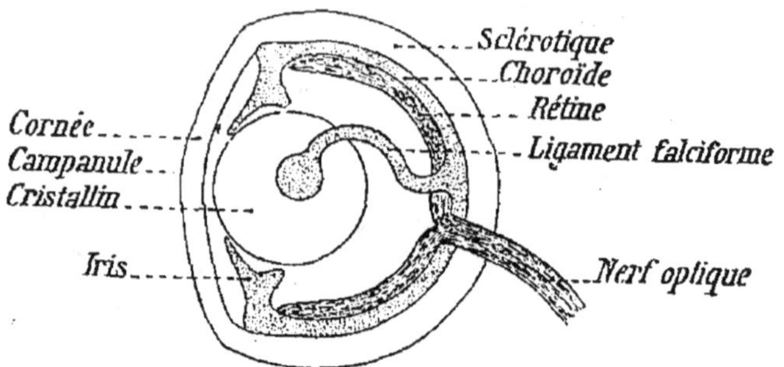

Fig. 486. — Œil de Poisson.

un prolongement, le *ligament falciforme*, qui se termine dans le cristallin par un renflement appelé *campanule de Haller* : c'est l'appareil accommodateur.

Les Poissons plats (Sole, Turbot) sont couchés sur le côté ; aussi l'œil qui est de ce côté et qui est tourné vers le sol se déplace-t-il au cours du développement et vient-il se placer près de l'autre (*fig.* 487).

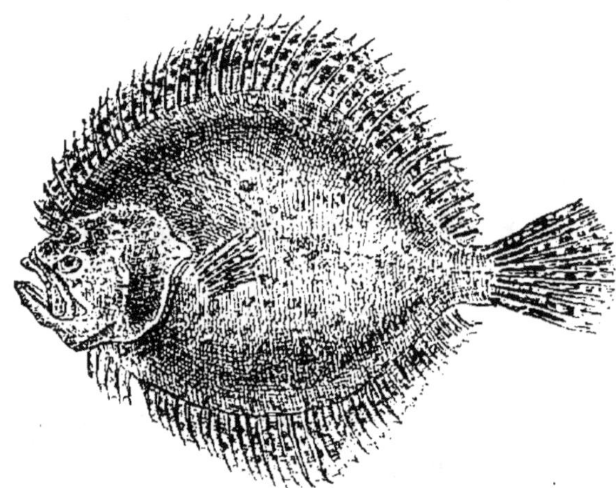

Fig. 487. — Turbot, présentant les yeux du même côté.

Les Poissons qui vivent dans les grandes profondeurs de la mer, où la lumière n'arrive pas, possèdent de longs filaments tactiles (*fig.* 488) au moyen desquels ils explorent le voisinage. Parfois leurs yeux disparaissent, mais ils peuvent aussi persister, et dans ce cas ils deviennent énormes et répandent souvent une lueur phosphorescente. Ces yeux sont donc à la fois des organes de vision et des appareils d'éclairage. D'ailleurs, le corps de ces animaux est parfois entièrement **phosphorescent.**

Enfin, il existe chez les Poissons un organe des sens parti-

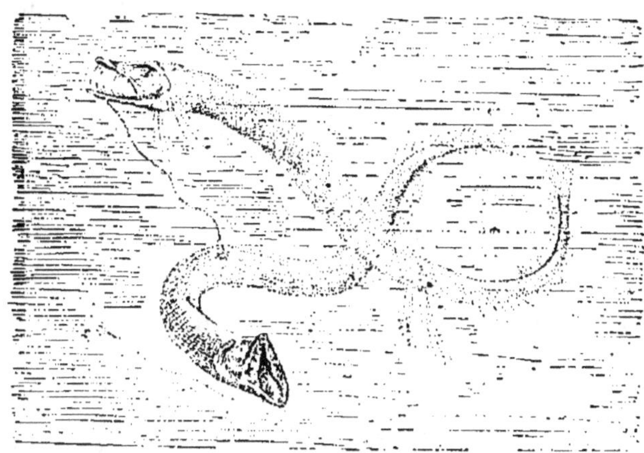

Fig. 488. — Poisson pêché à 2 700 mètres de profondeur
(*Eustomias obscurus*).

culier, la *ligne latérale*, qui s'étend depuis l'opercule jusqu'à la queue (*fig.* 449). Elle semble permettre à ces animaux d'apprécier cert ines qualités de l'eau.

Batraciens. — L'*oreille interne* existe seule chez les Batraciens qui vivent toujours dans l'eau, comme la Salamandre, mais chez la Grenouille il apparaît une *oreille moyenne* (*fig.* 489), qui communique avec la bouche par la trompe d'Eustache et présente un tympan à fleur de peau et une tige osseuse appelée *columelle*, occupant la place de la chaîne des

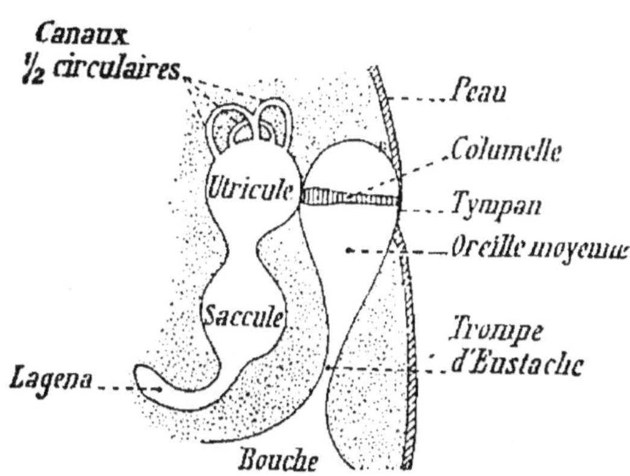

Fig. 489. — Oreille de Batracien
(Grenouille).

osselets. La *lagena* est plus allongée que celle des Poissons.

Les *yeux*, ordinairement bien développés, peuvent manquer chez les Protées qui vivent dans les cavernes souterraines.

La *ligne latérale* existe chez les têtards (*fig.* 490) comme chez les Poissons, mais elle disparaît chez les adultes.

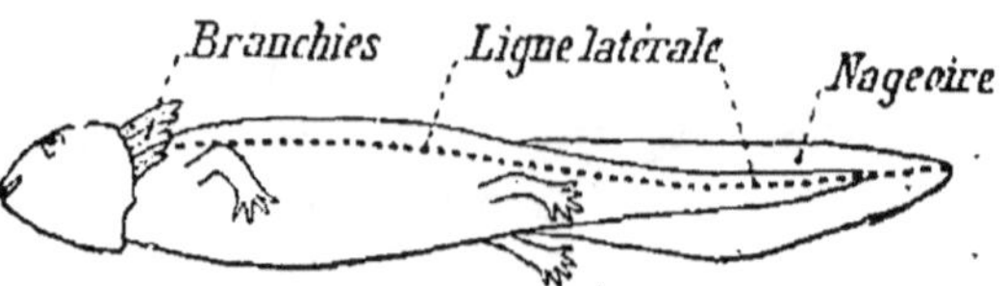

Fig. 490. — Larve de Salamandre.

Reptiles. — Les organes des sens sont à peu près semblables à ceux des Batraciens.

Oiseaux. — Ils ont une *oreille externe* sans pavillon, réduite par conséquent au conduit auditif. Chez les Oiseaux nocturnes (Grand Duc), les plumes forment une sorte de conque. La *lagena* commence à s'enrouler pour donner le limaçon.

L'*œil* présente une troisième paupière, la *membrane nictitante*, qui s'ouvre latéralement à la façon d'un rideau ; elle correspond au *repli semi-lunaire* de l'œil de l'Homme. Les Oiseaux ont un prolongement de la choroïde formé de lamelles, et qui s'enfonce dans l'humeur vitrée sans atteindre le cristallin, c'est le *peigne* (*fig.* 491), qui constitue l'homologue du ligament falciforme des Poissons. La sclérotique

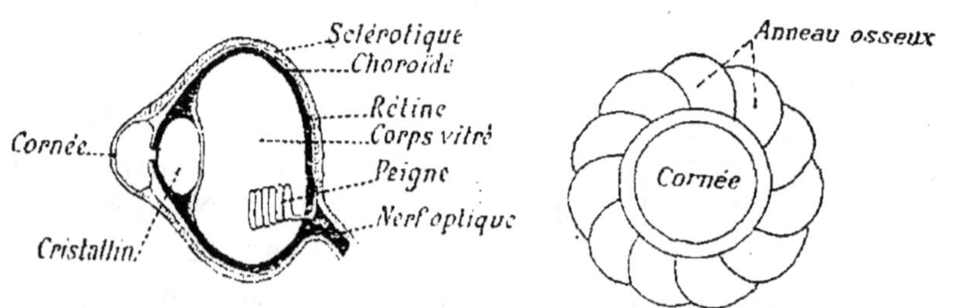

Fig. 491. — Œil d'un Oiseau.　　　　Fig. 492. — Anneau osseux
　　　　　　　　　　　　　　　　　　de la sclérotique.

contient un anneau formé de pièces osseuses articulées et régulièrement imbriquées (*fig.* 492). Par sa disposition l'œil est accommodé pour la vision à grande distance.

Mammifères. — Le *toucher* a pour organes chez beaucoup de Mammifères les *poils tactiles*, à la base desquels sont des ramifications nerveuses. La moustache du Chat, les poils des ailes de la Chauve-Souris sont d'une grande sensibilité. On trouve aussi dans le groin du Porc de nombreux éléments nerveux.

Le *goût* est ordinairement peu développé : chez les Carnivores la langue est cornée, mais elle porte des papilles plus sensibles chez les Herbivores et les Frugivores.

L'*odorat* est d'autant plus développé que les *cornets* du nez sont plus enroulés. Ainsi chez les animaux qui ont du *flair*, comme le Chien, les cavités nasales sont presque remplies par les cornets, ce qui augmente le nombre des ramifications nerveuses.

L'*oreille* présente des modifications intéressantes. L'oreille externe est très mobile chez les animaux chassés (Lièvre), très développée chez les animaux nocturnes (Chauve-souris) (*fig.* 493). Elle manque chez la Taupe, qui vit dans le sol, et chez les Cétacés, qui vivent dans l'eau. Or on sait que

Fig. 493. — Chauve-souris (Oreillard).

les solides et l'eau conduisent mieux le son que l'air : il y a donc dans la disparition de l'oreille externe chez ces Mammifères un exemple d'adaptation bien évident.

L'*œil* des Mammifères rappelle celui de l'Homme ; cependant chez le Cheval et le Bœuf il existe une troisième paupière, la *membrane clignotante*, qui part de l'angle interne de l'œil.

Lorsque des animaux, comme la Taupe, vivent dans une obscurité continuelle, on constate une atrophie et même une disparition complète des yeux.

Conclusions. — Nous venons d'énumérer les principaux types d'organisation du règne animal. Nous avons montré les perfectionnements progressifs qu'ils subissaient depuis les Protozoaires jusqu'à l'Homme. Enfin, l'étude du développement de certains organes chez les Mammifères nous a permis de constater que les stades successifs de ces organes correspondaient aux organes des animaux inférieurs. L'évolution d'un animal supérieur est donc en quelque sorte une histoire abrégée de l'évolution générale des groupes d'animaux.

RÉSUMÉ

Caractères des Vertébrés. — Les Vertébrés ont : 1° une *colonne vertébrale* ; 2° un *système nerveux* situé au-dessus du tube digestif ; 3° un *appareil respiratoire* constitué aux dépens de la partie antérieure du tube digestif.

Ébauche du type Vertébré. — 1° L'*Amphioxus* : a une corde dorsale, un système nerveux situé au-dessus du tube digestif, un appareil circulatoire qui rappelle celui des Vers, des organes segmentaires.

2° Les *Tuniciers* : ont, à l'état embryonnaire, une organisation semblable à celle de l'Amphioxus, mais la vie sédentaire de ces animaux adultes leur fait subir une dégradation organique. Ils peuvent bourgeonner et former des *colonies*.

Classification des Vertébrés. — On les divise en 5 classes :

1° *Poissons* : respiration branchiale, écailles dermiques.

2° *Batraciens* . { respiration branchiale quand ils sont jeunes ; respiration pulmonaire quand ils sont adultes : métamorphoses.

3° *Reptiles* : respiration pulmonaire, écailles épidermiques.

4° *Oiseaux* : corps couvert de plumes.

5° *Mammifères* : mamelles, poils.

APPAREIL DIGESTIF.

Poissons . . . { Nombreuses dents sur les os de la bouche ; Tube digestif simple : appendices pyloriques.

Batraciens . . { Tube digestif long chez les têtards (herbivores) ; Tube digestif court chez les adultes (carnivores).

Reptiles. . . . { Mâchoire inférieure rattachée au crâne par l'os carré ; Nombreuses petites dents soudées aux os ; Crochets venimeux (Serpents venimeux).

Oiseaux . . . { Pas de dents, bec corné ; Jabot, ventricule succenturié, **gésier, intestin, cloaque.**

Mammifères.

I. *Dentition* .

Carnivores . . { *Incisives* petites, *Canines* développées, *Molaires* aiguës, Condyle transversal. }

Rongeurs . . . { *Incisives* grandes, Pas de *canines*, *Molaires* avec replis d'émail, Condyle longitudinal. }

Ruminants . . { Ni *incisives*, ni *canines* à la mâchoire supérieure, Condyle concave. }

Pas de dents chez le Fourmilier ;
Fanons chez la Baleine.

II. *Estomac* : 4 poches chez les Ruminants : *panse, bonnet, feuillet, caillette*.

III. *Intestin* : longueur faible chez les Carnivores, considérable chez les Herbivores.

APPAREIL CIRCULATOIRE.

Poissons . . { Cœur : une oreillette, un ventricule ; Arcs aortiques. }

Batraciens. { Chez le têtard, semblable à celui des Poissons (arcs aortiques) ; Chez l'adulte, le cœur a 3 cavités (2 oreillettes, 1 ventricule). }

Reptiles. . . { R. inférieurs : cœur à 3 cavités ; R. supérieurs : cœur à 4 cavités. }

Oiseaux . . { Cœur à 4 cavités ; Aorte recourbée vers la droite. }

Mammifères { Semblable à celui de l'Homme. Embryon avec des *arcs aortiques* rappelant ceux des Poissons. }

APPAREIL RESPIRATOIRE.

Poissons . . { Branchies : lamelles situées sur les arcs branchiaux ; Adaptation à la respiration aérienne. vessie natatoire (Dipneustes). }

Batraciens . { Têtard : branchies externes et internes ; Adulte : poumons. }

Reptiles. . . Poumons formés de simples sacs plissés.

Oiseaux . . { Deux larynx ; Poumons et neuf sacs aériens. }

Mammifères { Semblable à celui de l'Homme. Les Mammifères aquatiques (Phoque, Baleine) ont des poumons. }

SQUELETTE.

Poissons . . { Cartilagineux (Requin) ou osseux (Perche) ;
Vertèbres biconcaves ;
Membres transformés en nageoires paires.

Batraciens . Pas de côtes, un sternum.

Reptiles. . . { Nombreuses côtes.
Membres disparaissent chez les Serpents.

Oiseaux . . { Pneumaticité des os.
Bréchet, os coracoïde.
Membres supérieurs transformés en ailes.

Mammifères.— Les modifications les plus intéressantes sont celles que présentent les membres, selon qu'ils s'adaptent à la *course*, au *saut*, au *vol*, etc.

1° Adaptation à la course. . . . . . { *Réduction du nombre de doigts.*
Allongement des membres.

2° Adaptation au saut. . . . . . { Membres postérieurs > Membres antérieurs : Lièvre.
Membre antérieur très diminué : Marsupiaux.

3° Animaux *fouisseurs* . . . . . . } Patte antérieure de la Taupe.

4° Adaptation au vol. . . . . { Membre antérieur des Chauves-souris.
Sternum porte un léger bréchet.

5° Adaptation à la *natation*. . . . { Membres se transforment en nageoires. { *Amphibies*: les 4 membres.
Cétacés : les 2 membres antérieurs.

6° Adaptation à la *préhension*. . . } Pouce opposable aux autres doigts.

SYSTÈME NERVEUX.

Poissons . . { Hémisphères cérébraux plus petits que les lobes optiques.

Batraciens . { Hémisphères cérébraux plus développés que chez les Poissons.

Reptiles. . . { Hémisphères cérébraux plus développés que chez les Batraciens.
OEil pinéal.

Oiseaux . . { Lobes optiques rejetés sur les côtés ;
Hémisphères cérébelleux commencent.

Mammifères { Les *Hémisphères cérébraux* sont très développés : lisses chez les Mammifères inférieurs (Marsupiaux, Rongeurs), ils se plissent chez les Carnivores et les Singes pour devenir presque aussi compliqués que chez l'Homme.

Organes des sens.

Poissons . .
- Oreille réduite à l'oreille interne ;
- OEil très convergent (cristallin sphérique); ligament falciforme ;
- Ligne latérale.

Batraciens .
- Oreille interne et oreille moyenne (columelle) ;
- Ligne latérale chez les têtards.

Oiseaux . .
- Oreille externe sans pavillon.
- OEil : 3ᵉ paupière ; peigne.

Mammifères
- Beaucoup ont des *poils tactiles* (moustaches du Chat, ailes de la Chauve-souris).
- Cornets olfactifs très développés chez le Chien de chasse (*flair*).
- *L'oreille externe* manque chez la Taupe et les Cétacés
- *L'œil* est disparu chez la Taupe.

ANATOMIE ET PHYSIOLOGIE VÉGÉTALES

CHAPITRE PREMIER

LA CELLULE VÉGÉTALE ET LES TISSUS

Caractères des végétaux. — Nous verrons combien il est difficile de séparer d'une manière absolue les Végétaux des Animaux. Les plantes, dit-on, *ne se meuvent pas et ne sont pas sensibles.* Or, nous constaterons que les différents organes de la plante peuvent effectuer certains mouvements en vue d'assurer sa nutrition, et que de plus ces organes sont sensibles ou plutôt *irritables.* Le simple attouchement d'une feuille de Sensitive en détermine la fermeture. De plus, certaines substances, telles que le chloroforme et l'éther, peuvent agir sur les Végétaux aussi bien que sur les Animaux en annihilant leur irritabilité, en les anesthésiant.

On prend pour caractère distinctif des Végétaux la présence dans leur organisme d'une substance appelée *cellulose.*

§ 1. — La cellule végétale.

La plante, comme l'animal, se compose d'*éléments anatomiques* ou *cellules.* Inutile de décrire à nouveau la cellule, que nous avons étudiée avec détails dans le Cours d'Anatomie et de Physiologie animales. Nous indiquerons seulement par quoi la cellule végétale diffère de la cellule animale. La différence réside surtout dans la structure du *protoplasme* et de la *membrane.*

Le protoplasme. — Le protoplasme végétal a les mêmes propriétés générales que le protoplasme animal. Il n'en diffère que par la présence de petits corps arrondis appelés *leucites* (*fig.* 494). Ces leucites ont la même composition chimique que le protoplasme, mais ils sont plus réfringents.

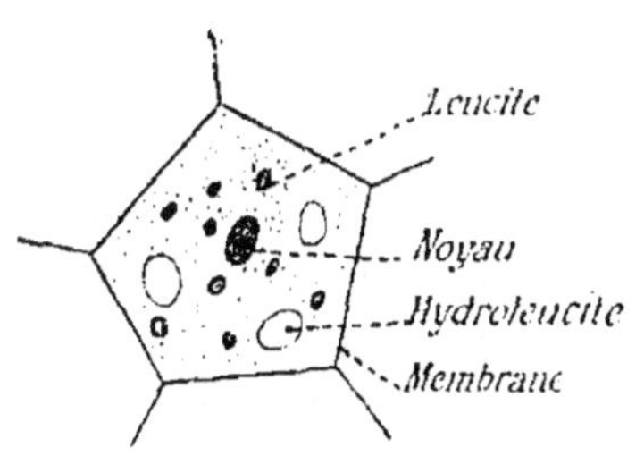

Fig. 494. — Cellule végétale.

La plupart des leucites sont incolores. Certains de ces corpuscules se colorent en jaune, en orangé ou en rouge : ce sont des *chromoleucites*; mais les plus nombreux sont les verts, qui renferment de la *chlorophylle* et qu'on appelle *chloroleucites*. Ces derniers jouent un rôle important dans la nutrition de la cellule.

Le protoplasme est continu dans la cellule jeune, mais peu à peu apparaissent des cavités (*fig.* 494) ou vacuoles contenant le suc cellulaire : ce sont des *hydroleucites*. Lorsque les hydroleucites seront en grand nombre, ils se fusionneront, et finalement il n'y aura plus qu'un unique hydroleucite (*fig.* 495, D), qui refoulera le protoplasme et le noyau contre la paroi. Dans la cellule morte (*fig.* 495, F), le noyau et le protoplasme ont disparu.

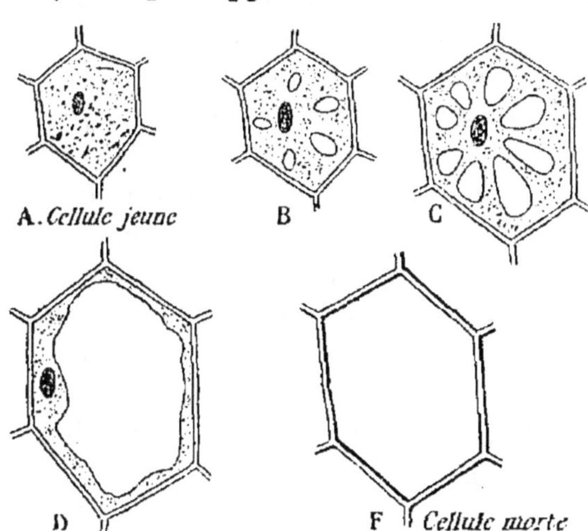

Fig. 495. — Évolution de la cellule.

Le suc cellulaire contient en dissolution un grand nombre de substances : des acides, des hydrates de carbone, des diastases, des matières colorantes, des alcaloïdes, etc. Lorsqu'il s'évapore, cette dissolution se concentre et peut alors laisser déposer ces substances à l'état amorphe ou à l'état cristallisé.

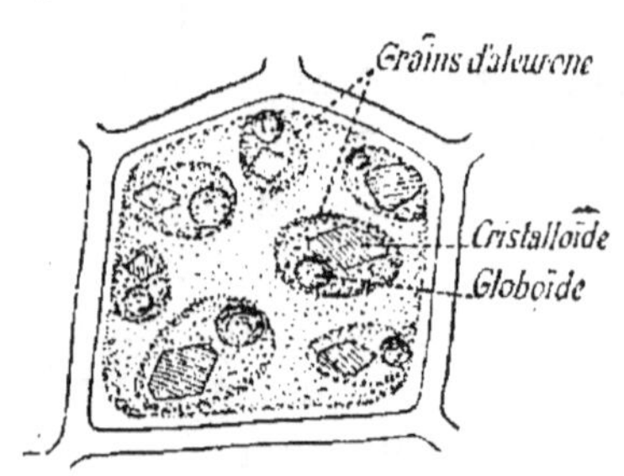

Fig. 496. — Cellule de l'albumen de la graine du Ricin contenant des grains d'aleurone.

C'est ainsi qu'on voit naître dans les vacuoles des cellules de la graine de Ricin, par exemple, des grains d'*aleurone* (*fig*. 496), dont chacun comprend un *cristalloïde* de nature albuminoïde, et un *globoïde* de nature phosphorée. Si l'on replace cette graine dans l'eau, celle-ci passe dans l'hydroleucite et redissout le cristalloïde et le globoïde du grain d'aleurone, qui disparaît. On peut faire réapparaître ce grain d'aleurone en plaçant la graine dans de la glycérine, qui enlève l'excès d'eau.

La membrane. — La *membrane* est toujours bien développée chez les végétaux, sauf dans les éléments reproducteurs (*anthérozoïde* et *oosphère*). Elle renferme de la *cellulose* et des *composés pectiques*.

La *cellulose*, qui caractérise les végétaux, est un hydrate de carbone ayant pour formule $C^6H^{10}O^5$. Elle a des propriétés basiques. On la reconnaît à ce qu'elle se colore en bleu par le chlorure de zinc iodé, et à ce qu'elle est soluble seulement dans le *réactif de Schweitzer* (liquide cupro-ammoniacal obtenu en versant de l'ammoniaque concentrée sur de la tournure de cuivre). Elle n'est soluble ni dans les acides, ni dans les bases les plus énergiques. Elle est digérée par un végétal inférieur, le *Bacillus amylobacter*, **dont** nous étudierons plus loin l'action physiologique.

Les *composés pectiques* ont une réaction acide et ne sont pas solubles dans le réactif de Schweitzer. Ils forment surtout la lame moyenne des membranes. La décomposition de cette lame par les microbes, dans le rouissage du Chanvre, explique comment les fibres se séparent les unes des autres.

Modifications de la membrane. — La membrane subit, au cours de l'évolution de la cellule, des modifications qui sont de deux sortes : 1° elle s'*épaissit* ; 2° elle se *modifie chimiquement*.

1° Épaississement. — La membrane peut s'épaissir uniformément ; la cellule reste alors semblable à elle-même. Mais la membrane peut ne pas s'épaissir uniformément sur toute sa surface ; les parties restées minces (*fig*. 497) forment les *ponctuations* et facilitent les échanges de cellule à cellule. Parfois même des filaments protoplasmiques établissent des communications directes d'une cellule à l'autre.

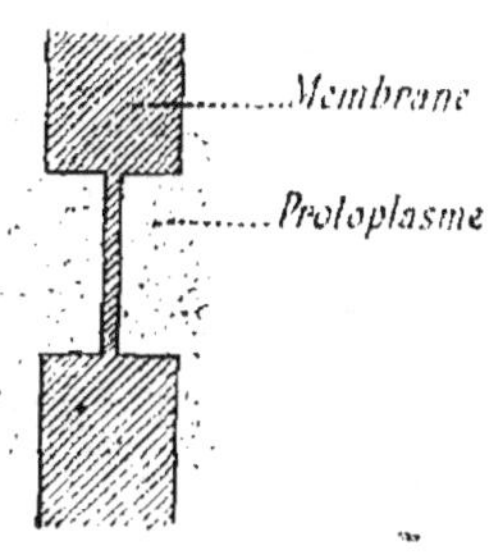

Fig. 497. — Épaississement de la membrane donnant une ponctuation.

2° Modifications chimiques. — La membrane peut se modifier chimiquement soit par la transformation de sa propre substance, soit par le dépôt de matières particulières dans son épaisseur.

Lignification. — La plupart des éléments formant le *bois* ont leurs membranes imprégnées d'une substance appelée *lignine*. Cette matière a la propriété de se colorer en jaune par le chloroiodure de zinc et de retenir énergiquement le vert d'iode. Elle n'est attaquée ni par le réactif de Schweitzer, ni par le *Bacillus amylobacter*. Elle donne de la solidité aux végétaux. Un morceau de bois, par exemple, est du tissu lignifié.

Subérification et cutinisation. — La cellulose de la membrane peut se transformer en *cutine* ou *subérine*. Cette substance se colore en rouge par la fuchsine et en jaune brun par le chloroiodure de zinc, alors que la cellulose se colore en bleu ; elle est soluble dans la potasse concentrée et bouillante. Lorsque cette substance se forme seulement dans la partie externe de la membrane des cellules épidermiques (*fig*. 498), on a une

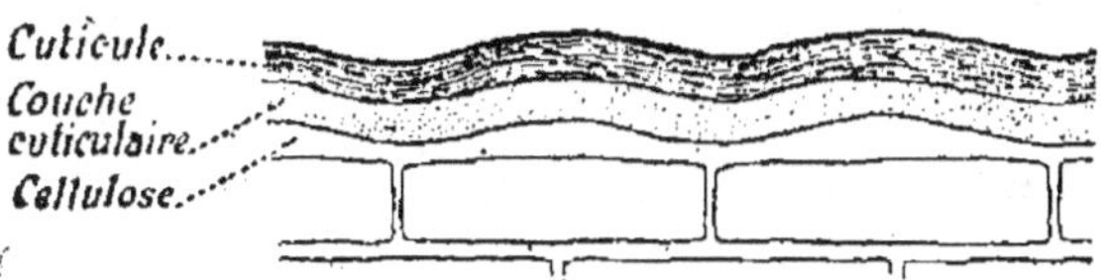

Fig. 498. — Cutinisation ou subérification de la membrane.

pellicule continue appelée *cuticule*. C'est cette partie que l'on enlève facilement à la surface d'une feuille de Chou, par exemple. La *couche cuticulaire* est celle qui est en train de se cutiniser. Si la transformation en question s'opère dans plusieurs couches de cellules, on a une *subérification*, et l'ensemble des cellules ainsi modifiées forme le *liège*. Un bouchon par exemple est formé de tissu subérifié. Les membranes su-

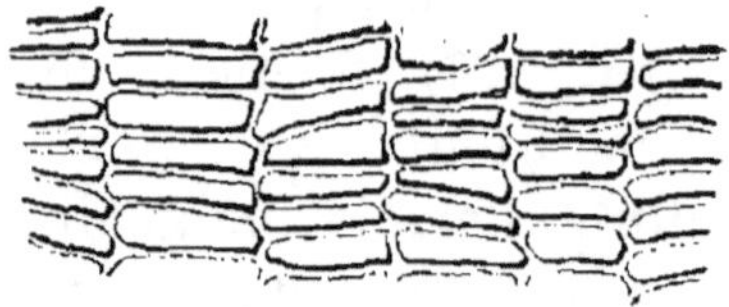
Fig. 499 — Coupe transversale dans du liège (tige de Chêne).

bérifiées résistent aux agents extérieurs, au *Bacillus amylobacter* lui-même ; elles jouent donc un rôle protecteur.

Le liège (*fig.* 499) est un tissu constitué par des cellules disposées en rangées radiales, ayant perdu leur protoplasme et ne contenant que de l'air. C'est à l'imperméabilité de leurs membranes qu'est due celle du liège. Le liège est très léger à cause de l'air qu'il contient ; pour la même cause il est mauvais conducteur de la chaleur.

Gélification. — La membrane de certaines cellules, de la graine de Lin par exemple, a la propriété de se gonfler au contact de l'eau et de se transformer en une sorte de gelée : c'est la *gélification*. Ce sont les composés pectiques qui subissent cette gélification.

La production des *gommes* est également due à une transformation pathologique de la membrane cellulosique.

Minéralisation. — La membrane, dans certains cas, peut s'incruster de matières minérales. La tige du Blé, celle des Prêles contiennent de la silice, qui leur donne une grande rigidité. La Coralline contient du carbonate de calcium, et le bois de Teck du phosphate.

§ 2. — Les tissus végétaux.

Origine de la plante. Différenciation cellulaire et tissus. — Toute plante, si compliquée soit-elle, provient d'une cellule unique, la *cellule initiale* ou *œuf*. Cette cellule va se partager et donner deux cellules, qui pourront se séparer et vivre indépendantes (Végétaux inférieurs), ou bien rester associées pour continuer leur multiplication et former un ensemble de cellules (Végétaux supérieurs).

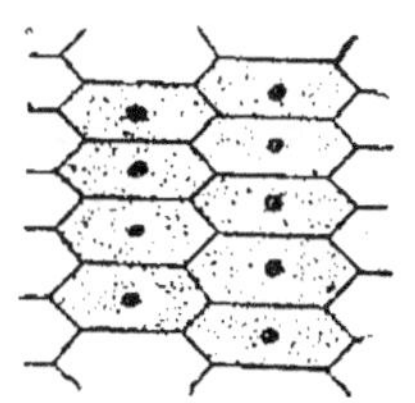

Fig. 500. — Cellules du méristème.

Les cellules semblables, en voie de cloisonnement et qu'on trouve dans les parties jeunes (*fig.* 500), forment un tissu appelé *méristème*. La formation continue de nouvelles cellules au sommet de la tige et de la racine produit la *croissance terminale* de ces organes.

Plus tard les cellules, après avoir subi la *différenciation* résultant de la division du travail physiologique, se groupent suivant leurs formes et leurs fonctions pour donner les *tissus*.

Parmi les principaux tissus, citons le *parenchyme*, le *tissu fibreux*, le *tissu vasculaire*.

Le parenchyme. — Le *parenchyme* est un tissu formé de cellules polyédriques à parois minces et cellulosiques (*fig.* 501). Il est répandu abondamment dans toutes les plantes : c'est une sorte de *tissu conjonctif* servant à relier entre eux les autres tissus.

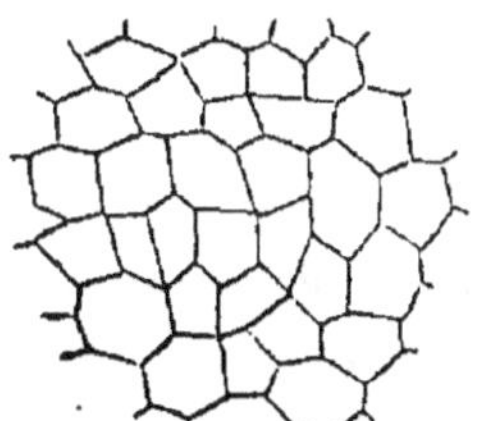

Fig. 501. — Parenchyme (racine de Lupin).

Si les cellules du parenchyme s'écartent en certains points pour laisser entre elles des *méats* ou *lacunes,* on a un *parenchyme*

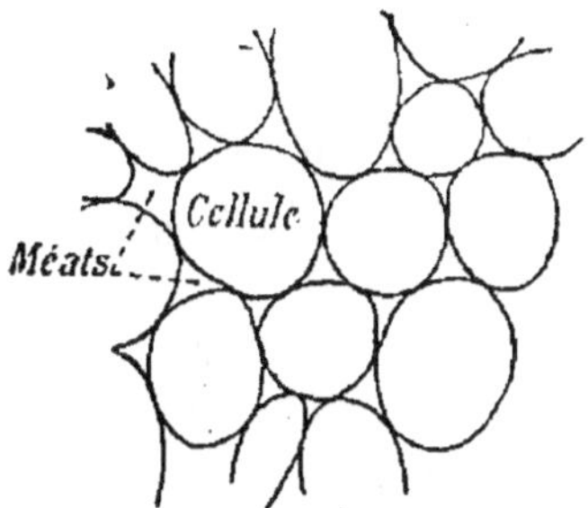

Fig. 502. — Parenchyme lacuneux (Ricin).

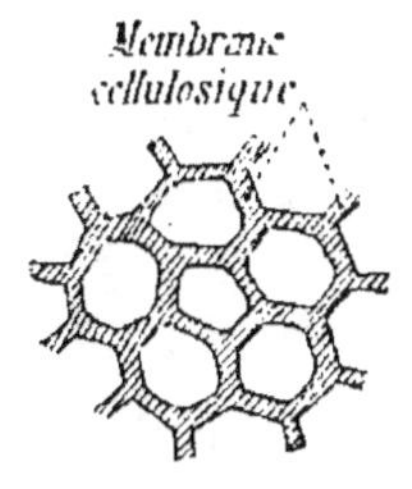

Collenchyme.

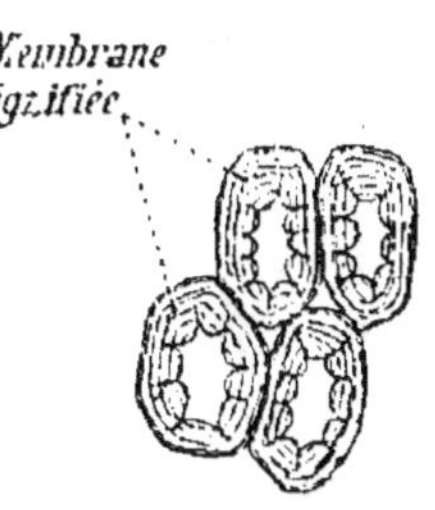

Sclérenchyme.

Fig. 503.

lacuneux (*fig.* 502). Enfin, suivant les substances contenues dans les cellules, le parenchyme peut être *chlorophyllien, sécréteur,* etc.

Lorsque les membranes des cellules du parenchyme s'épaississent tout en restant cellulosiques, on a un tissu appelé *collenchyme* (*fig.* 503). Si les membranes s'épaississent et se lignifient, comme dans les noyaux de Pêche ou de Cerise, le tissu est appelé *sclérenchyme* (*fig.* 503).

Tissu fibreux. — Une cellule qui s'allonge en s'effilant à ses deux bouts, tout en conservant des parois épaisses, devient une *fibre* (*fig.* 504). Sur une section transversale, la fibre a l'aspect d'une cellule de sclérenchyme. Les fibres peuvent rester *cellulosiques*, comme dans la tige du Lin, où elles atteignent 5 à 6 centimètres de longueur ; mais elles peuvent se lignifier, comme dans le Jute. Le tissu *fibreux* est un tissu de soutien.

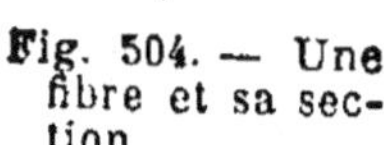

Fig. 504. — Une fibre et sa section.

Tissu vasculaire. — Le *tissu vasculaire* est formé de *vaisseaux*, c'est-à-dire de tubes destinés à transporter la sève. Ces vaisseaux sont de deux sortes, suivant qu'on les étudie dans le *bois* ou dans le *liber*.

1° Le bois. — Le bois est formé essentiellement de tubes ou *vaisseaux*, de *parenchyme ligneux* et de *fibres ligneuses*.

Les *vaisseaux* sont constitués par des cellules dont la membrane est lignifiée et qui se superposent en files (*fig.* 505, A). Les cloisons transversales se gélifient et se résorbent pour donner un tube continu ne portant plus, de distance en distance, qu'une trace annulaire de la cloison disparue (*fig.* 505, B). Le protoplasme et le noyau disparaissent également. Si la cloison est complètement résorbée, on a un *vaisseau parfait* ; si la cloison persiste, on a un *vaisseau imparfait*. Tous les vaisseaux jeunes sont des vaisseaux fermés.

Les parois des vaisseaux ne sont ni également épaisses, ni uniformément lignifiées. L'aspect des vaisseaux du bois dépend donc du mode d'épaississement ligneux de la paroi.

Exemples : les vaisseaux *rayés*, qui sont parfaits, et les vaisseaux *annelés* et *spiralés* (*fig*. 506), qui sont imparfaits..

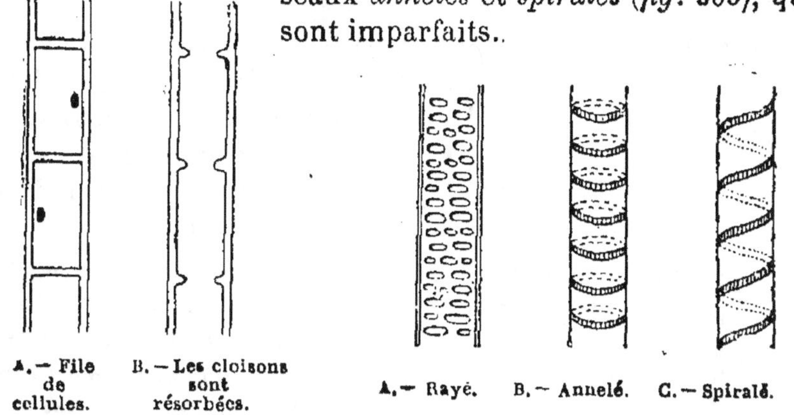

A. — File de cellules.   B. — Les cloisons sont résorbées.

Fig. 505. — Formation des vaisseaux du bois.

A. — Rayé.   B. — Annelé.   C. — Spiralé.

Fig. 506. — Vaisseaux du bois.

Parmi les *vaisseaux imparfaits*, signalons les vaisseaux *scalariformes* (*fig*. 507), que les épaississements font ressembler à une échelle et qui sont abondants chez les Fougères, et les vaisseaux à ponctuations *aréolées* (*fig*. 508), qui forment le bois des Conifères (Pin). Ces derniers sont formés de cellules

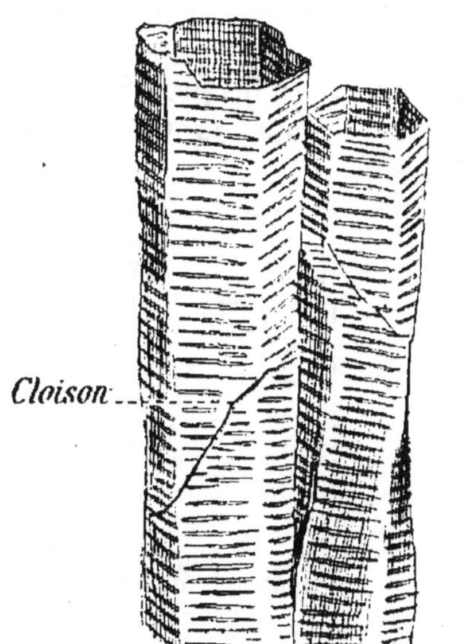

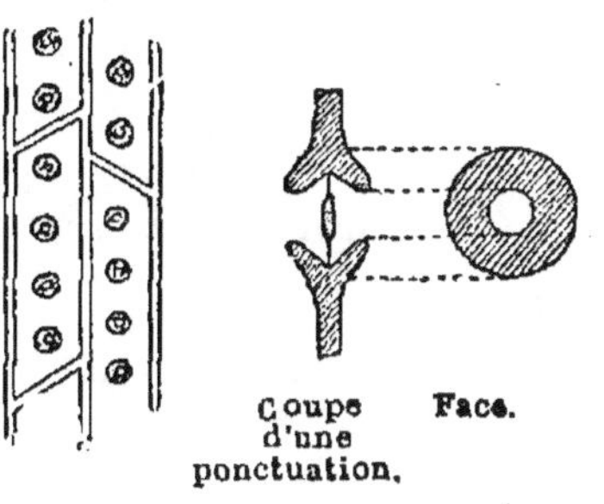

Fig. 507. — Vaisseaux scalariformes.   Fig. 508. — Vaisseaux aréolés.

communiquant entre elles par des ponctuations placées sur les côtés, et chaque ponctuation est constituée par une membrane mince à travers laquelle filtre le contenu des cellules.

Les vaisseaux du bois servent à transporter la *sève brute* absorbée par les racines.

2° **Le liber.** — Le liber est formé, comme le bois, de trois éléments : vaisseaux ou *tubes criblés*, *parenchyme libérien* et *fibres libériennes*. Il doit son nom à ce que, sur une coupe longitudinale, il se présente avec l'aspect des feuilles d'un livre (*liber*).

Fig. 509. — Formation d'un tube criblé.

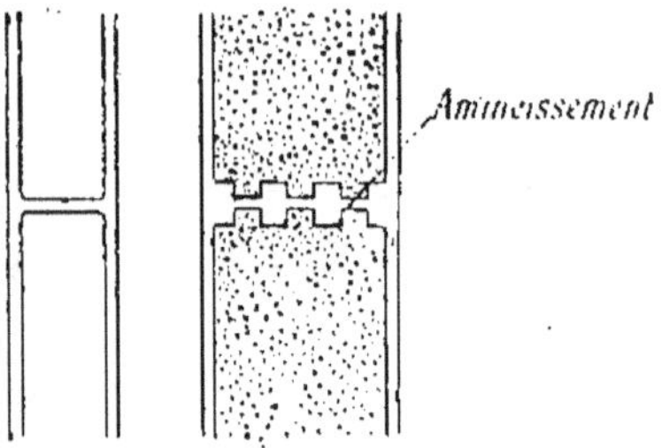

Le *tube criblé* est l'élément essentiel du liber. Comme le vaisseau du bois, il est formé par des cellules allongées qui se placent en files (*fig.* 509, A) dont les parois conservent une structure cellulosique. La cloison transversale qui sépare deux cellules (*fig.* 509, B) présente des épaississements cellulosiques qui laissent entre eux des parties très amincies par lesquelles se font les échanges entre les matières albuminoïdes contenues dans les deux cellules superposées. Cette cloison vue de face (*fig.* 510) présente l'aspect d'un *crible*.

Fig. 510. — Le crible vu de face.

Fig. 511. — Formation du cal dans un tube criblé.

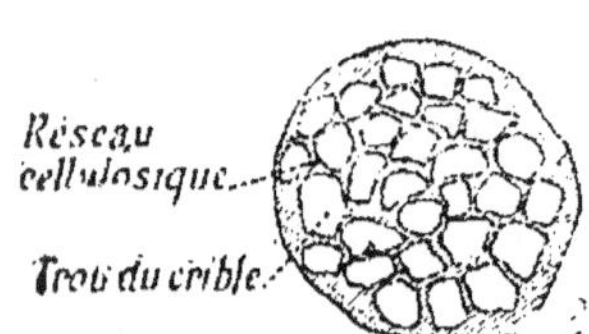

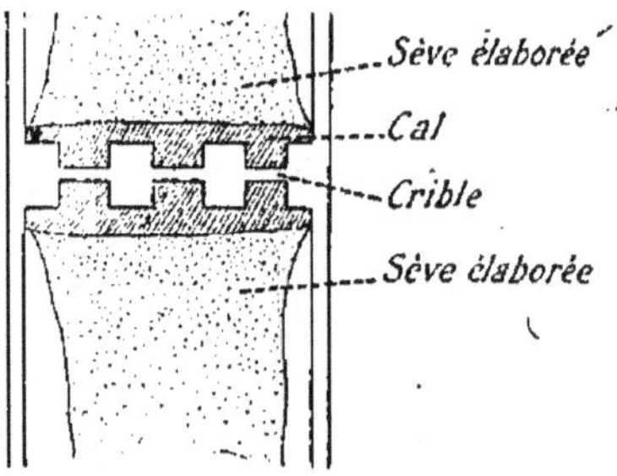

A l'automne, il se forme de chaque côté de la cloison une substance de nature albuminoïde appelée *cal* (*fig.* 511). Le cal bouche d'abord les perforations, puis il s'étend et forme de chaque côté une véritable *plaque* qui suspend les échanges entre les deux cellules. Au printemps suivant, le cal se résorbe et les communications se rétablissent.

Les tubes criblés du liber servent au transport de la *sève nutritive* qui a été élaborée dans les feuilles.

§ 3. — Les grands groupes du règne végétal.

Classification. Les quatre grands embranchements. — Le règne végétal présente une infinie variété de formes. Aussi a-t-on été obligé de classer les plantes en se basant sur leur structure interne et sur le nombre et la forme de leurs organes. Comme pour les animaux, on a fait des groupes de plus en plus importants : *espèce, genre, famille, ordre, classe* et *embranchement.*

On a réparti plus de cent mille espèces actuellement connues en quatre grands embranchements :

1° **Les Thallophytes,** qui sont les plus simples de tous les végétaux. Ils se composent souvent d'une seule cellule, comme les Bactéries (*fig.* 512), ou bien ils sont consti-

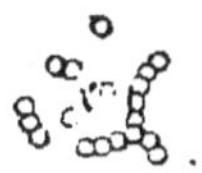

Fig. 512. — Un groupe de bactéries (Micrococcus ureæ).

tués par plusieurs cellules, mais qui ne se différencient pas et restent toutes semblables. En tout cas, ils ne présentent jamais aucun organe qui puisse être comparé aux diverses parties d'une plante à fleurs : ils n'ont ni racine, ni tige, ni feuilles. Leur corps, très variable de forme, est désigné sous le nom de *thalle.* Ces plantes sont rangées en deux groupes : les *Algues,* qui ont de la chlorophylle, et les *Champignons* (*fig.* 513), qui en sont dépourvus ;

Fig. 513. — Thalle d'un Champignon (Bolet).

2° Les **Muscinées,** qui ont feuilles et tige, mais ne possèdent ni racine, ni fleurs. C'est à peine si la partie de la tige enfoncée dans le sol porte quelques poils destinés à absorber

les liquides du sol. Exemple : les Mousses (*fig.* 514). Leurs
tissus sont peu différenciés ; ils ne présentent pas encore de
vaisseaux ;

3° Les Cryptogames vasculaires ou à racines, qui n'ont

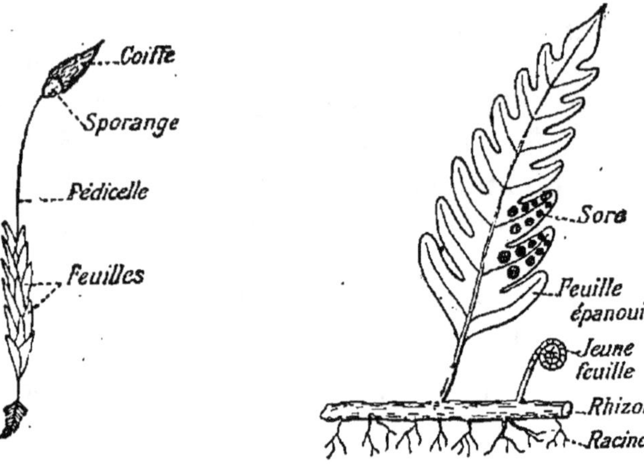

Fig. 514. — Une Mousse   Fig. 515. — Fougère (Polypode).
(Polytric).

pas de fleurs, mais qui ont racine, tige et feuilles. Possédant des racines, ces plantes vont absorber les liquides
nutritifs du sol ; aussi leurs tissus vont-ils se perfectionner
et présenter des *vaisseaux* pour conduire cette sève.
Exemple : Les Fougères (*fig.* 515).

Aux trois embranchements que nous venons d'énumérer
appartiennent toutes les plantes qui sont *dépourvues de fleurs*
et qu'on désigne sous le nom de *Cryptogames* ;

4° Les **Phanérogames,** qui sont des *plantes à fleurs* et
qui ont racine, tige et feuilles. Exemple : La Renoncule
(*fig.* 516). Les fleurs sont formées de feuilles modifiées, de
façon à produire des fruits et des graines. Ces graines contiennent chacune une petite plante qui pourra se développer
et grandir si on la place dans des conditions convenables,
c'est-à-dire si on la fait germer.

L'étude des plantes à fleurs devant nous occuper plus
particulièrement, nous allons indiquer les divisions de cet

embranchement. On l'a partagé en deux sous-embranchements :

Fig. 516 — Renoncule.

1° Celui des *Angiospermes,* dont les graines sont enfermées dans une enveloppe (*fig.* 517, A). Exemple : le
Haricot ;

2° Celui des *Gymnospermes,* dont les graines sont à découvert, simplement attachées sur de petites écailles (*fig.*
517, B).

Exemple : le Pin.

Enfin, les Angiospermes, qui comprennent le plus grand
nombre de plantes, ont été divisées à leur tour en deux
classes :

1° Les *Dicotylédones,* comme le Haricot, dont la graine
contient une petite plante en miniature portant *deux*
premières feuilles ou cotylédons ;

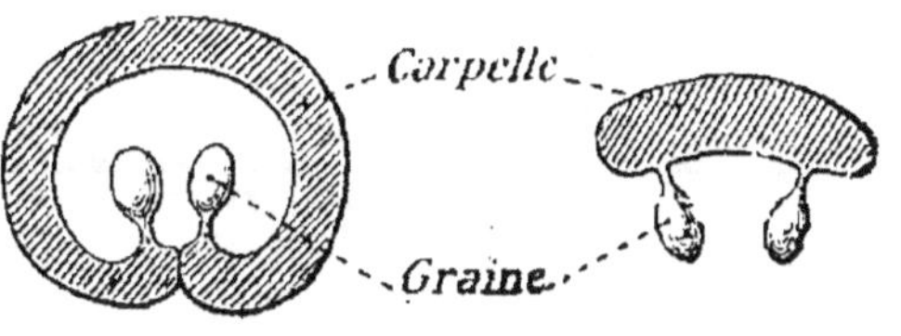

Fig. 517. — Disposition des graines.

2° Les *Monocotylédones,* comme le Blé, dont la graine ne
présente qu'un seul cotylédon.

Nous résumons dans le tableau ci-contre les caractères
des grandes divisions que nous venons d'indiquer.

Tableau des quatre grandes divisions du règne végétal.

		Racine	Tige	Feuilles	Fleurs			
Cryptogames	I.	0	0	0	0	Thalle	Thallophytes.	} Champignons } Algues
	II.	0	Tige	Feuilles	0	......	Muscinées.	Mousses
	III.	Racine	Tige	Feuilles	0	......	Cryptogames à racines. . . .	Fougères
	IV.	Racine	Tige	Feuilles	Fleurs	......	Phanérogames, comprenant :	

Phanérogames, comprenant :

Gymnospermes . . . . **Pin**
(Graines à découvert)

Angiospermes (Graines enfermées) { *Monocotylédones* (1 cotylédon) — **Blé**

{ *Dicotylédones* (2 cotylédons) — **Haricot**

RÉSUME

Caractères des végétaux. — N'ont pas de mouvements d'ensemble. C'est surtout la *cellulose*, $C^6H^{10}O^5$, qui les caractérise.

La cellule végétale. — Elle est caractérisée par son *protoplasme* et sa *membrane*.

1° *Protoplasme.*
- *Leucites* : corps albuminoïdes . . . . { Chromoleucites. Chloroleucites.
- *Hydroleucites* : vacuoles contenant le suc cellulaire.

2° *Membrane.*
- Contient de la *cellulose* et des *composés pectiques.*
- Modifications . .
  - épaississement : ponctuations.
  - chimiques
    - *Lignification* : bois.
    - *Subérification* : cuticule et liège.
    - *Gélification.*
    - *Minéralisation.*

Les tissus végétaux. — Chaque végétal est formé, à l'origine, d'une cellule unique, l'œuf, qui, en se multipliant, donne toute la plante.

Les cellules, d'abord semblables, se groupent pour donner un jeune tissu ou *méristème*. Puis la *division du travail physiologique* produit la *différenciation* des cellules et par suite la formation des tissus.

Parenchyme : Cellules à parois minces. Sorte de tissu conjonctif.
Tissu fibreux : La fibre est une cellule allongée.
Tissu vasculaire : Bois et liber.

1° *Bois.*
- *Vaisseaux à parois lignifiées* . . . . .
  - 1. *V. parfaits* : rayés.
  - 2. *V. imparfaits* : annelés, spiralés, scalariformes et aréolés.
- Circulation de la *sève brute* absorbée par les racines.

2° *Liber.*
- *Tubes criblés*, à parois cellulosiques : crible, formation du *cal.*
- Circulation de la *sève nutritive* élaborée par les feuilles.

Classification sommaire des végétaux. — Quatre embranchements.

Cryptogames (pas de fleurs)
- 1° Ni tige, ni feuilles, ni racine, un *thalle* . . . . . . — THALLOPHYTES : { Champignons. Algues.
- 2° Tige, feuilles, pas de racine. . . . . — MUSCINÉES : Mousses.
- 3° Tige, feuilles, racine . . — CRYPTOGAMES VASCULAIRES : Fougères.
- 4° Tige, feuilles, fleurs, racine. . . . . — PHANÉROGAMES : Blé, Haricot.

ÉTUDE D'UNE PLANTE A FLEURS

Les fonctions végétales : La nutrition et la reproduction. — Quelle que soit sa complexité, un végétal a deux grandes fonctions : la *nutrition*, qui assure son existence, et la *reproduction*, dont le but est la conservation de son espèce.

Chez beaucoup de végétaux inférieurs, parmi les Algues et les Champignons, ces fonctions sont confondues. C'est ainsi que la même cellule de Levure de bière se *nourrit* et se *reproduit*. Mais la séparation des fonctions se fait bientôt, et le corps de la plante se partage en deux parties : l'une servant à la *nutrition*, l'autre à la *reproduction*. De là la constitution d'un *appareil nutritif* et d'un *appareil reproducteur*.

Ces deux appareils se perfectionneront peu à peu. Ainsi l'appareil nutritif comprendra d'abord un *thalle*, c'est-à-dire qu'il sera formé de filaments semblables, non différenciés ; puis apparaîtront la *tige* et les *feuilles*, et enfin la *racine*

De même, l'appareil reproducteur se perfectionne peu à peu pour arriver à la *fleur*.

LES FONCTIONS DE NUTRITION

Les membres d'une plante. — Pour se faire une idée exacte des organes qui servent à la nutrition de la plante, il suffit de placer dans de la Mousse ou du sable humide une graine de Haricot. Au bout de quelques jours on voit *germer* la graine, c'est-à-dire que la plantule qui y est contenue se développe. On voit apparaître alors successivement les trois membres qui servent à la nutrition de la plante (*fig.* 518) : 1° la *racine*, qui s'enfonce dans le sol ; 2° la

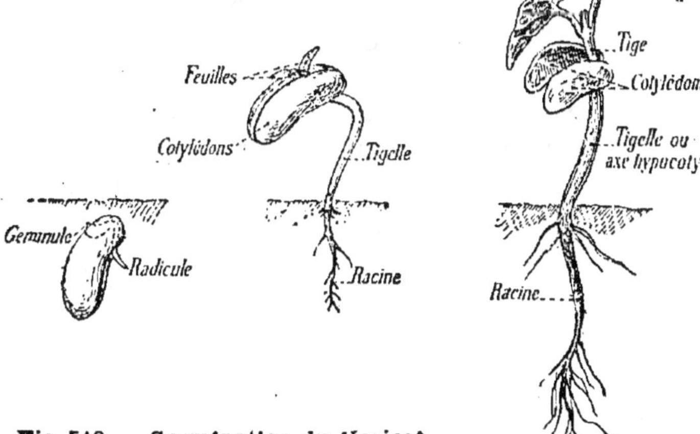

Fig. 518. — Germination du Haricot.

tige, qui est la partie aérienne ; 3° les *feuilles*, portées par la tige et qui sont des lames aplaties et colorées en vert.

La racine et la tige forment en quelque sorte l'axe de la plante.

Dans l'étude de chacun de ces membres, nous suivrons la même méthode qu'en anatomie et physiologie animales c'est-à-dire que nous parlerons successivement : 1° des *caractères extérieurs* ; 2° de la *structure interne* ; 3° des *fonctions* ou *physiologie*.

CHAPITRE II

LA RACINE

La racine n'existe que chez les Phanérogames et les Cryptogames vasculaires. Quand on fait germer une graine dans de bonnes conditions, la racine est le premier organe qui apparaît (*fig.* 518).

§ 1. — Caractères extérieurs.

Lorsqu'on observe une jeune racine (*fig.* 519), on voit qu'elle est constituée par un cylindre dont le sommet est recouvert d'un tissu résistant, la *coiffe* ; au-dessus on remarque un fin duvet formé par les *poils absorbants* ; enfin au-dessus de ceux-ci se trouve une région dépourvue de poils et de couleur foncée.

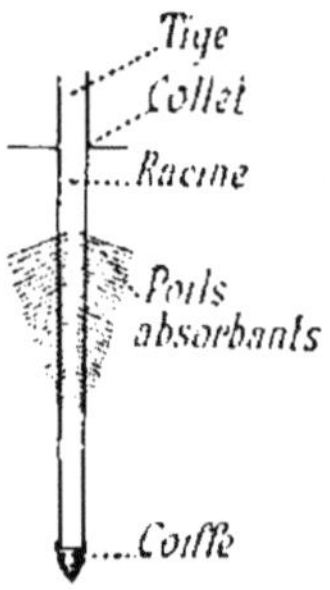

Fig. 519. — Aspect d'une jeune racine.

Poils absorbants. — Les *poils absorbants* sont ainsi appelés parce qu'ils absorbent les matières nutritives du sol. Ils sont petits au voisinage du sommet de la racine, et grandissent à mesure qu'on s'approche de la base de celle-ci ; puis ils cessent brusquement. La région supérieure de la racine a porté des poils, mais ils sont tombés en laissant des empreintes ou cicatrices colorées en brun par le liège qui s'est formé.

A mesure que la racine s'allonge, les poils se flétrissent et tombent dans la partie supérieure, tandis qu'il en apparaît de nouveaux dans la région inférieure. De cette façon la région pilifère conserve à peu près la même longueur, et comme elle suit l'extrémité de la racine, il en résulte que toutes les parties du sol sont successivement explorées et épuisées par les poils absorbants.

Les racines qui se développent dans l'eau (Lentille d'eau, Jacinthe) n'ont pas de poils. En semant des grains de Blé dans du sable placé sur un tamis au-dessus d'un vase contenant de l'eau, on peut voir que les poils se développent dans l'air humide et ne poussent pas dans l'eau (*fig.* 520).

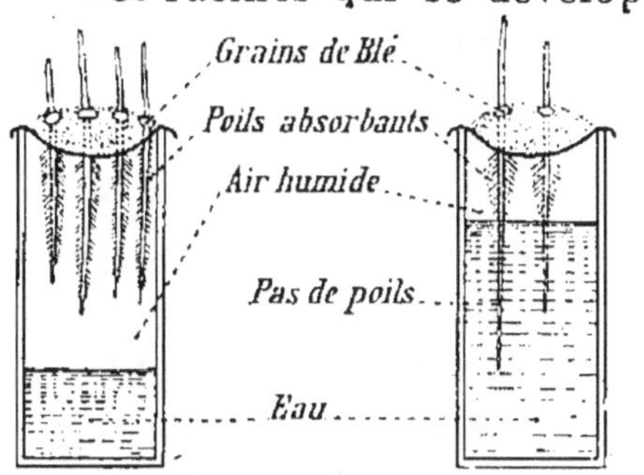

Fig. 520. — Expérience montrant que les poils absorbants se développent dans l'air humide, mais pas dans l'eau.

La coiffe. — Le sommet de la racine, qui est formé d'un tissu jeune et délicat, est protégé par une sorte de capuchon, la *coiffe*. Le tissu de cette coiffe est très résistant, de sorte que la racine peut s'allonger et s'enfoncer dans le sol sans être déchirée.

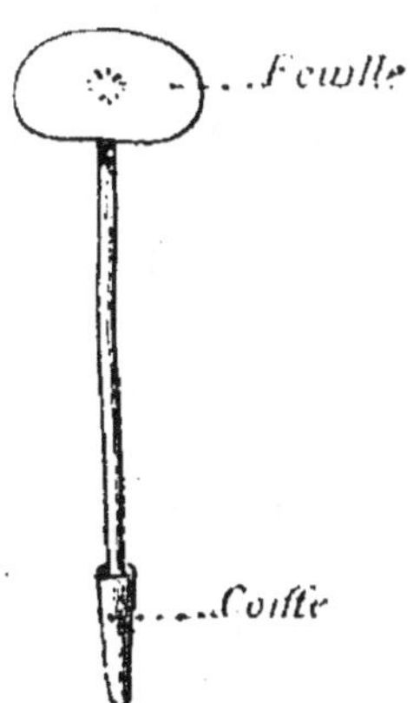

Fig. 521. — Lentille d'eau.

Fig. 522. — Racines aériennes d'une Orchidée tropicale.

Les racines aquatiques (Lentille d'eau) (*fig.* 521) ont aussi une coiffe qui protège leur extrémité.

Les racines aériennes de certaines Orchidées qui poussent sur les arbres des forêts tropicales (*fig.* 522) sont recouvertes d'une sorte de voile blanc et luisant qui empêche la dessiccation des jeunes tissus.

Accroissement en longueur. — Pour étudier le mode d'*accroissement en longueur* d'une racine, on prend une racine jeune, en voie de croissance, celle d'une Fève qui germe par exemple ; puis on trace au vernis noir des traits équidistants de 1 centimètre à partir du sommet (*fig.* 523, A). Au bout de 24 heures on constate que le *premier centimètre* seul s'est allongé (*fig.* 523, B), tandis que les autres ont conservé leur longueur primitive. C'est donc dans le premier centimètre à partir du sommet que se produit l'accroissement.

On peut déterminer d'une façon plus précise la région de l'accroissement. Il suffit de partager le premier centimètre en dix intervalles égaux chacun à 1 millimètre ; au bout de 24 heures on constate (*fig.* 523, B) que toutes les divisions ne se sont pas allongées également ; ce sont les divisions 2 et 3 qui ont subi la croissance la plus considérable.

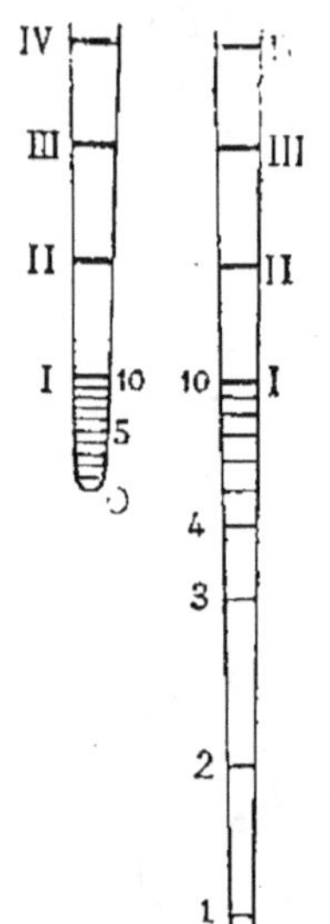
A. — Début de l'expérience. b. — Au bout de quelques jours.
Fig. 523. — Accroissement de la racine en longueur.

L'accroissement en longueur est donc presque terminal, on dit qu'il est *subterminal*.

Les divisions voisines du sommet grandissent toutes pendant quelques jours, puis elles cessent de grandir ; c'est ce qu'on appelle la *croissance intercalaire* ; elle est due à l'allongement des cellules.

L'allongement de la racine est produit surtout par la *croissance subterminale*. On peut, en coupant le premier centimètre de la racine, arrêter la croissance de ce membre.

L'accroissement de la racine ne se fait pas également suivant toutes les génératrices du cylindre qu'elle forme ; de sorte que lorsqu'une génératrice s'accroît davantage, la racine s'incurve. La pointe de la racine pourrait ainsi décrire une sorte d'ellipse (*fig*. 524), mais comme elle s'accroît longitudinalement, c'est une hélice qu'elle décrit. Par ce *mouvement de circumnutation*, la racine pénètre dans le sol à la façon d'une vrille ou d'un tire-bouchon.

Fig. 524. — Circumnutation de la racine.

Ramification de la racine. Radicelles. — Au cours du développement de la racine principale, on voit celle-ci se ramifier. Les racines qui naissent ainsi sont appelées *radicelles* (*fig*. 525). Il se produit d'abord des racines secondaires, qui peuvent se ramifier à leur tour et donner des racines tertiaires et ainsi de suite.

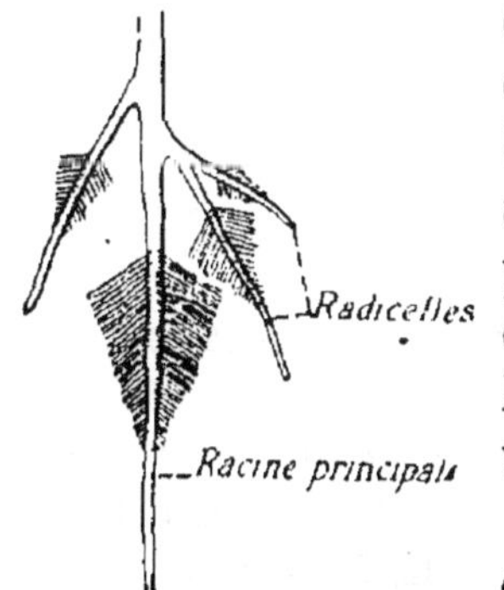

Fig. 525. — Les radicelles.

Chaque radicelle porte une coiffe et des poils absorbants, mais au lieu de se diriger verticalement comme la racine principale, elle fait toujours un certain angle avec celle-ci.

Différentes formes de racines. — L'ensemble d'une racine et de ses radicelles peut présenter divers aspects.

Si la racine principale se développe beaucoup (*fig*. 526, A), tandis que les radicelles sont peu abondantes, la racine est dite *pivotante*. Exemples : la Betterave, la Carotte.

Au contraire, si la racine principale se développe peu et si les radicelles sont nombreuses (*fig*. 526, B), la racine est dite *fasciculée*. Exemple : le Blé.

Tandis que la racine pivotante de la Betterave s'enfonce profondément et va épuiser le sol dans sa profondeur, la racine fasciculée du Blé, au contraire, s'étale à une faible profondeur et va épuiser le sol en surface. Aussi bien le cultivateur fait succéder le Blé à la Betterave afin d'obtenir de bons résultats tout en économisant les engrais : c'est ce qu'on appelle faire des *assolements*.

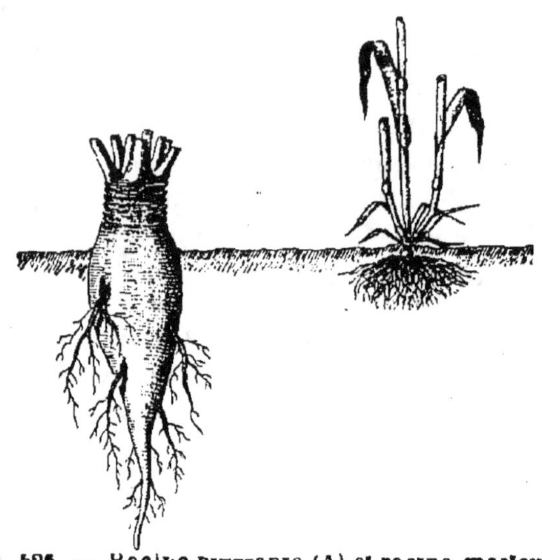

Fig. 526. — Racine pivotante (A) et racine fasciculée (B).

Enfin certaines racines présentent des renflements où se sont accumulées des matières de réserve : on dit qu'elles sont *tuberculeuses*. Exemple : le Radis, la Betterave.

Racines adventives. — Certaines racines, au lieu de naître sur la racine principale, se détachent de la tige, ce sont des *racines adventives* ; telles sont les nombreuses racines qui se développent sur la tige du Lierre (*fig.* 527) et qui servent de crampons pour fixer le Lierre le long des arbres ou des rochers. Telles sont encore les racines qui se produisent sur la tige rampante du Fraisier.

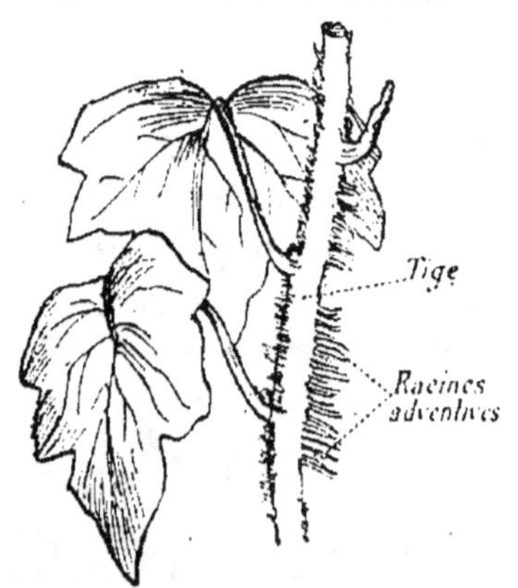

Fig. 527. — Les racines adventives du Lierre.

Le fameux *Figuier des Banyans* (*fig.* 528) fournit aussi de nombreuses racines adventives qui descendent des branches et viennent s'enfoncer dans le sol, s'y nourrir et prendre un développement tel qu'elles ont l'aspect de troncs multiples : d'où le nom de *Multipliant* ou d'*Arbre forêt* donné à ce

Fig. 528. — Racines adventives du Figuier des Banyans.

Figuier. Il peut parfois couvrir une surface circulaire de 500 mètres de diamètre.

Applications. — On utilise en agriculture le développement des racines adventives, soit pour reproduire, comme nous le verrons plus loin, les plantes par *bouturage* ou par *marcottage*, soit encore dans le *roulage* et le *buttage*.

Le *roulage* du Blé, par exemple, se fait en passant un rouleau dans un champ de Blé jeune, ce qui couche les tiges sur le sol (*fig.* 529), et des racines adventives se développent sur les points de la tige qui touchent au sol humide. Ces racines permettent au Blé d'absorber plus de nourriture, et par suite de former plus de fleurs et plus de graines.

Le *buttage* consiste à accumuler la terre à la base de la tige de façon à provoquer le développement des racines adventives ; c'est ainsi

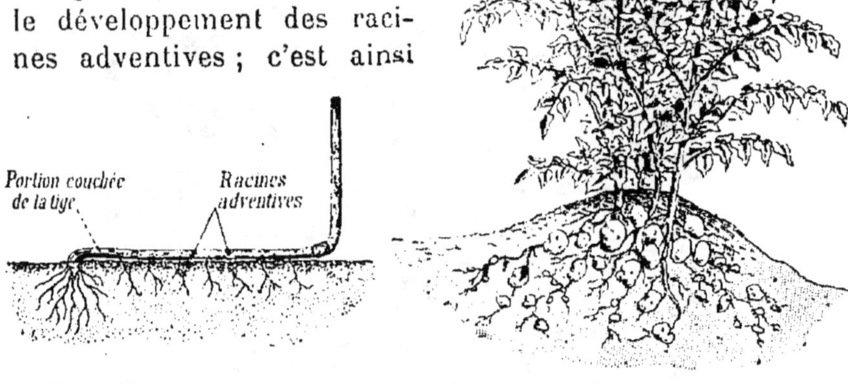

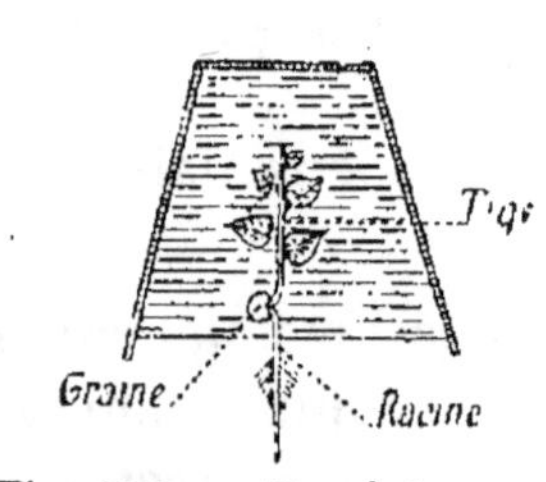

Fig. 529. — Effets du roulage du Blé.

Fig. 530. — Buttage de la Pomme de terre.

que l'on butte les tiges de Pomme de terre (*fig.* 530).

Direction des racines. — La racine principale se dirige toujours *verticalement* et de *haut en bas*. On peut montrer que si la racine se dirige ainsi, ce n'est pas parce qu'elle est attirée par le milieu le plus favorable, ni parce qu'elle évite la lumière. On fait pour cela l'expérience dite du *pot renversé* : on sème des graines dans un pot qu'on renverse en ayant soin, à l'aide d'un grillage, d'empêcher la terre de tomber (*fig.* 531) ; la racine va se développer verticalement et de haut en bas, dans l'air et à la lumière, tandis que la tige se dirigera de bas en haut, dans la terre et dans l'obscurité.

Fig. 531. — Expérience du pot renversé.

On explique cette direction caractéristique de la racine en faisant intervenir la *pesanteur* ; d'autres causes agissent aussi, telles que *l'humidité*, *la lumière*, *la pression*, *la température*, etc.

1° Influence de la pesanteur ou géotropisme. — Si l'on

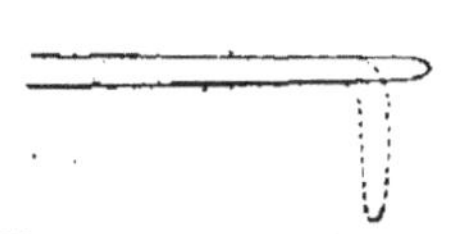

Fig. 532. — Influence de la pesanteur.

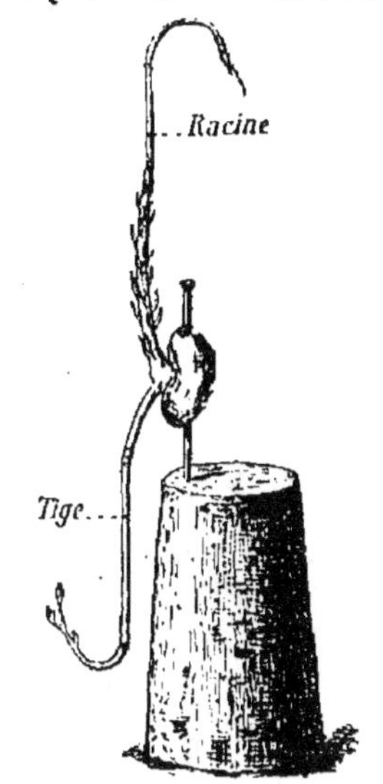

Fig. 533. — Plantule retournée.

place horizontalement la racine (*fig.* 532) d'une graine en germination, on voit la pointe de la racine s'infléchir et s'enfoncer verticalement dans la terre. On peut encore montrer que la racine s'accroît vers le bas en fixant sur un bouchon une graine en train de germer, de façon que la pointe de la racine soit dirigée vers le haut. On voit au bout d'une journée la racine se recourber vers le bas et la tige vers le haut (*fig.* 533). On dit que la racine obéit à l'action de la pesanteur, et on a donné le nom de *géotropisme* à cette influence. Comme la racine se dirige dans le sens de la pesanteur, on dit qu'elle est douée d'un *géotropisme positif*.

Ce géotropisme est dû à l'inégalité de croissance des deux faces de la racine. Lorsque la racine est horizontale, on constate en effet que sa face supérieure s'accroît plus que sa face inférieure : d'où la courbure de l'extrémité de la racine.

Pour montrer l'influence de la pesanteur, on peut faire l'expérience suivante : on place des graines en germination sur un disque vertical qui tourne autour d'un axe horizontal (*fig.* 534). Si le mouvement de rotation est lent (un tour en 15 minutes), la force centrifuge est négligeable et l'action de la pesanteur s'annule, car aux deux extrémités d'un même diamètre elle agit en sens inverse, puisque la pointe de la racine se trouve d'abord vers le bas, puis vers le haut. Aussi les racines prennent-elles n'importe quelle direction (*fig.* 534, A), évidemment celle qu'on leur a donnée en fixant les plantes sur l'appareil. Si, au contraire, le mouvement de rotation est rapide, la force centrifuge agit et toutes les racines se dirigent dans le sens de cette force, c'est-à-dire dans la direction du rayon du disque et vers l'extérieur

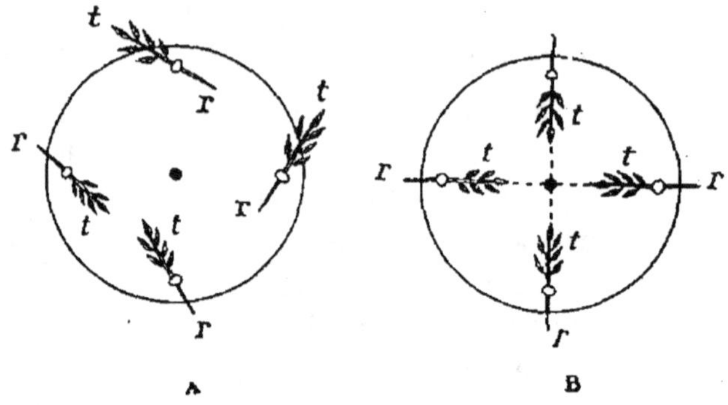

Fig. 534. — Roue tournant autour d'un axe horizontal.

(*fig.* 534, B). Enfin, si l'on fait tourner une roue autour d'un axe vertical (*fig.* 535), la pesanteur P et la force centrifuge C agissent chacune dans leur direction; aussi voit-on la racine se diriger dans le sens de la résultante R de ces deux

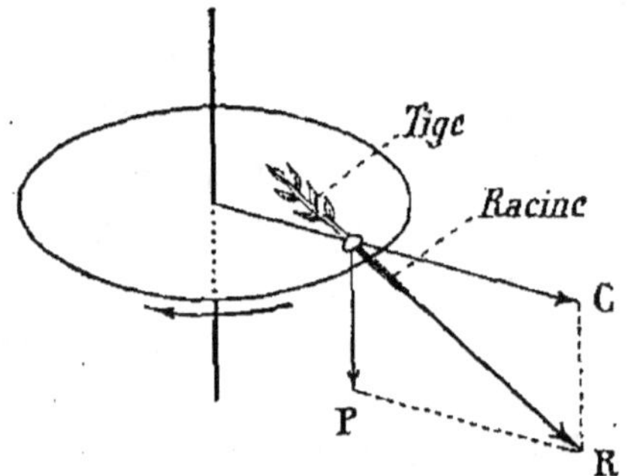

Fig. 535. — Roue tournant autour d'un axe vertical.

Fig. 536. — Effet de la pesanteur sur les radicelles.

forces. On peut donc comparer l'action de la force centrifuge à celle de la pesanteur, et comprendre comment celle-ci agit sur la direction de la racine.

La pesanteur n'agit pas de même sur les *radicelles*. Lorsqu'on retourne une racine portant des radicelles (*fig.* 536), on voit la racine principale se recourber, en crochet, vers le bas, et les radicelles former un angle avec leur direction primitive.

2° Influence de l'humidité. — L'humidité retarde la croissance. Une racine placée dans un milieu très humide s'accroît moins que dans un milieu sec ou légèrement humide. Quand l'humidité est inégale sur les deux faces de la racine (*fig*. 537), la face tournée vers le milieu le plus humide s'accroît moins, donc la racine se courbe et se dirige vers l'humidité. C'est ainsi que les racines des arbres plantés sur le bord des rivières se dirigent vers l'eau.

On peut mettre cette influence en évidence en semant une graine dans de la terre humide contenue dans un tamis

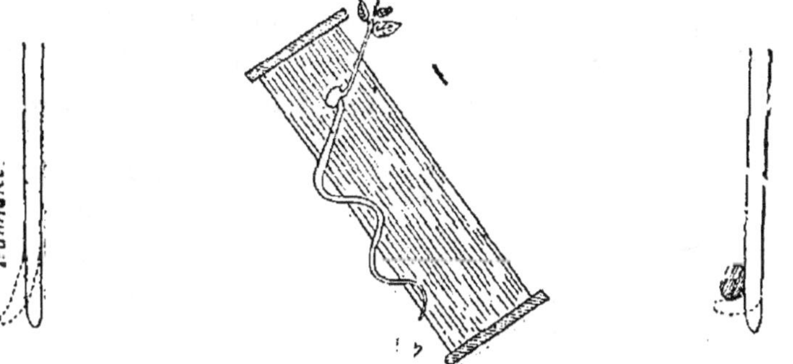

Fig. 537. — In-
fluence de l'hu-
midité.

Fig. 538. — Influence combinée
de la pesanteur et de l'humidité.

Fig. 539. — In-
fluence de la
pression.

(*fig*. 538), qu'on suspend en ayant soin de l'incliner. La racine, subissant le géotropisme, se dirige verticalement en bas et traverse la toile métallique pour sortir dans l'air. Une fois sortie, la racine a une de ses faces plus voisine de la terre humide ; aussi va-t-elle subir l'influence de l'humidité et rentrer dans le tamis. Dès qu'elle sera rentrée, le géotropisme va de nouveau agir seul et fera sortir la racine, qui rentrera de nouveau en décrivant ainsi une série de sinuosités.

3° **Influence de la pression.** — La pression diminue l'accroissement de la racine, de sorte qu'une racine rencontrant un objet (*fig*. 539), une pierre, va se courber et l'enlacer.

§ 2. — Structure primaire de la racine.

Pour étudier la structure interne d'une racine, il faut s'adresser d'abord à une très jeune racine qui nous fera connaître ce qu'on appelle la *structure primaire*. Plus tard cette structure se modifiera et donnera la *structure secondaire*, qui sera décrite plus loin (voir le chapitre des *Formation. secondaires*).

Structure primaire de la racine. — Une coupe transversale d'une jeune racine (*fig.* 540), faite dans la région des poils absorbants, nous montre trois parties : l'*assise pilifère*, l'*écorce* et le *cylindre central* ou *stèle*.

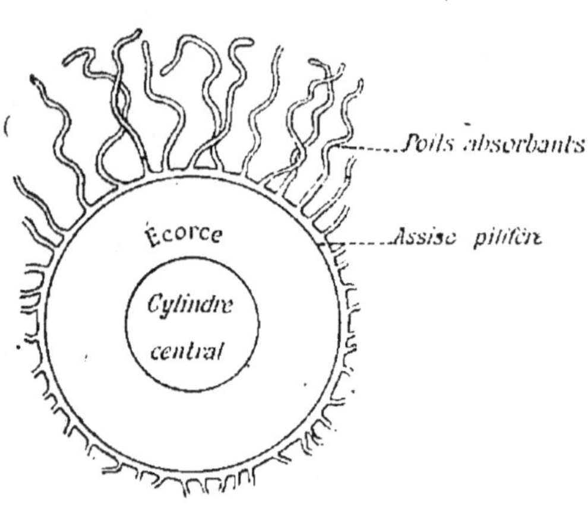

Fig. 540. — Coupe transversale d'une jeune racine.

1° **Assise pilifère.** — L'assise *pilifère* est formée par l'assise la plus externe de la racine, dont les cellules se prolongent (*fig.* 541) vers l'extérieur pour donner les *poils absorbants*.

2° Écorce. — L'écorce (*fig.* 541) est composée de :

a) L'*écorce externe*, formée de cellules irrégulières et dont la première assise a les parois subérifiées (*assise subéreuse*) ;

b) L'*écorce interne*, dont les cellules sont disposées en rangées concentriques et radiales et laissent entre elles des méats ;

c) L'*endoderme*, qui est l'assise la plus interne de l'écorce (*fig.* 541), et dont les cellules (*fig.* 542) ont un cadre de plissements subérifiés ; les faces tournées vers l'extérieur et vers l'intérieur de la racine ne sont pas plissées.

3° Cylindre central ou stèle. — Le *cylindre central* (*fig.* 541) présente des taches alternativement claires et sombres ; ce sont les faisceaux du *liber* qui alternent avec les faisceaux du *bois*.

Le *tissu* ou *parenchyme conjonctif* qui relie ces différents faisceaux présente trois régions conventionnelles : 1° le *pé-*

ricycle, compris entre l'endoderme en dehors et les fais-

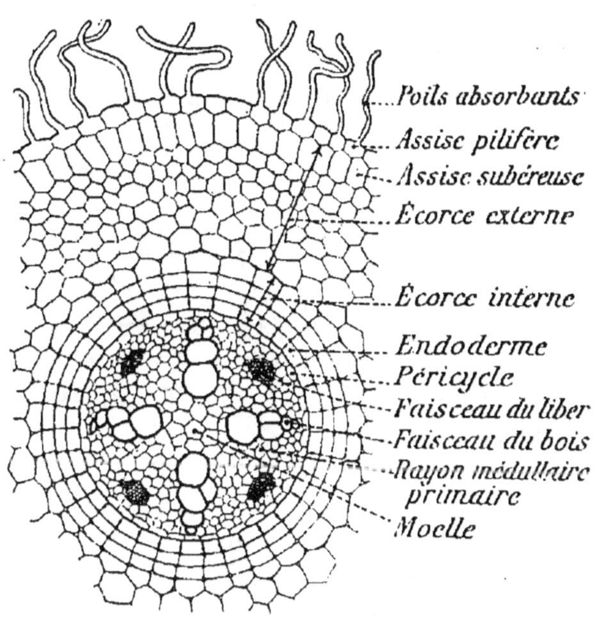

Fig. 541. — Structure primaire de la racine.

ceaux ligneux et libériens en dedans ; 2° la *moelle*, située au milieu du cylindre central, en dedans des faisceaux ; 3° les *rayons médullaires*, compris entre deux faisceaux voisins et réunissant le péricycle à la moelle.

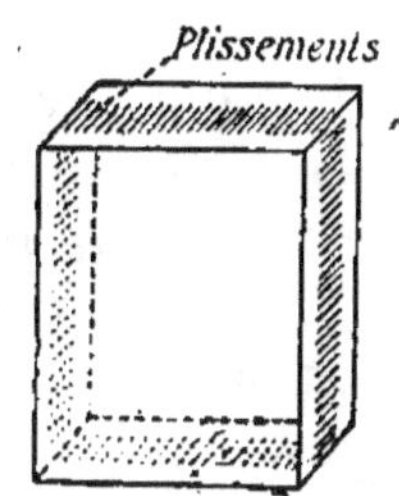

Fig. 542. — Cellule plissée de l'endoderme

Dans les *faisceaux ligneux*, les vaisseaux les plus petits sont à l'extérieur et les plus gros à l'intérieur. Nous verrons que le bois de la tige offre une disposition inverse.

Les *faisceaux libériens* sont formés de tubes criblés unis par des fibres libériennes et du parenchyme.

La structure des différentes racines ne diffère que par le nombre des faisceaux : ainsi il n'y a que deux faisceaux ligneux dans l'Ail, quatre dans le Haricot, cinq dans la Renoncule, etc.

Cette structure persiste chez les Monocotylédones et les

Cryptogames vasculaires ; elle se complique chez les Dicotylédones et les Gymnospermes par des formations secondaires.

Sommet de la racine. — Deux cas à considérer : *Phanérogames* et *Cryptogames vasculaires*.

1° Phanérogames. — Une coupe longitudinale passant par l'axe de la racine montre que le *méristème* du sommet provient du cloisonnement répété de trois cellules appelées *cellules initiales* (*fig.* 543). Ce sont ces cellules qui, en se multipliant rapidement, produisent l'accroissement subterminal de la racine.

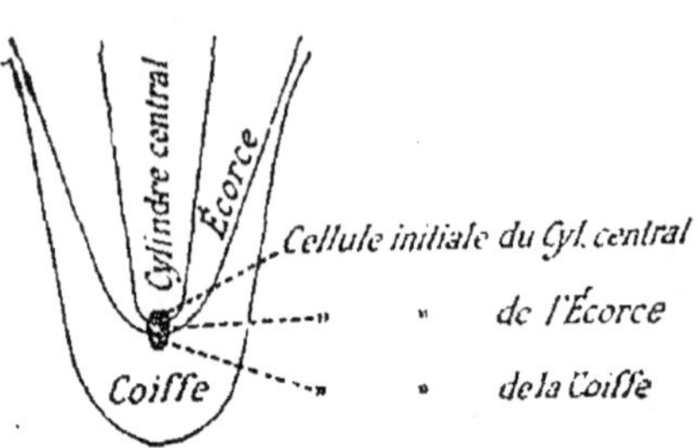

Fig. 543. — **Extrémité de la racine d'une Phanérogame.**

Les trois cellules initiales vont donner naissance aux trois parties : *coiffe, écorce* et *cylindre central*.

La *cellule initiale de la coiffe* se cloisonne parallèlement à ses faces latérales et à sa face courbe externe. Plus tard les assises externes tomberont, tandis que la dernière assise persistera pour donner l'assise pilifère. Ceci se passe chez les Dicotylédones et les Gymnospermes, tandis que chez les Monocotylédones, la coiffe se détache entièrement et l'assise pilifère provient de l'écorce.

2° Cryptogames vasculaires. — Les Cryptogames (*Fougères*) ont *une seule cellule initiale* (*fig.* 544), qui a la forme d'une pyramide triangulaire dont la base convexe est tournée vers le sommet de la racine.

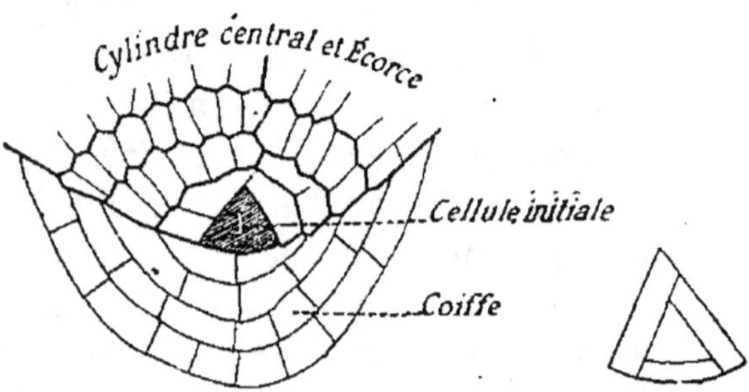

A. — **Sommet de la racine.**   B. — **Cellule initiale et son cloisonnement.**

Fig. 544. — **Extrémité de la racine d'une Cryptogame.**

Cette cellule initiale subit des *cloisonnements* parallèlement à ses faces latérales pour donner les cellules du cylindre central et de l'écorce, et les segments de la base fourniront la coiffe.

Naissance des radicelles. — Les radicelles ont une origine interne, c'est-à-dire qu'**elles** naissent dans la profondeur des tissus. Elles proviennent en effet du *péricycle* (Phanérogames) ou de l'*endoderme* (Cryptogames vasculaires).

Chez les Phanérogames, ce sont des cellules du péricycle (*fig.* 545) qui vont deven'r les cellules initiales des radicelles.

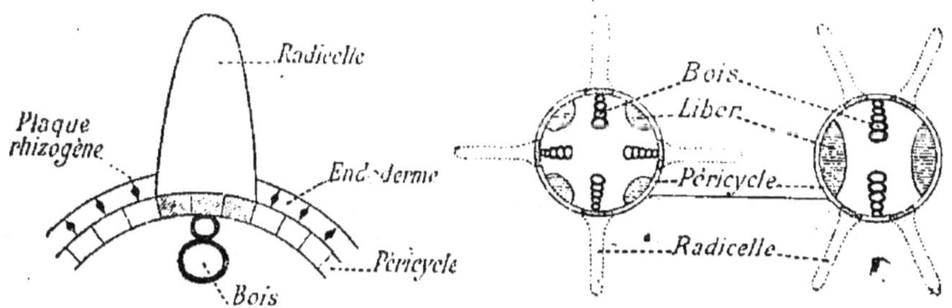

Fig. 545. — Naissance des radicelles chez les Phanérogames.

Fig. 546. — Origine des radicelles.

Ces radicelles vont sé développer et digérer les tissus de l'écorce pour faire saillie à l'extérieur.

Les radicelles sont disposées suivant certaines lois :

1° Si le nombre des faisceaux ligneux est supérieur à deux (*fig.* 546, A), les radicelles naissent *en face de ces faisceaux ;* de sorte que le nombre de séries longitudinales de radicelles est égal au nombre de faisceaux ligneux ;

2° Si le nombre des faisceaux ligneux est égal à deux (*fig.* 546, B'), les radicelles naissent entre les faisceaux ligneux et les faisceaux libériens ; de sorte que le nombre des radicelles est double de celui des faisceaux ligneux.

Rôle des racines. — Les racines, en pénétrant dans le sol, fixent solidement la plante. Ainsi le Chêne, qui enfonce profondément ses racines résiste mieux au vent que le Peuplier, dont les racines fasciculées s'étalent à une faible profondeur.

Leur rôle principal est, comme nous le verrons à propos de la nutrition des plantes, d'*absorber* l'eau du sol avec les matières nutritives qu'elle renferme.

Les racines accomplissent aussi des échanges gazeux avec le sol, car elles respirent, comme les autres parties de la plante. Il est donc nécessaire de faciliter l'accès de l'air dans le sol. On y arrive par le labour et par le drainage, qui favorisent la circulation de l'air ; de même les grilles placées au pied des arbres, dans les grandes **villes,** empêchent de **piétiner** le sol et facilitent l'aération.

RÉSUMÉ

La racine est le premier organe qui apparaît dans la germination.
Elle n'existe que chez les Phanérogames et les Cryptogames vasculaires.

Caractères extérieurs de la racine :
1° Ne porte pas de feuilles ;
2° Possède des *poils absorbants*, qui absorbent la **sève brute ;**
3° Porte une *coiffe*, qui protège son extrémité ;
4° Croissance *subterminale ; circumnutation* ;
5° Se ramifie et donne les *radicelles* ; les *racines adventives* naissent sur la tige ;
6° Se dirige verticalement et de haut en bas. Expérience du pot renversé.
Influence de la pesanteur : *géotropisme positif*.
Influence de l'humidité.

7° Différentes formes. . . . . .
{
1. *Racine pivotante* : Betterave.
2. *Racine fasciculée* : Blé.
3. *Racine tuberculeuse* : Carotte, Betterave.
}

Structure primaire de la racine. — Une coupe dans une jeune racine montre trois régions : l'*assise pilifère*, l'*écorce* et le *cylindre central*.

1° *Assise pilifère* : poils absorbants.

2° **Écorce.** . . . . .
{
Assise subéreuse : cellules à parois subérifiées.
Écorce : externe et interne.
Endoderme : dernière assise, plissée.
}

3° *Cylindre central*.	*Faisceaux ligneux* et *libériens* alternés. *Parenchyme* : Péricycle, moelle et rayons médullaires.
Le sommet de la racine présente	3 *cellules initiales* chez les Phanérogames. 1 *cellule initiale* chez les Cryptogames vasculaires.
Les radicelles ont une origine interne.	dans le péricycle chez les Phanérogames ; dans l'endoderme chez les Cryptogames vasculaires.

Rôle des racines. — Les racines *fixent* la plante au sol. Elles servent aussi à *absorber* l'eau du sol avec les matières nutritives qu'elle renferme.

CHAPITRE III

LA TIGE

§ 1. — Caractères extérieurs.

Généralités. — La tige existe chez tous les Végétaux, sauf chez les Thallophytes. Sa hauteur est très variable : elle est presque nulle chez le Pissenlit, tandis qu'elle peut dépasser 100 mètres chez les gigantesques *Eucalyptus* d'Australie, *Séquoias* (*fig.* 547) de Californie et *Baobabs* de Madagascar (*fig.* 548).

Lorsqu'une graine germe, on voit se développer la tige en sens contraire de la racine principale. Dans la jeune plantule (*fig.* 549), la partie comprise entre les deux premières feuilles ou *cotylédons* et la *radicule* s'appelle *tigelle*. C'est la partie située au-dessus des cotylédons et qu'on appelle *gemmule* qui donnera presque toute la tige.

Fig. 547. — Séquoia

La limite entre la tige et la racine s'appelle le *collet*. Cette limite est nettement indiquée sur la jeune racine par la présence de poils absorbants. Mais lorsque la plante est plus âgée, la distinction devient plus difficile; cependant, en général, la racine vieille est rugueuse, tandis que la tige est lisse.

Le caractère extérieur de la tige le plus frappant, c'est qu'*elle porte des feuilles*

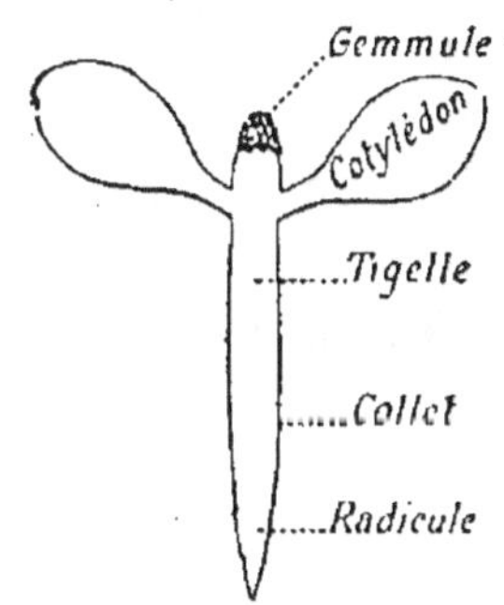

Fig. 548. — Baobabs de Madagascar.

Fig. 549. — La plantule en voie de développement.

L'endroit où s'attache une feuille s'appelle un *nœud* (*fig.* 550), et la partie comprise entre deux nœuds un *entrenœud*.

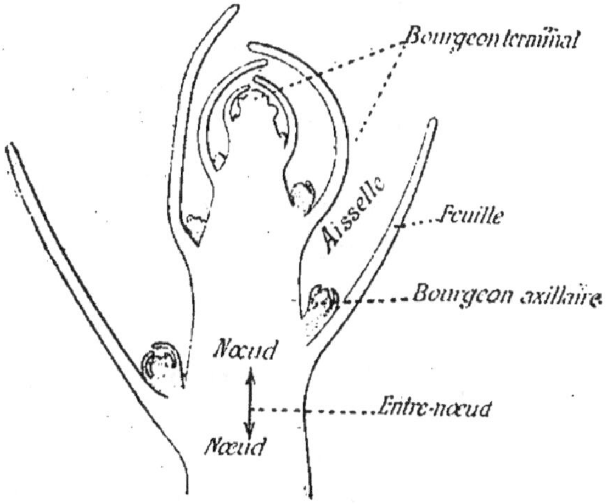

On peut constater sur une tige en voie de croissance (*fig.* 550) que les nœuds sont de plus en plus rapprochés à mesure qu'on s'approche du sommet. Vers le sommet les feuilles sont recourbées et se re-

Fig. 550. — Sommet de la tige : bourgeon terminal et bourgeons axillaires.

couvrent en s'imbriquant de façon à protéger l'extrémité de

la tige : elles lui forment une sorte de *coiffe physiologique*
L'ensemble constitué par le sommet de la tige et les feuille
protectrices a reçu le nom de *bourgeon terminal*.

Accroissement en longueur. — Si l'on trace sur une
tige en voie de croissance des traits équidistants de un centimètre, comme pour la racine, on verra tous les intervalles
grandir, au moins jusqu'à une certaine distance du sommet.
De plus, si l'on partage le premier centimètre en millimètres,
on voit ceux-ci, même le premier, s'allonger. Donc, tandis
que l'accroissement de la racine est *subterminal,* celui de la
tige est *terminal.*

On peut aussi constater que les différents entrenœuds s'allongent et deviennent successivement aussi grands que ceux
qui sont éloignés du sommet et qui ont atteint leur longueur
définitive.

Si l'accroissement était le même suivant toutes les génératrices de la tige cylindri-
que, le sommet s'élèverait
régulièrement dans le sens
de la verticale. Mais il n'en
est pas ainsi, et le sommet
décrit une courbe en forme
d'hélice, comme le sommet
de la racine. Cela constitue
le *mouvement de circumnutation* qui permet aux plantes
volubiles de s'enrouler et de
s'appliquer contre leur support.

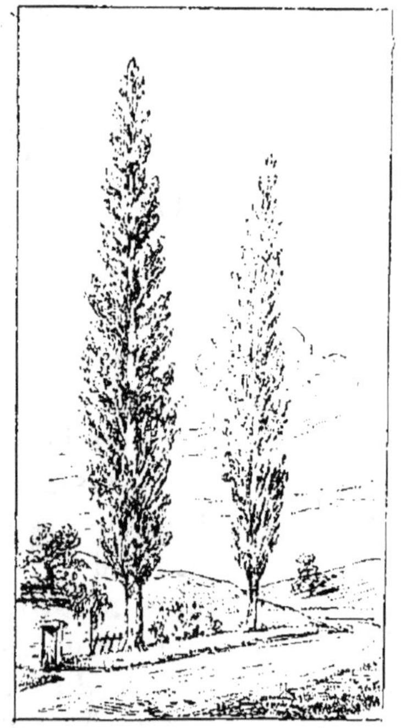

Fig. 551. — Peuplier d'Italie.

Ramification de la tige. —
Chez la plupart des plantes,
la tige se ramifie et donne les
branches. Ces branches ne se
produisent pas en un point
quelconque ; elles apparais-
sent toujours à l'aisselle d'une feuille (*fig.* 550), c'est-à-dire

dans l'angle formé par la feuille avec la tige. A cet endroit, en

Fig. 552 - Cèdre.

effet, se trouve le *bourgeon axillaire,* qui a la même structure que le bourgeon terminal et qui, en se développant, donnera une branche. Les bourgeons sont formés dès l'automne, mais c'est au printemps seulement que les écailles s'écartent et laissent passer les jeunes branches.

C'est la direction des branches qui donne à l'arbre un aspect ou *port* qui lui est particulier. Ainsi le Peuplier d'Italie (*fig.* 551) a ses branches presque verticales et dirigées vers le haut ; le Cèdre (*fig.* 552) les a horizontales, et les arbres *pleureurs,* comme le Saule (*fig.* 553), les

Fig. 553. — Saule pleureur.

ont verticales mais dirigées vers le bas

Dans certains cas cependant, des branches peuvent se
développer en des points quelconques de la tige : on a alors
des *tiges adventives*. Ainsi lorsqu'on coupe une branche sur

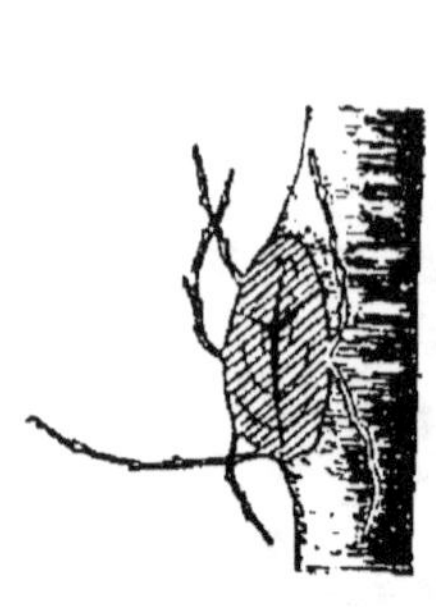

Fig. 554. — Branches
adventives.

Fig. 555. — **Tiges adventives se
développant sur des racines.**

un arbre (*fig.* 554), il se forme autour de la blessure des tiges
adventives qui poussent sans ordre. Des tiges adventives
peuvent également se développer sur les racines qui courent
dans les chemins creux et qui ont été blessées (*fig.* 555).

Direction de la tige. — La tige se dirige *verticalement* et
de bas en haut. En répétant l'expé-
rience du pot renversé que nous avons
indiquée pour la racine (*fig.* 531), on
voit que la tige se dirige vers le haut,
même dans l'obscurité et dans la
terre.

Si l'on renverse un pot (*fig.* 556)
contenant des tiges développées normalement, on voit celles-ci se recourber vers le haut.

Parmi les causes qui agissent sur la
direction de la tige, citons surtout la
pesanteur et la *lumière*.

Fig. 556. — La tige se dirige de bas en haut.

1° Influence de la pesanteur ou
géotropisme. — En plaçant horizonta-
lement (*fig.* 557) une tige en voie de croissance, on la voit bien-

tôt se redresser et diriger son sommet verticalement et de bas

Fig. 557. — Influence de la pesanteur.

en haut, c'est-à-dire en sens inverse de la direction de la pesanteur. C'est pourquoi on a dit que la tige avait un *géotropisme négatif*. Cette courbure se produit par suite d'un accroissement inégal : la face supérieure, en effet, s'accroît moins que la face inférieure.

Si l'on répète pour la tige les mêmes expériences que pour la racine, en plaçant des graines en germination sur une roue verticale, on voit que : 1° si le mouvement de rotation est lent, les tiges s'allongent dans n'importe quelle direction ; 2° si le mouvement de rotation est rapide, les tiges se dirigent suivant les rayons de la roue et vers le centre, c'est-à-dire en sens inverse de la direction de la force centrifuge.

Donc si la force centrifuge peut diriger les tiges en sens inverse de sa direction, il est possible d'admettre que la pesanteur puisse diriger les tiges de bas en haut, c'est-à-dire également en sens inverse de sa direction.

2° Influence de la lumière ou phototropisme. — Si l'on place des plantes dans un appartement en face d'une fenêtre, on voit toutes les jeunes tiges se courber et se diriger vers la lumière (*fig.* 558). Cette courbure se produit parce que *la lumière retarde la croissance* : ainsi une tige placée dans l'obscurité s'accroît plus qu'exposée à la lumière. Si l'une des faces de la tige (*fig.* 559) est plus éclairée que l'autre, la tige s'infléchit vers la lumière. On dit que cette tige a un *phototropisme positif*.

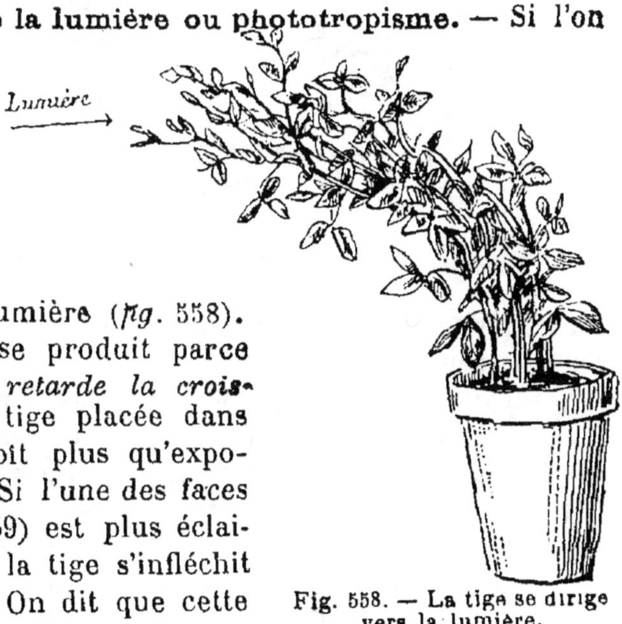

Lumière

Fig. 558. — La tige se dirige vers la lumière.

Ce retard de croissance varie avec l'intensité de la lumière et avec les espèces de plantes. Dans certains cas, en effet, les plantes fuient la lumière ; on dit alors qu'elles ont un *phototropisme négatif*. Telles sont les tiges rampantes (*Fraisier*) ou grimpantes (*Lierre*).

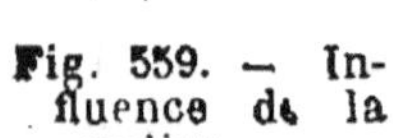

Fig. 559. — Influence de la lumière.

Différentes sortes de tiges. — Les tiges, suivant le milieu dans lequel elles vivent, peuvent être classées en deux catégories : les *tiges aériennes* et les *tiges souterraines*.

1° Tiges aériennes. — Les tiges aériennes peuvent être *dressées*, *rampantes* ou *grimpantes*.

Les *tiges dressées* sont caractérisées par un appareil de soutien très développé, et c'est grâce à l'abondance des fibres ligneuses qu'elles se tiennent verticalement. Elles se présentent sous différentes formes : le *tronc* (Chêne), le *stipe*, dont

Fig. 560. — Tiges rampantes (stolons) du Fraisier.

toutes les feuilles sont au sommet (Palmier), et le *chaume*, qui est creux (Blé).

Les *tiges rampantes* (*fig.* 560) n'ont pas d'appareil de soutien. Elles rampent sur le sol et portent de nombreuses racines adventives. Telles sont les tiges rampantes ou *stolons* du Fraisier.

Les *tiges grimpantes* peuvent s'appuyer sur des supports soit en s'enroulant autour d'eux comme les *plantes volubiles* (*fig.* 561), soit en s'accrochant à l'aide de *vrilles* (*fig.* 562). Les *tiges volubiles* s'enroulent grâce à leur mode d'accroissement qui fait décrire à leur sommet une hélice. Une tige volubile donnée s'enroule toujours dans le même sens : c'est ainsi que le Houblon (*fig.* 561, A) se dirige toujours de droite à gauche, et le Liseron (*fig.* 561, B), de gauche à droite. Les

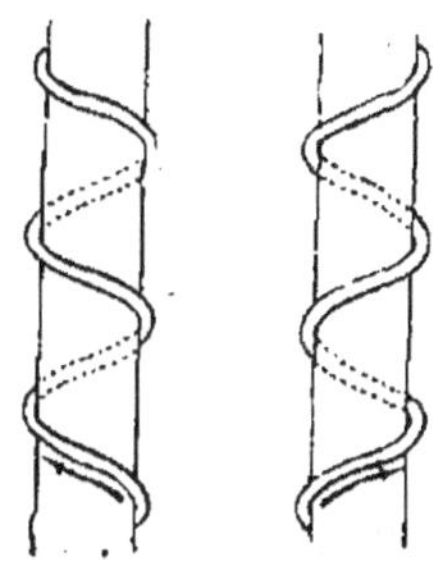

Houblon. Liseron.

Fig. 561. — Tiges volubiles.

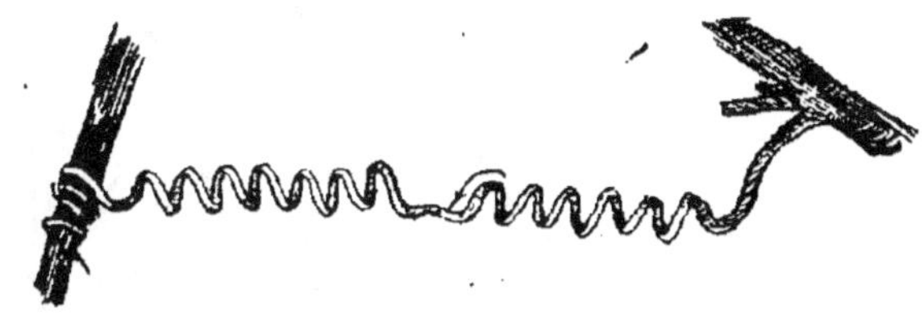

Fig. 562. — Une vrille de Bryone.

tiges munies de *vrilles* sont maintenues par ces dernières, qui s'enroulent autour d'un support. Ces vrilles proviennent tantôt des branches modifiées, comme dans la Vigne, tantôt des feuilles, comme dans la Bryone (*fig.* 562) et le Pois.

Les tiges aériennes des plantes grasses, comme celles des *Cactées* par exemple (*fig.* 563), sont renflées et gorgées d'eau, ce qui permet à ces plantes, qui vivent dans les pays chauds, de résister à une longue sécheresse.

2° Tiges souterraines. — Les *tiges souterraines* ou *rhizomes* étant enfouies dans le sol, pourraient être confondues avec des racines. Elles s'en distinguent cependant parce qu'elles portent toujours des feuilles réduites à des *écailles*, et des *bourgeons* qui en se développant donnent des tiges aériennes. C'est ainsi que le rhizome du *Carex* (*fig.* 564) porte de nom-

Fig. 563. — Tige renflée d'une plante grasse (Cactus).

breuses petites écailles qui représentent les feuilles souter-

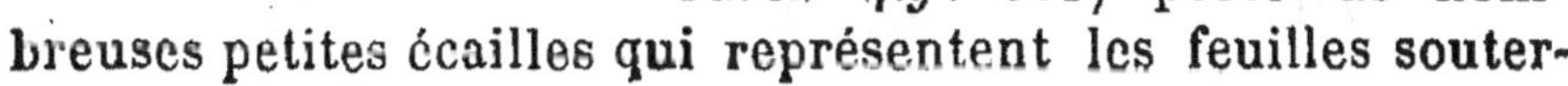

raines, et des bourgeons axillaires qui donnent des tiges

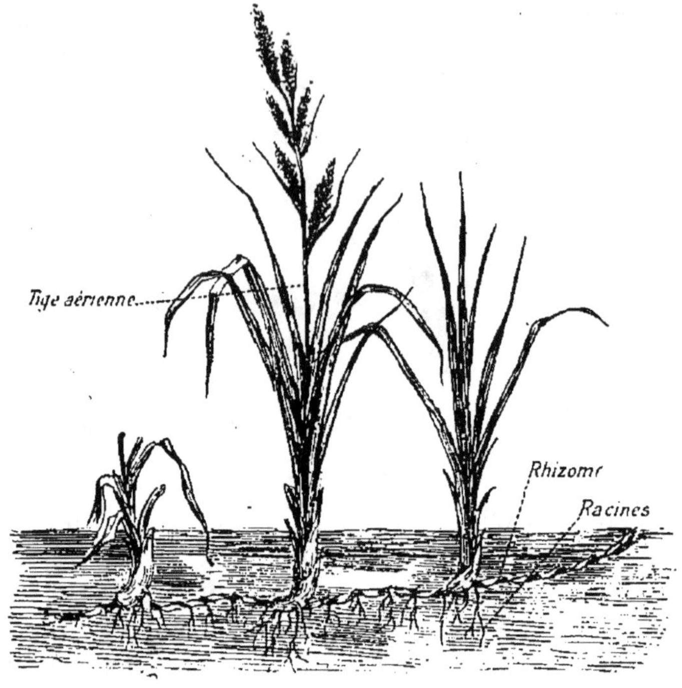

Fig. 564. — Rhizome de Carex.

aériennes, tandis que le bourgeon terminal continue à rester souterrain. Dans le rhizome du Sceau de Salomon (*fig.* 565), la tige aérienne se flétrit chaque année et laisse sur le rhi-

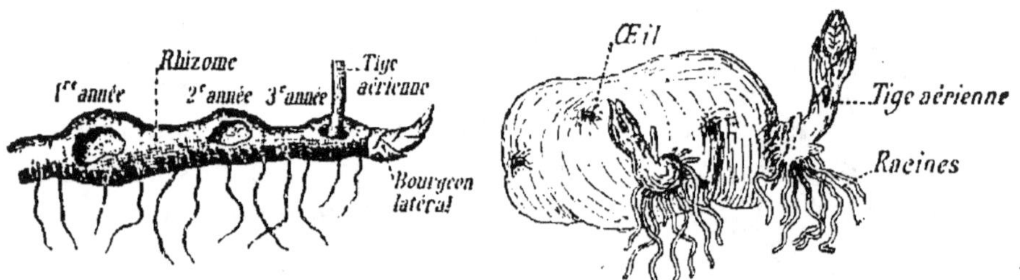

Fig. 565. — Rhizome du
Sceau de Salomon.

Fig. 566. — Tubercule de
Pomme de terre.

zome une cicatrice ; le bourgeon donnera l'année suivante une nouvelle tige aérienne ; de sorte que pour déterminer

l'âge du rhizome, il suffira de compter le nombre de cica‑
trices ou de renflements qu'il porte.

Les rhizomes peuvent se renfler et donner des *tubercules*
ou des *bulbes*.

Les *tubercules* sont des renflements produits sur le rhi‑
zome par l'accumulation de matières nutritives. La Pomme
de terre (*fig.* 566) par exemple est un tubercule dont les cel‑
lules sont bourrées de grains d'amidon (*fig.* 677). Ce qu'on
appelle vulgairement les *yeux* de la
Pomme de terre n'est autre chose que
des bourgeons qui donneront plus tard
des tiges aériennes.

Les *bulbes* ou *oignons*, comme ceux
du Lis (*fig.* 567), sont des renflements
composés d'un rhizome court et aplati

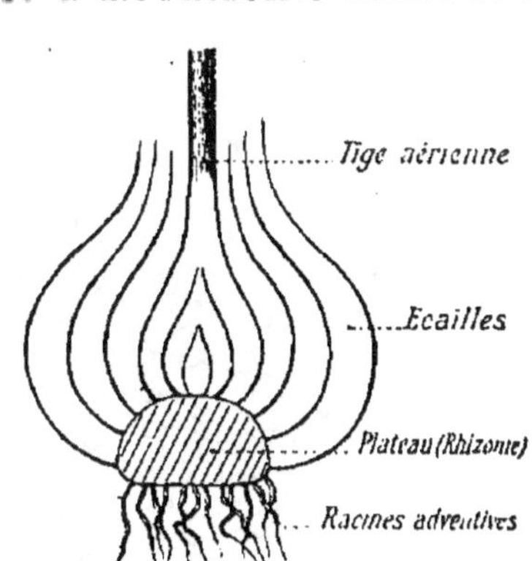

Fig. 567. — Un bulbe (LIS).   g. 568. — Coupe d'un bulbe.

appelé *plateau* (*fig.* 568) enveloppé par de nombreuses
écailles qui sont des feuilles souterraines gorgées de matières
nutritives.

§ 2. — Structure primaire de la tige.

Procédant comme pour la racine, nous n'étudierons dans
ce chapitre que la structure d'une jeune tige, c'est-à-dire la
structure primaire.

Structure primaire de la tige. — Une coupe transversale (*fig.* 569) faite
dans une jeune tige
montre trois régions :
l'*épiderme*, l'*écorce* et
le *cylindre central.*

1° L'épiderme (*fig.*
569 et 570) est formé
par l'assise la plus ex-
terne des cellules de
la tige. Ces cellules
ont leur membrane
externe *cutinisée*, sou-
vent même recouverte

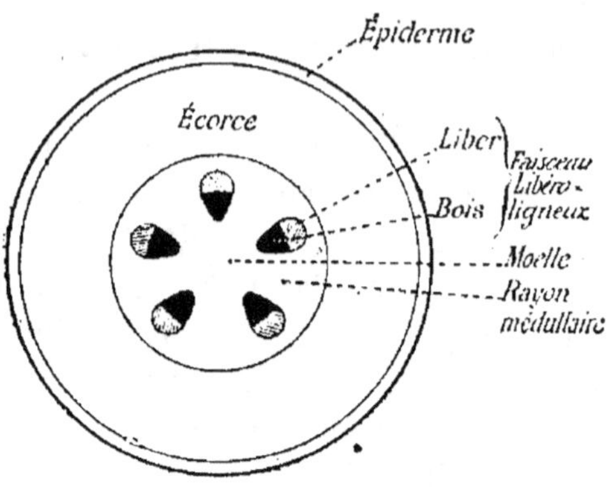

Fig. 569. — Coupe transversale d'une
jeune tige.

d'une substance cireuse qui donne à la tige un ton glauque
caractéristique. Cet épiderme présente des stomates et des
poils.

2° L'écorce est formée par un parenchyme dont les cellules

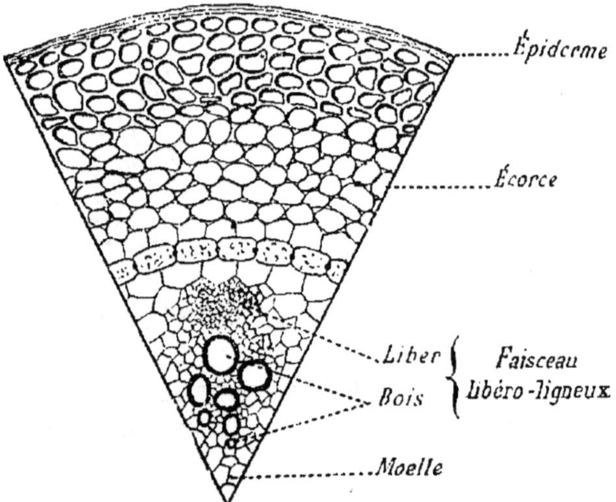

Fig. 570. — Structure primaire de la tige.

de la partie externe contiennent de la chlorophylle. La dernière assise ou *endoderme* (*fig.* 570) ne présente pas toujours
de plissements comme dans la racine, mais elle est souvent
remplie de grains d'amidon.

3° Dans le *cylindre central*, les faisceaux du bois et les faisceaux du liber, au lieu d'être distincts et alternes comme dans la racine, sont accolés et donnent des *faisceaux libéro-ligneux* (*fig.* 569). Le *liber* de ces faisceaux est toujours *en dehors* et le *bois en dedans*.

Le liber est disposé comme dans la racine, mais, caractère important, le *bois est disposé en sens inverse* (*fig.* 569 et 570), c'est-à-dire que la pointe du faisceau est tournée vers l'intérieur, et les vaisseaux les plus petits sont aussi vers l'intérieur.

Le *tissu conjonctif* (*fig.* 569), comme dans la racine, comprend la *moelle* au centre, le *péricycle* en dehors des faisceaux libéro-ligneux, et les *rayons médullaires* entre les faisceaux.

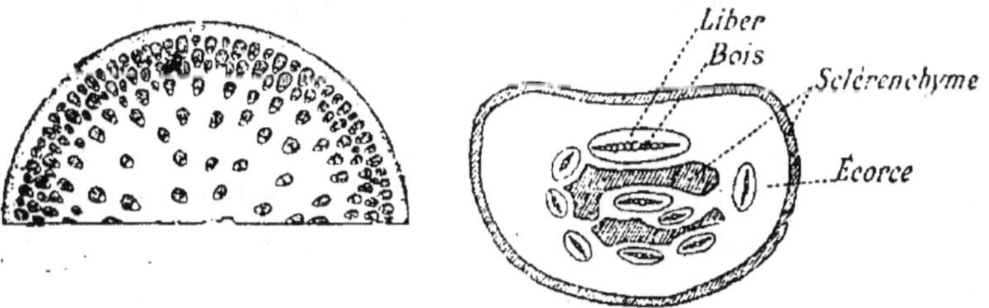

Fig. 571. — Coupe transversale d'une tige de Monocotylédone (Palmier).

Fig. 572. — Coupe transversale d'une tige de Fougère.

Chez les *Monocotylédones* (*fig.* 571), la structure primaire de la tige est à peu près celle des Dicotylédones, sauf que les faisceaux libéro-ligneux sont irrégulièrement rangés.

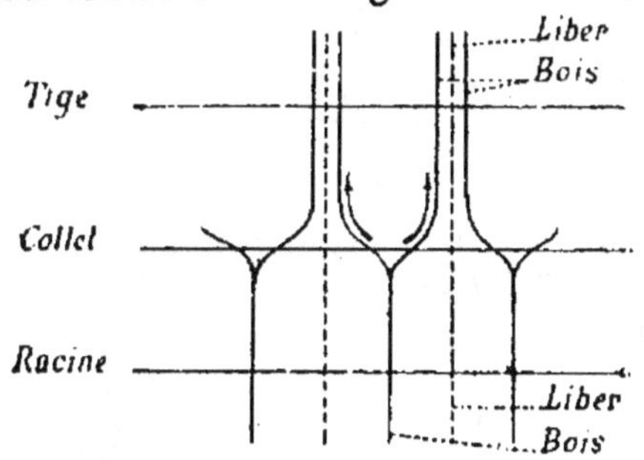

Fig. 573. — Passage du bois et du liber de la racine dans la tige.

Chez les *Cryptogames vasculaires* (*fig.* 572), l'écorce n'est plus distincte du cylindre central et le liber enveloppe complètement le bois.

Passage de la racine à la tige. — C'est au niveau du *collet* que le changement de structure s'opère. Il se fait de la façon suivante : les faisceaux du liber passent directement de la racine dans la tige (*fig.* 573) ; ceux du bois, au contraire, se dédoublent et forment deux portions qui vont se porter vers les faisceaux libériens en se retournant de 180° (*fig.* 574, A

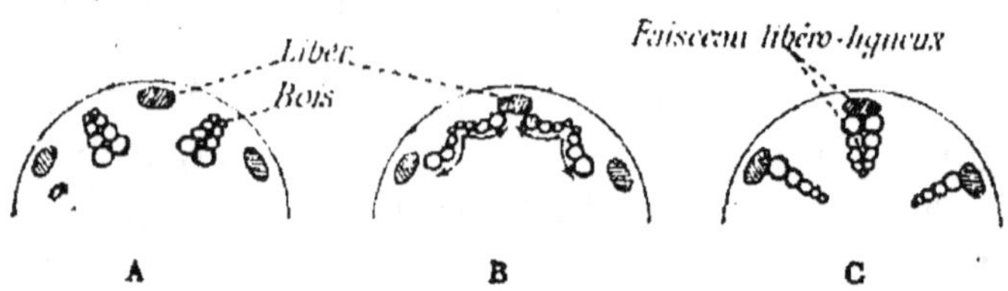

Fig. 574. — Le dédoublement des faisceaux ligneux au niveau du collet.

et B). De sorte que chaque faisceau libéro-ligneux de la tige (*fig.* 574, C et 573) sera formé : 1° par le faisceau libérien de la racine ; 2° par la moitié gauche et la moitié droite de deux faisceaux ligneux de la racine.

Sommet de la tige. — Une coupe en long de la tige passant par l'axe montre au sommet les cellules en voie de cloisonnement et qui constituent le *méristème*. Tout ce tissu provient de la multiplication rapide de *trois cellules initiales*

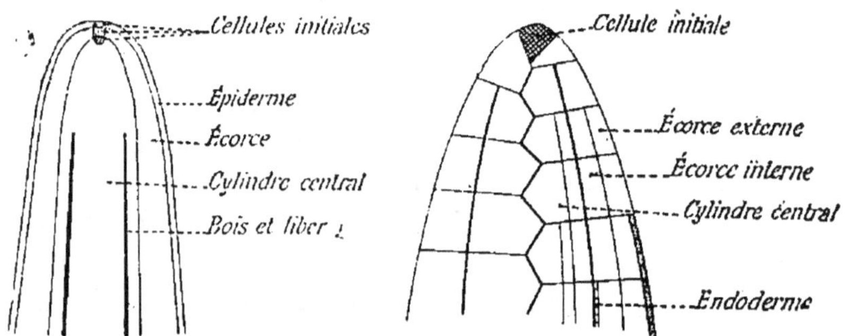

Fig. 575. — Sommet de la tige d'une plante Phanérogame.

Fig. 576. — Sommet de la tige d'une plante Cryptogame vasculaire.

superposées (*fig.* 575) : une pour l'épiderme, une pour l'écorce et la troisième pour le cylindre central.

Les Cryptogames vasculaires (*fig.* 576) ont une *cellule initiale unique*.

Rôle de la tige. — La tige est l'axe de la plante, et comme elle doit supporter les feuilles, elle a besoin de se soutenir ; aussi se développe-t-il dans son épaisseur des tissus de soutien tels que du collenchyme et surtout du sclérenchyme.

D'autre part, le rôle le plus important de la tige est de conduire la sève : par les vaisseaux du bois elle transporte la *sève brute* des racines vers les feuilles ; et par les tubes du liber la *sève élaborée* des feuilles vers toutes les parties de la plante. Ce rôle conducteur de la tige sera étudié plus loin à propos de la nutrition.

Comme tous les organes de la plante, la tige respire et transpire ; de plus dans ses parties vertes, elle participe à l'assimilation chlorophyllienne. Chez certains végétaux (Genêt, Asperge) les feuilles sont absentes ou très réduites ; alors la tige et les rameaux fonctionnent comme des feuilles.

Les tiges peuvent aussi se renfler et emmagasiner des réserves nutritives. C'est ainsi que l'amidon s'accumule dans les tubercules de Pomme de terre et de Topinambour, le sucre dans la tige de Canne à sucre, etc. Certaines plantes, les *Cactus*, par exemple, emmagasinent une réserve d'eau ; leur tige peut être aplatie (*fig.* 563) ou sphérique (*fig.* 577).

Fig. 577. — **Tige sphérique** d'une Cactée (*Mamillaria*).

Applications : taille des arbres. — **On** peut en *taillant* les arbres, c'est-à-dire en coupant leurs branches, modifier leur port. Ainsi dans le parc de Versailles, les ciseaux des jardiniers ont donné aux Charmilles et surtout aux Ifs les formes les plus bizarres. De même, dans les jardins modernes, dits *anglais*, où la place manque le plus souvent, on taille les branches inférieures du Sapin, par exemple, pour l'empêcher de s'étendre horizontalement et pour le faire pousser en hauteur ; dans les grands parcs, au contraire, le Sapin garde ses branches basses qui traînent à terre et il prend l'aspect imposant des Sapins des Vosges.

On taille aussi les arbres fruitiers : cela les empêche d'avoir trop de bois et force la sève à produire de plus beaux fruits. Pour cela, on supprime les rameaux qui ne donneront pas de fruits, de façon à ménager la sève et à l'utiliser pour la production des fruits. On *ébourgeonne* alors les *bourgeons à bois* qui doivent donner les branches et on respecte les *bourgeons à fruits*. Les premiers, qui sont longs et pointus, se distinguent facilement des seconds, qui sont plus gros et ovoïdes (*fig.* 578). La taille est cependant une opération délicate.

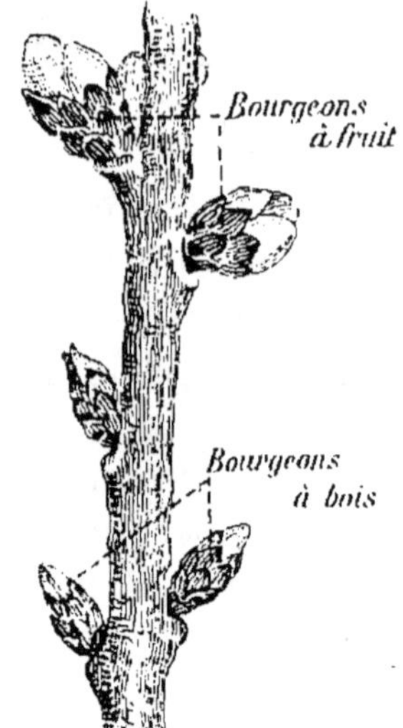

Fig. 578. — Rameau de Poirier avec bourgeons à bois et à fruits.

En jardinage, le bourgeon à bois est appelé *œil* et le bourgeon à fruit *bouton*.

RÉSUMÉ

Caractères extérieurs. — La *tige* sort de la graine en sens contraire de la racine. La limite entre la racine et la tige, le *collet*, est marquée par l'apparition de poils absorbants sur la racine.

1° La tige porte des *feuilles*. *Nœuds*. *Entrenœuds*.

2° *Bourgeon terminal* : feuilles formant une coiffe physiologique.

3° *Accroissement terminal* ; circumnutation.

4° *Ramification* { *bourgeons axillaires* dans l'aisselle des feuilles
tiges adventives.

5° *Direction.* . { se dirige verticalement de bas en haut.
Influence de la pesanteur : *géotropisme négatif*.
Influence de la lumière : *phototropisme*

6° *Différentes sortes de tiges.* {
1. *aériennes* . { dressées : *tronc*, *stipe*, *chaume*
rampantes : Fraisier.
grimpantes : *volubiles* (Liseron) et *vrilles* (Pois).

2. *souterraines* { *rhizomes* : Carex, Sceau de Salomon
tubercules : Pomme de terre
bulbes : Tulipe.

On peut comparer les caractères extérieurs de la *racine* à ceux de la *tige* :

Racine.	*Tige.*
1° Pas de feuilles.	1° Porte des feuilles.
2° Poils absorbants.	2° Pas de poils absorbants.
3° Coiffe.	3° Pas de coiffe.
4° Accroissement *subterminal*.	4° Accroissement *terminal*.
5° Se dirige de haut en bas.	5° Se dirige de bas en haut.
(*géotropisme positif*.)	(*géotropisme négatif*.)

Structure primaire de la tige. — Une coupe transversale montre trois régions : *épiderme, écorce, cylindre central*.

1° *Epiderme* : Cellules cutinisées. Poils et stomates.

2° *Ecorce.* .
- Ecorce externe : chlorophylle.
- Ecorce interne : pas de chlorophylle.
- *Endoderme* : cellules contenant de l'amidon.

3° *Cylindre central.* . . .
- *Faisceaux li-béro-ligneux*
  - liber, en dehors.
  - bois, en dedans, en sens inverse de celui de la racine.
- *Parenchyme conjonctif* : Moelle, péricycle, rayons médullaires.

On peut comparer la structure de la *racine* à celle de la *tige* :

Racine.	*Tige.*
1° Pas d'épiderme ; assise pilifère.	1° Epiderme à stomates ; pas d'assise pilifère.
2° Bois et liber alternes.	2° Faisceaux libéro-ligneux.
3° Bois avec plus petits vaisseaux à l'extérieur.	3° Bois inverse ; les plus petits vaisseaux à l'intérieur.

Rôle de la tíge. — La tige sert à porter les feuilles.

Elle conduit la sève. . . . .
- Les vaisseaux du bois transportent la *sève brute* des racines vers les feuilles.
- Les tubes criblés du liber mènent la *sève élaborée* des feuilles vers les autres parties.

Elle est un organe *assimilateur* : remplace parfois les feuiller (Genêt).

Elle est un organe de *réserve* : Pomme de terre, Canne à sucre.

Applications. — On *taille* les arbres pour modifier leur port, ou pour les empêcher de produire trop de branches et forcer la sève à produire de plus beaux fruits.

CHAPITRE IV

LES FORMATIONS SECONDAIRES
DANS LA TIGE ET DANS LA RACINE

La tige et la racine s'accroissent non seulement en *longueur*, mais aussi en *épaisseur*. Cet épaississement est dû à la formation de tissus nouveaux qu'on décrit sous le nom de *formations secondaires*. Ces formations n'existent que chez les Dicotylédones et chez quelques Monocotylédones (*Yucca, Dracæna, Aloès*); la plupart des Monocotylédones et les Cryptogames vasculaires conservent la structure primaire. Étudions ces formations : 1° dans la tige ; 2° dans la racine.

§ 1. — Formations secondaires de la tige.

Les nouveaux tissus se forment aux dépens d'une assise de cellules qui se divisent par des cloisons perpendiculaires au rayon de la tige. C'est à ce groupe de cellules qu'on a donné le nom d'*assise* ou de *couche génératrice*.

Dans une tige très jeune, ayant la structure primaire que nous avons décrite au chapitre précédent, on voit apparaître deux couches génératrices

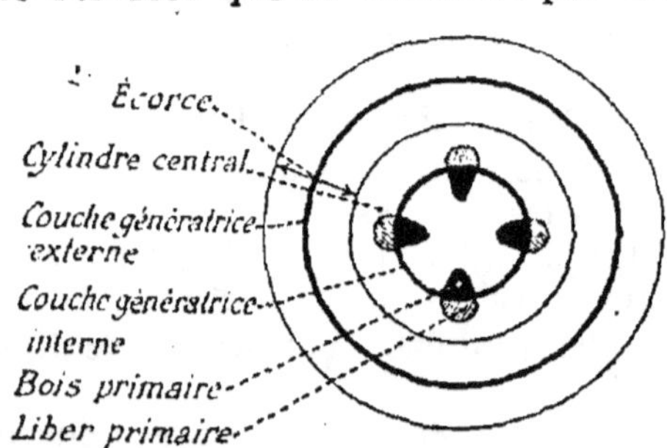

Fig. 579. — Les deux couches génératrices de la tige.

(*fig.* 579) : l'une, *interne*, située dans le cylindre central ; l'autre, *externe*, située dans l'écorce.

Couche génératrice interne ou cambium. — La *couche génératrice interne*, qui apparaît pendant la première année, est située entre le bois et le liber.

Les cellules de cette assise vont se cloisonner activement et donner une sorte de méristème appelé *cambium*. Les cellules de l'assise génératrice sont toujours en voie de cloisonnement ; tandis que les cellules de la partie externe et de la

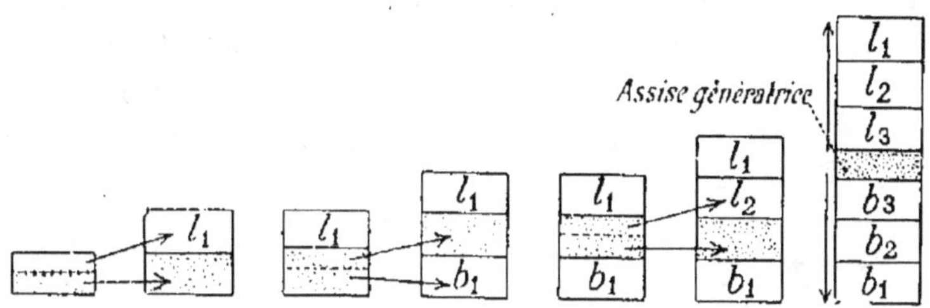

Fig. 580. — Fonctionnement de l'assise génératrice interne.

partie interne (*fig*. 580) vont donner du *liber secondaire* l_1, l_2. l_3 dont le plus ancien est l_1 et le plus jeune l_3, les cellules de la partie interne donneront du *bois secondaire* b_1, b_2, b_3, dont le plus ancien est b_1 et le plus jeune b_3. La couche génératrice interne donne donc du liber secondaire en dehors et du bois secondaire en dedans.

Deux cas peuvent se présenter dans le fonctionnement de l'assise génératrice :

1° Cette assise ne donne du bois et du liber que dans la

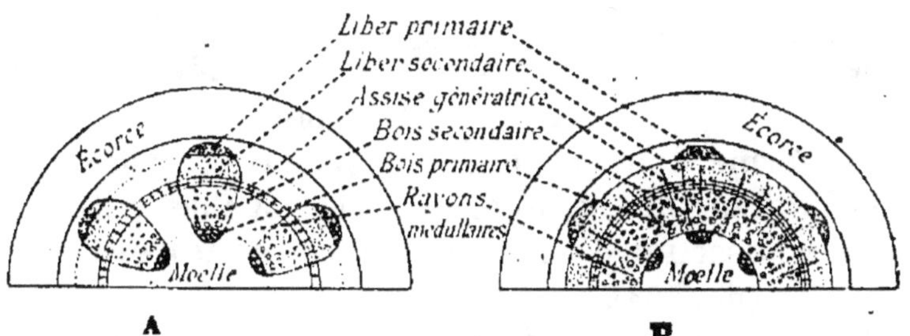

Fig. 581. — Tige d'une année.

région des faisceaux libéro-ligneux (*fig*. 581, A) ; dans les intervalles elle forme du parenchyme non différencié qui constitue les *rayons médullaires secondaires* ;

2° **L'assise génératrice** donne du bois et du liber dans toute son étendue (*fig*. 581, B), de sorte que l'on aura un anneau libéro-ligneux continu. Parfois cependant, de place en place, le parenchyme ne se différencie pas et forme de minces rayons médullaires secondaires.

Bois de printemps et bois d'automne. — L'activité de la couche génératrice n'est pas constante. Au **prin**temps, la sève circule **abondamment**; aussi le **bois** est-il formé de larges vaisseaux et de fibres rares (*fig*. 582): on l'appelle *bois de printemps*; il est plutôt tendre et de couleur claire. A l'automne, la sève se ralentit, le bois est formé surtout de fibres et ne possède que des vaisseaux étroits et peu abondants: on l'appelle *bois d'automne*; il est plus compact et d'aspect plus sombre. Les veines du bois, si recherchées dans l'ébénisterie, sont dues à l'aspect différent de ces deux bois.

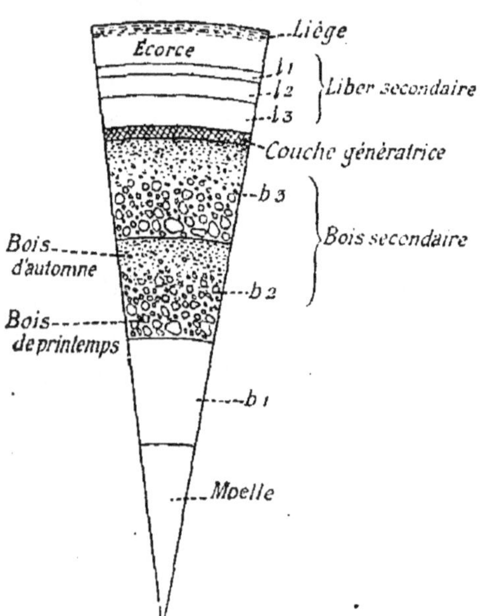

Fig. 582. — Tige âgée de trois ans. Bois de printemps et bois d'automne.

Il se forme donc chaque année deux couches de bois; et l'on comprend que le nombre de ces couches, nettement visibles sur la section d'une tige âgée, permette d'évaluer l'âge de cette tige (*fig*. 583).

C'est aussi sur cette observation que l'on s'est fondé pour dire qu'à certaines époques géologiques, à l'époque carbonifère par exemple, le climat était uniforme dans le *temps*, et qu'il n'y avait par conséquent pas de saisons. La section des plantes de cette époque ne montre pas, en effet, les couches alternatives de bois de printemps et de bois d'automne. La sève devait donc circuler d'une façon continue. De plus le climat était uniforme dans l'*espace*, car les plantes qui poussaient dans nos régions ressemblaient aussi bien à celles trouvées dans le sud de l'Afrique qu'à celles rapportées du Spitzberg.

Dans les régions équatoriales, où il existe des saisons pluvieuses et des saisons sèches, on constate que certains arbres, qui portent des feuilles pendant toute l'année, présentent des différences dans la structure du bois secondaire suivant les saisons ; de gros vaisseaux se forment pendant la saison pluvieuse, tandis que le bois de la saison sèche ne contient pas de vaisseaux mais seulement des fibres ligneuses.

Tige âgée. — La section transversale d'une tige âgée (*fig.* 583) montre deux régions distinctes : une externe, très mince, désignée vulgairement sous le nom d'*écorce* et qui comprend l'écorce proprement dite et le liber ; et une interne, très développée, le *bois*.

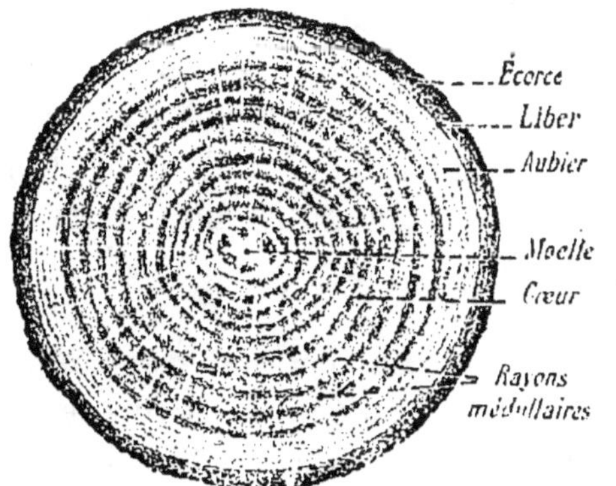

Fig. 583. — Coupe transversale d'une tige de Chêne de 10 ans.

Le bois comprend lui-même deux parties : une partie externe, peu colorée et tendre : c'est l'*aubier* ; une partie interne, plus colorée, plus dure : c'est le *cœur*. Le cœur ne sert plus que d'appareil de soutien ; il est formé de tissus morts qui ne s'altèrent pas, grâce aux substances antiseptiques dont ils s'imprègnent (*tanin* pour le Chêne, *résine* pour le Pin). Certains arbres cependant (Saule, Peuplier) ont parfois le cœur complètement détruit, ce qui ne les empêche pas de continuer à vivre, puisque c'est par l'aubier que la sève circule.

Au point de vue industriel, les bois sont groupés en trois catégories : 1° les *bois blancs*, comme le Peuplier, l'Aulne, le Bouleau, le Châtaignier, qui sont légers et tendres ; 2° les *bois durs*, comme le Hêtre, le Chêne, le Noyer, l'Orme, le

Charme, qui sont lourds et résistants ; 3° les *bois résineux*,

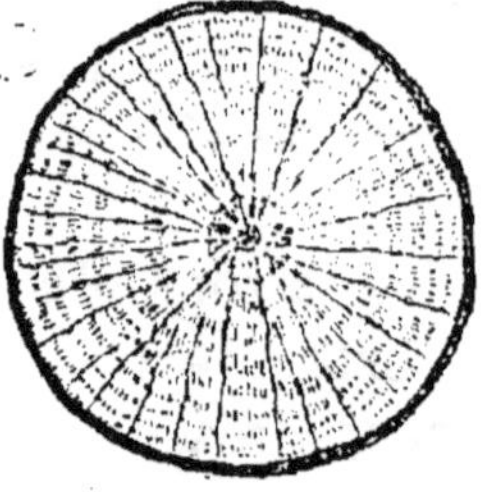

Fig. 584. — Sections transversales de différents bois.

comme le Pin, le Sapin, imprégnés de résine, ce qui les empêche de pourrir rapidement.

Sur des sections transversales de ces arbres (*fig.* 584) il est possible de reconnaitre ces trois sortes de bois : dans les bois blancs et les bois durs les rayons médullaires sont très visibles, tandis qu'ils ne le sont pas chez les bois résineux ; d'autre part le cœur n'est pas apparent dans les bois blancs ; il est au contraire marqué dans les bois durs et résineux.

Couche génératrice externe. — La *couche génératrice externe* est située dans l'épaisseur de l'écorce et forme des tissus nouveaux par le même mécanisme que la couche génératrice interne.

Ces tissus nouveaux sont destinés à réparer l'écorce crevassée par suite de l'augmentation de diamètre du cylindre central. En effet, l'accroissement dû à la formation du bois et du liber secondaires fait souvent éclater l'épiderme devenu trop étroit. C'est alors que la couche génératrice externe (*fig.* 585) va donner, en dehors, du *liège* et, en dedans, de l'*écorce secondaire*. L'ensemble du liège et de l'écorce secondaire est appelé *périderme*.

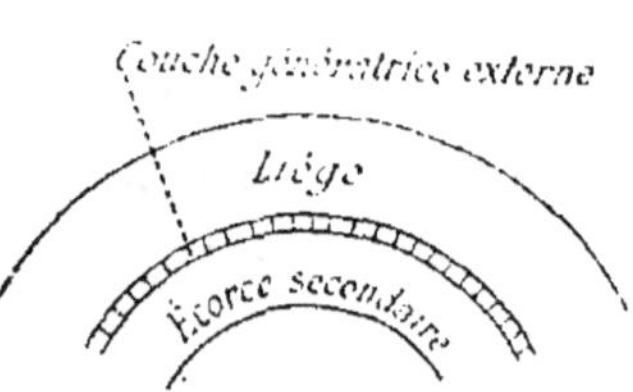

Fig. 585. — Couche génératrice externe.

Le liège peut être très épais ; c'est le cas des Chênes exploi tés dans les forêts d'Algérie et de Tunisie. Le premier liège ou *liège mâle* est enlevé au bout de quinze ans ; il est de mauvaise qualité. Puis, tous les dix ans environ, on enlève le *liège femelle*, qui est plus élastique et plus recherché par conséquent dans l'industrie. Le même arbre peut donner du liège pendant 150 ans.

Toutes les parties situées en dehors de la couche imperméable du liège ne reçoivent plus de nourriture et meurent. Ces tissus morts se déchirent et s'exfolient (Platane, Bouleau).

La cuirasse protectrice formée par le liège présente des défauts appelés *lenticelles*. Ces lenticelles permettent les échanges gazeux entre l'air extérieur et l'intérieur de la plante; elles se produisent en face des stomates de l'épiderme. Dans ces régions (*fig.* 586) la couche génératrice ne produit pas de liège ; elle donne des cellules séparées

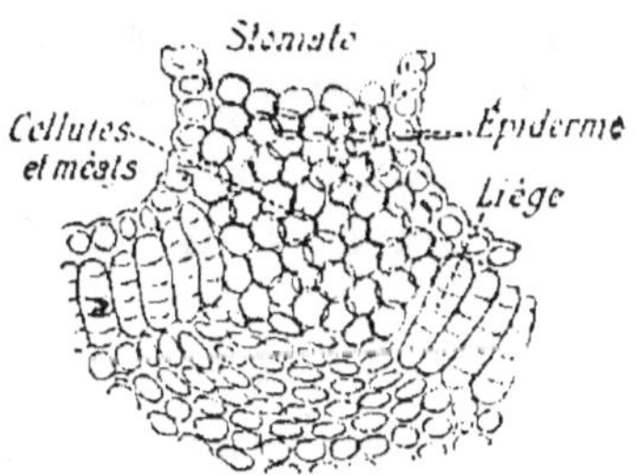

Fig. 586. — Coupe d'une lenticelle.

par des méats qui établissent la communication entre l'air extérieur et l'intérieur de la plante. Souvent ces cellules se multiplient beaucoup et refoulent l'épiderme, de sorte que chaque lenticelle fait saillie à l'extérieur.

§ 2. — Formations secondaires de la racine.

Formations secondaires de la racine. — Les deux *couches génératrices* existent et fonctionnent dans la racine comme dans la tige.

La *couche génératrice interne* (*fig.* 587) se forme en dedans du liber primaire et en dehors du bois primaire ; elle est donc sinueuse au début. Mais chaque année cette couche va donner du liber secon-

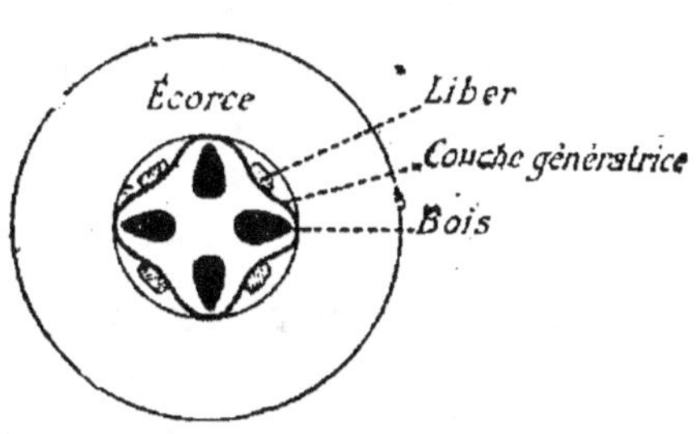

Fig. 587. — Couche génératrice interne de la racine.

daire en dehors et du bois secondaire en dedans, de sorte qu'au bout de la première année (*fig.* 588) on aura un anneau de liber en dehors et un anneau de bois en dedans. Comme la *couche génératrice externe* produit aussi du liège en dehors et de l'écorce secondaire en dedans, il s'ensuit que la racine finit par ressembler à la tige. Il n'y a de différence, pour la

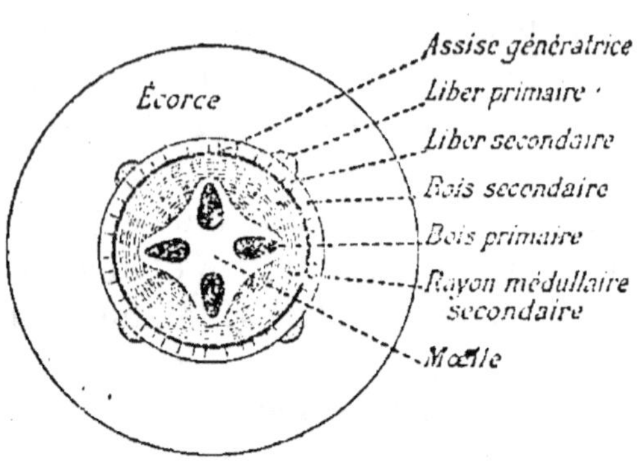

Fig. 588. — Coupe transversale d'une racine âgée d'un an.

racine, que dans l'alternance des faisceaux de bois et de liber primaires.

Dans certains cas, tel que celui de la Betterave (*fig.* 589), il se forme en plus des deux assises génératrices ordinaires, des *assises génératrices successives* qui sont situées à l'extérieur du premier liber secondaire, et qui donnent des faisceaux libéro-ligneux secondaires au lieu d'une couche continue. Les matières nutritives s'accumulent dans les espaces compris entre ces faisceaux.

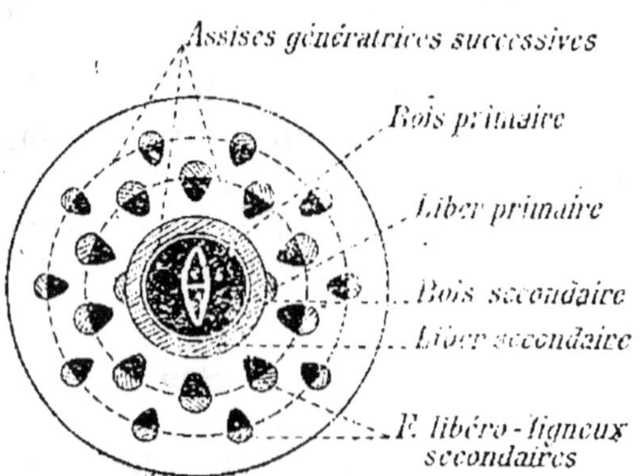

Fig. 589.—Formations secondaires d'une racine de Betterave.

Rôle des formations secondaires. — On peut observer que, sur les arbres de nos pays, les feuilles deviennent de plus en plus nombreuses à mesure que l'arbre croît ; la transpiration y devient donc plus active, et par suite la quantité d'eau nécessaire pour remplacer celle qui est transpirée augmente de plus en plus : d'où la nécessité de nouveaux vaisseaux pour amener cette eau.

En outre, le nombre et les dimensions des branches augmentent ; l'arbre a donc besoin d'être solidifié par de nouvelles fibres ligneuses.

Enfin, le liège joue un rôle protecteur.

RÉSUMÉ

Les *formations secondaires* produisent l'accroissement en épaisseur. Elles n'existent que chez les Dicotylédones et quelques Monocotylédones (Yucca, Dracæna, Aloès).

Formations secondaires de la tige. — Deux couches génératrices : interne (cylindre central) et externe (écorce).

1° *Couche génératrice interne ou cambium.* . . . .
- Liber secondaire en dehors.
- Bois secondaire en dedans.
- Bois de printemps : larges vaisseaux, peu de fibres.
- Bois d'automne : vaisseaux étroits, fibres abondantes.
- Sur une tige âgée . . . . { écorce. / aubier : conduit la sève. / cœur : tissus morts. }

2° *Couche génératrice externe.* .
- Liège en dehors. Lenticelles. { Périderme.
- Écorce secondaire ou *phelloderme* en dedans. }

Formations secondaires de la racine. — Deux couches génératrices fonctionnent comme dans la tige.

1° *Couche génératrice interne* . . . . } Liber secondaire en dehors. Bois secondaire en dedans.

2° *Couche génératrice externe* : Liège et écorce secondaire ou phelloderme.

Rôle des formations secondaires. — La plante en grandissant a besoin d'une plus grande quantité d'eau : d'où la nécessité de nouveaux vaisseaux. Elle a aussi besoin d'un appareil de soutien plus développé ; elle doit donc être consolidée par de nouvelles fibres.

CHAPITRE V

LA FEUILLE

§ 1. — Caractères extérieurs de la feuille.

Les différentes parties de la feuille. — La feuille est une lame verte, aplatie, et qui apparait de distance en distance sur la tige. Elle a une droite et une gauche, une face supérieure et une face inférieure : elle a donc une *symétrie bilatérale*.

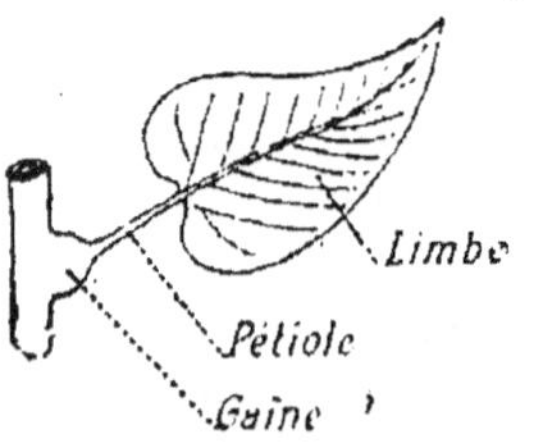

Fig. 590. — Les différentes parties de la feuille.

La feuille (*fig.* 590) présente trois parties essentielles : 1º le *limbe*, qui est aplati ; 2º le *pétiole*, qui est plus étroit et qui a pour rôle d'écarter le limbe de la tige de façon à le repousser dans l'air et la lumière ; 3º la *gaine*, située à la base du pétiole et

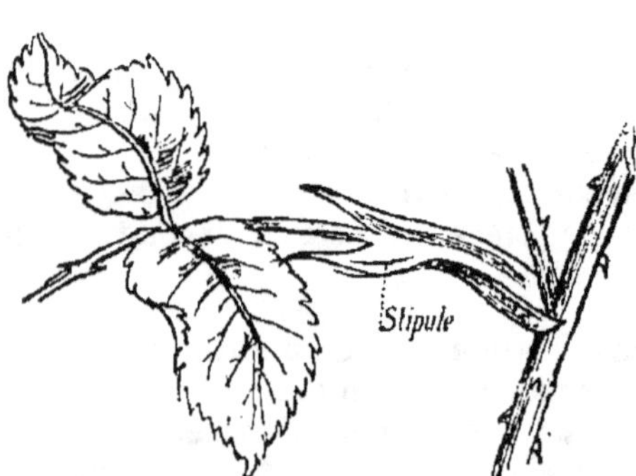

Fig. 591. — Stipules à la base du pétiole (Rosier).

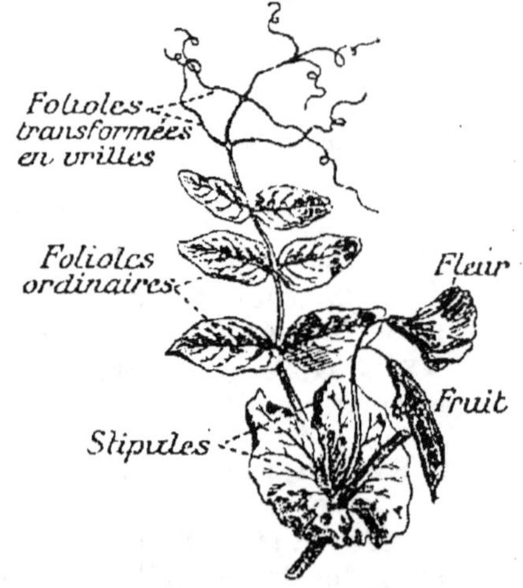

Fig. 592. — Stipules et vrilles du Pois.

qui le rattache à la tige en entourant plus ou moins celle-ci.

Souvent, à la base du pétiole (*fig.* 591) se trouvent deux petites lames vertes appelées *stipules* (Rosier) ; ces stipules prennent un grand développement chez le Pois (*fig.* 592), et

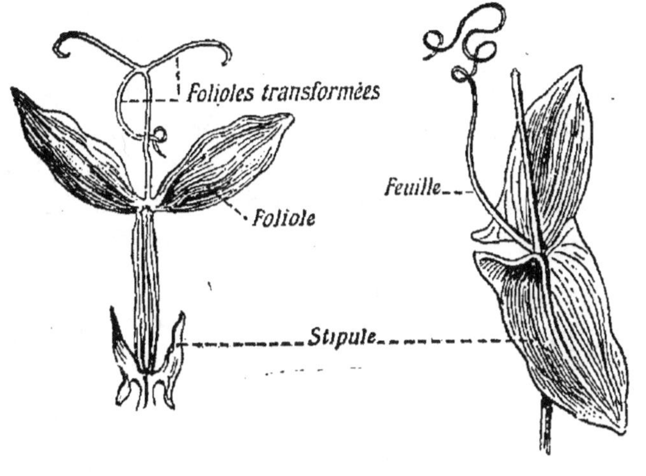

Fig. 593. — Feuilles, stipules et vrilles.

surtout chez la Gesse aphaca (*fig.* 493), où elles suppléent complètement les feuilles, qui sont réduites à leur pétiole.

Les différentes parties de la feuille peuvent manquer. Le

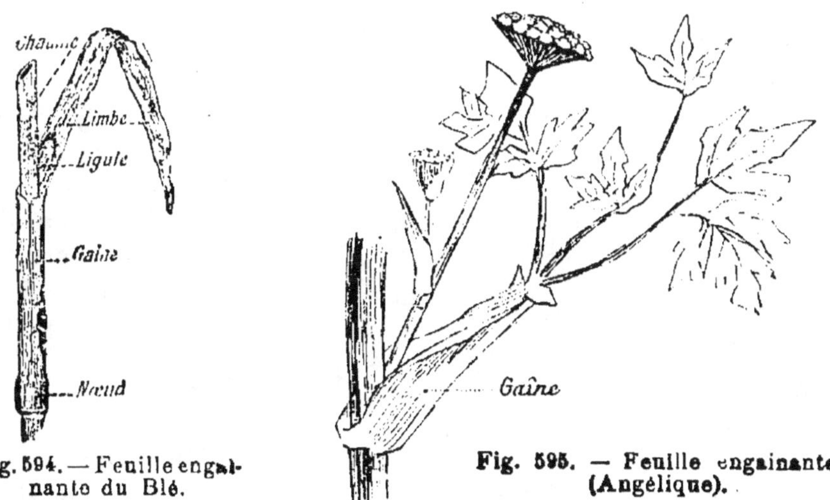

Fig. 594. — Feuille engaînante du Blé.

Fig. 595. — Feuille engainante (Angélique).

limbe manque le moins souvent. Le pétiole peut faire défaut et la gaine prendre un grand développement, comme dans le Blé (*fig.* 594), dans l'Angélique (*fig.* 595). On dit alors que la feuille est *engaînante*. La feuille est dite *sessile* lorsqu'elle est dépourvue de pétiole et de gaîne, comme chez la Giroflée.

Différentes formes de feuilles. — On peut ranger les feuilles en deux catégories : 1° celles dont le limbe n'est pas divisé ; ce sont les feuilles *simples* ; 2° celles dont le limbe est divisé et le pétiole ramifié : chacune de ces ramifications se termine par une *foliole* indépendante ; ce sont les feuilles *composées*.

Feuilles simples. — La feuille simple (*fig.* 596) est dite :

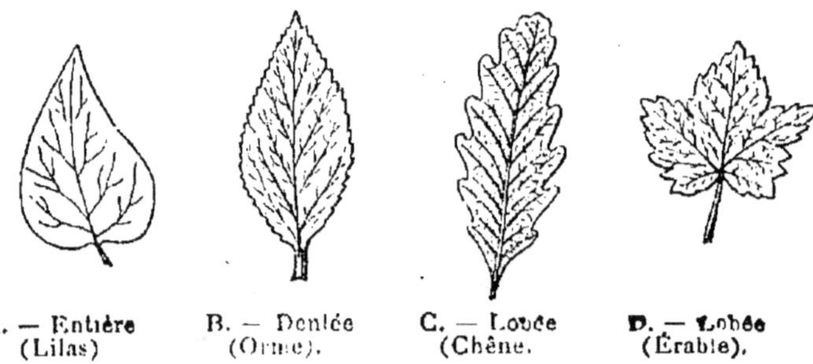

A. — Entière (Lilas)   B. — Dentée (Orme).   C. — Louée (Chêne.   D. — Lobée (Érable).

Fig. 596. — Les feuilles simples.

1° *entière*, si le limbe n'est ni découpé, ni denté (*fig.* 596, A) (Lilas) ;

2° *dentée*, si le bord du limbe porte des petites dents (*fig.* 596, B) (Orme, Charme) ;

3° *lobée*, si les découpures sont profondes et partagent le limbe en lobes (fig. 596, C et D) (Chêne, Érable).

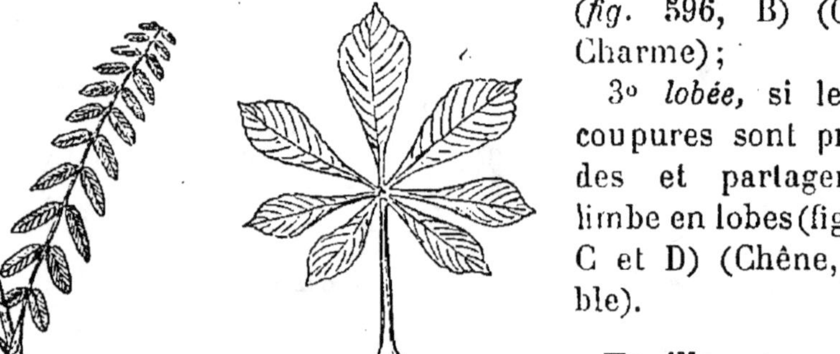

A. — Pennée (Robinier).   B. — Palmée (Marronnier).

Fig. 597. — Les feuilles composées.

Feuilles composées. — Le pétiole peut se ramifier de deux façons et donner deux sortes de feuilles composées.

1º La feuille est dite *pennée* (*fig.* 597, **A**) lorsque le pétiole donne des ramifications à gauche et à droite, chacune d'elles portant une foliole (Sainfoin, Robinier).

2º La feuille est *palmée* (*fig.* 597, B) lorsque le pétiole donne des rameaux situés tous au même niveau, de sorte que toutes les folioles sont au sommet du pétiole (Marronnier d'Inde).

Les nervures. — Lorsqu'on regarde une feuille par transparence, on voit de nombreux filets ou *nervures* qui se ramifient et forment un réseau très serré. Quelques-unes des grosses nervures sont généralement saillantes à la face inférieure de la feuille. Les mailles du réseau sont remplies par du parenchyme.

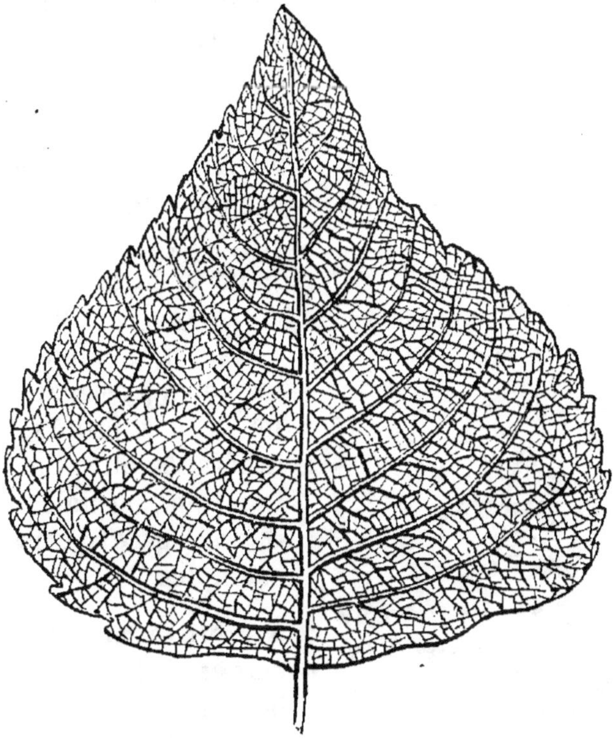

Le rôle des nervures est de donner plus de solidité à la feuille et de transporter la sève.

En hiver, on trouve souvent sur le sol humide des feuilles mortes réduites à la fine dentelle que forme le réseau de nervures (*fig.* 598). C'est que le parenchyme a été complètement détruit par le *Bacillus amylobacter*, qui digère la cellulose mais n'attaque pas les parties lignifiées des nervures,

Fig. 598. — Feuille de Peuplier réduite à ses nervures par le *Bacillus amylobacter*.

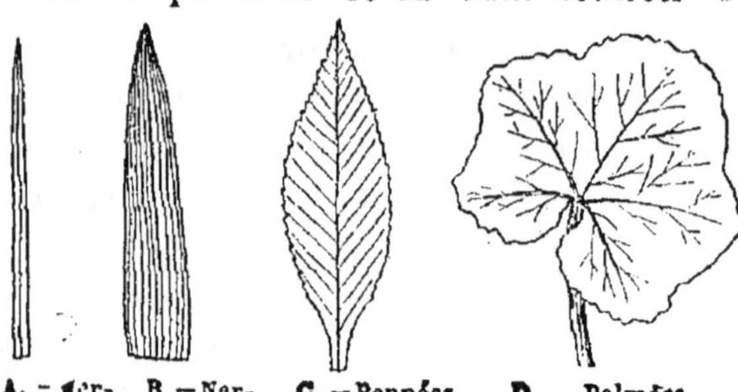

Fig. 599. — Nervation des feuilles.

La disposition et la ramification des nervures peuvent caractériser les feuilles. Quelques-unes (*fig.* 599, A) (Pin, Sapin) possèdent une *seule* nervure ; la plupart des Monocotylédones (Blé) ont leurs nervures *parallèles* (*fig.* 599, B) ; la plupart des Dicotylédones ont leurs nervures principales ramifiées et sont tantôt *pennées* (*fig.* 599, C) (Charme, Châtaignier), tantôt *palmées* (*fig.* 599, D) (Lierre, Mauve).

Modifications des feuilles suivant le milieu. — Sur une même plante, on ne trouve généralement qu'une seule sorte de feuilles. Mais certaines feuilles peuvent s'adapter à des milieux différents ou à des fonctions spéciales. Citons quelques exemples.

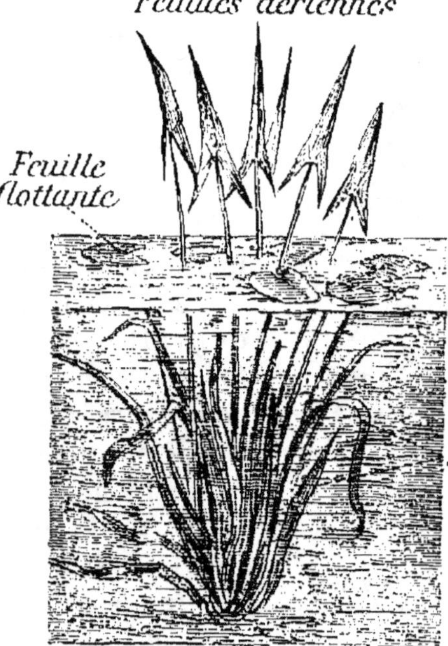

Fig. 600. — La Sagittaire et ses trois sortes de feuilles.

Feuilles souterraines. — Les feuilles aériennes sont vertes, tandis que les feuilles qui poussent sur des tiges souterraines (Rhizome d'Iris ou de Carex) sont réduites à des écailles brunes ou incolores.

Feuilles aquatiques. — Un exemple encore plus frappant de l'influence du milieu se trouve chez la Sagittaire (*fig.* 600), qui pousse sur le bord des rivières ou dans les étangs. Sur la même plante on trouve en effet trois formes de feuilles : 1° les feuilles *aériennes* sont épaisses et ont la forme d'un fer de lance ; 2° les feuilles *flottantes*, placées à la surface de l'eau, sont arrondies ; 3° les feuilles *submergées* n'ont pas de pétiole et sont allongées en longues lanières minces et flexibles.

L'adaptation des feuilles est bien nette aussi chez une Sagittaire qui pousse dans un étang desséché dont le sol seul est humide, car toutes ses feuilles sont en forme de fer de lance. Si la même plante pousse au contraire dans des eaux profondes, toutes ses feuilles sont en forme de lanières.

La Renoncule aquatique, qui croît dans les mares, a des feuilles submergées découpées en fines lanières, tandis que

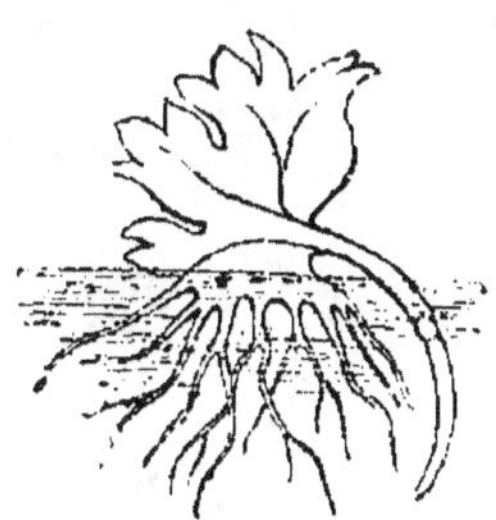

Fig. 601. — Une feuille de Renoncule aquatique se développant à moitié dans l'air, à moitié dans l'eau (d'après Costantin).

les feuilles flottantes ont un limbe aplati. Une même feuille se développant à moitié dans l'air, à moitié dans l'eau, peut présenter un limbe avec une partie aérienne aplatie et une partie submergée en lanières (*fig.* 601).

Fig. 602. — Feuilles charnues d'Aloès.

Adaptation à la sécheresse : feuilles charnues — : Certaines feuilles peuvent devenir *charnues*, c'est-à-dire s'épaissir en accumulant de l'eau dans leurs cellules afin de résister à la sécheresse. Telles sont les feuilles des plantes grasses comme l'Aloès (*fig.* 602) et l'Agave. Les plantes des bords de la mer ont aussi des feuilles charnues, car le sel qu'elles absorbent empêche l'évaporation de l'eau qu'elles contiennent et par suite les feuilles se gonflent.

Adaptation à l'altitude et au climat. — L'*altitude* et le *climat* ont aussi une grande influence sur le développement des végétaux et particulièrement des feuilles. Ainsi un pied de Topinambour cultivé dans la plaine présente une longue tige dressée (*fig.* 603, A), tandis que cultivé à 2400^m d'altitude, comme cela a été fait dans les Alpes, il ne produit plus qu'une simple rosette de feuilles velues et étalées sur le sol (*fig.* 603,

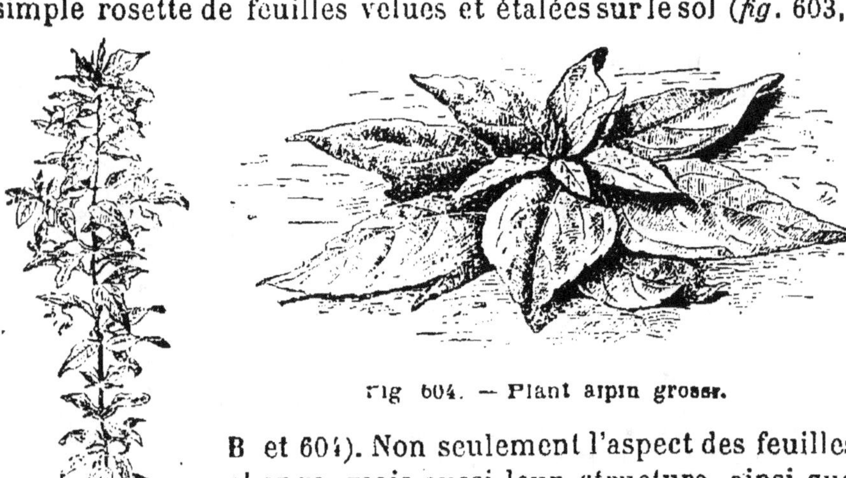

Fig 604. — Plant alpin grossi.

B et 604). Non seulement l'aspect des feuilles change, mais aussi leur structure, ainsi que nous le verrons plus loin.

Les expériences faites pour montrer l'influence du climat sur la structure des végétaux permettent de conclure que l'adaptation au milieu est un

A   B

Fig. 603. — Cultures comparées de Topinambour, en plaine et à 2400^m d'altitude.

facteur important de la transformation des végétaux.

Feuilles vrilles. — Certaines feuilles peuvent se transformer en *vrilles* qui s'enroulent autour d'un support et soutiennent la plante. Telles sont les feuilles de la Bryone (*fig.* 605), du Pois (*fig.* 592).

La manière dont s'enroulent les vrilles est intéressante à observer. Soit une vrille de Bryone au moment où elle com-

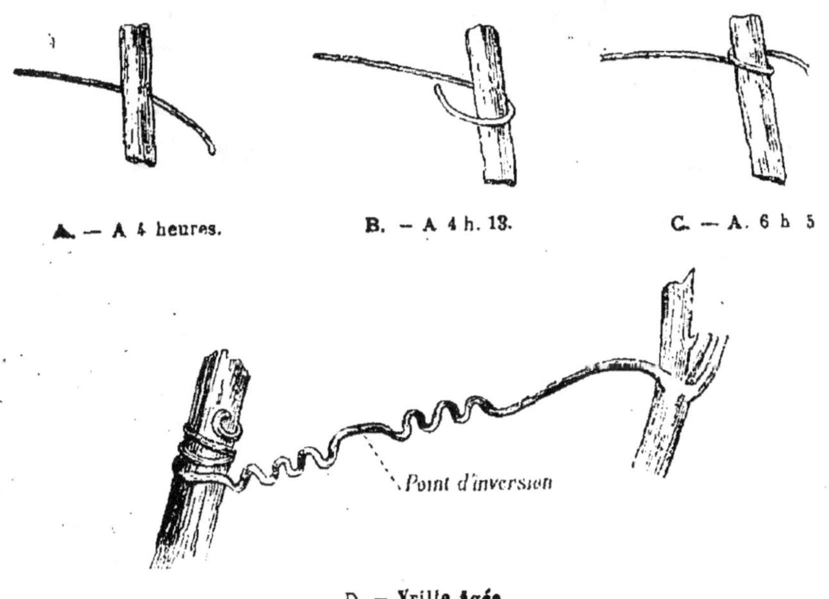

Fig. 605. — Mécanisme de l'enroulement d'une vrille de Bryone.

mence à toucher un support (*fig.* 605, A) ; un quart d'heure après, elle entoure presque le support (*fig.* 605, B), autour duquel elle continue de s'enrouler (*fig.* 605, C). Après cela, la partie de la vrille située entre la plante et le support s'enroule elle-même en forme de spirales (*fig.* 605, D), ce qui lui donne de l'élasticité. Comme ses deux extrémités sont fixées, elle forme deux spirales se dirigeant en sens inverses et ayant même nombre de tours, séparées par un point d'inversion.

Adaptation à la défense: feuilles épines. — Pour se défendre contre la dent des animaux herbivores, les feuilles peuvent porter des piquants [Houx (*fig.* 606), Aloès (*fig.* 602)] ou se transformer en *épines* (Epine-vinette) ; parfois même ce sont les stipules qui donnent des épines (Robinier) (*fig.* 607).

Fig. 606. — Feuilles de Houx.

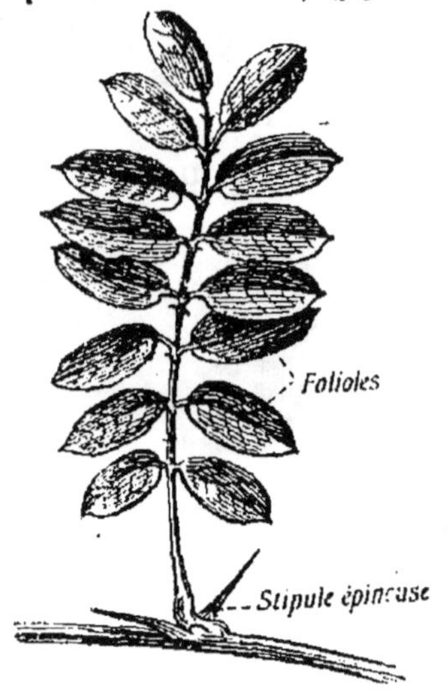

Fig. 607. — Feuille de Robinier.

Adaptation à l'absorption des matières nutritives. — Enfin, des modifications plus profondes peuvent se produire. Les feuilles de *Népenthès* (*fig.* 608 et 609), par exemple, se transforment en véritables urnes appelées *ascidies*. Ces vases, qui portent souvent un couvercle, contiennent un liquide acide sécrété par la plante. Si un Insecte tombe dans ce liquide, il se décompose, sous l'influence des Bactéries, en substances solubles que la plante absorbe. Le même phénomène s'observe chez les plantes dites carnivores (Dionée, Droscra), dont les feuilles capturent les Insectes et les digèrent ensuite.

Fig. 608. — Pied de Népenthès

Les Droseras (*fig.* 610), qui poussent dans les marais tour-

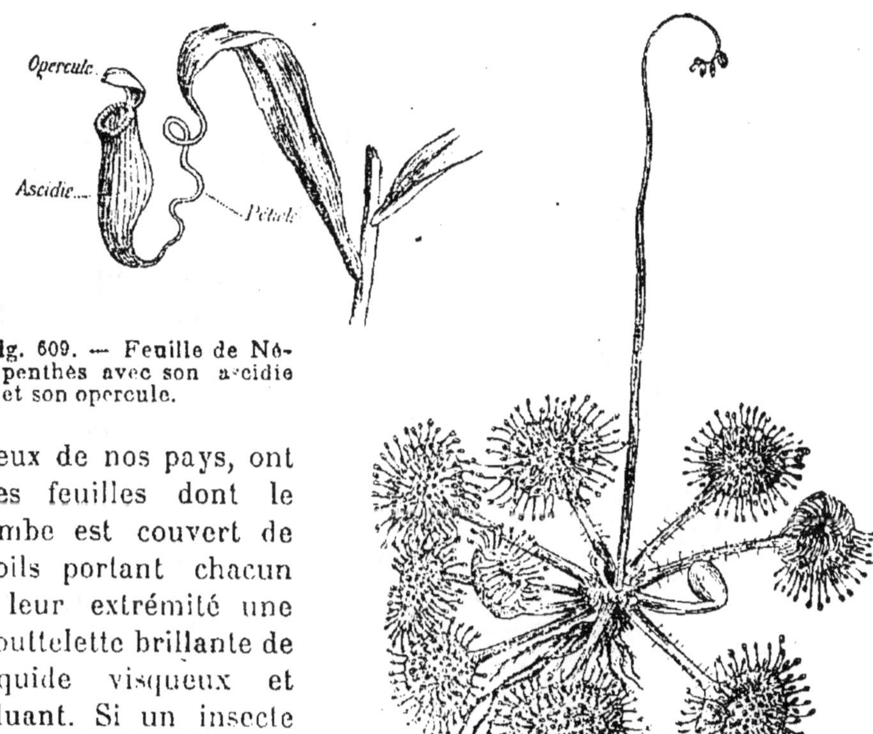

Fig. 609. — Feuille de Népenthès avec son ascidie
et son opercule.

beux de nos pays, ont
des feuilles dont le
limbe est couvert de
poils portant chacun
à leur extrémité une
gouttelette brillante de
liquide visqueux et
gluant. Si un insecte
vient se poser sur la

Fig. 610. — Pied de Drosera.

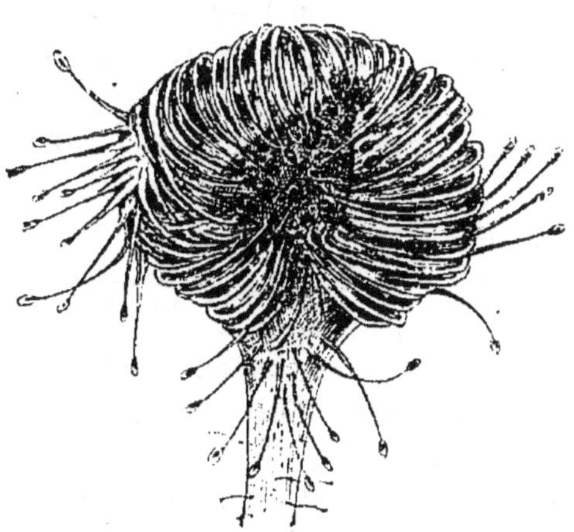

Fig. 611. — Feuille de Drosera isolée.

feuille, il est pris à
cette glu; de plus, les
poils se rabattent sur
lui (*fig.* 611) et la feuille
elle-même s'enroule
autour de son corps,
qui disparaît peu à
peu, digéré par les
sucs que sécrète la
feuille.

De même, les Dio-
nées attrape-Mouches
(*fig.* 612), qui sont

des plantes exotiques, peuvent saisir et digérer des Insectes.

Leurs feuilles sont formées de deux lobes réunis par une charnière et garnis de **poils raides**. Dès qu'une Mouche se pose sur cet appareil, les deux lobes se relèvent, se rapprochent, entre-croisent leurs poils et font ainsi prisonnière la Mouche qui va être digérée et absorbée par la feuille.

Ces feuilles sont donc comme de véritables estomacs sécrétant un suc riche en pepsine.

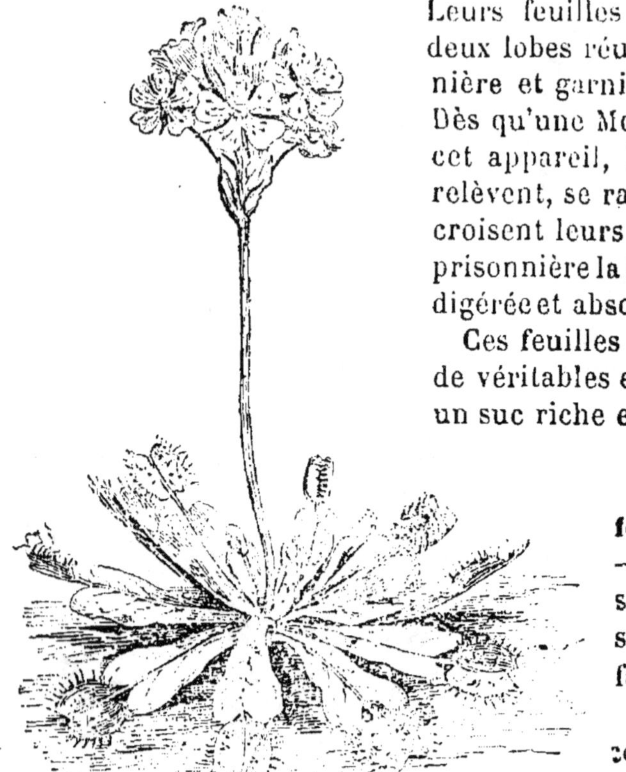

Fig. 612. — Dionée attrape Mouches.

Position des feuilles sur la tige. — Les feuilles ne sont pas attachées sur la tige d'une façon quelconque. Deux cas sont à considérer :

1° Les feuilles sont *verticillées* si plusieurs sont insé-

rées au même niveau, au même nœud ; elles peuvent être disposées par deux (*fig.* 613) (Houblon), et sont dites *opposées* ; elles peuvent être par trois comme dans le Laurier-rose (*fig.* 614).

2° Les feuilles sont *isolées* (*fig.* 615) lorsqu'elles sont insérées une à chaque nœud (Hêtre). Ces feuilles sont disposées sur une spirale tracée autour de la tige.

On appelle *divergence* l'angle que font entre eux deux plans passant par l'axe de la tige et par deux feuilles successives. Ainsi, chez le Hêtre (*fig.* 616, A), la divergence est de 1/2 (la moitié de quatre angles droits) ; chez le Bouleau (*fig.* 616, B) la divergence est de 1/3 ; chez le Chêne, elle est de 2/5.

Les divergences qui s'observent le plus souvent sont représentées par les fractions $\dfrac{1}{2}$, $\dfrac{1}{3}$, $\dfrac{2}{5}$, $\dfrac{3}{8}$, $\dfrac{5}{13}$, etc.; cha-

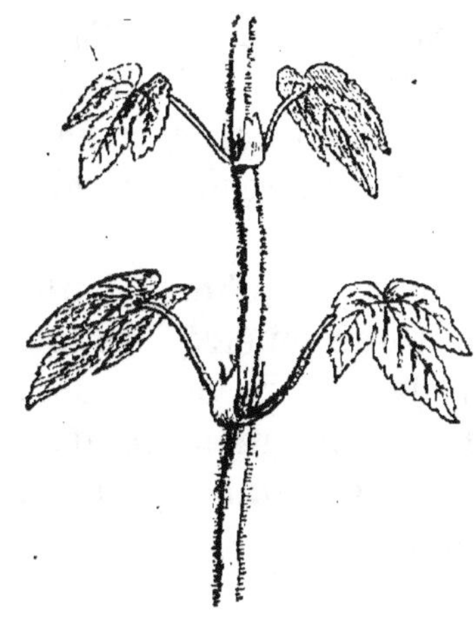

Fig. 613. — Feuilles opposées
(Houblon).

Fig. 614. — Feuilles verticillées
(Laurier-rose).

cune de ces fractions s'obtient, à partir de $\dfrac{2}{5}$, en addition-

nant respectivement les deux numérateurs et les deux déno-
minateurs précédents.

Fig. 615. — Feuilles
isolées.

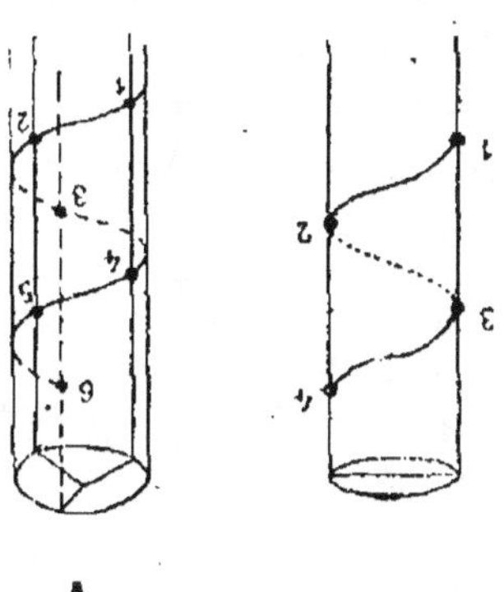

Fig. 616. — Divergences des
feuilles isolées.

Quel que soit du reste cet arrangement, son but est d'empêcher les feuilles de se recouvrir et de s'ombrager. La
lumière, comme nous allons le voir, est indispensable à
l'accomplissement des fonctions de la feuille.

Direction des feuilles. — Dans le bourgeon, les feuilles se recouvrent les unes les autres et sont parallèles à la tige. Mais bientôt elles s'épanouissent, car, par suite de l'accroissement plus considérable de sa face interne, la feuille s'étale horizontalement. De cette manière la face interne est devenue la face supérieure, et c'est celle-là qui reçoit le plus de lumière.

La lumière agit sur la direction, car lorsqu'une plante est placée dans un appartement, devant une fenêtre, ses feuilles tournent leur face supérieure vers la fenêtre de façon à recevoir le plus de lumière possible. D'une manière générale on peut dire que la feuille dispose son limbe perpendiculairement à la direction de la lumière.

Mouvements des feuilles. — Les feuilles de certaines plantes sont douées de mouvements qui peuvent être produits soit par la lumière, soit par des agents mécaniques ou encore par des causes internes.

1° **Mouvements de sommeil.** — Le Robinier (vulgairement Acacia) a ses feuilles étalées horizontalement pendant le jour ; mais le soir, après le coucher du soleil, les folioles s'abaissent et placent leur face inférieure l'une contre l'autre. C'est cette position que Linné a décrite sous le nom de *sommeil* des feuilles. Le lendemain matin, au lever du soleil, les folioles reprennent leur position de *veille*.

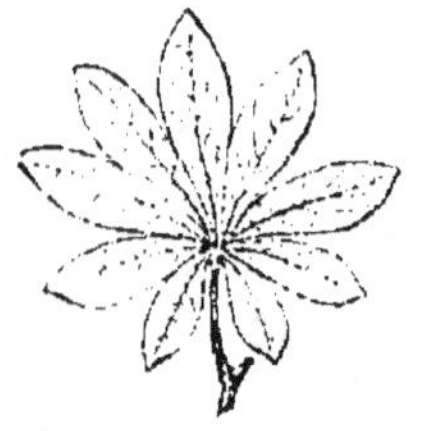

A. — Veille. B. — Sommeil.

Fig. 617. — Feuilles de Lupin.

De même, dans leur position nocturne, les feuilles de Lupin (*fig*. 617) pendent vers le bas de manière que leurs faces inférieures se touchent.

Les feuilles du Trèfle (*fig*. 618) font des mouvements semblables, mais ce sont leurs faces supérieures et non leurs faces inférieures qui se rapprochent.

Ces mouvements, qui s'effectuent périodiquement matin et soir, semblent avoir pour but de réduire le refroidissement et la transpiration en diminuant la surface exposée directement à l'air.

Le mouvement du pétiole a son siège dans le *renflement moteur* (*fig.* 619), généralement situé au-dessous du pétiole.

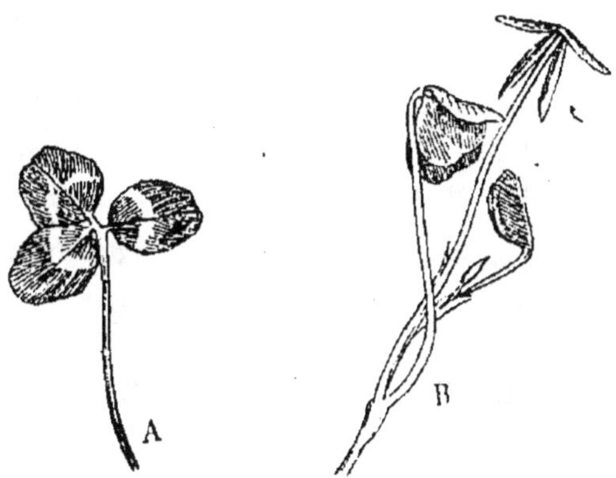

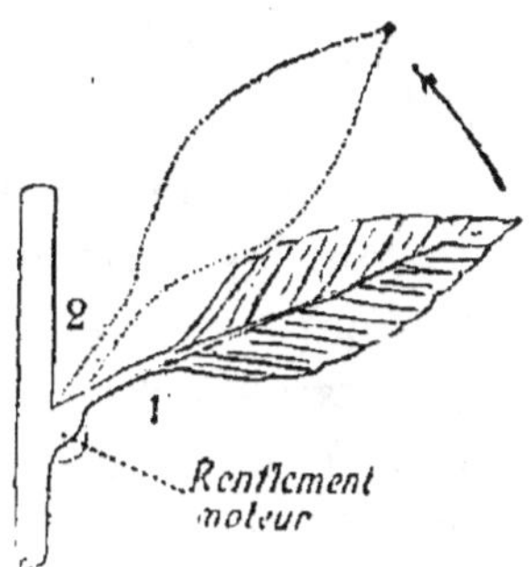

A. — Veille.   B. — Sommeil.

Fig. 618. — Mouvements des feuilles de Trèfle.

Fig. 619. — Mécanisme du mouvement des feuilles.

Pour des raisons de nutrition les cellules de ce renflement peuvent se gorger d'eau et soulever le pétiole ; si, au contraire, le liquide de ces cellules est attiré vers la tige ou vers la feuille, le renflement devient flasque et le pétiole prend une autre position. La transpiration, variant à la lumière et à l'obscurité, est la cause de la turgescence ou de la flaccidité du renflement moteur, et par suite des mouvements de veille et de sommeil.

2° **Mouvements dus à une irritation mécanique.** — Les feuilles de certaines plantes, telles que la Sensitive, les plantes carnivores (Dionée, Drosera), sont douées de mouvements qui se produisent au moindre choc. Les folioles de Sensitive (*fig.* 859) se ferment rapidement pour s'étaler de nouveau, un instant après l'excitation.

Les plantes ont donc une *irritabilité* spéciale comparable jusqu'à un certain point à l'*irritabilité nerveuse* des animaux, car dans les deux cas on peut faire disparaître l'irritabilité par l'usage des anesthésiques (éther, chloroforme).

3° **Mouvements spontanés.** — Ils sont dus à des causes internes et consistent en un abaissement et un relèvement alternatifs de la feuille entière ou des folioles (Haricot, Trèfle). Le siège de ces mouvements est encore dans le renflement du pétiole, qui augmente tantôt par sa face supérieure, tantôt par sa face inférieure. Ce changement de volume a pour cause un gonflement ou un dégonflement des cellules, sous l'influence d'une absorption ou d'une expulsion d'eau. En réalité, ces mouvements sont dus à une inégalité alternative dans les phénomènes nutritifs.

Durée et chute des feuilles. — Pour la plupart des plantes, les feuilles naissent au printemps et meurent à l'automne. Ces feuilles sont dites *caduques*.

Certains arbres, au contraire (Houx, Pin, Sapin), conservent pendant trois ou quatre ans leurs feuilles, qui sont dites *persistantes*. Ces arbres paraissent alors toujours verts puisqu'ils ne perdent, chaque année, qu'une partie de leurs feuilles.

La chute des feuilles est due à ce que le liège de la tige se continue dans le pétiole et sépare ainsi la feuille de la tige (*fig.* 620). Puis à la base du pétiole deux assises de cellules se séparent, de sorte qu'une fente transversale se forme et qu'il n'y a plus qu'une faible adhérence entre la feuille et la tige. La feuille peut alors se détacher au moindre coup de vent ou par son propre poids.

La plupart des feuilles tombent, à l'automne, dès qu'elles sont desséchées; mais chez le Chêne, les feuilles desséchées restent l'hiver sur l'arbre et ne tombent qu'au printemps.

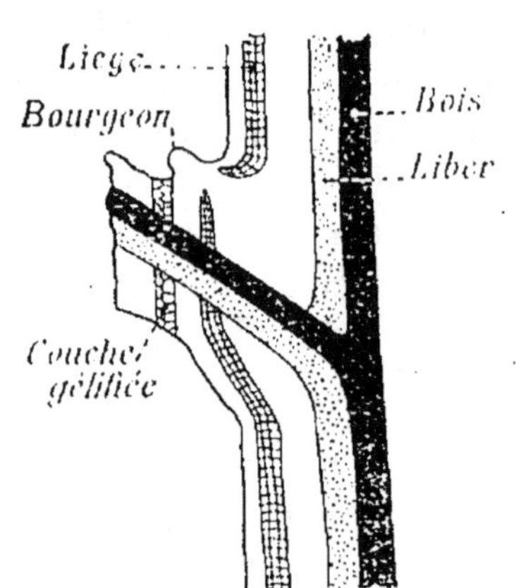

Fig. 620. — Mécanisme de la chute des feuilles.

§ 2. — Structure interne de la feuille.

Structure du pétiole et du limbe. — On retrouve dans la structure de ces parties la symétrie bilatérale de la feuille.

1° Le pétiole. — Sur une coupe transversale du pétiole (*fig.* 621) on distingue un *épiderme,* un *parenchyme,* et des *faisceaux libéro-ligneux* qui ont la même structure que ceux de la tige.

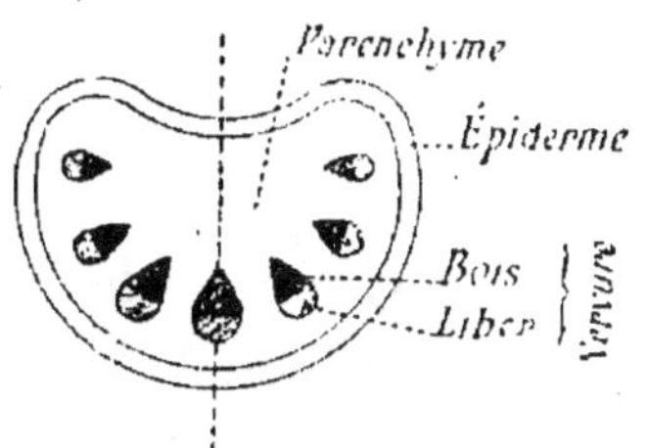

Fig. 621. — Coupe transversale du pétiole.

Mais ce qui distingue cette section de celle d'une tige, c'est la disposition des faisceaux libéro-ligneux, qui est symétrique par rapport à un plan et non par rapport à un axe comme dans la tige. Le faisceau médian est ici le plus développé.

2° Le limbe. — Sur une section transversale du limbe (*fig.* 622) on observe les mêmes parties et les faisceaux libéro-ligneux disposés symétriquement par rapport au plan médian. Chaque faisceau qui forme une nervure a son bois

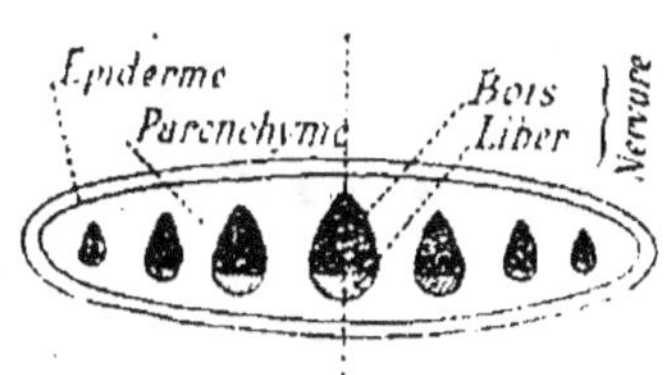

Fig. 622. — Coupe transversale du limbe.

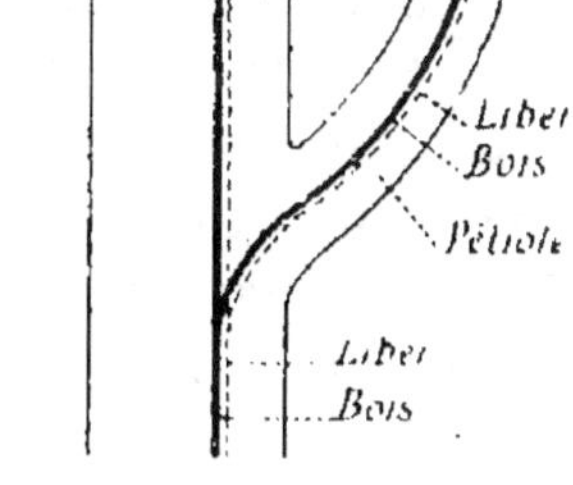

Fig. 623. — Les vaisseaux de la tige se continuent dans la feuille.

tourné vers la face supérieure et son liber vers la face inférieure. Cette disposition est facilement expliquée par ce fait que la nervure n'est qu'une ramification du faisceau libéro-ligneux dont le bois, intérieur dans la tige (*fig.* 623), devient supérieur dans la feuille, et dont le liber, extérieur dans la tige, devient inférieur dans la feuille.

L'*épiderme* (*fig.* 624) présente des cellules dont la paroi externe est transformée en cuticule, qui protège la feuille contre les agents extérieurs. L'épiderme de la face supérieure ne contient pas de matière verte, de *chlorophylle*; il est aussi dépourvu de stomates, tandis que l'épiderme de la face inférieure en présente un grand nombre.

Le *parenchyme*, vers la face supérieure, est formé de grandes cellules allongées, régulièrement disposées et contenant en abondance des grains de chlorophylle : c'est le *tissu en palissade*. Vers la face inférieure, le parenchyme est formé de cellules irrégulières et séparées par de grandes lacunes : c'est le *tissu lacuneux*. Il contient moins de grains de chlorophylle que le tissu en palissade, ce qui explique pourquoi la face inférieure est d'un vert moins foncé que la face supérieure.

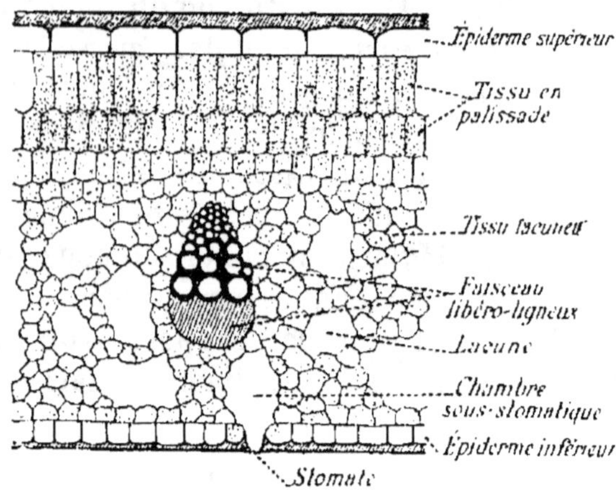

Fig. 624. — Une partie de la coupe transversale du limbe.

Au milieu du parenchyme on voit la section d'une nervure, constituée par un faisceau libéro-ligneux dont le bois est supérieur et le liber inférieur.

Stomates. — Les *stomates* sont des orifices existant à la face inférieure des feuilles et qui établissent une communication entre l'air extérieur et l'intérieur de la feuille. Ils sont produits par l'écartement de deux cellules épidermiques (*fig.* 625) appelées *cellules stomatiques*.

Ces deux cellules, vues de face (*fig.* 626), ont la forme de deux Haricots ; elles sont remplies de grains de chlorophylle et d'amidon. L'orifice qu'elles laissent entre elles (*fig.* 627, A) est l'*ostiole*, et la lacune dans laquelle s'ouvre

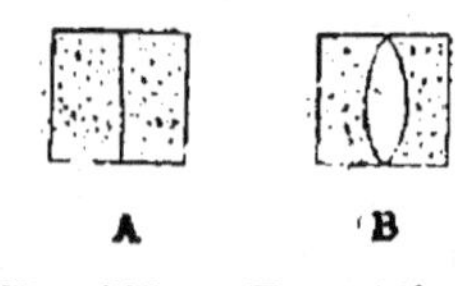

Fig. 625. — Formation d'un stomate.

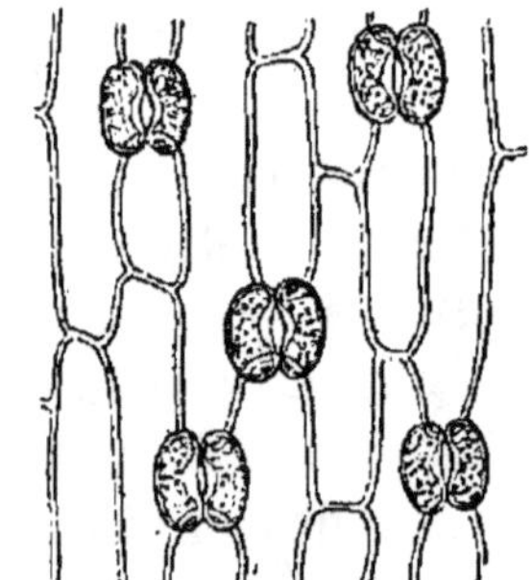

Fig. 626. — Stomates de l'épiderme de l'Iris (de face).

l'ostiole s'appelle *chambre sous-stomatique* (*fig.* 627, B).

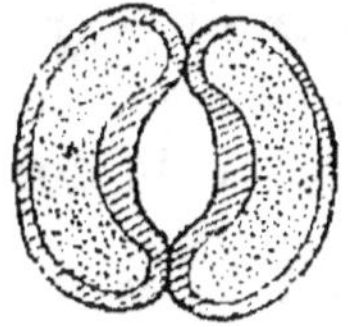

Fig. 627. — Structure d'un stomate.

La membrane des cellules stomatiques est plus épaisse dans le voisinage de l'ostiole. Aussi cet orifice peut-il s'élargir suivant le degré d'humidité de l'air (*fig.* 628) ; si l'air est humide, les cellules stomatiques se gonflent et la paroi mince s'incurve, de sorte que les deux cellules se courbant davantage laissent entre elles un ostiole plus large ; si l'air est sec, le phénomène inverse se produit et l'ostiole se ferme.

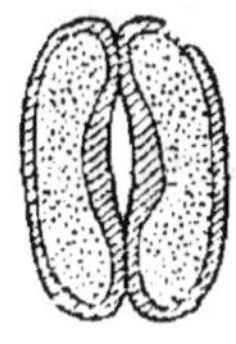

Fig. 628. — Un stomate vu de face.

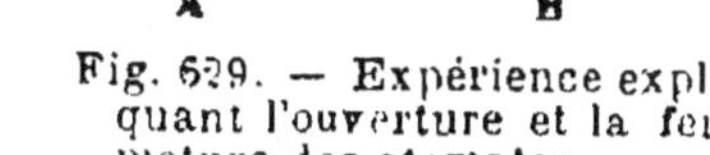

Fig. 629. — Expérience expliquant l'ouverture et la fermeture des stomates.

L'expérience indiquée sur la figure 629 permet de se rendre compte du jeu des cellules stomatiques. Deux tubes de caoutchouc (A), beaucoup plus épais du côté intérieur, sont maintenus en place à leurs deux extrémités et l'on peut y refouler de l'air ou de l'eau. Lorsqu'on comprime l'air intérieur, les parois externes minces deviennent convexes (B), tandis que les portions épaisses prennent une forme concave et limitent entre elles une sorte d'ostiole. De la même façon, la turgescence des cellules stomatiques entraîne l'ouverture du stomate.

Le nombre de ces stomates est considérable ; il est généralement de 100 à 200 par millimètre carré, mais il peut aller jusqu'à 700 (Chou). Une feuille de Tilleul offre environ un million de stomates et une feuille de Chou onze millions.

Nous verrons plus loin que c'est surtout par les stomates que se font les échanges gazeux entre la plante et le milieu dans lequel elle vit.

Stomates aquifères. — D'autres stomates appelés *stomates aquifères* servent à l'exsudation de l'eau à l'état liquide. Ils ont à peu près la structure des stomates ordinaires, mais la chambre sous-stomatique est remplie d'un parenchyme dont les cellules forment une sorte de pelote spongieuse à la base de laquelle viennent s'ouvrir les vaisseaux du bois (*fig.* 630). L'eau peut alors s'échapper sous forme de gouttelettes par le stomate qui ne se ferme jamais.

Ce sont ces gouttes d'eau qu'on observe facilement le matin à la pointe des Graminées et qui produisent les petites perles qu'on attribue à tort à la rosée. Au point de vue physique, cette eau est plus pure que la rosée, car elle a traversé des milliards de membranes. C'est à sa grande pureté que l'eau des stomates aquifères doit de décomposer la lumière

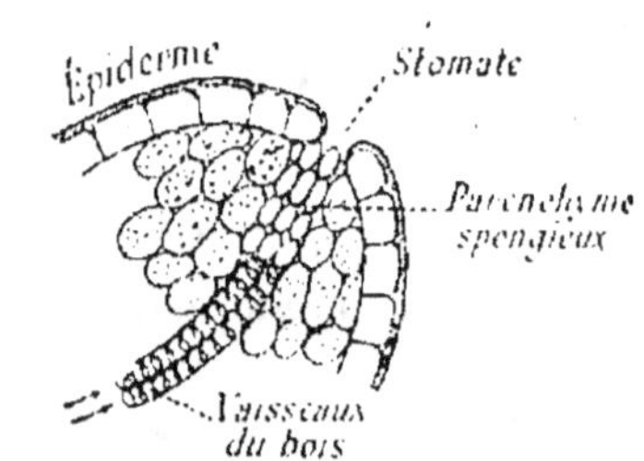

Fig. 630. — Stomate aquifère.

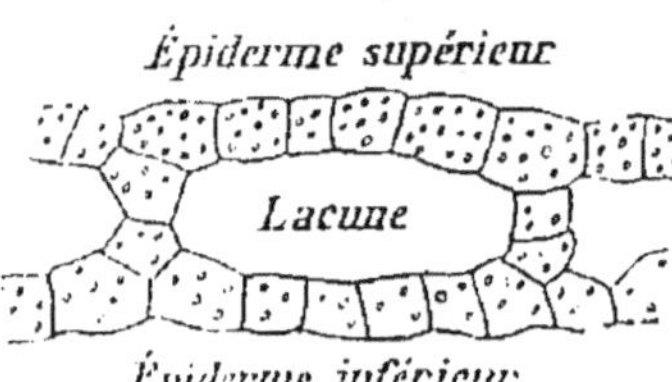

Fig. 631 — Coupe d'une feuille submergée de Sagittaire.

et de produire des jeux de lumière qui l'ont fait comparer au diamant.

Variations de la structure avec le milieu. — La structure interne, comme les caractères extérieurs, varie avec le milieu.

Les feuilles à limbe *vertical* (Blé) ont le parenchyme identique sur les deux faces, et les deux épidermes possèdent des stomates.

Les feuilles aquatiques *submergées* (Sagittaire) (*fig.* 631) n'ont pas de tissu en palissade, ni de stomates, mais les lacunes sont très nombreuses et leur épiderme contient de la chlorophylle.

Les feuilles aquatiques *flottantes* (Nénuphar) n'ont des stomates qu'à leur face supérieure, au contact de l'air ; la face nférieure, au contact de l'eau, en est dépourvue.

Dans une suite d'expériences bien conduites, on a pu faire disparaître des stomates sur les feuilles aériennes en les obligeant à croître dans l'eau, et l'on a réussi à en faire apparaître sur les feuilles des plantes submergées en les forçant à se développer dans l'air.

Le climat a une grande influence sur la structure des feuilles (*fig*. 632).

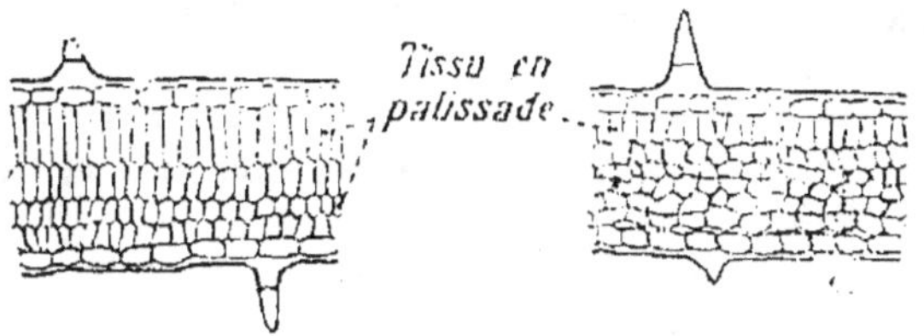

A. — Plant alpin.   B. — Plant de la plaine.

Fig. 632. — Coupe d'une feuille de Germandrée prise sur un plant alpin et dans la plaine.

Ainsi les feuilles d'une plante cultivée à une haute altitude ont leur tissu en palissade plus développé, de sorte que la chlorophylle est plus abondante, et par suite la nutrition se fait plus activement. De cette façon les plantes alpines peuvent pousser, fleurir et fructifier rapidement, dans la courte période de quelques mois dont elles disposent. De même les feuilles n'ont pas la même structure suivant qu'elles ont poussé au soleil ou à l'ombre (*fig*. 633).

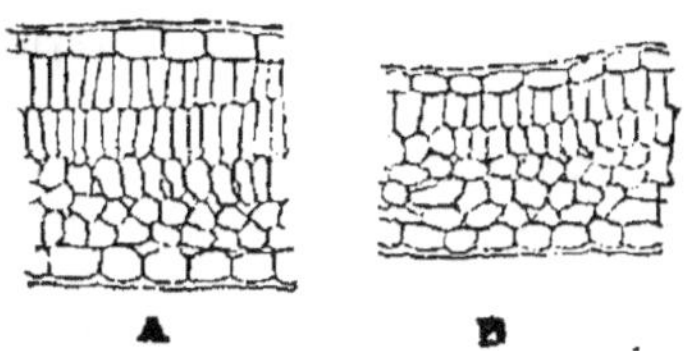

A   B

Fig. 633. — Coupe d'une feuille de Fraisier poussée au soleil (A) et à l'ombre (B).

RÉSUMÉ

Caractères extérieurs de la feuille. — La feuille a une symétrie bilatérale, c'est-à-dire qu'elle a une droite et une gauche, une face supérieure et une face inférieure.

Elle comprend trois parties : 1° le *limbe*, lame aplatie ; 2° le *pétiole*, plus étroit ; 3° la *gaine*, qui rattache la feuille à la tige. Le pétiole et la gaine peuvent manquer (*feuilles sessilles*) ; la gaine peut être très développée (*feuilles engainantes*).

Les feuilles sont *simples* ou *composées*.

1° *Feuilles simples*. (limbe non divisé.)   { F. entière (Lilas).   F. dentée (Charme).   F. lobée (Chêne).

2° *Feuilles composées*. (limbe divisé en parties appelées folioles.)   } F. pennée (Sainfoin, **Sensitive**).   F. palmée (Marronnier).

Les *nervures* forment un réseau ; ce sont les prolongements des faisceaux libéro-ligneux de la tige. Les nervures peuvent être parallèles, pennées, palmées.

Les feuilles peuvent se modifier en s'adaptant au milieu : la Sagittaire, par exemple, présente trois sortes de feuilles (aériennes, flottantes, submergées).

Les feuilles sont attachées sur la tige de deux façons. . . . . { 1. *verticillées* : plusieurs au même niveau.   2. *alternes* : insérées isolément.

Les feuilles sont douées de *mouvements periodiques* (veille et sommeil) ou de *mouvements provoqués* (Sensitive).

La plupart des feuilles naissent au printemps et meurent à l'automne (feuilles *caduques*) ; d'autres, comme chez le Pin, peuvent vivre plusieurs années (feuilles *persistantes*).

Structure interne de la feuille. — En coupant transversalement le limbe, on y trouve les parties suivantes :

1° *Epiderme* de la face supérieure : peu ou pas de stomates.

2° *Parenchyme* . . { 1. *Tissu en palissade* : riche en chlorophylle.   2. *Tissu lacuneux* : peu riche en chlorophylle.   3. *Faisceaux libéro-ligneux* (nervures). { bois en haut.   liber en bas.

3° *Epiderme* de la face inférieure : nombreux stomates.

Les *stomates* sont des orifices produits par l'écartement de deux cellules épidermiques. Ils sont ordinairement situés à la face inférieure de la feuille et servent aux échanges gazeux.

Les *stomates aquifères* servent à l'exsudation de l'eau.

La structure interne de la feuille varie avec le milieu (air, eau, altitude, lumière).

CHAPITRE VI

LA NUTRITION CHEZ LES VÉGÉTAUX

Les Végétaux, comme les Animaux, ont besoin pour réparer leurs tissus de prendre des aliments dans le milieu extérieur. Ces aliments seront transformés et deviendront partie intégrante de la matière vivante.

Or les racines, les tiges et les feuilles que nous venons d'étudier sont les organes végétatifs de la plante, c'est-à-dire ceux qui lui permettent de se nourrir et de s'accroître. Pour cela la plante est le siège d'échanges avec le milieu extérieur; ces échanges peuvent être classés en deux catégories :

1° Les échanges gazeux avec l'atmosphère ;

2° L'absorption d'aliments puisés dans le sol.

ÉCHANGES GAZEUX

Les échanges gazeux avec l'atmosphère comprennent : la respiration, l'assimilation chlorophyllienne et la transpiration.

§ 1. — La respiration.

Nature de la respiration. — Toutes les parties de la plante respirent, c'est-à-dire absorbent de l'oxygène et dégagent du gaz carbonique.

Pour mettre ce phénomène en évidence, il suffit de placer sous une cloche une plante et un verre contenant de l'eau de chaux ou de l'eau de baryte (*fig.* 634). Ces solutions sont bientôt troublées par le gaz carbonique qui se dégage; pour démontrer l'absorption d'oxygène, il suffit d'analyser l'air restant sous la cloche.

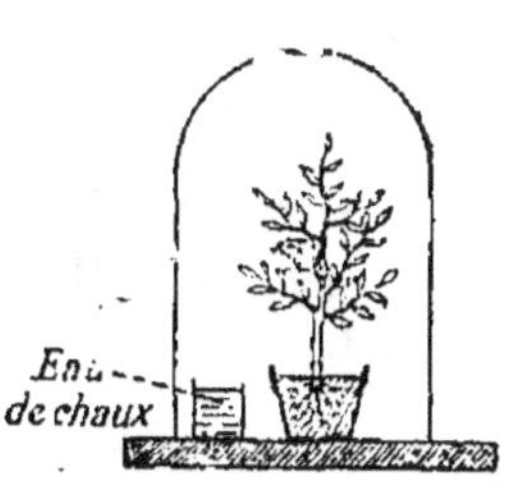

Fig. 634. — Expérience montrant le dégagement de gaz carbonique dans la respiration.

On peut constater que la respiration s'effectue à l'obscurité comme à la lumière.

Mesure des gaz échangés. — La mesure du gaz carbonique dégagé par une plante en un temps donné se fait de la façon suivante : on place la plante sous une cloche bien fermée et recouverte d'un papier noir pour la maintenir dans l'obscurité

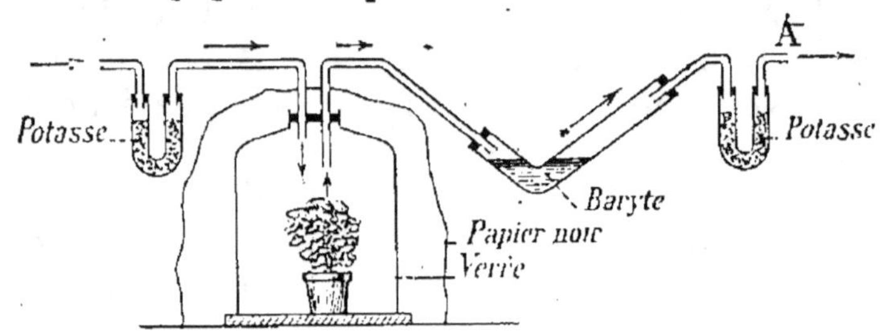

Fig. 635. — Appareil pour l'étude de la respiration.

(*fig.* 635) ; un aspirateur, disposé en A, fait passer un courant d'air dépouillé de gaz carbonique par la potasse ; cet air, après avoir traversé la cloche, arrive dans une solution de baryte qui va retenir le gaz carbonique dégagé par la plante. Il se formera du carbonate de baryum dont le poids nous renseignera sur la quantité de gaz carbonique dégagé par la respiration de la plante.

On a étudié les variations du rapport $\dfrac{CO_2}{O_2}$ du volume de gaz carbonique dégagé au volume d'oxygène absorbé, et l'on a vu que pour une même plante il était indépendant de la température, de la pression et de l'éclairement. Il varie beaucoup au contraire suivant les différentes plantes et surtout suivant le développement de chaque plante.

Le rapport $\dfrac{CO_2}{O_2}$, appelé *quotient respiratoire,* est généralement < 1 ; ce qui montre que tout l'oxygène absorbé n'est pas utilisé à produire du gaz carbonique ; cette partie qui ne fournit pas de gaz carbonique reste à l'intérieur de la plante où elle produit d'autres oxydations. On peut avoir $\dfrac{CO_2}{O_2} = \dfrac{1}{2}$ dans les plantes en voie de germination ; ce qui montre qu'à cette époque il existe des oxydations énergiques dans la plante. Le quotient respiratoire est, au contraire, très voisin de 1 au moment de la floraison.

Résistance à l'asphyxie et fermentations. — La respiration étant un phénomène continu chez les plantes, l'oxygène est nécessaire à leur vie comme à celle des animaux. Aussi une plante placée dans un milieu ne contenant pas d'oxygène ne tarde-t-elle pas à périr : elle sera asphyxiée. Cependant entre le moment où il n'y a plus d'oxygène libre et la mort de la plante, il s'écoule un temps assez long pendant lequel le gaz carbonique continue à se dégager : on dit alors que la plante *résiste à l'asphyxie.*

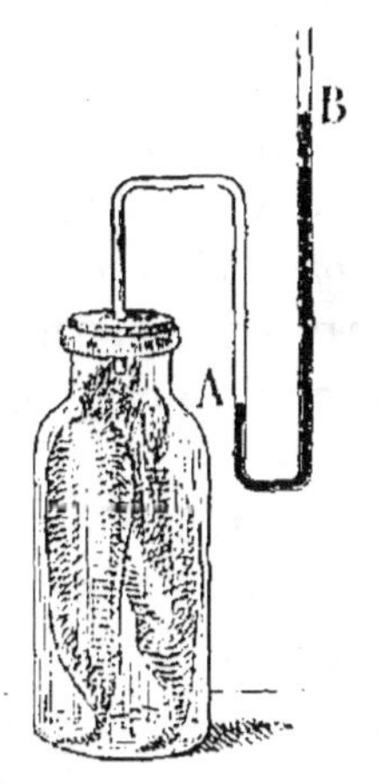

Fig. 636. — Expérience destinée à montrer la résistance à l'asphyxie.

Plaçons des tubercules de Betterave dans un vase en communication avec un manomètre à mercure (*fig.* 636). On voit alors le niveau baisser en A et monter en B ; cela tient à ce fait que les cellules de la Betterave, après avoir épuisé l'oxygène du vase, ont décomposé le sucre qu'elles contiennent. Ce sucre a donné du gaz carbonique et de l'alcool. Le gaz carbonique a fait baisser le niveau A, et l'alcool imprègne les tissus et les tue. C'est à cette décomposition qu'on a donné le nom de *fermentation propre.*

Certaines plantes peuvent résister longtemps à l'asphyxie. Ainsi la Levure de bière (*fig.* 637),

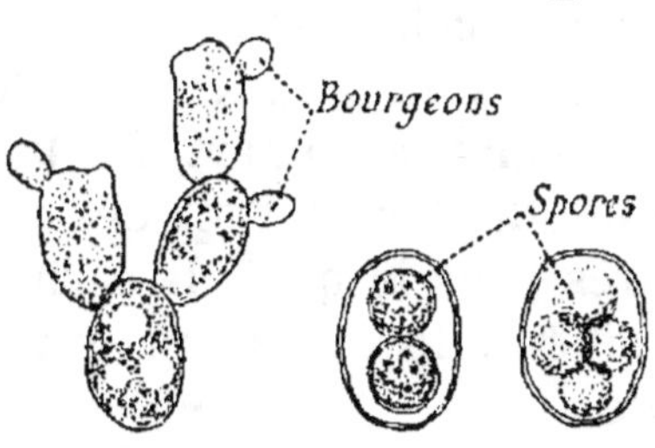

Fig. 637. — Levure de bière.

qui se présente sous forme de globules, peut vivre dans une dissolution de glucose, à l'abri de l'air.

La Levure puise l'oxygène qui lui est nécessaire dans le glucose dont elle provoque la décomposition en alcool et gaz carbonique (*fig.* 638), suivant la formule

$$C^6H^{12}O^6 = 2C^2H^5.OH + 2CO^2.$$

Pasteur a montré qu'il se formait en même temps d'autres

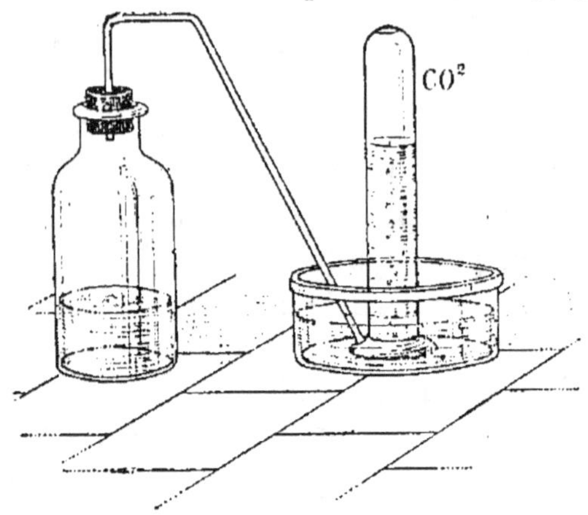

Fig. 638. — Fermentation alcoolique.

produits tels que de la glycérine, de l'acide succinique, de la cellulose, etc. C'est à cette décomposition du sucre qu'on a donné le nom de *fermentation alcoolique*. La fermentation n'est doncqu'un cas particulier de la respiration.

La Levure de bière n'est pas le seul végétal capable de vivre dans un milieu privé d'oxygène libre : beaucoup de Champignons et d'Algues qui ont reçu le nom de *ferments* peuvent aussi provoquer des décompositions ou *fermentations*. Certains même ne supportent pas le contact de l'air libre, on dit qu'ils sont *anaérobies*, alors que les autres végétaux sont *aérobies*.

Parmi les anaérobies on peut citer : le *Bacillus amylobacter*, qui provoque la décomposition de la cellulose ; le *Bacillus septicus* ou vibrion septique, qui cause la putréfaction des tissus animaux, morts ou vivants ; enfin la plupart des Bactéries qui produisent les maladies de l'homme et des animaux. Les anaérobies sont des êtres pour lesquels la période de résistance à l'asphyxie, accidentelle chez les autres plantes, représente la vie normale.

La Levure de bière semée sur une substance nutritive, au contact de l'air, sur une tranche de citron par exemple, peut y vivre et s'y développer. Dans ce cas elle est donc *aérobie*. Cela démontre qu'il n'y a pas de séparation absolue entre les aérobies et les anaérobies.

§ 2. — La chlorophylle et l'assimilation chlorophyllienne.

La chlorophylle. — C'est la *chlorophylle* qui donne à la feuille sa couleur verte. Cette couleur en apparence uniforme est due à de pétits grains protoplasmiques qui, au microscope, montrent des filaments chargés de granulations vertes (*fig.* 639, A) : ce sont des *chloroleucites*.

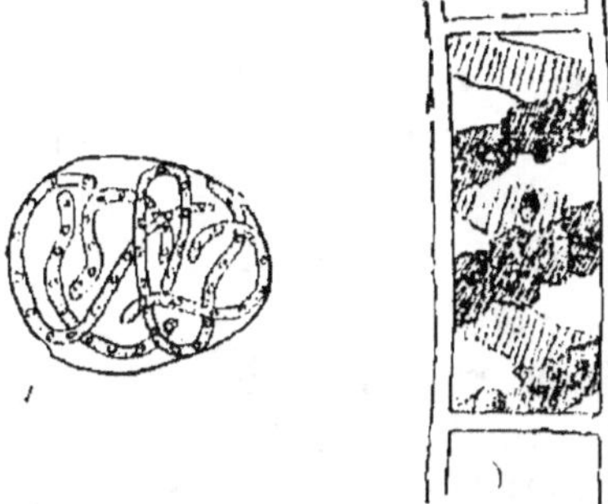

Fig. 639. — Chloroleucites d'Algue.

Les chloroleucites se forment aux dépens des leucites qui, d'abord incolores, sont colorés ensuite en jaune par une matière appelée *xanthophylle* ; bientôt enfin le leucite devient vert, si la plante est exposée à la lumière, et constitue un chloroleucite chargé de granulations de chlorophylle. La chlorophylle et la xantophylle sont presque toujours accompagnées d'un troisième pigment rouge, la *carotine,* qui est un carbure d'hydrogène.

La chlorophylle ne peut se former qu'à la lumière, sauf pour les Fougères et quelques rares plantes qui verdissent à l'obscurité. En général, à l'obscurité il ne se forme que de la *xantophylle* : on dit que la plante est *étiolée.* Cette remarque est utilisée par les jardiniers pour faire blanchir la salade.

On a observé que les grains de chlorophylle peuvent se mouvoir dans les cellules. A la

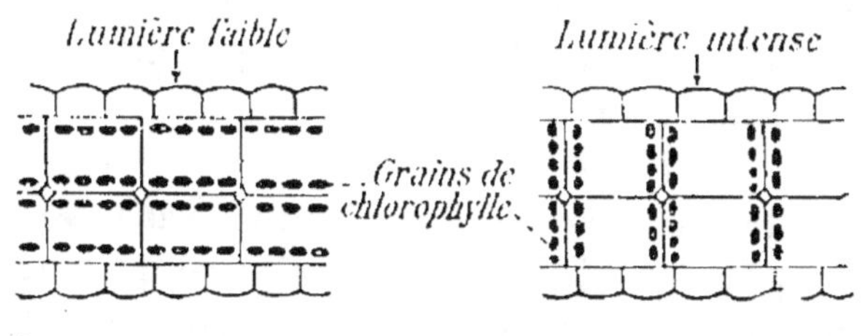

Fig. 640. — Position des grains de chlorophylle dans la feuille de la Lentille d'eau, suivant l'intensité de la lumière.

lumière d'intensité faible, ils se placent sur les faces perpendiculaires à la direction des radiations, de façon à en recevoir le plus possible (*fig.* 640, A) ; si la lumière est intense, ils se dérobent au contraire à son action en se plaçant sur les faces parallèles à la direction des rayons lumineux (*fig.* 640, B).

La chlorophylle est détruite par la lumière quand on l'expose directement au soleil ; et c'est sans doute pour cette raison qu'on voit les grains de chlorophylle s'abriter contre l'action destructive d'une lumière trop vive.

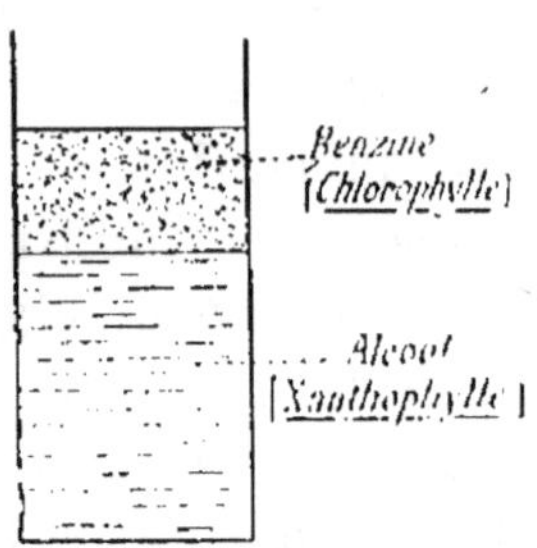

Fig. 641. — Préparation de la chlorophylle et de la xanthophylle.

Pour préparer de la chlorophylle, on traite par de l'alcool à 90° des feuilles hachées ; celles-ci se décolorent et l'alcool devient vert, car il a dissous la chlorophylle. Si l'on ajoute de la benzine rectifiée et qu'on agite, on voit (*fig.* 641) se déposer deux liquides : en bas, un liquide jaune, c'est l'alcool avec la xanthophylle ; en haut, un liquide vert, fluorescent en rouge, c'est la benzine avec la chlorophylle. On peut arriver à séparer les deux substances et à les faire cristalliser.

La chlorophylle n'a pas la même composition chimique chez toutes les plantes, mais on y trouve toujours du carbone, de l'hydrogène, de l'oxygène et de l'azote. D'après des recherches récentes, il semble que la partie fondamentale de la chlorophylle soit la même que celle de la matière colorante du sang, l'*hémoglobine*. On a trouvé dans la chlorophylle du *magnésium* dont l'action *catalytique* provoquerait la synthèse chlorophyllienne.

La chlorophylle absorbe de l'énergie lumineuse. — La propriété la plus importante de la chlorophylle est d'absorber certaines radiations solaires, c'est-à-dire de l'énergie lumineuse. Si en effet on fait traverser par un faisceau de lumière blanche une dissolution de chlorophylle (*fig.* 642), et qu'on dirige ensuite ce faisceau lumineux sur un prisme, on a un *spectre d'absorption* (*fig.* 643) qui montre sept bandes noires dont la plus intense est dans le rouge entre les raies B et C :

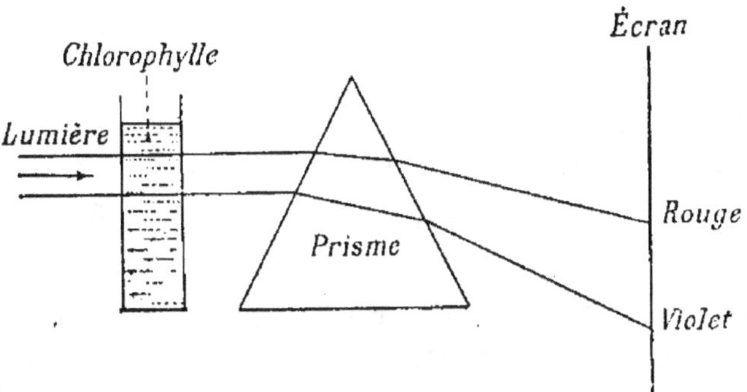

Fig. 642. — **Dispositif** donnant le **spectre** d'absorption de la chlorophylle.

les trois bandes voisines, situées dans l'orangé et le jaune,

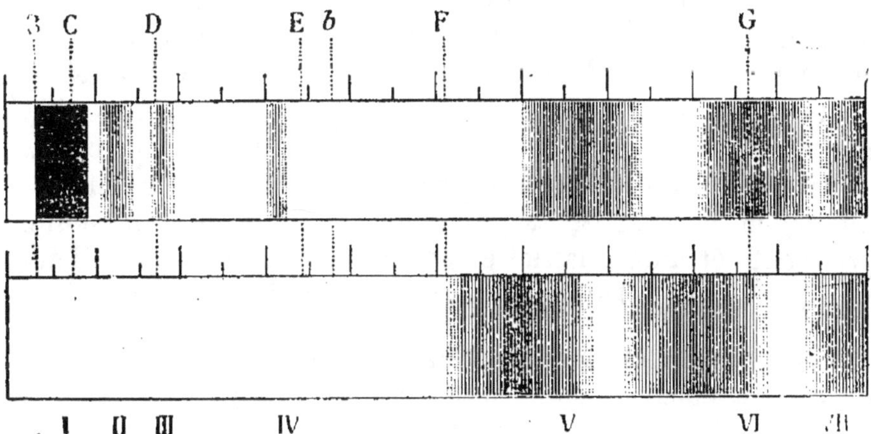

Fig. 643. — Spectres d'absorption : en haut, de la chlorophylle ;
en bas, de la xanthophylle.

sont pâles et étroites ; enfin les trois autres bandes couvrent toute la partie violette du spectre.

La xanthophylle présente seulement (*fig.* 643) trois bandes dans la partie la plus réfrangible du spectre.

Autres pigments. — La chlorophylle et la xanthophylle ne sont pas les seuls pigments ; on trouve chez les Algues d'autres pigments qui s'ajoutent à la chlorophylle. Si on met un fragment d'Algue brune (*Fucus*) dans de l'eau douce, l'Algue devient verte et l'eau brune : cette plante contenait

donc **deux** pigments : la chlorophylle et un pigment brun
soluble dans l'eau douce. De même les Algues bleues et les
Algues rouges contiennent de la chlorophylle à laquelle se
surajoutent des pigments bleus et rouges.

La coloration des fleurs et des fruits est **due à des pigments**
qui existent à l'état cristallisé ou en dissolution dans le suc
cellulaire.

La chlorophylle et la couleur automnale des feuilles.
— La chlorophylle est détruite par les acides, car si l'on
verse quelques gouttes d'acide chlorhydrique dans une dissolution de cette substance, on voit la couleur **verte** disparaître et faire place à une coloration brune. C'est une destruction semblable qui explique la coloration automnale des
feuilles. Les feuilles vivantes, en effet, contiennent un suc
cellulaire acide qui reste emprisonné dans les vacuoles, le
protoplasme vivant ne le laissant pas passer. Quand la feuille
meurt, au contraire, le protoplasme perd son imperméabilité,
et l'acide diffusant à son intérieur vient détruire la chlorophylle en changeant sa couleur. La coloration rouge **que**
prennent certaines plantes en automne, notamment la Vigne-
Vierge, est due à l'élaboration d'un pigment nouveau.

Assimilation chlorophyllienne. — *L'assimilation chlorophyllienne* consiste dans la décomposition par les feuilles
vertes, du gaz carbonique de l'air ;
cette décomposition a pour résultat
l'assimilation du carbone et le *rejet
de l'oxygène.*

On peut mettre cette fonction en
évidence en plaçant une plante
verte aquatique ou à son défaut
des feuilles assez jeunes dans de
l'eau additionnée d'un peu de gaz
carbonique (un peu d'eau de Seltz).
Sur ces feuilles on place un entonnoir de verre et sur cet entonnoir
on dispose une éprouvette remplie

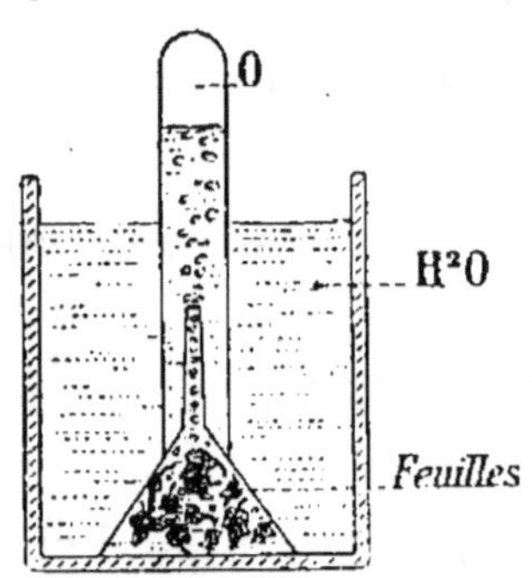

Fig. 644. — Expérience montrant l'absorption du gaz
carbonique et le dégagement
d'oxygène.

d'eau (*fig.* 644). Si l'on expose le tout au soleil, on voit des bulles de gaz s'échapper des feuilles et se rassembler au sommet de l'éprouvette. On constate alors que ce gaz est de l'oxygène, et d'autre part que l'eau contient moins de gaz carbonique. Cela prouve que les plantes vertes placées à la lumière solaire *absorbent du gaz carbonique et dégagent de l'oxygène : elles fixent donc le carbone.*

Cette expérience ne réussit qu'avec une plante à chlorophylle et de la lumière. En effet, des feuilles vertes dans l'obscurité, ou des feuilles incolores à la lumière, ne dégagent pas la moindre bulle d'oxygène.

L'intensité de l'assimilation chlorophyllienne varie avec l'intensité de la lumière : elle est nulle dans l'obscurité, faible à la lumière diffuse, considérable à la lumière solaire.

On a calculé que, par an et par hectare, les plantes forestières et celles qui poussent spontanément dans les prairies enlèvent de 2.500 à 3.000 kilogrammes de carbone à l'atmosphère. Un hectare de plantes cultivées peut en extraire trois fois plus.

L'énergie absorbée sert à l'assimilation. — Le fait que la chlorophylle absorbe certaines radiations lumineuses conduit à penser que cette énergie absorbée sert à décomposer le gaz carbonique en carbone et en oxygène. C'est ce que démontrent les trois expériences suivantes :

1° *Méthode du spectre.* — On place dans les diverses régions

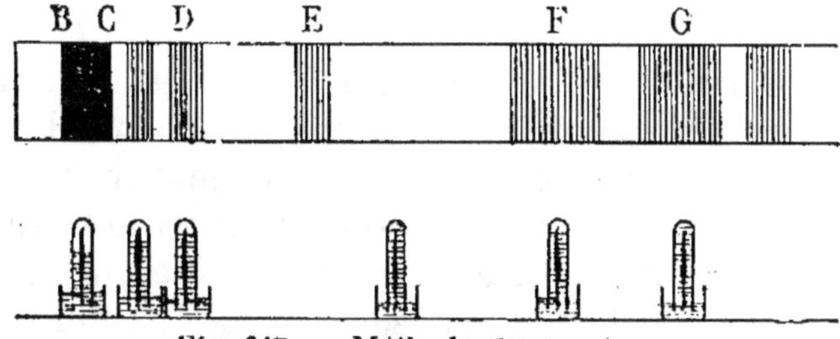

Fig. 645. — Méthode du spectre.

du spectre solaire de petites éprouvettes, contenant chacune une feuille de Bambou et de l'eau chargée de CO_2. Au bout de quelques heures, on constate (*fig.* 645) que l'oxygène s'est dégagé seulement dans les régions des bandes d'absorption

de la chlorophylle. Le dégagement d'oxygène, et par conséquent l'assimilation chlorophyllienne, est considérable dans
le rouge, nul dans le vert et très faible dans le bleu. C'est
donc dans les régions qui correspondent aux bandes d'absorption de la chlorophylle que se produit l'assimilation du carbone.

2° *Méthode des Bactéries.* — Dans une goutte d'eau sous le
microscope, on place un filament d'Algue verte, puis on pro-
jette sur cette Algue un spectre. On ajoute ensuite une goutte
d'une culture de Bactéries avides d'oxygène, le *Bacterium
termo*, par exemple, qui est la Bactérie ordinaire
de la putréfaction. C'est là un réactif d'une sensibilité

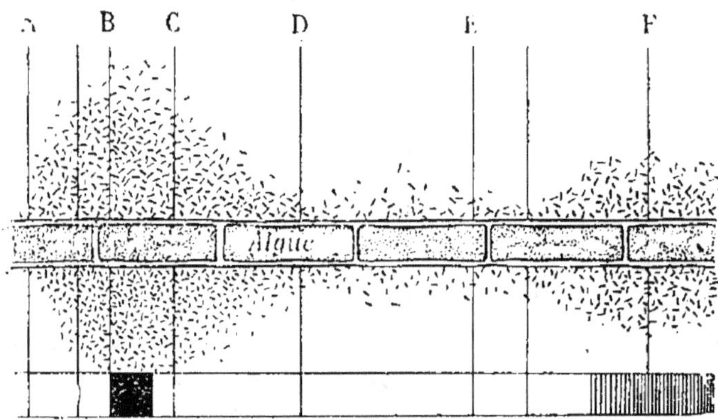

Fig. 646. — Méthode des Bactéries.

extraordinaire, car toutes ces Bactéries ayant besoin
d'oxygène pour vivre, vont se grouper dans les régions
où se dégage le gaz, c'est-à-dire dans le rouge et le violet
(*fig*. 646). L'assimilation, se manifestant par un dégagement
d'oxygène, est donc plus active dans ces régions, qui correspondent bien aux bandes d'absorption de la chlorophylle.

3° *Méthode des écrans colorés.* — On utilise une cloche
à double paroi (*fig*. 647), dans laquelle on verse un liquide
coloré capable d'arrêter certaines radiations. On peut alors
voir l'effet produit sur la plante par les radiations qui
passent. Ainsi, si l'on introduit une dissolution de chloro-

phylle, la plante n'assimile plus, car elle ne reçoit plus les radiations qui lui sont nécessaires et qui ont été arrêtées par l'écran de chlorophylle interposé.

On constate que les radiations dont la chlorophylle a besoin pour assimiler le carbone sont les rouges et les violettes, c'est-à-dire celles qu'elle absorbe.

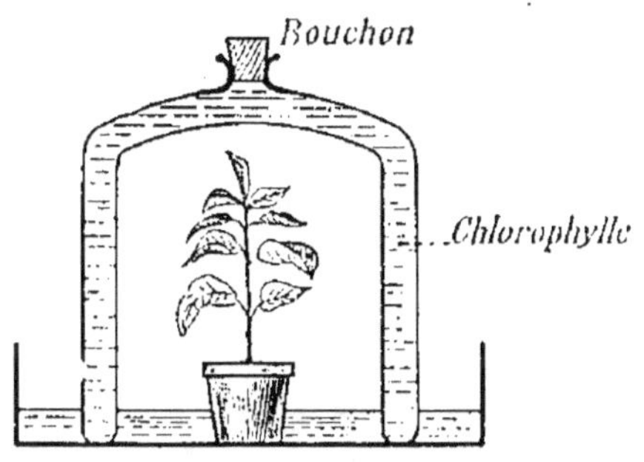

Fig. 647.— Méthode des écrans colorés.

La synthèse des aliments de la plante. — L'assimilation chlorophyllienne est d'une importance capitale pour les plantes, car elle leur permet de fixer le carbone du gaz carbonique de l'air et de le combiner avec les éléments de la sève brute pour donner des hydrates de carbone (glucose, amidon, dextrine) et des albuminoïdes qui nourrissent la plante. Ainsi, une feuille de Mousse maintenue dans l'obscurité pendant une journée ne contient pas d'amidon, tandis qu'une feuille semblable exposée à la lumière en contient une grande quantité. De même, si l'on éclaire une feuille verte avec le spectre solaire, on constate que l'amidon se forme seulement dans les régions qui correspondent aux bandes d'absorption. On peut mettre ces bandes en évidence en trempant la feuille dans une solution d'iode qui colore l'amidon en bleu.

Une feuille de Betterave cueillie le matin en plein été, traitée par l'alcool pour enlever la chlorophylle, et plongée ensuite dans une solution d'iode, reste incolore (*fig.* 648, A) ; elle ne contient donc pas d'amidon. Si elle est coupée le soir d'une belle journée d'été et traitée comme il vient d'être dit, elle prend une coloration bleu intense (*fig.* 648, B) ; donc elle contient beaucoup d'amidon. On en conclut que la lumière est nécessaire à la production de l'amidon.

Si la feuille est panachée, on ne constate la présence d'amidon que dans les parties vertes (*fig.* 648, C) ; donc la chlorophylle est nécessaire à la formation de l'amidon.

Enfin si l'on prend une feuille de Betterave privée d'ami-

don par un séjour dans l'obscurité et qu'on la recouvre de
papier d'étain dans lequel **on a** découpé des lettres, par

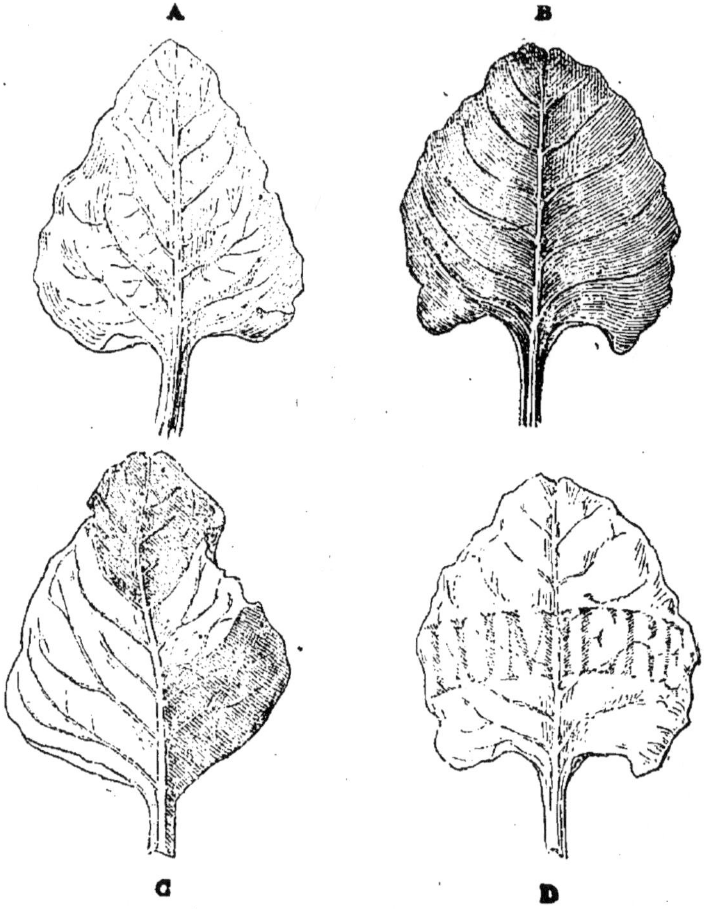

Fig. 648. — Expériences montrant la nutrition par les feuilles.

exemple, pour l'exposer ensuite au soleil, on constate par
l'iode que l'amidon s'est formé seulement aux endroits des
caractères, c'est-à-dire aux endroits éclairés (*fig*. 648, D).

Voici comment on peut expliquer la formation des hydrates de
carbone, tels que l'amidon. On suppose qu'aux dépens du carbone et
de l'eau il se forme de l'aldéhyde formique :

$$CO_2 + H_2O = CH_2O + O_2.$$

Aldéhyde formique

On polymérise ensuite cet aldéhyde et on obtient du glucose :

$$6CH_2O = C_6H_{12}O_6.$$

Glucose

Enfin, par déshydratation, on aura de l'amidon :
$$C^6H^{12}O^6 - H^2O = C^6H^{10}O^5.$$

Ce n'est là qu'une façon commode d'expliquer les choses : rien ne prouve qu'elle réponde à la réalité des faits.

Pourtant on a montré depuis longtemps qu'en distillant avec de l'eau des feuilles fraîches, les premières gouttes du liquide qui passent présentent le caractère réducteur d'un corps aldéhydique Beaucoup d'expérimentateurs se sont efforcés d'établir que l'aldéhyde formique était le premier degré de la synthèse des hydrates de carbone.

Résultats de l'assimilation et de la respiration. Séparation des deux phénomènes. — L'étude de l'assimilation et de la respiration nous a montré que ces deux phénomènes étaient inverses et consistaient :

La respiration, en absorption d'O, dégagement de CO^2 ;

L'assimilation, en absorption de CO^2, dégagement d'O.

C'est la résultante de ces deux actions que l'on observe. De sorte que pendant la nuit, la respiration l'emportant de beaucoup sur l'assimilation qui est presque nulle, on constate une absorption d'oxygène et un dégagement de gaz carbonique. On donnait jadis à ce phénomène le nom de *respiration nocturne*. Pendant la journée, lorsque la lumière est encore faible, les deux phénomènes peuvent se balancer et les échanges gazeux sont insensibles ; mais, si la lumière est intense, la respiration a toujours la même valeur, tandis que l'assimilation devient considérable ; on constate alors une absorption de gaz carbonique et un dégagement d'oxygène. Dans ce cas la respiration est masquée par l'assimilation : c'est ce qu'on appelait à tort la *respiration diurne*.

On peut distinguer l'assimilation de la respiration par l'expérience de Claude Bernard

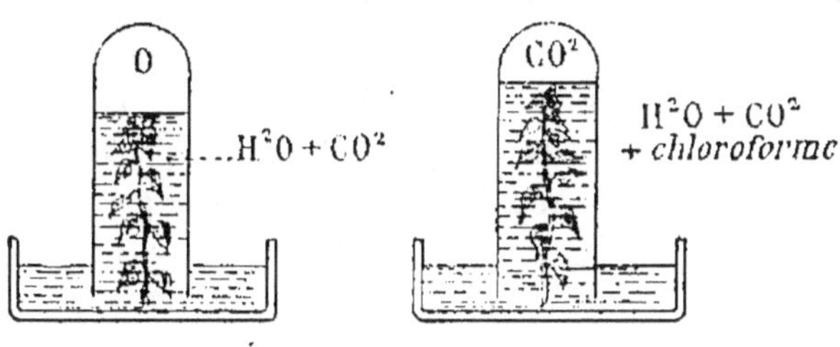

Fig. 649. — Séparation de l'assimilation et de la respiration par les anesthésiques (expérience de Claude Bernard).

(*fig.* 649), qui consiste à placer une plante dans une éprouvette contenant de l'eau et une autre plante dans une autre éprouvette avec de l'eau mélangée de chloroforme. On expose le tout au soleil. Dans la première éprouvette, il y a un dégagement d'oxygène, et c'est la *résultante* des deux phénomènes qu'on peut mesurer en dosant les gaz. Dans la seconde éprouvette, il n'y a pas de dégagement d'oxygène ; le chloroforme a suspendu l'assimilation sans troubler la respiration ; en dosant les gaz on aura l'intensité de la *respiration*. La différence entre la valeur de la résultante et celle de la respiration donnera l'*assimilation*.

§ 3. — La transpiration.

Les plantes rejettent de la vapeur d'eau. — La *transpiration* est le phénomène qui consiste dans le rejet de vapeur d'eau à l'extérieur.

Le dégagement de vapeur d'eau peut être mis en évidence par les expériences suivantes.

1ᵉ expérience. — On place une plante sous une cloche (*fig.* 650) et l'on voit bientôt des gouttelettes d'eau ruisseler le long des parois de la

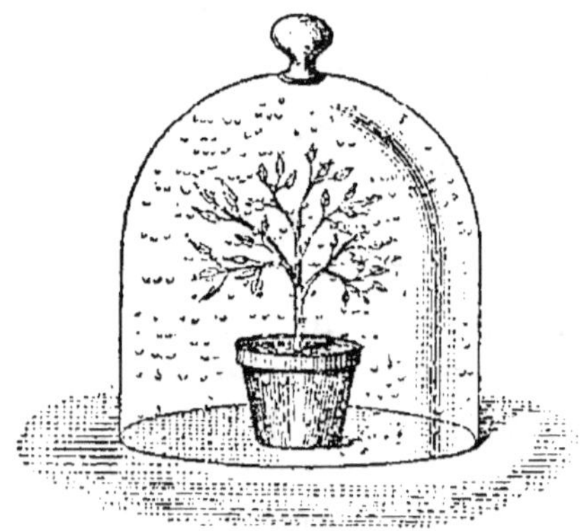

Fig. 650. — 1ʳᵉ expérience.

cloche. On a eu soin auparavant de vernir le pot et de recouvrir la terre d'un disque de verre pour empêcher l'évaporation. La plante seule a donc pu dégager cette vapeur d'eau condensée sur les parois de la cloche.

2ᵉ expérience. — On place une plante sur le plateau d'une balance (*fig.* 651) ; sur l'autre

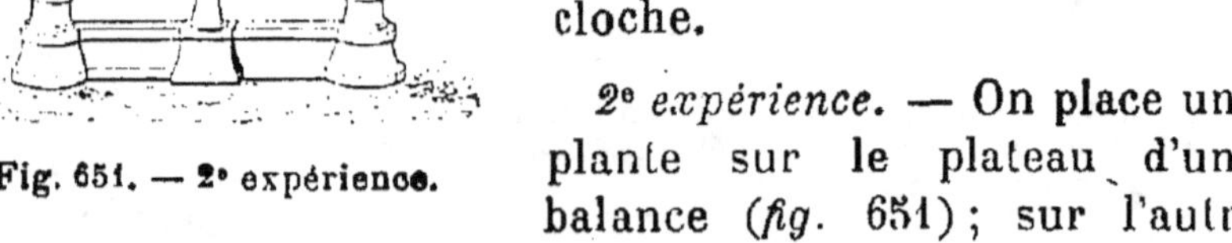

Fig. 651. — 2ᵉ expérience.

plateau on fait la tare pour établir l'équilibre. Bientôt le plateau qui porte la plante se soulève : c'est que la plante a perdu de son poids ; elle a donc transpiré. On peut rétablir l'équilibre avec des poids marqués qui mesurent la **quantité d'eau transpirée**.

3e expérience. — On place une branche garnie de feuilles dans un tube en U rempli d'eau et prolongé par un tube horizontal et capillaire (*fig.* 652). On voit alors le niveau de l'eau se retirer de *a* vers *b*. Cette quantité d'eau *ab* a été absorbée par la plante pour remplacer l'eau qu'elle a perdue par transpiration. Pour s'assurer que la quantité d'eau absorbée est bien égale à la quantité d'eau transpirée, il suffit de peser la branche avant et après l'expérience ; si le poids n'a pas changé, ce qui est le cas, c'est que l'eau ne s'est pas accumulée dans la branche et que l'absorption est égale à la transpiration.

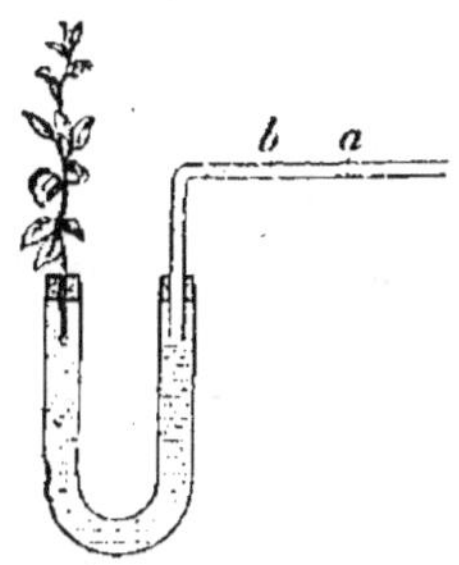

Fig. 652. — 3e expérience.

Intensité de la transpiration. — On a évalué approximativement les quantités d'eau dégagées par quelques plantes. Elles peuvent être considérables : un pied de Maïs transpire plus de 12 litres d'eau, et un pied d'Avoine plus de 7 litres, pendant les quatre mois que dure leur développement ; un Chêne isolé, portant environ 70.000 feuilles, a dégagé plus de 110.000 litres d'eau, de juin à octobre. Ces quantités donnent une idée des grandes masses d'eau rejetées dans l'atmosphère par les prairies et surtout par les forêts.

Variations de la transpiration. — La transpiration varie suivant les *espèces* de plantes : les plantes herbacées (Graminées) transpirent plus que les arbres à feuilles caduques (Chêne), dont la transpiration est elle-même plus abondante que celle des arbres à feuilles persistantes (Sapin).

Une plante en voie de *croissance* transpire plus qu'une plante adulte.

La transpiration varie aussi, chez une même plante, aux différentes *heures de la journée* : elle est faible au lever du soleil vers six heures du matin, maximum vers trois heures de l'après-midi, et redevient très faible vers six heures du soir jusqu'au lendemain matin. C'est ce qu'indique la courbe

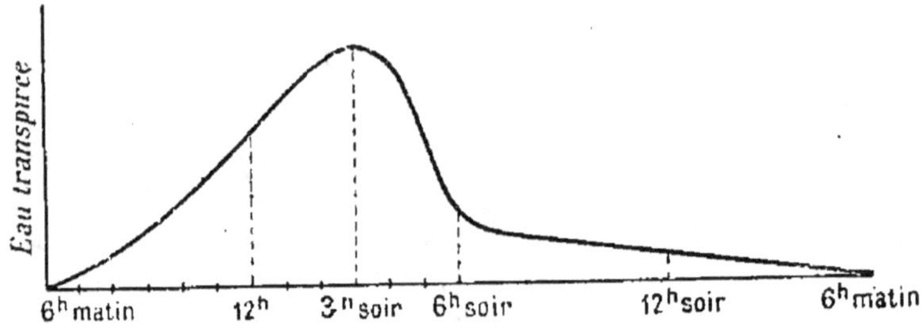

Fig. 653. — Courbe des variations de la transpiration
pendant une journée.

de la figure 653. Ce fait explique pourquoi, en été, les plantes se fanent pendant le jour ; c'est que la quantité d'eau transpirée est plus grande que la quantité d'eau absorbée ; pendant la nuit, au contraire, la transpiration est presque nulle, tandis que l'absorption continue, de sorte que les plantes reprennent leur état normal en se gonflant d'eau.

Influence des conditions extérieures sur la transpiration. — La chaleur, la lumière et l'état hygrométrique ont une grande influence sur la transpiration.

1° *La chaleur.* — Il faut, pour étudier l'influence de la chaleur, maintenir les autres conditions constantes et faire varier la chaleur. On voit alors que la transpiration augmente avec la température.

2° *L'état hygrométrique.* — La transpiration augmente aussi avec la sécheresse de l'air ; elle s'arrête dans l'air saturé d'humidité. L'eau peut alors s'échapper à l'état liquide par les stomates aquifères, ou bien encore par des glandes appelées *nectaires* et qui, placées à la base des fleurs, sécrètent des substances sucrées ; aussi le liquide ou *nectar* fourni par ces glandes est-il surtout abondant le matin et le soir, lorsque la transpiration est faible : c'est du reste le moment choisi par les Insectes pour butiner ce suc.

3° *La lumière.* — Il faut distinguer dans l'action de la lumière l'*intensité* des radiations et leur *nature*.

La transpiration augmente avec l'intensité de la lumière, surtout chez les plantes à chlorophylle. La quantité d'eau transpirée par une plante verte passant de l'obscurité à la lumière solaire peut augmenter dans le rapport de 1 à 100.

En plaçant des feuilles dans les différentes régions du spectre, on constate que c'est dans les points correspondant aux bandes d'absorption de la chlorophylle que la quantité d'eau transpirée est le plus considérable. Il est donc naturel de penser que cette transpiration est due à ce fait que la chlorophylle absorbe certaines radiations dont l'énergie est utilisée à produire l'évaporation de l'eau contenue dans la sève brute absorbée par les racines. On a donné à cette transpiration le nom de *chlorovaporisation* pour la distinguer de la transpiration générale du protoplasme.

L'influence de la lumière sur la transpiration montre bien que cette fonction n'est pas un simple phénomène d'évaporation ordinaire, car ce dernier ne dépend nullement de la nature ou de l'intensité de la lumière.

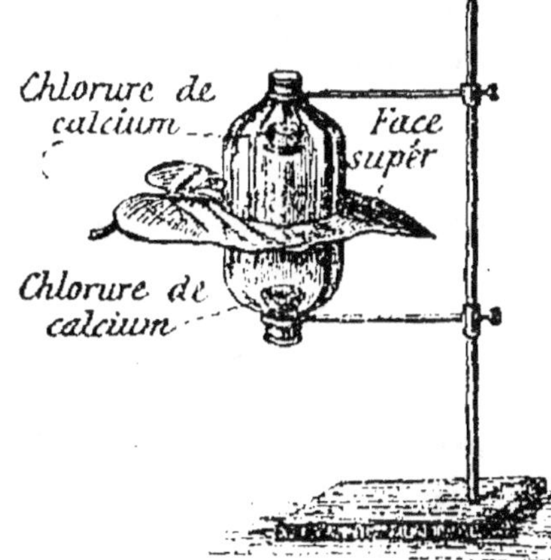

Fig. 654. — Expérience montrant le rôle des stomates.

Mécanisme de la transpiration. Rôle des stomates. — La vapeur d'eau peut s'échapper par toute la surface de la feuille; mais c'est surtout par les stomates que la transpiration s'effectue.

On peut le démontrer par l'expérience qui consiste à placer une cloche en verre sur chacune des faces d'une feuille (*fig.* 654). Dans chaque cloche on met une capsule contenant du chlorure de calcium, qui a la propriété d'absorber la vapeur d'eau. On constate alors que la capsule inférieure a augmenté de poids, tandis que la supérieure n'a presque pas varié. C'est donc la face inférieure qui donne plus d'eau, et comme les stomates

y sont plus nombreux, on croit que c'est par ces orifices que
se dégage la vapeur d'eau.

Du reste, on peut le vérifier de la manière suivante : On
plonge une feuille de papier à filtre dans une solution à 5 %
de chlorure de cobalt et on la fait sécher. On met ensuite
ce papier bleu sur chacune des faces d'une feuille et l'on
place le tout entre deux plaques de verre qu'on expose à la
lumière. La face de la feuille qui possède des stomates rougit
le papier en contact avec elle ; tandis que le reste du papier
ne devient rouge que longtemps après. Or on sait que le
chlorure de cobalt anhydre est bleu et qu'il devient rouge
par absorption d'eau.

Rôle de la transpiration. — L'eau, en s'évaporant, diminue la pression à l'intérieur de la plante ; elle favorise
alors l'absorption par les racines et la circulation de la sève
brute. De plus, la sève brute contient beaucoup d'eau ; la
transpiration enlève cet excès d'eau, concentre la sève brute
et augmente par suite sa valeur nutritive.

RÉSUMÉ

Les échanges gazeux comprennent la respiration, l'assimilation
chlorophyllienne et la transpiration.

1° *Respiration*. — Les feuilles, comme les autres parties de la
plante, respirent. On le démontre en plaçant sous une cloche une
plante et un verre contenant de l'eau de chaux ; celle-ci se trouble
par le gaz carbonique que rejette la respiration.

Les plantes peuvent *résister à l'asphyxie* en produisant une *fermentation*.

Les plantes respirent *à la lumière comme à l'obscurité*, en absorbant de l'oxygène et en dégageant du gaz carbonique. Il y a donc là
un phénomène inverse de l'assimilation, et c'est la résultante de ces
deux phénomènes qu'on observe. Dans une feuille verte et en pleine
lumière, l'assimilation peut masquer complètement la respiration,
mais celle-ci n'en existe pas moins.

On peut séparer l'assimilation de la respiration en plaçant du
chloroforme près de la plante ; on suspend l'assimilation sans troubler la respiration.

2° *Chlorophylle et assimilation chlorophyllienne*. — *La chloro-*

phylle est une matière verte qui se trouve à l'état granuleux dans les chloroleucites qui se forment aux dépens des leucites. Le leucite se colore d'abord en jaune (*xanthophylle*), puis en vert (*chlorophylle*). La chlorophylle est soluble dans l'alcool ; elle ne se forme qu'à la lumière ; sa propriété la plus importante est d'absorber certaines radiations lumineuses et calorifiques : son *spectre d'absorption* présente sept bandes.

L'assimilation chlorophyllienne est une fonction qui consiste dans la décomposition du gaz carbonique de l'air, dans le rejet de l'oxygène et la fixation du carbone dans les tissus de la feuille.

On peut mettre cette fonction en évidence en plaçant des feuilles dans une éprouvette contenant de l'eau chargée de gaz carbonique ; on voit alors les bulles d'oxygène se dégager et se rassembler au sommet de l'éprouvette.

L'assimilation ne se produit que si la plante est exposée à la lumière.

On peut démontrer que l'énergie absorbée par la chlorophylle sert à décomposer CO^2 en C et O^2, par les expériences du *spectre*, des *bactéries* et des *écrans colorés*.

Grâce à la chlorophylle et à la lumière, la plante peut fabriquer ses aliments (hydrates de carbone et albuminoïdes).

3° *Transpiration.* — C'est le dégagement de vapeur d'eau par la plante.

Expériences montrant la transpiration . . . .
1. Plante sous cloche ; l'eau ruisselle sur les parois.
2. Plante sur le plateau d'une balance ; ce plateau se soulève.
3. Branche dans un tube recourbé et plein d'eau : le niveau de l'eau baisse.

Chez une même plante, la transpiration varie aux différentes heures de la journée : c'est vers trois heures de l'après-midi qu'elle atteint son maximum et vers six heures du matin son minimum. La transpiration augmente aussi avec la chaleur et la sécheresse de l'air, mais c'est surtout la *lumière* qui a une grande influence.

La plante transpire plus à la lumière qu'à l'obscurité ; et lorsqu'on place une plante dans les différentes régions du spectre, c'est dans les bandes d'absorption de la chlorophylle que la transpiration est le plus active.

C'est par les stomates que la vapeur d'eau s'échappe. (Expériences du chlorure de calcium et du papier imprégné de chlorure de cobalt.)

La transpiration a pour rôle d'activer la circulation de la sève ascendante et d'enrichir cette sève en lui enlevant un excès d'eau.

CHAPITRE VII

LA NUTRITION CHEZ LES VÉGÉTAUX (*Suite*)

ALIMENTS PUISÉS DANS LE SOL

Les matières nutritives. — Pour connaître les aliments utiles à une plante, il faut faire l'analyse chimique de cette plante. On a trouvé ainsi de l'eau, des hydrates de carbone (cellulose, sucre, amidon, etc.), des substances albuminoïdes et des sels minéraux.

Parmi les corps simples indispensables à la formation du protoplasme et du noyau, il faut citer le *carbone*, l'*hydro-gène*, l'*oxygène*, l'*azote*, le *soufre* et le *phosphore*. D'autres corps, comme le *potassium*, le *calcium*, le *silicium*, le *fer*, le *chlore*, le *magnésium* sont utiles.

Les aliments fournis à la plante doivent donc contenir ces différents corps simples ; il est surtout nécessaire que ces corps se trouvent sous un état chimique tel que le végétal puisse les absorber. A ce point de vue, on distingue deux catégories de végétaux : les *plantes à chlorophylle* et les *plantes sans chlorophylle*.

§1. — Plantes à chlorophylle.

Les *plantes à chlorophylle* peuvent, à l'aide des matières minérales qu'elles puisent dans le *sol* et du carbone qu'elles prennent dans le gaz carbonique de l'*air*, fabriquer les hydrates de carbone, les albuminoïdes et tous les principes dont elles ont besoin.

Absorption de l'aliment du sol par les racines. — C'est par les racines que se fait l'absorption des matières nutritives contenues dans le sol. Ces matières sont *gazeuses, liquides* ou *solides*.

1° Les gaz. — La racine accomplit des échanges gazeux avec le sol, car elle respire comme les autres parties de la plante. Il est donc nécessaire de faciliter l'accès de l'air dans le sol. On y arrive par le labour et par le drainage, qui favorisent la circulation de l'air.

2° Les liquides. — L'absorption des *liquides* se fait par les poils absorbants. Pour le démontrer, on prend deux plantes identiques qu'on place dans un vase contenant de l'eau surmontée d'une couche d'huile (*fig.* 655) : la première, A, a seulement la coiffe plongée dans l'eau ; la seconde, B, a la région des poils absorbants seule plongée dans l'eau. Au bout de quelques heures, la première plante, dont les poils absorbants sont en dehors de l'eau, se flétrit et meurt, tandis que la seconde ne se fane pas. Donc les poils absorbants, seuls, absorbent les liquides.

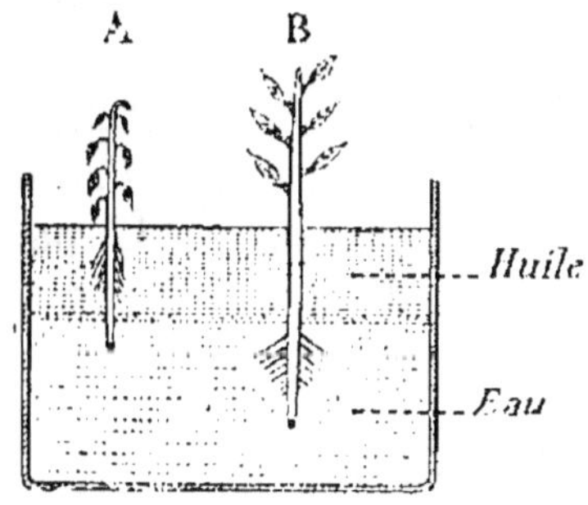

Fig. 655. — Expérience montrant que l'absorption se fait par les poils de la racine.

L'absorption se fait par *osmose*, à travers les parois des poils absorbants dans les conditions de l'expérience de Dutrochet que nous avons décrite à propos de l'absorption intestinale (voir chapitre de l'*Absorption alimentaire*). Cette expérience (*fig.* 656) montre que l'eau pure passe du vase dans le tube, à travers la membrane, plus vite que l'eau sucrée qui passe du tube dans le vase. C'est ainsi que l'eau du sol qui contient des sels (*cristalloïdes*) passe facilement

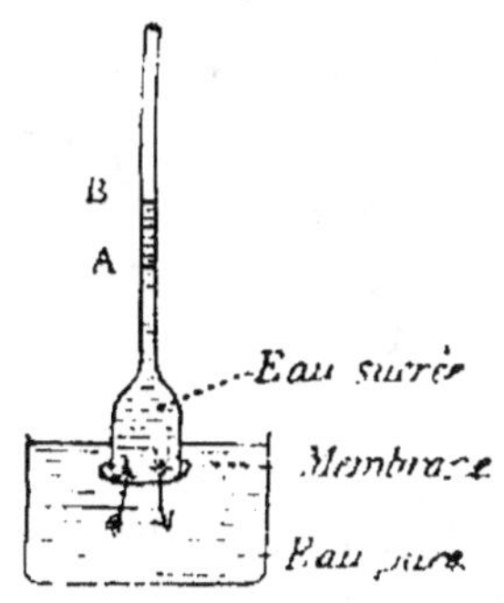

Fig. 656. — Expérience de Dutrochet : l'osmose.

dans le poil absorbant, tandis que le protoplasme (*colloïde*) reste dans le poil. Puis peu à peu, poussée par cette force osmotique, la sève arrive dans les vaisseaux du bois (*fig.* 662).

Lorsque les cellules contiennent la même proportion de sels que la sève absorbée par les racines, l'*équilibre osmotique* est établi et l'absorption s'arrête. Mais alors deux cas peuvent se présenter : 1° la plante décompose ces sels et les utilise, ce qui est le cas pour les phosphates et nitrates de potassium ; l'équilibre osmotique est détruit et l'absorption continue ; 2° la plante n'utilise pas les sels absorbés, par exemple les sels de *sodium*, et, l'équilibre osmotique persistant, l'absorption reste suspendue. C'est donc *la consommation qui règle l'absorption*.

Ce mécanisme de l'absorption explique comment certaines substances peuvent s'accumuler dans la plante, alors qu'elles sont en faible quantité dans le milieu. C'est ainsi, par exemple, que le brome et l'iode, en dissolution très étendue dans l'eau de mer, s'accumulent dans les Fucus.

La plante sait aussi *faire un choix* parmi les substances que contient le sol ; ainsi les sels de potassium sont très activement absorbés, tandis que les sels de sodium le sont peu.

Le mécanisme de l'absorption des liquides du sol par les cellules de la racine explique l'accroissement de ces cellules. On peut s'en rendre compte en construisant une cellule artificielle à l'aide d'un tube de verre fermé aux deux bouts par une membrane (*fig.* 657). On remplit ce tube d'eau sucrée et on le place ensuite dans de l'eau pure. Rapidement on voit les deux membranes se soulever, ce qui correspond à un allongement. De même une cellule végétale s'allongera, et d'autant plus qu'elle recevra plus d'eau.

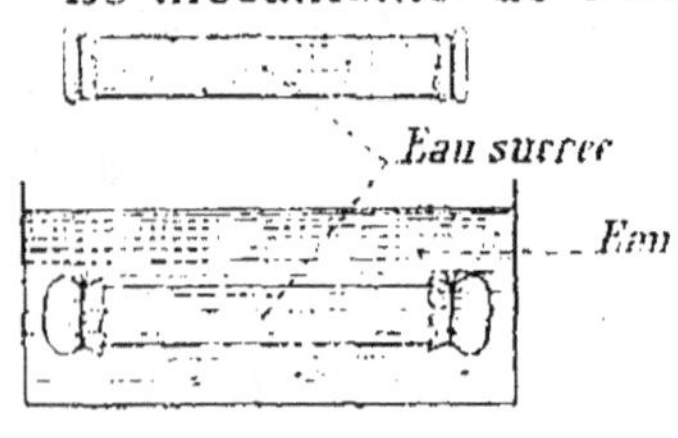

Fig. 657. — Expérience montrant l'effet de l'absorption sur l'accroissement.

3° **Les solides.** — Certains corps insolubles : le carbonate, les phosphates de calcium, sont absorbés par les racines, quoique *solides*. L'expérience suivante (*fig.* 658) le démontre : on sème sur une plaque de marbre, recouverte de sable humide, des graines dont les racines en se développant vont corroder le marbre et s'y incruster. L'os et l'ivoire seraient également rongés. C'est que les poils absorbants sécrètent un suc digestif spécial, à réaction acide et contenant des diastases qui ont les mêmes propriétés générales que les diastases animales. Ce suc digestif peut agir aussi sur les matières organiques et les rendre absorbables.

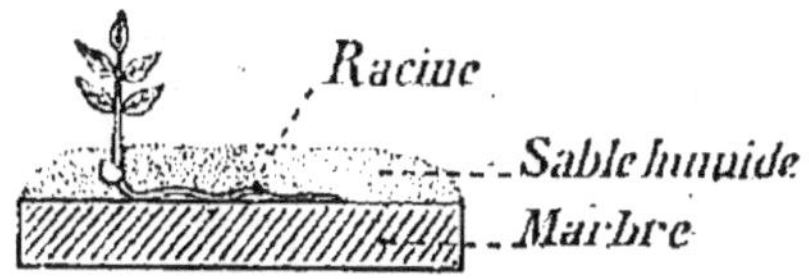

Fig. 658. — Expérience montrant la digestion des solides.

Aliments minéraux. — Nous venons de voir que les matières minérales contenues dans le sol sont digérées et absorbées par les poils absorbants des racines. On peut chercher quels sont les ali-

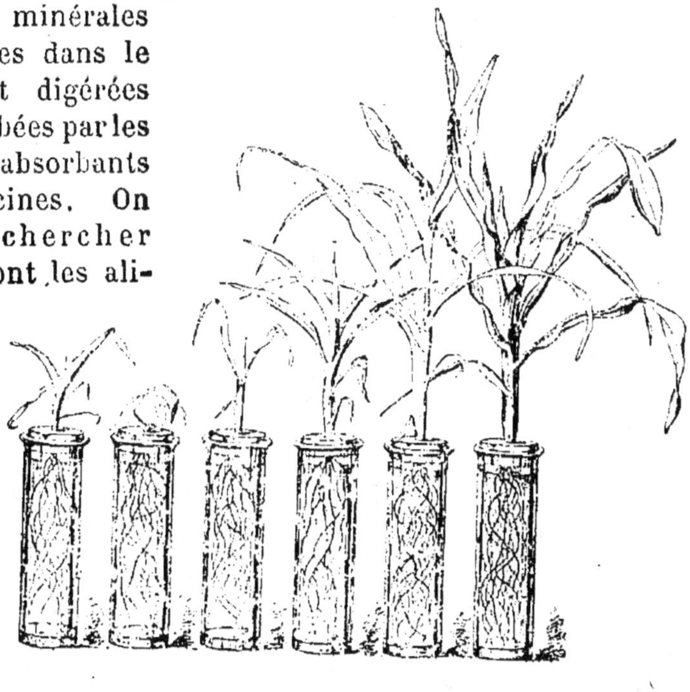

Fig. 659. — Effets produits sur la culture du Maïs par l'absence ou l'insuffisance d'un élément. Ces cultures ont environ 2 mois 1/2.

ments minéraux les plus utiles à la plante par deux procédés : 1° on analyse la plante et on déduit de sa composition quels sont les principes nécessaires à sa nutrition ; 2° on cultive la plante dans des dissolutions de substances minérales et on voit quelles sont celles qui la font prospérer le mieux.

Les principaux aliments minéraux sont : les *nitrates*, qui fournissent l'azote ; les *phosphates*, qui donnent le phosphore ; les *sels calcaires*, qui procurent le *calcium*.

La figure montre bien les effets produits par l'absence ou l'insuffisance d'un élément. Pour obtenir ces résultats, voici comment on dispose l'expérience : on fait germer des graines de Maïs sur une toile métallique à larges mailles tendue au-dessus d'un cristallisoir contenant de l'eau distillée. Quand la germination a commencé, on fixe les graines entre les deux moitiés d'un bouchon placé sur un bocal en verre presque rempli d'un liquide de culture (*fig.* 659). De cette façon les racines plongent dans le liquide, mais non les graines.

Le liquide de culture suivant, dû à Sachs, est fréquemment employé :

Eau distillée.	1 litre
Nitrate de potassium	1 gramme
Sulfate de magnésium	0ᵍ,5
Sulfate de calcium.	0ᵍ,5
Phosphate de calcium tribasique	0ᵍ,5
Sulfate de fer	0ᵍ,03

Il contient tous les éléments nécessaires à la plante et dans ce cas (*fig.* 659, F) le Maïs se développe parfaitement. La suppression de l'un quelconque des éléments contenus dans le liquide complet ralentit la nutrition et cause des troubles graves. C'est ainsi que l'absence de *fer* (*fig.* 659, E) occasionne une sorte de chlorose, et la plante incapable de former de la chlorophylle pousse des feuilles d'un blanc jaunâtre, s'épuise et meurt. Dans l'*eau distillée* (*fig.* 659, A), la plante vit un certain temps grâce aux réserves que renferme la graine, mais elle finit par se flétrir. Si le liquide manque de *potasse* (*fig.* 659, B), la plante se flétrit vite ; si la *chaux* est absente (*fig.* 659, C), la plante est un peu plus grande que dans l'eau, mais elle reste chétive. Enfin, si l'*acide phosphorique*, seul, fait défaut (*fig.* 659, D), le Maïs est un peu plus vigoureux.

Ceci nous montre qu'en agriculture, il est nécessaire de

lutter contre l'appauvrissement de la terre : c'est ce que l'on fait par divers procédés tels que les *amendements*, les *assolements* et les *engrais*.

Amendements, assolements et engrais. — Le sol a une composition variable suivant les pays. Or, pour être *fertile*, il doit contenir un mélange de calcaire, de sable, d'argile et de matières organiques. On sait, en effet, qu'un sol exclusivement calcaire, ou argileux, ou siliceux, est *stérile*. Il est donc nécessaire de lui donner les éléments qui lui manquent pour qu'il puisse nourrir convenablement les plantes : on ajoutera, par exemple, du calcaire au sol trop argileux, ou de l'argile au sol trop calcaire. On fera ce qu'on appelle un *amendement*.

Pour lutter contre l'épuisement de la terre on emploie surtout les *assolements* et les *engrais*.

Les *assolements*, ainsi que nous l'avons vu (page 481), consistent dans l'alternance de culture des plantes à racines profondes, comme la Betterave, avec des plantes à racines superficielles, comme le Blé.

Les *engrais* sont des matières capables de restituer au sol les matières nutritives qu'il a perdues. Ils peuvent être *organiques* comme le fumier, le guano, ou *minéraux* comme ceux qu'on appelle habituellement les *engrais chimiques*. Il est possible de fabriquer des engrais chimiques *complets*, c'est-à-dire qui contiennent tous les éléments nécessaires au développement d'une plante donnée. Ces éléments varient avec la plante et la composition du sol. Chaque plante a ses préférences, sa *dominante* comme on dit. Ainsi l'on obtiendra de grands rendements si l'on force la dose d'azote dans la culture du Blé et de l'Avoine, de potasse dans la culture de la Pomme de Terre et de la Vigne, d'acide phosphorique dans la culture de la Canne à sucre, etc.

Fixation de l'azote dans le sol. — L'azote est emprunté au sol sous la forme de *nitrates* et de *sels ammoniacaux*.

Pour que les *nitrates* se forment dans le sol, il faut qu'il y existe des matières azotées telles que des débris organiques, lu fumier par exemple. Sous l'influence d'un microbe, une première fermentation se produira qui transformera les matières azotées en sels ammoniacaux ; l'urée, par exemple, donnera du carbonate d'ammonium :

$$CO\,Az^2H^4 + 2H^2O = CO^3(AzH^4)^2.$$

urée   eau   carbonate
d'ammonium

Puis les sels ammoniacaux, sous l'influence de microbes spéciaux, seront transformés en *nitrates*, qui seront absorbés en grande partie par les plantes.

Cette transformation ou nitrification, se fait en deux temps, sous l'influence de deux sortes de microbes nitrifiants : 1° dans le premier temps, les *ferments nitreux* transforment les sels ammoniacaux en *nitrites*, par une première oxydation ; 2° dans le second, les *ferments nitriques* changent les nitrites en *nitrates*. Cette nitrification se produit sur les murs humides en formant des taches de salpêtre.

On a montré par de nombreuses expériences que la *nitrification* ne se produit pas si l'on stérilise la terre par la chaleur. La présence des microbes nitrifiants est donc nécessaire.

Il faut aussi, pour que la formation des nitrates s'accomplisse rapidement, que la température du sol soit élevée ; la nitrification est, en effet, plus active en été qu'en hiver. Il faut encore que l'air circule facilement dans le sol, d'où l'utilité des labours. Enfin, la présence du calcaire paraît indispensable, d'où la nécessité du marnage des terres dépourvues de calcaire.

Fixation de l'azote de l'air. — L'azote atmosphérique, qui représente les 4/5 de l'air qui nous environne, n'est assimilé que dans quelques cas particuliers. Tel est celui des Légumineuses, comme le **Trèfle** et la **Luzerne**, qui assimilent l'azote d'une façon spéciale. Les cultivateurs savent, en effet, qu'une culture de ces plantes peut se développer sans engrais, et que de plus elle n'appauvrit pas le sol en azote, mais au contraire l'enrichit. C'est donc que les Légumineuses fixent l'azote de l'air. En effet, ces plantes portent sur leurs racines de petites nodosités (*fig*. 660) remplies de microbes qui ont la propriété d'assimiler directement l'azote de l'air. Il se forme ainsi des matières azotées dont une partie pourra servir à la nourriture de la plante, et dont l'autre partie, après la mort de la plante, restera dans le sol, qui s'enrichira ainsi en azote.

Si l'on cultive les Légumineuses dans un sol privé de microbes, ces nodosités ne se forment pas ; elles se forment, au contraire, si l'on

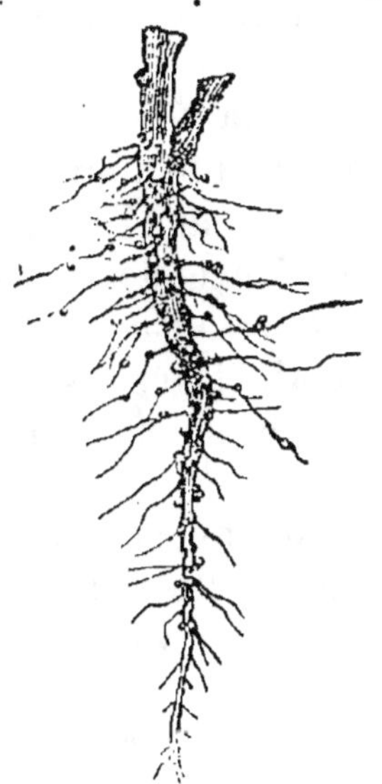

Fig. 660. — Nodosités des Légumineuses.

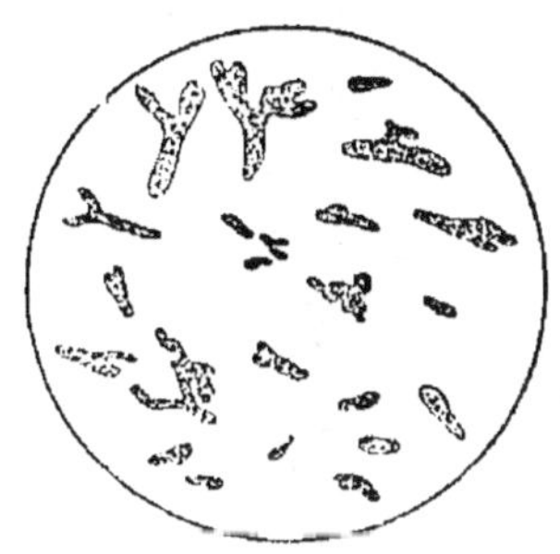

Fig. 661. — Microbes nitrifiants des Légumineuses.

arrose cette terre stérilisée avec une infusion de terre dans laquelle des Légumineuses ordinaires ont poussé. Ces renflements ne sont donc pas naturels ; ils ont en quelque sorte un caractère pathologique et sont dus aux microbes contenus dans le sol (*fig*. 661).

Circulation de la sève brute. — On sait qu'il suffit d'arroser les racines d'une plante pour empêcher les feuilles de se faner ; l'eau monte donc des racines jusque dans les feuilles.

La sève brute absorbée par les poils absorbants, poussée par la force osmotique, traverse l'écorce et arrive dans les vaisseaux du bois (*fig*. 662). On peut le démontrer en plongeant une

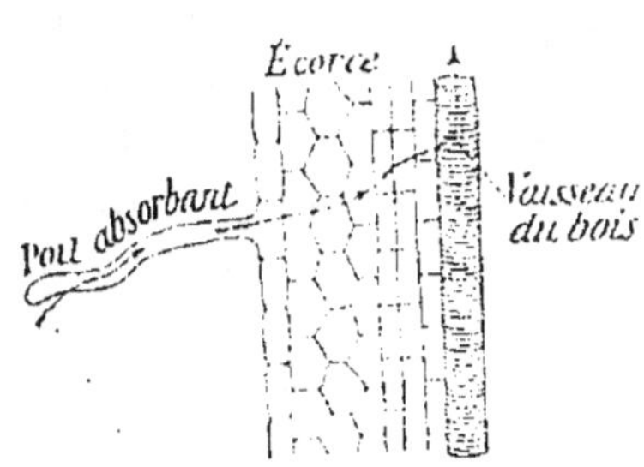

Fig. 662. — Le cours de la sève brute dans la racine.

racine dans un liquide coloré par l'*éosine*, par exemple ; on voit alors que les vaisseaux du bois, seuls, sont colorés.

Pour montrer avec quelle force la sève est poussée de bas en haut, on peut répéter l'expérience de Hales (*fig* 663). On coupe un pied de Vigne au bas de la tige et on remplace celle-ci par un tube ; on voit alors la sève s'élever à une grande hauteur. Dans l'expérience de Hales, on avait coupé un Bouleau haut de 27 mètres, et la sève s'était élevée jusqu'à une hauteur de 35 mètres dans un tube de métal.

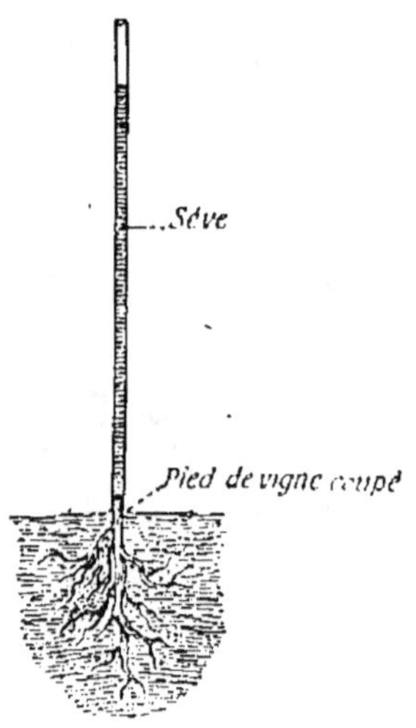

Fig. 663. — Expérience de Hales.

La sève brute circule donc dans les vaisseaux du bois, puis elle s'élève à l'intérieur de la tige et arrive jusque dans les feuilles.

Deux causes principales déterminent cette ascension de la sève brute : 1º la *poussée des racines*, due à la force osmotique qui pousse les liquides du sol dans les poils absorbants, puis dans les vaisseaux du bois ; 2º l'*aspiration* que produit la transpiration dans les feuilles. La première force peut être comparée à l'action d'une pompe foulante et la deuxième à l'action d'une pompe aspirante. Et c'est sous leur influence que monte la sève brute.

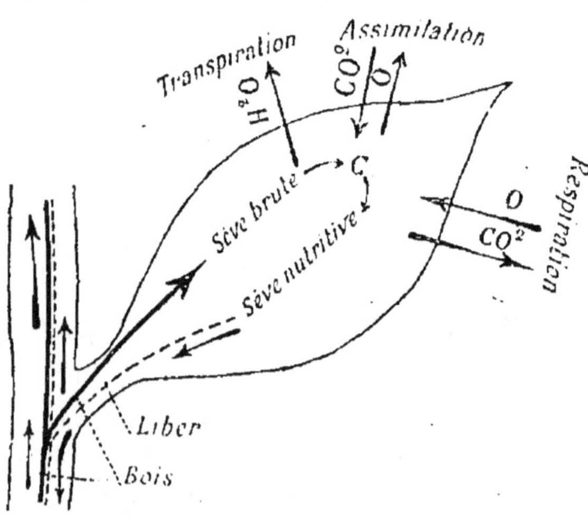

Fig. 664. — Transformation de la sève brute en sève élaborée.

Formation de la sève élaborée. — La sève brute absorbée par les racines est composée d'eau renfermant une faible quantité de matières nutritives. Cette sève contient de l'eau en excès. C'est la transpiration qui, dans les feuilles, enlèvera cet excès d'eau (*fig.* 664).

En même temps, sous l'influence de l'assimilation chlorophyllienne, les sels minéraux de la sève brute qui ne peuvent servir directement à la nutrition de la plante, se transforment par adjonction du carbone en hydrates de carbone et même en albuminoïdes qui peuvent être utilisés par la plante.

La *sève brute*, débarrassée de son excès d'eau et transformée par l'assimilation chlorophyllienne, devient la *sève élaborée*.

Circulation de la sève élaborée. — La sève élaborée, riche en substances nutritives, va se transporter de la feuille vers les autres parties du végétal (*fig.* 664).

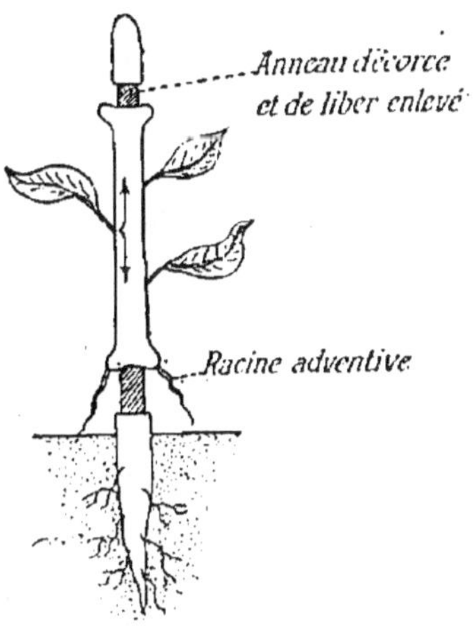

Fig. 665. — Circulation de la sève élaborée dans le liber.

C'est par les tubes criblés du liber que la sève élaborée est ainsi conduite dans les autres parties de la plante : soit en *montant* vers le sommet de la tige soit en *descendant* vers les racines. Pour le démontrer, on enlève sur un arbre deux anneaux (*fig.* 665) comprenant l'écorce et le liber, l'un au-dessus, l'autre au-dessous des feuilles. On voit alors se former deux bourrelets, l'un au-dessus de l'anneau inférieur, l'autre au-dessous de l'anneau supérieur. Le liber transporte donc la sève élaborée qui sert à former ces tissus nouveaux. Si on laisse une bande longitudinale de liber, les bourrelets ne se produisent pas, car les matières nutritives passent au delà par les tubes subsistant. D'autre part, si l'on observe un tube criblé, on voit des substances granuleuses s'accumuler d'un côté du crible : elles indiquent bien le sens de la marche de la sève élaborée.

Une partie de cette sève pourra être employée à la formation d'organes nouveaux, ou bien à l'accroissement en longueur ou en épaisseur des organes anciens.

Une autre partie séjournera dans certaines régions de la plante, sous forme de *matières de réserve*, et pourra être utilisée plus tard à la formation de cellules nouvelles.

Enfin ce qui reste de la sève pourra être éliminé sous différentes formes (résines, gommes, huiles, etc.). Ces produits, dits de désassimilation, seront étudiés plus loin.

La sève élaborée n'est pas forcément *descendante*, car celle qui se rend aux bourgeons terminaux est *ascendante* (*fig.*664).

§ 2. — Plantes sans chlorophylle.

Les *plantes dépourvues de chlorophylle* ne peuvent pas assimiler directement le carbone ni faire la synthèse des hydrates de carbone. Elles sont donc obligées d'emprunter ces substances nutritives à d'autres êtres vivants, animaux ou végétaux.

On peut grouper ces plantes en deux catégories : 1° les *plantes parasites*, qui vivent sur les corps des animaux ou des végétaux (Bactéries) ; 2° les *plantes humicoles*, qui vivent sur des matières organiques en décomposition (Champignons).

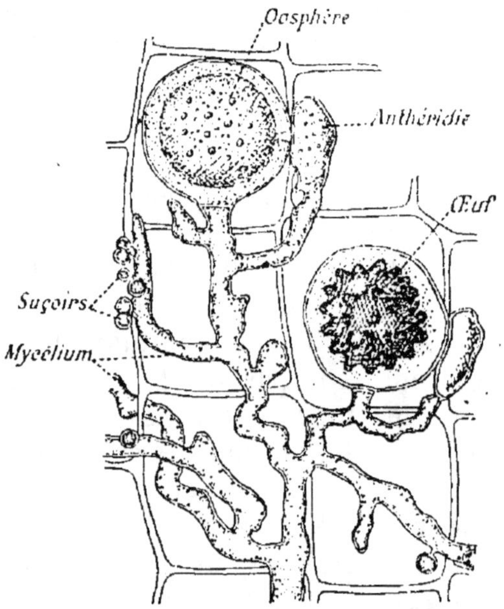

Fig. 666. — Le *Cystopus*, Champignon parasite envahissant une feuille de Chou.

Plantes parasites. — Ces plantes se développent aux dépens des êtres vivants qui leur servent en quelque sorte de nourrice. On dit qu'il y a *parasitisme* quand l'un des êtres associés vit aux dépens de l'autre, sans lui rendre aucun service.

Parmi les plantes parasites, on peut citer les Champignons tels que la Rouille du blé, le Cystopus (*fig.* 666) qui vit sur le Chou, l'Ergot du Seigle, l'Oïdium de la Vigne, etc. Ces Champignons ont leurs filaments souvent munis de suçoirs qui pénètrent à l'intérieur de la plante nourricière.

Certaines plantes Phanérogames sont parasites ; citons la Cuscute (*fig.* 667), qui se développe sur la Luzerne et dont les suçoirs ont la forme de ventouses (*fig.* 667, B) ; l'Orobanche, qui vit sur la racine du Serpolet (*fig.* 668), de la Luzerne. Ces

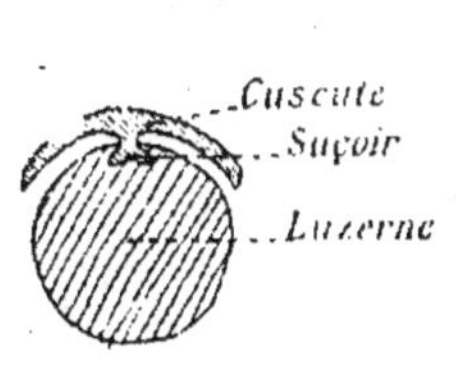

B. — Suçoir de cuscute.

Fig.667.— Cuscute, parasite de la Luzerne.

Fig.668. — Orobanche vivant en parasite sur le Serpolet.

parasites n'ont pas de racines ; ils enfoncent leurs tiges dans les tiges ou les racines des plantes qui les nourrissent de façon que les vaisseaux des deux plantes soient en continuité.

Certaines plantes parasites ont de la chlorophylle ; tel est le Gui, qui enfonce dans les branches de Pommiers ses racines transformées en suçoirs (*fig.* 669). En hiver et au printemps le Gui continue à assimiler le carbone, alors que le Pommier n'a plus de feuilles ; son parasitisme n'est donc que *partiel* et il peut fournir à la plante hospitalière une certaine quantité de principes carbonés. Le *parasitisme* devient ici presque de la *symbiose.*

D'autres plantes sont obligées pour se développer de vivre sur deux hôtes successifs ; c'est ainsi que la Rouille du Blé passe l'hiver sur l'Épine-Vinette et l'été sur le Blé.

Fig. 669. — Gui vivant en parasite sur le Pommier.

Plantes humicoles. — Ce sont les plantes qui vivent sur la matière organique en décomposition. Tels sont les Champignons qui poussent sur le fumier (*Psalliote*), les moisissures qui se développent sur le cuir (*Penicillium*), sur les bois pourris, etc.

Le protoplasme de ces plantes peut fabriquer des matières albuminoïdes, mais il ne peut assimiler directement le carbone.

Symbiose. — La *symbiose* est l'association de deux Végé-

Fig. 670. — Parmélie des murailles.

taux qui se rendent mutuellement service, et par suite tra

vaillent tous deux à la prospérité de l'association ; dans le *parasitisme*, au contraire, il y a lutte entre les deux êtres, le parasite tirant de son hôte tous les bénéfices, sans qu'il y ait réciprocité.

La symbiose peut s'établir entre plantes n'ayant pas de vaisseaux, ou entre des plantes à racines et des Thallophytes.

Dans la première catégorie rentrent les *Lichens*, qui se présentent en plaques minces sur les rochers ou sur les écorces d'arbres, comme la Parmélie (*fig.* 670), ou encore sous forme rameuse, comme l'Usnée barbue (*fig.* 671) qui couvre de ses longues touffes les branches des Sapins. Ces lichens résultent de l'association d'une Algue et d'un Cham-

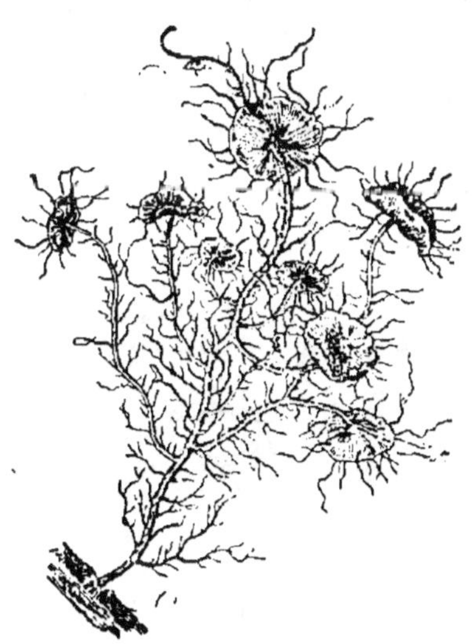

Fig. 671. — Usnée barbue.

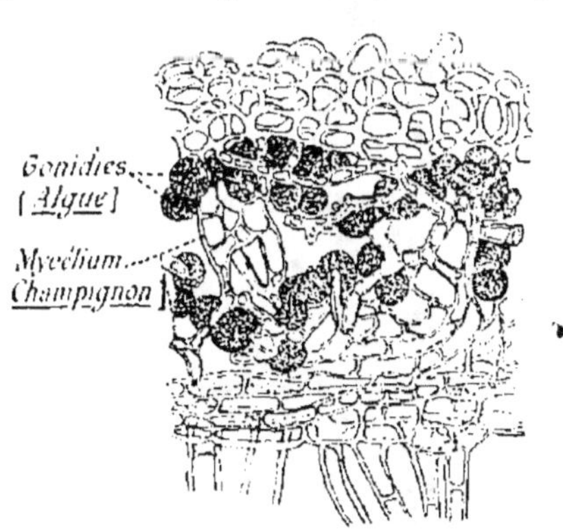

Fig. 672. — Coupe d'un Lichen montrant l'association de l'Algue et du Champignon.

pignon. La coupe verticale d'**un** Lichen (*fig.* 672) montre, en effet, au milieu de filaments de Champignon, des cellules vertes appartenant à des Algues et qu'on appelle des *gonidies*. L'Algue, grâce à sa chlorophylle, assimile le carbone et fabrique des hydrates de carbone qui sont nécessaires à elle-même et au Champignon ; le Champignon, en échange, peut fabriquer avec ces hydrates de carbone des matières albuminoïdes ; il protège aussi l'Algue contre une trop grande sécheresse et lui permet de vivre dans un milieu défavorable (rocher, écorce d'arbre).

On peut réaliser l'*analyse* et la *synthèse* des Lichens. L'analyse se fait en isolant le Champignon et l'Algue : si l'on place, en effet, le Lichen dans l'eau, le Champignon est détruit et l'Algue vit seule ; si l'on met le Lichen dans un bouillon de culture approprié, l'Algue meurt au contraire et le Champignon continue à vivre. La synthèse se fait en semant des spores de Champignon et des cellules d'Algue sur un morceau d'écorce renfermé dans un tube (*fig.* 673) bouché avec un tampon de coton et d'où l'on a exclu tous germes vivants afin d'avoir une culture pure. Au bout de quelques jours, on voit les spores de Champignon germer et

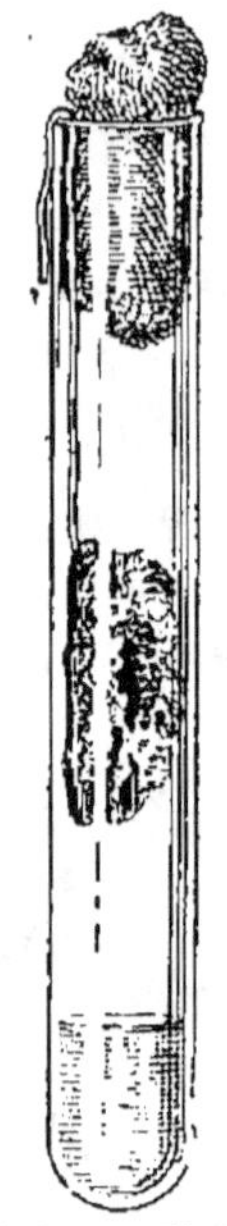

Fig 673. — Tube stérilisé contenant une culture de Lichen par synthèse, sur écorce (G. Bonnier).

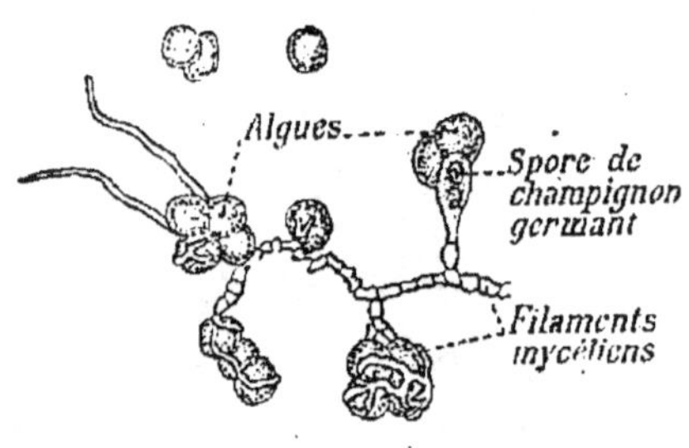

Fig. 674. — Synthèse d'un Lichen.

envoyer des filaments autour des Algues pour donner finalement un Lichen (*fig.* 674).

Dans le second cas, la symbiose se fait entre des plantes à racines et des Champignons appelés **Mycorhizes.** Cette association est fréquente entre les racines du Pin et des filaments de Champignon. Celui-ci enfonce ses suçoirs dans l'écorce de l'arbre et y puise des aliments hydrocarbonés; d'autre part, il étend ses filaments beau-

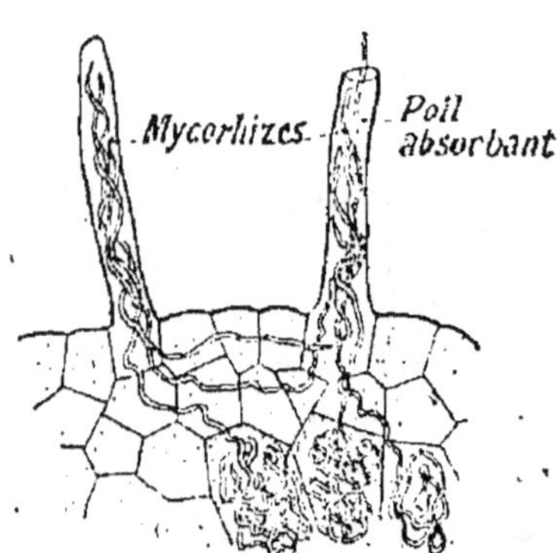

Fig. 675. — Écorce d'une Orchidée envahie par des Mycorhizes.

coup plus loin que les poils absorbants de l'arbre et puise ainsi des matières nutritives qui serviront à l'arbre. Souvent, chez les Orchidées, la pénétration du Champignon s'effectue par les poils absorbants, et les filaments vont plus loin se pelotonner dans les cavités cellulaires (*fig.* 675).

Un autre exemple de symbiose du même genre nous a été donné par le Bacille radicicole vivant dans les nodosités des Légumineuses et qui a la propriété d'absorber l'azote libre de l'air. Ce Bacille vit d'abord aux dépens de la plante, puis il dépérit et absorbe l'azote de l'air ; enfin il meurt et se trouve résorbé par la plante, qui profitera ainsi de l'azote accumulé par les Bacilles dans les nodosités.

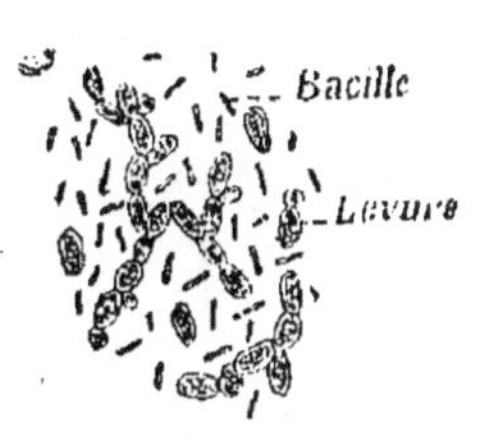

Fig. 676. — Ferments du Kéfir.

Certains ferments comme celui du Kéfir (*fig.* 676), résultent de l'association d'une Algue (Bactériacée) et d'un Champignon (Levure). Dans le lait de Vache, la Bactérie produit la fermentation *lactique*, et la Levure la fermentation *alcoolique*.

Des travaux récents ont montré que certaines graines d'Orchidées ne pouvaient pas germer sans s'être associées à des filaments de Champignons.

§ 3. — Matières de réserve.

Nous avons vu que les matières nutritives pouvaient ne pas être consommées immédiatement ; elles sont alors mises en *réserve*, en certains points de l'organisme, pour être utilisées plus tard. Elles s'accumulent dans les divers organes de la plante : dans la racine (Betterave), dans la tige (Pomme de Terre, Canne à sucre), dans les feuilles (plantes grasses), dans les fleurs (Chou-fleur), dans les fruits et les graines.

On peut classer les matières de réserve suivant leur composition chimique en : *hydrates de carbone, matières grasses, albuminoïdes.*

Hydrates de carbone. — Les principaux sont l'*amidon*, l'*inuline* et les *sucres*.

L'*amidon* est un des corps les plus répandus chez les Végétaux. Sa formule chimique est $(C^6H^{10}O^5)^5$. On le trouve particulièrement en abondance dans les cellules de la Pomme de terre (*fig.* 677), où il se présente sous forme de grains. Chaque grain (*fig.* 678) est composé de couches alternativement

Fig. 677.—Cellule d'un tubercule de Pomme de terre remplie de grains d'amidon.

Fig. 678. — Grain d'amidon isolé.

claires et obscures, disposées autour d'un centre. Les couches claires sont les plus denses, les couches obscures sont plus riches en eau. Insoluble dans l'eau froide, l'amidon se gonfle dans l'eau à 60° en donnant une pâte appelée *empois.*

On reconnaît facilement l'amidon à la coloration bleue intense qu'il donne lorsqu'on le traite par l'iode.

Les grains d'amidon se développent dans les cellules à chlorophylle et dans les cellules incolores. Ils sont généralement en rapport avec les leucites et s'accroissent, comme les cristaux, par l'apposition de couches successives.

L'amidon, sous l'influence d'une diastase particulière appelée *amylase*, peut subir une série de transformations aboutissant à la formation de glucose.

L'*inuline* est une substance isomère de l'amidon. Elle n'existe qu'en dissolution dans le suc cellulaire ; mais en la traitant par l'alcool on obtient des cristaux arrondis ou *sphéro-cristaux* (*fig.* 679). On la trouve surtout chez les

Composées (Inula, Artichaut) et chez certains Champignons où l'amidon n'existe pas.

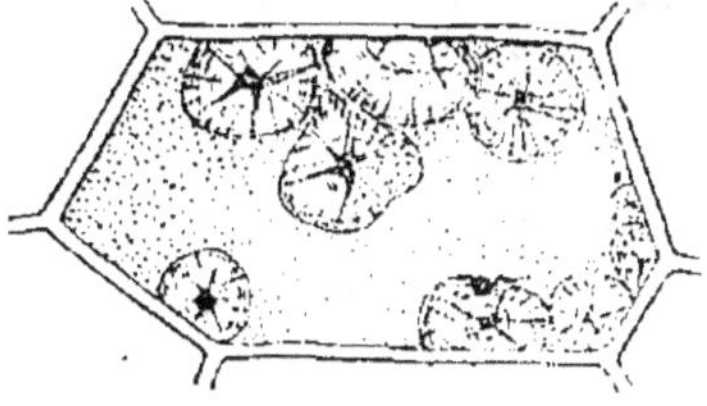

Fig. 679. — Sphéro-cristaux d'inuline.

Parmi les *sucres*, la *saccharose*, $C^{12}H^{22}O^{11}$, est le plus fréquent ; il existe dans la Betterave, dans la tige de la Canne à sucre, à l'état dissous mais non assimilable. Pour être assimilable, il doit être *interverti* par une diastase spéciale appelée *invertine*.

Matières grasses. — Les matières grasses résultent du mélange de plusieurs principes tels que l'*oléine*, la *margarine*, la *stéarine*. On les trouve dans les graines d'un grand nombre de Végétaux d'où on peut les extraire par l'éther ou le sulfure de carbone.

Elles peuvent être liquides comme les huiles (Lin, Pavot, Noix, Olive) ; elles sont alors riches en oléine. Elles peuvent être solides ; on a alors des beurres (Cacao) plus riches en margarine et stéarine.

Albuminoïdes. — Les matières albuminoïdes se forment surtout dans les organes à l'état de vie ralentie. On les trouve en effet dans de nombreuses graines (*fig.* 680) sous forme de *grains d'aleurone*.

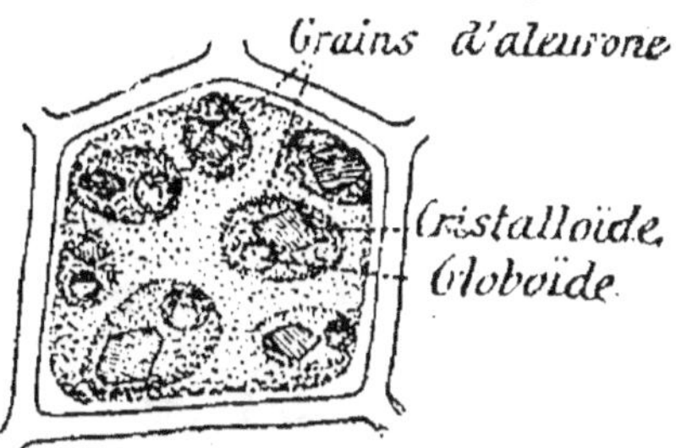

Fig. 680. — Grains d'aleurone dans une cellule de la graine du Ricin.

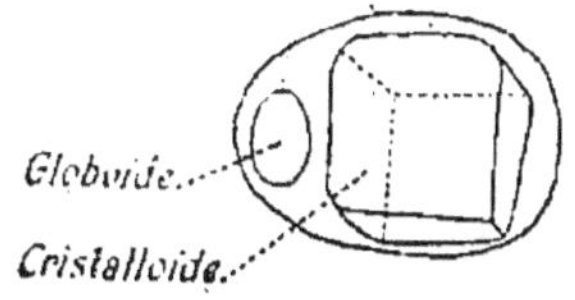

Fig. 681. — Grain d'aleurone isolé.

Ces grains, qu'on doit observer dans la glycérine, l'eau les dissolvant, contiennent généralement un *cristalloïde* (*fig.* 681) et un *globoïde* renfermant du glycérophosphate de magnésium et de calcium.

Digestion des matières de réserve. — Les matières de

réserve, pour être utilisées, doivent être rendues solubles et assimilables. Ce sont des *diastases* qui opèrent cette transformation. Ces diastases ou *ferments solubles* ont des propriétés générales qui ont été étudiées à propos de la digestion chez l'Homme. Elles n'agissent pas autrement chez les Végétaux. Elles sont sécrétées ou par les cellules qui renferment les matières de réserve, ou par des cellules voisines.

Parmi les plus communes, citons l'*amylase*, la *sucrase*, l'*émulsine*, la *pepsine*, etc.

C'est surtout au moment de la germination des graines et de l'éclosion des bourgeons que les diastases sont sécrétées. Les substances une fois digérées se dirigent vers le lieu d'utilisation.

§ 4. — Élimination.

A côté des matières de réserve fabriquées par le végétal il existe des produits inutiles ou nuisibles qui peuvent être éliminés par la plante, ou se localiser en certains points. Ils sont de nature variable, organique ou minérale ; et ils se localisent soit dans des *cellules,* soit dans des *canaux*.

Cellules sécrétrices. — Ces cellules peuvent être *isolées*. Exemples : la cellule qui forme le poil de l'Ortie (*fig*. 682) et

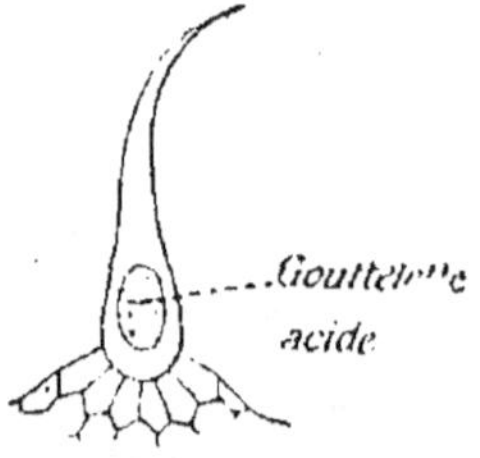

Fig. 682. — Poil d'Ortie.

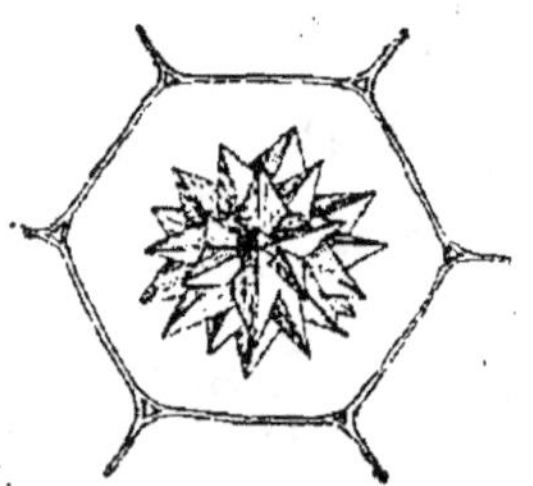

Fig. 683. — Cristaux d'oxalate de calcium (Bégonia).

dont le suc cellulaire contient de l'acide formique; la cellule dans laquelle se dépose de l'*oxalate de calcium* soit à l'état de cristaux mâclés (*fig.* 683) (*Bégonia*), soit à l'état d'aiguilles ou *raphides* (*fig.* 684) qui peuvent traverser plusieurs cellules

(*Ail* et *Vanille*); la cellule qui contient du *carbonate de calcium* en dépôt mamelonné et suspendu à un
épaississement cellulosi-

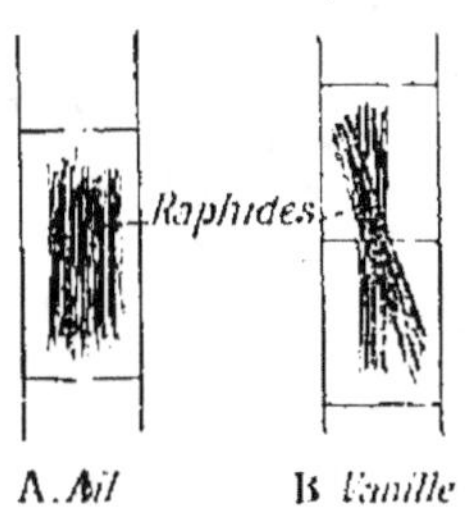

Fig. 684. — Raphides d'oxalate de calcium.

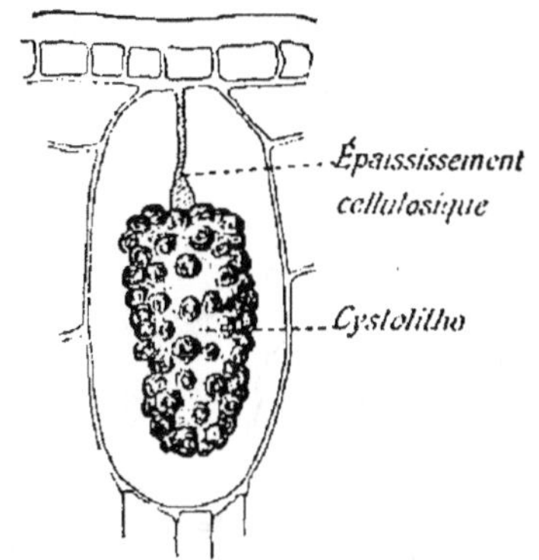

Fig. 685. — Cystolithe de carbonate
de calcium.

que de la membrane (*fig.* 685) : ce dépôt a reçu le nom de
cystolithe (Figuier).

Certaines cellules sécrétrices peuvent se grouper. Exemple : les poils des Labiées généralement formés de plusieurs
cellules et dont l'*essence* vient s'accumuler entre la cuticule

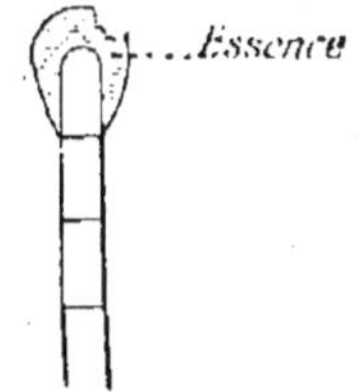

Fig. 686. — Poil de Labiée.

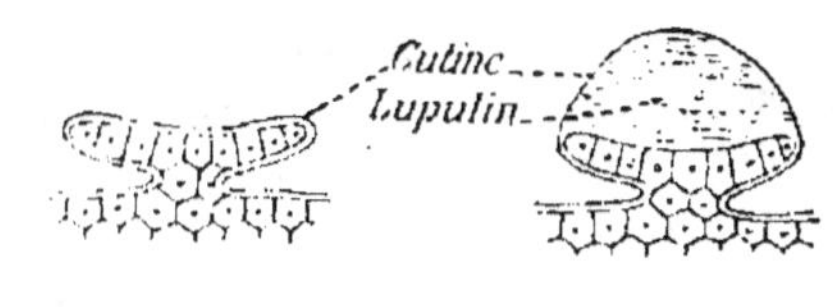

Fig. 687. — Poil sécréteur du Houblon.

et la membrane de cellulose (*fig.* 686) ; en passant la main
sur ces poils on brise facilement la cuticule et l'essence se
dégage. On peut encore voir les poils massifs du Houblon
(*fig.* 687) dont le *lupulin* vient s'accumuler aussi sous la cuticule.

Laticifères. — Parfois les cellules forment de véritables
tubes qui contiennent un liquide laiteux, blanc ou coloré,
appelé *latex*, que l'on observe facilement en coupant une
tige d'Euphorbe ou de Pavot. Ces tubes sont des *laticifères*.
Les laticifères peuvent être formés par des cellules *allongées*

et *ramifiées* (*fig.* 688) dont le contenu blanc contient en sus-

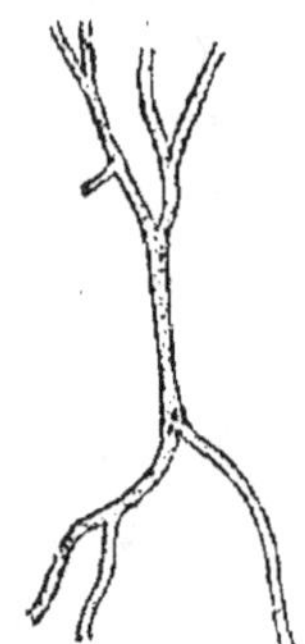

Fig. 688. — Cellule ramifiée d'un laticifère (Euphorbiacée).

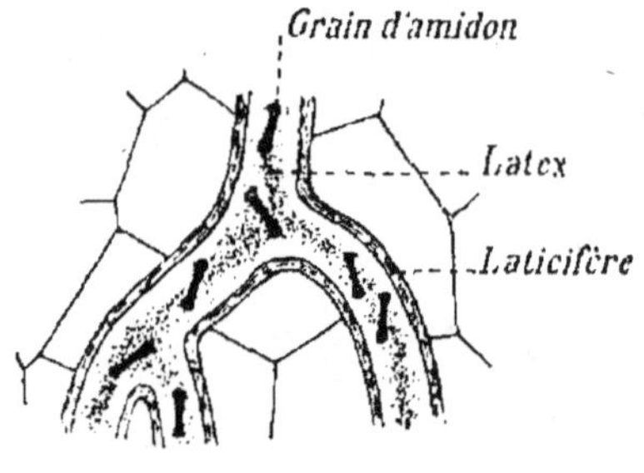

Fig. 689. — Laticifère dans la tige de l'Euphorbe.

pension des grains d'amidon en forme de tibia (*fig.* 689) et des globules de carbures d'hydrogène. Ce sont ces globules qui donnent au liquide l'aspect du lait.

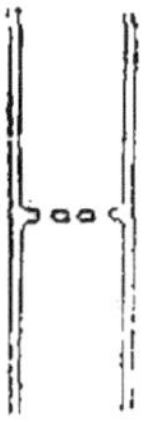

D'autres fois les laticifères sont formés par la réunion de cellules que séparent des cloisons perforées (*fig.* 690); tel est le cas de la *Chélidoine*, dont le latex est jaune. Le caoutchouc, la gutta-percha, l'opium sont également sécrétés par des laticifères.

Fig. 690. — Cellule d'un laticifère (Euphorbiacée).

Canaux sécréteurs. — Dans les cas que nous venons d'étudier la cellule contenait la substance sécrétée ; dans le cas actuel la substance élaborée est rejetée dans des lacunes qui se présentent sous forme de *poches* ou de *canaux*.

Ces cavités se forment de la façon suivante : une cellule

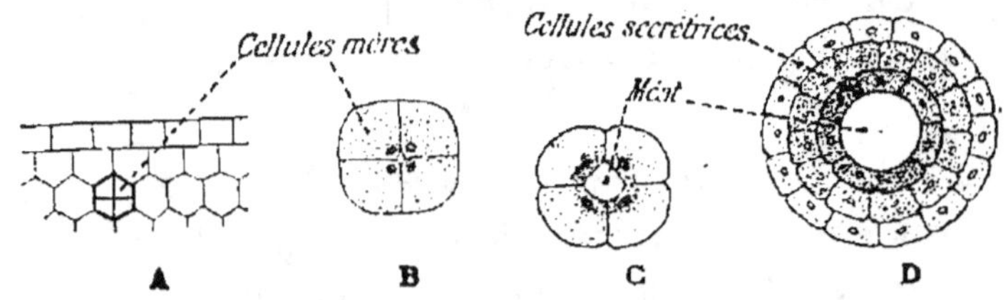

Fig. 691. — Développement d'un canal sécréteur.

sous-épidermique se partage en quatre autres (*fig.* 691,

qui, en s'écartant, laissent entre elles un méat. Ce méat ira en grandissant (*fig.* 691, B et C), tandis que les cellules qui le bordent (*fig.* 691, D) y verseront le produit de leur sécrétion. Ces *poches sécrétrices* s'observent dans le Millepertuis, dans la peau d'une Orange.

Si plusieurs poches se confondent, il en résulte un *canal sécréteur*. Chez le Pin, par exemple, la résine est recueillie **dans** des canaux sécréteurs.

RÉSUMÉ

Les Végétaux, comme les Animaux, ont besoin de prendre des aliments dans le milieu extérieur.

L'analyse de la plante montre qu'elle contient comme éléments essentiels C, H, O, Az, S et P, et comme éléments utiles K, Ca, Si, Fe, Cl et Mg.

L'alimentation doit donc fournir ces éléments.

Plantes à chlorophylle. — Les plantes puisent leurs aliments dans le *sol* et dans l'*air*.

L'absorption des aliments du sol se fait par les racines.

1º absorption des gaz : respiration.

2º absorption des *liquides* . . . . . { Se fait par les poils absorbants (osmose). La consommation règle l'absorption, et la plante fait un choix.

3º absorption des *solides* . . . . . { Sécrétion d'un suc digestif acide, pouvant attaquer les carbonates et phosphates du sol.

On lutte contre l'appauvrissement du sol par les *amendements*, les *assolements* et les *engrais*.

Fixation de l'azote dans le sol : emprunté aux nitrates ou aux composés ammoniacaux, qui se transforment en nitrates par fermentation.

Fixation de l'azote de l'air par des microbes situés dans les nodosités des Légumineuses.

La *sève brute* absorbée par les racines s'élève par les vaisseaux du bois de la racine et de la tige, jusqu'aux feuilles. Expérience de Hales : osmose et transpiration.

La *sève brute* est transformée en *sève élaborée* par la transpiration et par l'assimilation chlorophyllienne. La transpiration enlève l'excès d'eau, et l'assimilation chlorophyllienne fixe le carbone et fabrique des substances organiques. C'est par les tubes criblés du liber que la sève élaborée est transportée dans les autres parties de la plante.

La sève élaborée sera utilisée immédiatement pour la formation de tissus nouveaux, ou bien elle pourra être mise en réserve pour servir plus tard.

Plantes sans chlorophylle. — Ces plantes ne peuvent assimiler le carbone ; aussi empruntent-elles les substances organiques aux Animaux ou aux Végétaux.

Deux cas sont à considérer :

1º Les *plantes parasites*, qui vivent sur le corps des animaux ou des végétaux (Rouille du Blé, Cystopus du Chou, Cuscute, etc.).

2º Les *plantes humicoles*, qui vivent sur des animaux ou des végétaux en décomposition (Champignons, Moisissures, etc.).

La *symbiose* est une association de plantes qui s'aident mutuellement. Tel est le Lichen, formé par l'association d'une Algue et d'un Champignon.

Matières de réserve. — Ce sont les substances nutritives mises de côté. Parmi elles on cite : les *hydrates de carbone*, les *matières grasses*, les *albuminoïdes*.

1º *Hydrates de carbone*	*Amidon* $(C^6H^{10}O^5)^5$. Grains. Bleuit par l'iode.
	Inuline. Isomère de l'amidon. Dissoute dans le suc cellulaire.
	Sucres. Saccharose $(C^{12}H^{12}O^{11})$.
2º *Matières grasses*	*Huiles* : riches en oléine.
	Beurres : riches en stéarine et margarine.
3º *Albuminoïdes*. .	*Grains d'aleurone* : cristalloïde et globoïde (glycérophosphate de magnésium et de calcium).

Les matières de réserve, pour être utilisées, doivent être rendues solubles et assimilables par l'action de *diastases*.

Elimination. — Certains produits fabriqués par la plante et devenus inutiles ou nuisibles sont éliminés ou localisés en certains points. Dans ce dernier cas ils se trouvent dans des *cellules* ou dans des *canaux*.

1º Les *cellules sécrétrices* peuvent être isolées Ex. : Poil d'Ortie, cellules à raphides ou à cristaux. Elles peuvent être groupées. Ex. : Poils de Labiée ou de Houblon.

Les *laticifères* sont des cellules contenant un liquide laiteux ou *latex*. Ex. : Euphorbe, Plantes à caoutchouc.

2º Les *canaux sécréteurs* sont formés par une lacune bordée de cellules qui y déversent le produit de leur sécrétion. Ex : le Pin.

LES FONCTIONS DE REPRODUCTION

Multiplication végétative et reproduction. — Les immortelles découvertes de Pasteur ont démontré que la *génération spontanée* n'existe pas et que *tout être vivant provient d'êtres qui lui ressemblent.*

Les Végétaux se multiplient par deux procédés : par *multiplication végétative* ou par *reproduction.*

1º Multiplication végétative. — Certaines plantes se fragmentent et chacun de ces fragments en se développant reconstitue une plante identiquement semblable à celle d'où il provient. C'est ce qu'on appelle la *multiplication végétative* ou par *scissiparité.*

On peut ainsi reproduire les plantes, dans la pratique, par *bouturage*, par *marcottage* et par *greffe.*

Bouturage. — Le *bouturage* consiste à détacher un rameau d'une plante et à le placer dans des conditions favorables pour qu'il produise des racines adventives : il est *naturel* ou *artificiel*.

Une Pomme de terre (*fig.* 692) est un fragment de tige souterraine qui possède des bourgeons ;

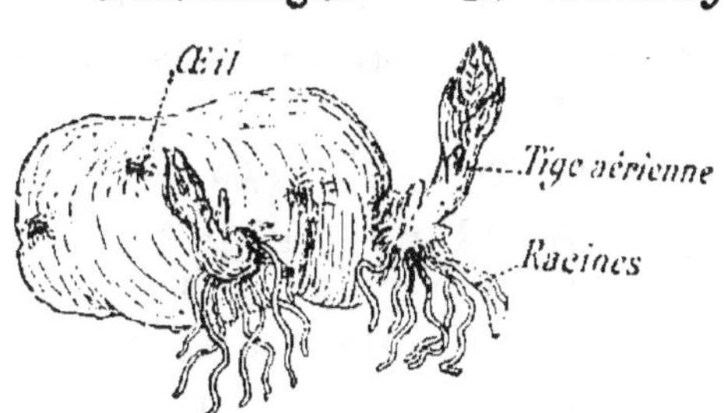

Fig. 692. — Bouturage naturel : Tubercule de Pomme de terre et ses bourgeons en voie de développement.

si on la place dans la terre, les bourgeons donnent des tiges nouvelles sur lesquelles apparaissent des racines adventives.

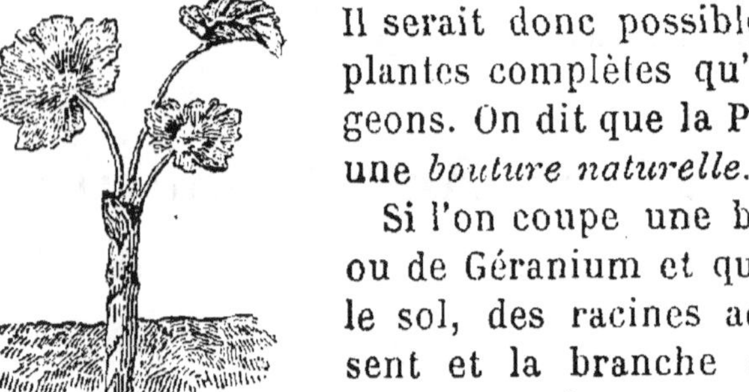

Fig. 693. — Bouturage artificiel : Géranium.

Il serait donc possible d'avoir autant de plantes complètes qu'il existait de bourgeons. On dit que la Pomme de terre est une *bouture naturelle*.

Si l'on coupe une branche de Peuplier ou de Géranium et qu'on l'enfonce dans le sol, des racines adventives apparaissent et la branche devient un végétal nouveau : c'est une *bouture artificielle* (*fig.* 693).

Marcottage. — Le *marcottage* consiste à enfoncer dans la terre les branches qui doivent produire

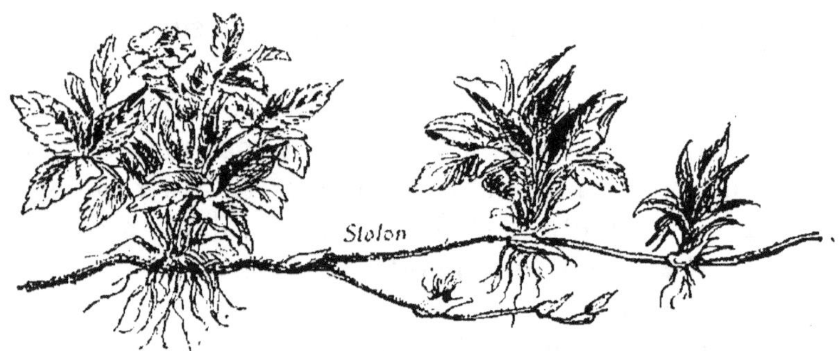

Fig. 694. — Marcottage naturel : Fraisier et ses stolons.

de nouvelles plantes, mais sans les séparer de la plante mère

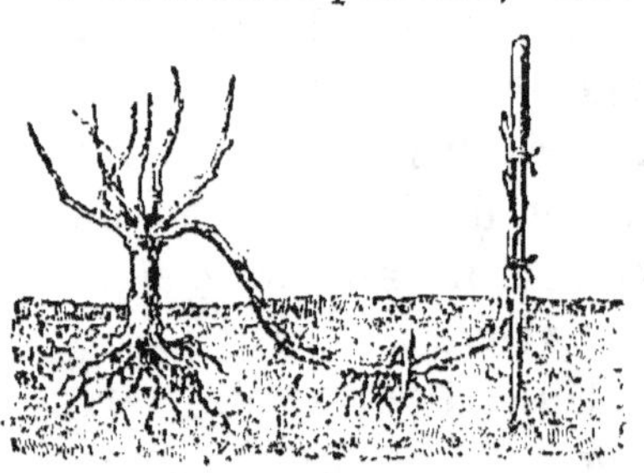

Fig. 595. — Marcottage artificiel : Vigne.

comme le bouturage, il est *naturel* ou *artificiel*.

Un pied de Fraisier (*fig.* 694) donne des tiges rampantes ou stolons qui s'enracinent à chaque nœud et produisent autant de jeunes Fraisiers. Quand ces stolons se dessèchent et meurent, on a des pieds de Fraisier indépendants et issus d'un même pied. C'est ce qu'on appelle un *marcottage naturel*. On peut faire un *marcottage artificiel*, dans la culture de la Vigne, par exemple : il suffit d'enfoncer les branches de la Vigne dans la terre (*fig.* 695), puis, lorsque des racines adventives se sont développées, de séparer les diverses branches du pied de Vigne ; on obtient autant de pieds de Vigne qu'il y avait de branches enterrées.

Greffe. — La *greffe* est une sorte de bouturage qui consiste à planter sur un Végétal appelé *sujet* un fragment ou *greffon* d'un autre Végétal que l'on veut multiplier. Il existe deux procédés : la *greffe en écusson* (*fig.* 696), dans laquelle le greffon est un simple bourgeon, et la *greffe en fente*

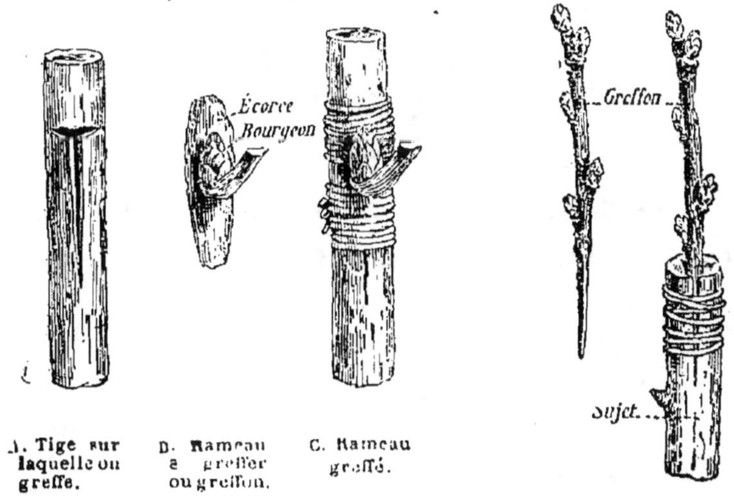

Fig. 696. — Greffe en écusson.   Fig. 697. — Greffe en fente.

(*fig.* 697), dont le greffon est un rameau portant des bourgeons

La greffe ne réussit qu'entre plantes très voisines, comme Rosiers cultivés et Églantiers, Amandiers et Pruniers, Pêchers et Cerisiers ; ainsi on ne pourrait greffer un Pommier sur un Cerisier.

Ces procédés (bouturage, marcottage, greffe) sont constamment employés par les horticulteurs pour reproduire certaines plantes (Géranium, Bégonia, Rosier, etc.) avec tous leurs caractères.

2° Reproduction. — Les plantes se multiplient par des *spores* ou des *œufs*.

La *spore* est une cellule qui se détache de certaines plantes (Algues, Champignons) et qui donne une nouvelle plante semblable à la plante mère.

L'*œuf* résulte de la fusion de deux cellules, la cellule mâle et la cellule femelle. Cet œuf pourra donner la *graine* qui, en se développant, produira une nouvelle plante. Cette nouvelle plante, qui provient de deux parents, possède la plupart de leurs caractères, mais elle en présente également d'autres.

Nous allons étudier cette reproduction, d'abord chez les Phanérogames, où elle s'effectue par la fleur, puis chez les Cryptogames.

CHAPITRE VIII
LA FLEUR

I. — CARACTÈRES EXTÉRIEURS DE LA FLEUR

Les différentes parties de la fleur   La fleur constitue

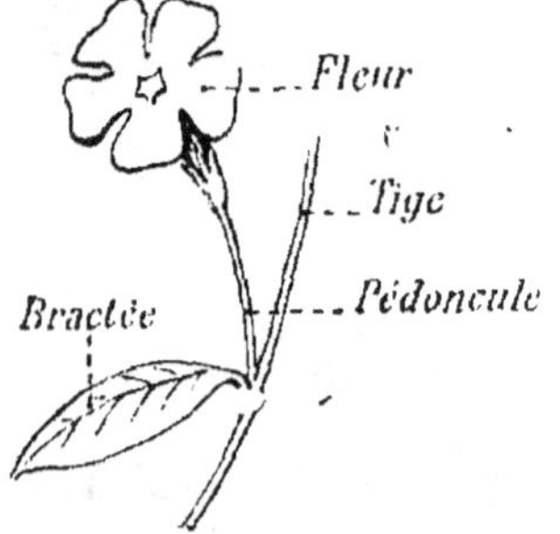

Fig. 698. — La fleur sur la tige.

l'appareil reproducteur des Phanérogames. Elle est portée par un rameau appelé *pédoncule* (*fig.* 698), lequel est situé à l'aisselle d'une petite feuille appelée *bractée*. Dans certains cas, comme chez l'*Arum* ou Gouet (*fig.* 699), cette brac-tée se développe beaucoup et enveloppe les fleurs : elle prend alors le nom de *spathe*.

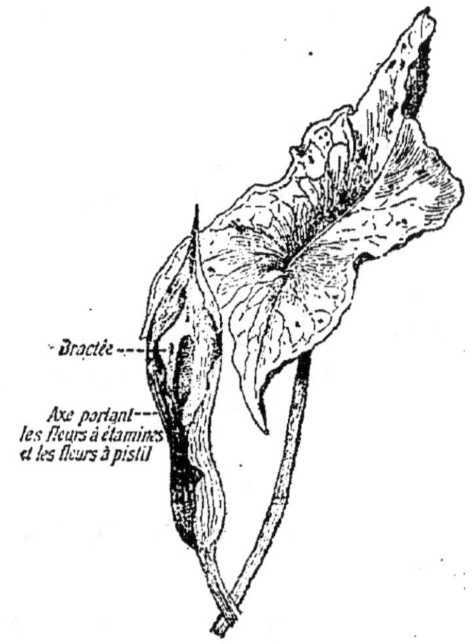

Fig. 699. — La fleur de l'Arum ou Gouet.

La fleur est formée de deux parties : les *enveloppes florales* et l'*appareil reproducteur*.

Les *enveloppes florales*, destinées à protéger l'appareil reproducteur (*fig.* 700), comprennent : 1° des petites feuilles vertes appelées *sépales* et dont l'ensemble appelé *calice* constitue la première enveloppe de la fleur ; 2° des petites feuilles généralement colorées appelées *pétales* ; leur ensemble ou *corolle* constitue la seconde enveloppe de la fleur.

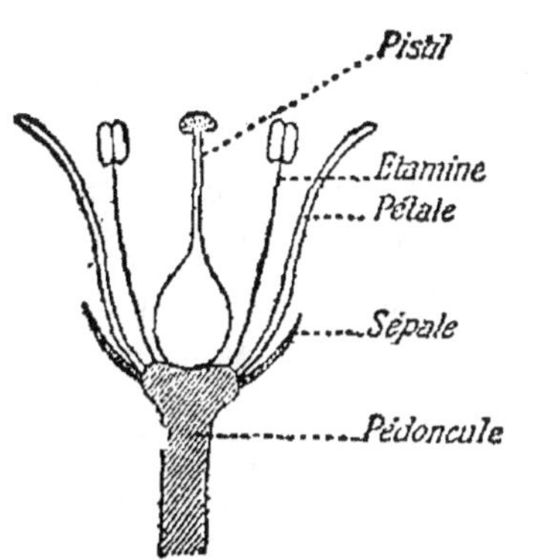

Fig. 700. — Les différentes parties de la fleur.

L'*appareil reproducteur* est formé de deux parties : 1° de petits filaments renflés au sommet et appelés *étamines* ; ils sont formés d'une partie mince et allongée appelée *filet*, et d'une partie renflée appelée *anthère* contenant de nombreux grains de *pollen* (*fig.* 722) ; 2° d'un certain nombre de petits corps arrondis nommés *carpelles* et dont l'ensemble constitue le *pistil* ; ces carpelles fournissent les cellules femelles ou *oosphères* qui donneront naissance aux *œufs*.

Ces quatre parties : calice, corolle, étamines et pistil sont insérées sur la partie terminale du pédoncule appelée *réceptacle*.

Diagramme. — On représente la disposition des différentes parties de la fleur, en traçant son *diagramme* ; pour cela on suppose la fleur coupée transversalement, et l'on représente par une figure la section de toutes les pièces florales sans changer leur position.

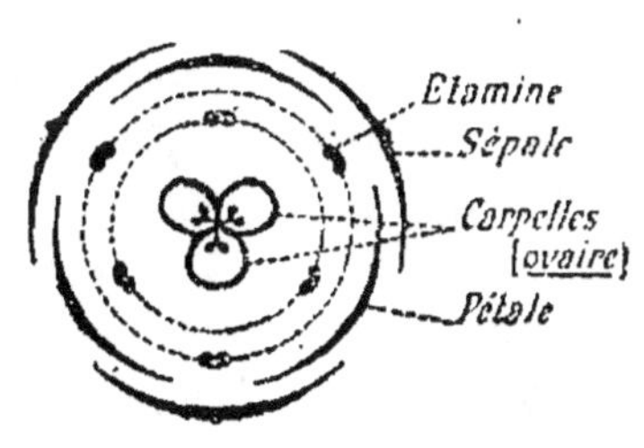

Fig. 701. — Diagramme de la fleur de Lis.

Traçons le diagramme d'une fleur de Lis (*fig.* 701). On trouve d'abord à l'extérieur 3 sépales disposés suivant une circonférence : c'est le premier *verticille* ; puis à l'intérieur un second verticille formé de 3 pétales alternant avec les sépales ; enfin 6 étamines disposées suivant deux circonférences, et au centre un pistil composé de 3 carpelles.

La fleur est un ensemble de feuilles modifiées. — Métamorphoses progressive et régressive. — Les différentes parties de la fleur ne sont que des feuilles modifiées, spécialement adaptées à la fonction de reproduction. L'étude de certaines fleurs permet de montrer toutes les formes de transition entre les feuilles ordinaires et les diverses parties de la fleur.

Si on examine un pied d'Hellébore, on trouve, à mesure qu'on s'élève sur la tige, toutes les transitions entre une *feuille et un sépale.* La fleur du Nénuphar blanc montre, en allant de l'extérieur vers l'intérieur, tous les intermédiaires entre les sépales verts et les pétales blancs. Le passage du pétale à l'étamine

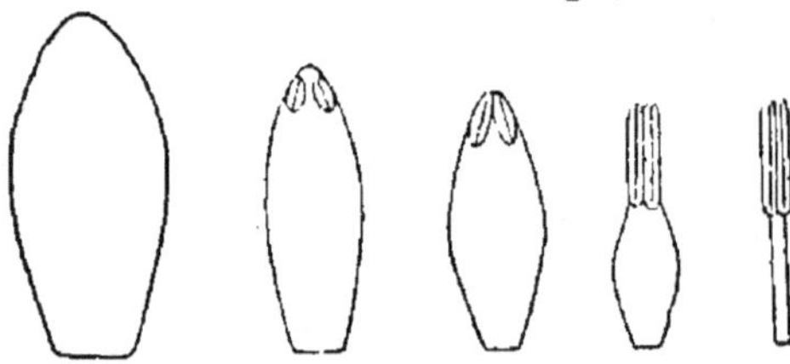

Fig. 702. — Passage du pétale à l'étamine (Nénuphar).

s'observe aussi chez le Nénuphar ; à mesure qu'on se rapproche du centre de la fleur, les pétales s'amincissent (*fig.* 702) et portent à leur sommet un renflement qui en grossissant va donner l'anthère, laquelle constitue la partie la plus importante de l'étamine. Enfin, le passage de l'étamine au carpelle s'observe chez l'Hellébore (*fig.* 703) ; en allant vers l'intérieur de cette fleur on voit des étamines dont le filet s'élargit et se replie, tandis que l'anthère s'atrophie et disparaît. Le carpelle se trouve ainsi constitué par une feuille

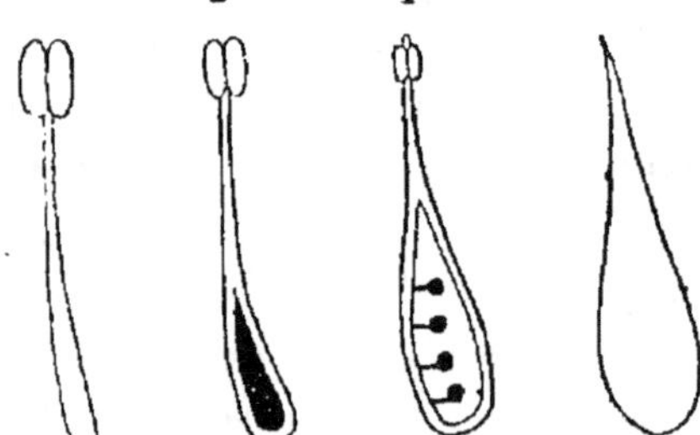

Fig. 703. — Passage de l'étamine au carpelle (Hellébore).

repliée dont les bords se soudent pour former une cavité, l'*ovaire,* qui contient les ovules.

En résumé, on voit que le pistil n'est qu'une feuille modifiée, l'étamine un pétale modifié, et qu'enfin le pétale et le sépale proviennent de la modification de feuilles. On dit que les feuilles ont subi une *métamorphose progressive*.

Les horticulteurs sont arrivés à transformer par la culture certaines parties de la fleur. Les étamines par exemple se transformeront en pétales ; ainsi la Rose sauvage ou Églan-

Fig. 704.

tine (*fig.* 704, A) a 5 pétales et un très grand nombre d'étamines, tandis que la Rose des jardins (*fig.* 704, B) possède un grand nombre de pétales. Les étamines ont subi, dans ce

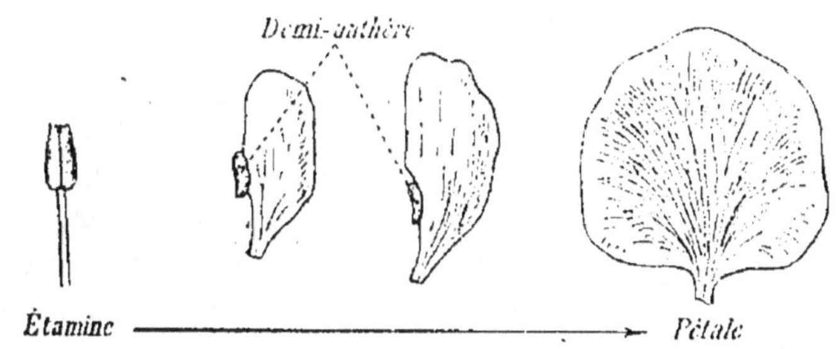

Fig. 705. — Transformation régressive d'une étamine en pétale dans une Rose cultivée.

cas, une *métamorphose régressive*. On peut suivre ces transformations dans la Rose cultivée (*fig.* 705) en allant d'une étamine restée intacte jusqu'au pétale, et en passant par des étamines pétalisées d'un côté et pourvues encore d'une moitié d'anthère. Les mêmes stades de régression s'observent sur les œillets doubles (*fig.* 706), en particulier sur les variétés blanches.

Toutes les *fleurs doubles*, caractérisées par leur grand nombre de pétales, sont dues à cette transformation régressive des étamines en pétales.

Ce phénomène de régression peut être obtenu **par une suralimentation de la plante.**

Fig. 707. — Inflorescence solitaire (Anémone pulsatille).

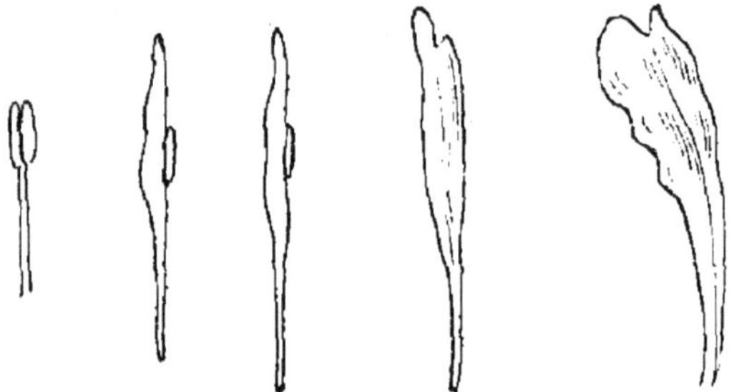

Fig. 706. — Transformation régressive dans un Œillet double.

Inflorescence. — L'*inflorescence* est la disposition des fleurs sur la plante. Si le pédicelle (ou pédoncule) ne se ramifie pas, l'inflorescence est dite *solitaire* [Anémone (*fig.* 707), Violette, Tulipe] ; dans le cas contraire elle est *groupée.*

L'inflorescence groupée est *simple* ou *composée.*

1° Inflorescences simples. — La *grappe* (*fig.* 708, A) est une inflorescence simple où les fleurs sont portées latéralement par des pédoncules d'égale longueur ou à peu près, et également distants sur l'axe (Groseillier). L'axe est terminé par un bourgeon et non par une fleur, ce qui lui permet de s'allonger indéfiniment.

Le *corymbe* (*fig.* 708, B) est une grappe où les pédoncules sont inégaux de façon que les fleurs viennent s'étaler sur un même plan (Poirier).

L'*épi* (*fig.* 708, C) est une grappe où les pédoncules sont

nuls et les fleurs également distancées sur l'axe (Verveine).
L'*ombelle* (*fig.* 708, D) a tous les pédoncules d'égale lon-

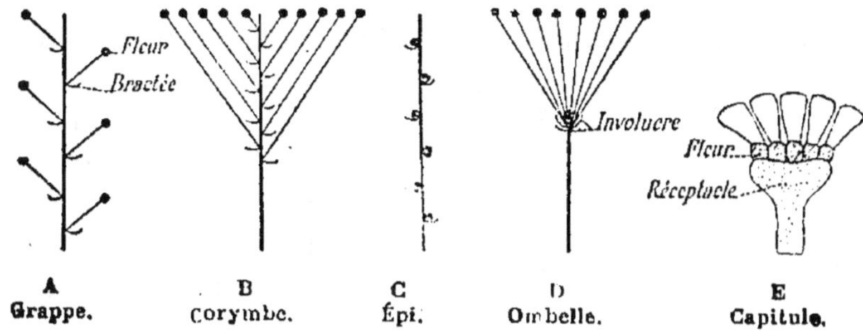

Fig. 708. — Inflorescences simples.

gueur et attachés au même point de la tige (Lierre). Les
bractées forment une sorte de collerette appelée *involucre*.

Le *capitule* (*fig.* 708, E) est constitué par des fleurs sans
pédoncules, fixées côte à côte sur l'extrémité élargie du pédoncule commun (Marguerite).

2° Inflorescences composées. — Les pédoncules se ramifient et peuvent donner chacun une inflorescence simple ;
de sorte que l'inflorescence composée est une combinaison
d'inflorescences simples.

Dans la grappe simple, par exemple, chaque fleur peut
être remplacée par une grappe, de sorte que l'on aura une
grappe de grappes ou une *grappe composée* (*fig.* 709, A) (Lilas).

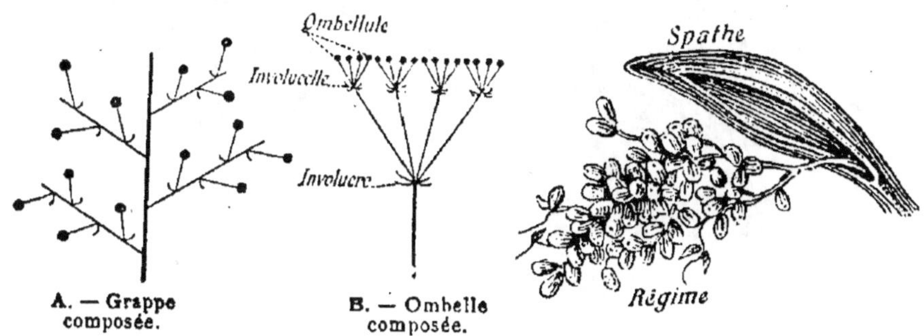

Fig. 709. — Inflorescences composées. Fig. 710. — Régime du Dattier.

Si la grappe composée est enveloppée d'une large spathe,

comme dans le Dattier, elle prend le nom de *régime* (*fig.* 710).

De même si chaque fleur de l'ombelle est remplacée par une petite ombelle ou *ombellule* (*fig.* 709, B), on a une *ombelle d'ombelles* ou *ombelle composée* [Carotte (*fig.* 712)]. L'involucre qui est à la base de l'ombellule est appelée *involucelle*.

Enfin on peut avoir un *épi composé* (Blé), un *corymbe composé* (Alisier), etc.

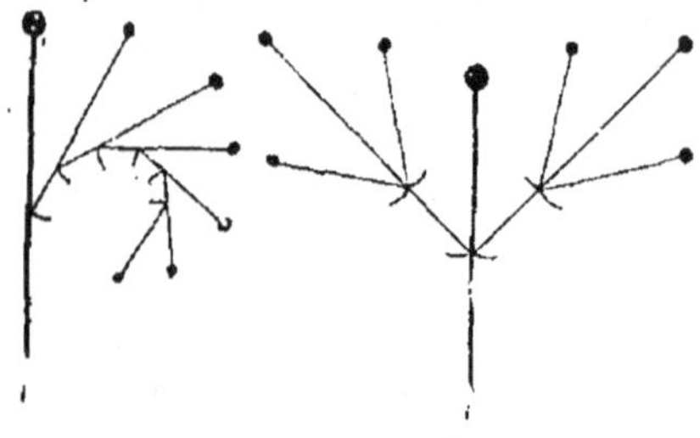

Fig. 711. — Les cymes.

Cyme. — Lorsque l'axe principal se termine par une fleur, la croissance est limitée et l'on a une *cyme* (*fig.* 711). On dit encore que l'inflorescence est *définie*.

Fig. 712. — Ombelle composée de la Carotte sauvage.

Fig. 713. — Cyme unipare (Grande Consoude).

La cyme est *unipare* (*fig.* 711, A) [Bourrache, Grande Consoude (*fig.* 713)] ou *bipare* (*fig.* 711, B) (Petite Centaurée) suivant qu'il y a un ou deux pédoncules attachés au même niveau.

II. — STRUCTURE DE LA FLEUR

§ 1. — Enveloppes florales.

Les enveloppes florales comprennent le *calice*, qui résulte de la réunion des sépales, et la *corolle*, formée par les pétales.

Ces deux enveloppes n'existent pas toujours; s'il y en a une seule, on admet que c'est la corolle qui manque et on dit que la fleur est *apétale* [Chêne, Saule (*fig.* 719)].

Calice. — Le *calice* est l'enveloppe la plus externe de la

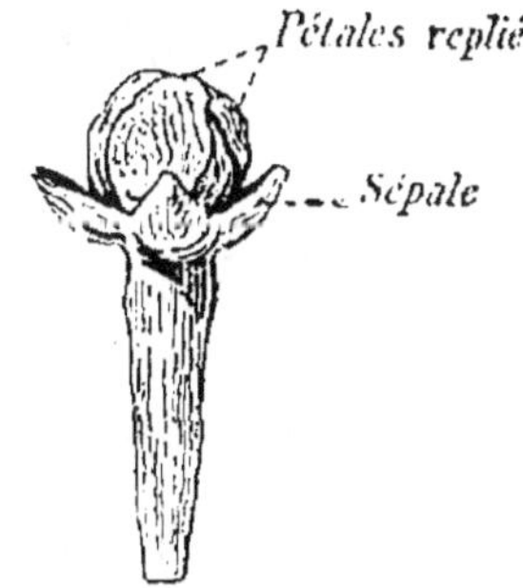

Fig. 714. — Clou de Girofle.

Fig. 715. — Fleur dialysépale, dialypétale et régulière (Fraisier).

fleur. Dans le bouton il recouvre toutes les autres parties de la fleur. Le *Clou de Girofle* (*fig.* 714) est un bouton dont les sépales recouvrent comme d'une griffe les pétales repliées; il est cueilli avant l'épanouissement.

Si les sépales sont séparés, indépendants (*fig.* 715). le calice est *dialysépale* (Fraisier); il est *gamosépale* (Tabac) si les sépales sont soudés entre eux au moins sur une certaine étendue (*fig.* 716).

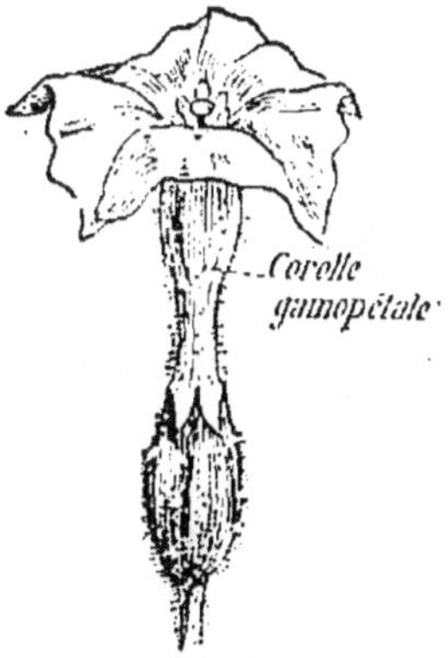

Le calice peut être *régulier* (Fraisier) ou *irrégulier* [Aconit (*fig.* 717)] suivant

Fig. 716. — Fleur gamosépale, gamopétale et régulière (Tabac).

que les sépales sont égaux ou inégaux.

Les sépales sont généralement verts, mais ils sont parfois colorés comme dans l'Iris ; on dit alors qu'ils sont pétaloïdes.

Un sépale a la même structure qu'une feuille : épiderme avec stomates, parenchyme avec chlorophylle et faisceaux libéro-ligneux.

Corolle. — La corolle est la deuxième enveloppe de la fleur. Elle est formée de pétales qui sont ordinairement colorés. Les pétales sont généralement alternes avec les sépales, c'est-à-dire que ces derniers sont situés vis-à-vis de l'intervalle qui sépare deux pétales (*fig*. 715).

La corolle est *dialypétale* (*fig*. 715) si les pétales sont séparés (Fraisier) ; elle est *gamopétale* [Tabac (*fig*. 716)] si les pétales sont soudés.

La corolle est régulière ou irrégulière suivant que les pé-

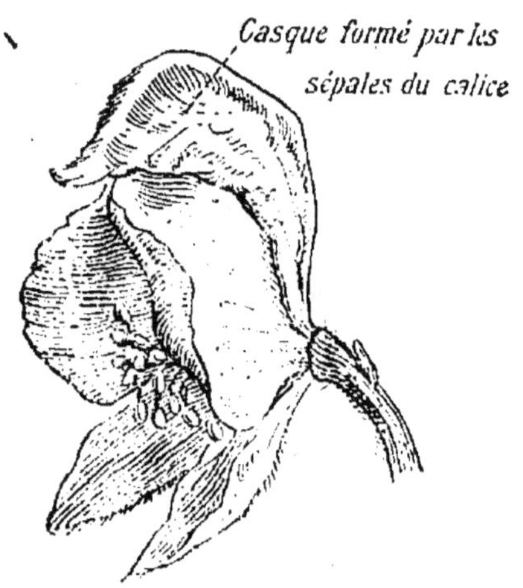

Fig. 717. — Calice irrégulier
(Aconit).

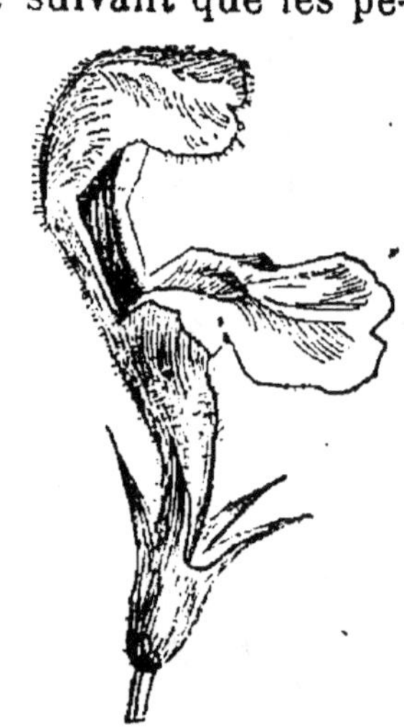

Fig. 718. — Fleur irrégulière
(Lamier blanc).

tales sont égaux [Fraisier, Tabac (*fig*. 715 et 716)] ou inégaux [Lamier blanc (*fig*. 718)].

La structure d'un pétale est la même que celle d'un sépale, mais la chlorophylle est souvent absente, ou plutôt elle s'est transformée en donnant des pigments très abondants. L'éclat des fleurs est dû, en effet, à la coloration des pétales.

Les colorations des fleurs sont variées ; on peut les classer de la manière suivante selon leur fréquence : jaune, blanc, rouge, bleu, violet, orangé, brun. Les fleurs jaunes sont donc les plus communes.

§ 2. — Appareil reproducteur.

Fleurs hermaphrodites, fleurs mâles, fleurs femelles.— L'appareil reproducteur comprend les *étamines* et le *pistil*.

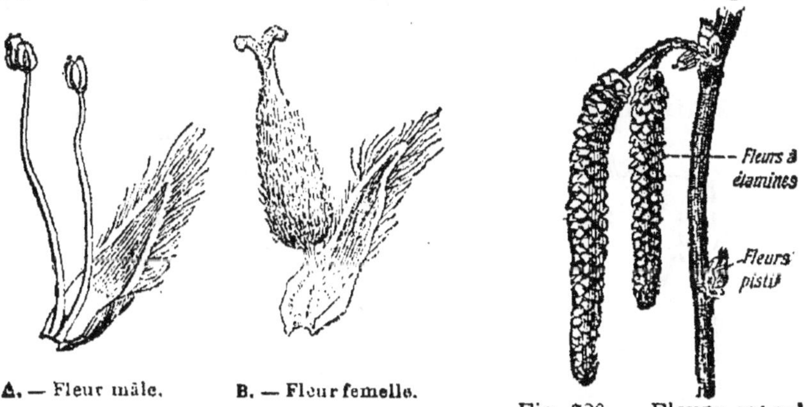

A. — Fleur mâle.   B. — Fleur femelle.

Fig. 719. — Fleurs du Saule.

Fig. 720. — Fleurs monoïques de Noisetier.

Les étamines fournissent les cellules mâles, et le pistil les

A. — Chaton mâle.   B. — Chaton femelle.

Fig. 721. — Fleurs dioïques du Saule.

cellules femelles. La fleur qui porte étamines et pistil est dite *hermaphrodite* (Giroflée).

Si la fleur ne contient que des étamines et pas de pistil, on dit qu'elle est *staminée* ou *mâle* (*fig*. 719, A). S'il n'y a que le pistil et pas d'étamines, la fleur est *pistillée* ou *femelle* (*fig*. 719, B).

La plante est *monoïque* [Noisetier (*fig*. 720)] si les fleurs mâles et femelles sont portées sur la même tige. Elle est *dioïque* [Chanvre et Saule (*fig*. 721)] si les deux sortes de fleurs sont portées sur des plantes différentes de la même espèce.

Étamines. — L'étamine (*fig*. 722) est formée d'une partie

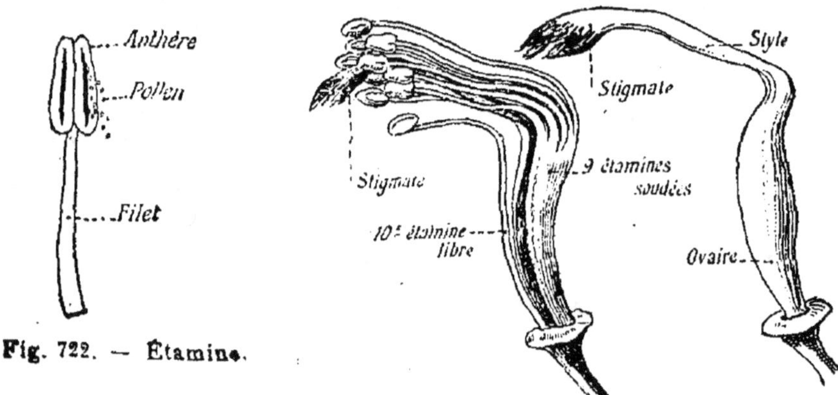

Fig. 722. — Étamine.

Fig. 723.— Fleur de Pois dépouillée de ses enveloppes.

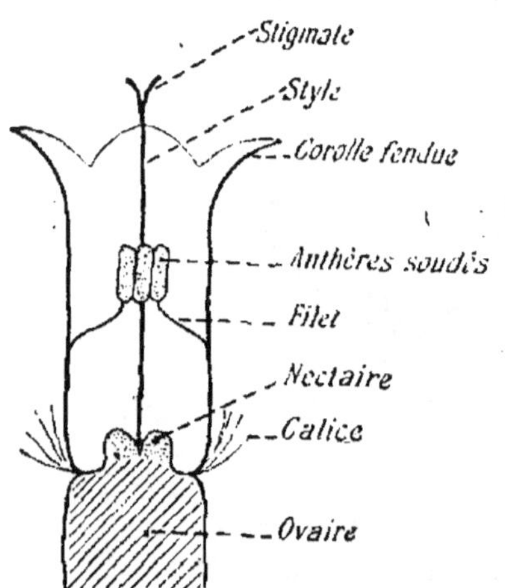

Fig. 724. — Coupe longitudinale simplifiée d'une fleur de Marguerite.

mince et allongée appelée *filet*, et d'une partie renflée, l'*anthère*. L'anthère est divisée en deux parties, ou loges, réunies par le *connectif*, qui est le prolongement du filet.

Les étamines sont insérées tantôt sur les pétales (Primevère), tantôt sur les sépales (Fraisier), enfin souvent sur l'extrémité du pédoncule (Renoncule).

Les étamines peuvent être égales (Lin) ou inégales (Giro-

flée) ; elles peuvent aussi être libres (Renoncule) ou adhéren-
tes soit par le filet [Pois (*fig.* 723)], soit par l'anthère [Mar-
guerite (*fig.* 724)].

Structure et développement de l'étamine. — Une coupe

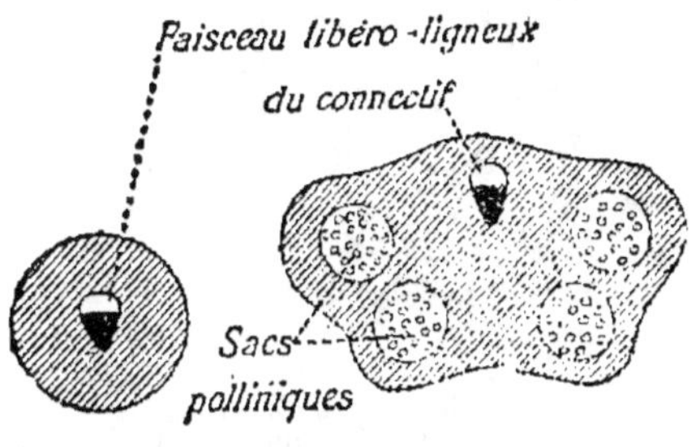

Fig. 725. — **Coupe du filet (A) et de**
l'anthère (B).

du filet (*fig.* 725, A) montre
qu'il est formé d'un épi-
derme limitant un paren-
chyme qui contient un fais
ceau libéro-ligneux.

Une coupe transversale de
l'anthère (*fig.* 725, B) montre le faisceau libéro-ligneux
du connectif et 4 cavités ou
sacs polliniques qui contien-

nent les grains de *pollen.*

La paroi de l'anthère, autour des sacs polliniques, n'est

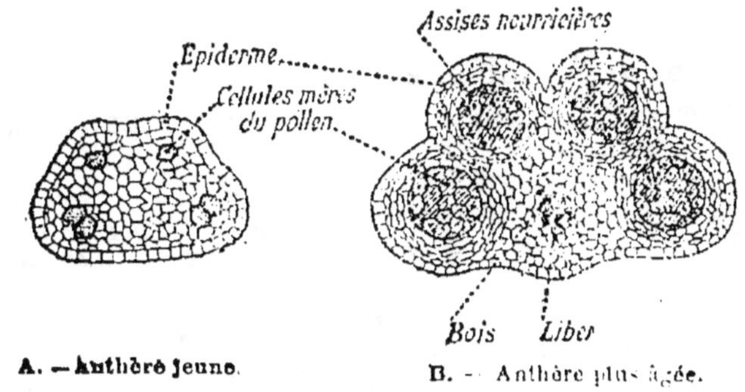

Fig. 726. — Développement de l'anthère.

formée que de deux assises de cellules (*fig.* 732, A) : 1° l'épiderme ; 2° une assise présentant des épaississements lignifiés
et appelée *assise mécanique* à cause du rôle qu'elle joue dans
la déhiscence de l'anthère.

La coupe transversale d'une anthère jeune (*fig.* 726, A)
montre un tissu homogène. L'épiderme seul est déjà différencié. Au-dessous se trouvent d'abord 2, puis 3 et enfin 4 rangées de cellules dont la plus externe va donner l'assise mécanique (*fig.* 727, B), en lignifiant la face interne de ses
cellules ; en dedans, les deux assises suivantes vont se rem-

plir de matières de réserve (amidon) et donner les *assises nourricières* ; enfin quelques cellules de l'assise la plus interne vont subir des cloisonnements pour donner les *cellules*

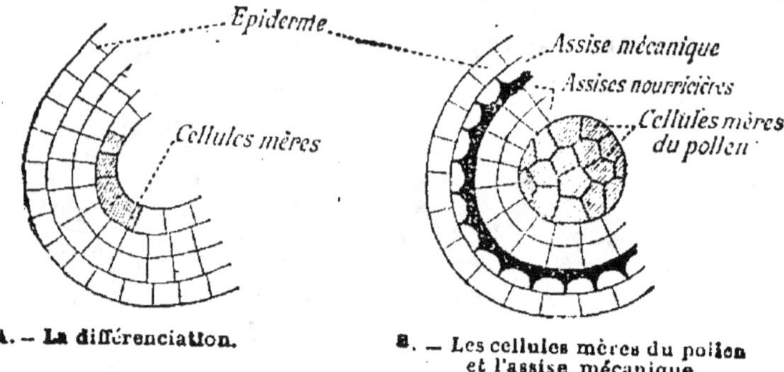

Fig. 727. — Formation d'un sac pollinique.

mè, es du pollen (*fig.* 727, A et B). Ces cellules, qui occupent la place des quatre sacs polliniques (*fig.* 726, B), donneront plus tard les grains de pollen.

Structure et développement du pollen. — Chacune des cellules mères va se segmenter et donner quatre cellules

Fig. 728. — La cellule mère donne quatre cellules filles (grains de pollen).

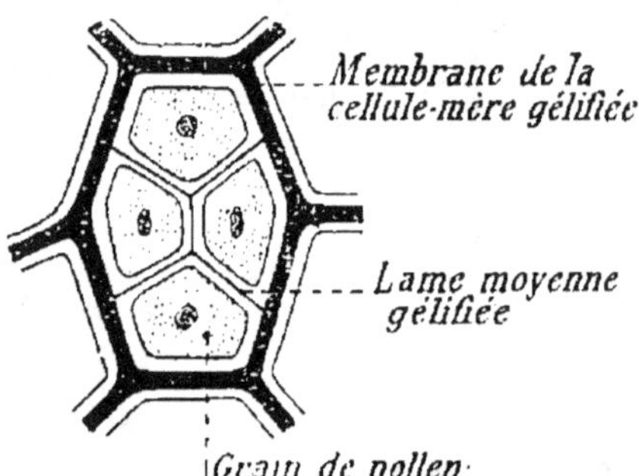

Fig. 729. — Formation des grains de pollen dans la cellule mère.

filles (*fig.* 728), qui formeront quatre grains de pollen. Pour cela, la membrane de la cellule mère se gélifie ainsi que la partie moyenne des cloisons qui séparent les cellules filles (*fig.* 729) ; ces cellules deviennent alors indépendantes et grossissent aux dépens des assises nourricières, qui sont résorbées. Chaque cellule devenue un grain de pollen est libre à l'intérieur du sac pollinique.

Le pollen se présente sous forme d'une poussière jaune dont chaque grain est une cellule. Dans cette cellule (*fig.* 730) on aperçoit deux noyaux d'abord semblables, puis qui diffèrent bientôt : l'un est volumineux, c'est le *noyau végétatif* ; l'autre est moins gros, c'est le *noyau générateur*.

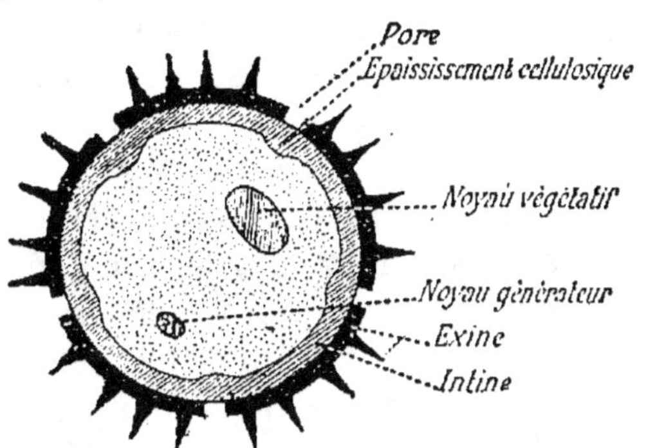

Fig. 730. — Structure d'un grain de pollen.

La membrane du grain de pollen comprend généralement deux parties : 1° l'externe ou *exine*, qui est cutinisée et présente le plus souvent des pores et des ornements (piquants, bandes) ; 2° l'interne ou *intine*, qui est cellulosique et présente en face des pores des épaississements constituant une sorte de réserve de cellulose.

Parfois les grains de pollen restent associés et forment une *pollinie* [Orchidées (*fig.* 731)] ; dans ce cas, la gélification des membranes des cellules mères ne s'est pas produite.

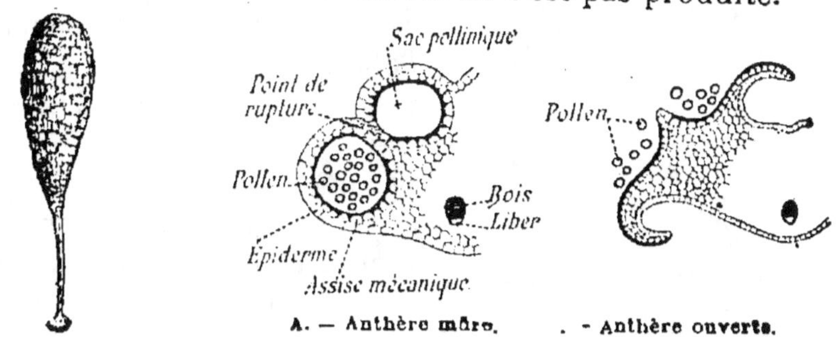

Fig. 731. — Pollinie d'Orchis.

Fig. 732. — Déhiscence de l'anthère.

Déhiscence de l'anthère. — Lorsque l'anthère est mûre, c'est-à-dire lorsque les grains de pollen sont développés, elle se déchire suivant deux fentes longitudinales (*fig.* 722) et laisse échapper le pollen.

C'est l'assise mécanique qui détermine l'ouverture ou *déhis-*

cence de l'anthère. Les épaississements lignifiés des cellules de cette assise (*fig.* 732, A) ont la forme d'un fer à cheval à branches tournées vers l'extérieur. La face externe (*fig.* 733, A), qui est en cellulose pure, se dessèche et se contracte plus que la face lignifiée ; il en résulte une courbure de la face interne de la cellule (*fig.* 733, B). Toutes les cellules se desséchant en même temps, la surface externe de l'assise mécanique devient plus petite que la surface interne et provoque la rupture de la paroi de l'anthère en un point (*fig.* 732, A) où les cellules ne sont pas lignifiées, en face de la cloison qui sépare les deux sacs polliniques. De sorte qu'une seule fente suffit pour ouvrir les deux sacs polliniques, qui se confondent en une seule loge (*fig.* 732, B).

A. — Avant la déhiscence. B. — Au commencement de la déhiscence.

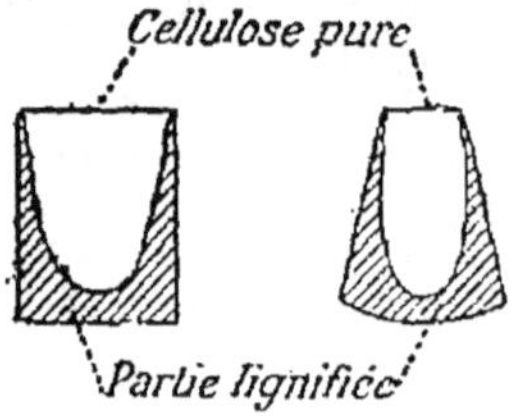

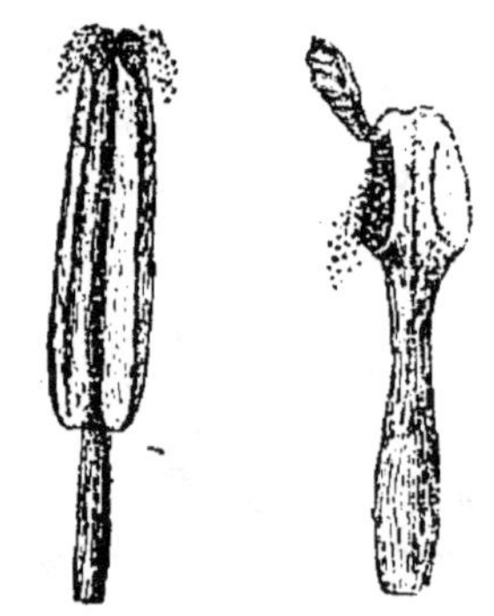

Fig. 733. — Cellule de l'assise mécanique.

Si l'on met une anthère dans l'air sec, et une autre dans l'air humide, la première seule s'ouvre, tandis que la seconde reste fermée. La déhiscence de l'anthère est donc sous la dépendance de l'état hygrométrique.

La déhiscence est *longitudinale* (*fig.* 722) lorsque l'anthère s'ouvre par deux fentes (Iris) ; elle peut être *poricide* (*fig.* 734, A) lorsque l'anthère s'ouvre par deux petits trous à son sommet (Pomme de terre) ; enfin elle est *valvaire* (*fig.* 734, B) lorsqu'il se produit deux petites valves se soulevant de bas en haut (Épine-Vinette).

A. — Poricide. B. — Valvaire.

Fig. 734. — Déhiscences d'anthères.

Pistil. — Le *pistil* placé au milieu de la fleur est formé de feuilles modifiées appelées *carpelles*.

Structure d'un carpelle. — Certaines plantes (Légumineuses) ont un pistil très simple formé d'un seul carpelle.

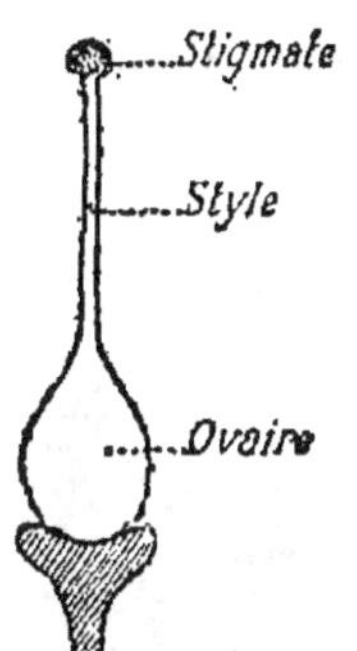

Fig. 735.—Le pistil.

Un carpelle (*fig.* 735) comprend trois régions : 1° l'*ovaire*, qui est la partie renflée de la base et qui renferme des petits corps arrondis appelés *ovules* ; 2° le *style*, partie allongée qui surmonte l'ovaire ; 3° le *stigmate*, partie terminale légèrement renflée.

La structure du carpelle (*fig.* 736) rappelle celle de la feuille : épiderme avec stomates, faisceaux libéro-ligneux disposés symétriquement par rapport à un plan. La cavité de l'ovaire peut se prolonger dans le style, mais ordinairement celui-ci est plein et les cellules de sa partie moyenne se gélifient et s'enrichissent en sucre et en amidon pour donner le *tissu conducteur*. Ce tissu se continue jusqu'au stigmate, dont les cellules épidermiques ont des prolongements qui sécrètent un

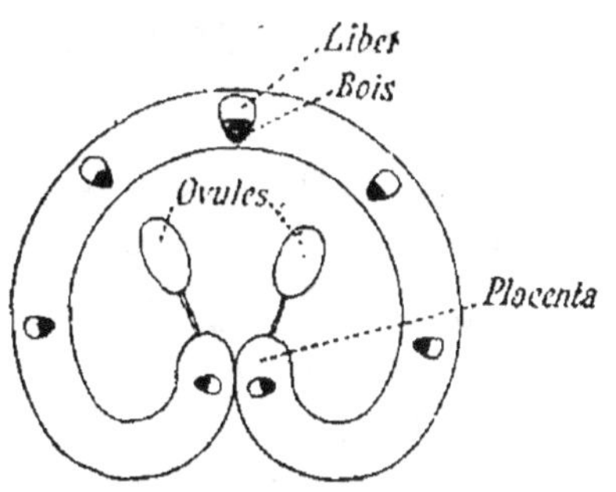

Fig. 736. — Coupe d'un ovaire formé d'un seul carpelle.

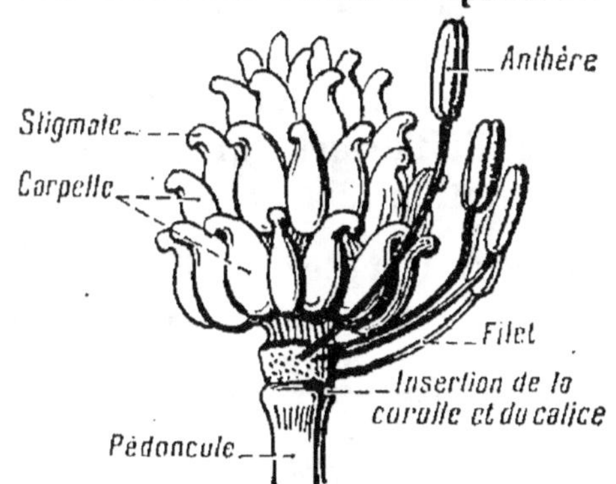

Fig. 737. — Fleur de Renoncule dépouillée de son calice, de sa corolle et de la plupart des étamines, et montrant les carpelles.

liquide visqueux destiné à retenir les grains de pollen.

Le plus souvent le pistil est formé par la réunion de plusieurs carpelles qui peuvent rester indépendants [Renoncule (*fig.* 737)], ou se souder (Lis).

Placentation. — La *placentation* est la disposition des ovules dans le pistil, et le bord du carpelle où s'attache l'ovule s'appelle *placenta* (*fig.* 736).

Lorsque les carpelles se replient et se soudent de façon

que les placentas soient situés suivant l'axe de la fleur, la placentation est *axile* (*fig.* 738, A). Chaque carpelle forme alors une loge distincte ; dans le Lis, par exemple, les 3 carpelles forment 3 loges.

Si les carpelles ne se replient pas complètement sur eux-

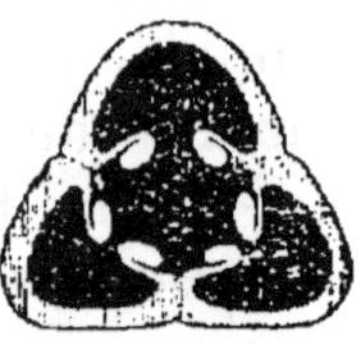

Fig. 738. — Placentations.

mêmes et se soudent par leurs bords de façon à ne former qu'une cavité, les placentas sont situés sur les parois de l'ovaire (*fig.* 738, B) et la placentation est dite *pariétale* (Violette).

Si les ovules sont portés par une colonne occupant le centre de l'ovaire qui n'a qu'une cavité (*fig.* 738, C), on a la placentation *centrale* (Primevère).

Ovaire libre et ovaire adhérent. — L'ovaire peut être isolé au milieu de la fleur [Pois, Pavot (*fig.* 739)] ; on dit

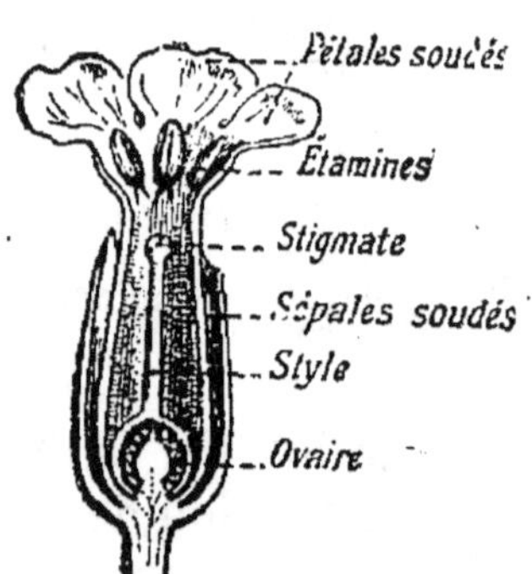

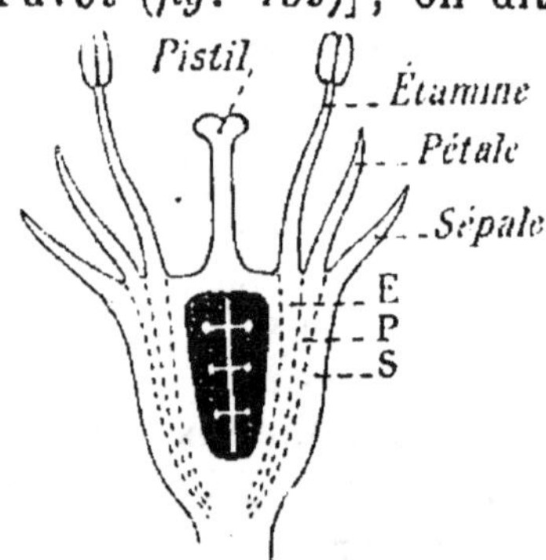

Fig. 739. — Fleur à ovaire libre ou supère.

Fig. 740. — Fleur à ovaire adhérent ou infère.

alors qu'il est *libre* ou encore *supère* parce qu'il est situé au-dessus de la base de la fleur.

Au contraire, l'ovaire peut être soudé aux autres parties de la fleur (*fig.* 740), et il est situé en apparence au-dessous de la fleur (Campanule) ; on dit alors que l'ovaire est *adhérent* ou *infère*. On admet dans ce cas que les sépales, les pétales et les étamines se sont soudés au pistil ; ce qui est situé à la partie inférieure représente par conséquent ces différentes parties soudées.

Ovule. — Les ovules sont de petits corps arrondis attachés sur le bord des carpelles. Ils se transformeront en graines et sont destinés par suite à reproduire la plante. Étudions successivement la *structure* et le *développement* d'un ovule.

I. STRUCTURE DE L'OVULE. — L'ovule (*fig.* 741) est fixé au placenta par un cordon appelé *funicule* ; l'endroit où ce funicule s'attache sur l'ovule est le *hile*. L'ovule est formé par une masse centrale, le *nucelle*, entouré lui-même par

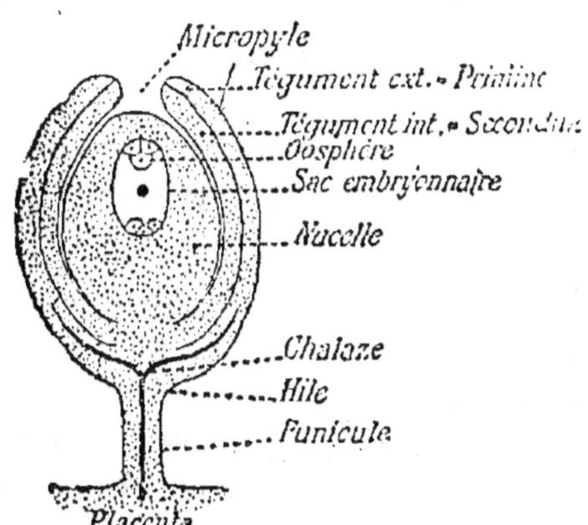

Fig. 741. — **Structure d'un ovule.**

deux enveloppes ou *téguments* : le tégument externe ou *primine*, et le tégument interne ou *secondine*. Au sommet de l'ovule les téguments laissent un orifice, le *micropyle*, qui donne accès sur le nucelle.

Le funicule est parcouru par un faisceau libéro-ligneux qui vient du placenta et va se ramifier dans le tégument externe. L'endroit où se fait cette ramification a reçu le nom de *chalaze*.

Le nucelle, qui est la partie la plus importante de l'ovule, présente à son sommet, près du micropyle, une grande cellule appelée *sac embryonnaire*. Au sommet de ce sac se trouvent trois cellules dépourvues de membrane cellulosique, les deux plus petites sont les *synergides*, la plus grosse située au-dessous est l'*oosphère*. C'est l'oosphère qui est la cellule femelle et qui après la fécondation donnera l'œuf, lequel donnera la nouvelle plante. Au fond du sac se trouvent trois

petites cellules appelées *antipodes*. Enfin au milieu du sac
se trouve un noyau volumineux, le *noyau secondaire* du sac
embryonnaire ; ce noyau donnera plus tard l'albumen de la
graine.

Telle est la structure d'un ovule au moment où la fleur
s'épanouit. Étudions son développement dans une fleur encore jeune.

II. Développement de l'ovule. — Sur le bord d'un carpelle

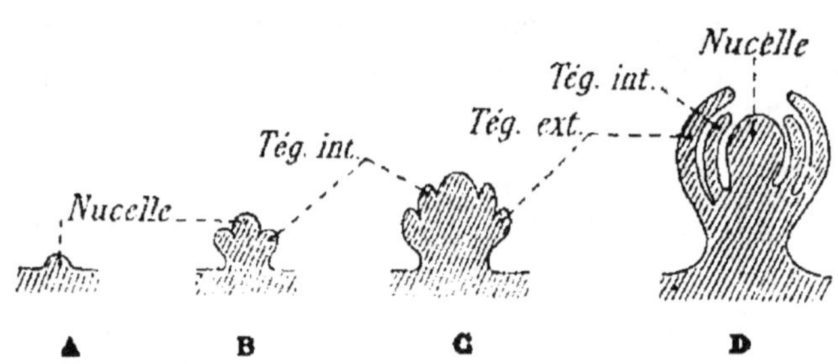

Fig. 742. — Développement de l'ovule.

en voie de croissance, on voit apparaître un petit mamelon
(*fig.* 742, A) qui va donner le nucelle ; il apparaît ensuite à la
base de ce mamelon un premier bourrelet (*fig.* 742, B) qui
donnera le tégument interne, puis un second bourrelet
(*fig.* 742, C) qui fournira le tégument externe.

En même temps, une cellule sous-épidermique du nucelle
grandit et se segmente pour donner quelques cellules dont
les supérieures forment la *calotte*, tandis que l'inférieure

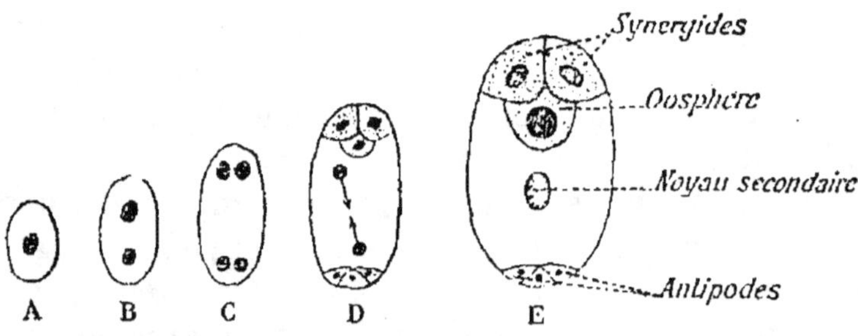

Fig. 743. — Développement du sac embryonnaire.

s'allonge beaucoup et devient le sac embryonnaire. Le noyau
de cette cellule se divise en deux, en quatre (*fig.* 743. A, B et

C), puis en huit noyaux qui s'entourent de protoplasme. C'est alors (*fig.* 743, D) que trois de ces masses se dirigent vers le sommet et forment les deux *synergides* et l'*oosphère* ; trois autres se disposent à la base et s'entourent de cellulose pour constituer les *antipodes* ; enfin les deux derniers noyaux marchent à la rencontre l'un de l'autre et se fusionnent pour donner le *noyau secondaire* du sac embryonnaire (*fig.* 743, E). Cette fusion ne se fait que peu de temps avant la fécondation.

III. DIFFÉRENTES SORTES D'OVULES. — **Au** cours de son développement, l'ovule subit souvent une croissance inégale qui

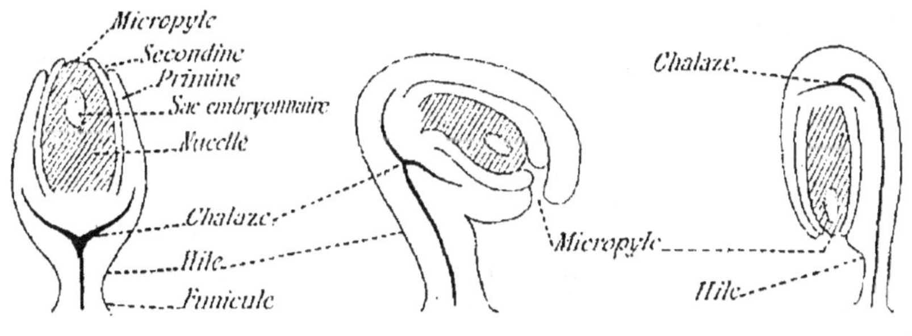

Fig. 744. — Les différentes formes d'ovules.

modifie sa forme. On distingue ainsi (*fig.* 744) trois sortes d'ovules :

1° L'ovule droit ou *orthotrope*, dans lequel le hile, la chalaze et le micropyle sont sur une même ligne droite (Rhubarbe, Oseille).

2° L'ovule courbé ou *campylotrope*, qui est recourbé sur lui-même et dont le hile, la chalaze et le micropyle sont rapprochés (Haricot).

3° L'ovule renversé ou *anatrope*, dans lequel le micropyle, opposé à la chalaze, est placé à côté du hile. C'est la forme la plus fréquente. Dans ce cas le funicule se prolonge sur le côté de l'ovule en formant le *raphé*.

Nectaires. — Beaucoup de fleurs renferment à la base de

leur pistil de petits organes, appelés *nectaires*, qui laissent exsuder à leur surface des gouttelettes d'un liquide sucré appelé *nectar*. Les nectaires peuvent être des dépendances des étamines, des pétales et aussi des sépales. Ainsi, chez la Capucine, on les trouve au fond du cornet formé par un pétale (*fig.* 745).

La structure d'un nectaire (*fig.* 746) est analogue à celle d'un stomate aquifère dont les cellules placées sous l'orifice sont imprégnées d'eau et de sucre.

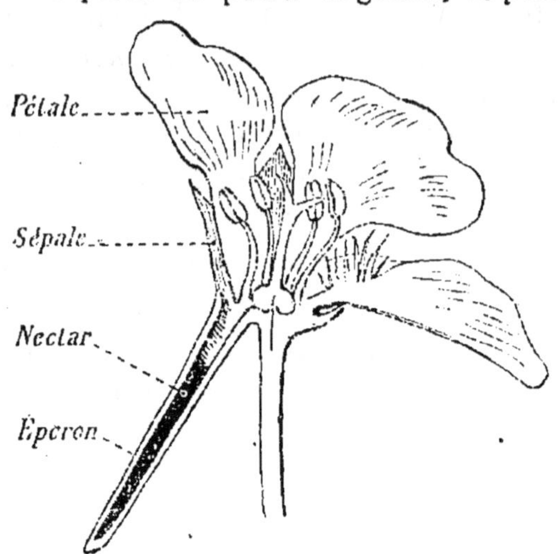

Fig. 745. — Fleur de Capucine avec son éperon rempli de nectar.

On a constaté qu'au moment de la maturation du fruit les nectaires ne laissent plus écouler de liquide sucré : le nectar est alors employé, comme les autres réserves de la plante, à la constitution du fruit et des graines.

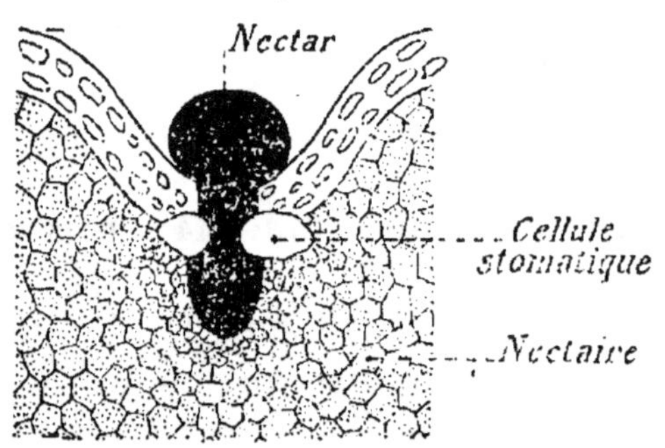

Fig. 746. — Nectaire de Pécher (d'après M. Gaston Bonnier).

C'est ce nectar que les Insectes viennent chercher au fond de la corolle de beaucoup de fleurs ; attirés par ce liquide sucré, ils se transforment ainsi, comme nous allons le montrer, en agents actifs de transport du pollen.

III. – FONCTION DE LA FLEUR

Fécondation. — La fonction essentielle de la fleur est de produire la graine, laquelle donnera une nouvelle plante. Mais la graine ne pourra se former que si la fleur est fécondée ; sinon la fleur se flétrit et disparaît sans avoir été d'aucune utilité. Au contraire, si la fleur est fécondée, le développement continue : l'ovaire grossit pour donner le *fruit*, et l'ovule se transforme en *graine*.

La *fécondation* consiste dans la fusion du grain de pollen avec l'oosphère ; et l'*œuf* qui résultera de cette fusion donnera naissance, en se segmentant, à une nouvelle plante.

Cette opération comprend trois phases :

1° La *pollinisation*, c'est-à-dire le transport du grain de pollen sur le stigmate ;

2° La *germination* du grain de pollen sur le stigmate, et le développement du *tube pollinique* allant du stigmate à l'oosphère ;

3° La *formation de l'œuf* par la fusion des deux cellules génératrices.

Pollinisation. — La *pollinisation* est *directe* ou *indirecte*. Elle est directe lorsque le pollen tombe sur le stigmate de la même fleur ; elle est indirecte lorsque le pollen n'étant pas mûr en même temps que l'ovule, il est nécessaire que le pollen d'une autre fleur vienne féconder cet ovule.

Fig. 747. — Fleur de Rue montrant le mouvement des étamines qui viennent s'appuyer contre le stigmate.

Dans les fleurs hermaphrodites, c'est-à-dire ayant étamines et pistil, la pollinisation est facilitée par la disposition des étamines, qui laissent tomber leur pollen sur le stigmate dont elles sont voisines. Dans certains cas, chez la Rue par exemple (*fig.* 747), chaque étamine vient successivement s'appliquer contre le stigmate et y déposer son pollen. Chez d'autres plantes, comme la Pariétaire (*fig.* 748), on voit les étamines se redresser brusquement, au moment de la déhiscence, et lancer leur pollen sur le stigmate. On

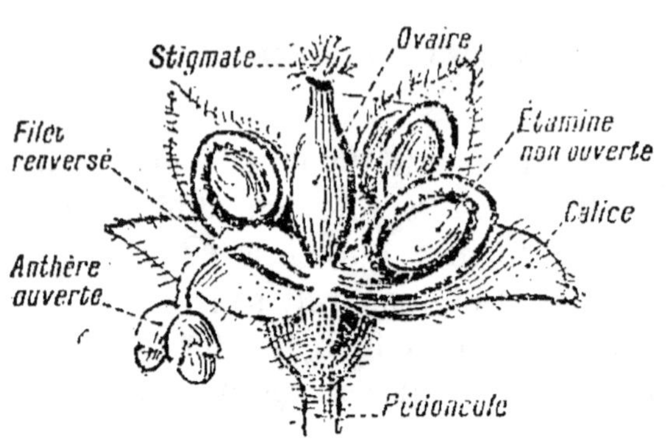

Fig. 748. — La Pariétaire.

peut même provoquer cette détente de l'étamine en la touchant avec une épingle.

Lorsque le pollen doit être transporté d'une fleur sur une autre, ou même d'une plante sur une autre (plantes dioïques), la pollinisation se fait par l'intervention du *vent* ou des *Insectes*.

Transport par le vent. — Le pollen, en effet, étant très léger, est facilement emporté par le vent à de grandes distances. C'est le cas pour les arbres et arbustes à chatons [Chêne, Saule (*fig.* 721), Noisetier (*fig.* 720)]. Chez ces plantes il y a une énorme quantité de fleurs mâles, et par suite une quantité considérable de pollen, afin de compenser le gaspillage inévitable de cette poussière fécondante.

Transport par les insectes. — Les Insectes aident aussi à la pollinisation, car attirés par le *nectar* des fleurs ils viennent visiter celles-ci pour y puiser leur nourriture ; au passage, leur corps se chargera de grains de pollen, et en visitant une autre fleur ils pourront se frotter contre le stigmate et y déposer quelques-uns de ces grains. En une minute, par exemple, on a vu une Abeille visiter successivement 22 fleurs de Lobélie ou 17 fleurs de Dauphinelle. Voici d'ailleurs ce que dit le naturaliste Darwin à propos de la fécondation du Trèfle : « J'ai découvert que les visites des Abeilles sont nécessaires pour fertiliser quelques espèces de Trèfle ; par exemple, 20 têtes de Trèfle hollandais donnèrent 2250 graines, tandis que 20 têtes, protégées contre les Abeilles, n'en donnèrent pas une ; de même 100 têtes de Trèfle rouge produisirent 2 700 graines, mais le même nombre de têtes protégées n'en produisit aucune. »

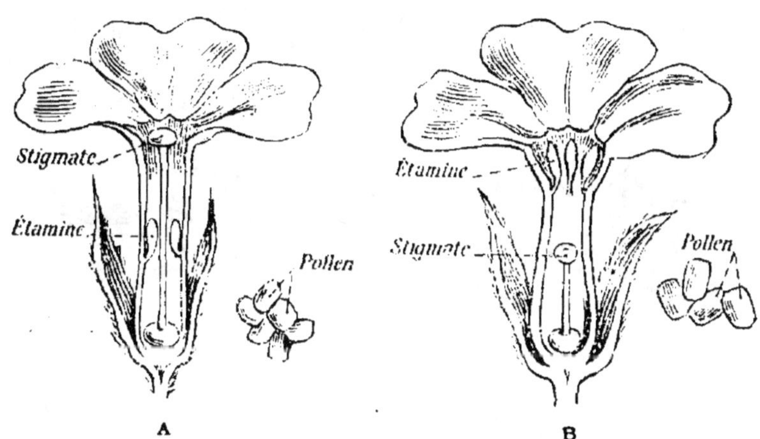

Fig. 749. — Fleurs de Primevère.

Souvent la fleur présente des dispositions favorisant le transport du pollen. Par exemple, la Primevère a deux sortes de fleurs : les unes (*fig.* 749, A) à long style et à courtes étamines ; les autres (*fig.* 749, B) à style court et à étamines longues. De plus, le pollen des premières est formé de grains plus petits que celui des secondes. Les Insectes qui ont visité la corolle de A vont ensuite visiter B et la partie de leur corps qui porte du pollen se trouve précisément au niveau du stigmate de cette fleur. Il en sera de même si l'Insecte passe de B en A. L'observation montre que cette fécondation donne des graines plus nombreuses et des plantes plus vigoureuses que la pollinisation *directe*.

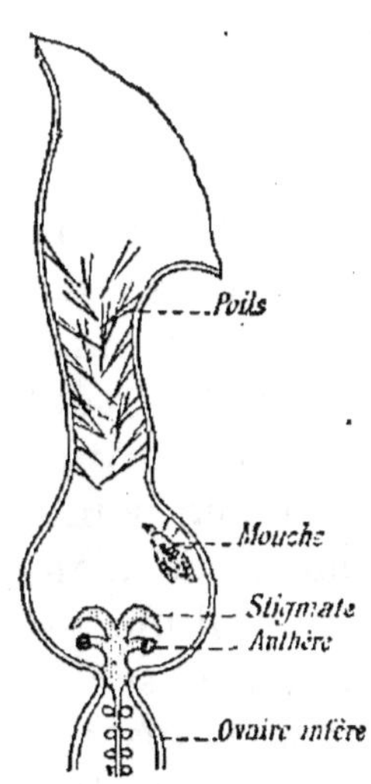

Fig. 750. — Coupe longitudinale d'une fleur d'Aristoloche.

Une autre disposition plus curieuse encore est celle qu'on trouve chez l'Aristoloche (*fig.* 750), dont la corolle en forme de tube est garnie de poils dirigés vers le bas. Cette fleur dégage une odeur de viande en putréfaction. Si une Mouche, attirée par cette odeur, pénètre dans la fleur, elle ne peut en sortir à cause de la direction des poils ; elle est prisonnière comme un Poisson dans une nasse. Dans les mouvements qu'elle fait pour s'échapper, son corps se couvre de grains de pollen et elle en dépose quelques-uns sur le stigmate. Quand les étamines se flétrissent, les poils se flétrissent aussi et la Mouche s'envole, emportant du pollen qui sera déposé dans une autre fleur qu'elle va visiter. Il arrive parfois que l'Insecte s'échappe de sa prison en perçant un trou à travers la corolle.

Chez les Orchidées, l'intervention des Insectes s'impose. La fleur est irrégulière (*fig.* 751) : un large pétale, appelé

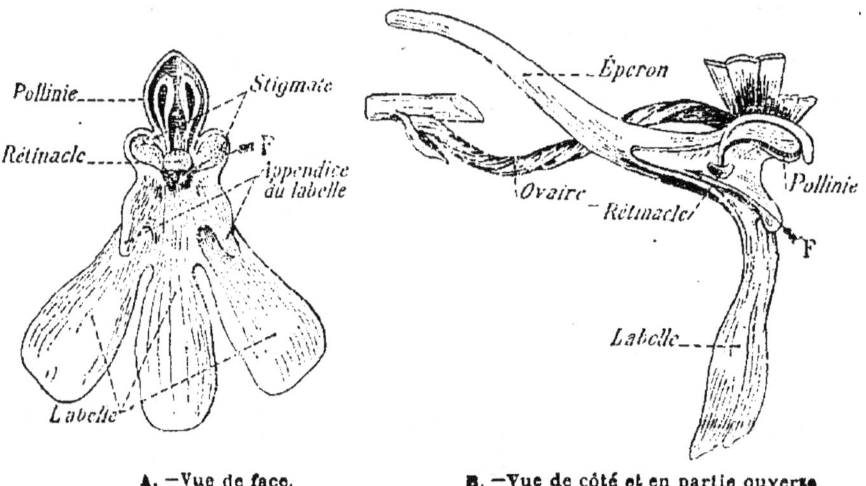

A. —Vue de face.   B. —Vue de côté et en partie ouverte.

Fig. 751. — Fleur d'Orchis pyramidal.

labelle, sur lequel l'Insecte se pose (*fig.* 751, A), conduit dans un long éperon qui sécrète du nectar. A l'entrée de l'éperon le style s'épanouit en un double stigmate que surplombe l'anthère de l'unique étamine. Les grains de pollen sont soudés en deux masses appelées *pollinies*, réunies par une masse gélatineuse. Si on enfonce un crayon taillé en pointe dans la fleur, et qu'on le retire en-

suite, on voit que la pollinie est restée fixée par sa base sur le crayon (*fig.* 752). De même l'Insecte, en s'avançant dans l'éperon (*fig.* 753, A), va emporter la pollinie, fixée sur sa tête (*fig.* 753, C, D, E);

Fig. 752. — Pollinie fixée sur un crayon enfoncé dans une fleur d'Orchidée.

puis la matière visqueuse se desséchant, la pollinie s'incline en avant (*fig*. 753, D, E), de sorte que l'insecte entrant dans

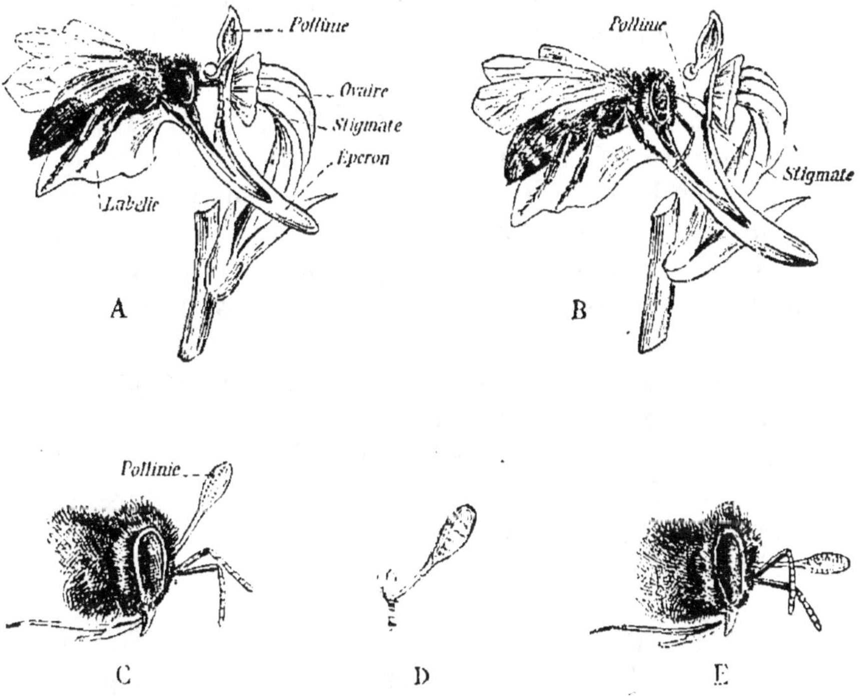

Fig. 753. — Fécondation d'une fleur d'Orchidée par l'Abeille.

une autre fleur, la pollinie va s'appliquer immédiatement sur le stigmate (*fig*. 753, B), où elle restera fixée.

Certaines Orchidées sont adaptées à des Insectes bien déterminés. Ainsi la Vanille, qui est une Orchidée grimpante, est pollinisée dans son pays d'origine, le Mexique, par une sorte d'Abeille du genre Mélipone. Mais, à la Réunion, où la Vanille a été introduite, les Mélipones n'existent pas et des ouvriers habiles sont chargés de cette polli-

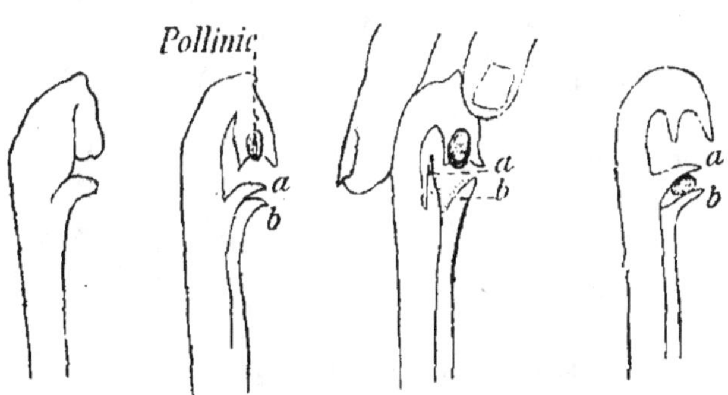

Fig. 754. — Pollinisation artificielle d'une fleur de Vanille (d'après M. H. Lecomte.)

nisation (*fig*. 754). Ils doivent ouvrir la fleur et faire tomber la pollinie entre les deux lèvres *a* et *b* du stigmate. Pour cela, ils relèvent la lèvre *a* avec une aiguille, puis avec le doigt ils pressent l'anthère de façon à faire tomber la pollinie sur la lèvre *b*.

Après tout ce qui vient d'être dit sur les relations qui existent entre les Insectes et les fleurs, on pourrait supposer que les formes des fleurs, leurs couleurs et leurs odeurs ne sont pour les plantes que des moyens de séduction pour attirer leurs visiteurs. Pourtant il semble bien que si les Insectes pénètrent dans les fleurs, ce n'est pas dans le but généreux de les polliniser, mais dans celui plus égoïste d'y trouver leur nourriture. En réalité, si les Insectes et les fleurs se sont adaptés réciproquement, il ne faut pas en conclure que les uns se sont modifiés au profit des autres : chacun d'eux a évolué pour son propre compte. L'Insecte a tiré le meilleur parti de la conformation florale, et la plante de la visite des Insectes ; chacun de ces êtres a évolué en s'adaptant aux conditions du milieu ambiant.

Germination du pollen et développement du tube pollinique. — Le grain de pollen doit maintenant pénétrer du stigmate jusqu'à l'ovule et même jusqu'à l'oosphère.

Le grain de pollen, retenu par les papilles gluantes du

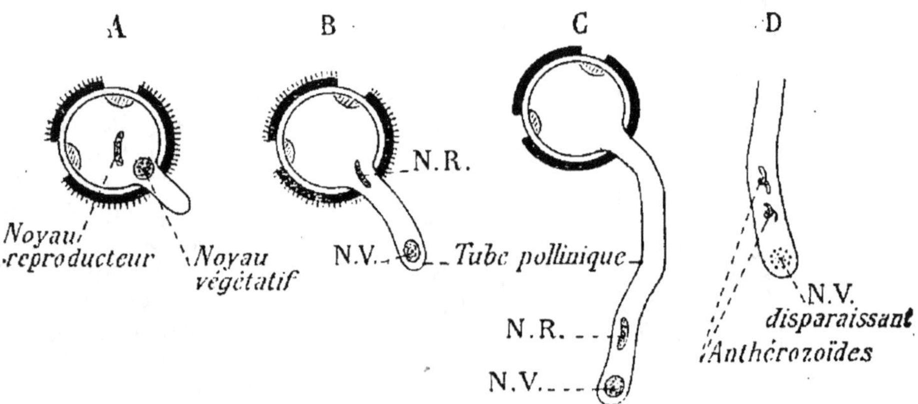

Fig. 755. — Germination d'un grain de pollen.

stigmate, se nourrira aux dépens de la matière sucrée qui imprègne ces papilles ; il va alors germer et pousser un prolongement ou *tube pollinique* (*fig.* 755). On peut du reste faire germer un grain de pollen en le plaçant dans un milieu nutritif, dans de l'eau sucrée stérilisée par exemple.

Le tube pollinique sort du grain de pollen par un pore et utilise les réserves de cellulose contenues dans les épaississements de l'intine. Le *noyau végétatif* passe le premier dans le tube pollinique, mais il disparaît quand le tube arrive près du sommet de l'ovule. Le *noyau reproducteur* y pénètre également et se divise en deux noyaux (*fig.* 755, D) qui se recourbent en tire-bouchon.

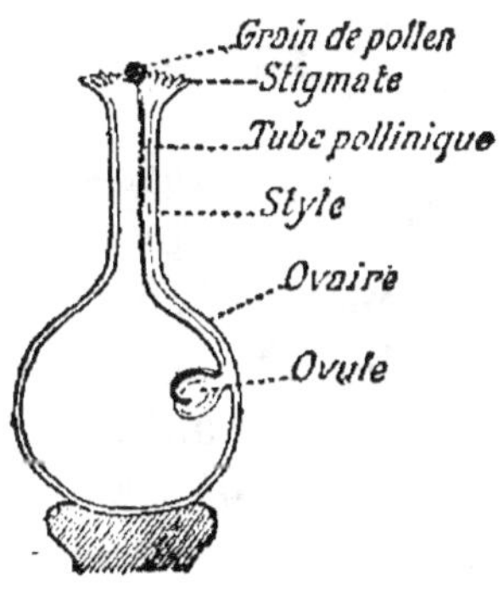

Fig. 756. — Le pistil au moment de la fécondation.

Le tube pollinique s'enfonce dans le stigmate (*fig.* 756), puis dans le tissu conducteur du style, dont les cellules remplies de matières nutritives lui servent de nourriture ; enfin il suit les parois de l'ovaire ; arrivé à l'ovule, il pénètre par le micropyle et, après avoir traversé le nucelle, vient au contact de l'oosphère. Grâce aux diastases qu'il sécrète, ce tube pollinique a digéré tous les tissus qu'il a rencontrés.

Formation de l'œuf. —

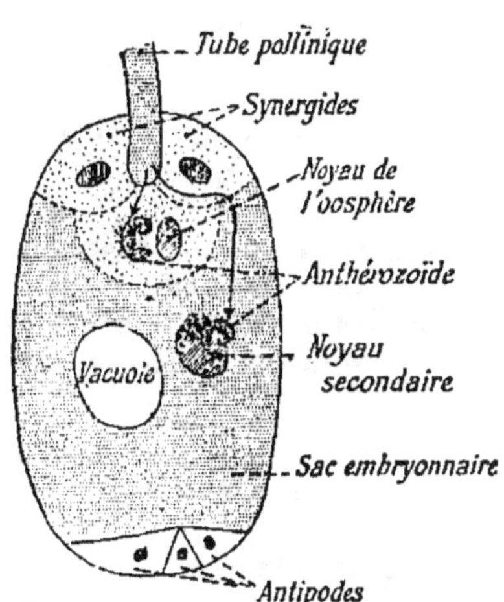

Fig. 757. — Sac embryonnaire au moment de la fécondation.

Un peu avant l'arrivée du tube pollinique, deux noyaux du sac embryonnaire se sont fusionnés pour donner le noyau secondaire (*fig.* 757). Dès que le tube pollinique pénètre dans le sac embryonnaire, les deux noyaux qu'il contient s'en échappent un après l'autre. Ces deux noyaux, par leur forme, rappellent les noyaux mâles ou *anthérozoïdes* que nous trouverons chez les Cryptogames vasculaires et certaines Gymnospermes ; cependant ils sont dépourvus de cils. **Nous les appellerons quand même anthérozoïdes.**

L'un de ces anthérozoïdes va aller se confondre avec le noyau de l'oosphère pour donner une cellule unique qui s'entourera d'une membrane de cellulose et constituera l'*œuf*, première cellule d'une nouvelle plante.

L'autre anthérozoïde va se confondre avec le noyau secondaire, et dès que l'œuf sera formé, ce noyau secondaire entrera en division pour donner l'*albumen*, organisme transitoire qui servira plus tard à la nourriture de l'embryon. C'est comme une deuxième plante destinée à être mangée par la première.

On a pu constater que le nombre des segments chromatiques apportés par le noyau mâle est égal au nombre des segments du noyau femelle. De sorte que dans l'œuf en voie de segmentation on trouve un nombre double de segments chromatiques. L'œuf et les cellules qui en dérivent sont donc *hermaphrodites* ; c'est plus tard seulement que le nombre des segments redevient normal et que l'être devient *unisexué*.

Une fois la fécondation opérée, toutes les parties de la fleur, sauf l'ovaire qui va donner le fruit, se flétrissent et disparaissent.

RÉSUMÉ

Multiplication végétative et reproduction. — Les végétaux peuvent se multiplier par deux procédés : par *multiplication végétative* et par *reproduction*.

1° Par la *multiplication végétative*, la plante se fragmente et chaque fragment reproduit une plante nouvelle (marcottage, bouturage, greffe).

2° Par *reproduction*, la plante se multiplie à l'aide de *spores* ou d'*œufs* ; les *spores* sont des cellules qui se détachent de certaines plantes et peuvent donner de jeunes plantes semblables aux premières ; les *œufs* résultent de la fusion de deux cellules, la cellule mâle et la cellule femelle.

Différentes parties de la fleur. — La fleur est portée par un rameau appelé *pédoncule* et situé à l'aisselle d'une petite feuille appelée *bractée*.

Une fleur complète comprend les parties suivantes :

Enveloppes florales . . . . {
  1° les *sépales*, généralement verts, qui constituent le *calice* ;
  2° les *pétales*, généralement colorés, qui constituent la *corolle* ;

*Appareil repro-
ducteur . . . .* { 3° les *étamines*, composées d'un *filet* et d'une *anthère* ;
 4° les *carpelles*, dont l'ensemble constitue le *pistil*.

On peut représenter les différentes parties de la fleur par un *dia-gramme*, c'est-à-dire qu'on suppose toutes ces parties coupées par un plan horizontal.

La fleur peut être considérée comme un *ensemble de feuilles modifiées* spécialement adaptées à la fonction de reproduction. On trouve en effet sur certaines fleurs toutes les transitions entre les feuilles normales et les diverses parties de la fleur.

Inflorescence. — L'*inflorescence* est la disposition des fleurs sur la plante. Elle peut être *simple* ou *composée*.

1° *Inflorescences simples* . { *Grappe* (Groseillier).
 Corymbe (Poirier).
 Epi (Verveine).
 Ombelle (Lierre).
 Capitule (Marguerite).

2° *Inflorescences composées* . { *Grappe composée* (Lilas).
 Ombelle composée (Carotte).
 Epi composé (Blé).
 Corymbe composé (Alisier).

La *cyme* est une inflorescence particulière dans laquelle l'axe se termine par une fleur après s'être ramifié une seule fois.

Enveloppes florales : calice et corolle. — Les deux enveloppes, calice et corolle, n'existent pas toujours. S'il n'y a qu'une seule enveloppe, on admet que c'est la corolle qui manque, et la fleur est dite *apétale*.

Calice. . . { sépales séparés : *C. dialysépale.*
 sépales soudés : *C. gamosépale.*
 sépales égaux ou inégaux : *C. régulier* ou *irrégulier.*

Corolle . . { pétales séparés : *C. dialypétale.*
 pétales soudés : *C. gamopétale.*
 pétales égaux ou inégaux : *C. régulière* ou *irrégulière.*

Les sépales et les pétales ont une structure analogue à celle des feuilles ordinaires. Les pétales contiennent des pigments qui donnent de l'éclat aux fleurs.

Appareil reproducteur. — Il comprend les *étamines*, qui donnent les cellules mâles, et le *pistil*, qui donne les cellules femelles.

Si la fleur contient étamines et pistil, elle est *hermaphrodite*.

Si la fleur ne contient que des étamines et pas de pistil, la fleur est dite *staminée* ou mâle, s'il n'y a que le pistil et pas d'étamines, elle est *pistillée* ou *femelle*.

La plante est *monoïque* (Noisetier) si les fleurs mâles et les fleurs femelles sont portées sur la même tige ; elle est *dioïque* (Chanvre) si les deux sortes de fleurs sont sur des pieds différents.

Étamine. — Une étamine se compose du *filet* et de l'*anthère*. L'*anthère* est divisée en deux parties, ou *loges*, reliées par le con-*ectif*, qui est le prolongement du filet.

Structure de l'anthère. . . . .
{ 4 sacs *polliniques* contenant les grains de pollen.
parois de l'anthère : épiderme et *assise méca-nique*.
faisceau libéro-ligneux du connectif.

Les *cellules-mères* des sacs polliniques donnent chacune 4 grains de *pollen*. Chaque grain de pollen est constitué par une cellule con-tenant 2 noyaux distincts, et entourée par une double membrane : l'*exine*, qui est cutinisée, et l'*intine*, qui est cellulosique.

Lorsque l'anthère est mûre et que les grains de pollen sont déve-loppés, chaque loge de l'anthère s'ouvre par une fente longitudinale et laisse échapper le pollen : c'est la *déhiscence* de l'anthère. Cette déhiscence est due au fonctionnement de l'assise mécanique.

Pistil. — Le *pistil* est formé par un ensemble de feuilles modifiées appelées *carpelles*.

Le *carpelle* est formé de trois parties . . . .
{ 1° l'*ovaire*, à la base ; renferme les *ovules* ;
2° le *style*, partie allongée contenant le *tissu conducteur* ;
3° le *stigmate*, au sommet ; il est recouvert d'un liquide visqueux.

La disposition des ovules dans le pistil s'appelle *placentation*. On distingue trois sortes de placentations :

1° *Placentation axile.* .
{ Ovules attachés autour de l'axe de l'ovaire, et chaque carpelle, com-plètement replié sur lui-même, forme une loge.

2° *Placentation parié-tale* . . . .
{ Ovules attachés sur les parois, et chaque carpelle n'est pas com-plètement replié, de sorte que l'ovaire n'a qu'une loge.

3° *Placentation cen-trale* . . . .
{ Ovules attachés sur une colonne centrale

L'*ovaire* peut être *libre* ou *adhérent* suivant qu'il est indépendant ou soudé aux autres parties de la fleur.

Ovule. — Les *ovules* sont attachés sur le bord des carpelles.

Structure de l'ovule.
- *Funicule* : cordon qui le rattache au placenta ; son insertion sur l'ovule s'appelle le *hile*.
- *Téguments* : primine et secondine ; laissent un orifice appelé *micropyle*.
- *Nucelle* : contient le *sac embryonnaire*, dont les parties principales sont l'oosphère et le *noyau secondaire*.

3 sortes d'ovules . .
1. Ovule droit ou *orthotrope*.
2. Ovule courbé ou *campylotrope*.
3. Ovule renversé ou *anatrope*.

Les *nectaires*, placés ordinairement au fond de la corolle, sont des sortes de glandes sécrétant un liquide sucré, le *nectar*.

Fonction de la fleur. — La fleur a pour fonction essentielle la production de la graine. Il faut pour cela que la fleur soit fécondée.

La *fécondation* consiste dans la fusion du grain de pollen avec l'oosphère : l'*œuf* résultant de cette fusion sera la première cellule qui en se segmentant donnera la nouvelle plante. La fécondation comprend trois phases :

1° La *pollinisation* ou transport du grain de pollen sur le stigmate ; elle se fait par le contact direct, ou par le vent, ou par les Insectes ;

2° La *germination* du grain de pollen sur le stigmate et le développement du *tube pollinique* allant du stigmate jusqu'au contact de l'oosphère ; ce tube pollinique digère les tissus qu'il rencontre sur son passage et en particulier le tissu conducteur du style ;

3° La *formation de l'œuf*, résultant de la fusion d'un noyau mâle du tube pollinique avec l'oosphère, pendant que le second noyau mâle fusionne avec le noyau secondaire pour donner plus tard l'albumen

CHAPITRE IX

DÉVELOPPEMENT DE L'ŒUF. — LE FRUIT ET LA GRAINE. — LA GERMINATION

§1. — Transformation de l'ovule en graine.

L'œuf donne l'embryon ou plantule. — Après la fécondation, l'*œuf* s'entoure d'une membrane de cellulose, en même temps que les synergides et les antipodes disparaissent. Il n'y a donc plus dans le sac embryonnaire (*fig.* 758) que l'œuf, qui donnera l'embryon ou jeune *plantule*, et le noyau secondaire, qui, en se segmentant, donnera un tissu riche en matières de réserve, l'albumen.

L'œuf se partage en deux cellules (*fig.* 759, A) par une cloison perpendiculaire à l'axe du nucelle. La cellule supérieure va former en se cloi-

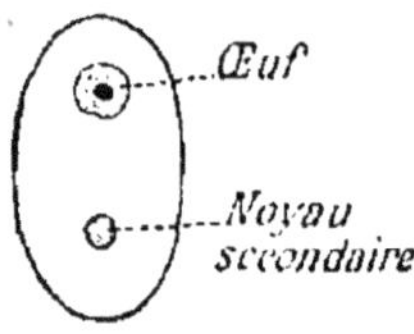

Fig. 758. — L'œuf dans le sac embryonnaire.

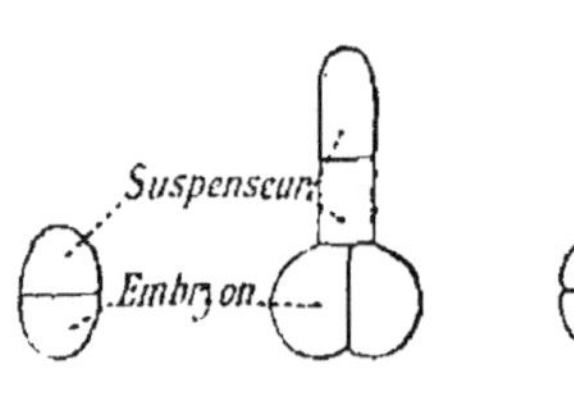
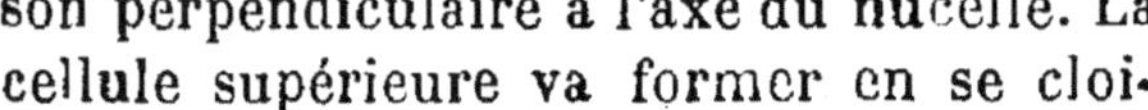
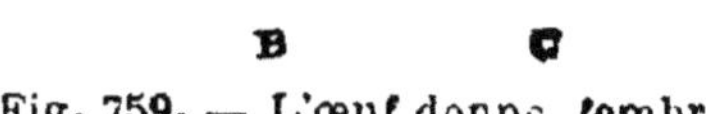

Fig. 759. — L'œuf donne l'embryon ou plantule.

sonnant un organe transitoire, le *suspenseur*, destiné à fixer la jeune plantule aux parois du sac embryonnaire (*fig.* 759, B, C et D).

La cellule inférieure, par une série de cloisonnements successifs, va donner un massif cellulaire dans lequel l'épiderme est déjà différencié (*fig.* 759, D) : c'est l'ébauche de l'*embryon* ou *plantule*. Bientôt apparaissent (*fig.* 760) les trois membres de la jeune plante : la *radicule*, qui est placée du côté du suspenseur ; la *tigelle*, avec son bourgeon terminal ou *gemmule*, et les deux premières feuilles ou *cotylédons*. Suivant que la plante mère est une Dicotylédone ou une Monocotylédone, il y a deux cotylédons (*fig.* 760, A) ou un seul (*fig.* 760, B).

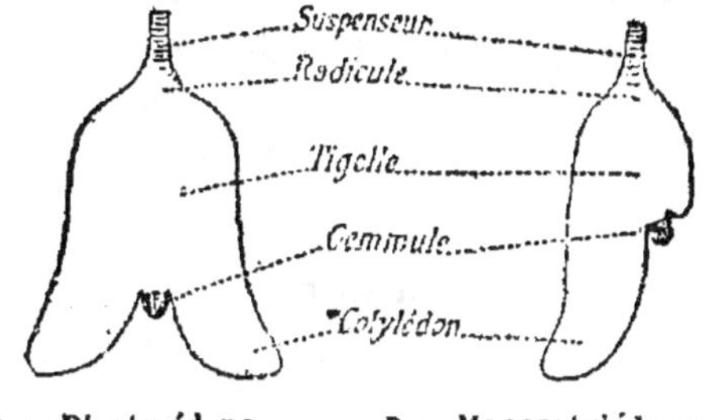

Fig. 760. — Plantules.

Dans la plupart des cas il ne se forme dans chaque sac embryonnaire qu'un embryon, puisqu'il y a une seule oosphère et par suite un seul œuf.

Formation de l'albumen. — Aussitôt après la fécondation, le noyau secondaire du sac embryonnaire subit des divisions successives ; puis des cloisons apparaissent entre les noyaux ainsi formés et donnent des cellules qui remplissent le sac embryonnaire. Ce tissu a été appelé *albumen*. Parfois, comme chez le Cocotier, cet albumen est réduit à

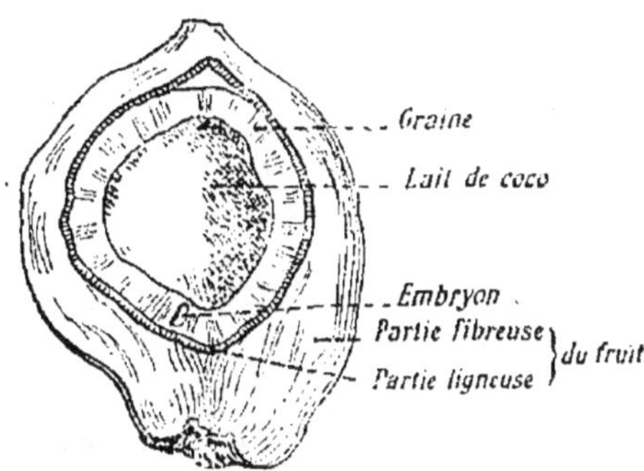

Fig. 761. — Noix de coco coupée en long.

quelques noyaux situés sur les parois du sac ; les protoplasmes des cellules restent alors confondus et forment un liquide blanchâtre (*lait de coco*) dans lequel flottent les noyaux (*fig.* 761).

L'albumen sert de nourriture à l'embryon. Deux cas peuvent se présenter : 1° l'albumen est digéré en entier par l'em-

bryon, et alors la réserve nutritive s'accumule dans les cot
lédons, qui deviennent volumineux, c'est le cas des *grain s*
sans albumen (Haricot) ; 2° la digestion de l'albumen est faible, et alors l'embryon reste petit et les cotylédons **minces**.
c'est le cas des *graines à albumen* [Ricin (*fig.* 767)].

Modifications du nucelle et des téguments. — Le sac
embryonnaire s'agrandit aux dépens du tissu du nucelle
(*fig.* 762, A), qui finit par disparaître quand la graine est

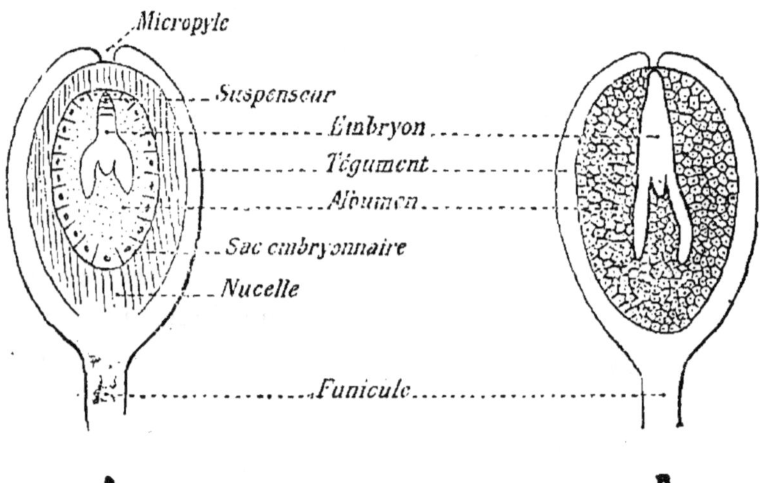

Fig. 762. — Formation de l'embryon et de l'albumen à l'intérieur
de la graine.

mûre (*fig.* 762, B). Chez certaines plantes (Nénuphar), le
nucelle se développe au contraire et se remplit de matière
nutritive qui forme une réserve supplémentaire et pourra
être utilisée au moment de la germination. On donne le
nom de *périsperme* à ce tissu transitoire.

Après la fécondation, la secondine est résorbée et la primine, seule, subsiste pour donner les *téguments* de la graine.

La graine résulte donc de l'ensemble des transformations
que subit l'ovule et que nous venons de décrire. Étudions
maintenant la *graine mûre*, c'est-à-dire la graine qui peut
se détacher de la plante et germer si on la place dans de
bonnes conditions.

§ 2. — La graine mûre.

Structure de la graine. — La graine mûre comprend deux parties : le *tégument*, qui provient de la primine de l'ovule ; l'*amande*, formée aux dépens du nucelle et qui comprend l'embryon ou plantule et souvent de l'albumen.

1° Le tégument. — Le tégument présente en un certain point la cicatrice du funicule appelée *hile*.

L'épiderme du tégument porte souvent des prolongements, des poils, qui facilitent la dissémination des graines par le vent. Tantôt ces poils sont répartis sur toute la surface de la graine et atteignent plus de 5 centimètres de longueur comme chez le Cotonnier (*fig.* 763), où ils forment le *coton* ; tantôt ils sont localisés en certains points (aigrette du Saule). Enfin d'autres graines (Lin, Cresson) gélifient leur épiderme et donnent un mucilage qui leur permet d'adhérer plus facilement aux objets.

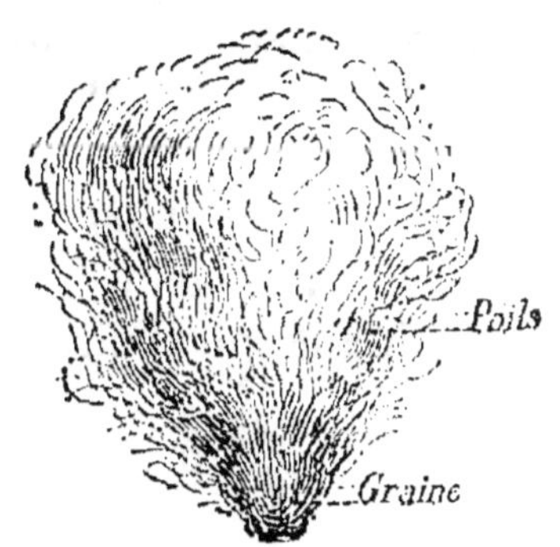

Fig. 763. — Graine du Cotonnier.

2° L'embryon ou plantule. — L'*embryon* ou *plantule* est formé des parties suivantes (*fig.* 764) : 1° la *radicule*, dont le sommet occupe le voisinage du micropyle ; 2° la *tigelle* ou *tige hypocotylée*, allant de la radicule aux cotylédons, qui se termine par un petit bourgeon appelé *gemmule* ; 3° les *cotylédons*, premières feuilles de la plante. Il y a deux cotylédons chez les plantes Dicotylédones (Ricin), un seul chez les Monocotylédones (Blé).

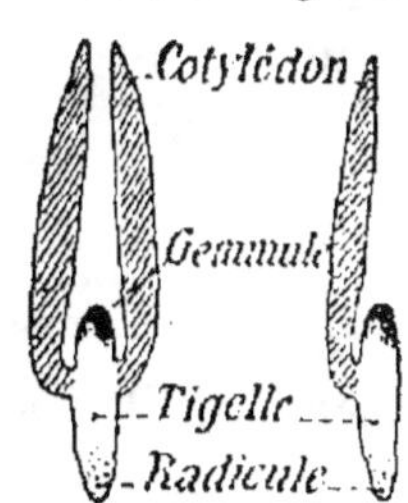

Fig. 764. — Embryons.

L'embryon peut être placé au milieu de l'albumen [Ricin

(*fig.* 767)] ou sur le côté [Blé *fig.* 765], ou encore entourer complètement l'albumen [Saponaire (*fig.* 766)].

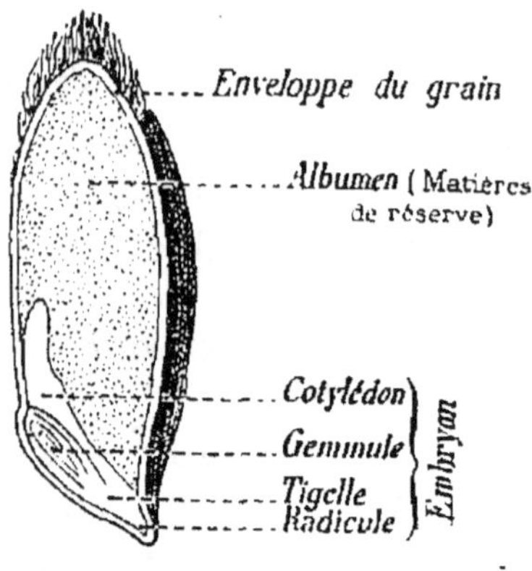

Fig. 765.— Grain de Blé.

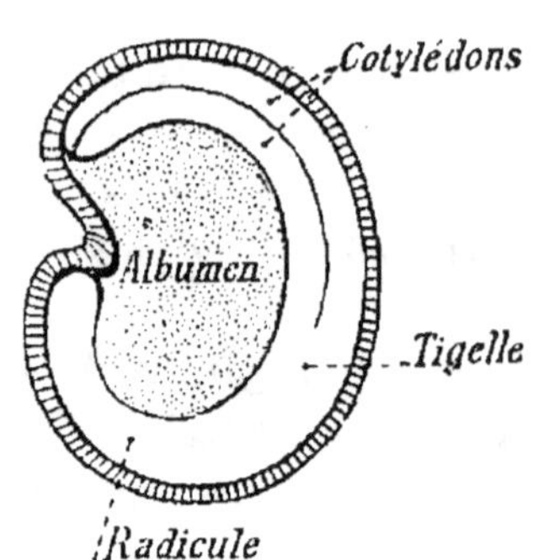

Fig. 766. — Graine de Saponaire où la plantule entoure l'albumen.

3° L'albumen. — La nature des matières nutritives contenues dans les cellules de l'*albumen* varie ; mais on y trouve toujours des grains d'aleurone. On distingue plusieurs sortes d'albumen :

1° L'*albumen farineux*, qui contient beaucoup d'amidon (Céréales : Blé, Seigle, Maïs, etc.) ;

2° L'*albumen oléagineux*, qui renferme des matières grasses (Ricin, Pavot, Colza, etc.) ;

3° L'*albumen corné* ou *cellulosique*, dont les cellules ont les membranes épaissies considérablement pour constituer des réserves de cellulose (Dattier, Caféier) ; chez un certain Palmier, le *Phytelephas*, l'albumen cellulosique a acquis une telle dureté qu'on peut le travailler comme l'ivoire ordinaire : c'est ce qu'on appelle l'*ivoire végétal*, employé dans l'industrie pour fabriquer des boutons.

Graines à albumen et graines sans albumen. — Nous avons vu à propos de la formation de l'albumen qu'il y avait deux sortes de graines :

1° Les *graines à albumen* (Ricin), chez lesquelles l'albumen n'a pas été complètement digéré : l'embryon reste petit et les cotylédons minces (*fig.* 767) ;

2° Les *graines sans albumen* (Haricot), chez lesquelles l'al-

bumen a été complètement digéré ; l'embryon est alors volumineux, ses cotylédons sont énormes et remplis des matières
nutritives provenant de la digestion de l'albumen (*fig.* 768)

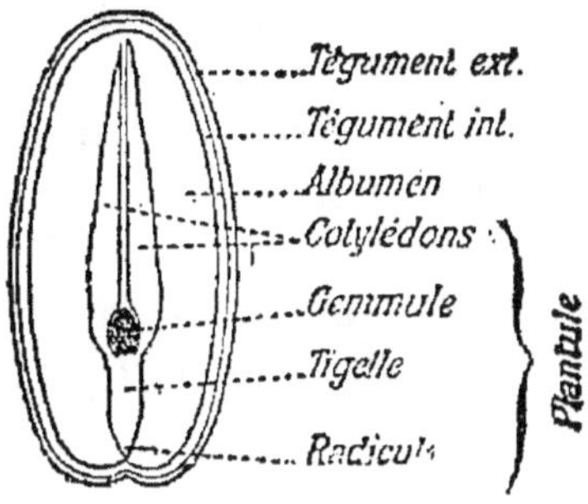

Fig. 767. — Graine à albumen.

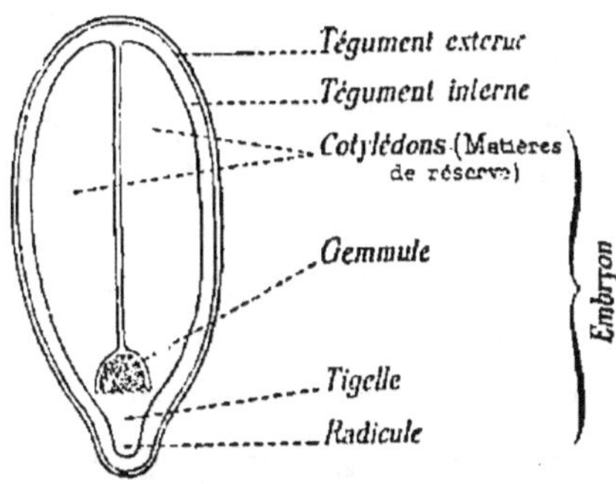

Fig. 768. — Graine sans albumen.

En réalité, on voit qu'à un moment donné de leur développement toutes les graines contiennent de l'albumen ; mais
cet albumen n'est que *transitoire* chez les graines dites sans
albumen.

§ 3. — L'ovaire donne le fruit.

Le *fruit* provient du développement de l'*ovaire* ; cette
transformation se fait en même temps que celle de l'ovule
en graine.

Structure du fruit. — La paroi de l'ovaire devient la paroi
du fruit ou *péricarpe*. Ce péri-
carpe se compose de trois parties : 1° l'*épicarpe* ou épiderme
externe ; 2° le *mésocarpe* ou
parenchyme situé dans la région
moyenne : 3° l'*endocarpe* ou épiderme interne.

L'*épicarpe* de certains fruits
est duveté (Pêche, Abricot).

L'*endocarpe* peut porter des poils

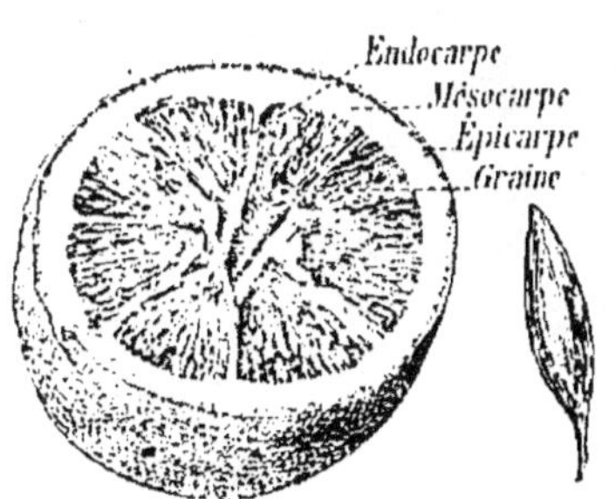

Fig. 769. — L'Orange.

qui se gorgent de suc ; ce sont ces poils qu'on mange dans

l'Orange (*fig.* 769), où chaque quartier représente un carpelle.

Le parenchyme du *mésocarpe* peut contenir certaines substances (amidon, corps gras, tanin, acides végétaux) qui, à la maturité, se transforment en sucres (glucose, fructose).

Si le parenchyme reste mince, on a un **fruit sec** ; si, au contraire, il se développe, on a un **fruit charnu.**

Fruits secs. — Les *fruits secs* sont *indéhiscents* ou *déhiscents* suivant qu'ils ne s'ouvrent pas ou qu'ils s'ouvrent pour laisser passer les graines.

1° Fruits secs indéhiscents. — Parmi eux citons l'*akène*, qui ne contient qu'une seule graine (Sarrasin) ; le *caryopse*, qui ne contient qu'une graine, mais soudée aux parois du fruit (Blé).

Parfois l'akène est munie d'une sorte d'aile, comme dans l'Érable (*fig.* 770) : c'est une *samare*.

Le fruit du Fraisier est un akène ; les fruits sont portés sur le réceptacle charnu formant la Fraise et

Fig. 770. — Une samare (Érable).

qu'on appelle un *faux fruit* (*fig.* 771). De même dans la

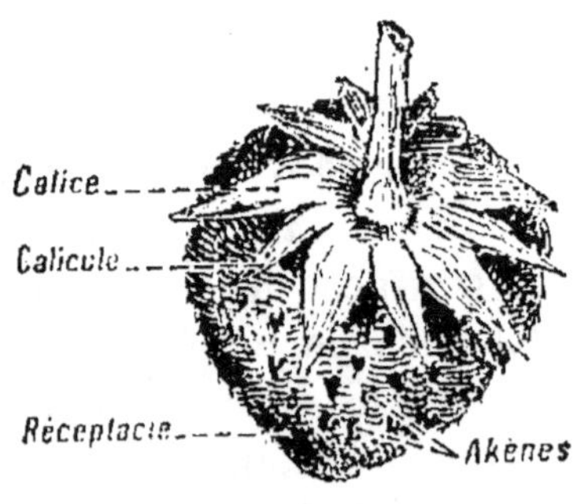

Fig. 771. — La fraise portant les graines (akènes).

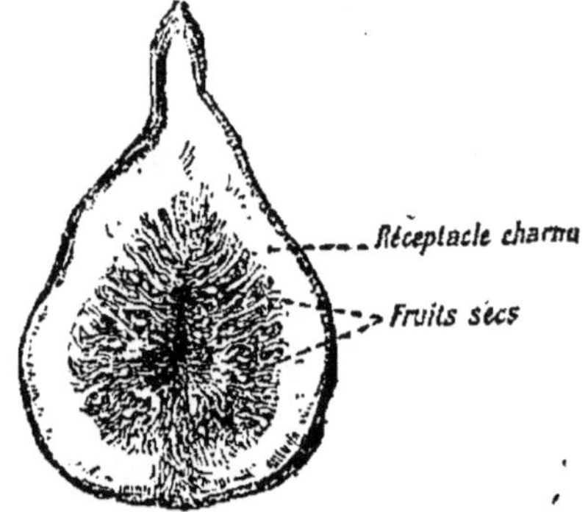

Fig. 772. — Coupe d'une figue.

Figue, le réceptacle est charnu et a la forme d'une bouteille à l'intérieur de laquelle sont attachés des fruits secs ou akènes (*fig.* 772).

2° Fruits secs déhiscents. — Ce sont les fruits secs qui, à la maturité, s'ouvrent pour laisser passer les graines. Ils por-

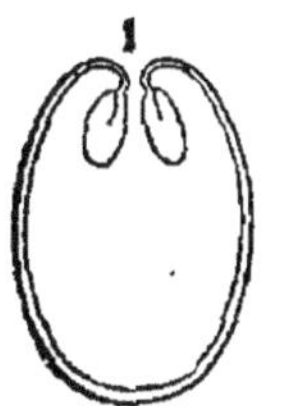

Fig. 773. — Fruit
du Cotonnier.

Fig. 774. — Fruit
du Mouron.

Fig. 775. — Fruit
du Pavot.

tent le nom général de *capsules*. La déhiscence se fait par des fentes longitudinales (Cotonnier, *fig.* 773), transversales (Mouron, *fig.* 774), ou par des trous (Pavot, *fig.* 775).

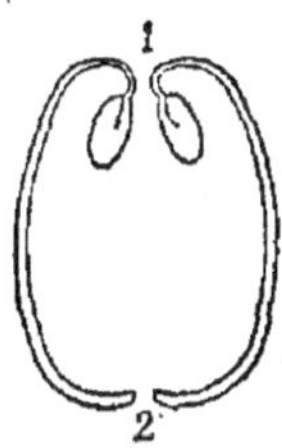

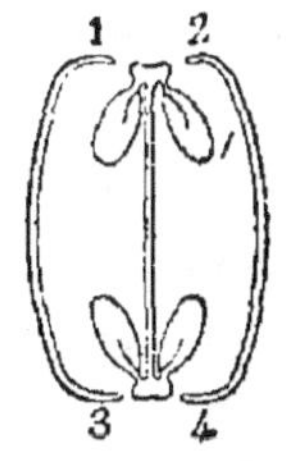

Fig. 776. — Déhiscence de différents fruits.

Si le fruit s'ouvre par une seule fente (*fig.* 776, A et 777), on a un *follicule* (Pivoine); par deux fentes (*fig.* 776, B et 778), on a une *gousse* (Haricot, Pois); par quatre fentes (*fig.* 776, C et 779) qui détachent deux valves, on a une *silique* (Giroflée, Chou).

Fruits charnus. — Un fruit complètement charnu est une *baie* (Raisin, Groseille), et les graines qu'il contient sont des *pépins*.

Un fruit dont la partie externe seulement est charnue (Abricot, Cerise), et la partie interne dure et lignifiée (*fig.* 780) s'appelle une *drupe*. Le noyau n'appartient donc pas à la graine : c'est la partie interne du péricarpe dont les cellules ont épaissi fortement leurs membranes.

Un fruit comme la Poire (*fig.* 781) tient à la fois de la baie

Fig. 777. — Un folli-
cule (Pivoine).

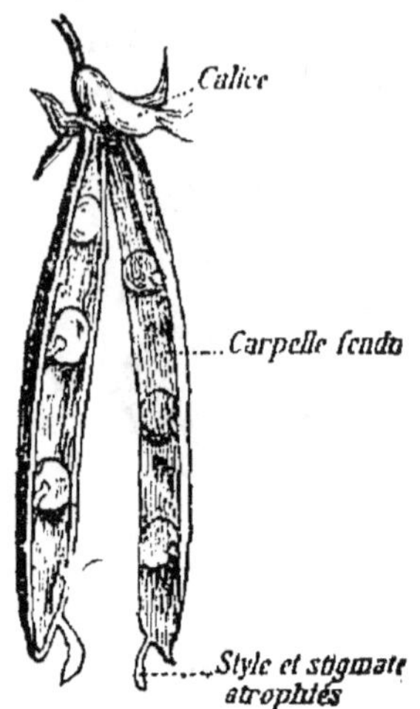

Fig. 778. — Une gousse
(Pois).

Fig. 779. — Une
silique (Giroflée).

par son péricarpe charnu, et de la drupe par son endocarpe qui est coriace.

La déhiscence ne s'observe guère chez les fruits charnus; mais souvent la graine est mise en liberté par les Insectes et les Oiseaux, qui mangent la partie charnue et lais-

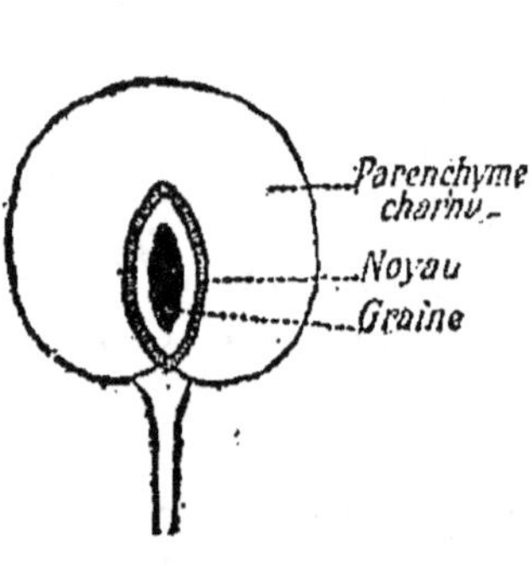

Fig. 780. — Une drupe
(Cerise).

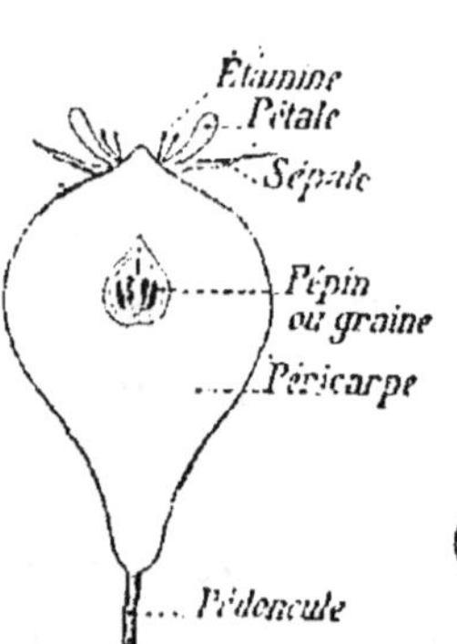

Fig. 781. — Coupe
d'une Poire.

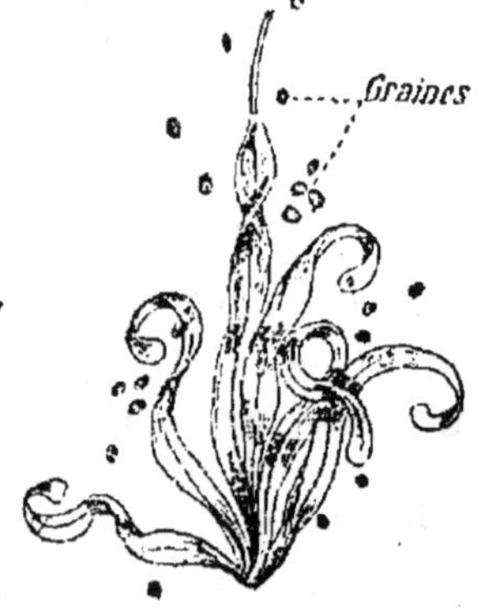

Fig. 782. — Déhiscence du
fruit de la Balsamine.

sent tomber les pépins ou les noyaux. Ainsi les Grives, en dévorant les fruits du Sorbier, aident à la dissémination de cette plante. Certains fruits charnus, comme celui de la Balsamine (*fig.* 782), s'ouvrent brusquement dès qu'on les touche, en projetant de toutes parts les graines contenues à l'intérieur.

Un autre exemple est celui du Sablier (*fig.* 783), arbre américain dont le fruit est formé de 12 à 18 coques. Par dessiccation. ce fruit

Fig. 783. — Fruit du Sablier.

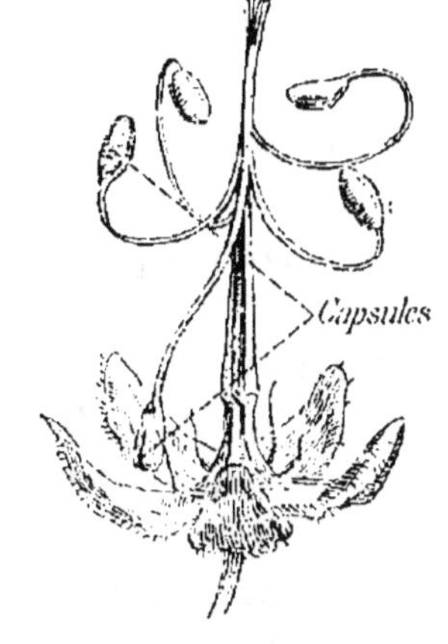

Fig. 784. — Fruit du Géranium.

s'ouvre brusquement en produisant une véritable détonation. Pour le conserver dans les collections il faut avoir soin de l'entourer de fil de fer.

Chez le Géranium (*fig.* 784), les graines sont enfermées dans cinq petites capsules qui, au moment de la maturité, se relèvent brusquement et envoient les graines au loin.

§ 4. — Germination de la graine.

La graine, comme on l'a vu, contient une plantule qui, placée dans des conditions convenables, pourra se développer et former une nouvelle plante.

Les phénomènes qui se passent pendant cette transformation de la graine ont reçu le nom de *germination*.

Pour que la graine germe, il faut deux sortes de conditions :

1° Des conditions *internes*, inhérentes à la graine elle-même ;

2° Des conditions *externes*, qui dépendent du milieu dans lequel la graine est placée.

Conditions internes. — Les principales conditions internes sont que la graine soit *mûre*, qu'elle soit en *bon état*, qu'elle ait conservé son *pouvoir germinatif*.

1° Il faut que la graine soit *mûre*, c'est-à-dire que toutes ses parties aient acquis leur développement. Dans certains cas (Haricot) la graine peut germer avant d'avoir atteint sa maturité apparente ; dans d'autres cas, au contraire (Pêcher), la maturité apparente précède la maturité **réelle**, et les graines ne peuvent germer qu'une année ou deux **après** leur formation.

2° La graine doit être en *bon état*, c'est-à-dire que ses tissus ne doivent pas être altérés. En général, elle est en bon état si, jetée dans un vase contenant de l'eau, elle tombe au fond ; mais cet essai n'est pas applicable aux graines à albumen oléagineux, qui, plus légères que l'eau, surnagent même lorsqu'elles sont en bon état.

3° La graine doit avoir conservé son *pouvoir germinatif*, c'est-à-dire la faculté de germer. Cette faculté germinative disparaît dès que les réserves nutritives s'altèrent. Les graines conservent cette faculté plus ou moins longtemps. Les graines à albumen corné, comme le Café, doivent être semées rapidement. Les graines oléagineuses conservent leur pouvoir germinatif un peu plus longtemps, mais elles s'altèrent encore rapidement, car l'huile de leurs tissus rancit vite. Les graines amylacées sont celles qui peuvent se conserver le plus longtemps.

Conditions externes. — Pour germer, une graine a besoin d'eau, d'oxygène et de chaleur.

1° **Eau.** — Une graine ne peut germer dans un milieu sec ; une certaine quantité d'eau est donc nécessaire pour la germination, mais il n'en faut ni trop, ni trop peu.

2° **Oxygène.** — La graine respire très activement ; elle a donc besoin d'oxygène. Mais il n'en faut pas trop : ainsi sous la pression de 5 atmosphères d'oxygène les graines germent difficilement, et elles ne germent plus sous 12 atmosphères de pression. Les conditions les meilleures sont réalisées par l'air atmosphérique.

3° Chaleur. — La graine, pour germer, a besoin de chaleur. Une certaine température est donc nécessaire, mais qui ne doit être ni trop basse ni trop élevée. Au-dessous d'une certaine température la graine ne peut germer ; c'est la température *minimum* ; au-dessus d'une température dite *maximum*, elle ne peut germer non plus ; enfin il existe une température, dite *optimum*, pour laquelle la germination se fait avec la plus grande rapidité. Pour le Trèfle, par exemple, ces températures seront : température minimum $t = 5°$, température maximum $T = 28°$ et température optimum $\theta = 21°$. On peut représenter par une

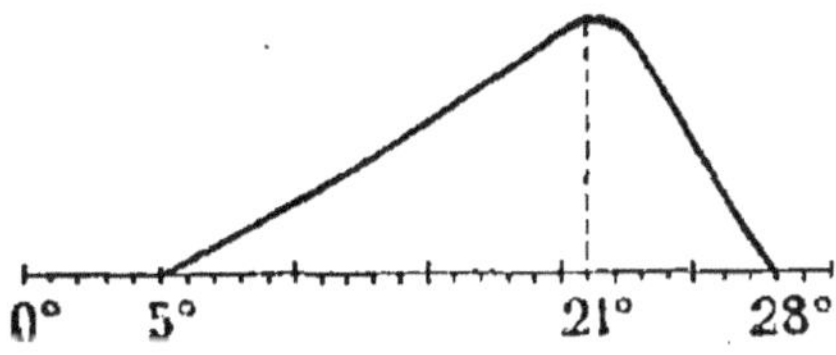

Fig. 785. — Courbe de la germination du Trèfle.

courbe (*fig.* 785) la marche de la germination du Trèfle suivant les températures. Cette courbe varie avec chaque espèce de plante. Ainsi, pour le Blé, on a $t = 5°$, $T = 42°$ et $\theta = 29°$.

Phénomènes morphologiques de la germination. — Lorsqu'on place une graine dans de bonnes conditions d'humidité, d'aération et de chaleur, cette graine germe et subit des modifications de forme. Si l'on met un Haricot, par exemple, dans ces conditions, les téguments se déchirent par suite du grossissement de la plantule ; puis la radicule sort de la graine et s'enfonce dans le sol (*fig.* 786) ; bientôt la tigelle s'allonge, se redresse et soulève les cotylédons ; enfin ceux-ci se flétrissent et s'écartent pour laisser passer la gemmule, qui va s'accroître et donner des feuilles normales.

La partie de la tige donnée par la tigelle est la tige *hypocotylée* ; celle qui est donnée par la gemmule est la tige *épicotylée*.

Chez certaines plantes, le Chêne (*fig.* 787) par exemple, la tigelle ne s'allonge pas et les cotylédons ne sont pas soulevés au-dessus du sol; dans ce cas la tige aérienne est presque tout entière formée par la région épicotylée. On dit alors que les cotylédons sont *hypogés*, tandis

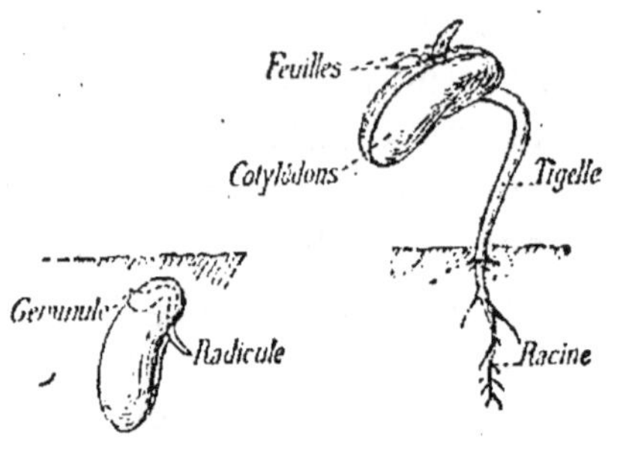

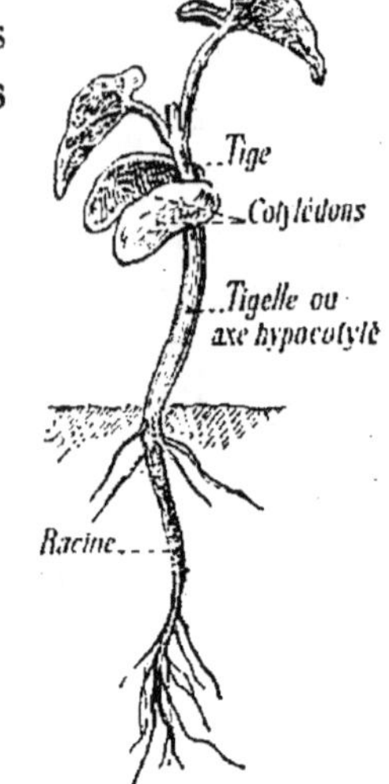

Fig. 786. — Germination du Haricot.

que dans le Haricot, les cotylédons s'épanouissant dans l'air sont dits *épigés*. La plupart des Monocotylédones ont de

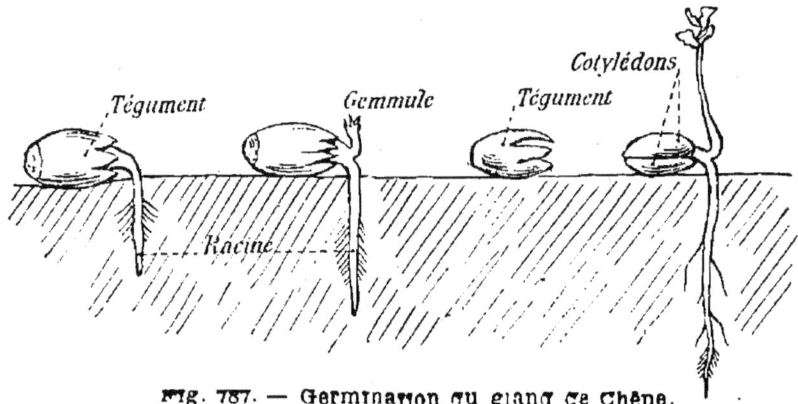

Fig. 787. — Germination du gland de Chêne.

cotylédons hypogés, et la plupart des Dicotylédones ont des cotylédons épigés.

Phénomènes physiologiques de la germination. Vie ralentie et vie active. — Pendant longtemps on a admis que la graine qui n'est pas en voie de germination n'accomplit pas d'échanges avec le milieu extérieur; c'est ce que Claude Bernard exprimait en disant qu'il y avait *vie latente*.

En réalité le terme n'est pas absolument juste ; la vie est plutôt *ralentie*.

Pour le démontrer, on plaça trois lots de graines mûres : le premier à l'air libre, le second dans un volume d'air limité, dans un tube fermé par exemple, et enfin le troisième dans le gaz carbonique. Au bout de deux ans, le premier lot avait augmenté de poids et 90% de ses graines pouvaient germer ; le second lot avait augmenté faiblement et 50 % de ses graines pouvaient germer ; enfin le troisième lot n'avait pas varié et toutes ses graines étaient mortes. Donc les graines du premier lot ont accompli des échanges avec l'air : elles ont respiré. Mais ces échanges gazeux, faibles pendant l'état de vie ralentie, augmentent rapidement au moment de la germination. Le rapport $\dfrac{CO^2}{O^2}$ peut descendre jusqu'à 0,6 et même 0,5. Il y a donc près de la moitié de l'oxygène absorbé qui reste à l'intérieur des tissus de la graine pour y produire des oxydations énergiques. La germination marque donc bien le passage de la *vie ralentie* à la *vie active*.

Il est facile de mettre en évidence ce fait que des graines en germination dégagent du gaz carbonique. Pour cela, on place ces graines dans un bocal fermé (*fig*. 788, A) ; si l'on ouvre le bocal après quelques heures, on constate qu'une bougie allumée qui y est introduite s'éteint : du gaz carbonique s'est donc dégagé. Au contraire, si l'on place de la même façon des graines qui ont été tuées par la chaleur, on constate qu'il ne se produit pas de dégagement de gaz carbonique dans le bocal, car la bougie continue à y brûler.

Ces oxydations dégagent une certaine quantité de chaleur qui se manifeste extérieurement par une élévation de température. On peut mettre ce dégagement de chaleur en évidence en plaçant un thermomètre dans un vase contenant des graines en germination. On voit alors le thermomètre monter de plusieurs degrés.

En même temps que ces phénomènes d'oxydation se produisent, il apparaît des sucs digestifs ou *diastases* qui vont rendre assimilables les matières de réserve contenues soit dans l'albumen, soit dans les cotylédons.

Quand il s'agit de *graines à albumen*, deux cas sont à con·
sidérer : 1° si l'albumen est *oléagineux*, il peut digérer ses

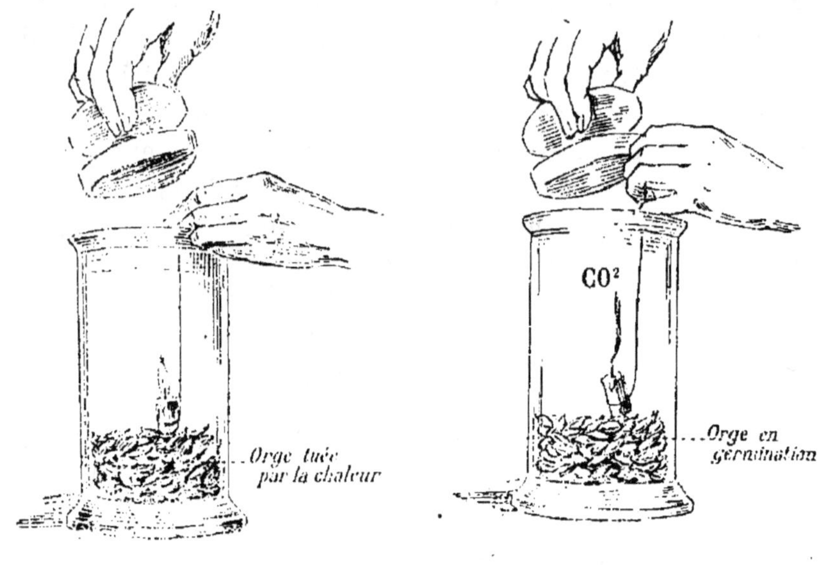

Fig. 788. — Les graines en germination respirent activement.

propres matériaux, et l'embryon absorbe ensuite ces produits
digérés ; dans ce cas, il est même possible d'isoler l'albumen
du reste de la graine et de le faire germer ; 2° si l'albumen
est *amylacé*, c'est l'embryon et plus spécialement les cotylédons qui sécrètent les diastases capables de digérer l'albumen.
On a pu dans certains cas remplacer l'albumen par une sorte
de pâte ayant la même composition chimique que lui ; la
plantule s'accroîtra pendant un certain temps en se nourrissant de cette pâtée.

Lorsque les graines sont *sans albumen*, la digestion s'effectue
à l'intérieur des cotylédons.

Quelle que soit la nature des matières de réserve, celles-ci
sont nécessaires au développement de la plantule.

Dissémination des graines. — Pour que les graines se
développent bien, il est nécessaire qu'elles ne tombent pas
en trop grand nombre en un même endroit, car elles péri-
raient faute d'aliments. -

C'est souvent aux fruits que revient le rôle de disséminer les graines, soit par la déhiscence brusque, qui lance les graines à une certaine distance, soit par l'intermédiaire du vent. Dans ce dernier cas, les fruits portent à leur sommet des aigrettes de poils (*fig.* 789) qui forment comme un parachute pouvant maintenir les fruits en l'air pendant un certain temps.

Ce sont les fruits à aigrette du Pissenlit qui forment ces boules sur lesquelles les enfants s'amusent à souffler pour voir les aigrettes s'en aller doucement dans l'air. Si ce fruit tombe dans l'eau, les poils mouillés se rapprochent, emprisonnent une bulle d'air qui va servir de flotteur et permettre au fruit de rester à la surface ; il gagnera ainsi une rive où la graine contenue dans le fruit pourra germer.

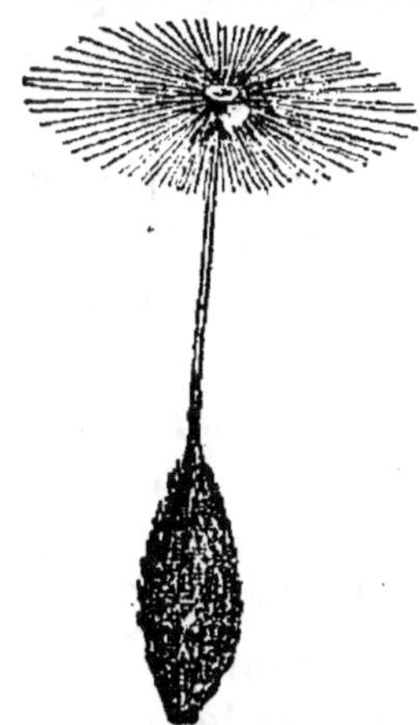

Fig. 789. — Fruit de Laitue.

Pour faciliter la dissémination par le vent, certains fruits ont des expansions légères (*fig.* 790), ou bien des parties voisines se développent, comme la bractée à trois feuilles du Charme (*fig.* 791).

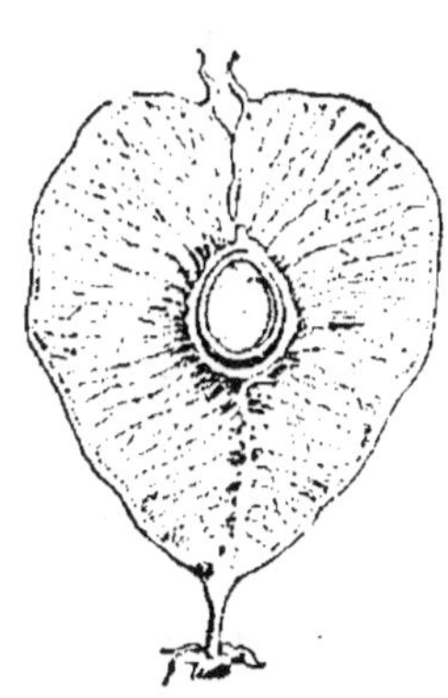

Fig. 790. — Fruit ailé de l'Orme.

Fig. 791. — Fruit du Charme.

Si la dissémination peut se faire par les fruits, les graines elles-mêmes présentent souvent des organes spéciaux qui facilitent leur transport.

Ainsi les graines du Peuplier sont entourées de poils soyeux, la graine du Cotonnier est pourvue de longs poils.

Parfois les graines sont entourées d'une membrane protectrice, de sorte que, mangées par les Oiseaux, elles résistent à la digestion et se retrouvent intactes dans les déjections.

L'eau est également un moyen de transport des graines. Ainsi on a observé sur les côtes de la Malaisie d'énormes noix de Coco provenant d'un Palmier qui pousse aux îles Seychelles.

C'est surtout l'Homme qui contribue à la dispersion des graines, soit par la culture des plantes utiles, soit involontairement par les moyens de transport, bateaux et chemins de fer. C'est ainsi qu'une mauvaise herbe du Canada, l'*Erigeron Canadense*, a été introduite en France par un bateau, il y a environ cent ans. De même, sur les chemins de fer, les wagons emportent souvent à de grandes distances des graines provenant des pays qu'ils traversent. Aussi la flore des talus de chemins de fer est-elle toujours très variée. Enfin les grands mouvements de troupes dispersent aussi les graines : à la suite de l'invasion allemande, en 1870, les botanistes ont trouvé dans la flore parisienne 150 à 200 espèces nouvelles.

Plantes annuelles et plantes vivaces. — Une plante est dite *annuelle* lorsqu'elle fleurit dans la saison même de la germination et qu'elle dure seulement une période de végétation (Blé, Haricot).

La plante est *bisannuelle* si elle ne fleurit que la seconde année : pendant la première année elle accumule des réserves qui sont utilisées la seconde année pour le développement des fleurs, des fruits et des graines (Carotte, Betterave).

La plante est *vivace* si sa durée dépasse deux ans. C'est le cas des arbres de nos pays, dont beaucoup sont plusieurs fois centenaires.

RÉSUMÉ

Transformation de l'ovule en graine. — Après la fécondation, l'*œuf* donne l'*embryon* ou *plantule*, et le *noyau secondaire* du sac embryonnaire donne l'*albumen*.

La plantule comprend les trois membres de la plante : la *radicule*, la *tigelle* terminée par la *gemmule* et les *cotylédons*.

Le sac embryonnaire s'agrandit aux dépens du nucelle ; dans certains cas (Nénuphar) le nucelle persiste et forme le *périsperme*, qui est une réserve supplémentaire.

Enfin le tégument interne disparaît et le tégument externe fournit le tégument de la graine.

La graine mûre. — La graine mûre comprend le *tégument*, l'*embryon* ou *plantule* et souvent de l'*albumen*.

1° *Tégument* : funicule et hile ; porte des prolongements facilitant la dissémination.

2° *Plantule* . . . {
Radicule.
Tigelle terminée par la gemmule.
Cotylédons ou feuilles primordiales (deux ou un).

3° *Albumen* . . . {
Contient des matières de réserve.
1. Farineux (Blé).
2. Oléagineux (Ricin).
3. Corné ou cellulosique (Café).

Il y a donc deux sortes de graines : 1° les *graines à albumen* (Ricin), chez lesquelles l'albumen n'a pas été complètement digéré, et dont l'embryon reste petit ; 2° les *graines sans albumen* (Haricot), chez lesquelles l'albumen complètement digéré a passé dans l'embryon, qui est alors volumineux.

L'ovaire donne le fruit. — La paroi de l'ovaire devient la paroi du fruit ou *péricarpe*.

Il y a deux sortes de fruits :

1° *Fruits secs.* . {
1. Indéhiscents. . {
akène (Sarrasin).
caryopse (Blé).
2. Déhiscents. . {
follicule (une seule fente) (Pivoine).
gousse (deux fentes) (Pois).
silique (quatre fentes) (Giroflée).

2° *Fruits charnus* {
Complètement charnus (pépins) : *Baie* (Raisin).
Charnus à l'extérieur, lignifiés à l'intérieur (noyau) : *Drupe* (Prune).

Germination de la graine. — La *germination* est la transformation de la graine en plante. Elle dépend de deux sortes de conditions :

1° *Conditions internes.* . {
1. La graine doit être *mûre*.
2. La graine doit être en *bon état*.
3. La graine doit avoir conservé son *pouvoir germinatif*.

2° *Conditions externes.* . $\left\{\begin{array}{l}\text{1. La graine a besoin d'}eau,\text{ mais pas trop.}\\ \text{2. La graine a besoin d'}oxygène.\\ \text{3. La graine a besoin de }chaleur,\text{ mais ni trop ni trop peu.}\end{array}\right.$

Lorsque la graine est placée dans ces conditions, elle *germe* : ses téguments se déchirent, la radicule sort et s'enfonce dans le sol, la tigelle s'allonge et soulève plus ou moins les cotylédons (*épigés* et *hypogés*). C'est la gemmule qui donne presque toute la tige (la partie située au-dessus des cotylédons) et toutes les feuilles.

La graine est en état de *vie ralentie* lorsqu'elle n'est pas en voie de germination ; mais dès qu'elle germe, sa vie devient très active ; sa respiration augmente et l'oxygène absorbé produit des oxydations qui dégagent une quantité de chaleur toujours suffisante pour élever de quelques degrés la température des graines. Cet état facilite l'action des sucs digestifs ou *diastases* sécrétées par la graine ; grâce à ces diastases, la plantule peut assimiler les matières de réserve contenues dans l'albumen (graines à albumen) ou dans les cotylédons (graines sans albumen).

CHAPITRE X

LES GYMNOSPERMES

Caractères généraux. — Nous avons vu que l'embranchement des Phanérogames se divisait en deux sous-embranchements :

1° Les *Angiospermes* (*fig.* 792, A), dont les ovules ou graines sont enfermés dans un ovaire clos ;

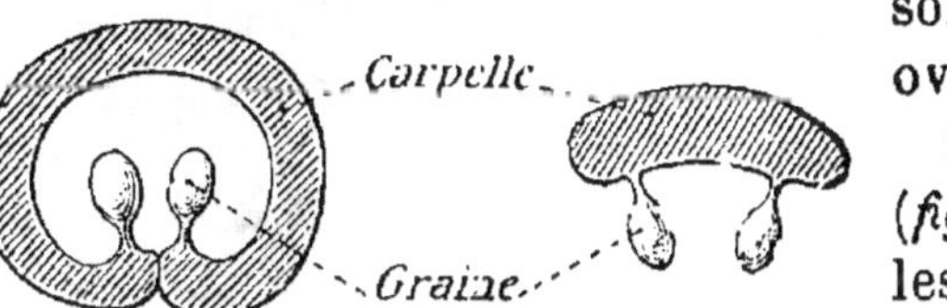

Fig. 792. — Disposition des graines.

2° Les *Gymnospermes* (*fig.* 792, B), dont les ovules ou graines sont simplement attachés sur une écaille qui représente le carpelle.

Les plantes étudiées dans les chapitres précédents appartenaient aux Angiospermes ; nous allons examiner maintenant les Gymnospermes, en insistant surtout sur leur mode de reproduction, ce qui nous permettra d'établir une transition entre les Phanérogames et les Cryptogames vasculaires.

Les Gymnospermes comprennent tous les arbres résineux de nos pays, tels que le Pin, le Sapin. La plupart ont des feuilles persistantes. Leur tige peut s'épaissir comme celle des Angiospermes, mais le bois est formé de *vaisseaux aréolés* (*fig.* 793) auxquels leurs parois épaisses font jouer le rôle de fibres.

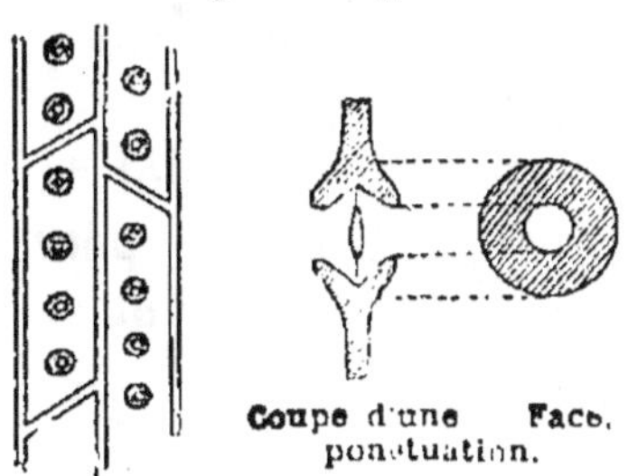

Fig. 793. — Vaisseaux aréolés.

Les Cycadées forment un groupe important de Gymnospermes qui ne poussent que dans les régions tropicales. Elles se distin-

ुent des Gymnospermes de nos pays par leurs tiges sans rameaux et portant au sommet un groupe de feuilles, comme
les Palmiers. Exem-
ples : Cycas (*fig.*
794), Zamia.

Les Gymnosper-
mes ont toujours

Fig. 794. — Cycas.

Fig. 795. — Rameau de
Pin portant des fleurs.

des fleurs de deux sortes : les unes à pistil, les autres à
étamines. Mais ces fleurs différentes sont sur le même
pied.

Reproduction des Gymnospermes. — Prenons comme
exemple le Pin sylvestre, dont les fleurs (*fig.* 795) se développent au printemps. Les *fleurs à étamines* sont jaunâtres,
disposées en épis et ordinairement attachées au sommet de
certains branches ; les *fleurs à pistil* sont violacées et groupées
en épis serrés qui ont la forme de cônes, d'où le nom de
Conifères donné ordinairement à ces plantes.

Étamines et pollen. — Chaque fleur à étamines se compose d'un axe portant de nombreuses écailles (*fig.* 796), dont
chacune représente une *étamine*. Chaque étamine (*fig.* 797)
porte deux renflements ou sacs polliniques qui s'ouvrent cha-

cun par une fente longitudinale pour laisser échapper les grains de pollen.

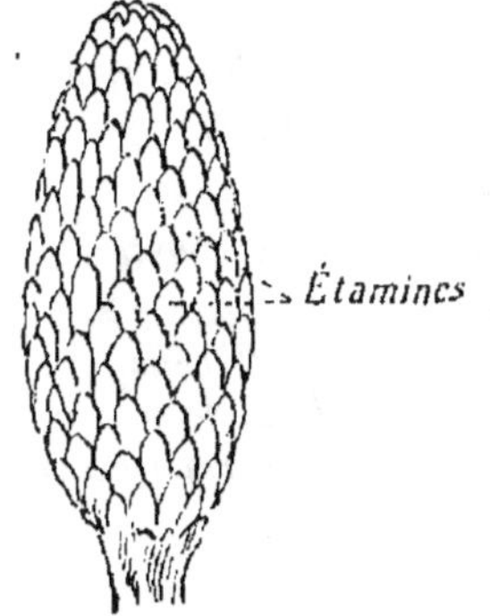

Fig. 796. — Fleur mâle de Pin.

Les grains de *pollen* (*fig.* 798) présentent deux ampoules produites par des expansions de l'exine et contenant de l'air, ce qui facilite leur dispersion par le vent. Dans les forêts de Pins et de Sapins, les grains de pollen répandus dans l'air sont si abondants qu'ils ont fait croire à des pluies de soufre.

La partie moyenne du grain de pollen contient du protoplasme et un noyau, qui va se diviser et donner 2, puis 4 noyaux, dont 3 vont s'entourer d'une membrane de cellulose. Celui qui reste dans le protoplasme est le noyau végé-

Fig. 797. — Étamine de Pin.

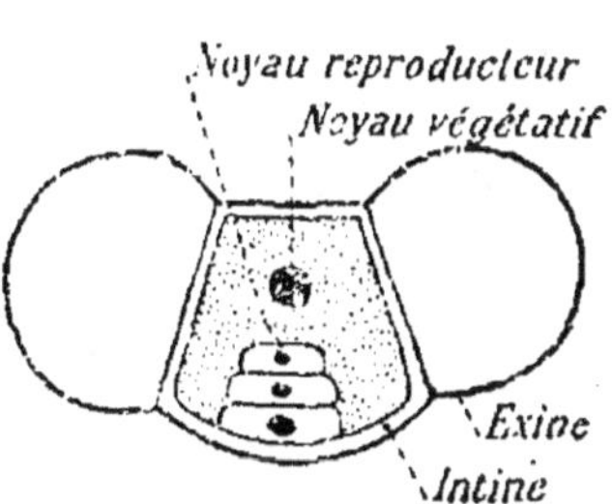

Fig. 798. — Grain de pollen de Pin.

tatif; et quand le grain de pollen germera, c'est le noyau de la plus petite cellule qui jouera le rôle de *noyau reproducteur* en donnant les deux *anthérozoïdes* dont l'un se fusionnera avec le noyau de l'oosphère.

Pistil et ovule. —

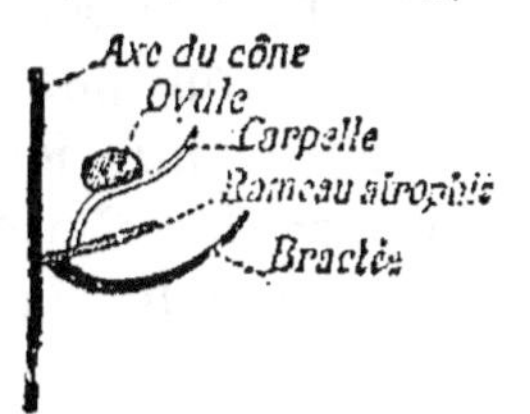

Fig. 799. — L'ovule sur les carpelles formant le cône des fleurs à pistil.

Les fleurs à pistil se présentent sous forme de petits cônes (pommes de Pin). Dans ces fleurs les carpelles (*fig.* 797) sont représentés par des écailles disposées entre les bractées qui forment le cône. Sur la face dorsale de chaque carpelle sont attachés deux ovules (*fig.* 800). Le pistil, dans ce cas, ne porte pas de stigmate, de sorte que le pollen tombe directement sur l'ovule.

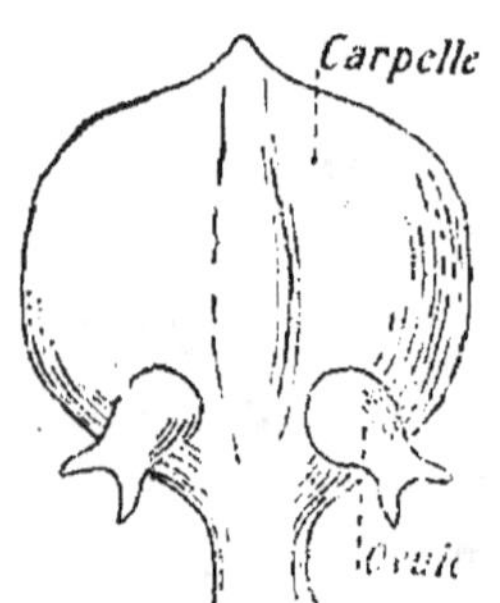

Fig. 800. — Carpelle
portant déux ovules

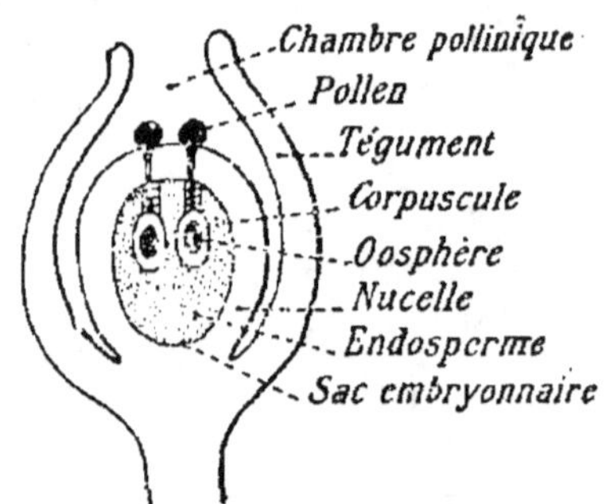

Fig. 801. — Ovule des Gymnospermes.

L'*ovule* (*fig*. 801) n'a qu'un seul tégument, qui est ouvert largement au sommet pour constituer ce qu'on appelle la *chambre pollinique*. Le nucelle contient aussi un sac embryonnaire, mais de bonne heure le noyau de ce sac se divise et donne un tissu appelé *endosperme*, dont les cellules sont riches en matières nutritives. Bientôt on voit une de ces

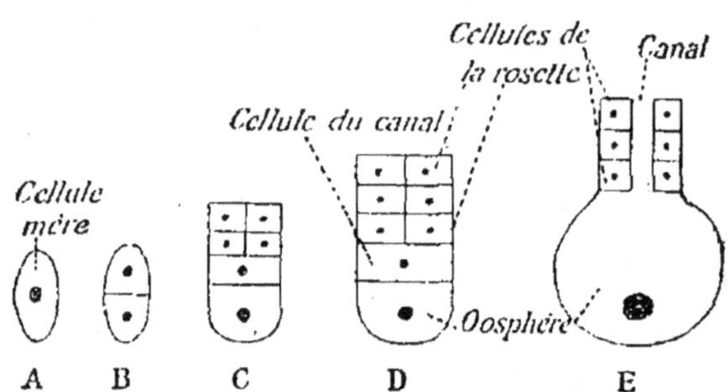

Fig. 802. — Développement d'un archégone.

cellules se diviser en deux (*fig*. 802, A et B) ; puis la cellule supérieure se segmente en 4, 8 et 12 cellules qui vont donner la *rosette* (*fig*. 802, C et D) ; tandis que la cellule inférieure se partage en une *cellule de canal* et en une *oosphère*. Cet ensemble a reçu le nom d'*archégone*. Il peut exister de 1 à 20 archégones dans un même sac embryonnaire.

Formation de l'œuf. — La maturité du grain de pollen précède souvent de quelques mois la maturité de l'archégone.

Chez le Pin, par exemple, le grain de pollen séjourne du mois d'avril au mois de juin dans la chambre pollinique, et ce n'est qu'à cette époque qu'il va féconder l'oosphère, comme chez les Angiospermes. Pour cela il germe (*fig.* 801) et le tube pollinique traverse la rosette dont les cellules ont été écartées par la cellule du canal qui s'est gélifiée (*fig.* 802, E). Le noyau reproducteur pénètre dans le tube pollinique, s'y divise en deux, et l'un de ces deux noyaux vient se combiner avec le noyau de l'oosphère pour donner l'*œuf*.

Chaque ovule contenant plusieurs archégones, et chaque archégone donnant un œuf, il en résulte que plusieurs œufs et par suite plusieurs embryons se forment dans un seul ovule. Mais, en réalité, un seul embryon se développe complètement; les autres disparaissent, digérés par celui-là.

Anthérozoïdes des Gymnospermes. — Chez certaines Gymnospermes, comme le Cycas, le Zamia, le tube pollinique s'arrête dans le nucelle et laisse échapper le noyau générateur mâle qui porte de nombreux cils disposés en spirale (*fig.* 803). Ce noyau générateur est comparable aux anthérozoïdes ciliés que nous décrirons plus loin chez les Cryptogames vasculaires ; il constitue donc une transition entre les Phanérogames et les Cryptogames.

Fig. 803. — Anthérozoïde grossi de Zamia.

La remarque est d'autant plus intéressante que ces plantes (Cycas, Zamia) représentent dans la nature actuelle certaines plantes extrêmement nombreuses pendant la période géologique primaire et apparues avant les Gymnospermes.

Graine et fruit. — Après la fécondation, chaque ovule devient une graine présentant une sorte d'aile (*fig.* 804) qui favorisera son transport par le vent. Pendant ce temps, les carpelles s'accroissent de façon à se recouvrir les uns les autres pour cacher les graines, et leur ensemble forme la *pomme de Pin* (*fig.* 805), qui est le fruit. Les cônes peuvent être très allongés comme dans l'Epicea (*fig.* 806), ou arrondis comme dans le Cyprès (*fig.* 807).

Plus tard les écailles, quand elles se dessèchent, s'écartent

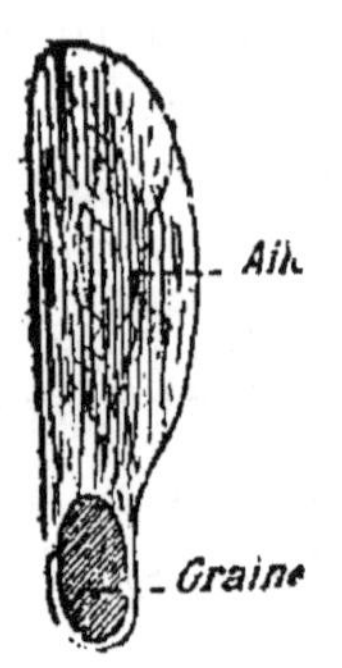

Fig. 804. — Graine
ailée du Pin.

Fig. 805. — Fruit ou
pomme du Pin.

Fig. 806. — Fruit
d'Epicea.

les unes des autres en se recourbant et chacune d'elles laisse échapper les deux graines qu'elle porte (*fig.* 808).

L'endosperme joue le rôle de l'albumen des Angiospermes et il sera digéré de la même façon au moment de la germination.

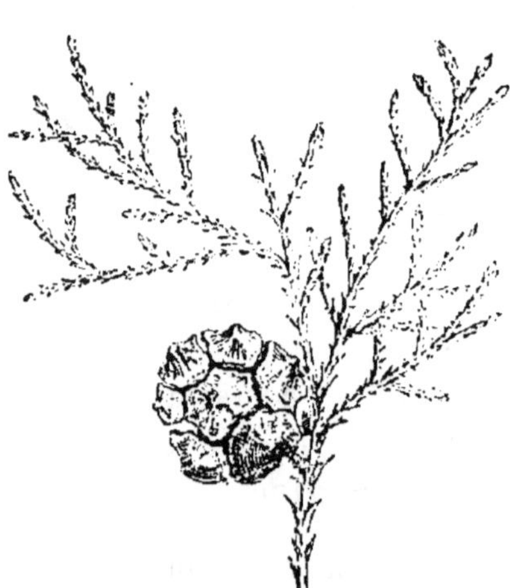

Fig. 807. — Cône arrondi de Cyprès.

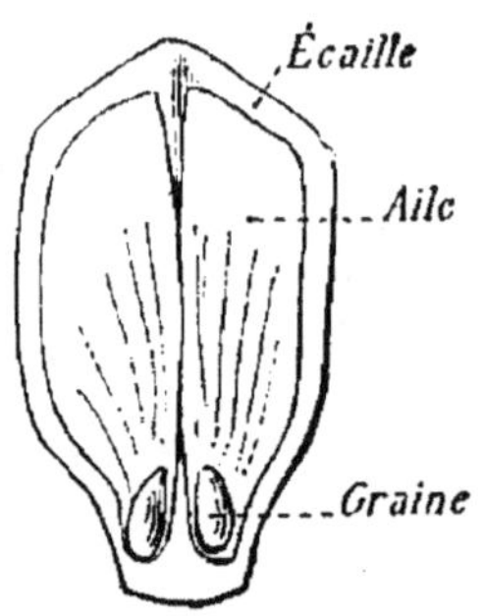

Fig. 808. — Écaille portant les
deux graines (vue de l'intérieur).

Enfin l'embryon, entouré par l'endosperme, se compose des mêmes parties que les embryons d'Angiospermes, avec cette différence que les cotylédons sont plus nombreux (de 3 à 8).

RÉSUMÉ

Les *Gymnospermes* ont leurs ovules *nus*, c'est-à-dire non enfermés dans un ovaire clos. Les fleurs à étamines et les fleurs à pistil sont séparées, mais situées sur la même plante.

Étamines. . . {
Les fleurs à étamines ont la forme d'épis.
Chaque étamine est une *écaille* avec 2 sacs polliniques.
Grain de pollen : cellules avec 4 noyaux et ampoules remplies d'air.

Pistil. . . . . {
Les fleurs à pistil ont la forme de cônes (Pomme de Pin).
Chaque *carpelle* porte *deux ovules nus.*

Ovule. . . {
Un seul tégument (*primine*) ; chambre pollinique.
Sac embryonnaire comprenant : *endosperme* et *archégones* formés chacun d'une *rosette*, d'une *cellule du canal* et d'une *oosphère.*

Le grain de pollen, après avoir séjourné dans la chambre pollinique, germe et vient *féconder* l'oosphère, dont l'accès a été facilité par la cellule du canal, qui a dissocié les cellules de la rosette.

Quelques Gymnospermes (Cycas, Zamia) ont de véritables anthérozoïdes comparables à ceux des Cryptogames vasculaires.

CHAPITRE XI

REPRODUCTION CHEZ LES CRYPTOGAMES

Les Phanérogames se reproduisent par des *œufs* : c'est la reproduction *sexuelle* ; les Cryptogames, qui n'ont pas de fleurs, peuvent se reproduire par des *œufs*, mais elles se reproduisent aussi par des *spores* : c'est la reproduction *asexuelle*. On trouve du reste toutes les transitions entre ces deux modes de reproduction.

Nous étudierons la reproduction successivement dans les trois embranchements de Cryptogames :

1° *Cryptogames vasculaires* (tige, feuilles et racines) ;

2° *Muscinées* (tige et feuilles, pas de racines) ;

3° *Thallophytes* (corps peu ou pas différencié).

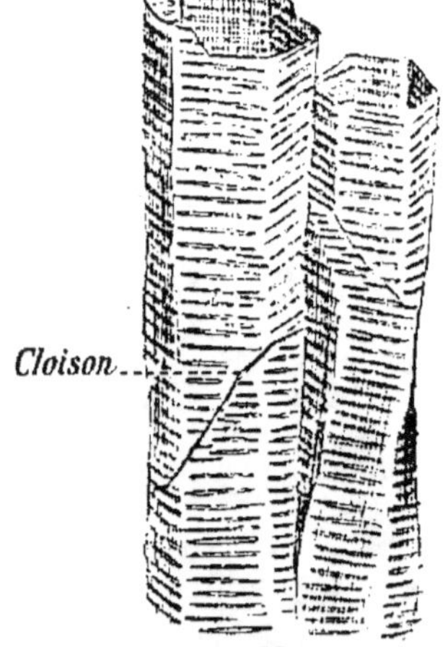

Fig. 809. — Vaisseaux scalariformes.

I. — CRYPTOGAMES VASCULAIRES

Les Cryptogames vasculaires sont les seules Cryptogames qui possèdent racines, tige et feuilles. Elles ont des vaisseaux caractérisés par des ornements disposés comme les barreaux d'une échelle, ce qui leur a valu le nom de *vaisseaux scalariformes* (*fig.* 809).

Les plantes qui font partie de cet embranchement appartiennent à trois groupes : les *Fougères*, les *Prêles* et les *Lycopodes*.

§ 1. — Fougères.

Seules les **Fougères** arborescentes des pays tropicaux possèdent une tige aérienne. Les Fougères actuelles de nos pays tempérés n'ont qu'une tige souterraine ou rhizome.

Prenons pour exemple le Polypode (*fig.* 810), qu'on trouve sur les murs, les rochers ou dans les bois. Au printemps, cette Fougère présente un rhizome, d'où partent des racines et des feuilles ; parmi celles-ci, les unes, jeunes, sont enroulées en crosse, les autres, adultes, sont étalées. C'est aux dépens de ces feuilles que vont se développer les organes nécessaires à la reproduction.

Formation des spores : sporange. — On peut voir en été,

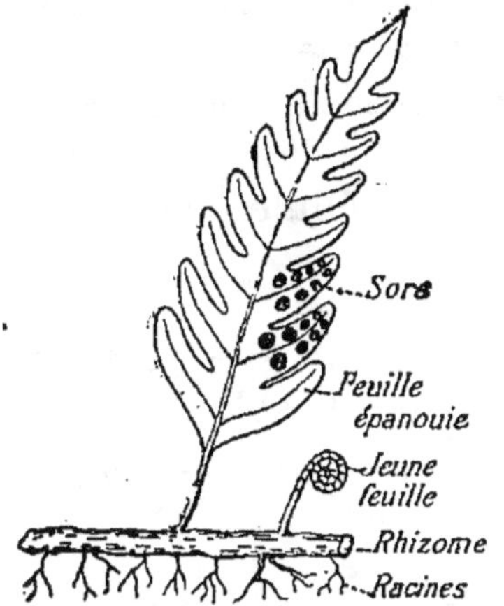

Fig. 810. — Fougère (Polypode).

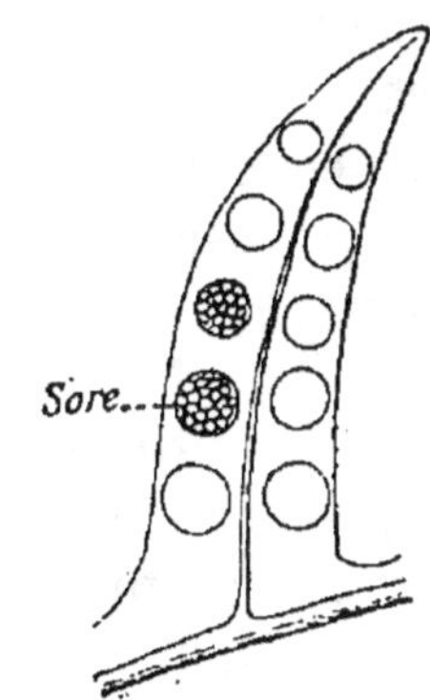

Fig. 811. — Portion de feuille de Fougère vue par sa face inférieure.

à la face inférieure des feuilles de cette Fougère (*fig.* 810 et 811), des taches brunes appelées *sores*.

Chaque sore comprend un ensemble d'organes qui ont reçu le nom de *sporanges*. Un sporange est une sorte de poil dont l'extrémité renflée (*fig.* 812) contient des cellules qui, en se différenciant, donneront les *spores*. La paroi du sporange présente une rangée annulaire de cellules qui portent, sur la face interne, des épaississements en fer à cheval.

Quand le sporange est mûr, il se dessèche et se déchire

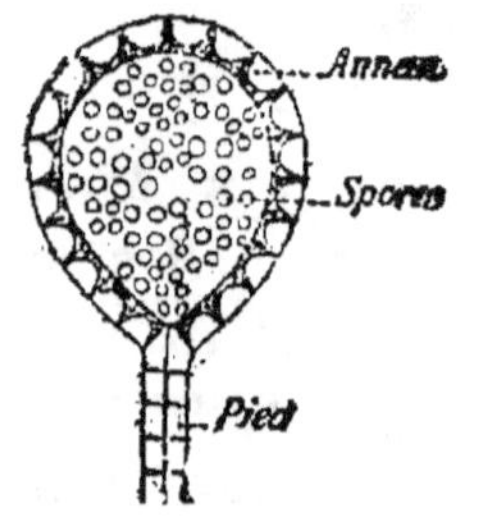

Fig. 812. — Sporange de
Fougère.

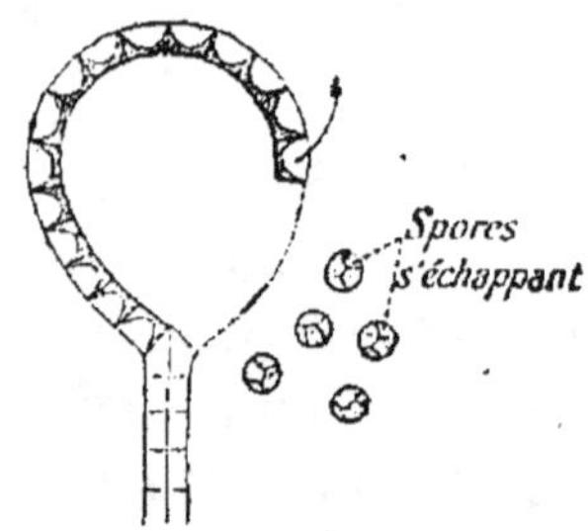

Fig. 813. — Déhiscence du
sporange.

(*fig.* 813) par le même mécanisme que celui qui produit la déhiscence de l'anthère.

Les spores sont alors mises en liberté. Chaque spore est une cellule riche en matières de réserve et qui présente deux membranes : l'externe, cutinisée et pourvue souvent d'ornements ; l'interne, mince et cellulosique.

Les spores se développent à l'intérieur du sporange par un procédé analogue à celui qui donne des grains de pollen dans les sacs polliniques, chaque cellule mère formant 4 spores.

Germination des spores : prothalle. — Les spores, transportées par le vent, tombent sur le sol. Elles peuvent rester longtemps à l'état de vie ralentie, mais sur un sol humide, elles *ger-*

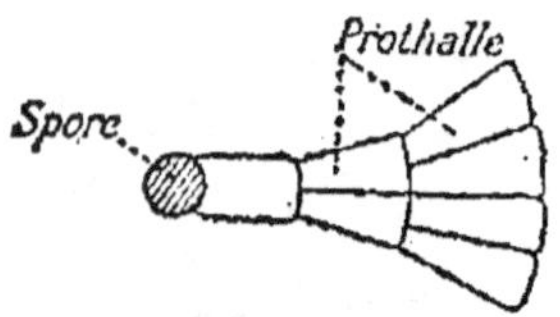

Fig. 814. — Spore germant
et donnant le prothalle.

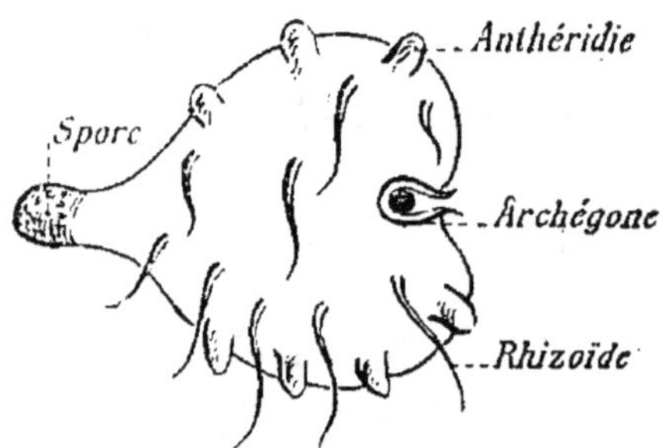

Fig. 815. — Prothalle vu par sa
face inférieure.

ment. Leur membrane externe se fend et laisse passer un filament très court qui va bientôt se cloisonner et donner une petite lame verte appelée *prothalle* (*fig.* 814).

Ce prothalle, en forme de cœur (*fig.* 815), a au plus un centimètre carré de surface. Il s'étale sur le sol, dans lequel

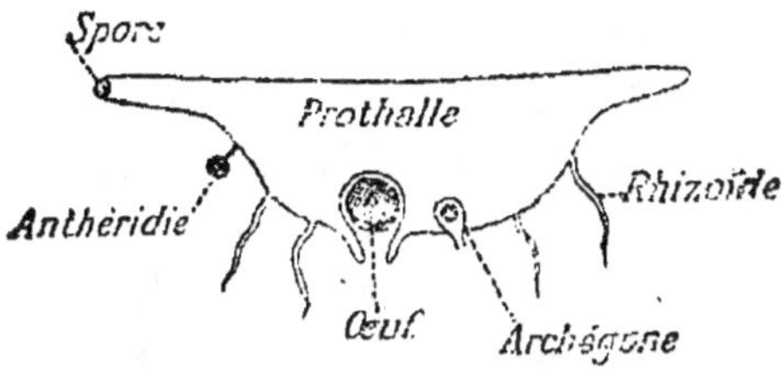

Fig. 816. — Le prothalle (en coupe).

il enfonce des sortes de poils absorbants appelés **rhizoïdes** (*fig.* 816). Par ces rhizoïdes et par la chlorophylle qu'il contient dans ses cellules, le prothalle peut se nourrir.

C'est alors qu'on voit apparaître sur la face inférieure du prothalle des organes reproducteurs qui vont contribuer à la formation de l'œuf.

Ces spores qui engendrent des prothalles sont souvent désignées sous le nom de *diodes*, pour les distinguer des vraies spores qui donnent des plantes semblables à celles d'où elles proviennent.

Organes reproducteurs : anthéridie et archégone. — Les *organes reproducteurs*, qui se développent à la face inférieure du prothalle (*fig.* 816), sont de deux sortes : les organes mâles ou **anthéridies** et les organes femelles ou *archégones*.

1° **L'anthéridie.** — C'est un poil renflé et arrondi à son extrémité ; la paroi de cette partie ne présente qu'une seule rangée de cellules (*fig.* 817), et à l'intérieur de l'anthéridie se

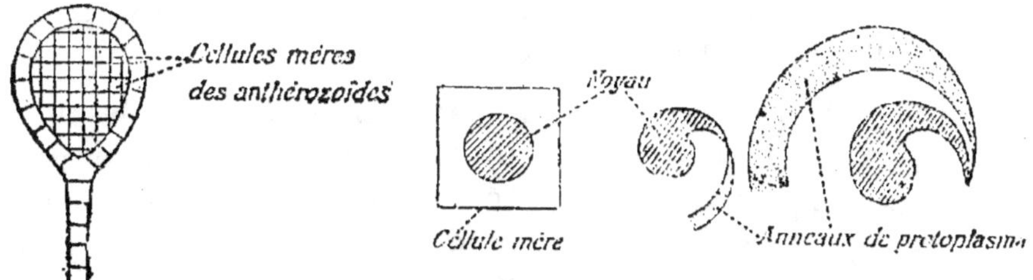

Fig. 817. – Anthéridie.   Fig. 818. — Développement des anthérozoïdes.

trouvent de nombreuses petites cellules : ce sont les cellules mères des *anthérozoïdes*. Chacune d'elles donnera un anthérozoïde de la façon suivante (*fig.* 818) : le noyau s'allonge et s'enroule en tire-bouchon, pendant que le protoplasme forme

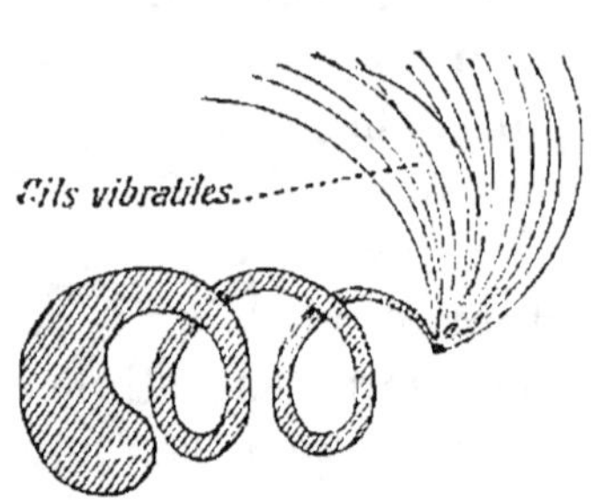

Fig. 819. — Anthérozoïde.

d'abord une sorte d'anneau, donne de nombreux cils vibratiles destinés à faire mouvoir ce petit corps appelé *anthérozoïde* (*fig.* 819). L'anthéridie mûre se gonfle d'eau et crève ; pendant ce temps, les parois des cellules mères se résorbent et laissent en liberté les anthérozoïdes, qui vont nager dans l'eau baignant le prothalle.

2° L'archégone. — Sur le même prothalle on aperçoit des petits corps en forme de bouteille (*fig.* 816) : ce sont les *archégones*. Chaque archégone (*fig.* 820) se compose d'une partie renflée située dans le prothalle et appelée *ventre*, et d'une partie allongée appelée *col*. Dans le ventre de l'archégone se trouve une cellule appelée *oosphère* : c'est la cellule femelle. L'oosphère est surmontée d'une autre cellule qui, en se gélifiant, écarte les cellules du col pour former

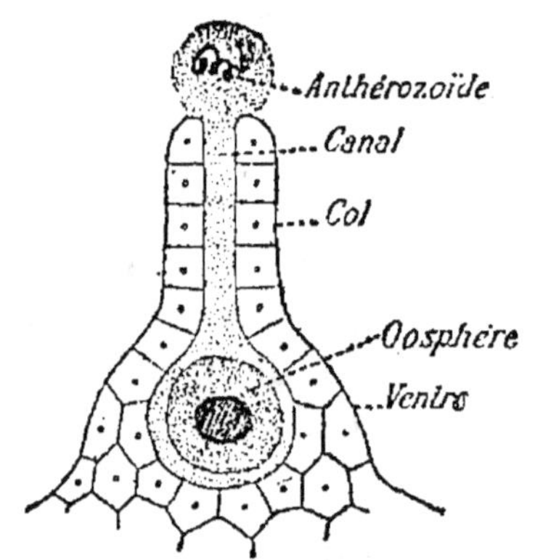

Fig. 820. — Archégone.

le *canal* et vient former à l'extrémité de ce canal une gouttelette mucilagineuse.

Formation et développement de l'œuf. — Un des anthérozoïdes qui nagent sous le prothalle peut être retenu par le

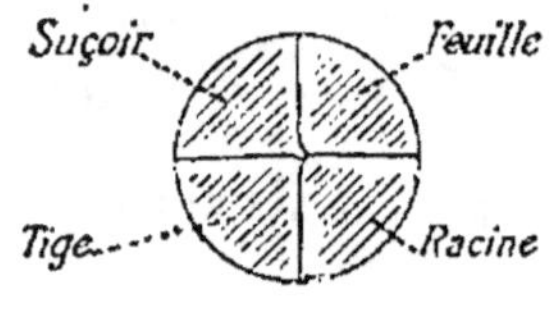

Fig. 821. — L'œuf se segmente.

mucilage recouvrant le sommet de l'archégone ; il s'introduit alors dans ce mucilage, pénètre dans le col en tournoyant et vient mélanger sa masse à l'oosphère. La fécondation est opérée et l'œuf est formé.

Aussitôt après la fécondation, l'œuf s'entoure d'une membrane de cellulose et se partage immédiatement en 2 puis en 4 cellules (*fig.* 821) : une de ces cellules se développant à l'intérieur du prothalle donne le pied

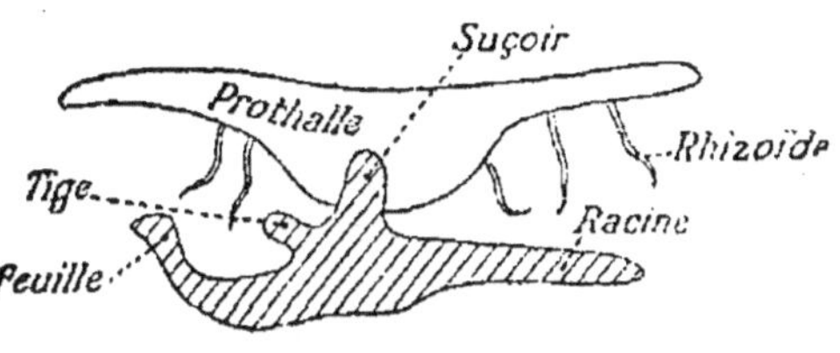

Fig. 822. — La jeune tige se développe.

ou *suçoir* qui va puiser la matière nutritive dans le prothalle (*fig.* 822) ; une autre cellule donnera la racine ; une troisième la tige et enfin la quatrième la première feuille.

Peu à peu le prothalle se flétrit pendant que la jeune Fougère se développe.

L'étude du développement d'une Fougère montre bien une alternance régulière de formes : 1° la *plante feuillée*, qui est un appareil nutritif sur lequel se développent les spores destinées à la dissémination ; 2° le *prothalle*, qui constitue surtout un appareil reproducteur, donnant anthéridies et archégones.

On peut résumer la reproduction d'une Fougère par le

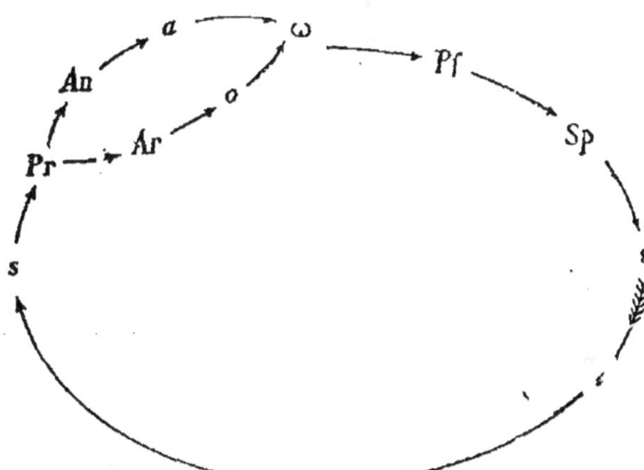

graphique ci-contre :

Une spore *s* forme un prothalle *Pr* sur lequel se développent les organes reproducteurs : 1° des anthéridies *An* qui formeront des anthérozoïdes *a* ; 2° des archégones *Ar* qui formeront des oosphères *o*. Un anthérozoïde va féconder l'oosphère et donner l'œuf ω ; celui-ci, en germant sur le prothalle, donnera la plante feuillée *Pf*, sur laquelle se développeront le sporange *Sp* et les spores *s* qui pourront recommencer le même cycle et ainsi de suite.

Le mode de reproduction que nous venons de décrire se retrouve chez toutes les Cryptogames vasculaires qui appartiennent au groupe des Fougères, mais il présente quelques modifications dans les deux autres groupes des Prêles et des Lycopodes.

§ 2. — Prêles.

Les Prêles, qui vivent dans les endroits humides (*fig*. 823), diffèrent des Fougères par leurs feuilles réduites à de petites écailles disposées en collerette autour de la tige. Cette dernière est cannelée et porte des rameaux disposés en verticilles. Au printemps, certaines tiges présentent des sporanges réunis en une sorte d'épi ayant la forme d'une massue. Les sporanges sont attachés sur des feuilles transformées en écailles (*fig*.824); à la maturité, ils s'ouvrent et laissent échapper des spores munies de quatre prolongements ou *élatères* (*fig*. 825). Ces élatères, en se détendant, font sauter les spores comme de petits Insectes microscopiques.

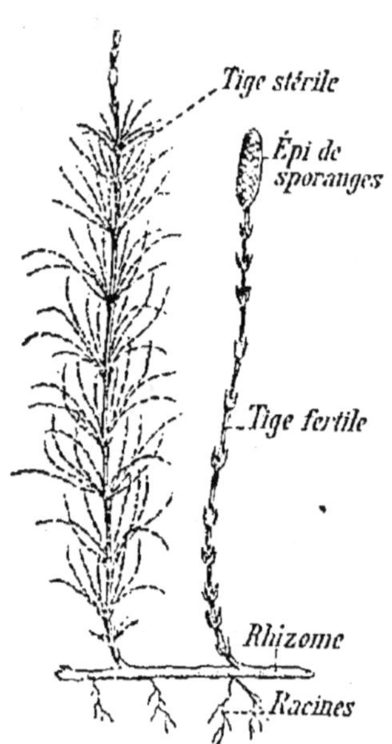

Fig. 823.— Prêle des champs

Toutes les spores sont semblables en apparence ; mais les unes, en germant, donnent des *prothalles à anthéridies*, les autres, des *prothalles à archégones*.

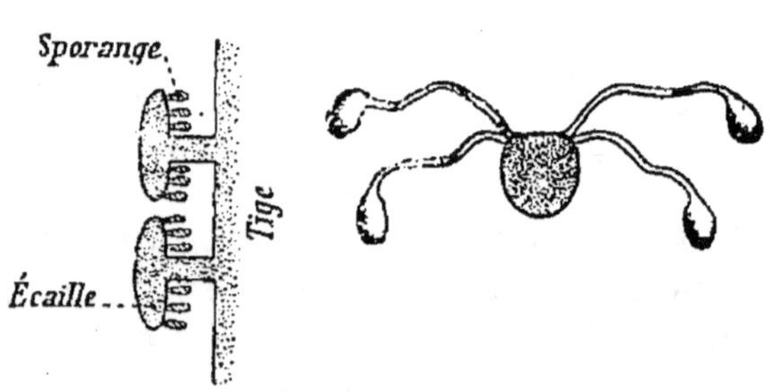

Fig. 824. — Portion de l'épi de sporange.

Fig. 825. - Spore avec ses élatères.

§ 3. — Lycopodes.

Les Lycopodes, qui poussent dans les forêts, ont des feuilles insérées autour de la tige comme les feuilles des Mous-

rig. 826. — Sélaginelle.

ses. Prenons pour exemple la *Sélaginelle* (*fig.* 826), qu'on trouve dans les forêts humides et chaudes et qu'on cultive en bordures dans les serres. Certaines tiges portent des sporanges ; mais ceux-ci sont de deux sortes (*fig.* 827) : 1° ceux qui se trouvent à l'extrémité des rameaux sont petits et nombreux ; ce sont les *microsporanges,* qui renferment de très nombreuses et très petites spores ou *microspores* ; 2° ceux qui se trouvent au-dessous sont

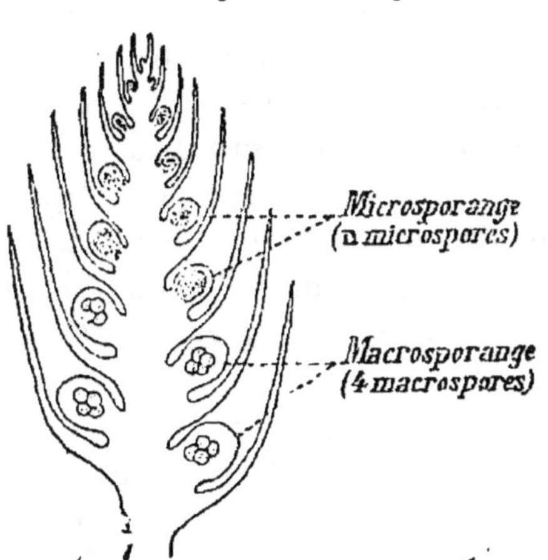

Fig. 827. — Extrémité d'un rameau de Sélaginelle.

plus gros et on les appelle des *macrosporanges* ; ils contiennent 4 grosses spores ou *macrospores*.

Les microspores, en germant, donnent un *prothalle* dans

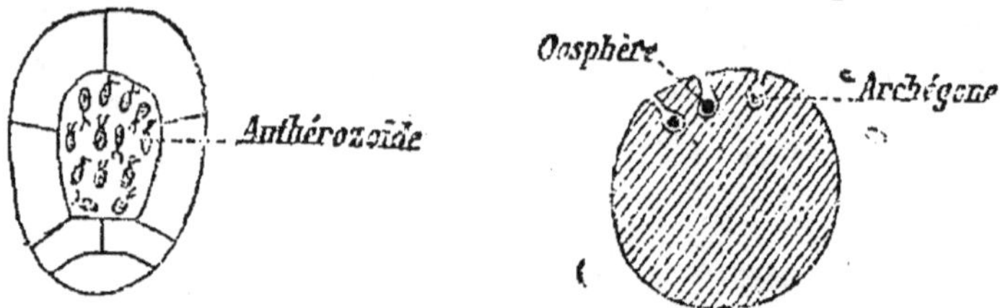

Fig. 828. — Prothalle à anthéridie (Sélaginelle).

Fig. 829. — Prothalle à archégone (Sélaginelle).

lequel se développe une *anthéridie* (*fig.* 828) et des anthérozoïdes.

Les macrospores donnent un *prothalle* sur lequel se développent des *archégones* (*fig.* 829) qui contiennent une oosphère.

Comparaison des Phanérogames avec les Cryptogames vasculaires. Endoprothallées et exoprothallées. — Il nous est facile maintenant de comparer ces deux embranchements au point de vue de la reproduction, en rappelant ce que nous avons observé dans l'étude du Pin (Phanérogame) et de la Sélaginelle (Cryptogame).

La feuille portant un microsporange correspond à l'étamine. Les microsporanges sont comparables aux sacs polliniques, et les microspores aux grains de pollen. Le prothalle à anthéridies, né de ces microspores, est homologue à la cellule végétative du grain de pollen qui donne le tube pollinique ; et l'anthéridie est comparable à la petite cellule renfermant le noyau reproducteur. Enfin l'anthérozoïde a des cils vibratiles chez la Sélaginelle et chez certaines Gymnospermes (Cycas, Zamia).

La feuille à macrosporange de la Sélaginelle rappelle le carpelle du Pin. Le macrosporange correspond au nucelle de l'ovule de Gymnosperme. Une macrospore est une cellule spéciale du macrosporange, comme le sac embryonnaire est une cellule spéciale du nucelle ; elle donne le prothalle à archégones, comme une cellule donne l'endosperme des Gymnospermes. Enfin l'archégone a une structure et une origine rappelant exactement celles du corpuscule du Pin. Quant à l'oosphère, elle joue le même rôle dans les deux cas.

On voit par cette comparaison que si l'on accorde le nom de fleur au cône à étamines ou à pistils du Pin, il est difficile de le refuser à l'épi de la Sélaginelle.

On peut résumer dans le tableau suivant les homologies que nous venons d'indiquer :

	Cryptogames vasculaires	*Gymnospermes*
Fleur mâle.	Feuille à microsporange. . . .	Étamine.
	Microsporange.	Sac pollinique.
	Microspore.	Grain de pollen.
	Prothalle à anthéridies. . .	Tube pollinique.
	Anthéridie.	Cellule reproductrice du pollen.
	Anthérozoïde	Anthérozoïde.
Fleur femelle.	Feuille à macrosporange. .	Carpelle.
	Macrosporange.	Nucelle.
	Macrospore.	Sac embryonnaire.
	Prothalle à archégones. . .	Endosperme.
	Archégone.	Corpuscule.
	Oosphère.	Oosphère.

Des faits nouveaux découverts en paléontologie sont venus resserrer davantage encore les liens de parenté entre les Cryptogames vasculaires et les Gymnospermes, si bien qu'aujourd'hui il n'existe pour ainsi dire plus de séparation entre les plantes à fleurs et les plantes sans fleurs. On a trouvé, en effet, à l'époque carbonifère, des Fougères arborescentes qui portaient de véritables graines (*fig.* 830). Ces plantes sont des Fougères par leur appareil végétatif, mais des Gymnospermes par leur appareil reproducteur.

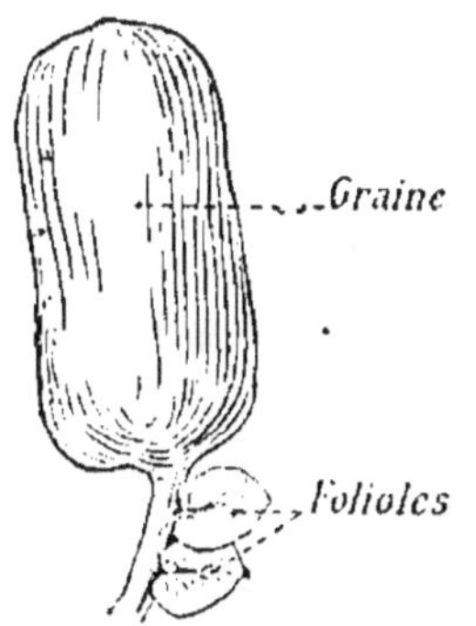

Fig. 830. — Extrémité d'une feuille de *Nevropteris* (plante carbonifère).

Aussi a-t-on créé pour elles une division nouvelle des Gymnospermes, celle des Fougères à graines ou des *Ptéridospermées*.

Une différence pourtant existe entre les Phanérogames et

les Cryptogames vasculaires : c'est que chez les premières le prothalle (tube pollinique, endosperme) se développe toujours *dans* la plante mère, tandis que chez les secondes le prothalle se développe *en dehors* de la plante mère, d'où les noms d'*exoprothallées* et d'*endoprothallées* donnés à ces plantes.

II. — MUSCINÉES

Les Muscinées ont une tige et des feuilles, mais jamais de racines, ni par suite de vaisseaux. A sa partie inférieure la tige porte des poils absorbants qui remplacent physiologiquement les racines.

Formation des spores : sporogone. — Prenons comme exemple une Mousse très commune sur le bord des chemins, le Polytric. Isolons un pied de cette Mousse et, si nous l'observons à la fin du prin-

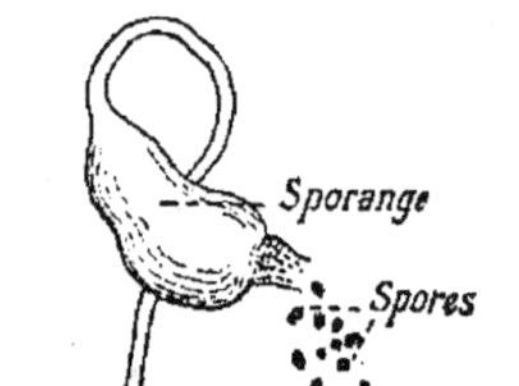

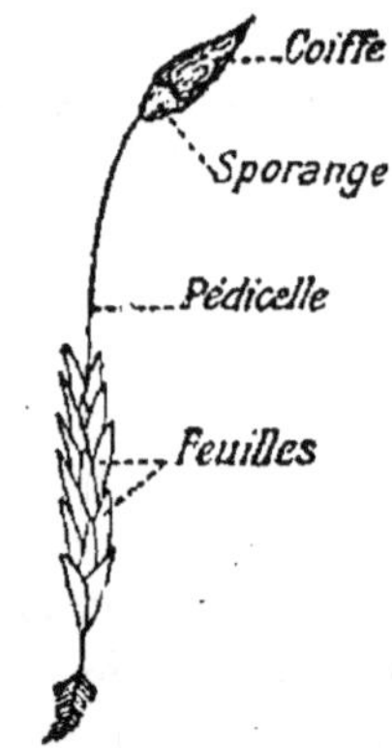

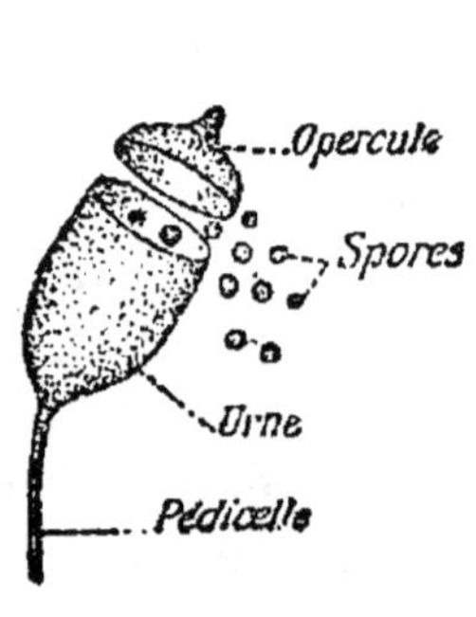

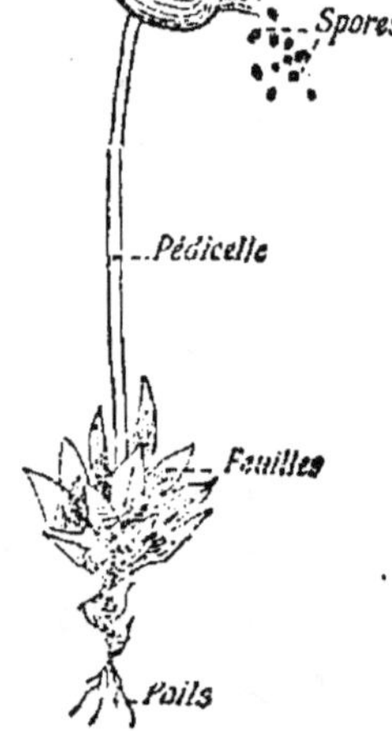

Fig. 831. — Une Mousse (Polytric).

Fig. 832 Déhiscence du sporange.

Fig. 833. — Funaire (Mousse poussant dans les forêts sur les ronds où l'on a fabriqué le charbon)

temps, nous verrons (*fig.* 831) que la tige semble se continuer par une partie grêle, le *pédicelle*, lequel se renfle à son extrémité pour donner le *sporange*. L'ensemble du pédicelle et du sporange est appelé *sporogone*. Le sporange est recouvert d'une *coiffe*.

A la maturité, la coiffe tombe et le couvercle ou *opercule* (*fig.* 832), du sporange s'ouvre, de sorte que la partie inférieure appelée *urne*, laisse échapper les spores. Souvent les bords de l'urne sont garnis d'une collerette appelée *péristome* (*fig.* 833).

Germination des spores : protonéma. — Les spores mises en liberté peuvent germer et donner un filament qui va se cloisonner (*fig.* 834), se ramifier et former à la surface du sol un feutrage de filaments verts d'où partent des poils bruns ou rhizoïdes s'enfonçant dans le sol. Cet ensemble filamenteux est appelé *protonéma*. De place en place, sur ce protonéma on voit apparaître de petits renflements dont chacun va donner une tige et des feuilles. Il y aura donc bientôt autant de pieds de Mousse que de renflements ; enfin le protonéma disparaissant complètement, chaque pied de Mousse va devenir indépendant.

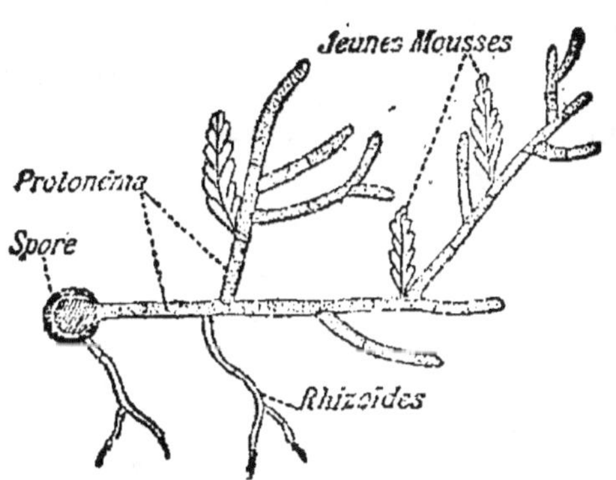

Fig. 834. — La spore germe et donne le protonéma.

Organes reproducteurs : anthéridie, archégone. — Au début du printemps, on peut voir au sommet de la tige de Mousse une rosette formée par des feuilles ; c'est au milieu de cette rosette (*fig.* 835) que se développent les organes reproducteurs : *anthéridies* et *archégones*. Souvent ces organes sont portés par des pieds différents.

Une *anthéridie* est un poil terminé en massue et dont la paroi n'est formée que d'une seule assise cellulaire. A l'intérieur les *anthérozoïdes* se développent comme

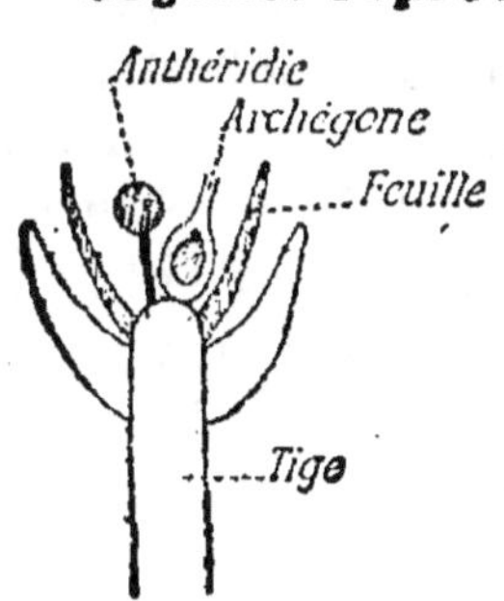

Fig. 835. — Le sommet de la tige et les organes reproducteurs

chez les Fougères. Quand l'anthéridie est mûre, une goutte d'eau déposée dans la rosette fait gonfler le mucilage qui est à l'intérieur de l'anthéridie ; celle-ci éclate et laisse échapper les anthérozoïdes enroulés et munis seulement de deux cils (*fig.* 836).

Fig 836. — Anthérozoïde de la Mousse.

L'*archégone* a la forme d'une bouteille, avec un ventre et un col ; dans le ventre se trouvent l'*oosphère* et la *cellule du canal* qui, en se gélifiant, dissocie les cellules du col et vient former une gouttelette mucilagineuse au sommet de l'archégone. La disposition est donc la même que chez les Fougères.

Formation et développement de l'œuf. — Les anthérozoïdes mis en liberté se déplacent au milieu d'une sorte de gelée, et, grâce aux mouvements de leurs cils, ils pénètrent dans le mucilage de l'archégone, s'enfoncent dans le canal et pénètrent jusqu'à l'oosphère. Là, un seul anthérozoïde se mélange avec l'oosphère : l'*œuf* est constitué. A partir de ce moment, les autres archégones de la même rosette se flétrissent, car il ne se forme qu'un seul œuf.

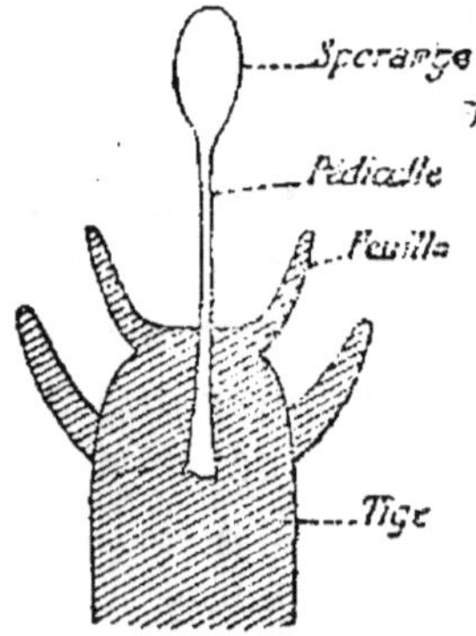

Fig. 837. — L'œuf germe sur le sommet de la tige et donne le sporogone.

Aussitôt la fécondation opérée, l'œuf s'enveloppe d'une membrane de cellulose ; puis il se cloisonne et donne un massif cellulaire allongé dont la base s'enfonce dans la tige de la Mousse (*fig.* 837) pour y puiser de la nourriture. Bientôt enfin le sporogone se trouve constitué. C'est dans le sporange que vont se développer les spores ; chaque cellule mère donnant 4 spores comme chez les Fougères et comme les cellules mères du pollen des Phanérogames.

Chez les Mousses, il y a donc aussi une alternance de formes : 1° une *plante feuillée*, qui constitue non seulement un appareil nutritif, mais qui forme aussi les organes reproducteurs, anthéridie et archégone ; 2° un appareil transitoire le *sporogone*, qui n'est destiné qu'à produire des spores et qui provient de la germination de l'œuf.

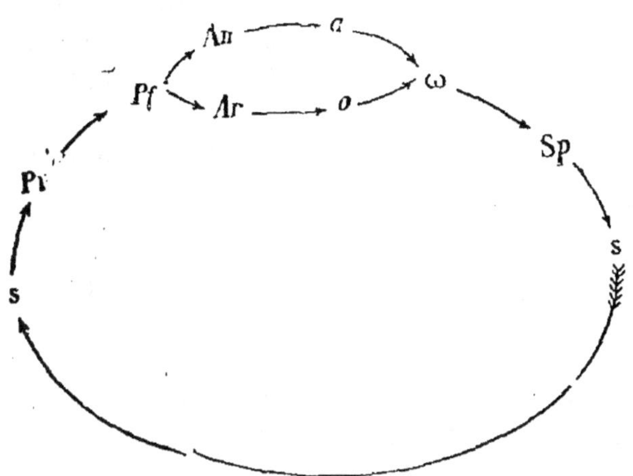

On peut résumer la reproduction des Muscinées par le graphique ci-contre :

Une spore *s* produit des filaments ou protonéma *Pr* qui donne des plantes feuillées *Pf*. La plante feuillée produit des anthéridies *An* qui contiennent les anthérozoïdes *a*, et des archégones *Ar* qui contiennent les oosphères *o*. Un anthérozoïde se fusionne avec l'oosphère et donne l'œuf ω, lequel germe sur la plante et forme le sporogone *Sp*, qui produira des *spores* semblables aux premières, et ainsi de suite.

Hépatiques. — Les Hépatiques (*fig.* 838) sont de petites

A. — Thalle à anthéridie.   B. — Thalle à archégone.

Fig. 838. — Une Hépatique (Marchantie).

Muscinées qui poussent dans les endroits humides et dont le

corps est réduit à une petite lame verte, sorte de *thalle* semblable à celui que nous allons trouver chez certaines Algues ; mais d'autre part, leur mode de reproduction est le même que celui des Mousses. Comme ces dernières, elles ont des anthéridies (*fig.* 838, A) et des archégones (*fig.* 838, B) portés par des pieds différents.

III. — THALLOPHYTES

Caractères généraux. — Les Thallophytes sont des végétaux qui n'ont ni racine, ni tige, ni feuilles. Leur corps, de forme variable, a reçu le nom de *thalle*.

Ils comprennent trois groupes : les *Algues*, les *Champignons* et les *Lichens*, qui proviennent de l'association d'une Algue et d'un Champignon.

Ces plantes se reproduisent par des procédés divers : les unes exclusivement par des *œufs*, les autres exclusivement par des *spores*, enfin un grand nombre se reproduisent par des œufs ou par des spores suivant que le milieu est favorable ou non.

§ 1. — Algues.

Les Algues sont des végétaux aquatiques caractérisés par la chlorophylle qu'elles contiennent. Souvent la chlorophylle est masquée par une autre matière colorante, brune, rouge ou bleue. Ainsi le Fucus est une Algue brune contenant de la chlorophylle et une matière colorante brune ; pour le montrer, on place un fragment de Fucus dans de l'eau que l'on fait bouillir : le Fucus verdit et l'eau brunit, car elle dissout la matière brune qui n'était pas soluble dans l'eau de mer.

Les Algues comprennent les végétaux les plus petits (Bacilles), et des plantes de grande taille qui peuvent atteindre plusieurs centaines de mètres de longueur (Algues marines).

Elles se reproduisent par *œufs* ou par *spores*.

1° Reproduction par œufs. — Étudions la formation de

'œuf chez quelques Algues qui pourront nous donner une idée de la diversité du mode de reproduction. Prenons par exemple le *Fucus*, la *Spirogyre* et le *Mésocarpus*.

Fucus. — C'est une Algue brune, très abondante sur les côtes de France. Le Fucus se reproduit uniquement par œufs. Il présente à l'extrémité de certains rameaux (*fig.* 839) des ponctuations qui indiquent les orifices de petites cavités ou *conceptacles.* Dans ces cavités

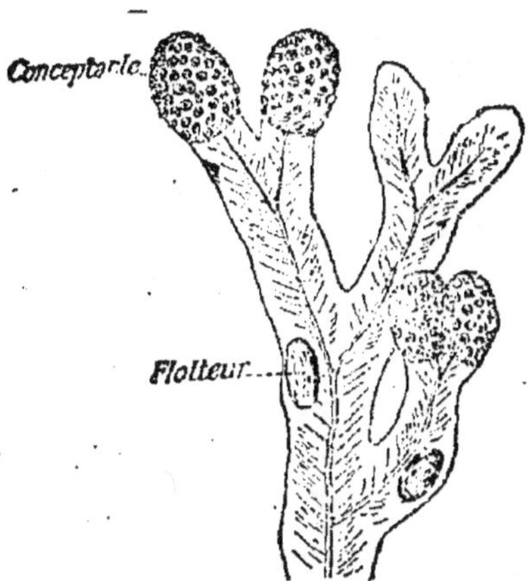

Fig. — 839. Fragment de Fucus.

se dévelloppent les organes reproducteurs. Dans les unes,

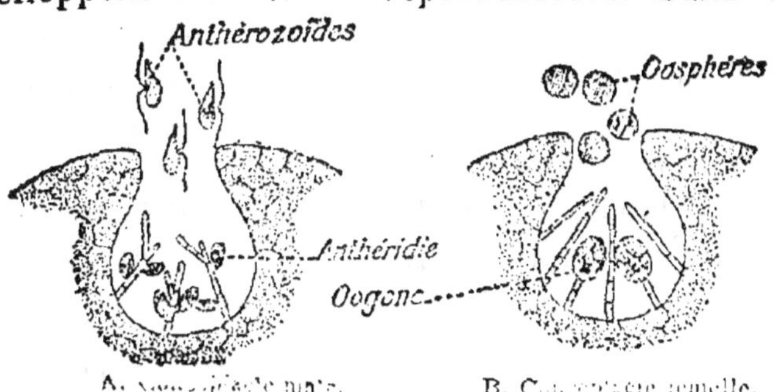

Fig. 840. — Coupe dans les conceptacles du Fucus.

appelées *conceptacles mâles* (*fig.* 840, A). se développent des anthéridies qui produisent chacune un grand nombre d'anthérozoïdes portant deux cils dirigés l'un en avant, l'autre en arrière ; dans les autres, appelées *conceptacles femelles* (*fig.* 840, B), se trouvent des masses appelées *oogones*, qui sont formées de huit cellules ou *oosphères*, lesquelles, au moment de la maturité, sont mises en liberté et sortent par l'orifice.

Fig. 841. — Oosphère entourée d'anthérozoïdes.

Les organes mâles et les organes femelles sont portés par des pieds différents. Si on mélange dans s l'eau de mer des Fucus à anthéridies et des Fucus à oogones, on peut voir des anthérozoïdes entourer une oosphère et la faire tourner (*fig.* 841); puis l'un d'eux se fusionne avec l'oosphère et l'œuf est constitué.

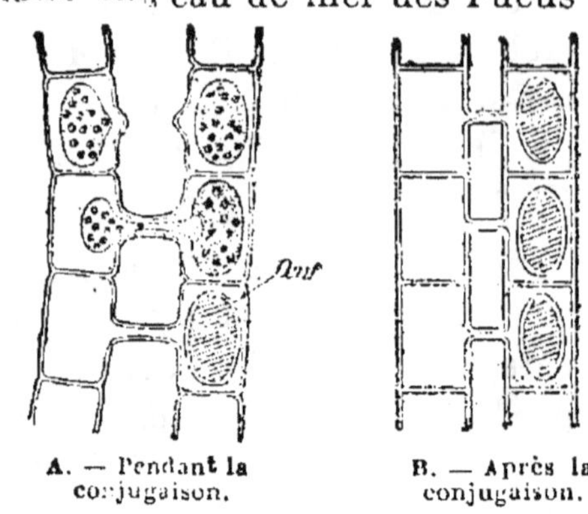

Fig. 842. — Filaments de Spirogyres.

Spirogyre. — La Spirogyre est une Algue filamenteuse d'eau douce. Au moment de la reproduction on voit deux de ses filaments se placer parallèlement (*fig.* 842), puis deux cellules voisines émettent des prolongements qui marchent l'un vers l'autre et finissent par se confondre (*fig.* 842, A). A ce moment le protoplasme de l'une des cellules se contracte et passe dans l'autre cellule pour se fusionner avec son contenu : l'*œuf* est formé et s'enveloppe d'une membrane de cellulose. Ce fait se produit en même temps dans toute la longueur des filaments, de sorte qu'après la conjugaison l'un est vide et l'autre contient les œufs (*fig.* 842, B).

Mésocarpus. — Les masses protoplasmiques qui se fusionnent pour former l'œuf marchent à la rencontre l'une de l'autre (*fig.* 843) et l'œuf se forme au milieu du canal qui fait communiquer les deux filaments.

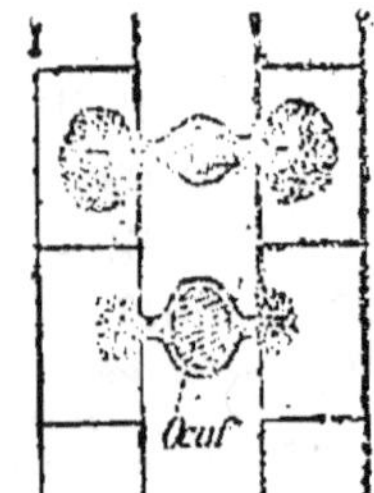

Fig. 843. — Formation de l'œuf chez le Mésocarpus.

On voit que dans les Algues la formation de l'œuf se simplifie progressivement: chez le Fucus il y a une différence très marquée entre la cellule mâle, qui est mobile, et la cellule femelle, qui est immobile ; les cellules reproductrices ou *gamètes* étant inégales, on dit qu'il y a *hétérogamie*. Chez les Spirogyres les deux cellules qui forment l'œuf sont semblables, mais l'une, celle qui se déplace, peut être considérée comme cellule mâle ; il y a donc *isogamie impar-*

faite. Enfin, chez le Mésocarpus, les gamètes sont semblables et l'on ne peut plus distinguer la cellule mâle de la cellule femelle ; il y a par conséquent *isogamie parfaite*.

2° Reproduction par spores. — Les Conferves, qui sont des Algues filamenteuses vivant dans les eaux douces, ne se reproduisent que par des spores. Pour cela le protoplasme de certaines cellules se frag-mente (*fig*. 844, A) en nom-

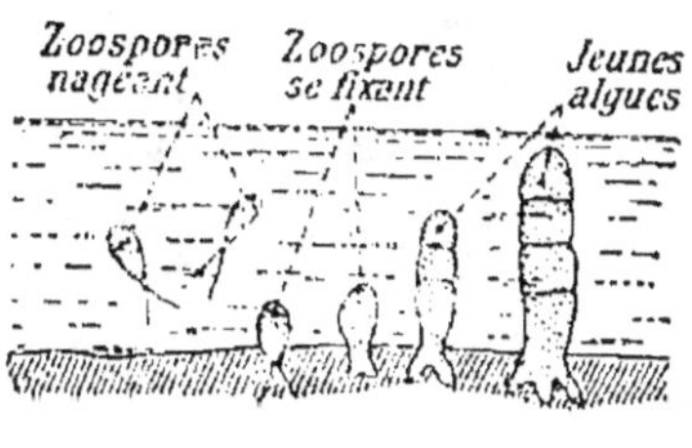

Fig. 844. — Filaments de Conferve et zoospores.

Fig. 845. — Développement ... zoospores d'une Conferve.

breuses petites masses dont chacune donne un corps muni de deux cils : ce sont des spores, mobiles comme les anthérozoïdes ; aussi les appelle-t-on *zoospores*. Puis la paroi cellulaire se perce en un certain point (*fig*. 844, B) par où s'échappent les zoospores : celles-ci nageront pendant un certain temps (*fig*. 845) et se fixeront par leur partie effilée pour se développer et donner de nouveaux filaments de Con-ferves.

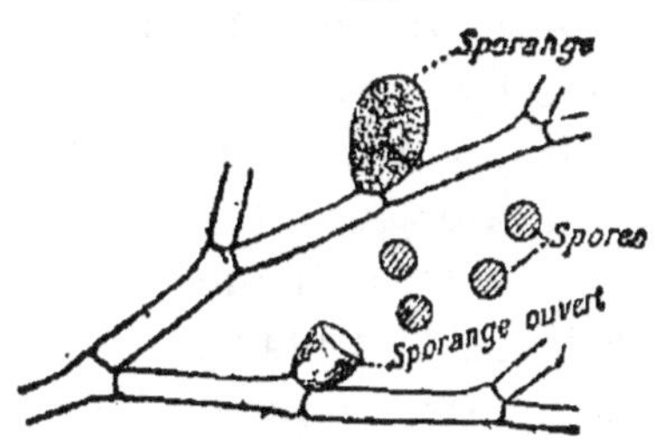

Fig. 846. — **Formation des spores chez une Algue rouge.**

Chez certaines Algues rouges (*fig*. 846), on trouve des sporanges dont chacun donne naissance à quatre spores dépourvues de cils et semblables · par suite à celles des Mousses. Certaines de ces Algues se reproduisent par des œufs qui se développent sur le thalle, comme. les œufs des Mousses germent sur l'extrémité de la tige. C'est un autre point de rapprochement avec ce groupe de végétaux.

§ 2. — Champignons.

Les Champignons sont dépourvus de chlorophylle, de sorte qu'ils ne peuvent assimiler le carbone. Ils sont donc obligés de prendre leur nourriture soit sur des êtres vivants (Champignons parasites), soit sur la matière organique en décomposition (Champignons saprophytes).

Les Champignons peuvent se reproduire par des *œufs* ou par des *spores*. Le même Champignon, suivant le milieu dans lequel il vit, aura l'un ou l'autre de ces deux modes de reproduction.

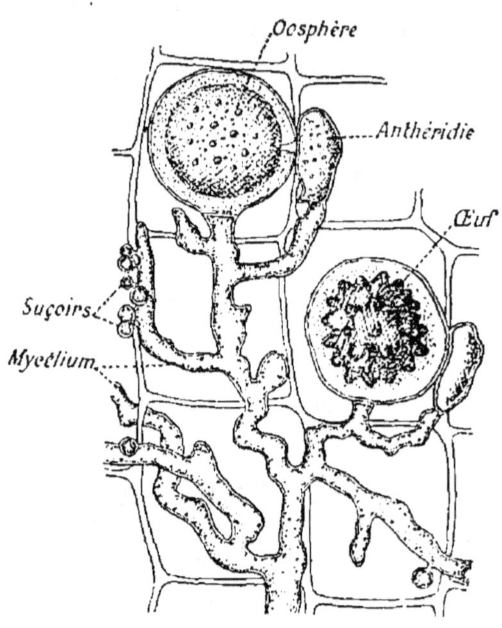

Fig. 847. — Cystopus du Chou.

1° **Reproduction par œufs.** — Prenons pour exemple un Champignon parasite du Chou, le *Cystopus*. En automne on peut voir la feuille du Chou envahie par les filaments ou *mycélium* du Champignon (*fig.* 847). Parmi ces filaments, les uns sont munis de suçoirs, d'autres se renflent en boule pour donner l'organe femelle ou *oogone* qui contient l'*oosphère*. Au-dessous de l'oogone se détache un rameau qui se renfle en massue et qui vient se placer contre l'oogone : c'est l'organe mâle ou *anthéridie*. Le protoplasme de l'anthéridie et celui de l'oogone sont isolés du protoplasme du filament par des cloisons. A un certain moment, l'anthéridie pousse un tube fin qui perce la paroi de l'oogone et par lequel le protoplasme de l'anthéridie vient se mélanger avec l'oosphère pour constituer l'œuf. Il y a donc ici *hétérogamie* très nette. L'œuf s'entoure alors d'une membrane de cellulose fortement cutinisée et il peut ainsi passer l'hiver et germer au printemps suivant en envahissant les nouvelles feuilles.

Si nous étudions un autre Champignon tel que le Mucor, encore appelé vulgairement Moisissure blanche, nous verrons que l'œuf se forme par deux filaments qui s'avancent l'un vers l'autre (*fig.* 8;8), qui se cloisonnent à une certaine distance, et dont les contenus fusionnent. Dans ce cas les éléments reproducteurs ne sont pas différents ; les *gamètes*, encore bien différenciés chez le Cystopus, sont semblables chez le Mucor; il y a donc *isogamie*.

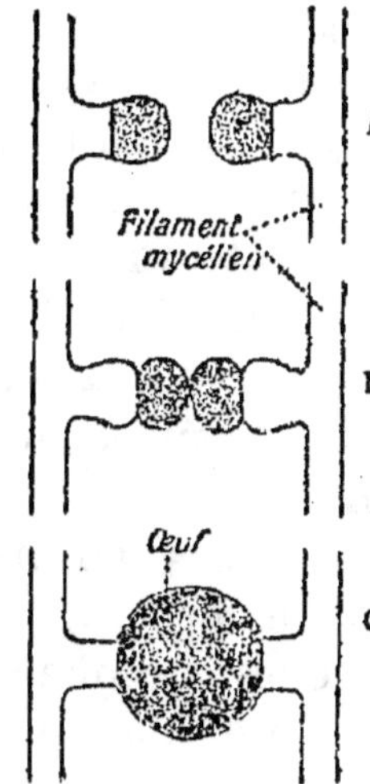

Fig. 848. — Formation de l'œuf chez le Mucor.

2° Reproduction par spores. — Considérons de nouveau le *Cystopus*. Si les filaments du Champignon se trouvent à l'intérieur de la feuille du Chou dans de bonnes conditions de nutrition, on voit le mycélium pousser en dehors (*fig.* 849) un appareil sporifère formé de rameaux qui vont donner des chapelets de *spores*. Ces spores se détacheront une à une et pourront germer.

Donc le Cystopus se reproduit par des spores si le milieu nutritif est favorable ; il se reproduit au contraire par des œufs, en automne comme nous l'avons vu plus haut, lorsque ses conditions de nutrition sont défavorables. De sorte que les spores servent plutôt à la *dissémination*, et les œufs à la *conservation* du Champignon.

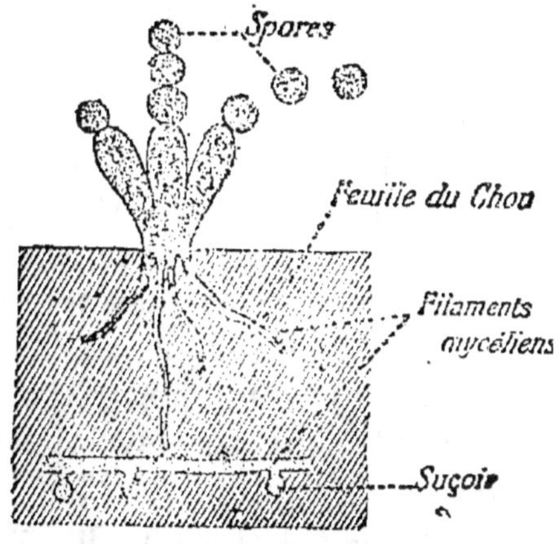

Fig. 849. — Formation des spores chez le *Cystopus*.

Le *Mucor*, placé dans de bonnes conditions de nutrition,

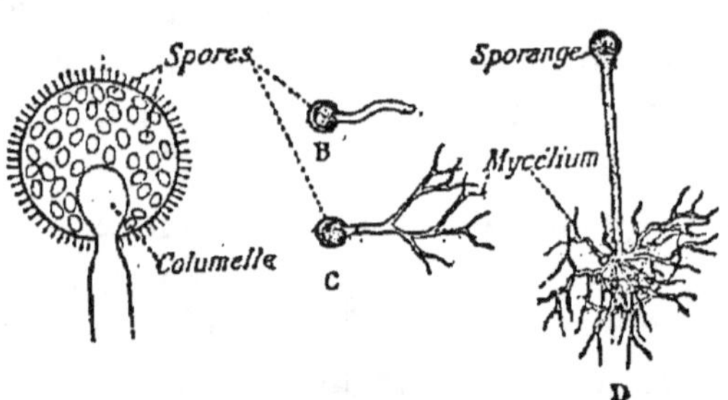

Fig. 850. — Formation des spores chez le *Mucor*.

se reproduit aussi par spores ; certains filaments se renflent au sommet (*fig.* 850) et donnent un *sporange*, à l'intérieur duquel le protoplasme se divise en un grand nombre de spores. Ces spores, mises en liberté par la destruction de la membrane externe, germent ; si elles tombent sur du bois humide, par exemple, elles donnent des filaments ou *mycélium*, lequel constitue l'appareil nutritif du Champignon. Si ce Champignon manque d'air ou d'humidité, il se forme des *œufs* par le procédé indiqué plus haut.

Enfin certains Champignons comme le Champignon de couche, ne se reproduisent que par des spores.

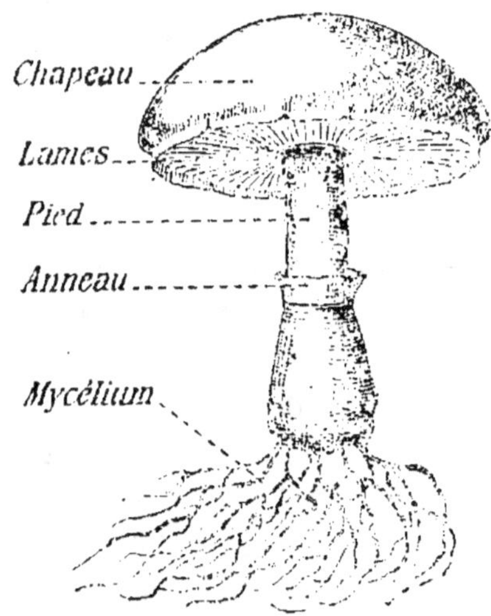

Fig. 851. — Champignon de couche.

Ce Champignon se compose : 1° d'un *appareil nutritif* (*fig.* 851), formé de filaments qui se développent dans le fumier et qui constituent le mycélium ou *blanc de Champignon* ; 2° d'un *appareil reproducteur*, formé d'un *pied* ou *pédicelle* et d'un *chapeau* (*fig.* 851). Le chapeau porte à sa face inférieure des lames rayonnantes sur lesquelles se produisent des cellules spéciales appelées *basides* (*fig.* 852), et chacune de ces cellules porte deux spores qui, à la maturité, se détachent et germent. Chaque spore produit ainsi un mycélium, et sur ce mycélium apparaissent çà et là des renflements (*fig.* 853) formés par l'agglomération de filaments mycéliens ; ces renflements vont grossir et devenir de nouveaux appareils reproducteurs, dont chacun constitue ce qu'on appelle vulgairement un Champignon.

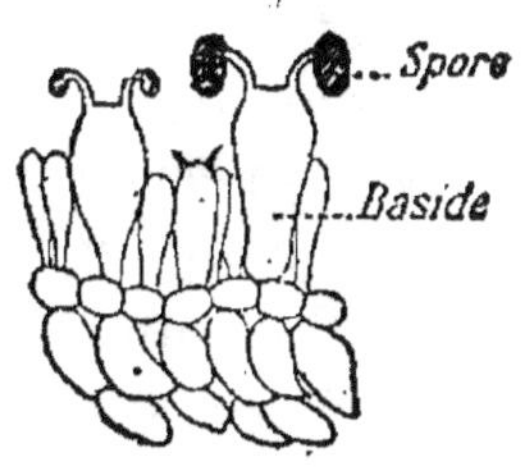

Fig. 852. — Lames sporifères du Champignon de couche.

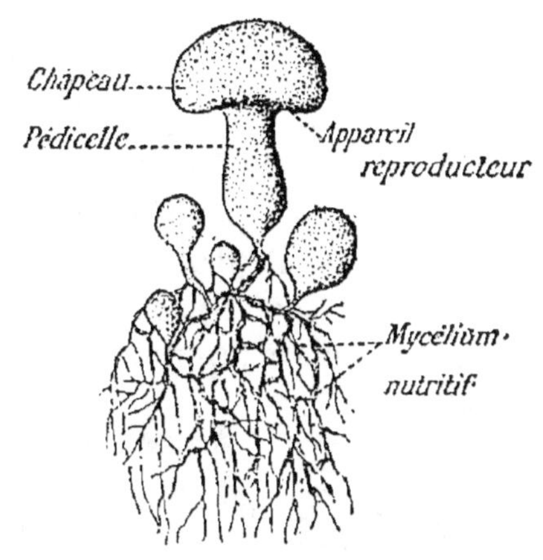

Fig. 853. — Mycélium du Champignon de couche et formation des appareils reproducteurs.

La Levure de bière, qui est un Champignon formé de cellules ovales, peut se multiplier par *bourgeonnement* (*fig*. 854, A) en produisant des chapelets de cellules nouvelles qui se détacheront et deviendront indépendantes. Cette reproduction a lieu si la Levure est placée dans un liquide nutritif convenable ; mais si le milieu nutritif est défavorable, il se forme à l'intérieur des globules de Levure des *spores* (*fig*. 854, B) qui donneront de nouvelles cellules identiques à la cellule primitive lorsque le milieu redeviendra propice.

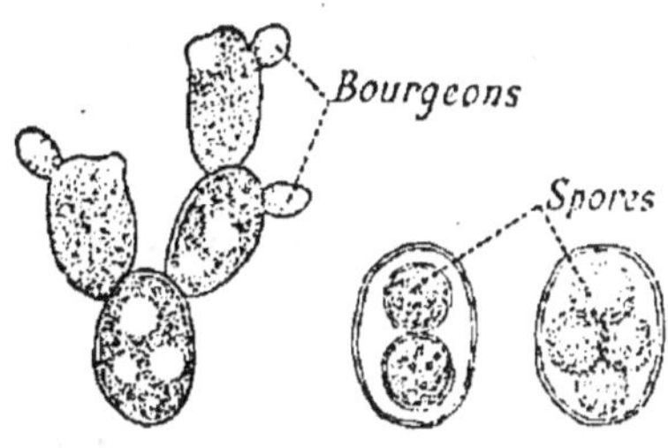

A. — Globules.   B. — Spores.

Fig. 854. — La Levure de bière.

Chez quelques Champignons, comme la Pézize, les spores se forment au nombre de huit dans de grandes cellules allongées appelées *asques* (*fig*. 855). La Truffe est dans ce cas, mais chaque asque ne contient que quatre spores, comme la Levure.

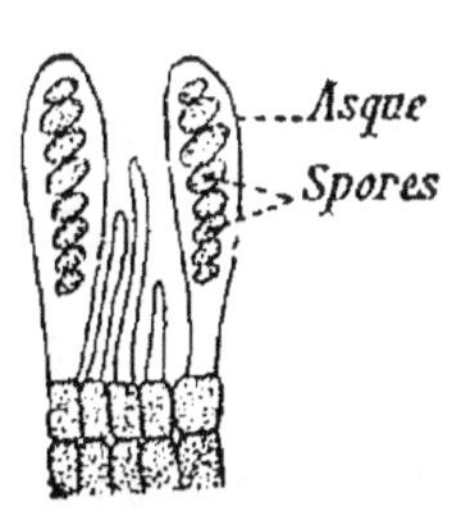

Fig. 855. — Asques isolées (Pézize).

§ 3. — Lichens.

Les Lichens résultent de l'association d'une Algue et d'un Champignon. Nous avons **vu** (chapitre de la *Nutrition*) que le Champignon profitait de l'assimilation chlorophyllienne de l'Algue qu'il protège contre la dessiccation.

En faisant l'analyse anatomique d'un Lichen, on a vu que l'Algue pouvait donner des *spores*, de même que certains filaments de Champignon se renflent pour donner une *asque* (*fig.* 856) dans laquelle se développent des spores au nombre de huit.

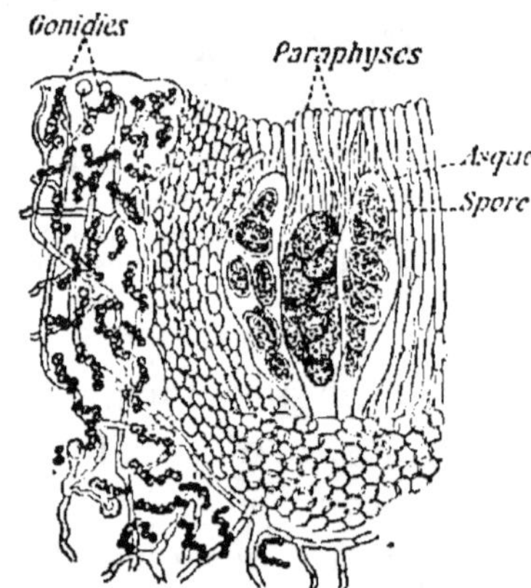

Fig. 856. — Coupe d'un Lichen.

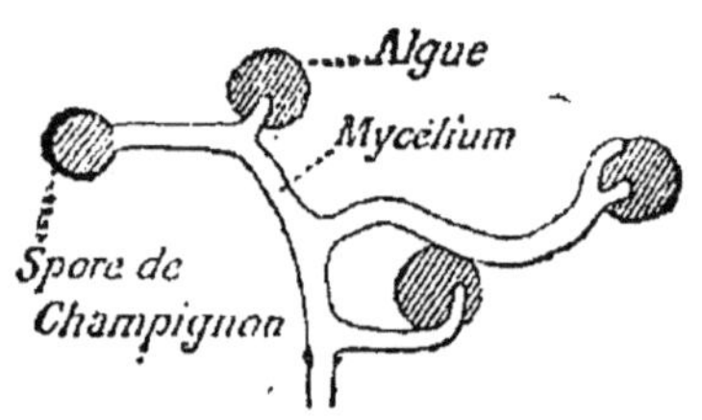

Fig. 857. — Synthèse d'un Lichen.

On a pu faire la synthèse d'un Lichen, c'est-à-dire le reconstituer en disposant au voisinage des cellules de l'Algue des spores de Champignon (*fig.* 857); celles-ci germent et émettent des filaments mycéliens qui viennent envelopper les cellules de l'Algue.

RESUMÉ

Cryptogames vasculaires. — Trois cas à considérer : *Fougères Prêles, Lycopodes.*

1° *Fougères.* — A la face inférieure d'une feuille de Fougère on voit des *sores* formés par des *sporanges* contenant à leur intérieur des *spores* qui sont mises en liberté par la déhiscence du sporange.

Chaque spore va germer et donner une petite lame aplatie appelée *prothalle*. Sur ce prothalle se développeront des organes reproduc-

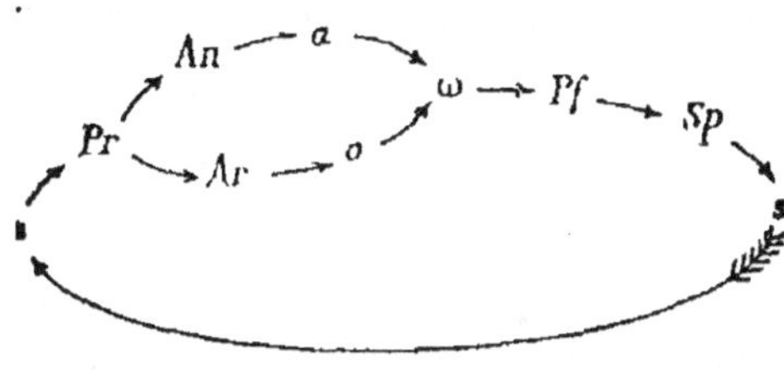

teurs : 1° des *anthéridies* contenant des *anthérozoïdes* enroulés en spirale et portant un bouquet de cils vibratiles ; 2° des *archégones* contenant des oosphères.

Les anthérozoïdes nagent et l'un d'eux, retenu par le mucilage qui recouvre l'archégone, pénètre jusqu'à l'oosphère, se fusionne avec elle pour constituer l'œuf. Cet œuf va germer sur le prothalle et donner bientôt une nouvelle plante feuillée qui produira des sporanges et des spores semblables aux précédents.

Le graphique ci-dessus résume cette reproduction.

2° Prêles. — La tige porte des rameaux verticillés.

Les spores sont semblables en apparence, mais les unes donnent des *prothalles à anthéridies,* et les autres des *prothalles à archégones.*

3° *Lycopodes : Sélaginelle.* — La Sélaginelle fournit deux sortes de spores : les *miscrospores*, qui en germant donneront des *prothalles à anthéridies,* et les *macrospores,* qui produiront des *prothalles à archégones.*

La comparaison du développement de la Sélaginelle (Cryptogame) avec celui du Pin (Phanérogame) permet d'établir une transition entre les Cryptogames et les Phanérogames.

Muscinées. — Sur un pied de *Mousse* on trouve, au printemps un prolongement de la tige renflé à son extrémité : c'est le *sporogone*. Ce sporogone est recouvert d'une *coiffe* qui tombe à la maturité et découvre le *sporange*, composé de l'*urne* et d'un couvercle ou *opercule.* L'opercule se soulève et les spores contenues dans l'urne sont mises en liberté.

Chaque spore germe et donne un ensemble de filaments cloison-

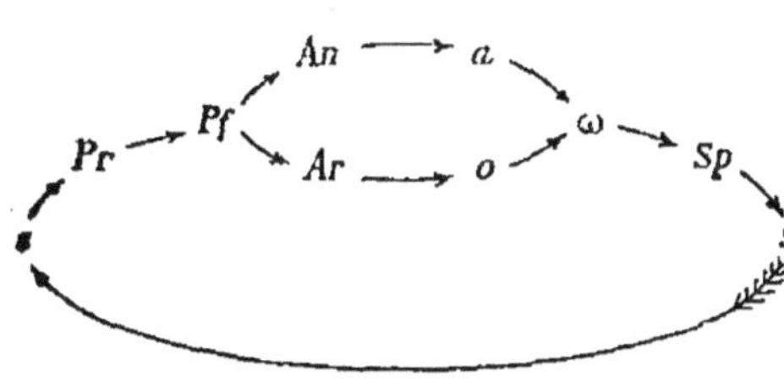

nés, le *protonéma* ; et c'est sur ce protonéma qu'apparaissent de distance en distance des plantes feuillées.

Sur le sommet de chaque plante feuillée se développent : 1° des *anthéridies* contenant des *anthérozoïdes* munis de deux cils ; 2° des *archégones* contenant des oosphères.

Un anthérozoïde vient se fusionner avec l'oosphère pour donner l'œuf qui germera sur la tige et formera le *sporogone*.

Le graphique ci-dessus résume la reproduction chez les Muscinées.

Les Hépatiques sont des Muscinées dont le corps est semblable à celui de certaines Algues, mais qui se reproduisent comme les Mousses. Elles sont donc intermédiaires entre les Muscinées et les Thallophytes.

Thallophytes. — Ils peuvent se reproduire par *œufs* ou par *spores*.

1° Algues	par *œufs*.	*Fucus* : anthéridie et oogone ; éléments reproducteurs différents. *Spirogyre* : cellules reproductrices semblables, mais l'une est mobile et se déplace pour aller former l'œuf. *Mésocarpus* : cellules reproductrices identiques.
	par *spores*.	*Conferves* : protoplasme se segmentant pour donner des spores.
2° Champignons	par *œufs*.	*Cystopus* : anthéridie et oogone ; cellules reproductrices différentes. *Mucor* : cellules reproductrices semblables.
	par *spores*.	*Cystopus* : spores se détachant des filaments. *Mucor* : spores dans sporange sphérique. *Champignon de couche* composé : 1° d'un appareil nutritif (mycélium) ; 2° d'un appareil reproducteur (lames produisant les spores).

Suivant le milieu, le Champignon se reproduit par spores ou par œufs.

3° *Lichens* : L'Algue donne des spores, et le Champignon des asques contenant chacun huit spores. On peut faire la synthèse d'un Lichen en faisant germer des spores de Champignon dans le voisinage de cellules d'Algue.

CONCLUSION

PHÉNOMÈNES DE LA VIE COMMUNS AUX ANIMAUX ET AUX VÉGÉTAUX

La nature comprend un nombre infini d'êtres, animaux ou végétaux, qu'on désigne ordinairement sous le nom d'*êtres vivants*, et cette désignation implique l'existence de quelque chose de commun à tous. Ce fut l'œuvre de Claude Bernard de mettre en évidence les phénomènes communs aux animaux et aux végétaux. Il a fait voir que les plantes vivent comme les animaux, qu'elles digèrent, respirent, se meuvent et sentent comme eux. Il a démontré ainsi l'identité de la vie animale et de la vie végétale. Le *fonds vital* est commun à tous.

La raison de ces propriétés communes aux êtres vivants réside dans leur *unité anatomique* et dans leur *unité chimique*. L'unité anatomique, nous l'avons vu, est la cellule, qui possède partout un ensemble de propriétés identiques. L'unité chimique résulte de l'identité de la composition chimique essentielle du protoplasme et de la propriété, qu'il possède partout, de se nourrir, de se mouvoir et de se reproduire. Aussi les êtres vivants diffèrent-ils plus par leurs formes que par leur manière d'être. Leur anatomie les distingue plus que leur physiologie.

Tous les phénomènes communs aux êtres vivants peuvent se diviser en trois groupes : les phénomènes de *nutrition* ou de transformation des matières alimentaires, les transformations d'*énergie alimentaire*, et l'*évolution* de la matière vivante.

§ 1. — Phénomènes de nutrition.

Les corps simples qui entrent dans la composition de la matière vivante et que nous avons étudiés se trouvent dans les aliments que prennent les animaux et les végétaux. Ces aliments sont *digérés*, *absorbés* et *assimilés* de la même façon dans les deux règnes.

Digestion. — La digestion s'opère par les *ferments solubles* ou *diastases* que produisent les cellules et qui agissent soit au dehors, soit au dedans de celles-ci. Dans le premier cas la digestion est *extra-cellulaire* ; dans le second, *intra-cellulaire*.

1° Digestion extra-cellulaire. — Elle est la règle pour la plupart des organismes. Les sucs digestifs sécrétés sont déversés dans la cavité digestive où se trouvent les aliments. C'est par une action semblable que la Levure de bière ensemencée dans le sucre de canne le transforme en sucre interverti. De même, les feuilles de certaines plantes (plantes carnivores) digèrent les Insectes qui viennent s'engluer sur elles. Les Lichens qui végètent sur les rochers agissent aussi pour dissoudre la pierre dont ils se nourrissent. Enfin, si une racine de Chiendent rencontre un tubercule de Pomme de terre, elle le traverse en dissolvant l'amidon sur son passage.

2° Digestion intra cellulaire. — Chez certains organismes inférieurs, les cellules captent les particules alimentaires solides pour leur faire subir au dedans d'elles-mêmes une véritable digestion. Si un Amibe ou un Myxomycète (Champignon), par exemple, rencontre une Algue microscopique, une Bactérie, il l'entoure

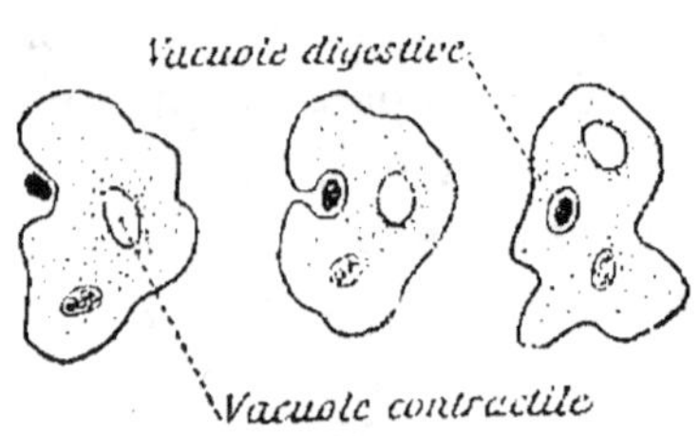

Fig. 858. — Amibe ingérant une Algue : les trois phases.

de ses expansions protoplasmiques de telle sorte que l'Algue ou la Bactérie finit par être englobée et entourée d'une mince couche de suc cellulaire : il se forme ainsi une *vacuole digestive* (*fig.* 858). La particule solide va être dissoute par les diastases de la cellule : alors les produits de cette dissolution se répandent dans le protoplasme, et les résidus réfractaires à la digestion sont expulsés au dehors par rupture de la vacuole. Chez les animaux supérieurs, certains éléments, comme les globules blancs du sang, ont conservé la propriété de digérer les corps étrangers qui ont pénétré dans le milieu sanguin, les éléments dégénérés de l'organisme, les cellules mortifiées par une blessure, etc. C'est par le même mécanisme que dans la lutte de l'organisme contre les maladies infectieuses les globules blancs digèrent les microbes. De l'issue de cette lutte dépend la guérison ou la mort de l'animal infecté. On a donné à cet ensemble de phénomènes le nom de *phagocytose*.

On voit donc que la digestion, considérée longtemps comme caractérisant exclusivement les animaux, est en réalité universelle. Elle s'analyse en une transformation chimique de la substance alimentaire ; aussi peut-on la réaliser en dehors de tout organe, dans un vase mis à l'étuve, simplement au moyen de ferments solubles, pepsine ou diastases amylolytiques. Ainsi tombe une barrière élevée entre la vie animale et la vie végétale.

Si nous passons aux aliments, nous retrouvons les mêmes dans les deux règnes : albuminoïdes, féculents, sucres et graisses. La Pomme de terre a sa provision de fécule dans son tubercule, comme l'animal dans son foie, sous forme de glycogène. La Betterave, au moment de fleurir et de fructifier, tire le sucre de sa racine où il est amassé ; et l'animal prend au dehors, dans les fruits par exemple, le sucre qui flatte son goût.

La digestion de ces aliments se fait aussi de la même façon chez les plantes et les animaux : la fécule de la Pomme de terre est digérée au moment de la pousse des bourgeons, exactement comme l'amidon du foie est digéré par l'animal ; la graisse mise en réserve dans la graine oléagineuse est digérée au moment de la germination, comme, au moment du repas, la graisse est digérée dans l'intestin de l'animal.

Cette identité de la vie animale et de la vie végétale se retrouve dans les phénomènes de la respiration et de la motilité.

Absorption. — Nous avons vu en étudiant l'absorption chez les animaux et chez les plantes que les cellules se comportaient différemment pour choisir leur nourriture. Par exemple les plantes marines, bien que placées dans un milieu riche en chlorure de sodium, en absorbent peu. Elles prennent au contraire de fortes quantités de sels de potassium, de magnésium et de calcium, qui n'existent qu'en faibles proportions dans l'eau de mer. De même les animaux s'emparent de sels de calcium, qu'on ne trouve cependant qu'à l'état de traces dans leur sang. Bien que nous ignorions les causes de ce *choix*, nous avons vu que dans les deux règnes l'absorption se faisait d'après les lois physiques de l'*osmose*.

Assimilation et nutrition comparées chez les animaux et les végétaux. — Les substances absorbées subissent des changements avant de faire partie intégrante du protoplasme et aussi dans leur mouvement de régression du protoplasme, vers l'extérieur. Nous savons ce qui entre dans le corps d'un animal comme aliments (eau, sels, hydrates de carbone, graisses, albuminoïdes) ; nous connaissons d'autre part ce qui en sort (eau, sels, CO^2, urée, acide urique) ; mais les phases intermédiaires entre l'entrée et la sortie nous restent pour la plupart inconnues. Tout ce que nous pouvons dire c'est que ce processus de la nutrition consiste essentiellement en une *oxydation*, une combustion des aliments avec dégagement de chaleur et de force vive.

La nutrition chez les végétaux consiste aussi dans une fixation de l'oxygène sur les éléments combustibles des tissus, et en ce sens elle ne diffère pas de la nutrition des animaux ; mais, outre ces faits d'oxydation, elle présente, à cause de la chlorophylle, des phénomènes de *synthèse* tellement prédominants qu'ils pourraient donner le change sur le sens véritable de la nutrition végétale. On sait d'ailleurs que chez les animaux s'accomplissent également des faits de synthèse : ainsi l'animal, comme le végétal, mais par un autre procédé, fabrique lui-même sa graisse ; de même le sucre est fabriqué par l'animal lui-même. Les principes immédiats existent donc au même titre dans les deux règnes.

Pourtant si nous comparons le mode d'alimentation des animaux et des végétaux, nous voyons qu'il existe entre eux une différence bien nette : les végétaux se nourrissent de matières minérales qu'ils transforment en matière organique ; les animaux, au contraire, ne peuvent vivre qu'aux dépens de la matière organique déjà formée par les végétaux. Par suite, la vie animale n'existerait pas sans les végétaux. Ils sont donc les constructeurs de la matière organique dont les animaux sont les destructeurs. Toutefois certains produits que rejettent les animaux, l'urée par exemple, doivent, pour retourner à l'état minéral, subir une oxydation plus profonde. Cette transformation, nous l'avons vu, s'opère par l'action de microbes ; c'est sous leur influence que l'urée est transformée en gaz carbonique et ammoniaque, et que l'ammoniaque se décompose en acides nitreux et nitrique. Ainsi se trouve fermé ce vaste cycle par lequel la matière minérale revient à son point de départ, après avoir servi à constituer la matière organique des végétaux et des animaux.

La vraie différence entre les plantes vertes et les animaux consiste dans la manière dont les uns et les autres empruntent au milieu extérieur la matière et l'énergie qui leur sont nécessaires. La plante verte trouve les éléments de ses tissus dans le monde minéral (eau, CO^2, sels ammoniacaux, nitrates) ; de plus elle possède avec la chlorophylle une sorte de commutateur d'énergie qui lui permet de prendre directement dans la radiation solaire l'*énergie* nécessaire à l'entretien de la vie. L'animal, au contraire, ne peut assimiler le carbone, l'hydrogène, l'azote, que sous la forme de combinaisons organiques complexes qu'il trouve dans le règne végétal. Les opérations synthétiques de la plante représentent donc le mécanisme par lequel de nouvelles quantités d'énergie sont empruntées au monde extérieur et introduites dans le cycle des opérations de vie.

§ 2. — Transformations d'énergie.

Le protoplasme ne crée pas l'énergie ; il ne fait que transformer celle qui lui vient du monde extérieur. Examinons d'abord ce fait fondamental ; nous envisagerons ensuite les différentes formes sous lesquelles l'énergie se manifeste chez les êtres vivants.

Énergétique. La conservation de l'énergie chez les êtres vivants et les transformations de l'énergie. — La grande loi de la *conservation de l'énergie*, qui domine toute la philosophie de la nature et qui a accompli une révolution profonde dans notre conception de l'univers, a été découverte par un médecin, Robert Mayer, qui l'avait formulée en 1842 ; mais cette loi et ses conséquences restèrent à peu près ignorées jusqu'au jour (1847) où Helmholtz, dans son célèbre mémoire sur la *conservation de la force*, les mit en lumière et fit ressortir toute leur importance. Cette loi est générale ; elle s'applique aux êtres vivants comme aux corps bruts. Dans la nature « rien ne se crée et rien ne se perd », ni en matière ni en force, « tout se transforme ». Et lorsqu'une certaine quantité d'énergie semble détruite, en réalité, elle ne l'est point : elle n'a fait que se transformer. Ainsi on démontre dans les cours de physique que les transformations de chaleur en mouvement et leurs réciproques, s'accomplissent suivant une loi rigoureuse qui fait correspondre exactement la quantité de l'un à la quantité de l'autre. On établit ainsi l'*équivalence* entre la quantité de chaleur disparue et le travail mécanique produit. On constate, en effet, qu'*une calorie* représente en énergie mécanique 425 *kilogrammètres*, c'est-à-dire la quantité d'énergie nécessaire pour élever 425 kilogrammes à 1 mètre de hauteur.

Tous les phénomènes dont l'organisme est le siège, ont pour origine la chaleur contenue en puissance dans les aliments. Et c'est la chaleur dégagée par la transformation des aliments qui permet à l'organisme de produire le travail interne (digestion, circulation, etc.) et le travail extérieur (marche, course, exercices physiques, etc.). C'est donc dans les aliments que les animaux puisent leur énergie, et quant à l'*origine* de cette énergie, il faut remonter jusqu'aux végétaux qui, par leur fonction chlorophyllienne, empruntent au soleil la force qu'ils mettent en réserve. Il s'établit donc entre les êtres vivants et le monde extérieur une circulation de l'énergie comme il se fait une circulation de matière.

En résumé, on admet donc, avec les physiciens, que dans tout phénomène naturel, il entre en jeu deux éléments seulement : la *matière* et l'*énergie*. C'est là comme une sorte de postulat de la science expérimentale.

Cette notion de l'énergie est devenue le point de départ d'une science, l'*énergétique*, qui, née d'hier, coordonne toutes les autres sciences de la nature physique et vivante. Sans doute elle n'absorbe pas encore la mécanique, l'astronomie, la physique, la chimie, la physiologie, pour constituer la science générale qui sera, dans l'avenir, la science unique de la nature, mais elle constitue un acheminement vers cet idéal. Au seuil de cette science est inscrit le principe de la *conservation de l'énergie* que nous avons indiqué plus haut et auquel les physiciens ont ajouté un second principe, d'une haute importance également : c'est celui des *transformations de l'énergie* ou *principe de Carnot*.

Ce dernier a reçu une telle extension que les physiciens modernes le considèrent comme la loi universelle de l'équilibre physique, mécanique et chimique. Il énonce que la conversion du *travail en chaleur* se fait sans difficulté : l'obus qui traverse la plaque de blindage échauffe, fond, et volatilise le métal autour de l'orifice ; toute l'énergie mécanique est convertie en chaleur. Mais la transformation inverse de la *chaleur en travail*, au contraire, n'est pas totale : le meilleur moteur que l'on puisse concevoir est incapable de transformer plus d'un tiers ou d'un quart de la chaleur qu'on lui fournit. Il y a là comme une sorte de *dégradation de l'énergie* : l'énergie mécanique est une forme supérieure, l'énergie calorifique une forme inférieure. Ce principe de Carnot fournit des relations numériques entre les diverses transformations énergétiques ; mais on n'a pu encore l'appliquer à la science des êtres vivants ; pourtant, en se basant sur les deux principes d'énergétique ci-dessus énoncés, on est arrivé à déterminer les sources où les plantes et les animaux puisent leurs énergies vitales : la transformation de l'énergie chimique en chaleur animale dans la nutrition, ou en mouvement dans la contraction musculaire ; l'évolution chimique des aliments ; l'étude des ferments solubles, etc. Ce sont là des parties de l'énergétique physiologique déjà bien avancées.

La doctrine de l'énergie, comme nous l'avons vu, synthétise donc toutes les lois particulières en deux principes fondamentaux : celui de la conservation de l'énergie, qui renferme les lois de Galilée et Descartes, de Newton, de Lavoisier, de Joule, de l'état initial et de l'état final de Berthelot ; et le principe de Carnot, d'où l'on tire les lois de l'équilibre physico-chimique. C'est à ces principes communs de physique qu'est ramenée la physiologie générale ou *énergétique biologique.*

L'énergie en biologie. — L'étude des phénomènes de la vie, envisagés au point de vue de l'énergie, nous amène à formuler trois lois principales.

Première loi. — *Les phénomènes de la vie sont des métamorphoses énergétiques au même titre que les autres phénomènes de la nature.* Toutefois ces mutations présentent un caractère qu'il faut noter : elles ont une direction qui semble fatale ; elles descendent une pente qui ne se remonte pas ; la plupart, en effet, commencent par une action chimique et finissent par une action thermique. L'ordre de ces mutations est rigoureusement réglé, et les phénomènes de la vie évoluent de l'enfance à l'âge mûr et à la vieillesse, sans retour possible.

Cette loi est en quelque sorte formulée *a priori*, mais les deux suivantes ont été établies par l'expérience.

Deuxième loi. — *Toutes les énergies vitales ont leur origine dans une seule, l'énergie chimique,* emprisonnée dans les principes immédiats de l'organisme. L'énergie vitale a donc pour origine la **transformation des matières de réserve**. Déjà Claude Bernard avait montré que la vie est toujours accompagnée d'une destruction de matière organique. « Quand le mouvement se produit, qu'un muscle se contracte, quand la volonté et la sensibilité se manifestent, quand la pensée s'exerce, quand la glande sécrète, la substance des muscles, des nerfs, du cerveau, du tissu glandulaire se désorganise, se détruit et se consume. » Ces matières de réserve se simplifient chimiquement, et abandonnent dans cette sorte de diminution l'énergie chimique qu'elles contenaient et qui va être utilisée par l'organisme. Si on veut que l'équilibre se conserve, il est clair que cette réserve d'énergie devra être reconstituée par l'alimentation. Mais pour cela il faut que l'aliment soit digéré, modifié et incorporé à la matière vivante. Ainsi le muscle fonctionne aux dépens du glycogène qu'il contient, et cette réserve de glycogène est reconstituée au moyen des aliments hydrocarbonés, des graisses et des albuminoïdes.

Troisième loi. — *Le terme des mutations énergétiques de l'animal est l'énergie thermique.* L'énergie chimique, après avoir traversé l'organisme et donné lieu à diverses manifestations, fait retour au monde physique sous la forme d'énergie calorifique. Il en résulte que les phénomènes de fonctionnement vital sont *exothermiques*. « L'énergie vitale est donc, en fin de compte, une transformation d'énergie chimique en énergie calorifique. » Cette formule s'applique à la vie animale seule, car l'énergie végétale a une source et un terme différents. Au moyen des matériaux simples de l'air et du sol, les végétaux élaborent les principes immédiats qui remplissent leurs cellules ; ils forment des hydrates de carbone (féculents et sucres), des graisses et des albuminoïdes, c'est-à-dire les trois principales catégories d'aliments utilisés par les animaux.

L'énergie thermique n'est pas le seul terme de l'activité vitale, comme pourrait le faire supposer la forme trop absolue de l'énoncé qui précède. Parfois, en effet, le cycle de l'énergie aboutit à l'énergie mécanique (mouvement), ou à l'énergie électrique, ou enfin à l'énergie lumineuse.

Les différentes formes de l'énergie chez les êtres vivants. — L'énergie se manifeste chez les êtres vivants sous différentes formes, dont les principales sont le *mouvement*, la *chaleur*, la *lumière* et l'*électricité*.

Le *mouvement* est la forme de l'énergie la plus facile à

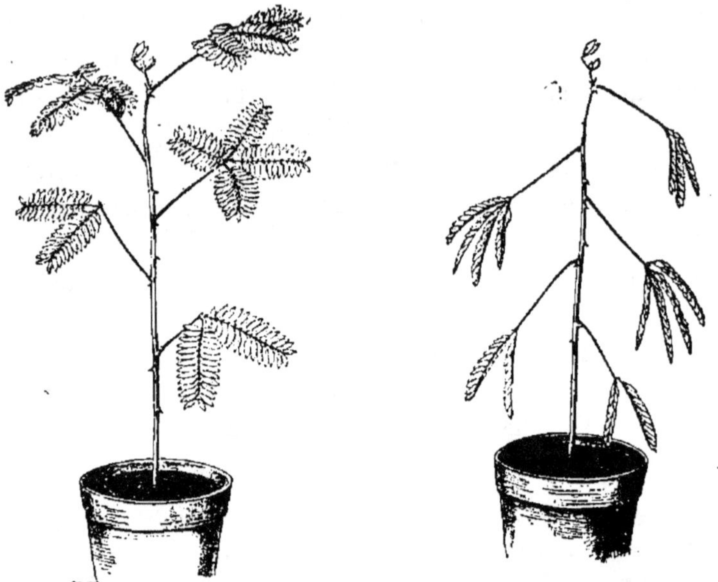

Fig. 859. — Sensitive avec les feuilles étalées et repliées.

constater. On l'observe chez tous les animaux et même chez certains végétaux. Les Champignons Myxomycètes se meuvent et se déplacent à la façon des Amibes et des globules blancs du sang. Les spores de certaines Algues (zoospores) et les anthérozoïdes des Fougères sont doués de mouvements très actifs. Rappelons aussi ce qui se passe chez la Sensitive, dont les feuilles se replient au moindre attouchement, à la moindre agitation de l'air (*fig.* 859). On peut même, comme chez les animaux, supprimer ce mouvement, c'est-à-dire *anesthésier* cette plante, en plaçant dans son voisinage une éponge imbibée de chloroforme (*fig.* 860).

Nous avons vu aussi le mouvement des cils vibratiles des épithéliums, et enfin les cellules musculaires qui possèdent à un haut degré la propriété de se mouvoir énergiquement et rapidement.

.Toutes ces observations nous montrent que la motilité est une propriété générale du protoplasme, puisqu'elle existe chez les plantes comme chez les animaux.

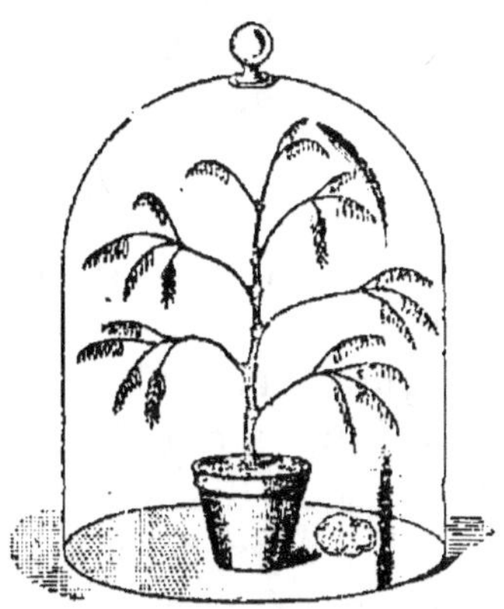

Fig. 860. — Sensitive anesthésiée par le chloroforme.

La *chaleur* est une autre forme de l'énergie facile à mettre en évidence. Nous avons vu qu'on pouvait mesurer au moyen de méthodes calorimétriques précises la chaleur que produisent les animaux et même les végétaux. On sait, par exemple, que la température peut s'élever à 40° dans une ruche d'abeilles, que des graines en germination s'échauffent légèrement, que la chaleur dégagée par l'*Arum* en floraison est appréciable au toucher.

La *lumière* est produite par un grand nombre de végétaux

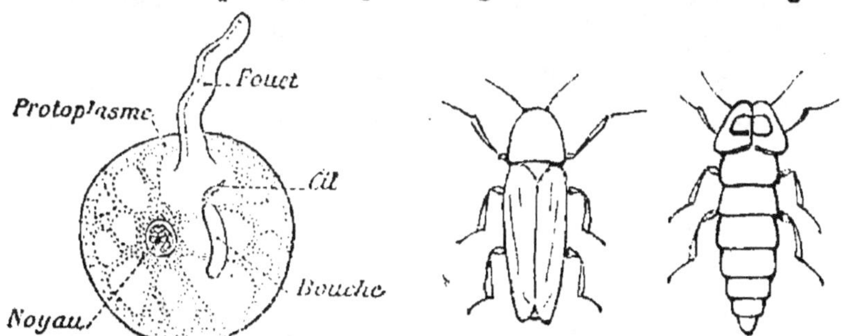

Fig. 861. — Noctiluque.

Fig. 862. — Ver luisant mâle et femelle.

et d'animaux. Certaines Bactéries et certains Champignons émettent des radiations lumineuses. On trouve des animaux lumineux dans les groupes zoologiques les plus divers. La phosphorescence de la mer est due à la présence d'Infusoires appelées Noctiluques (*fig*. 861), qui brillent dans l'obscurité. Des Insectes [Ver luisant (*fig*. 862), Luciole], des Crustacés, des Mollusques (Pholade) des Céphalopodes, des Poissons vivant dans les grandes profondeurs, ont la propriété d'émettre des radiations lumineuses. Ces animaux produisent souvent une lumière assez vive pour qu'on puisse lire dans leur voisinage.

Cette production de lumière est en relation avec l'activité du protoplasme, et l'on a constaté qu'elle augmentait en proportion de la consommation d'oxygène.

Enfin, des expériences ont montré que la phosphorescence de certains animaux était due au développement dans leurs tissus de microbes spéciaux : le professeur Giard a réussi à inoculer des microbes lumineux à quelques espèces de Crustacés. Dans ce cas, la phosphorescence est évidemment une maladie ; l'animal rendu phosphorescent est, en général, voué à une mort rapide. Pour d'autres animaux, la production de la lumière constitue un fait biologique normal : ainsi il existe des *organes producteurs de lumière* chez les larves de quelques Insectes et chez quelques Poissons et Crustacés des grandes profondeurs.

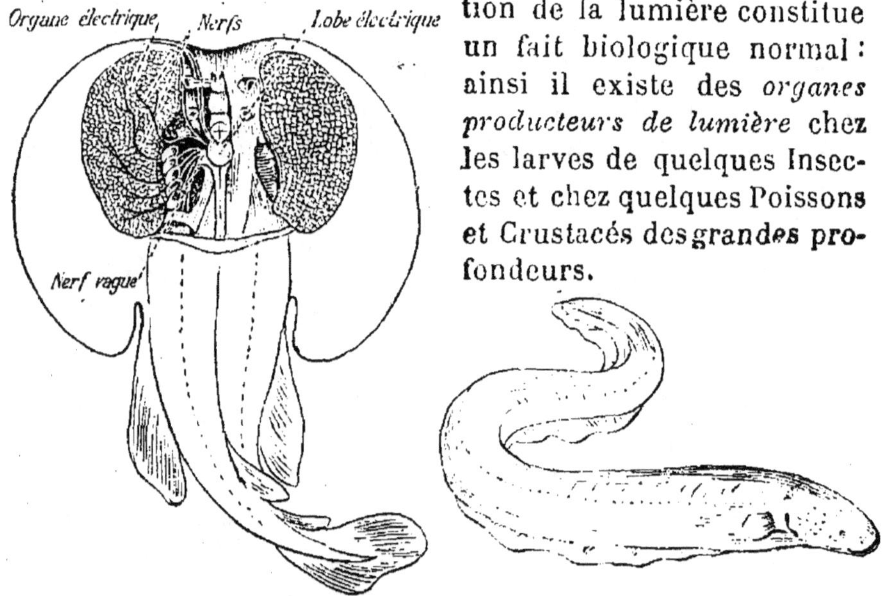

Fig. 863. — Torpille.   Fig. 864. — Gymnote.

L'électricité est aussi un phénomène général de la vie. Sa production se décèle surtout dans les glandes, les muscles et les nerfs. Certains animaux ont même des appareils spéciaux chargés de produire de l'électricité. Tels sont les Poissons électriques : Torpilles (*fig*. 863), Gymnotes (*fig*. 864),

Malaptérures, qui ont la propriété de dégager de l'électricité sous forte tension et de lancer, lorsqu'ils sont excités, des décharges analogues à celles des condensateurs. Les décharges sont assez puissantes pour rendre ces Poissons redoutables aux animaux qu'ils chassent. Elles se produisent soit par la volonté de l'animal, soit par réflexe (excitation de la peau), soit par excitation directe du nerf de l'organe électrique.

On dit que la décharge du Gymnote (rivières de l'Amérique du Sud) peut foudroyer de gros animaux. Quant à celle de la Torpille, elle est désagréable pour l'Homme, et sur des Torpilles de 30 centimètres de diamètre, M. d'Arsonval a trouvé que la force électromotrice de la décharge oscillait entre 8 et 17 volts, et l'intensité entre 1 et 7 ampères en court circuit ; à circuit ouvert la force électromotrice peut dépasser 100 volts ; elle est suffisante pour allumer une lampe à incandescence consommant 4 volts et 1 ampère. L'origine de cette énergie électrique est vraisemblablement chimique, mais on ignore la nature des réactions qui l'engendrent.

Tous les faits que nous venons d'énumérer montrent que chez les êtres vivants, non seulement la chaleur, mais les mouvements, aussi bien que tous les actes mécaniques ou physiques les plus intimes, sont des formes diverses de cette énergie emmagasinée par eux et puisée dans leurs aliments, source unique de leur activité.

On comprend donc que l'organisme exige que l'aliment lui fournisse non pas seulement de la *matière*, mais aussi et surtout de l'*énergie*.

§ 3. — L'évolution.

Tous les êtres vivants ont une évolution déterminée : au cours de leur existence, ils subissent des changements de forme qui peuvent être envisagés dans l'individu isolé (*ontogénie*) et dans la série des organismes (*philogénie*). Souvent on constate en étudiant l'embryogénie et l'anatomie comparée que « le développement ontogénétique n'est qu'une courte récapitulation du développement philogénétique ».

1° Développement ontogénétique. — Tout organisme parcourt plusieurs étapes : il naît, grandit et meurt.

L'origine de tout individu, nous l'avons vu, est dans la cellule primitive ou *œuf* qui provient d'un parent antérieur.

L'individu grandit par multiplication de cette cellule primitive. Puis cet accroissement subit un arrêt. La raison de cet arrêt doit être cherchée, ainsi que nous l'avons montré, dans le rapport existant entre l'usure de la cellule et sa réparation On conçoit en effet qu'à un moment donné, par suite de l'augmentation de *volume* de la cellule, la réparation qui se fait par la *surface* devienne insuffisante ; car tandis que le volume croît comme les cubes, la surface croît comme les carrés ; si le volume est 8 fois plus considérable, la surface n'est que 4 fois plus grande.

La mort est la terminaison de l'évolution **vitale**. Les individus périssent : une espèce même peut s'éteindre et disparaître du globe, comme le montre la géologie. La cause de la mort naturelle, par *vieillesse*, réside dans la matière vivante elle-même, car en vieillissant les cellules subissent des dégénérescences progressives.

2° Développement philogénétique. — **La matière vivante** considérée dans son ensemble évolue et modifie ses formes. Le monde actuel provient donc d'un long développement.

Deux séries de faits sont à considérer : 1° les organismes transmettent à leurs descendants leurs formes et leurs caractères, c'est l'*hérédité* ; 2° ces formes et ces caractères sont modifiés par les conditions externes, c'est l'*adaptation* ; la matière vivante, en effet, subit l'action des forces extérieures, et à ce point de vue on a dit avec raison que la fonction fait l'organe.

Les êtres vivants ont donc une aptitude plus ou moins grande à varier, c'est-à-dire à s'écarter du type ancestral. On conçoit que ces variations puissent se fixer par transmission ; et si les individus qui les présentent manifestent sur ceux qui en sont dépourvus une supériorité dans la *lutte pour l'existence*, une *sélection naturelle* s'opère entre eux, de telle sorte que les plus avantagés dans cette lutte survivent. On peut expliquer de cette manière que la forme des organismes se modifie et se perfectionne graduellement. C'est ce que nous étudierons plus loin à propos de l'*évolution* des végétaux et des animaux.

RÉSUMÉ

Les êtres vivants ont des propriétés communes qui tiennent à leur *unité anatomique* (cellule) et à leur *unité chimique* (protoplasme). Ces propriétés peuvent être rangées en trois groupes : nutrition, énergie, évolution.

Phénomènes de nutrition. — La *digestion* s'opère sous l'action des *ferments solubles* ou *diastases*, qui agissent soit en dehors de la cellule, soit dans la cellule elle-même. Les aliments sont également les mêmes dans les deux règnes, et aussi les principes immédiats.

Le processus de la nutrition consiste essentiellement en une *oxydation*, une combustion des aliments avec dégagement de chaleur et de force vive ; mais chez les végétaux il y a, en plus, à cause de la chlorophylle, des phénomènes de *synthèse*.

Transformations d'énergie. — Le protoplasme ne crée pas l'énergie ; il ne fait que transformer celle qui lui vient du monde extérieur.

L'*énergétique biologique* comprend à sa base deux principes importants : 1° la conservation de l'énergie ; 2° la transformation de l'énergie.

L'étude des phénomènes de la vie, envisagés au point de vue de l'énergie, conduit à formuler trois lois :

1° Les phénomènes de la vie sont des métamorphoses énergétiques au même titre que les autres phénomènes de la nature ;

2° Toutes les énergies vitales ont leur origine dans une seule, l'énergie chimique ;

3° Le terme des mutations énergétiques de l'animal est l'énergie thermique.

L'énergie se manifeste chez les êtres vivants sous différente formes : le *mouvement*, la *chaleur*, la *lumière* et l'*électricité*. C'e dans les aliments que les êtres vivants puisent l'*énergie*, comme ii prennent la *matière*.

Évolution. — Tous les êtres vivants ont une évolution déterm née : ils subissent des changements de forme dans l'individu iso (*ontogénie*) et dans la série des organismes (*philogénie*).

GÉOLOGIE

La *géologie* est la science qui a pour but l'étude de la Terre.
Elle s'occupe de la forme du globe terrestre, de sa structure
et des modifications continues qu'il a subies à travers les
âges et qu'il subit encore actuellement. Elle nous fait connaître l'incessante transformation dont la Terre a été l'objet
avant d'arriver à son état actuel ; elle nous montre les changements qui ont affecté le monde des minéraux aussi bien
que celui des végétaux et celui des animaux. Les mers et les
continents, comme les individus et les peuples, ont leur histoire et c'est à tracer cette histoire que la géologie s'applique. Pour réaliser cette tâche, elle fait appel à la plupart
des connaissances humaines : la mécanique, la physique, la
chimie, la botanique, la zoologie, la géographie lui sont
indispensables. Aussi comprend-on que la géologie soit une
science toute moderne.

Nous allons tracer en raccourci un tableau de cette histoire
de la Terre, en insistant plus particulièrement sur la structure de son écorce et sur l'immensité des temps géologiques.

I. — LA TERRE

Nous donnerons quelques notions d'abord sur la composition de l'*écorce terrestre*, puis sur les *déformations* que
celle-ci a dû subir sous l'influence des agents physiques.

§ 1. — L'écorce terrestre.

La Terre : écorce terrestre et noyau central. — L'astronomie nous enseigne que la Terre, à son origine, était une
sorte de boule incandescente, analogue au Soleil, dont elle

ne serait qu'un morceau détaché. Par refroidissement, il s'est formé à la surface de cette masse en fusion une croûte solide, d'abord très mince, puis qui est allée en s'épaississant. Ainsi se constitua la première *écorce terrestre*, qui sépara les matières en fusion de l'intérieur du globe, de l'atmosphère de gaz et de vapeurs qui entourait la Terre.

La Terre continua à se refroidir et par suite à se contracter ; or on sait que les liquides se contractent plus que les solides pour un même abaissement de température, de sorte que la masse fluide interne diminuait davantage de volume que la croûte solide. Celle-ci manquant de point

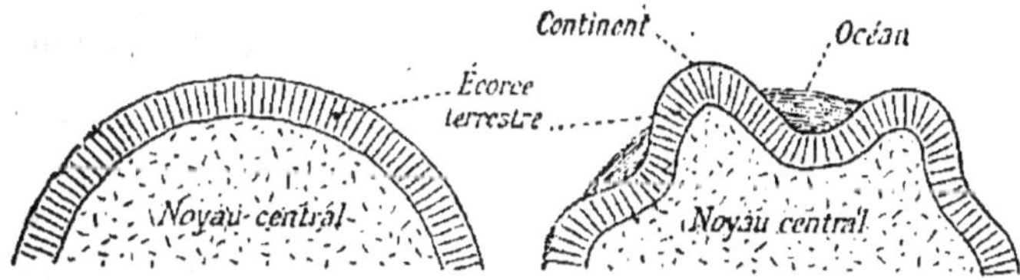

Fig. 865. — Formation de l'écorce terrestre, dont les plissements ont constitué les premiers continents et les premiers océans.

d'appui a donc dû se plisser (*fig.* 865) pour rester appliquée contre le noyau. Il s'est produit à la surface de la Terre des rides semblables à celles qu'on observe à la surface d'un fruit qui se dessèche. Ces plis ont formé les premières saillies de l'écorce terrestre et sont devenus les *premiers continents* et les *premières montagnes*, pendant que les premières vapeurs se condensaient et se rassemblaient dans les dépressions pour former les *premières mers*.

Ces premières mers, bouillantes et salées, se sont refroidies progressivement, et bientôt elles devenaient habitables pour les végétaux et les animaux, qui d'abord simples, se sont différenciés en se perfectionnant jusqu'aux formes actuelles. Leurs débris constituent les *fossiles*, qui nous content si merveilleusement l'histoire de la création.

Nous pouvons nous faire une idée de la composition de l'écorce terrestre en observant une tranchée de chemin de fer, un chemin creux, une carrière ou une falaise. On voit d'abord à la surface une couche d'aspect uniforme sur laquelle poussent les herbes et les arbres : c'est la *terre végétale* (*fig.* 866) ; puis au-dessous vient le *sous-sol*, ordinairement formé de couches distinctes et empilées les unes au-dessus des autres. Toutes ces parties qui forment le sous-sol ont reçu le nom de *roches*. Ce mot *roche* ne s'appli-

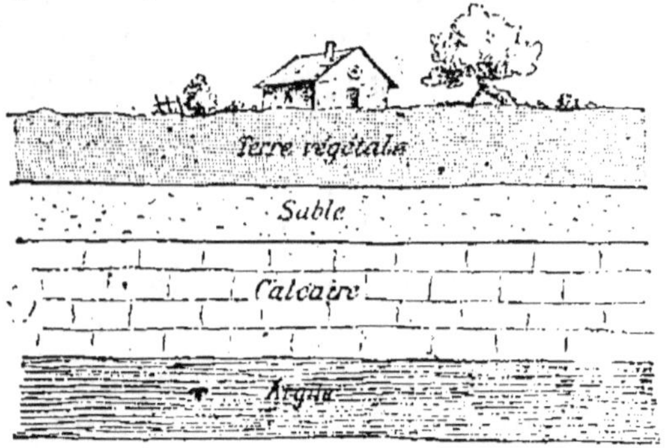

Fig. 866. — Roches constituant l'écorce terrestre.

que pas ici seulement aux matières dures, il désigne également le sable le plus fin, l'argile la plus molle et le marbre le plus dur. Pour connaître la structure du sous-sol, il faudra donc non seulement soulever le manteau de végétation qui le cache, mais encore visiter des carrières et des mines et descendre même le plus profondément possible dans l'épaisseur de l'écorce terrestre.

En s'enfonçant dans le sol on observe qu'à une certaine profondeur la température est la même à n'importe quelle époque de l'année ; ce qui explique pourquoi nos caves paraissent chaudes en hiver et fraiches en été. Dans les caves de l'Observatoire de Paris, situées à 27 mètres au-dessous du sol, un thermomètre placé, en 1783, par Lavoisier marque depuis cette époque $11°,8$. Si l'on descend davantage, dans un puits de mine par exemple, on constate que la température augmente en moyenne de $1°$ par 30 mètres. C'est ce qu'on appelle le *degré géothermique*. Le sondage le plus profond effectué jusqu'ici atteint 2040 mètres et la température était de $70°$. Si nous supposons que la température continue d'augmenter avec la profondeur, il est facile de calculer qu'à 3 kilomètres elle serait d'environ $100°$, à 30 kilomètres $1000°$ et qu'à 60 kilomètres elle atteindrait $2000°$, c'est-à-dire qu'elle serait suffisante pour fondre toutes les substances connues. On peut donc penser que la Terre est formée de deux parties : un *noyau central* en fusion, enveloppé par une *écorce terrestre* solide, épaisse d'environ 60 kilomètres. Cette écorce est une mince pellicule, plus fragile que la coquille qui protège l'œuf, car elle représente à peine le $\frac{1}{100}$ du rayon terrestre, qui mesure 6370 kilomètres. Cette façon de comprendre la structure de la Terre n'est qu'une hypothèse, mais elle est vraisemblable et offre l'avantage d'expliquer la plupart des faits d'origine interne que la géologie étudie.

Le globe terrestre contient donc une provision de chaleur, qui, ne pouvant passer facilement à travers l'écorce terrestre, est conservée presque intégralement.

Les roches. Leur double origine. — Malgré leur grande diversité, les roches, suivant leur origine et leur nature, peuvent être rangées en deux séries :

1° Les unes, qu'on voit souvent dans les pays de montagnes, sont disposées en masses irrégulières ; elles sont brillantes et dures, et formées de petits cristaux agglomérés. Comme elles proviennent de l'*éruption* de volcans actuels ou anciens, on les désigne sous le nom de *roches éruptives*.

2° Les autres, souvent traversées par les roches éruptives (*fig*. 867), ont été formées de la même façon que les roches déposées actuellement par les eaux des mers ou des fleuves et qu'on appelle des *sédiments* ; aussi leur a-t-on donné le nom de *roches sé-*

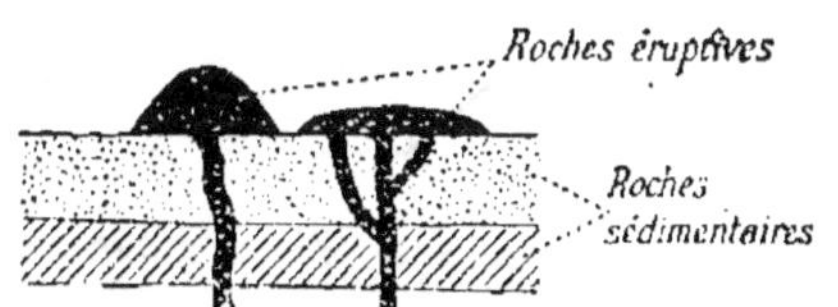

Fig. 867. — Roches éruptives traversant des roches sédimentaires.

dimentaires. Comme elles sont disposées en couches parallèles ou *strates*, on les appelle aussi *stratifiées*. Ordinairement elles ne contiennent pas de cristaux, mais on y trouve souvent des débris d'êtres vivants ou *fossiles*.

Roches éruptives. — Elles peuvent se présenter sous divers aspects : tantôt elles forment des *massifs* (*fig*. 868) qui relèvent sur leurs flancs des roches stratifiées voisines ; tantôt elles remplissent les fentes qui existent dans les roches stratifiées sans déplacer celles-ci et en formant ce qu'on appelle des *filons* (*fig.* 883) ; à la surface, ces filons s'étalent et donnent des nappes ou *coulées*.

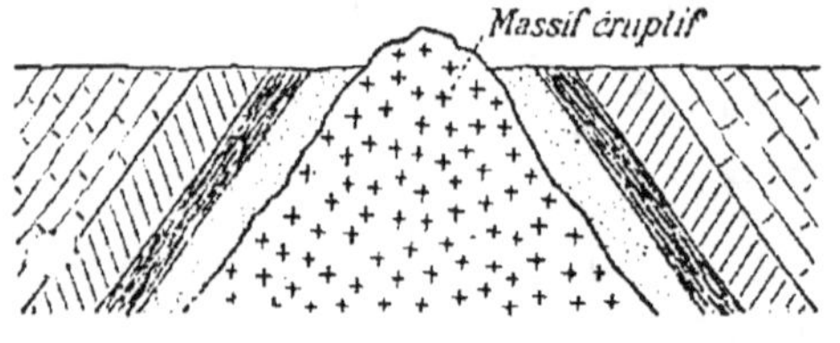

Fig. 868. — **Massif éruptif ayant soulevé des roches sédimentaires.**

Principaux minéraux des roches éruptives. — Les principaux minéraux qui entrent dans la composition des roches éruptives sont : le *quartz*, le *feldspath* et le *mica*.

Le *quartz* ou *cristal de roche* est de la silice pure (SiO^2). Libre ou combinée à l'état de silicates, la silice forme les $\frac{3}{5}$ en poids des roches éruptives. Très dur, le quartz raye le verre et l'acier. Il cristallise en prismes hexagonaux surmontés de pyramides (*fig.* 869).

Le *feldspath* est un silicate double d'aluminium et d'une autre base (potassium, so-

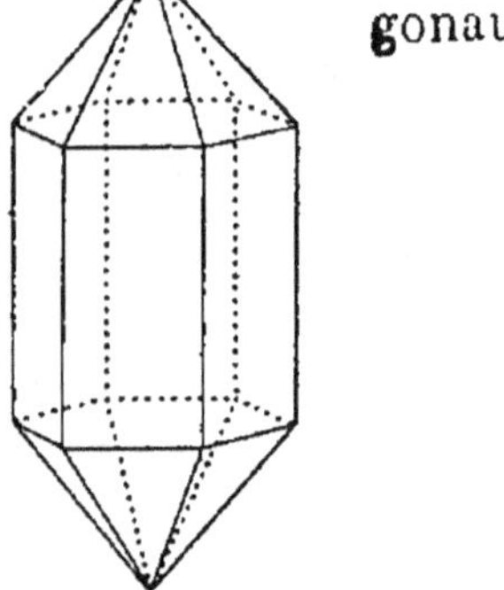

Fig. 869. — Quartz.

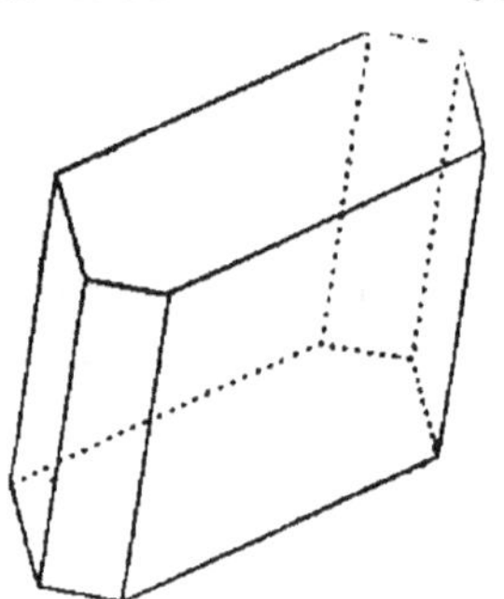

Fig. 870. — Feldspath.

Fig. 871. — Mica.

dium, calcium). Il se présente en cristaux (*fig.* 870) dont les faces sont lamelleuses et miroitantes. Il raye le verre, mais il est moins dur que le quartz, qui le raye.

Le *mica* est un silicate complexe d'aluminium et de diverses bases. Le *mica noir* est riche en magnésie et en fer ; le *mica blanc* est riche en potasse. Il forme des lamelles brillantes, hexagonales, et facilement clivables (*fig.* 871). Il est élastique et se raye à l'ongle.

On peut encore citer : l'*amphibole*, qui est un silicate vert foncé, cristallisé en aiguilles prismatiques ; le *pyroxène*, voisin de l'amphibole, qui est noir et donne une cassure vitreuse ; le *péridot* ou *olivine*, silicate d'un vert foncé.

Les roches éruptives sont classées en trois catégories suivant l'arrangement et la nature des cristaux qui les forment : les roches *granitoïdes*, les roches *porphyroïdes* et les roches *vitreuses*.

1° Roches granitoïdes. — Elles sont formées de *cristaux juxtaposés (fig. 872)*. Leur solidification s'est faite dans l'intérieur du sol, et leur refroidissement a été fort lent. Citons seulement les plus communes :

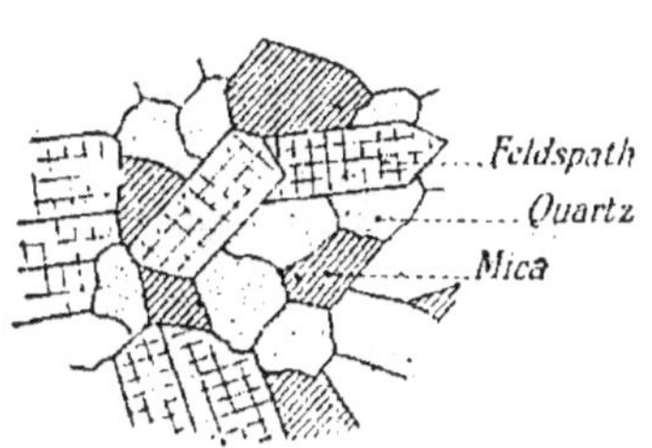

Fig. 872. — Fragment de granite vu au microscope.

Le *granite*, composé essentiellement de quartz, de feldspath et de mica noir. Le quartz se reconnaît à l'aspect de grains de sel gris ; le feldspath à sa couleur claire et à ses facettes miroitantes ; le mica à ses paillettes brillantes.

La *granulite* est un granite dont le mica est blanc, ce qui donne à la roche une couleur claire.

Certaines roches granitoïdes n'ont pas de quartz. Ce sont : la **diorite**, composée de feldspath et d'amphibole ; la **diabase**, formée de feldspath et de pyroxène.

Les roches granitoïdes sont les plus anciennes des roches éruptives ; facilement décomposées par l'eau, elles donnent de l'argile ou *kaolin*.

2° Roches porphyroïdes. — Elles sont formées de grands cristaux unis par une pâte paraissant amorphe à l'œil nu, mais qui vue au microscope (*fig.* 873) se résout en une infinité de petits cristaux ou *microlithes*. Le refroidissement de ces roches s'est fait rapidement : les grands cristaux se sont formés dans la profondeur, et les petits cristaux après l'éruption.

Parmi ces roches citons les *porphyres*, les *trachytes* et les *basaltes*. Les *porphyres* présentent au milieu d'une pâte ordinairement foncée, rouge ou verte, de grands cristaux réguliers de quartz et de feldspath qui tranchent par leur couleur claire sur le fond sombre de la pâte. Polies, ces roches sont d'un bel effet ornemental.

Les autres roches porphyroïdes sont dépourvues de quartz. Ce sont :

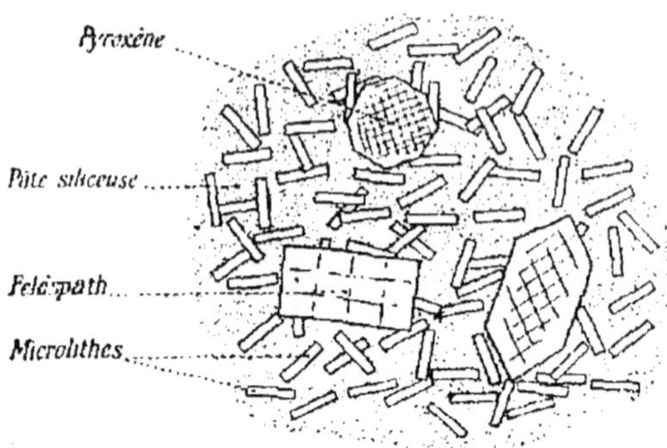

Fig. 873. — Fragment de trachyte vu au microscope.

Les *trachytes* (*fig.* 873), riches en silice, de couleur claire, ayant l'aspect de la terre cuite, contenant de gros cristaux craquelés d'un feldspath appelé *sanidine* ; comme ils sont peu fusibles, ils font éruption à l'état pâteux en formant des montagnes arrondies, tels les dômes d'Auvergne

Fig. 874. — Colonnes basaltiques situées près du Puy-de-Dôme, dont on aperçoit l'imposant massif au second plan.

(*fig.* 874). Une variété de trachyte, la *phonolithe*, se débite en dalles sonores.

Les *basaltes*, qui sont moins riches en silice ; aussi fondent-ils plus facilement, et leurs coulées, plus fluides, s'épanchent sous de faibles épaisseurs et forment en se refroidissant de belles colonnades ou *orgues*, comme celles d'Espaly et de Saint-Flour (*fig.* 874). Dans leur pâte sombre sont noyés des grains d'un minéral vert appelé *péridot*, visibles à l'œil nu.

Entre les trachytes et les basaltes se placent les *andésites*, qui se distinguent des premiers par leurs couleurs plus foncées, et des seconds par l'absence de péridot.

3° Roches vitreuses. — Certaines roches éruptives se sont solidifiées brusquement ; aucun élément n'a eu le temps de se cristalliser ; ces roches rappellent alors, par leur aspect, le laitier des hauts fourneaux ou le verre fondu. On dit qu'elles sont *vitreuses*. Citons parmi elles : l'*obsidienne* ou *verre des volcans*, qui ressemble à du verre à bouteilles et que les peuplades sauvages utilisent pour fabriquer des instruments tranchants ; la *pierre ponce*, qui est poreuse et légère ; enfin les *scories* et les *cendres* rejetées par les volcans et qui sont toutes remplies de cavités bulleuses.

Synthèse des roches éruptives. — En faisant l'analyse microscopique de roches porphyroïdes, telles que le basalte, on a vu qu'elles provenaient de deux temps de consolidation : 1° les grands cristaux, formés dans les profondeurs du sol, qui apparaissent les premiers ; 2° les microlithes qui se sont produits seulement au moment de l'éruption.

On a pu reproduire artificiellement le basalte en plaçant dans un creuset en platine des produits chimiques (silice, alumine, chaux, etc.) en quantités correspondantes à celles que donne l'analyse chimique de cette roche. On mettait ce creuset dans un four dont on pouvait maintenir constante la température pendant le temps que l'on voulait ; ensuite, sous l'influence d'un refroidissement progressif et lent, on a vu apparaître d'abord les grands cristaux de péridot caractéristiques du basalte, puis les microlithes. On a pu ainsi imiter la puissance créatrice de la nature et entrevoir ce qui se passe dans les mystérieuses profondeurs du sol.

Roches sédimentaires. — Elles ont été déposées par les eaux ; elles sont, comme nous l'avons vu, *stratifiées* et renferment fréquemment des *fossiles*. Souvent ces roches ont subi des modifications physiques et chimiques soit sous l'influence de pressions énergiques qu'elles ont subies, soit par l'action de principes minéralisateurs qui ont circulé dans le sol. C'est ainsi que des calcaires ont été transformés en marbres, des argiles en schistes ou ardoises, des sables en grès, etc. On a donné à cet ensemble de modifications le nom de *métamorphisme*.

L'origine de ces roches varie. La plupart proviennent de la désagrégation et de la décomposition des roches éruptives ou des roches sédimentaires préexistantes, lesquelles, en dernière analyse, proviennent aussi de roches éruptives. Elles sont dites *détritiques*. Tantôt leurs fragments sont libres : on a alors du sable ; tantôt ils sont agglutinés, réunis par un ciment : c'est le cas du grès ou du poudingue.

D'autres roches ont une *origine chimique*, comme le sel marin et le gypse ; d'autres enfin, comme les charbons, ont une *origine organique*.

Les roches sédimentaires peuvent être rangées, suivant leur composition et leur origine, en roches *calcaires, siliceuses, argileuses, salines* et *combustibles*.

1° **Roches calcaires.** — Elles sont essentiellement composées de carbonate de calcium. Elles ont pour caractères d'être attaquables avec effervescence par les acides, d'être décomposées par la chaleur en chaux et en gaz carbonique, et d'être rayées par le couteau. Elles proviennent en général de coquilles ou de débris de coquilles réunis par un ciment calcaire provenant lui-même de coquilles dont le calcaire a été dissous dans l'eau et reprécipité. Le calcaire a donc, en général, une origine animale. Souvent il provient du sulfate de calcium que l'animal a transformé en carbonate. Ainsi des Poules privées de chaux pondent des œufs sans coquille, mais si on leur donne de l'eau contenant du sulfate de calcium, les œufs présentent une coquille calcaire normale. De même le Crabe élevé dans l'eau de mer artificielle privée de carbonate de calcium, a sa carapace calcaire qui s'accro' normalement, il la fabrique donc avec le sulfate de calciu ı de cette eau de mer artificielle.

Certaines roches calcaires, comme le *spath* et l'*aragonite*, sont cristallines. Le *marbre* est formé de petits cristaux de spath accolés. D'autres roches sont amorphes : la *craie*, provenant de débris de Foraminifères cimentés ; le *calcaire grossier*, formé de grains irréguliers de calcaire et de nombreuses coquilles (*fig.* 875) ; le *calcaire oolithique*, constitué par des grains arrondis provenant de couches calcaires déposées autour d'un corps étranger ; la *pierre lithographique* à grain très fin, qui peut prendre un beau poli, ce qui permet de l'utiliser pour la gravure.

Fig. 875. — Calcaire grossier avec empreintes de coquilles.

2° Roches siliceuses. — Elles sont essentiellement formées de silice. Elles ne font pas effervescence avec les acides ; elles sont très dures, car l'acier ne les raye pas.

Les plus communes de ces roches sont : le *silex*, qui est de la silice plus ou moins pure ; on l'appelle encore *pierre à fusil*, car en faisant feu sous le choc il enflammait la poudre ; ses arêtes tranchantes expliquent que l'homme préhistorique s'en soit servi pour confectionner des outils (*fig.* 876). Le *sable* est formé de petits grains de silice arrondis par l'action des eaux et que colorent souvent des oxydes de fer. Si les grains de sable sont soudés par un ciment, on a du *grès*. Lorsque des cailloux siliceux sont réunis par un ciment, on a un *poudingue* (*fig.* 877) si les cailloux sont arrondis, et un *conglomérat* si les cailloux sont anguleux. La *meulière* est une roche siliceuse contenant un peu de calcaire et creusée de cavités irrégulières. Le *tripoli* est un sable très fin formé par des carapaces d'Algues microscopiques, les *Diatomées*.

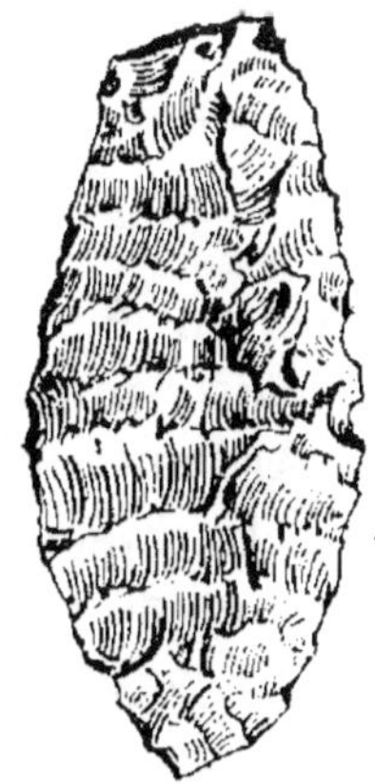

Fig. 876. — Silex taillé.

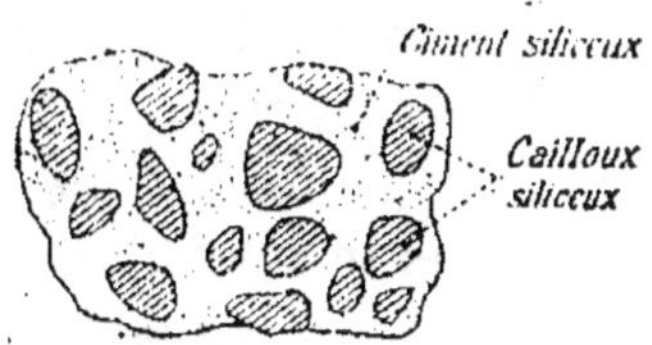

Fig. 877. — Morceau de poudingue.

On pense que les animaux peuvent transformer l'argile qui est un silicate en silice. Par exemple, des Diatomées cultivées dans de la silice soluble gélatineuse poussent normalement ; en revanche, elles meurent rapidement dans de l'eau privée de silice ou contenant du quartz, c'est-à-dire de la silice insoluble ; enfin, elles se développent avec leur carapace siliceuse dans de l'eau contenant de l'argile pure très divisée.

3° **Roches argileuses.** — Elles sont formées de silicate d'alumine hydraté. Elles n'ont aucun des caractères des roches précédentes. Elles sont *plastiques*, c'est-à-dire qu'elles se pétrissent sous les doigts ; aussi les sculpteurs les utilisent-ils pour modeler leurs ébauches. Elles font *pâte avec l'eau* et deviennent *imperméables*, c'est-à-dire qu'elles ne se laissent pas traverser par l'eau. Elles *durcissent par la cuisson* et donnent de la brique si elles sont impures, et de la porcelaine si elles sont pures. Elles ont aussi une *odeur particulière*, celle de la terre après la pluie.

Les argiles sont très répandues. Quand elles ont été fortement comprimées, elles se transforment en *schistes* ou *ardoises*, que l'on exploite notamment dans les Ardennes et aux environs d'Angers. La *marne* est un mélange d'argile et de calcaire qu'on utilise pour fabriquer le ciment.

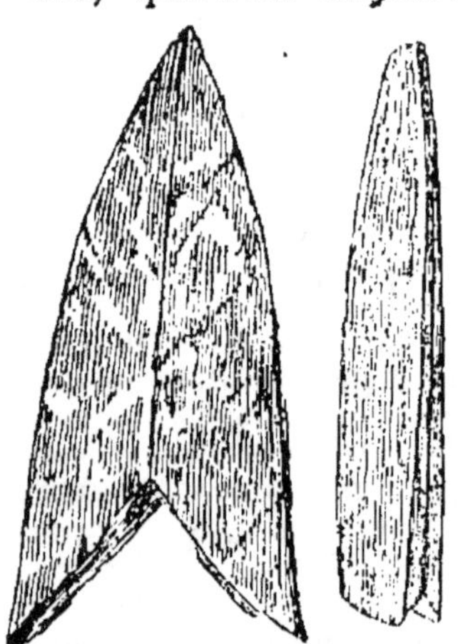

Fig. 878. — Gypse en fer de lance.

4° **Roches salines.** — Elles sont solubles dans l'eau, de sorte qu'elles ne peuvent exister dans le sol que si elles sont protégées par de l'argile imperméable. Elles proviennent de l'évaporation de l'eau de mer : c'est d'abord le *gypse* qui se dépose, puis le *sel marin*.

Le *gypse* est du sulfate de calcium hydraté ; il ne fait pas effervescence par les acides et se raye facilement à l'ongle. Chauffé, il perd son eau et se transforme en *plâtre*. Tantôt il a l'aspect du sucre, tantôt il est formé de grands cristaux accolés : on l'appelle alors *gypse en fer de lance* (*fig*. 878).

Le *sel gemme* est du chlorure de sodium. Pur, il est inco-

Fig. 879. — Cubes de sel gemme.

lore, transparent, et cristallise en cubes (*fig*. 879) qui peuvent rester isolés ou se grouper. Il provient de l'évaporation d'anciens marais salants ou *lagunes*.

5° **Roches combustibles.** — On les range souvent en trois catégories : les roches *charbonneuses*, *bitumineuses* et *résineuses*.

A. LES ROCHES CHARBONNEUSES proviennent de la transformation des débris de végétaux à l'abri de l'air. En réalité, c'est la cellulose qui subit une fermentation sous l'influence de Bactéries anaérobies. La quantité de charbon que ces roches contiennent va en augmentant depuis la tourbe, qui en contient 55 %, jusqu'à l'anthracite, qui en renferme plus de 90.

La tourbe. — Elle contient 50 à 60 % de charbon et résulte de la fermentation sur place de Mousses et de plantes aquatiques.

Le lignite. — Il est plus ancien et plus riche en charbon (55 à 75 %). Il a une structure fibreuse rappelant celle du charbon de bois. Une variété compacte et brillante, le *jais*, est utilisée notamment pour faire des bijoux de deuil.

La houille. — C'est le combustible par excellence. Elle contient de 75 à 90 °/₀ de charbon. Chauffée en vase clos, elle laisse dégager du *gaz d'éclairage*, et donne des produits dérivés comme le *coke*, le *goudron* et les *couleurs d'aniline*. La structure de la houille montre bien qu'elle résulte de la décomposition partielle de végétaux enfouis dans l'eau ou la vase ; cette décomposition a dû se faire à l'abri de l'air comme celle qui donne la tourbe, et sous l'influence de microbes particuliers dont quelques-uns ont été mis en évidence par l'emploi du microscope. On admet que la fermentation qui a abouti à la formation de la houille est comparable à la fermentation alcoolique. Les diastases sécrétées par les microbes ont transformé les hydrates de carbone en une gelée humique qui est la base des combustibles fossiles. De même, dans la fermentation alcoolique, la diastase de l'orge germée par exemple, agit sur les matières amylacées pour les liquéfier et les transformer en glucose. Comme les hydrates de carbone sont dédoublés en CO^2 et CH^4 (méthane), celui-ci exerce une action antiseptique et la fermentation s'arrête ; de même la fermentation alcoolique s'arrête quand l'alcool en excès rend le milieu antiseptique. Les carbures d'hydrogène s'échappent sous forme de *grisou*, ou restent emprisonnés dans la houille.

Deux théories expliquent la formation de la houille :

1° La houille se serait formée *sur place*, à la manière des tourbes. A l'appui de cette thèse on cite les tiges dressées trouvées dans les couches de houille, et qu'on suppose avoir été transformées en houille dans la position où elles avaient vécu. D'après les idées actuelles une faible partie de la houille se serait formée de cette façon.

2° La houille doit être considérée comme une véritable *alluvion végétale*, c'est-à-dire qu'elle serait due à des débris de végétaux transportés par des cours d'eau dans la mer ou dans des lacs. Ainsi, aux mines de Commentry, on a constaté que les troncs couchés étaient cent fois plus nombreux que les troncs debout ; l'un d'eux avait même les racines en

'air . Toutes ces particularités s'expliquent dans l'hypothèse
d'un flottage d'arbres sur les cours d'eau de cette époque.

Ordinairement la houille se présente en couches super-

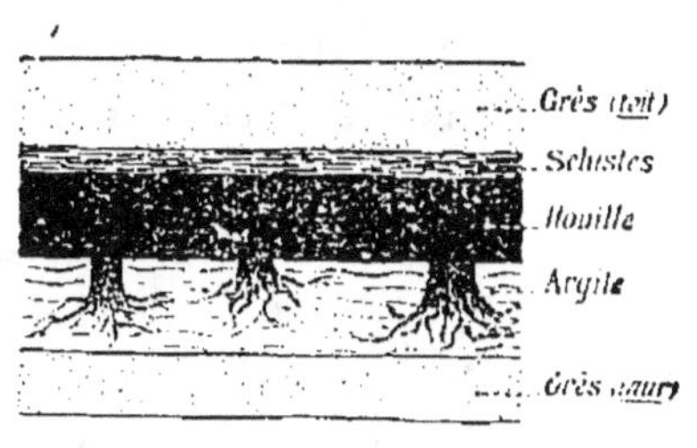

Fig. 880. — Coupe d'une couche
de houille et des roches en-
caissantes.

posées ayant de quelques centimètres à 2 mètres d'épaisseur et
séparées par des schistes ou des
grès, formant ce que les mineurs appellent le *toit* ou le
mur (*fig*. 880). Dans un bassin
houiller belge on compte, sur
une épaisseur de 300 mètres,
156 couches de houille, ayant
chacune en moyenne 0^m,60
d'épaisseur.

L'anthracite. — C'est du charbon presque pur, puisqu'il en
contient plus de 90 °/₀. Il brûle avec une flamme courte et
dégage beaucoup de chaleur.

Le graphite. — C'est du charbon à peu près pur, laissant
sur le papier une trace grisâtre, ce qui le fait employer dans
la fabrication des crayons. Il se rencontre en filons dans les
roches anciennes telles que le gneiss.

Le diamant. — C'est du charbon pur. Sa forme naturelle est

Fig. 881. — Diamants bruts.

celle d'un octaèdre ré-
gulier dont les facettes
sont souvent courbes
et d'un éclat gras par-
ticulier (*fig*. 881). On
peut le tailler en cris-
taux à nombreuses fa-
cettes et le faire scin-
tiller en des feux brillants.

B. Les roches bitumineuses comprennent le *pétrole* et le
bitume.

Le pétrole. — C'est un liquide inflammable qu'on trouve
dans le sol (*fig*. 882) et qui est composé de carbures d'hydrogène. Il est abondant dans le Caucase et aux Etats-Unis.
On range les pétroles en deux catégories selon leur origine

Ceux qui ont une *origine organique* (Pensylvanie) et qu. proviennent de la décomposition de matières organiques ; ils sont formés de carbures saturés, homologues du méthane (C^nH^{2n+2}). On a pu les reproduire en chauffant à 360° sous une pression de 25 atmosphères plusieurs centaines de kilogrammes d'huile de foie de morue.

Fig. 882. — Puits de pétrole jaillissant.

2° Ceux qui ont une *origine éruptive* (Bakou) et sont formés de carbures non saturés, homologues de l'éthylène (C^nH^{2n}). Ils n'ont jamais pu être reproduits en partant de matières animales ou végétales. M. Paul Sabatier les a reproduits par synthèse en faisant agir vers 200° de l'hydrogène sur de l'acétylène, en présence de métaux très divisés comme le fer, le cobalt et le nickel.

Il s'échappe parfois du sol, comme à Pittsburg (Pensylvanie) des jets de méthane inflammable.

Le bitume ou *asphalte.* — C'est un produit d'oxydation du pétrole. Il semble avoir une origine volcanique, car on le trouve surtout au voisinage des volcans éteints.

C. LES ROCHES RÉSINEUSES. — Elles sont aussi d'origine végétale, car elles proviennent de la résine sécrétée par les Pins qui vivaient aux temps géologiques. Cette résine s'est fossilisée, durcie, à tel point qu'on peut la polir et s'en ser-

vir pour fabriquer certains objets : tel est l'ambre ou
succin.

Roches cristallophylliennes. — Elles sont à la fois *cristallines*, comme les roches éruptives, et *feuilletées* comme
les roches sédimentaires. On admet ordinairement que ce
sont des roches sédimentaires qui ont été *métamorphisées* par
des roches éruptives. Il est naturel, en effet, de penser que
ces roches qui constituent les terrains les plus anciens, ont
subi des vicissitudes nombreuses et sont par suite plus métamorphisées.

Les plus importantes sont les gneiss, les micaschistes et
les phyllades.

Les *gneiss* se composent des mêmes éléments que le granite : quartz, feldspath et mica. Mais ces éléments, au lieu
d'être distribués sans ordre, sont disposés avec une certaine
régularité. Le mica forme des lits sombres alternant avec les
trainées claires du feldspath et du quartz.

Les *micaschistes*, composés seulement de quartz et de
mica, sont très feuilletés. Ils fournissent les lames de mica
utilisées dans l'industrie.

Les *phyllades* sont des schistes qui se présentent avec un
aspect lustré à cause du mica hydraté qu'ils contiennent.

Filons métalliques. — Les filons métalliques, surtout
nombreux dans les terrains anciens, ont pour origine
d'anciennes fissures du sol que des eaux thermo-miné-
rales ont parcourues en y laissant déposer des substances chimiques qui ont rempli ces

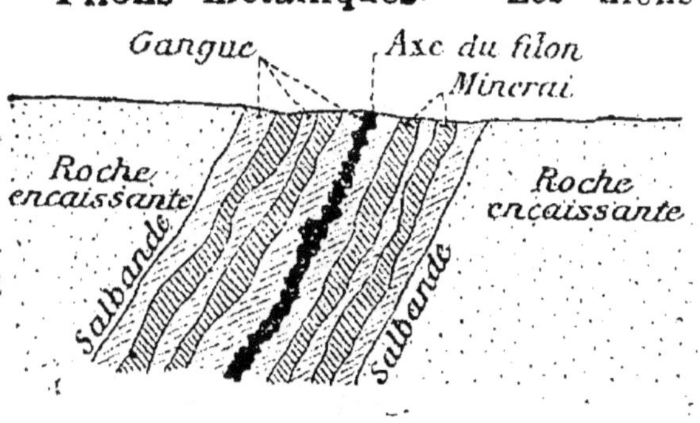

Fig. 883. — Schéma d'un filon concrétionné.

fissures. Il ne faut pas les confondre avec les filons de roche
qui sont massifs et de composition homogène, tandis que

les filons métalliques sont *concrétionnés*, c'est-à-dire que
leurs substances déposées peu à peu par l'eau se présentent
en couches successives et parallèles (*fig.* 883).

Dans un filon métallique on distingue : 1° le *minerai*, qui renferme le métal et qu'on peut exploiter ; 2° la *gangue*, substance minérale ne contenant pas de minerai ; elle est ordinairement formée
de quartz ; 3° les *salbandes* ou parois du filon formées par la roche encaissante.

Les principaux minerais ainsi trouvés sont : la *magnétite* qui est
le plus riche des minerais de fer ; les *pyrites*, sulfure de fer et de
cuivre ; la *blende*, sulfure de zinc ; la *galène*, sulfure de plomb qui
renferme souvent de l'argent ; le *cinabre*, sulfure de mercure ; les
oxydes et les carbonates de fer et de cuivre ; et enfin les métaux
à l'état natif, comme l'or, l'argent, le platine.

§ 2. — Déformations de la croûte terrestre sous l'influence des agents physiques.

Les déformations de la croûte terrestre dues à l'influence
des agents physiques comprennent surtout la formation des
montagnes, le creusement des vallées et enfin les modifications de la configuration des continents et des mers.

Formation des montagnes. — On rencontre parfois dans
des chaînes de montagnes élevées des roches sédimentaires
d'origine marine, par exemple aux Diablerets (Alpes vaudoises) où des Mollusques marins et des Nummulites ont été

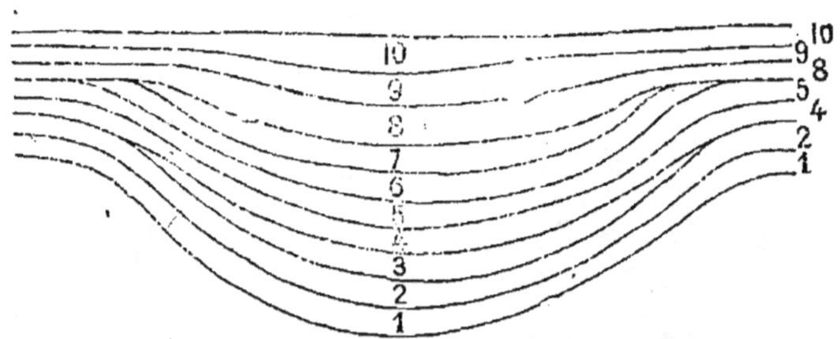

Fig. 884. — Schéma de géosynclinal. On remarquera la continuité de
sédimentation dans l'axe et la discontinuité sur les bords.

trouvés à 3.200 mètres d'altitude. Il est donc manifeste que
les roches déposées au fond de la mer ont été soulevées à des
hauteurs considérables par des mouvements de l'écorce terrestre, de manière à constituer des massifs montagneux.

On admet ordinairement que les montagnes sont des plissements qui se produisent sur l'emplacement des *géosynclinaux*. Un géosynclinal (*fig.* 884) est une sorte de bassin dont le fond s'abaisse à mesure que les sédiments se déposent, et et abaissement est égal à l'épaisseur des sédiments. Ceci explique les formidables épaisseurs de sédiments qui se sont accumulées dans certaines régions. Les géologues ont montré que les zones de plissement formant les montagnes se plaçaient dans les zones d'épaisseur considérable des sédiments.

Il est facile de constater que si dans les pays de plaines les couches de sédiments ont un aspect régulier et sont d'ordinaire horizontales ou presque, au contraire dans les montagnes on les observe plissées, contour

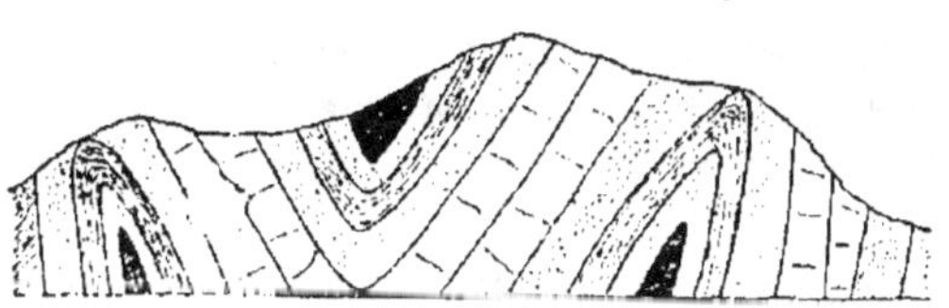

Fig. 885. — Dislocation du sol dans une montagne.

nées et disloquées (*fig.* 885). Souvent elles présentent des plis concaves ou *synclinaux* (*fig.* 886, B) et des plis convexes ou anticlinaux (*fig.* 886, A).

Le Jura nous fournit un exemple classique de région plissée. Comme la surface des couches correspond à la surface du terrain,

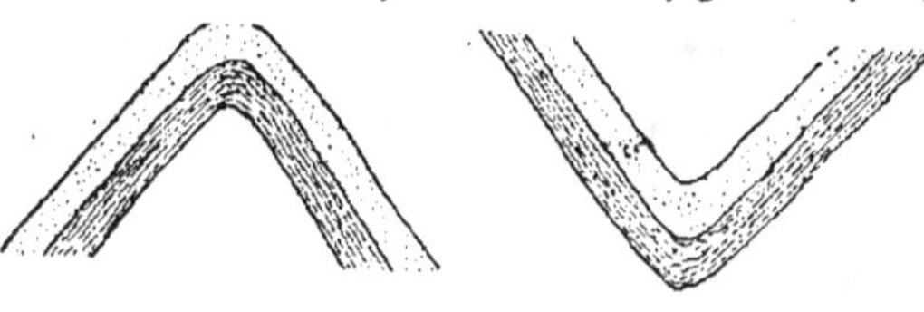

Fig. 886. — Couches plissées.

il en résulte que les synclinaux correspondent à de longues vallées longitudinales ; les anticlinaux sont des chaînes parallèles en forme de voûtes (*fig.* 887).

On n'a jamais pu *observer* directement les mouvements du sol qui ont donné lieu à ces plissements ; on constate seu

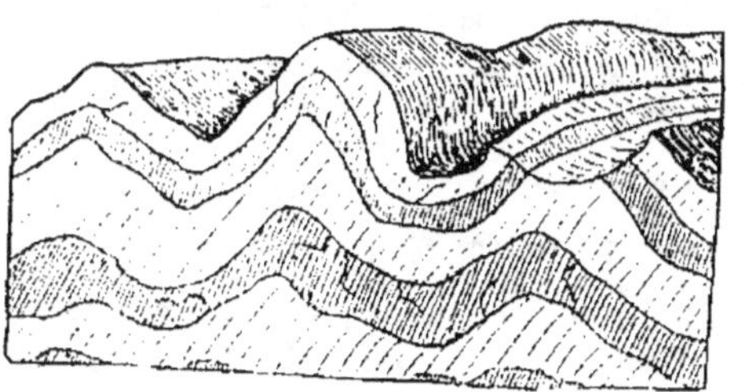

Fig 887. — Plissements dans le Jura.

lement leur résultat mécanique. Pour expliquer ces plisse

ments on a eu recours à la méthode expérimentale, en soumettant des matières plastiques, disposées suivant des lits

Fig. 888. — Effets successifs d'une compression latérale sur une lame d'épaisseur uniforme.

parallèles, à une compression latérale. On est arrivé ainsi à reproduire des plis anticlinaux et synclinaux et l'on a été

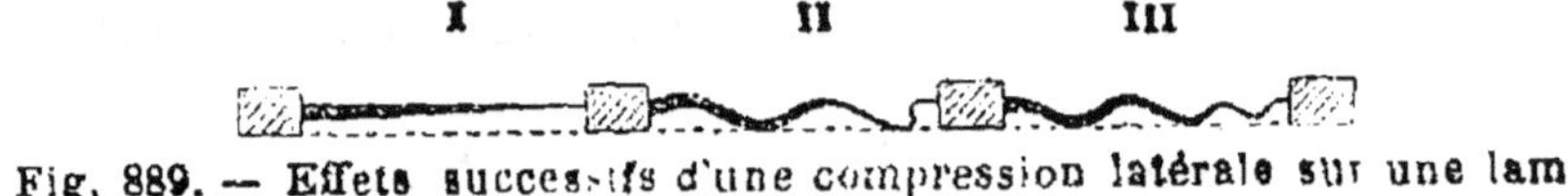

Fig. 889. — Effets successifs d'une compression latérale sur une lame amincie à son extrémité.

conduit à envisager les chaînes de montagnes plissées comme le résultat de l'écrasement de zones déterminées sous l'action de pressions latérales.

Daubrée a montré (*fig.* 888 à 890) en opérant sur des lames

Fig. 890. — Effets successifs d'une compression latérale sur une lame amincie en son milieu.

d'épaisseur uniforme, et sur des lames amincies à l'extrémité ou au centre, que les plis étaient variés. Il a montré aussi qu'ils étaient différents suivant l'épaisseur des couches et le poids que celles-ci supportent. Or **rien** n'est plus variable que ces deux éléments pour les couches sédimentaires ; on conçoit donc qu'un massif montagneux puisse offrir tous les modes de plissement imaginables.

Dans ces régions plissées, les couches ne sont pas restées continues, il s'est produit des ruptures, des fractures, à cause du manque de plasticité des couches ; ou encore par suite de tassements, d'effondrements sous l'action de la pesanteur, des voussoirs se sont affaissés suivant des cassures verticales que l'on désigne sous le nom de *failles* (*fig.* 891).

Il est rare que les plis soient symétriques, le plus souvent

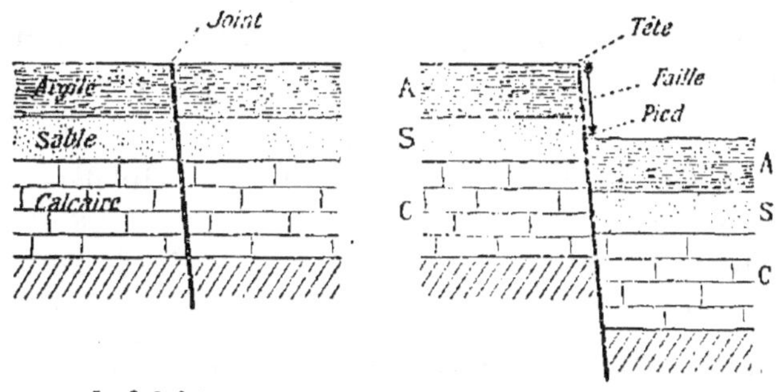

A. Joint : pas de glissement.   B. Faille : glissement.
Fig. 891. — Fractures du sol.

ils ont été *renversés* et *couchés* (*fig.* 892); on les voit parfois
se recourber et s'empiler les uns par-dessus les autres,
comme des arbres ployés ou même entièrement dé 'acinés

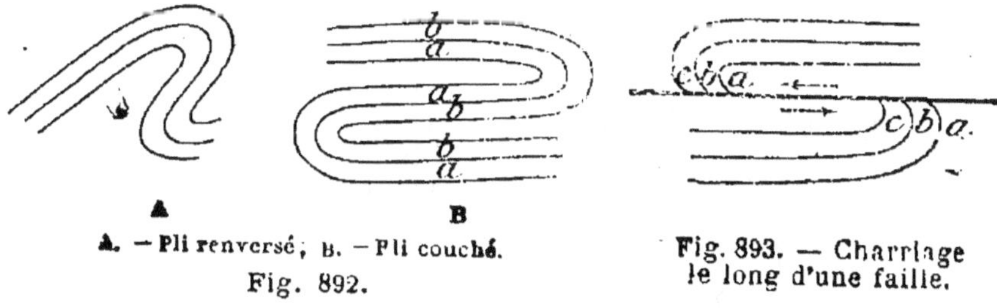

A   B
A. — Pli renversé; B. — Pli couché.   Fig. 893. — Charriage
Fig. 892.   le long d'une faille.

sous l'action d'un ouragan. Dans certains cas même on
observe des paquets de terrains anciens isolés en des points
culminants et entourés par des terrains plus récents qui
s'enfoncent au-dessous d'eux, ce sont des *nappes de charriage*. Il faut pour expliquer ces faits faire intervenir des
déplacements horizontaux de grande amplitude (30 à 50 kilomètres) ou *charriage* (*fig.* 893). Donc la chaîne de montagnes
a été produite par un mouvement horizontal ou *tangentiel*,
comme disent les géologues.

Depuis longtemps les naturalistes avaient été frappés de
l'aspect plissé. contourné, disloqué des couches de sédiments dans les montagnes ; ils avaient opposé cette disposition tourmentée à la régularité des couches en pays de
plaines, et il en était résulté cette notion que les chaînes de
montagnes sont des zones plissées de l'écorce terrestre. *Aussi*

actuellement quand un géologue se trouve en présence de couches plissées, elles évoquent immédiatement en lui l'idée de chaîne de montagnes sur cet emplacement, même si le relief de la région n'en porte aucune trace. Il arrive alors à cette conclusion que, sur l'emplacement des collines de Bretagne et de la forêt de l'Ardenne l'aspect rayé de la carte géologique rappelant celui des Alpes, c'est-à-dire des régions plissées, se sont dressées autrefois des chaînes de montagnes aussi importantes que les Alpes et les Pyrénées, à leur état initial, car ces chaînes ne sont plus aujourd'hui

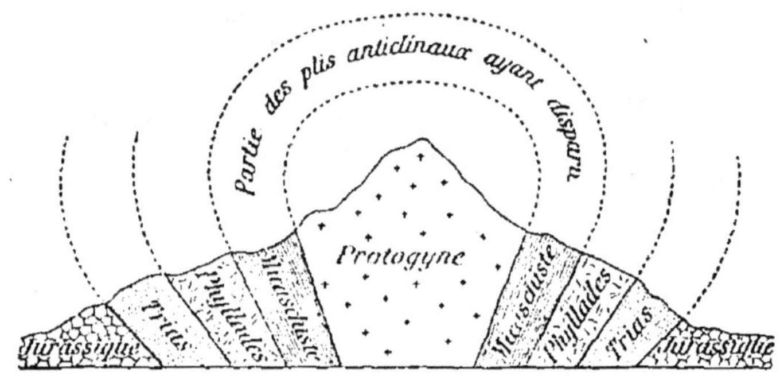

Fig. 894. — Plissements du Mont-Blanc.

que les ruines d'elles-mêmes (*fig.* 894). La durée colossale du temps qu'il a fallu pour raser des édifices de cette importance ne constitue pas une objection ; car la durée des temps géologiques, si peu précise qu'elle soit, est de l'ordre de grandeur qu'il est nécessaire d'imaginer pour cette destruction. Il résulte donc des faits que nous venons de décrire qu'une chaîne de montagnes est définie, non par le relief, caractère topographique qui a pu disparaître au cours des temps géologiques, mais par les caractères de sa structure interne.

En résumé, Elie de Beaumont comparait les chaînes de montagnes à des « parties de l'écorce terrestre dont l'étendue horizontale a diminué par l'effet d'un écrasement transversal », et cela sous l'action d'une contraction du globe terrestre dont la croûte a dû se bosseler pour continuer à s'appliquer sur le liquide intérieur. Puis, c'est Suess qui montra le premier, en 1875, l'unité de la chaîne alpine, la part prépondérante des efforts tangentiels dans sa formation et le refoulement de cette gigantesque vague terrestre contre les massifs anciens du « Vorland ». Enfin, récemment, Marcel Bertrand introduit la notion des déplacements tangentiels à grande distance subis par des fragments de l'écorce terrestre

Principaux plissements terrestres. — Il s'est formé au cours des temps géologiques quatre grands plissements qui ont constitué les chaînes de montagnes et les continents (fig. 895).

1° *Le plissement huronien.* — A l'époque primitive, il existait un continent arctique appelé *continent huronien* (du lac Huron, Amé-

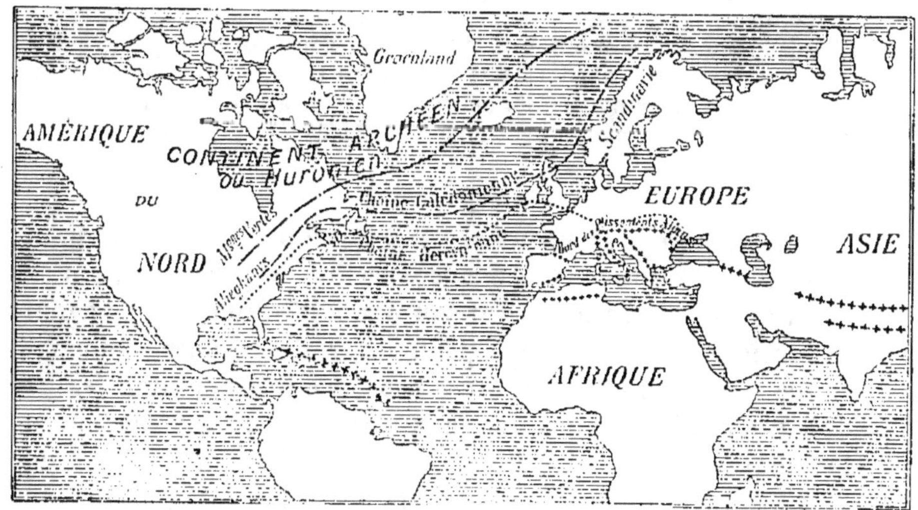

Fig. 895. — Les plissements terrestres.

rique du Nord), occupant le nord de l'Amérique, de l'Europe et de l'Asie, et dont le Canada et le Groënland sont des restes. Plus au sud s'étendaient les mers primaires avec des îlots épars comme le Plateau Central, la Bretagne, les Vosges et la Bohême. Ce continent était dû à un premier plissement.

2° *Le plissement calédonien.* — Pendant le Silurien il se produit sur le bord méridional du continent huronien une deuxième zone de plissement qui va former une nouvelle chaîne de montagnes dite *calédonienne* (de l'ancien nom de l'Écosse, la Calédonie). Cette chaîne s'étend des États-Unis vers l'Écosse et la Scandinavie à peu près parallèlement à la chaîne huronienne. Elle marque donc un progrès des continents vers le sud. Les Monts Alleghanys en Amérique et Grampians en Écosse sont des vestiges de cette chaîne aujourd'hui démantelée.

3° *Le plissement hercynien.* — A la fin du Carbonifère un troisième pli se produit encore au sud du précédent et donne la *chaîne hercynienne* (du nom de l'ancienne Germanie). La terre ferme gagne donc toujours vers le sud. A noter cependant que l'espace compris entre cette nouvelle chaîne et l'ancienne reste couvert par les eaux, et que les dépôts de houille se sont formés dans ce grand fossé.

4° *Le plissement alpin.* — Pendant l'époque secondaire il ne s'est pas produit, en Europe, de grands mouvements du sol. Mais vers le milieu de l'époque tertiaire un quatrième plissement se produit au sud du précédent et forme la *chaîne alpine*, qui s'étend depuis les Pyrénées jusque vers l'Himalaya, en suivant la dépression méditerranéenne.

Ainsi donc, les plissements du sol se sont formés progressivement en allant du nord vers le sud. Et il est certain que leur formation a eu pour conséquence de produire, ainsi que *nous le verrons plus loin*, des modifications dans la répartition des continents et des mers.

Creusement des vallées. — Sitôt que, sous l'action de causes dynamiques internes, des reliefs apparaissent sur les continents, ces reliefs sont soumis à l'influence des agents dynamiques externes, en particulier des agents atmosphériques et des eaux courantes. Les variations de température désagrègent les roches, les eaux chargées de gaz carbonique les dissolvent, le ruissellement entraîne les particules meubles, les torrents entament les flancs des montagnes, et toutes ces forces groupées modifient la forme des reliefs et donnent au terrain son *modelé*. Dans nos régions tempérées ce modelé est surtout l'œuvre des eaux courantes.

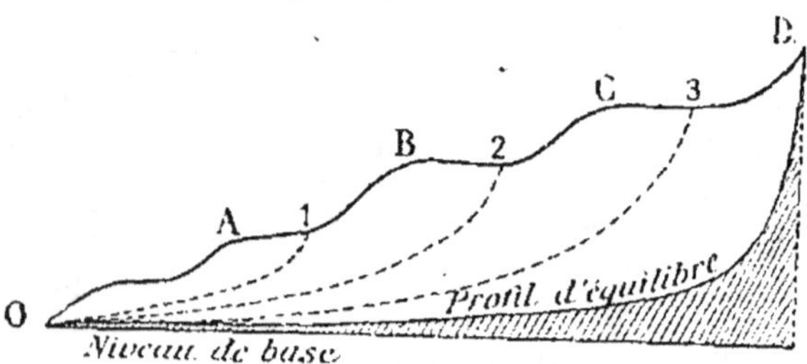

Fig. 896. — Profils d'équilibre successifs d'un cours d'eau.

L'eau courante d'une rivière, par le seul fait qu'elle est pesante, est obligée de creuser son lit.

Considérons un terrain ABCD (*fig.* 896) qui n'a pas encore été façonné par l'eau. Il présente des pentes capricieuses le long desquelles l'eau de pluie est obligée de ruisseler. Si ces pentes sont rapides, la vitesse de l'eau ira en s'accélérant, car la pesanteur ne cesse d'agir et ajoute à chaque instant son effet à celui qu'elle venait de produire. D'un autre côté, à un filet d'eau formé par la réunion de petites gouttes, un autre va se joindre, de sorte que la vitesse s'accentue et se complique à cause de l'accroissement continu de la masse. Evidemment cette eau va déboucher avec force sur le pied de la pente parcourue. Ces faits s'observent facilement dans la nature après une forte averse : de toutes parts on voit des filets d'eau boueuse se rendre au ruisseau voisin, emmenant avec eux une partie de la terre ferme. Quand ces petits ruisseaux auront fini de couler, on constatera que chaque rigole est devenue plus profonde, et qu'à son débouché sur un terrain plat s'est formé un amas de graviers, de sable et de limon, qui viennent de plus haut. Jamais ces matériaux ne remonteront. Au contraire, la prochaine averse les reprendra pour les conduire plus bas, et ils chemineront ainsi jusqu'à ce qu'ils soient arrivés dans un lac ou dans la mer. « C'est, dit de Lapparent, le convoi de la terre ferme qui passe ! » Par les rivières d'abord, par les fleuves ensuite, ces matériaux arriveront à la mer. Pour que ces eaux coulent régulièrement, il faut qu'il s'établisse un équilibre entre la puissance qu'elles possèdent, puissance faite de masse et de vitesse, et le frottement qu'elles subissent de la part du lit et qui tend à retarder le mouvement. Par conséquent comme de la source à l'embouchure, la masse liquide augmente à cause de l'arrivée des affluents, il faut que la pente diminue de façon à rendre plus difficile la descente du fleuve. Le cours d'eau opère cette réduction de la pente en creusant son lit : le flot se précipite contre les berges, en mine le pied, le fait écrouler par portions et entraîne les débris plus bas. Ainsi la vallée se creuse, jusqu'au jour où, à force de descendre, le cours n'a plus que juste la pente nécessaire au mouvement de l'eau. A ce moment l'eau a achevé son travail d'*érosion*, et elle coule dan un lit à pente continue. La pente est nulle au débouché du fleuve dans la mer en O, on appelle *niveau de base* ce niveau de la mer ; puis la pente augmente à partir de ce point, en allant de l'aval vers l'amont, avec une lenteur extrême, pour ne devenir sensible que vers la source, là où la masse d'eau est encore très faible. Ainsi à Paris, distant de plus de 300 kilomètres de son embouchure, la Seine n'a qu'une pente d'un mètre pour dix mille mètres. Le profil de son lit est devenu un *profil d'équilibre*, et cela parce que le travail de régularisation de ce lit est fort ancien.

Mais avec un terrain neuf, non encore façonné, un tel résultat sera l'œuvre de longues années, pendant lesquelles le cours d'eau régularisera sa pente en commençant par son embouchure, dont le niveau est constant, pour remonter de proche en proche vers la limite extrême du bassin. Ce creusement progressif sera marqué par les profils successifs O_1, O_2, O_3 (*fig.* 896). Les cours d'eau possèdent donc une tendance à régulariser leur lit en l'affouillant de l'aval vers l'amont, entamant ainsi de plus en plus le flanc des montagnes ; ils tendent donc à aplanir les continents.

L'origine d'une vallée d'érosion telle que nous venons de la décrire est nettement montrée par la disposition des couches géologiques qui est la même sur les deux rives du fleuve (*fig.* 897). Cette disposition prouve qu'autrefois

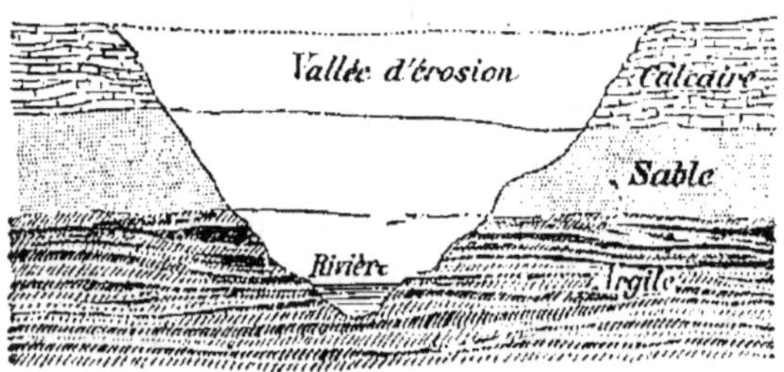

Fig. 897. — Une vallée d'érosion.

ces couches devaient se continuer dans l'espace laissé vide par la constitution de la vallée actuelle.

Si les roches creusées sont dures, calcaires ou schistes ardoisiers, par exemple, les parois de la vallée sont verticales, comme celles des gorges du Tarn et de l'Ardèche. Au contraire si les roches sont tendres, les parois s'écroulent facilement et la vallée s'élargit.

Si deux cours d'eau travaillent en sens contraire sur deux

versants séparés par une crête, leurs bassins de réception vont entrer en contact, la ligne de partage s'abaissera graduellement, et il se formera un *col*, puis un simple seuil qui mettra les deux vallées en communication. Un réseau complexe de rivières pourra débiter ainsi le massif montagneux en un groupe de monticules isolés, séparés par des vallées à fond plat. Ces monticules vont rester un certain temps comme des épaves des massifs disparus, semblables aux *témoins* que les entrepreneurs de terrassement ont soin de laisser de distance en distance au milieu d'un important déblai, afin de permettre la vérification du travail.

Ces monticules témoins pourront être attaqués à leur tour par les eaux courantes ; leur masse diminuera sans cesse, grâce à l'entraînement dans les vallées des parties ameublies par la désagrégation. Le relief s'atténuera et de plus en plus la région sera transformée en une surface plane, en une *pénéplaine*. C'est le terme final de l'action des eaux courantes.

La région parisienne offre un remarquable exemple de ce travail d'érosion. Sur l'emplacement de Paris et de sa banlieue, entre les hauteurs de Saint-Cloud et de Montmorency, il s'est fait sous l'influence de trois rivières, la Seine, la Marne et l'Oise, un travail de déblaiement enlevant environ 140 mètres d'épaisseur de terrain. Les **buttes**

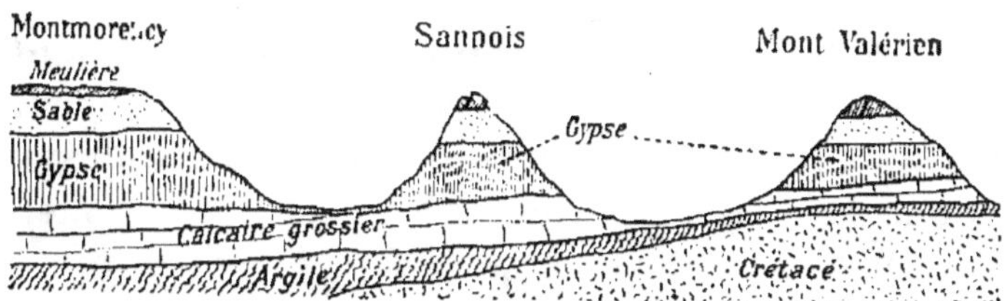

Fig. 898. — Coupe simplifiée des collines des environs de Paris.

du Mont-Valérien et de Sannois (*fig.* 898) sont restées comme des témoins de ce massif disparu. La butte Montmartre exposée au tourbillonnement des eaux n'a pas pu se maintenir avec la même hauteur, et toute sa partie supérieure a été enlevée.

Enfin nous pouvons ajouter aux vallées d'érosion que nous venons de décrire, les *vallées de plissement* comme celles du Jura (*fig.* 887) et les *vallées d'effondrement* comme celle du Rhin. Ces dernières sont dues à ce fait que des failles parallèles (*fig*. 899) ont détaché des bandes de terrain qui se sont

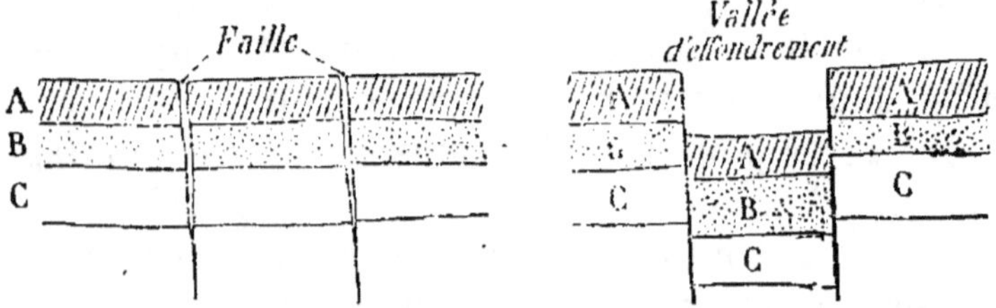

Fig. 899. — Formation d'une vallée d'effondrement.

affaissées ensuite. C'est ainsi que la vallée du Rhin (*fig*. 900)

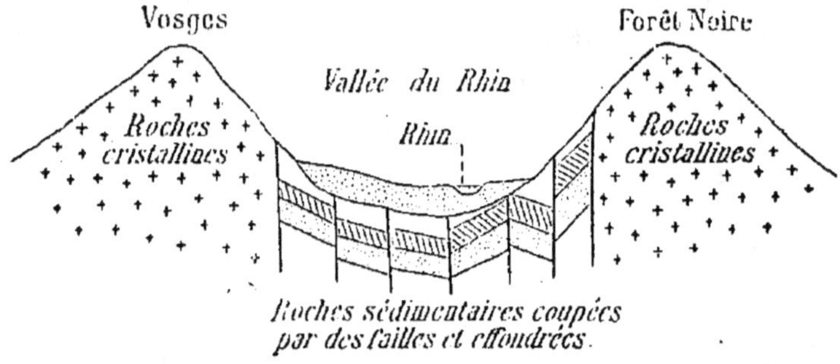

Fig. 900. — Coupe de la vallée du Rhin.

résulte d'un effondrement qui a laissé un massif de chaque côté, les Vosges et la Forêt-Noire.

Modifications de la configuration des continents et des mers. — L'histoire des temps géologiques nous montre d'une façon évidente que les lignes de rivage ne sont pas restées fixes, que la distribution des continents et des mers a varié d'une période géologique à une autre.

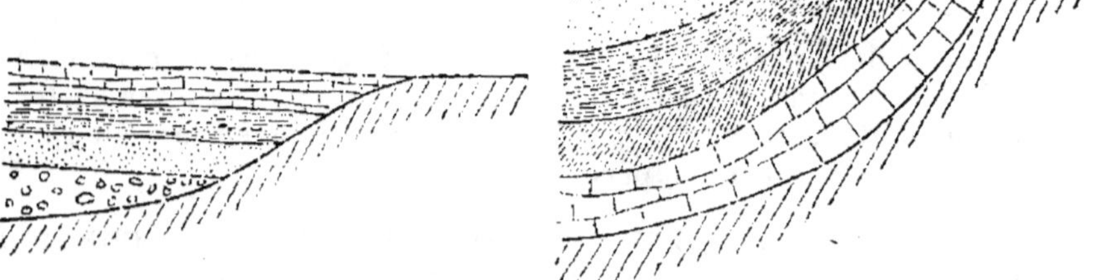

Fig. 901. — Transgression marine.   Fig. 902. — Régression marine.

De nos jours d'ailleurs, ces déplacements des lignes de ri-

vage ont été constatés. C'est ainsi que dans la baie de Douar-

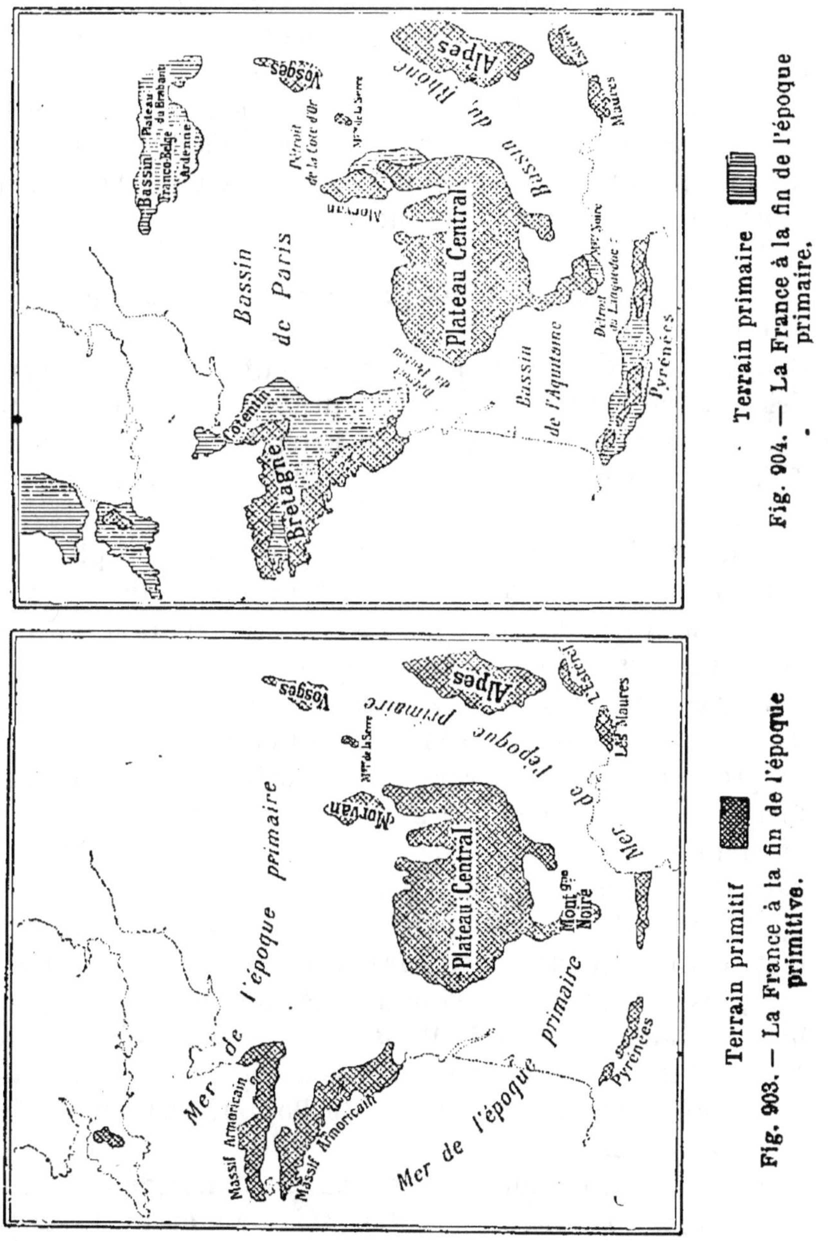

Terrain primaire

Fig. 904. — La France à la fin de l'époque primaire.

Terrain primitif

Fig. 903. — La France à la fin de l'époque primitive.

nenez, on voit à marée basse, à 5 ou 6 mètres de profondeur, les ruines de la ville d'Ys, qui fut envahie par la mer au

Ve siècle. Au contraire, sur les côtes suédoises, on constate que la mer s'est retirée depuis les temps historiques.

Suivant que la mer avance ou recule, on a une *transgression* ou une *régression,* qui peut s'observer fort bien par la disposition des couches sédimentaires (*fig*. 901 et *fig*. 902).

L'étude des terrains géologiques a permis d'établir la configuration des mers aux différentes époques ; c'est ce que nous allons indiquer rapidement.

1° Les mers à l'époque primaire. — Considérons la France à la fin de l'époque primitive (*fig*. 903). Le Plateau Central, la Bretagne et les Vosges sont émergés et forment des îles que baigne la mer primaire. Les Alpes et les Pyrénées, les monts des Maures et l'Estérel sont déjà indiqués. Tout le reste de la France était recouvert par la mer primaire.

A la fin de l'époque primaire, par suite du plissement hercynien, le sol de la France subit un exhaussement général qui fait sortir de l'eau quelques-uns des dépôts formés pendant le temps primaire (*fig*. 904). Le Plateau Central se rattache au Morvan et à la Montagne Noire. En Bretagne, les deux bandes primitives se rejoignent et les dépôts primaires se prolongent jusque vers le Cotentin et vers Angers en formant l'Armorique. Au nord des Vosges se produit une émersion qui donne un continent septentrional dont font partie les Ardennes et le bassin houiller franco-belge.

En somme, l'accroissement progressif des continents permet l'établissement d'une flore et d'une faune terrestres. De plus, les îlots primaires jalonnent le contour des trois grands bassins français : ceux de Paris, de l'Aquitaine et du Rhône. Mais à cette époque ces trois bassins communiquent largement entre eux par les détroits du Poitou, de la Côte d'Or et du Languedoc.

D'autre part, l'étude des terrains primaires de l'Australie, de l'Afrique australe et du Brésil, semble montrer l'existence d'un continent austral. Ce continent, démantelé plus tard, **était séparé du continent septentrional par une immense mer méditerranéenne.**

2° Les mers à l'époque secondaire. — Vers le milieu de

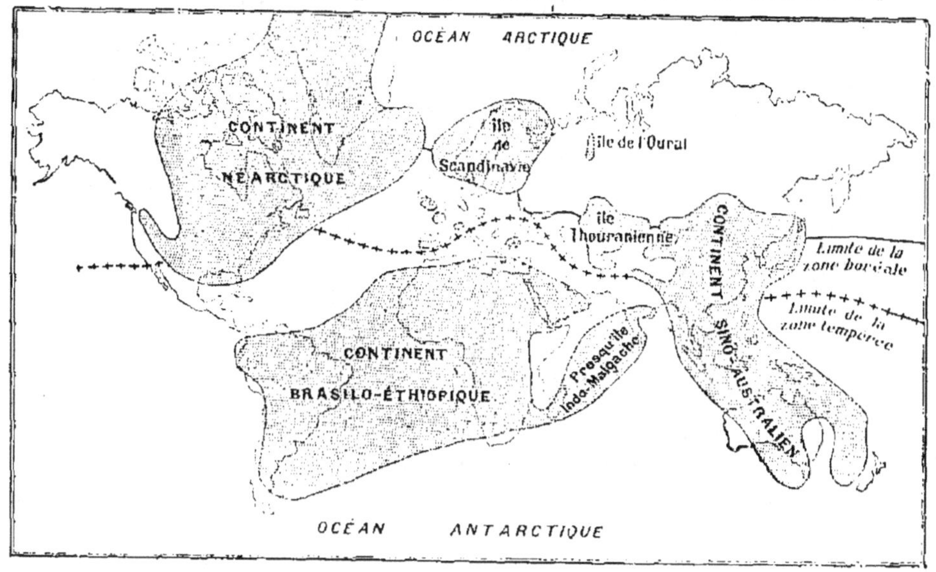

Fig 905. — Les continents et les mers au milieu de l'époque jurassique.

l'époque jurassique il existe sur le globe trois grands continents (*fig*. 905) :

1° le *continent néarctique*, comprenant une partie de l'Amérique du Nord, l'Océan Atlantique, le Groënland et l'Islande ;

2° le *continent brasilo-éthiopique*, s'étendant de l'Amérique du Sud jusqu'en Afrique et se prolongeant jusque dans l'Inde par une *presqu'île indo-malgache* ;

3° le *continent sino-australien*, comprenant le sud de l'Asie, les îles de la Sonde et l'Australie.

Il existait encore d'autres îles comme la Scandinavie, l'île thouranienne et de nombreux îlots dans l'Europe occidentale

C'est à la fin du Jurassique que l'Australie se sépare du continent asiatique.

Vers la fin de la même époque un mouvement d'émersion de l'Europe se produit · la France se soude à l'Angleterre et l'emplacement actuel te la Manche est occupé par des lacs et des forêts, ainsi que l'a montré l'étude des terrains de cette région. C'est aussi vers cette époque que le Plateau Central se soude à la Bretagne d'un côté et aux Vosges de l'autre. Les détroits du Poitou et de la Côte d'Or se ferment donc, de sorte que le bassin de Paris se trouve séparé des bassins de l'Aquitaine et du Rhône. De plus, on voit que le bassin de Paris est ouvert du côté de la mer du Nord, tandis que les bassins de l'Aquitaine et du Rhône communiquent au sud avec la Méditerranée. Il en résulte des conditions climatériques différentes, qui expliquent les faunes différentes qui s'établissent, au nord, dans le bassin de Paris, et au sud, dans les deux autres bassins.

3° **Les mers à l'époque tertiaire.** — Au début de l'époque

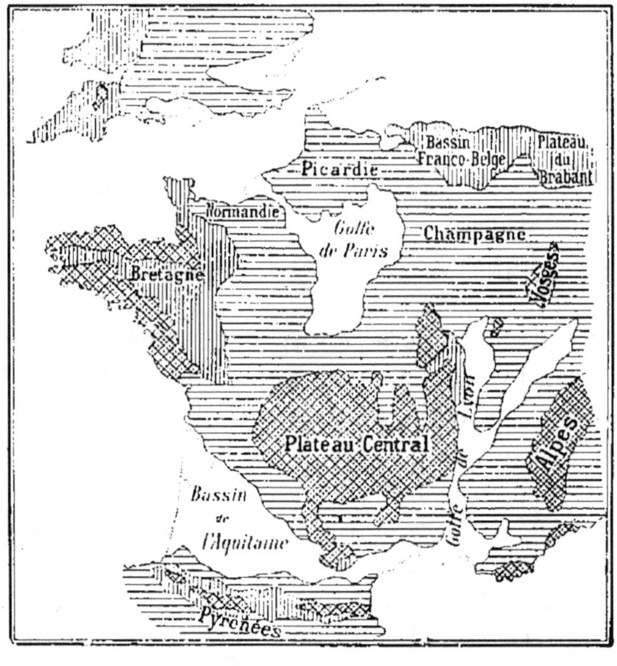

Fig. 906. — La France à la fin de l'époque secondaire.

tertiaire les mers, très réduites en France, ne forment plus que trois golfes étroits occupant le centre de chacun des trois bassins, ainsi que le montre la carte de la figure 906. Les dépôts tertiaires vont combler ces trois golfes, de sorte qu'à la fin de cette période géologique la France possède à peu près sa configuration actuelle.

Les plissements qui se produisent pendant les temps tertiaires et qui forment les Pyrénées, les Alpes, les Apennins et l'Atlas africain, ont donné lieu à des mouvements intenses du sol et à des changements dans les contours des continents.

Vers la fin de l'*Eocène* le sol français s'exhausse et il ne reste plus dans le bassin de Paris qu'un lac salé sur le bord duquel vivent de nombreux Mammifères. Les Pyrénées achèvent leur soulèvement et ferment **le détroit du Languedoc**.

A l'époque *Oligocène* la mer se retire en laissant sur **le** sol français de nombreux lacs.

A la fin du *Miocène*, la France est presque complètement émergée, sauf la vallée du Rhône, dans laquelle s'avance un bras de mer. Puis la formidable poussée due au soulèvement des Alpes entraîne dans ce mouvement la Méditerranée, qui se dessèche et est remplacée par des lacs dont les bords sont fréquentés par des Antilopes et des Gazelles. Pendant ce temps, de la Hongrie au centre de l'Asie s'étend la *mer Sarmatique*, qui va se dessécher peu à peu et se réduire à la mer Caspienne et au lac d'Aral.

Enfin, c'est vers la fin du *Pliocène* que le détroit de Gibraltar s'ouvre et que l'Angleterre se sépare de la France.

Les éruptions tertiaires et quaternaires, d'une part, et le creusement des vallées pendant les temps quaternaires, d'autre part, achèvent de donner à la France son relief actuel.

II. — LES TEMPS GÉOLOGIQUES

L'immensité de la durée des temps géologiques. — Rien ne paraît plus difficile à apprécier que la durée des temps géologiques. Pourtant nous disposons pour la mesurer de moyens différents qui donnent des résultats concordants, ou tout au moins du même ordre de grandeur. Etudions ces divers procédés.

1° Épaisseur des couches sédimentaires. — L'élément qui semble devoir intervenir dans la détermination de la durée des temps géologiques, et par conséquent de l'âge de la Terre, est l'épaisseur des sédiments accumulés depuis l'origine des premières mers. A la suite de nombreuses recherches, on estime cette épaisseur à 100 kilomètres, en prenant les plus fortes épaisseurs observées dans chaque couche géologique et en les ajoutant. Bien entendu cette puissance de 100 kilomètres n'est réalisée nulle part ; ainsi tel dépôt qui a 3.000 mètres d'épaisseur dans les Alpes, sera représenté à Paris par quelques mètres seulement, et fera entièrement défaut dans une autre région. L'épaisseur n'est donc pas toujours un critérium de la durée. Mais si l'on admet que les couches se sont épaissies régulièrement depuis l'origine, connaissant d'autre part l'épaisseur des sédiments qui se forment pendant une année, on n'a qu'à diviser l'épaisseur totale par celle de la couche annuelle pour obtenir la durée de formation des roches sédimentaires. Or de nos jours, au fond des océans il se produit de 7 à 10 centimètres de sédiments par siècle ; avec ces données, on arrive à trouver *100 à 150 millions d'années.*

Cette méthode permet aussi d'évaluer la durée des différentes époques géologiques d'après les épaisseurs des dépôts correspondants. Ainsi il se serait écoulé 200.000 siècles depuis le début de l'ère tertiaire, 350.000 depuis le jurassique, et plus de 500.000 depuis l'époque du Carbonifère. Le géologue américain Dana avait d'ailleurs exprimé la durée proportionnelle des trois grandes ères géologiques par les chiffres suivants :

Ère primaire. 12
Ère secondaire 3
Ère tertiaire 1

Ce qu'on sait bien, c'est que la succession variée des couches sédimentaires et l'incessante transformation des faunes et des flores ont dû exiger un temps considérable et il n'est pas exagéré de l'évaluer en millions d'années ; mais à cause de l'incertitude des données qui servent à l'établir, le nombre des millions est à peu près indifférent.

2° La salure marine. — Ce procédé est basé sur l'étude de la salure marine. On sait qu'au début de la Terre, les premières eaux qui se rassemblèrent sur l'écorce terrestre étaient douces, tandis que le chlorure de sodium était condensé dans l'écorce solidifiée. Le sel ne fut donc apporté à ces eaux que progressivement, par une sorte de lessivage de l'écorce terrestre. Les fleuves ont apporté et continuent à apporter cet élément dans la mer où il s'accumule, car la chaleur solaire aspire l'eau qui retombe à nouveau sur les continents pour y continuer la même tâche. C'est à cet apport incessant des rivières qu'est due la salure progressive des océans.

Or, on estime à 20 millions de kilomètres cubes le sel ainsi apporté, ce qui suffirait à recouvrir les continents d'une couche saline haute de 122 mètres. D'autre part, on connaît le volume des eaux douces déversées annuellement par tous les fleuves, ainsi que la teneur en sel de ces eaux. On déduit de là que les océans s'enrichissent chaque année d'un cinquième de kilomètre cube de sel. Donc, si les fleuves ont continué depuis l'origine à fournir le même apport, il faut faire remonter cette origine à *100 millions d'années*, en chiffres ronds. Ce résultat est voisin de celui que nous avions obtenu par l'étude de l'épaisseur des couches sédimentaires.

3° Le refroidissement de la terre. — Les géographes considérant que les chaînes de montagnes sont des plis de l'écorce terrestre formés par suite de la diminution de volume du noyau central qui résulte du refroidissement, ont calculé le volume qu'aurait la Terre si on la gonflait de manière à la déplisser totalement et à la ramener au volume qu'elle avait quand sa croûte était lisse. On arrive alors à trouver que le rayon de la terre qui mesure aujourd'hui 6.370 kilomètres en valait 6.421 ; cela représente au taux moyen de dilatation des laves, un refroidissement d'environ 300 degrés. Comme on connaît d'autre part la quantité de chaleur qui s'échappe annuellement de la Terre, on en déduit le temps exigé par ce refroidissement : il est de *2.000 millions d'années*, nombre 20 fois plus grand que ceux obtenus précédemment.

Il est vrai qu'il correspond à une période plus longue, car la solidification de l'écorce terrestre a précédé nécessairement la formation des océans.

4° Le radium se transforme en hélium. — On sait que le r adium se détruit lentement ; ses atomes éclatent en quelque s orte en développant une quantité énorme d'énergie et en l aissant des atomes plus simples, ceux d'un nouveau corps, l'*hélium*. Les minéraux qui contiennent actuellement du radium, renferment toujours de l'hélium qui représente du radium détruit. La quantité d'hélium présent permet donc d'apprécier la quantité de radium disparu. Or, on connaît le temps que met à disparaître un gramme de radium, un calcul simple nous donnera donc le nombre d'années depuis lequel le radium disparaît dans le minéral considéré. C'est ainsi qu'on a trouvé pour un échantillon provenant des terrains primitifs de Norvège *240 millions d'années*. Suivant les échantillons analysés on a trouvé des nombres compris entre 222 et 715 millions d'années. On a même donné un tableau des temps écoulés depuis les différents âges géologiques :

Terrains éocènes	31 millions d'années.	
— carbonifères. . . .	141	—
— dévoniens	145	—
— archéens.	710	—

Il faut dire que ces calculs comportent encore bien des causes d'erreur, bien des incertitudes, et qu'ils reposent sur des hypothèses qui ne sont pas d'une solidité inébranlable.

En résumé, on voit que ces méthodes, quoique tout à fait indépendantes, ont donné des résultats assez voisins. Nous savons donc que ce n'est pas par milliers, mais par *millions d'années* qu'il faut chiffrer l'âge de la Terre.

L'histoire de la Terre est continue. — Revenons à la formation d'une pénéplaine telle que nous l'avons expliquée à propos du creusement des vallées (voir page 706). Si une pénéplaine subit un affaissement et qu'elle soit envahie par la mer, le fond de cette mer va être le siège d'une nouvelle sédimentation, et un nouveau *cycle* succèdera au premier.

L'histoire de la Terre sera donc l'histoire de ces cycles successifs. Trois grands cycles (temps *primaires*, *secondaires et tertiaires*) se sont ainsi succédé en Europe, depuis le moment où se déposèrent les premiers sédiments contenant des fossiles reconnaissables ; mais rien ne permet d'affirmer que le plus ancien cycle connu actuellement soit réellement le premier ; de même rien n'autorise à penser que le cycle actuel sera le dernier dans l'histoire de la Terre.

Pendant longtemps il a paru exister dans la sédimentation comme dans la succession des êtres, un défaut de continuité, car la limite de deux périodes successives est presque toujours marquée par des extinctions soudaines, et par l'apparition brusque de types nouveaux. Aussi Cuvier (1828) attribuait-il à des révolutions subites, à de véritables catastrophes les changements dans l'emplacement des mers et la destruction des organismes qui en résultait. « La vie, dit-il, a donc souvent été troublée sur cette terre par des événements effroyables. Des êtres vivants sans nombre ont été victimes de ces catastrophes ; les uns, habitants de la terre sèche, se sont vus engloutis par des déluges ; les autres, qui peuplaient le sein des eaux, ont été mis à sec avec le fond des mers subitement relevé ; leurs races mêmes ont fini pour jamais, et ne laissent dans le monde que quelques débris à peine reconnaissables pour le naturaliste. » De là l'hypothèse des *créations successives*. Or on admet aujourd'hui, depuis les travaux de Neumayr, que l'apparition d'organismes nouveaux au début d'une période est en réalité due à l'immigration de types nouveaux, originaires de mers dont les dépôts sont restés jusqu'ici inaccessibles à notre investigation.

De même les phénomènes orogéniques de plissements sont attribués actuellement à des actions profondes dont les effets se font à peine sentir à la surface. Tout semble s'être effectué avec une extrême lenteur. Les « révolutions du globe » dont on a tant parlé ne sont que de longues et patientes évolutions. Les soulèvements des chaînes de montagnes, les déplacements de la mer n'ont pas été des phénomènes brusques ; ils se sont accomplis avec une telle lenteur que s'il avait pu exister, à ces époques, un observateur attentif, il ne se serait pas plus aperçu de ces changements que nous ne nous apercevons de ceux qui se produisent actuellement autour de nous.

L'étude des terrains nous montre donc que l'histoire de la Terre est *continue*, et que les divisions qu'on a établies en géologie ne correspondent pas à la réalité ; elles servent seulement à aider notre intelligence dans la compréhension de ces phénomènes.

Enfin une dernière conclusion à tirer c'est que l'évolution de la Terre ne se fait pas d'une façon quelconque ; elle obéit à une *loi de progrès*. Les êtres vivants, en effet, ont apparu les uns après les autres suivant leur degré de perfectionnement. Dans le monde des plantes nous voyons apparaître les Cryptogames avant les Phanérogames ; et parmi celles-ci les Gymnospermes avant les Angiospermes. De même pour les animaux : ce sont d'abord les Invertébrés, puis viennent successivement les Poissons, les Batraciens, les Reptiles, les Oiseaux et les Mammifères, parmi lesquels l'Homme est apparu le dernier.

RÉSUMÉ

L'écorce terrestre. — L'écorce *terrestre* est la croûte qui s'est formée par refroidissement autour du globe en fusion. Les *premiers continents* et les *premières mers* résultent du plissement de cette écorce. L'écorce terrestre comprend : 1° une couche de *terre végétale* ; 2° des *roches* qui forment le *sous-sol*.

On suppose que l'intérieur du sol est en fusion : c'est le *noyau central*. Cette supposition est basée sur ce fait que la température augmente à mesure qu'on s'enfonce dans l'intérieur de la Terre (1 degré pour 30 mètres) : c'est le *degré géothermique*.

Les roches. — Elles sont de deux sortes :
1° Les *roches éruptives*, formées de cristaux et provenant de l'intérieur du sol ;
2° Les *roches sédimentaires*, qui ont été déposées par les eaux et qui contiennent souvent des fossiles.

1° Roches éruptives. — Elles se présentent en *massifs* ou en *filons*.

Les principaux minéraux qu'elles contiennent sont le *quartz* (silice), le *feldspath* (silicate), et le *mica* (silicate).

On les range en trois catégories :

1° Les *roches granitoïdes*, dont les éléments sont simplement accolés et disposés sans ordre. Exemple : le granite, la granulite, la diorite, la diabase ;

2° Les *roches porphyroïdes*, formées de grands cristaux unis par une pâte amorphe à l'œil nu, mais qui au microscope présente de petits cristaux ou *microlithes*. Ce sont les *porphyres*, les *trachytes* et les *basaltes* ;

3° Les *roches vitreuses*, qui ont l'aspect du verre et qui ne contiennent pas de cristaux. Exemples : l'*obsidienne*, la *pierre ponce*, les *scories*.

On a pu reproduire par synthèse certaines roches éruptives.

2° **Roches sédimentaires.** — Elles ont une origine *détritique, chimique* ou *organique*. On les range en plusieurs catégories :

1° Les *roches calcaires*, formées essentiellement de carbonate de calcium. Elles font effervescence avec les acides, sont décomposées par la chaleur et se rayent à l'acier. Exemples : spath, marbre, craie, calcaire grossier, calcaire oolithique, etc.

2° Les *roches siliceuses*, formées de silice. Elles ne font pas effervescence par les acides et ne sont pas rayées par l'acier. Exemples : silex, sable, grès, poudingue, tripoli, etc.

3° Les *roches argileuses*, formées de silicate d'alumine hydraté. Elles sont plastiques, font pâte avec l'eau, sont imperméables et durcissent par la cuisson. Exemples : argile, ardoises, marnes.

4° Les *roches salines*, qui sont solubles dans l'eau et se rayent à l'ongle. Ce sont le gypse et le sel gemme.

5° Les *roches combustibles*, qui ont une origine organique ; elles comprennent : les roches charbonneuses (tourbe, lignite, houille, anthracite et graphite), les roches bitumineuses (pétrole et asphalte), et les roches résineuses (ambre).

On range à part les *roches cristallophylliennes* qui sont cristallines et feuilletées et qui ont formé la première écorce terrestre. Elles comprennent le gneiss, le micaschiste et les phyllades.

Les *filons métalliques* sont dus à des dépôts de minerai dans des fissures du sol.

Formation des montagnes. — Les chaînes de montagnes sont des *plissements* qui se produisent sur l'emplacement des *géosynclinaux*. On a expliqué ces plissements en soumettant des matières plastiques disposées suivant des lits parallèles à une compression latérale, et l'on a reproduit ainsi les variétés de plis observés dans la nature. Les principaux plissements qui ont constitué les chaînes de montagnes sont : les plissements *huronien, calédonien, hercynien* et *alpin*.

Creusement des vallées. — Il est dû à l'action d'érosion des eaux courantes, qui agissent depuis le *niveau de base* en remontant de l'aval à l'amont. Si les roches creusées sont dures, les parois de la vallée sont verticales, si elles sont tendres, la vallée est élargie. Les cours d'eau peuvent ainsi détruire le relief d'un pays et transformer celui-ci en une *pénéplaine*. Citons les vallées de *plissement* (Jura) et d'*effondrement* (Rhin).

Modifications de la configuration des continents et des mers. — Les lignes de rivage changent d'une période à une autre, ainsi que le prouvent les stratifications *transgressive* ou *régressive*. C'est en étudiant ces lignes de rivage qu'on a pu établir des cartes indiquant la répartition des mers aux époques primaire, secondaire et tertiaire.

Les temps géologiques. — Les temps géologiques sont remarquables par l'immensité de leur durée et par la continuité de leur histoire. On a pu mesurer la durée des temps géologiques par plusieurs méthodes : 1° par l'épaisseur des couches sédimentaires ; 2° par l'étude de la salure marine ; 3° par le refroidissement du globe terrestre ; 4° par la transformation du radium en hélium. Ces méthodes ont donné des résultats assez voisins, qui se chiffrent par des millions d'années.

Enfin, la stratigraphie et la paléontologie nous montrent bien que l'histoire de la Terre est continue. Les « révolutions » du globe ne sont que de longues et patientes évolutions.

IDÉE DE L'ÉVOLUTION GÉNÉRALE
DES VÉGÉTAUX ET DES ANIMAUX

Pour montrer qu'il existe une continuité, un enchaînement chez les Végétaux comme chez les Animaux, nous envisagerons d'une part l'évolution des Végétaux et des Animaux au cours des âges géologiques, et d'autre part les liens anatomiques et embryogéniques qui existent entre les divers embranchement du monde vivant.

I. — ÉVOLUTION DU MONDE VÉGÉTAL

Évolution des Végétaux pendant les époques géologiques. — Il n'est pas facile de tracer un tableau exact de l'évolution des Végétaux depuis l'apparition sur la terre des premières plantes jusqu'à l'époque actuelle. On comprend, en effet, que dans cette longue chaîne qui va des végétaux les plus simples aux plus complexes, beaucoup de chainons nous manquent, qui nous sont inconnus parce qu'ils sont encore enfouis dans les dépôts géologiques. Pourtant les documents paléontologiques recueillis et étudiés sont déjà suffisamment nombreux pour nous donner une idée de la succession de formes par laquelle on est passé peu à peu des flores anciennes à celles qui peuplent aujourd'hui notre globe.

Rappelons que les grandes périodes géologiques sont, par ordre d'ancienneté : les temps *primaires, secondaires, tertiaires et quaternaires.*

On peut distinguer dans l'histoire de la végétation trois grandes périodes : l'ère des *Cryptogames vasculaires*, l'ère des *Gymnospermes* et l'ère des *Angiospermes*.

1° Ère des Cryptogames vasculaires. — Les plus anciennes plantes déterminables que l'on ait trouvées sont des *Algues*, observées dans le Silurien inférieur du Canada. Quant aux plus anciennes *plantes terrestres* signalées, elles appartiennent au Silurien moyen ; mais c'est surtout dans les dépôts du Carbonifère qu'on les trouve d'une manière certaine. Elles sont représentées par des *Cryptogames vasculaires* (Fougères, Prêles et Lycopodes). La plupart de ces plantes étaient de taille bien supérieure à celle des Cryptogames actuelles. Les Fougères, qui atteignaient une vingtaine de mètres de hauteur, ont perdu de leur importance ; les Prêles et les Lycopodes ne sont plus représentées aujourd'hui que par des plantes herbacées.

L'ère des Cryptogames vasculaires correspond donc aux temps primaires, et elle est caractérisée par une série de types qui se sont éteints vers la fin des temps primaires ou le début des temps secondaires. Pendant cette époque la flore présente une remarquable uniformité : ainsi la flore de la houille reste semblable à elle-même sur une portion considérable du globe, en Amérique, en Europe, en Chine, au Cap, etc. Une telle identité de végétation nous permet de conclure à l'uniformité des climats sur tous ces points. D'autre part, la comparaison des plantes fossiles avec les plantes actuelles permet également de croire, pour cette période, à un climat uniforme dans le temps, chaud et humide, analogue au climat tropical actuel.

2° Ère des Gymnospermes. — Elle commence vers la fin des temps primaires, et se termine avec la période jurassique. Elle est caractérisée par la prédominance des Cycadées et des Conifères. Les premières sont actuellement localisées dans les régions tropicales.

3° Ère des Angiospermes. — Elle commence avec l'époque crétacée, c'est-à-dire vers la fin des temps secondaires.

Les Dicotylédones, absentes jusque-là, ont rapidement conquis le premier rang, pendant que les Fougères, les Cycadées et les Conifères persistent, mais représentées seulement par les espèces actuellement vivantes.

Vers la fin des temps secondaires les climats se dessinent, car on observe des différences dans la flore suivant les latitudes. C'est ainsi que les Peupliers et les Platanes dominent au Groënland, tandis qu'ils sont encore mélangés avec des Palmiers et des Bambous dans le sud de la France. Les régions polaires commencent donc à se refroidir, pendant qu'une zone tropicale tend à s'établir.

Ce mouvement de différenciation, une fois commencé, s'est graduellement accentué pendant la période tertiaire. Les espèces tropicales, comme les Palmiers, disparaissent peu à peu de nos régions de plus en plus tempérées. De sorte qu'à la fin de l'époque tertiaire, l'Europe ne présente plus guère que des espèces voisines des espèces actuelles. Une seule espèce de Palmier a réussi à se maintenir en Europe, c'est le *Chamærops humilis*, qui vit encore actuellement en Espagne.

Enchaînement du monde végétal. — Nous allons indiquer les liens qui existent entre les quatre embranchements du monde végétal : Thallophytes, Muscinées, Cryptogames vasculaires et Phanérogames.

1° *Entre les Thallophytes et les Muscinées* il existe des plantes, les Hépatiques, qui établissent une transition. Certaines Hépatiques, comme les Marchanties, possèdent en effet un véritable thalle qui rappelle celui des Algues ; mais par leur mode de reproduction (anthéridies et archégones), elles ne doivent pas être séparées des Mousses. Elles sont donc bien intermédiaires entre les Thallophytes et les Mousses.

D'autre part il existe des Algues rouges qui ont des spores semblables à celles des Mousses, et même certaines de ces Algues présentent un mode de reproduction semblable à celui des Mousses (développement de l'œuf sur la tige).

2° **Chez les Muscinées et les Cryptogames vasculaires** il existe une alternance identique entre la forme asexuée qui donne

les spores et la forme sexuée qui produit l'œuf. La différence consiste en ce que, chez les Mousses, l'œuf se forme
sur la tige feuillée et l'appareil producteur de spores est réduit au sporogone ; tandis que chez les Cryptogames vasculaires, l'œuf se forme sur une petite lame verte, le prothalle,
et c'est la plante feuillée qui est l'appareil producteur de
spores. En somme, la tige feuillée des Mousses correspond
au prothalle des Cryptogames vasculaires.

D'autre part, les anthéridies et les archégones ont la même
structure dans les deux embranchements.

Enfin, remarquons que le prothalle des **Fougères** au début
de son développement rappelle la forme thallophyte.

3° *Les Cryptogames vasculaires et les Gymnospermes (Phanérogames)* ont des racines et des vaisseaux ; ces derniers,
dans les deux embranchements, sont incomplets (vaisseaux
scalariformes et aréolés).

C'est aussi par le mode de reproduction que le passage se
fait des Cryptogames vasculaires aux Gymnospermes. Nous
avons comparé avec détail une Cryptogame vasculaire à deux
sortes de spores (Sélaginelle) à une plante Gymnosperme
(Pin), et nous avons trouvé entre elles des analogies très
nettes sur lesquelles il est inutile de revenir. De plus nous
avons montré que certaines Gymnospermes (Cycas, Zamia)
ont des anthérozoïdes ciliés, comparables à ceux des Cryptogames vasculaires. C'est encore un lien de plus entre ces
deux groupes.

Les Gymnospermes **et les Angiospermes** ont de nombreux
caractères communs dans la **structure de leur** appareil végétatif; de plus le mode de reproduction est **peu** différent dans les
deux sous-embranchements, ainsi que **nous** l'avons montré.

En résumé, par l'évolution des Végétaux pendant les époques géologiques, par l'évolution comparée **des diverses**
plantes, par les transitions entre les embranchements, il
s'établit bien un enchaînement, une continuité entre les organismes végétaux qui au premier abord pouvaient paraître
dissemblables. Les Végétaux forment donc un ensemble dans
lequel on peut suivre le perfectionnement progressif des organismes.

La question de l'évolution des Végétaux peut être envisagée sous divers aspects : nous venons de l'étudier au point de vue des affinités existant entre les différents groupes ; mais nous pouvons aussi rechercher les facteurs qui influent sur cette évolution. C'est ce que nous allons faire en étudiant l'*espèce*.

L'espèce. — Les naturalistes ne sont pas toujours d'accord sur ce qu'il faut entendre par *espèce*.

Les partisans de la *fixité* des espèces disent avec Linné : « Les espèces ne sont pas des formes séparées par des différences plus ou moins grandes ; ce sont des êtres différents. Nous connaissons autant d'espèces que la nature en a créées à l'origine. La nature est impuissante à former des espèces nouvelles. »

Cuvier, qui croyait à la fixité des espèces, trouvait pourtant que cette notion d'espèce était un peu vague et il donna la définition suivante : « L'espèce est la collection de tous les êtres organisés descendus l'un de l'autre ou de parents communs, et de tous ceux qui leur ressemblent autant qu'ils se ressemblent entre eux. »

Les zoologistes et les botanistes ont complété cette définition, et pratiquement voici le critérium qu'ils emploient pour savoir si deux êtres voisins appartiennent à deux variétés de la même espèce ou à deux espèces différentes : on reconnaît que deux plantes appartiennent à la même espèce, à ce qu'elles possèdent la même généalogie et présentent une grande ressemblance dans leurs caractères extérieurs et leur structure. De plus, les gamètes provenant de deux plantes d'espèces différentes sont incapables de fusionner pour donner un œuf, et, en tout cas, s'il se produit un œuf, la plante que donnera cet œuf ne pourra pas produire de gamètes. Au contraire, les plantes provenant d'œufs issus des plantes de même espèce pourront toujours produire de nouveaux gamètes.

Les découvertes paléontologiques nous montrent des formes intermédiaires entre des formes différentes ; elles nous conduisent donc à penser que les espèces ne sont que des formes transitoires qui poursuivent leur évolution à travers les âges. L'espèce n'aurait donc qu'une durée limitée et pourrait se transformer en passant d'une période géologique à une autre, afin de s'adapter à de nouvelles conditions d'existence. Aussi, en se basant sur cette considération, le paléontologiste Gaudry a-t-il proposé la définition suivante : « L'espèce est l'assemblage des individus qui ne sont pas encore assez différenciés pour cesser d'avoir des descendants directs ».

Race. Métis. Hybrides. — On appelle *race* la suite des générations passées d'où provient une plante donnée, et des générations à venir qui dériveront de cette même plante. En d'autres termes, la race d'une plante est la chaîne, ininterrompue dont cette plante est un des anneaux.

Si les gamètes qui se combinent pour donner l'œuf sont fournis par la même plante la descendance est directe et *la race est pure*.

Si, au contraire, les deux gamètes appartiennent à des plantes différentes, *la race est mélangée*. Deux cas peuvent alors se présenter :

1º Les plantes qui produisent les gamètes appartiennent à la même espèce ; alors la plante qui provient de l'œuf formé est un *métis*. Les métis ont, sur la descendance directe, une supériorité qui se manifeste par le développement plus grand de l'appareil végétatif, et par l'abondance des fleurs, des fruits et des graines. Tous ces avantages se conservent ensuite dans la descendance directe des métis ;

2º Les deux plantes qui fournissent les gamètes appartiennent à des espèces différentes ; dans ce cas la plante obtenue sera un *hybride*. Rare chez les Cryptogames, l'hybridation est fréquente chez les Phanérogames, particulièrement chez les Œillets, les Digitales, etc. Provenant de deux espèces A et B, l'hybride présente des caractères *intermédiaires entre ceux de A et de B*, en outre il possède des caractères nouveaux par lesquels il se distingue de A et de B. En général, l'hybridation est favorable au développement de l'appareil végétatif et défavorable au développement des organes producteurs de gamètes (étamines et pistil).

Si les hybrides proviennent d'*espèces voisines*, ils ont une croissance plus vigoureuse que celle de leurs parents : les feuilles sont plus nombreuses et plus grandes, les tiges plus grosses et plus longues, les branches plus touffues et les racines plus ramifiées. Ils ont aussi une tendance à vivre plus longtemps : les plantes annuelles donnent des hybrides bisannuels, les plantes bisannuelles des hybrides vivaces. Les fleurs sont plus précoces, plus abondantes et plus vivement colorées ; elles ont aussi une tendance à doubler, c'est-à-dire à pétaliser leurs étamines, caractère fort intéressant pour l'horticulteur.

Par contre, les étamines et le pistil subissent une régression, et souvent ne produisent pas de gamètes, devenant ainsi stériles : c'est le cas de la Digitale ; certains hydrides, comme les Daturas, les Pétunias conservent la faculté de produire des gamètes.

Quant aux hybrides provenant d'*espèces très éloignées*, ils sont non seulement stériles, mais affaiblis dans leur croissance et plus ou moins rabougris.

Si un hybride provenant de deux plantes A et B donne des graines, celles-ci produisent des plantes qu'on peut partager en trois lots : 1° des plantes présentant les caractères de A ; 2° des plantes semblables à B ; 3° des plantes C, plus nombreuses, différant les unes des autres et présentant une grande variabilité en tous sens, tellement irrégulière qu'on l'a qualifiée de *désordonnée*. En semant les graines de ce dernier lot, on obtient, comme dans le premier cas, trois lots A, B et C : A et B faisant retour aux parents, C livré à la variation désordonnée. Il en est de même dans les générations suivantes, de sorte qu'après un certain temps les plantes auront repris, les unes les caractères de A, les autres ceux de B. La race des hybrides est donc impuissante à fixer ses caractères, tandis que ceux de la race des métis restaient acquis. Par contre, l'hybridation est une source inépuisable de variations, que l'influence du milieu, ainsi que nous allons le montrer plus loin, est capable de fixer pour produire des formes durables.

Variabilité des espèces. Races de Choux. — Par l'action combinée de la variation, de l'adaptation, de la sélection et de la mutation, on explique comment des espèces nouvelles peuvent apparaître. Ces facteurs, qui entrent déjà en jeu chez les plantes sauvages, voient leur influence s'exagérer par l'élevage et la culture. Il naît de la sorte, sous nos yeux, des races et des variétés nouvelles, souvent plus différentes entre elles que des espèces voisines rencontrées à l'état spontané. C'est ainsi que dans les jardins les Pensées et les Dahlias offrent des centaines de variétés distinctes. Un des exemples les plus frappants à cet égard est fourni par les innombrables variétés de Choux.

La plupart des Choux cultivés, en effet, dérivent de l'espèce *Brassica oleracea* (Chou potager), dont Théophraste décrivait déjà 3 sortes, Pline 6, Tournefort 20, de Candolle plus de 30, et Lund et Kjaerskou 122. Les différentes formes représentées dans les figures 907 à 910 rendent bien compte de l'étendue de ces variations.

Le type sauvage du *Brassica oleracea* se rencontre sur les

côtes d'Angleterre, de Normandie, du Pas-de-Calais. de Jer

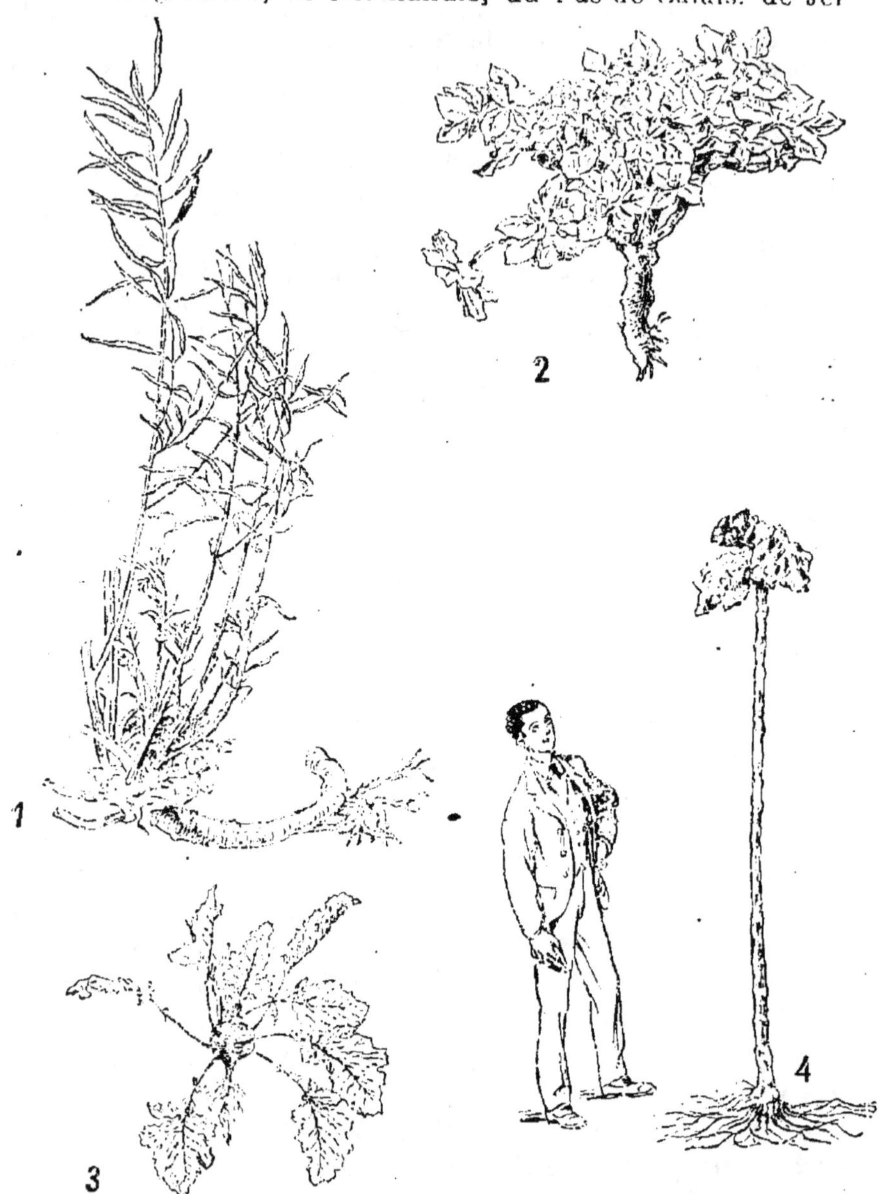

Fig. 907. — Races de Choux : 1. Chou sauvage (*Brassica oleracea*), âge de deux ans, récolté sur les bords de la mer. — 2. Le même, âgé de trois ans. — 3. Chou-Rave cultivé. — 4. Chou cavalier ou à vaches, cultivé à Jersey.

sey et de Guernesey. Il forme généralement la première année une rosette de grandes feuilles glauques ; l'année suivante, il se ramifie, puis fleurit et fructifie (*fig*. 907, 1). S'il vit une troisième année, il se ramifie davantage et produit de nombreuses feuilles de petites dimensions (*fig*. 907, 2).

Dé grandes différences s'établissent entre le Chou sauvage et ses variétés cultivées, au point de vue des organes végétatifs, tandis qu'on n'en constate guère dans les fleurs, fruits et graines.

Des 122 variétés que Lund et Kjaerskou ont étudiées, ces botanistes ont fait six groupes :

1° Le *Chou non pommé*, à tige allongée et à feuilles étalées ;

2° Le *Chou-Rave* (*fig*. 907, **3**), dont la tige est renflée en boule à la base des feuilles ;

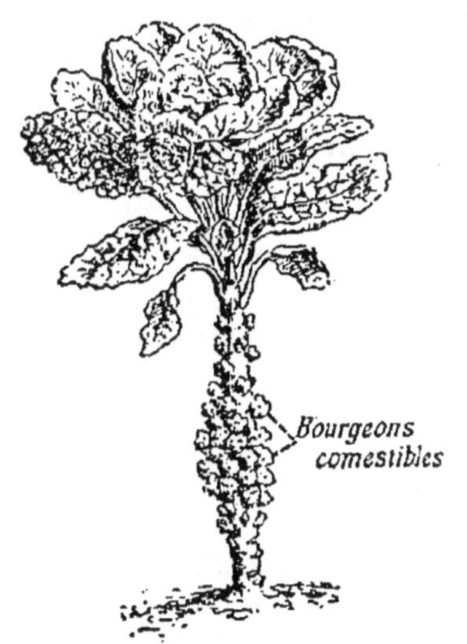

Fig. 908. — Chou de Bruxelles.

Fig. 909. — Chou pommé frisé.

4° Le *Chou pommé frisé* (Chou de Milan) (*fig*. 909), dont les feuilles bosselées sont rassemblées en un bouton plus ou moins serré ;

5° Le *Chou pommé non frisé* (Chou cabus), caractérisé par ses feuilles lisses formant une pomme, blanche ou rouge ;

6º Le *Chou-fleur* (*fig.* 910), dont l'inflorescence est hyper-
trophiée, blanchâtre et charnue.

Fig. 910. — Chou fleur.

Enfin on peut signaler une variété géante cultivée à Jersey,
le Chou cavalier ou à vaches (*fig.*
907, 4). Semé en automne, il
atteint son plein développement dès le mois de juillet
suivant. Sa taille dépasse de
beaucoup la taille d'une per-
sonne; celui qui est représenté sur la figure mesurait 2ᵐ,15
au-dessus du sol ; il atteint parfois 3ᵐ et même 5ᵐ. Il est utilisé à Jersey pour faire des cannes. Ses feuilles, qui servent
pour l'alimentation du bétail, sont cueillies à mesure que la
tige grandit.

Causes des variations. Adaptation. Sélection. Mutation.
— Ce qu'il faut pour satisfaire l'esprit, c'est trouver les
causes et expliquer le mécanisme de ces transformations, et
aussi montrer expérimentalement comment les descendants
d'êtres semblables arrivent à différer assez les uns des autres
pour constituer des espèces distinctes. Aussi a-t-on répété
souvent aux transformistes : « Faites-nous assister à la création d'une espèce, et alors nous serons tout à fait convain-
cus. »

Pendant longtemps, on n'a pu répondre à cette question
que par des hypothèses fondées sur d'ingénieuses observations. Ces hypothèses ont donné lieu à des théories diverses
dont les principales sont : *l'adaptation*, la *sélection* et **la**
mutation.

Adaptation. — L'adaptation était l'unique facteur dont le
naturaliste français Lamarck admettait l'influence dans la formation des espèces. Si l'on réussit à maintenir pendant longtemps un être vivant dans des conditions nouvelles, sa forme
et sa structure se modifient; il *s'adapte* à ces conditions de
milieu qui ne lui étaient pas habituelles. Cet être acquiert
donc des caractères nouveaux, il en perd d'autres, et ces
changements peuvent devenir héréditaires et produire ainsi

des variations importantes. Comme nous l'avons montré (page 523), certaines plantes prises dans la plaine et cultivées pendant vingt ans à des altitudes de 2 000 mètres dans les Alpes ou dans les Pyrénées, ont donné des modifications assez importantes pour que les deux plantes de plaine et de montagne fussent déterminées sous des noms différents par des botanistes descripteurs cependant expérimentés.

Sélection. — L'illustre naturaliste anglais Darwin avait cru pouvoir expliquer toutes les transformations des êtres avec le seul principe de la sélection. Ce principe est fondé sur un fait entrevu dès l'antiquité par Lucrèce, et qui n'avait échappé ni à Buffon, ni à Lamarck : la *lutte pour la vie*. On observe, en effet, que si des êtres vivants rassemblés dans une même région ne trouvent pas de moyens de vivre suffisants, il va s'établir entre eux une lutte, d'autant plus vive que les êtres se ressemblent davantage. Par exemple, si deux plantes, de même organisation, ont leurs racines à la même profondeur, elles se disputeront entre elles une portion limitée du terrain, et la plus forte fera périr la plus faible. D'autre part, dans la suite des générations successives, les raisons qui ont fait survivre cette plante iront en s'accentuant ; de sorte qu'au bout d'un temps très long les variations favorables s'accentueront par *hérédité* à chaque génération ; les différences entre les plantes de même origine auront atteint un degré tel que le croisement sera devenu impossible. Plusieurs espèces seront donc nées d'une seule.

Mais il faut un temps extrêmement long pour arriver à former des espèces différentes. Les formes varient, en effet, d'une manière insensible à travers des milliers de siècles. La vie de l'Homme et même la durée de plusieurs générations humaines seraient trop courtes pour permettre d'assister à une telle transformation. Impossible donc de voir une espèce se créer par ce procédé.

Le principe de la sélection, si ingénieux qu'il soit, est donc insuffisant pour donner l'explication de l'évolution des êtres. Darwin lui-même, dans les dernières années de sa vie, l'avait reconnu.

Mutation. — La mutation est une variation, forte ou faible, qui apparaît brusquement dans l'espèce jusque-là uniforme : elle possède la propriété d'être intégralement transmissible. Lorsque, par exemple, dans un groupe de plantes normales à tiges arrondies, on découvre tout à coup un individu dont la tige est aplatie, ou tordue, on dit qu'il y a *variation brusque ;* de plus, les graines récoltées sur ces individus anormaux donnent naissance à des espèces dont les caractères se maintiennent stables. On peut donc ainsi assister actuellement à la création d'espèces nouvelles. Ce fait a été étudié avec le plus grand soin par **Hugo de Vries,** professeur à l'Université d'Amsterdam, et c'est ce savant qui lui a donné le nom de *mutation.* C'est ainsi que dans un semis de *Linaria vulgaris,* de Vries a vu apparaître, au lieu

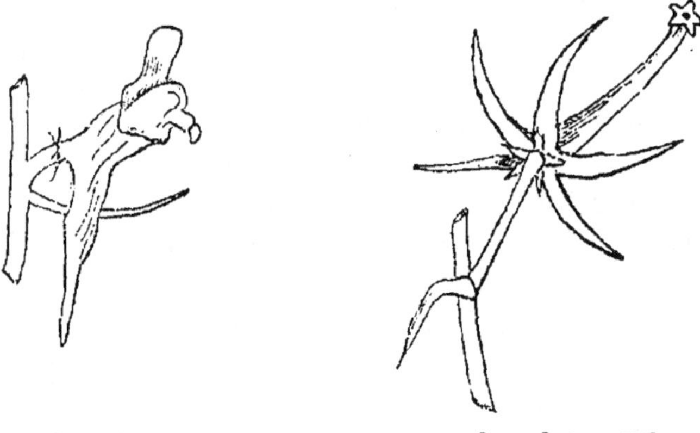

Fig. 911. — Fleurs de *Linaria vulgaris* (d'après de Vries).

des fleurs bilabiées habituelles (*fig.* 911, **A**), des fleurs à symétrie radiale (*fig.* 911, **B**) et à cinq éperons au lieu d'un. Cette mutation s'observe dans la nature. Autre exemple : de Vries a trouvé en recherchant la Cardère sauvage, sorte de Chardon qui croît au bord des chemins, des pieds monstrueux dont la tige était tordue et les rameaux disposés en hélice ; or, les graines récoltées sur ces plantes n'étaient pas semblables aux autres graines et elles contenaient des embryons à *trois* cotylédons, au lieu de *deux* comme ceux des plantes normales. Par ses belles recherches faites sur un grand nombre de plantes, de Vries a donc démontré la réalité des mutations, c'est-à-dire l'apparition brusque d'une espèce nouvelle, du fait de graines formées sur un échantillon anormal d'une espèce déjà connue.

Parallèlement à ces recherches, un savant suédois, Nilsson, directeur du Laboratoire agricole de Svalöf, obtenait les mêmes résultats en créant de nouvelles espèces de céréales qui présentent une utilité capitale pour l'agriculture. Nilsson avait remarqué qu'il se produisait parfois, chez les diverses céréales, des variations brusques. Un échantillon anormal, à épis très serrés, par exemple, produit des graines autrement constituées que les graines normales ; et ces graines donneront des exemplaires ayant de *nouveaux* caractères, qui se maintiendront par hérédité. Si donc dans les espèces nouvelles ainsi créées, il en est qui présentent des qualités spéciales pour la culture, on pourra obtenir une semence nouvelle supérieure aux autres. C'est ainsi qu'on est arrivé à cultiver à Svalöf, une sorte d'Orge dont la pureté en fécule dépasse 97 %, tandis que les meilleures races obtenues en Hongrie, par sélection, n'ont qu'une pureté de 60 à 76 %.

Des expériences récentes, faites en France par M. Blaringhem, ont montré que des blessures produites à un certain moment du développement sont la cause d'anomalies pouvant donner naissance à de nouvelles espèces. C'est ainsi que ce botaniste, soit en sectionnant des tiges de Maïs en travers ou en long, soit en tordant les tiges sur elles-mêmes, a provoqué *expérimentalement* des anomalies du Maïs, par exemple des épis rameux ayant des fleurs mâles et des fleurs femelles. En cultivant les graines de ces anomalies, on a obtenu un grand nombre de formes nouvelles. Comme disent les agriculteurs, l'espèce est « affolée ». Au milieu de cet affolement, trois espèces nouvelles se sont montrées avec des caractères constants. Deux de ces espèces sont intéressantes au point de vue pratique, car elles ont des graines farineuses et peuvent mûrir aux environs de Paris, dans le nord de la France et même dans le sud de la Suède, c'est-à-dire dans des régions où le Maïs ne pouvait jusqu'ici être cultivé que comme fourrage.

Si intéressantes que soient ces expériences, il ne s'ensuit pas que les mutations puissent expliquer à elles seules l'origine des espèces. Les profonds changements de forme et de structure imprimés par le climat et par l'influence du milieu, en général, ne doivent pas être laissés de côté, non plus que les résultats obtenus dans les cultures expérimentales.

Transformisme expérimental. — **Nous** venons d'étudier les faits et les différentes théories qui permettent d'expliquer comment peuvent se modifier les espèces. Nous allons préciser la question : peut-on réellement modifier la forme et la structure des êtres, en changeant le milieu dans lequel ils vivent? Et si ces modifications se produisent, dans quelle mesure sont-elles héréditaires? Pour répondre à cette question, nous allons indiquer les principales expériences faites dans ce but sur les végétaux, qui se prêtent mieux que les animaux à ce genre de recherches.

L'influence du *milieu aquatique* a été bien étudiée. Nous avons montré comment on obtenait, par l'expérience, des modifications de forme et de structure dans les tiges et les racines, et surtout dans les feuilles (*fig.* 601 et 632). Les variations dans la situation des stomates suivant que les feuilles sont aériennes, flottantes et submergées, en sont un remarquable exemple.

La *nature du sol* a aussi une grande influence sur le développement des végétaux, car ce n'est pas seulement de l'eau mais aussi des sels minéraux que les plantes puisent dans le sol. On peut constater, par exemple, que toutes les plantes du bord de la mer prennent un aspect particulier : leurs feuilles sont épaisses ou même charnues comme celles des plantes grasses, et cela quel que soit le groupe auquel elles appartiennent. On retrouve même cet aspect des plantes marines dans l'intérieur des terres au voisinage des mines de sel gemme, à Dieuze par exemple. L'influence du sel est donc manifeste.

Dans des expériences de culture, on est arrivé à faire croître des plantes continentales dans des sols de plus en

plus riches en sel, jusqu'à leur donner tous les caractères des plantes marines.

La *lumière* est l'un des facteurs les plus importants de la vie végétale, puisque, sans elle, l'assimilation chlorophyllienne ne se produit pas. On sait aussi que les tiges souterraines ou *rhizomes* ont une structure différente de celle des tiges aériennes. Costantin a réussi, en cultivant des tiges aériennes dans un large tuyau plein de terre, à produire artificiellement des organes ayant les caractères des rhizomes. C'est surtout dans la structure anatomique (*fig.* 633) que se manifeste l'influence de la lumière.

L'action du *milieu organique* sur les végétaux a été ré-

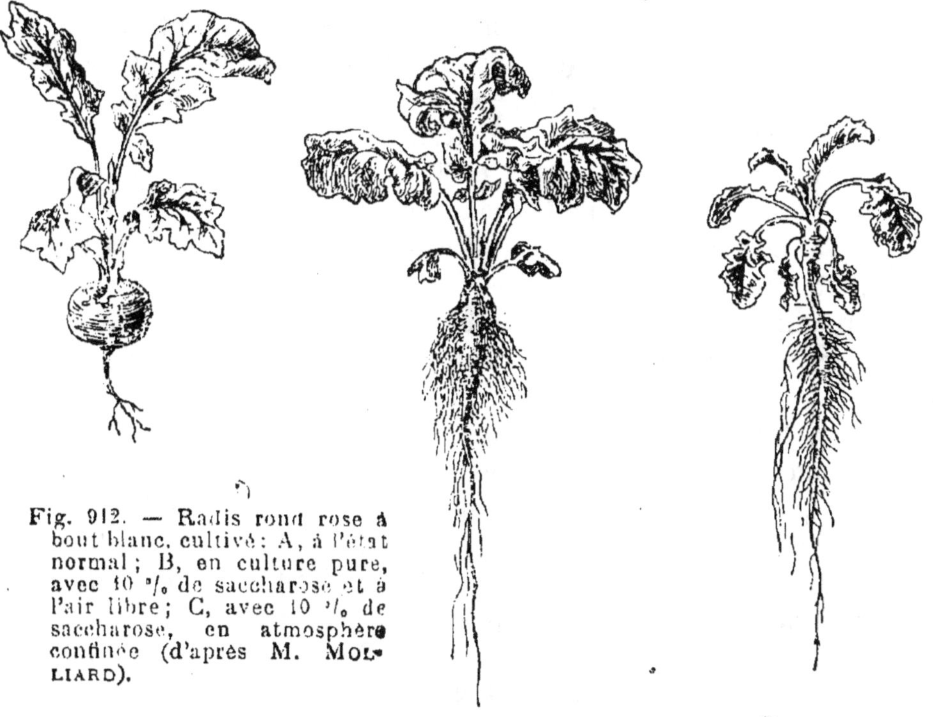

Fig. 912. — Radis rond rose à bout blanc, cultivé: A, à l'état normal ; B, en culture pure, avec 10 °/₀ de saccharose et à l'air libre ; C, avec 10 °/₀ de saccharose, en atmosphère confinée (d'après M. Molliard).

cemment étudiée par M. Molliard. Ce botaniste a pu faire grandir et se développer des plantes supérieures dans un milieu dépourvu de germes. Cette méthode a permis de faire absorber par une même espèce de plante les substances les plus diverses, non seulement minérales, mais organiques. On est parvenu ainsi à obtenir le développement d'une Phanérogame en la nourrissant de glucose. Le Radis rose ordinaire (*fig.* 912, A), dans un milieu gélosé contenant 10 °/₀ de sucre ordinaire et en communication avec l'atmosphère, a donné un tubercule très allongé au lieu d'être arrondi, et portant de nombreuses radicelles (*fig.* 912, B). Un autre plant a été obtenu (*fig.* 912, C) en semant une graine semblable à celle qui produit le plan normal dans un flacon hermétiquement bouché, ce qui supprime l'assimilation par les feuilles ; la racine est très allongée, toute tubérisation a disparu.

Dans les conditions normales, le Radis ne contient pas d'amidon ; il ne renferme que du sucre. Dans les cultures de M. Molliard, au contraire, il s'est formé de l'amidon ; les cellules du tubercule étaient bourrées d'amidon, ce qui a fait dire que ce savant transformait les radis en pommes de terre. Il résulte donc de ce fait que la plante, qui fabrique du sucre quand elle a une nourriture minérale, n'en fabrique plus lorsqu'on lui en fournit. Elle absorbe le sucre et le transforme en amidon qu'elle met en réserve.

Toutes ces belles expériences, en nous montrant la plasticité des végétaux, nous permettent de dire que la variation du milieu extérieur peut modifier réellement les êtres qui y vivent, et que ces modifications peuvent devenir héréditaires.

Mécanisme de la transformation. — De cet ensemble d'expériences faut-il conclure en faveur de la théorie transformiste, qui soutient que la transformation se fait dans le germe, comme au hasard ; ou bien en faveur de celle qui admet que toute variation est due à l'influence du milieu ? En réalité, les deux principes sont vrais et même ils se combinent l'un avec l'autre. Donc, des faits bien constatés montrent que la variation est due à l'adaptation **au milieu d'une** part, et à la formation des graines d'autre part. La première cause influe même sur la seconde, comme l'ont montré des recherches expérimentales. Dans les caractères de l'espèce, il faut distinguer ceux qui sont dus à une modification rapide et ceux qui résultent d'une lente adaptation et qui nous semblent *immuables* parce que nous ne disposons pas d'un temps assez long pour les modifier.

On connaît le vieux dicton : *La nature ne fait pas de saut.* Et pourtant les mutations montrent nettement des exemples de sauts brusques, de transformations immédiates d'une espèce en une autre. Mais, selon de Vries lui-même et d'aures naturalistes, Girard par exemple, les caractères que nous constatons habituellement sont toujours les mêmes, parce que nous voyons ces plantes dans les mêmes conditions de vie. Mais elles ont d'autres caractères, qu'on peut appeler des caractères *latents.* De sorte que s'il survient un changement brusque de milieu, l'attaque par un parasite ou une blessure ou toute autre cause, certains de ces caractères apparaissent et ils semblent *brusquement* créés.

On peut se rendre compte de ce qui s'est passé par l'expérience suivante : sur l'un des plateaux d'une balance sensible, on ajoute peu à peu du sable pour équilibrer un poids placé sur l'autre plateau ; en ajoutant ce sable d'une manière *continue* grain à grain, il suffira, à un moment donné, d'un grain de sable ajouté pour faire *brusquement* baisser le plateau. C'est de cette manière que les naturalistes cités plus haut expliquent qu'une cause interne de variation, agissant continuellement, mais d'une façon invisible, peut, tout à coup, rompre l'équilibre de l'organisme et donner l'apparence d'un changement brusque, alors qu'en réalité il s'agit d'une variation continue.

II. — Évolution du monde animal.

Évolution des animaux pendant les époques géologiques — L'étude comparative des organes et des fonctions dans la série zoologique nous a permis d'établir des relations entre les différents groupes d'animaux actuellement vivants et dont nous avons indiqué les principaux caractères.

De même l'étude des fossiles ou *paléontologie* nous permet non seulement de relier entre elles les formes animales disparues, mais aussi de rattacher par des transitions les formes anciennes aux formes actuelles ; d'autre part, en mettant en évidence les modifications subies par les organes de l'animal pour s'adapter aux diverses conditions, la paléonto-

logie rend plus saisissantes encore les transformations organiques qui se sont produites à travers les âges géologiques.

Le terrain le plus ancien, le *terrain primitif*, sur lequel
reposent tous les autres, ne renferme pas de fossiles. C'est
sans doute que les roches qui constituent les terrains de
cette catégorie (gneiss et micaschistes), à cause des mouvements du sol et des éruptions nombreuses, ont subi un changement de structure ou *métamorphisme*, qui a dû détruire les
débris organiques, et empêcher par suite de retrouver les
traces des premiers êtres organisés.

Nous allons voir que les différents groupes d'animaux apparaissent successivement suivant leur degré de perfectionnement, et **qu'ils se rapprochent** de plus en plus des animaux actuels.

1° Temps primaires. — De récentes découvertes ont montré dans des schistes qui forment la base des terrains primaires l'existence d'animaux appartenant aux groupes les
plus simples du monde animal. On y a trouvé, en effet, des
Protozoaires (Foraminifères et Radiolaires), des spicules
d'Éponges et des débris d'Echinodermes.

Au cours des temps primaires la vie se développe avec une
grande intensité et une étonnante variété ; mais, en général,
les animaux diffèrent profondément de ceux du monde
actuel. La nature organique semble y être inachevée. Il existe
de nombreux Crustacés appelés *Trilobites* qui n'ont vécu
qu'à cette époque, car on ne les rencontre plus dans les terrains plus récents. Les Vertébrés ne sont guère représentés
que par des *Poissons* dont le corps est couvert de larges
plaques osseuses ; et c'est à peine si quelques Batraciens et
Reptiles commencent à se montrer vers la fin de cette période

2° Temps secondaires. — Ces temps sont caractérisés **par**
des Mollusques (*Ammonites* et *Bélemnites*), qui n'existaient
pas à l'époque primaire et qui disparaissent complètement
après les temps secondaires. Parmi les Vertébrés, les *Reptiles*
prennent un développement extraordinaire, et vers le milieu
de cette période apparaissent les premiers *Oiseaux* portant
des plumes mais ayant des dents, ce qui les rapproche des

Reptiles. A cette époque, les continents, réduits à quelques îles, n'ont pas suffisamment d'ampleur pour que les Mammifères, qui sont essentiellement terrestres, puissent y prospérer. Notons pourtant qu'on a trouvé dans les temps secondaires des *Mammifères marsupiaux*, dont le squelette par certains points rappelle celui des Reptiles.

3° **Temps tertiaires.** — Ils sont caractérisés par des Protozoaires appelés *Nummulites*, des Mollusques appelés *Cérithes*, et le grand développement des *Mammifères*, dont la plupart sont voisins des Mammifères actuels. En allant de la base au sommet des terrains tertiaires, on observe une proportion croissante d'espèces actuelles.

4° **Temps quaternaires.** — La présence de l'*Homme* et d'animaux dont un grand nombre appartiennent à des espèces existant encore aujourd'hui, caractérise les temps quaternaires. Parmi toutes ces espèces, certaines, comme le Mammouth, ont complètement disparu, d'autres, comme le Renne et l'Eléphant, ont émigré vers des pays plus froids ou plus chauds, d'autres enfin, comme le Cheval, ont persisté dans nos régions.

Les caractères paléontologiques des grandes périodes géologiques peuvent être résumés dans le tableau suivant :

PÉRIODES	FOSSILES CARACTÉRISTIQUES	
	INVERTÉBRÉS	VERTÉBRÉS
IV. — *Quaternaire.*	»	Homme.
III. — *Tertiaire.*	Cérithes et Nummulites.	Mammifères.
II. — *Secondaire.*	Ammonites et Bélemnites.	Oiseaux à dents. Reptiles.
I. — *Primaire*	Trilobites.	Batraciens. Poissons.
Primitive	Pas de fossiles.	

L'espèce et ses variations. — La paléontologie nous fait connaître de nombreuses formes intermédiaires non seulement entre les espèces, mais aussi entre les genres et même entre les grands groupes.

Un bon exemple de formes intermédiaires entre deux espèces distinctes nous est fourni par celles que l'on trouve entre deux Paludines du Miocène supérieur : l'une, la Palu-

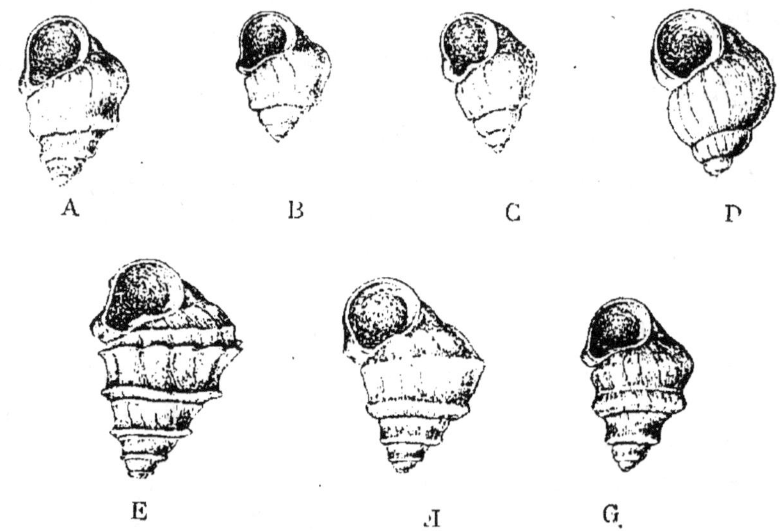

Fig. 913. — Formes intermédiaires entre la Paludine de Neumayr (A) et la Paludine d'Hœrnès (G).

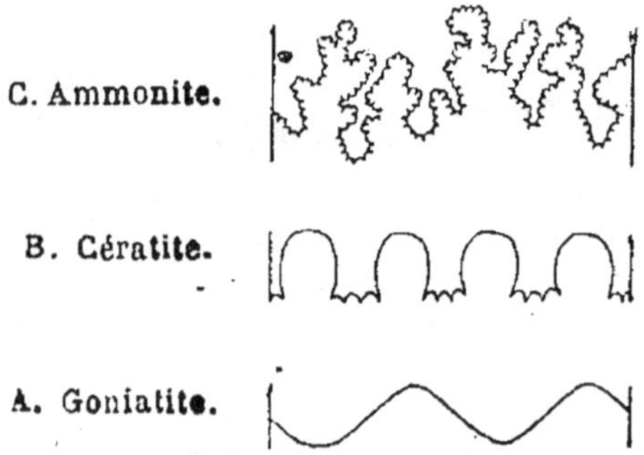

dine de Neumayr (*fig.* 913, A), est dans la couche la plus basse ; l'autre, la Paludine d'Hœrnès (*fi.* 913, G), est dans la couche supérieure. Toutes les formes intermédiaires de B en F se trouvent dans les couches intercalaires.

Entre les différents genres, nous pouvons citer les transitions qui conduisent des Goniatites primaires aux Cératites du Trias, et des Cératites aux vraies Ammonites du Jurassique. Ces transitions sont

Fig. 914. — Lignes de suture.

marquées par l'évolution des lignes de suture que les cloisons des différentes chambres ont laissées sur la coquille (*fig.* 914). De même l'étude de la dentition, si importante chez les Mammifères tertiaires, nous a menés du Masto-donte (Miocène supérieur), au *Mastodon elephantoïdes* (Pliocène inférieur), pour arriver au véritable Eléphant, l'*Elephas meridionalis* (Pliocène supérieur). Un bon exemple est aussi celui des ancêtres du Cheval, que l'on peut étudier en détail sur les documents recueillis par la paléontologie.

On pourrait encore signaler des transitions entre des classes aujourd'hui bien distinctes. C'est ainsi que vers la fin des temps primaires, nous trouvons une adaptation du type Pois-son à la vie terrestre pour donner le type Batracien, puis le Batracien devient Reptile ; et vers la fin de l'époque secondaire les grands Reptiles et les Oiseaux à dents se rapprochent singulièrement du type Oiseau. C'est à la fin du Secondaire et au commencement du Tertiaire que nous trouvons de nombreuses formes de passage, par les Monotrèmes et les Marsupiaux, entre les Reptiles et les Mammifères.

Le progrès organique est continu. — Quelle que soit l'opinion que l'on puisse avoir sur la variabilité des espèces, il est un point qu'il est difficile de ne pas admettre, c'est que depuis les temps géologiques les plus anciens, la faune a subi des modifications profondes et continues.

Le développement d'un groupe d'animaux peut être suivi comme celui d'un individu. A travers les âges, en effet, on le voit naître, grandir, atteindre un maximum de dévelop-pement, puis vieillir et s'éteindre. C'est ainsi que les Trilo-bites, les Ammonites et les Bélemnites ont subi leur évolu-tion totale. Certaines séries d'animaux, comme les Oiseaux et les Mammifères, ne font encore que progresser, tandis que d'autres, comme les Brachiopodes et les Reptiles, semblent subir une déchéance organique. Cela n'empêche que, si l'on considère l'ensemble du monde animal, le progrès organique est continu.

Ce qui est certain, c'est qu'il y a eu développement pro-gressif ; et, comme le dit le paléontologiste Gaudry, « la loi du progrès gouverne le monde, car à une nature merveilleuse a succédé une nature plus merveilleuse encore ».

Pour rendre plus saisissant ce perfectionnement, étudions les variations de certains caractères, comme celui de la *taille* des animaux et comme ceux des organes du *mouvement* et de l'*intelligence*.

1° Taille. — Quand un groupe d'animaux apparaît, la taille est relativement petite. C'est ainsi que les premiers Reptiles, les premiers Oiseaux, les premiers Mammifères, sont petits. Mais à mesure que le groupe d'animaux se développe, la taille des plus grands individus de ce groupe croît, passe par un maximum pour décroître ensuite.

C'est ainsi que chez les Reptiles terrestres nous trouvons successivement : l'Actinodon du Primaire ayant 2 mètres de longueur, le Labyrinthodonte du Trias 3 mètres, le Brontosaure du Jurassique dépassant 16 mètres, l'Iguanodon du Crétacé inférieur à 10 mètres, enfin certains Reptiles tertiaires ne dépassant pas 4 mètres.

De même pour les Eléphants (*fig*. 915), nous trouverions : le Mastodonte du Miocène inférieur (3 mètres de hauteur), le Dinothérium du Miocène supérieur (plus de 5 mètres), l'*Elephas meridionalis* du Pliocène (4 mètres), le Mammouth (3m,50) et l'Eléphant actuel (environ 2 mètres).

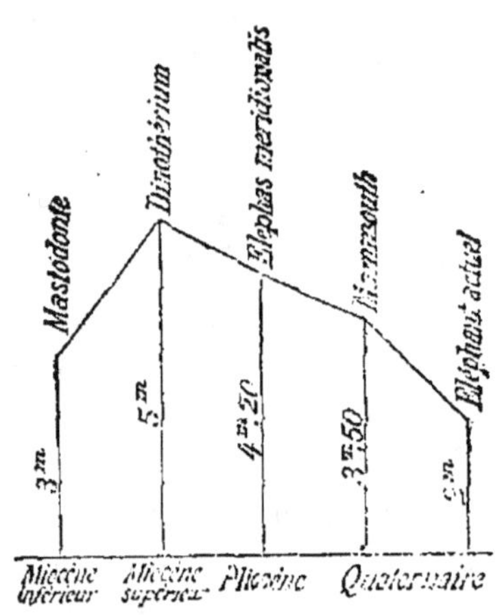

Fig. 915. — Hauteurs comparées des Eléphants.

2° Mouvement. — La fonction de locomotion prend de plus en plus d'importance.

Les animaux les plus anciens comme les Brachiopodes, les Cystides, les Blastoïdes, les Crinoïdes sont fixés. Les Bélemnites secondaires sont douées de mouvements plus rapides que les Nautiles primaires emprisonnés dans une coquille.

Les Crustacés décapodes du Secondaire ont des appendices locomoteurs mieux adaptés pour marcher que ceux des Trilobites primaires.

Les Poissons, d'abord protégés par une cuirasse rigide, prennent peu à peu des écailles minces, flexibles ; en même temps leurs nageoires se développent, augmentant ainsi leur souplesse et leur vivacité.

Les Mammifères du commencement de l'ère tertiaire ont 5 doigts et sont plantigrades ; par suite, ils sont moins rapides que les Solipèdes et autres digitigrades apparus plus tard.

3° Intelligence. — L'intelligence semble avoir évolué de la même manière que le mouvement. Le moulage de la cavité cranienne des fossiles a permis de reconstituer leur encéphale et de montrer que le cerveau, très rudimentaire chez les Reptiles gigantesques du Secondaire et même chez les premiers Mammifères tertiaires, comme le Coryphodon, s'est développé peu à peu.

Chez certains Reptiles secondaires, l'encéphale est moins gros que les renflements cervical et crural de la moelle épinière. Ces animaux devaient donc être peu intelligents, mais ils étaient sans doute doués d'une grande puissance locomotrice.

Chez les Mammifères de l'Eocène, le cerveau est lisse et petit, puis chez ceux de l'Oligocène et du Miocène il présente quelques replis longitudinaux, enfin chez la plupart des Mammifères du Pliocène le cerveau a de nombreux replis et recouvre le cervelet, ce qui est un caractère de supériorité.

Le cerveau de l'Homme fossile prend immédiatement un développement plus considérable que celui de n'importe quel animal vivant ou fossile. Même le cerveau du *Pithecanthropus*, cependant plus petit que celui de l'Homme quaternaire, devait peser 800 grammes, ce qui serait supérieur de 300 grammes à celui du Gorille actuel.

Causes des variations : Sélection, adaptation et hérédité. — L'étude des divers fossiles et les expériences faites sur les animaux vivants montrent d'une façon incontestable que la forme et la structure des êtres peuvent varier.

Cuvier expliquait la diversité des formes animales par des créations successives et supposait qu'à plusieurs reprises des cataclysmes étaient venus détruire tous les êtres vivants. Cette hypothèse n'est plus admissible aujourd'hui : on sait en effet qu'il y a continuité dans les dépôts sédimentaires, et on a pu observer de nombreuses transitions entre les fossiles d'un terrain plus ancien et ceux d'un terrain plus récent.

D'après l'école transformiste, dont les représentants les plus anciens et les plus célèbres sont Lamarck en France et Darwin en Angleterre, les êtres vivants dériveraient les uns des autres non pas dans une série continue, mais suivant des ramifications latérales dans lesquelles chaque groupe évoluerait pour son propre compte. Ces naturalistes appuient leur hypothèse sur des faits dont les plus importants peuvent être rangés sous deux titres : la *sélection* et l'*adaptation*.

1° Sélection. — Le nombre des individus vivants augmentant sans cesse, la vie s'établit dans les milieux les plus variés : mers, eaux douces, terre et atmosphère. La variété de ces domaines peut déjà être une cause de variation pour les organismes qui y vivent. Mais si tous les individus rassemblés dans une même région ne trouvent pas de moyens de subsistance suffisants, une lutte va s'engager, au cours de laquelle certains disparaîtront, d'autres seront refoulés du champ de bataille et pourront persister dans une autre région où ils auront émigré, enfin les formes victorieuses persisteront et seront les plus aptes à vivre dans cette région : c'est la loi de la *survivance du plus apte*. Ce sont donc les formes les mieux adaptées à certaines conditions qui persisteront : tel est le principe de la *sélection* qui permit à Darwin d'expliquer le mécanisme des variations, mais non pas assurément de remonter jusqu'aux causes qui ont déterminé les formes animales.

Il importe en effet de remarquer que parfois ce sont les animaux les plus forts et les plus féconds qui disparaissent le plus rapidement. C'est ainsi par exemple que les Reptiles secondaires disparaissent au moment où ils ont encore une grande puissance. Or si ce qu'on appelle la *lutte pour la vie* avait été la cause principale de la destruction ou de la survivance, ils auraient dû persister plus que les autres animaux. C'est que sans doute d'autres influences, l'adaptation au milieu par exemple, sont intervenues.

2° Adaptation et hérédité. — L'anatomie comparée et certaines expériences ont montré que lorsqu'on réussit à faire vivre un animal dans un milieu différent de celui où il vit habituellement, on peut modifier la forme et la structure de cet animal. On a pu suivre ces modifications sur des Crustacés ou des Mollusques qu'on fait passer de l'eau saumâtre dans l'eau douce, ou sur des animaux qui sont élevés dans l'obscurité au lieu d'être exposés à la lumière. De nombreuses expériences ont été faites également sur des végétaux et ont donné d'intéressants résultats.

L'animal dans un nouveau milieu peut donc acquérir des facultés nouvelles ; on dit qu'il s'adapte.

L'adaptation peut par conséquent produire des caractères nouveaux, et si ces caractères sont acquis lentement dans la série des temps géologiques, ils peuvent se transmettre de génération en génération par *hérédité* et produire des variations importantes.

Parmi les organes qui subissent facilement l'influence du milieu et dont il est possible de suivre aisément, chez les fossiles, les diverses modifications, nous pouvons citer les dents et les membres.

Les dents varient avec le régime de l'animal, et les membres se modifient suivant qu'ils doivent servir à la course, au saut, à la natation, au vol, etc. Nous en avons vu de nombreux exemples.

Les modifications qui surviennent sur certains organes entraînent des variations sur d'autres organes du même animal ; c'est ce que Cuvier a exprimé dans son principe de la *corrélation* des organes lorsqu'il dit : « Les parties d'un être vivant sont tellement liées entre elles, qu'aucune d'elles ne peut changer sans que les autres ne changent aussi. »

Nous avons vu, en effet, en étudiant les Mammifères, que les membres et les dents se modifiaient en même temps.

En résumé, les naturalistes cherchent à expliquer l'évolution des formes animales dans le passé par la combinaison des lois de la *sélection*, de l'*adaptation* et de l'*hérédité*.

Transformisme expérimental et mutations. — L'*expérimentation* a pu produire facilement des races et des variétés, mais il n'est pas certain qu'elle ait donné de véritables espèces nouvelles. Pourtant dans les jolies expériences de M. Marchal sur la Cochenille du Robinier (*Lecanium robiniarium*) on assiste peut-être à la naissance d'une espèce. On sait, en effet, que M. Marchal a obtenu ce *Lecanium robiniarium* en transportant le *Lecanium corni* du Pêcher sur le Robinier ; mais il n'a pu réussir l'expérience inverse, c'est-à-dire transplanter le *L. robiniarium* sur le Pêcher. Cela démontre sans conteste que la Cochenille du Robinier provient par adaptation du *L. corni*. Si des expériences ultérieures démontrent que cette forme ne peut en aucune façon retourner à ses hôtes primitifs, on sera en droit de conclure qu'elle est une espèce physiologiquement réalisée et en voie de réalisation au point de vue morphologique.

De même les expériences de M. Tower sur le Chrysomélien de la Pomme de terre (*Leptinotarsa decemlineata*), sous l'influence de l'air sec, d'une haute température et d'une basse pression barométrique, ont amené des larves à l'état adulte en donnant des variations fort accentuées et *héréditaires*.

Malheureusement ces expériences sont difficiles à conduire et longues à produire leurs effets. Au contraire les mutations naturelles frappent par leur spontanéité et par les caractères nouveaux qu'elles font apparaître. C'est ainsi que des Gastéropodes sénestres (*Fusus contrarius*) dérivent par mutation de Gastéropodes dextres (*Fusus antiquus*). Ces cas de mutation sont rares. M. Bouvier en a étudié un fort intéressant chez des Crevettes d'eau douce appartenant à la famille des Atyidés, où l'espèce mutante se distingue par une véritable explosion de caractères nouveaux, dont certains ne présentent aucun rapport avec la direction évolutive suivie par la famille, tandis que d'autres caractères annoncent un type générique immédiatement supérieur. Ce savant a bien montré que dans ce cas l'espèce en mutation peut atteindre, d'un saut, le type organique immédiatement supérieur où elle doit se fixer, au moins pendant une longue période.

Ainsi, par la comparaison des êtres vivants et fossiles, par l'étude des variations naturelles ou expérimentales qui se produisent dans les êtres, on est conduit à regarder le transformisme comme l'explication la plus rationnelle des faits morphologiques dont les animaux et les végétaux ont été et sont encore le siège. Mais cette explication n'est qu'une hypothèse, jusqu'au moment où elle peut être soumise au contrôle, c'est-à-dire jusqu'au moment où l'on peut constater des exemples de transformations d'espèces.

L'idée d'évolution. — L'idée d'évolution qui se dégage de tous les faits que nous avons exposés dans ce livre s'appuie donc sur des faits d'*anatomie comparée*, d'*embryologie* et de *paléontologie*. Nous avons montré que les différents types de Vertébrés que distingue l'anatomie comparée sont les mêmes que ceux par lesquels passe un embryon de Vertébré supérieur ; ainsi l'embryon humain a successivement une organisation du type Poisson, puis des types Batracien et Reptile, enfin du type Mammifère. On exprime cette idée par le vieil axiome : *l'ontogénie d'un individu n'est que la répétition de la phylogénie de son groupe.*

D'autre part, enfin, la paléontologie nous montre que le monde organique pris dans son ensemble a progressé d'une façon continue et qu'il est une grande unité dont on peut suivre le développement comme on suit celui d'un individu.

Et voici de quelle façon ingénieuse Gaudry, dans un de ses beaux livres sur les *Enchaînements du monde animal*, trace le tableau de cette évolution :

« Supposons un voyageur naviguant sur les océans des âges : au début des temps primaires, sa barque rencontre des Trilobites, mais aucun Poisson ; il aborde sur un rivage : silence de mort, pas même des Reptiles.

« Ayant repris sa barque et longtemps erré, il se trouve transporté à la fin de l'ère primaire : le règne des Poissons a succédé à celui des Trilobites ; sur la terre ferme il n'y a plus le même silence, quelques Reptiles préparent l'avènement des Vertébrés à sang froid.

« Puis notre voyageur recommence sa navigation, et le voici qui, après avoir été ballotté d'âge en âge, atteint le milieu de l'ère secondaire : des Ammonites variées, charmantes, se jouent autour de lui, des légions de vives Bélemnites se mêlent avec elles ; les Ichthyosaures, les Plésiosaures, les Téléosaures leur font cortège. Il débarque au rivage pour voir si le progrès s'est accentué sur la terre ainsi que dans les Océans : devant lui apparaissent de gigantesques Dinosauriens qui ouvrent leurs bras en s'appuyant sur leur énorme train de derrière ; des Ptérodactyles et des Rhamphorhynques s'élèvent dans les airs ; le premier Oiseau, l'Archæoptéryx, essaye ses ailes, et même quelques Mammifères, encore tout petits et faibles, se montrent timidement.

« Si notre voyageur n'était pas fatigué de sa longue course à travers les âges, il trouverait dans le Tertiaire le gigantesque *Dinothérium*, le *Dryopithecus* et mille autres Mammifères ; dans le Quaternaire et dans l'âge actuel, il rencontrerait l'Homme artiste et poète, l'Homme qui pense et qui prie. Vraiment l'histoire du monde dans son ensemble est l'histoire d'un développement progressif. Où ce développement s'arrêtera-t-il ? »

Sans vouloir répondre à cette troublante question de la destinée du monde animé, ce qui nous ferait sortir du cadre de cet ouvrage, nous croyons pouvoir dire que l'idée d'évolution basée sur la paléontologie doit surtout s'exercer dans la comparaison des êtres qui ont vécu pendant les temps géologiques. Si la somme des ressemblances entre deux êtres dépasse celle de leurs différences, nous croyons à une parenté. Ce sont là des faits d'observation positive. Rien de plus. Aller plus loin serait, dans l'état actuel de nos connaissances, sortir du domaine scientifique.

RÉSUMÉ

Évolution des végétaux pendant les époques géologiques. — On peut distinguer trois périodes dans l'histoire de la végétation :

1° L'*ère des Cryptogames vasculaires*, qui correspond aux temps primaires et qui présentait des espèces éteintes vers la fin des temps primaires ou le début des temps secondaires ;

2° L'*ère des Gymnospermes*, commencée vers la fin des temps primaires et se terminant avec la période jurassique ;

3° L'*ère des Angiospermes*, qui commence vers la fin des temps secondaires et qui est marquée par un grand développement des Dicotylédones.

Enchaînement du monde végétal. — Il est possible d'établir des transitions entre les quatre embranchements : Thallophytes, Muscinées, Cryptogames vasculaires et Phanérogames.

Entre les Thallophytes et les Muscinées on peut citer les Hépatiques, dont l'appareil végétatif est comparable à celui des Algues et dont le mode de reproduction est le même que celui des Mousses.

Entre les Muscinées et les Cryptogames vasculaires il existe une alternance identique entre la forme sexuée (œuf) et la forme asexuée (spores).

Les Cryptogames vasculaires et les Gymnospermes (Phanérogames) ont des racines et des vaisseaux. De plus, leur mode de reproduction est comparable (Sélaginelle et Pin).

L'espèce et ses variations. — Certains naturalistes, comme Linné, Cuvier, étaient partisans de la *fixité* des espèces ; mais la paléontologie, l'anatomie comparée et l'expérimentation ont montré que les espèces pouvaient se modifier. Les nombreuses *races* d'une même espèce obtenues par la culture le démontrent nettement.

Les principales causes des variations sont : l'*adaptation*, la *sélection* et la *mutation*.

Le *transformisme expérimental* a prouvé qu'on pouvait modifier la forme et la structure des êtres en les changeant de milieu. Dans ce cas le milieu aquatique, la nature du sol, la lumière, le milieu organique, sont les principaux facteurs des modifications.

Le mécanisme de ces variations est continu.

Évolution des animaux pendant les époques géologiques. — Les différents groupes d'animaux apparaissent successivement suivant leur degré de perfectionnement. Les caractères paléontologiques des grandes périodes *primaire, secondaire, tertiaire et quaternaire* sont résumés dans le tableau de la page 738.

Evolution des formes animales. — L'espèce n'est pas fixe ; elle varie. On trouve de nombreuses formes de transition entre des espèces différentes, des genres différents et même de plus grands groupes.

Le progrès organique dans son ensemble est continu.

La *taille* des plus grands animaux d'un même groupe varie suivant le développement de ce groupe en passant par un maximum.

Le *mouvement* chez les animaux se perfectionne à travers les âges géologiques ; de même l'*intelligence*.

L'hypothèse sur les causes de l'évolution s'appuie sur deux ordres de faits :

1° La *sélection*, conséquence de la lutte pour la vie.

2° L'*adaptation*, acquisition de nouveaux caractères pour s'adapter à de nouvelles conditions de milieu.

La modification d'un organe peut entraîner, *corrélativement*, la modification d'un autre organe.

Par l'*expérimentation* on a réussi à créer des variations héréditaires, et par l'observation des *mutations* on a pu constater l'apparition de caractères nouveaux suffisants pour expliquer la transformation des espèces.

TABLE DES MATIÈRES

ANATOMIE ET PHYSIOLOGIE ANIMALES

CHAPITRE XII

Le larynx et la voix. 368

PRINCIPAUX TYPES D'ORGANISA-
TION DANS LE RÈGNE ANIMAL

CHAPITRE XIII

Les grandes divisions du règne animal. 375

CHAPITRE XIV

Principaux types d'organisation des Invertébrés.

CHAPITRE XV

Traits fondamentaux des Vertébrés. . . 412

ANATOMIE ET PHYSIOLOGIE VÉGÉTALES

CHAPITRE PREMIER

La Cellule végétale et les Tissus.

ÉTUDE D'UNE PLANTE A FLEURS

PREMIÈRE SECTION

LES FONCTIONS DE NUTRITION

CHARTRES. — IMPRIMERIE DURAND, RUE FULBERT.